微波工程技术
（第3版）

王文祥　编著　徐　进　审校

国防工业出版社

·北京·

内 容 简 介

本书第3版在第2版的基础上进行了较大幅度的补充和修改,从而在微波工程技术领域的知识更具有全面性、先进性和实用性。

第3版的整体结构与第2版相同,全书包括微波技术、微波管原理和微波管制造材料与工艺三部分共18章。微波技术部分主要介绍微波传输线电磁场的一般特性,矩形波导、圆波导、同轴线的基本理论和其他传输线的概要介绍,各类波导元件的基本原理及工程设计,包括铁氧体元件,微带线和微带元件,高功率微波的传输和模式变换,根据微波工作者在实际工作中的需要,加强了规则波导中电磁场的理论分析内容,增加了传输线的匹配和圆图及其应用,微波管原理部分介绍了微波管的一般概念及其基本结构,分别论述了各种类型微波管的基本原理、性能参数及应用,特别介绍了毫米波、亚毫米波器件和相对论电子注器件,根据微波管向更高频率的发展特点,增加了带状电子注的相关内容,如带状注电子枪、带状注聚焦系统、带状注慢波系统等,补充了微波输能窗的内容;微波管制造材料与工艺部分包括了电真空常用材料和特殊材料,零件的制造和处理,零件的连接以及微波管总成工艺,在这部分特别关注了先进工艺技术和实用知识,如LIGA技术、DRIE技术、磁控溅射、丝网印刷等。

本书的附录增加了一些在工程实践中实用性很强的数据和图表。

本书可以作为与微波相关专业特别是物理电子学专业的本科生和研究生的专业基础课教材,也适合作为微波工程领域从事生产、科研的工程技术人员、研究人员的参考书。

图书在版编目(CIP)数据

微波工程技术/王文祥编著. --3版. --北京:国防工业出版社,2024.11. --ISBN 978-7-118-13362-2

Ⅰ.TN015

中国国家版本馆CIP数据核字第20244NP064号

※

国防工业出版社出版发行

(北京市海淀区紫竹院南路23号 邮政编码100048)

北京虎彩文化传播有限公司印刷

新华书店经售

*

开本 787×1092 1/16 **印张** 52¾ **字数** 1218千字

2024年11月第3版第1次印刷 **印数** 1—1500册 **定价** 168.00元

国防书店:(010)88540777 书店传真:(010)88540776

发行业务:(010)88540717 发行传真:(010)88540762

第3版前言

本书第3版在第2版基础上进行了较大篇幅的补充和修改，使本书在微波工程领域更具有知识的全面性、先进性和实用性，更好满足从事微波工程生产、科研和学习的读者的需求。

第3版在微波技术部分补充了传输线的阻抗匹配，规则波导中电磁波的一般特性，矩形波导、圆波导和同轴线中电磁场表达式的理论推导过程，恢复了第1版中小孔耦合部分关于场的归一化分量的表述；基于微带线在微波工程领域的应用越来越普遍，而在微带线的工程设计中圆图的作用十分重要，因此增加了一节传输线圆图的内容，以及短路分支调配器、短路分支阻抗变换器等与圆图的应用密切相关的章节；在微波管部分，第3版还补充了微波输能窗的内容，包括盒形窗的一些新型方案。这些内容使得本书微波工程的知识内容更为完整和全面。

微波技术和微波真空器件正在快速向毫米波、亚毫米波以及太赫兹波发展，带状电子注由于其大电流、高功率的特点，在毫米波、太赫兹微波管中得到了广泛采用，因此本书第3版增添了带状电子注的相关内容，包括带状注电子枪、带状注聚焦系统、带状注慢波系统，以使本书内容跟上微波工程领域的发展步伐。

在微波管材料、工艺方面，第3版补充了金属材料的性能的介绍；对不锈钢、石墨、金刚石等材料的知识作了补充；增加了气体管道、气体钢瓶、行波管引线的颜色规定；增加了对先进工艺技术磁控溅射、丝网印刷、3D打印等的介绍；在附录中增加了常用膨胀合金的牌号和热膨胀系数、氧化铝和氧化铍陶瓷主要性能、各种氮化物陶瓷的主要性能等表格。这种安排使得第3版内容的实用性更强。

微波技术类书籍绝大多数只涉及无源元器件，很少包含有源电路，因为后者内容太广、种类繁多，都是另有专门的著作论述。遵循这一惯例，所以本书第3版删除了第2版7.5节PIN管开关和7.6节电调衰减器、限幅器和移相器的内容，这些都是有源器件；基于同样的原因，第3版没有收纳微波光子器件，因为这类元器件都必须要有光源，从而使它成为有源器件。

第2版中一些目前在微波工程领域应用比较少的技术或材料、设备，例如梳形慢波系统、L形阴极、摩擦焊、超声波焊、爪型泵、涡旋泵、冷阴极电离真空计等，第3版中都已经删除。

本书第3版的编写，除了参考在书后参考文献中列出的大量文献外，还参考了一些网络上的资料和文章，本书作者向所有这些参考文献的作者和网络文献的作者表示最衷心的感谢。

本书第3版在编写过程中，得到电子科技大学唐涛老师、杨登伟老师、陈冬春老师在文稿录入及图表绘制方面的帮助和支持，国光电气集团的邱葆荣高工、刘冬梅高工以及中国电子科技集团公司第二十九研究所胡助明高级工程师在资料提供方面给予了帮助和支持，谨向他们表示由衷的感谢！

作者要特别感谢课题组的全体同仁：魏彦玉教授、岳玲娜研究员、赵国庆高级工程师、殷海荣副教授、蔡金赤教授、徐勇教授、尹鹏程博士后，没有他们的理解、关心和支持，作者是难以完成第3版的修订工作的。作者同时也要衷心感谢宫玉彬教授课题组的全体老师长期以来对作者的关心和支持。

本书第3版的出版得到了电子科技大学蒙林教授、李斌教授、段兆云教授的鼎力支持，谨向他们致以最诚挚的感谢！

最后，作者要向国防工业出版社的编辑致以深切的感谢，他们长期以来给予了作者大量的支持和帮助。

王文祥
2024年6月

第 2 版前言

本书第 1 版出版后，得到了国内各高校、研究所、工厂等微波工程专业领域的师生和工程技术人员的高度重视，深受欢迎。读者普遍反映，该书物理概念清楚，阐述深入浅出；既具有基础性，又反映了微波工程技术领域的最新进展和技术发展；内容丰富、全面，系统性和实用性强。

鉴于本书第 1 版很快即将售罄，而仍有相当需求，加之第 1 版出版后，微波工程技术领域出现了一些新的发展，再者第 1 版中个别地方表述还有不够清楚或不够完善之处，因此，决定对原书进行修改补充后出版第 2 版。

第 2 版在保留第 1 版的基本框架和全书编排格式不变的前提下，对内容进行了较大的修改、订正和补充。

第 2 版增加了新的一章（第 5 章），专门介绍高功率微波的传输与模式变换。增加了 2.7 节“模式的激励与耦合”、4.5 节“微波元件特性的散射参数表示”、15.6 节“电真空常用辅助材料——气体和密封材料”。增加了 2.5.3 小节“槽线”、2.5.4 小节“共面线（共面波导）”、2.6.3 小节“槽波导”、15.4.1 小节“电子发射相关物理概念”、18.3.2 小节“真空阀门”、18.3.3 小节“真空系统的组成”、18.4.1 小节“真空泵的分类与基本参数”。

第 2 版补充了关于波导损耗、相速与群速的形象理解、矩形波导中的部分波概念、圆波导的截面尺寸、过渡波导、水负载在功率测量中的应用、多节阻抗变换器的设计、耦合式衰减器、小孔耦合理论中的大孔修正和壁厚修正、多级降压收集极分析、周期结构完整色散曲线的形成、π 线和曲折波导、磁控管相位聚焦的稳定性、玻璃陶瓷、DRIE 技术、螺旋线和夹持杆与管壳的热胀冷缩法固定、爪型泵和涡轮泵、冷阴极电离真空计、离子泵检漏法等内容。

第 2 版重写了 1.2.3 小节“波的传播状态的分析”、4.2.1 小节“双 T 接头与魔 T”、7.1.2 小节“微波铁氧体的电磁特性”以及相速与群速的关系、矩形波导法兰种类、返波管反馈回路的形成机理等；对整个第 3 章“单端口、双端口波导元件”进行了重新编排。

第 2 版删去了第 1 版中的第 14 章“微波半导体器件”，一方面是因为对本书的大多数读者来说，该部分内容参考频次不会太高，另一方面也是为了使第 2 版的篇幅不致比第 1 版增加太多；第 1 版中的 13.4.3 小节“电旋管和磁旋管”，基于同样原因，加之这两类器件并没有得到足够的发展，保留价值已不大，因此在第 2 版中也已删去。

第2版中其余较小的删改和补充涉及第1版的大部分篇幅,不再一一列举。

作者力求使第2版物理概念更清晰、准确,内容更丰富,更能反映微波工程技术领域新成果。当然,微波工程技术涉及的知识浩渺,本人才疏学浅,不可能一一涉猎,即使经过尽力核查,书中的错误与不足仍然难免,因此,恳请各位专家、学者、科技人员及读者们不吝赐教。

在本书修订过程中,得到了许多专家、教授的帮助,中国电子科技集团公司第十二研究所冯进军研究员提供了DRIE技术的部分内容;第5章高功率微波传输与模式变换的大部分内容,都与电子科技大学牛新建副教授进行过深入讨论,得到他的大量帮助,提供了部分重要资料;巩华荣副教授和徐进副教授就相速与群速的关系、磁控管模式谱和相位聚焦稳定性等问题,都给作者提供了十分宝贵的意见并提供了相应的资料;中国电子科技集团公司第十二研究所的邬显平研究员就本书的修订提出了中肯的建议。作者向他们表示诚挚的感谢!

在第2版的修订中,还得到电子科技大学黄民智、李浩、刘利和成永东等老师和国营776厂夏英高工的帮助,谨向他们表示衷心感谢!

第2版修改和补充的内容主要由唐涛老师录入,赵国庆高工和岳玲娜副教授也录入了部分内容,对于他们付出的辛勤劳动,作者深表感谢!

本书第2版的出版离不开电子科技大学物理电子学院蒙林院长、徐军书记的大力支持和帮助,同事宫玉彬教授、魏彦玉教授、段兆云教授、殷海荣副教授、路志刚副教授、王战亮副教授、官晓玲老师给予了作者极大的鼓励、理解和支持,谨向他们致以深切的感谢!

在第2版修订过程中,作者同样参考过大量文献,在此向所有参考过的文献作者表示感谢,同时向未能在书后参考文献中列出的文献作者致以歉意!

作者还要衷心感谢国防工业出版社孙严冰主任和许波建编辑多年来给予作者的全力支持和付出的精力,没有他们的努力,本书同样难以付印。

作者在这里向业师张其劭教授和张兆镗教授致以深深的感谢!他们长期以来给予了作者各方面的帮助、教导和支持,张其劭教授还审阅了本书新增的“微波元件特性的散射参数表示”一节的内容。

作者借此机会向业师、中国科学院院士刘盛纲教授表示最崇高的敬意和最诚挚的感谢!五十多年来,刘院士引领作者进入了现代电子学学科的一个又一个专业领域,始终给予作者全面的教导、关心、支持和帮助,使作者终身受益和难忘。

作者
2013年7月

第1版前言

本人在长期教学和科研活动中，经常接触到一些电子类本科和研究生毕业生，他们虽然基本上都学过电磁场与微波技术一类课程，但往往仍然对微波领域的很多概念缺乏起码的了解，走进实验室更是对波导、同轴线及各种微波元件、测量系统等茫然无知。这其中最主要的原因之一，是我们所接受的传统微波知识，往往以抽象的理论和概念居多，与实用的微波知识联系较少。针对这一现象，本人深感有为学生们补上微波实用基础知识的必要，正是从这一目的出发，在编写本书过程中，着重注意了其实用性和基础性，并在具体教学实践中展示大量实物，结合参观实验室、演示和参与实验过程，以使电子类学生对微波技术和微波电子学有一个基本的、实用的而比较全面的了解。

本书将重点放在微波领域基本概念的介绍，尽量从物理意义上给出明晰的阐述，而一般不作深入的理论探讨和数学分析；尽可能介绍各种实用的微波知识，如各类微波元件的工程设计、各类微波器件的工作原理以及微波管材料和制造工艺的常识，而不涉及繁琐的严格数学推导；本书力求给学生在微波工程技术方面的一个全面而基本的知识介绍，包括微波元件、微波器件及微波管工艺。作者始终认为，学生在校学习阶段，应以牢固掌握基础知识，培养独立思考和动手能力为主，因此这样一本微波工程领域的书是必要的。本书也力求能反映微波工程领域的一些最新发展动态，亦包含了作者与同事们的一些共同研究成果。当然，由于作者才疏学浅，能否达到以上目的，尚待大家指教，书中错误与不足之处，尚望专家学者批评指正。

本书共由3部分组成，第1章至第7章是微波技术，第8章至第14章是微波器件原理，第15章至第18章是微波电真空材料与工艺。其中：微波技术部分包括微波传输系统、波导元件、微带元件、微波铁氧体元件与非线性元件、微波谐振器，内容以波导系统为主，也收入了在其他微波技术教材中极少涉及但应用广泛的电调元件；微波器件原理部分包括微波电真空器件的高频结构、线性注微波管、正交场微波管，对近年来大家所关注的毫米波、亚毫米波及新型电真空器件以及相对论电子注器件分别各列出一章进行了比较全面的介绍，最后简单介绍了微波半导体器件，这一部分的重点是微波电真空器件；微波管工艺与材料部分包括了电真空材料、零件制造和处理、零件的连接及总成工艺，比较基本和全面地介绍了微波电真空器件的制造过程，由于半导体材料与工艺是一门内容十分丰富的专门课程，因此本书完全没有涉及微波半导体器件的制造工艺。

由于大量非微波专业甚至非电子类专业的学生考入与微波相关的专业攻读研究生，他们有的甚至从来没有接触过微波，有的也只是从“电磁场与波”这门课程中对微波有十分有限的了解，因此当时十分迫切需要给他们补上微波工程技术的专门知识，以便为进一步学习专业课程打下基础。正因为此，我们曾先后为10余届研究生开设过本课程，听课学生以物理电子学专业为主，也包括无线电物理、电磁场与微波技术、电子信息材料与元件、微电子与固体电子学、信号与信息处理、通信与系统、等离子体物理等近20个专业的学生，深得学生欢迎。近年来，随着真空电子技术本科专业的恢复与招生，本教材也已经被采用作为微波技术、微波管原理及微波电真空材料与工艺3门本科课程的教材。

本书也曾在为相关单位中本科毕业后已参加工作的在职职工开办的一些培训班、工程硕士班中使用，同样得到广泛好评。

作者在编写过程中参阅了大量文献，包括著作、期刊和会议论文、学术报告、学位论文、资料以及部分网上材料等，由于篇幅所限，未能将这些文献特别是学术论文全部一一列出，书后仅给出了主要的参考文献。在此谨向所有本人参考过的文献的作者致以深切的谢意，并向未能列出的文献的作者致歉！书中部分插图亦来自这些文献，作者一并表示诚挚的感谢。

宫玉彬教授、魏彦玉教授、段兆云副教授和岳玲娜副教授在使用本书作为教材的过程中，发现并指出了书中存在的不少不当之处和文字错误，作者谨表衷心的感谢。

作者谨向中国电子科技集团公司第十二研究所廖福疆研究员致以最诚挚的感谢，感谢他审阅了本书部分书稿并提出了许多宝贵的意见。作者亦向国防科技大学刘永贵教授提供的帮助表示衷心感谢。

作者要特别感谢黄民智老师和唐涛老师为本书编写所付出的大量辛勤劳动，他们为本书绘制了全部图表，打印了全部文稿，对全书进行了编排、校对。作者也要感谢王海龙同志在初期为打印本书文稿做出的努力。作者感谢实验室全体同仁为本书编写所提供的帮助和鼓励。

真诚感谢电子科技大学副校长熊彩东教授和电子科技大学研究生院、教务处、出版社、物理电子学院和国防工业出版社对本书出版的关心和支持，本书的编写和出版得到了电子科技大学“十一五”教材建设基金和研究生教材建设基金资助。

作者

2009年3月

目　录

第1章　微波概论

本章介绍微波的概念、应用，并引入一系列微波技术领域的基本术语，介绍它们的定义、特点，如波数、波型、相速、群速、行波、驻波、各种阻抗等，从而使读者对微波有一个基本的知识基础。

1.1　微波的特点和应用

1.1.1　微波的概念与特点

1. 微波的定义

微波是一类波长很短即频率很高的电磁波。在传统的概念上，频率从 300MHz（3×10^{8}Hz）到 3000GHz（3×10^{12}Hz），即波长从 1m 到 0.1mm 范围内的电磁波都可以称为微波，不过，人们通常把波长 1cm 以下至 0.1mm（频率 30～3000GHz）的电磁波专门称为毫米波及亚毫米波，而把波长 1cm 以上至 1m 的电磁波才称为微波。但随着电磁频谱技术的不断发展，现代广义的微波概念已经拓展到了太赫兹（THz）频段。所谓太赫兹波，是指频率在 100GHz（1×10^{11}Hz）至 10000GHz（1×10^{13}Hz），即 0.1～10THz（波长 3～0.03mm）的电磁波，它介于毫米波与远红外线之间，由于它具有一系列独特的性质，所以人们将它单独称为太赫兹波，并成为当前电磁频谱领域研究的热点。

微波在电磁波波谱中的位置如图 1－1 所示。

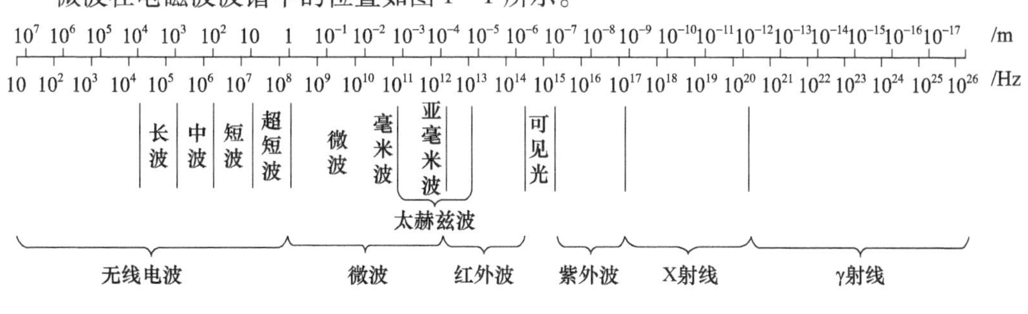

图 1－1　电磁波波谱图

2. 微波波段的划分

在微波波段内，人们习惯上将常用的频率范围划分成更细的波段，并且每一个波段都有一个固定的字母代号，本书附录Ⅳ给出了微波波段的划分及代号，读者应该熟记一些常用的波段及其对应的代号。

3. 微波的特点

微波虽然也是电磁波，但与电磁波中其他频段尤其是低频电磁波相比，微波有自身的一些特点，正是这些特点，使得我们对它特别感兴趣并单独对它进行研究。

1）波长短

（1）共度性。微波的波长很短,与地球上一般物体相比在同一数量级甚至更小。当微波的波长比宏观物体的尺寸小得多时,微波照射在物体上就会产生显著反射;而微波辐射天线则可以做到尺寸小、方向性和增益高。

（2）似光性。一般来说,波长越短,电磁波的传播特性就越接近光波特性,即类似光波具有直线传播、反射、散射、绕射等特性,而且随着波长的缩短,波束的定向性和分辨能力越高。

2）频率高

（1）共时性。微波振荡频率极高,因而每一个振荡周期时间极短,在 $10^{-9} \sim 10^{-12}$s (ns 至 ps)数量级。这一时间长度可以与电子在器件中飞越的时间相比拟,使得普通电子器件中电极对电子的控制失去作用,因而普通电子管不能用来产生微波的振荡和放大。

（2）宽带性。任何信息的传递都必须占有一定的频率范围(即频带宽度,简称频带),纯粹的单频简谐波是不携带任何信息的,一个语言信号至少要 3000Hz 的频带,而一路电视信号则要占用 8MHz 频带。正因为微波的频率高,所以它包含的频带宽,信息容量大。比如一个 C 波段(5.85 ~ 8.2GHz)的微波系统,若具有百分之十几的带宽,就是几百兆赫的频带宽度,就可以同时传送数千门电话和数路电视。

3）穿透性

（1）具有特定频率(35GHz、94GHz、140GHz、220GHz)的微波能穿透电离层,这一特点使得微波不仅可以被用来进行卫星通信、导弹再入段的控制,而且也为天文、航天技术增加了一个“宇宙窗口”,为宇宙通信、外空探测、宇宙航行以及射电天文学的研究和发展提供了必要的条件。

（2）微波的穿透性还表现在对介质的作用上,当微波照射到介质上时能深入介质内部,从而使得微波对它的作用在内部和外部同时进行,这正是微波加热之所以具有不同于一般加热的优点的基础。

4)非电离性

微波的非电离性是指它的量子能量还不够大,与物质相互作用时虽能改变其运动状态,但还不足以改变物质分子的内部结构或破坏其分子的化学键,所以微波和物体之间的作用是非电离性的。在利用微波炉对食物进行加热时,微波的非电离性使食物本身的性质不会引起任何变化,从而保证了微波炉加热的安全性。

另外,在微波频率下,一些在低频情况下可以忽略的现象也成为了重要的考虑因素,如趋肤效应、辐射、延时等。

1.1.2 微波的应用

微波在军事技术、工农业生产、科学研究、生物医学及日常生活等领域的各个方面都已获得了广泛的应用,而且随着科学技术的发展,其应用范围正在继续不断扩大和深入,显示出微波在国民经济各部门起着十分重要的作用。

1）雷达

利用微波的定向性和反射特性,人们早在第二次世界大战时就制造出了雷达。事实上,微波的早期发展正是在雷达需求的推动下才迅速成长起来的。现代雷达已经发展成为技术成熟的庞大家族,不仅种类很多,性能也不断提高。超远程预警雷达可以探测 1 万 km以外的目标,从而对洲际导弹的袭击给出 20 ~ 30min 的预警时间;现代相控阵雷达,利用计算机控制其天线阵列上每个发射单元的相位,就能够实现电子扫描,多目标探测和跟踪;预警飞机的探测雷达,可以探测到 600km 范围内的电子装备,如雷达、通信系统、指挥控制系统等一切信息。利用微波对电离层的穿透性,雷达可以实现弹道导弹再入段的控制,也可以实现对卫星的控制。

此外,根据具体用途、功能和使用环境不同,人们制造出了成百上千种不同的雷达,如炮瞄雷达、制导雷达、海岸雷达、侦察雷达、跟踪雷达、三坐标雷达、多普勒雷达、合成孔径雷达、机载雷达、舰载雷达等,除了军用之外,还发展了大量民用雷达,如气象雷达、导航雷达、探雷雷达、测速雷达、防盗雷达等。

2) 电子对抗

现代战争将越来越依赖各种电子装备,如雷达、电子干扰、通信、计算机等,也可以说越来越依赖信息的获得、传输与处理,因此,在实质上,现代战争是一场电子战、信息战,双方的对抗首先表现在对电磁频谱的争夺与控制上。正因为此,电子对抗在现代战争中的作用往往是关键性的,海湾战争、科索沃战争都已充分证明了这一点。对敌人的电子信息装备进行干扰、欺骗、压制使其不能正常工作甚至完全不能工作是电子对抗的基本目标。比如说,最重要也是最基本的电子对抗手段就是用大功率噪声压制敌方的雷达信号,使之无法分辨出我方的飞机、基地、舰船等的任何信息;或者针对对方的雷达信号,有意发射一系列虚假信号,使敌方产生错误信息,从而掩护我方目标的真实信息;电子对抗也可以干扰敌方的通信系统,使之无法正常通信,从而使指挥控制系统瘫痪等。

由于雷达、通信系统都是工作在微波波段的装备,所以电子对抗以及由此产生的抗干扰技术也必须依赖微波。

3)导航与制导

微波在民用和军事上最主要的用途之一是导航与制导。

导航(navigation)是指确定运动载体或者人员从一个地点到另一个地点的位置、速度和时间的科学;制导(guidance 或者 control and guide)是导引和控制飞行器按一定规律或预定轨道飞向目标的技术和方法。或者也可以说,导航就是告诉你所在的方位,再告诉你目的地方位,至于你要怎么到达目的地就由你决定了,所以导航的基本任务是为运动载体提供实时的位置信息,实际上是一种定位系统;而制导不仅知道你的方位和目的地方位,还要控制你的前进路线,制导只有一条路线可以走,这条路线一般是提前定好的,武器、航天器或飞机按照这条定好的路线走就可以到达目的位置。通俗地讲就像别人问路,导航就是给他指路,制导就是给他带路。

显然,导航的对象更为广泛,导航领域可以包括陆地导航、海洋导航、航空导航和空间导航。而制导最早是从军事上发展来的名词,主要是针对各种飞行器,比如炮弹、导弹、人造卫星、空间飞船等,它们都必须依赖制导技术才能准确到达预定位置,制导是建立在导航基础上的,没有导航就没有制导。

导航和制导最重要的方法之一就是雷达导航和制导、卫星导航和制导,美国有全球定位系统(Global Positioning System,GPS),俄罗斯则有格洛纳斯全球卫星导航系统(Global

Navigation Satellite System, GLONASS),伽利略卫星导航系统(Galileo Satellite Navigation System)则是由欧盟研制和建立的全球卫星导航定位系统,我国已经成功应用自主研制的北斗导航卫星系统(BeiDou Navigation Satellite System, BDS),上述四个系统是联合国卫星导航委员会已认定的四大全球卫星导航系统。

4)微波武器

随着微波技术的发展,人们已经可以获得越来越强大的微波功率,目前已经达10GW量级。对抗已经不再局限于对敌方电子装备的干扰,而是上升到了可以直接暂时性或永久性地破坏敌方的电子装备,甚至使敌方人员暂时丧失战斗力,这就是微波武器的功能。现代军事电子装备都离不开各种敏感元器件,如微波二极管、计算机存储元件等,这些元器件十分脆弱,甚至$1\mu W/cm^2$的微波功率密度就可以将它烧毁或者使其工作点改变(发生翻转)。现代军事和科学技术设施如飞机、导弹、卫星、航天飞机等内部都离不开大量的电子装备,而它们除了存在雷达天线这一“前门”外,还会有大量各种孔、缝,如空气调节孔、武器发射孔、观察孔甚至机械连接上的缝等所谓“后门”,由于微波波长短,就极易通过天线或穿透这些孔、缝被耦合到电子装备中,破坏敏感组件,从而使整个飞机、导弹、卫星或其他系统失去作用或失去控制。

5)通信

由于微波的频率高,因而其频带宽度宽,往往可达数百兆赫甚至数十吉赫,可容纳的信息容量就大,因而利用微波作载波的通信系统可以传输大量信息或者同时传输成千上万路信息。现代通信,不论是有线通信、无线通信甚至移动通信,都离不开微波;特别是利用微波穿透电离层能力,实现了卫星全球通信、全球电视转播,以及全球个人—个人的通信。另外,利用微波的反射特性,则可以实现电离层散射通信。

从波段使用上的特点来考虑,从S波段到Ku波段的微波通信通常被用作地面通信站的通信,而毫米波段则更适合于空间—空间的通信。60GHz频段的毫米波大气衰减大,非常适合作近距离保密通信,而94GHz频率则是大气窗口,在大气中衰减很小,因而常用作地—空和远距离通信。

利用移动通信技术,人们早已实现了人与人之间的全球互通,移动通信技术的进一步发展更是离不开微波技术。大家都知道,1G(第一代)到4G(第四代)通信改变了人类生活,解决了人与人的信息沟通,从声音、文字、视频等多个方面提升了人们的生活质量;而5G(第五代)将改变社会,5G的频率范围主要是微波波段(450~6000MHz和24.25~52.6GHz),5G的应用,将通信范围从人和人之间扩展到了物与人之间、物与物之间的联系,即“物联网”(Internet of Things);而6G(第六代)通信,其频率范围将进一步提高到太赫兹频段,无线网络不再局限于地面,而是将实现地面、卫星和机载网络的无缝连接,将让人类进入泛在智能化信息社会,建立起天、地、空、海、人全连接世界,实现“万物互联”(Internet of Everything)的全球泛在覆盖的高速宽带通信。

6)微波检测

微波照射物体时,会发生反射、透射、吸收等而引起幅值和相位的改变。微波的这些特点会随着物体材料的不同、材料性质不同而不同,从而为人们利用微波进行检测奠定了基础。比如利用水对微波的良好吸收,可以对材料如纸张、粮食等进行测湿;利用微波的反射与定向特性,可以监测地面远距离两点之间距离的任何微小变化;通过微波在薄型材料上的反射波与透射波的相位差的测量，就可以测定该材料的厚度，同样的原理还可以测量零件的振荡或转动件的偏心；在火电厂，微波可以对煤粉的密度、水分进行监测；在轧钢厂，微波可以实时监视生产线上钢板的厚度等。微波遥感使得我们可以从卫星上观察地面上大面积范围内的农作物收成、资源分布、灾害情况以及军事目标等。

由于微波检测是一种非接触式测量，且具有实时检测、连续检测、在线检测的特点，因而特别适合应用于现代化工厂生产过程中的在线自动检测与自动控制。

7）微波能应用

微波除了能作为一种信息的载体加以利用外，其本身所携带的能量同样越来越广泛地得到了应用。其中最重要的应用就是微波加热、微波干燥、微波杀菌、微波烧结、微波解冻等。它利用物质吸收微波所产生的热效应进行加热，其特点是：微波能进入物质内部，使里外一起热；不需要热的传递过程，因而加热速度快，瞬时即可达到高温；能量转换效率高；微波加热既没有明火，也没有高温发射体作为热源，因而更为安全可靠。目前微波炉已经在飞机、舰船、宾馆、实验室以及家庭得到普遍使用；此外，在食品、橡胶、塑料、化工、木材加工、造纸、印刷、烟草、药品、皮革等工业部门也都得到广泛应用；在农业上，微波被用来育种、灭虫，干燥谷物、缫丝等；微波在食品解冻方面更显现出不可替代的优越性，传统需要数小时甚至更长时间才能解冻的大批量食品，利用微波往往只需要几分钟就可以完成。

8）其他应用

除了上述各种主要应用领域外，微波还在其他很多方面有着十分重要的应用。

（1）科学研究手段。“原子钟”、微波波谱学、射电天文观察、电子加速器、对撞机以及受控热核聚变，都是微波作为科学研究手段的最好例子。“原子钟”就是工作在微波波段的一种时间基准，其准确度和稳定性比原来的天文钟高得多；射电天文望远镜已经成为天文研究的主要观测手段，可以说，现代天文学的重大发现都离不开微波观测；线性加速器、同步加速器、正负电子对撞机等现代基本粒子研究装置，都离不开利用微波能量来对电子进行加速；微波波谱仪则根据材料的分子、原子结构以及电子自旋状况会对特定频率的微波产生谐振吸收这一特性，通过分析材料对微波的吸收谱，就可以了解材料的分子结构；为了实现可控热核聚变，人们利用微波对托卡马克装置中的等离子体进行电流驱动和二次加热。

（2）微波等离子体。微波等离子体是一个广泛的概念，它既包括了微波与等离子体的相互作用，也包括利用微波放电来形成等离子体及其应用。

人们发现，在微波管中引入等离子体以代替真空，可以明显提高微波管的效率和输出功率，由此引起人们对电子注—波—等离子体三体互作用研究的兴趣，并形成了等离子体电子学新兴学科。

微波产生等离子体的研究则早从第二次世界大战以后就已开始，它能比直流或射频放电提供更高的离子浓度，能在更宽的气压范围内工作，因而已经获得了广泛的工业应用。这些应用涉及微波等离子体发光、微波等离子体化学、微波等离子体激光、微波等离子体气相沉积和微波等离子体加工等很多领域。尤其是自 20 世纪 80 年代以后，微波等离子体在工业等离子体技术方面的用途日益增多，如金刚石薄膜沉积、微电子线路刻蚀和各种表面处理等。

(3) 微波生物医学。生物医学工程将是21世纪的主导学科之一,而微波在生物医学工程中的作用也越来越受到人们的重视。微波在生物医学上广泛应用于诊断、杀菌、成像、加热,血浆和解冻冷藏器官;微波手术刀还具有止血快、出血量少的特点;微波治疗仪正在得到迅速推广,研究微波对生物细胞的作用,可能会开辟一条微波诊断、微波治疗人类疾病的全新途径。

(4) 能源。微波还可能是解决人类未来能源的有效手段,煤、石油甚至核能,都是有限的且不可再生的资源,只有太阳能相对于人类社会而言,才是取之不尽、用之不竭的能量来源。所以科学家设想:在太空建立数平方千米的太阳能电池板,并将电池板吸收的太阳能转换成微波,然后发送至地面,在地面再转换成工业电能,以解决人类未来的能源。

微波应用的领域还很广,很多潜在的应用前景也还有待我们进一步开发,特别是微波应用的很多方面还不够成熟,还没有做到生产实用化,因此,微波工作者的任务还十分艰巨,也是大有作为的。

1.1.3 微波的防护

需要指出的是,大功率的微波辐射对人体是有伤害作用的,这种伤害包括热效应和非热效应引起的作用,大剂量或长时间的微波照射,可使人体组织和器官特别是一些敏感部位如眼睛等受到一定的伤害,这种伤害可能是暂时的,也有可能是永久性的。因此,人们在接触微波时,应当采取适当的防护措施,以避免微波对人体造成危害。

我国国家标准 GB 8702—2014《电磁环境控制限值》对公众曝露在电场、磁场、电磁场中时,规定了场量参数在任意连续6min的方均根值的限制值,其中在微波波段的限制值是:在30~3000MHz频率范围内,电场强度 E 的限制值是12V/m,磁场强度 H 的限制值是0.032A/m,磁感应强度 B 的限制值是0.04μT,等效平面波功率密度 S_{eq} 的限制值是0.4W/m^2;在3000~15000MHz频率范围内,电场强度 E 的限制值是 $0.22f^{1/2}$V/m,磁场强度 H 的限制值是 $0.00059f^{1/2}$A/m,磁感应强度 B 的限制值是 $0.00074f^{1/2}$μT,等效平面波功率密度 S_{eq} 的限制值是 $f/7500$W/m^2,其中电磁波频率 f 的单位是MHz;在15~300GHz频率范围内,电场强度 E 的限制值是27V/m,磁场强度 H 的限制值是0.073A/m,磁感应强度 B 的限制值是0.092μT,等效平面波功率密度 S_{eq} 的限制值是2W/m^2。

标准还规定了在100kHz以上的频率(包括微波波段),在远场区,可以只限制电场强度,或者磁场强度,或者等效平面波功率密度;在近场区,需要同时限制电场强度和磁场强度。对于脉冲电磁波除满足上述要求外,其功率密度的瞬时峰值不得超过上述规定限值的1000倍,或者场强的瞬时峰值不得超过上述规定限值的32倍。

防护微波辐射可以采取以下措施:

(1)减弱辐射源的直接辐射和泄漏。采用合理的微波设备结构,尽量减少一切可能引起泄漏的孔、缝结构,对不可避免的必要孔、缝,应采取必要的屏蔽和抗流装置。

(2)屏蔽辐射源及辐射源附近的工作位置。可以采用金属板或者金属网反射微波,例如微波屏蔽间;也可以采用某些微波吸收材料吸收微波辐射能,让微波辐射限制在一定空间范围内,例如微波暗室。前者是使微波辐射不进入屏蔽间,后者则是使微波辐射不泄漏到微波暗室外面空间。

(3)人员尽量远离微波辐射源。因为微波辐射能量随距离增加而迅速衰减,所以远离微波源是减少微波辐射的有效方法。

(4)微波作业人员可采取穿微波防护服、戴防护面具、戴防护眼镜等方式防护微波的伤害。

人们也不必由于微波对人体可能存在的伤害而恐慌,甚至不敢接触和使用微波设备。这是因为:在我们日常工作和生活的环境中,所能接触到的微波辐射都是十分微弱的,不足以构成对人体的任何伤害,任何微波设备、微波系统,如果功率量级达到可能对人员造成伤害,则它们在设计和制造时都已经采取了足够的防微波泄漏措施,保证它们的泄漏都在国家安全标准值以下。

1.1.4 微波的传输

微波与大多数电磁波一样,都是需要一定的约束机构来进行传输的,否则会向空中辐射。用来传输微波能量的线路称为微波传输系统,而在传输系统中被引导在规定线路中传播的微波称为导引波,简称导波。

一般对传输系统的要求是传输效率高,损耗尽可能小。可以传输微波的传输系统种类很多,一般可以分成三类。

(1) 多导体传输线。至少由两个导体构成的传输系统,如双根线、同轴线、带状线、微带线(见图1-2(a)、(b)、(c)、(d))等,在这类系统中传输的是横电磁波或准横电磁波。

(2) 金属管传输线。这种传输线称为波导,如矩形波导、圆形波导、椭圆波导、脊波导(见图1-2(e)、(f)、(g)、(h))等,它们传输的是横电波或横磁波。

(3) 介质传输线。又可称为表面波传输线,其中传输的一般是混合波型,如介质波导、介质镜像线(见图1-2(i)、(j)、(k))等。

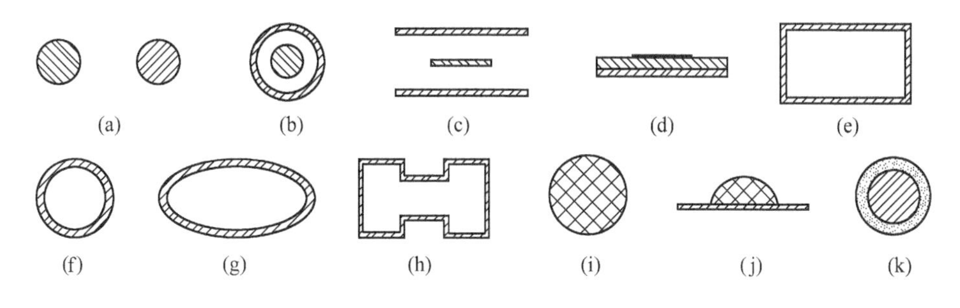

图1-2 微波传输线

(a) 平行双导线;(b) 同轴线;(c) 带状线;(d) 微带;(e) 矩形波导;(f) 圆波导;(g) 椭圆波导;(h) 双脊波导;(i) 介质波导;(j) 镜像线;(k) 单根表面波传输线。

微波传输系统本身也有一个发展过程。在低频率时,人们通常用两根导线就可以进行电能的传输,随着频率的提高,当波长短到可以与两根导线之间的距离比拟时,电磁能量就会从导线上辐射出去,也就是说,这时两根导线不再是电磁波的传输线,反而成为电磁波的辐射天线了,因此双导线不能传输频率很高的微波。这时,人们想到,为了避免辐射损耗,可以直接用一根导体把另一根导体包围起来,从而把电磁场限制在内、外导体之间使之无法辐射出去,这样就构成了同轴线。但是,当频率进一步提高时,两个导体之间的距离必须相应减小,这就使得同轴线横截面的尺寸变小,从而不仅限制了同轴线能传输的功率容量,而且使它的损耗(这种损耗主要集中在内导体上)迅速增加,因此人们自然想到,为了减小损耗和提高功率容量,能否干脆把同轴线的内导体去掉,直接由外导体形成的金属空心管来承担微波电磁能量的传输呢?理论与实验都证明了这种可能性,这样就出现了波导。目前波导已成为在微波领域中应用最广泛的传输系统。但是,在微波低频段,波导体积大,质量大;而在高频段,波导的尺寸又太小,加工很困难。因此,在小功率传输时,人们又发展了一类体积质量小得多的微波传输线——带状线和微带,它们也可以从双导线的概念直接引申而得到,而且越来越广泛地得到了应用。

1.2 波数和波的传播状态

1.2.1 自由空间波数 k

在充满某种媒质(如空气)的空间,麦克斯韦方程组的微分形式可写成

$$\begin{cases} \nabla \times \boldsymbol{E} = -\dfrac{\partial \boldsymbol{B}}{\partial t} \\ \nabla \times \boldsymbol{H} = \boldsymbol{J} + \dfrac{\partial \boldsymbol{D}}{\partial t} \\ \nabla \cdot \boldsymbol{B} = 0 \\ \nabla \cdot \boldsymbol{D} = \rho \end{cases} \tag{1.1}$$

同时,电磁场矢量还应满足下列辅助方程

$$\begin{cases} \boldsymbol{B} = \mu \boldsymbol{H} \\ \boldsymbol{D} = \varepsilon \boldsymbol{E} \\ \boldsymbol{J} = \sigma \boldsymbol{E} \end{cases} \tag{1.2}$$

上述各式中各符号的意义和单位如下:

$\boldsymbol{E}$——复数电场强度,单位为 V/m;

$\boldsymbol{B}$——复数磁感应强度,单位为 $\mathrm{T} = \mathrm{Wb/m^2}$;

$\boldsymbol{H}$——复数磁场强度,单位为 A/m;

$\boldsymbol{J}$——复数电流密度,单位为 $\mathrm{A/m^2}$;

$\boldsymbol{D}$——复数电位移,单位为 $\mathrm{C/m^2}$;

ρ——电荷密度,单位为 $\mathrm{C/m^3}$;

μ——媒质的导磁系数,单位为 H/m;

ε——媒质的介电常数,单位为 F/m;

σ——媒质的电导率,单位为 $\mathrm{S/m} = 1/(\Omega \cdot \mathrm{m})$。

在一般情况下,可以认为电场与磁场随时间作简谐变化:

$$\begin{cases}\boldsymbol{E}=\boldsymbol{E}_0\mathrm{e}^{\mathrm{j}\omega t}\\ \boldsymbol{H}=\boldsymbol{H}_0\mathrm{e}^{\mathrm{j}\omega t}\end{cases}\tag{1.3}$$

式中,$\boldsymbol{E}_0$、$\boldsymbol{H}_0$ 是电场和磁场的幅值。考虑到式(1.3),则式(1.1)的前两个方程就可以写成

$$\begin{cases}\nabla\times\boldsymbol{E}=-\mathrm{j}\omega\mu\boldsymbol{H}\\ \nabla\times\boldsymbol{H}=(\sigma+\mathrm{j}\omega\varepsilon)\boldsymbol{E}\end{cases}\tag{1.4}$$

由式(1.4)可得

$$\nabla\times\nabla\times\boldsymbol{E}=-\mathrm{j}\omega\mu\nabla\times\boldsymbol{H}=-\mathrm{j}\omega\mu(\sigma+\mathrm{j}\omega\varepsilon)\boldsymbol{E}=(\omega^2\varepsilon\mu-\mathrm{j}\sigma\omega\mu)\boldsymbol{E}\tag{1.5}$$

根据矢量运算法

$$\nabla\times\nabla\times\boldsymbol{E}=\nabla(\nabla\cdot\boldsymbol{E})-\nabla^2\boldsymbol{E}\tag{1.6}$$

以及在无源空间 $\rho=0$,因此式(1.1)中的第4个方程成为

$$\nabla\cdot\boldsymbol{E}=0\tag{1.7}$$

把式(1.6)和式(1.7)代入式(1.5),就得到

$$\nabla^2\boldsymbol{E}+\omega^2\varepsilon\mu\left(1-\mathrm{j}\frac{\sigma}{\omega\mu}\right)\boldsymbol{E}=0\tag{1.8}$$

在一般情况下,空间媒质的导电率满足 $\sigma\ll\omega\varepsilon$,即 $\sigma/\omega\varepsilon\ll1$,上式即简化为

$$\nabla^2\boldsymbol{E}+\omega^2\varepsilon\mu\boldsymbol{E}=0\tag{1.9}$$

令

$$k^2=\omega^2\varepsilon\mu$$

$$k=\omega\sqrt{\varepsilon\mu}=\frac{\omega}{v_{\mathrm{m}}}=\frac{2\pi}{\lambda_{\mathrm{m}}}=\frac{2\pi f}{v_{\mathrm{m}}}\tag{1.10}$$

k 称为电磁波在某媒质中的波数,它等于电磁波在具有导磁系数 μ 和介电常数 ε(当 ε 为实数时)的媒质中的传播速度 v_{m} 除角频率 ω 所得的商,它代表波在上述媒质中行进单位长度时所引起的相位变化的弧度数 $2\pi/\lambda_{\mathrm{m}}$,$\lambda_{\mathrm{m}}$ 为在媒质中平面波的波长。

这样,式(1.9)就可以写成

$$\nabla^2\boldsymbol{E}+k^2\boldsymbol{E}=0\tag{1.11}$$

经过类似的推导,同样可得到

$$\nabla^2\boldsymbol{H}+k^2\boldsymbol{H}=0\tag{1.12}$$

式(1.11)和式(1.12)分别称为电场 $\boldsymbol{E}$ 和磁场 $\boldsymbol{H}$ 的波动方程,也称为齐次亥姆霍兹方程。

在真空(以及空气)中,式(1.10)成为

$$k=\omega\sqrt{\varepsilon_0\mu_0}=\frac{\omega}{c}=\frac{2\pi}{\lambda_0}\tag{1.13}$$

$$c=\frac{1}{\sqrt{\varepsilon_0\mu_0}}$$

这时,k 称为电磁波的自由空间波数或自由空间相位常数。式中,c 为光速;λ_0 为电磁波在自由空间的波长;μ_0 和 ε_0 分别是在真空中的导磁系数与介电常数,它们的大小是

$$\mu_0 = 1.2566 \times 10^{-6} \text{H/m}$$

$$\varepsilon_0 = 8.854 \times 10^{-12} \text{F/m}$$

而空气的 μ 和 ε 与 μ_0 和 ε_0 非常接近,一般可以认为两者近似相等。而常见的媒质的特性参数 μ、ε、σ 均不随空间坐标而变(各向同性且均匀),并与场强无关(线性),它们可以利用相对导磁系数 μ_r 和相对介电常数 ε_r 与真空中的 μ_0 和 ε_0 联系起来:

$$\begin{cases} \mu = \mu_r \mu_0 \\ \varepsilon = \varepsilon_r \varepsilon_0 \end{cases} \tag{1.14}$$

在以后的讨论中,除非特别说明,都只讨论传输系统中为真空或空气填充的情形。

1.2.2 截止波数 k_c

波动方程(1.11)和波动方程(1.12)的求解可以利用分离变量法。为了使求解具有普适性,我们采用广义柱坐标系(u,v,z),以式(1.11)为例,令

$$\boldsymbol{E}(u,v,z) = \boldsymbol{E}(u,v)Z(z) \tag{1.15}$$

同时将三维拉普拉斯算符 ∇^2 分解成两部分:

$$\nabla^2 = \nabla_T^2 + \frac{\partial^2}{\partial z^2} \tag{1.16}$$

式中,∇_T^2表示横向拉普拉斯算符。利用式(1.15),于是式(1.11)就成为

$$-(\nabla_T^2 + k^2)\boldsymbol{E}(u,v) = \left[\frac{1}{Z(z)}\frac{\mathrm{d}^2 Z(z)}{\mathrm{d}z^2}\right]\boldsymbol{E}(u,v) \tag{1.17}$$

注意到上式等号左边各量均与 z 无关,而右边方括号内的因子却含有 z,但 u、v、z 均为独立变量,因此要使左、右两边相等,右边方括号内的因子只能等于常数,令它等于 γ^2,即

$$\frac{1}{Z(z)}\frac{\mathrm{d}^2 Z(z)}{\mathrm{d}z^2} = \gamma^2 \tag{1.18}$$

该方程的解是

$$Z(z) = A\mathrm{e}^{-\gamma z} + B\mathrm{e}^{\gamma z} \tag{1.19}$$

式中,A、B 为常数。将上式代回式(1.15)中,并乘以时间因子 $\mathrm{e}^{\mathrm{j}\omega t}$,于是电场的解就成为

$$\boldsymbol{E} = \boldsymbol{E}(u,v)(A\mathrm{e}^{\mathrm{j}\omega t-\gamma z} + B\mathrm{e}^{\mathrm{j}\omega t+\gamma z}) \tag{1.20}$$

同理

$$\boldsymbol{H} = \boldsymbol{H}(u,v)(A\mathrm{e}^{\mathrm{j}\omega t-\gamma z} + B\mathrm{e}^{\mathrm{j}\omega t+\gamma z}) \tag{1.21}$$

γ 称为电磁波的传播常数,而 $\boldsymbol{E}(u,v)$ 和 $\boldsymbol{H}(u,v)$ 分别称为电场和磁场的横向分布函数。

要注意的是电磁波的瞬时值表达式应该只取式(1.20)和式(1.21)的实数部分或虚数部分。

引入 γ^2 后，式(1.17)就可写成

$$[\nabla_T^2 + (k^2 + \gamma^2)]\boldsymbol{E}(u,v) = 0 \tag{1.22}$$

再令

$$k_c^2 = k^2 + \gamma^2, \gamma^2 = k_c^2 - k^2 \tag{1.23}$$

则式(1.22)成为

$$\nabla_T^2\boldsymbol{E}(u,v) + k_c^2\boldsymbol{E}(u,v) = 0 \tag{1.24}$$

同理可写出

$$\nabla_T^2\boldsymbol{H}(u,v) + k_c^2\boldsymbol{H}(u,v) = 0 \tag{1.25}$$

k_c 称为截止波数，类似于自由空间波数 k，我们定义

$$k_c = \frac{2\pi}{\lambda_c} \tag{1.26}$$

λ_c 就称为截止波长，对应 λ_c 的频率

$$f_c = \frac{c}{\lambda_c} \tag{1.27}$$

就是截止频率。这时，可重写式(1.23)：

$$\gamma = \sqrt{k_c^2 - k^2} = k\sqrt{\left(\frac{k_c}{k}\right)^2 - 1} = \frac{2\pi}{\lambda}\sqrt{\left(\frac{\lambda}{\lambda_c}\right)^2 - 1} = \frac{\omega}{c}\sqrt{\left(\frac{f_c}{f}\right)^2 - 1} \tag{1.28}$$

1.2.3　波的传播状态

对式(1.23)，可以分成 $\gamma^2<0$、$\gamma^2=0$ 和 $\gamma^2>0$ 三种情形讨论。

1. $\gamma^2<0$

由于 $\gamma^2<0$，所以 γ 为虚数，可以令

$$\gamma = \mathrm{j}\beta \tag{1.29}$$

这样，β 本身就成为实数，称为电磁波的相位常数。由式(1.23)和式(1.28)可得

$$\begin{cases} \beta^2 = k^2 - k_c^2 \\ \beta = \dfrac{2\pi}{\lambda}\sqrt{1 - \left(\dfrac{\lambda}{\lambda_c}\right)^2} = \dfrac{\omega}{c}\sqrt{1 - \left(\dfrac{f_c}{f}\right)^2} = k\sqrt{1 - \left(\dfrac{k_c}{k}\right)^2} \end{cases} \tag{1.30}$$

而这时场的表达式(1.20)就成为

$$\boldsymbol{E} = A\boldsymbol{E}(u,v)\mathrm{e}^{\mathrm{j}(\omega t-\beta z)} + B\boldsymbol{E}(u,v)\mathrm{e}^{\mathrm{j}(\omega t+\beta z)} \tag{1.31}$$

显然，式(1.31)表示的是波在 $\pm z$ 方向行进的传播状态，式中第一项的相位因子 $\mathrm{e}^{\mathrm{j}\omega t}\mathrm{e}^{-\mathrm{j}\beta z}$ 代表波沿 $+z$ 方向传播，称为前向波或正向波；第二项的相位因子 $\mathrm{e}^{\mathrm{j}\omega t}\mathrm{e}^{\mathrm{j}\beta z}$ 则代表波向 $-z$ 方向传播，称为反向波。这个判断可以从电磁波在不同 z 位置上的相位变化来理解，假如一个电磁波初始相位是 φ，它向 $+z$ 方向传输，经过一定时间后，它最前端的相位仍然是 φ，而这时在它的后面离它半个波长的位置，相位将是 $\varphi+\pi$，在始端后面离它一个波长的位置，相位就应该是 $\varphi+2\pi$ 等。这就明显表明，当电磁波向 $+z$ 方向传输时，越是在

电磁波的前端,相位越小,但是它所处位置的 z 值却越大,而越是在波后端,相位则越大,而它所处位置的 z 值却越小,这种规律正是由 $e^{j(\omega t-\beta z)}$ 所反映的波的相位变化情况,因为它的指数 $\omega t-\beta z$ 就表示了相位大小,显然,在相同 t 时刻,z 越大,$\omega t-\beta z$ 越小,反之,z 越小,$\omega t-\beta z$ 越大,所以包含时间因子 $e^{j(\omega t-\beta z)}$ 的电磁波是向 $+z$ 方向传输的。相反,$e^{j(\omega t+\beta z)}$ 就表示了电磁波向 $-z$ 方向传输时的相位变化。

可见,满足条件 $\gamma^2<0$,即 $k^2>k_c^2$ 时电磁波处于传播状态。

由于 $\gamma^2=k_c^2-k^2$,其中 k 始终是正值($k>0$),k_c^2 则可能有不同的取值,根据 k_c^2 的不同取值,$\gamma^2<0$ 又包括三种情况。

1) $k_c^2>0$、$k_c^2<k^2$,则 $\gamma^2=k_c^2-k^2<0$,$\gamma=j\beta$

这时,由于 $k_c^2<k^2$,即 $(2\pi/\lambda_c)^2<(2\pi/\lambda)^2$,所以

$$\lambda<\lambda_c,f>f_c \tag{1.32}$$

进而由式(1.30)可以得到

$$\beta<k \tag{1.33}$$

$\lambda<\lambda_c$ 或 $f>f_c$ 就称为波的传播条件,这时

$$\beta^2=k^2-k_c^2>0$$

成为实数。

2) $k_c^2=0$,则 $\gamma^2=-k^2<0$

由于 $k_c^2=0$,这时 $f_c=0$,$\lambda_c\to\infty$,但 γ 仍为虚数,所以对任意频率的电磁波,传播条件(1.32)都得到满足,即都能够传播,且

$$\beta=k \tag{1.34}$$

3) $k_c^2<0$,则 $\gamma^2=k_c^2-k^2=-(|k_c^2|+k^2)<0$

显然,这时 γ 仍是虚数,且

$$\beta=\sqrt{k^2-k_c^2}=\sqrt{k^2+|k_c^2|}>k \tag{1.35}$$

可以证明,$k_c^2<0$,即 k_c 是虚数时的电磁波,在一定条件下也是传播状态下的波,它可以存在于微波管中用于电子注与高频场相互作用的慢波结构中,也可以存在于介质波导的包层区。但是由于 k_c 本身也是虚数,λ_c、f_c 没有实数解,所以 λ 与 λ_c、f 与 f_c 的关系不能根据传播条件(1.32)来进行判断。

2. $\gamma^2>0$

显然,只有 $k_c^2>k^2$,才可能 $\gamma^2>0$,因此根据 $(2\pi/\lambda_c)^2>(2\pi/\lambda)^2$,这时 $\lambda>\lambda_c$,$f<f_c$,γ 为实数,我们令

$$\gamma=\alpha \tag{1.36}$$

式(1.23)和式(1.28)成为

$$\begin{cases}\alpha^2=k_c^2-k^2\\ \alpha=\dfrac{2\pi}{\lambda}\sqrt{\left(\dfrac{\lambda}{\lambda_c}\right)^2-1}=\dfrac{\omega}{c}\sqrt{\left(\dfrac{f_c}{f}\right)^2-1}=k\sqrt{\left(\dfrac{k_c}{k}\right)^2-1}\end{cases} \tag{1.37}$$

α 称为波的衰减常数。将其代入场的表达式(1.20)得

$$\boldsymbol{E} = A\boldsymbol{E}(u,v)\mathrm{e}^{\mathrm{j}\omega t}\mathrm{e}^{-\alpha z} + B\boldsymbol{E}(u,v)\mathrm{e}^{\mathrm{j}\omega t}\mathrm{e}^{\alpha z} \tag{1.38}$$

因子 $\mathrm{e}^{-\alpha z}$ 和 $\mathrm{e}^{\alpha z}$ 不再表示相位的变化,它们反映的是波的幅度在 $+z$ 方向按规律 $\mathrm{e}^{-\alpha z}$ 的衰减和在 $-z$ 方向按 $\mathrm{e}^{\alpha z}$ 规律的衰减。这就是说,这时场沿 $\pm z$ 方向没有相位变化,而只有幅值的衰减,成为一种原地随时间简谐变化(即按 $\mathrm{e}^{\mathrm{j}\omega t}$ 变化)的振荡,而在 $\pm z$ 方向则成为一种衰减场,不再有波的传播。这种状态称为波的截止状态或过截止状态。

当需要写出电磁波或场的瞬时表达式时,可利用欧拉公式将式(1.31)或式(1.38)写成复数形式,取其中的实部或虚部即成为电磁波或场的瞬时形式。

3. $\gamma^2=0$

十分明显,当 $k_c^2=k^2$ 时,γ^2 就为0,这时对应的是 $\lambda=\lambda_c, f=f_c$,而且场方程式(1.20)就成为

$$\boldsymbol{E} = (A+B)\boldsymbol{E}(u,v)\mathrm{e}^{\mathrm{j}\omega t} \tag{1.39}$$

这表明,电磁波沿 z 方向既没有相位的变化,也没有振幅的变化,换句话说,沿 z 各点波的相位相同,振幅也相同,既不存在波的传播,也不存在波的衰减,只有随时间的简谐振荡,这种状态称为波的临界状态。可见 k_c、f_c、λ_c 代表了波传播与截止之间的临界状态的物理量,波的 f 超过 f_c(即 $\lambda<\lambda_c$)就成为传播状态,反之就成为截止状态。因此 k_c 也可以称为临界波数,相应的 f_c、λ_c 有时也称为临界频率和临界波长,$f>f_c$($\lambda<\lambda_c$)称为波的传播条件,$f<f_c$($\lambda>\lambda_c$)称为波的截止条件。

1.3 相速、群速和波型

1.3.1 相速

1. 相速的定义

相速是指电磁波等相位面传播的速度,一般以 v_p 表示。设波的初始相位为零,即当 $z=0$ 时,$\varphi=0$,则导行波在传播状态下的瞬时值可写成

$$\boldsymbol{E}(u,v,z,t) = A\boldsymbol{E}(u,v)\sin(\omega t-\beta z) \tag{1.40}$$

其等相位面是

$$(\omega t-\beta z) = 常数$$

对 t 求导数:

$$\frac{\mathrm{d}}{\mathrm{d}t}(\omega t-\beta z) = \omega-\beta\frac{\mathrm{d}z}{\mathrm{d}t} = 0 \tag{1.41}$$

则相速

$$v_p = \frac{\mathrm{d}z}{\mathrm{d}t} = \frac{\omega}{\beta} \tag{1.42}$$

2. 色散

在 $k^2>k_c^2>0$ 的传播状态下,根据相速的定义,由式(1.30),可以写出相速与频率的关系:

$$v_p = \frac{\omega}{\beta} = \frac{c}{\sqrt{1-(f_c/f)^2}} = \frac{c}{\sqrt{1-(\lambda/\lambda_c)^2}} \tag{1.43}$$

由于传播状态满足条件 $\lambda < \lambda_c, f > f_c$，所以上式表明这时 $v_p > c$，即相速大于光速。关系式(1.43)可以画成如图1-3所示的曲线。从图上可以看出，在 $f > f_c$ 区域，v_p 不仅大于 c，而且随频率的变化而变化，这种电磁波的相速随频率变化而变化的现象称为色散。

导行波的色散关系更普遍的一种表示方法是 k—β 关系曲线，因为 $k = \omega/c = 2\pi f/c$，而 $\beta = \omega/v_p$，所以 k—β 曲线实际上同样可以反映出 v_p 与 f 的关系，而且我们以后会看到，这种色散表示方法更为方便。根据在传播条件下

$$\beta^2 = k^2 - k_c^2 \tag{1.44}$$

当固定 k_c 值时，我们就可以画出导行波的 k—β 曲线(图1-4)。而当传输线的类型及尺寸以及传输波型(见1.3.4小节)给定后，k_c 就是一个确定值，也就是说，色散曲线 k—β 将因传输线、传输波型不同而不同，但它们的基本形状都是一样的。在图1-4中同时给出了 $k_c = 0, k = \beta$ 的直线，它代表的是 $v_p = c$ 的无色散波，也称为光速线。

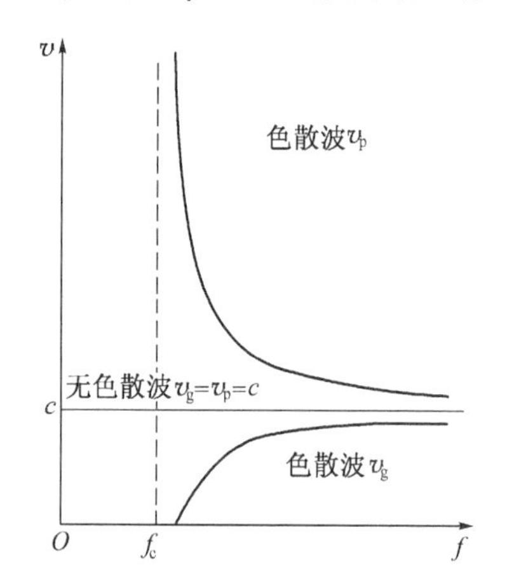

图1-3 电磁波的相速与群速

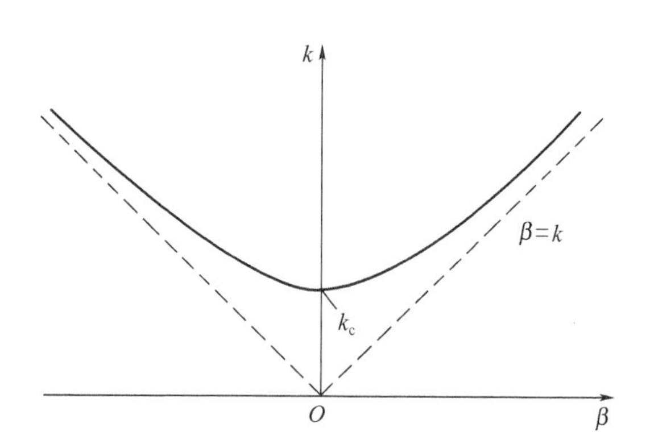

图1-4 导行波的 k—β 色散曲线

3. 波导波长

对于色散波，其波长可以定义为

$$\lambda_g = \frac{v_p}{f} = \lambda/\sqrt{1-(\lambda/\lambda_c)^2} = \lambda/\sqrt{1-(f_c/f)^2} \tag{1.45}$$

将上式与式(1.30)对比，即可得出

$$\lambda_g = \frac{2\pi}{\beta}, \qquad \beta = \frac{2\pi}{\lambda_g} \tag{1.46}$$

λ_g 称为相波长，更多地被称为波导波长或导波波长，这是因为在金属波导中传播的波正是这种色散波，其波长就是 λ_g 而不再是 λ。

λ_g 与 λ 是有区别的：λ 与 f 存在一一对应的关系，λ 与传输系统尺寸无关；而 λ_g 则不仅与 f 有关，而且与波导尺寸有关，也与波型有关(因为式(1.45)中的 λ_c 取决于波型和系统尺寸)，λ_g 与 f 也不再保持一一对应。

1.3.2　群速

1. 波群

色散波的相速大于光速，这是在前面得到的结论，但是这一结论与大家已经熟知的相对论是否矛盾呢？其实并不矛盾，问题在于波的相速并不代表信号或能量的传递速度，因为稳态的简谐电磁波是单色波，单色波并不能携带任何信息。任何信号都必须利用调制的电磁波才能传递，调制波不再是单色波，而是由若干不同频率的单色波叠加，构成一个波群组成的。故信号传递的速度是波群（或波包）在空间传播的速度。

2. 群速

波群的传播速度称为群速，或者说调制波的信号传播速度称为群速。为了方便，我们以一个最简单的调制波——两个振幅相等而频率与相位常数略有差别的简谐波叠加后的波为例来求群速的表达式。

设

$$\begin{cases} E_1(z,t) = E_0 e^{j(\omega t-\beta z)} \\ E_2(z,t) = E_0 e^{j[(\omega+\delta\omega)t-(\beta+\delta\beta)z]} \end{cases} \tag{1.47}$$

将 $E_1(z,t)$ 和 $E_2(z,t)$ 两个波叠加：

$$E(z,t) = E_1(z,t) + E_2(z,t) = E_0 e^{j(\omega t-\beta z)}\left[1 + e^{j(\delta\omega t-\delta\beta z)}\right] =$$

$$2E_0 e^{j\left[\left(\omega+\frac{\delta\omega}{2}\right)t-\left(\beta+\frac{\delta\beta}{2}\right)z\right]}\cos\left(\frac{\delta\omega}{2}t - \frac{\delta\beta}{2}z\right) = E_m(z,t)\, e^{j\left[\left(\omega+\frac{\delta\omega}{2}\right)t-\left(\beta+\frac{\delta\beta}{2}\right)z\right]} \tag{1.48}$$

上式表明叠加后的调制波仍是一个行波，其角频率和相位常数为原来的两个波的角频率和相位常数的平均值，其振幅为

$$E_m(z,t) = 2E_0\cos\left(\frac{\delta\omega}{2}t - \frac{\delta\beta}{2}z\right) \tag{1.49}$$

可见，这个叠加波的振幅受频率为 $\delta\omega/2$、相位常数为 $\delta\beta/2$ 的余弦波的调制，这个调制波的振幅称为包络（或称波包）（见图 1－5），它就代表了信号，因此包络的移动速度就是信号的传播速度，也就是群速。包络上的等相位面为

$$\frac{\delta\omega}{2}t - \frac{\delta\beta}{2}z = 常数$$

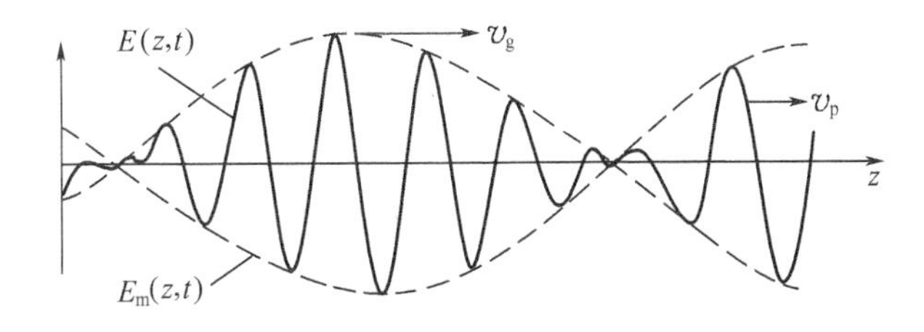

图 1－5　调制波波形

对时间求导数:

$$\frac{\delta\omega}{2}-\frac{\delta\beta}{2}\frac{\mathrm{d}z}{\mathrm{d}t}=0 \tag{1.50}$$

当 $\delta\omega\to0,\delta\beta\to0$,即得到群速

$$v_g=\frac{\mathrm{d}z}{\mathrm{d}t}=\frac{\mathrm{d}\omega}{\mathrm{d}\beta} \tag{1.51}$$

由 $v_p=\dfrac{\omega}{\beta}$,可以得到

$$\begin{cases} v_g=\dfrac{\mathrm{d}}{\mathrm{d}\beta}(\beta v_p)=v_p+\beta\dfrac{\mathrm{d}v_p}{\mathrm{d}\beta}=v_p+\dfrac{\omega}{v_p}\dfrac{\mathrm{d}v_p}{\mathrm{d}\omega}v_g \\ v_g=\dfrac{v_p}{1-\dfrac{\omega}{v_p}\dfrac{\mathrm{d}v_p}{\mathrm{d}\omega}} \end{cases} \tag{1.52}$$

3. 群速与相速的关系

群速与相速的关系,从式(1.52)出发,我们对 $v_p>0$ 和 $v_p<0$ 两种情况分别进行讨论。

1) 当 $v_p>0$ 时,又分为三种情形

(1) $\mathrm{d}v_p/\mathrm{d}\omega=0$,即相速不随频率变化而改变,为无色散波,此时 $v_g=v_p$。可见,弱色散要求相速与群速尽量接近。

(2) $\mathrm{d}v_p/\mathrm{d}\omega>0$,频率越高相速越大,这种情况称为反常色散或异常色散。

反常色散又存在两种情况:当 $0<\omega\mathrm{d}v_p/(v_p\mathrm{d}\omega)<1$ 时,式(1.52)第二式中分母小于1而大于0,因此 $v_g>v_p$ 且 $v_p>0,v_g>0$,两者同号,即方向一致,这种情况称为正色散;当 $\omega\mathrm{d}v_p/(v_p\mathrm{d}\omega)>1$ 时,式(1.52)第二式中分母小于0,v_p 与 v_g 反号,$v_g<0,v_p>0$,方向相反,这种情况称为负色散。

(3) $\mathrm{d}v_p/\mathrm{d}\omega<0$,频率越高相速越小,这种情况称为正常色散;这时,$v_g<v_p$,群速小于相速;且 $v_p>0$ 与 $v_g>0$ 同号,所以正常色散是正色散。图1-3中给出了这种情况下的 v_g 曲线。

2) 当 $v_p<0$ 时,可以进行类似的讨论

要特别注意的是,$v_p<0$ 只是表示 v_p 的方向与 $v_p>0$ 时相反,而 v_p 随 ω 改变而变化的规律并不需要考虑 v_p 的方向,而只需要根据 v_p 的绝对大小 $|v_p|$ 来判断,亦即根据 $\mathrm{d}|v_p|/\mathrm{d}\omega$ 来判断。

(1) $\mathrm{d}|v_p|/\mathrm{d}\omega=0$,同样满足 $\mathrm{d}v_p/\mathrm{d}\omega=0$,所以仍然是无色散波,且 $v_g=v_p$,只是这时 $v_g<0,v_p<0$。

(2) $\mathrm{d}|v_p|/\mathrm{d}\omega>0$,这时随频率提高相速的绝对大小随之增加,仍然属于反常色散。

在 $0<\omega\mathrm{d}|v_p|/(|v_p|\mathrm{d}\omega)=\omega\mathrm{d}v_p/(v_p\mathrm{d}\omega)<1$ 的范围内,$|v_g|>|v_p|$,且 $v_p>0$,$v_g>0$,两者同号,方向一致,所以还是正色散;在 $\omega\mathrm{d}|v_p|/(|v_p|\mathrm{d}\omega)=\omega\mathrm{d}v_p/(v_p\mathrm{d}\omega)>1$ 的范围内,$v_g>0$ 而 $v_p<0$,v_p 与 v_g 反号,还是负色散。

(3) $\mathrm{d}|v_p|/\mathrm{d}\omega<0$,频率提高,相速绝对值减小,仍属于正常色散。而且这时

$\omega \mathrm{d}|v_p|/|v_p|\mathrm{d}\omega=\omega \mathrm{d}v_p/(v_p \mathrm{d}\omega)<0$，所以 $|v_g|<|v_p|$，群速还是小于相速；而且 $v_p<0$ 以及 $v_g<0$，二者仍是同号，属于正色散。

由此我们可以得出：反常色散可以是正色散，也可以是负色散，而正常色散则一定是正色散。

在波的传播状态 $k^2>k_c^2$ 的情况下，根据式(1.43)计算得到的 v_p 曲线(图 1-3)表明，v_p 是随频率的增加而降低的，即属于正常色散，这时其群速可表示成

$$v_g=\frac{\mathrm{d}\omega}{\mathrm{d}\beta}=c\sqrt{1-\left(\frac{f_c}{f}\right)^2}=c\sqrt{1-\left(\frac{\lambda}{\lambda_c}\right)^2}<c \tag{1.53}$$

可见，这时群速不仅小于相速而且小于光速(见图 1-3)，正因为群速反映的是信号传播的速度，所以它必须符合狭义相对论的原则。

但是，波群在色散系统中传播时，组成该波群的不同频率的单色波具有不同的相速，在传播过程中各单色波之间的相位关系将发生变化，从而导致信号的失真，这就是色散。所以，“色散”两字的本身意思实际上指信号的失真(或称畸变)，它是由于组成波群的各单色波因频率不同因而相速不同引起的，所以把这种相速随频率改变的现象也叫作色散。

当色散很严重时，信号的畸变就变得非常严重，波群散开，波群包络显著展宽及变形，这时群速也就失去了物理意义。由此可见，群速的应用也是有限制的。

4. 相速与群速的形象理解

相速与群速的概念可以通过波浪的运动来形象直观地进行说明。如图 1-6 所示，假设一个波浪与河岸成 θ 角度，从左向右前进，显然，该波浪的前进速度应以垂直于波浪的波阵面(图中画出了波峰波阵面)的矢量来表示，即图中垂直波阵面的直线 AB。所以，如果波浪从 A 点前进到 B 点，其速度为 v，与此同时，波浪掠过堤岸的距离则是从 C 点到了 B 点，或者说，从堤岸上的人看来，波浪的运动速度应该是平行堤岸的矢量，即 v_p。也可以这样说，如果在堤岸有一个人与波浪同方向运动，显然，他必须以 v_p 速度运动才可能与波浪同步前进。v_p 是等相位面移动的速度，所以称为相速，从图上可以看出：$v_p>v$，而且 θ 越小，v_p 比 v 大得越多；只有 $\theta=90°$时，$v_p=v$。

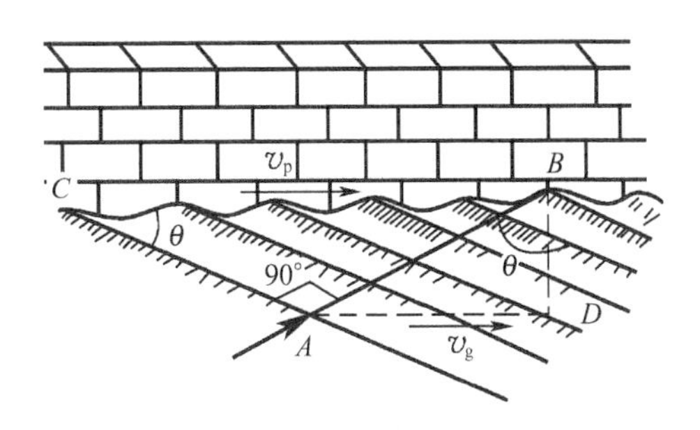

图 1-6　波浪运动中的相速和群速

从能量的角度来看，波阵面上的某一点从 A 点运动到 B 点，则它所携带的能量同样从 A 点到达了 B 点，但从堤岸上的人看来，能量在平行于堤岸方向只是从 A 点移动到了 D 点，或者说，能量沿堤岸方向(波导轴向)移动的速度就是 v_g，因此也可以说，群速 v_g 只是 v

在相速 v_p 方向上的一个分量。由图可以立即发现：$v_g < v$，θ 越小，v_g 比 v 小得越多；只有 $\theta = 90°$ 时，$v_g = v = v_p$。

可见，相速和群速的大小取决于观察者所取方向与波浪运动方向的关系，即 θ 的大小，根据图1-6可以得到

$$\begin{cases} v_p = v/\sin\theta > v \\ v_g = v\sin\theta < v \\ v_p v_g = v^2 \end{cases} \tag{1.54}$$

如果将波浪换成电磁波，则波的速度就应是 c，因此同样有

$$\begin{cases} v_p > c \\ v_g < c \\ v_p v_g = c^2 \end{cases} \tag{1.55}$$

这就更形象地说明了相速可以大于光速，而群速只能小于光速的概念。

1.3.3 能速

在色散严重时，信号已经严重失真，因而代表信号传播速度的群速也就失去了意义，但是这时电磁波的能量传输仍然存在。因此必须定义一个能代表能量传输快慢而且与色散无关的速度，这就是能速，它的定义是

$$v_e = \frac{P}{W} \tag{1.56}$$

式中，P 为传输系统中的平均功率流密度；W 为电磁场的储能密度。

对于金属波导，将在其中传输的色散波功率与储能代入式(1.56)，很容易得到它的能速就等于群速，正因为此，所以在很多场合下，人们往往把群速也解释成能量的传递速度。但是，在一般情况下，从严格意义上来说，能速与群速是有区别的，特别是在反常色散($dv_p/d\lambda < 0$)情况下，两者差别很明显，在正常色散($dv_p/d\lambda > 0$)情况下，两者也只是近似相等。在强色散区，群速已经失去物理意义，但能速仍然是有其明确的物理意义的。

1.3.4 波型

在上节关于波的传播状态的讨论中已知道，在 $k^2 > k_c^2 > 0$、$k_c^2 = 0$ 及 $k_c^2 < 0$ 三种条件下电磁波都能传播，但是这三种情形传播的波是不同的，或者说具有不同的波型。波型是指在传输系统中能够独立存在并能单独满足系统边界条件的电磁场结构，波型也可以称为模式。

对应三种不同的传播条件，波型也可分为3类。

1. 横电磁波

一般记为TEM波，其特征是电磁场只有横向分量而纵向分量为零，即 $E_z = 0$，$H_z = 0$。TEM波对应 $k_c^2 = 0$ 的情况，所以这时

$$k = \beta, v_p = c, v_g = c, \lambda_g = \lambda$$

这种导行波在真空或大气充填的传输系统中相速和群速都等于光速。显然,它是无色散波。

横电磁波只有在双导体或多导体传输系统中才能存在。

2. 横电波与横磁波

横电波亦称为磁波,记为 TE 波或 H 波,其特征是 $E_z=0$ 而 $H_z\neq0$;横磁波亦称为电波,记为 TM 波或 E 波,其特征是 $H_z=0$ 而 $E_z\neq0$。这类波对应 $k_c^2>0$ 且 $k_c^2<k^2$ 的情况,因此

$$\beta^2=k^2-k_c^2>0,k>\beta$$

于是有

$$v_p>c,v_g<c,\lambda_g>\lambda$$

可见,这种导行波的特点是相速大于光速,因而称为快波,它们是色散波。

在金属波导中传输的波就是 TE 波或 TM 波,所以 TE 波或 TM 波又称为波导模。

那么,在波导内能传输 TEM 波吗?根据 TEM 波的特点可以知道,如果波导内部存在 TEM 波,则由于 TEM 波要求没有 H 波的纵向分量,所以它的磁场只能完全在波导的横截面内,而且磁力线必须是闭合曲线。由麦克斯韦方程可知,横向闭合曲线上磁场的积分应等于与曲线相交链的纵向电流,这就意味着,必须在波导中心存在传导电流或是位移电流,由于波导只有单一的一个导体,波导是中空的,中间没有导体,所以它不可能存在纵向的传导电流;而就位移电流来说,由于位移电流必须由与其同方向的电场产生,即必须有纵向电场存在,显然,这个结论又是与 TEM 波既不存在纵向的电场也不存在纵向的磁场的定义相矛盾的,所以波导不能传播 TEM 波,只能传播 TE 波或 TM 波,只有双导体或多导体系统才可能传播 TEM 波。

3. 混合波

混合波亦称磁电波或电磁波,分别记为 HE 波或 EH 波,其特征是电场和磁场的纵向分量都不为零,$E_z\neq0,H_z\neq0$。若场的纵向分量以磁场为主,而场的横向分布类似于 TE 波,则为 HE 波,反之则为 EH 波。这类波对应的是 $k_c^2<0$ 的情况。

$$\beta^2=k^2+|k_c^2|,\beta>k,v_p<c,\lambda_g<\lambda$$

这表明混合波的相速小于光速,称为慢波,慢波也是色散波。对慢波而言,关系式 $v_g\cdot v_p=c^2$ 也不再成立。

这类波沿开放式高频结构、介质波导的包层区等传播,而且集中在传输线表面附近的空间,所以又称为表面波。

1.4 微波传输线的等效长线理论与阻抗

1.4.1 传输线的特性阻抗、输入阻抗及反射系数

1. 电报方程

所谓长线是指传输线长度比电磁波波长长得多的传输线。长线理论是一种电路理

论,它用“路”的方法来处理传输线中“场”的问题,从而使我们可以借用熟知的电路中的概念来解释微波传输线中的现象,使问题处理得以简化,这种方法就是微波传输线的等效长线法。

在低频传输线中,电容、电感、电阻等都是集总参数的组件,也就是说,它们是集中连接在传输线的几个有限点上的。但在微波情况下,集总参数的概念已不再适用,传输线的电容、电感、电阻和电导都连续分布在整个传输线长度上。换句话说,线上任何一个无限小线元 dz 都分布有一定大小的电阻 $R_0\mathrm{d}z$、电感 $L_0\mathrm{d}z$,线间分布有一定大小的电导 $G_0\mathrm{d}z$ 和电容 $C_0\mathrm{d}z$,整个传输线则由无穷多个这样的线元连接构成,称为分布参数电路。分布参数电路的等效电路如图 1-7(a)所示,取其中一个线元重新画出如图 1-7(b)所示,应用基尔霍夫定律,有

$$\begin{cases} u(z+\mathrm{d}z,t)-u(z,t)+(R_0+\mathrm{j}\omega L_0)\mathrm{d}z\cdot i(z,t)=0 \\ i(z+\mathrm{d}z,t)-i(z,t)+(G_0+\mathrm{j}\omega C_0)\mathrm{d}z\cdot u(z+\mathrm{d}z,t)=0 \end{cases} \tag{1.57}$$

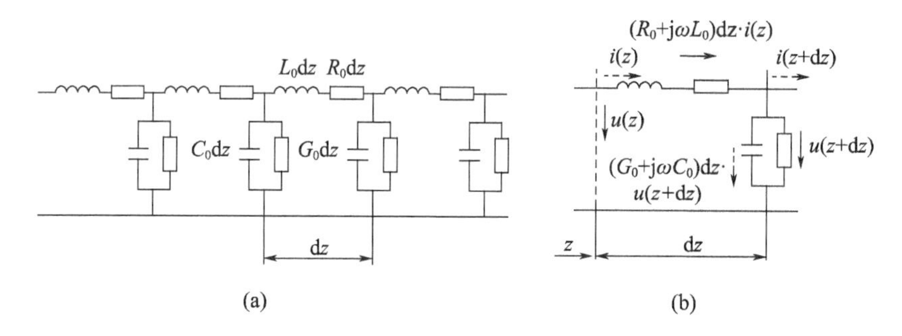

图 1-7 分布参数电路等效电路

式中,电压、电流随时间作简谐变化,时间因子为 $\mathrm{e}^{\mathrm{j}\omega t}$,即

$$\begin{cases} u(z,t)=U(z)\mathrm{e}^{\mathrm{j}\omega t} \\ i(z,t)=I(z)\mathrm{e}^{\mathrm{j}\omega t} \end{cases} \tag{1.58}$$

注意到

$$\begin{cases} u(z+\mathrm{d}z,t)-u(z,t)=\dfrac{\mathrm{d}u(z,t)}{\mathrm{d}z}\cdot\mathrm{d}z \\ i(z+\mathrm{d}z,t)-i(z,t)=\dfrac{\mathrm{d}i(z,t)}{\mathrm{d}z}\cdot\mathrm{d}z \end{cases} \tag{1.59}$$

将式(1.59)代入式(1.57),忽略 dz 的平方项,则可得到

$$\begin{cases} \dfrac{\mathrm{d}U(z)}{\mathrm{d}z}=-(R_0+\mathrm{j}\omega L_0)I(z)=-ZI(z) \\ \dfrac{\mathrm{d}I(z)}{\mathrm{d}z}=-(G_0+\mathrm{j}\omega C_0)U(z)=-YU(z) \end{cases} \tag{1.60}$$

式中

$$\begin{cases} Z=R_0+\mathrm{j}\omega L_0 \\ Y=G_0+\mathrm{j}\omega C_0 \end{cases} \tag{1.61}$$

注意由于简谐波的时间因子总可以写成 $e^{j\omega t}$ 的形式，所以为了书写简化，在以后的讨论中一般不再写出 $e^{j\omega t}$ 因子。

对式(1.60)再微分一次，得到

$$\begin{cases} \dfrac{d^2U(z)}{dz^2} - YZU(z) = 0 \\ \dfrac{d^2I(z)}{dz^2} - YZI(z) = 0 \end{cases} \tag{1.62}$$

该方程组称为均匀传输线方程，一般也称为电报方程。它与波动方程(1.11)和式(1.12)类似，也是一个二阶齐次线性常微分方程，其通解为

$$\begin{cases} U(z) = A_1 e^{-\gamma z} + A_2 e^{\gamma z} \\ I(z) = B_1 e^{-\gamma z} + B_2 e^{\gamma z} \end{cases} \tag{1.63}$$

可见，$U(z)$、$I(z)$ 都是由两个分别向 $+z$ 方向和 $-z$ 方向传播的行波组合而成，它们的传播常数为

$$\gamma = \sqrt{YZ} = \sqrt{(R_0 + j\omega L_0)(G_0 + j\omega C_0)} = \alpha + j\beta \tag{1.64}$$

2. 特性阻抗

由式(1.60)以及式(1.63)可求得

$$\begin{cases} I(z) = -\dfrac{1}{Z}\dfrac{dU(z)}{dz} = \dfrac{\gamma}{Z}(A_1 e^{-\gamma z} - A_2 e^{\gamma z}) = Y_c(A_1 e^{-\gamma z} - A_2 e^{\gamma z}) \\ U(z) = -\dfrac{1}{Y}\dfrac{dI(z)}{dz} = \dfrac{\gamma}{Y}(B_1 e^{-\gamma z} - B_2 e^{\gamma z}) = Z_c(B_1 e^{-\gamma z} - B_2 e^{\gamma z}) \end{cases} \tag{1.65}$$

式中

$$\begin{cases} \dfrac{\gamma}{Z} = \sqrt{\dfrac{Y}{Z}} = Y_c = \dfrac{1}{Z_c} \\ \dfrac{\gamma}{Y} = \sqrt{\dfrac{Z}{Y}} = Z_c = \dfrac{1}{Y_c} \end{cases} \tag{1.66}$$

Z_c、Y_c 分别称为传输线的特性阻抗和特性导纳。

$$Z_c = \frac{\sqrt{R_0 + j\omega L_0}}{\sqrt{G_0 + j\omega C_0}} = \sqrt{\frac{L_0}{C_0}}\sqrt{\frac{1 - \dfrac{jR_0}{\omega L_0}}{1 - \dfrac{jG_0}{\omega C_0}}} \tag{1.67}$$

在微波波段，由于频率很高，对于由金属导体构成的传输线来说，ωL_0 和 ωC_0 远大于 R_0 和 G_0，因此往往可以忽略传输线的损耗，$R_0 \approx 0$，$G_0 \approx 0$，这时

$$Z_c = \sqrt{\frac{L_0}{C_0}}, \qquad Y_c = \sqrt{\frac{C_0}{L_0}} \tag{1.68}$$

这就是无损耗传输线的特性阻抗,式中,在国际单位制(SI)和绝对实用单位制(MKSA)中:电阻的单位是欧姆,它的量纲是[米]^2[千克][秒]$^{-3}$[安培]$^{-2}$;电感的单位是亨利,它的量纲是[米]^2[千克][秒]$^{-2}$[安培]$^{-2}$;电容的单位是法拉,它的量纲是[米]$^{-2}$[千克]$^{-1}$[秒]^4[安培]^2。将电感和电容的量纲代入上面的阻抗表达式中,就正好得到电阻的量纲,也就是说,亨利除以法拉再开方,将得到欧姆,反之,法拉除以亨利再开方,将得到电导单位西门子。根据式(1.64)又有

$$\gamma = \mathrm{j}\beta = \mathrm{j}\omega\sqrt{L_0C_0} \tag{1.69}$$

由于这时 γ 为纯虚线,这表明式(1.63)中电压、电流行波在传播过程(z 变化)中只有相位的变化而没有幅值的变化。因此,无耗传输线的电压、电流呈现正向和反向的等幅行波,特性阻抗 Z_c 为实数,即电压与电流同相。

在方程(1.63)中,我们称向 $+z$ 方向传播的波为入射波,记作 $U_+(z)$、$I_+(z)$,而向 $-z$ 方向传播的波称为反射波,记为 $U_-(z)$、$I_-(z)$。根据式(1.63)及式(1.65)可以写出

$$\begin{cases} \text{入射波} \quad U_+(z) = A_1\mathrm{e}^{-\mathrm{j}\beta z}, \quad I_+(z) = Y_cA_1\mathrm{e}^{-\mathrm{j}\beta z} \\ \text{反射波} \quad U_-(z) = A_2\mathrm{e}^{\mathrm{j}\beta z}, \quad I_-(z) = -Y_cA_2\mathrm{e}^{\mathrm{j}\beta z} \end{cases} \tag{1.70}$$

由此可得到

$$Z_c = \frac{1}{Y_c} = \frac{U_+(z)}{I_+(z)} = -\frac{U_-(z)}{I_-(z)} \tag{1.71}$$

可见,特性阻抗表征的是无耗传输线中入射波的电压与电流之比,或者反射波的电压与电流之比的负值。特性阻抗是由传输线本身的特性参数 L_0、C_0 及 R_0、G_0 决定的,既与负载无关,也与测量点的位置无关,传输线的尺寸和填充介质一经确定,它的特性阻抗也就确定了。

3. 输入阻抗

若无耗传输线长度为 L,其终端电压 $U(L)$ 与电流 $I(L)$ 已知,则联立方程式(1.63)与式(1.65)可得

$$\begin{cases} A_1 = \dfrac{U(L) + Z_cI(L)}{2}\mathrm{e}^{\mathrm{j}\beta L} \\ A_2 = \dfrac{U(L) - Z_cI(L)}{2}\mathrm{e}^{-\mathrm{j}\beta L} \end{cases} \tag{1.72}$$

将 A_1、A_2 代回式(1.63)和式(1.65),令 $l = L - z$,得到

$$\begin{cases} U(l) = \dfrac{U(L) + Z_cI(L)}{2}\mathrm{e}^{\mathrm{j}\beta(L-z)} + \dfrac{U(L) - Z_cI(L)}{2}\mathrm{e}^{-\mathrm{j}\beta(L-z)} = \\ \quad U_+(L)\mathrm{e}^{\mathrm{j}\beta l} + U_-(L)\mathrm{e}^{-\mathrm{j}\beta l} \\ I(l) = \dfrac{U(L) + Z_cI(L)}{2Z_c}\mathrm{e}^{\mathrm{j}\beta(L-z)} - \dfrac{U(L) - Z_cI(L)}{2Z_c}\mathrm{e}^{-\mathrm{j}\beta(L-z)} = \\ \quad \dfrac{U_+(L)}{Z_c}\mathrm{e}^{\mathrm{j}\beta l} - \dfrac{U_-(L)}{Z_c}\mathrm{e}^{-\mathrm{j}\beta l} = I_+(L)\mathrm{e}^{\mathrm{j}\beta l} + I_-(L)\mathrm{e}^{-\mathrm{j}\beta l} \end{cases} \tag{1.73}$$

式中，l 是从传输线的终点到观察点 z 的距离，所以这时 $e^{j\beta l}$ 表示波向 l 减小的方向即 z 增加的方向传播，是 z 向的入射波，反之 $e^{-j\beta l}$ 表示波向 l 增加即 z 减小的方向传播，对 z 向来说是反射波。

应用欧拉公式：

$$e^{j\beta l} = \cos\beta l + j\sin\beta l, e^{-j\beta l} = \cos\beta l - j\sin\beta l$$

于是由式(1.73)就可以得到

$$\begin{cases} U(l) = U(L)\cos\beta l + jZ_c I(L)\sin\beta l \\ I(l) = I(L)\cos\beta l + jY_c U(L)\sin\beta l \end{cases} \tag{1.74}$$

在低频电路中曾熟知电压与电流之比值为电阻，类似地也可以定义微波传输线上任意一点 l（注意，l 是以传输线终端作为起始点计算的长度）上的电压与电流的比值为阻抗，该阻抗称为该点的输入阻抗 Z_{in}：

$$Z_{in}(l) = \frac{U(l)}{I(l)} = Z_c \frac{Z_L\cos\beta l + jZ_c\sin\beta l}{Z_c\cos\beta l + jZ_L\sin\beta l} = Z_c \frac{Z_L + jZ_c\tan\beta l}{Z_c + jZ_L\tan\beta l} \tag{1.75}$$

式中，$Z_L = U(L)/I(L)$ 为传输线终端的阻抗，即负载阻抗。由此可见，传输线上任一点的输入阻抗与传输线的特性阻抗、负载阻抗及该点到负载的距离都有关。

输入阻抗对负载阻抗和传输线特性阻抗的变换关系可以由图 1－8 表示。

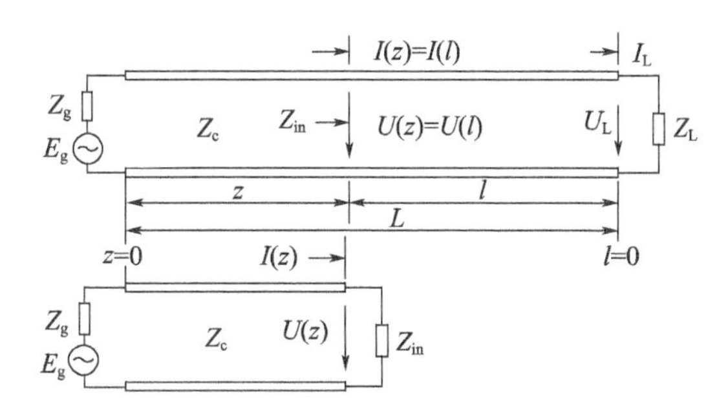

图 1－8　输入阻抗对负载阻抗和传输线特性阻抗的变换关系

根据图 1－8，输入阻抗 Z_{in} 的物理意义可以这样理解：图中 E_g 是微波源的电动势，Z_g 是它的内阻抗，传输线的特性阻抗为 Z_c，观察点位于以源点作为起始点的 z 点，也就是以负载点作为起始点的 l 点。这时输入阻抗 Z_{in} 表示的是从观察点向负载看过去的阻抗，也就是负载阻抗 Z_L 和从观察点到负载的传输线 l 段的特性阻抗 Z_c 一起反映到观察点 z 点的阻抗（图 1－8 下图）。输入阻抗也可以看作是一个阻抗变换关系，负载阻抗 Z_L 经过一段特性阻抗为 Z_c、线长为 l 的传输线后变换为阻抗 Z_{in}。

输入阻抗与特性阻抗是两个完全不同的概念，Z_c 是传输线的固有参数，与工作状态无关，一个传输线只有一个 Z_c 值；而 Z_{in} 的大小则与工作状态，即与 β 相关，而且还与观察点在传输线上的位置 l 有关，因此它将随传输线上传输的波的状态不同以及观察点位置的不同而不同。

4. 反射系数

传输线上任意一点 l（l 为离负载的距离，若以传输线始端为起点，则距离为 z，$l = L - z$）的反射波电压与入射波电压之比为该点的反射系数：

$$\Gamma(l) = \frac{U_-(l)}{U_+(l)} \tag{1.76}$$

由式(1.73),上式就可写成

$$\Gamma(l) = \frac{U_-(L)\mathrm{e}^{-\mathrm{j}\beta l}}{U_+(L)\mathrm{e}^{\mathrm{j}\beta l}} = \Gamma_{\mathrm{L}}\mathrm{e}^{-2\mathrm{j}\beta l} = |\Gamma_{\mathrm{L}}|\mathrm{e}^{\mathrm{j}(\phi_{\mathrm{L}}-2\beta l)} \tag{1.77}$$

式中,Γ_{L} 为负载点 $l=0(z=L)$ 的反射系数,ϕ_{L} 为它的辐角。将式(1.73)代入 $Z_{\mathrm{L}} = U(L)/I(L)$,并注意 $z=L$ 时 $l=0$,有

$$Z_{\mathrm{L}} = \frac{U_+(L) + U_-(L)}{U_+(L) - U_-(L)}Z_{\mathrm{c}} \tag{1.78}$$

于是有

$$\Gamma_{\mathrm{L}} = \frac{U_-(L)}{U_+(L)} = \frac{Z_{\mathrm{L}} - Z_{\mathrm{c}}}{Z_{\mathrm{L}} + Z_{\mathrm{c}}} = \left|\frac{Z_{\mathrm{L}} - Z_{\mathrm{c}}}{Z_{\mathrm{L}} + Z_{\mathrm{c}}}\right|\mathrm{e}^{\mathrm{j}\phi_{\mathrm{L}}} = |\Gamma_{\mathrm{L}}|\mathrm{e}^{\mathrm{j}\phi_{\mathrm{L}}} \tag{1.79}$$

由式(1.73)出发,Γ_{L} 亦可以表示成

$$\Gamma_{\mathrm{L}} = \frac{U(L) - Z_{\mathrm{c}}I(L)}{U(L) + Z_{\mathrm{c}}I(L)} \tag{1.80}$$

式(1.77)表明,无耗传输线上任意一点的反射系数,其模始终不变且与负载反射系数的模相等,而其辐角则与观察点的位置有关,与距离 l(或 z)成线性关系。因此,我们在线上任意位置测量得到的反射系数的模的大小,就代表了整个传输线上的反射系数的模。

正如在写出式(1.74)时已指出的,z 与 l 实际上是同一观察点,所以利用反射系数定义式(1.76)和式(1.77),可以将式(1.73)改写成

$$\begin{aligned} U(l) &= U_+(L)\mathrm{e}^{\mathrm{j}\beta l}[1 + \Gamma(L)\mathrm{e}^{-2\mathrm{j}\beta l}] = U_+(l)[1 + \Gamma(l)] \\ I(l) &= I_+(L)\mathrm{e}^{\mathrm{j}\beta l}[1 - \Gamma(L)\mathrm{e}^{-2\mathrm{j}\beta l}] = I_+(l)[1 - \Gamma(l)] \end{aligned} \tag{1.81}$$

于是由此得到

$$Z(l) = \frac{U(l)}{I(l)} = \frac{U_+(l)[1 + \Gamma(l)]}{I_+(l)[1 - \Gamma(l)]} = Z_{\mathrm{c}}\frac{1 + \Gamma(l)}{1 - \Gamma(l)} \tag{1.82}$$

1.4.2 传输线工作状态

无耗传输线由于负载的不同,将形成不同的工作状态,一般可以将它们归纳为三种状态。

1. 行波状态

1) 行波状态形成的条件

如果负载吸收全部入射波的功率而不产生反射,在传输线上就形成行波状态,此时传输线上将只存在一个 $+z$ 方向的行波。由式(1.80)可知,要使反射波为零的条件是

$$U(L) - Z_{\mathrm{c}}I(L) = 0 \tag{1.83}$$

将上式代入式(1.80),得到 $\Gamma_{\mathrm{L}}=0$,进而由式(1.79)和式(1.77)就可以得到

$$\begin{cases} Z_{\mathrm{L}} - Z_{\mathrm{c}} = 0, Z_{\mathrm{L}} = Z_{\mathrm{c}} \\ \Gamma(z = L) = \Gamma_{\mathrm{L}} = 0 \end{cases} \tag{1.84}$$

这就是说，行波状态要求负载阻抗 Z_L 等于传输线的特性阻抗，或者说要求所谓的两者匹配，因此这时的负载也称为匹配负载，这时传输线的工作状态也称为匹配状态。匹配状态下的传输线不产生反射，反射系数为 0。

2）行波状态的特点

当线上反射波为零时，由式(1.73)可以写出传输线上电压波的瞬时值

$$u(l,t) = \left|\frac{U(L) + Z_c I(L)}{2}\right| \sin(\omega t + \beta l + \varphi_0) = |U_0| \sin(\omega t + \beta l + \varphi_0) \tag{1.85}$$

式中，φ_0 为电压入射波的初相角。相应地由式(1.73)也可以写出行波状态下波的电流的瞬时值

$$i(l,t) = \frac{|U_0|}{Z_c} \sin(\omega t + \beta l + \varphi_0) \tag{1.86}$$

根据式(1.68)，Z_c 应为一个纯电阻，不引起相位变化，即 i 与 u 应为同相，所以

$$i(l,t) = |I_0| \sin(\omega t + \beta l + \varphi_0) \tag{1.87}$$

由此可得到线上任意一点 l 的输入阻抗

$$Z_{in} = \frac{U(l)}{I(l)} = \frac{|U_0|}{|I_0|} = Z_c \tag{1.88}$$

行波状态下无耗传输线上的电压波形如图 1-9 所示。

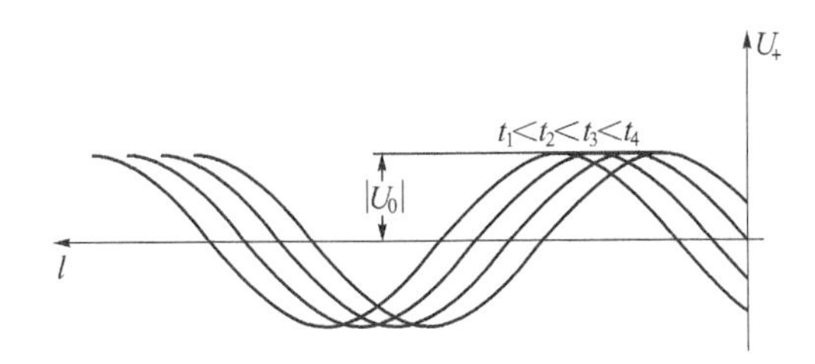

图 1-9　无耗传输线上的行波状态

由式(1.85)～式(1.88)可以得到行波状态的特点：① 传输线上将形成一个仅在 $+z$ 方向行进的行波；② 沿线各点电压、电流的幅值不变；③ 各点电压和电流相位相同；④ 沿线各点的输入阻抗均等于传输线的特性阻抗；⑤ 线上各点的反射系数均为 0。

2. 驻波状态

1）形成驻波状态的条件

如果负载完全不吸收微波有功功率，则入射波在负载处将全部被反射，反射波电压幅值等于入射波电压幅值，这种全反射的状态称为驻波状态，或者纯驻波状态。

根据式(1.76)，当传输线发生全反射时，$|U_-(l)| = |U_+(l)|$，所以 $|\Gamma_L| = 1$，即

$$|\Gamma(l)| = |\Gamma_L| = \left|\frac{Z_L - Z_c}{Z_L + Z_c}\right| = 1 \tag{1.89}$$

无耗传输线的特性阻抗根据式(1.68)应为实数，这样，要使上式成立，只有 $Z_L = 0$、∞

或 $\pm jX_L$ 三种情形，这就表明，形成驻波状态的负载必须是短路、开路或纯电抗。

2) 终端短路

终端短路时 $Z_L=0$，由式(1.79)得到

$$\Gamma_L = -1 \tag{1.90}$$

即 $U_-(l) = -U_+(l)$，利用式(1.73)及欧拉公式，就可以求得电压、电流的幅值：

$$\begin{cases} |U(l)| = j2|U_+(L)|\sin\beta l \\ |I(l)| = \dfrac{2|U_+(L)|}{Z_c}\cos\beta l = 2|I_+(L)|\cos\beta l \end{cases} \tag{1.91}$$

在终端，$l=0$，由式(1.91)立即可以得到，短路电路的终端电压幅值为0，而终端电流幅值是入射波电流幅值的两倍

$$\begin{cases} |U(0)| = 0 \\ |I(0)| = 2|I_+(L)| \end{cases} \tag{1.92}$$

在更一般的情况下，当 $\beta l = n\pi(n=0,1,2,\cdots)$ 时，在线上出现电压的最小值和电流的最大值，且 $|I(l)|_{max}=2|I_+(L)|$，$|U(l)|_{min}=0$；而当 $\beta l=(n+1)\pi/2(n=0,1,2,\cdots)$ 时，在线上则出现电压的最大值和电流的最小值，且 $|U(l)|_{max}=2|U_+(L)|$，$|I(l)|_{min}=0$。我们分别称最大值为波腹，最小值为波节。将上述两式分别乘以时间因子，利用欧拉公式即得到电压和电流的瞬时值：

$$\begin{cases} u(l,t) = \mathrm{Im}[U(l)e^{j\omega t}] = \mathrm{Im}[2U_+(L)\sin\beta l e^{j(\omega t+\frac{\pi}{2})}] = \\ \qquad 2|U_+(L)|\sin\beta l\cos(\omega t+\varphi_0) \\ i(l,t) = \mathrm{Im}[I(l)e^{j\omega t}] = \mathrm{Im}\left[\dfrac{2U_+(L)}{Z_c}\cos\beta l e^{j\omega t}\right] = \\ \qquad 2\left|\dfrac{U_+(L)}{Z_c}\right|\cos\beta l\sin(\omega t+\varphi_0) \end{cases} \tag{1.93}$$

上式表明，电压和电流不仅在沿 l 的分布上有π/2 的相位差，而且在随时间 t 的变化上也有π/2的相位差。

终端短路时传输线上的驻波状态如图 1－10 所示。

由式(1.91)可以得到终端短路传输线各点的输入阻抗：

$$Z_{in}(l) = jZ_c\tan\beta l \tag{1.94}$$

可见这时各点的输入阻抗均为纯电抗。短路线输入阻抗的变化特点是：

(1) $l=0$，即在终端 $Z_{in}(0)=0$，相当于 L_0、C_0 串联谐振；

(2) $0<l<\lambda/4$，Z_{in}为感抗，所以说，小于 $\lambda/4$ 的短路线相当于一个电感；

(3) $l=\lambda/4$，$Z_{in}(\lambda/4)\to\infty$，等效于 L_0、C_0 并联谐振，即相当于传输线开路；

(4) $\lambda/4<l<\lambda/2$，Z_{in}为容抗；

(5) $l=\lambda/2$，$Z_{in}(\lambda/2)=0$，重新回到串联谐振状态，阻抗的变化完成了一次周期变化，然后重复以上变化规律，变化一周的周期为 $\lambda/2$。

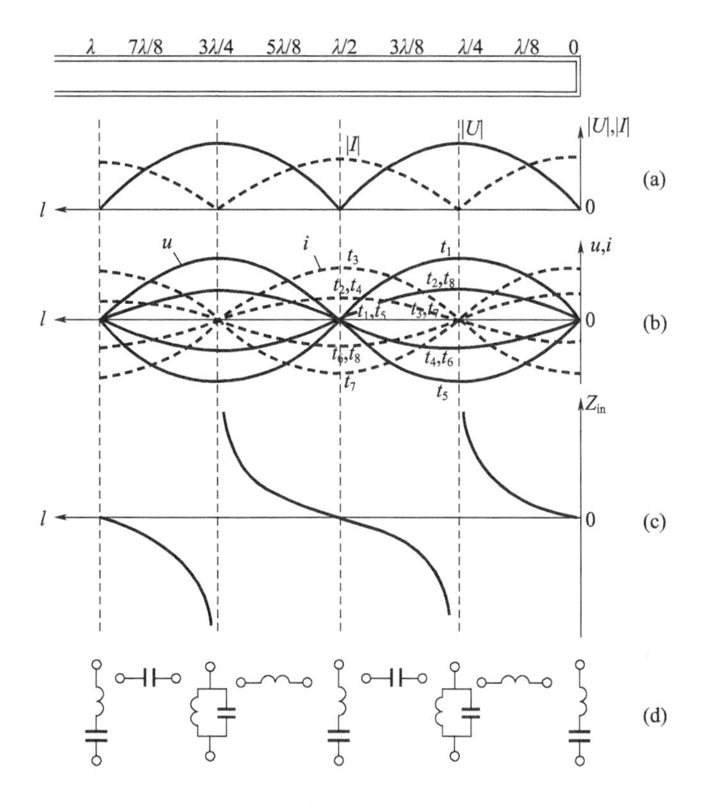

图1-10　传输线终端短路时的驻波特性

(a)驻波幅值分布;(b)驻波瞬时值分布($t_1<t_2<t_3<t_4<t_5<t_6<t_7<t_8$);

(c)输入阻抗特性曲线;(d)输入阻抗等效电路。

所谓终端短路意味着终端将是理想金属短路线,对于电磁波来说,就是理想金属平面,而 $\Gamma=-1$,则说明在这样的终端上,入射波电压与反射波电压的幅值大小相等、方向相反,因此在终端刚好抵消,成为电压波节点。根据短路线上电压和电流在线上的分布有 $\pi/2$ 的相位差这一规律,在线的终端既然是电压的波节点,那对电流来说,就应该是波腹点,这从物理上也是很易理解的结果,短路电流显然是最大电流。

3) 终端开路

这时 $Z_L=\infty$,$\Gamma_L=1$,类似于终端短路情况,可以求出沿线电压、电流的幅值、瞬时值及输入阻抗。

$$\begin{cases}|U(l)| = 2|U_+(L)|\cos\beta l \\ |I(l)| = \mathrm{j}\dfrac{2|U_+(L)|}{Z_c}\sin\beta l\end{cases} \tag{1.95}$$

$$\begin{cases}u(l,t) = 2|U_+(L)|\cos\beta l\sin(\omega t+\varphi_0) \\ i(l,t) = \dfrac{2|U_+(L)|}{Z_c}\sin\beta l\cos(\omega t+\varphi_0)\end{cases} \tag{1.96}$$

$$Z_{in}(l) = -\mathrm{j}Z_c\cot\beta l \tag{1.97}$$

显然,在终端 $l=0$ 点开路情况下,与短路情形相反,这时,根据式(1.95),终端电压幅值是入射波电压幅值的两倍,而终端电流幅值为0,即开路的终端是电压的波腹点,电流的波节点。

$$
\begin{aligned}
|U(0)| &= 2|U_+(L)| \\
|I(0)| &= 0
\end{aligned} \tag{1.98}
$$

沿线电压和电流的分布同样在空间上和时间上有$\pi/2$的相位差,这与短路情况时相同。

图1-11给出了传输线终端开路时线上驻波状态的特性。

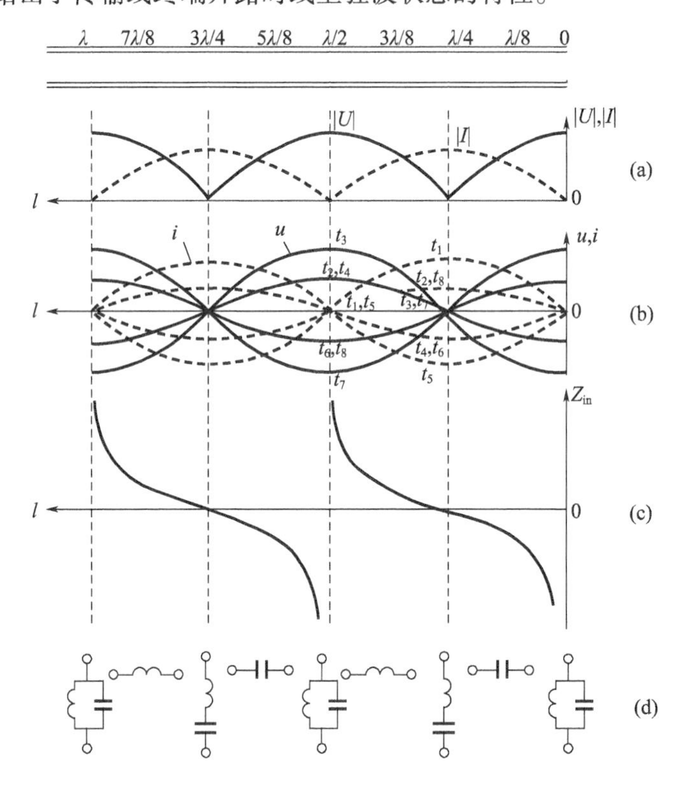

图1-11 传输线终端开路时的驻波特性

(a)驻波幅值分布;(b)驻波瞬时值分布($t_1<t_2<t_3<t_4<t_5<t_6<t_7<t_8$);

(c)输入阻抗特性曲线;(d)输入阻抗等效电路。

从图上不难看出,开路线上输入阻抗的变化特点如下:

(1) $l=0$, $Z_{\text{in}}(0)\to\infty$,即开路线终端的输入阻抗为无穷大,相当于$L_0$、$C_0$并联谐振;

(2) $0<l<\lambda/4$,Z_{in}为容抗,所以小于$\lambda/4$的开路线等效于一个电容;

(3) $l=\lambda/4$,$Z_{\text{in}}(\lambda/4)=0$,等效于$L_0$、$C_0$串联谐振,相当于传输线短路;

(4) $\lambda/4<l<\lambda/2$,Z_{in}为感抗;

(5) $l=\lambda/2$,$Z_{\text{in}}(\lambda/2)\to\infty$又回到无穷大,完成了一次周期变化。

由此得到一个重要结论:$\lambda/4$长度的开路线相当于短路线;同样道理,$\lambda/4$长度的短路线就相当于开路线。

4)终端接纯电抗负载

这时$Z_{\text{L}}=\pm jX_{\text{L}}$,$|\Gamma_{\text{L}}|=1$。根据终端短路或终端开路的传输线特性,我们知道,$l<$

$\lambda/4$ 的短路线的输入阻抗呈现感抗，而 $l<\lambda/4$ 的开路线的输入阻抗则为容抗，因此，如果负载为纯感抗，即 $Z_L=j\omega L_L$，L_L 为负载电感，则可用一段小于 $\lambda/4$ 的短路线来等效，其长度为

$$l_{el}=\frac{\lambda}{2\pi}\arctan\left(\frac{\omega L_L}{Z_c}\right)<\frac{\lambda}{4} \tag{1.99}$$

如果负载为纯容抗，即 $Z_L=-j/\omega C_L$，C_L 为负载电容，则可用一段小于 $\lambda/4$ 的开路线来等效，其长度为

$$l_{ec}=\frac{\lambda}{2\pi}\operatorname{arccot}\left(\frac{1/\omega C_L}{Z_c}\right)<\frac{\lambda}{4} \tag{1.100}$$

这样，终端为纯电抗的传输线上的电压、电流分布就可以先画出短路线或开路线上的电压、电流分布，然后分别截去 l_{el} 或 l_{ec} 段长度后得到。终端为电感或电容的传输线及其等效电路图分别如图 1－12 和图 1－13 所示。

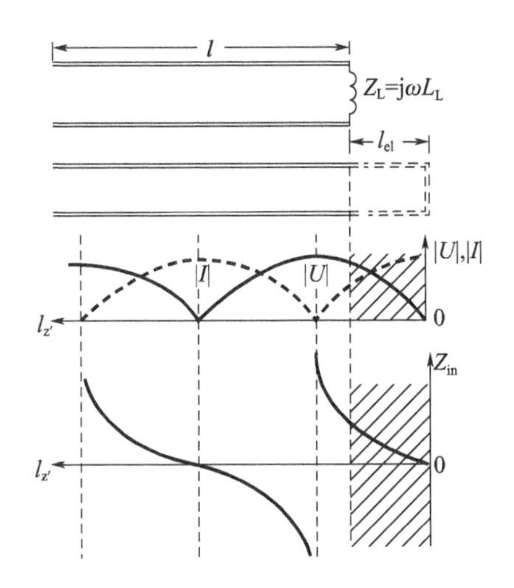

图 1－12　传输线终端接纯感抗时沿线电压、电流和阻抗分布

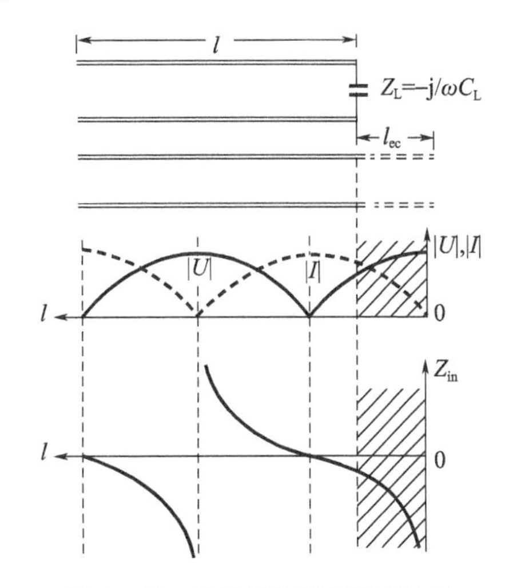

图 1－13　传输线终端接纯容抗时沿线电压、电流和阻抗分布

5）驻波状态的特点

由方程式(1.91)～式(1.95)可以看出，传输线处于驻波状态时具有如下一些特点：

(1) 电压、电流不再向 $\pm z$ 方向传播，成为一种原地随时间变化的简谐振荡，它实际上是两个分别在 $+z$ 方向和 $-z$ 方向传播的等幅行波叠加的结果。

(2) 沿线电压、电流分布具有波节点和波腹点，波节点和波腹点在线上的位置固定不变，相邻波节点的间距为半波长，波节点幅值为零，波腹点幅值则为入射波幅值的两倍。

(3) 电压和电流波形在半波长内各点振幅不同，呈现三角函数分布，但相位都各自相同，相邻半波长内电压、电流波形则相位相反。

(4) 电压和电流的波形彼此在时间和位置上都有 90°(1/4 周期)的相位差，因而纯驻波的功率是无功功率。

(5) 短路线的终端为电压波节点、电流波腹点；开路线的情形则刚好相反，终端为电压波腹点、电流波节点；终端负载为纯感抗时，离终端最近的是一个电压波腹点；终端负载

为纯容抗时,离开终端第一个出现的是电流波腹点。

(6) 离短路线终端 $\lambda/4$ 处为电压波腹、电流波节点,即相当于开路线,再经过 $\lambda/4$ 又成为短路线,即短路线的 $l=(2n+1)\cdot\lambda/4$ 点为开路线,$l=2n\cdot\lambda/4$ 点为短路线($n=0,1,2,\cdots$);开路线的情况则与之相反。

(7) 驻波状态下的无耗传输线,沿线各点的输入阻抗为纯电抗,在电压波节点或波腹点的输入阻抗则分别为0或∞。

(8) 驻波状态时沿线各点的反射系数的绝对值为1。

3. 行驻波状态

1) 形成行驻波的条件

如果传输线的负载吸收一部分入射波功率,而其余部分反射回去,这时在线上形成所谓的行驻波状态,行驻波状态是介于行波状态和驻波状态之间的一种最普通的状态。

由于行波状态时 $\Gamma_L=0$ 而驻波状态时 $|\Gamma_L|=1$,因此,行驻波状态一定满足不等式

$$0<|\Gamma_L|<1 \tag{1.101}$$

当传输线终端负载既不等于特性阻抗,也不是短路、开路或纯电抗,而具有一般形式 $Z_L=R_L\pm jX_L$ 时,终端的反射系数为

$$\Gamma_L=\frac{Z_L-Z_c}{Z_L+Z_c}=\frac{R_L^2-Z_c^2+X_L^2}{(R_L+Z_c)^2+X_L^2}\pm j\frac{2X_LZ_c}{(R_L+Z_c)^2+X_L^2}=|\Gamma_L|e^{j\phi_L} \tag{1.102}$$

根据式(1.73)和式(1.76),可写出这时线上各点的电压为

$$\begin{aligned}U(l)&=U_+(L)e^{j\beta l}+\Gamma_LU_+(L)e^{-j\beta l}\\&=U_+(L)(1-\Gamma_L)e^{j\beta l}+2\Gamma_LU_+(L)\cos\beta l\end{aligned} \tag{1.103}$$

相应的电流分布为

$$\begin{aligned}I(l)&=I_+(L)e^{j\beta l}-\Gamma_LI_+(L)e^{-j\beta l}\\&=\frac{U_+(L)}{Z_c}(1-\Gamma_L)e^{j\beta l}+j2\Gamma_L\frac{U_+(L)}{Z_c}\sin\beta l\end{aligned} \tag{1.104}$$

上式第1项代表向 $-l$ 方向($+z$ 方向)传播的行波,而第2项则代表驻波,这表明此时在线上既有行波成分也有驻波成分,所以称为行驻波状态。

2) 行驻波的特点

由于行驻波包含有驻波成分,因而电压、电流幅值的沿线分布也会出现最大值(波腹点)和最小值(波节点)。

(1) 波腹点和波节点的大小

我们可以把式(1.103)和式(1.104)重写成如下形式:

$$\begin{cases}U(l)=U_+(L)e^{j\beta l}[1+|\Gamma_L|e^{-j(2\beta l-\phi_L)}]\\I(l)=I_+(L)e^{j\beta l}[1-|\Gamma_L|e^{-j(2\beta l-\phi_L)}]\end{cases} \tag{1.105}$$

可见,当 $2\beta l-\phi_L=0$ 时将出现电压波腹点和电流波节点,其大小为

$$\begin{cases}|U|_{\max}=U_+(L)(1+|\Gamma_L|)\\|I|_{\min}=I_+(L)(1-|\Gamma_L|)\end{cases}\tag{1.106}$$

而当 $2\beta l-\phi_L=\pi$ 时,将出现电压波节点和电流波腹点,它们是

$$\begin{cases}|U|_{\min}=U_+(L)(1-|\Gamma_L|)\\|I|_{\max}=I_+(L)(1+|\Gamma_L|)\end{cases}\tag{1.107}$$

由此可见,在行驻波状态下,波腹点的电压或电流幅值不再是行波状态时的两倍,而波节点的幅值也不再是零。

(2) 波腹点和波节点的位置

根据式(1.105),电压波腹点、电流波节点显然将出现在当 $2\beta l-\phi_L=2n\pi$,即 $\beta l-\phi_L/2=n\pi(n=0,1,2,\cdots)$ 的位置上,这时

$$l_{\max}=\left(\frac{n}{2}+\frac{\phi_L}{4\pi}\right)\lambda_g\tag{1.108}$$

而电压波节点、电流波腹点则当满足条件 $2\beta l-\phi_L=(2n+1)\pi$,即 $\beta l-\varphi_L/2=(2n+1)\pi/2(n=0,1,2,3,\cdots)$ 时发生,也就是在

$$l_{\min}=\left(\frac{n}{2}+\frac{\phi_L+\pi}{4\pi}\right)\lambda_g\tag{1.109}$$

位置上。

当 $n=0$ 时,即表示从负载端向信号源方向移动时出现的第一个电压波节点离终端的距离 $l_{\min1}$(见图 1-14)为

$$l_{\min1}=\frac{\lambda_g}{4\pi}(\phi_L+\pi)\tag{1.110}$$

在少数微波技术书中,将 $l_{\min1}$ 称为电压驻波相位。

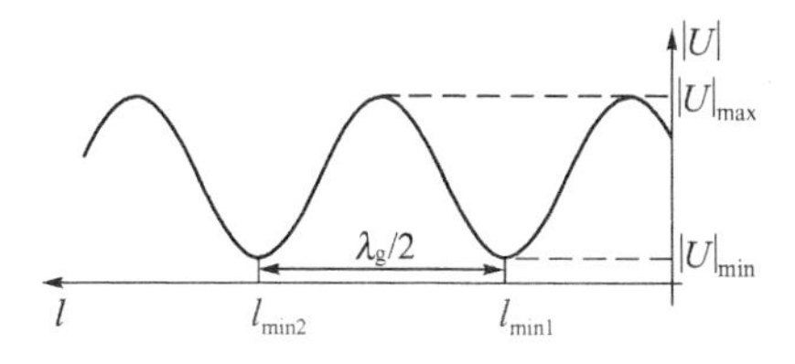

图 1-14 驻波系数的定义

(3) 波腹点波节点的输入阻抗

行驻波状态下沿线各点的输入阻抗一般为复数值,但在波腹点和波节点的输入阻抗为纯电阻,由式(1.106)和式(1.107)可得:

电压波腹、电流波节点的输入阻抗为

$$Z_{in}=\frac{U_{\max}}{I_{\min}}=Z_c\frac{1+|\Gamma_L|}{1-|\Gamma_L|}\tag{1.111}$$

电压波节、电流波腹点的输入阻抗为

$$Z_{in}=\frac{U_{min}}{I_{max}}=Z_c\frac{1-|\Gamma_L|}{1+|\Gamma_L|} \tag{1.112}$$

以及

$$\begin{cases}\dfrac{|U|_{max}}{|I|_{max}}=\dfrac{|U|_{min}}{|I|_{min}}=Z_c\\ \dfrac{|U|_{max}}{|U|_{min}}=\dfrac{|I|_{max}}{|I|_{min}}=\dfrac{1+|\Gamma_L|}{1-|\Gamma_L|}\end{cases} \tag{1.113}$$

由式(1.111)、式(1.112)可以看出,在波腹点和波节点的输入阻抗为纯电阻。

1.4.3 驻波系数和行波系数

1) 驻波系数定义

从上面的分析可知,传输线的驻波状态在不同负载情况下是不同的,只有终端短路、开路和接纯电抗负载时才会出现纯的驻波状态,而在一般情况下往往是部分驻波的状态(行驻波状态),为了描述传输线上驻波的大小,引入一个新参数:驻波系数ρ。

驻波系数定义为线上相邻的波腹点电压与波节点电压之比(见图1-14),即

$$\rho=\frac{|U|_{max}}{|U|_{min}}=\frac{|I|_{max}}{|I|_{min}} \tag{1.114}$$

注意到式(1.113)的结果,就可以得到驻波系数与反射系数的关系:

$$\rho=\frac{1+|\Gamma_L|}{1-|\Gamma_L|} \tag{1.115}$$

该式也可以写成

$$|\Gamma_L|=\frac{\rho-1}{\rho+1} \tag{1.116}$$

由于驻波系数是用电压来测量的,因此也常常把它称为电压驻波系数(VSWR)。

根据上述ρ与$|\Gamma_L|$的关系,传输线中的三种工作状态对应的ρ值大小可以表示如下:

行波状态　　$|\Gamma_L|=0,\quad \rho=1$

纯驻波状态　　$|\Gamma_L|=1,\quad \rho\to\infty$

行驻波状态　　$0<|\Gamma_L|<1,\quad 1<\rho<\infty$

2)行波系数定义

在有些文献中,还往往会使用电压行波系数K(VTWR)的概念,K的定义为线上相邻波节点电压与波腹点电压之比,即等于驻波系数的倒数

$$K=\frac{|U|_{min}}{|U|_{max}}=\frac{|I|_{min}}{|I|_{max}}=\frac{1-|\Gamma_L|}{1+|\Gamma_L|}=\frac{1}{\rho} \tag{1.117}$$

$$|\Gamma_L|=\frac{1-K}{1+K} \tag{1.118}$$

行波状态　　　　$|\Gamma_L| = 0,\quad K = 1$

纯驻波状态　　　$|\Gamma_L| = 1,\quad K = 0$

行驻波状态　　　$0 < |\Gamma_L| < 1, 0 < K < 1$

3）驻波系数的分贝值表示

在利用网络分析仪进行的微波测量中，常常用 S_{11} 的分贝值来表示驻波系数的大小，它的计算方法是

$$S_{11}(\text{功率分贝值}) = -10\lg|\Gamma|^2 = -20\lg\frac{\rho-1}{\rho+1} \tag{1.119}$$

可见所谓驻波系数的分贝值，实际上是反射系数的分贝值，两者反映的是同一物理现象。比如，$\rho = 2$，如果以分贝来表示，在网络分析仪上显示的就是 $S_{11} = -9.54\text{dB}$；$\rho = 1.2$，则对应 $S_{11} = -20.83\text{dB}$。显然，式(1.119)是从功率反射大小出发来计算的驻波系数分贝值。

1.5　传输线的阻抗匹配

1.5.1　信号源向负载传输的功率

1. 微波传输线上任意点的电压、电流

接入了信号源的微波传输系统可以由图 1－15 表示，图中，E_g 为电源电动势，Z_g 为电源内阻抗，Z_{in} 为从线上任意一点 z 向负载方向看过去的输入阻抗，Z_c 为传输线的特性阻抗，Z_L 为负载阻抗。

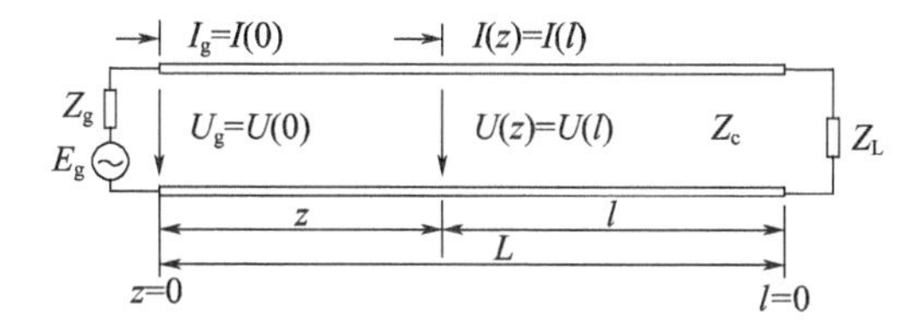

图 1－15　接有信号源和负载的微波传输线

在 1.4 节中已经得到线上任意点的电压和电流表达式(1.73)，该式是从负载端电压 $U(L)$、电流 $I(L)$ 出发，以 l 为变量写出的，如果从信号端电压 $U(0)$、电流 $I(0)$ 出发，以 z 为变量写出这个表达式，显然，它将成为

$$\begin{aligned} U(z) &= U_+(0)e^{-j\beta z} + U_-(0)e^{+j\beta z} \\ I(z) &= I_+(0)e^{-j\beta z} + I_-(0)e^{+j\beta z} = \frac{1}{Z_c}[U_+(0)e^{-j\beta z} - U_-(0)e^{+j\beta z}] \end{aligned} \tag{1.120}$$

在信号源端 $z = 0$，该点的电压 $U(0)$、电流 $I(0)$ 就是

$$\begin{aligned} U(0) &= U_g = U_+(0) + U_-(0) \\ I(0) &= I_g = I_+(0) + I_-(0) = \frac{1}{Z_c}[U_+(0) - U_-(0)] \end{aligned} \tag{1.121}$$

U_g 又可以表示成

$$U_g = E_g - I_g Z_g = E_g - I(0)Z_g \tag{1.122}$$

利用式(1.120)和式(1.121)、式(1.122)就可以得到负载端阻抗 Z_L和信号源内阻抗 Z_g与电压、电流的关系

$$Z_L=\frac{U(L)}{I(L)}=\frac{U_+(0)e^{-j\beta L}+U_-(0)e^{j\beta L}}{U_+(0)e^{-j\beta L}-U_-(0)e^{j\beta L}}Z_c \tag{1.123}$$

$$Z_g=\frac{U(0)}{I(0)}=\frac{E_g-[U_+(0)+U_-(0)]}{U_+(0)-U_-(0)}Z_c \tag{1.124}$$

由此可以得到

$$U_+(0)=\frac{E_gZ_c}{(Z_g+Z_c)\left[1-\left(\frac{Z_g-Z_c}{Z_g+Z_c}\right)\left(\frac{Z_L-Z_c}{Z_L+Z_c}\right)e^{-j2\beta L}\right]}$$

$$U_-(0)=U_+(0)\left(\frac{Z_L-Z_c}{Z_L+Z_c}\right)e^{-j2\beta L} \tag{1.125}$$

由式(1.79)已经知道负载端反射系数可表示为

$$\Gamma_L=\frac{Z_L-Z_c}{Z_L+Z_c} \tag{1.126}$$

同样,可以定义信号源端的反射系数为

$$\Gamma_g=\frac{Z_g-Z_c}{Z_g+Z_c} \tag{1.127}$$

注意,Γ_L和 Γ_g都是复数。于是式(1.125)就可以写成

$$U_+(0)=\frac{E_gZ_c}{(Z_g+Z_c)(1-\Gamma_g\Gamma_Le^{-j2\beta L})}$$

$$U_-(0)=U_+(0)\Gamma_Le^{-j2\beta L} \tag{1.128}$$

将式(1.128)代入式(1.120),得到传输线上任意一点 z 的电压、电流为

$$U(z)=\frac{E_gZ_c}{(Z_g+Z_c)(1-\Gamma_g\Gamma_Le^{-j2\beta L})}(e^{-j\beta z}+\Gamma_Le^{-j2\beta L}e^{-j\beta z})$$

$$I(z)=\frac{E_g}{(Z_g+Z_c)(1-\Gamma_g\Gamma_Le^{-j2\beta L})}(e^{-j\beta z}-\Gamma_Le^{-j2\beta L}e^{-j\beta z}) \tag{1.129}$$

2. 信号源向负载方向传输的功率

一个内阻抗为 Z_g的不匹配信号源 E_g,经过一段特性阻抗为 Z_c的传输线与负载阻抗 Z_L相连接,如图 1-16 中上面的图所示。显然,负载阻抗 Z_L经过长度为 L 的传输线转换到信号源端的等效阻抗应该是在信号端向负载方向的输入阻抗 Z_{in}。

$$Z_{in}=Z_c\frac{Z_L+jZ_c\tan\beta L}{Z_c+jZ_L\tan\beta L}=R_{in}+jX_{in} \tag{1.130}$$

由此可以画出在信号源截面上的等效电路如图 1-16 中下面的图所示。阻抗 Z_g也应该可以写成实部和虚部之和,即

$$Z_g=R_g+jX_g \tag{1.131}$$

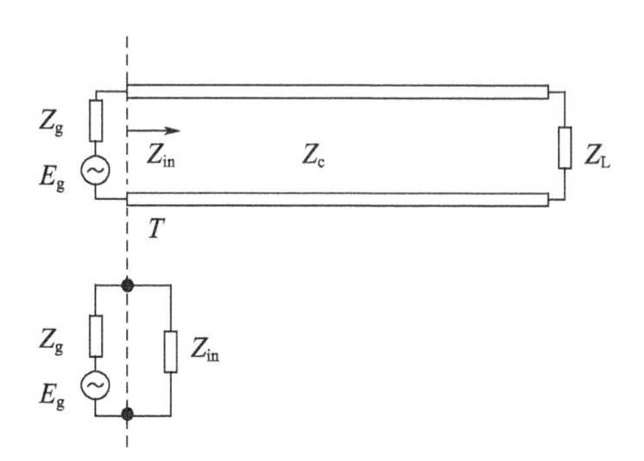

图 1 – 16　微波传输系统的一般连接电路和它在信号源截面上的等效电路

在这种情况下，信号源向负载传输的功率可表示为

$$P=\frac{1}{2}\frac{E_gE_g^*}{(Z_g+Z_{in})(Z_g+Z_{in})^*}\mathrm{Re}\{Z_{in}\}=\frac{1}{2}\frac{|E_g|^2R_{in}}{(R_g+R_{in})^2+(X_g+X_{in})^2}\quad(1.132)$$

1.5.2　传输线的阻抗匹配

阻抗匹配是微波技术中一个十分重要的概念，它表示的是传输线特性阻抗、负载阻抗及信号源内阻抗三者之间的一种特定的配合关系，以达到或者使微波传输线或系统不产生反射，线上电压、电流分布为行波状态，或者使负载从信号源获得最大功率的目的。阻抗匹配通常有三种不同的情况。

1. 负载阻抗匹配

负载与传输线之间的阻抗匹配，要求负载阻抗等于传输线的特性阻抗，即

$$Z_L=Z_c\quad(1.133)$$

这时，根据式(1.126)，$\Gamma_L=0$，这就意味着传输线上就只有入射波而无反射波，在 1.4.2 小节中我们就已经指出，这时传输线传输的是纯行波，在这种匹配条件下所接的负载称为匹配负载。

在 $Z_L=Z_c$ 的条件下，由于不会产生反射波，负载就可以吸收全部入射功率，在传输线上也不会产生驻波。由于驻波波腹处的电场幅值比行波电场幅值大得多，容易导致传输线击穿，降低了传输线传输的功率容量，所以在连接匹配负载时，传输线能传输的功率将最大。另外，反射波返回微波源还会影响它的工作，甚至破坏微波功率源。可见，没有反射波，不仅可使传输线传输最大功率，而且微波源工作也最稳定。

由于 $Z_L=Z_c$，根据式(1.131)，这时 $Z_{in}=Z_c$。如果传输线的特性阻抗是实数，即是电阻性的，则这时电源传输给负载的功率，在负载与传输线阻抗匹配时，就可简化为

$$P=\frac{1}{2}\frac{|E_g|^2R_c}{(R_g+R_c)^2+(X_g)^2}\quad(1.134)$$

式中，R_c 此时就是传输线特性阻抗。

2. 电源阻抗匹配

当微波信号源的内阻抗等于与它连接的传输线特性阻抗，即

$$Z_{g} = Z_{c} \tag{1.135}$$

时，电源就和传输线相匹配，称这种与传输线匹配的微波源为匹配电源。

在电源阻抗匹配时，微波源输出的功率在源端不会产生反射而将全部送到负载，如果这时负载也是匹配的，则微波源输出的功率将全部被负载吸收；如果负载不匹配，从负载端反射回来的微波功率将被电源内阻吸收，不会再产生二次反射。因此匹配电源输出的功率不会随负载的改变而变化，这对微波测量系统是十分有利的，可以减少测量误差。在测量系统中，人们常常用去耦衰减器或者某种非互易元件，如铁氧体隔离器或环行器来吸收来自负载端(被测元器件端)的反射波，从而达到信号源与负载的匹配；当然，也可以利用阻抗变换器来达到同样的目的。

在电源和传输线匹配时，$R_{g} = R_{c}$，$X_{g} = X_{c}$，电源供给负载的功率是

$$P = \frac{1}{8} \frac{|E_{g}|^{2} R_{g}}{(R_{g}^{2} + X_{g}^{2})} \tag{1.136}$$

3. 共轭阻抗匹配

共轭匹配是指在传输线任意截面上，输入阻抗 Z_{in} 与信号源内阻抗 Z_{g} 互成共轭值，即在图 1－16 上，如果在电源端截面上，

$$Z_{in} = Z_{g}^{*} \tag{1.137}$$

即为共轭阻抗匹配，这时电源输出的功率最大，或者说负载获得的功率最大。

我们已经得到了信号源向负载传输的功率表达式(1.132)，显然，在 E_{g} 和 Z_{g} 保持不变的条件下，要使负载即等效电路中的负载 Z_{in} 得到最大功率，可以将式(1.132)分别对 Z_{in} 的实部 R_{in} 和虚部 X_{in} 求极值，即

$$\frac{\partial P}{\partial R_{in}} = 0, \quad \frac{\partial P}{\partial X_{in}} = 0 \tag{1.138}$$

由此分别得到

$$R_{in} = R_{g}, X_{in} = -X_{g} \tag{1.139}$$

将实部和虚部统一写成

$$Z_{in} = R_{in} + jX_{in} = R_{g} - jX_{g} = Z_{g}^{*} \tag{1.140}$$

可见，当等效负载阻抗 Z_{in} 为电源内阻抗的共轭值时，负载将得到最大功率，这种匹配就称作共轭匹配。在共轭匹配时，$Z_{L} \neq Z_{c}$，$Z_{g} \neq Z_{c}$，所以传输线上有驻波，或者说线上存在反射波。共轭匹配负载能从不匹配电源中得到比匹配电源或匹配负载还大的功率，这是因为这时从不匹配负载反射到电源的反射波再经过不匹配电源的反射而向负载传输

时，其相位和原入射波的相位相同，从而使波的幅值得到加强，而且这种来回反射一次一次地进行下去，从而使波的幅值不断得到增强，负载吸收的功率不断增大，直至达到电源能输出的最大功率。所以，即使负载和电源都有反射，负载得到的功率也是最大的。这种现象说明无反射的功率传输并不一定就是负载能够吸收到最大功率的状态；反之，负载吸收最大功率时，也并不一定是传输线上无反射的行波状态。

在共轭阻抗匹配条件下，信号源向负载传输的功率为

$$P=\frac{1}{2}|E_{\mathrm{g}}|^{2}\frac{1}{4R_{\mathrm{g}}} \tag{1.141}$$

1.5.3　阻抗匹配的作用

根据上面的讨论，可以总结阻抗匹配在传输线中的作用主要是：

在 $Z_{\mathrm{L}}=Z_{\mathrm{c}}$的条件下，由于不会产生反射波，负载就可以吸收全部入射功率，在传输线上也不会产生驻波，不会因驻波波腹处的电场幅值比行波电场幅值大得多而导致传输线击穿，所以负载匹配时，传输线可以传输的功率最大；反射波返回微波源会影响它的工作，甚至破坏微波功率源，因此没有反射波，微波源工作也最稳定。

在电源阻抗匹配时，微波源输出的功率在源端不会产生反射而将全部送到负载，如果这时负载也是匹配的，负载与传输线之间的阻抗匹配将使微波源输出的功率全部被负载吸收；如果负载不匹配，从负载端反射回来的微波功率将被电源内阻吸收，不会再产生二次反射。因此匹配电源输出的功率不会随负载的改变而变化，这对微波测量系统是十分有利的，可以减少测量误差。

当等效负载阻抗 Z_{in}为电源内阻抗的共轭值时，负载将得到最大功率，即使负载和电源都有反射，负载得到的功率仍是最大的。

1. 负载与传输线阻抗匹配

(1)负载可以吸收传输线传输的全部功率，即不会产生反射波；

(2)传输线处于行波状态，避免了反射波在传输线中产生的损耗，因而传输效率最高；

(3)传输线中不产生驻波，也就不会因出现波腹而引起击穿，从而限制传输功率，因此行波状态传输线功率容量最大；

(4)由于传输线不存在反射，不会有反射功率反馈回微波源影响微波源的工作状态，使微波源工作在最佳稳定状态；

(5)在进行微波测量时，应尽可能消除系统中来自各个终端的反射，因为反射会影响测量数据的准确性和可靠性，这就是说高质量的测量必须要求匹配。微波测量系统的校准就是为了在测试数据中抵消系统中存在的反射的影响而进行的一个重要步骤。

2. 电源与传输线阻抗匹配

微波源输出的功率在源端不会产生反射而将全部送到负载,即使负载不匹配,从负载端反射的反射波也将被电源内阻吸收,而不会再产生二次反射。因此匹配电源输出的功率将恒定,不会随负载改变而改变,这在微波测量系统中可以减少测量误差。

3. 共轭匹配

此时负载将得到最大功率,即使负载和电源与传输线之间都没有达到阻抗匹配,也就是都有反射,负载得到的功率仍然是最大的。

由此可见,阻抗匹配对于微波传输线来说是十分重要的要求,其中尤以负载阻抗匹配是最基本的阻抗匹配,如果负载不匹配,就应该利用阻抗变换器或者调配器来消除反射达到匹配,关于阻抗变换器的设计,将在第3章中讨论。

1.6 传输线圆图

在微波工程技术中,阻抗计算和阻抗匹配是最重要和最经常遇到的问题,比如输入阻抗的计算。由于它是一个复数运算,因此相当麻烦、费时,而利用传输线圆图来进行计算则十分简单方便,而且完全能满足一般的工程精度要求,因而应用十分广泛,特别是下一章将遇到的利用阻抗变换器实现阻抗匹配的问题,尤其是共轭匹配问题,更是离不开传输线圆图的使用。

传输线圆图通常又称为史密斯圆图,传输线圆图有阻抗圆图和导纳圆图两种。

1.6.1 阻抗圆图

1. 阻抗圆图的构成

1)等驻波圆

在1.4.1小节中,已经得到传输线上任意一点l的反射系数$\Gamma(l)$的表达式(1.77),即

$$\Gamma(l) = |\Gamma_{\mathrm{L}}| \mathrm{e}^{\mathrm{j}(\varphi_{\mathrm{L}} - 2\beta l)} = |\Gamma_{\mathrm{L}}| \mathrm{e}^{\mathrm{j}\theta} \tag{1.142}$$

注意,式中l是以负载端为坐标原点指向电源方向的距离值。$\Gamma(l)$是一个复数,可将它写成

$$\Gamma(l) = \Gamma' + \mathrm{j}\Gamma'' \tag{1.143}$$

这样,在横坐标为Γ'、纵坐标为$\mathrm{j}\Gamma''$的极坐标复平面上,$\Gamma(l)$就可以用以坐标原点为圆心、以$|\Gamma_{\mathrm{L}}|$为半径、以θ为辐角的圆来表示,它就是反射系数的模的轨迹圆,圆上各点的反射系数相同。$|\Gamma_{\mathrm{L}}|$不同,圆的半径不同,因而不同的反射系数在该极坐标平面上形成一族同心圆。

由于传输线上的驻波系数与反射系数存在确定的一一对应关系

$$\rho = \frac{1 + |\Gamma|}{1 - |\Gamma|} \tag{1.144}$$

因此，反射系数圆的反射系数大小也可以标注为驻波系数的大小，这时这些同心圆就称为等驻波圆。由于$0 \leqslant |\Gamma| \leqslant 1$，所以，圆图最大的圆就是$|\Gamma|=1$的圆，称为单位圆，$\Gamma(z)$所有的点都在单位圆内；而圆图的圆心就是$|\Gamma|=0$、$\rho=1$的点，代表匹配，所以圆心是阻抗匹配点。

2）等相位线

在式(1.142)中，反射系数的辐角θ可以写成

$$\theta=\varphi_{\mathrm{L}}-2\beta l=\varphi_{\mathrm{L}}-4\pi\left(\frac{l}{\lambda}\right)=4\pi\left(\frac{\varphi_{\mathrm{L}}}{4\pi}-\frac{l}{\lambda}\right)=4m\pi \tag{1.145}$$

由式(1.145)可以看出，反射系数的辐角θ等于常数的轨迹是一族从极坐标原点出发的射线，称为等相位线。定义式(1.145)中的l/λ为电长度$\bar{l}$

$$\bar{l}=\frac{l}{\lambda}=\frac{1}{4\pi}(\varphi_{\mathrm{L}}-\theta) \tag{1.146}$$

在式(1.145)中，负载反射系数的辐角φ_{L}可以认为不变，因而辐角θ直接与$\bar{l}$有关，也就是与电长度相关。当电长度增大，即$\bar{l}$增加时，表明观察点是从负载端向信号源端方向移动，根据式(1.145)，这时辐角θ减小，根据极坐标规则，等相位线向顺时针方向旋转，旋转一周，θ变化2π，电长度变化1/2，即在传输线上l向电源方向移动了$\lambda/2$长度；反之，如果电长度$\bar{l}$减小，表明观察点是从电源端向负载端方向移动，这时辐角θ增大，等相位线向逆时针方向旋转，旋转一周，在传输线上向负载方向移动了$\lambda/2$长度。

在圆图上，反射系数的辐角θ标在$|\Gamma|=1$的圆上。传输线终端开路时，在极坐标上开路点坐标为(1,0)，对应$|\Gamma|=1$，$\theta=0''$；传输线终端短路时，在极坐标上短路点坐标为(−1,0)，对应$|\Gamma|=1$，$\theta=180''$；在圆图上标注电长度时，通常把短路点($\theta=180''$)，即驻波电压最小点(驻波系数最大点)的相位作为电长度计算的起始点(零点)，这是因为，在下面就能看到，归一化阻抗的零值也在这一点。

可见，圆图上的等$|\Gamma|$圆表示的是反射系数的幅值，而等相位线则表示了反射系数的辐角。圆图中的等反射系数圆(等驻波圆)和等相位线如图1－17所示。

3）归一化等阻抗圆

圆图主要是为了方便阻抗的计算，所以在圆图上不仅能表示等驻波、等相位的线，更应该以等值线的形式表示出阻抗的值，这些等值线也是在$|\Gamma|=1$的单位圆内的一族圆，称为阻抗圆。为了使这些阻抗圆表示的值具有普适性，将阻抗值相对于传输线的特性阻抗Z_{c}归一化：

$$\bar{Z}(l)=\bar{Z}_{l}=\frac{Z(l)}{Z_{\mathrm{c}}} \tag{1.147}$$

由式(1.82)和式(1.77)，即可得到

$$\bar{Z}_{l}=\frac{Z(l)}{Z_{\mathrm{c}}}=\frac{1+\Gamma(l)}{1-\Gamma(l)}=\frac{1+|\Gamma_{\mathrm{L}}|\mathrm{e}^{\mathrm{j}\theta}}{1-|\Gamma_{\mathrm{L}}|\mathrm{e}^{\mathrm{j}\theta}} \tag{1.148}$$

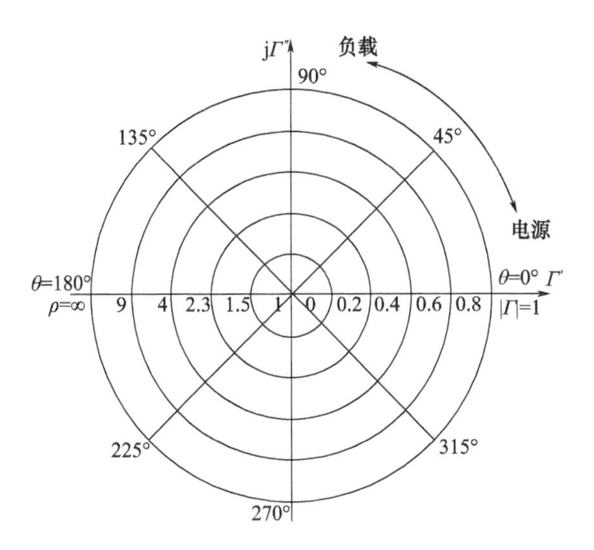

图 1-17　圆图中的等驻波圆(等反射系数)和等相位线

式中,$\overline{Z}_l$ 为传输线上任意位置 l 处的归一化阻抗,$\theta=\phi_L-2\beta l$。上式也可以换一种形式写成

$$\Gamma(l)=\frac{\overline{Z}_l-1}{\overline{Z}_l+1}=|\Gamma_L|e^{j\theta} \tag{1.149}$$

由于 $\Gamma(l)$ 和 $\overline{Z}$ 都是复数,所以可写成

$$\begin{aligned}\Gamma(l)&=\Gamma'(l)+j\Gamma''(l)\\ \overline{Z}_l&=\overline{R}_l+j\overline{X}_l\end{aligned} \tag{1.150}$$

将上式代入式(1.149),得

$$\Gamma(l)=\frac{\overline{R}_l+j\overline{X}_l-1}{\overline{R}_l+j\overline{X}_l+1}=\frac{\overline{R}_l^2+\overline{X}_l^2-1}{(\overline{R}_l+1)^2+\overline{X}_l^2}+j\frac{2\overline{X}_l}{(\overline{R}_l+1)^2+\overline{X}_l^2} \tag{1.151}$$

显然

$$\Gamma'(l)=\frac{\overline{R}_l^2+\overline{X}_l^2-1}{(\overline{R}_l+1)^2+\overline{X}_l^2},\Gamma''(l)=\frac{2\overline{X}_l}{(\overline{R}_l+1)^2+\overline{X}_l^2} \tag{1.152}$$

将两式联合求解,消去 $\overline{R}_l$ 和 $\overline{X}_l$,得到

$$\begin{aligned}&\left[\Gamma'(l)-\frac{\overline{R}_l}{\overline{R}_l+1}\right]^2+\Gamma''^2(l)=\left(\frac{1}{\overline{R}_l+1}\right)^2\\ &[\Gamma'(l)-1]^2+\left[\Gamma''(l)-\frac{1}{\overline{X}_l}\right]^2=\left(\frac{1}{\overline{X}_l}\right)^2\end{aligned} \tag{1.153}$$

在 $\Gamma(l)=\Gamma'(l)+j\Gamma''(l)$ 复平面上,上述两个方程都是圆方程,第一个是以 $\overline{R}_l$ 为参数的归一化电阻圆,第二个是以 $\overline{X}_l$ 为参数的归一化电抗圆。令 $\overline{R}_l$、$\overline{X}_l$ 分别为一系列常数,利用以上方程就可以画出两组正交的等电阻圆和等电抗圆。它们的圆心坐标和半径分别是

等电阻圆的圆心：$\Gamma'(l)=\dfrac{\overline{R}_l}{\overline{R}_l+1}$，$\Gamma''^2(l)=0$

等电阻圆的半径：$\dfrac{1}{\overline{R}_l+1}$

等电抗圆的圆心：$\Gamma'(l)=1$，$\Gamma''(l)=\dfrac{1}{\overline{X}_l}$

等电抗圆的半径：$\dfrac{1}{\overline{X}_l}$

由于等电阻圆的圆心纵坐标为 0，表明圆心都在实轴上，而且圆心的横坐标和半径之和等于 1，因此，在 $\Gamma(l)=\Gamma'(l)+\mathrm{j}\Gamma''(l)$ 复平面内，等电阻圆都与点(1,0)相切；而由于等电抗圆的圆心横坐标都是 1，圆心的纵坐标和半径相等，因此，等电抗圆都在点(1,0)处与实轴相切。

由式(1.153)可以看出，所有归一化等电阻圆和归一化等电抗圆都将被限制在 $|\Gamma|=1$ 的单位圆里，如图 1－18 所示，这就是所说的阻抗圆图。

2. 阻抗圆图的性质

可以利用图 1－19 来讨论阻抗圆图的一些特性。

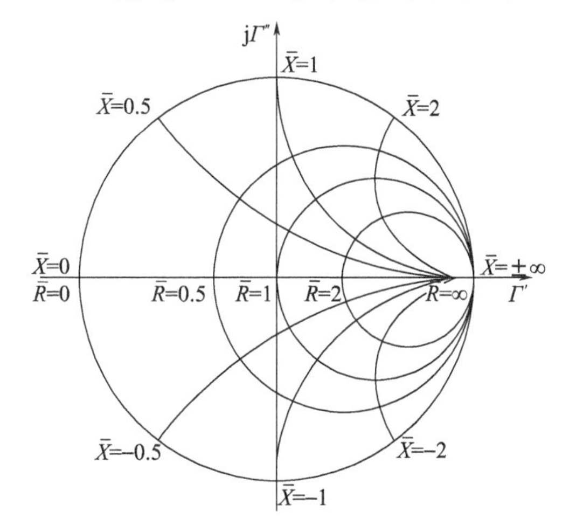

图 1－18　由等电阻圆和等电抗圆组成的阻抗圆图

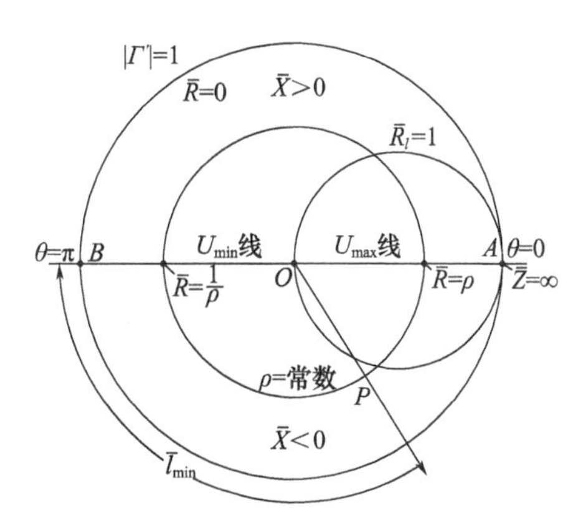

图 1－19　反映阻抗圆图特性的点、线、面

1）匹配点

圆图的圆心点 $\Gamma'(l)=\Gamma''(l)=0$，为坐标原点，在这里 $\Gamma(l)=0$，$\rho=1$，$\overline{Z}=1$，$Z=Z_c$，代表匹配状态，所以圆图的圆心是匹配点。

2）纯电阻线

(1)纯电阻线。在单位圆的实轴 AOB 上，$\Gamma''(l)=0$，$\Gamma(l)$只有实数，根据式(1.152)，要使 $\Gamma''(l)=0$，$\overline{X}_l$ 就必须为零，这样，阻抗 $Z(l)$就只有电阻 $\overline{R}$，可见，圆图中的横坐标是纯电阻线。

(2)最大电压线。在实轴的 OA 段上 Γ 的辐角 $\theta=0''$,而实轴是纯电阻线,$\overline{X}_l=0$,这样由式(1.152)就得到

$$\Gamma(l)=\Gamma'(l)=\frac{\overline{R}_l^2-1}{(\overline{R}_l+1)^2}=\frac{\overline{R}_l-1}{\overline{R}_l+1} \tag{1.154}$$

OA 段是圆图原点正向半径,$\overline{R}_l>1$,则 $\Gamma(l)>0$(见图1-18),由此得到

$$\overline{R}_l=\frac{1+\Gamma(l)}{1-\Gamma(l)}=\rho,\overline{R}_l=\frac{Z_l}{Z_c}=\frac{R_l}{R_c},R_l=\rho Z_c \tag{1.155}$$

将上式与式(1.111)对比,两者一致,因而说明在 OA 段上的点代表电压波腹即电压最大值 U_{max} 的点,而且 OA 段上的归一化阻抗值也就是该点的驻波系数值。

(3)最小电压线。实轴的 OB 段上 Γ 的辐角 $\theta=180''$,由于 OB 段是原点负向半径,$\overline{R}_l<1$,根据式(1.154),这时 $\Gamma(l)$ 将小于0,$\Gamma(l)<0$,因此得到

$$\overline{R}_l=\frac{1-\Gamma(l)}{1+\Gamma(l)}=\frac{1}{\rho}=K,R_l=\frac{1}{\rho}Z_c=KZ_c \tag{1.156}$$

由式(1.112)可知,这时在 OB 段上的所有点都代表电压波节即电压最小值 U_{min} 的点,其上的归一化阻抗值就是该点的行波系数值,即驻波系数的倒数。

(4)第一个波节点的距离。既然 OB 段上的点都是电压波节点,因此它就可以用来计算从负载出发向电源移动时传输线上出现第一个电压波节点 U_{min} 的距离 l_{min1}(见式(1.109))的归一化值 $\bar{l}_{min1}$。按照规定,圆图上任意点 P 所对应的 $\bar{l}_{min}$ 值,应该是通过该点等相位线顺时针(向电源方向)转到与最小电压线相重合时,所转过的电长度。

3)纯电抗线

(1)纯电抗线。在圆图的单位圆上 $|\Gamma|=1$,$\rho\to\infty$,而由等电阻圆的圆心及半径表达式可以看出,当 $\overline{R}_l=0$ 时,圆心为(0,0),半径为1,正好就是单位圆,可见单位圆的圆周是纯电抗圆,$\overline{R}_l=0$,$\overline{Z}=\mathrm{j}\overline{X}_l$。既然单位圆是纯电抗圆,这就意味着落在单位圆上的负载将不会吸收微波功率,传输线中是纯驻波状态。

(2)短路点、开路点。单位圆与正实轴的交点 A,对应 $\Gamma=1$,$\overline{Z}\to\infty$,是开路点;与负实轴的交点 B,对应 $\Gamma=-1$,$\overline{Z}=0$,是短路点。

4)感性半圆、容性半圆

阻抗圆图的上半圆,$\overline{X}_l>0$,归一化阻抗为 $\overline{Z}_l=\overline{R}_l+\mathrm{j}\overline{X}_l$,其电抗对应感抗,所以上半圆是感性半圆;而阻抗圆图的下半圆,$\overline{X}_l<0$,$\overline{Z}_l=\overline{R}_l-\mathrm{j}\overline{X}_l$,其电抗对应容抗,所以下半圆是容性半圆。

5)在圆图上的旋转

圆图旋转一周为 $\lambda/2$ 而不是 λ;顺时针旋转是从负载向电源方向移动,逆时针旋转则是从电源向负载方向移动。

1.6.2　导纳圆图

1. 导纳圆图的获得

在实用的微波电路中，会经常遇到导纳而不是阻抗的计算问题，对于并联电路，导纳的计算也要比阻抗计算方便得多，因此，除了阻抗圆图外，导纳圆图也得到了普遍应用。

在介绍微波传输线的等效长线理论和阻抗的 1.4 节中，已经得到输入阻抗的计算式(1.75)，在该式中，如果传输线从负载起算的长度 l 为 $\lambda/4$，即 $\beta l=\pi/2$，则这时输入阻抗是

$$Z_{in}=\frac{Z_c^2}{Z_L} \tag{1.157}$$

将 Z_{in}和 Z_L都对传输线特性阻抗 Z_c进行归一化，得到

$$\overline{Z}_{in}=\frac{Z_L}{Z_c}=\frac{1}{\overline{Z}_L},\overline{Z}_L=\frac{1}{\overline{Z}_{in}} \tag{1.158}$$

而归一化的导纳与归一化阻抗互为倒数关系，所以同在 l 点的归一化导纳就是

$$\begin{aligned}\overline{Y}_l&=\frac{Z_c}{Z_l}=\frac{1}{\overline{Z}_l}=\frac{1}{\overline{Z}_{in}}=\overline{G}+j\overline{B}\\ Y_l&=\frac{1}{Z_l}=\frac{\overline{Y}_l}{Z_c}\end{aligned} \tag{1.159}$$

式中，$\overline{G}$ 为归一化电导，$\overline{B}$ 为归一化电纳。比较式(1.158)和式(1.159)，得

$$\overline{Y}_l=\overline{Z}_L \tag{1.160}$$

式(1.160)表明，圆图中任意一点的归一化阻抗值经过 $\lambda/4$ 移动后就是归一化导纳值，同样，该归一化导纳值再经过 $\lambda/4$ 变换后就是原来的归一化阻抗值。由此我们可以得出结论：阻抗圆图上的任意点的归一化阻抗值，在圆图上旋转 180°(即对应 $\lambda/4$)即得到对应的归一化导纳值，或者也可以说，把整个阻抗圆图旋转 180°，就得到了导纳圆图，它是在 Γ 的极坐标复平面上由一族等电导圆和一族等电纳圆所组成，如图 1-20 所示。

2. 导纳圆图的性质

导纳圆图与阻抗圆图在形式上完全相同，但是导纳圆图上的一些点、线、面的物理意义与阻抗圆图有些相同，有些则不同，可以利用图 1-21 来指出导纳圆图上的点、线、面的性质。

(1)匹配点。导纳圆图的极坐标原点 O 仍是匹配点，$\overline{G}=1$，$\overline{B}=0$，这与阻抗圆图完全相同。

(2)纯电纳圆和短路点、开路点。在导纳圆图中，$|\Gamma|=1$ 的最大圆是纯电纳圆，在此圆上，$\overline{G}=0$。圆上的 A 点对应于 $\Gamma=-1$，$\overline{Y}=\infty$，为短路点；而 B 点则对应于 $\Gamma=1$，$\overline{Y}=0$，成为开路点，这与阻抗圆图中的情况刚好相互对换。

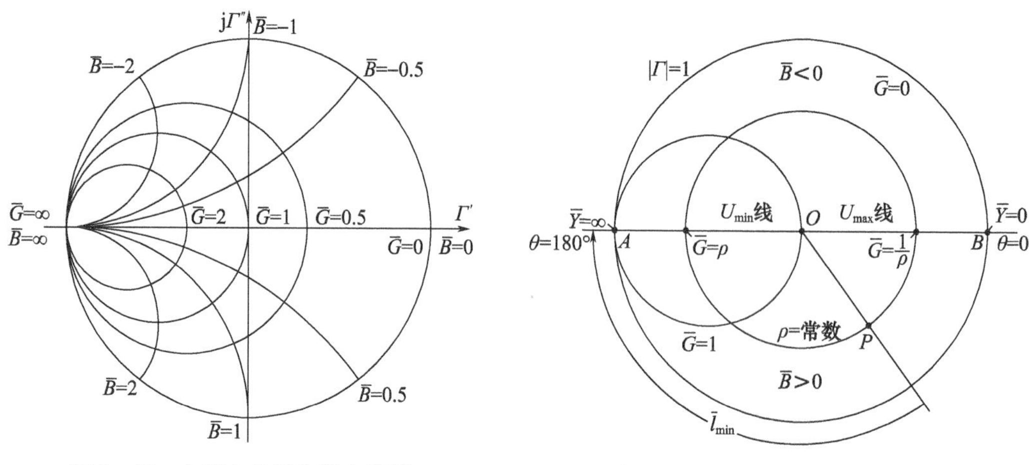

图1-20　由等电导圆和等电纳圆组成的导纳圆图

图1-21　反映导纳圆图特性的点、线、面

(3)纯电导线和最大电压线、最小电压线。导纳圆图中的实轴AOB与阻抗圆图类似，$\overline{B}=0$，是纯电导线。其中AO段线上的反射系数辐角为180°，即$\Gamma=-1$，入射波与反射波电压反相，所以是电压波节线，也就是最小电压线；反之，BO段线上的反射系数辐角为0°，即$\Gamma=1$，入射波与反射波电压同相，所以是电压波腹线，也就是最大电压线。这种情况也与阻抗圆图正好对换。

(4)在导纳圆图中，任意点P的$\overline{l}_{\min}$值的度量这时应以AO段线，即以最小电压线为基准，这是与阻抗圆图相同的；而驻波系数ρ的大小也应以AO段线上$\overline{G}$的大小来确定，因为在AO段线上$\overline{G}=\rho$，而在阻抗圆图中，驻波系数ρ的大小虽然也是以AO段线上$\overline{R}$的大小来确定的，但这时AO段却是最大电压线，与阻抗圆图相反。

(5)感性半圆与容性半圆。导纳圆图的上半圆$\overline{B}<0$，是感纳，所以上半圆是感性半圆；下半圆$\overline{B}>0$，为容纳，故下半圆是容性半圆。这与阻抗圆图相同。

(6)在圆图上的旋转。导纳圆图旋转一周同样是$\lambda/2$而不是λ；顺时针旋转是从负载向电源方向移动，逆时针旋转则是从电源向负载方向移动，这与阻抗圆图是一样的。

要注意的是，实用的导纳圆图往往画成与阻抗圆图相同的方向，即将图1-20和图1-21转回180°后，与阻抗圆图完全相同的形式画出，只是按导纳圆图的要求对图中的点、线、面进行标注。

1.6.3　实用圆图及其基本应用

1. 实用圆图

常见的实用圆图如图1-22所示，为了清楚，避免线条过多过密，一般都只画出等$\overline{R}$(或$\overline{G}$)线和等$\overline{X}$(或$\overline{B}$)线，圆图内任意点的$\overline{R}$(或$\overline{G}$)值和$\overline{X}$(或$\overline{B}$)值表示该点的阻抗(或

导纳)大小,其对应的驻波系数 ρ,可以由通过该点画出的等 ρ 圆与实轴 AO 之交点的 $\overline{R}$(或 $\overline{G}$)的值确定。

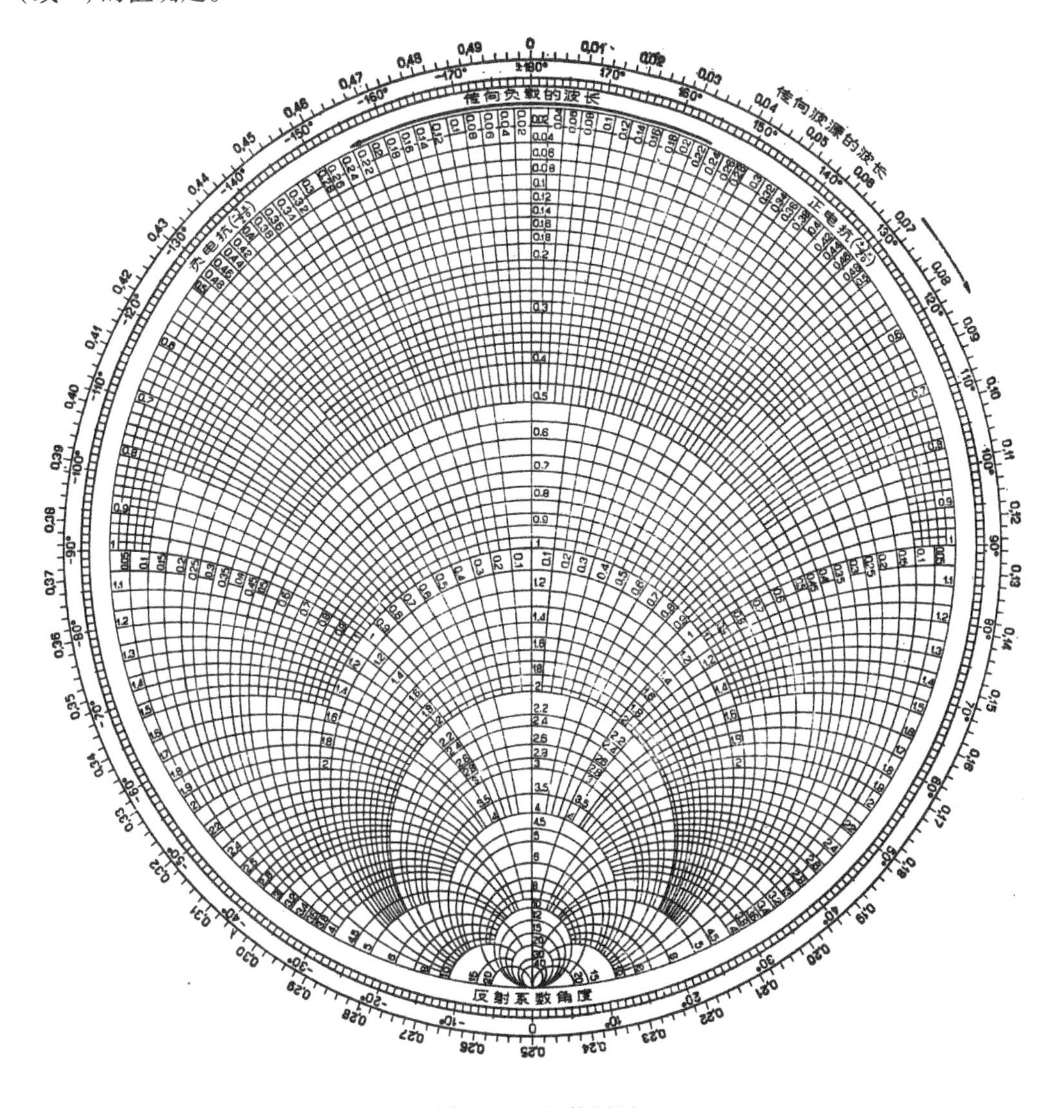

图 1-22　阻抗圆图

需要强调的是,圆图只是长线理论的图解法,它可以更形象方便地求出长线理论中由公式求解的传输线上的阻抗(导纳)、反射系数、驻波系数等,它并没有任何新的物理概念,仅是一个计算工具。

2. 圆图的基本应用

1)由负载阻抗求驻波系数

若已知负载阻抗为 $Z=R+\mathrm{j}X$,传输线的特性阻抗为 Z_{c},欲求线上的驻波系数。应该先将阻抗归一化,找出对应该归一化电阻 $\overline{R}$ 的等 $\overline{R}$ 圆和对应该归一化电抗 $\overline{X}$ 的等 $\overline{X}$ 圆,两圆的交点即是阻抗 Z 的归一化值 $\overline{Z}$,称为阻抗点;以阻抗点与匹配点(极坐标原点)连线的长度为半径,以原点为圆心作圆,这个圆与坐标正实轴的交点的 $\overline{R}$ 值就是驻波系数 ρ 的大小。

例如,同轴线特性阻抗为 50Ω,终端负载阻抗是(80 - j90)Ω,求终端负载的驻波系数、反射系数(图1-23)。

(1)计算负载阻抗的归一化值:

$$\overline{Z}_L = \frac{80 + j90}{50} = 1.6 - j1.8$$

在阻抗圆图上找到 $\overline{R} = 1.6$ 的电阻圆和 $\overline{X} = -1.8$ 的电抗圆的交点 A,该点即为阻抗点。

(2)以匹配点为圆心、圆心到 A 点的距离为半径画一个等 ρ 圆,该圆与正实轴(最大电压线)的交点的 $\overline{R}$ 值4即为负载的驻波系数,并由式(1.116)得到其反射系数为0.6。

(3)延长原点与阻抗点 A 的连线交于单位圆,交点对应的电长度为 $l/\lambda = 0.301$,以此为起点顺时针旋转至最小电压线为止,一共旋转了 $l/\lambda = 0.199$ 电长度,这就是负载端到驻波电压最小点的距离 $\overline{l}_{\min}$,在此基础上再顺时针旋转 0.25λ,即在 $\overline{l}_{\min}$ 上加上0.25,即是负载端到驻波电压最大点的距离 $\overline{l}_{\max}$。

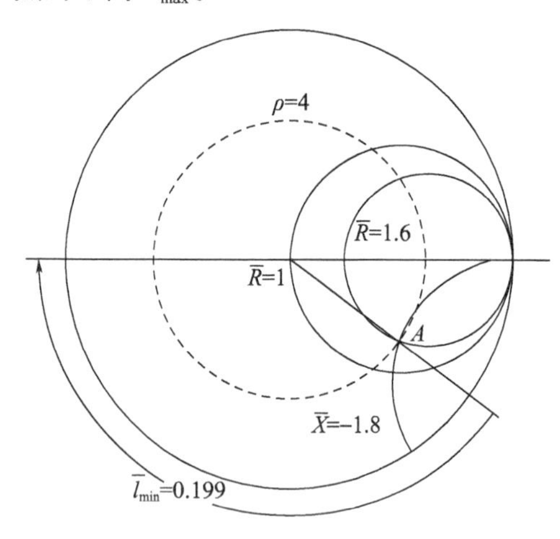

图1-23 在圆图上由负载阻抗求驻波系数

2)由负载阻抗求输入阻抗

若已知传输线负载阻抗为 $Z = R + jX$ 和它的特性阻抗为 Z_c,欲求离负载 l 处的输入阻抗时,则只需要将 Z 归一化后找到阻抗点 A,从 A 点对应的归一化电长度出发,顺时针旋转 l 的归一化值至 B 点,B 点对应的归一化阻抗值即是所求的输入阻抗归一化大小。

例如,双导线的特性阻抗为 400Ω,终端负载阻抗是(280 + j200)Ω,求距离终端 0.35λ 处的输入阻抗(图1-24)。

(1)计算负载阻抗的归一化值:

$$\overline{Z} = \frac{280 + j200}{400} = 0.7 + j0.5$$

在圆图上找出 $\overline{R}=0.7$ 的等 $\overline{R}$ 圆和 $\overline{X}=0.5$ 等 $\overline{X}$ 圆，两圆交于 A 点，A 即为阻抗点。

(2)以原点为圆心、圆心到 A 点的距离为半径画出一个等 ρ 圆。

(3)从原点与 A 点的连线出发，在等 ρ 圆上顺时针旋转 $\bar{l}=0.35$ 电长度到达 B 点，则 B 点对应的阻抗值 $\overline{Z}=0.54-\mathrm{j}0.22$ 就是离终端 0.35λ 处的归一化输入阻抗，即

$$Z_{\mathrm{in}}=(0.54-\mathrm{j}0.22)\times 400=(216-\mathrm{j}88)\Omega$$

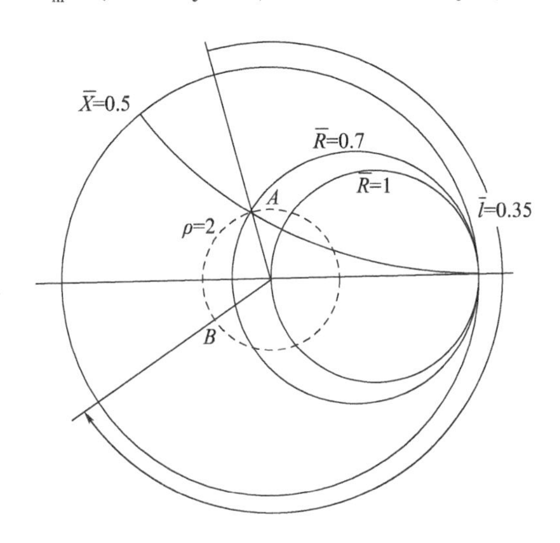

图 1－24　在圆图上由负载阻抗求输入阻抗

3)阻抗与导纳的换算

在 1.6.2 节中已得到结论：阻抗圆图中任意一点的归一化阻抗值经过沿等驻波系数圆旋转 $\lambda/4$ 后得到的就是该点归一化导纳值，同样，导纳圆图中任意一点的归一化导纳值经过 $\lambda/4$ 旋转后得到的就是该点的归一化阻抗值。由于在圆图上旋转 $\lambda/4$，即是转动 180°，所以不论是顺时针旋转还是逆时针旋转，其结果是一样的。下面给出的例子中包含这种换算的具体步骤。

4)由驻波系数和电压最小点距离求阻抗或导纳

在实际的微波工程问题中，传输线上的阻抗或导纳的大小是比较难以测量的，而通过测量传输线沿线的电压分布却能够比较方便地得到电压驻波系数 ρ 和驻波最小点的位置 $l_{\min}$，并由此得到 $\bar{l}_{\min}$的值，利用 ρ 和 $\bar{l}_{\min}$，通过圆图就可以求出阻抗和导纳的大小。

例如，已知同轴线上的驻波系数为 2.4，驻波电压出现的第一个最小点离开负载的距离是 0.101λ，同轴线特性阻抗是 50Ω，如图 1－25 所示，求负载阻抗。

(1)在阻抗圆图上最大电压线上找到 $\rho=2.4$ 的点 A，画出等驻波圆。

(2)由驻波电压最小线出发，逆时针(向负载方向)旋转 $\bar{l}=0.101$ 电长度，至等驻波圆上的 B 点，B 点对应的归一化阻抗值是 $\overline{Z}=0.6-\mathrm{j}0.55$，则负载阻抗就是

$$Z_{\mathrm{L}}=(0.6-\mathrm{j}0.55)\times 50=(30-\mathrm{j}27.5)\Omega$$

(3)由阻抗变换成导纳，只需要将 B 点沿等 ρ 圆顺时针或逆时针旋转 0.25 电长度，

或者说旋转180°至 C 点,根据式(1.159)该点的阻抗值就是导纳值,所以

$$\overline{Y}_L=\overline{Z}_L=0.9+j0.85$$

$$Y_L=\frac{0.9+j0.85}{50}=(0.018+j0.017)\,S$$

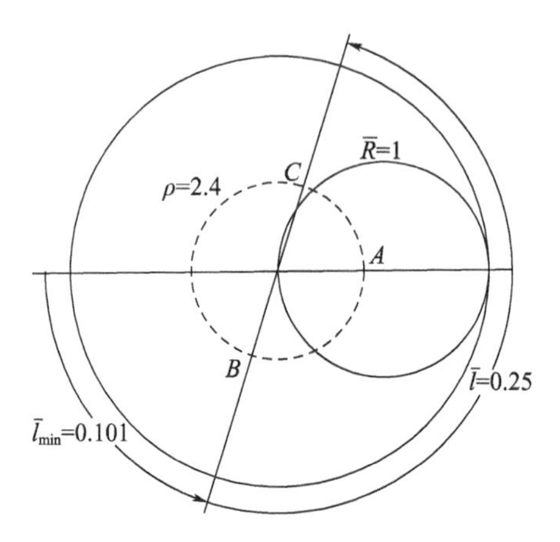

图1-25　在圆图上由驻波系数和电压最小点距离求负载阻抗和导纳

第2章　微波传输系统

本章将介绍最主要的几种实用微波传输系统：矩形波导、圆波导、同轴线、带状线、微带线、鳍线等，使读者对这些传输系统内导行波的基本特征（如模式、场结构等）和系统的特性（如导波波长、特性阻抗等的实用计算公式）有一个基本了解。

2.1　规则波导中电磁波的一般特性

2.1.1　横向场分量与纵向场分量的关系

1）纵横关系的一般表达式

麦克斯韦方程中关于 $\boldsymbol{E}$ 的旋度方程可以写成以下形式

$$\left(\nabla_{\mathrm{T}}+\boldsymbol{a}_z\frac{\partial}{\partial z}\right)\times(\boldsymbol{E}_{\mathrm{T}}+\boldsymbol{a}_z E_Z)=-\mathrm{j}\omega\mu(\boldsymbol{H}_{\mathrm{T}}+\boldsymbol{a}_z H_Z) \tag{2.1}$$

式中，算符 ∇ 和电场 $\boldsymbol{E}$、磁场 $\boldsymbol{H}$ 都分解成了横向矢量和纵向矢量之和

$$\nabla=\nabla_{\mathrm{T}}+\boldsymbol{a}_z\frac{\partial}{\partial z} \tag{2.2}$$

$$\begin{aligned}\boldsymbol{E}&=\boldsymbol{E}_{\mathrm{T}}+\boldsymbol{a}_z E_z\\ \boldsymbol{H}&=\boldsymbol{H}_{\mathrm{T}}+\boldsymbol{a}_z H_z\end{aligned} \tag{2.3}$$

横向算符 ∇_{T} 在矩形坐标系中的表达式为

$$\nabla_{\mathrm{T}}=\boldsymbol{a}_x\frac{\partial}{\partial x}+\boldsymbol{a}_y\frac{\partial}{\partial y} \tag{2.4}$$

在圆柱坐标系中是

$$\nabla_{\mathrm{T}}=\boldsymbol{a}_r\frac{\partial}{\partial r}+\boldsymbol{a}_\varphi\frac{1}{r}\frac{\partial}{\partial\varphi} \tag{2.5}$$

由式(2.1)可以得到

$$\nabla_{\mathrm{T}}\times\boldsymbol{E}_{\mathrm{T}}+\nabla_{\mathrm{T}}\times\boldsymbol{a}_z E_z+\boldsymbol{a}_z\times\frac{\partial\boldsymbol{E}_{\mathrm{T}}}{\partial z}+\boldsymbol{a}_z\times\boldsymbol{a}_z\frac{\partial E_z}{\partial z}=-\mathrm{j}\omega\mu\boldsymbol{H}_{\mathrm{T}}-\mathrm{j}\omega\mu\boldsymbol{a}_z H_z \tag{2.6}$$

上式中方程两边的横向矢量和纵向矢量应分别相等，同时应注意到 $\boldsymbol{a}_z\times\boldsymbol{a}_z=0$，就可以得到

$$\nabla_{\mathrm{T}}\times\boldsymbol{E}_{\mathrm{T}}=-\mathrm{j}\omega\mu\boldsymbol{a}_z H_z \tag{2.7}$$

$$\nabla_{\mathrm{T}}\times\boldsymbol{a}_z E_z+\boldsymbol{a}_z\times\frac{\partial\boldsymbol{E}_{\mathrm{T}}}{\partial z}=-\mathrm{j}\omega\mu\boldsymbol{H}_{\mathrm{T}} \tag{2.8}$$

经过同样的推导，对 $\boldsymbol{H}$ 也可以得到类似的方程

$$\nabla_{\mathrm{T}} \times \boldsymbol{H}_{\mathrm{T}} = \mathrm{j}\omega\varepsilon \boldsymbol{a}_z E_z \tag{2.9}$$

$$\nabla_{\mathrm{T}} \times \boldsymbol{a}_z H_z + \boldsymbol{a}_z \times \frac{\partial \boldsymbol{H}_{\mathrm{T}}}{\partial z} = \mathrm{j}\omega\varepsilon \boldsymbol{E}_{\mathrm{T}} \tag{2.10}$$

将方程(2.8)和方程(2.10)联立求解,对式(2.10)两边乘以 $\mathrm{j}\omega\mu$,并对式(2.8)两边作 $\boldsymbol{a}_z \times \partial/\partial z$ 运算,消去 $\boldsymbol{H}_{\mathrm{T}}$,以及考虑到

$$\begin{aligned}
&\boldsymbol{a}_z \times \frac{\partial}{\partial z}\left(\boldsymbol{a}_z \times \frac{\partial \boldsymbol{E}_{\mathrm{T}}}{\partial z}\right) = \boldsymbol{a}_z \times \boldsymbol{a}_z \times \frac{\partial^2 \boldsymbol{E}_{\mathrm{T}}}{\partial z^2} = -\frac{\partial^2 \boldsymbol{E}_{\mathrm{T}}}{\partial z^2} \\
&\boldsymbol{a}_z \times \frac{\partial}{\partial z}(\nabla_{\mathrm{T}} \times \boldsymbol{a}_z E_z) = -\boldsymbol{a}_z \times \frac{\partial}{\partial z}(\boldsymbol{a}_z \times \nabla_{\mathrm{T}} E_z) = \frac{\partial}{\partial z}\nabla_{\mathrm{T}} E_z
\end{aligned} \tag{2.11}$$

将得到只含有 $\boldsymbol{E}_{\mathrm{T}}$ 的方程

$$\left(k^2 + \frac{\partial^2}{\partial z^2}\right)\boldsymbol{E}_{\mathrm{T}} = \frac{\partial}{\partial z}\nabla_{\mathrm{T}} E_z + \mathrm{j}\omega\mu \boldsymbol{a}_z \times \nabla_{\mathrm{T}} H_z \tag{2.12}$$

式中,$k^2 = \omega^2\mu\varepsilon$,是自由空间波数。同样,可以消去 $\boldsymbol{E}_{\mathrm{T}}$ 得到只含有 $\boldsymbol{H}_{\mathrm{T}}$ 的方程

$$\left(k^2 + \frac{\partial^2}{\partial z^2}\right)\boldsymbol{H}_{\mathrm{T}} = \frac{\partial}{\partial z}\nabla_{\mathrm{T}} H_z - \mathrm{j}\omega\varepsilon \boldsymbol{a}_z \times \nabla_{\mathrm{T}} E_z \tag{2.13}$$

式(2.12)和式(2.13)表明,规则波导中场的横向分量可以用场的两个纵向分量 E_z、H_z来表达。

在更一般的情况下,式(1.18)可以写成

$$\frac{\partial^2 Z}{\partial z^2} = \gamma^2 Z \tag{2.14}$$

因此

$$\frac{\partial^2}{\partial z^2} = \gamma^2 \tag{2.15}$$

这样,利用式(1.23)$k_{\mathrm{c}}^2 = k^2 + \gamma^2$,式(2.12)和式(2.13)也就可以写成以下形式

$$\boldsymbol{E}_{\mathrm{T}} = \frac{1}{k_{\mathrm{c}}^2}\left(\frac{\partial}{\partial z}\nabla_{\mathrm{T}} E_z + \mathrm{j}\omega\mu \boldsymbol{a}_z \times \nabla_{\mathrm{T}} H_z\right) \tag{2.16}$$

$$\boldsymbol{H}_{\mathrm{T}} = \frac{1}{k_{\mathrm{c}}^2}\left(\frac{\partial}{\partial z}\nabla_{\mathrm{T}} H_z - \mathrm{j}\omega\varepsilon \boldsymbol{a}_z \times \nabla_{\mathrm{T}} E_z\right) \tag{2.17}$$

2)在直角坐标系中的横向场分量

在直角坐标系中,由式(2.16)、式(2.17)得到横向场分量表达式

$$\begin{aligned}
E_x &= -\mathrm{j}\frac{1}{k_{\mathrm{c}}^2}\left(\beta\frac{\partial E_z}{\partial x} + \omega\mu\frac{\partial H_z}{\partial y}\right) \\
E_y &= -\mathrm{j}\frac{1}{k_{\mathrm{c}}^2}\left(\beta\frac{\partial E_z}{\partial y} - \omega\mu\frac{\partial H_z}{\partial x}\right) \\
H_x &= -\mathrm{j}\frac{1}{k_{\mathrm{c}}^2}\left(\beta\frac{\partial H_z}{\partial x} - \omega\varepsilon\frac{\partial E_z}{\partial y}\right) \\
H_y &= -\mathrm{j}\frac{1}{k_{\mathrm{c}}^2}\left(\beta\frac{\partial H_z}{\partial y} + \omega\varepsilon\frac{\partial E_z}{\partial x}\right)
\end{aligned} \tag{2.18}$$

3）在圆柱坐标系中的横向场分量

在圆柱坐标系中，由式（2.16）、式（2.17）得到横向场分量具有如下形式

$$
\begin{aligned}
E_r &= -\mathrm{j}\frac{1}{k_c^2}\left(\beta\frac{\partial E_z}{\partial r}+\frac{\omega\mu}{r}\frac{\partial H_z}{\partial \varphi}\right)\\
E_\varphi &= -\mathrm{j}\frac{1}{k_c^2}\left(\frac{\beta}{r}\frac{\partial E_z}{\partial \varphi}-\omega\mu\frac{\partial H_z}{\partial r}\right)\\
H_r &= -\mathrm{j}\frac{1}{k_c^2}\left(\beta\frac{\partial H_z}{\partial r}-\frac{\omega\varepsilon}{r}\frac{\partial E_z}{\partial \varphi}\right)\\
H_\varphi &= -\mathrm{j}\frac{1}{k_c^2}\left(\frac{\beta}{r}\frac{\partial H_z}{\partial \varphi}+\omega\varepsilon\frac{\partial E_z}{\partial r}\right)
\end{aligned}
\tag{2.19}
$$

2.1.2　纵向场分量的亥姆霍兹方程

对式（2.13）的两边再进行一次 ∇_{T} 的叉乘运算

$$\left(k^2+\frac{\partial^2}{\partial z^2}\right)\nabla_{\mathrm{T}}\times \boldsymbol{H}_{\mathrm{T}}=\frac{\partial}{\partial z}\nabla_{\mathrm{T}}\times\nabla_{\mathrm{T}}H_z-\mathrm{j}\omega\varepsilon\ \nabla_{\mathrm{T}}\times\boldsymbol{a}_z\times\nabla_{\mathrm{T}}E_z \tag{2.20}$$

右边第一项由于 H_z 是标量，其梯度的旋度恒等于零，并注意 $\boldsymbol{A}\times\boldsymbol{B}=-\boldsymbol{B}\times\boldsymbol{A}$，以及应用矢量公式

$$\nabla_{\mathrm{T}}\times\nabla_{\mathrm{T}}\times\boldsymbol{A}=\nabla_{\mathrm{T}}(\nabla_{\mathrm{T}}\cdot\boldsymbol{A})-\nabla_{\mathrm{T}}^2\boldsymbol{A} \tag{2.21}$$

则式（2.20）成为

$$\left(k^2+\frac{\partial^2}{\partial z^2}\right)\nabla_{\mathrm{T}}\times \boldsymbol{H}_{\mathrm{T}}=-\mathrm{j}\omega\varepsilon\ \nabla_{\mathrm{T}}^2\boldsymbol{a}_zE_z \tag{2.22}$$

将式（2.9）代入，消去 $\boldsymbol{H}_{\mathrm{T}}$，得到

$$\nabla_{\mathrm{T}}^2\boldsymbol{a}_zE_z+\left(k^2+\frac{\partial^2}{\partial z^2}\right)\boldsymbol{a}_zE_z=0 \tag{2.23}$$

由于 $\boldsymbol{a}_z$ 是常矢量，可以从等式两边约去，从而得到 E_z 的如下方程

$$\left(\nabla_{\mathrm{T}}^2+\frac{\partial^2}{\partial z^2}\right)E_z+k^2E_z=0 \tag{2.24}$$

同样，我们也可以对 H_z 得到

$$\left(\nabla_{\mathrm{T}}^2+\frac{\partial^2}{\partial z^2}\right)H_z+k^2H_z=0 \tag{2.25}$$

上述两式进一步可写成

$$
\begin{aligned}
\nabla^2E_z+k^2E_z&=0\\
\nabla^2H_z+k^2H_z&=0
\end{aligned}
\tag{2.26}
$$

这两个方程是场的纵向分量的标量亥姆霍兹方程。

2.2　矩形波导

矩形波导是微波领域使用得最普遍的一种传输线，它由截面形状为矩形的金属管构

成。管壁应选用导电率高、高频损耗小的材料,一般为含铜量达到96%的黄铜(H96)或铝,之所以不采用纯铜,主要是因为纯铜强度低,易变形,当然,在一些特殊要求的场合也有用无氧铜(含氧量 <0.003%的纯铜)、不锈钢和其他材料来做波导管的。

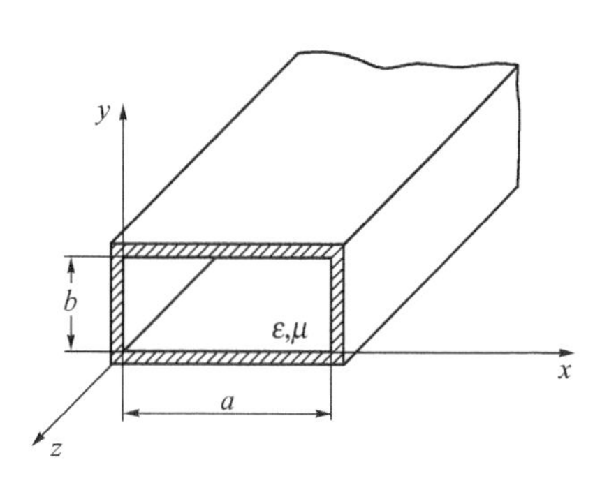

图2-1　矩形波导

矩形波导的结构如图2-1所示,图中同时给出了所采用的直角坐标系,波导的宽边可以称为E面,其尺寸通常以 a 表示,窄边可称为H面,其尺寸则用 b 表示。

假定波导壁理想导电,其导电率 $\sigma\to\infty$,因此系统边界四壁上的电场切向分量应为零;同时假定传输系统均匀且无限长。

2.2.1　矩形波导中电磁波的特性

1. 矩形波导中的场分量和波阻抗

1)矩形波导中电磁场的一般形式

在第1章中,已经利用分离变量法将电场写成了式(1.15)的形式,显然,方程(1.15)应该对 $\boldsymbol{E}(u,v,z)$ 的每个分量 E_u、E_v、E_z 都成立,在直角坐标系统中 E_z 分量的表达式就可以写成

$$E_z(x,y,z)=E_z(x,y)Z(z) \tag{2.27}$$

由此求得了电磁波的纵向变化规律(式(1.19)),可以将它在传播状态下的正向波表达式单独写出

$$Z(z)=C\mathrm{e}^{-\mathrm{j}\beta z} \tag{2.28}$$

如果进而想得到 E_z 在 x、y 方向上的变化,只需要再求得该分量的横向分布函数 $E_z(x,y)$,为此,可以把式(2.26)在直角坐标系统中展开

$$\frac{\partial^2 E_z(x,y)}{\partial x^2}+\frac{\partial^2 E_z(x,y)}{\partial y^2}=-k_c^2 E_z(x,y) \tag{2.29}$$

然后再次利用分离变量法,设

$$E_z(x,y)=X(x)Y(y) \tag{2.30}$$

将上式代回式(2.29),得到

$$\frac{1}{X(x)}\frac{\mathrm{d}^2X(x)}{\mathrm{d}x^2}+\frac{1}{Y(y)}\frac{\mathrm{d}^2Y(y)}{\mathrm{d}y^2}=-k_c^2 \tag{2.31}$$

式(2.31)要能成立,即要等于一个常数 $-k_c^2$,就必须使左边两项分别都等于常数,即

$$\begin{aligned}\frac{\mathrm{d}^2X(x)}{\mathrm{d}x^2}&=-k_x^2X(x)\\ \frac{\mathrm{d}^2Y(y)}{\mathrm{d}y^2}&=-k_y^2Y(y)\end{aligned} \tag{2.32}$$

显然，根据式(2.31)，应该存在下述关系

$$k_c^2 = k_x^2 + k_y^2 \tag{2.33}$$

与求解纵向场时一样，式(2.32)的解也应该与式(1.19)的形式相同

$$X(x) = A_1 e^{-jk_x x} + A_2 e^{jk_x x}$$

$$Y(y) = B_1 e^{-jk_y y} + B_2 e^{jk_y y} \tag{2.34}$$

代回式(2.27)，并考虑到式(2.28)，由此得到 $E_z(x,y,z)$ 的表达式为

$$E_z(x,y,z) = (A_1 e^{-jk_x x} + A_2 e^{jk_x x})(B_1 e^{-jk_y y} + B_2 e^{jk_y y}) e^{-j\beta z} \tag{2.35}$$

式中，原来 $Z(z)$ 的系数 C 并入了系数 A_1、A_2、B_1、B_2 中。

对于磁场，同样可以得到

$$H_z(x,y,z) = (A_3 e^{-jk_x x} + A_4 e^{jk_x x})(B_3 e^{-jk_y y} + B_4 e^{jk_y y}) e^{-j\beta z} \tag{2.36}$$

有了场的纵向分量 E_z、H_z 表达式，就可以利用场的纵横关系式(2.16)和式(2.17)，或者更直接地利用式(2.18)求出它们的横向分量。

2）矩形波导中的场分量及 k_c 表达式

(1) TE 波（H 波）

已经得到了在直角坐标系中场的横向分量表达式(2.18)，对于 TE 波，$E_z = 0$，而 $H_z \neq 0$，所以式(2.18)简化为

$$\begin{aligned} E_x &= -j\frac{\omega\mu}{k_c^2}\frac{\partial H_z}{\partial y} \\ E_y &= j\frac{\omega\mu}{k_c^2}\frac{\partial H_z}{\partial x} \\ H_x &= -j\frac{\beta}{k_c^2}\frac{\partial H_z}{\partial x} \\ H_y &= -j\frac{\beta}{k_c^2}\frac{\partial H_z}{\partial y} \end{aligned} \tag{2.37}$$

而由式(2.36)可以求得

$$\begin{aligned} \frac{\partial H_z}{\partial x} &= jk_x(-A_3 e^{-jk_x x} + A_4 e^{jk_x x})(B_3 e^{-jk_y y} + B_4 e^{jk_y y}) e^{-j\beta z} \\ \frac{\partial H_z}{\partial y} &= jk_y(A_3 e^{-jk_x x} + A_4 e^{jk_x x})(-B_3 e^{-jk_y y} + B_4 e^{jk_y y}) e^{-j\beta z} \end{aligned} \tag{2.38}$$

由矩形波导的边界条件：$x=0$ 时，$E_y(0,y)=0$，而对于 TE 波，$E_z=0$，因此，由式(2.18)可知，这时就应该要求 $\partial H_z(0,y)/\partial x = 0$，可得到

$$A_3 = A_4$$

由边界条件：$x=a$ 时，$E_y(a,y)=0$，即要求 $\partial H_z(a,y)/\partial x = 0$，就可得到

$$k_x a = m\pi,\ k_x = \frac{m\pi}{a}\ (m = 0,1,2,\cdots)$$

由边界条件：$y=0$ 时，$E_x(x,0)=0$，即要求 $\partial H_z(x,0)/\partial y = 0$，由此得到

$$B_3 = B_4$$

由边界条件:$y=b$ 时,$E_x(x,b)=0$,即要求$\partial H_z(x,b)/\partial y=0$,由此得到

$$k_y b=n\pi,k_y=\frac{n\pi}{b}(n=0,1,2,\cdots)$$

将上述根据边界条件得到的结果代入式(2.36),最后就得到了 H_z的完整表达式

$$H_z(x,y,z)=H_{mn}\cos(k_x x)\cos(k_y y)\mathrm{e}^{-\mathrm{j}\beta z} \tag{2.39}$$

式中,$H_{mn}=4A_3B_3$。由于 m、n 可以取任意正整数,而一对 m、n 值就对应了一个电磁场的特定分布,或者称电磁场的一个基本函数,它们的线性组合也应该是方程(2.26)的解。这样,H_z的一般解就应是

$$H_z=\sum_{m=0}^{\infty}\sum_{n=0}^{\infty}H_{mn}\cos(k_x x)\cos(k_y y)\mathrm{e}^{-\mathrm{j}\beta z} \tag{2.40}$$

将得到的 H_z的解代入式(2.37),就得到了矩形波导中 TE 模的所有场分量

$$\begin{cases}H_x=\sum\limits_{m=0}^{\infty}\sum\limits_{n=0}^{\infty}\mathrm{j}\dfrac{\beta}{k_c^2}k_x H_{mn}\sin(k_x x)\cos(k_y y)\mathrm{e}^{\mathrm{j}(\omega t-\beta z)}\\ H_y=\sum\limits_{m=0}^{\infty}\sum\limits_{n=0}^{\infty}\mathrm{j}\dfrac{\beta}{k_c^2}k_y H_{mn}\cos(k_x x)\sin(k_y y)\mathrm{e}^{\mathrm{j}(\omega t-\beta z)}\\ H_z=\sum\limits_{m=0}^{\infty}\sum\limits_{n=0}^{\infty}H_{mn}\cos(k_x x)\cos(k_y y)\mathrm{e}^{\mathrm{j}(\omega t-\beta z)}\\ E_x=\sum\limits_{m=0}^{\infty}\sum\limits_{n=0}^{\infty}\mathrm{j}\dfrac{\omega\mu}{k_c^2}k_y H_{mn}\cos(k_x x)\sin(k_y y)\mathrm{e}^{\mathrm{j}(\omega t-\beta z)}\\ E_y=\sum\limits_{m=0}^{\infty}\sum\limits_{n=0}^{\infty}-\mathrm{j}\dfrac{\omega\mu}{k_c^2}k_x H_{mn}\sin(k_x x)\cos(k_y y)\mathrm{e}^{\mathrm{j}(\omega t-\beta z)}\\ E_z=0\end{cases} \tag{2.41}$$

(2)TM 波(E 波)

对于 TM 波,$H_z=0$,而 $E_z\neq0$,式(2.18)就可以简化为

$$\begin{aligned}E_x&=-\mathrm{j}\frac{\beta}{k_c^2}\frac{\partial E_z}{\partial x}\\ E_y&=-\mathrm{j}\frac{\beta}{k_c^2}\frac{\partial E_z}{\partial y}\\ H_x&=\mathrm{j}\frac{\omega\varepsilon}{k_c^2}\frac{\partial E_z}{\partial y}\\ H_y&=-\mathrm{j}\frac{\omega\varepsilon}{k_c^2}\frac{\partial E_z}{\partial x}\end{aligned} \tag{2.42}$$

对式(2.35),类似于 TE 波的推导,可以利用以下边界条件。

由边界条件:$x=0$ 时,$E_z(0,y)=0$,可得到

$$A_1=-A_2$$

由边界条件:$x=a$ 时,$E_z(a,y)=0$,就可得到

$$k_x a=m\pi,k_x=\frac{m\pi}{a}(m=0,1,2,\cdots)$$

由边界条件:$y=0$ 时,$E_z(x,0)=0$,应得到

$$B_1 = -B_2$$

由边界条件:$y=b$ 时,$E_z(x,b)=0$,可得到

$$k_y b = n\pi, k_y = \frac{n\pi}{b} (n=0,1,2,\cdots)$$

由此得到了 E_z 的完整表达式

$$E_z(x,y,z) = E_{mn}\sin(k_x x)\sin(k_y y)\mathrm{e}^{-\mathrm{j}\beta z} \tag{2.43}$$

式中,$E_{mn} = -4A_1B_1$。从式(2.43)可以看出,式中 k_x、k_y 都不能为零,也就是 m、n 都不能为零,否则 E_z 将等于 0,而式(2.42)又表明,这将导致横向场也都成为 0。因此,不同 m、n 值的组合构成的 E_z 的一般解就应该是

$$E_z = \sum_{m=1}^{\infty}\sum_{n=1}^{\infty} E_{mn}\sin(k_x x)\sin(k_y y)\mathrm{e}^{-\mathrm{j}\beta z} \tag{2.44}$$

将得到的 E_z 的解代入式(2.42),就得到了矩形波导中 TM 模的所有场分量

$$\begin{cases} E_x = \sum\limits_{m=1}^{\infty}\sum\limits_{n=1}^{\infty} -\mathrm{j}\dfrac{\beta}{k_c^2}k_x E_{mn}\cos(k_x x)\sin(k_y y)\mathrm{e}^{\mathrm{j}(\omega t-\beta z)} \\ E_y = \sum\limits_{m=1}^{\infty}\sum\limits_{n=1}^{\infty} -\mathrm{j}\dfrac{\beta}{k_c^2}k_y E_{mn}\sin(k_x x)\cos(k_y y)\mathrm{e}^{\mathrm{j}(\omega t-\beta z)} \\ E_z = \sum\limits_{m=1}^{\infty}\sum\limits_{n=1}^{\infty} E_{mn}\sin(k_x x)\sin(k_y y)\mathrm{e}^{\mathrm{j}(\omega t-\beta z)} \\ H_x = \sum\limits_{m=1}^{\infty}\sum\limits_{n=1}^{\infty} \mathrm{j}\dfrac{\omega\varepsilon}{k_c^2}k_y E_{mn}\sin(k_x x)\cos(k_y y)\mathrm{e}^{\mathrm{j}(\omega t-\beta z)} \\ H_y = \sum\limits_{m=1}^{\infty}\sum\limits_{n=1}^{\infty} -\mathrm{j}\dfrac{\omega\varepsilon}{k_c^2}k_x E_{mn}\cos(k_x x)\sin(k_y y)\mathrm{e}^{\mathrm{j}(\omega t-\beta z)} \\ H_z = 0 \end{cases} \tag{2.45}$$

在式(2.41)和式(2.45)中

$$\begin{cases} k_x^2 = \left(\dfrac{m\pi}{a}\right)^2, k_y^2 = \left(\dfrac{n\pi}{b}\right)^2 \\ k_c^2 = k_x^2 + k_y^2 = \left(\dfrac{m\pi}{a}\right)^2 + \left(\dfrac{n\pi}{b}\right)^2 \end{cases} \tag{2.46}$$

由上述方程可以看出矩形波导中的场的特点:① 场分量的每一组解(m、n 相同的各分量)表示一种特定的场结构,也就是一种波型或模式,m、n 可以有无穷多个取值,因此矩形波导中存在无穷多个模式;② 场分布在横截面上是驻波,以三角函数形式分布;在纵向是行波,简谐变化。

3) 特征值 m、n 的意义

由式(2.41)和式(2.45)可以看出,各场分量沿 x 方向和 y 方向将分别按 $m\pi x/a$ 和 $n\pi y/b$ 的三角函数规律变化,则当 x 从 0 变化到 a 以及 y 从 0 变化到 b 时,场的电角度将分别由 0 变化到 $m\pi$ 和 $n\pi$,相应地场分量的分布将分别出现 m 次和 n 次驻波半波长。由

于波导在横向是两端短路的,因而波在横向形成的是驻波(三角函数分布正是表明是驻波)。因此,m、n 的物理意义就是它们分别表示场在波导宽边和窄边分布有 m 个和 n 个驻波半波长。m、n 称为模式的特征值。

要注意的是,在矩形波导中 TM 波的 m、n 都不能为零,这是因为,TM 波没有磁场纵向分量,$H_z=0$,而磁力线本身必须闭合,即只有依赖于 H_x、H_y 分量构成闭合线,如果 m 或 n 任何一个等于零,就意味着 H_x 或 H_y 沿 x 方向或 y 方向将不再有变化,在任意一个方向上没有变化的磁场分量也就不可能与另一方向的分量形成闭合线,这样的磁场也就不可能存在,这样的波也就不可能存在了。而对于 TE 波来说,由于存在有 H_z 分量,H_x 或 H_y 只要在 x 或 y 的一个方向上有变化,就可以与 H_z 构成闭合线,因此 m、n 中允许有一个可以等于零,但不能同时为零。

4)波阻抗

波导中某个波型的横向电场与横向磁场之比,称为该波型的波阻抗:

$$\eta=\frac{E_x}{H_y}=-\frac{E_y}{H_x} \tag{2.47}$$

(1)TE 模的波阻抗。由场分量表达式(2.41)可以得到

$$\eta_{\mathrm{TE}}=\frac{\omega\mu}{\beta}=\frac{\eta_{\mathrm{e}}}{\sqrt{1-\left(\frac{\lambda}{\lambda_{\mathrm{c}}}\right)^2}}=\eta_{\mathrm{e}}\frac{\lambda_{\mathrm{g}}}{\lambda} \tag{2.48}$$

(2)TM 模的波阻抗。同样,由式(2.45)可以得到 TM 波的波阻抗

$$\eta_{\mathrm{TM}}=\frac{\beta}{\omega\varepsilon}=\eta_{\mathrm{e}}\sqrt{1-\left(\frac{\lambda}{\lambda_{\mathrm{c}}}\right)^2}=\eta_{\mathrm{e}}\frac{\lambda}{\lambda_{\mathrm{g}}} \tag{2.49}$$

在式(2.48)和式(2.49)中,$\eta_{\mathrm{e}}=\sqrt{\mu/\varepsilon}$ 是介质填充波导中的波阻抗。若波导系统中为空气或真空,则 $\eta_{\mathrm{e}}=\eta_0=\sqrt{\mu_0/\varepsilon_0}=120\pi\approx377\Omega$,成为自由空间波阻抗。

2. 矩形波导中的模式

1)模式分布图与最低模式

在上面我们已指出,m、n 的不同就代表场结构的不同、k_{c} 不同,一般来说波的传播特性也不同。因为每一组 m、n 值所代表的波都是波动方程的解,都满足边界条件,因此都能独立地存在于矩形波导中,我们称每一组 m、n 值表示的电磁场为一种波型,即模式,记作 TE_{mn} 或 TM_{mn}。

根据式(2.46),可以很容易求得相应不同模式的截止波长

$$(\lambda_{\mathrm{c}})_{mn}=\frac{2\pi}{(k_{\mathrm{c}})_{mn}}=\frac{2}{\sqrt{\left(\frac{m}{a}\right)^2+\left(\frac{n}{b}\right)^2}} \tag{2.50}$$

波型的其他参数如 β、v_{p}、v_{g}、λ_{g} 等都可以利用相应的公式求出,显然,它们也都与 m、n 有关。

截止波长不仅与 m、n 值有关(即与模式有关),而且与波导尺寸 a、b 有关。当 $b=a/2$ 时,式(2.50)表示的 λ_{c} 与模式的关系可以画成如图 2-2 所示的关系。要特别指出的是,

各模式临界波长的次序(除 TE_{10}模外)不是固定不变的,它与 a,b 的相对值 b/a 的大小有关,图 2-2 只是给出了 $a=2b$ 时各模式 λ_c 的分布情况。

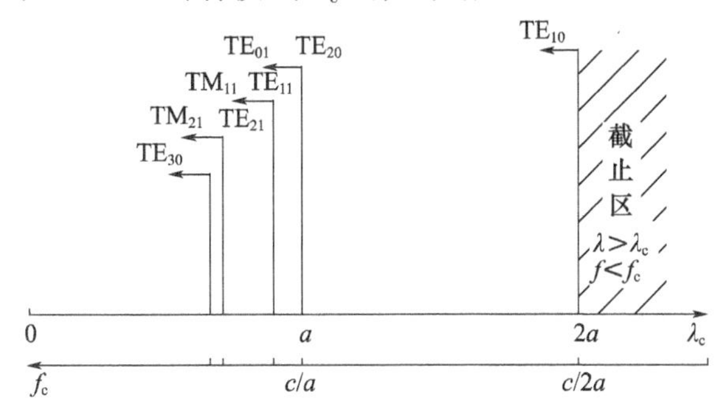

图 2-2　$a=2b$ 时矩形波导中各模式的 λ_c 和 f_c 分布图

模式分布图可以清楚地表明,对每一个模式而言,$\lambda<\lambda_c(f>f_c)$ 的区域是该模式传播区,而 $\lambda>\lambda_c(f<f_c)$ 的范围则为该模式的截止区。在 $\lambda>2a$ 的范围内,波导对所有模式都截止,可见矩形波导具有高通滤波器的特点。

矩形波导中所有可能存在的无穷多个模式中,TE_{10}模的截止波长 λ_c 最大,截止频率 f_c 最低,所以我们称 TE_{10}模为矩形波导的最低模式或基模,而其他所有模式都称为高次模式或高模。

2) 简并

在有些情况下,也可能会有不同模式具有相同截止波长的现象,也就是说,它们虽然场分布不同,但却具有相同的特性参量,即 λ_c、k_c 相同,因而 β、v_p、v_g、λ_g 等也都相同,这种现象称为简并。在矩形波导中,除了 $m=0$ 或 $n=0$ 的 TE_{0n}或 TE_{m0}模式,由于没有相应的 TM_{0n}或 TM_{m0}模外,其余所有 $m\neq0$、$n\neq0$ 的 TE_{mn}模与 m、n 值相同的 TM_{mn}模都是简并模式,这由式(2.50)所确定的 λ_c 只与 m、n 有关而与是 TE 模还是 TM 模无关就可以清楚地得到了证明。

还有一些在特定波导尺寸下出现的简并情况,比如在 $a=2b$ 时,TE_{01}模与 TE_{20}模也成为一对简并模。

3) 单模传输条件

在一般情况下,为了避免在波导中同时存在多个模式引起的干扰,比如不均匀性引起模式间的耦合使波导元件的设计复杂化,不同模式因相速不同引起信号失真等,实用的波导系统都尽可能采用单模波导。由图 2-2 可以清楚地看出,在矩形波导中由于 TE_{10}波的 λ_c 最大,与它最接近的是 TE_{20}或 TE_{01}波的 λ_c,因而只要传输波的工作波长介于它们之间,TE_{10}波的单模传输就有可能,单模传输条件可写成

$$(\lambda_c)_{H_{10}}=2a>\lambda>\begin{cases}(\lambda_c)_{H_{20}}=a\\(\lambda_c)_{H_{01}}=2b\end{cases}\tag{2.51}$$

式中,如果 $a\neq2b$,则 a 与 $2b$ 应选两个中较大的一个。

3. 矩形波导的传输功率

根据乌莫夫-坡印亭定理,通过规则波导的传输功率为

$$P=\mathrm{Re}\left[\frac{1}{2}\int_s\boldsymbol{E}\times\boldsymbol{H}^*\cdot\mathrm{d}\boldsymbol{s}\right]\tag{2.52}$$

对于 TE 模

$$P=\frac{1}{2}\eta_e\frac{\lambda_c^2}{\lambda\lambda_g}\int_s|H_z|^2\mathrm{d}s=\frac{1}{2}\frac{\eta_e^2}{\eta_{\mathrm{TE}}}\left(\frac{f}{f_c}\right)^2\int_s|H_z|^2\mathrm{d}s$$

$$=\frac{\omega\mu\beta}{2N_mN_n}\frac{ab}{k_c^2}H_{mn}^2 \tag{2.53}$$

式中,N_mN_n 为诺埃曼系数,见后文式(2.69)。

对于 TM 模

$$P=\frac{1}{2}\frac{\eta_{\mathrm{TM}}}{\eta_e^2}\left(\frac{f}{f_c}\right)^2\int_s|E_z|^2\mathrm{d}s$$

$$=\frac{\omega\varepsilon\beta}{8}\frac{ab}{k_c^2}E_{mn}^2 \tag{2.54}$$

对于 TE_{10}模,由式(2.41)可以得到

$$|E_y|=\frac{\pi}{a}\frac{\omega\mu}{k_c^2}H_{mn}\sin\left(\frac{\pi}{a}x\right) \tag{2.55}$$

当 $x=a/2$ 时,$|E_y|$ 成为最大值 E_m,并注意到这时 $k_c=\pi/a$,则

$$E_m=\frac{\omega\mu a}{\pi}H_{mn} \tag{2.56}$$

所以

$$H_{mn}=\frac{\pi}{\omega\mu a}E_m \tag{2.57}$$

将式(2.57)代入式(2.53),就得到了用波导宽边中心最大场 E_m表示的 TE_{10}模功率

$$P=\frac{ab}{4}\frac{\beta}{\omega\mu}E_m^2=\frac{ab}{4\times120\pi}\sqrt{1-\left(\frac{\lambda}{2a}\right)^2}E_m^2 \tag{2.58}$$

若 E_m的单位取 kV/cm,a、b 的单位为 cm,则 P 的单位就是 kW,这样,式(2.58)就可以写成

$$P=0.66abE_m^2\sqrt{1-\left(\frac{\lambda}{2a}\right)^2}\quad(\mathrm{kW}) \tag{2.59}$$

波导传输功率的表达式可以用来确定波导的功率容量,即在不发生电击穿的前提下波导允许传输的最大功率。因此,只要在式(2.59)中以击穿强度 E_b 替代 E_m,即可求出击穿功率。在一般情况下,空气的击穿强度约为 30kV/cm,但实际值往往受很多因素影响而小于 30kV/cm。

当波导存在有驻波时,由于驻波波腹处场的幅值比行波状态时要高,导致功率容量下降。若波导中驻波系数为 ρ,则

$$P_b=\left(\frac{1+\rho}{2\rho}\right)^2P_t \tag{2.60}$$

式中,P_b 为有驻波时的击穿功率;P_t 为行波状态下的击穿功率。

式(2.59)和式(2.60)表明,在理论上,波导击穿功率与波导的工作模式、频率和驻波大小有关,除此之外,实验表明,实际上,波导的击穿强度 E_b还与波导内填充的气体种类、

气体压强和波导内表面的物理状态等因素有关。

(1) E_b与波导内填充的气体种类有关，不同气体的击穿强度是不同的，六氟化硫(SF_6)、氟利昂(制冷剂 R12 的分子式是 CCl_2F_2)、四氯化碳(CCl_4)等多种卤化物气体的击穿场强比空气高，但氟利昂对环境污染严重，四氯化碳蒸气有毒，对人体有害。所以为提高波导击穿强度而实际使用的一般都是六氟化硫，它的击穿场强是空气的 2.5 ~3.0 倍。

(2) 气体压强 p 与击穿电场强度 E_b有密切的关系，在 $f = 3\text{GHz}$ 时，p 大约为 1kPa，即约 7.5mmHg 时，对应最小的击穿场强 E_b，此时 E_b只有几百伏/厘米。如果将对应最小 E_b 的气压称为 p_0，则从 p_0开始，随着气体压强的提高，E_b也逐渐上升；反之，气压从 p_0开始下降时，E_b会迅速上升，到高真空甚至超高真空时，击穿强度可以比大气压强时高几个数量级。在其他频率下也有类似的规律，只是 p_0的大小及对应的最小 E_b值会不同。

(3) 还有其他一些因素也会使得波导的功率容量比计算值小得多，例如，波导表面的不清洁和空气的潮湿、波导内表面的毛刺或波导内引入的不均匀性引起电场的集中，使得局部电场超过击穿场强等，都会导致波导允许通过功率下降。因此，波导实际的功率容量一般应该控制在理论值的$\frac{1}{4} \sim \frac{1}{3}$。

可见，在波导内填充气压高于一个大气压的六氟化硫气体，或者将波导抽成适当的真空状态，都可以提高波导的击穿场强。

4. 矩形波导的损耗

1) 波导损耗及衰减常数

实际的波导内壁不可能是理想导体，这时，电磁波沿波导传播时就会有功率损耗在波导内壁上，根据电磁场理论，在波导内壁表面单位长度上产生的损耗功率为

$$P_L = \frac{R_s}{2}\int_s \boldsymbol{H}_t \cdot \boldsymbol{H}_t^* \mathrm{d}s = \frac{R_s}{2}\int_s |\boldsymbol{H}_t|^2 \mathrm{d}s \tag{2.61}$$

式中，$\boldsymbol{H}_t$ 为波导内壁表面的磁场切向分量；R_s 为波导内壁的表面电阻。

$$R_s = \sqrt{\frac{\pi f \mu}{\sigma}} = \frac{\rho}{\delta}, \sigma = \frac{\pi f \mu}{R_s^2} \tag{2.62}$$

式中，σ 为波导内壁材料的导电率；ρ 为它的表面电阻率；δ 为频率为 f 的电磁波的趋肤深度。

在存在损耗的情况下，电磁波在波导内传输时场强在单位长度上将衰减 $e^{-\alpha}$，因而单位长度损耗的功率可表示成

$$P_L = P(1 - e^{-2\alpha}) \tag{2.63}$$

式中，P 为波导中传输的电磁波的功率。则

$$e^{-2\alpha} = 1 - \frac{P_L}{P} \tag{2.64}$$

一般情况下，$P_L/P \ll 1$，因此将 $e^{-2\alpha}$展开成级数可忽略高次项

$$e^{-2\alpha} \approx 1 - 2\alpha \tag{2.65}$$

代入式(2.64)得到

$$\alpha \approx \frac{P_L}{2P} \tag{2.66}$$

2) 矩形波导的衰减常数

对于矩形波导,根据式(2.66),可求得衰减常数 α 的表达式。

TM_{mn}模

$$\alpha = \frac{2\times 8.686}{120\pi ab}\frac{R_s}{\sqrt{1-(f_c/f)^2}}\frac{m^2b^3+n^2a^3}{m^2b^2+n^2a^2}\quad (\mathrm{dB/m}) \tag{2.67}$$

TE_{mn}模

$$\alpha = \frac{8.686}{ab}\frac{\sqrt{1-(f_c/f)^2}}{120\pi}\left[\frac{k_c^2}{\beta^2}(N_n a+N_m b)+\frac{N_m N_n}{2k_c^2}(k_x^2 a+k_y^2 b)\right]\quad (\mathrm{dB/m}) \tag{2.68}$$

式中

$$N_m = \begin{cases}1(m=0)\\2(m\neq 0)\end{cases}\qquad N_n = \begin{cases}1(n=0)\\2(n\neq 0)\end{cases} \tag{2.69}$$

在式(2.67)和式(2.68)中的系数8.686,是 α 的单位由奈培/米转换成分贝/米而引起的,即 $20\lg e = 8.686$。

由式(2.68)即可得到矩形波导基模 TE_{10}波的衰减常数

$$\alpha = \frac{8.686}{120\pi b}\frac{R_s}{\sqrt{1-(\lambda/2a)^2}}\left[1+\frac{2b}{a}\left(\frac{\lambda}{2a}\right)^2\right]\quad (\mathrm{dB/m}) \tag{2.70}$$

TE_{10}波的衰减常数具有以下一些特点:

(1) b/a 的比值越大,衰减常数越小,但 a、b 值的大小受矩形波导单模传输条件的限制,因此标准矩形波导一般选择 $b/a\approx 1/2$,而扁波导的衰减就会比标准波导大得多。

(2) 因为 R_s 与波导材料的电导率有关(式(2.62)),电导率 σ 越大,衰减常数 α 就越小;相反,材料的磁导率 μ 越大,α 就越大,因此波导管采用铜、铝等非磁性的良导体作为材料,切忌采用铁磁性材料。

(3) 由于高频电流大部分集中在导体表面的厚度为集肤深度的一薄层中,在微波波段,δ 很小,一般只有微米量级,所以在波导内壁镀一层很薄的高导电率的银,就可以得到相当于银波导的作用。但银在空气中会缓慢氧化,氧化后生成的氧化银电导率比银低,所以这种波导镀银的办法在实际中很少采用。

(4) 波导内表面的粗糙将增加高频电路流通路径,从而使损耗增加,特别是当表面不平度大于集肤深度时,这一增加就更为严重,因此波导内壁必须具有足够高的光洁度,工作频率越高,对表面光洁度的要求也越高。一般,在分米波段波导内表面粗糙度 Ra 应达到1.6~0.8μm,厘米波段应达到0.8~0.2μm,毫米波段则应达到0.2~0.1μm。内壁的氧化、污染和不洁净也将使衰减剧增。

5. 矩形波导 TE_{10}模的特性阻抗

1) 波阻抗不同于特性阻抗

在1.4节中,曾经讨论过传输线行波状态,要求负载阻抗等于传输线的特性阻抗,这种状态称为匹配。那么,矩形波导作为一种微波传输线,它的特性阻抗如何求?在上面已经提出了矩形波导波阻抗的概念,波阻抗是否就是特性阻抗?

以波导的工作模式 TE_{10} 模为例来说明波阻抗不能作为特性阻抗的理由。TE_{10} 模的截止波长为 $2a$，根据式(2.48)可以求得它的波阻抗

$$\eta_{TE_{10}} = \frac{\eta_e}{\sqrt{1 - \left(\frac{\lambda}{2a}\right)^2}} \tag{2.71}$$

可见它只与波导宽边 a 有关而与窄边 b 无关。如果波阻抗就可以作为特性阻抗，则就意味着只要 a 相同的矩形波导，而不管 b 存在多少差别，它们连接起来时都将不会产生反射，因为特性阻抗相同，是匹配连接。这与实际实验的结果完全不符，实验表明，即使是 b 边不大的阶梯，都会引起显著的反射，因此说，波阻抗并不能作为特性阻抗，两个波阻抗相等的波导并不能保证它们的匹配连接。

2）TE_{10} 模的特性阻抗

如果传输线处于行波状态，仅有入射波，不存在反射波，则由式(1.71)我们知道，特性阻抗就可以表示为无耗传输线中电压与电流之比 U/I，根据普通传输线知识这一比值也可以表示成 $U^2/2P$ 或者 $2P/I^2$，这就是说，特性阻抗可以有三种不同的定义。但是，在波导中，“电压”和“电流”的概念在一般情形下已失去了直接的意义，只有对最简单的 TE_{10} 模，才可以按其场结构勉强与“电压”“电流”概念联系起来。虽然波导各模式的传输功率有明确定义而且可以唯一确定，但是仅有功率的大小并不能确定出特性阻抗。正因为此，所以特性阻抗的概念只适用于矩形波导 TE_{10} 模，但我们引入特性阻抗的定义仍然是十分有意义的，因为在一般情况下，矩形波导中传输的都是 TE_{10} 波。

矩形波导中 TE_{10} 模的电场 E_y 在波导宽边中点最大，因此我们定义它的“电压”是波导宽边中点的电场强度的线积分

$$U = \int_0^b (E_y)_{\max} \mathrm{d}y = (E_y)_{\max} \cdot b = E_m \cdot b \tag{2.72}$$

至于电流，由于阻抗应由横向场分量的比来定义（横向场的叉乘才能得到纵向传播的功率流），既然电压取了 E_y 来确定，电流就应该由 H_x 来形成。在波导的两个窄边，磁场只有纵向分量而没有横向分量，不能用来求特性阻抗。因此矩形波导 TE_{10} 波的电流可以定义为由 H_x 形成的沿波导宽边流动的纵向电流的线积分：

$$I = \int_0^a |H_x| \mathrm{d}x = \frac{2}{\pi} a |H_x|_{\max} = \frac{2}{\pi} a \frac{E_m}{\eta_{TE_{10}}} \tag{2.73}$$

在矩形波导中传输的 TE_{10} 波功率流，已经由式(2.58)给出。

根据上面给出的特性阻抗的三种求法利用式(2.58)、式(2.72)和式(2.73)即可求得特性阻抗的三个表达式，它们含有相同的因子项，只是数字系数不同，分别为 $\pi/2$、2 和 $\pi^2/8$，这种特性阻抗的多值性再次表明了这一概念应用到波导中时的近似性。但是，在进行波导连接时，只要按同一特性阻抗的表达式来进行计算，数字系数的大小就无关紧要了。因此，可以忽略这些数字系数的不同，假定为 1，而只用它们公共因子项来作为矩形波导 TE_{10} 模的特性阻抗

$$Z_c = \frac{b}{a} \frac{\eta_e}{\sqrt{1 - \left(\frac{\lambda}{2a}\right)^2}} = \frac{b}{a} \eta_{TE_{10}} \tag{2.74}$$

在相互连接的两个波导尺寸差别不是很大时,按式(2.74)计算得到的波导连接将保证良好的匹配,因此式(2.74)可以推荐作为波导系统连接时的工程计算用。

2.2.2 矩形波导的截面尺寸

1) 单模工作频率范围

上面得到了单模传输条件式(2.51),这一条件实际上也就给出了单模工作的 λ 的范围,即频率范围。对于 $a \geqslant 2b$ 的波导来说,上述条件可简化为

$$2a > \lambda > a \tag{2.75}$$

但这一条件在实际使用上还有一些不够理想之处,一方面当 λ 的大小接近 $2a$ 时,H_{10}波将接近于截止,这时波导的最大通过功率迅速下降,衰减迅速上升,色散十分严重;另一方面当 λ 的值接近 a 时,波导的高次模 H_{20}的截止量又不够,容易因某些不均匀因素在局部区域激励起 H_{20}干扰波。因此,波导实际允许的工作波长(频率)范围一般选取

$$1.6a > \lambda > 1.05a \tag{2.76}$$

而中心工作波长则大致为 $\lambda_0 \approx 1.33a$。据此,矩形波导的截面尺寸一般选择为

$$\begin{cases} a = 0.75\lambda_0 \\ b = (0.45 \sim 0.5)a \end{cases} \tag{2.77}$$

2) 宽波导与扁波导

矩形波导的窄边尺寸 b 一般等于宽边尺寸 a 的一半左右,这是因为,若取 $2b > a$,使 $(\lambda_c)_{TE_{01}} > (\lambda_c)_{TE_{20}}$,波导的单模条件成为 $2a > \lambda > 2b$,由于 $2b$ 比 a 大,比之 $2a > \lambda > a$ 的单模条件,显然,使得 λ 的范围缩小了,也就是使波导的工作频率范围变窄了,b 越大,λ 的范围越小;反之,若取 $2b < a$,这时,波导的工作频率范围取决于条件 $2a > \lambda > a$,并不会因 b 的减小而增加,但这时 b 的减小却会导致波导击穿的发生,也就是波导允许通过的最大微波功率降低了,b 越小,越容易引起击穿,通过功率也就越小。所以,$b \approx a/2$ 是一种既保证了足够的波导工作频带宽度,又达到最大通过功率的波导尺寸选择。

在某些需要传输特别大的功率而工作频率范围要求不很宽的情况下,有时也专门制造 b 较大($> a/2$)的波导以提高其功率容量,这种波导称为宽波导;相反,有时在功率容量允许的情况下,为了减小波导系统的体积重量,或者为了满足微波器件或系统在结构上的特殊要求,也可以选用 $b < a/2$ 的波导,这种波导则称为窄波导或扁波导。由于矩形波导的主模 TE_{10}模的截止波长与 b 无关,所以有时窄波导的窄边 b 可以很小而不致影响 TE_{10}模的传输。

3) 波导标准

各国对实用的矩形波导都制定了标准,以方便波导系统的连接,我国也已有波导的统一标准,对波导的型号、尺寸、公差、工作频率范围、截止频率等都做出了规定,大家应该对常用波段的标准波导有一个尺寸概念,即根据波导的大小就能估计出它是工作在什么波段的波导。

我国现在采用的标准波导和扁波导的标准见附录。要注意,虽然绝大部分型号的标

准波导都满足 $a=2b$，但也并不是所有型号（波段不同）的标准波导的 b 边尺寸刚好是 a 边的一半，但也都接近一半。

4）过模波导与截止波导

如果矩形波导的单模传输条件不能得到满足，对一定频率的波来说，这可能是波导尺寸太大；或者是对一定尺寸的波导而言，波的频率太高，从而使条件 $\lambda>2b$（或 $\lambda>a$）被破坏而引起的。显然，这时波导中将允许不再只是一个模式（基模）的波传播，而会出现高次模式。高次模式的多少，取决于波导尺寸或波的频率，可根据波的传播条件及式(2.8)来判断。这种能传播多个模式的波导称为过模波导，在一些特殊场合，过模波导是必要的，比如在正交极化传输中使用的方波导就是过模波导；高功率微波的传输也必须使用过模波导以提高功率容量防止击穿。

另外，单模传输条件若在另一方向上被破坏，即 $\lambda>2a$，显然，这时波将不满足传播条件，即波不再能传播而将被截止。波导尺寸或波的频率若满足条件 $\lambda>2a$，从而使波截止，这种波导称为截止波导，有时也称为过截止波导，这是因为 $\lambda=2a$ 时波刚好截止，$\lambda>2a$ 则过截止了。截止波导有广泛的应用，最重要也是最普遍的是用来在各种场合下防止微波泄漏，任何微波系统在需要开孔、缝而又不希望微波泄漏时，就可以在孔、缝处接一段截止波导；截止波导还可以用来做微波衰减器，关于这一点，在后面论述波导元件时还会具体介绍。

2.2.3　矩形波导中的场结构

为了形象和直观地了解场的结构图像，我们通常利用电力线和磁力线来描绘它，力线上某点的切线方向表示该点处场的方向，而力线的疏密程度表示场的强弱。在用电力线和磁力线描述波导中的电磁场结构时还具有以下特点：① 电力线要么终止于金属边界，而且与边界垂直，要么自我闭合；② 磁力线必须构成闭合曲线，且在金属边界上与其平行；③ 在波导横截面内电力线与磁力线互相垂直，但电力线和磁力线自身都不能交叉；④ 不论在纵向还是横向，相邻半波长的电力线方向相反，磁力线方向也相反。在描绘场结构图时，习惯上将电力线用实线表示，而用虚线表示磁力线。

根据矩形波导中模式场的场分量表达式(2.41)和式(2.45)就可以描绘出各模式的场结构图形。

1. H_{10}、H_{20}、…、H_{m0}模场结构

1）基本单元 H_{10}模场结构

所有 $n=0$ 的 TE 模场结构，都可以由 H_{10}模场结构在 a 边的重复来构成，因而 H_{10}模场结构（图 2-3）是这类模式场结构的基本单元。另外，TE_{10}模还是矩形波导的基模，是在矩形波导的应用中最经常用到的模式，所以必须十分熟悉 TE_{10}模场结构。

根据式(2.41)，当 $m=1$、$n=0$ 时，就可以画出 TE_{10}模的电场和磁场在矩形波导横向与纵向上的分布，如图 2-3 所示。

为了进一步得到完整的 TE_{10}模场分布的图像，图 2-4 给出了在矩形波导中某一瞬时的电磁场三维结构图。

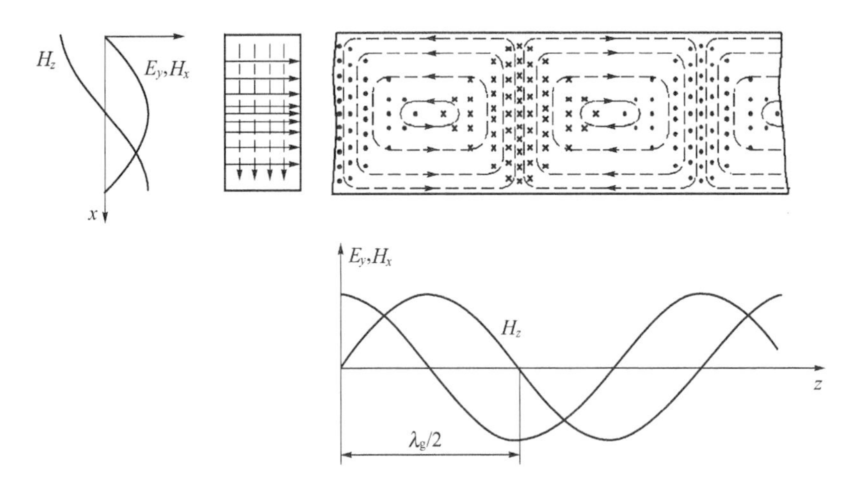

图 2-3　TE_{10}模的电磁场结构图

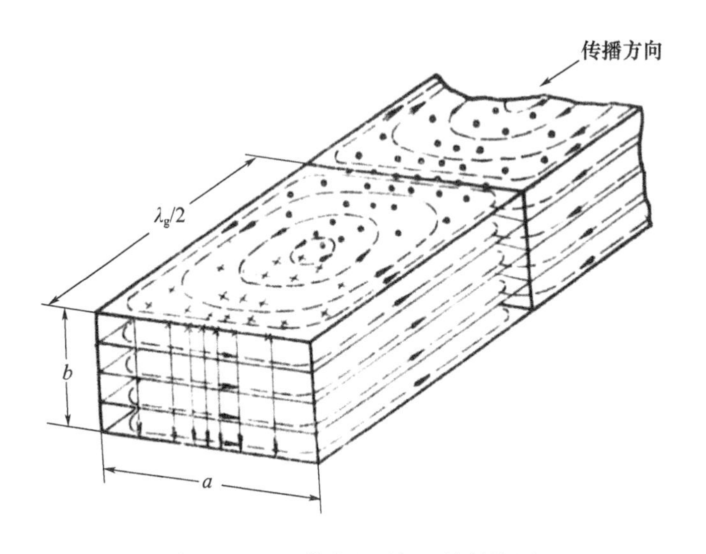

图 2-4　TE_{10}模的电磁场三维结构图

2) TE_{10}模场结构的特点

TE_{10}模是矩形波导的基模,其场结构亦是矩形波导中最简单的模式场结构,由图 2-3 可以看出,它具有以下特点:①电场只有 E_y 分量,沿 a 边按正弦规律变化,而沿 b 边均匀分布;②E_y在波导 a 边有半个驻波波长分布($m=1$),在 a 边两端,即 $x=0$ 和 $x=a$ 处,$E_y=0$,在 a 中心 $x=a/2$ 处,E_y最大;③磁场有 H_x、H_z两个分量,H_x沿 a 边按正弦分布,而 H_z沿 a 边按余弦规律变化,H_x、H_z沿 b 边都是均匀分布($n=0$);④H_x沿 a 边有一个驻波半波长分布($m=1$),即在 $x=0$ 和 $x=a$ 处,$H_x=0$,在 $x=a/2$ 处,H_x最大;H_z则在 a 边两端最大,而在中心为0;⑤H_x、H_z在波导纵截面($x-z$ 平面)内构成闭合曲线,E_y和 H_x沿 z 向的变化同相,即出现波峰和波谷的位置相同,而 H_z则与它们有 90°的相位差,即它的波峰和波谷位置与 E_y和 H_x相差 1/4 的波导波长。

3）$m>1$ 时的模场结构

H_{m0}场的结构可以由在波导宽边上分布 m 个基本单元 H_{10}模场结构来构成或者说可以在波导宽边上重复 m 次 H_{10}模场结构形成（见图 2－5）。要注意的是，在相邻单元的电力线与磁力线方向要相反，即有 180°的变化。

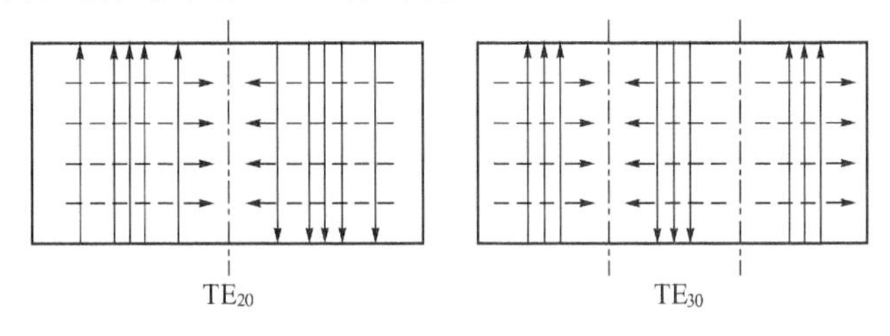

图 2－5　TE_{20}、TE_{30}模场结构

（图中点划线将它们分成了 2 个、3 个基本单元 H_{10}模场结构）

2. H_{01}、H_{02}、…、H_{0n}模场结构

由于 H_{01}、H_{02}、…、H_{0n}模与 H_{10}、H_{20}、…、H_{m0}模相比只是将特征值 m、n 作了对换，由于 m、n 分别对应场在波导宽边和窄边上分布的半波长数，因而只要把 H_{10}、H_{20}、…、H_{m0}模场结构在波导宽边上的分布与窄边上的分布对换，就得到了 H_{01}、H_{02}、…、H_{0n}模场结构图，或者说，只要保持波导不动，而将其中的 H_{10}、H_{20}、…、H_{m0}模场结构转 90°，就构成了 H_{01}、H_{02}、…、H_{0n}模场结构（见图 2－6）。

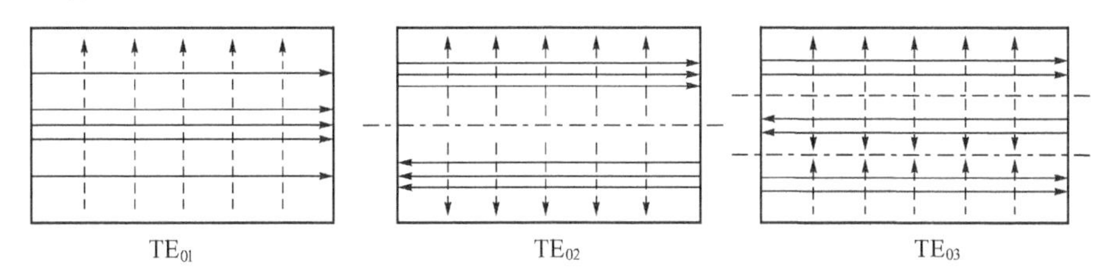

图 2－6　TE_{01}、TE_{02}、TE_{03}模场结构

（图中点划线将它们分成了 2 个、3 个基本单元 H_{01}模场结构）

3. H_{11}、…、H_{mn}模场结构

1）基本单元 H_{11}模场结构

m 和 n 均不为零时的 H_{mn}场结构，可以利用 H_{11}模在波导宽边和窄边的重复来构成（见图 2－7），所以 H_{11}模场结构是这类场结构构成的基本单元。

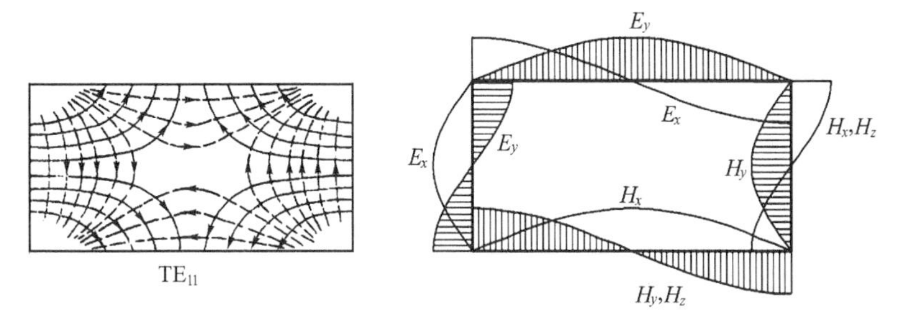

图 2－7　TE_{11}模的电磁场结构图

2)TE_{11}模场结构的特点

H_{11}模场结构因为既要在波导宽边上有一个驻波半波长分布,又要在波导窄边上有一个驻波半波长分布,因而其电力线从波导宽边出发终止于波导两侧窄边,或者从窄边出发终止于两侧宽边,且电力线终止于宽边或窄边时应与其垂直;磁力线在波导横截面内与电力线垂直,在纵向形成闭合曲线。

3)H_{mn}模场结构

H_{mn}模场结构是由沿波导宽边分布 m 个和沿波导窄边分布 n 个基本单元 H_{11} 模场结构形成,即 $m\times n$ 个 H_{11} 模场结构形成,相邻单元对应位置的力线方向相反,如图2-8所示。

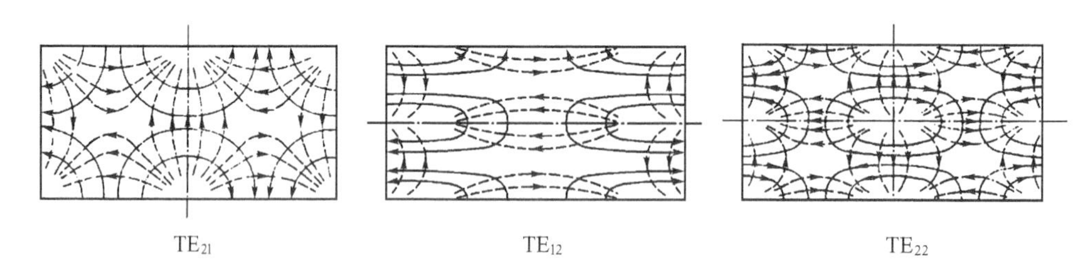

图2-8　TE_{21}、TE_{12}、TE_{22}模场结构

(图中点划线将它们划分成基本单元)

4. E模场结构

前面已经指出,矩形波导中没有 E_{m0} 和 E_{0n} 模,因而最简单的TM波是 TM_{11} 模。

1)基本单位 E_{11} 模场结构

图2-9给出了 E_{11} 模的场分布,可以看出,它在波导宽边与窄边也都有一个π的变化,即分布有一个驻波半波长。

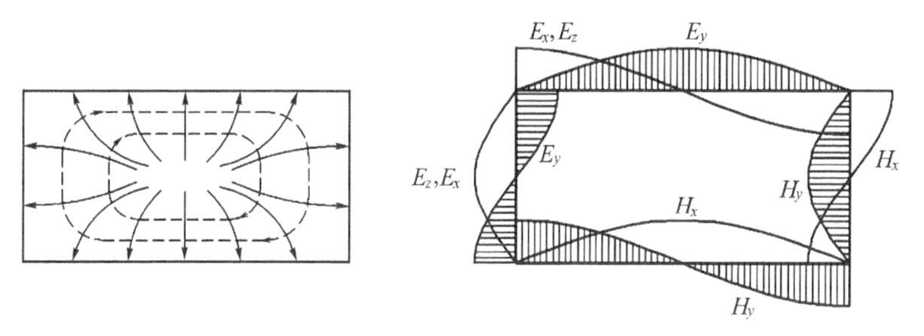

图2-9　TM_{11}模的电磁场结构图

2)TM_{11}模场结构的特点

TM_{11}模的场结构的最大特点是由于磁场没有纵向分量 H_z,因而 H_x、H_y 在波导横截面内就应自我闭合,电力线从四周波导壁出发(或终止于波导壁)在 z 方向经过半个波导波长再终止于波导壁(或从波导壁出发)。

3)E_{mn}模场结构

完全类似于 H_{mn} 模与 H_{11} 模场结构的关系,E_{mn} 模场结构也可以由沿波导宽边分布 m 个和沿波导窄边分布 n 个基本单元 E_{11} 模的场结构,即共 $m\times n$ 个 E_{11} 模场结构形成,相邻单元对应位置的力线方向相反,如图2-10所示。

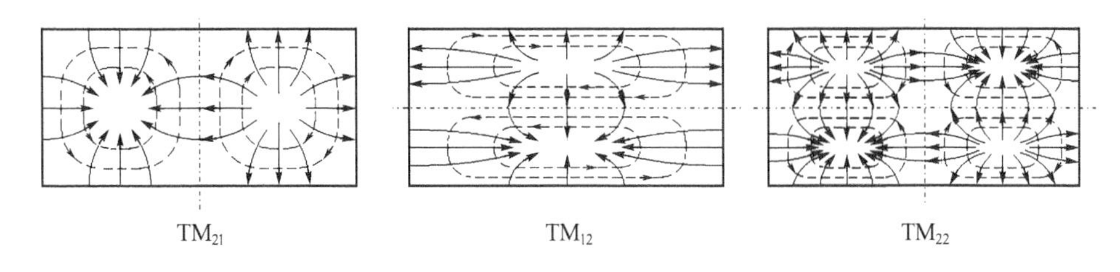

图 2－10　TM_{21}、TM_{12}、TM_{22}模场结构
（图中点划线将它们划分成基本单元）

由上面的分析可见，矩形波导中实际上只存在 3 种基本的场分布结构，即 TE_{10}模、TE_{11}模和 TM_{11}模 3 种场结构，所有其余模式的场分布，都可以按在波导宽边和窄边上让基本单元的场分布重复 m 次或 n 次来得到，TE_{0n}模的场分布只需将 TE_{m0}模的场分布转 90°就可以得到。

2.2.4　TE_{10}模的管壁高频电流

当波导中有电磁波通过时，由于电磁感应，在波导壁上就会产生高频电流，称为管壁电流，管壁电流是传导电流。在微波频率下，管壁电流将因为趋肤效应而集中在波导内壁的表面，其趋肤深度 δ 的数值一般是微米（μm）量级，所以管壁电流可以认为是一种面电流。另外，在波导的内部空间，电场的变化将会产生位移电流，它与管壁传导电流一起形成连续的全电流。

管壁上的传导电流 $\boldsymbol{J}$ 的分布由管壁附近的磁场分布决定，可表示为

$$\boldsymbol{J}=\boldsymbol{n}\times\boldsymbol{H} \tag{2.78}$$

式中，$\boldsymbol{J}$ 为波导内壁上的面电流密度，其方向根据矢量叉乘右手螺旋法则决定；$\boldsymbol{n}$ 为内壁的法向单位矢量；$\boldsymbol{H}$ 为内壁附近的切向磁场。

当矩形波导传输 TE_{10}模时，由式（2.41）和式（2.78）即可求得其管壁电流，TE_{10}模的磁场有 H_x、H_z两个分量，它们的瞬时值可表示为

$$\begin{cases}H_x=\dfrac{\beta a}{\pi}H_{10}\sin\left(\dfrac{\pi}{a}x\right)\cos\left(\omega t-\beta z+\dfrac{\pi}{2}\right)\\H_z=H_{10}\cos\left(\dfrac{\pi}{a}x\right)\cos(\omega t-\beta z)\end{cases} \tag{2.79}$$

在波导下宽边的内表面，$y=0$，$\boldsymbol{n}=\boldsymbol{a}_y$

$$\begin{cases}J_x=-H_z|_{y=0}=-H_{10}\cos\left(\dfrac{\pi}{a}x\right)\cos(\omega t-\beta z)\\J_z=H_x|_{y=0}=\dfrac{\beta a}{\pi}H_{10}\sin\left(\dfrac{\pi}{a}x\right)\cos\left(\omega t-\beta z+\dfrac{\pi}{2}\right)\end{cases} \tag{2.80}$$

在上宽边的内表面，$y=\mathrm{b}$，$\boldsymbol{n}=-\boldsymbol{a}_y$

$$\begin{cases}J_x=-H_z|_{y=b}=H_{10}\cos\left(\dfrac{\pi}{a}x\right)\cos(\omega t-\beta z)\\J_z=-H_x|_{y=b}=-\dfrac{\beta a}{\pi}H_{10}\sin\left(\dfrac{\pi}{a}x\right)\cos\left(\omega t-\beta z+\dfrac{\pi}{2}\right)\end{cases} \tag{2.81}$$

可见,在波导宽边上,电流密度由 J_x 分量和 J_y 分量合成,而且在上下宽边大小相等、方向相反。

在左侧窄边内表面,$x=0$,$\boldsymbol{n}=\boldsymbol{a}_x$

$$J_y = -H_z|_{x=0} = -H_{10}\cos(\omega t-\beta z) \tag{2.82}$$

在右侧窄边内表面,$x=a$,$\boldsymbol{n}=-\boldsymbol{a}_x$

$$J_y = H_z|_{x=a} = -H_{10}\cos(\omega t-\beta z) \tag{2.83}$$

可见,在波导两侧的窄边上,电流密度只有 J_y 分量,且大小相等、方向相同。

由此就可以给出矩形波导内表面上 TE_{10} 模的管壁电流分布图(图2-11)。

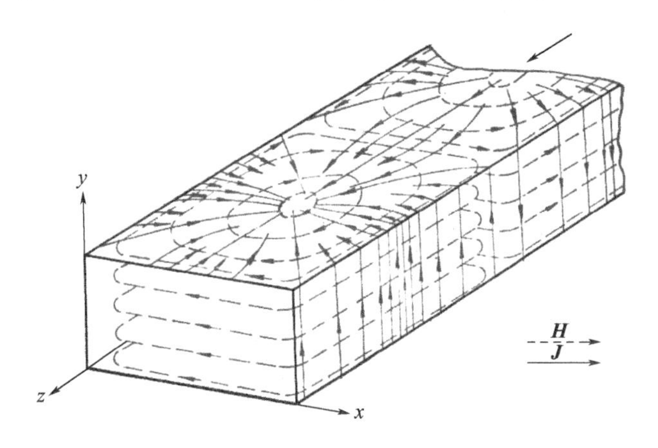

图2-11　矩形波导内表面上 TE_{10} 模的管壁电流分布图

了解模式的管壁电流分布对于波导元件的设计具有重要的实际意义,比如当需要在波导上开槽、缝和孔时,为了不影响波导原来的传输模式,就应该使槽、缝和孔尽可能不破坏管壁电流的流通;同样,对于波导的拼接、连接等,接缝也应该尽可能选择在不影响管壁电流流通的位置。否则,将严重破坏波导内原来的模式场结构,引起高次模的激励、波的反射和辐射。比如,波导传输 TE_{10} 模时,在波导宽边的中心线处就只有纵向管壁电流,因此沿宽边中心线开纵向槽、缝对 TE_{10} 模的传输影响将最小,波导的非焊接拼接也应该选择在宽边中心线处。相反,当需要波导模式与其他元件耦合或者需要辐射微波能量时,耦合孔、缝或辐射孔、缝就应该选择能切断管壁电流的地方。

2.2.5　矩形波导中的长线概念和部分波概念

1. 矩形波导中的长线概念

1）矩形波导的形成

利用长线理论,可以从双根线出发,更直观地来理解矩形波导的形成。如图2-12所示,假设有一对具有一定宽度 w 的双根线传输线,如果在双根线某一位置a、b点上并联一根 $\lambda_g/4$ 的短路线,则从双根线上a、b两点看到的该短路线输入阻抗将无穷大,即为开路,所以并联上去的这根短路线对双根线传输电磁波来说,不会产生任何影响。同样道理,如果在同一位置的另一侧c、d两点,亦并联上一根 $\lambda_g/4$ 的短路线,该短路线也不会影响双根线的传输特性。如此可以不断在双根线的不同位置的两侧并联上 $\lambda_g/4$ 的短路线,当短路线的数量无限增加时，就形成了矩形波导。从图 2－12 上直接可以看出，矩形波导的宽边应该等于($w+\lambda_g/2$)。

反过来，也就很容易理解，矩形波导可以用双根线来等效，等效双根线的位置在波导上下宽边的中央。

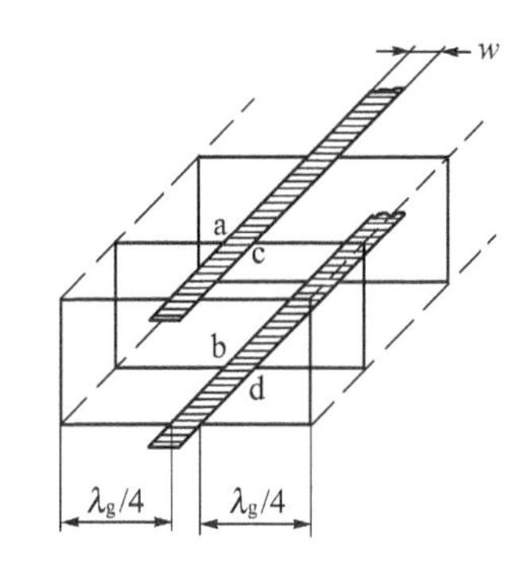

图 2－12　由双根线形成矩形波导

2）波导的短路与开路

波导可以用金属平面来实现短路，如果一段波导的终端用一块金属平板密封，则电磁波将在这里被全反射而不会穿过金属板继续传播。但是，波导的开路就不能简单地用一段开口波导来实现。终端开口的波导将会辐射电磁波，而不会形成电磁波的全反射，因此并不形成真正的开路。实现波导的开路只能采用 $\lambda_g/4$ 波长的短路线的办法，即用一段 $\lambda_g/4$ 的短路波导，在其输入面上将形成波导的开路。

因此可以说，只有短路波导，不存在开路波导。矩形波导是如此，其他波导也是这样。

2. 矩形波导中的部分波概念

矩形波导的长线概念虽然能说明波导的形成，但并没有给出电磁波在波导中传播的定量关系，利用部分波概念，则不仅可以更清楚地解释波导的形成，而且还可以得到矩形波导中 TE_{10}模的物理量之间的关系，从而更深入地理解电磁波在波导中传播的物理过程。

1）波导中部分波概念的物理分析

如图 2－13 所示，我们假设一个 TEM 波以入射角 α(电磁波入射方向与平面法线方向的夹角)射向一个无限大的理想导电平面，其电场矢量垂直于纸面(平行于导电平面)，磁场矢量则平行于纸面。该入射波将在导电平面上产生全反射，反射波方向角仍为 α，其幅值与入射波电场幅值大小相等，电场矢量方向相反(即有π相移)，因此，在导电平面上两者抵消，电场幅值在该平面上将处处时时为零。

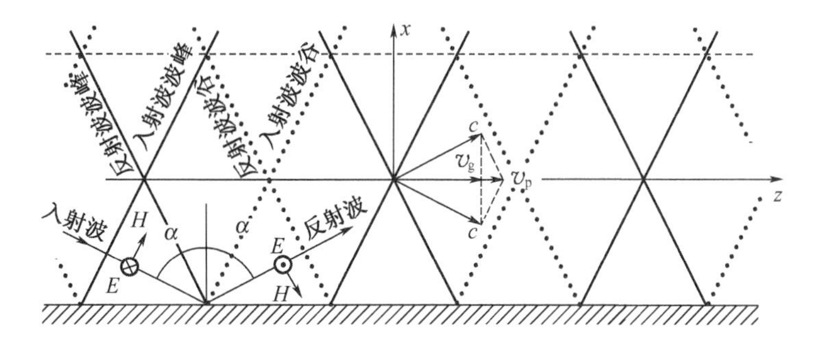

图 2－13　波导中部分波概念的物理图像

入射波和反射波将在导电平面的上半部整个空间传播，图中我们画出了在某一时刻它们的波峰波阵面(实线)和波谷波阵面(点线)，对于平面波来说，这些波阵面与波的传播方向垂直。当入射波的波峰与反射波的波谷，或者入射波的波谷与反射波的波峰相交时，在相交点，合成的电场就为零，而仅有磁场存在，而且入射波与反射波磁场的 H_x 分量方向相反，互相抵消；H_y 分量方向相同，互相叠加，所以合成的磁场为 H_z 分量。这些交叉

点将在 x 方向上周期性地出现,而且只要 α 一定,不仅在某一个瞬间,而且在任何时刻,这些交叉点在 x 方向上的位置不会改变,它们在 y 方向(垂直纸面方向)上延伸为一条直线。随着波的传播,交叉点在 y 方向的延伸线将会在 z 方向连续移动,从而在空间画出一个平面,在该平面上,电场处处为零,而磁场只有 H_z 分量,因此在该平面位置插入一个理想导电平面,并不会改变空间原来的场结构,而导电平面上流过的电流应对应磁场的感应电流。这样的平面在原来的反射面上半部空间中理论上应有无穷多个,图中用虚线画出了其中第一个平面的位置。

由于我们给定的平面波电场矢量垂直于纸面,即垂直于 $x-z$ 平面,因此在平行于 $x-z$平面(即平行于纸面)的任意位置就可以放置含有磁感应电流的导电平面,电场矢量将与这些平面垂直,因此它们同样不会影响原电磁场的结构。这样,在图纸虚线对应的位置放置平行于 $y-z$ 平面的导电面,而在平行于 $x-z$ 平面的任意两个位置放置两块导电面,它们与原来的反射面一起就形成了一个封闭的矩形波导。

从图中我们还不难看出,入射波与反射波在各自传播方向上的速度都是 c,但它们在 z 方向的合成速度则是

$$v_p = \frac{c}{\cos\left(\frac{\pi}{2}-\alpha\right)} = \frac{c}{\sin\alpha} > c \tag{2.84}$$

但两个波携带的能量在 z 向的传播速度只是

$$v_g = c \cdot \cos\left(\frac{\pi}{2}-\alpha\right) = c\sin\alpha < c \tag{2.85}$$

这种由平面波在波导壁上多次反射,从而由于 H_z 的出现,形成 TE 波的物理图像,就称为部分波概念。

2) 波导中部分波概念的数学分析

我们仍旧假设一个 TEM 波以入射角 α 射向一个无限大的理想导电平面,在该平面上部空间取一点 M,来考察入射波与反射波在 M 点的合成场(图 2-14)。平面波的电场矢量仍在 y 方向。

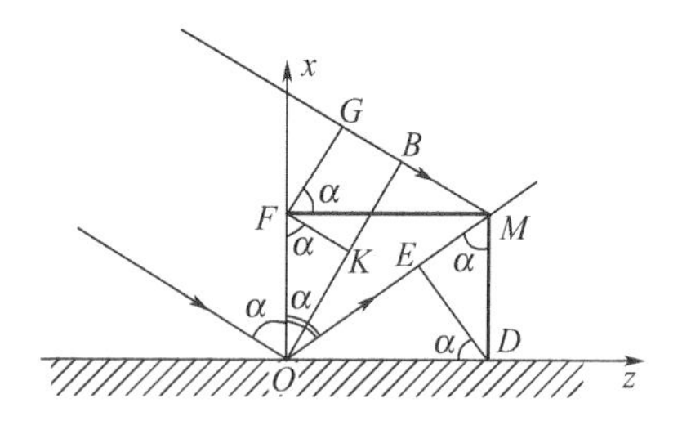

图 2-14　波从导电平面反射时场的合成

在某一瞬时,入射波到达 M 点的行程由线段 BM 表示,反射波的行程则为线段 OM,这两个波到达 M 点时的波程差就取决于 BM 和 OM 的长度及方向。

M 点的入射波可表示为

$$E_{yin} = E_m e^{j(\omega t - kl_1)} \tag{2.86}$$

式中,E_m 为幅值;l_1 为线段 BM 的长度;$k=\omega/c$ 为自由空间波数。

达到 M 点的反射波则是

$$E_{yre} = -E_m e^{j(\omega t - kl_2)} \tag{2.87}$$

式中,l_2 为线段 OM 的长度。而等号右边的负号则表示由于导电平面反射引起的π相位

移,或者说,由于入射波与反射波的电场都在 y 方向,所以它们的幅值大小相等、方向相反。

在 M 点的合成电场就是

$$E_y = E_m[e^{j(\omega t - kl_1)} - e^{j(\omega t - kl_2)}] \tag{2.88}$$

由△FGM 和△FOK 以及△ODE 和△DEM 不难得出

$$\begin{cases} l_1 = |GM| - |FK| = z\sin\alpha - x\cos\alpha \\ l_2 = |OE| + |EM| = z\sin\alpha + x\cos\alpha \end{cases} \tag{2.89}$$

将上式代入式(2.88),得

$$\begin{aligned} E_y &= E_m e^{j(\omega t - kz\sin\alpha)} \cdot 2j\sin(kx\cos\alpha) \\ &= 2E_m e^{j\left(\omega t - kz\sin\alpha + \frac{\pi}{2}\right)} \cdot \sin(kx\cos\alpha) \\ &= E'_m e^{j\left(\omega t - k'z + \frac{\pi}{2}\right)} \end{aligned} \tag{2.90}$$

式中

$$\begin{cases} E'_m = 2E_m \sin(kx\cos\alpha) \\ k' = k\sin\alpha \end{cases} \tag{2.91}$$

式(2.90)表明,合成后的电场幅值为 E'_m,传播常数为 k',对应的相速就是

$$v_p = \frac{\omega}{k'} = \frac{\omega}{k\sin\alpha} = \frac{c}{\sin\alpha} > c \tag{2.92}$$

式(2.92)与式(2.84)一致,显然,这种相速大于光速的合成场不再是 TEM 波。

由式(2.91)可以发现,合成场的幅值 E'_m 沿 x 方向按正弦函数分布,换句话说,由于入射波和反射波干涉的结果,在导电平面上部空间的 x 方向形成了驻波,驻波零点(波节点)的位置 a 是

$$\begin{aligned} kx\cos x &= n\pi \\ x = a &= \frac{n\pi}{k\cos\alpha} \quad (n = 0,1,2,\cdots) \end{aligned} \tag{2.93}$$

在由式(2.93)给出的位置上放置导电平面,将不会改变电磁场的结构,因此也可以反过来讨论,即已知两个导电平面之间相距 a,则电磁波在这两个平面间传播条件就应该是

$$\cos\alpha = \frac{n\pi}{ka} = \frac{n\lambda}{2a} \tag{2.94}$$

即电磁波入射角 α 必须满足条件式(2.94)。

当 $n=1$ 时

$$a = \frac{\lambda}{2\cos\alpha} \quad 或 \quad \lambda = 2a\cos\alpha \tag{2.95}$$

式(2.95)就是矩形波导宽边 a 的尺寸,或者在 a 已给定的情况下,矩形波导能传播的电磁波的波长。

如果 $\alpha=0, \cos\alpha=1$,则电磁波在矩形波导中传播所要求的波导最小尺寸(式(2.94)中 $n=1$)就是

$$a_{\min} = \frac{\lambda}{2} \tag{2.96}$$

在一般情况下,矩形波导宽边尺寸 a 应由式(2.95)给出,它比由式(2.96)得到的 $a_{\min}$ 要大,这是因为当 $\cos\alpha=1$ 时,$\alpha=0$,入射波将垂直射向波导壁,反射波同样垂直波导壁,入射波和反射波在两个波导壁之间发生横向共振,波也就不再沿 z 向传播而截止。所以式(2.96)实际上决定了矩形波导不再能传播的电磁波的波长——截止波长

$$\lambda_c = 2a \tag{2.97}$$

这正是矩形波导中 TE_{10} 模的截止波长,只有 $\lambda<\lambda_c$ 的波才能在波导中传播。

由式(2.95)可以求得

$$\sin\alpha = \sqrt{1-\cos^2\chi} = \sqrt{1-\left(\frac{\lambda}{2a}\right)^2} = \sqrt{1-\left(\frac{\lambda}{\lambda_c}\right)^2} \tag{2.98}$$

代入式(2.92),得到

$$v_p = \frac{c}{\sqrt{1-\left(\frac{\lambda}{2a}\right)^2}} = \frac{c}{\sqrt{1-\left(\frac{\lambda}{\lambda_c}\right)^2}} \tag{2.99}$$

它与我们在第1章中已给出的式(1.43)完全一致。

由以上分析我们再次说明了,在平行导电平面之间的电磁波,可以看作是一些部分波的多次曲折反射的结果,它具有比光速大的相速和在导电平面之间驻波分布的电场结构。波长 λ 增大到越接近截止波长 λ_c,部分波的入射角 α 越小,相速则越大,这也正是波导中传输的电磁波相速会随频率(波长)而改变,即存在色散的原因。图2-15用部分波波阵面的物理图像可以清楚地说明这一点,从图中可以看出,随着波长的增加(频率降低),相速 v_p 增大,而群速 v_g 减小。

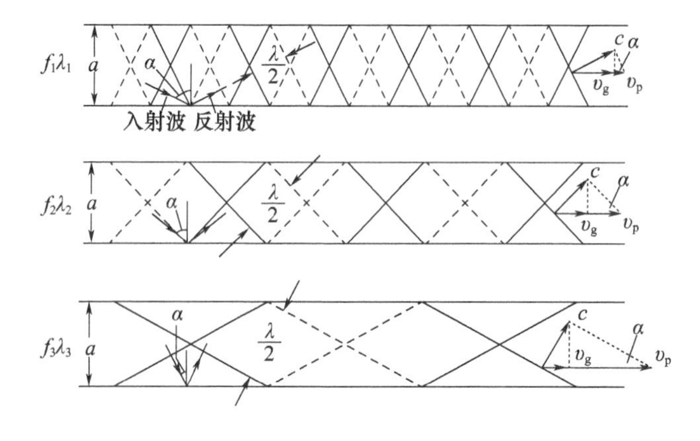

图2-15 $\lambda_3>\lambda_2>\lambda_1(f_1>f_2>f_3)$ 时波导中的 v_p、v_g 的变化

2.3 圆波导

圆波导是微波技术领域中另一种常见的传输波导,其形状如图2-16所示,图中同时给出了所采用的圆柱坐标系。圆波导半径用 R 表示。与矩形波导一样,我国对圆波导也制定了统一的标准。

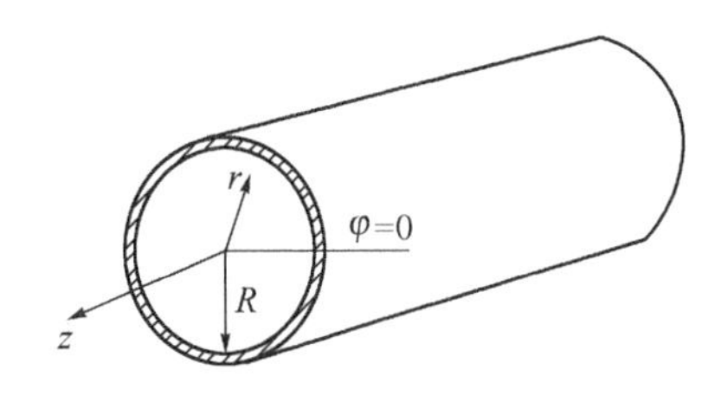

图2-16 圆波导

2.3.1 圆波导中电磁波的特性

1. 圆波导中的场分量和波阻抗

1)圆波导中电磁场的一般形式

与在矩形波导中的分析类似,也可以将方程(1.15)在圆柱坐标系统中的 E_z 分量写成

$$E_z(r,\varphi,z)=E_z(r,\varphi)Z(z) \tag{2.100}$$

已经得到

$$Z(z)=C\mathrm{e}^{-\mathrm{j}\beta z} \tag{2.101}$$

根据式(2.26),可以对纵向场的横向分布函数写出它的波动方程

$$\nabla^2 E_z(r,\varphi)+k_c^2 E_z(r,\varphi)=0 \tag{2.102}$$

将它在圆柱坐标系统中展开

$$\frac{\partial^2 E_z(r,\varphi)}{\partial r^2}+\frac{1}{r}\frac{\partial E_z(r,\varphi)}{\partial r}+\frac{1}{r^2}\frac{\partial^2 E_z(r,\varphi)}{\partial \varphi^2}+k_c^2 E_z(r,\varphi)=0 \tag{2.103}$$

利用分离变量法,设

$$E_z(r,\varphi)=R(r)\Phi(\varphi) \tag{2.104}$$

将式(2.104)代回式(2.103),得到

$$\Phi(\varphi)\frac{\partial^2 R(r)}{\partial r^2}+\frac{\Phi(\varphi)}{r}\frac{\partial R(r)}{\partial r}+\frac{R(r)}{r^2}\frac{\partial^2 \Phi(\varphi)}{\partial \varphi^2}+k_c^2 R(r)\Phi(\varphi)=0 \tag{2.105}$$

并在两边乘以 $r^2/R\Phi$,得到

$$\frac{r^2}{R(r)}\frac{\mathrm{d}^2 R(r)}{\mathrm{d}r^2}+\frac{r}{R(r)}\frac{\mathrm{d}R(r)}{\mathrm{d}r}+k_c^2 r^2=-\frac{1}{\Phi(\varphi)}\frac{\mathrm{d}^2\Phi(\varphi)}{\mathrm{d}\varphi^2} \tag{2.106}$$

由于 R 只是 r 的函数,Φ 只是 φ 的函数,因此,要使上式成立,就只有等式两边等于一个共同的常数时才可能。令该常数为 m^2,得到

$$\begin{aligned}&\frac{r^2}{R(r)}\frac{\mathrm{d}^2 R(r)}{\mathrm{d}r^2}+\frac{r}{R(r)}\frac{\mathrm{d}R(r)}{\mathrm{d}r}+k_c^2 r^2=m^2\\&-\frac{1}{\Phi(\varphi)}\frac{\mathrm{d}^2\Phi(\varphi)}{\mathrm{d}\varphi^2}=m^2\end{aligned} \tag{2.107}$$

它们的解分别是

$$R(r)=A_1 J_m(k_c r)+A_2 N_m(k_c r) \tag{2.108}$$
$$\Phi(\varphi)=B_1\cos m\varphi+B_2\sin m\varphi=B\cos(m\varphi-\varphi_0)$$

其中,φ_0是任意的一个初始相位,当它取0或$\pi/2$时,就成为$\cos m\varphi$或$\sin m\varphi$;$J_m(k_c r)$为m阶第一类贝塞尔函数,$N_m(k_c r)$为m阶第二类贝塞尔函数(诺埃曼函数),它们统称为圆柱函数。$J_m(k_c r)$、$N_m(k_c r)$以及$J_m(k_c r)$的一阶导数$J'_m(k_c r)$的变化曲线如图2-17所示。

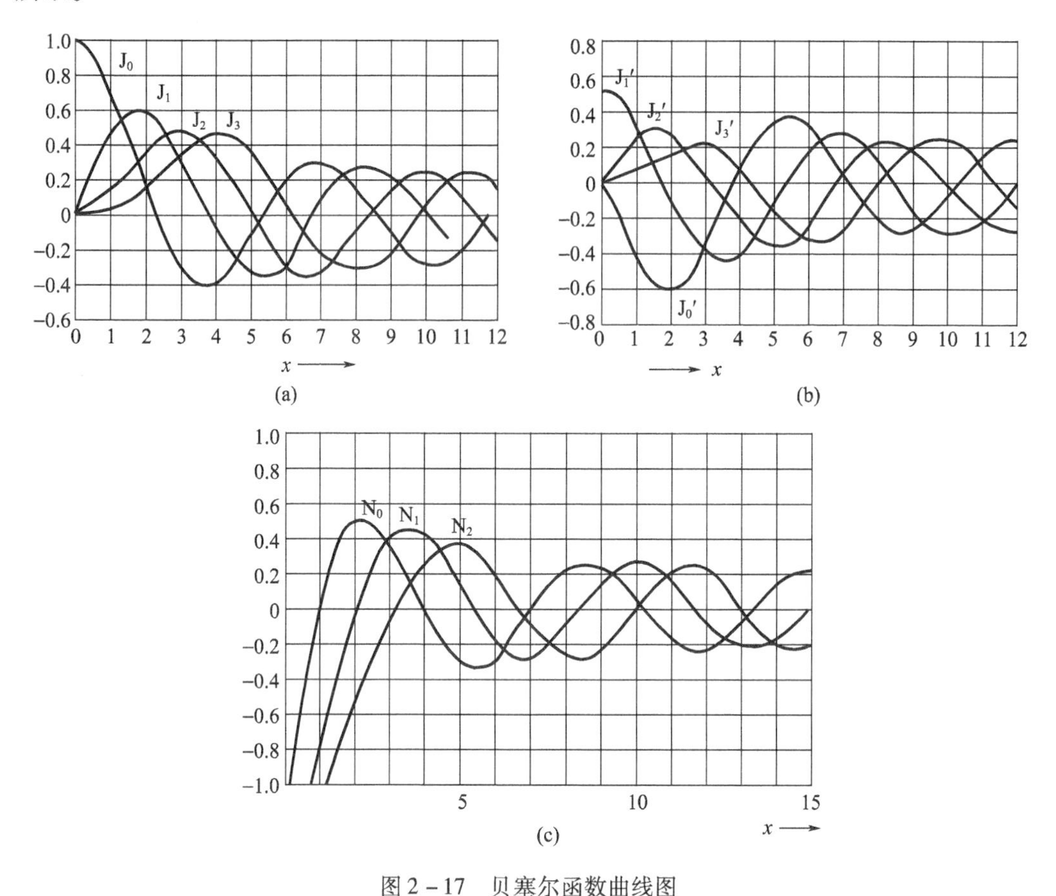

图2-17 贝塞尔函数曲线图

(a)第一类贝塞尔函数$J_m(x)$变化曲线;(b)第一类贝塞尔函数的导数$J'_m(x)$变化曲线;(c)第二类贝塞尔函数$N_m(x)$变化曲线。

由式(2.101)、式(2.108)就可以得到

$$E_z(r,\varphi,z)=[A_1 J_m(k_c r)+A_2 N_m(k_c r)]B\cos(m\varphi-\varphi_0)e^{-j\beta z} \tag{2.109}$$

由于当$r\to 0$时,$N_m(k_c r)\to-\infty$(见图2-17(c)),这就意味着在波导中心处,电磁场将无限大,显然这是不可能的,波导内的场必须是有限的,因此,在式(2.109)中,A_2必须是零;另外,为了不显示不确定具体大小的φ_0,将$\cos(m\varphi-\varphi_0)$写成$\begin{cases}\cos m\varphi\\ \sin m\varphi\end{cases}$的形式更为方便,关于这一写法,在后面将会更详细地讨论。这样一来,式(2.109)就可以写成

$$E_z(r,\varphi,z)=E_{mn}\mathrm{J}_m(k_c r)\begin{cases}\cos m\varphi\\ \sin m\varphi\end{cases}\mathrm{e}^{-\mathrm{j}\beta z} \tag{2.110}$$

式中,$E_{mn}=A_1 B$。

对于磁场,同样可以得到

$$H_z(r,\varphi,z)=H_{mn}\mathrm{J}_m(k_c r)\begin{cases}\cos m\varphi\\ \sin m\varphi\end{cases}\mathrm{e}^{-\mathrm{j}\beta z} \tag{2.111}$$

有了场的纵向分量 E_z、H_z表达式,根据式(2.19)即可求出它们的横向分量。

2)圆波导中的场分量及 k_c表达式

(1)TE 波(H 波)

对于 TE 波,$E_z=0$,$H_z\neq 0$,所以式(2.19)简化为

$$\begin{cases}E_r=-\mathrm{j}\dfrac{\omega\mu}{k_c^2 r}\dfrac{\partial H_z}{\partial\varphi}\\ E_\varphi=\mathrm{j}\dfrac{\omega\mu}{k_c^2}\dfrac{\partial H_z}{\partial r}\\ H_r=-\mathrm{j}\dfrac{\beta}{k_c^2}\dfrac{\partial H_z}{\partial r}\\ H_\varphi=-\mathrm{j}\dfrac{\beta}{k_c^2 r}\dfrac{\partial H_z}{\partial\varphi}\end{cases} \tag{2.112}$$

圆波导的边界条件要求,在 $r=R$ 处,$E_\varphi=0$,由式(2.112)可知这就是要求

$$\left.\frac{\partial H_z}{\partial r}\right|_{r=R}=0 \tag{2.113}$$

将式(2.111)代入,有

$$\left.\frac{\partial H_z}{\partial r}\right|_{r=R}=H_{mn}\mathrm{J}'_m(k_c R)\begin{cases}\cos m\varphi\\ \sin m\varphi\end{cases}\mathrm{e}^{-\mathrm{j}\beta z}=0 \tag{2.114}$$

得到

$$\mathrm{J}'_m(k_c R)=0 \tag{2.115}$$

该式表明,这时的 $k_c R$ 是 $\mathrm{J}'_m(k_c R)$等于零的根,由于第一类贝塞尔函数的导数为零的根是个多值函数(见图 2-17(b)),如果假设其中第 n 个根为 μ'_{mn},n 是 $1\sim\infty$ 之间的某个正整数,则

$$\mathrm{J}'_m(\mu'_{mn})=0 \tag{2.116}$$

μ'_{mn}的值可以从本书附录中查到。

这样,圆波导中 TE 波的 H_z的解的形式成为

$$H_z(r,\varphi,z)=H_{mn}\mathrm{J}_m(k_c r)\begin{cases}\cos m\varphi\\ \sin m\varphi\end{cases}\mathrm{e}^{-\mathrm{j}\beta z} \tag{2.117}$$

不同 m、n 值代表的各个模式场的线性组合也应该是 H_z的解,这样,H_z的一般解就应是

$$H_z(r,\varphi,z)=\sum_{m=0}^{\infty}\sum_{n=1}^{\infty}H_{mn}\mathrm{J}_m(k_c r)\begin{cases}\cos m\varphi\\ \sin m\varphi\end{cases}\mathrm{e}^{-\mathrm{j}\beta z} \tag{2.118}$$

将它代入式(2.112),就得出圆波导中 TE 波的各个场分量表达式

$$\begin{cases} H_r = \sum_{m=0}^{\infty}\sum_{n=1}^{\infty} -\mathrm{j}\dfrac{\beta}{k_c}H_{mn}\mathrm{J}'_m(k_c r)\begin{matrix}\cos m\varphi \\ \sin m\varphi\end{matrix}\mathrm{e}^{\mathrm{j}(\omega t-\beta z)} \\ H_\varphi = \pm\sum_{m=0}^{\infty}\sum_{n=1}^{\infty} \mathrm{j}\dfrac{\beta m}{k_c^2 r}H_{mn}\mathrm{J}_m(k_c r)\begin{matrix}\sin m\varphi \\ \cos m\varphi\end{matrix}\mathrm{e}^{\mathrm{j}(\omega t-\beta z)} \\ H_z = \sum_{m=0}^{\infty}\sum_{n=1}^{\infty} H_{mn}\mathrm{J}_m(k_c r)\begin{matrix}\cos m\varphi \\ \sin m\varphi\end{matrix}\mathrm{e}^{\mathrm{j}(\omega t-\beta z)} \\ E_r = \pm\sum_{m=0}^{\infty}\sum_{n=1}^{\infty} \mathrm{j}\dfrac{\omega\mu m}{k_c^2 r}H_{mn}\mathrm{J}_m(k_c r)\begin{matrix}\sin m\varphi \\ \cos m\varphi\end{matrix}\mathrm{e}^{\mathrm{j}(\omega t-\beta z)} \\ E_\varphi = \sum_{m=0}^{\infty}\sum_{n=1}^{\infty} \mathrm{j}\dfrac{\omega\mu}{k_c}H_{mn}\mathrm{J}'_m(k_c r)\begin{matrix}\cos m\varphi \\ \sin m\varphi\end{matrix}\mathrm{e}^{\mathrm{j}(\omega t-\beta z)} \\ E_z = 0 \end{cases} \tag{2.119}$$

式中

$$k_c = \frac{\mu'_{mn}}{R} \tag{2.120}$$

μ'_{mn}为 m 阶第一类贝塞尔函数的导数 $\mathrm{J}'_m(k_c r)$ 等于零的第 n 个根,由此得到圆波导中TE模的截止波长

$$(\lambda_c)_{mn} = \frac{2\pi R}{\mu'_{mn}} \tag{2.121}$$

(2)TM波(E波)

对于圆波导中的TM波,$H_z=0, E_z\neq 0$,这时式(2.19)成为

$$\begin{cases} E_r = -\mathrm{j}\dfrac{\beta}{k_c^2}\dfrac{\partial E_z}{\partial r} \\ E_\varphi = -\mathrm{j}\dfrac{\beta}{k_c^2 r}\dfrac{\partial E_z}{\partial \varphi} \\ H_r = \mathrm{j}\dfrac{\omega\varepsilon}{k_c^2 r}\dfrac{\partial E_z}{\partial \varphi} \\ H_\varphi = -\mathrm{j}\dfrac{\omega\varepsilon}{k_c^2}\dfrac{\partial E_z}{\partial r} \end{cases} \tag{2.122}$$

与TE波一样,边界条件要求,在 $r=R$ 处,$E_\varphi=0$,由式(2.117)可知这就是要求

$$\left.\frac{\partial E_z}{\partial r}\right|_{r=R} = 0 \tag{2.123}$$

将式(2.110)代入,得到

$$J_m(k_c R) = 0 \tag{2.124}$$

这时的 $k_c R$ 代表了 $\mathrm{J}_m(k_c R)$ 的第 n 个根的值 μ_{mn},同样,第一类贝塞尔函数为零的根也是多值函数(见图2-17(a)),如果假设其中第 n 个根为 μ_{mn},n 是 $1\sim\infty$ 之间的某个正整数,则

$$J_m(\mu_{mn}) = 0 \tag{2.125}$$

μ_{mn}的值同样已经在本书附录中列出。

这样，圆波导中 TM 波的 E_z 的解的形式成为

$$E_z(r,\varphi,z)=E_{mn}\mathrm{J}_m(k_c r)\begin{Bmatrix}\cos m\varphi\\ \sin m\varphi\end{Bmatrix}\mathrm{e}^{-\mathrm{j}\beta z} \tag{2.126}$$

E_z 的一般解就应是

$$E_z(r,\varphi,z)=\sum_{m=0}^{\infty}\sum_{n=1}^{\infty}E_{mn}\mathrm{J}_m(k_c r)\begin{Bmatrix}\cos m\varphi\\ \sin m\varphi\end{Bmatrix}\mathrm{e}^{-\mathrm{j}\beta z} \tag{2.127}$$

将它代入式(2.122)，得到圆波导中 TM 波的各个场分量表达式

$$\begin{cases}E_r=\sum\limits_{m=0}^{\infty}\sum\limits_{n=1}^{\infty}-\mathrm{j}\dfrac{\beta}{k_c}E_{mn}\mathrm{J}'_m(k_c r)\begin{matrix}\cos m\varphi\\ \sin m\varphi\end{matrix}\mathrm{e}^{\mathrm{j}(\omega t-\beta z)}\\ E_\varphi=\pm\sum\limits_{m=0}^{\infty}\sum\limits_{n=1}^{\infty}\mathrm{j}\dfrac{\beta m}{k_c^2 r}E_{mn}\mathrm{J}_m(k_c r)\begin{matrix}\sin m\varphi\\ \cos m\varphi\end{matrix}\mathrm{e}^{\mathrm{j}(\omega t-\beta z)}\\ E_z=\sum\limits_{m=0}^{\infty}\sum\limits_{n=1}^{\infty}E_{mn}\mathrm{J}_m(k_c r)\begin{matrix}\cos m\varphi\\ \sin m\varphi\end{matrix}\mathrm{e}^{\mathrm{j}(\omega t-\beta z)}\\ H_r=\mp\sum\limits_{m=0}^{\infty}\sum\limits_{n=1}^{\infty}\mathrm{j}\dfrac{\omega\varepsilon m}{k_c^2 r}E_{mn}\mathrm{J}_m(k_c r)\begin{matrix}\sin m\varphi\\ \cos m\varphi\end{matrix}\mathrm{e}^{\mathrm{j}(\omega t-\beta z)}\\ H_\varphi=\sum\limits_{m=0}^{\infty}\sum\limits_{n=1}^{\infty}-\mathrm{j}\dfrac{\omega\varepsilon}{k_c}E_{mn}\mathrm{J}'_m(k_c r)\begin{matrix}\cos m\varphi\\ \sin m\varphi\end{matrix}\mathrm{e}^{\mathrm{j}(\omega t-\beta z)}\\ H_z=0\end{cases} \tag{2.128}$$

式中

$$k_c=\frac{\mu_{mn}}{R} \tag{2.129}$$

μ_{mn} 为 m 阶第一类贝塞尔函数 $\mathrm{J}_m(k_c r)$ 为零的第 n 个根，而圆波导中 TM 模的截止波长则由上式可求得

$$(\lambda_c)_{mn}=\frac{2\pi R}{\mu_{mn}} \tag{2.130}$$

由场分量表达式可以看出，圆波导中的场的特点是：与矩形波导一样，包含有无穷多个模式；场分布在横向截面也呈驻波状态，但分布形式在角向是三角函数，在径向是贝塞尔函数；场在纵向也是简谐行波。

在式(2.119)和式(2.128)中，即不论对 TE 波还是 TM 波来说，n 都不能等于零，对此，我们在下面会给予说明。

3）特征值 m、n 的意义

由式(2.119)和式(2.128)可以看出，各场分量在角向（φ 方向）按正弦或余弦规律变化，φ 变化一周（2π），场将变化 m 个 2π，对正弦或余弦来说，也就是变化了 m 个整周期，所以，特征值 m 表示的是场沿整个圆周分布的驻波周期数；而场分量在径向（r 向）则按第一类贝塞尔函数 $\mathrm{J}_m(k_c r)$ 或其导数 $\mathrm{J}'_m(k_c r)$ 的规律分布（见图 2-17），当 $r=R$ 时，$k_c R=\mu_{mn}$ 或 μ'_{mn}（见式(2.120)和式(2.129)），而 μ_{mn}、μ'_{mn} 是 m 阶贝塞尔函数或其导数的第 n 个根，也就是 r 从 0 变化到 R 时，$\mathrm{J}_m(k_c r)$ 或 $\mathrm{J}'_m(k_c r)$ 出现的第 n 个零值（不包括 $r=0$ 时可能出现的零值）。由此可见，如果 $r=0$ 时，$\mathrm{J}_m(k_c r)$ 或 $\mathrm{J}'_m(k_c r)$ 也是零值，则 n 就表示了场在

半径上分布的半驻波数,因为 $n+1$ 个零点之间有 n 个半驻波;如果 $r=0$ 时,$J_m(k_c r)$ 或 $J'_m(k_c r)$ 为最大值,则 n 就表示了场在半径上分布的最大值个数。一句话,n 表示的是场沿圆波导半径分布的半驻波数或最大值个数。

至于 m、n 的取值,类似于矩形波导中存在 TM 波的 m、n 不能等于零这种限制一样,在圆波导中,这种限制则表现为不论 TM 波还是 TE 波,n 都不能等于零。这种限制可以这样来解释:对 E_φ 来说,由于在圆波导的壁上($r=R$ 处),E_φ 是金属壁的切向分量,必须为零。若 $n=0$,就是说 E_φ 沿 r 没有变化,既然在 $r=R$ 处 $E_\varphi=0$,则就意味着在整个半径上 E_φ 将都为零,也就是说 E_φ 将不存在;而对于 E_r 来说,它垂直于波导壁,在 E_φ 已经不存在的情况下,它自身又不能构成闭合回路,所以只能或者是从波导壁出发,或者是终止于波导壁,根据电力线的特点,它必须在经过一定纵向距离(1/2 波导波长)后再回到波导壁上(终止或出发),若 $n=0$,E_r 将沿波导半径无变化,也就不可能转弯到 z 向经过半波长再转回到波导壁上去,这样的 E_r 也就不可能存在。E_φ、E_r 都不存在的电磁场在波导中是不能建立起来的,不管是 TM 波还是 TE 波,所以在圆波导中特征值 n 不能等于零。

4)波阻抗

圆波导中波型的波阻抗的定义与矩形波导中波阻抗的定义一样,即横向电场与横向磁场之比:

$$\eta = \frac{E_r}{H_\varphi} = -\frac{E_\varphi}{H_r} \tag{2.131}$$

TE 波

$$\eta_{\mathrm{TE}} = \frac{\omega\mu}{\beta} = \frac{\eta_e}{\sqrt{1-\left(\dfrac{\lambda}{\lambda_c}\right)^2}} \tag{2.132}$$

TM 波

$$\eta_{\mathrm{TM}} = \frac{\beta}{\omega\varepsilon} = \eta_e\sqrt{1-\left(\frac{\lambda}{\lambda_c}\right)^2} \tag{2.133}$$

可见,圆波导中波阻抗的表达式与矩形波导波阻抗表达式相同。

2. 圆波导中的模式

1)模式分布图与最低模式

由场分量表达式可以看出,与矩形波导一样,在圆波导中也存在有无穷多个以 m、n 表征的 TE 波和 TM 波,即 TE_{mn}模式和 TM_{mn}模式。式(2.121)和式(2.130)已分别给出了它们的截止波长表达式,也可以把截止波长与模式的关系画成分布图(见图2-18)。

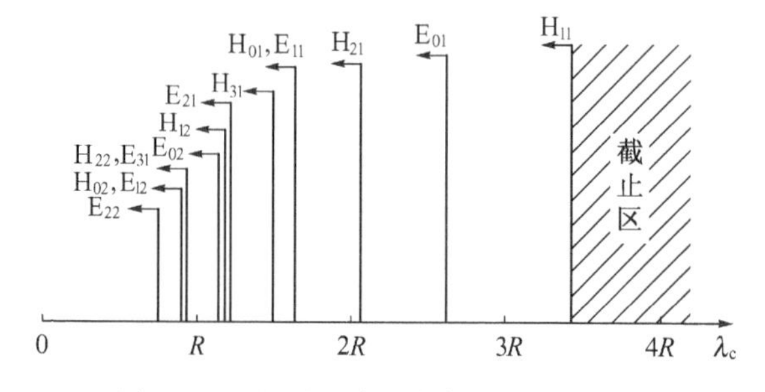

图2-18 圆波导中的各模式 λ_c 的分布图

可见，圆波导与矩形波导一样，也具有高通特性，只能传输 $\lambda<\lambda_c$，即 $f>f_c$ 的模，且 λ_c 与圆波导半径 R 成正比；圆波导模式截止波长分布图与矩形波导模式截止波长分布图不同的是，截止波长位置对任何波导半径 R 都适用，不再会因波导尺寸的不同而改变次序。

由图2-18可以清楚看到，H_{11} 模具有最大的截止波长，因而 H_{11} 波是圆波导的最低模式。

2）简并

在场分量表达式中，场在 φ 方向的变化应该存在有一个起始角 φ_0，但现在写成 $\begin{matrix}\cos m\varphi\\ \sin m\varphi\end{matrix}$ 或者 $\begin{matrix}\sin m\varphi\\ \cos m\varphi\end{matrix}$ 的形式而不是写成 $\cos(m\varphi-\varphi_0)$ 或 $\sin(m\varphi-\varphi_0)$ 的形式，这是因为，由于圆波导的轴对称性，起始角 φ_0 就具有随意性，无法确定。当 $\varphi_0=0$ 时，$\cos(m\varphi-\varphi_0)=\cos m\varphi$，$\sin(m\varphi-\varphi_0)=\sin m\varphi$；当 $\varphi_0=\pi/2$ 时，$\cos(m\varphi-\pi/2)=\sin m\varphi$，$\sin(m\varphi-\pi/2)=-\cos m\varphi$；而当 φ_0 为其他任意角度时，$\cos(m\varphi-\varphi_0)$ 与 $\sin(m\varphi-\varphi_0)$ 就都可以分解成包含 $\cos m\varphi$ 与 $\sin m\varphi$ 两部分：

$$A\cos(m\varphi-\varphi_0)=A\cos\varphi_0\cos m\varphi+A\sin\varphi_0\sin m\varphi=A'\cos m\varphi+A''\sin m\varphi$$

$$B\sin(m\varphi-\varphi_0)=B\sin m\varphi\cos\varphi_0-B\cos m\varphi\sin\varphi_0=B'\sin m\varphi-B''\cos m\varphi$$

正因为此，为了表明这种 φ_0 的不确定性，将场在 φ 方向的变化写成 $\begin{matrix}\cos m\varphi\\ \sin m\varphi\end{matrix}$ 或者 $\begin{matrix}\sin m\varphi\\ \cos m\varphi\end{matrix}$ 更为方便，避免了 φ_0 的出现。另外，这样把 $\cos m\varphi$ 与 $\sin m\varphi$ 同时写出来的形式还可以更清楚地表明圆波导中简并的现象，因为 $\cos m\varphi$ 与 $\sin m\varphi$ 的同时存在，实际上表示了场沿 φ 方向的分布存在两种线性无关的独立的波的可能性，这两种分布的 m、n 值和场结构完全一样，只是极化方向相互旋转了90°，这两个独立的波显然属于简并模式，称为极化简并。除 $m=0$ 的模式 TE_{0n} 和 TM_{0n} 由于场在圆周方向没有变化，因而不可能有极化简并现象外，其他所有圆波导模式都具有这种简并。

圆波导中还存在另一种称之为E-H简并的现象，这是由于贝塞尔函数存在性质 $J'_0(x)=-J_1(x)$，所以 $J'_0(x)$ 的零点与 $J_1(x)$ 的零点的根相等而产生的简并，根据式(2.120)和式(2.129)，当 μ'_{0n} 与 μ_{1n} 相等时，k_c 就相同，因此 TE_{0n} 模与 TM_{1n} 模的 λ_c 相同，也就是说它们是简并的，这种简并就是圆波导中的E-H简并。

3. 圆波导的截面尺寸

1）单模传输条件

由图2-18可以看出，在 TM_{01} 模截止波长与 TE_{11} 模截止波长之间的波长范围内，圆波导只能传输 TE_{11} 模，因而圆波导的单模传输条件就是

$$(\lambda_c)_{TM_{01}}=2.62R<\lambda<(\lambda_c)_{TE_{11}}=3.41R \tag{2.134}$$

即

$$0.29\lambda<R<0.38\lambda \tag{2.135}$$

2）截止圆波导与过模圆波导

如果圆波导半径 $R<0.29\lambda$，则对工作在该波长上的任何模式，波导将都不能传输，这时的圆波导成为截止波导；相反，如果 $R>0.38\lambda$，则对于工作波长为 λ 的电磁波，圆波导

的单模传输条件将被破坏,也就是说在圆波导中将会允许多个模式的传输,从而使圆波导成为过模波导。截止圆波导与过模圆波导在微波技术和微波管中都有着广泛的应用。

截止圆波导最主要的用途包括:① 在波导系统中用来防止微波泄漏;② 可以作为截止衰减器,改变截止波导长度即可改变衰减量大小;③ 可以用作波导滤波器,还可以将直径从大到小的几段圆波导连接在一起,每一段圆波导对一种模式或一段频率范围的电磁波截止,并在每段圆波导上安装微波耦合输出结构,将被下一段圆波导截止的微波输出,从而形成模式或频率分离器(分路器);④ 在高功率微波器件中,高频系统的电子枪端往往设计有一段截止波导,以防止在高频系统中产生的微波能量向电子枪传输;在普通O形微波管,比如速调管、耦合腔行波管中,漂移管也总是工作在截止状态,以防止腔体之间通过漂移管发生耦合。

过模圆波导最主要的应用领域是高功率微波的传输,因为标准圆波导在传输高功率微波时会产生击穿而阻止传输,利用大尺寸的过模波导就可以允许提高传输功率容量而不会击穿;同样道理,高功率微波器件的输出波导也大多采用过模圆波导。

4. 圆波导 TE_{11} 模的特性阻抗

由于圆波导中的 TE_{11} 波有着与矩形波导中 TE_{10} 波十分类似的场结构(见2.3.2小节),因而亦可以近似地给出"电压"与"电流"的概念,当然,毕竟圆波导与矩形波导形状完全不同,所采用的坐标系亦不同,因此"电压""电流"的具体求法亦不同。

$$\begin{cases} U = \dfrac{\partial}{\partial t}\displaystyle\int \boldsymbol{B}\cdot \mathrm{d}\boldsymbol{s} = \mathrm{j}\omega\mu\int_{-\pi/2}^{\pi/2}\int_0^a H_z r\mathrm{d}r\mathrm{d}\varphi \\ I = \displaystyle\int_0^{\pi} a\,|H_\varphi|\,\mathrm{d}\varphi \\ P = \dfrac{1}{2}\mathrm{Re}\displaystyle\int_0^{2\pi}\int_0^a (E_r H_\varphi^* - E_\varphi H_r^*)\, r\mathrm{d}r\mathrm{d}\varphi \end{cases} \tag{2.136}$$

与矩形波导中的情形完全相同,3个特性阻抗的定义将得到3个结果,它们只有数字系数的不同,分别为1.38,0.94和2.027。由于在进行波导连接需计算特性阻抗时,数字系数的大小将使算得的特性阻抗同比例增大或减小,并不影响对波导尺寸的确定,因此可以将数字系数取为1,这样,圆波导中 TE_{11} 模的特性阻抗就可以表示为

$$Z_e = \frac{\eta_e}{\sqrt{1-\left(\dfrac{\lambda}{\lambda_c}\right)^2}} = \eta_{TE_{11}} \tag{2.137}$$

式中,TE_{11} 模的截止波长 $\lambda_c = 2\pi R/1.841 = 3.41R$。可以看出,当系数近似为1时,圆波导 TE_{11} 模的特性阻抗与波阻抗相同,这是因为,与矩形波导不同,圆波导的横向尺寸只有一个 R,而它已包含在 λ_c 中;在矩形波导中,尺寸 a 虽然亦已包含在 λ_c 中,但对 TE_{10} 波来说,波阻抗中并没有反映出尺寸 b 对阻抗的影响,因此特性阻抗必须有别于波阻抗。

必须要强调的是,不论对矩形波导来说,还是对圆波导来说,根据特性阻抗的三种定义求得的任何一个特性阻抗,其具体数值并不等于式(2.75)或式(2.137)所得到的结果,

它们之间差一个数字系数。只是在进行同一类型波导连接时，可以忽略数字系数而直接利用式(2.75)和式(2.137)进行波导尺寸设计以达到匹配连接。

5. 传输功率

1) TE_{mn}模的传输功率

$$P = \frac{1}{2}\int_0^R\int_0^{2\pi}(\boldsymbol{E}\times\boldsymbol{H}^*)\,\mathrm{d}\boldsymbol{S} = \frac{\omega\mu\beta\pi}{2k_c^2}H_{mn}^2\int_0^R\left[\left(\frac{m}{k_c r}\right)^2 \mathrm{J}_m^2(k_c r) + \mathrm{J}_m'^2(k_c r)\right]r\mathrm{d}r \tag{2.138}$$

应用贝塞尔函数积分公式

$$\int_0^R\left[\left(\frac{m}{k_c r}\right)^2 \mathrm{J}_m^2(k_c r) + \mathrm{J}_m'^2(k_c r)\right]r\mathrm{d}r = \frac{R^2}{2}\left[\mathrm{J}_m'^2(k_c R) + \frac{2}{k_c R}\mathrm{J}_m(k_c R)\mathrm{J}_m'(k_c R) + \left(1-\frac{m^2}{k_c^2R^2}\right)\mathrm{J}_m^2(k_c R)\right] \tag{2.139}$$

对于圆波导 TE_{mn}模，$\mathrm{J}_m'(k_c R)=0$，因此传输功率成为

$$P = \frac{\omega\mu\pi\beta R^2}{2\mathrm{N}_m k_c^2}H_{mn}^2\left(1-\frac{m^2}{k_c^2R^2}\right)\mathrm{J}_m^2(k_c R) \tag{2.140}$$

式中

$$\mathrm{N}_m = \begin{cases} 1 & (m=0) \\ 2 & (m\neq 0) \end{cases} \tag{2.141}$$

2) TM_{mn}模的传输功率

经过与 TE_{mn}模传输功率类似的推导，注意到对 TM_{mn}模来说，$\mathrm{J}_m(k_c R)=0$，就可以得到 TM_{mn}模的传输功率

$$P = \frac{\omega\varepsilon\pi\beta R^2}{2\mathrm{N}_m k_c^2}E_{mn}^2\mathrm{J}_m'^2(k_c R) \tag{2.142}$$

式中，N_m见式(2.141)。

3) 圆波导中三个常用模式的功率

圆波导三个常用波型 TE_{11}、TE_{01}、TM_{01}模在波导内传输的功率还可以利用波型的电场最大幅值 E_m和波导半径 R 表示，它们的近似表达式如式(2.143)所示。采用这样的表示方式可以很方便地得到它们的容许最大功率，当 E_m的大小达到波导击穿值时就表示了该模式能传输的极限功率，至于击穿场强 E_b的大小，在写出式(2.59)时已作过讨论。

$$\begin{cases} TE_{11}\text{ 模} \quad P = 1.99R^2E_m^2\sqrt{1-\left(\dfrac{\lambda}{\lambda_c}\right)^2} \quad (\mathrm{kW}) \\ TE_{01}\text{ 模} \quad P = 2R^2E_m^2\sqrt{1-\left(\dfrac{\lambda}{\lambda_c}\right)^2} \quad (\mathrm{kW}) \\ TM_{01}\text{ 模} \quad P = 1.126R^2E_m^2\left(\dfrac{\lambda_c}{\lambda}\right)^2\sqrt{1-\left(\dfrac{\lambda_c}{\lambda}\right)^2} \quad (\mathrm{kW}) \end{cases} \tag{2.143}$$

式中，R 以 cm 为单位，E_m 以 kV/cm 为单位。

6. 圆波导中的损耗

类似矩形波导,圆波导中的衰减常数表达式如下

TM_{mn}模

$$\alpha = \frac{8.686R_s}{120\pi R}\frac{1}{\sqrt{1-(f_c/f)^2}} \quad (dB/m) \tag{2.144}$$

TE_{mn}模

$$\alpha = \frac{8.686R_s}{120\pi R}\frac{1}{\sqrt{1-(f_c/f)^2}}\left[\frac{m^2}{k_c^2R^2-m^2}+\left(\frac{f_c}{f}\right)^2\right] \quad (dB/m) \tag{2.145}$$

式中,R_s 见式(2.62)。

2.3.2 圆波导中的场结构

1. H_{01}模

将 $m=0,n=1$ 代入式(2.119)就得到了 H_{01} 模的场分量,它只有 E_φ、H_r、H_z 三个分量,截止波长 $\lambda_c=1.64R$,其场结构如图 2-19 所示。

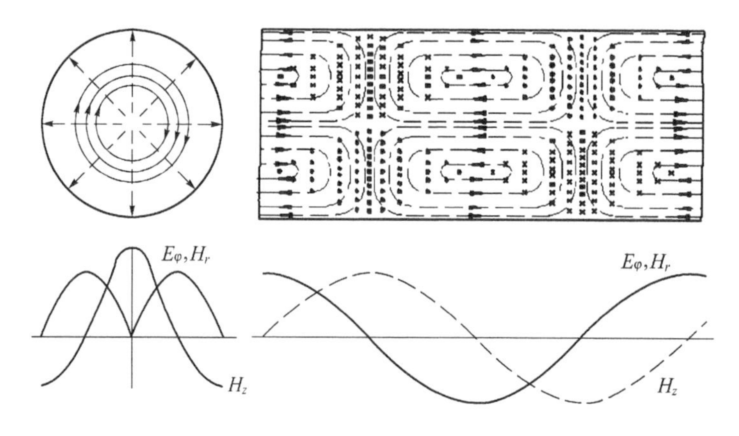

图 2-19　圆波导 TE_{01} 模场结构

H_{01} 模的场分布具有下述特点:① 电场和磁场均沿角向(φ 向)无变化,具有圆对称结构,因此它不存在极化简并,但它与 E_{11} 模的 λ_c 相同,因而两者互为 E-H 简并;② 电场只有 E_φ 一个分量,电力线都是波导横截面内的同心圆,且在波导中心和波导壁为零,TE_{01} 模因此又被称为圆电模;③ 在 $r=R$ 的波导壁上,TE_{01} 模的磁场只有 z 向分量 H_z,因而它在波导壁上的高频电流只有 φ 方向的分量 J_φ 而没有纵向管壁电流,当传输功率一定时,随着频率的提高,其波导损耗反而单调下降。因此当工作频率提高时,TE_{01} 波在圆波导中传输时衰减可以非常小,这使得它适合于毫米波的远距离传输和作为高 Q 腔的工作模式。但 TE_{01} 模不是主模,又与 TM_{11} 模简并,因此在使用时需要设法抑制干扰模式。

2. E_{01}模

E_{01} 模同样只存在三个分量,不同的是这三个分量现在是 E_r、E_z 和 H_φ,刚好与 H_{01} 模的

场分量交换了电场和磁场的角色。E_{01}模是圆波导中的最低型的横磁模，而且不存在简并，其截止波长 $\lambda_c=2.62R$，场结构如图 2－20 所示。

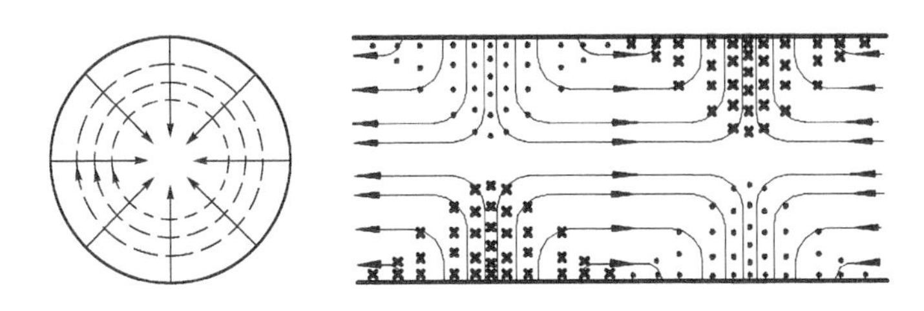

图 2－20　圆波导中 TM_{01}模场结构

TM_{01}模场结构的特点是：① 电磁场沿 φ 方向没有变化，与 TE_{01}模场结构一样，具有轴对称性；② 在波导轴线上具有最强的电场纵向分量 E_z；③ 磁场只有 H_φ 分量，因而管壁高频电流只有纵向 J_z 分量；H_φ 在波导中心为零，但在波导壁不为零。特点②使得 TM_{01}模可以有效地和沿轴线运动的电子注交换能量，一些微波管和直线型电子加速器往往采用具有这种工作模式的高频系统；而特点①和③以及不存在简并模式的优越性使得 TM_{01}模适合于作雷达天线馈线系统的旋转接头。

3. H_{11}模

如前面所述，TE_{11}模是圆波导的主模，其截止波长 $\lambda_c=3.41R$，将 $m=1$，$n=1$ 代入式(2.119)就可以得到它的场分量表达式，相应的电磁场结构图如图 2－21 所示。可见，其场结构与矩形波导中的 TE_{10}模的场结构相似。

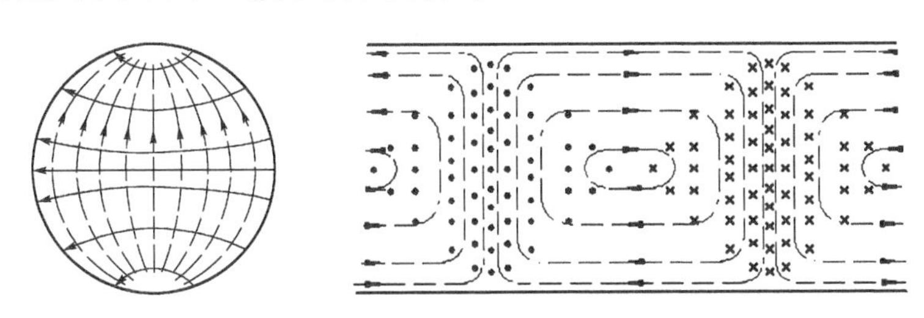

图 2－21　圆波导中 TE_{11}模场结构

圆波导 TE_{11}模的场结构的最主要特点是：虽然它是圆波导的最低模式，但并不能真正保证单模工作，这是因为它的场分布不具有圆周对称性，存在极化简并，图 2－22 可以清楚地说明这种简并的情况。

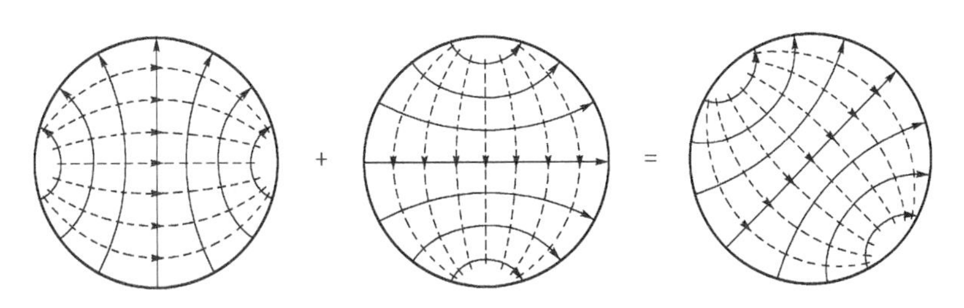

图 2－22　圆波导中 TE_{11}模的极化简并

单模传输要求波导中只能有一种极化的场分布,但与之简并的另一种极化的波不可能利用选择波导尺寸的方法除去,即使波导在激励时只激励起了其中一个场分布,由于系统中的不均匀性包括圆波导加工时难免会存在的椭圆度、不直度等,都会使模的极化面发生旋转,分裂成极化简并模。正因为如此,实用的波导系统一般不采用圆波导而使用矩形波导。

4. E_{11}模

E_{11}模的场分布如图2-23所示。E_{11}模式与H_{01}模式是简并的,常常与H_{01}模一起出现,成为最主要的干扰模式,因此E_{11}模不仅没有得到实际应用,相反人们应该尽量设法抑制它的存在。

5. E_{mn}模和H_{mn}模

圆波导中具有实际用途的模式主要是TE_{01}、TM_{01}及TE_{11},随着现代高功率微波器件如各种相对论器件尤其是回旋管的发展,圆波导中各种高次模式往往成为这类器件的工作模式,因此我们对圆波导中的各类高次模式也应该有一定了解。

1)E_{mn}模

(1)圆对称TM_{0n}模

圆波导中圆对称TM_{0n}模的场结构可以很容易由TM_{01}模的场结构在径向重复n次得到,只是要注意,重复一次,力线的方向要改变一次。图2-24给出了TM_{02}模的场结构,类似地可以画出TM_{03}模、TM_{04}模、……、TM_{0n}模的结构图。

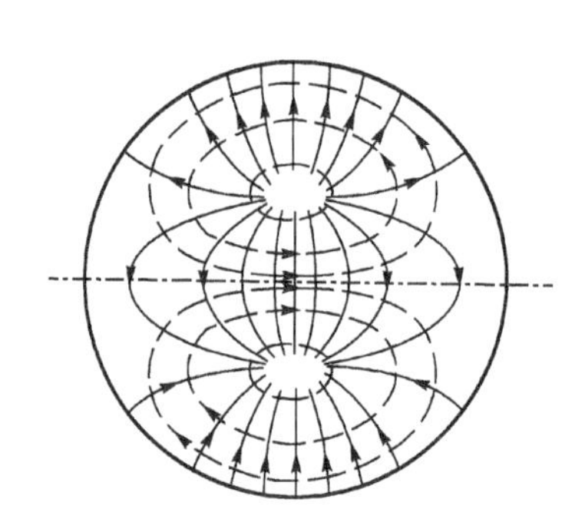

图2-23　圆波导中TM_{11}模场结构

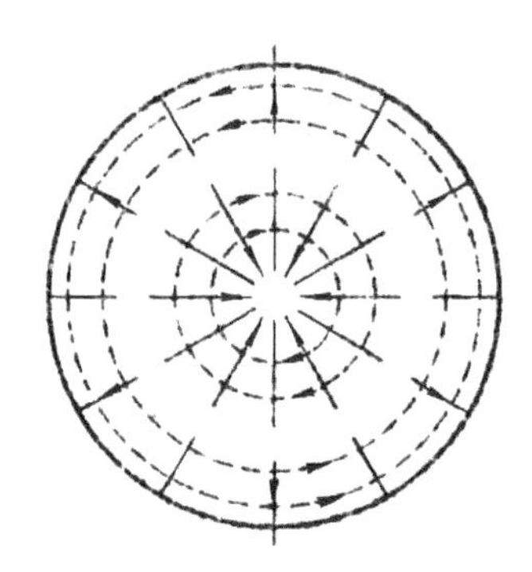

图2-24　圆波导中TM_{02}模场结构

(2)非圆对称TM_{mn}模

圆波导中的TM_{11}模场结构(图2-23)是由完全相同的两个图形组成的,可以在对称位置将它们分成两个半圆,分割线(图2-23中的点划线)与电力线垂直,取其中的半个图形与矩形波导中的TM_{11}模场结构(图2-9)对比,就可以发现,两者具有十分明显的相似性。这不难理解,因为作为TM模,它们都必须在横截面内具有闭合的磁力线;只是在矩形波导中,m、n都是1表明场在横截面的两个方向上场都只有一个驻波半波长的变化,因此磁场的闭合环只有一个;而在圆波导中,n为1虽然表示场在半径方向上只有一个半驻波波长的变化,但m为1却表示了场在角向有一个整驻波波长的变化,这就意味着磁力线在一个整圆周内会出现两个闭合环。因此,我们就可以认为,圆波导中的TM_{11}模场结构是由在角向重复的两个类似矩形波导中的TM_{11}模场结构形成的,但两个结构的力线方向相反。

同样道理，对于圆波导中的 TM_{12} 模场结构，可以由在角向（$m=1$）和半径方向（$n=2$）都重复两个类似矩形波导中的 TM_{11} 模场结构来形成（图 2－25（a））；圆波导中的 TM_{21} 模场结构，可以由在角向（$m=2$）重复四个而在半径方向（$n=1$）只有一个类似矩形波导中的 TM_{11} 模场结构来形成（图 2－25（b））；而圆波导中的 TM_{22} 模场结构，则就应该由在角向（$m=2$）重复四个而在半径方向（$n=2$）重复两个类似矩形波导中的 TM_{11} 模场结构来形成（图 2－25（c））。以此类推，圆波导中的 TM_{mn} 模场结构图都可以用类似矩形波导中的 TM_{11} 模场结构，在角向重复 $2m$ 次，在半径方向重复 n 次而得到，注意相邻场结构之间力线方向相反。

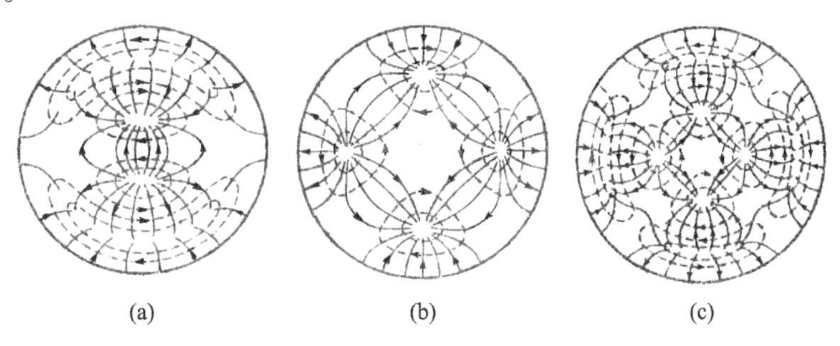

图 2－25　圆波导中 TM_{12} 模（a）、TM_{21} 模（b）和 TM_{22} 模（c）的场结构

2）H_{mn} 模

（1）圆对称 TE_{0n} 模

与圆对称 TM_{0n} 模类似，圆波导中圆对称 TE_{0n} 模场结构也可以由 TE_{01} 模场结构在径向重复 n 次得到，同样，每重复一次，力线的方向要改变一次，图 2－26 给出了 TE_{02} 模的场结构，其他 TE_{03} 模、TE_{04} 模、……、TE_{0n} 模的结构图可以类似地画出。

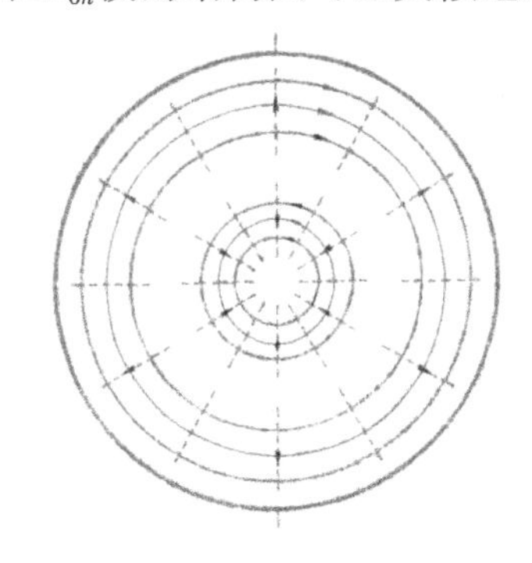

图 2－26　圆波导中 TE_{02} 模场结构

（2）非圆对称 TE_{mn} 模

图 2－27 给出了圆波导中 TE_{12} 模（a）、TE_{21} 模（b）和 TE_{22} 模（c）的场结构，对比图 2－22 给出的 TE_{11} 模场结构，仔细观察这些结构图可以发现，其实它们之间也是有一定规律可循的。首先，电力线 E_r 在圆波导内壁处应满足 $J_m(k_c R) = J_m(\mu'_{mn})$ 的要求（见式（2.114）），它是第一类贝塞尔函数的导数在不同 m 值时的最大值；其次，在波导壁处必须与波导壁相垂直并终止在波导壁上；然后，对于 TE 模来说，不存在 E_z 分量而有 E_φ 分量。因此，电力线在这里将由 E_r 与 E_φ 一起构成半个环，而当 $n>1$ 时，从径向离开波导壁的第二个电力线图形开始，由于它们不再需要终止在波导壁上，因此将自我形成闭合环线。这样，当 $n=1$

时,电力线在圆波导半径上将只有终止于波导壁的半个环;$n=2$ 时,电力线在圆波导半径上将有一个半环和一个整闭合环;$n=3$ 时,电力线在圆波导半径上将有一个半环和两个闭合环;……,以此类推。

至于在圆波导的角向,由于 m 表示场在角向的整周期变化数,因此,只要将上面讨论的电力线图形在角向重复 $2m$ 次即可,只是要注意,相邻场结构之间电力线和磁力线方向要相反。比如图 2-27(a)表示的 TE_{12} 模,$n=2$,因此电力线在半径方向上分布有一个半环和一个闭合环,而 $m=1$,因此在圆周上有两个重复一样的场结构,所有力线方向相反;而图 2-27(b)表示的 TE_{21} 模,$n=1$,因此电力线在半径方向上只有半个环线,同时 $m=2$,因此在圆周上有四个重复一样的场结构,所有相邻场结构的力线方向相反。

由此可见,虽然圆波导的场结构也可以根据一定规律画出来,但是由于这些重复的图形在圆波导中没有一个基本的场结构可以与这种图形对应,因此读者必须仔细观察给出的结构图体会它们的规律。

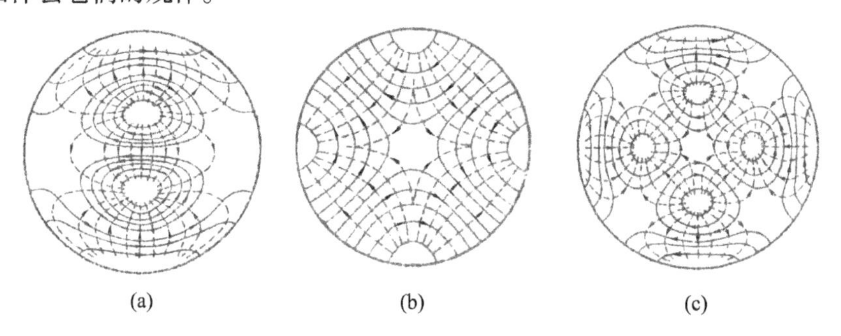

图 2-27 圆波导中 TE_{12} 模(a)、TE_{21} 模(b)和 TE_{22} 模(c)的场结构

2.4 介质填充波导

在实际微波系统中,常常会遇到在波导中需要填充介质的情况,例如利用介质窗片来分隔大气与微波管的真空系统,分隔大气与填充等离子体微波管的充气系统,或者分隔大气与高压充气波导系统,在一些水负载中利用密封介质片来分隔大气与水等。此外,波导和一些特殊传输系统中,也利用填充介质的方法来改变波的传输特性,如降低相速,向低频端偏移波导通带范围或者反之缩小波导尺寸等。

1. 截止波数和截止波长

由于波导的截止波数是由波导的几何尺寸及传输的模式所决定的,与是否填充介质无关,因此截止波数及相应的截止波长不变:

$$\lambda_c = \frac{2\pi}{k_c} \tag{2.146}$$

式中,k_c 不受介质填充的影响,因而 λ_c 也不变。

2. 截止频率和工作波长

由式(1.10),可以得到

$$k = \omega\sqrt{\mu_0\varepsilon_0\mu_r\varepsilon_r} = \frac{\omega}{c}\sqrt{\mu_r\varepsilon_r} = \frac{\omega}{v} = k_0\sqrt{\mu_r\varepsilon_r} \tag{2.147}$$

式中，v 为介质中的光速

$$v = \frac{c}{\sqrt{\mu_r \varepsilon_r}} \tag{2.148}$$

可见，k 将大于 k_0。由于 $k = 2\pi/\lambda$，$k_0 = 2\pi/\lambda_0$，由此可以看出，波在介质波导中的波长 λ 将缩短，它与自由空间中的波长 λ_0 的关系由上式可得到

$$\lambda = \frac{\lambda_0}{\sqrt{\mu_r \varepsilon_r}} \tag{2.149}$$

式中，μ_r、ε_r 分别为所填充介质的相对导磁率和相对介电常数。由此，我们可以知道，虽然填充介质使波导中的截止波长表达式不变，但这一波长是在介质中度量的波长，即

$$\lambda_c = \frac{v}{f_c} = \frac{c}{f_c \sqrt{\mu_r \varepsilon_r}} \tag{2.150}$$

而这时截止频率变为

$$f_c = \frac{v}{\lambda_c} = \frac{c}{\lambda_c \sqrt{\mu_r \varepsilon_r}} \tag{2.151}$$

这表明，填充介质后同样尺寸的波导系统，其截止频率降低为原来的 $1/\sqrt{\mu_r \varepsilon_r}$。

3. 波导波长

根据

$$\lambda_g = \frac{\lambda}{\sqrt{1 - \left(\frac{\lambda}{\lambda_c}\right)^2}} \tag{2.152}$$

将式(2.149)代入，就可以得到

$$\lambda_g = \frac{\lambda_0}{\sqrt{\mu_r \varepsilon_r - \left(\frac{\lambda_0}{\lambda_c}\right)^2}} \tag{2.153}$$

从式(2.152)可以看出，介质填充波导中的波导波长不再如真空(大气)波导中一样总是大于自由空间波长，它取决于填充介质的材料特性和波导的尺寸，可以比自由空间波长长，也可以比它短。显然，当 $\mu_r \varepsilon_r$ 较大(μ_r 对一般介质材料来说与真空导磁率一样为1)而 λ_0 较小(频率较高)时，$\lambda_g < \lambda_0$，反之，则可能 $\lambda_g > \lambda_0$。

4. 相位常数与衰减常数

当 $\omega > \omega_c$，即 $f > f_c$，$k > k_c$ 时，波导处于传播状态，根据式(1.130)

$$\beta = \frac{2\pi}{\lambda} \sqrt{1 - \left(\frac{\lambda}{\lambda_c}\right)^2} \tag{2.154}$$

及式(2.148)，就可以得到介质填充波导中的相位常数：

$$\beta = \frac{2\pi}{\lambda_0} \sqrt{\mu_r \varepsilon_r - \left(\frac{\lambda_0}{\lambda_c}\right)^2} = k_0 \sqrt{\mu_r \varepsilon_r - \left(\frac{k_c}{k_0}\right)^2} \tag{2.155}$$

β 比不填充介质时($\mu_r\varepsilon_r=1$ 时)波导中的相位常数要大。但 β 与自由空间的波数 k_0 相比,哪一个大或小,则应视介质的材料特性及波导尺寸而定。由式(2.147)可知,此时的传播条件实际上已成为 $k_0\sqrt{\mu_r\varepsilon_r}>k_c$, $\sqrt{\mu_r\varepsilon_r}>k_c/k_0$。

当 $f<f_c$, $k<k_c$ 时,或者说 $\sqrt{\mu_r\varepsilon_r}<k_c/k_0$ 时波导处于截止状态,传播常数成为衰减常数,根据式(1.37),类似 β 的推导,可得

$$\alpha=\frac{2\pi}{\lambda_0}\sqrt{\left(\frac{\lambda_0}{\lambda_c}\right)^2-\mu_r\varepsilon_r}=k_0\sqrt{\left(\frac{k_c}{k_0}\right)^2-\mu_r\varepsilon_r}\tag{2.156}$$

5. 相速和群速

在传播状态下,介质填充波导中波的相速为

$$v_p=\frac{\omega}{\beta}=\frac{c}{\sqrt{\mu_r\varepsilon_r-\left(\frac{\lambda_0}{\lambda_c}\right)^2}}=\frac{v}{\sqrt{1-\left(\frac{\lambda}{\lambda_c}\right)^2}}\tag{2.157}$$

而群速则为

$$v_g=\frac{d\omega}{d\beta}=\frac{c}{\mu_r\varepsilon_r}\sqrt{\mu_r\varepsilon_r-\left(\frac{\lambda_0}{\lambda_c}\right)^2}=v\sqrt{1-\left(\frac{\lambda}{\lambda_c}\right)^2}\tag{2.158}$$

显然

$$v_p\cdot v_g=\frac{c^2}{\mu_r\varepsilon_r}=v^2\tag{2.159}$$

同样,v_p 和 v_g 与 f 的关系就是它的色散关系,当 $f=f_c$($\lambda=\lambda_0/\sqrt{\mu_r\varepsilon_r}=\lambda_c$)时,$v_p\to\infty$ 而 $v_g\to 0$;当 $f\to\infty$($\lambda=\lambda_0/\sqrt{\mu_r\varepsilon_r}\to 0$)时,$v_p\to c/\sqrt{\mu_r\varepsilon_r}$, $v_g\to c/\sqrt{\mu_r\varepsilon_r}$。显然,当 $[\mu_r\varepsilon_r-(\lambda_0/\lambda_c)^2]$ 大于或小于1时,v_p 将小于或大于 c,这就是说,介质填充波导既可以传播慢波,也可以传播快波。

6. 波阻抗

利用上面得到的关系式,不难得出介质填充波导的波阻抗。

TE 模波阻抗

$$\eta_{TE}=\frac{\omega\mu}{\beta}=\sqrt{\frac{\mu}{\varepsilon}}\frac{1}{\sqrt{1-\left(\frac{\lambda}{\lambda_c}\right)^2}}=\eta_0\frac{\mu_r}{\sqrt{\mu_r\varepsilon_r-\left(\frac{\lambda_0}{\lambda_c}\right)^2}}\tag{2.160}$$

TM 模波阻抗

$$\eta_{TM}=\frac{\beta}{\omega\mu}=\sqrt{\frac{\mu}{\varepsilon}}\sqrt{1-\left(\frac{\lambda}{\lambda_c}\right)^2}=\frac{\eta_0}{\varepsilon_r}\sqrt{\mu_r\varepsilon_r-\left(\frac{\lambda_0}{\lambda_c}\right)^2}\tag{2.161}$$

式中,$\eta_0=\sqrt{\mu_0/\varepsilon_0}$ 为自由空间波阻抗。

2.5 同轴线

由一根金属内导体和包围在它周围并与之共轴的空管状外导体构成的传输线称为同轴线,一般情况下,同轴线的内外导体都是圆柱形的,其半径分别用 a、b 表示(见

图 2－28)，也有其他截面形状的同轴线，比如矩形同轴线，但我们最多用到的同轴传输线都是圆形的。同轴线有硬同轴线和软同轴线两类：以铜管作外导体，铜杆或铜管作内导体，内外导体之间以介质环间隔地支撑的同轴线是硬同轴线；而由铜丝编织成外导体，以单根或多股铜丝作内导体，中间填充连续低损耗介质(如聚乙烯或聚四氟乙烯)而构成的同轴线则为软同轴线，软同轴线又称为同轴电缆，同轴电缆可以任意弯曲，但不可以折叠。若软同轴线尺寸很小，则外导体也有采用薄壁细铜管的，这时同轴线的弯曲就没有普通软同轴线方便，弯曲弧度不能太大，也不宜多次反复弯曲。同轴线与波导一样，也有统一的标准，附录中给出了国产硬同轴线和同轴电缆的参数。

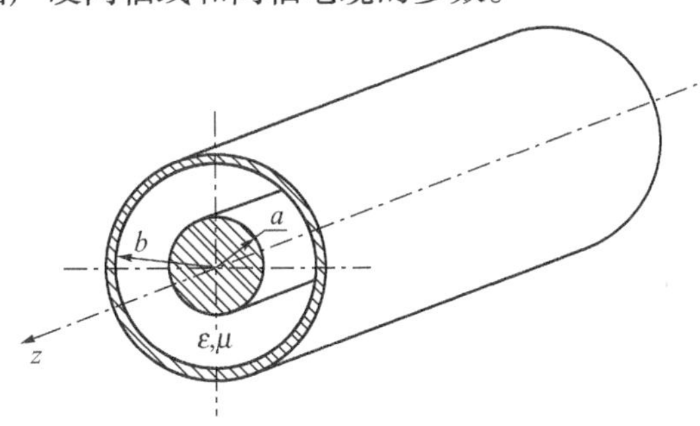

图 2－28　同轴线结构图

2.5.1　同轴线中的 TEM 模

1. 场方程

既然同轴线具有内、外导体，是一种双导体传输系统，它就可以传输 TEM 波。TEM 波是同轴线的主模，在一般情况下，同轴线都是以 TEM 模作为工作模式的。

对于 TEM 波，在 1.3 节的分析中已经知道，$k=\beta$，所以 $k_c^2=k^2-\beta^2=0$，在这一条件下，波动方程退化为拉普拉斯方程，这表明在同轴线横截面上，TEM 波的场结构与静电场的场结构相同。式(1.24)和式(1.25)就退化为拉普拉斯方程

$$\begin{aligned}\nabla_T^2\boldsymbol{E}(u,v)=0\\ \nabla_T^2\boldsymbol{H}(u,v)=0\end{aligned} \tag{2.162}$$

同轴线中 TEM 波的电场和磁场都只有横向分量，因此，可以设电磁场横向分量为位函数的梯度，以电场为例，可表示为

$$\boldsymbol{E}=-\nabla\Phi(r,\varphi)\mathrm{e}^{-\mathrm{j}\beta z} \tag{2.163}$$

根据麦克斯韦方程，考虑到在同轴线中填充的是均匀介质，它的散度为零，即

$$\nabla_T\cdot\boldsymbol{E}(u,v)=0 \tag{2.164}$$

以及矢量运算公式

$$\nabla\cdot\nabla f=\nabla^2 f \tag{2.165}$$

因此得到

$$\nabla_T^2\boldsymbol{\Phi}(u,v)=0 \tag{2.166}$$

在圆柱坐标系统中它可以写成

$$\frac{1}{r}\frac{\partial}{\partial r}\left(r\frac{\partial\Phi}{\partial r}\right)+\frac{1}{r^2}\frac{\partial^2\Phi}{\partial\varphi^2}=0 \tag{2.167}$$

同轴线具有轴对称性结构,因此场在角向均匀,即

$$\frac{\partial \Phi}{\partial \varphi}=0 \tag{2.168}$$

于是,式(2.167)成为

$$\frac{1}{r}\frac{\partial}{\partial r}\left(r\frac{\partial \Phi}{\partial r}\right)=0 \tag{2.169}$$

该方程的解是

$$\Phi=-A\ln r+B \tag{2.170}$$

将它代回式(2.163),并注意 Φ 在角向没有变化,在纵向为零,因此得到

$$\begin{aligned}\boldsymbol{E}&=-\left(\boldsymbol{r}\frac{\partial \Phi}{\partial r}+\boldsymbol{\varphi}\frac{1}{r}\frac{\partial \Phi}{\partial \varphi}+\boldsymbol{z}\frac{\partial \Phi}{\partial z}\right)\mathrm{e}^{-\mathrm{j}\beta z}\\&=-\boldsymbol{r}\frac{\partial \Phi}{\partial r}\mathrm{e}^{-\mathrm{j}\beta z}=\boldsymbol{r}\frac{A}{r}\mathrm{e}^{-\mathrm{j}\beta z}\end{aligned} \tag{2.171}$$

式中,$\boldsymbol{r}$、$\boldsymbol{\varphi}$、$\boldsymbol{z}$ 分别为圆柱系统中径向、角向和纵向的单位矢量。

式(2.171)表明,对于同轴线中的TEM模,电场只有 r 分量。式中的常数 A 可以利用边界条件 $z=0$ 和 $r=a$ 处,电场为 E_0 来求得,由此得到 $A=E_0a$,这样,电场就应该是

$$E_r=\frac{a}{r}E_0\mathrm{e}^{\mathrm{j}(\omega t-\beta z)} \tag{2.172}$$

由于磁力线必须与电力线垂直,所以磁场就只有 H_φ 分量。

由式(2.19)中的第一式求出

$$\frac{\partial H_z}{\partial \varphi}=\frac{r}{\omega\mu}\left(\mathrm{j}k_c^2E_r-\beta\frac{\partial E_z}{\partial r}\right) \tag{2.173}$$

代入式(2.19)中的第四式,并注意到 $E_z=0$,可以得到

$$H_\varphi=-\frac{\mathrm{j}}{\omega\mu}\left(\mathrm{j}\beta E_r+\frac{\partial E_z}{\partial r}\right)=\frac{\beta}{\omega\mu}E_r=E_0\frac{a}{\eta r}\mathrm{e}^{\mathrm{j}(\omega t-\beta z)} \tag{2.174}$$

式中,$\eta=\omega\mu/\beta=\sqrt{\mu/\varepsilon}$,为同轴线填充介质中TEM模的波阻抗,对于空气介质来说,$\eta_0=\sqrt{\mu_0/\varepsilon_0}=120\pi\Omega$。

可见,在同轴线中,电磁场只有 E_r 与 H_φ 两个分量,其场结构由图2-29给出。其特点是,电场强度在愈接近内导体的地方愈强,因而内导体的表面高频电流密度比外导体表面的高频电流密度大得多,同轴线中的高频损耗也将主要集中在截面尺寸较小的内导体上,这也是限制同轴线功率容量的主要原因。

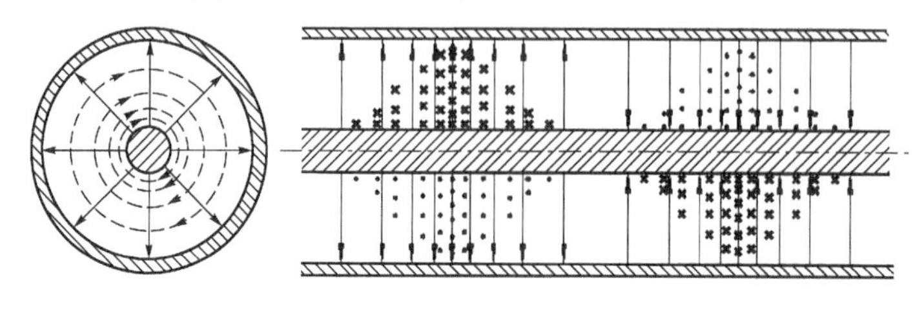

图2-29 同轴线中TEM模的电磁场结构

2. 特性阻抗

同轴线的工作模式是 TEM 模,对于 TEM 模式,可以求得它的“电压”和“电流”,并由此得到它的特性阻抗。

同轴线 TEM 模在内、外导体之间建立起的电压是

$$U = \int_a^b E_r \mathrm{d}r = E_0 a \ln \frac{b}{a} \mathrm{e}^{\mathrm{j}(\omega t - \beta z)} \tag{2.175}$$

而流过内导体的纵向电流是

$$I = \int_0^{2\pi} H_\varphi r \mathrm{d}\varphi = 2\pi a H_\varphi \Big|_{r=a} = E_0 \frac{2\pi a}{\eta_e} \mathrm{e}^{\mathrm{j}(\omega t - \beta z)} \tag{2.176}$$

从而得到 TEM 模的特性阻抗

$$Z_c = \frac{U}{I} = \eta_e \frac{1}{2\pi} \ln\left(\frac{b}{a}\right) \quad (\Omega) \tag{2.177}$$

式中,$\eta_e = 120\pi/\sqrt{\varepsilon_r}\,\Omega$,因此,在一般情况下,式(2.177)可写成

$$Z_c = \frac{60}{\sqrt{\varepsilon_r}} \ln\left(\frac{b}{a}\right) \quad (\Omega) \tag{2.178}$$

这是一个十分有用的公式,在进行同轴线设计时,尤其是存在介质支撑的各种同轴线接头的设计时,可以利用该公式计算内外导体尺寸以达到匹配过渡。

由式(2.175)可以得到

$$E_0 = \frac{U_0}{a \ln\left(\frac{b}{a}\right)} \tag{2.179}$$

代入式(2.172)、式(2.174),就得到用同轴线内、外导体电位差 U_0 表示的同轴线 TEM 波的场表达式

$$E_r = \frac{U_0}{r \ln\left(\frac{b}{a}\right)} \mathrm{e}^{\mathrm{j}(\omega t - \beta z)}$$

$$H_\varphi = \frac{U_0}{\eta r \ln\left(\frac{b}{a}\right)} \mathrm{e}^{\mathrm{j}(\omega t - \beta z)} \tag{2.180}$$

3. 衰减常数和功率容量

微波传输线中波的衰减主要是由金属导体的损耗产生的,空气填充同轴线 TEM 波的衰减常数是

$$\alpha = \frac{R_s}{240\pi b} \frac{1 + \frac{b}{a}}{\ln \frac{b}{a}} \quad (\mathrm{Np/m}) \tag{2.181}$$

式中,R_s 为金属导体的表面电阻,已由式(2.62)给出。上式得到的单位是奈培/米,如果要表示成分贝值,可利用关系式 1Np = 8.686dB 进行换算。

同轴线的功率容量为

$$P_b = \frac{1}{2} \frac{|U_b|^2}{Z_c} \tag{2.182}$$

式中,U_b是击穿电压,它由击穿场强确定。同轴线中在内导体表面的电场最强,因而同轴线的功率容量也就取决于内导体表面的电场达到击穿电场E_b时的功率。根据式(2.179)有

$$U_b = E_b a \ln \frac{b}{a} \tag{2.183}$$

将式(2.183)和式(2.178)一起代入式(2.182),即得到了同轴线传输TEM模时的功率容量

$$P_b = \sqrt{\varepsilon_r} \frac{a^2 E_b^2}{120} \ln \frac{b}{a} \tag{2.184}$$

2.5.2 同轴线中的高次模式

1. 同轴线中的TM模和TE模

当同轴线的结构尺寸与信号波长可比拟时,同轴线中就会存在TE模和TM模高次模式。

1)TM模

同轴线中的TM模电磁场与圆波导中TM模一样,可以采用圆柱坐标系统中的场解(2.109)表示

$$E_z = [A_1 J_m(k_c r) + A_2 N_m(k_c r)] \begin{Bmatrix} \cos m\varphi \\ \sin m\varphi \end{Bmatrix} e^{-j\beta z} \tag{2.185}$$

与圆波导不同的是:由于当$r \to 0$时,$N_m(k_c r) \to -\infty$,这在圆波导中就意味着在波导中心处,电磁场将无限大,显然这是不可能的,因此,在式(2.109)中,A_2必须是零;而对于同轴线来说,$r=0$处,是同轴线的内导体,已经不存在场,这样,为了使由式(2.185)表示的E_z等于零,A_2就不能再单独等于零,即第二类贝塞尔函数应该保留。

同轴线的边界条件要求当$r=a$和$r=b$时,$E_z=0$,即

$$\begin{aligned} A_1 J_m(k_c a) + A_2 N_m(k_c a) = 0 \\ A_1 J_m(k_c b) + A_2 N_m(k_c b) = 0 \end{aligned} \tag{2.186}$$

由此得到

$$\frac{J_m(k_c a)}{J_m(k_c b)} = \frac{N_m(k_c a)}{N_m(k_c b)} \tag{2.187}$$

式(2.187)就是同轴线中TM模的特征方程,这是一个超越方程,存在无限多个k_c的解,每一个解即对应一个TM_{mn}波型,由此即可求得TM_{mn}模的截止波长

$$(\lambda_c)_{TM_{mn}} = \frac{2\pi}{(k_c)_{TM_{mn}}} \tag{2.188}$$

式中,k_c可以近似地表示为

$$(k_c)_{TM_{mn}} \approx \frac{n\pi}{b-a} (n=1,2,3,\cdots) \tag{2.189}$$

由此得到同轴线中TM_{mn}模的截止波长的近似表达式

$$(\lambda_c)_{TM_{mn}} \approx \frac{2}{n}(b-a)(n=1,2,3,\cdots) \tag{2.190}$$

其中,最低次的 TM_{mn} 模是 TM_{11} 模,其截止波长近似为

$$(\lambda_c)_{\mathrm{TM}_{11}} \approx 2(b-a) \tag{2.191}$$

由式(2.190)可以看出,同轴线中的 TM_{mn} 模的截止波长近似地与 m 无关,也就是说,只要 n 相同的 TM_{mn} 模,不管 m 的大小,截止波长都相同。因此,TM_{11}、TM_{21}、TM_{31} 等模,它们的截止波长都由式(2.191)确定。

图 2-30 给出了同轴线中 TM_{01}、TM_{11} 高次模的场结构图。

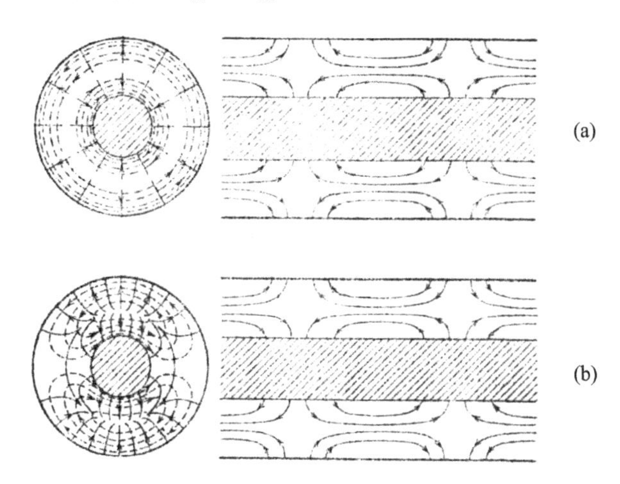

图 2-30　同轴线中 TM_{01}(a)、TM_{11}(b)高次模的场结构

2)TE 模

与 TM 模类似,分析同轴线中的 TE 模也与圆波导中的 TE 模的分析方法相似,这时 $E_z=0$,H_z 则可以类似式(2.185)表示为

$$H_z = [A_3\mathrm{J}_m(k_c r) + A_4\mathrm{N}_m(k_c r)]\begin{Bmatrix}\cos m\varphi \\ \sin m\varphi\end{Bmatrix} \mathrm{e}^{-\mathrm{j}\beta z} \tag{2.192}$$

而这时的边界条件则要求在 $r=a$ 和 b 处,$\partial H_z/\partial r = 0$,于是得到

$$\begin{aligned} A_3\mathrm{J}'_m(k_c a) + A_4\mathrm{N}'_m(k_c a) &= 0 \\ A_3\mathrm{J}'_m(k_c b) + A_4\mathrm{N}'_m(k_c b) &= 0 \end{aligned} \tag{2.193}$$

由此得到同轴线中 TE 模的特征方程为

$$\frac{\mathrm{J}'_m(k_c a)}{\mathrm{J}'_m(k_c b)} = \frac{\mathrm{N}'_m(k_c a)}{\mathrm{N}'_m(k_c b)} \tag{2.194}$$

这同样是一个超越方程。

当 $m\neq 0$、$n=1$ 时,同轴线中 TE_{m1} 模的截止波长可近似表示为

$$(\lambda_c)_{\mathrm{TE}_{m1}} \approx \frac{\pi}{m}(b+a)\quad (m=1,2,3,\cdots) \tag{2.195}$$

其中,TE_{11} 模是同轴线中 TE 模的最低波型,有

$$(\lambda_c)_{\mathrm{TE}_{11}} \approx \pi(b+a) \tag{2.196}$$

当 $m=0$ 时,由于贝塞尔函数存在关系式 $\mathrm{J}'_0(k_c r) = -\mathrm{J}_1(k_c r)$,$\mathrm{N}'_0(k_c r) = -\mathrm{N}_1(k_c r)$ 所以式(2.194)成为

$$\frac{J_1(k_c a)}{J_1(k_c b)}=\frac{N_1(k_c a)}{N_1(k_c b)} \tag{2.197}$$

显然,该式与确定TM_{1n}模的k_c值的方程式(2.187)相同,因此,TE_{01}模的截止波长也就与TM_{11}模的截止波长相同,即

$$(\lambda_c)_{TE_{01}} \approx 2(b-a) \tag{2.198}$$

图2-31给出了同轴线中TE_{01}、TE_{11}高次模的场结构图。

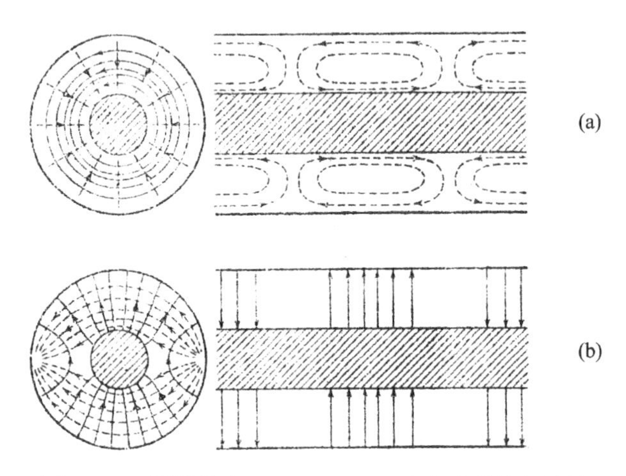

图2-31　同轴线中TE_{01}(a)、TE_{11}(b)高次模的场结构

2. 同轴线的尺寸选择

同轴线的尺寸选择应从两个方面考虑:① 保证TEM模单模传输;② 传输功率最大而损耗最小。

1) 同轴线的单模传输条件

TEM波是同轴线的最低模式,因而一般情况下也是同轴线的工作模式,但当同轴线尺寸满足一定条件时,同轴线内也会出现高次模式,包括TE模和TM模,而且高次模是有色散的。通过上面的分析可以知道,在所有高次模式中截止波长最大的是H_{11}模,这与圆波导类似。但在同轴线中H_{11}模的截止波长大小与圆波导中的大小不同,当同轴线的内、外半径a、b满足条件$b/a<4$时,它可以近似地表示成式(2.196)。因此,同轴线中TEM波单模传输的条件就可以写成

$$\lambda > (\lambda_c)_{H_{11}} \tag{2.199}$$

当电磁波工作波长λ不满足这一条件时,同轴线中就会出现高次模式,而且随着频率的提高(波长的缩短),可能出现的高次模也就会增加。

为了更有效地抑制高次模式,在实际设计同轴线尺寸时,还往往引入一个安全系数

$$\lambda > 1.1(\lambda_c)_{H_{11}} \approx 3.456(a+b) \tag{2.200}$$

2) 同轴线最大传输功率条件和最小损耗条件

在条件(2.200)得到满足的前提下,为了保证同轴线能传输的TEM模功率最大,内、外导体的半径比应满足

$$\frac{b}{a}=\sqrt{e}\approx 1.65 \tag{2.201}$$

在此比例下，空气同轴线的特性阻抗为 30Ω，换句话说，特性阻抗为 30Ω 的同轴线功率容量最大。

另外，同轴线中 TEM 波衰减最小的条件则是

$$\frac{b}{a} \approx 3.6 \tag{2.202}$$

其相应的空气同轴线特性阻抗为 77Ω，即特性阻抗为 77Ω 的同轴线衰减最小。但计算表明，b/a 在一个相当宽的范围内变化时，衰减系数的变化很小。

目前在微波领域中实际使用的同轴线，主要采用 75Ω 和 50Ω 两种特性阻抗，对于空气介质同轴线，前者 $b/a=3.49$，接近于衰减最小的要求；而后者 $b/a=2.30$，兼顾了通过功率大与衰减系数小两个要求，因此 50Ω 同轴线得到更为广泛的应用。

2.6　微带传输线

微带传输线是伴随着人们对微波系统和设备小型化的要求日益增长，于 20 世纪 50 年代发展起来的一类微波传输线，它具有体积小、重量轻、频带宽以及可以集成化等优点，这些特点使微带传输线在微波工程中得到了越来越广泛的应用。它的缺点是损耗比较大，功率容量小，因此只能用于中、小功率系统中。

微带传输线的种类很多，图 2－32 给出了一些主要的微带线种类。

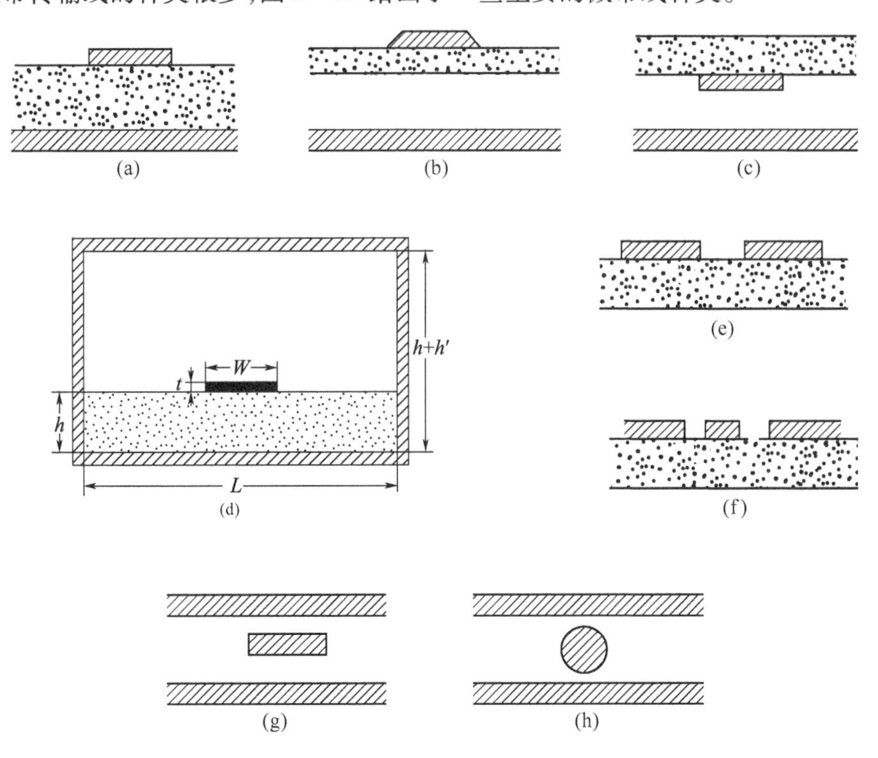

图 2－32　微带传输线的主要种类

（a）微带；（b）悬置微带；（c）倒置微带；（d）屏蔽微带；
（e）槽线；（f）共面波导；（g）带状线；（h）圆形导体带状线。

在各种微带传输线中,微带和带状线是最基本的两种结构。微带又称标准微带,它可以看成是由双导体线演变而成的;带状线又可以称为对称微带线,它则可以认为是由同轴线演变而成的。

2.6.1 微带

1. 微带的结构

微带的基本结构如图2-32所示,它由敷在介质基片一面上的导体带和敷在另一面的接地板构成,介质基片厚 h,导体带宽度 W、厚 t。导体带通常采用真空蒸发薄膜技术在介质基片上沉积一层金属膜后经印制电路技术制成,接地板一般为敷在基片上的铜或铝,常用的介质板材料为99% Al_2O_3瓷、石英或宝石等低微波损耗材料,为了进一步提高导电性降低损耗,导体带还常电镀一层金、银薄层。

微带可以由双根传输线演变而来,由于双根线场结构的对称性,我们在其镜像对称平面上放置一块金属平板,将传输线从中心一分为二,这样做并不会改变其场结构。这时就可以把双根线中的一根导线移开,留下的另一根导线与金属平板同样构成一对传输线并保持原来双根线的场结构。再把留下的一根导线改变成导体带,为了固定导体带与金属平板的相对位置并把两者连接在一起,在它们之间放入介质片支撑,从而构成了微带(见图2-33和图2-34)。

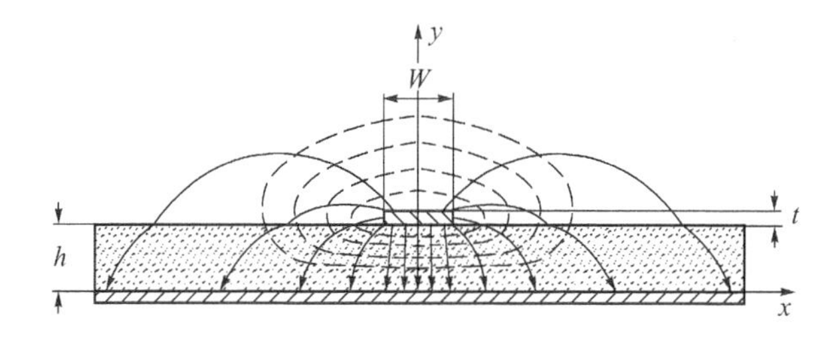

图2-33 微带的基本结构及电磁场分布

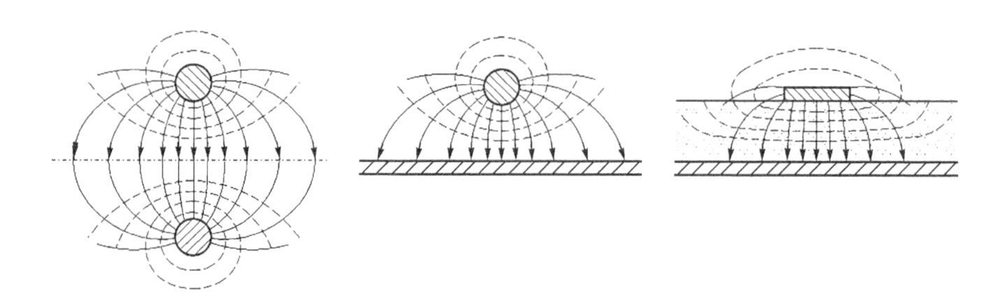

图2-34 微带的演变

2. 微带中的模式

微带可以由双根线演变而来,在双根线中,传播的是TEM波,而接地金属板的引入,由于电力线都与平板垂直,不会破坏原来的场结构,因此,单纯由导体带和接地板构成的微带仍然可以传播TEM波。问题是,导体带和接地板之间的支持固定需要引入介质基片,如果导体带和接地板周围都充满均匀介质,则TEM波还是可以存在,它与空气介质相比是完全相同的状态,只需将 ε_0 和 μ_0 换成 ε 和 μ 即可。但实际情况是,介质基片只存在于导体带与接地板之间的区域而不是充满整个微带空间，相对于无介质（包括空气）或介质充满整个空间的情形，这时边界条件的状态发生了改变，增加了介质和空气的界面，使得微带中任何导引波这时必须同时满足导体边界条件和介质界面边界条件。可以严格证明，微带的介质界面边界条件要求 $E_z \neq 0, H_z \neq 0$，而 TEM 波的条件是 $E_z = 0, H_z = 0$，因此这时微带中不再单独存在 TEM 模式。

由于介质与空气界面处引起的 E_z、H_z 场分量，与基片中的场相比要小得多，也就是说，微带中模式的特性与 TEM 模相差很小，因此称为准 TEM 模（见图 2-33）。其特点是：

（1）是 $E_z \neq 0, H_z \neq 0$ 的混合模；

（2）存在色散；

（3）可以同时满足微带的导体界面和介质界面的边界条件，没有截止频率，能传播任何频率的波；

（4）准 TEM 波的纵向场分量的大小随工作频率而变，当工作频率 f 降低时，纵向场分量减小，色散减弱，当 $f \to 0$ 时，准 TEM 模式就趋近于 TEM 模式；反之，随着频率的提高，准 TEM 模式中的纵向场分量增大，色散也随之增强，它与 TEM 模式的差别也就越来越大。这时，微带中除了主模准 TEM 模式外还会出现高次模式，而且包含波导型高次模和表面波型高次模两类高次模。

3. 微带的尺寸选择

由上面分析可知，微带中也会存在波导型和表面波型高次模。其波导型 TE 高次模中的最低波型是 TE_{10} 模，其截止波长仅与导体带的宽度 W 有关：

$$(\lambda_c)_{TE_{10}} = 2W\sqrt{\varepsilon_r} \tag{2.203}$$

式中，ε_r 为微带中介质基片的相对介电常数。考虑到导体带的边缘效应，可以对 W 引入一个修正量，上式就成为

$$(\lambda_c)_{TE_{10}} = 2(W + 0.4h)\sqrt{\varepsilon_r} \tag{2.204}$$

微带中波导型 TM 高次模中的最低波型是 TM_{01} 模，其截止波长则仅取决于基片厚度 h：

$$(\lambda_c)_{TM_{01}} = 2h\sqrt{\varepsilon_r}$$

至于微带中表面波型的高次模，也有 TE 模与 TM 模之分，而且其中最低模式的截止波长为无穷大，即截止频率为零。这就是说，无论微带的工作频率是多少，表面波是无法抑制的，我们只能尽可能设法避开表面波与准 TEM 波之间发生强的耦合。

由此可见，为防止微带中波导型高次模的出现，其尺寸应满足如下条件：

$$\begin{cases} 2(W + 0.4h) < \dfrac{\lambda_{min}}{\sqrt{\varepsilon_r}} \\ 2h < \dfrac{\lambda_{min}}{\sqrt{\varepsilon_r}} \end{cases} \tag{2.205}$$

式中，λ_{min} 为微带的最小工作波长。

而为了减小微带中表面波型高次模的干扰,微带的工作频率应低于准TEM波与表面波最低波型之间发生强耦合的频率:

$$f_T = \frac{c}{2\pi h}\sqrt{\frac{2}{\varepsilon_r - 1}}\arctan \varepsilon_r \tag{2.206}$$

可见,为了提高微带的最高工作频率,应减小基片厚度 h 和选用 ε_r 小的基片材料。

4. 特性阻抗

上面已经指出,由于介质基片的存在,微带中的传输模不是纯TEM模,但是,实用的微带一般工作在较低频率的弱色散区,这时,其工作模式——准TEM模与TEM模非常接近。因此,作为一种近似,可以把微带中的传输模看作纯TEM模来分析,这种方法称为准静态分析法。

根据长线理论,对于TEM波,其特性阻抗可表示为

$$Z_c = \sqrt{\frac{L_0}{C_0}} = \frac{1}{v_p C_0} \tag{2.207}$$

式中

$$v_p = \frac{1}{\sqrt{L_0 C_0}} \tag{2.208}$$

L_0、C_0 分别为长线单位长度的分布电感和分布电容。

当传输系统中不存在介质时,TEM波的相速等于真空中的光速,$v_p = c$;而当传输系统周围充满相对介电常数为 ε_r 的介质时,$v_p = c/\sqrt{\varepsilon_r}$。微带只是部分填充介质的传输线,这时空气和介质对其中传输的TEM波的相速都有影响,影响的大小取决于介质的介电常数以及介质和导体的边界形状与尺寸等因素。不过,可以预见,这一相速一定介于全空气和全介质填充两种极端情况之间,即 c 和 $c/\sqrt{\varepsilon_r}$ 之间。为此,引入一个等效介电常数 ε_e 来表示这一影响,这样,微带中TEM波的相速就成为

$$v_p = \frac{c}{\sqrt{\varepsilon_e}} \tag{2.209}$$

相应的导波波长(微带波长)为

$$\lambda_g = \frac{\lambda_0}{\sqrt{\varepsilon_e}} \tag{2.210}$$

式中,λ_0 为自由空间波长,由于 ε_e 与导体带宽度 W 与介质基片厚度 h 的比值 W/h 有关,所以 λ_g 也是微带尺寸的函数。

将式(2.209)代入式(2.207),就得到

$$Z_c = \frac{\sqrt{\varepsilon_e}}{cC_0} = \frac{Z_{c0}}{\sqrt{\varepsilon_e}} \tag{2.211}$$

式中,$Z_{c0} = \varepsilon_e/cC_0$ 为无介质基片的微带的特性阻抗。这样,求微带特性阻抗和相速的问题,就归结为求 Z_{c0} 和 ε_e 的大小,存在多种求解方法,这里介绍一种比较实用的计算公式。

对于无屏蔽盖的开放式微带,不考虑介质基片的影响(即认为 $\varepsilon_r = 1$)时的特性阻抗 Z_{c0} 可以表示为

$$Z_{c0} = \frac{\eta_0}{2\pi}\ln\left[\frac{f(u)}{u} + \sqrt{1 + \left(\frac{2}{u}\right)^2}\right] \tag{2.212}$$

式中

$$f(u) = 6 + (2\pi - 6)\mathrm{e}^{-\left(\frac{30.666}{u}\right)^{0.7528}}$$

$$u = \frac{W}{h}, \qquad \eta_0 = 120\pi = 376.7(\Omega)$$

该式的精度在 $u \leqslant 1$ 时优于 0.01%，$u \leqslant 1000$ 时优于 0.03%。

考虑到介质基片的影响，对 Z_{c0} 应根据式(2.211)进行修正，其中的等效介电常数 ε_e 可由下式求得：

$$\varepsilon_e = \frac{\varepsilon_r + 1}{2} + \frac{\varepsilon_r - 1}{2}\left(1 + \frac{10}{u}\right)^{-a(u)b(\varepsilon_r)} \tag{2.213}$$

式中

$$\begin{cases} a(u) = 1 + \dfrac{1}{49}\ln\left[\dfrac{u^4 + \left(\dfrac{u}{52}\right)^2}{u^4 + 0.432}\right] + \dfrac{1}{18.7}\ln\left[1 + \left(\dfrac{u}{18.1}\right)^3\right] \\ b(\varepsilon_r) = 0.564\left(\dfrac{\varepsilon_r - 0.9}{\varepsilon_r + 3}\right)^{0.053} \end{cases} \tag{2.214}$$

该计算式在 $\varepsilon_r \leqslant 128$ 和 $0.01 \leqslant u \leqslant 100$ 时精度优于 0.2%。

这样，将式(2.212)和式(2.213)代入式(2.211)，就可以求得开放式微带的特性阻抗。但这只对零厚度导体带的情形适用，若要考虑导体带的厚度 t，则应对上述计算式中的 u 进行修正：

$$u_r = u + \Delta u_r \tag{2.215}$$

$$\Delta u_r = \frac{t}{2\pi h}\left(1 + \frac{1}{\cosh\sqrt{\varepsilon_r - 1}}\right)\ln\left(1 + \frac{h}{t}\frac{10.873}{\coth^2\sqrt{6.517u}}\right)$$

将修正后的 u_r 代替原来的 u 代入式(2.212)和式(2.213)，就可以求得考虑了导体带厚度 t 后的微带特性阻抗。

在实际的微带电路中，为了增加机械强度，提高抗干扰能力，便于加装连接头等，一般都需要一个金属屏蔽外壳(见图 2-32(d))。如果外壳内宽 L 满足 $L/W \gg 1$，$L/h \gg 1$，则屏蔽外壳两边侧壁的影响就可以忽略，而顶盖的影响则分别表现为对 Z_{c0} 和 ε_e 的修正：

$$Z_{c0} = Z_{c0}^{\infty} - \Delta Z_{c0} \tag{2.216}$$

式中，Z_{c0}^{∞} 为无屏蔽外壳或者屏蔽壳在无穷远处时和微带充满空气介质时的特性阻抗，即式(2.212)所表示的特性阻抗，而

$$\Delta Z_{c0} = \begin{cases} P & \left(\dfrac{W}{h} \leqslant 1\right) \\ PQ & \left(\dfrac{W}{h} \geqslant 1\right) \end{cases} \tag{2.217}$$

其中

$$P = 270\left[1 - \tanh\left(0.28 + 1.2\sqrt{\frac{h'}{h}}\right)\right], \qquad Q = 1 - \operatorname{arctanh}\left[\frac{0.48\left(\frac{W_e}{h} - 1\right)^{\frac{1}{2}}}{\left(1 + \frac{h'}{h}\right)^2}\right]$$

$$W_e = W + \frac{1.25}{\pi}\left(t + \ln\frac{x}{t}\right), \qquad x = \begin{cases} 2\pi W & \left(\frac{\pi W}{h} \leqslant \frac{1}{2}\right) \\ h & \left(\frac{\pi W}{h} \geqslant \frac{1}{2}\right) \end{cases}$$

h'为屏蔽外壳顶盖内表面到微带介质基片上部的高度,因此介质片下部接地板到顶盖板内表面的距离就是 $h' + h$。

屏蔽外壳顶盖对等效介电常数的影响则可根据填充因子 q 来计算,其近似公式为

$$\varepsilon_e = \frac{\varepsilon_r + 1}{2} + q\frac{\varepsilon_r - 1}{2} \tag{2.218}$$

$$q = (q_1 - q_2)q_3$$

式中,q_1 为无屏蔽外壳和导体带厚度为零时的填充因子,q_2 为导体带厚度不为零时的修正因子,q_3 为屏蔽外壳的修正因子。

$$q_1 = \left(1 + \frac{10}{u}\right)^{-a(u)b(\varepsilon_r)}$$

$$q_2 = \frac{2t}{\pi h}\frac{\ln 2}{\sqrt{u}}$$

$$q_3 = \tanh\left(1.043 + 0.121\frac{h'}{h} - 1.164\frac{h}{h'}\right)$$

q_1 中的 $a(u)$ 和 $b(\varepsilon_r)$ 已由式(2.214)给出,将式(2.216)和式(2.218)求得的 Z_{c0}、ε_e 代入式(2.211),就求得了屏蔽微带特性阻抗。计算结果表明,当 $1 \leqslant \varepsilon_r \leqslant 30$,$0.05 \leqslant u \leqslant 20$,$t/h \leqslant 0.1$ 及 $1 < h'/h < \infty$ 时,Z_c 和 ε_e 的最大误差都小于 ±1%。而且,在 $h'/h > 5$ 时,顶盖对微带特性阻抗的影响就可以不予考虑。

2.6.2 带状线

1. 带状线的结构

带状线的结构如图 2-35 所示,它由上、下两块接地板和中间的导体带组成,导体带

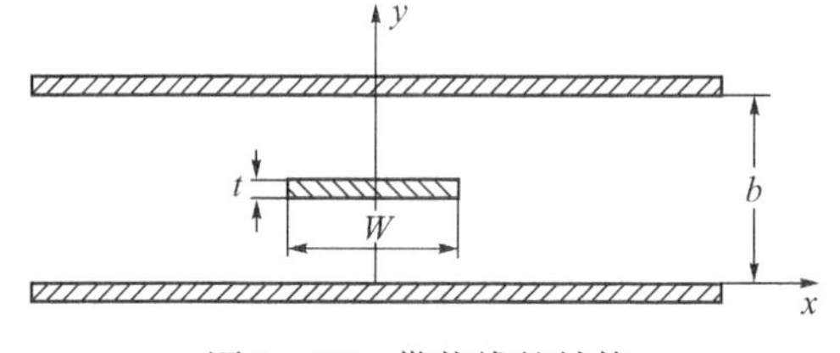

图 2-35 带状线的结构

位于上、下接地板的对称面上，导体带与接地板之间可以是空气或填充其他介质。上、下接地板间距为 b，中间导体带宽 W、厚 t，位于 b 的正中间。带状线可以看作是由同轴线演变而成的（见图2-36），因而它的工作模式与同轴线一样，是TEM模。

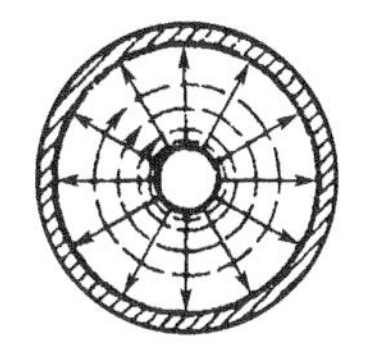
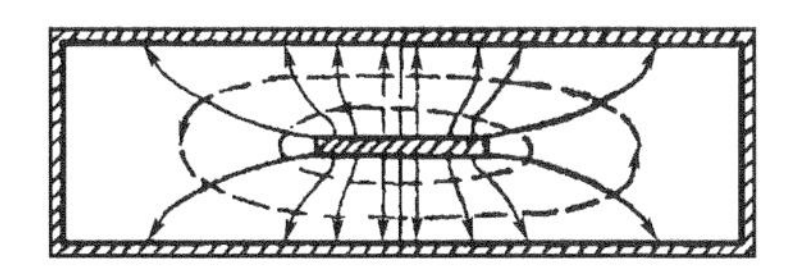
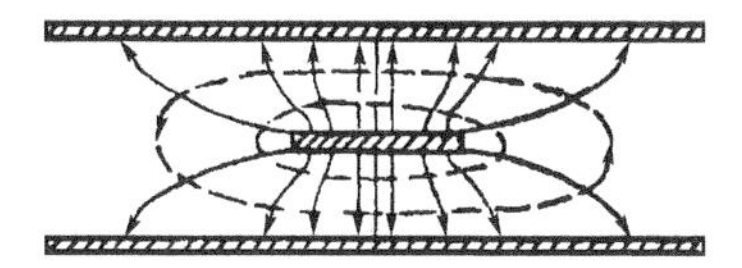

图2-36 带状线的演变及场分布

正因为带状线中传输的主模为TEM波，所以它的相速为

$$v_{p} = \frac{c}{\sqrt{\varepsilon_{r}}} \tag{2.219}$$

而带状线的导波波长（带内波长）相应为

$$\lambda_{g} = \frac{\lambda_{0}}{\sqrt{\varepsilon_{r}}} \tag{2.220}$$

注意它与微带中准TEM波的相速与波导波长的不同，只是把 ε_{e} 换成了 ε_{r}。

2. 带状线的尺寸选择

在一定的尺寸条件下，带状线中也会出现波导型高次模TE模和TM模。由于带状线结构的上、下对称性，所以高次模的场结构也是上、下对称的。

带状线中最低的TE高次模是 TE_{10} 波，其截止波长为

$$(\lambda_{c})_{TE_{10}} \approx 2W\sqrt{\varepsilon_{r}} \tag{2.221}$$

式中，W 为导体带的宽度。带状线中最低的TM高次模是 TM_{01} 波，其截止波长为

$$(\lambda_{c})_{TM_{01}} \approx 2b\sqrt{\varepsilon_{r}} \tag{2.222}$$

式中，b 为上、下接地板之间的距离。

可见，带状线的尺寸应满足

$$\begin{cases} 2W < \dfrac{\lambda_{min}}{\sqrt{\varepsilon_{r}}} \\ 2b < \dfrac{\lambda_{min}}{\sqrt{\varepsilon_{r}}} \end{cases} \tag{2.223}$$

式中，λ_{min} 为带状线的最小工作波长。

3. 特性阻抗

假设带状线的导体带与接地板均为理想导体，填充的介质均匀、无损耗且各向同性，带状线在结构上纵向均匀，则在横向尺寸比工作波长小得多的条件下，由于带状线传输的主模是TEM模，就可以用静态场的分析方法来求特性阻抗，也就是可以根据式（2.207）求特性阻抗。由于在式（2.207）中，相速 v_{p} 已由式（2.219）给出，因此带状线特性阻抗就归结为分布电容 C_{0} 的计算。

带状线分布电容 C_0 求解方法有多种。我们只介绍一种在带状线工程设计上用得最多的方法——科恩(Cohn)近似公式。科恩的特性阻抗解包括低阻抗范围(对应于宽导体带情况)和高阻抗范围(对应于窄导体带情况)两种情形。

1) 宽导体带 $W/(b-t)\geqslant 0.35$ 情况

当导体带宽度比较宽时,导体带两边的边缘电场相互间的作用可以忽略不考虑。这时,如图2-37所示,带状线的分布电容可分成平板电容 C_p 和边缘电容 C_f 两部分,C_p 对应带状线导体带中心与接地板之间的均匀电场;C_f 对应于导体带边缘与接地板之间的不均匀电场。

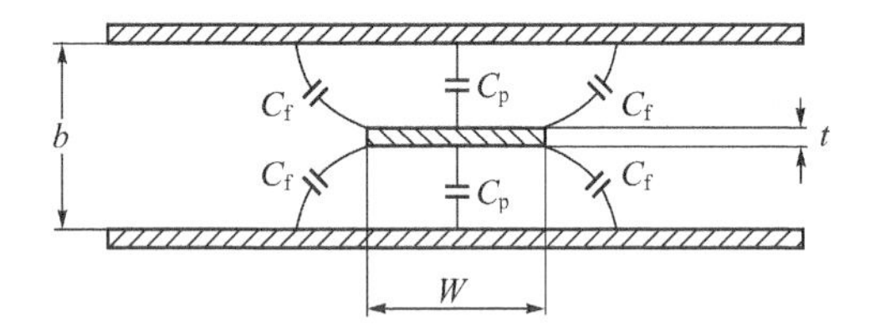

图2-37 带状线宽导体带时的分布电容

$$C_p=\frac{\varepsilon W}{\frac{(b-t)}{2}}=\frac{0.0885\varepsilon_r W}{\frac{(b-t)}{2}}\quad(\text{pF/cm})\tag{2.224}$$

$$C_f=\frac{0.0885\varepsilon_r}{\pi}\left\{\frac{2}{1-\frac{t}{b}}\ln\left(\frac{1}{1-\frac{t}{b}}+1\right)-\left(\frac{1}{1-\frac{t}{b}}-1\right)\ln\left[\frac{1}{\left(1-\frac{t}{b}\right)^2}-1\right]\right\}\quad(\text{pF/cm})\tag{2.225}$$

而带状线总的分布电容就是

$$C_0=2C_p+4C_f\tag{2.226}$$

由此可得宽导体带带状线的特性阻抗为

$$Z_c=\frac{1}{v_pC_0}=\frac{94.15}{\sqrt{\varepsilon_r}\left(\frac{\frac{W}{b}}{1-\frac{t}{b}}+\frac{C_f}{0.0885\varepsilon_r}\right)}\quad(\Omega)\tag{2.227}$$

式中,长度单位为cm,电容单位为pF。在 $W/(b-t)\geqslant 0.35$ 的情况下,按式(2.227)计算得到的 Z_c,误差不超过 ±(1% ~2%)。

2) 窄导体带 $W/(b-t)<0.35$ 情况

这时,由于导体带较窄,其边缘电场之间的相互影响不再能忽略,则可以利用等效圆杆方法来求特性阻抗。也就是说,在满足 $W/(b-t)<0.35$ 和 $t/b\leqslant 0.25$、$t/W\leqslant 0.11$ 的条件下,实际带状线的特性阻抗,可用导体带等效为一圆柱形中心导体的带状线的特性阻抗来确定。等效中心圆杆导体的直径 d 与原导体带宽度 W 和厚度 t 之间的关系为

$$d=\frac{W}{2}\left\{1+\frac{t}{W}\left[1+\ln\frac{4\pi W}{t}+0.51\pi\left(\frac{t}{W}\right)^2\right]\right\}\tag{2.228}$$

这样,带状线特性阻抗为

$$Z_c = \frac{60}{\sqrt{\varepsilon_r}} \ln \frac{4b}{\pi d} \quad (\Omega) \tag{2.229}$$

由上式求得的特性阻抗,其精度不低于 1.2%。

也可以采用对导体带宽度 W 进行修正的方法来求窄导体带情况下的带状线特性阻抗,修正后的导体带宽度 W' 为

$$\frac{W'}{b} = \frac{0.07\left(1 - \frac{t}{b}\right) + \frac{W}{b}}{1.2} \tag{2.230}$$

W'还应满足下述条件:

$$0.1 < \frac{\frac{W'}{b}}{1 - \frac{t}{b}} < 0.35 \tag{2.231}$$

引入 W'后,特性阻抗 Z_c 就仍然可以按式(2.227)进行计算。

2.6.3 槽线

槽线是在介质基片的金属覆盖层上开一条去掉金属层的槽而形成的一种微波传输线,在介质基片的另一面则与微带线不同,并没有金属接地板,如图 2-38(a)所示。槽线作为传输线时,为了使电磁场更集中于槽的附近,使其辐射损耗减至最小,介质基片应采用高介电常数的材料。

槽线传播的电磁波不是 TEM 波,也不是准 TEM 波,而是一种 TE 波,它的场分布如图 2-38(b)、(c)所示。可见,它的电场只有横向分量,而磁场具有纵向分量,但它与波导中的 TE 波既有不同之处,它没有截止频率,又有相同之处,是色散波,它的相速和特性阻抗都随频率而变。

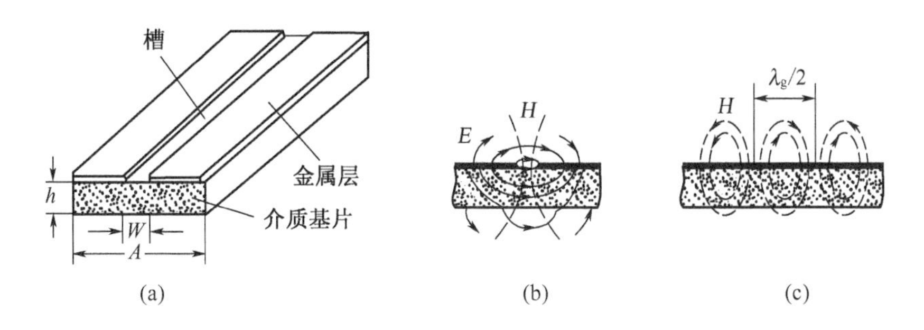

图 2-38　槽线的结构和场分布

(a) 槽线的结构;(b) 横截面上场分布;(c) 纵向截面内磁场分布。

1. 槽线的特性参量

1) 相对波长比

槽线中的波导波长 λ_g 可以用下式表示

$$\lambda_g = \lambda_0\sqrt{\frac{2}{\varepsilon_r + 1}} \tag{2.232}$$

式中,λ_0 为自由空间波长;ε_r 为介质基片的相对介电常数。比值

$$\frac{\lambda_g}{\lambda_0} = \sqrt{\frac{2}{\varepsilon_r + 1}} \tag{2.233}$$

称为相对波长比,也即槽线的波长缩短系数。式(2.233)并没有考虑槽线的结构尺寸对波长的影响,因此会对计算结果带来较大误差,它的误差在10%以内。

2）特性阻抗和波导波长的工程计算方法

根据相关文献所给出的数值计算结果作出的曲线,再经计算机拟合,得到了槽线特性阻抗和波长的工程计算公式。

在 $9.7\leqslant\varepsilon_r\leqslant20$,$0.02\leqslant W/h\leqslant1.0$,以及 $0.01\leqslant h/\lambda_0\leqslant h/\lambda_{c10}$ 的范围内,其中 W、h 的定义见图2-38(a),λ_{c10} 是槽线上 TE_{10} 表面波模的截止波长

$$\frac{h}{\lambda_{c10}} = \frac{0.25}{\sqrt{\varepsilon_r - 1}} \tag{2.234}$$

得到的槽线波长与特性阻抗如下:

（1）当 $0.02\leqslant W/h\leqslant0.2$ 时

$$\frac{\lambda_g}{\lambda_0} = 0.923 - 0.195\ln\varepsilon_r + 0.2\frac{W}{h} - \left(0.126\frac{W}{h} + 0.02\right)\ln\left(\frac{100h}{\lambda_0}\right) \tag{2.235}$$

$$\begin{aligned} Z_0 = {} & 72.62 - 15.283\ln\varepsilon_r + 50\frac{[(W/h) - 0.02][(W/h) - 0.1]}{W/h} \\ & + \ln\left(\frac{100W}{h}\right)(19.23 - 3.693\ln\varepsilon_r) \\ & - \left[0.139\ln\varepsilon_r - 0.11 + \frac{W}{h}(0.465\ln\varepsilon_r + 1.44)\right] \\ & \times\left(11.4 - 2.636\ln\varepsilon_r - \frac{100h}{\lambda_0}\right)^2 \end{aligned} \tag{2.236}$$

（2）当 $0.2\leqslant W/h\leqslant1.0$ 时

$$\begin{aligned} \frac{\lambda_g}{\lambda_0} = {} & 0.987 - 0.21\ln\varepsilon_r + \frac{W}{h}(0.111 - 0.0022\varepsilon_r) \\ & - \left(0.053 + 0.041\frac{W}{h} - 0.0014\varepsilon_r\right)\ln\left(\frac{100h}{\lambda_0}\right) \end{aligned} \tag{2.237}$$

$$\begin{aligned} Z_0 = {} & 113.19 - 23.257\ln\varepsilon_r + 1.25\frac{W}{h}(114.59 - 22.531\ln\varepsilon_r) \\ & + 20\left(\frac{W}{h} - 0.2\right)\left(1 - \frac{W}{h}\right) - \left[0.15 + 0.1\ln\varepsilon_r + \frac{W}{h}(-0.79 + 0.899\ln\varepsilon_r)\right] \\ & \times\left[10.25 - 2.171\ln\varepsilon_r + \frac{W}{h}(2.1 - 0.617\ln\varepsilon_r) - \frac{100h}{\lambda_0}\right]^2 \end{aligned} \tag{2.238}$$

这些公式的精度约为2%。

2. 槽线的特点

(1) 由于全部导体都在同一平面上,因而在结构上可以十分方便地并联集总参数元件或半导体有源器件,而不必如微带线那样为了让导体带与接地板连接,比如形成短路线而在基片上打孔挖槽,简化了工艺,便于集成。

(2) 由于槽线的分布电容小,而且其阻抗随槽宽的增大而增加,因而它容易得到比微带线更高的阻抗。但槽线也难以获得低阻抗,因为细小槽缝的加工工艺比较困难。

(3) 槽线中的磁场存在椭圆极化区,因此便于作成非互易的铁氧体元件。

(4) 槽线还可以与微带线结合使用,即在基片的一面作成槽线,另一面作成微带线电路,利用它们之间的耦合就可以构成滤波器、定向耦合器等元件。

(5) 槽线可以作为辐射天线单元作微带缝隙天线。

(6) 槽线的色散比微带线强。

(7) 高介电常数基片作成的槽线,损耗基本上与微带线相同,但低介电常数基片的槽线损耗比微带线大。

2.6.4 共面线(共面波导)

共面线又称为共面波导,其结构如图 2-39(a)所示。它是在介质基片的一个面上制作出中心导体带,并在中心导体带紧邻两侧制作出接地板,而在介质基片的另一面则没有导体层而形成的,显然它可以看成是将微带线中在介质基片另一面的接地金属板移到与导体带同一介质面上并分置在它两边而形成的一种共面微带传输线。

共面线的电磁场分布如图 2-39(b)所示。与槽线一样,共面线也应采用高介电常数的介质基片,以保证波导波长小于自由空间波长,使场集中在介质附近。共面波导中传播的波是准 TEM 波,没有截止频率,但有色散。

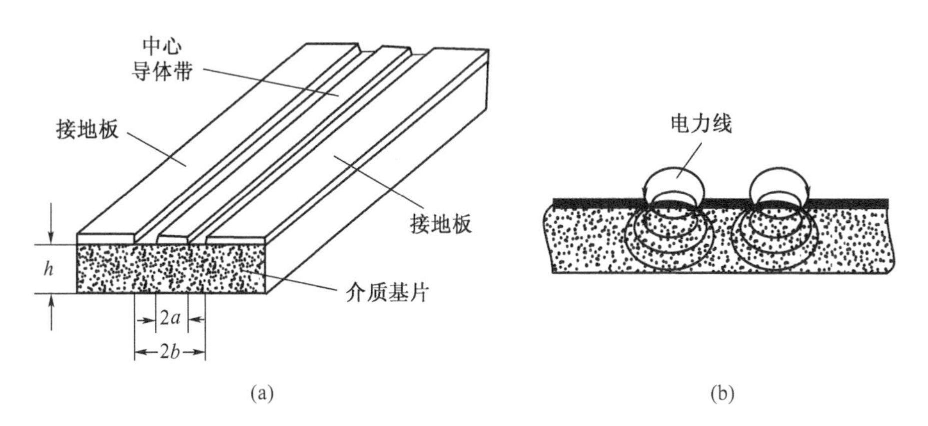

图 2-39 共面线的结构和场分布

(a) 共面线的结构;(b) 共面线的场分布。

1. 共面线的特性参量

1) 相速与波导波长

$$v_{\mathrm{p}} \approx \frac{c}{\sqrt{(\varepsilon_{\mathrm{r}}+1)/2}} = \frac{1.4142c}{\sqrt{(\varepsilon_{\mathrm{r}}+1)}} \tag{2.239}$$

$$\lambda_g = \frac{\lambda_0}{\sqrt{(\varepsilon_r + 1)/2}} = \frac{1.4142\lambda_0}{\sqrt{(\varepsilon_r + 1)}} \tag{2.240}$$

式中,ε_r 为介质基片的相对介电常数;c 为光速;λ_0 为自由空间波长。

2）特性阻抗

$$Z_0 = \frac{60\pi}{\sqrt{(\varepsilon_r + 1)/2}}\frac{K(k')}{K(k)} = \frac{266.57}{\sqrt{(\varepsilon_r + 1)}}\frac{K'(k)}{K(k)} \tag{2.241}$$

式中,$K(k)$为第一类完全椭圆积分

$$K(k) = \int_0^1 \frac{\mathrm{d}x}{\sqrt{(1 - x^2)(1 - k^2x^2)}}; \qquad K'(k) = K(k')$$

$$k = \frac{a}{b}; \qquad k' = \sqrt{1 - k^2}$$

其中,a、b 为共面线尺寸,见图2-39(a)。

2. 共面线的特点

共面线与槽线具有相似的特点,比如容易安装有源固体器件,尤其是对于平衡混频器等对称支路十分方便;由于所有导电层都在介质基片同一侧,因此易于并联连接外接元件,十分适宜集成电路制作;位于中心导体带和接地面之间的空气—介质界面上存在横向切向电场,因而存在纵向和横向的磁场分量,并形成椭圆极化区,安装铁氧体材料就可以构成谐振式隔离器或差分式移相器;利用共面线制作的定向耦合器比微带定向耦合器具有更高的方向性;共面线与在介质基片另一面上作成的微带线元件相结合,同样可以构成更紧凑的微小型元件等。

共面线的特性阻抗与基片厚度几乎无关,这是它特有的性质,因此在低频段的微波集成电路,就可以利用低损耗高介电常数的材料作基片来减小电路尺寸。

2.7　脊波导、鳍线和槽波导

2.7.1　脊波导

如图2-40所示的截面形状的波导称为脊波导,脊波导与具有相同 a、b 尺寸的规则矩形波导相比,具有更宽的工作频率范围、低的阻抗和高的损耗,它常用作宽频带微波管的输出波导、微波元件中的匹配段以及宽带微波传输系统。

图2-40(a)称为单脊波导,图2-40(b)称为双脊波导。图中同时画出了脊波导中TE_{10}模的电磁场力线分布。在圆波导中引入双脊同样可使得频带变宽,特性阻抗降低。

1. 截止频率

由于脊波导的边界条件比较复杂,直接求解场方程相当繁琐,所以我们以单脊波导为例,介绍一种截止频率的近似求法。

我们已经知道,当微波频率等于和低于截止频率时,波在波导纵向(z 方向)的传播就会停止。在矩形波导中,波在横向(x 向与 y 向)形成驻波,也就是电磁波沿波导横向在两个波导金属壁之间反射形成纯驻波,这种状态称为波导的横向谐波。对于 TE_{m0}波,波只

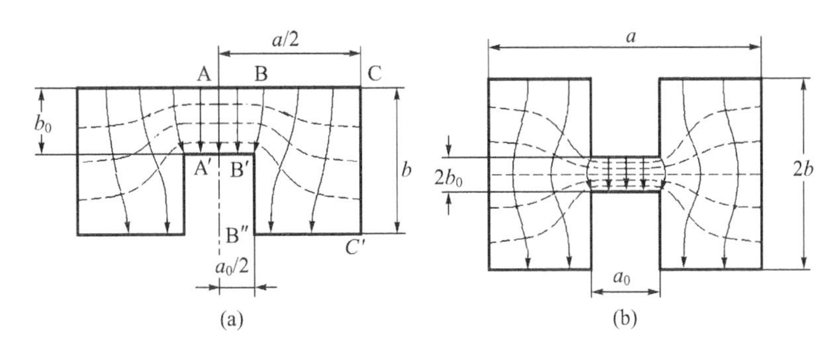

图 2-40　脊波导及其 TE_{10} 模场分布

（a）单脊波导；（b）双脊波导。

在 x 方向存在来回反射产生 m 个半驻波波长，而在 y 方向均匀分布，这时波导就相当于一个传播方向为 x 的两端短路的平行板传输线，在截止状态时，它满足条件 $a=m\lambda_c/2$，λ_c 为截止波长。对于脊波导，同样可以根据横向谐振的特点等效成一个平板传输线，如图 2-41 所示，不同的是它由两段特性阻抗不同的平板线组成，并在两段线的不连续处引起一个电纳 B_C。注意图中的坐标原点（$x=0$）处于脊波导对称中心面上（可参考图 2-40（a））。

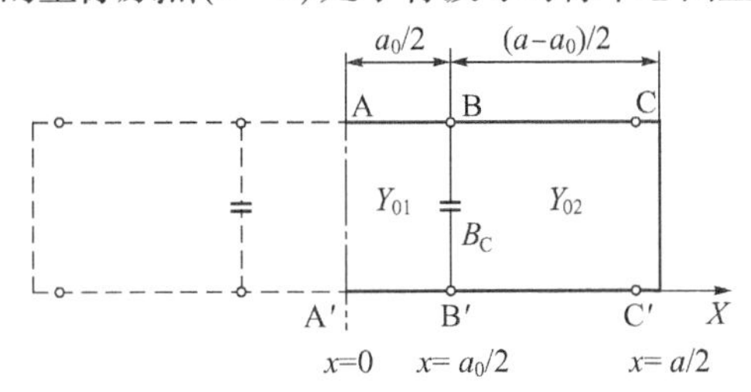

图 2-41　脊波导截止状态的等效电路

如果 m 为奇数，则 AA′处为电压波腹、电流波节点，因而在传输线 AB-A′B′上，电流分布可以假设为 $I=\mathrm{j}I_{01}\sin(2\pi x/\lambda_c)$，而电压分布可以假设为 $V=V_{01}\cos(2\pi x/\lambda_c)$，AA′面则相当于开路。根据 1.4 节的长线理论，在接近开路面的 $\lambda_c/4$ 范围内，长线具有容抗，这就是在电流表达式前带有符号 j 的原因。这样，当 $x=a_0/2$ 时，如果忽略 B_C 的影响，则

$$\frac{I}{V}=\frac{\mathrm{j}I_{01}\sin\dfrac{\pi a_0}{\lambda_c}}{V_{01}\cos\dfrac{\pi a_0}{\lambda_c}}=\mathrm{j}Y_{01}\tan\frac{\pi a_0}{\lambda_c}\tag{2.242}$$

式中，$Y_{01}=I_{01}/V_{01}$ 为平行平板传输线 AB-A′B′段的特性导纳。

而对于平行平板传输线 BC-B′C′段，CC′为短路面，应为电压波节点、电流波腹点。同样忽略 B_C 的影响，则类似地，在 BB′处有

$$\frac{I}{V}=\frac{-\mathrm{j}I_{02}\cos\dfrac{\pi(a-a_0)}{\lambda_c}}{V_{02}\sin\dfrac{\pi(a-a_0)}{\lambda_c}}=-\mathrm{j}Y_{02}\cot\frac{\pi(a-a_0)}{\lambda_c}\tag{2.243}$$

式中,$Y_{02}=I_{02}/V_{02}$为平行平板线 BC − B′C′段的特性导纳。

因此整个平行平板线在 BB′处的电压电流比应该是上述式(2.242)和式(2.243)的叠加

$$\frac{I}{V}=\mathrm{j}\left[Y_{01}\tan\frac{\pi a_0}{\lambda_c}-Y_{02}\cot\frac{\pi(a-a_0)}{\lambda_c}\right]\tag{2.244}$$

这一电压将加在 B_C 上,电流将流过 B_C,所以

$$\frac{I}{V}=\mathrm{j}B_C\tag{2.245}$$

即

$$B_C=Y_{01}\tan\frac{\pi a_0}{\lambda_c}-Y_{02}\cot\frac{\pi(a-a_0)}{\lambda_c}\tag{2.246}$$

式中

$$Y_{01}=\sqrt{\frac{\varepsilon_0}{\mu_0}}\cdot\frac{1}{b_0}=\frac{\eta_0}{b_0}\tag{2.247}$$

$$Y_{02}=\sqrt{\frac{\varepsilon_0}{\mu_0}}\cdot\frac{1}{b}=\frac{\eta_0}{b}\tag{2.248}$$

而对于脊波导这种大的不连续性,B_C 又可按下式求出:

$$B_C\approx\omega\varepsilon\left(\frac{2}{\pi}\ln\frac{b}{b_0}-0.268\right)\tag{2.249}$$

由此即可根据方程(2.246),数值求解出 TE_{m0}模当 m 为奇数时的截止波长 λ_c。

以同样方式,对于 m 为偶数的截止波长就可以由下式给出:

$$-B_C=Y_{01}\cot\frac{\pi a_0}{\lambda_c}+Y_{02}\cot\frac{\pi(a-a_0)}{\lambda_c}\tag{2.250}$$

由截止波长即可确定截止频率 $f_c=c/\lambda_c$ 及脊波导的波导波长 $\lambda_g=\lambda/\sqrt{1-(f_c/f)^2}$。

λ_c 的求解结果表明,脊波导 TE_{10}模的截止波长比同样尺寸的矩形波导长,因而脊波导可以应用于更低的频率,也就是单模工作的频带宽了。反之,若截止波长相同,则脊波导的尺寸就可以比矩形波导的尺寸小。

双脊波导的截止频率,在图 2−40(b)所给出的尺寸下,可以同样按以上方法求得。

2. 特性阻抗

脊波导的特性阻抗定义为

$$Z_c=\frac{Z_{CTEM}}{\sqrt{1-\left(\frac{f_c}{f}\right)^2}}\tag{2.251}$$

式中,Z_{CTEM}为假设脊波导传输 TEM 模时的特性阻抗,利用积分电压和电流的概念 $\left(V=-\int_0^{b_0}E_y\mathrm{d}y=-b_0E_0, I=-\int_0^a H_x\mathrm{d}x\right)$,有

$$Z_{\mathrm{CTEM}}=\frac{V}{I}=\frac{b_0E_0}{2\int_0^{a/2}H_x\mathrm{d}x}=\frac{b_0E_0}{2\int_0^{a/2}\left(\frac{E_y}{\eta_0}\right)\mathrm{d}x} \tag{2.252}$$

式中，$\eta_0=\sqrt{\mu_0/\varepsilon_0}=376.7\Omega$。

在脊波导中，对于 m 为奇数的模式，可假定

$$E_y=\begin{cases}E_0\cos\left(\dfrac{2\pi x}{\lambda}\right) & 0<x<\dfrac{a_0}{2}\\[2ex] \dfrac{b_0}{b}E_0\dfrac{\cos\dfrac{2\pi\left(\dfrac{a_0}{2}\right)}{\lambda}}{\sin\dfrac{2\pi\left(\dfrac{a-a_0}{2}\right)}{\lambda}}\sin\left[\dfrac{2\pi}{\lambda}\left(\dfrac{a}{2}-x\right)\right] & \dfrac{a_0}{2}<x<\dfrac{a}{2}\end{cases} \tag{2.253}$$

上式自动满足 $x=a/2, E_y=0$ 和 $x=0, E_y=E_0$ 的边界条件。将式(2.253)代入式(2.252)、式(2.251)，就得到

$$Z_c=\frac{\pi b_0\eta_0}{\lambda_c\sqrt{1-\left(\dfrac{f_c}{f}\right)^2}\left[\sin\dfrac{\pi a_0}{\lambda}+\dfrac{b_0}{b}\cos\dfrac{\pi a_0}{\lambda}\tan\dfrac{\pi(a-a_0)}{2\lambda}\right]} \tag{2.254}$$

对于双脊波导，特性阻抗为上式的两倍。

这一特性阻抗对应规则矩形波导中具有 $\pi/2$ 系数的特性阻抗，即

$$Z_c=\frac{\pi}{2}\frac{b}{a}\frac{\eta_0}{\sqrt{1-\left(\dfrac{\lambda}{2a}\right)^2}}=\frac{\pi b\eta_0}{\lambda_c\sqrt{1-\left(\dfrac{f_c}{f}\right)^2}} \tag{2.255}$$

可以看出，脊波导的特性阻抗比上式表示的矩形波导特性阻抗低。

脊波导的主要缺点是击穿功率低、损耗较大。

2.7.2 鳍线

1. 鳍线的结构与特点

在双脊波导中，当脊的宽度特别窄时，这种波导就称为鳍线。鳍线也可以看作是从基模波导上、下壁伸出一对金属薄片形成，金属片称为鳍并与波导主模的电场平行，如图2-42所示。

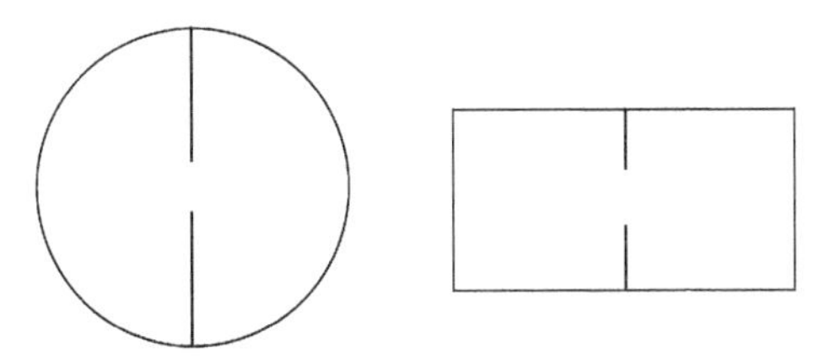

图2-42 鳍线

金属鳍的引入对波导的影响是十分明显的：降低了波导的阻抗，稳定了波导中主模的场结构以及降低了波导的截止频率，因而带宽很宽。鳍线的缺点也很容易看出，它的功率容量很小。目前，鳍线主要用于毫米波技术，在很多毫米波系统中实际应用的鳍线如图2-43所示。它由单面或双面敷有金属膜的厚度为S或$2S$的介质基片插入毫米波波导中形成，在金属膜中央对称轴线处去掉一定宽度的金属形成一个缝隙W。单面金属膜处于波导宽边中央与宽边垂直，而它与波导宽边并不要求十分严格地连接，因为对基模TE_{10}波来说，在波导宽边中心处的高频电流是纵向的，平行于金属鳍，所以鳍与波导壁的不良连接并不会切断高频电流，这种鳍线称为单面鳍线。若介质基片双面敷有金属膜，则应使介质片处于波导宽边中央，使两个金属膜相对波导宽边轴线左右对称分布，这种鳍线称为双面鳍线。

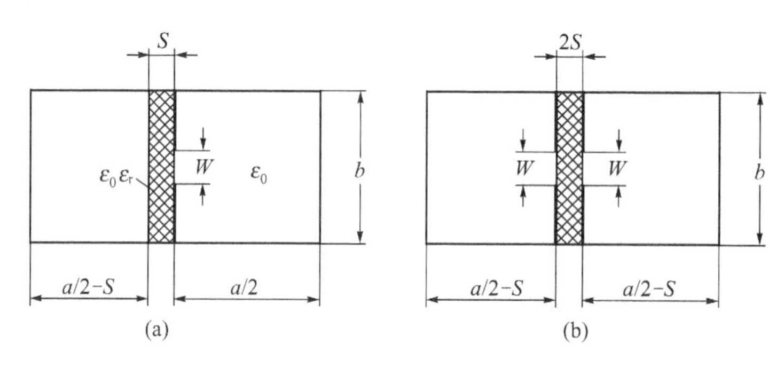

图2-43 实用鳍线的结构

(a) 单面鳍线；(b) 双面鳍线。

在鳍线中传播的是一种混合波，它由TE模和TM模混合组成。如果混合模中以TE模为主，称为磁电模，用HE表示；如果以TM模为主，则称为电磁模，用EH表示。在截止状态下的HE模就变成纯TE模，EH模变成纯TM模。如果设计合理，鳍线中将可以传播主模为准TE_{10}模的混合模。

鳍线的主要优点：① 鳍线的准TE_{10}模的单模带宽比对应矩形波导的TE_{10}模单模带宽要宽，这一点从鳍线可以由脊波导演变而来就可以容易理解；② 鳍线广泛应用于毫米波领域，因为此时鳍线的尺寸能与毫米波有源或无源器件共度，从而为电路集成提供了方便；③ 鳍线中的波导波长比同一频率下微带线中的波导波长长，因而对鳍线的加工公差要求比微带低；④ 鳍线可以直接由标准矩形波导构成，因而十分易于在整个波导带宽内与波导系统连接。

2. 特性阻抗与波导波长

鳍线特性阻抗的计算有多种不同的近似方法，但大多数是经验公式。这里介绍一种由P. Pramanick和P. Bhartia提出的单面鳍线(图2-43(a))特性阻抗的近似表达式，这一公式可以适用于$0 < b/a \leqslant 1$，$1/32 \leqslant W/b \leqslant 1$，$1/64 \leqslant S/a \leqslant 1/4$及介质基片相对介电常数$1 \leqslant \varepsilon_r \leqslant 3.75$的取值范围。他们给出的表达式为

$$Z_c = \frac{240\pi^2\left[p\ln\csc\left(\frac{\pi W}{2b}\right)+q\right]\left(\frac{b}{a}\right)}{\left[0.385\ln\csc\left(\frac{\pi W}{2b}\right)+1.762\right]^2\left(\frac{\lambda}{\lambda_g}\right)} \tag{2.256}$$

式中,在 $W/b>0.3$ 时,有

$$p=-0.763\left(\frac{b}{\lambda}\right)^2+0.58\left(\frac{b}{\lambda}\right)+0.0775\left[\ln\left(\frac{a}{S}\right)\right]^2-0.668\left[\ln\left(\frac{a}{S}\right)\right]+1.262 \tag{2.257}$$

$$q=0.372\left(\frac{b}{\lambda}\right)+0.914 \tag{2.258}$$

而在 $W/b\leqslant 0.3$ 时,有

$$p=0.17\left(\frac{b}{\lambda}\right)+0.0098 \tag{2.259}$$

$$q=0.138\left(\frac{b}{\lambda}\right)+0.873 \tag{2.260}$$

λ,λ_g 则分别为自由空间工作波长及其在鳍线中的波导波长。

在 $S/a\leqslant 1/20$ 以及 $0.1\leqslant b/\lambda\leqslant 0.6$,其余参数取值范围不变的情况下,有

$$\frac{\lambda}{\lambda_g}=\frac{Gx^2+Hx+I}{Fx+E} \tag{2.261}$$

式中

$$E=8\left[1+\frac{S}{a}b_1\left(\frac{S}{a}\right)(\varepsilon_r-1)\right]^{1/2}$$

$$F=\left(\frac{4}{\pi}\right)\left(\frac{b}{a}\right)\left(1+0.2\sqrt{\frac{b}{a}}\right)E$$

$$G=0.5\left(\frac{S}{a}\right)a_1\left(\frac{S}{a}\right)(\varepsilon_r-1)F\left[1+\frac{S}{a}b_1\left(\frac{S}{a}\right)(\varepsilon_r-1)\right]^{-1/2}$$

$$H=E\left(\frac{F}{8}+\frac{G}{F}\right)$$

$$I=\frac{E^2}{8}-\left(\frac{b}{a}\right)^2\left(\frac{\lambda}{b}\right)^2$$

$$a_1\left(\frac{S}{a}\right)=0.4020974\left[\ln\left(\frac{a}{S}\right)\right]^2-0.7684487\ln\left(\frac{a}{S}\right)+0.3932021$$

$$b_1\left(\frac{S}{a}\right)=2.42\sin\left[0.556\ln\left(\frac{a}{S}\right)\right]$$

$$x=\ln\csc\left(\frac{\pi W}{2b}\right)$$

至此,已给出了求鳍线特性阻抗 Z_c 与波导波长 λ_g 所需的全部经验计算公式。由此计算得到的特性阻抗的精度在 $S/a\leqslant 1/20$ 时在 ±2% 以内,在 $S/a>1/20$ 时在 ±3% 以内。

2.7.3　槽波导

槽波导具有损耗低、功率容量大、尺寸大等特点,因此适合作为毫米波特别是短毫米

波、亚毫米波传输线。与金属矩形波导相比,其传输损耗要低差不多一个数量级,而功率容量要大一个数量级。

1. 槽波导的结构

槽波导与脊波导一样,可以看作是矩形波导的一种变形,与脊波导不同的是:脊波导是将矩形波导宽边中央一部分内凹成矩形脊而形成的传输线,而槽波导则相反,它是将矩形波导宽边中央外凸成一定形状的槽、同时去掉矩形波导的两个窄边而形成的传输线,槽的形状可以是矩形、半圆形,还可以是三角形、梯形等,图2-44(a)、(b)分别给出半圆形和矩形槽波导的结构示意图。

由图2-44可以看出,槽波导是由槽区和平行平板区两部分组成的波导系统,这是槽波导在结构上的一个特点。

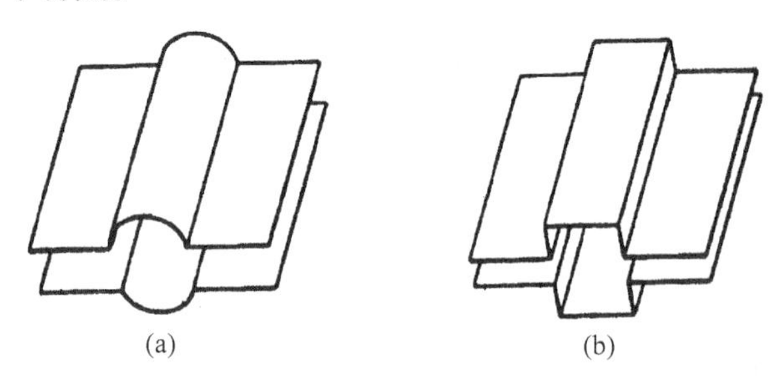

图2-44 半圆形(a)和矩形(b)槽波导结构示意图

2. 槽波导的主模

槽波导中的电磁场主要集中在槽区及其附近,其主模为 TE_{11} 模,它的场分布如图2-45(a)所示。

槽波导中的传输波在平行平板区截止形成消失波,随离开槽的距离 h(图2-45(b))的增加而迅速衰减,因此,在槽波导平行金属板的远端,可以开路,也可以短路,还可以用介质(或微波吸收材料以吸收高次模式的辐射波)块支撑,都不会影响 TE_{11} 模的传输,这是槽波导在结构上的又一特点。

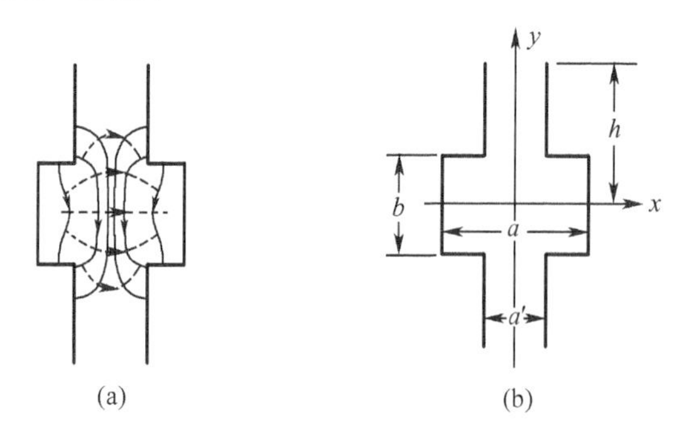

图2-45 槽波导中主模 TE_{11} 模的场分布(a)及槽波导的结构尺寸(b)

3. 槽波导的损耗

槽波导槽区中心轴线附近的电场力线与金属平板平行,其传输损耗随频率增加而下降,是毫米波段理想的低损耗传输线。

可以证明,理想的平行平板传输线损耗最小,而矩形波导的损耗比较大,槽波导的损耗介于矩形波导和平行平板线之间，因此，当平行平板间距 a' 与槽深 a 相近时（称为浅槽波导），可使传输损耗显著降低。

4. 槽波导的尺寸选择

槽波导的结构尺寸如图 2-45(b)所示。

对于平行平板传输线来说，当平板间距为三倍自由空间波长时，传输损耗最小，因此，类似地，在槽波导中，我们也可以将 a' 取为

$$a' = 3\lambda_0 \tag{2.262}$$

式中，λ_0 为自由空间波长。

但是，浅槽波导在 $a' = 3\lambda_0$ 时，会产生高次模 TE_{31}、TE_{51}、…，加深槽的深度，虽然会使传输损耗有所增加，但可以抑制高次模的产生，实验证明，当

$$\frac{a'}{a} = \frac{2}{3} \tag{2.263}$$

时，槽波导可以实现 TE_{11} 模单模传输。

计算表明，槽宽 b 对槽波导色散特性影响很小，因此一般可取

$$b = \frac{a}{2} \tag{2.264}$$

上面我们已指出，槽波导中 TE_{11} 模的场随着离开槽区的距离 h 的增加而迅速衰减，一般认为当 h 达到

$$h = \frac{b}{2} + \frac{4}{|k_{y2}|} \tag{2.265}$$

后，TE_{11} 模已经在平板区内消失至零。式中，$|k_{y2}|$ 为在平行平板区中 TE_{11} 波在 y 向的传播常数，它可以通过数值求解槽波导的本征方程得到，在这里我们不再作详细介绍。

2.8　模式的激励与耦合

微波传输线的不同模式之间或者不同传输线的模式之间的微波能量转移或交换称为耦合，而在给定传输线中建立起所需要的工作模式的过程称为激励。实际上，模式的耦合和激励并没有实质区别，都是模式间的能量转换，它们是模式能量转换这同一物理过程的两个不同侧面，从传输线已传输的微波中取出一部分或全部能量的过程就是耦合，而将取出的能量在给定传输线（可以是同一传输线的不同区域，也可以是另外的传输线）中建立起微波传输模式的过程就是激励。显然，耦合与激励在一般情况下是不可分的，正因为此，人们往往并没有严格区分耦合与激励，任何场合下微波能量的转换都是耦合或者激励的结果。耦合与激励亦可以发生在传输线与谐振腔之间，或者谐振腔与谐振腔之间。

2.8.1　奇偶禁戒规则

1. 模式正交性

不同模式之间有能量交换就有耦合，相反，没有能量交换就是无耦合，不发生耦合的

各模式称为正交模式。在无耗均匀传输系统中,具有不同本征值的模式称为正规模式,正规模式之间总是彼此正交的,这就是正规模的正交性。既然正交模式之间是没有耦合的,所以模式正交的物理意义就是:各个模式之间没有能量交换,它们各自携带自身的能量独立地沿传输系统传输,整个传输系统传输功率等于各个模式功率之和。

模式间的正交关系只有在轴向均匀无耗传输系统中才成立,当系统中存在不均匀性,即破坏了轴向的均匀条件时,模式之间就会出现能量转换,即不再正交。所谓不均匀性(亦称不连续性),它可以是系统截面形状的改变,如传输线尺寸的突变或连续变化,传输线壁上出现的孔、缝,传输线之间的过渡等;也可以是传输线轴线的弯曲、转弯等;还可以是传输线填充材料或者传输线本身材料的改变,如空气填充变为介质填充,微波管输入输出波导为了焊接等需要而使用不同材料连接等;还可以是为了某些目的而在传输线中人为引入的元件,如为了阻抗匹配而引入的膜片、销钉,为了激励或测量而引入的探针、耦合环等。总之,传输系统的形状、尺寸、材料的任何变化,包括加工公差等都将导致系统边界条件的改变,从而引起模式间的耦合,其结果是出现新的模式和改变原有模式的组成成分。

2. 奇偶禁戒规则

模式间发生耦合时,或者说,当发生模式激励时,遵守奇偶禁戒规则。奇偶禁戒规则的基础是波导中场分布的空间对称性,因此我们有必要首先了解一下场分布的对称特点。

1)场分布的空间对称性

在波导中,模式场的场分布相对于波导的某一对称面往往具有空间对称性,这种对称性可分为两种类型。

(1)场分布相对于对称面互为镜像时,则称这种场分布为对称场或偶分布(偶对称)场。

(2)场分布的形状在对称面两边互为镜像,但场矢量箭头方向相反,则称这种场分布为反对称场或奇分布(奇对称)场。

对矩形波导来说,TE_{mn}、TM_{mn}模的对称性有如下规律:

(1)若以波导宽边中心平面作为对称面,则应以特征值 m 来判断场的空间对称性,当 m 为奇数时,电场分布是对称场,而磁场分布是反对称场;当 m 为偶数(包括 $m=0$)时,则相反,磁场分布是对称场,电场分布是反对称场。

(2)若以波导窄边中心平面作为对称面,则应以特征值 n 来判断场的空间对称性,n 为奇数时,电场是对称场,磁场则是反对称场;n 为偶数(包括 $n=0$)时,磁场是对称场,电场则是反对称场。

对于其他具有几何对称面的波导,如脊波导等,场的对称性可以作出类似的分析。

2)波导激励的奇偶禁戒规则

奇偶禁戒规则给出了当进行波导激励时,如果激励方式具有对称性,则在波导中所激励起的模式场将遵循下述规则:

(1)偶对称激励不可能激励起奇对称模式。

(2)奇对称激励不可能激励起偶对称模式。

奇偶禁戒规则使我们在进行模式激励时可以抑制某些干扰模,而确保产生需要的模式。对于设计和选择合适的激励(耦合)方式或激励(耦合)装置具有重要意义。

在具体应用奇偶禁戒规则时,还应注意:

(1) 场的空间对称性必须相对某一确定的对称面而言,对称面不同,场的空间对称性就可能完全不同。

(2) 场的空间对称性也必须明确是相对电场还是相对磁场而言的,因为选择的场不同,场的空间对称性也不同。

(3) 判定场的对称性的对称面必须是波导边界条件的几何对称面。

(4) 激励场和被激励场的对称性,既可以都用电场来判断,也可以都用磁场来判断,两者对于利用禁戒规则时所得结果是一致的。

(5) 利用禁戒规则时,只需要找到任何一个对称面来进行判定就已足够。

2.8.2　波导激励形式

波导的激励就是要在波导中建立起所需要的工作模式,并尽可能做到激励装置与微波源以及激励装置与被激励系统的匹配连接。根据前面的分析,我们知道,激励装置也可以是耦合装置。

原则上来说,激励装置所产生的电磁场中,只要电场或磁场中的任何一个分量与被激励系统中可能存在的任何一个模式场的电场或磁场的对应分量在同一位置上方向相吻合,则该模式就可能被激励起来。由于在同一位置上在被激励系统中一般会有大量模式存在同一方向的场分量,所以激励装置一开始激励起的模式往往非常多,会存在很多干扰模式。为了使我们需要的工作模式得到优先激励或单独存在,我们可以使激励装置产生的最大电场分量或最大磁场分量位置与我们所需要模式的同一电场分量或同一磁场分量的最大值位置重合,也就是使两个场耦合最强;也可以采用模式抑制技术来抑制我们需要的模式以外的其他干扰模式,最简单方法的就是选择波导尺寸,比如使矩形波导工作在单模传输条件下,则在该波导中最终就只会激励起 TE_{10} 模,其他所有干扰模式将因为不能传播而很快被衰减。

激励装置或者说激励形式,最常见的主要有探针激励、耦合环激励和小孔激励三种。

1. 探针激励(电激励)

探针激励的方法是将一根金属(棒)针插入波导或谐振腔,探针轴线方向与需要激励起的模式的电场方向一致,而且在一般情况下,探针应该在被激励模式的该方向的电场最强处插入,显然,这是一种电激励。探针通常是利用同轴线的内导体延长形成,同轴线外导体与波导壁或谐振腔壁连接,延长的内导体则插入到波导或谐振腔内部。

探针激励最典型的应用实例是同轴—波导转换接头,最简单的同轴—波导转换接头如图 2-46 所示,探针在波导内部形成一个辐射小天线,把同轴线输入的微波能量辐射到波导中,并在波导中建立起所需要的工作模式 TE_{10} 模。由于激励起的 TE_{10} 模可能在波导纵向两个方向传输,所以应在波导的一端用短路活塞将波反射,使其只能单向传播。探针在激励起 TE_{10} 模的同时,也会激励起其他高次模式,如果探针是由波导宽边中央插入,则根据奇偶禁戒规则,偶激励只能激励起电场对宽边中心面对称分布的偶模式,即 m 为奇数的所有 TE 模,如 TE_{10}、TE_{30}、TE_{50}、…以及其他所有 m 为奇数的、在宽边中心位置具有 E_y 电场分量的 TE_{mn} 模和 TM_{mn} 模。而不可能激励起 m 为偶数的模式。在波导尺寸满足

TE_{10}模单模传输条件时,所有高次模式只能在探针附近存在,一旦离开探针近区就会被截止而不能传播,仅剩 TE_{10}模能够传输。但是,如果探针偏离了波导宽边中心,就不再是对称激励,也就不再遵循奇偶禁戒规则,它就可能激励起矩形波导中在探针所在位置具有 E_y 电场分量的全部 TE_{mn}、TM_{mn}模,当然,除 TE_{10}模以外的高次模同样不可能在单模波导中得到传播。

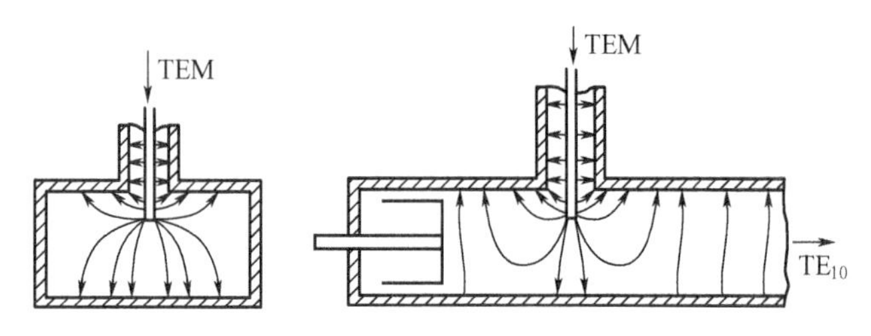

图 2-46 矩形波导中 TE_{10}模的探针激励

通过调节短路活塞位置和探针形状、探针插入位置和探针插入深度等,可使探针与波导之间达到良好匹配。但探针会导致电场的集中,降低波导或谐振腔的击穿强度,为了减小击穿可能性,可以把探针头加粗成椭球形,或在探针头上加一个小圆球。

图 2-47 给出了利用探针在圆波导中激励 TM_{01}模的示意图。由于 TM_{01}模在圆波导轴线上具有最强的纵向电场,因此将探针直接从圆波导中心轴线处插入,将优先激励起 TM_{01}模式。当然由于 TM_{01}模在圆波导中并不是最低模式,因此即使圆波导的尺寸选择得能截止 TM_{01}模以上的所有高次模式,使得这些模式在圆波导中都不能传播,但仍有 TE_{11}模是比 TM_{01}模更低次的模式,其结果是,不仅在探针附近能激励起圆波导中的大量高次模,而且 TE_{11}模还可以在圆波导中传播。但是由于 TM_{01}模具有与探针激励电场的主要成分相同方向的纵向电场而得到优先激励,而 TE_{11}模不具有纵向电场,因而激励起的场相对较弱。通过对结构进行匹配优化,比如对同轴线与圆波导的过渡采用外径逐渐扩大或阶梯变化的办法等,就可以改善激励探针与圆波导连接的匹配,进一步提高 TM_{01}模式的转换效率及模式纯度。图 2-48 是一个圆盘加载慢波线冷测模型的探针激励结构。当利用谐振法测试慢波线的色散特性时,要求将适当长度的慢波线两端短路构成谐振腔,然后一般用探针在谐振腔中激励起谐振腔的所有振荡模式场,测量腔体驻波系数(反射系数)的扫频曲线,曲线上出现的谐振峰就是腔体的各个谐振频率点,由此可以得到慢波线的色散特性。探针激励时探针插入位置和方向应尽可能与慢波线中某振荡模式的电场分量的方向及最大场强的位置一致。

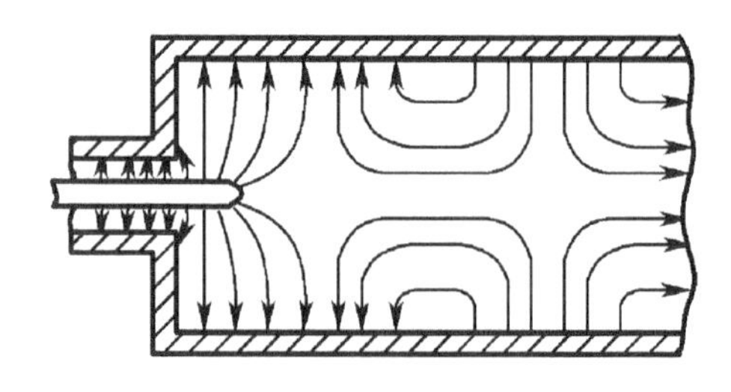

图 2-47 利用探针在圆波导中激励 TM_{01}模的示意图

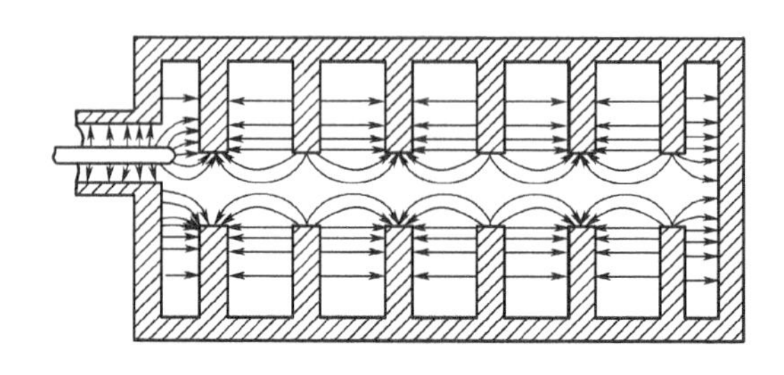

图 2-48 圆盘加载慢波线冷测谐振腔的探针激励

2. 耦合环激励(磁激励)

耦合环激励是将同轴线的内导体延长伸入波导或谐振腔内后弯成一个小圆环或半圆环,其端部与同轴线外导体焊接,同轴线外导体再与波导或谐振腔外壁连接固定而形成(图 2-49)。耦合环相当于一个环形小天线,当同轴线中 TEM 波的高频电流流过环形天线时,小环将激发出高频电磁场,该场的磁场将穿过小圆环并垂直于环面,即平行于环面法线方向,因此,这样的耦合环就会在波导或谐振腔中激励起在耦合环所在位置同样具有环面法线方向磁场的所有可能的模式,而且,如果耦合环处在某模式该方向磁场的最强处,则该模式将获得最强的激励。可见,耦合环激励是一种磁激励。

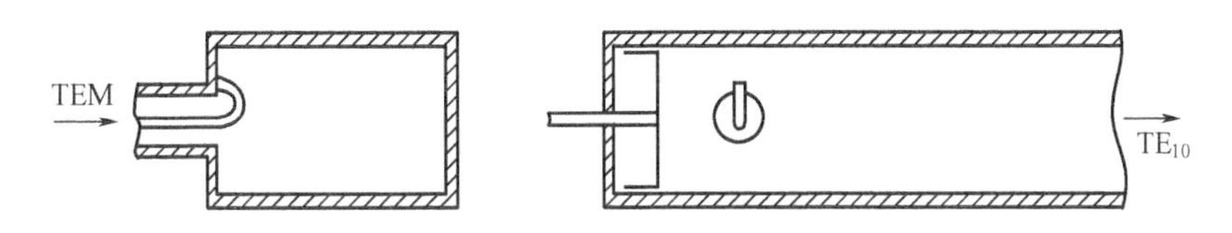

图 2-49　矩形波导中 TE_{10}模的耦合环激励

图 2-49 中耦合环从波导窄边插入,环平面与波导横截面平行,其法线为纵向,即 z 方向,则由于矩形波导中 TE_{10}模的 H_z 分量与耦合环法线平行,从而 TE_{10}模得到激励。当然,在耦合环附近,所有具有 H_z 分量的模式都可以被激励,但由于矩形波导尺寸的单模性,决定了除 TE_{10}模以外的模式都不可能得到传播。如果耦合环是在波导窄边的中心对称位置插入的,则还应考虑奇偶禁戒规则,即这时只能激励起磁场相对波导窄边中心对称平面偶对称的模式,n 为奇数的模式这时将成为“禁戒”模而不可能被激励。

耦合环从波导窄边插入时可以类似同轴—波导过渡接头中的探针激励一样,调节波导短路面与耦合环之间的距离,以及耦合环的大小来改善匹配。但耦合环的匹配比较困难,又很难做到强耦合,对频率变化十分敏感,因而较多应用于弱耦合的情况,比如谐振腔的激励。

3. 小孔激励(电磁激励)

通过开在波导与波导、波导与谐振腔、谐振腔与谐振腔之间公共壁上的孔、缝,就可以将在一方中存在的部分微波能量耦合到另一方中,或者说,就可以在另一方中激励起模式场,这是因为当壁上的孔、缝切断高频电流时,波导或谐振腔中的电磁场就会通过孔、缝向外辐射,从而在另一个波导或谐振腔中重新建立起电磁场。

孔、缝激励是一种既有电激励,又有磁激励的激励方式,孔、缝处的法向电场形成电激励,切向磁场形成磁激励。因此,在一般情况下,如果激励源在孔、缝所在位置既存在法向电场,又存在切向磁场的话,孔、缝就成为电磁混合激励形式;如果孔、缝所在位置激励源只存在一种场,则激励也就只会有一种形式。

小孔激励的基本理论将在 4.3 节讨论定向耦合器时进一步介绍。

第3章　单端口、两端口波导元件

从本章开始直到第7章，我们将分别介绍各种常用微波元件，包括其基本结构、工作原理和特点，以使读者建立起微波元件的概念和常识，为微波系统和微波工程的设计和应用奠定基础。一些曾经被广泛使用，随着微波测量自动化程度的提高，目前已很少使用的元件，如测量线等，将不再介绍。

3.1　概　述

任何微波系统都是由许多功能不同的微波元件和器件构成的。了解微波元件的结构、原理、性能和特点等对于正确构成微波系统，使系统达到预期功能是十分必要的。

微波元件的功能在于对微波功率和微波信号进行传输、交换和控制。因此根据具体功能的不同，微波元件主要分为：

(1) 连接元件，如直波导、弯波导、软波导、扭波导、过渡波导等。

(2) 终端元件，如匹配负载、短路活塞等。

(3) 阻抗变换元件，如阻抗变换器、调配器等。

(4) 功率分配与控制元件，如波导分支、衰减器、功率分配器、限幅器、定向耦合器、微波电桥等。

(5) 方向控制元件，如隔离器、微波开关、环形器等。

(6) 波形变换器，如转换接头、模式变换器、波形抑制器等。

(7) 相位控制元件，如移相器等。

(8) 频率变换与控制器，如滤波器、检波器、谐振器、混频器等。

(9) 微波测量元件，如测量线、选模定向耦合器、波数谱分析器等。

微波元件种类十分繁多，上面仅列举了一些常用的元件，其中(1)～(5)基本属于对微波功率进行传输和控制的元件，而(6)～(8)则是对微波信号进行变换与控制的元件，第(9)类元件则由于仅在一些特殊要求场合使用，因此本书将不涉及这一类元件，其中选模定向耦合器和波数谱分析器在作者的另一本专著《高功率微波测量》有详细的介绍。

微波元件可以有多种不同的分类方法，比如按传输线类型不同就可以分为波导元件、同轴元件、微带元件等，按元件端口多少又可分为一端口元件、二端口元件、三端口元件、四端口元件以及更多端口的元件等；根据元件是否含有需要电源供电工作的微波器件（现在一般都是指半导体器件），可以分为有源器件和无源器件；根据元件对微波信号或功率变换的性质还可以分为：

(1) 线性互易元件。我们通常使用的大多数微波元件都是线性互易元件，由于在这类元件中不包含有非线性物质和非互易（即各向异性）物质，因而满足线性变换和互易原理，即不会引起微波频率的变化或元件本身特性参数的改变，元件的入口端与出口端可以互换而不会产生性能的改变。常用的线性互易元件包括各种连接波导、衰减器、移相器、功率分配器、定向耦合器、阻抗变换器等。

（2）线性非互易元件。当元件中引入各向异性媒质如铁氧体时，元件虽然仍工作在线性变换范围，但已不具有互易性。常见的如隔离器、铁氧体环行器等就属于这类元件。

（3）非线性元件。检波器、混频器、变频器、电调衰减器等元件，能对微波进行非线性变换，从而引起微波频率的改变或能通过电磁控制以改变元件的特性参量，这类元件称为非线性元件。

与国内多数微波技术的著作一样，本书将只局限于讨论无源波导元件，而不包括有源微波组件。

为了叙述方便，本章首先将从最简单的波导元件——单端口和两端口元件入手，以后各章再讨论较复杂的多端口元件、非互易元件及非线性元件等。

3.2　连接元件与元件的连接

3.2.1　连接波导

为了在规定距离上，按所要求的走向和位置完成微波系统的连接，必须使用各种连接波导，连接波导的功能就是在系统需要延伸、转弯、扭转、偏移等情况下能把微波源与其他功能微波元件、功能元件相互之间、元件与负载连接成完整的波导系统。连接波导都是两端口元件，它只起连接作用，而不具有改变微波信号或功率传输特性的功能。对连接元件的要求是：电接触可靠，不产生反射，也没有微波能量的泄漏，要有宽的工作频带、低的损耗以及拆装方便等。

1. 直波导

最简单的连接波导就是各种不同长度的直波导，它由一定长度的均匀规则波导管、两端焊上波导法兰构成，如图3－1所示。

图3－1　直波导

2. 弯波导

如果波导的轴线不是直线而是折线或圆弧，则构成的元件的两个端口之间就有一个一定角度的转折，这就是弯波导。弯波导根据弯曲面的不同可分为E面弯波导和H面弯波导，若矩形波导的宽边弯曲而窄边仍保持为一个平面，就称为E面弯波导（见图3－2(a)），对应地，若窄边弯曲而宽边为平面，则称为H面弯波导（见图3－2(b)）；根据结构形式的不同，弯波导又可分为圆弧弯（见图3－2(a)、(b)）、截角弯（见图3－2(c)）、双折弯（见图3－2(d)）以及多折弯。一般来说，圆弧弯比折角弯的驻波系数小，频带宽，而且曲率半径越大效果越好；折角弯波导的折数越多性能越好。折角弯波导一般比圆弧弯波导体积小，正确设计的折角弯波导同样可以获得满意的驻波系数和频宽。最常见的弯波导都是弯曲90°,也有根据系统实际需要来确定弯曲度数的,但一般都不会超过90°。

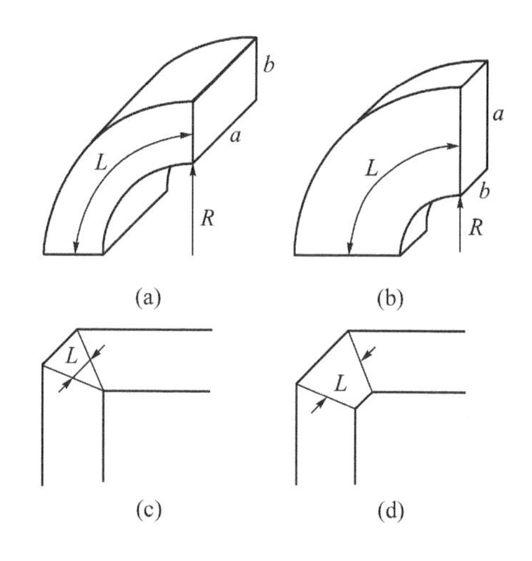

图3-2　弯波导

(a)圆弧E面弯波导;(b)圆弧H面弯波导;(c)截角弯波导;(d)双折弯波导。

对于圆弧弯波导来说,其内半径R应为$1.5b$(对E面弯波导而言)或者$1.5a$(对H面弯波导而言);其内半径的另一种设计原则是,内半径大于λ_g,中心轴线的长度L应为$n\lambda_g/2(n=1,2,\cdots)$,则在波导的整个工作带宽内驻波系数可以做到小于1.05。而对于折角弯波导而言,不论弯折多少度的波导,其折弯部分的轴线长度L应等于$(2n+1)\lambda_g/4(n=0,1,2,\cdots)$,其引入的驻波同样可小于1.05,但带宽只有$\pm(3\sim10)\%$,经过优化设计,可达到$\pm20\%$。

3. 扭波导

扭波导的作用是把TE_{10}波的极化方向扭转90°。扭波导也有两种,一种是光滑变化的扭波导,另一种是阶梯式变化的扭波导,如图3-3所示。对于光滑变化的扭波导,其波导最佳长度应为$n\lambda_g/2(n=1,2,\cdots)$,当$n\geq4$时,驻波系数可低于1.1;而阶梯式扭波导每个阶梯的长度应为$\lambda_g/4$,阶梯越多,即每一个阶梯扭转的角度越小,扭波导的性能越优良,正确设计的阶梯式扭波导同样可以获得很小的驻波,但带宽较窄。

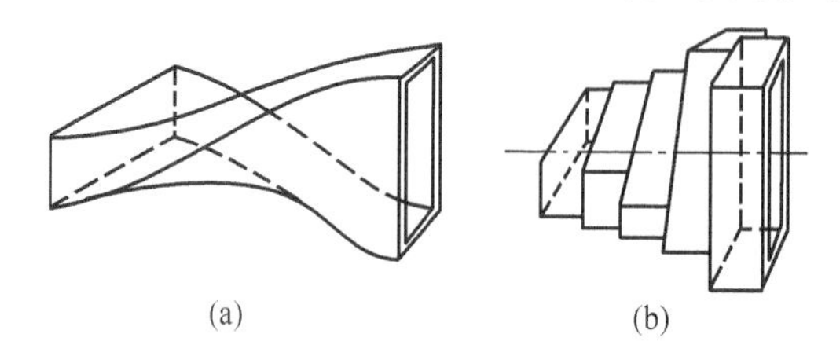

图3-3　扭波导

(a)光滑扭波导;(b)阶梯扭波导。

4. 软波导

软波导是一种具有一定弯曲、拉伸及扭转变形能力的波导。在实际微波系统中,从微波源到负载往往要使用许多不同类型、不同功能的波导元件连接,其中任何一个元件在长度或方向上的偏差,以及连接过程中本身不可避免的偏差,都可能导致系统无法连接,这时使用一段软波导就可以补偿这种偏差，达到系统正确连接的目的；有时，为了保护一些在受到应力或外力时易损的元件，如微波源的输出窗等，亦需要在系统中接入一段软波导来吸收系统连接时可能产生的应力或外力冲击，以避免易损元件的损坏。常见的软波导分波纹管式和互锁式两种（见图3-4）。

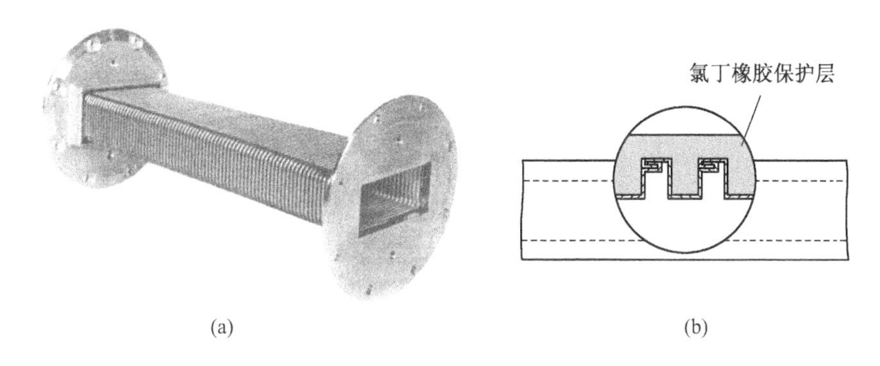

图3-4　软波导
(a) 波纹管式软波导；(b) 互锁式软波导。

软波导的内表面尺寸与标准波导尺寸相同，但由于表面积大大增加，因而微波损耗增加，但软波导的驻波系数可以达到1.1甚至更低。波纹管式软波导可变形程度要比同长度的互锁式软波导大得多，因而一般用在5cm波导及更小的波导尺寸情况下，而互锁式软波导多在10cm波导及更大的波导尺寸时应用，以取较长的长度来达到变形目的。

5. 过渡波导

过渡波导是指连接两段同类型但截面尺寸不同的传输线的波导，因为它起着将一种截面尺寸的波导过渡到另一种截面尺寸的波导的作用，所以称为过渡波导或过渡器。

当波导截面尺寸不同时，它的特性阻抗一般也就不同，当将它们连接起来时，就会引起因阻抗不匹配而产生反射。所以，过渡波导就应该是一个阻抗变换器，将一种阻抗变换成另一种阻抗，实现两段传输线的匹配连接，将反射降到最小。

对于常规的微波传输线来说，即使截面尺寸不同，但传播的都是基模，过渡波导中不会有高次模式的传播（尽管在不均匀性的附近区域会有高次模激励，但不能在过渡波导中传播），因此，过渡波导只起阻抗变换作用，而不存在模式变换的功能。关于阻抗变换器的原理，将在3.4节中进行介绍。

而对于高功率微波系统来说，由于采用的是过模波导，传输模式一般也是高次模式，而且波导系统中还允许其他大量高次模式传播。因此，这时的过渡波导，除了起阻抗变换的作用外，还会具有模式变换作用，这就要求我们在设计高功率微波过渡波导时，应抑制寄生模式的产生，保证工作模式尽可能高的传输效率，也就是尽量防止发生模式变换。实际上，对于弯波导来说也存在同样的问题，在高功率微波系统中弯波导甚至直接用作模式变换器使用。关于高功率微波系统中的过渡波导和弯波导，将在第5章论述高功率微波的传输时再讨论。

3.2.2　波导的连接

在把一个个波导元件连接起来构成微波系统时，元件之间的连接是靠法兰盘来实现的,每个波导元件总是在其每一个端口焊有法兰盘,以便与其他元件连接。法兰盘与波导管一样,制定有标准,否则元件之间无法互换连接,虽然不同国家的标准有所不同,但大体上正逐步趋于统一,少数国家的标准有不大的差别,可以通过特别的过渡接头来实现连接。

标准法兰一般有平面法兰、抗流(扼流)法兰和密封法兰三类。

1. 法兰类型

1)矩形波导法兰盘

我国国家标准规定的矩形波导法兰盘型号命名方式共由四部分组成:第一位是字母F,表示波导法兰盘;第二位分别用A、B、C、D、E来表示法兰盘的类型;第三位字母是法兰盘的结构特征,P代表既没有密封槽,也没有抗流槽的法兰盘,有时也称平板法兰盘,M代表有密封槽但没有抗流槽的法兰盘,E代表既有密封槽又有抗流槽的法兰盘;第四位是数字,表示与法兰盘相配的波导代号。如FBE100,就表示与BJ100波导相配的有密封槽和抗流槽的B型法兰盘,FDP32则表示与BJ32波导配用的D型平板法兰盘。

随着毫米波技术的迅猛发展,我国在毫米波波段目前普遍采用了美国的UG383/U系列的波导法兰盘,并命名为FUGP型号。

图3-5给出了所有类型的矩形波导法兰盘的形状及适用波导型号。为了便于法兰盘之间连接时波导口对波导口的正确对准定位,A、D、E型法兰盘上都安排有定位孔,连接时在定位孔中插入定位销进行定位,但定位销并不固定在法兰盘上,只在法兰连接时才使用;FUGP法兰盘有四个定位孔,其中相对的两个孔安装有固定的定位销,另两个相对的定位孔则在法兰盘连接时插入被连接元件法兰盘上的固定定位销;而C型法兰盘则在两侧开有键槽,在紧固用的定位螺套上则安有相应的键,以达到定位的目的。

除了C型法兰盘外,其余各类法兰盘都利用螺钉将被连接的波导元件的法兰盘紧固连接,不同的只是A、B、D、E型采用螺钉、螺帽配合紧固,而FUGP法兰盘只用螺钉,在法兰盘上有螺纹孔,不再需要螺帽;C型法兰盘则由与法兰盘配套的套在法兰盘上的专用的螺套和螺母紧固连接。

2)圆波导法兰盘

圆波导法兰盘的命名方式与矩形波导类似,即第一位字母F表示波导法兰盘;第二位字母表示法兰盘类型,R代表固定型法兰盘,即具有固定角向位置的定位孔的法兰盘,定位孔同时也起到了保证被连接的两个波导对中的作用;S代表旋转型法兰盘,具有固定圆心对中的定位凹槽,与之连接的另一个法兰盘具有对应的凸台,因而一个波导的凸台嵌入另一个波导的凹槽时,保证了两个波导的对中,但相互可以旋转,最后用螺钉固定;第三位字母表示法兰盘的结构特征,M代表具有密封槽,但没有抗流槽的法兰盘,P代表既没有密封槽,也没有抗流槽的法兰盘;第四位是数字,表示与法兰盘相配的圆波导型号。比如FSP 120,表示没有密封槽和抗流槽的旋转型法兰盘,与BY120圆波导相配使用。

图3-6给出了各种型号的圆波导法兰盘的结构图。

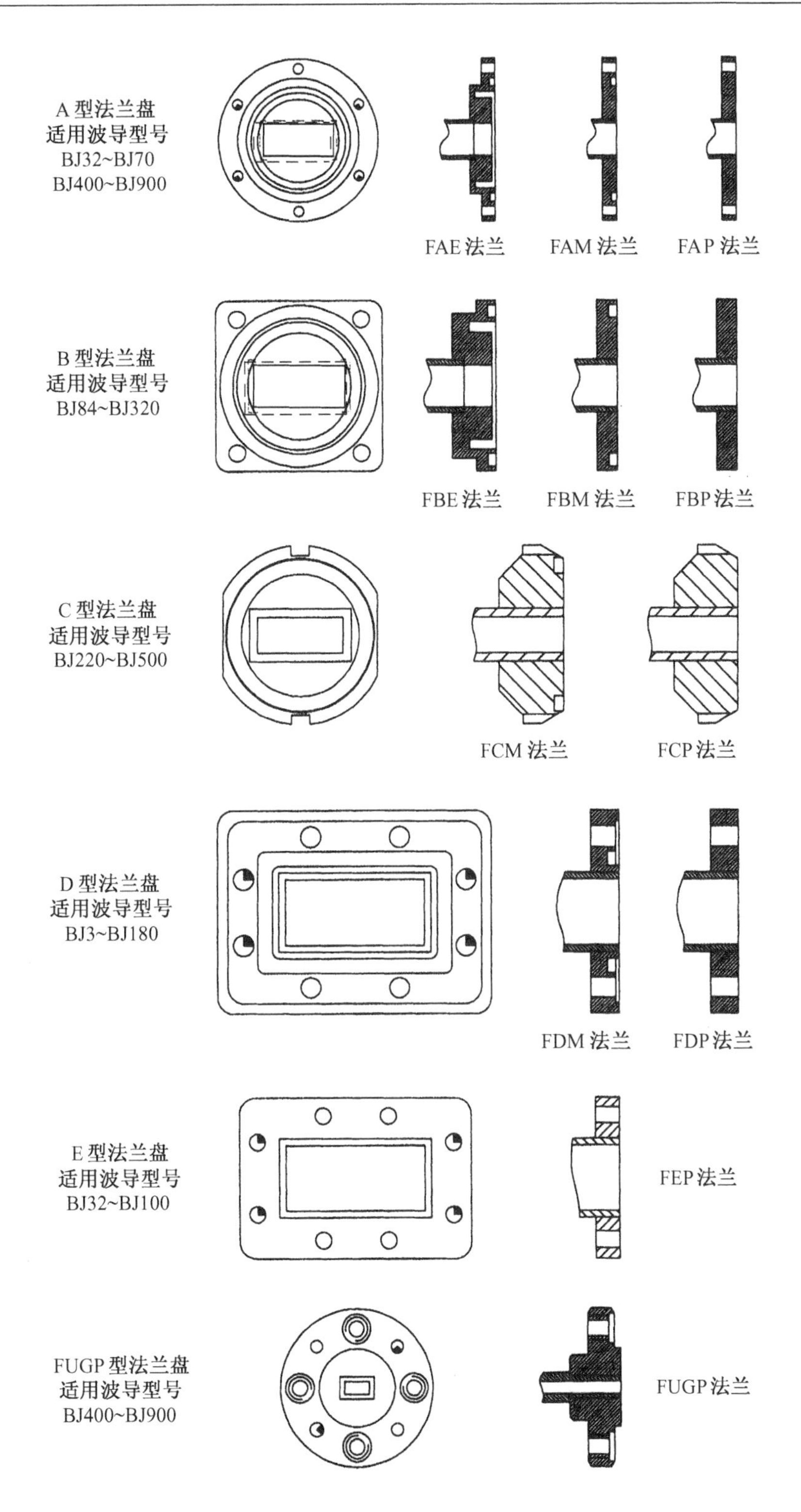

图3-5 矩形波导法兰盘的类型

（此图源自西安恒达微波集团“微波与毫米波”第六版）

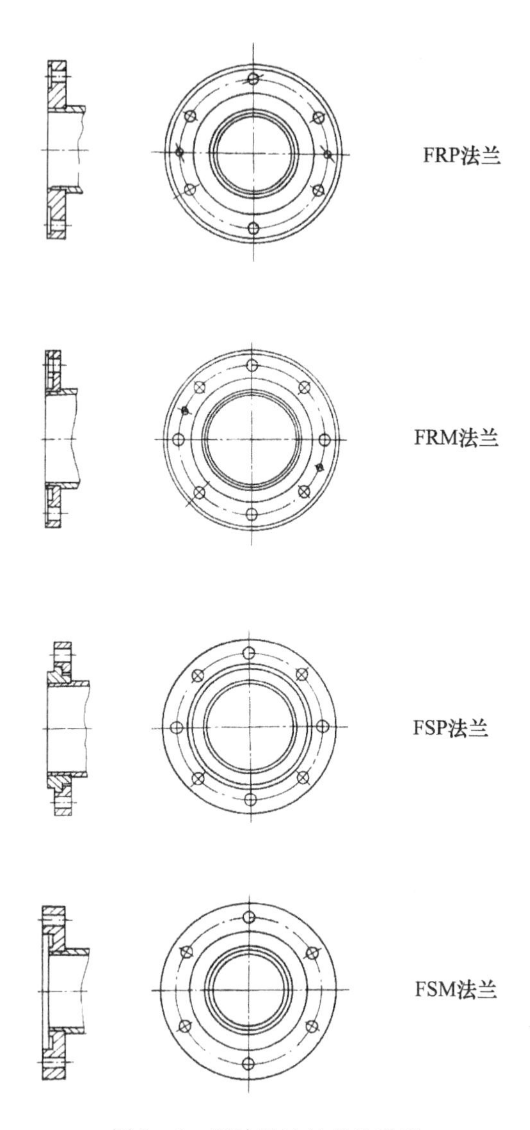

图3-6　圆波导法兰盘的类型

2. 平板法兰与密封法兰

平板法兰是指法兰连接时的接触面是平面的法兰,而密封法兰则是指在接触面上开有专门的槽并在槽内嵌入橡皮密封圈而形成的法兰,密封法兰与平板法兰配合连接时,平板法兰紧压橡皮圈直到两个法兰的金属面接触,从而起到既保证了波导之间的良好电接触又保证了系统的密封作用。在微波系统需要内部充压缩空气或六氟化硫(SF_6)等气体以提高击穿强度时,或者波导系统需抽低真空时,就需要用密封法兰。

法兰盘的接触面应该光洁、平整以保证良好的接触,一般要求表面粗糙度应达到3.2~0.8μm,不平度应小于0.05~0.02mm。法兰盘尺寸越小,要求的表面粗糙度越低,平直度越高。

3. 抗流法兰

为了降低对法兰连接面的加工要求而仍然能保证良好的高频电接触,甚至在需要避免直接的机械接触(例如要求两个法兰盘之间直流绝缘)时仍不影响微波的传输,可以采用抗流法兰。抗流法兰由在波导法兰平面上围绕波导口周围挖一条圆环形槽,并使由槽所包围的法兰平面比槽外围的法兰平面略低而形成,抗流法兰应与平板法兰配合使用,一个抗流法兰与一个平板法兰组合使用时的结构与等效电路如图 3-7 所示。

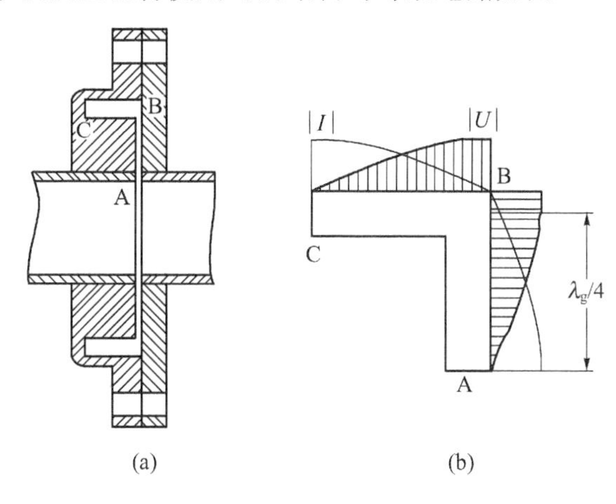

图 3-7　抗流法兰

(a) 结构;(b) 等效电路。

抗流法兰实际上可以看成是一段 $\lambda_g/4$ 波长的短路同轴线 BC 和一段 $\lambda_g/4$ 波长的径向线 AB 的合成。这样,根据 1.4 节传输线工作状态的分析可以知道,对高频电压来说,C 点是波节点,B 点则是波腹点,而到 A 点又成为波节点。而对高频电流来说刚好相反,C 点是电流波腹点,由于 C 点本身是整个金属体,就不存在接触好坏的问题;而到 B 点成为电流波节点,又正好是两个法兰的接触点,因而 B 点的接触好坏对高频电流几乎没有影响,因为在这里,从理论上来说本来电流就等于零;到 A 点又成为电流波腹点,也就是说 A 点又等效成短路,尽管在这里两个法兰完全没有接触,但不影响其输入阻抗 U/I 趋于零,从而有效地保证了被连接波导的良好电接触。

既然 B 点是电流波节点,在这里,两个法兰盘的接触好坏不会影响波导中电磁波的传输,因而在必要时,可以在两个法兰盘之间垫一薄层绝缘介质,构成波导的绝缘连接或隔直流连接,只是要注意这时法兰盘之间的固定螺钉必须用绝缘的介质螺钉。

抗流法兰的优点是电接触可靠,没有辐射,没有额外的功率损耗,法兰连接时两个波导口不大的错位和法兰表面不平、不干净等对连接性能影响不大。抗流法兰的主要缺点是频带相对较窄,法兰的体积较大,因而一般在小尺寸波导法兰中使用较多,10cm 或 10cm 以上波导很少使用抗流法兰。

抗流结构可以实现无接触连接,也可以用来防止微波功率的泄漏,因而还被广泛应用于诸如抗流活塞的有效短路、微波炉炉门和微波暗室门的防泄漏等场合。图 3-8 给出了一种微波炉炉门的防泄漏抗流结构,图中由 ab-cd 与 cd-ef 组成两段均为四分之一波导波长的平板传输线,在 a、b 两点形成短路,经过两个四分之一波长,到 e、f 两点又成为短路。尽管 e、f 两

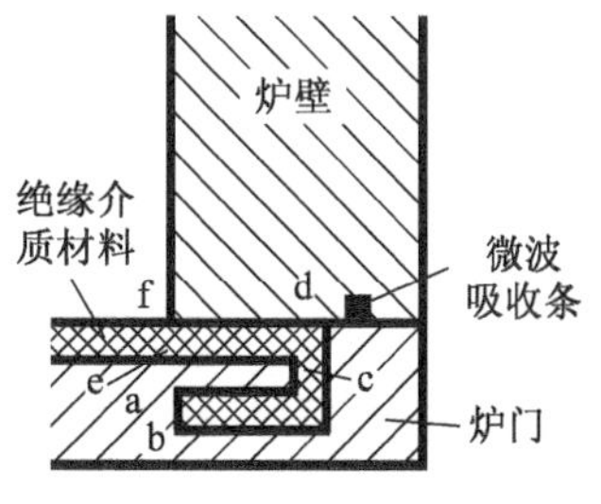

图 3-8　微波炉炉门的一种抗流结构

点并没有直径接触,中间还有绝缘介质材料隔开,但对微波来说,e、f 两点是短路的,因而微波不可能从这里泄漏出去;而炉门与炉壁间实际的接触点 d 点,由于 c、d 间是开路点,没有高频电流流过,因而大大降低了对它们的接触要求。为了更可靠地防止微波泄漏,在炉壁上还可以嵌入一条微波吸收材料,以吸收沿炉门与炉壁之间可能存在的泄漏微波。

3.2.3 同轴线的连接

在2.3节中已经介绍过,同轴线有硬同轴线与软同轴线之分,正因为此,同轴线连接成系统时不再需要如波导一样制作专门的弯波导、扭波导、软波导等,同轴电缆即软同轴线即可以胜任这些功能。在极少数场合下,也有使用硬同轴线的同轴弯头的情况。

由于同轴线也是有国家统一标准的,因而把同轴元件连接成系统时,它们所用的接头也必须有统一标准,否则无法互换。由于同轴线的粗细可以不同(因而可以传输的功率容量不同),特性阻抗不同(最常见的是50Ω,其次是75Ω)以及工作频率范围不同,因而同轴接头的标准也很多,但最常用的是 N 接头(工作频率可至18GHz)、L16 接头(工作频率范围与 N 接头相同)、SMA 接头(工作频率可达24GHz)及 Q9 接头。工作在更高频率范围的同轴接头往往以外导体内径大小来分类,比如1mm 接头可工作至110GHz,1.85mm 接头可工作至70GHz,2.4mm 接头可工作至50GHz,2.92mm 接头可工作至40GHz,3.5mm 接头可工作至34GHz 等。每一种同轴接头又分为插头(或称阳接头,以字母 J 为代号)和插座(或称阴接头,以字母 K 为代号),它们相互配合才能把同轴元件连接起来。

N 型和 L16 同轴接头在低功率至中功率微波及更低频率的电磁波传输中被广泛应用。图3-9给出了 N 接头的结构图,L16 接头的结构与 N 接头基本一致,它们的内、外导体的标称尺寸都分别为 $\phi3.04$ 与 $\phi7.00$,它们之间最主要的差别是连接螺纹,N 接头用的是英制 5/8″-24 螺纹,而 L16 接头用的是公制 M16×1 螺纹。

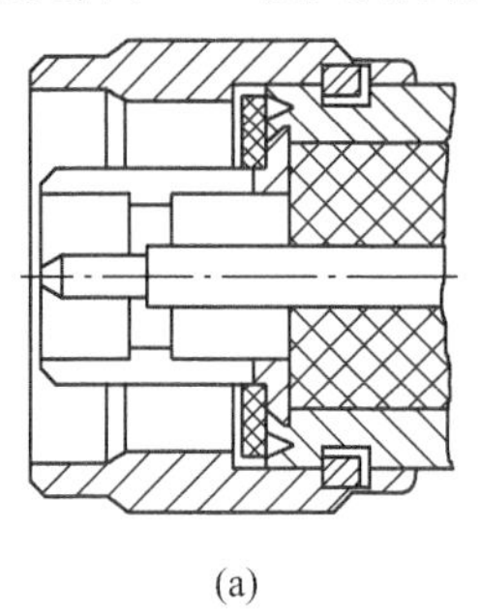

(a)

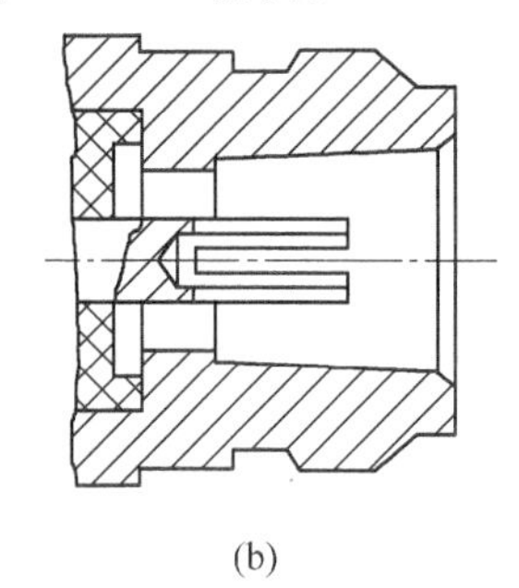

(b)

图3-9 N接头
(a) 插头;(b) 插座。

SMA 型同轴接头尺寸较小,可供工作在更高的微波频率,性能要求更高的无线电设备、仪器和微波系统连接使用,其内、外导体直径分别为 $\phi1.27$ 与 $\phi4.178$(均为有填充介质聚四氟乙烯时的尺寸),其结构如图3-10所示。

Q9 型同轴接头一般用在较低频率(0~4GHz)的无线电设备和测试仪表与同轴射频电缆的连接,典型的例子为被调制微波或脉冲微波被检波后的低频信号传输,所以人们习惯上称 Q9 接头为视频接头,其结构图如图3-11所示。现在在微波工程领域还广泛使用一种 BNC(Bayonet Nut Connector 或 British Naval Connector)接头,BNC 接头与 Q9 接头基本一致，但在接口尺寸上有微小差别，BNC 采用英制标准，内导体较细，Q9 采用国际标准，内导体较粗。两者总体是一样的，可以互相替换使用，但是替换时间长了会引起损坏，所以最好还是不要混合使用。国内使用 Q9 接头比较多，而 BNC 接头是国际标准，现在国内使用 BNC 接头的设备也越来越多。Q9 接头和 BNC 接头采用卡口连接，所以可以方便地快速进行连接和分离，它们改变成螺纹连接后则称为 L9 接头和 TNC(Thread Neill - Concelman)接头。BNC 和 TNC 接头的外导体内径为 6.5mm，BNC 接头适用频率 0 ~ 4GHz，TNC 接头适用频率 0 ~ 11GHz。50Ω 的这一类接头适用于传输功率，75Ω 的这一类接头适用于传输信号。

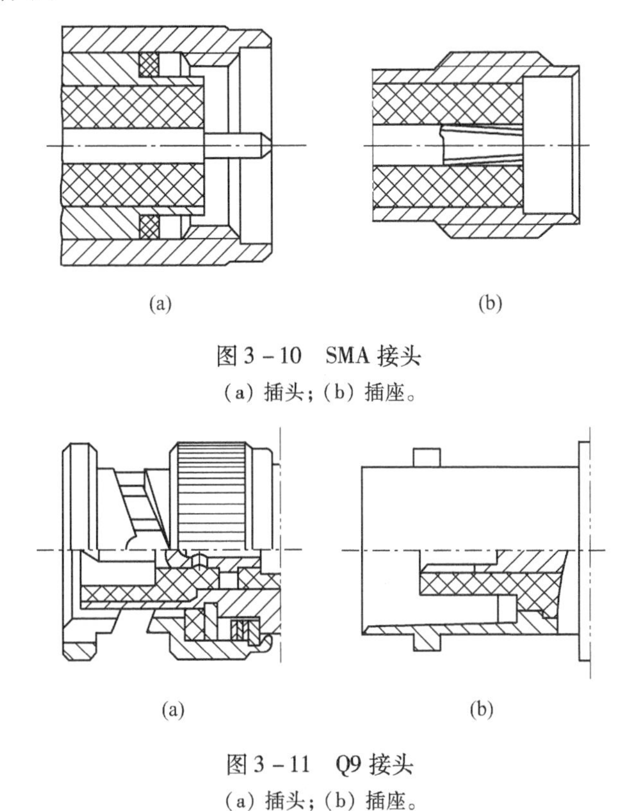

图 3 - 10　SMA 接头
(a) 插头；(b) 插座。

图 3 - 11　Q9 接头
(a) 插头；(b) 插座。

3.3　终端元件——匹配负载与短路活塞

匹配负载和短路活塞在微波系统中总是作为整个系统或某个元件的一些端口的终端元件使用，因而它们都是单端口元件。匹配负载的功能在于最大限度地吸收系统中或元件中流向连接有匹配负载的端口的微波功率而不产生明显的反射，我们在 1.5 节中已对负载与传输线匹配的作用进行了详细讨论；而短路活塞的作用则在于或者使其前端的元件如检波器、波导—同轴转换器(过渡接头)等实现与系统的匹配连接，或者使与之连接的元件如分支波导、魔 T 等成为可调功分器、双工器、调配器等具有特定功能的元件。短路活塞在很多场合下也在谐振器中作为调谐元件使用，只是这时它一般在结构上作为谐振器的一部分，已直接组合在一起，而不再成为一个单独的元件。

3.3.1 匹配负载

匹配负载应能无反射地吸收入射到负载上的全部微波功率,因此在传输系统中需要建立纯行波状态时,以及进行微波功率测量时,就要用到匹配负载。

1. 小功率匹配负载

在微波测量系统中广泛地使用小功率匹配负载以保证测量的正确可靠。图3-12所示的是典型的矩形波导TE_{10}波的小功率匹配负载,它是一片尖劈形的吸收片,放置于TE_{10}波电场最强的波导宽边中心并平行于窄边,亦即平行于电力线。

吸收片通常由胶木、纤维板、玻璃纤维板和有机玻璃等制成,在其表面涂刷一层碳粉胶液薄膜或以真空镀膜方法镀一层金属电阻膜(钛、钽-铌或镍-铬合金),膜的厚度取决于匹配吸收微波所要求的表面电阻率,一般为几十到几百欧/□(□为单位正方形,与边长无关)。为了得到良好匹配,吸收片做成斜劈状,且斜劈部分的轴向长度应为$n \cdot \lambda_g/2$。由于斜劈的尺寸改变缓慢,反射很小,所以这种匹配负载可以在宽频带内得到良好的匹配,在整个波导工作频带内做到驻波小于1.05,在10%~15%的频带内更可小于1.01。

有时为了增加匹配负载的功率容量,或者进一步改善宽带匹配性能,也可以在波导内放置3个尖劈吸收片,而且两侧吸收片的长度一般比中央吸收片略短。

在微波测量中也常用到小功率的同轴线匹配负载,这种小功率同轴匹配负载,一般是由内外导体之间连接一个盘形电阻组成,电阻阻值与同轴线的特性阻抗相等。

2. 中功率匹配负载

小功率匹配负载能吸收的微波功率一般只在毫瓦、微瓦量级,功率稍大即可能把吸收薄膜或电阻烧毁。即使采用了功率容量大一些的固体吸收体,能承受的功率也只能达到瓦级。

波导型中功率匹配负载可以吸收数十瓦甚至数百瓦的微波功率,它们一般采用体积较大的固体吸收材料作为微波吸收体,吸收体形状同样做成尖劈状,只是不再是一个薄片,而是填充整个波导(见图3-13)。为了提高负载的功率容量,往往在负载的波导外壁增加散热片甚至加水套通水冷却。常用的固体吸收材料有吸收陶瓷(碳化硅、氮化硼)和羟基氧化铁(FeO·OH)。

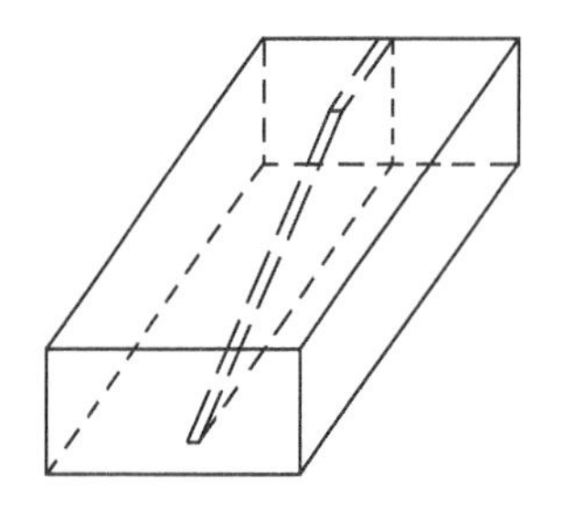

图3-12 小功率匹配负载

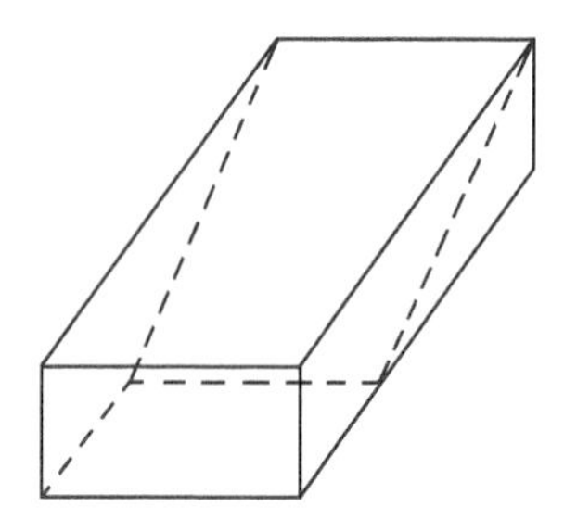

图3-13 中功率匹配负载

同轴线系统用的中功率匹配负载是在同轴线的内外导体之间放入凹圆锥形吸收体或阶梯形吸收体构成的,如图3-14所示。吸收体可以是石墨和水泥混合物、损耗陶瓷等,而同轴线的外导体一般直接与散热片相连。这样的同轴型匹配负载可以承受数瓦甚至数十瓦的功率，尺寸大的同轴负载也可以做到百瓦级功率容量。

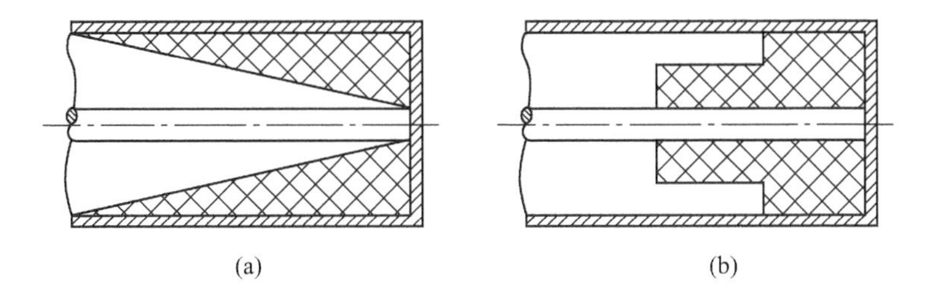

图3－14　同轴线中功率匹配负载
(a) 凹圆锥形；(b) 阶梯形。

3. 大功率匹配负载

吸收更大功率的(几百瓦至几十千瓦)微波应采用水负载。水负载利用流动的水作为微波的吸收体，由于水是微波的很好的吸收物质，能强烈地吸收微波，原则上来说，只要水流量足够大，它能吸收的功率几乎是无限制的。

水负载可以做成吸收式的——水直接放在波导内部的水室内流动并吸收微波，也可以做成辐射式的——微波通过波导端口辐射并被覆盖在端口上的水室中流动的水吸收。吸收式水负载的水室可做成圆锥体、斜插水管或斜劈式(见图3－15(a)、(b)、(c))，对于圆锥体和斜劈式，要求斜面(锥面)长度为 $\lambda_g/2$ 的整倍数；而对于斜插水管式，要求水管与波导壁的夹角为10°左右，这时可以得到较好的匹配，驻波比可以做到1.05～1.20。吸收式水负载的水室的外壁一般用玻璃、石英或玻璃钢等微波透过性好而微波损耗小的介质材料做成。

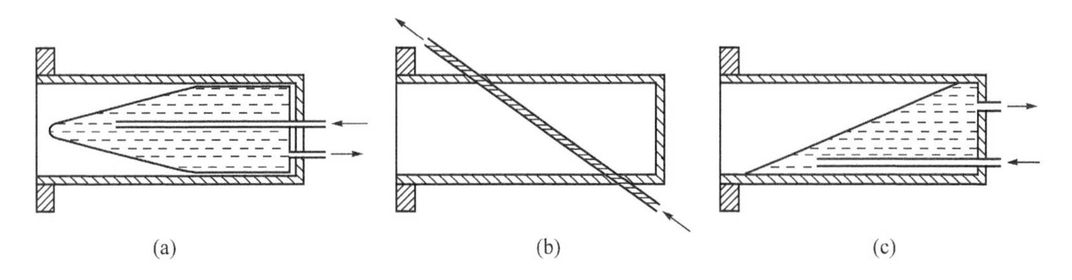

图3－15　吸收式水负载
(a) 圆锥体式；(b) 斜插水管式；(c) 斜劈式。

而辐射式水负载(见图3－16)，由于既不必要用介质材料直接做成水室(如圆锥体式、斜插水管式)，也不必要把介质板与波导黏结(如斜劈式)，它只需把介质片(如聚四氟乙烯或陶瓷片)用橡皮圈压紧在波导端口的斜面法兰上就可以形成水室，既无玻璃易破碎之虑，也不再有介质板与波导壁黏结不牢引起漏水之忧。一般介质片相对矩形波导轴线的倾斜角度为22.5°左右。

4. 水负载在功率测量中的应用

微波功率不能直接测量，常规对连续波或连续脉冲微波功率测量时，都必须借助专门的吸收微波功率的负载,通常称为功率探头,利用探头在吸收微波功率后产生的电或热效应,转换成电压、电流、温度等可测量的物理量,然后检测这些可测物理量,换算出微波功率。

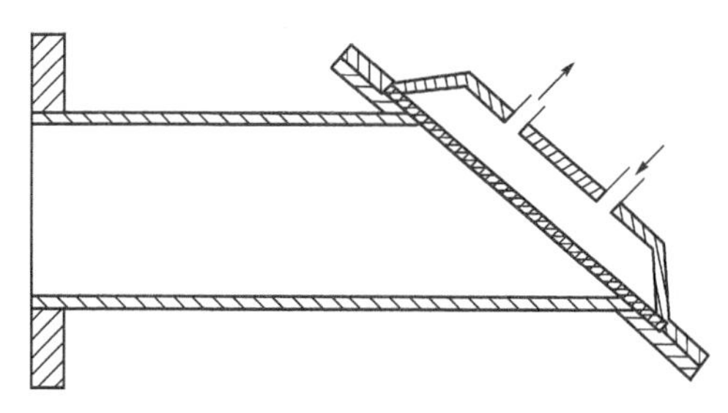

图3－16 辐射式水负载

微波小功率(连续波功率或平均功率≤10mW)的测量一般用热敏电阻或热电偶薄膜作为测量探头,而微波大功率(连续波功率或平均功率≥1W)的测量则绝大多数利用水负载作为测量探头。图3－17给出了常用的微波大功率计测量原理图,根据流过水负载的水量和吸收微波后水的温升,就可以很方便地计算出它所吸收的微波功率的大小。

$$P = 4.184C\rho V\Delta T \tag{3.1}$$

式中,C为水的比热,$C=1\text{cal}/(\text{g}\cdot℃)$;$\rho$为水的密度,$\rho=1\text{g/cm}^3$;$V$为水的流量($\text{cm}^3/\text{s}$);$\Delta T$为水的温升(℃);系数4.184是热功当量的大小,即1cal/s＝4.184W。可见,根据式(3.1),只需测量出V与ΔT就可以算出微波功率P了。

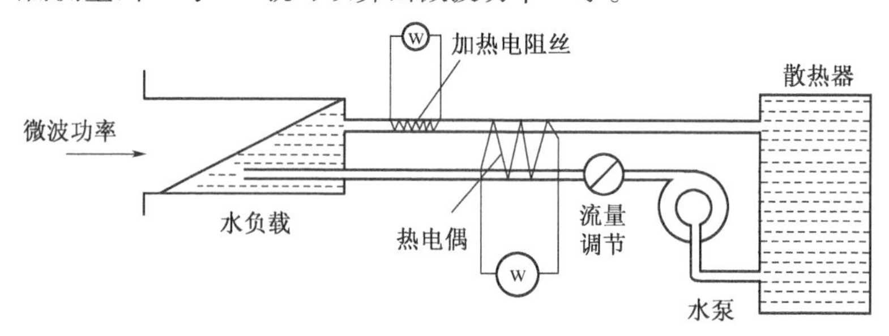

图3－17 微波大功率计测量原理图

利用微波大功率计进行测量时,为了避免测量温升ΔT和水流量V带来的误差,往往采用替代法,即利用热电偶将ΔT直接转换成温差电势输出,而利用加热电阻丝对V进行校准。方法是,在水负载还没有微波进入时,先用加热电阻替代微波对水加热,加热功率可以通过电流和电压值精确测量,这时,水的升温将引起热电偶输出,输出指示直接标成微波功率大小,调节水的流量,使微波功率指示值与电阻丝加热功率指示值一致,即完成了功率指示的校准。这时就可以去掉加热功率进行微波功率测量了,测量时水的流量保持不变,不再调节,被测微波功率大小直接在表上读出。

3.3.2 短路活塞

在很多波导或同轴线元件和系统中,比如分支波导阻抗变换器中,谐振式波长计中,往往要用到可以移动的短路面,称之为短路活塞或可移动短路器。短路活塞也常常用来调节变换元件如同轴—波导过渡、波导型检波器等的匹配性能。

对短路活塞的主要要求应该是：① 保证接触处的损耗小，其反射系数应尽可能接近1；② 当活塞沿线移动时，损耗变化要小，并且损耗不应随时间而变化；③ 在大功率运行时，防止活塞与波导或同轴线导体壁之间打火。用于微波测量的定标短路活塞，应附有具有精密刻度的游标尺或螺旋测微计。

短路器的输入阻抗由式(1.94)给出，即

$$Z_{in} = jZ_c \tan\left(\frac{2\pi l}{\lambda_g}\right) \tag{3.2}$$

式中，Z_c 为波导或同轴线的特性阻抗；l 为短路面到计算输入阻抗的参考面之间的距离；λ_g 为波导波长。短路活塞的作用实际上就是利用改变短路线的长度 l 来改变传输线上某一位置的输入阻抗 Z_{in}的大小，而短路器在参考面（输入端）上观察到的反射系数为（见式(1.77)，注意此时在式中 $\Gamma_L = -1, \beta = 2\pi/\lambda_g$）

$$\Gamma = -e^{-j\frac{4\pi l}{\lambda_g}} \tag{3.3}$$

可见，短路活塞的输入端反射系数的模等于1。

短路活塞可分为接触式和抗流式两种结构形式。

1. 接触式短路活塞

在接触式短路活塞中为了使活塞与波导或同轴线的内壁接触良好又能平滑移动，一般采用富有弹性的磷青铜或铍青铜做成薄弹簧片与传输线内壁直接接触，弹簧片固定在短路活塞上，而真正短路面即活塞表面并不直接与内壁接触，弹簧片的长度等于 $\lambda_g/4$（见图3-18）。这是因为由于短路面是电压波节和电流波腹点，有很大的高频电流流过，如果接触点就在短路面上，就将引起很大损耗，而且容易引起打火。因而希望把短路面与实际的机械接触点分开，由于弹簧片的接触点离短路面有 $\lambda_g/4$ 距离，使其刚好处在电流波节点，避免了高频大电流的流过，损耗就很小，亦不易打火。

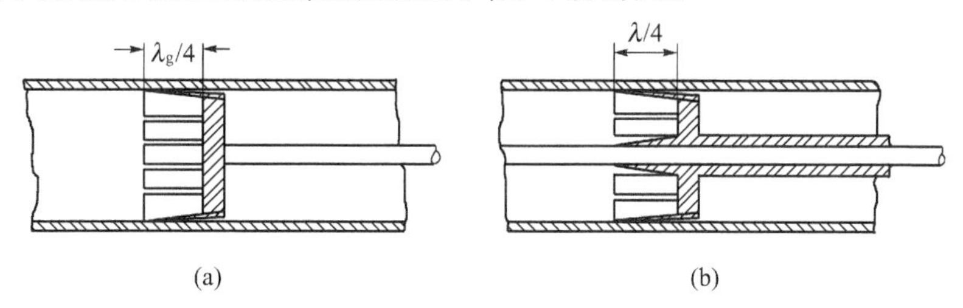

图3-18　接触式短路活塞

（a）波导型；（b）同轴线型。

接触式短路活塞要求弹簧片与传输线内壁良好接触，但又不能影响移动，一般可以做到大于50的驻波系数。其缺点是移动时接触不稳定，弹簧片会逐渐被磨损，大功率工作时易发生打火等，因而现在已很少采用。

2. 抗流式活塞

抗流式活塞与抗流法兰原理一样，是利用四分之一波长阻抗变换原理做成的一种无接触的短路器。

1）简单型抗流活塞

最简单的抗流活塞结构及其等效电路示于图3－19。在同轴线中(图3－19(b))，内壁与活塞之间的空隙可以认为是一段特殊的同轴线，两段各为四分之一波长长度的线段的特性阻抗分别为Z_{c1}和Z_{c2}。活塞与同轴线的真正接触点假设存在接触电阻R，则根据式(1.75)，当传输线的长度$l=\lambda_g/4$时，在c、d点的输入阻抗成为

$$(Z_{in})_{cd}=\frac{Z_{c2}^2}{R} \tag{3.4}$$

而到a、b点的输入阻抗就等于

$$(Z_{in})_{ab}=\frac{Z_{c1}^2}{(Z_{in})_{cd}}=\left(\frac{Z_{c1}}{Z_{c2}}\right)^2 R \tag{3.5}$$

式(3.4)和式(3.5)也就是四分之一波长阻抗变换器的变换公式(见3.4节式(3.8))。

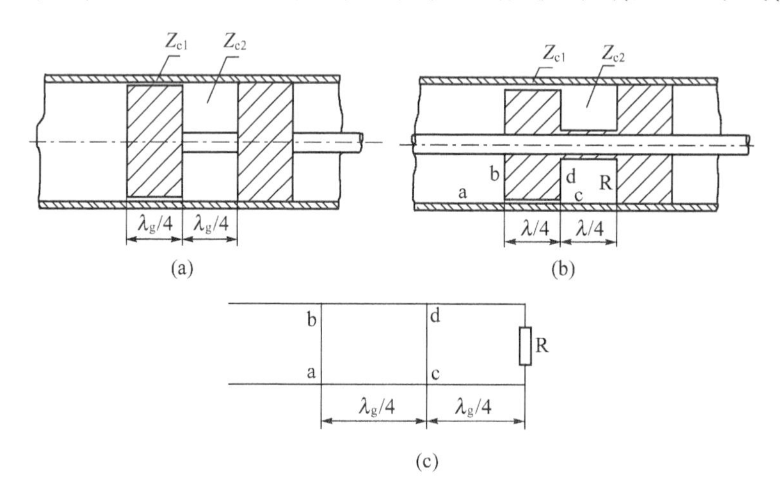

图3－19　简单型抗流活塞

(a) 波导型；(b) 同轴线型；(c) 等效电路。

根据同轴线特性阻抗表达式(2.178)，显然Z_{c1}段的b/a远小于Z_{c2}段的b/a，所以$Z_{c1}\ll Z_{c2}$，因此$(Z_{in})_{ab}$将远比R小，表明抗流活塞“改善”了活塞与传输线的有效接触。对于波导型抗流活塞，由于活塞与波导一起也构成了一段特殊的矩形同轴结构，因而可以得到类似的结论。

2）“山”字形抗流活塞

简单型抗流活塞的优点是损耗小，但缺点是活塞太长，为了减小长度，人们将其改成“山”字形(见图3－20)。在这种活塞中，短路面f、g经过四分之一波长段变换到达c、e时变成开路，阻抗成为无穷大，在这里存在接触电阻R，但并不会改变c、e两点间阻抗无穷大的性质，或者说在这里本来就没有高频电流流过，R不会引起额外的损耗，在再次经过四分之一波长段变换后，在a、b两点又形成短路，从而得到良好的高频电接触。可见，在这种短路活塞中，接触电阻R对活塞的高频损耗的影响可以减少到最小，利用这种短路活塞，可以得到100以上的驻波系数。

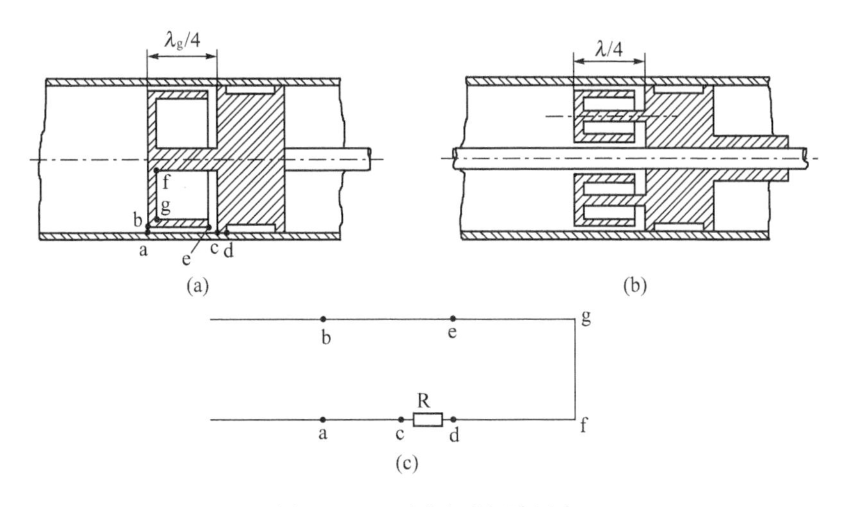

图 3 - 20　“山”字形短路活塞

(a) 波导型；(b) 同轴型；(c) 等效电路。

3) “S”形抗流活塞

“S”形活塞或称“曲折”型活塞在同轴线中得到了广泛应用，其结构及其等效电路如图 3 - 21 所示。

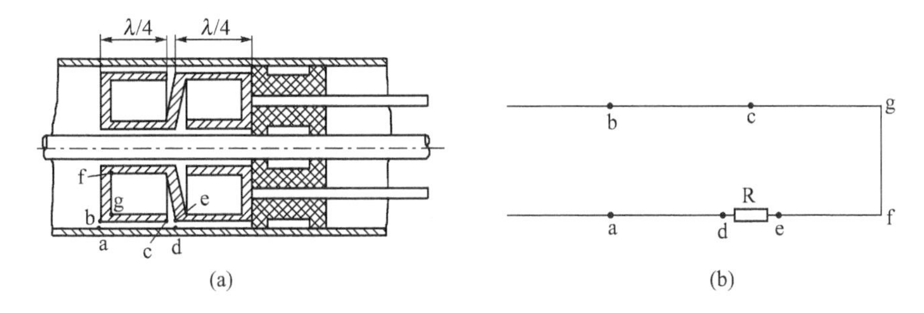

图 3 - 21　“S”形短路活塞

(a) 结构；(b) 等效电路。

在等效电路中，a、b、c、d 部分是活塞外侧与同轴线外导体内壁组成的一段四分之一波长同轴线，而 c、e、f、g 则是由活塞内部空腔本身构成的四分之一波长同轴线，两段传输线之间串接有损耗电阻 R，它代表微波从 d、e 之间的缝隙可能存在的泄漏引起的损耗。与“山”字形活塞的分析一样，显然，由于 g、f 的短路，经过两次四分之一波长段的变换，到 a、b 两点再次形成短路，这正是短路活塞所要求的。至于活塞与同轴线内导体之间的有效短路，则可以由“S”形活塞的另外一半，即图中右边的一半来完成。

“S”形活塞的最大优点是活塞与同轴线内、外导体之间完全不存在金属接触，这一特点使它在当同轴线内外导体之间要求有直流隔离时特别有用。为了保证活塞做到既不与同轴线内外导体接触又能顺利滑动，可以利用介质滑块来固定活塞在同轴线中的位置，介质滑块的存在并不会影响活塞的高频特性。

抗流活塞由于短路面上无机械接触，磨损小，使用寿命长，大功率应用时也不易打火而获得广泛应用，其缺点是特性与工作波长有关，因而工作频带较窄，通常在 10% ~15% 的频率范围内抗流活塞能具有优良性能。

3.4 阻抗变换元件——阻抗变换器

当两段微波传输线尺寸不同时,或者填充介质不同时,它们的特性阻抗也就不同,这时若把它们直接连接,由于阻抗不匹配,在连接处就会产生反射。为了消除反射,达到匹配连接,可以在它们中间接入一个阻抗变换元件,阻抗变换元件习惯上称为阻抗变换器。连接两段截面尺寸不同的波导的阻抗变换器,也往往称为过渡波导。

阻抗变换器除了可以连接两段具有不同特性阻抗的传输线外,也可以用于元件和元件之间,或系统和负载之间的连接,只要它们连接时存在不匹配,就可以通过阻抗变换器实现匹配连接。在这些应用场合下,尤其是在系统和负载连接时,所用的阻抗变换元件更多地称为调配器。

3.4.1 阻抗变换器的基本原理

1. 单节阻抗变换器

阻抗变换器最基本的方式是基于四分之一波长传输线的输入阻抗的特点而实现的。在式(1.75)中,已得到传输线上任一点的输入阻抗为

$$Z_{\text{in}} = Z_{\text{c}}\frac{Z_{\text{L}} + \text{j}Z_{\text{c}}\tan\beta l}{Z_{\text{c}} + \text{j}Z_{\text{L}}\tan\beta l} \tag{3.6}$$

当传输线长度等于四分之一波导波长且负载阻抗 Z_{L} 为纯电阻时,$\tan\beta l = \infty$,则

$$Z_{\text{in}} = \frac{Z_{\text{c}}^2}{Z_{\text{L}}} \tag{3.7}$$

若将这样一段长 $\lambda_{\text{g}}/4$ 的传输线连接在特性阻抗分别为 Z_1 和 Z_2 的两段传输线之间,如果以 Z_2 作为负载,则为了与 Z_1 匹配连接,显然这段 $\lambda_{\text{g}}/4$ 的传输线的输入阻抗应等于 Z_1(见图3-22)。这时,在 Z_1 段传输线看负载,即 Z_2 段传输线的阻抗应为 Z_1,与 Z_1 段传输线本身的特性阻抗相等;或者说 Z_2 段传输线这时反映到 Z_1 段传输线的阻抗就是 Z_1 段传输线的特性阻抗,换句话说,$\lambda_{\text{g}}/4$ 长度的传输线把负载阻抗 Z_2 变换成了特性阻抗 Z_1,从而实现了两段传输线的匹配,即

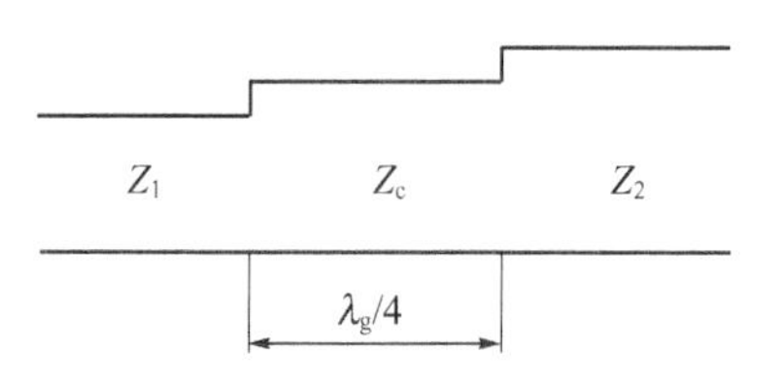

图3-22 四分之一波长阻抗变换器原理

$$Z_{\text{in}} = \frac{Z_{\text{c}}^2}{Z_2} = Z_1 \tag{3.8}$$

$$Z_{\text{c}} = \sqrt{Z_1 Z_2} \tag{3.9}$$

可见,只要使 $\lambda_{\text{g}}/4$ 传输线的特性阻抗满足上式,就可以把不同特性阻抗 Z_1、Z_2 的两段传输线连接起来。这一过程是可逆的,即如果把特性阻抗为 Z_1 的传输线作为负载,则

就应使 $Z_{in}=Z_2$，同样可以得到式(3.9)。这种由四分之一波长传输线组成的阻抗变换器结构简单，但由于变换器长度只在某一特定频率上才刚好等于 $\lambda_g/4$，偏离该频率会导致阻抗不能理想匹配，反射增加，因此变换器工作频带较窄，为了展宽工作频带，可以采用多节 $\lambda_g/4$ 变换器。

2. 多节阻抗变换器原理

图 3-23 给出一个 N 节四分之一波长变换器原理图，每节长度均等于变换器中心频率上的波导波长 λ_{g0} 的四分之一，它们的特性阻抗分别 $Z_1,Z_2,\cdots,Z_n,\cdots,Z_N$，该变换器连接在特性阻抗分别为 Z_0 和 Z_L 的两段主线之间要求达到宽带匹配，并假设 $Z_L>Z_0$。则在变换器第 n 节末端，即与下一节变换器的连接处的反射系数，根据式(1.77)和式(1.79)可写成

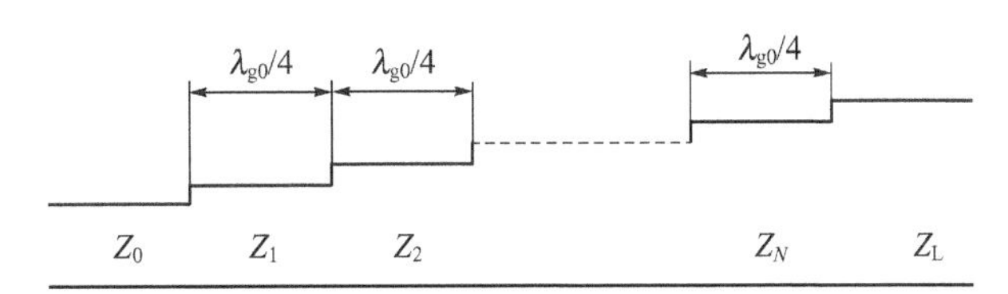

图 3-23　多节 $\lambda_g/4$ 变换器原理图

$$\Gamma_n=\frac{Z_{n+1}-Z_n}{Z_{n+1}+Z_n}=\rho_n e^{-j2n\theta} \tag{3.10}$$

式中，$\theta=\beta l$ 为每一节上的相位移。显然，对于中心频率来说，由于 $l=\lambda_g/4$，所以 $\theta=\pi/2$。但对于其他频率来说，θ 并不等于 $\pi/2$。

该变换器总的反射系数在一级近似下（只取各节一次反射波的总和）可以表示为

$$\Gamma=\rho_0+\rho_1 e^{-2j\theta}+\rho_2 e^{-4j\theta}+\cdots+\rho_N e^{-2Nj\theta} \tag{3.11}$$

假如变换器是对称设计的，即 $\rho_0=\rho_N,\rho_1=\rho_{N-1},\rho_2=\rho_{N-2}\cdots$，则此时

$$\begin{aligned}\Gamma&=e^{-jN\theta}[\rho_0(e^{jN\theta}+e^{-jN\theta})+\rho_1(e^{j(N-2)\theta}+e^{-j(N-2)\theta})+\cdots]\\&=2e^{-jN\theta}[\rho_0\cos(N\theta)+\rho_1\cos((N-2)\theta)+\cdots+\rho_n\cos((N-2n)\theta)]\end{aligned} \tag{3.12}$$

当 N 为奇数时，$n=(N-1)/2$，上式最后一项为 $\rho_{(N-1)/2}\cos\theta$；当 N 为偶数时，$n=N/2$，最后一项为 $\rho_{N/2}/2$。$n=N/2$ 对上式进行求解表明，通过正确选择 $Z_1,Z_2,\cdots,Z_n$（$n=N/2$ 或 $(N-1)/2$），也就是选择 $\rho_1,\rho_2,\cdots,\rho_n$（$n=N/2$ 或 $(N-1)/2$），总可以使 N 节变换器在 N 个频率上得到全匹配，也就是说，$|\Gamma|$ 的频率响应曲线会出现 N 个零点，从而拓宽变换器的工作带宽。一般来说，节数越多，出现全匹配的频率点也越多，带宽也就越宽，当然，随之而来的就是变换器也越长。

对于多节阻抗变换器，由于要求每节长度均为 $\lambda_g/4$，因此对矩形波导来说，显然以改变窄边 b 的尺寸来实现每段不同的阻抗要方便得多，因为矩形波导中 TE_{10} 模的 λ_g 与 b 无关，b 的改变不影响每节的长度；对同轴线来说，则 TEM 波的 λ_g 等于 λ，所以为了得到每节不同的阻抗，改变同轴线内导体或外导体尺寸，或者两者同时改变都不会引起 λ_g 的变化。

多节阻抗变换器可以展宽变换器的工作频带，以克服单节变换器只能在一个频率点上完全匹配，因而工作频带太窄的缺点。在 N 节变换器中，通过合理选择每节的特性阻

抗 Z_n 或反射系数 ρ_n,或者说,合理选择 Z_n 或 ρ_n 的变化规律,就可以在 N 个频率点上获得全匹配,从而使变换器总的工作频带得到增加。至于 Z_n 或 ρ_n 变化规律的具体选择,可以有多种方案,最常采用的是二项式分布,也称为最平坦(巴特沃斯)方法和切比雪夫分布,或称为等波纹方法。

1) 二项式分布变换器

二项式分布多节阻抗变换器具有最平坦的通带特性,各节反射系数按式(3.13)规律进行设计。

$$\rho_n = \frac{Z_\mathrm{L} - Z_0}{Z_\mathrm{L} + Z_0} 2^{-N} \mathrm{C}_n^N = \frac{Z_{n+1} - Z_n}{Z_{n+1} + Z_n} = \rho_{N-n} \quad (n = 0,1,\cdots,N) \tag{3.13}$$

式中

$$\mathrm{C}_n^N = \frac{N!}{(N-n)!n!}$$

所得变换器的总反射系数 Γ 的频率特性如图3-24所示,从图中可以明显看出,随着节数 N 的增加,Γ 小于0.1的工作频率范围越大,意味着变换器的工作频带越宽;其中 $N=1$ 即单节四分之一波长变换器,正如前面已指出的,它只能在一个频率点上达到理想匹配。

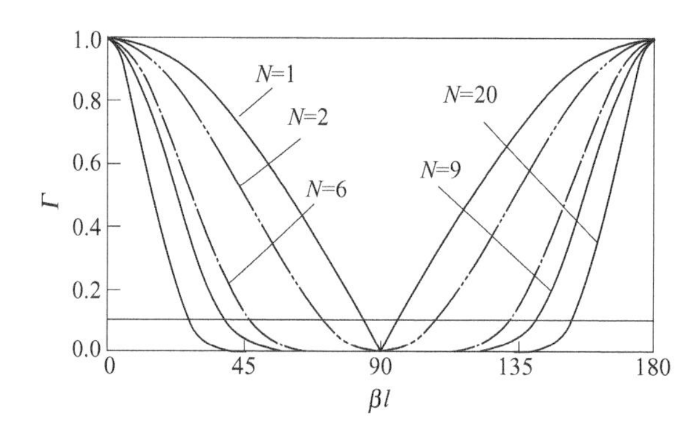

图3-24 二项式分布多节阻抗变换器的 Γ—βl 特性

2) 切比雪夫分布变换器

切比雪夫分布多节阻抗变换器具有等波纹通带特性,变换器输入端的总反射系数为

$$\Gamma = \frac{Z_\mathrm{L} - Z_0}{Z_\mathrm{L} + Z_0} \mathrm{e}^{\mathrm{j}N\theta} \frac{T_N(\sec\theta_\mathrm{m}\cos\theta)}{T_N(\sec\theta_\mathrm{m})} \tag{3.14}$$

式中,$T_N(x)$ 为以 x 为自变量的 N 阶第一类切比雪夫函数

$$T_N(x) = \begin{cases} \cos[N\arccos(x)] & (|x| \leqslant 1) \\ \cosh[N\mathrm{arccosh}(x)] & (|x| > 1) \end{cases} \tag{3.15}$$

切比雪夫函数具有如下特性:在 $|x| \leqslant 1$ 区间内,$T_N(x)$ 将在 ± 1 之间呈等波纹规律振荡,且具有 $(N-1)$ 个极点(最大值1和最小值-1的点),或者说有 N 个零点,当 $|x| = 1$ 时,$|T_N(x)| = 1$;而在 $|x| > 1$ 的区域,$|T_N(x)|$ 迅速增加并趋于无穷大。$T_N(x)$ 随 x 的变化曲线如图3-25所示。

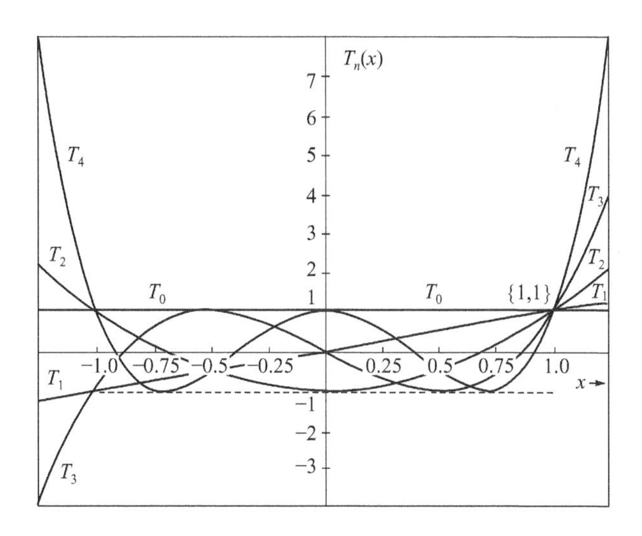

图 3-25　第一类切比雪夫函数

切比雪夫函数可以展开成一个幂级数的多项式，它具有以下递推公式：

$$T_N(x) = 2xT_{N-1}(x) - T_{N-2}(x) \tag{3.16}$$

而由函数定义式(3.15)又可以得到

$$T_0(x) = 1; \quad T_1(x) = x \tag{3.17}$$

由此根据递推公式(3.16)就可以推得

$$\begin{aligned} T_2(x) &= 2x^2 - 1 \\ T_3(x) &= 4x^3 - 3x \\ T_4(x) &= 8x^4 - 8x^2 + 1 \\ &\vdots \end{aligned} \tag{3.18}$$

令 $x = \sec\theta_m\cos\theta$，则代入式(3.18)时，展开式中将出现 $\cos^N\theta$ 项，它又可以进一步展开成

$$\begin{aligned} \cos^2\theta &= \frac{1}{2}(1 + \cos2\theta) \\ \cos^3\theta &= \frac{1}{4}(\cos3\theta + 3\cos\theta) \\ \cos^4\theta &= \frac{1}{8}(\cos4\theta + 4\cos2\theta + 3) \\ &\vdots \end{aligned} \tag{3.19}$$

至于 θ_m，它对应切比雪夫多节阻抗变换器通带的范围，即 $\theta_m \leqslant \theta \leqslant \pi - \theta_m$，它可以这样来确定：如图 3-26 所示，如果我们给定变换器通带内的波动幅值为 $|\Gamma|_m$，显然，它对应 $T_N(x) = 1$时的 Γ 值，则由式(3.14)可得

$$|\Gamma|_m = |\Gamma(\theta = \theta_m)| = \left|\frac{Z_L - Z_0}{Z_L + Z_0}\right| \frac{1}{|T_N(\sec\theta_m)|} \tag{3.20}$$

由此,即可由$|\Gamma|_m$求出θ_m。将式(3.20)代入式(3.14)

$$\Gamma = |\Gamma|_m e^{-jN\theta} T_N(\sec\theta_m \cos\theta) \quad (Z_L > Z_0) \tag{3.21}$$

式(3.12)又给出了对称设计多节阻抗变换器时反射系数的普遍表达式

$$\Gamma = 2e^{-jN\theta}[\rho_0\cos(N\theta) + \rho_1\cos(N-2)\theta + \cdots + \rho_n\cos(N-2n)\theta]$$
$$n = \begin{cases}(N-1)/2 & (N\text{为奇数})\\ N/2 & (N\text{为偶数})\end{cases} \tag{3.22}$$

选定N的大小后,根据式(3.18)、式(3.19)即可将式(3.21)展开成多项式,然后与式(3.22)比较两个多项式各同类项的系数,使之相等,即可求出每一节的反射系数ρ_0,ρ_1,…ρ_n,…,ρ_N。

5节切比雪夫阻抗变换器的反射系数Γ与βl的关系由图3-26给出,与图3-24比较,马上可以看出两种变换器性能的不同。

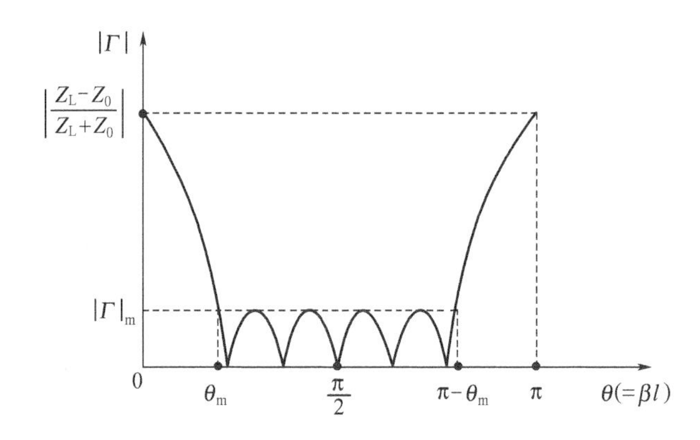

图3-26 $N=5$时切比雪夫分布阻抗变换器的$|\Gamma|$—βl特性

二项式分布和切比雪夫分布多节阻抗变换器的具体设计方法读者可以参考相关书籍、文献,这里只介绍了设计的基本原理。

3. 渐变阻抗变换器

在多节阻抗变换器中,当把节数无限增加而保持变换器总长度不变,即每节的长度无限缩小时,变换器即由不连续的阶梯过渡转化为连续光滑的渐变过渡,如图3-27所示。

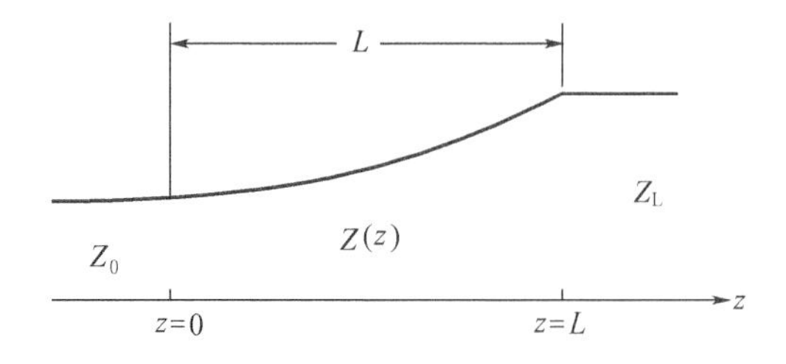

图3-27 渐变阻抗变换器原理图

若渐变阻抗变换器的渐变段长为L,输入端所接传输线的特性阻抗为Z_0,而输出端接特性阻抗为Z_L的传输线或负载,且$Z_L > Z_0$,渐变段的特性阻抗以$Z(z)$表示,则在它的每一个微分段dz处产生的微分反射系数是

$$
\begin{aligned}
\mathrm{d}\Gamma &= \frac{Z(z+\mathrm{d}z)-Z(z)}{Z(z+\mathrm{d}z)+Z(z)} = \frac{\mathrm{d}Z(z)}{2Z(z)+\mathrm{d}Z(z)} \approx \frac{\mathrm{d}Z(z)}{2Z(z)} \\
&= \frac{1}{2}\frac{\mathrm{d}[\ln Z(z)]}{\mathrm{d}z}\mathrm{d}z
\end{aligned} \tag{3.23}
$$

$\mathrm{d}\Gamma$ 在渐变段输入端($z=0$)产生的反射系数为

$$
\mathrm{d}\Gamma_{\mathrm{in}} = \mathrm{d}\Gamma \mathrm{e}^{-\mathrm{j}2\beta z} = \frac{1}{2}\mathrm{e}^{-\mathrm{j}2\beta z}\frac{\mathrm{d}[\ln Z(z)]}{\mathrm{d}z}\mathrm{d}z \tag{3.24}
$$

将式(3.24)对渐变段长度 L 进行积分,即得到在输入端的总反射系数

$$
\Gamma_{\mathrm{in}} = \int_0^L \mathrm{d}\Gamma_{\mathrm{in}} = \frac{1}{2}\int_0^L \mathrm{e}^{-\mathrm{j}2\beta z}\frac{\mathrm{d}}{\mathrm{d}z}[\ln Z(z)]\mathrm{d}z \tag{3.25}
$$

利用式(3.25),若变换器渐变段特性阻抗 $Z(z)$ 的变化规律已知,则可以求出 Γ_{in}。而 $Z(z)$ 的变化规律可以是线性、三角函数、指数函数或者切比雪夫函数。

1）指数渐变变换器

指数渐变时,渐变段特性阻抗的变化规律取以下形式

$$
Z(z) = Z_0\exp\left(\frac{z}{L}\ln\frac{Z_{\mathrm{L}}}{Z_0}\right) \tag{3.26}
$$

代入式(3.25)中,可求得

$$
\Gamma_{\mathrm{in}} = \frac{1}{2}\int_0^L \frac{1}{L}\mathrm{e}^{-\mathrm{j}2\beta z}\ln\frac{Z_{\mathrm{L}}}{Z_0}\mathrm{d}z = \frac{1}{2}\mathrm{e}^{\mathrm{j}\beta z}\frac{\sin\beta L}{\beta L}\ln\frac{Z_{\mathrm{L}}}{Z_0} \tag{3.27}
$$

反射系数的模为

$$
|\Gamma_{\mathrm{in}}| = \frac{1}{2}\left|\frac{\sin\beta L}{\beta L}\right|\ln\frac{Z_{\mathrm{L}}}{Z_0} \tag{3.28}
$$

图 3-28 给出了指数渐变阻抗变换器 $|\Gamma_{\mathrm{in}}|$ 和 βL 的关系,由图可见:随着频率的提高(βL 值增大),$|\Gamma_{\mathrm{in}}|$ 的值减小,在极限情况下,$f\to\infty$ (L 保持不变),$|\Gamma_{\mathrm{in}}|\to 0$。由此表明,指数渐变阻抗变换器的工作频带无上限,而工作频带的下限则取决于 $|\Gamma_{\mathrm{in}}|$ 的最大允许值。当 $L\geqslant\lambda/2$,即 $\beta l\geqslant\pi$ 时,$|\Gamma_{\mathrm{in}}|$ 值就只有小幅波动,其最大值出现在 $\beta l=3\pi/2$ 处,此时对应的 $2|\Gamma_{\mathrm{in}}|/\ln(Z_{\mathrm{L}}/Z_0)$ 值为 0.212(图 3-28)。

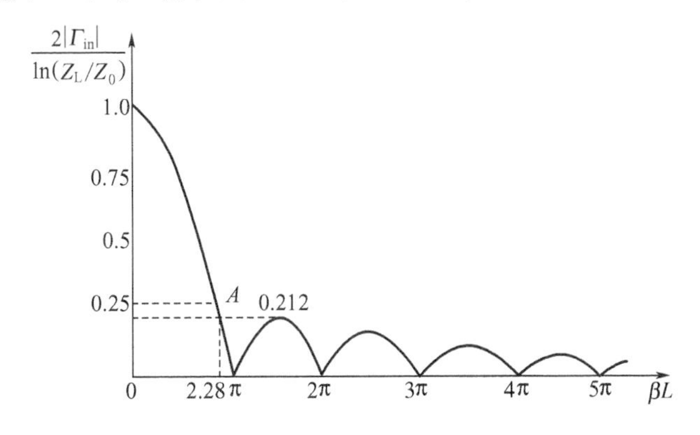

图 3-28　指数渐变阻抗变换器的 $|\Gamma|$—βL 特性

应该指出的是,在得到式(3.25)时,我们实际上已假定了β与z无关,即β为常数,这对同轴线和带状线是正确的,因为它们传输的是TEM波,对于传输准TEM波的微带线只是近似正确,而对于传输TE_{10}波的矩形波导,只在改变窄边尺寸b而保持宽边尺寸a不变时,式(3.25)才正确。

2) 切比雪夫渐变变换器

在切比雪夫多节阻抗变换器中,在保持总长度L不变的条件下,无限增加节数N,就可以得到切比雪夫渐变阻抗变换器。这种变换器相比于指数渐变阻抗变换器,在固定的L下,$|\Gamma_{in}|$的波动最小;或者反过来,当$|\Gamma_{in}|$的波动幅值给定时,渐变段长度L可以最短。据此,在切比雪夫多节阻抗变换器反射系数表达式(3.21)中,使$N\to\infty$,并以一个常数k来代替$|\Gamma|_m$,即得到了切比雪夫渐变变换器的反射系数

$$|\Gamma_{in}| = \lim_{N\to\infty} k\left|T_N\left[\sec\left(\frac{\beta_1 L}{N}\right)\cos\left(\frac{\beta L}{N}\right)\right]\right| = k\left|\cos\sqrt{(\beta L)^2-(\beta_1 L)^2}\right| \tag{3.29}$$

式中,$\beta=2\pi/\lambda$,$\beta_1=2\pi/\lambda_1$;λ为工作波长,λ_1为要求的工作频带中下限频率对应的波长;k为常数,它可以由初始条件决定,当$\theta=0$时,由式(3.14)可以得到

$$|\Gamma_{in}| = \frac{Z_L - Z_0}{Z_L + Z_0} \tag{3.30}$$

若利用$\ln x$的幂级数展开式并取其第一项,上式就可以近似写成

$$|\Gamma_{in}| \approx \frac{1}{2}\ln\left(\frac{Z_L}{Z_0}\right) \tag{3.31}$$

另外,由式(3.29),当$\theta=\beta L=0$时,又可得到

$$|\Gamma_{in}| = k\cos\sqrt{-(\beta_1 L)^2} = k\cosh\beta_1 L \tag{3.32}$$

联立式(3.30)和式(3.32),或者式(3.31)和式(3.32),即可求出k

$$k = \frac{Z_L - Z_0}{Z_L + Z_0}\frac{1}{\cosh(\beta_1 L)} \approx \frac{\ln(Z_L/Z_0)}{2\cosh(\beta_1 L)} \tag{3.33}$$

这样,切比雪夫渐变变换器的反射系数成为

$$|\Gamma_{in}| = \frac{Z_L - Z_0}{Z_L + Z_0}\frac{\left|\cos\sqrt{(\beta L)^2-(\beta_1 L)^2}\right|}{\cosh(\beta_1 L)} \tag{3.34}$$

或者

$$|\Gamma_{in}| \approx \frac{1}{2}\ln\left(\frac{Z_L}{Z_0}\right)\frac{\left|\cos\sqrt{(\beta L)^2-(\beta_1 L)^2}\right|}{\cosh(\beta_1 L)} \tag{3.35}$$

根据式(3.35)画出的反射系数频率特性如图3-29所示。由图可见,当$\beta=\beta_1$时,由式(3.35)得

$$\frac{2|\Gamma_{in}|}{\ln(Z_L/Z_0)} = \frac{1}{\cosh(\beta_1 L)} \tag{3.36}$$

令此时$|\Gamma_{in}|=\Gamma_m$,表示工作频带下边缘的反射系数模,则

$$\Gamma_m = \frac{1}{2}\frac{\ln(Z_L/Z_0)}{\cosh(\beta_1 L)} \tag{3.37}$$

当给定参数 Z_L、Z_0、Γ_m 及频带下限频率 $f_1(\beta_1 = 2\pi/\lambda_1)$ 时，渐变段长度即可由式(3.37)求得。

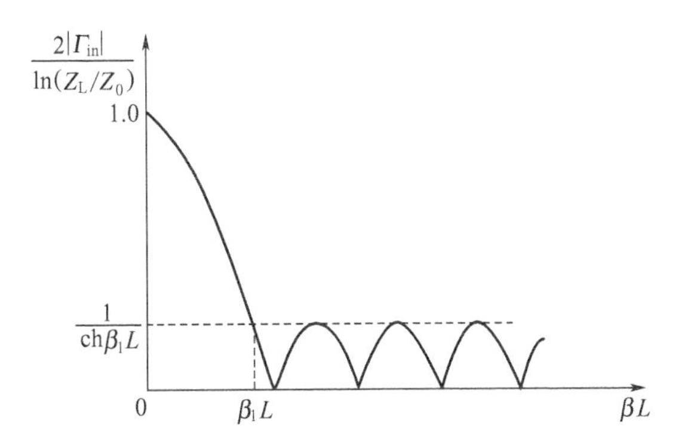

图 3－29　切比雪夫渐变阻抗变换器的 $|\Gamma|$—βL 特性

切比雪夫函数在微波元件的设计中应用十分广泛，不仅在阻抗变换器的设计中，也在滤波器、定向耦合器等设计中用来增加元件的工作频率范围和改善其性能。

3.4.2　阻抗变换器的应用

1. 不同特性阻抗的传输线的连接

四分之一波长单节阻抗变换器的应用实例如图 3－30 所示，它用来连接两段特性阻抗分别为 Z_1、Z_2 的传输线。变换器的特性阻抗由式(3.9)确定，然后根据式(2.178)或式(2.75)就可以分别确定在同轴线情况或波导情况下变换段的尺寸。

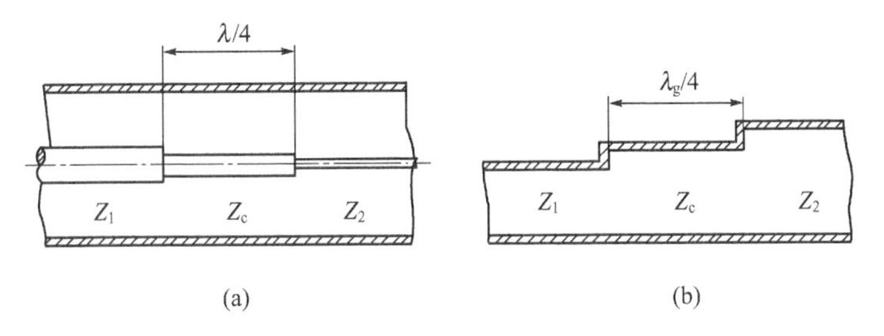

图 3－30　单节阻抗变换器
(a) 同轴线连接；(b) 波导连接。

2. 其他应用

1) 同轴线内外导体支撑绝缘子

硬同轴线不像软同轴线一样在整个内外导体之间充满绝缘介质，而只需利用绝缘子作间隔支撑(见图 3－31)。如果在绝缘子前后的同轴线是相同的，特性阻抗相同，因此根据式(3.9)，$Z_c = Z$，即只要使有绝缘子的一段同轴线的特性阻抗与没有绝缘子的同轴线本身的特性阻抗相等即可。如果绝缘子前后同轴线尺寸不同，则应直接利用式(3.9)来计算出绝缘子段应该具有的阻抗大小。得到绝缘子段的阻抗后，就可以根据式(2.178)来选定该段同轴线的尺寸，而其长度则为

$$l = \frac{\lambda}{4\sqrt{\varepsilon_r}} \tag{3.38}$$

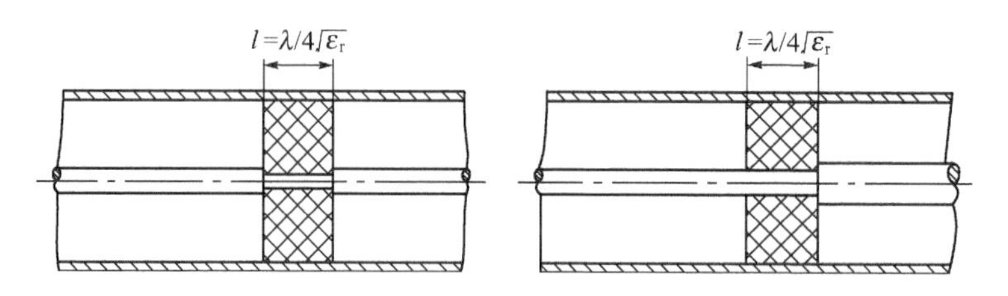

图3-31 利用四分之一波长变换器支撑同轴线内外导体举例

在同轴线中,$\lambda=\lambda_g$。为了满足匹配的阻抗要求式(3.9),当同轴线尺寸给定时,应选择具有合适相对介电常数 ε_r 的材料。一般情况下,材料的 ε_r 是确定的,这时可以通过改变同轴线尺寸来达到匹配。

2)匹配具有不同介质填充的传输线

在波导或同轴线中,有时需要匹配具有不同介电常数的介质填充的两段同尺寸的传输线,这时起匹配作用的四分之一波长介质层往往同时起到密封作用(见图3-32)。比如利用水作为负载吸收传输线中传输的大功率微波时,为了使水负载与传输线匹配,同时起到将水密封在一定区域内不漏到传输线中去的功用,就可以利用介质中量度的四分之一波长厚的介质片来实现。这时,介质片的介电常数应尽可能使其满足式(3.9)。

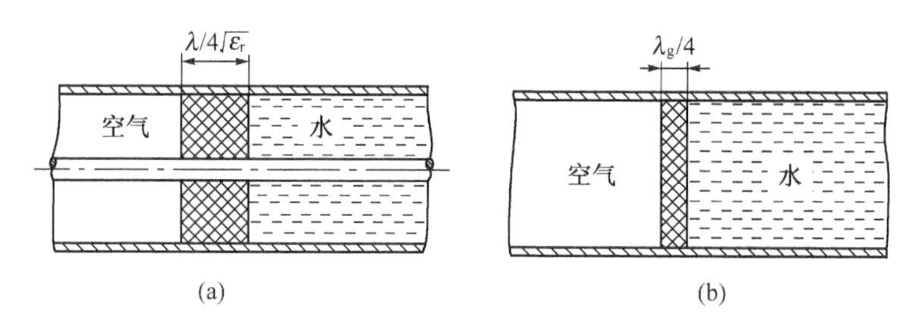

图3-32 具有不同介质填充的传输线的匹配连接

(a)同轴型;(b)波导型。

3)密封窗片

对于要求在尺寸和填充介质都不改变的均匀传输线中引入介质层后的匹配问题,可以采用不同于四分之一波长变换器的方法,而更简单地使介质层的厚度等于介质材料中的半波长。因为这时介质层前后都是均匀传输线的一部分,特性阻抗相等,若利用 $\lambda_g/4$ 变换器,根据式(3.9),就将要求在变换段的特性阻抗仍然与均匀传输线的特性阻抗一样。但由于变换段引入了介质,ε_r 发生了变化,而这时尺寸仍要保持与均匀段一致,显然阻抗必然将发生改变,不可能再等于均匀传输线本身的特性阻抗,可见无法达到匹配要求。而采用了半波长介质层,则根据式(3.6),在介质层前面的输入阻抗将与介质层后面的负载阻抗即传输线特性阻抗相同,而与变换段的特性阻抗大小无关,即在式(3.6)中 $\tan\pi=0$,所以 $Z_{in}=Z_L$。或者更直观地可理解为,由介质层后表面引起的反射刚好与由前表面产生的反射相抵消,从而达到匹配。

图3-33给出了利用 $\lambda_g/2$(介质中量度的二分之一波导波长)厚度介质片作密封窗的结构示意图,这种密封窗片在真空微波管中应用得十分广泛,输入输出装置要求一方面

能让微波无损耗(尽量小的损耗)通过,另一方面必须做到真空密封以保证管内的高真空,密封窗成为不可或缺的重要元件。在允许传输线尺寸变化时,亦可以利用四分之一波长变换器来做密封窗。

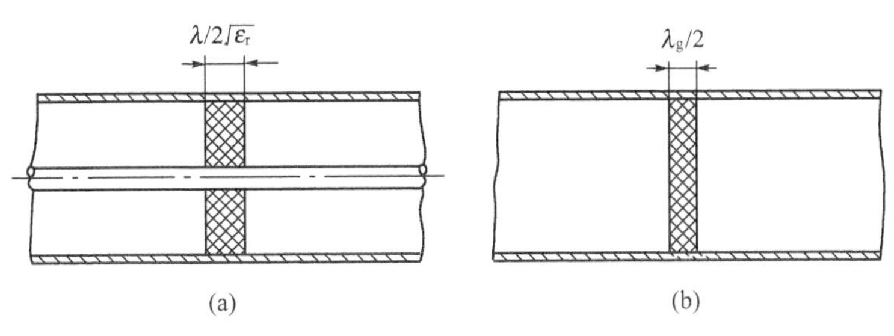

图3-33 均匀传输线中的密封窗

(a)同轴型;(b)波导型。

3.5 阻抗变换元件——调配器

调配器又称为匹配器,它实质上也是一种阻抗变换器,一般来说,阻抗变换器专门用来连接不同特性阻抗的传输线的一段或者多段过渡传输线,而调配器则更多地用于传输线与负载之间的匹配连接,当然也可以应用于传输线与传输线、传输线与电源之间的匹配连接,它一般由在传输线上引入的某种电抗元件,比如短路分支波导、插入波导的膜片或销钉、调配螺钉等构成;阻抗变换器一般是设计好后不可调节的,只能满足给定阻抗之间的匹配需要,而调配器有些是可调节的,如短路分支线、调配螺钉等,可以满足不同阻抗的匹配需要。

匹配负载的目的就是使负载能与传输系统匹配,但在微波系统的实际应用中,系统并不能总是与理想的匹配负载相连接,它往往为了达到一定的使用目的而必须与给定的负载连接。这时,如果给定的负载与传输线不匹配,就可以在负载与传输线之间插入一个调配器,调节调配器以消除负载引起的反射达到匹配,可见,调配器最主要的功能就是通过它来使原来不匹配的负载变为匹配。

3.5.1 短路分支线调配器

所谓短路分支线调配器是指在微波传输线上并联一段或多段可移动的短路线,用它们产生的附加反射抵消传输线上原来的反射,从而达到匹配目的。这种调配器通常有单分支线调配器、双分支线调配器和三分支线调配器三类,由于是并联到主线上的,因此它们利用史密斯导纳圆图来进行分析更为方便。短路分支线调配器在双导线上可以方便实现,但也可以在波导上以及同轴线或微带线上实现。

1. 单分支线调配器

单分支线调配器如图3-34(a)所示,它由并联在主线上离负载适当距离的一段可调短路线构成,如果负载阻抗Z_L与传输线特性阻抗不匹配,$Z_L \neq Z_c$,调节短路线长度l和短路线并联到主线的位置d即可以使主线与负载匹配。图3-34(b)给出了一种波导型单分支波导调配器的实际结构。

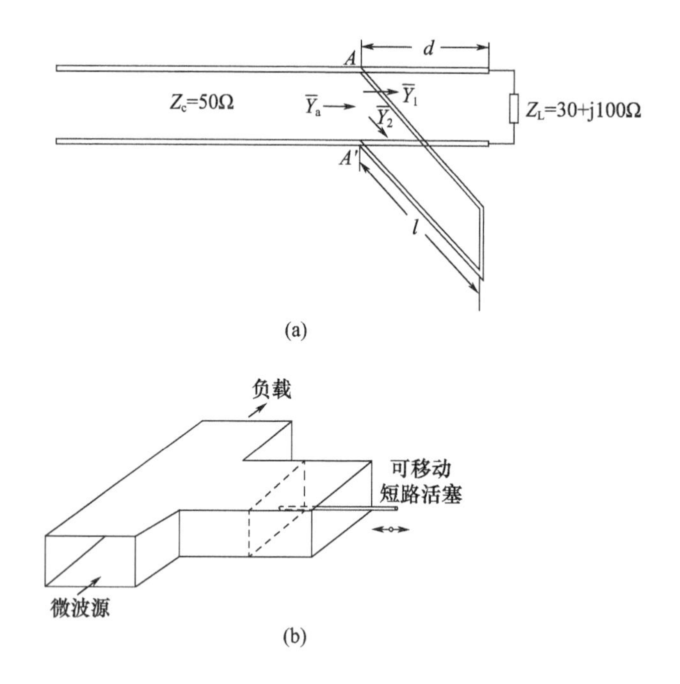

图3-34　单分支线调配器

(a)单分支线调配器等效电路;(b)波导型单分支线调配器结构。

例1,已知双导线的特性阻抗 $Z_c=50\Omega$,负载阻抗 $Z_L=(30+j100)\Omega$,采用单分支线调配器进行匹配,求分支线的位置和长度。

(1)求归一化负载导纳

$$\bar{Y}_L=\frac{50}{30+j100}\approx 0.14-j0.46$$

在导纳圆图上找到 $\bar{Y}_L$ 点,其对应的电刻度是 0.431λ。

(2)求在分支线接入主线的 AA'(图3-34(a))点所要求的负载输入阻抗。

为了匹配,要求 AA' 点的电导 G 应该为1,而电纳将会由分支线并联抵消,因此,应由 $\bar{Y}_L$ 点沿等驻波圆顺时针旋转(从负载向电源方向的旋转)与 $G=1$ 的圆相交,这样的交点会有两个,即 C_1、C_2 两点

$$\bar{Y}_1=1+j2.6$$

$$\bar{Y}_2=1-j2.6$$

它们的电长度分别是 C_1 点 0.198λ,C_2 点 0.3022λ。

(3)分支线离负载的距离。

从 $\bar{Y}_L$ 顺时针旋转到 C_1、C_2 两点的电长度即为将要并联的分支线离负载的距离,由于这时电长度跨过了0刻度,所以应该在0刻度两边分别计算后相加。

$$d_1=(0.5-0.431)\lambda+0.198\lambda=0.267\lambda$$

$$d_2=(0.5-0.431)\lambda+0.3022\lambda=0.3712\lambda$$

(4)短路分支线所要求的归一化导纳就是

$$\bar{Y}_1'=\bar{B}_1'=-j2.6$$

$$\bar{Y}_2'=\bar{B}_2'=j2.6$$

(5)短路分支线本身的电长度。

短路线的导纳是无穷大的,即阻抗为零,反射系数是 1,由此应该从该点(圆图实轴右端点)起沿 $\Gamma=1$ 的圆顺时针到短路分支线所要求的导纳点 $\overline{B}_1'$、$\overline{B}_2'$,旋转的电长度即为短分支线本身的电长度 l,但要注意的是,起始点本身的电刻度是 0.25λ,因此

$$l_1=0.3082\lambda-0.25\lambda=0.0582\lambda$$

$$l_2=0.192\lambda+0.25\lambda=0.442\lambda$$

可见,可以有两个分支线长度都能达到匹配目的,显然,从尽可能减小短路分支线长度出发,一般应取比较短的长度 0.0582λ。

以上求解过程如图 3-35 所示。

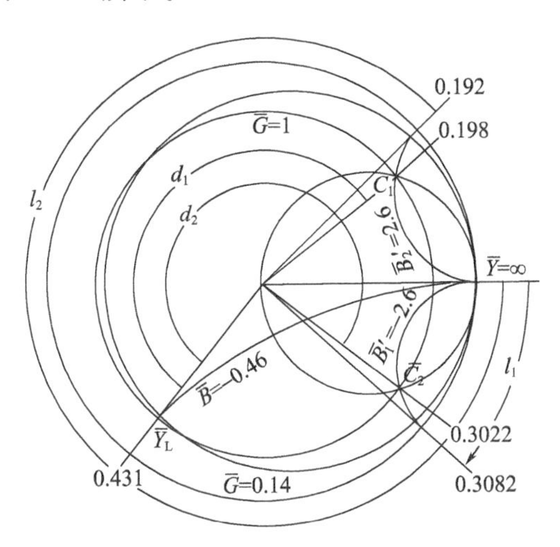

图 3-35　例 1 短路单分支线调配器求解过程

单分支线调配器只能对一个频率达到理想匹配,频率改变时,因为电长度 d 和 l 都发生了变化,G 不再等于 1,匹配即被破坏,因此它是一种窄带的调配器,负载阻抗与传输线特性阻抗差别越大,频带越窄。另外,由于通过圆图计算得到的导纳值以及电长度值都只能是工程量级,所以在实际制作时对 d 和 l 都需要进行一些调整。

2. 双分支线调配器

1)基本原理

单分支线调配器由于要求分支线沿主线移动以改变到负载的距离 d,这对波导和同轴线来说都会在结构上带来很大的困难,因此在实际上使用很少,并提出了不需要沿主线移动的双分支线调配器和三分支线调配器。

双分支线调配器的电路图如图 3-36(a)所示,同轴线型双分支线调配器的实际结构则如图 3-36(b)所示。两个分支线的位置 d_1、d_2 固定不再移动,而分支线的长度 l_1、l_2 则可以调节,d_2 的长度一般取 $\lambda/8$、$\lambda/4$、$3\lambda/8$ 等,但不能取 $\lambda/2$。

双分支线调配器得到匹配的原理可以简单说明如下:我们的目的是使 BB' 左侧的传输线与负载匹配,也就是说应该使在 BB' 截面上的导纳 $\overline{Y}_b$ 等于 1,为此,就应该先使 BB' 截面向负载端的输入导纳成为 $\overline{Y}_3=1+\mathrm{j}\overline{B}_3$,亦即应该使 $\overline{Y}_3$ 落在 $\overline{G}=1$ 的单位圆上,然后调节 l_2 的长度产生一个 $-\mathrm{j}\overline{B}_3$ 来抵消 BB' 截面处电纳 $\mathrm{j}\overline{B}_3$ 达到匹配,因为 l 变化不会产生并联

的电导,因此 $\overline{G}_3=1$ 不变;而为了使 $\overline{Y}_3$ 能够落到 $\overline{G}=1$ 的单位圆上,就可以先让 AA'截面上的导纳 $\overline{Y}_a$ 落在一个离实际单位圆逆时针旋转 $\lambda/8$ 位置的辅助的单位圆上(见图 3-37),而这可以利用调节 l_1的长度来实现;由于 AA'截面离 BB'截面的电长度 $d_2=\lambda/8$,当辅助圆顺时针向电源方向旋转 $\lambda/8$ 长度达到 BB'截面时,就正好成为 $G=1$ 的单位圆。

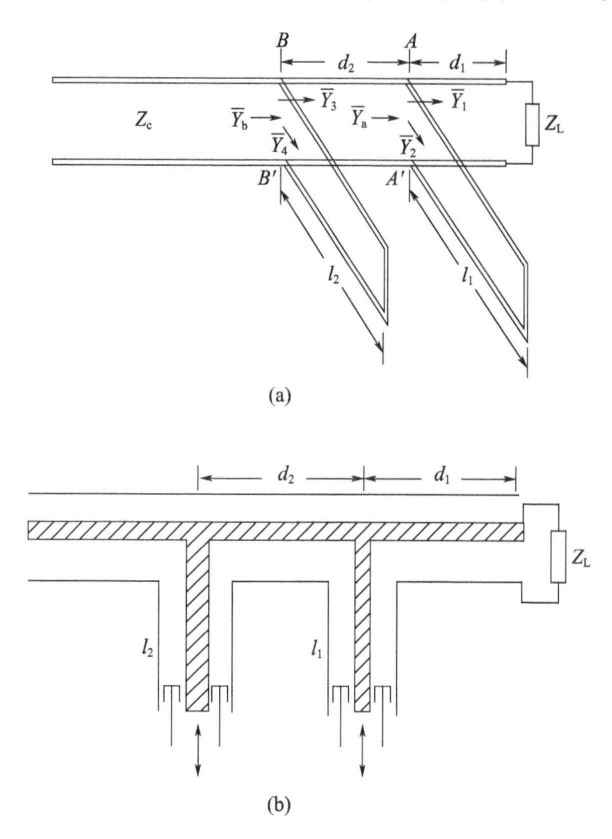

图 3-36　双分支线调配器

(a)等效电路;(b)同轴线型双分支线调配器结构。

例 2,已知同轴线特性阻抗为 50Ω,负载阻抗为(80+j40)Ω,采用双分支线调配器来达到匹配,两分支线的距离 $d_2=\lambda/8$,第一个分支线离负载的距离 $d_1=0.1\lambda$,求两个分支线的长度 l_1和 l_2。

(1)计算归一化负载导纳

$$\overline{Y}_L=\frac{50}{80+j40}\approx 0.5-j0.25$$

在导纳圆图上找到对应 $\overline{Y}_L$ 的 C_1点,其对应的电长度为 0.4505。

(2)以 $\overline{Y}_L$ 沿等 $|\Gamma|$ 圆顺时针旋转 $d_1/\lambda=0.1$(对应 AA'截面)到 C_2点,其导纳是

$$\overline{Y}_1=\overline{G}_1+j\,\overline{B}_1=0.51+j0.25$$

此点的电刻度为 0.0505。

(3)在 $G=1$ 的单位圆逆时针旋转 $\lambda/8$(电刻度 0.125)的位置,画出与单位圆相同半径的辅助圆。

(4)将 C_2点沿 $\overline{G}_1=0.51$ 的等 $\overline{G}$ 圆逆时针旋转并与辅助圆相交于 C_3点,该点的导纳是

$$\overline{Y}_a=0.51+j0.12$$

C_3点的电刻度为 0.027。

(5)于是,在 AA'截面的合成导纳就是

$$\overline{Y}_2=\overline{Y}_a-\overline{Y}_1=-j0.13$$

在圆图上可查得 $\overline{Y}_2$ 点对应的电刻度是 $0.4795\approx0.48$。

(6)在导纳圆图上,电刻度 0.25 的点是短路点,所以,并联在 AA'截面上的短路分支线的长度是

$$l_1=0.48-0.25=0.23$$

(7)由 C_3 点沿等 $|\Gamma|$ 圆顺时针旋转 $d_2/\lambda=0.125(\lambda/8)$ 到达 BB'截面,相交于 $\overline{G}=1$ 的单位圆于 C_4点,得到

$$\overline{Y}_3=\overline{G}_3+j\overline{B}_3=1+j0.7$$

主传输线本身的归一化特性导纳是 1,所以,即 $\overline{Y}_b=1$,在 BB'截面上的合成导纳是

$$\overline{Y}_4=\overline{Y}_b-\overline{Y}_3=-j0.7$$

$\overline{Y}_4$ 对应的电刻度是 0.403。

(8)所以,并联在 BB'截面上的短路分支线的长度是

$$l_2=0.403-0.25=0.153$$

上述圆图求解过程如图 3-37 所示。

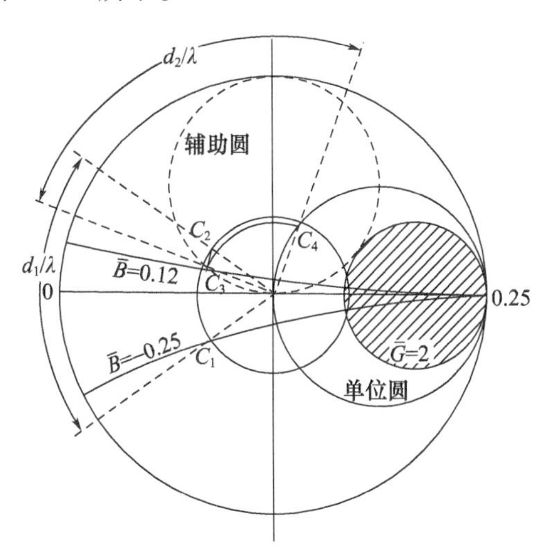

图 3-37　例 2 双短路分支线调配器求解过程

2)特点

双分支线调配器的求解中要注意以下特点:

(1)由 C_2点沿等 $\overline{G}$ 圆移动时,与辅助圆相交的交点可以有两个,导致分支线的长度的解会存在两组,一般可取分支线长度比较短的一组。

(2)d_2可以取 $\lambda/8$、$\lambda/4$、$3\lambda/8$ 等不同的数值,这将仅引起辅助圆的位置不同,而不会改变求解过程,只要调配器结构允许,一般也会取尺寸最小的 $d_2=\lambda/8$。

(3)双分支线调配器不再需要将分支线在主线上移动,这是它的优点。但是,当 $d_2=\lambda/4$ 时,若 C_2点落在 $\overline{G}>1$ 的圆内部,就将使 C_2点沿等 $\overline{G}$ 圆移动时不可能与辅助圆相交,即不可能获得 C_3点,从而不能达到匹配;当 $d_2=\lambda/8$、$3\lambda/8$ 时,若 C_2点落在 $\overline{G}>2$ 的圆内(图3-37中的阴影圆),同样也不能获得匹配。可见,双分支线调配器不是能对任意负载阻抗都可以调节到匹配的,存在不能匹配的死区,为了克服这个缺点,可以采用三分支线调配器。

3. 三分支线调配器

双短路分支线调配器存在不能匹配的死区,为了克服这一不足,可以采用三短路分支线调配器。三分支线调配器的等效电路如图3-38(a)所示。在微波工程中,用得最多的是矩形波导中的三螺钉调配器和同轴线型三分支线调配器,亦有三分支波导调配器在一些场合中会得到应用。同轴线型三分支线调配器的结构示意图如图3-38(b)所示。

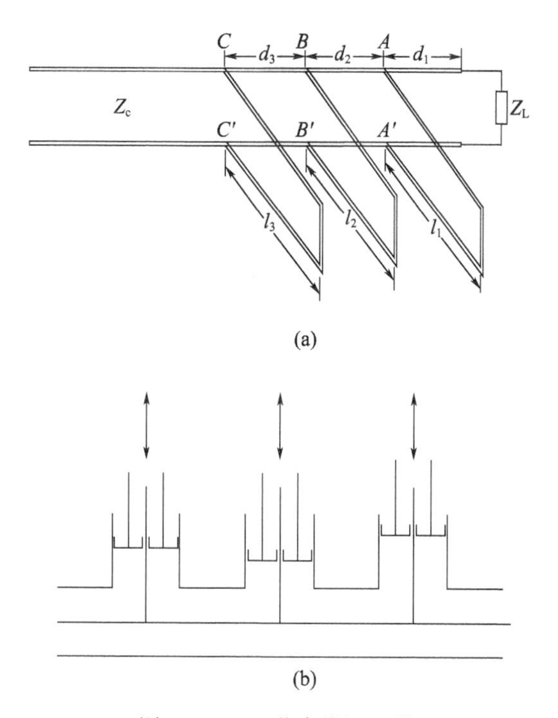

图3-38　三分支线调配器

(a)等效电路;(b)同轴线型三分支线调配器结构。

三分支线调配器,三个短路分支线的间距 $d_1=d_2=d_3$,可以取 $\lambda_g/4$,也可以取 $\lambda_g/8$。三分支线调配器的工作原理与双分支线调配器是相同的,因为三分支线调配器在实际使用时,其实只需要用到其中两个短路支线,剩余一个是固定不需要移动的,一般是先让第三个短路支线空闲着,即让 $l_3=\lambda_g/4$ 固定不动,用第一和第二两个短路支线,调节 l_1、l_2即可达到匹配。如果在这种情况下,出现在分析双短路分支线调配器时的特点(3)指出的不可匹配情况,则这时可以令 $l_1=\lambda_g/4$ 固定不动,即不用第一个短路支线,而用第二个和第三个短路支线,调节 l_2、l_3即可达到匹配。可见,三分支线调配器对任何负载阻抗都可以进行匹配。

3.5.2 矩形波导调配器

短路分支线调配器更多地使用在双导线、同轴线及微带线上实现传输线与负载的阻抗匹配，在矩形波导中，除了短路分支波导外，还有其他一些形式的调配器。

1. 短路分支波导

矩形波导的短路分支波导主要指具有短路活塞的 E - T 分支波导、H - T 分支波导和双 T 分支波导(魔 T)，在上面讨论单分支线调配器时的例 1 中，我们给出了 H 面分支波导调配器的结构图及其应用，类似地，它也可以作成双分支波导调配器和三分支波导调配器。由于 E - T 分支波导、H - T 分支波导调配器体积比较大，特别是双分支波导和三分支波导调配器，相互之间的间距 d 将无法做到 $\lambda_g/8$、$\lambda_g/4$，因而在实际波导系统中应用比较少，只有魔 T 调配器因为结构紧凑，用得比较广泛。将在 4.1 节和 4.2 节中对上述三种短路分支波导的作用进行更详细的讨论。

2. 膜片

膜片是指垂直于波导管轴线而放置在波导中的金属薄片，膜片可以从波导宽边出发对称或不对称放置，称之为容性膜片；也可以从波导窄边出发对称或不对称放置，称为感性膜片。显然，在波导中放入膜片后必将引起反射，反射波的大小及相位随膜片的大小及位置不同而改变，我们正是利用膜片产生的反射来抵消由负载不匹配而引起的反射从而达到匹配目的的。

如果忽略膜片对波的有功损耗，则它可以等效为波导的并联电纳，在进行膜片的分析时，由于膜片一般都很薄，可忽略它的厚度。

1) 感性膜片

如果膜片从波导窄边出发引入波导内，则将使波导中的 TE_{10} 模的磁场在膜片处得到压缩而被加强，而 TE_{10} 模的电场本来就主要集中在波导宽边中央，在这里波导 b 边尺寸并没有因膜片的引入而改变，因而膜片的引入对电场的影响比较小，这种膜片呈现电感性，称为电感膜片。对称电感膜片和非对称电感膜片如图 3 - 39 所示，图中同时给出了它的等效电路。

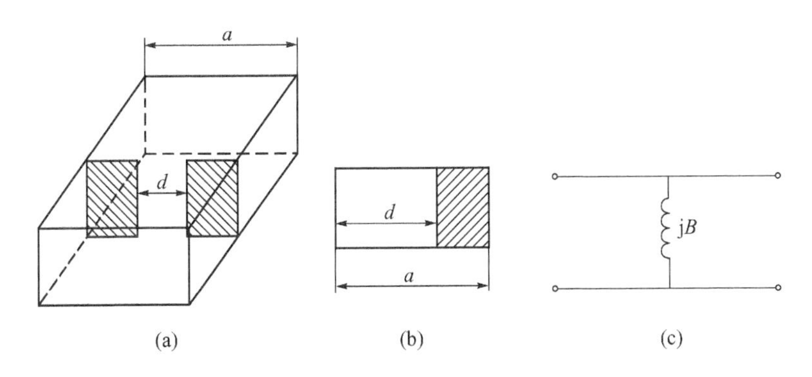

图 3 - 39　波导电感膜片及其等效电路

(a) 对称膜片；(b) 非对称膜片；(c) 等效电路。

对于如图 3 - 39(a) 所示的对称电感膜片的电纳可以按下式近似计算：

$$\frac{B}{Y_0} \approx \frac{\lambda_g}{a}\cot^2\frac{\pi d}{2a} \tag{3.39}$$

式中,Y_0 为波导的特性导纳,它等于特性阻抗的倒数;λ_g 为波导波长,a、d 分别为波导宽边尺寸和膜片间距。

对于非对称电感膜片(图3-39(b)),其电纳为

$$\frac{B}{Y_0} \approx \frac{\lambda_g}{a}\left(1 + \csc^2\frac{\pi d}{2a}\right)\cot^2\frac{\pi d}{2a} \tag{3.40}$$

式中符号意义与式(3.39)相同,只是 d 现在是指膜片与波导窄边的间距。

要注意的是,在相同的 d 下,非对称膜片对波导引入的电纳要比对称膜片的电纳大。

2)容性膜片

当膜片由波导宽边出发引入波导内时,则由于波导窄边尺寸 b 变得更小,将使 TE_{10} 模的电场在膜片处得到压缩而被加强,膜片主要呈现容性。对称和非对称的容性膜片以及它们的等效电路图如图3-40所示。

对称容性膜片(图3-40(a))的电纳近似为

$$\frac{B}{Y_0} \approx \frac{4b}{\lambda_g}\ln\left(\csc\frac{\pi d}{2b}\right) \tag{3.41}$$

而非对称容性膜片(图3-40(b))的电纳则为

$$\frac{B}{Y_0} \approx \frac{8b}{\lambda_g}\ln\left(\csc\frac{\pi d}{2b}\right) \tag{3.42}$$

式中,Y_0、λ_g 的定义与式(3.39)相同,尺寸 b、d 由图3-40给出。

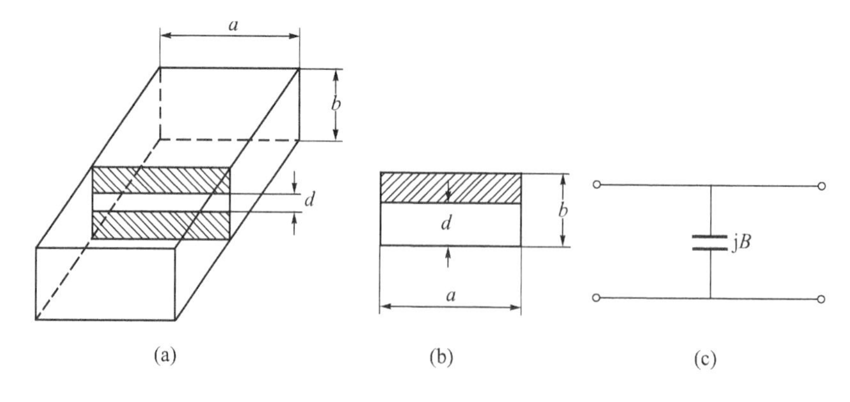

图3-40 波导容性膜片及其等效电路

(a)对称膜片;(b)非对称膜片;(c)等效电路。

3)组合膜片

将感性膜片和容性膜片组合在一起同时引入波导,就构成如图3-41所示的谐振窗,它的等效电路相当于并联的谐振回路。这种谐振窗也可以作为阻抗匹配用,但更多地是作为波导滤波器用,它对某一频率产生谐振,使得该频率的电磁波可以无反射地通过,而对其他频率波则产生反射甚至无法通过。在这种窗的孔上封接玻璃、陶瓷等低损耗介质

材料后它常被用于大功率波导系统充气用的密封窗，也常用于微波电真空器件或气体放电管的真空密封兼输出微波。

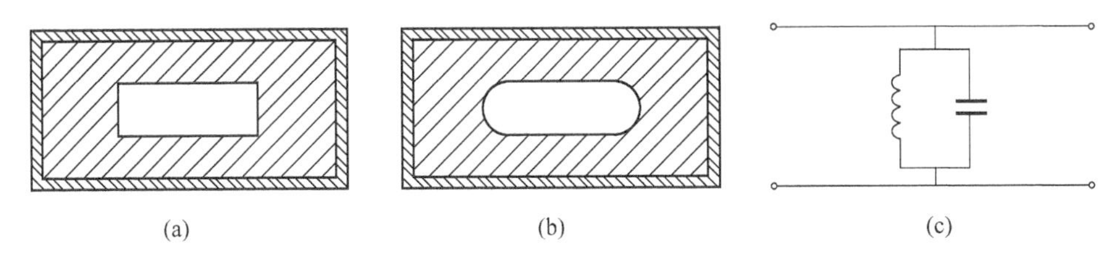

图 3－41　波导谐振窗及其等效电路

（a）矩形谐振窗；（b）椭圆形谐振窗；（c）等效电路。

3. 销钉

在波导中垂直波导壁放置并且两端与波导壁相连的金属圆棒称为销钉，销钉类似于波导膜片，也相当于在波导中引入并联电纳，因而同样可以作为负载的阻抗匹配用。

1）感性销钉

平行于波导窄边的销钉引入的电纳是感性的，如图 3－42 所示。因为这样放置的销钉相当于代替了波导宽边的一部分空间，减小了波导宽边的尺寸，与电感膜片类似，因而其等效电路为并联电感。

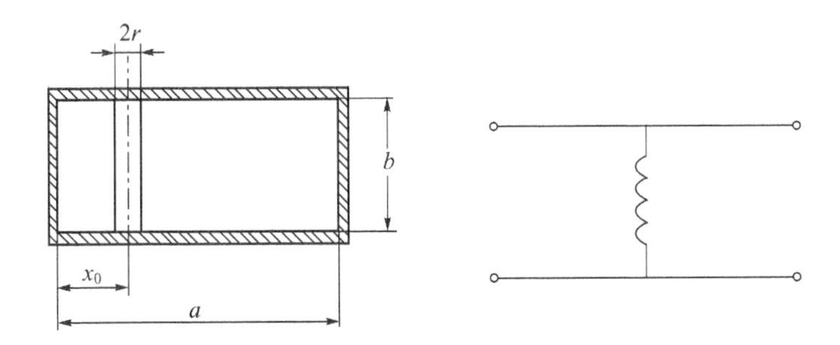

图 3－42　波导中的感性销钉及其等效电路

感性销钉的电纳与销钉的粗细、多少有关，销钉直径越大，根数越多，电感量越大。单根销钉的电纳近似计算公式为

$$\frac{B}{Y_0} \approx \frac{2\lambda_g}{a}\sin^2\frac{\pi x_0}{a}\left[\ln\left(\frac{2a}{\pi r}\sin\frac{\pi x_0}{a}\right) - 2\sin^2\frac{\pi x_0}{a}\right]^{-1} \tag{3.43}$$

式中各尺寸见图 3－42 的规定。当销钉处于波导宽边中央，即 $x_0 = a/2$ 时，上式简化为

$$\frac{B}{Y_0} \approx \frac{2\lambda_g}{a}\left[\ln\frac{2a}{\pi r} - 2\right]^{-1} \tag{3.44}$$

2）容性销钉

平行于波导宽边的销钉是容性销钉，如图 3－43 所示。这时金属销钉的存在占去波导窄边的一部分空间，使窄边变小，类似于容性膜片，因而呈现容性，其等效电路为并联电容。

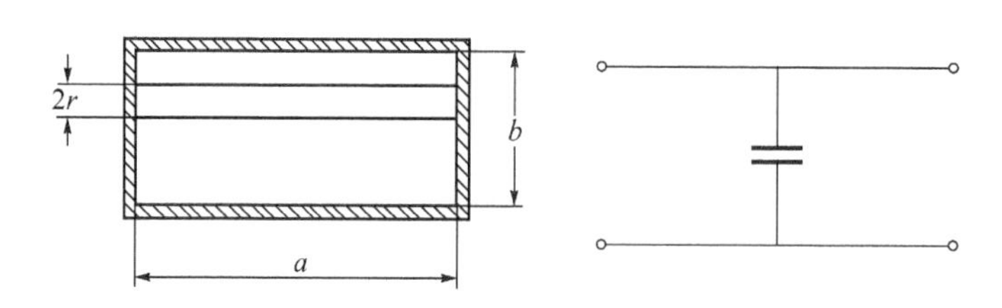

图3-43　波导中的容性销钉及其等效电路

同样,销钉越粗,根数越多,引入电纳越大。但是,销钉在波导中的位置与引入的电纳大小无关,这是因为波导中的 TE_{10} 模的场沿窄边方向本来就是均匀的,所以容性销钉不论处在什么位置,对场的影响都是一样的。但是,容性销钉电纳的计算没有简单的近似公式可以利用,较复杂的解析计算公式可参考相关文献。

4. 调配螺钉

用膜片或销钉来调配负载时会有很多不便,一方面是负载本身的特性阻抗并不一定已知,进行匹配时只有用不同尺寸大小的膜片或销钉反复测试才能达到匹配;另一方面是膜片或销钉的尺寸及在波导中的位置固定后,其引入的电纳也就固定,只能对特定的负载进行匹配,负载一旦改变,就要重新制作调配膜片或销钉。若使用深度可以调节的螺钉来代替固定膜片或销钉,显然就方便得多了。因为它的电纳是可以改变的,能适应不同负载的需要,因而调配螺钉是小功率微波设备中普遍采用的调配元件,调配螺钉也常被叫作调谐螺钉。

1）单螺钉调配器

单螺钉调配器的调配螺钉一般通过波导宽边中央插入波导(见图3-44),与膜片、销钉一样,它的等效电路也是并联在主路中的电纳。

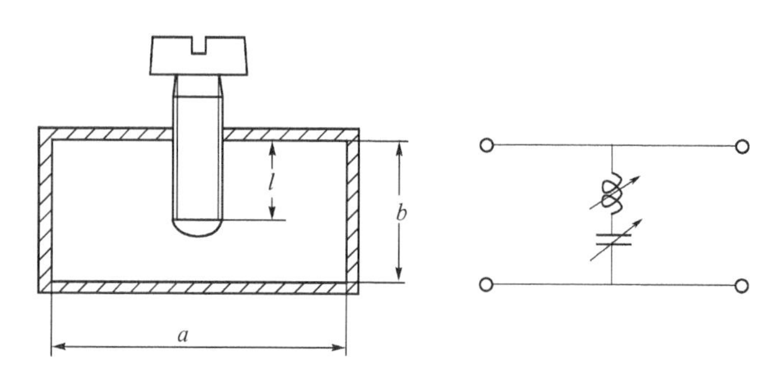

图3-44　单螺钉调配器结构及其等效电路

理论和实验都证实,当螺钉插入波导的深度 $l<\lambda/4$ 时,螺钉将主要起集中电场的作用,因而螺钉的等效电纳呈现容性,随着插入深度的增加,电容量也增大。但在同时,波导宽边上的轴向电流要流进螺钉沿螺钉轴向流动,从而产生磁场,使螺钉具有一定电感量,只是在螺钉插入深度较浅时,电感量很小,可以忽略,当螺钉插入深度增加时,电感量也要增加,所以这时调配螺钉的等效电路变为并联在主线上的LC串联回路。当 $l\approx\lambda/4$ 时,容抗和感抗相等,回路谐振,总的并联导纳趋于无穷大,使波导短路,产生全反射。螺钉深度再进一步增加,当 $l>\lambda/4$ 时,电感量将成为主要,螺钉呈感性,直至螺钉与波导对壁接触成为感性销钉。不过在实用上,通常将螺钉设计成呈容性,因为根据矩形波导尺寸选择的范围式(2.32),一般 b 约为波长的 1/3 ~ 3/8,若螺钉长度大于 $\lambda/4$,则螺钉头与波导壁的距离很小,易引起击穿。

作为一个近似,可以根据上面的分析把螺钉看作是一段开路线,其导纳可将式(1.97)变换成导纳形式得到

$$B = jY_c \tan\left(\frac{2\pi l}{\lambda}\right) \tag{3.45}$$

当被匹配的负载在较大范围内变化时,一个位置固定,仅插入深度可调的螺钉是难以达到匹配目的的,因为螺钉并联到主线上的始终只是纯电纳,因此调节螺钉只能改变主线的电纳,不能改变电导。为此,人们往往让调配螺钉可以沿着波导宽边轴线移动,即负载反映到螺钉位置的导纳可以改变,使螺钉所在位置向负载看的输入导纳(不包括螺钉的影响)中的电导部分等于传输线特性电导,从而使电导达到匹配,然后再调节螺钉深度,使总电纳等于零,从而达到匹配目的。因此,这样的调配器往往又被称为可移动单螺钉调配器。

2)双螺钉、三螺钉调配器

单螺钉调配器的缺点是必须在波导宽边中央开缝以便螺钉移动,但同时又要保证螺钉与波导的电接触,显然,这不是一种好的方式。为此,类似于双分支线调配器,可以采用两个调配螺钉而不必再沿波导纵向移动螺钉的位置,只需要分别调节两个螺钉的插入深度就可以达到与负载匹配的目的。两个螺钉之间的距离一般为 $\lambda_g/8$ 或 $3\lambda_g/8$,当频率较高时,波长短,可以取较大的间隔。

双螺钉调配器的缺点是不能对任意负载进行匹配,存在某些负载导纳不可能达到匹配的“死区”。采用与三分支线调配器对应的三螺钉调配器就可以克服这一缺点,三螺钉调配器实际上可以看作是两个双螺钉调配器的串联,中间的螺钉既是前一个双螺钉调配器的一部分,也是后一个双螺钉调配器的组成部分,利用三螺钉调配器就可以匹配任何负载导纳。相邻两个螺钉的距离一般为 $\lambda_g/8$。

由于调配螺钉所产生的感性电纳可变范围有限,因而螺钉调配器所能匹配的阻抗范围往往也会受到一定限制。

3.6 功率与相位控制元件——衰减器与移相器

衰减器与移相器分别是两端口的功率和相位控制元件,前者的功能是控制通过它的微波功率的大小,后者的作用则是改变通过它的微波相位,由于最常用的衰减器和移相器在结构上十分类似,所以我们放在一起来介绍。

3.6.1 衰减器

1. 衰减器与衰减量

衰减器的作用是使通过它的微波得到一定量的衰减,从而使输入到负载的微波功率减小。衰减器最主要的特征指标就是它的衰减量,衰减量往往直接被简称为“衰减”,衰减量固定的称为固定衰减器,衰减量在一定范围内可调的称为可调或可变衰减器。

衰减器的衰减量定义为：在衰减器终端负载匹配的条件下，其输入微波功率 P_1 与输出微波功率 P_2 之比的分贝数，该定义亦适用于任何一个微波元件或微波系统对微波传输的损耗(衰减)的计量。

$$L = 10\lg \frac{P_1}{P_2} \quad (\text{dB}) \tag{3.46}$$

根据式(3.46)计算得到的衰减量实际包含由两个因素引起的衰减，一个是系统或元件内部对微波的损耗，吸收了输入的一部分微波功率而引起的，这种衰减称为“吸收衰减”；另一个是由于系统或元件输入端不匹配，使一部分输入微波功率被反射，导致进入系统或元件的功率减小而造成的，相应的衰减称为“反射衰减”。

衰减器的主要用途：① 进行微波功率电平的调节(控制)，这是衰减器最常见的用途。② 固定衰减器还可以用来“去耦”，所谓去耦就是减少微波系统与微波源之间的耦合，避免由于系统负载的变化反馈到信号源中引起工作不稳定甚至损坏微波管的输出窗。信号源输出的微波功率经过一个衰减器后进入微波系统，由系统不匹配引起的反射功率将再次经过衰减器后才能回到信号源，这时进入信号源的功率将大大小于原来它输出的功率，因而对信号源造成的影响已十分微小。显然，这种去耦的作用是以牺牲微波功率为代价的，因而它只适用于小功率系统，大功率系统不允许这种无谓的功率损失以避免降低效率。③ 具有精密刻度的可调衰减器可用来进行微波测量，用替代法测量元件的损耗或微波源的增益。如图3-45所示，只要利用开关让信号源输出的微波分别通过直通支路和有被测件的支路，并调节精密刻度衰减器使两次指示器的指示相同，则衰减器两次刻度指示的差就是被测件的衰减或增益。若开关接直通支路时衰减器指示的衰减量比开关接被测件支路时的衰减量大，则其差表示被测件的衰减量；反之则表示被测件的增益。

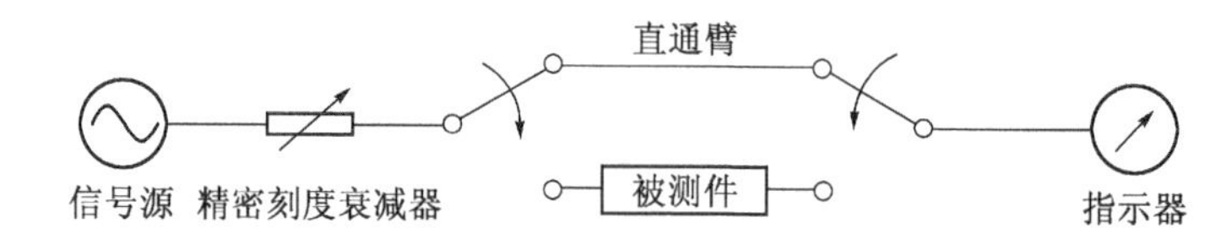

图3-45　利用精密刻度衰减器测量衰减或增益

2. 吸收式衰减器

利用“吸收衰减”的原理而制成的衰减器就称为吸收式衰减器，它一般利用插入传输线的微波吸收片来使通过的微波产生一定损耗。常用的波导吸收式衰减器的结构示意于图3-46中。

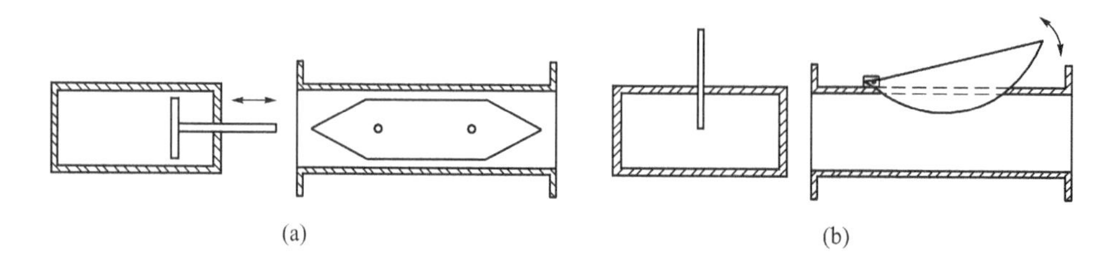

图3-46　可变衰减器

(a) 吸收片改变在波导中的位置；(b) 吸收片改变在波导中插入的深度。

吸收片的材料、工艺与小功率匹配负载中所用吸收片相同，为了使吸收片最有效地吸收微波功率，应使其平面平行于 H_{10}波的电场方向，即平行于矩形波导的窄边。对吸收片的基本要求是不引起附加的反射，为此其两端做成尖劈状或圆弧形以消除反射，保证衰减器两端匹配。

吸收片位置固定不可移动的衰减器就是固定衰减器，固定衰减器的衰减量通常选择为 10 ~ 20dB。可变吸收式衰减器的衰减量一般可以从零到 30 ~ 40dB 之间可调。

吸收片的微波衰减材料只有一薄层，功率容量很低，为了提高衰减器的功率容量，也可以将微波体积吸收材料（见 3.3 节匹配负载）充填入波导来做成衰减器。这种充填式衰减器可以比吸收片衰减器获得更大的衰减量和更好的频率响应（衰减量随频率的变化小），结构也更为可靠，但它一般只能做成固定衰减器。

3. 截止式衰减器

在 1.2 节中我们已经知道，波在传输线中的传播条件是 $\lambda < \lambda_c$；反之，当 $\lambda > \lambda_c$ 时，传输线处于截止状态，这时波不再能传播。工作在截止状态下的波导称为截止波导或过极限波导。

在截止条件下，波的传播常数为

$$\gamma = \alpha = \frac{2\pi}{\lambda}\sqrt{\left(\frac{\lambda}{\lambda_c}\right)^2 - 1} \tag{3.47}$$

式中，对于矩形截止波导，λ_c 一般取为 $2a$，而对于圆形截止波导，λ_c 则一般取为 $3.41R$。在 1.2 节中已经指出，这时波导中在 $+z$ 方向包含一个按 $e^{-\alpha z}$规律衰减的波和一个按 $e^{\alpha z}$规律增长的波。由于在无源条件下，波不可能随 z 的增长而无限增长，所以在截止波导中只能存在衰减波。$e^{-\alpha z}$成为衰减因子，表明波沿距离 z 衰减，正是利用截止波导的这一特性，可以做成衰减器，称为截止衰减器或过极限衰减器。显然，波并没有在截止衰减器中被损耗，它只是因为波导已处于截止状态，波不能传播而被反射回去了，因此，截止衰减器是一种反射式衰减器。

截止衰减器的衰减量可按下式计算

$$L = -20\lg e^{-\alpha z} = 8.68\alpha l \quad (\text{dB}) \tag{3.48}$$

式中，l 为衰减器长度，即 $z = l$。

截止衰减器的特点如下：

（1）衰减量 L 与长度 l 成正比，而 α 根据波导尺寸可以正确算出，因此无须对衰减量进行校正就可以直接刻度，所以它是一种绝对衰减器，可以作为衰减量的标准。

（2）当 $\lambda \gg \lambda_c$ 时，衰减常数 α 可以很大，因而在一段不大的长度 l 上，就可以得到很大的衰减量。

（3）改变截止衰减器的长度 l，即可以改变衰减量 L，所以一般这种衰减器都做成可调衰减器。

（4）由于截止衰减器是反射式衰减，其输入和输出端都有很大的反射，存在严重的不匹配，正因为此，截止衰减器只获得了十分有限的应用。

但在另一方面，截止衰减器对波的传输截止的特性在防微波泄漏方面却获得了广泛的应用。例如为了对微波系统充某种气体以提高系统的击穿强度，或者在波导中需要引入某些传感元件如探测波导内部打火的光敏管等,以及任何其他目的需要在波导上开非耦合用的孔、缝时,就可以在孔、缝口上接一段截止波导以防止系统内的微波向外泄漏;在微波实验室中大量使用的屏蔽网,每一个网眼也都构成一段截止波导,只是它防止的是来自外部空间的杂散微波向实验室内部的泄漏,以免对微波实验产生干扰,影响测量精度和可靠性;而微波炉的炉门玻璃板,也都会蒙有一层金属网以阻止炉内微波向外泄漏。不过要特别指出的是,金属网对电磁波的屏蔽作用,网孔用于截止波导对微波的衰减只是一方面,由于金属网的厚度十分有限,因此由它引起的截止衰减是不大的;它对微波的衰减更主要的是来自小孔耦合产生的耦合强度的衰减,由于金属网的网孔尺寸远小于微波波长,因此可以把网孔对微波场的耦合近似看做小孔耦合,金属网两侧的微波场一般都比较弱,特别是被屏蔽一侧的场更微弱,因此根据小孔耦合理论(见4.3节),通过小孔产生的耦合将十分微弱(正的耦合强度很大),即通过网孔从外部空间能耦合进被屏蔽空间的微波场衰减将十分大。

4. 旋转式衰减器

旋转式衰减器是目前最精密的衰减器之一,这种衰减器的主体部分是一段圆波导,其中有一片与圆波导固定的微波吸收片,但圆波导本身可以连同吸收片一起旋转;圆波导的两端都通过方圆过渡(见3.7节)变成矩形波导以便与输入输出波导相连接,在圆波导与过渡段连接处也各有一片平行于矩形波导宽边的固定吸收片(见图3-47)。

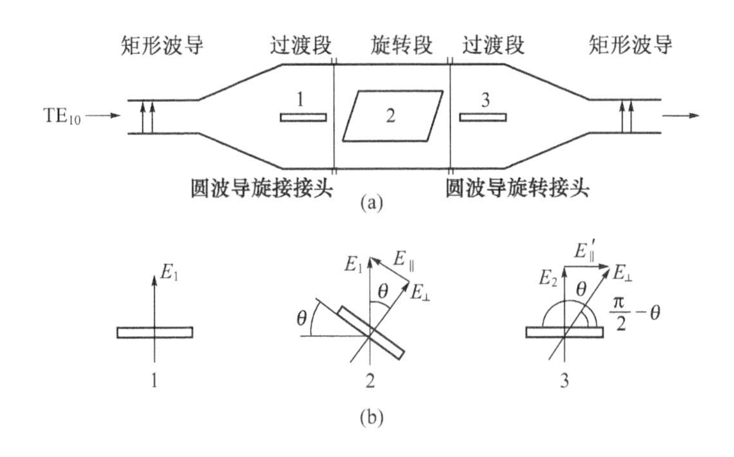

图3-47 旋转式衰减器

(a) 结构示意图;(b) 各吸收片与电场关系。

由矩形波导输入的TE_{10}模,经过方圆过渡进入圆波导后变成TE_{11}模,对于吸收片1来说,电场E_1方向与其垂直,没有平行的电场分量,因而吸收片1对场不产生衰减,只是起到固定极化方向的作用;在圆波导中,由于吸收片2可以随圆波导一起旋转,我们假设它相对于吸收片1偏转了θ角,则这时电场E_1相对吸收片2来说,就可以分解成两个分量,即垂直于吸收片的分量$E_\perp$和平行于吸收片的分量$E_\parallel$,它们可以表示为

$$E_\perp = E_1\cos\theta, \qquad E_\parallel = E_1\sin\theta \tag{3.49}$$

$E_\parallel$将被吸收片损耗而不再输出,而$E_\perp$则仍可以无衰减地通过;当$E_\perp$到达输出端的方圆过渡而遇到吸收片3时,吸收片3的方向与吸收片1相同,固定为与矩形波导宽边平

行，所以这时 $E_{\perp}$ 将与它形成一个 $(\pi/2-\theta)$ 的夹角并可以再次分解成与吸收片垂直的分量 E_2 和与其平行的分量 $E'_{\parallel}$。

$$E_2 = E_{\perp}\cos\theta,\quad E'_{\parallel} = E_{\perp}\sin\theta \tag{3.50}$$

将式(3.49)中的 $E_{\perp}$ 代入式(3.50)，得

$$E_2 = E_1\cos^2\theta \tag{3.51}$$

由于 E_2 不会被吸收片 3 损耗，它将由衰减器输出，由此我们就可以求出旋转衰减器的衰减量

$$L = 20\lg\frac{E_1}{E_2} = -20\lg|\cos^2\theta|\quad (\mathrm{dB}) \tag{3.52}$$

可见，旋转衰减器的衰减量只与旋转吸收片的旋转角度 θ 有关，而与 3 个吸收片的衰减量无关，只要吸收片的衰减量足够大，能保证将平行于它的电场分量吸收掉就行。由于这种衰减器的衰减量可以根据式(3.52)计算出来，因而也是一种绝对衰减器，可以作为标准来对其他衰减器进行定标或衰减量的精密测量。

5. 耦合式衰减器

吸收式衰减器和旋转式衰减器都是依赖于吸收片表面一薄层微波衰减材料来吸收微波的，它们能承受的微波功率只能达到毫瓦量级，因此只适用于小功率系统中。在大功率微波系统中，可以采用耦合式衰减器(图 3-48)，这种衰减器的微波吸收并不直接在传输微波的主波导中进行，而是把微波功率通过一定的耦合方式耦合进副波导后再在副波导中被吸收，最方便的结构形式就是主、副波导间采用孔、缝耦合(可参见 4.3 节)，然后在副波导两端接大功率匹配负载。

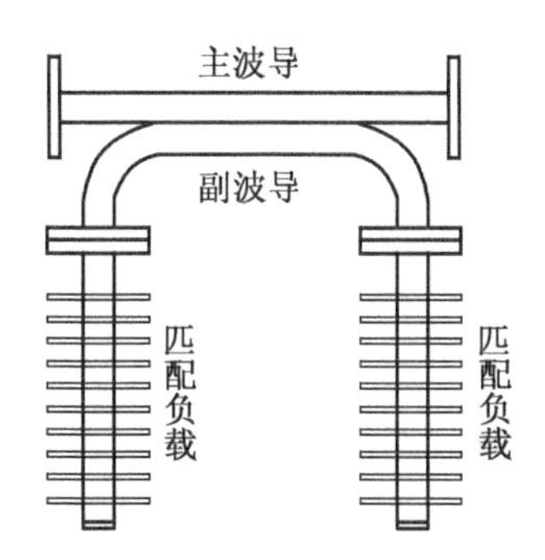

图 3-48　耦合式衰减器
(此图源自西安恒达微波集团"微波与毫米波"第六版)

在耦合式衰减器的副波导中，可以填充体积吸收材料对微波进行吸收，需要进一步提高功率容量时还可以扩大副波导尺寸以填充更大体积的吸收材料，并在波导外壁上焊接散热片以便更好地耗散吸收材料因吸收大功率微波而产生的热量。采用这些措施后，耦合式衰减器的功率容量在 7GHz 以下频段可以达到平均功率 4000W，在 60GHz 以上直至 110GHz 频段也可以达到平均功率 200W 的水平。

调节主、副波导的耦合强弱，耦合式衰减器的衰减量也就可变，而且由于在这种衰减

器中,微波吸收材料是填充在副波导中的,因而不会影响主波导中大功率微波的传输,但当功率足够大时,耦合孔也可能会产生打火击穿。匹配负载引起的反射只有一小部分能反映到主波导中去,因而降低了吸收材料不匹配对主波导驻波系数的影响。

3.6.2 移相器

移相器又可称为相移器,其作用是改变电磁波的相位移。本来,行波在通过任何一段一定长度的传输线时,就会产生相应的相位移 $\Delta\varphi=\beta l$,但是有时为了一些特定的需要,往往要求电磁波的相位在一定范围内可以进行人为改变,这就要利用专门的移相器。对移相器的基本要求是波通过时产生的相位移可以调节,但又不希望产生附加的损耗。

根据

$$\Delta\varphi = \beta l = 2\pi\frac{l}{\lambda_g}, \qquad \lambda_g = \frac{\lambda}{\sqrt{\varepsilon_r - \left(\frac{\lambda}{\lambda_c}\right)^2}} \tag{3.53}$$

可见,要改变 $\Delta\varphi$,只有通过改变 l/λ_g 来实现,l/λ_g 称为电长度。改变电长度可以有两个途径:改变传输线几何长度 l,或改变波导波长 λ_g;而 λ_g 的改变又取决于 ε_r 或者 λ_c 的变化,移相器正是通过调节介质对波的传播的影响或改变截止波长来实现对相位的调节的。

最简单的移相方法显然是做一节长度可以滑动调节的波导来改变 l,或者在矩形波导宽边开槽通过机械压力方法改变宽边尺寸从而调节 λ_c。这些方法由于机械上的缺陷必然会对波的传输造成影响,目前已很少使用。

1. 介质片移相器

一种方便而简单的移相器是在波导中插入一介质片,介质片所在位置高频场越强,它对波的影响越大,引起的相位移也就越多,调节介质片在波导中的位置或插入波导的深度就可以调节相移量的大小。这种移相器的结构与图 3-46 所示衰减器完全类似,只是这时在介质片上不应再涂覆任何微波吸收材料,而且介质片自身的材料应尽可能选取低损耗的电介质,如石英、高氧化铝瓷、聚四氟乙烯等。

介质片移相器结构简单,体积小,但一般不适宜需要精密刻度相移量的情况。

2. 线性移相器

线性移相器实际是一段介质填充波导,填充波导的介质板分成3块,中央一块通过传动机构可以沿波导轴向滑动,为了匹配,每块介质板的两端都做成阶梯形,以利用四分之一波长阻抗变换原理消除反射。如图 3-49 所示,介质板1与3与波导固定,介质板2可以利用机械传动机构通过开在波导宽边中央的缝隙带动在纵向滑动。整个移相器可以分成4个区域,区域Ⅰ只有介质板1与3的影响,为部分填充波导;区域Ⅱ则为介质板1、2和3将波导全填充的区域;区域Ⅲ是只有介质板2存在的部分填充波导;区域Ⅳ则为原无介质存在的空波导区域。

设4个区域的相位常数分别为 β_1、β_2、β_3 和 β_4,介质板2的宽度 t 应当选择得使 $(\beta_1+\beta_3)>(\beta_2+\beta_4)$。若中间的介质板2向右移动一个距离 x,则区域Ⅰ和Ⅲ就将伸长 x,而区域Ⅱ和Ⅳ的长度则缩短 x(对一个已做成的移相器来说,移相器的总长度是一定的)。这样,这一移动带来的新的相移量就是

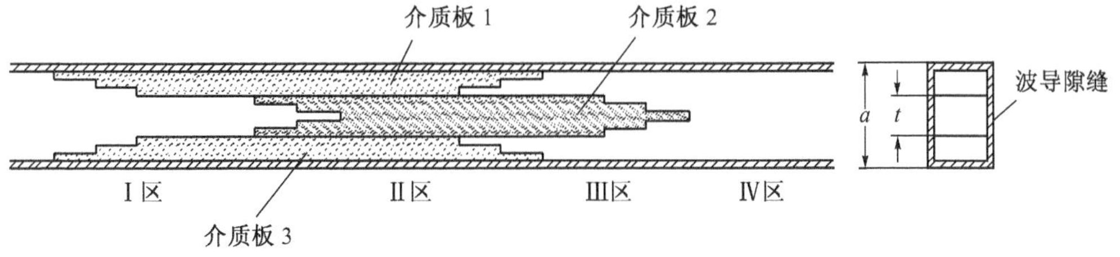

图 3-49 线性移相器

$$\Delta\varphi = [(\beta_1 + \beta_3) - (\beta_2 + \beta_4)]x = \Delta\beta x \tag{3.54}$$

反之，如果介质板 2 向左滑动 x 距离，就会使相移减少 $\Delta\beta x$。因此，这种移相器的相移量与介质板 2 的滑动距离 x 成正比，是一种线性移相器。

可以证明，当介质板 2 的宽度 t/a 在大约 1/3 ~ 1/4 之间时，$\Delta\beta$ 的值最大。另外，介质板的相对介电常数 ε_r 越大，$\Delta\beta$ 也越大，但应注意防止出现高次模式，因为 ε_r 的增加将导致截止频率 f_c 的降低，使高次模式容易到达 $f > f_c$ 的传输条件。

在 3cm 波段线性移相器可以做到每移动 0.01cm，相移量的误差不大于 ±0.25°，驻波系数可以小于 1.05。

3. 旋转式移相器

旋转式移相器的结构与旋转式衰减器类似，只是其中的吸收片被介质片所代替（可参考图 3-47），且介质片 1、3 与矩形波导宽边成 45°放置。

矩形波导中线极化的 TE_{10} 波经方圆过渡进入圆波导后变换成线极化 TE_{11} 波，它可以被分解成两个极化波，即极化方向与介质片 1 平行和垂直的两个波，由于介质片是 45°放置的，因而两个极化波的幅值将相等，由于电场平行于介质片的波的 β 值比垂直于介质片的波的 β 值受介质影响大，因此介质片 1 使平行于它的极化波的相位常数 β_1 将大于垂直于它的极化波的相位常数 β_2，介质片的长度则使相位差 $(\beta_1 - \beta_2)l = 90°$，因而这两个极化波的合成矢量将成为一个顺一个方向（如顺时针方向）旋转的圆极化 TE_{11} 波；当这两个有 90°相位差的极化波进入介质片 2 后，由于介质片 2 相对于介质片 1 旋转有一个角度 θ，因而当圆极化 TE_{11} 波重新被分解成平行和垂直于介质片 2 的两个极化波时，就产生了一个附加的相位变化 θ，而介质片 2 的设计则使极化方向平行于它的波与垂直于它的波产生 180°的相位差，这样一来，其中一个波将一共超前另一个波 270°，它也可以看成是滞后另一个 90°（-90°），这意味着两个波的合成矢量的旋转方向将与波离开介质片 1 时的合成矢量的旋转方向相反，但比原来在相位上有 θ 相位移；介质片 3 与介质片 1 一样，相对于矩形波导宽边成 45°放置，因而相对介质片 2 同样有 θ 角的偏差，TE_{11} 波在介质片 3 上进行分解时将再次引入一个附加相位 θ，而介质片 3 本身产生的 90°相差将使其中一个波相对另一个波一共形成 360°的相差，也就是恢复到第一个介质片输入端的方向，重新成为线极化的 TE_{10} 波。但这时与输入端相比，波一共改变了 2 个 θ 相位。可见，旋转式移相器的相移量是旋转段的圆波导旋转角度 θ 的两倍，因而它可以直接进行精密刻度。

旋转式移相器是一种广泛应用于微波测量的精密移相器。在旋转式移相器中，除了用介质片外，亦可以用金属片或金属短杆对圆波导加载，作为产生 90°和 180°相差的相移段。金属片或金属杆的引入相当于改变了波导尺寸，因而引起了 λ_g 的变化，从而改变了波导的电长度产生附加相移。

3.7 波型变换元件——波型变换器与抑制器

波导连接元件一般是指用于同一类型传输线之间的连接的元件,在连接波导中不发生波型(模式)的转换。而波型变换元件则用于不同类型的两段传输线或者虽然类型相同但波型不同的两段传输线之间的连接,在不同类型的传输线连接时往往也伴随有波型的变换。对波型变换元件的要求是:波型变换的纯度高,即变换后只存在需要的波型没有不需要的寄生波型;阻抗匹配好,不产生反射;工作频带宽。不同类型传输线的连接实际也是一种波型激励器,即利用原来传输线中的模式场在另一类传输线中激励起新的波型的场,所以,波型变换元件实际上就是模式激励装置的一些具体应用或者特殊形式。与此相反的是,如果在传输线中需要抑制某些波型的传输,则就要利用波型抑制元件。

3.7.1 过渡接头

连接不同类型传输线的波型变换元件习惯上称为过渡接头或过渡器,如波导—同轴过渡接头,方—圆过渡接头等。

1. 波导—同轴过渡接头

矩形波导—同轴线过渡接头是在微波系统和微波测量中使用得最普遍的一种波型变换元件,很多微波源或微波仪器往往具有同轴型的输入输出接头,而微波系统和被测元件则更多地是波导型的,这就必须使用波导—同轴过渡接头来进行转换。由于同轴线的主模是TEM波,而矩形波导的主模是TE_{10}波,因此设计波导—同轴过渡接头时除了传输线形状的改变外,同时还伴随有波型的变换。

通常同轴线具有比矩形波导低的特性阻抗,为了做到匹配过渡,波导—同轴线接头也是一种特殊的阻抗变换器。因此,理想的过渡接头如图3-50所示,它在波导和同轴线的终端都加有短路活塞以便调节距离l_1与l_2使阻抗匹配。如果使探针(同轴线内导体伸入波导内的一段)偏离矩形波导宽边中心,则将使匹配效果更好。由于当探针在矩形波导内激励起TE_{10}波时,探针的输入阻抗将按$\sin^2(\pi x/a)$的规律变化,因此探针偏离波导宽边中心一定距离,该位置的输入阻抗就降低,因而更易与低阻抗的同轴线匹配。在探针上加一个介质套,也可以降低波导的特性阻抗,改善匹配,展宽带宽。

一般情况下实际使用的波导—同轴过渡接头要简单一些,但形式多样,在图3-51中列举了一些常见的实例。其中图3-51(a)为最普通的形状,为了增加过渡接头的功率容量,往往可以做成门钮式(见图3-51(b)),而图3-51(c)的结构可以增加带宽,其同轴线外导体具有一个圆弧过渡,内导体端头做成小球形,这种结构可以在20%~30%带宽内获得优于1.1的驻波系数。

2. 方—圆过渡接头

在2.2节中已经介绍过,TE_{11}模虽然是圆波导中的最低模式,但由于极化简并的存在,它并不能做到真正意义上的单模传输。因此,在圆波导中根据用途的不同,或者说根据激励方式的不同,可能存在不同的传输模式,相应地,矩形波导—圆波导的过渡接头也就不同。

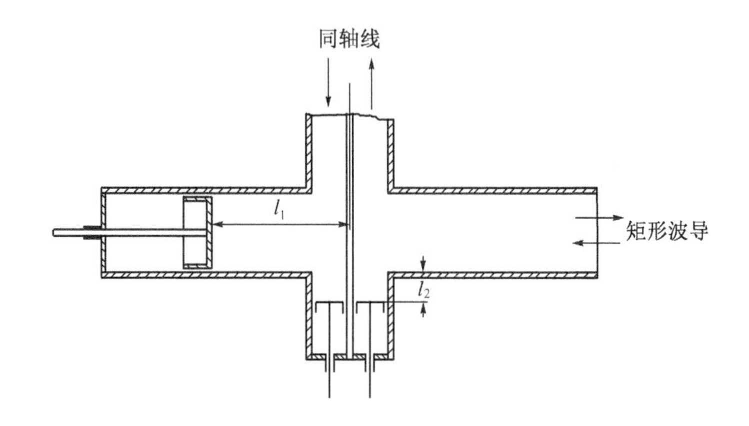

图 3-50 具有短路活塞的波导—同轴接头

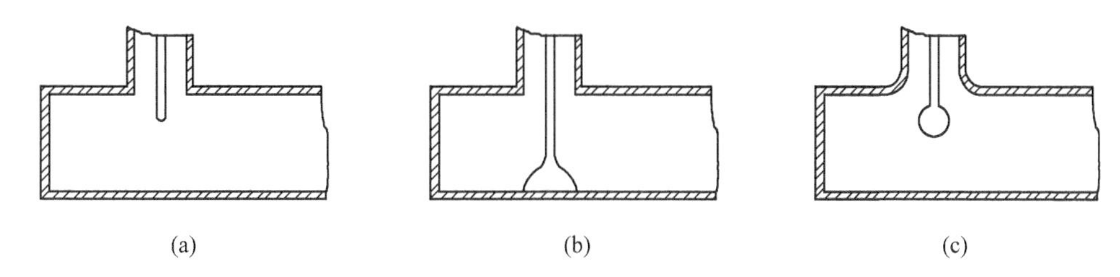

图 3-51 实用波导—同轴过渡接头
(a) 探针式; (b) 门钮式; (c) 球形探针式。

1) 矩形波导 $TE_{10}^{\square}$模—圆波导 $TE_{11}^{\bigcirc}$模过渡接头

把矩形波导直接渐变成圆波导,就构成了最方便的 $TE_{10}^{\square}$ - $TE_{11}^{\bigcirc}$ 方圆过渡接头。图 3-52 给出了这种接头的结构以及其内部 3 个位置的模式场电力线变换的过程。可以看出,由于圆波导中 TE_{11}模与矩形波导中 TE_{10}模有着十分类似的场结构,因而 $TE_{10}^{\square}$模就直接变换成了 $TE_{11}^{\bigcirc}$模。如果整个变换段有足够长度(若干个波导波长),这种过渡器可以获得相当宽的工作频带。

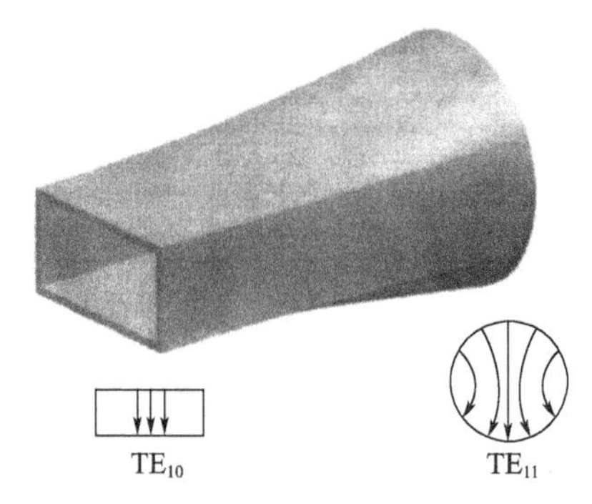

图 3-52 $H_{10}^{\square}$ - $H_{11}^{\bigcirc}$方圆过渡

图 3-52 所示 $H_{10}^{\square}$ - $H_{11}^{\bigcirc}$过渡接头可以用现代电火花线切割机十分方便地加工制造,它主要用于铁氧体波导元件(见第 7 章),以及在 3.6 节中介绍的旋转式衰减器和移相器中。

2) 矩形波导 $TE_{10}^{\square}$模—圆波导 $TM_{01}^{\bigcirc}$模过渡接头

这种过渡接头常采用如图 3-53 所示的结构,从矩形波导宽边中央固定一销钉通过另一宽边上的孔伸入到圆波导中,销钉与圆波导轴线重合。销钉所产生的电磁场力线与圆波导中 TM_{01}°模的电磁场力线刚好一致,因而在圆波导中将激励起 TM_{01}模。调节矩形波导短路面的位置可以使过渡接头达到匹配连接。

由于 TM_{01}°模的场结构具有旋转对称性,因而可以在雷达天线的馈线系统中作旋转接头以便天线的转动。这种旋转接头的一个例子示于图3-54。矩形波导与圆波导的圆周外壁相接,矩形波导的窄边与圆波导轴线平行,宽边与轴线垂直,因而矩形波导中 $TE_{10}^{\square}$模的磁力线就在圆波导横截面内形成 TM_{01}°模的磁力线,调节圆波导短路面距离($l\approx\lambda_g/2$)可以得到匹配的变换。由于 TM_{01}°模的场结构具有轴对称性,它又没有兼并模式,因此两个这样的模式变换单位通过抗流型无接触法兰连接,就可以形成旋转接头。

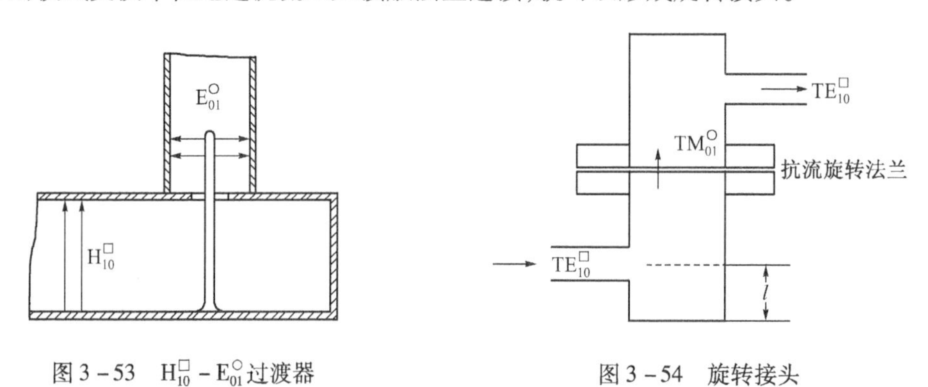

图3-53 $H_{10}^{\square}-E_{01}^{\circ}$过渡器　　图3-54 旋转接头

3) 矩形波导 $TE_{10}^{\square}$模—圆波导 TE_{01}°模过渡器

由于这类波型变换器结构比较复杂,习惯上不再称为过渡接头而直接称为波型变换器或模式变换器,其目的主要是为了把矩形波导中的 $TE_{10}^{\square}$模变换成圆波导中的 TE_{01}°模以便微波能量的远距离传输,因为圆波导 TE_{01}°模具有最低的损耗;或者反过来将微波源(如回旋管)产生的 TE_{01}°模微波变成 $TE_{10}^{\square}$模以便与微波测量系统连接或与发射天线的馈线连接。这类变换器比较典型的结构有扇形变换和十字交叉形变换。

(1) 扇形变换器。其结构如图3-55所示,首先将矩形波导的一侧窄边逐步压缩,而另一侧窄边则由平面逐步过渡成圆弧面,从而形成一个尖劈状的扇形,这时 $TE_{10}^{\square}$模的电力线也随之弯曲成弧线,然后将扇形的圆心角逐渐增加直至360°变成圆,场结构的电力线也随之变成圆,即构成 TE_{01}°模。

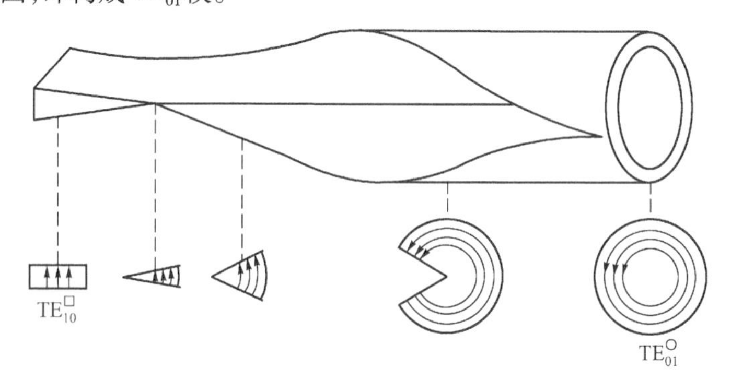

图3-55 $H_{10}^{\square}-H_{01}^{\circ}$扇形变换器

(2) 十字交叉形变换器。这种变换器由 3 段组成(图 3 - 56):第 1 段将矩形波导的宽边与窄边相互交换,即宽边变换成窄边,而窄边变换成宽边,并使宽边尺寸增加一倍,这时原来的 $TE_{10}^{\square}$ 波变换到新的矩形波导的 $TE_{20}^{\square}$ 波;第 2 段由矩形波导逐步过渡到十字形波导,相应地原来的矩形波导的 $TE_{20}^{\square}$ 波变换成了十字波导中的 TE_{22}^{+} 波;第 3 段再将十字形波导过渡成圆波导,波型也就从 TE_{22}^{+} 波变换成了圆波导中的 $TE_{01}^{\bigcirc}$ 模。

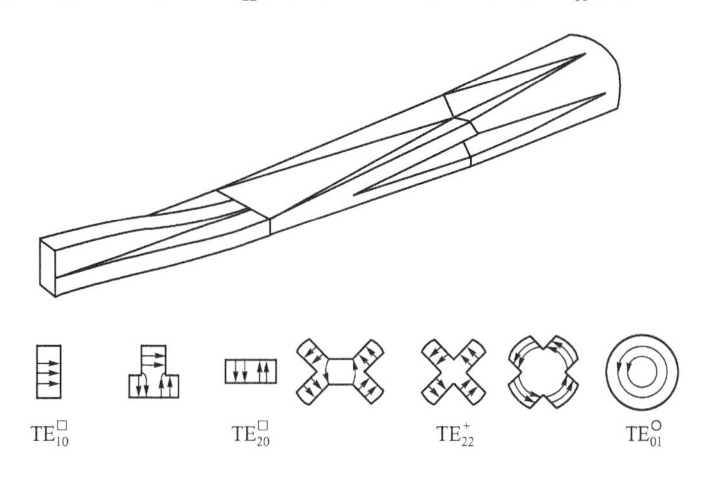

图 3 - 56　$H_{10}^{\square}$ - $H_{01}^{\bigcirc}$ 十字交叉形变换器

(3) 圆波导侧壁激励变换器。不论是扇形变换器还是十字交叉形变换器,不仅尺寸大,而且输入 $TE_{10}^{\square}$ 模的矩形波导与输出 $TE_{01}^{\bigcirc}$ 模的圆波导在同一方向上,这样的变换器显然不适合用于回旋放大管输入信号的接入,因为微波管高频结构的上游端是电子枪,不可能在管轴方向接输入信号的馈送传输线,比如回旋放大管、回旋速调管、回旋行波管,输入 $TE_{10}^{\square}$ 模的矩形波导不可能接到开放腔的上游端。因此,这时输入信号只能从互作用腔的横向馈入,而且受制于回旋管本身尺寸的限制,变换器尺寸也必须十分紧凑。

一种用于在回旋管开放腔中激励 $TE_{01}^{\bigcirc}$ 模的变换器方案如图 3 - 57 所示。它将在矩形波导中的输入信号 $TE_{10}^{\square}$ 模先通过功率分配器分成四等分,然后通过在回旋管输入腔侧壁上的对称分布的矩形孔馈入腔中,从而激励起 $TE_{01}^{\bigcirc}$ 模。

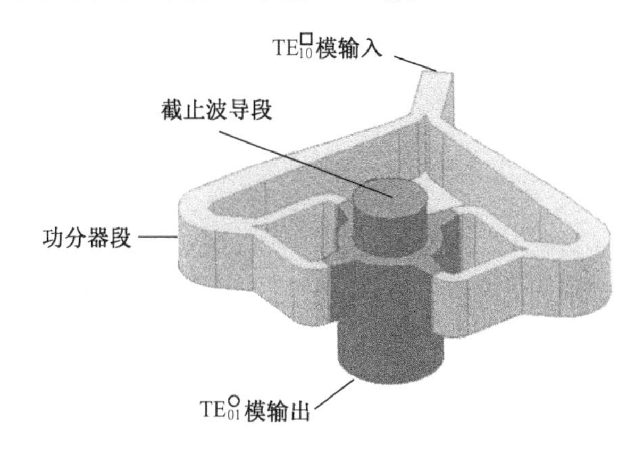

图 3 - 57　圆形波导开放腔侧壁耦合激励 $TE_{01}^{\bigcirc}$ 模的变换器

也可以直接在回旋放大管输入腔外周再套一个外圆腔,同时在输入腔外壁上沿角向均匀分布开4个长条形耦合缝,矩形波导 $TE_{10}^{\square}$ 模通过环形外腔侧壁上的矩形孔耦合进外腔,然后再通过输入腔外壁上的耦合隙缝在输入腔中激励起 TE_{01}° 模(图3-58),可见,这种方法不再需要功分器将 $TE_{01}^{\square}$ 模的功率事先等分成4份,可以使整个输入系统更为紧凑,但这样激励起的 TE_{01}° 模的圆对称性会稍差一点,因为腔壁上的4条耦合隙缝离 $TE_{10}^{\square}$ 模能量的输入口的距离是非对称的。

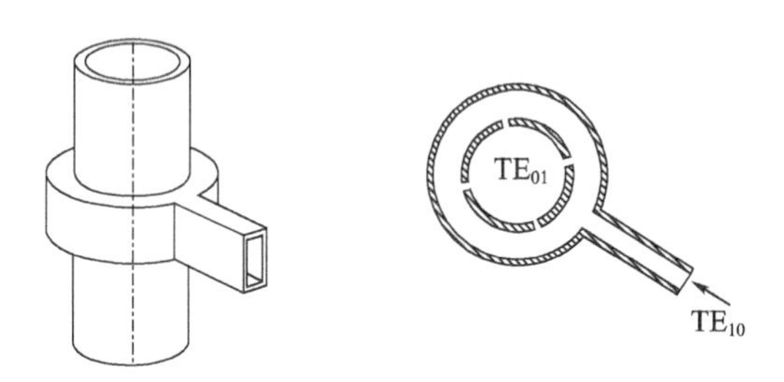

图3-58 利用外圆腔在开放腔中激励 TE_{01}° 模的激励器示意图

3.7.2 波型抑制器

波型抑制器也称为波型滤波器,其作用是抑制在微波系统中可能存在的寄生模或其他不希望的模式,这类模式可以是微波源本身产生的,也可能是由模式变换器或波导不均匀性产生的。

1. 同轴导电圆环抑制器

如图3-59所示,在圆波导中设置一系列同轴金属圆环,由于 TE_{0n}° 模的电力线也正好是一系列同轴同心圆,因而被金属圆环短路形成全反射而不能通过;而对于 TM_{0n}° 模来说,其电力线将垂直于金属圆环表面,因而圆环的存在不会对 TM_{0n}° 模的场产生明显的影响。对于其他模式来说,则电场存在角向分量的都将会受到影响,这部分分量将会被短路,从而破坏了这些模式的场结构,使之被强烈反射。

2. 径向导电膜片抑制器

与 TE_{0n}° 模抑制器相反,圆波导中设置的一系列径向金属膜片将使 TM_{0n}° 模及一切具有电场径向分量的模式的径向电力线被短路,形成全反射而不能通过,而 TE_{0n}° 模的电力线则由于垂直于金属膜片而不会受到干扰,使 TE_{0n}° 模能无影响地通过(见图3-60)。

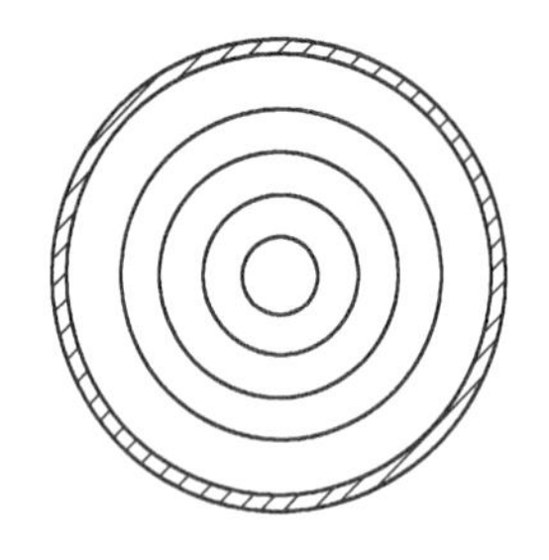

图3-59 TE_{0n} 模抑制器

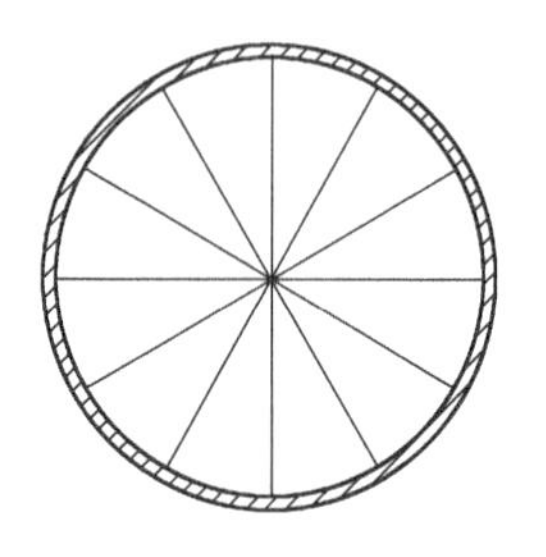

图3-60 TM_{0n} 模抑制器

3. 波导隙缝抑制器

在矩形波导宽边中央开平行波导轴的纵向隙缝，或者在窄边开垂直轴线的隙缝，都不会影响 $TE_{10}^{\square}$ 模的高频电流的流通，但这些隙缝将会截断 $TE_{01}^{\square}$ 模的高频电流，从而阻止 $TE_{01}^{\square}$ 模的传输(图3-61)。其他一切在波导宽边中心有横向高频电流及在窄边有纵向高频电流的模式同样也将不允许在该波导中传播。

4. 衰减涂层抑制器

在圆波导内表面涂一层微波吸收材料薄层，其厚度应比金属趋肤深度稍厚。则该吸收层将不会影响 $TE_{0n}^{\bigcirc}$ 圆电波的传播，因为这些模式在靠近波导壁处的角向电场分量已接近零，同时又没有电场径向分量(也没有电场纵向分量)，因而吸收层对圆电波的衰减十分微弱。除圆电波以外的所有其他模式在波导壁都有电场径向分量，它们将被衰减层吸收，引起强烈衰减。用具有微波吸收能力的介质片在圆波导内壁一周均匀径向放置来代替衰减薄层，能起到同样的抑制作用。

5. 螺旋线波导抑制器

用具有绝缘保护层的导线(如漆包线)紧密绕制而成的圆波导称为螺旋线波导，亦称为螺旋波导(见图3-62)，不过后一名称并不确切。这种波导的作用与衰减层抑制器相同，它对 $TE_{0n}^{\bigcirc}$ 波的影响很小，因为 $TE_{0n}^{\bigcirc}$ 波在波导管壁的高频电流本来就只有角向环形电流而没有纵向电流，螺旋线的导电方向正好使环形电流几乎不受影响；而其他波型在波导壁都有纵向电流，构成螺旋线波导的导线之间是相互绝缘的，纵向高频电流无法流过，从而阻止了这些模式的传播。

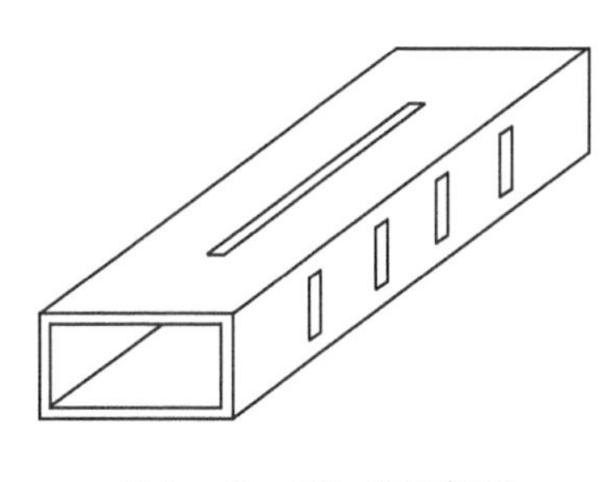

图3-61　TE_{01} 模抑制器

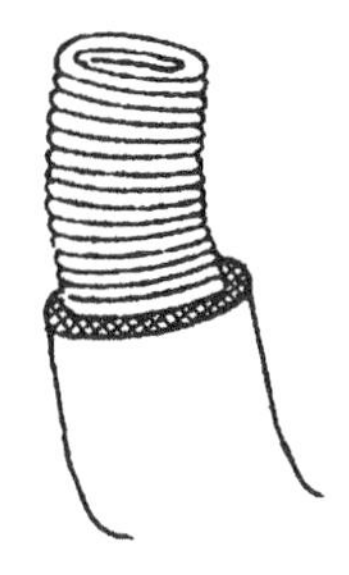

图3-62　螺旋波导抑制器

6. 截止波导抑制器

上述两种波型抑制器都能使 $TE_{0n}^{\bigcirc}$ 模几乎不受影响地通过，但它们因而也不能对 $TE_{01}^{\bigcirc}$、$TE_{02}^{\bigcirc}$、$TE_{03}^{\bigcirc}$…进行区分，为此，我们可以利用截止波导抑制器，即设计一段截止波导，它能使 $TE_{01}^{\bigcirc}$ 波通过，而对 $TE_{02}^{\bigcirc}$、$TE_{03}^{\bigcirc}$…波截止，从而达到滤去 $TE_{02}^{\bigcirc}$ 及以上高阶波型的目的。

3.8　频率控制元件——微波滤波器

在微波系统中为了对不同频率的微波信号控制其通过与否，就要使用滤波器，也可以说滤波器是一种对微波的衰减随波的频率不同而不同的元件。在某一定频率范围内的微波可以几乎无衰减或衰减很小地通过滤波器，而在此频率范围以外的微波，滤波器对其有很强的反射或吸收，因而几乎无法通过滤波器。

3.8.1 滤波器的分类与特性

1. 滤波器的种类

微波滤波器与低频滤波器相似,也可以分成4类(图3-63)。

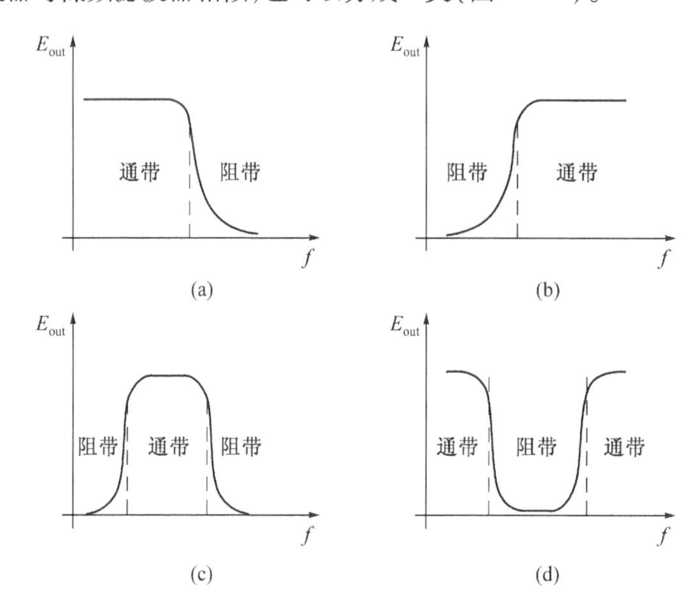

图3-63 微波滤波器的种类

(a) 低通滤波器;(b) 高通滤波器;(c) 带通滤波器;(d) 带阻滤波器。

(1) 低通滤波器。指当微波频率低于某一值时滤波器呈现尽可能无反射无吸收地允许该微波通过的状态(称为通带),反之微波频率高于该值时滤波器呈现衰减尽可能高地阻止通过的状态(称为阻带),这种滤波器称为低通滤波器。

(2) 高通滤波器。与低通滤波器相反,高于某一频率的微波成为滤波器的通带,而频率低于该值的微波为滤波器的阻带,这种滤波器就是高通滤波器。根据已经学过的关于波导传输的知识,显然矩形波导、圆波导等波导管就是一种高通滤波器,因为在波导管中只有微波频率f大于波导管的截止频率f_c的波才能传输,而$f<f_c$的微波将都被截止而无法通过。

(3) 带通滤波器。带通滤波器只对在一定频率范围内的微波才成为通带,而低于或高于该频带范围的微波都成为阻带,这是在微波工程中应用最为广泛的一类滤波器。

(4) 与带通滤波器相对应的还有带阻滤波器,它使在一定频率范围内的微波被阻止而让该频带以外的波都能通过,不过这类滤波器应用得较少。

2. 滤波器的特性及指标

滤波器的上述特性常用其频率响应曲线来表示,通常有3种响应曲线,以带通滤波器为例,这些曲线表示于图3-64中。

(1) 衰减曲线。滤波器插入损耗与频率的关系曲线。插入损耗包括由于滤波器反射引起的衰减以及由于其内部吸收损耗引起的衰减。显然在滤波器的通带内,希望损耗越小越好,反之在其阻带内,则损耗应尽可能大(见图3-64(a))。

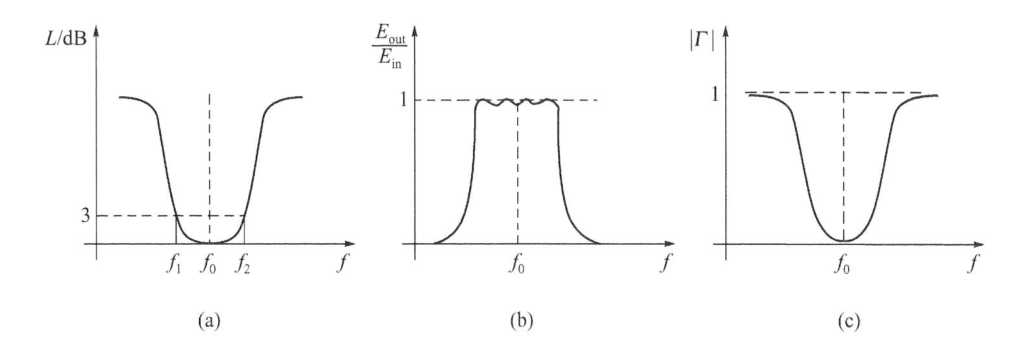

图3－64　滤波器频率响应曲线
(a) 衰减曲线；(b) 传输曲线；(c) 反射曲线。

(2) 传输系数曲线。指在滤波器输出端的微波电场幅值与其输入端电场幅值的比与微波频率的关系曲线。在滤波器通带内，该比值应尽量接近1，而在阻带内，该比值越小越好(见图3－64(b))。

(3) 反射系数曲线。指在滤波器输入端测得的反射系数与频率的关系曲线，由于滤波器对阻带内微波的损耗主要是由于反射引起的，因而该曲线与衰减曲线十分类似，但由于它没有包含滤波器内部的吸收损耗，因而两者也不完全相同(见图3－64(c))。

一般情况下，人们通常用衰减曲线(损耗曲线)来描述滤波器的特性。

滤波器的主要指标有：

(1) 中心频率f_0：通频带中心的频率值。

(2) 通频带：衰减曲线上衰减量等于3dB(或指定值)的两个频率之差$\Delta f = f_2 - f_1$的绝对值。

(3) 带内衰减：在通频带内的最大衰减值。

(4) 带外衰减：在通频带外频率偏离$\Delta f = k\Delta f_{(3dB)}$时($k>1$)的衰减值，$\Delta f_{(3dB)}$指3dB通频带。

除此之外，还定义有滤波器的其他一些参数，如功率容量、调谐特性、驻波系数等。

3.8.2　微波滤波器结构示例

微波滤波器和低频集总参数元件构成的滤波器有很多共同特点，而且波导中有很多类不均匀性可以直接等效成低频集总元件电感或电容，或者电感和电容的组合，如感性膜片、容性膜片、感性和容性销钉、可移动短路分支波导等，因此，微波滤波器就可以利用这些不均匀性元件类似低频滤波器一样构成。由于不均匀性对不同频率呈现的电纳不同，不均匀性间隔中的均匀段的电长度也随频率而改变，由此即可反映出滤波器的不同频率响应特性。

1. 低通滤波器

若干矩形波导低通滤波器的结构示意图及等效电路如图3－65所示。它由波导中的一系列容性膜片或容性螺钉组成，这些电容短路了高频率的微波，使之不能通过，而只允许低频波通过，其等效电路如图3－65(d)所示。由于矩形波导只能允许频率大于截止频率的微波通过，所以所谓低通滤波器，实质上是指在高于截止频率范围内的低通。

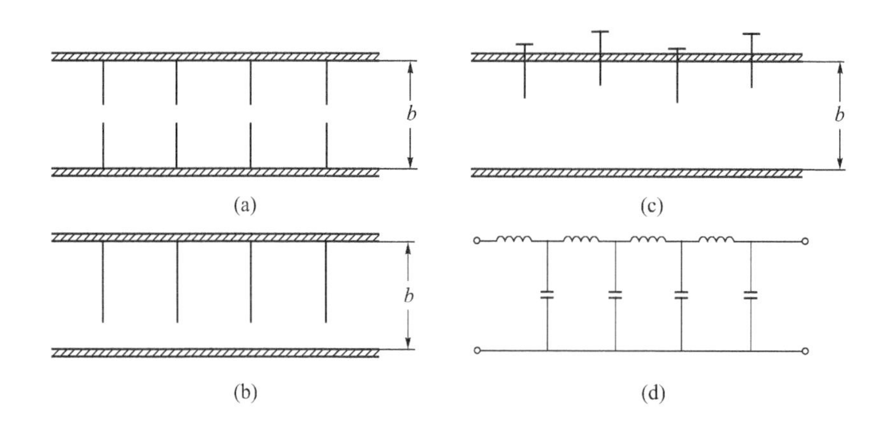

图3-65　波导低通滤波器

(a) 双侧电容膜片；(b) 单侧电容膜片；(c) 容性螺钉；(d) 等效电路。

类似地,同轴低通滤波器的一种结构形式及其等效电路在图3-66中给出。

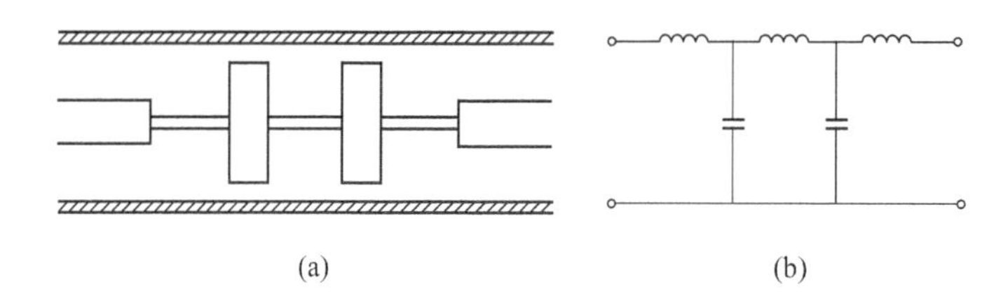

图3-66　同轴低通滤波器

(a) 结构；(b) 等效电路。

2. 高通滤波器

在介绍微波滤波器的种类时就已指出,波导管本身就是一种高通滤波器,调节波导尺寸来改变截止频率 f_c 就可以得到滤波器所要求的通带。

对于同轴线,TEM波不存在截止频率,所以同轴线本身不构成高通滤波器,只有通过引入容性加载和感性加载才可能形成同轴高通滤波器,如图3-67所示。这时低频率的波将被电容所反射而不能通过。

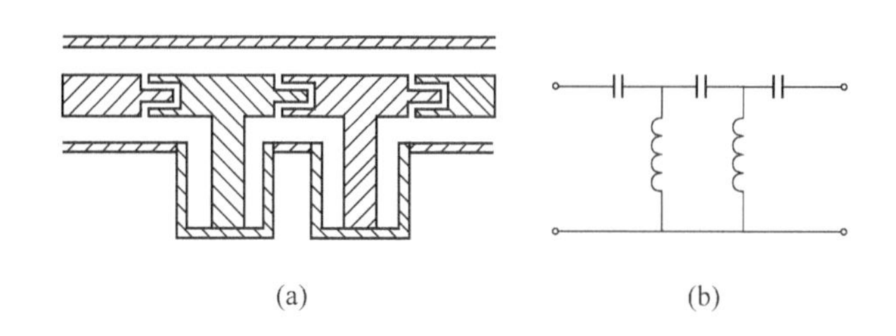

图3-67　同轴高通滤波器

(a) 结构；(b) 等效电路。

3. 带通滤波器

最典型的波导带通滤波器由一系列感性膜片与容性螺钉组合构成的多个谐振单元形

成(见图 3－68)。也可以用感性销钉来替代感性膜片组成滤波器,其结构与等效电路则由图 3－69 给出。

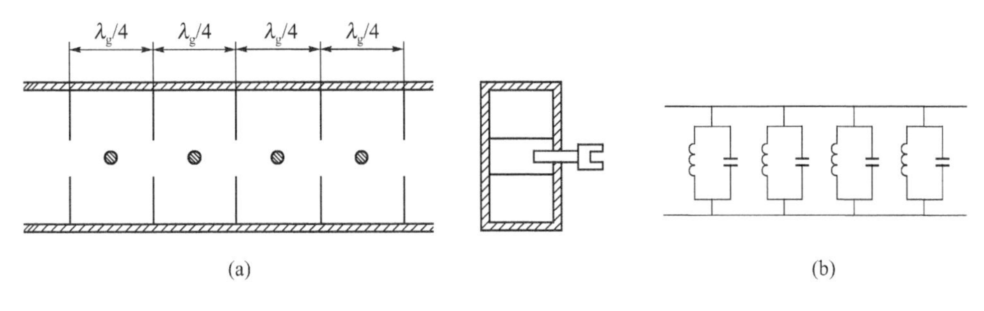

图 3－68　波导带通滤波器

(a) 结构; (b) 等效电路。

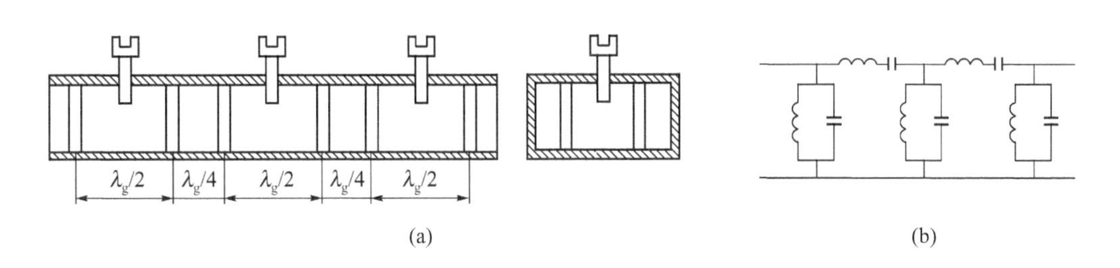

图 3－69　波导带通滤波器的另一种形式

(a) 结构; (b) 等效电路。

利用并联或串联在波导上的短路分支波导也可以构成滤波器。图 3－70 是从波导窄边(H 面)接出的短路分支波导示意图,其中分支波导宽边 a_2 的尺寸比主波导宽边 a_1 的尺寸小得多,因而当微波频率大于主波导截止频率 f_1 而小于分支波导截止频率 f_2 时,波将不可能进入分支波导,即相当于 a、b 两点对分支波导的输入阻抗为无穷大,因而微波可以在主波导上通过。但当微波频率高于 f_2 时,波将进入分支波导,并由于短路而形成驻波,当分支波导长度 $l=\lambda_g/2$ 时(λ_g 为分支波导中的波导波长),在 a、b 两点形成电压驻波波节,即相当于 a、b 两点被短路,从而阻止了波在主波导的通过。

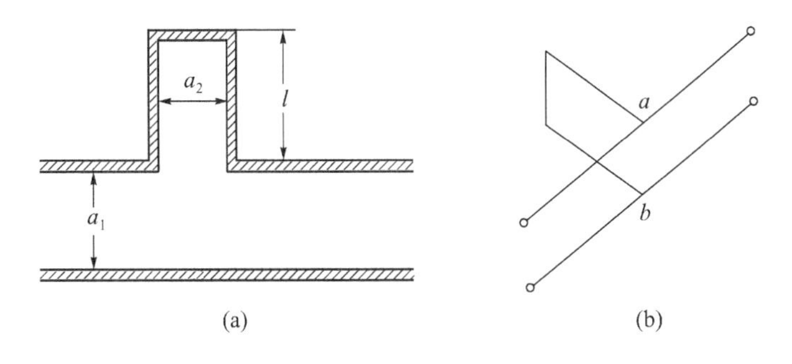

图 3－70　H 面分支波导滤波器

(a) 结构; (b) 等效电路。

而连接在波导宽边(E 面)上的短路分支波导,则既可以构成窄带带通滤波器,也可以成为窄带带阻滤波器,由于E面短路分支波导的等效电路是串联在传输线上的短路线,因而只有当分支波导长度 $l=\lambda_g/2$ 时,在分支短路线与主线的接入点才会短路,从而不影响波在主线上的通过。频率改变时,$l\neq\lambda_g/2$,波在主线上的传播都将受到影响直至 $l=\lambda_g/4$ 时完全被开路。类似地,当 $l=\lambda_g/4$ 或 $3\lambda_g/4$ 时则构成窄带的带阻滤波器。

当然,微波滤波器的设计远比我们以上的分析要复杂得多,已经有一整套理论分析和设计计算微波滤波器的方法,这里只是给读者提供了一个概念性的描述,如果想更深入地了解,读者可以参考相关的著作。

第 4 章　三端口、四端口波导元件

三端口、四端口元件是具有 3 个或 4 个波导（包括同轴线）端口接头的波导元件，它们同样是微波系统中最常用的元件的一部分，常用作微波功率分配、合成、定向传输等。

4.1　功率分配元件——分支波导

分支波导是一种三端口元件，在微波系统中用作功率的分配和合成。常见的分支波导有 T 形接头和 Y 形分支，它们又包括 E 面分支和 H 面分支两种。它们除了可以用来进行微波分路或合成外，也可以作阻抗变换器进行调配 。

4.1.1　T 形接头

1. E－T 接头

E－T 接头的结构如图 4－1(a)所示，它由一段波导（主线）及从波导宽边（E 面）接出来的分支波导构成，端口 1 与 2 呈几何对称，为了与后面叙述魔 T 时对端口的编号一致，我们将 E 面分支波导的端口命为端口 4，端口 4 的中截面是它们的几何对称面，它的等效电路为位于波导宽边（a 边）中截面上串联的双根线（见图 4－1(b)）。

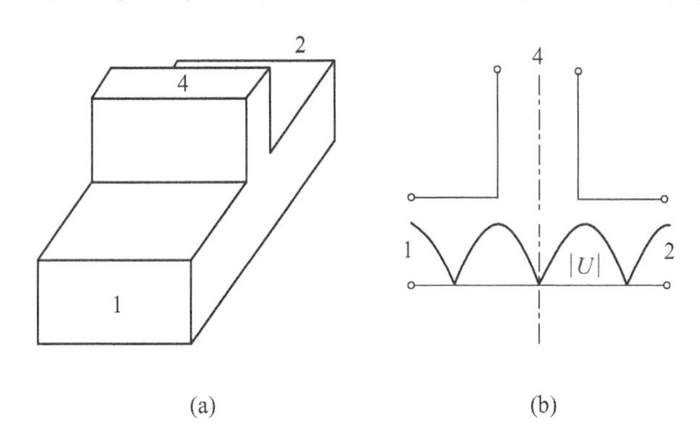

图 4－1　E－T 接头

(a) 结构；(b) 等效电路及 1、2 端口等幅反相输入微波时驻波电压分布。

E－T 接头具有以下特性。

(1) 由端口 1 入射的 TE_{10} 波，将被分配到端口 2 与 4 中输出，同样，由端口 2 输入的 TE_{10} 波会从端口 1 与 4 输出。但应该指出的是，由于分支波导在接入区产生的不均匀性，使得在端口 4 即使接有匹配负载，它也不可能与端口 1 或端口 2 达到匹配，因此，对未经匹配元件调配至匹配的 E－T 接头，由端口 1 或端口 2 输入的微波功率，将不等幅从端口 4 及另一端口输出，而且有一部分功率会被反射。

图4-2给出了观察者在端口1和端口2分别输入微波时,跟随微波电场一起前进时所观察到的电场传播情况,这时从端口1到端口2(或者从端口2到端口1)及到端口4,观察者看到的始终是同一相位的电场,只是大小在分支波导接入区被分成了两部分分别进入了端口2(或端口1)和端口4。而图4-3则是在某一瞬时(图中取的是电场在1、2端口的几何对称面刚好是π相位的瞬时),观察者在接头外所看到的电场在整个E-T接头中的分布情况,这时,沿着接头中微波场传播方向上的各点,场的相位是不同的。

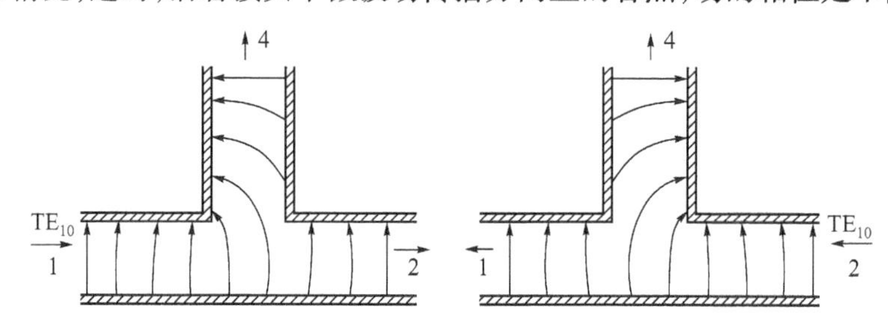

图4-2 E-T接头中TE_{10}波在波导宽边中心截面上的电场传播情况

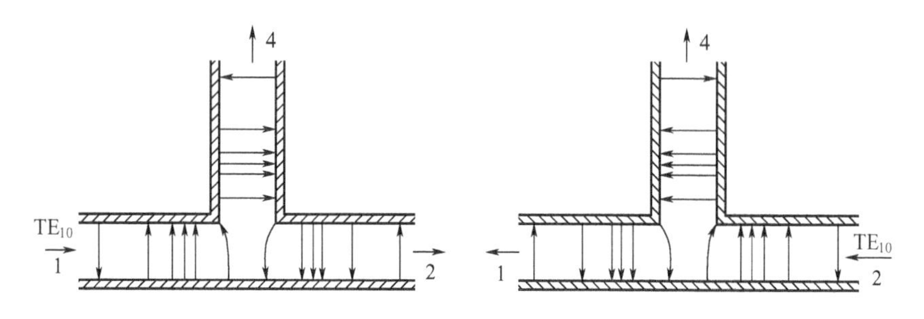

图4-3 电场在1、2端口的对称面上为π相位的瞬时,
E-T接头中的TE_{10}波的电场分布

(2) 若在端口1与2同时输入等幅同相同一频率的TE_{10}波,则端口4将无能量输出。由图4-2可以看出,当端口1与2等幅同相输入时,它们在端口4的支臂中形成等幅反相的场,刚好抵消,因而无能量输出。而这时在主波导中存在有互相反向传播的两个同频等幅波,因而形成全驻波,而且由于接头的对称性,两个波分别从端口1与2传播到对称平面上的时间相同,因而两波在这里仍然同相,形成驻波的波腹点。因此,E-T接头的这一特性也可以换句话说:如果在E-T接头的对称平面上形成驻波的电压波腹,或者说电场相对于对称平面为偶函数分布的情况时,则分支中就无能量输出。

(3) 若在端口1与2同时输入等幅反相的同一频率的TE_{10}波,则端口4将获得最大能量输出。这一点从图4-2上可以很容易理解,因为这时从端口1与2入射的波在分支中将变成同相,因而得到叠加输出。同理,也可以说,如果在E-T接头的对称平面上形成驻波电场的波节或者对于对称平面为奇函数分布的电场,则分支中就获得两个波的叠加输出,这就是E-T接头可进行功率合成的原因。

(4) 根据互易原理,若在端口4输入TE_{10}波,它将在端口1与2等幅但反相输出。由此可以利用E-T接头来进行反相功率分配。

E-T分支波导的匹配通常采用插入感性膜片的办法来实现,具体结构可见4.2.1节。

2. H－T 接头

若从波导窄边(H 面)接出一段分支波导,就形成 H－T 接头,H 面分支的端口称为端口 3。同样,端口 1 与 2 相对于端口 3 的中截面对称分布,它的等效电路则为并联的双根线(见图 4－4)。

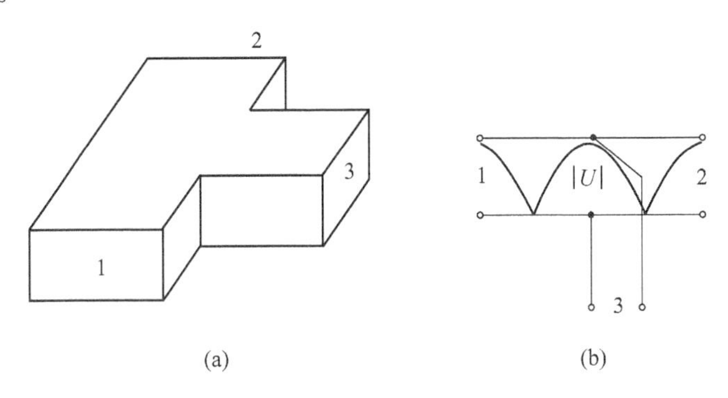

图 4－4　H－T 接头

(a) 结构；(b) 等效电路及 1、2 端口等幅同相输入微波时驻波电压分布。

H－T 接头具有以下特性：

(1) 由端口 1 入射的 TE_{10} 波由端口 2 与 3 输出,同样,波从端口 2 入射时将从端口 1 与 3 输出。与 E－T 接头类似,H－T 分支波导的接入与主线也是不匹配连接,因此这时由两个端口输出的微波是不等幅的,在入射端口还会有反射存在。

图 4－5 给出了固定某一个相位时,观察者跟随该相位的电场在 H－T 分支接头中行进时所看到的沿线各点的场分布情况；而图 4－6 则是固定某一瞬间(图中是在中心对称面电场为 $\pi/2$ 相位的瞬时),观察者在接头外所看到的接头中沿线各点电场分布情况。该图同时也表示了端口 1 和端口 2 在同一瞬时同相位输入微波时的情况,因为在这种情况下,它们在接头中的场分布与由端口 1 或端口 2 单独输入微波时是相同的。

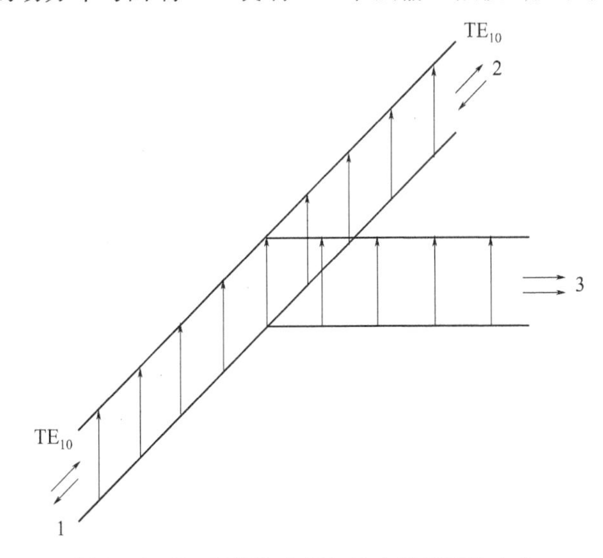

图 4－5　H－T 接头中 TE_{10} 波在波导宽边中心截面上的电场传播情况

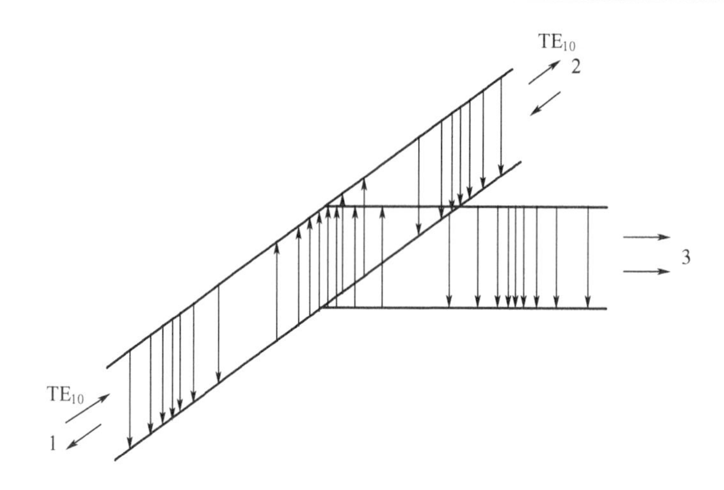

图4-6　电场在波导1、2端口的几何对称面上为$\pi/2$相位的瞬时，
H-T接头中的TE_{10}波的电场分布

(2) 若在端口1与2同时等幅同相输入同一频率的TE_{10}波，则由于两者在端口3的支臂中电场方向相同，中心对称面离两端口的距离相等，因而将同相叠加而获得最大输出；这时在主波导中驻波的电压波腹点正好位于对称平面上，因此对H-T接头来说，当在对称平面形成驻波电压波腹时，换句话说，在对于对称平面为偶函数分布的电场下，分支波导中将获得最大能量输出，据此可利用H-T进行功率合成。

(3) 反之，若在端口1与2同时等幅反相输入TE_{10}波，它们在端口3的支臂中也将等幅反相，因而端口3无能量输出；这时在对称平面上将形成驻波的电压波节点，电场为对称平面的奇函数。

(4) 根据互易原理，若在端口3输入TE_{10}波，它将在端口1与2等幅同相输出，可见H-T接头可以作为同相功率分配器。

H-T分支波导的匹配一般可采用插入销钉的办法来实现，这在魔T的匹配中使用较为普遍，具体结构将在4.2.1小节中介绍。

3. 同轴T形接头

同轴线可以与波导类似地做成T形分支接头(见图4-7)，其性质与波导H-T接头一样，即当微波从分支线输入时，其两个对称臂输出的是同相等幅的波；反之，当从两个对称臂同时输入微波时，则除了保证两臂对称外，还应考虑输入点相位相同，这时才可能从分支线中获得最大输出。

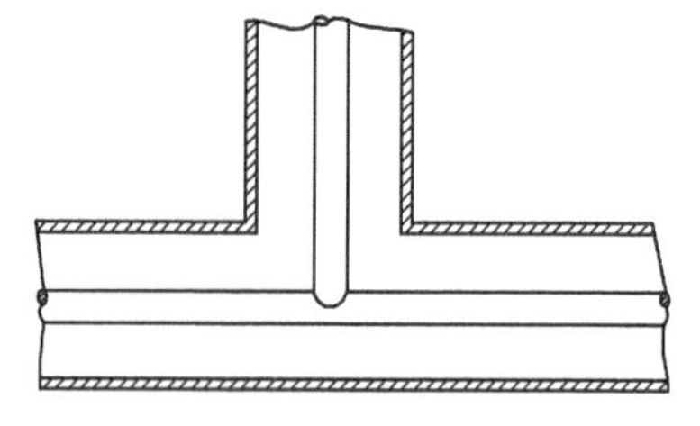

图4-7　同轴T形分支

4.1.2　T形接头的应用举例

1. 功率分配器

T形接头最直接的应用就是进行功率分配或合成，E-T和H-T接头都可以把从4端口或3端口入射的微波功率一分为二地由端口1与2等幅输出，前者两臂反相，后者两臂同相；或者反之，也都可以将从端口1和2反相(E-T接头)或同相(H-T接头)输入的微波功率从端口4或端口3合成输出。

2. 调配器

在 E－T 接头或 H－T 接头的支臂中放入可移动短路活塞，就可以得到长线理论中串联短路线或并联短路线相类似的功能（图 4－8），因而可以用来作阻抗变换器中的可变电抗或电纳。它与螺钉调配器有着完全类似的作用，而且也同样可分为单短路分支波导、双短路分支波导及三短路分支波导三种形式。

单并联短路分支波导调配器的等效电路如图 4－9 所示。从 1.4 节已经知道，短路线的输入阻抗为纯电抗，因而在图 4－9 中，短路分支波导等效于在 a、b 两点接入主线的并联电抗，调节 l 的长度就可以改变并联电抗的大小及性质（容抗或感抗），而为了达到与负载阻抗 Z_L 匹配，还应改变长度 L，使得 Z_L 反映到 a、b 两点的阻抗的电阻部分（实部）与传输线特性阻抗相等，而电抗部分（虚部）刚好与短路线的输入电抗抵消。

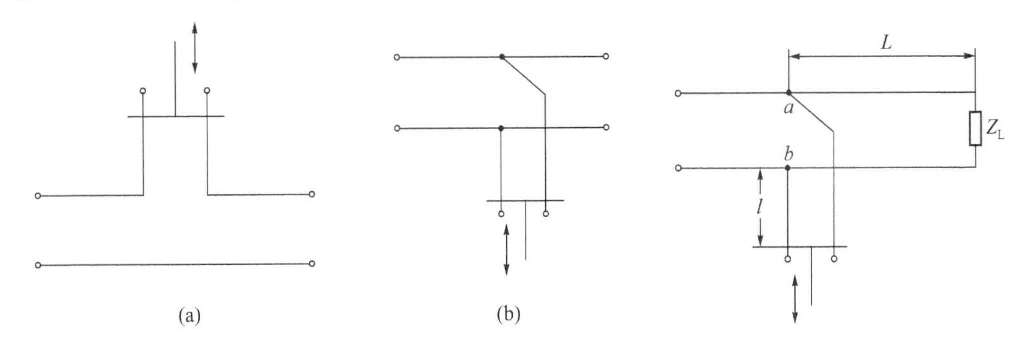

图 4－8　T 形接头作阻抗变换器的等效电路
（a）E－T 接头串联等效电路；（b）H－T 接头并联等效电路。

图 4－9　单并联短路分支波导调配器

由于 L 的移动在结构上带来很大不便，因而与螺钉调配器类似，人们发展了双并联短路分支波导调配器。双并联短路分支波导调配器两个短路分支波导之间的距离一般选择等于 $\lambda_g/8$ 的奇数倍。在匹配中等大小驻波系数的负载时，就常用双并联短路分支波导调配器，它不需要改变 L 即可达到与负载匹配，它的缺点是不能对任意的负载驻波系数进行调配获得匹配。

为了克服双并联短路分支波导的缺点，达到能对任意有限驻波系数值的负载进行匹配的目的，可以采用三并联短路分支波导调配器，分支波导之间的距离一般选择 $\lambda_g/4$。

分支波导调配器中尺寸 L 与 l 的确定，在 3.5 节中已有详细说明。

短路分支波导作调配器，在波导和同轴线中都可以采用，它克服了用螺钉作调配器时在传输大功率时容易引起打火击穿的不足。

3. 可调功率分配器

T 形接头也可以用来调节微波功率在两个负载上的分配比例，做成可调节的功率分配器。如图 4－10 所示，两个 H－T 短路活塞分支波导分别接入到微波源左右两侧的主线上，它们距微波源在主线上的接入点都是 $\lambda_g/4$，两个分支波导的短路活塞离主线的距离分别为 h_2、h_1，它们之间有固定的相对间距，即 $h_2 - h_1 = \lambda_g/4$。

观察图 4－10（b），当右边的 H－T 分支接头中的短路活塞距主线距离 h_1 等于 $\lambda_g/4$ 时，它在主线上接入点的输入阻抗趋于无限大，因而这个短路分支波导的存在对主线不会产生任何影响，即微波可以不受影响地向负载 Z_1 传输。由于左边的短路分支波导的短路

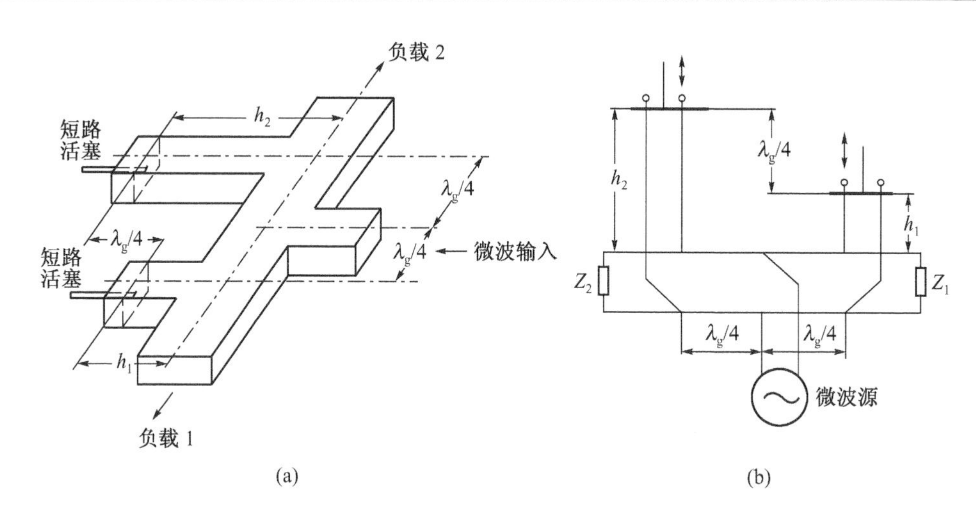

图 4-10　可调节功率分配器

(a) 结构示意; (b) 等效电路。

面与右边分支波导中的短路面有 $\lambda_g/4$ 的固定距离,因而当 $h_1=\lambda_g/4$ 时,h_2 就等于 $\lambda_g/2$,其结果是主线上接入点的输入阻抗为零,相当于主线在这里被短路了,或者说,经过又一个 $\lambda_g/4$ 长度的变换,微波源在主线上的接入点向左的输入阻抗成为无限大,相当于左边主线开路,因而微波能量不可能向负载 Z_2 传播。

如果 $h_1=0$(在实际波导系统中,应取 $h_1=\lambda_g/2$),则 $h_2=\lambda_g/4$(在实际系统中即 $h_2=3\lambda_g/4$),这时情况就会完全相反了,微波功率将全部传播到负载 Z_2 上而不会分配到 Z_1 上去。当短路面位于其他中间位置时,微波源的功率就可以以不同比例在两个负载之间任意分配。

4. 天线转换开关——双工器

雷达的发射与接收往往共用一个天线,这样就会存在一个发射机与接收机之间的隔离问题,即在雷达发射微波时应将接收机与天线断开,防止微波功率漏进接收机,因为发射功率是大功率,一旦进入接收机会破坏接收机的工作,把灵敏接收器件烧坏;而当雷达处于接收状态时,又应将发射机与天线断开,防止接收信号进入发射机,因为天线接收到的都是十分微弱的信号,一部分信号进入发射机就会降低接收机灵敏度。因此雷达工作必须有一个天线转换开关,亦称双工器。

天线转换开关的实现可以借助于 T 形接头及气体放电管来实现,图 4-11 给出了这种开关的可能方案之一。

图中,P_1、P_2 为气体放电管,P_1 称为发射机阻塞放电管(ATR 管),而 P_2 称为接收机保护放电管(TR 管)。

放电管一般由容性、感性组合膜片形成的输入、输出谐振窗与放电间隙(类似于波导螺钉形成的谐振隙)(见图 4-12)构成,谐振窗利用玻璃或陶瓷等密封,管中充以稀薄气体(一般为氩气),管内空间就是放电空间。对接收机保护放电管来说,输出窗作为耦合元件可将微波能量传输到接收机中去,输入窗平面离主线宽边中心有 $\lambda_g/4$ 间距;而在发射机阻塞放电管中,输出窗被短路面所代替,短路面离输入窗的距离为 $\lambda_g/4$。两个放电管在主线上的接入点之间的距离为 $\lambda_g/2$。

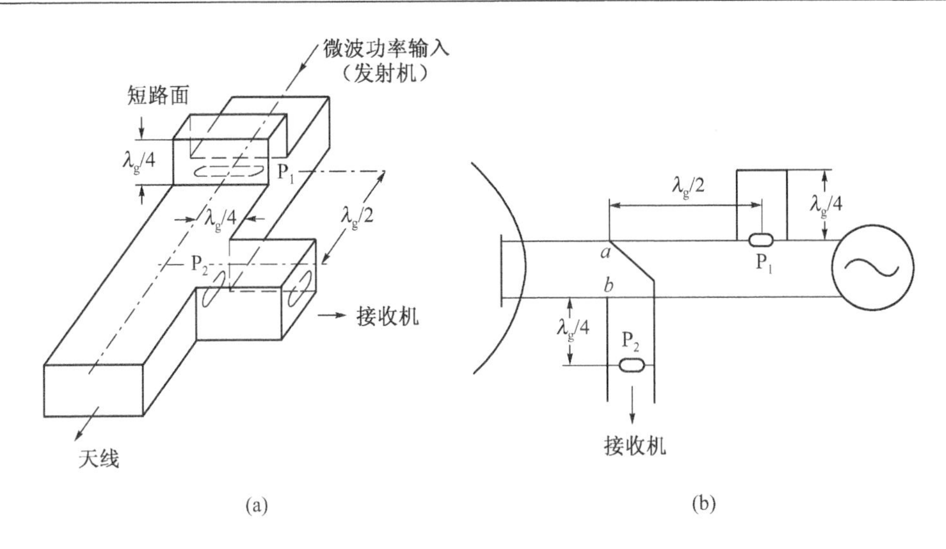

图4-11 用T形接头作天线双工器的一种方案

(a) 结构示意；(b) 等效电路。

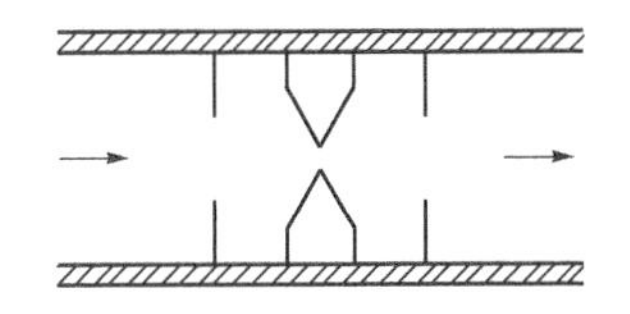
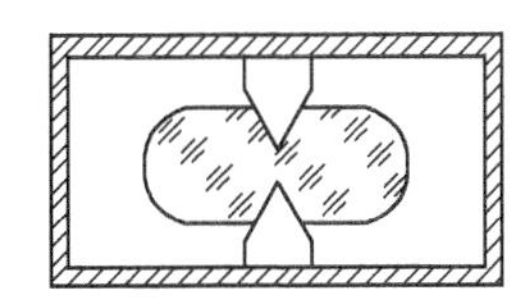

图4-12 气体放电管

图4-11(b)给出了这类双工器的等效电路，当发射机工作时，系统传播高功率，在P_1和P_2中产生高频放电，在输入窗面形成等离子体层，这在实际上相当于形成了一个短路面，P_1和P_2的放电都不会影响主线的功率传输，而且在a、b两点的接收机分支的输入阻抗趋于无穷大，因而功率不会进入接收机；在发射机发射脉冲间隙，P_1、P_2不放电，P_1形成开路，a、b两点对发射机支路的输入阻抗趋于无穷大，因而天线接收到的微弱信号不会进入发射机而无耗地进入接收机输入端。

利用分支波导与放电管组成的天线转换开关还有其他多种可能的方案，其原理读者自己不难做出类似理解。

4.1.3 Y形分支波导

矩形波导Y形分支也可以分为E面分支与H面分支，相应的等效电路分别为串联分支线与并联分支线(见图4-13)。

显然，由于结构的对称性(3个分支按120°分布，因而每个端口都具有对称性，这不同于T形分支)，因而由任一端口输入的微波功率都将等分地由另两个端口输出。

还有其他一些实用的Y分支波导用来做功率分配器用。例如在TE_{10}模矩形波导中与宽边平行的平面内插入一块金属薄片，把波导窄边高度b分成两部分形成两个分支波导，它们的高度可以分别是b_1和b_2。由于TE_{10}波的电场E_y在b方向上是均匀的，也就是说，在两个分支波导中电场都仍旧是E_y，但由于$U_1=E_yb_1$，$U_2=E_yb_2$，因而两个分支波导中高频电压之比与b_1、b_2之比成正比。又由于分支波导与主波导是串联连接，因而流过

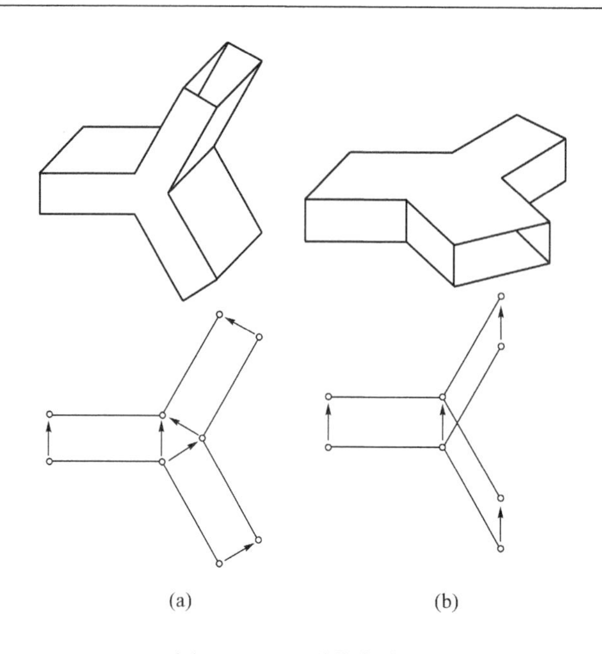

图4-13　Y形分支波导
(a) E面Y形分支及其等效电路；(b) H面Y形分支及其等效电路。

分支波导管壁的高频电流与主波导相同。同样,分配给分支波导的功率由于与电压、电流乘积成正比,也就与各自的波导高度 b_1、b_2 成正比。可见,适当选取 b_1 与 b_2 的大小,就可以得到任意的功率分配比,当 $b_1=b_2$ 时,功率就将平均分配。

图4-14给出了3种Y形分支波导功率分配器的方案。

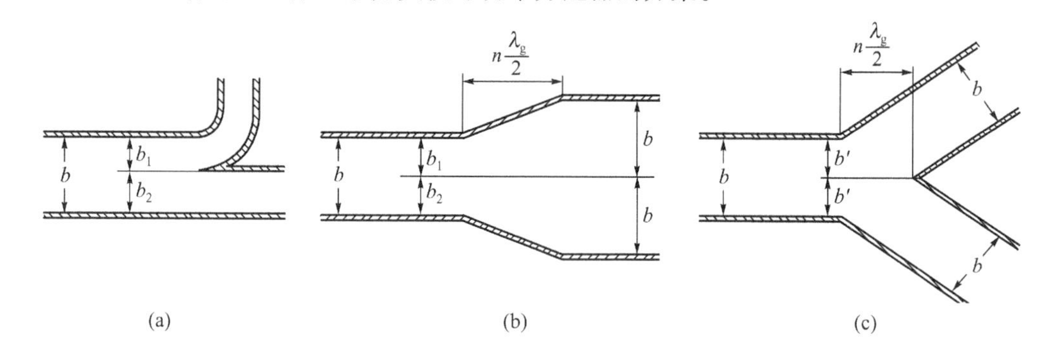

图4-14　Y形分支波导功率分配器

其中方案(a)不存在分支波导窄边尺寸 b_1、b_2 的变化,易于达到匹配,而方案(b)、(c)分支波导的最终高度与主波导相同,即 b_1、b_2 都要过渡到 b,为了尽量减少反射,应采用 $n\cdot\lambda_g/2$ 长度的渐变过渡段。

4.2　功率分配元件——微波电桥

微波电桥是一种四端口元件,在理想的微波电桥元件中,当微波信号在任意一个端口输入时,它将在另外两个端口平分输出,而不会有功率从第四个端口输出,也就是说,输入端口与最后一个端口将彼此隔离，而且，相互隔离的端口是两两固定的。对微波电桥的要求是：两个输出端口输出功率应尽可能相等，而隔离端口应尽可能没有功率输出，整个电桥对微波的吸收损耗和反射应尽可能小。

微波电桥主要有魔T、环形电桥、波导裂缝电桥等。

4.2.1　双T接头和魔T

1. 双T接头

将一个E-T接头和一个H-T接头组合在一起，就可以构成如图4-15所示的混合形双T接头，它在一个公共对称面上同时接出一个E-T分支波导和一个H-T分支波导。

1）双T接头的特性

双T接头的特性可利用上节中已得到的E-T和H-T接头的性质推出。

(1) 若在端口1与2输入等幅同相的TE_{10}波，则它们在对称平面所在位置将形成驻波电压波腹，根据上节的分析，微波功率将由H-T分支的端口3输出，而在E-T分支的端口4无输出。

(2) 同理，若从端口1与2同时输入等幅反相的微波，它们在对称平面所在位置将形成驻波电压波节，则微波功率就会从端口4输出而不会进入端口3。

(3) 根据互易原理，若微波功率从端口3输入，则它们将从端口1与2等幅同相输出，而不会进入端口4。

(4) 同样，若微波功率从端口4输入，则它们将从端口1与2等幅反相输出，也不会进入端口3。

由此可见，端口3与4是始终隔离的，或者说H-T分支与E-T分支之间没有耦合，是隔离的。

2）双T接头的应用

双T接头与E-T接头和H-T接头一样，可以用作功率分配器或功率合成器，也可以用作调配器。双T接头调配器又可称为E-H调配器。

如图4-16所示，在双T接头的E-T分支和H-T分支中设置短路活塞，这样E-T分支就相当于串联的可变短路线，H-T分支等效为并联可变短路线，而1、2端口则作为主线接入波导系统，就构成了E-H调配器。如果微波由1端口输入，端口2接负载，只

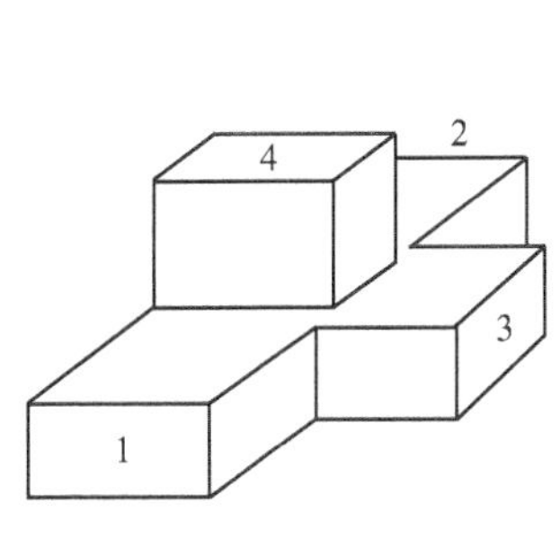

图4-15　波导双T接头

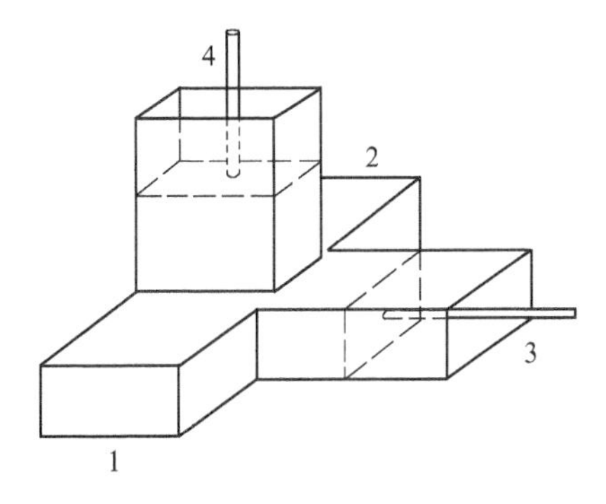

图4-16　E-H调配器结构示意图

要调节 E-T 分支和 H-T 分支的短路活塞,就总可以找到一个适当的位置,使接在端口 2 的具有任何反射系数($|\Gamma|<1$)且有损耗的负载在端口 1 达到匹配(调配)而不存在"死区"(不能调到匹配的范围)。

3) E 分支和 H 分支的耦合

从上面的分析我们知道,双 T 接头的 E-T 分支和 H-T 分支是隔离的,其条件是 1、2 端口对称且匹配。当 1、2 端口存在反射且不对称时,情况就不同了,1、2 端口的反射将在波导中形成部分驻波,根据反射情况的不同或反射面到对称平面距离的不同,在对称平面上就可能成为驻波波节或波腹。由 T 形接头的特性我们已经知道若在对称平面上形成波节,反射功率将进入 E-T 分支;若形成波腹,则进入 H-T 分支。这样,在臂 1、2 中设置短路活塞,且使两者与对称平面的距离相差四分之一波导波长,这时由 H-T 分支输入的微波经 1、2 端口反射后到达对称平面时将有π相差,从而形成波节,微波功率由 E-T 分支输出,或者说,这时本来隔离的 H-T 分支和 E-T 分支实现了耦合。反之,若微波功率从 E-T 分支输入,使对称平面形成波腹,则微波将会由 H-T 分支输出。

2. 魔 T

1) 魔 T 的构成

利用调配元件使各个端口达到匹配的双 T 接头称为匹配双 T,亦称魔 T。

我们在介绍 E-T 接头和 H-T 接头时已指出,E-T 分支和 H-T 分支将会引入不均匀性,因此,即使在双 T 接头的各臂都接上匹配负载,当微波功率由 1 端口(或 2 端口)输入时,也不能保证端口 3 和端口 4 无反射,使端口 1(或端口 2)达到匹配,这就表明,在双 T 接头中,1 端口与 2 端口是不隔离的。可以在分支波导内和双 T 的接头处引入匹配元件来消除反射,使 E 分支和 H 分支都达到匹配,正如在 4.1.1 小节中已提到的,匹配元件一般是销钉、膜片或锥体。

为使 H 分支得到匹配,可在接头内的对称面上安置一个金属销钉,如图 4-17(a)所示。选择适当的销钉高度、粗细和位置,就可以使 H 分支与端口 1 和端口 2 之间达到较好的匹配。销钉与 H 分支中 TE_{10} 模的电场方向相平行,与 E 分支中 TE_{10} 模的电场方向相垂直,因此,销钉对 H 分支有较大的匹配效果,而对 E 分支匹配效果较小。根据互易性原理,当信号从端口 1 或端口 2 输入时,H 分支也应该是匹配的。

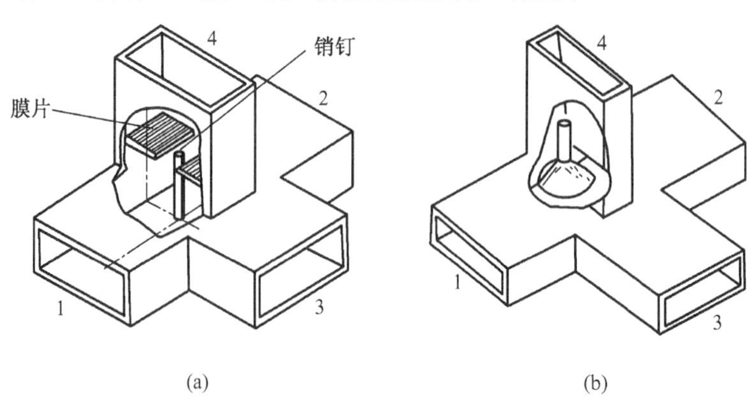

图 4-17 魔 T

(a) 用销钉和膜片调配;(b) 用金属圆锥体和销钉调配。

为使E分支得到匹配,可在E分支的波导窄边对称安置感性膜片,如图4-17(a)所示。调节膜片的尺寸和位置,就可以使E分支与端口1和端口2之间达到较好的匹配。

但应指出,无论是对于H分支还是E分支,上述措施都只能使魔T在较窄的频带内有较好的匹配效果。为了拓宽魔T的匹配工作频带,可采用如图4-17(b)所示的匹配装置。在接头内安置一个金属圆锥体,适当选取它的尺寸,就可以使E分支与端口1和端口2之间在较宽的频带内达到较好的匹配效果。锥体顶端的销钉是为了使H分支与端口1和端口2达到匹配而设置的。

2）魔T的特性

对魔T的特性,可以归纳为:

(1) 当3、4端口接匹配负载时,由1、2端口对称输入的等幅同相微波将进入3臂(H-T分支)而不进入4臂(E-T分支);反之,由1、2端口输入等幅反相微波,其功率将由4臂输出而不进入3臂。

(2) 根据互易原理,当1、2臂对称且接匹配负载时,由3端口输入微波,其功率将等幅同相进入1、2臂而不进入4臂;反之,由4端口输入微波,其功率将等幅反相进入1、2臂而不进入3臂。可见,魔T是一个3dB功分器,在微波工程领域获得了广泛的应用。

这就是说,3、4臂在对称工作情况下是互相隔离的。

(3) 当1、2臂对称且接匹配负载时,由3、4端口同时输入等幅微波,根据两路微波的相位不同,功率将由1、2臂中的一臂输出而不会进入另一臂;若将输入3、4端口的微波中任何一个反相,则在1、2臂中,输出臂或隔离臂亦将交换。

(4) 同样根据互易原理,当3、4端口接匹配负载时,由2端口输入微波,其功率将进入3、4臂而不会进入1臂;反之,由1端口输入微波,其功率将同样进入3、4臂而不进入2臂,只是这时在3、4臂中的一个臂内的微波与2端口输入时相比已反相。

因此,1、2端口在对称工作情况下也是互相隔离的。

(5) 由于3、4端口是相互隔离的,故对接在3、4端口的负载可以分别进行调配而不会互相影响,不论1、2端口是同相还是反相输入,在1、2端口都可以达到匹配;同样,由于1、2端口是相互隔离的,因而也可以分别调配而使3、4端口达到匹配。

(6) 若3、4端口匹配,则1、2端口也自动达到匹配;这是因为,根据特性(4),1、2端口中任何一个输入的微波都将只会进入3、4端,既然3、4端口是匹配的,将全部吸收进入的微波,在1、2端口不会有反射波出现,因而从1、2端口看也是匹配的;同样的道理,若1、2端口匹配,则3、4端口也自动达到匹配。

3）魔T的应用

(1) 阻抗测量。利用魔T可以当作微波电桥应用,如图4-18所示。微波源接在3端口(H-T分支),在4端口(E-T分支)接指示器。如果在端口1和2接上两个特性完全相同的负载,则由这些负载反射的波也将是等幅同相的。因而不能进入4端口,这时指示器指示为零;只有臂1与臂2的负载不一致(不平衡)时,微波才可能进入4臂,使指示器有指示。因此,如果负载之一是一个标准负载,则利用指示器有无指示及指示大小就可以与被测负载进行比较。

(2) 双工器。魔T也可以用来作雷达的转换开关,其原理如图4-19所示。两个魔

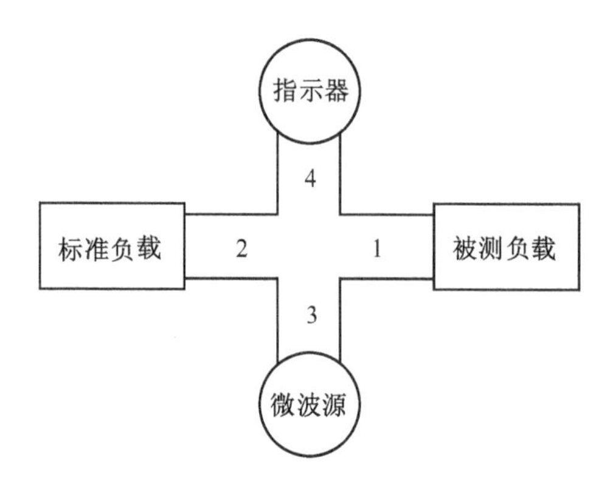

图4-18 魔T作为微波电桥用于阻抗测量

T对称地配置,两个气体放电管(接收机保护放电管)放在两个魔T之间不同的侧臂中,它们之间离魔T对称平面的距离有四分之一波导波长的差;发射机接在第一个魔T的H-T分支,而天线接在E-T分支;接收机接在第二个魔T的E-T分支,其H-T分支则连接一个匹配负载。

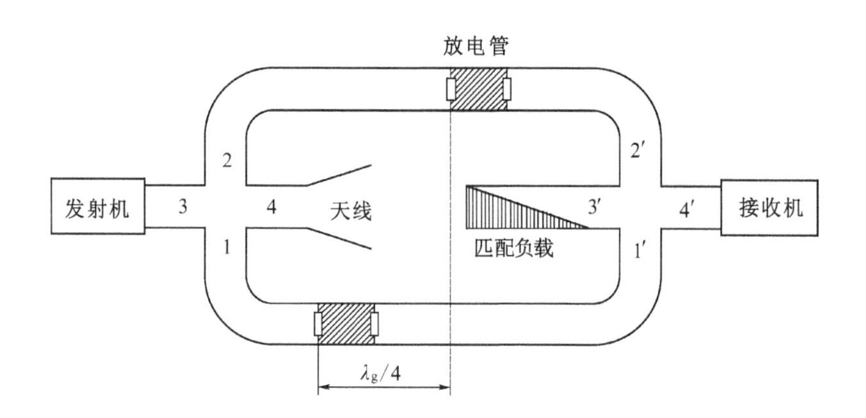

图4-19 用双T接头或魔T做双工器的方案示意图

当发射机工作时,发射功率将等辐同相进入第一个魔T的两个侧臂1与2,并引起放电管放电,由于两个侧臂中的放电管有着四分之一波导波长的间距,因而由于放电而反射回到第一个魔T对称平面的两路微波将有180°的相位差,所以微波功率会从4臂输出经由天线发射。而漏过放电管的微小功率,由于两个支路的对称性,它们到达第二个魔T对称平面时仍是同相的并进入3′臂,在这里将由匹配负载所吸收,在理想情况下进入接收机的功率为零。当雷达处于接收状态时,由天线来的信号反相进入1、2臂,这时放电管因接收信号功率小而不会放电,信号经过相同的距离到达第二个魔T对称平面时仍为反相,因此进入4′臂而为接收机接收,信号不会被分到发射机分支中去,因而这时发射机阻塞放电管就不再需要了。用魔T构成的双工器的优点是,在发射机工作时,放电管的漏功率由于两路的对称性,将为3′臂的匹配负载所吸收而仍然不会进入接收机。

4.2.2 环形电桥

环形电桥与魔T一样具有类似电桥的特性。环形电桥由矩形波导沿E面弯曲成环，并在E平面内沿环按一定距离连接4个分支波导而构成(图4-20)。当微波功率由端口1输入时,它分成等幅反相的两路向左右方向传播,当它们到达4端口的对称平面时,由于两路微波存在总长$\lambda_g/2$的行程差,将引起附加180°的相移,但1端口是主路上的一个E-T接头,两路微波本来就是反相的,因而这时反而成为同相,因此它们不可能从同样是E-T接头的端口4输出。而端口2、3的对称平面上,来自两个方向的微波的行程刚好相差一个λ_g,即2π,所以仍旧保持反相,因此会从2、3端口输出;同样道理,从端口4输入的微波不可能从端口1输出。由此可见,端口1、4是彼此隔离的,从端口1、4输入的微波只能由端口2、3输出。

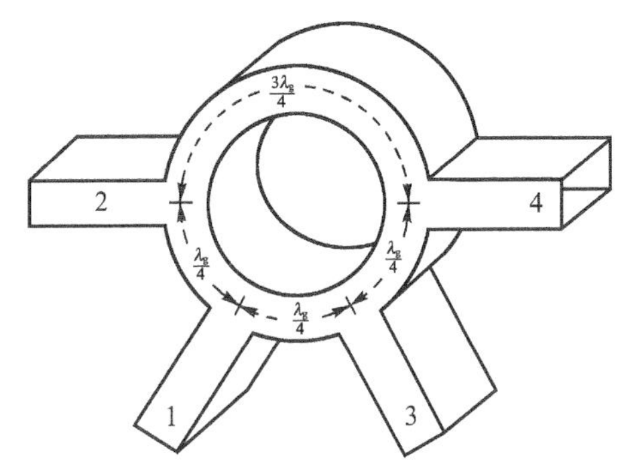

图4-20　环形电桥

完全类似的分析表明,端口2、3也是彼此隔离的,从端口2、3输入的微波只能从端口1、4输出而不能进入对方端口。

沿E面弯曲的矩形波导环除了与E-T分支波导连接外,也可以利用同轴-波导转换接头与同轴线连接。也可以做成全同轴的环形电桥,即由同轴线弯曲而成环并与4路同轴分支线并联。图4-21给出了两种可能的环形电桥方案的等效电路,与环串联的传输线代表波导E-T连接,而与环并联的传输线则代表与同轴线连接,图中同时给出了各分支之间的距离,至于其工作原理,读者可以很容易做出分析。

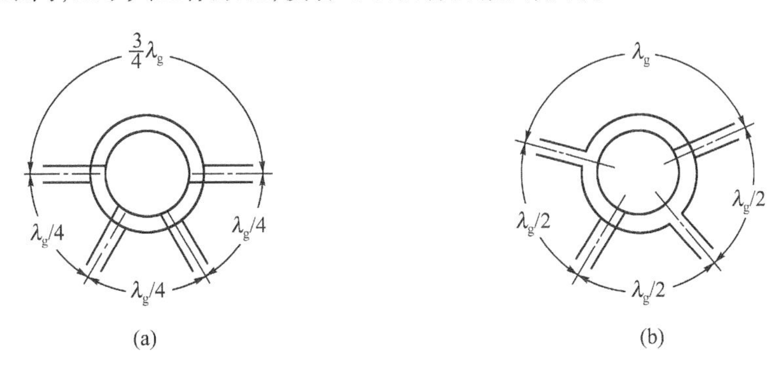

图4-21　不同方案环形电桥的等效电路

(a) 同轴环,同轴分支;(b) 波导环,混合分支。

环形电桥由于其电桥特性取决于各端口之间的电长度,因此它与频率直接相关,当频率偏离中心频率(电桥设计频率)时,它的电桥特性就不再得到保证,所以环形电桥不能宽频带工作,严格地说只能单频工作。而魔T的电桥特性仅取决于其几何对称性,而与工作频率无关,因而可以在波导工作频率范围内宽频带工作,这对于很多应用,如精密测量来说就是十分重要的优越性。

4.2.3 波导窄边裂缝电桥

1. 波导窄边裂缝电桥的工作原理

波导窄边裂缝电桥由两个具有公共窄边的并在一起的矩形波导组成,在公共窄边上开有裂缝(去掉长度为 l 的公共窄边),如图4-22(a)所示。

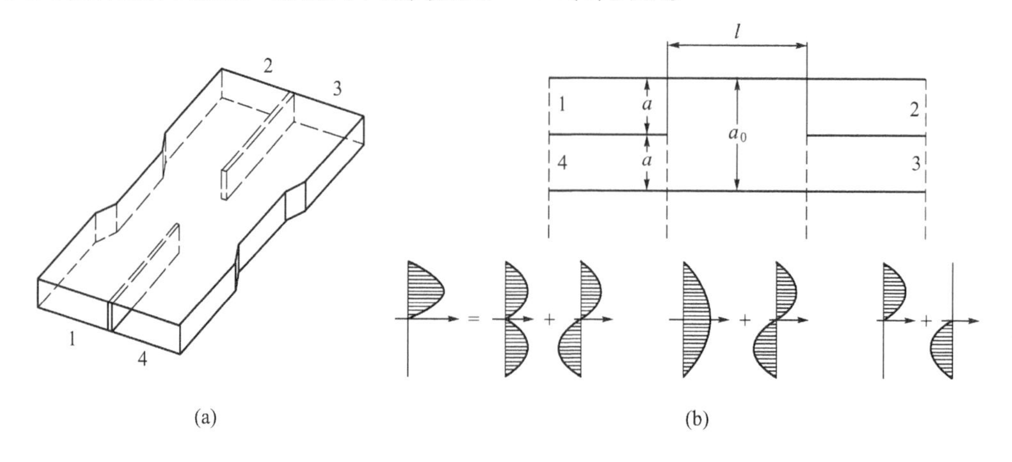

图4-22 波导窄边裂缝电桥

选择尺寸 a_0(a_0 并不一定等于 $2a$,一般情况下,它可以通过适当收缩波导壁而小于 $2a$)使裂缝区只能传输 TE_{10} 模和 TE_{20} 模。由于在任何一个端口输入的只能是 TE_{10} 模(单模波导),其电场只有 E_y 分量,磁力线为平行于宽边的闭合环,因此,在裂缝区,这样的场也将只能激励起 TE_{m0} 各模。比 TE_{20} 模高一次的 TE_{m0} 模为 TE_{30} 模,因此为了只传输 TE_{10}、TE_{20} 模,a_0 应满足

$$(\lambda_c)_{TE_{20}} = a_0 > \lambda > (\lambda_c)_{TE_{30}} = \frac{2}{3}a_0 \tag{4.1}$$

即

$$\frac{3}{2}\lambda > a_0 > \lambda \tag{4.2}$$

波导窄边裂缝电桥的工作原理可以近似地作如下说明(图4-22(b)):当在端口1和4同相输入 TE_{10} 波时,在裂缝区,它可以激励起 TE_{10}、TE_{30}、TE_{50} 等同样偶函数分布的模;而当在端口1和4反相输入 TE_{10} 波时,在裂缝区,它将激励起 TE_{20}、TE_{40} 等奇函数分布的模。由于裂缝区尺寸 a_0 的限制,在这里最终能实际存在的模只有 TE_{10} 波和 TE_{20} 波,因此,在1、4端口同时存在等幅同相激励和反相激励时,也就是说,其合成后即相当于只有端口1有幅值为 E_1 的 TE_{10} 波输入,而在端口4则没有输入时,通过裂缝区后进入2臂的波是裂缝区中的 TE_{10}、TE_{20} 波的同相场,而进入3臂的是反相的场,即

$$\begin{cases} E_2 = \dfrac{E_1}{2}\mathrm{e}^{-\mathrm{j}\beta_{10}l} + \dfrac{E_1}{2}\mathrm{e}^{-\mathrm{j}\beta_{20}l} = \left(E_1\cos\dfrac{\theta}{2}\right)\mathrm{e}^{-\mathrm{j}\frac{\alpha}{2}} \\ E_3 = \dfrac{E_1}{2}\mathrm{e}^{-\mathrm{j}\beta_{10}l} - \dfrac{E_1}{2}\mathrm{e}^{-\mathrm{j}\beta_{20}l} = -\mathrm{j}\left(E_1\sin\dfrac{\theta}{2}\right)\mathrm{e}^{-\mathrm{j}\frac{\alpha}{2}} \end{cases} \tag{4.3}$$

式中

$$\begin{cases} \alpha = (\beta_{10} + \beta_{20})l \\ \theta = (\beta_{10} - \beta_{20})l \end{cases} \tag{4.4}$$

由此得到它们之间的幅值比

$$\begin{cases} \dfrac{E_2}{E_1} = \left(\cos\dfrac{\theta}{2}\right)\mathrm{e}^{-\mathrm{j}\frac{\alpha}{2}} \\ \dfrac{E_3}{E_1} = -\mathrm{j}\left(\sin\dfrac{\theta}{2}\right)\mathrm{e}^{-\mathrm{j}\frac{\alpha}{2}} \\ \dfrac{E_3}{E_2} = -\mathrm{j}\tan\dfrac{\theta}{2} = \left(\tan\dfrac{\theta}{2}\right)\mathrm{e}^{-\mathrm{j}\frac{\pi}{2}} \end{cases} \tag{4.5}$$

以及它们之间的功率比

$$\begin{cases} \dfrac{P_2}{P_1} = \left|\dfrac{E_2}{E_1}\right|^2 = \cos^2\dfrac{\theta}{2} \\ \dfrac{P_3}{P_1} = \left|\dfrac{E_3}{E_1}\right|^2 = \sin^2\dfrac{\theta}{2} \\ \dfrac{P_3}{P_2} = \left|\dfrac{E_3}{E_2}\right|^2 = \tan^2\dfrac{\theta}{2} \end{cases} \tag{4.6}$$

根据 P_3/P_2 的表达式，很容易得到结论，若为了使输入功率在 2、3 端口平分，就应使

$$\frac{P_3}{P_2} = \tan^2\frac{\theta}{2} = 1 \tag{4.7}$$

得

$$\frac{\theta}{2} = \frac{\pi}{4}, \quad \theta = \frac{\pi}{2} \tag{4.8}$$

将 $\theta/2 = \pi/4$ 代入 P_2/P_1、P_3/P_1 和 E_2/E_1、E_3/E_1 的表达式，就得到

$$\begin{cases} \dfrac{P_2}{P_1} = \dfrac{1}{2}, \quad \left|\dfrac{E_2}{E_1}\right| = \dfrac{1}{\sqrt{2}} \\ \dfrac{P_3}{P_1} = \dfrac{1}{2}, \quad \dfrac{E_3}{E_1} = \dfrac{1}{\sqrt{2}} \end{cases} \tag{4.9}$$

这是一个十分明显的结论，既然功率在 2、3 端口平分，那么每个端口得到的功率必然

是输入功率的二分之一,而幅值就是输入波幅值的 $1/\sqrt{2}$。

根据 $\theta=\pi/2$,由式(4.4)即可求得裂缝长度 l,这时,窄边裂缝电桥就成为一个 3dB 功率分配器。式(4.5)还告诉我们,E_3 与 E_2 之间存在 $\pi/2$ 的相位差,而且是 E_3 落后 E_2 相位 $\pi/2$。

由于在 1、4 端口同时存在同相和反相输入,叠加后的实际结果只有在 1 端口输入 TE_{10} 波,而 4 端口将既没有微波输入,也没有能量输出,又因为 1 端口是可以任意指定的,因此,可以得到如下结论:在波导窄边裂缝电桥任何一个端口输入微波,微波功率将在其直通臂(相当于端口 2)和耦合臂(相当于端口 3)之间平均分配输出,而且耦合臂输出微波将比直通臂落后 $\pi/2$,不会有任何功率进入隔离臂(相当于端口 4)。

当 θ 取不同的值时,波导窄边裂缝电桥会表现出不同的特性,比如 $\theta=\pi$ 时,来自 1 端口的波将全部进入 3 臂而不会进入臂 2 和 4。类似地,端口 2 输入的微波将进入臂 4,端口 3 输入的微波将进入臂 1,而端口 4 进入的微波将从端口 2 输出。这时,波导窄边裂缝电桥具有了环行器的功能(环行器的定义见第 7 章 7.3 节)。

2. 波导窄边裂缝电桥的应用

波导窄边裂缝电桥常被用作功率分配器,而且一般都做成 3dB 功率分配器。

波导窄边裂缝电桥同样可以作为转换开关用作雷达天线的双工器。如图 4-23 所示,当发射机工作时,微波功率由第 1 个波导裂缝电桥的 1 臂输入,经波导裂缝电桥后将进入臂 2 与 3,它们的幅值与相位将分别是 $1/\sqrt{2}\,|0°$、$1/\sqrt{2}\,|-90°$(功率各为 1/2),并且引起放电管 P_1 与 P_2 放电,放电形成的等离子体层把微波功率反射回去,臂 2 的 $1/\sqrt{2}\,|0°$ 微波再次经过电桥时又将分成两路进入臂 1 和臂 4,它们的幅值应是 $1/2\,|0°$ 与 $1/2\,|-90°$(功率各为 1/4);而由臂 3 反射的功率经电桥进入臂 1、4 的幅值则将是 $1/2\,|-180°$, $1/2\,|-90°$。由此可见,在臂 1 中的两部分幅值由于刚好反相而相抵消,而臂 4 中的两部分幅值则刚好同相叠加。应该指出,臂 1 中的两部分反射功率相位相反而抵消的物理实质是:微波功率不能进入到臂 1 中去传输,而不是功率自行消失了,功率是不可能自行消失的,它们只是被反射回去了(不考虑波导本身的吸收损耗),这样,反射回臂 1 的功率将再次反射,又经历一次上述过程,经过多次反射(实际上这一过程是瞬时完成的),最终由臂 1 输入的功率将全部由臂 4 输出进入天线发射。而当发射机停止工作雷达处于接收状态时,天线接收到的信号进入第一个裂缝电桥后,分别以 $1/\sqrt{2}\,|0°$ 和 $1/\sqrt{2}\,|-90°$ 的功率进入了 3 臂和 2 臂,在小功率状态下这时 P_1 与 P_2 不放电,因而信号继续经 3′臂和 2′臂而进入第 2 个裂缝电桥,3′臂中的信号幅值再次分配成 $1/2\,|-90°$ 与 $1/2\,|0°$ 两部分分别进入臂 1′和臂 4′;而 2′臂中的信号幅值则分配成 $1/2\,|-90°$ 与 $1/2\,|-180°$ 两部分进入臂 1′和臂 4′。可见,在臂 1′中的信号得到叠加而臂 4′中的信号将抵消,最终天线接收到的信号将全部由臂 1′输出进入接收机。

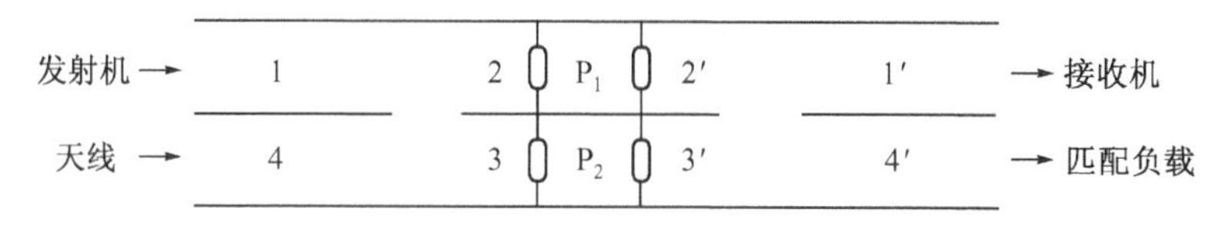

图 4-23 波导裂缝电桥转换开关

发射机工作时漏过放电管而进入第 2 个裂缝电桥的功率,与上述接收状态完全类似,只是这时漏功率来自臂 1 而不再是臂 4,因而最终由臂 4′输出被匹配负载吸收。

波导窄边裂缝电桥在铁氧体元件差相移式环行器中也有应用,将在 7.3 节中介绍。

4.3　功率分配元件——定向耦合器的基本原理

定向耦合器是一种用途广泛的微波元件,它可以看作是一种微波能量被分配后只在一定方向上传输的具有方向性的功率分配器。如图 4-24 所示,定向耦合器由两路微波传输线相耦合组成,因而是一个四端口元件,从主线输入的微波功率 P_1 将有一定比例的小部分耦合到副线,并且只在一个方向上(P_2^+)传播,而基本上不会在反方向传播($P_2^- \approx 0$)。这与微波电桥的性质有相似性,即输入端的功率 P_1 会在两个端口输出(P_2^+ 和 P_1'),而与另一端口隔离(P_2^- 端口)。定向耦合器的这一特性,使得我们可以从主线中的入射波和反射波分别取样,也可以对主线入射波进行测量、监视等,可见这是很有用的一种波导元件。

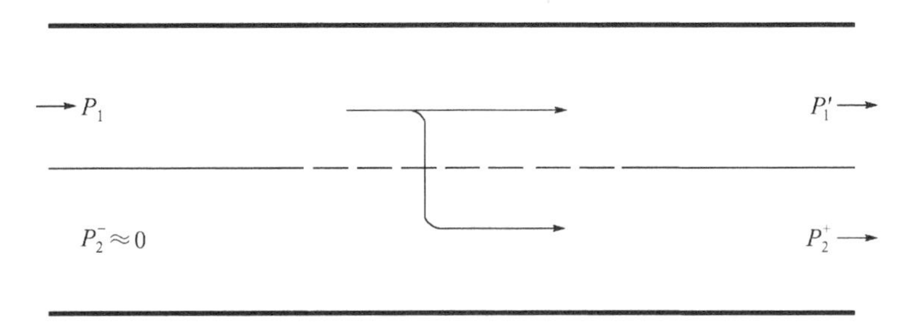

图 4-24　定向耦合器示意图

4.3.1　定向耦合器的技术指标

定向耦合器的主要技术指标包括:耦合度、方向性、输入端驻波系数、插入损耗和工作带宽。

(1) 耦合度。定向耦合器从主线耦合到副线中,在正向传播的功率 P_2^+ 与主线入射波功率 P_1 之比的分贝数称为耦合度

$$C = 10\lg \frac{P_2^+}{P_1} \quad (\text{dB}) \tag{4.10}$$

显然,耦合度是一个负数($P_2^+ < P_1$)。习惯上人们往往直接将其绝对值称为耦合度,即

$$C = 10\lg \frac{P_1}{P_2^+} \quad (\text{dB}) \tag{4.11}$$

(2) 方向性。方向性是定向耦合器的重要指标,其定义是从主线耦合到副线的微波功率在正、反向传播的分配比,以分贝表示:

$$d = 10\lg \frac{P_2^+}{P_2^-} \quad (\text{dB}) \tag{4.12}$$

方向性 d 是表示定向耦合器主线耦合到副线中的能量定向传播的能力的质量指标,d 越大,表明定向耦合器的定向性越好。

通过耦合度和方向性,就可以反映出定向耦合器的隔离端口与输入端口之间的隔离度大小:

$$I = 10\lg \frac{P_1}{P_2^-} = 10\lg \frac{P_1}{P_2^+}\frac{P_2^+}{P_2^-} = C + d \quad (\mathrm{dB}) \tag{4.13}$$

(3) 输入端驻波比。它的定义是定向耦合器直通端口(P_1'输出端口)、正向耦合端口(P_2^+ 输出端口)及反向耦合端口(P_2^- 输出端口即隔离端口)都接匹配负载时,在输入端口测量到的驻波系数。输入端驻波系数反映了在输入端观察到的反射大小。

(4)插入损耗。插入损耗是指在主线的输出功率与输入功率的比值的分贝数

$$L = 10\lg \frac{P_1'}{P_1} \tag{4.14}$$

式中,P_1' 为定向耦合器主线的输出功率,P_1 为它的输入功率,这时得到的插入损耗是负值,人们习惯上用正值来表示插入损耗,因此上式可改写成

$$L = 10\lg \frac{P_1}{P_1'} \tag{4.15}$$

由于L实际上包含了耦合到副线的功率引起的损耗、主线本身的线路损耗以及输入端口的反射损耗,耦合到副线的功率是有用功率,只有线路损耗和反射损耗才是真正的损耗,因此在有些文献中,定义插入损耗时在 P_1' 中减去了耦合到副线的功率 P_2^+(忽略 P_2^-),即

$$L = 10\lg \frac{P_1 - P_2^+}{P_1'} \tag{4.16}$$

(5) 工作频带。指耦合度、方向性及输入驻波系数都满足给定要求时定向耦合器的工作频率范围。

定向耦合器还有一些指标,比如输出信号相对相位差、相交不平衡度、幅值不平衡度等,这些指标在实际应用中很少用到。

4.3.2 定向耦合器的工作原理

我们遇到的大部分波导定向耦合器都是通过小孔阵列来实现主线(主波导)和副线(副波导)的耦合的,目前已经较常见的另一类型定向耦合器——缝隙耦合定向耦合器,实际上也可以看作是孔数不断增加情况下的一种极限情况——孔间距变为零的情况。因此,讨论定向耦合器的基本工作原理可以以小孔耦合为基础。小孔耦合定向耦合器的工作原理主要基于小孔耦合理论和相位叠加原理两个理论基础。

1. 小孔衍射理论

1)耦合强度

波导定向耦合器最普通最常见的耦合机构是小孔,小孔不仅被用作波导之间的耦合,也常常在波导与谐振腔之间以及谐振腔相互之间的耦合中被采用。

电磁波利用小孔的绕射特点来实现能量耦合,绕射场的严格求解在数学上是十分困难的,因此通常采用近似分析方法,即当小孔尺寸远小于电磁波波长时,可以把小孔等效为电偶极子和磁偶极子的组合(见图4-25),电偶极子的偶极矩正比于入射波在小孔处的归一化法向电场 $\boldsymbol{E}_{1n}$,而磁偶极子的偶极矩则正比于入射波在小孔处的归一化切向磁场 $\boldsymbol{H}_{1t}$,它们同时都与小孔的形状和尺寸有关:

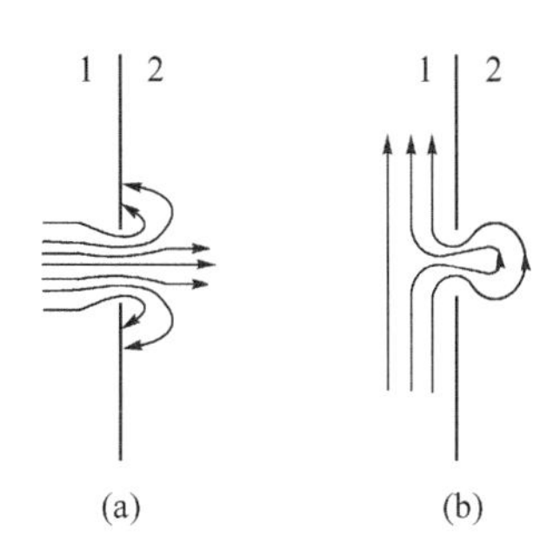

图4-25　小孔衍射耦合
(a) 电耦合；(b) 磁耦合。

$$\begin{cases}\text{电偶极矩} \quad \boldsymbol{P} = -\varepsilon_0 p_n \boldsymbol{E}_{1n} \\ \text{磁偶极矩} \quad \boldsymbol{M} = m_u \boldsymbol{H}_{1u} + m_v \boldsymbol{H}_{1v}\end{cases} \tag{4.17}$$

式中，p_n 为法向电极化率；m_u，m_v 为两个正交的切向的磁极化率，它们取决于小孔的形状与大小。3 种最常用的简单形状小孔的极化率如下：

圆孔	r, u, v	$m_u = \dfrac{4}{3}r^3$	$m_v = \dfrac{4}{3}r^3$	$p_n = \dfrac{2}{3}r^3$
椭圆孔	u, v, $2d$, $2l$	$m_u = \dfrac{\pi}{3}\dfrac{l^3}{\ln(4l/d) - 1}$	$m_v = \dfrac{\pi}{3}ld^2$	$p_n = \dfrac{\pi}{3}ld^2$
矩形孔	u, v, $2d$, $2l$	$m_u = 0$	$m_v = \dfrac{\pi}{2}ld^2$	$p_n = \dfrac{\pi}{2}ld^2$

利用归一化场分量(关于归一化场分量的求解，读者可参考相关文献，本书不在这里讨论)，就可以求出定向耦合器主波导中的模式场通过小孔在副波导中激励起的波的相对幅值—耦合强度。设主波导中入射波的模式在耦合孔所在位置的场以下标 1 表示，而在副波导中被激励起的模式在耦合孔所在位置的场以下标 2 表示，则根据小孔耦合理论，主、副波导之间的小孔耦合强度就可以表示为

$$\begin{aligned} a^{\pm} = \frac{A_2^{\pm}}{A_1} &= -\mathrm{j}\,\frac{\omega}{2}(\mu_0 \boldsymbol{M} \cdot \boldsymbol{H}_{2t}^{\mp} - \boldsymbol{P} \cdot \boldsymbol{E}_{2n}^{\mp}) = \\ &-\mathrm{j}\,\frac{\omega}{2}(\mu_0 m_u H_{1u} H_{2u}^{\mp} + \mu_0 m_v H_{1v} H_{2v}^{\mp} + \varepsilon_0 p_n E_{1n} E_{2n}^{\mp}) \end{aligned} \tag{4.18}$$

式中，A_1 为主波导中入射波的实际幅值系数；A_2 为副波导中被激励波的实际幅值系数；a 为它们的相对比值；上标“+”代表正向波，“-”号表示反向波，在主波导中，只有入射波，所以省略了“+”号；式中所有场分量都应是归一化值。

式(4.18)说明，主、副波导之间通过小孔存在耦合的条件是：在主、副波导中同时存在电场法向分量或相同方向的磁场切向分量，而且这些分量在小孔所在位置不同时都为零。可以根据式(4.18)来判断两个波导之间是否存在耦合或者决定两个波导之间应取怎样的相互位置才会发生耦合。比如说，当用单模(TE_{10}模)矩形波导的窄边与主波导耦

合时,即耦合孔位于矩形波导窄边与主波导的公共壁上时,则不论主波导是矩形波导还是圆波导,其中的TM模就不可能与副波导中的TE_{10}模发生耦合。这就是说,主波导中的TM模不可能在副波导中激励起TE_{10}模来(根据互易原理,反过来也是一样,窄边耦合时TE_{10}模不可能激励起TM模来)。这是因为,TE_{10}模在小孔处不存在垂直窄边的法向电场,而平行窄边的切向磁场在小孔位置只有H_z分量,但对TM模来说刚好相反,虽然有垂直公共壁的电场分量,但却没H_z分量,两者之间没有共同的同一方向的场分量,因而无法发生耦合。

2)归一化场分量

在式(4.18)中,主波导中的入射波的模式与副波导中的被激励波的模式可能相同,也可能不同。如果主、副波导相同,模式也相同,耦合小孔位于相同的波导壁上的相同位置(比如,小孔都在主、副矩形波导的宽边中心线上),则主、副波导中在小孔所在位置的模式场分量也就会相同,它们的幅值比值就可以直接采用场表达式中的幅值系数进行计算;但如果主波导中的入射波模式与副波导中的被激励波模式不同,则它们的场表达式也就不同,这时它们的幅值系数就不具有可比性,因此式(4.18)中的场分量就必须首先进行归一化,这样才能使主、副波导中的模式波具有可比性。

令

$$\begin{cases}\boldsymbol{E}=C\boldsymbol{e}\\ \boldsymbol{H}=C\boldsymbol{h}\end{cases} \tag{4.19}$$

式中,C为场的幅值系数;$\boldsymbol{e}$、$\boldsymbol{h}$为场表达式中除幅值系数外的其余部分,称为模式函数或本征函数。

对于相同模式的耦合,尽管C的大小可以因为场分量表达式的具体形式不同而不同,但主、副波导的模式场的C是相同的;当两个不同模式之间发生耦合时,C就不再能各自随意给定,否则耦合量的大小就无法确定。这时可以在等功率传输的条件下求出两个模式的幅值系数之间的关系,这样才能用幅值替代功率来计算耦合强度,为此,最直接的方法就是利用归一化条件

$$\begin{aligned}\int_s(\boldsymbol{E}\times\boldsymbol{H}^*)\cdot\mathrm{d}\boldsymbol{S} &= C^2\int_s(\boldsymbol{e}\times\boldsymbol{h}^*)\cdot\mathrm{d}\boldsymbol{S}\\ &= C^2p_s = 1\end{aligned} \tag{4.20}$$

式中,$\boldsymbol{h}^*$为$\boldsymbol{h}$的共轭值;p_s称为归一化常数。

$$p_s = \int_s(\boldsymbol{e}\times\boldsymbol{h}^*)\cdot\mathrm{d}\boldsymbol{S} \tag{4.21}$$

这样式(4.19)就可以重新写成

$$\begin{cases}\boldsymbol{E} = \dfrac{1}{\sqrt{p_s}}\boldsymbol{e}\\ \\ \boldsymbol{H} = \dfrac{1}{\sqrt{p_s}}\boldsymbol{h}\end{cases} \tag{4.22}$$

对主、副波导中的场经过这样归一化处理后,它们就将是在等功率条件(功率归一化条件)下得到的场分量,两者耦合才具有可比性,这样的场分量就称为归一化场分量。显

然,这一处理对相同模式的耦合强度计算不会产生任何影响,所以在式(4.18)中,不论是对相同模式还是不同模式的耦合,都采用归一化场分量来进行计算。

3）大孔修正和壁厚修正

式(4.18)是 $r \ll \lambda_0$ 以及忽略波导壁厚的假设下得到的,所以其中的场分量都只是反映在小孔圆心位置的场分布及大小,且没有考虑电磁波穿过有一定厚度的小孔时产生的衰减,从而使 $a^{\pm}$ 的计算有一定误差。当要考虑小孔大小不满足 $r \ll \lambda_0$ 和小孔壁有一定厚度时,就有必要对小孔耦合强度 $a^{\pm}$ 进行一定的修正。

F. 斯波莱德和 H. G. 翁格尔指出,耦合孔的半径大小对耦合的影响可以分别对电偶极矩和磁偶极矩乘上一个大孔因子 R_e、R_m 来修正。

$$\begin{cases} R_e = \dfrac{1}{1+0.4(kr)^2} \\ R_m = \dfrac{1}{1-0.4(kr)^2} \end{cases} \tag{4.23}$$

式中,k 为自由空间波数。

至于耦合孔壁厚对耦合的影响,他们对主波导和副波导中模式相同和不同两种情况,分别给出了对电偶极矩和磁偶极矩的修正因子 K_e、K_m。K_e 和 K_m 称为壁厚因子。

当主、副波导中模式相同时

$$\begin{cases} K_e = 1-0.13e^{-2\alpha_E t} \\ K_m = 1-[0.35+0.15(kr)^2](1-e^{-2\alpha_H t}) \end{cases} \tag{4.24}$$

当主、副波导中模式不同时

$$\begin{cases} K_e = [1-0.14(1-e^{-2\alpha_E t})]e^{-\alpha_E t} \\ K_m = [1-\{0.1+[0.3+0.15(kr)^2]^2\}(1-e^{-2\alpha_H t})]e^{-\alpha_H t} \end{cases} \tag{4.25}$$

式(4.24)、式(4.25)中,t 为耦合孔的壁厚。而 α_E、α_H 实际上是把公共壁上的耦合小孔看作一段截止圆波导时的衰减常数。根据式(1.37),衰减常数的表达式是

$$\alpha = \sqrt{k_c^2-k^2} \tag{4.26}$$

显然衰减常数越小,能通过小孔耦合进副线中的场越强,对耦合强度的影响也就越小,所以对耦合强度进行壁厚修正时,首先应该考虑的是能在小孔形成的截止圆波导中激励起的最低模式,因为最低模式的 k_c 最小,因而得到的 α 也最小。对于电偶极矩来说,对耦合强度作出贡献的是电场法向分量,而能产生法向分量的圆波导最低模式是 E_{01} 模(TM_{01} 模),所以 α_E 应该以 TM_{01} 模的衰减常数计算;而对于磁偶极矩来说,对耦合强度作出贡献的是磁场切向分量,能产生切向分量的圆波导最低模式是 H_{11} 模(TE_{11} 模),所以 α_H 应该以 TE_{11} 模的衰减常数计算,由此得到

$$\begin{cases} \alpha_E = \left[\left(\dfrac{2.405}{r}\right)^2-k^2\right]^{1/2} \\ \alpha_H = \left[\left(\dfrac{1.84}{r}\right)^2-k^2\right]^{1/2} \end{cases} \tag{4.27}$$

大孔因子 R_e、R_m 和壁厚因子 K_e、K_m 在 $kr \leqslant 1$,即 $r \leqslant \lambda_0$ 的条件下具有相当高的精度。显然,在 $kr \ll 1$,即 $r \ll \lambda_0$ 的条件下,$R_e \approx 1$、$R_m \approx 1$;而在 $t \approx 0$ 的情况下,$K_e \approx 1$、$K_m \approx 1$,这就是我们在前面讨论的情况,并由此得到式(4.18)。而引入修正因子 R_e、R_m、K_e 和 K_m 后,式(4.18)就应该修正为

$$a^{\pm} = -\mathrm{j}\frac{\omega}{2}[(\mu_0 m_u H_{1u} H_{2u}^{\mp} + \mu_0 m_v H_{1v} H_{2v}^{\mp}) R_m K_m + \varepsilon_0 p_n E_{1n} E_{2n}^{\mp} R_e K_e] \tag{4.28}$$

4)耦合度和方向性

根据耦合度的定义式(4.10),以及耦合强度 $a^{\pm}$ 的计算式可以得到

$$C = 10\lg\frac{P_2^+}{P_1} = 10\lg\frac{(A_2^+)^2}{(A_1)^2} = 20\lg|a^+| \tag{4.29}$$

至于方向性,则根据式(4.12)就有

$$d = 10\lg\frac{P_2^+}{P_2^-} = 20\lg\left|\frac{a^+}{a^-}\right| \tag{4.30}$$

2. 相位叠加原理

当耦合不是通过单一一个孔而是多个孔来进行时,则总的耦合就不仅取决于由小孔衍射理论所决定的每个孔的耦合强度,而且还将与各个孔耦合激励的波之间的相位有关。

1)双孔耦合

先来分析一下两个耦合孔的情况(见图4-26),端口1至2为主波导,3至4为副波导。分析时认为小孔的耦合很弱,因而不会影响主波导中入射波的幅值,即主波导中入射波的幅值保持不变。这样,若两个孔的形状大小相同,它们的相对耦合强度也就相同,假设为 $a^{\pm}$,$a^{\pm}$ 由式(4.18)或式(4.28)决定。同时设主波导中入射波的相位常数为 β_1,而副波导中被激励产生的波的相位常数为 β_2,两孔位于 $z=\pm d/2$ 处。

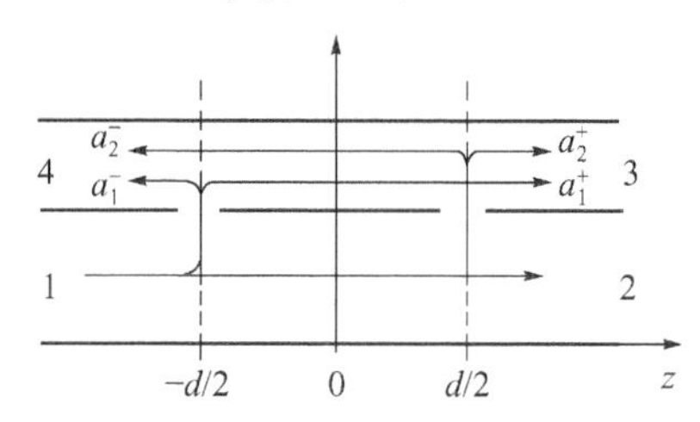

图4-26 双孔耦合原理图

由第1个孔在副波导中激励起来的反向波在 $-d/2$ 处的相对幅值将为 a_1^-,而正向波在副波导中经 d 距离传播到 $d/2$ 处时的相对场值将成为 $a_1^+ \mathrm{e}^{-\mathrm{j}\beta_2 d}$。对第2个孔来说,入射波将先在主波导中传播 d 距离后才抵达 $d/2$ 处,因此由第2个孔在副波导中激励起来的正向波在 $+d/2$ 处的相对场值就是 $a_2^+ \mathrm{e}^{-\mathrm{j}\beta_1 d}$,而反向波还将在副波导中再传播 d 距离后才能回到 $-d/2$ 处,即这时的相对场值为 $a_2^- \mathrm{e}^{-\mathrm{j}(\beta_1+\beta_2)d}$。上面已经指出,两个相同的孔耦合强度一样,即 $a_1^- = a_2^-$,$a_1^+ = a_2^+$。

这样,在 $z=d/2$ 处副波导中得到的总的正向波将是

$$A^+ = a_1^+ \mathrm{e}^{-\mathrm{j}\beta_2 d} + a_2^+ \mathrm{e}^{-\mathrm{j}\beta_1 d} = 2a^+ \mathrm{e}^{-\mathrm{j}(\beta_1+\beta_2)d/2}\cos(\beta_1-\beta_2)\frac{d}{2} \tag{4.31}$$

而在 $z=-d/2$ 处副波导中得到的总的反向波是

$$A^{-}=a_{1}^{-}+a_{2}^{-}\mathrm{e}^{-\mathrm{j}(\beta_1+\beta_2)d}=2a^{-}\mathrm{e}^{-\mathrm{j}(\beta_1+\beta_2)d/2}\cos(\beta_1+\beta_2)\frac{d}{2} \tag{4.32}$$

因为最终我们关心的只是耦合产生的波的幅值绝对值大小,所以它们总的相对幅值则为

$$A^{\pm}=\left|2a^{\pm}\cos\theta^{\pm}\right| \tag{4.33}$$

式中

$$\theta^{\pm}=\left|(\beta_1\mp\beta_2)\frac{d}{2}\right| \tag{4.34}$$

显然,当 $\theta^{+}=i\pi\ (i=0,1,2,\cdots)$ 时,$\left|\cos\theta^{+}\right|=1$,两孔的耦合将在正向得到同相叠加,而当 $\theta^{-}=\left(i-\frac{1}{2}\right)\pi\ (i=1,2,\cdots)$ 时,$\cos\theta^{-}=0$,两孔的耦合在反向将会抵消,从而得到定向耦合。

2）多孔耦合

若有总共 $N=2n$ 个耦合孔相对中心线对称分布(图4－27(a)),每一对对称的孔不仅分布位置是对称的,而且形状大小也是对称的。若每一对孔的单孔耦合强度分别为 $a_1^{\pm},a_2^{\pm},\cdots,a_k^{\pm},\cdots,a_n^{\pm}$,则与双孔耦合相类似的推导,可以得到它们耦合到副波导中的波的总相对幅值是

$$\begin{aligned}A^{\pm}&=\left|2a_1^{\pm}\cos\theta_1^{\pm}+2a_2^{\pm}\cos\theta_2^{\pm}+\cdots+2a_k^{\pm}\cos\theta_k^{\pm}+\cdots+2a_n^{\pm}\cos\theta_n^{\pm}\right|\\&=2\left|\sum_{k=1}^{n}a_k^{\pm}\cos\theta_k^{\pm}\right|\qquad(N=2n\text{ 时})\end{aligned} \tag{4.35}$$

式中

$$\begin{cases}\theta_k^{\pm}=\left|(\beta_1\mp\beta_2)\dfrac{d_k}{2}\right|\\ d_k=2\sum\limits_{k=1}^{k}S_k-S_1\end{cases} \tag{4.36}$$

如果在对称中心处存在有一个耦合强度为 $a_0^{\pm}$ 的单独耦合孔(图4－27(b)),总的耦合孔数就成为 $N=2n+1$,则这时在副波导中被激励起的波的总相对幅值成为

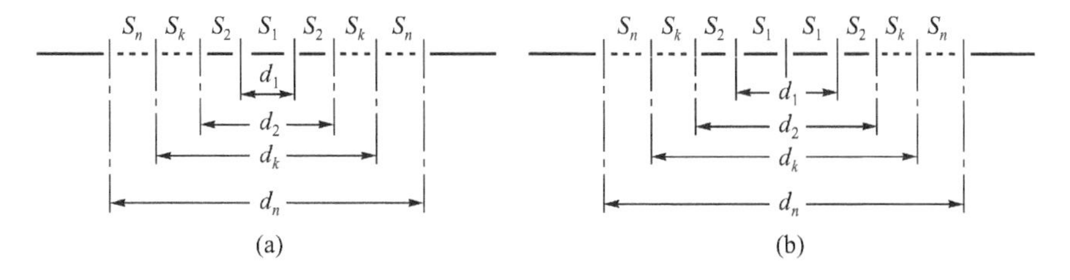

图4－27　多孔耦合孔的分布

(a) $N=2n$ 的情况;(b) $N=2n+1$ 的情况。

$$A^{\pm} = a_0^{\pm} + 2\left|\sum_{k=1}^{n} a_k^{\pm}\cos\theta_k^{\pm}\right| \quad (N = 2n + 1 \text{时}) \tag{4.37}$$

式中

$$\begin{cases} \theta_k^{\pm} = \left|(\beta_1 \mp \beta_2)\dfrac{d_k}{2}\right| \\ d_k = 2\sum\limits_{k=1}^{k} S_k \end{cases} \tag{4.38}$$

不论对于 $N=2n$ 或者 $N=2n+1$ 的情形,只有当对所有不同 k 的 d_k 值,满足

$$\theta_k^{+} = 2i^{+}\pi \quad (i^{+} = 0,1,2,\cdots) \tag{4.39}$$

或者满足

$$\theta_k^{+} = (2i^{+} - 1)\pi \quad (i^{+} = 1,2,\cdots) \tag{4.40}$$

时,所有正向波才能获得同相叠加,要注意的是,θ_k^{+} 值要么都满足式(4.39),要么都满足式(4.40),不能对不同的 i^{+},有的 θ_k^{+} 满足式(4.39),有的满足式(4.40),因为它们的余弦一个为 +1,一个为 -1,叠加时会相互抵消。而当

$$\theta_k^{-} = \left(i^{-} - \frac{1}{2}\right)\pi \quad (i^{-} = 1,2,\cdots) \tag{4.41}$$

时,就可以使所有反向波反相抵消(a_0^{-} 除外)。

多孔耦合又可以分为等间距耦合、等强度耦合和等间距等强度耦合三种特殊情况。

(1) 等间距耦合

在多孔耦合时,若耦合孔之间的间距 S_k 都相等且等于 S,称之为等间距耦合,这时

$$S_1 = S_2 = \cdots = S_k = \cdots = S_n = S \tag{4.42}$$

所以

$$d_k = \begin{cases} (2k-1)S & (N = 2n \text{时}) \\ 2kS & (N = 2n+1 \text{时}) \end{cases} \quad (k = 1,2,\cdots) \tag{4.43}$$

则

$$\theta_k = \begin{cases} (2k-1)\varphi^{\pm} & (N = 2n \text{时}) \\ 2k\varphi^{\pm} & (N = 2n+1 \text{时}) \end{cases} \quad (k = 1,2,\cdots)$$

$$\varphi^{\pm} = \left|(\beta_1 \mp \beta_2)\frac{S}{2}\right| \tag{4.44}$$

而这时只要

$$\varphi^{+} = i^{+}\pi \quad (i^{+} = 0,1,2,\cdots) \tag{4.45}$$

就可以满足正向波同相叠加的要求式(4.39)或者式(4.40),当 i^{+} 取偶数时,它相当于式(4.39),当 i^{+} 取奇数时,它就相当于条件(4.40)。而这时,反向波反相抵消的条件(4.41)成为

$$\varphi^{-} = \left(i^{-} - \frac{1}{2}\right)\pi \quad (i^{-} = 1,2,\cdots) \tag{4.46}$$

在等间距耦合时,被激励波的总相对幅值可表示为

$$A^{\pm}=\begin{cases}2\left|\sum\limits_{k=1}^{n}a_k^{\pm}\cos(2k-1)\varphi^{\pm}\right| & (N=2n\text{ 时})\\ \left|a_0^{\pm}+2\sum\limits_{k=1}^{n}a_k^{\pm}\cos2k\varphi^{\pm}\right| & (N=2n+1\text{ 时})\end{cases}\tag{4.47}$$

(2) 等强度耦合

当所有耦合孔的大小形状都相同时,则在一开始所作的假设,即主波导入射波幅值在整个耦合过程中不变的情况下,它们的单孔耦合强度也都相同,这种情况就是所谓等强度多孔耦合。这时

$$a_0^{\pm}=a_1^{\pm}=a_2^{\pm}=\cdots=a_k^{\pm}=\cdots=a_n^{\pm}=a^{\pm}\tag{4.48}$$

所以

$$A^{\pm}=\begin{cases}\left|2a^{\pm}\sum\limits_{k=1}^{n}\cos\theta_k^{\pm}\right| & (N=2n\text{ 时})\\ \left|a^{\pm}\left(1+2\sum\limits_{k=1}^{n}\cos\theta_k^{\pm}\right)\right| & (N=2n+1\text{ 时})\end{cases}\tag{4.49}$$

式中,θ_k 由式(4.38)确定,这种情况下的相位叠加条件仍与式(4.39)、式(4.40)及式(4.41)相同。

(3) 等间距等强度耦合

在定向耦合器的实际设计中,更多遇到的是不仅耦合孔间距相等,同时孔的大小形状也相同的情形,即等间距等强度耦合的情形,这时

$$A^{\pm}=\begin{cases}\left|2a^{\pm}\sum\limits_{k=1}^{n}\cos(2k-1)\varphi^{\pm}\right| & (N=2n\text{ 时})\\ \left|a^{\pm}\left(1+2\sum\limits_{k=1}^{n}\cos2k\varphi^{\pm}\right)\right| & (N=2n+1\text{ 时})\end{cases}$$

$$=\left|a^{\pm}\frac{\sin N\varphi^{\pm}}{\sin\varphi^{\pm}}\right|\tag{4.50}$$

显然,等间距耦合时的相位叠加条件式(4.45)、式(4.46)同样适用于等间距等强度耦合的情形。

4.4　小孔定向耦合器的设计

4.4.1　单孔定向耦合器

1. 矩形波导单孔定向耦合器

在矩形波导中,最简单的定向耦合器为单孔定向耦合器,它常常用在窄频带,对方向性要求不高的系统中,作为一种微波信号的取样器,即从主波导中耦合出一部分能量来进行频率、波形、频谱测量或功率测量、监视。

图4－28为单孔定向耦合器结构示意图，主波导与副波导尺寸完全相同，它们的宽边有一部分重叠构成公共壁，耦合孔位于公共壁中心，假设其半径为r_0，主、副波导的宽边中轴线有θ的交角。由于在矩形波导宽边中心TE_{10}模只有电场分量E_y和磁场分量H_x而没有H_z，因此矩形波导单孔耦合器中只有E_y电耦合和H_x磁耦合。

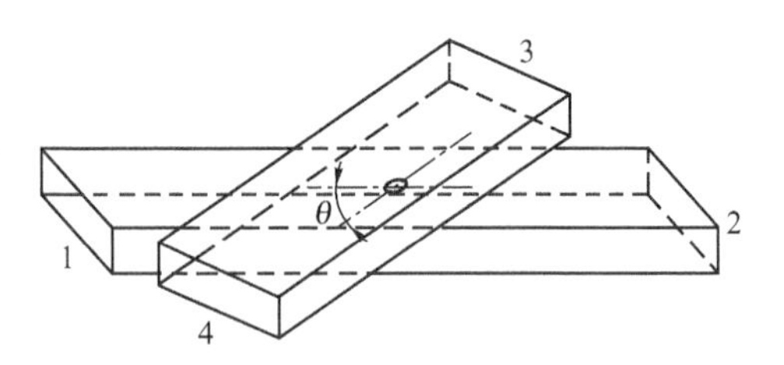

图4－28　矩形波导单孔定向耦合器

矩形波导中TE_{10}波的归一化场可表示为

$$\begin{cases} H_x^{\mp} = \mp\sqrt{\dfrac{2\beta_{10}}{\omega\mu_0 ab}}\sin\dfrac{\pi}{a}x \\ E_y^{\mp} = -\sqrt{\dfrac{2\omega\mu_0}{\beta_{10}ab}}\sin\dfrac{\pi}{a}x \\ H_z^{\mp} = -\mathrm{j}\dfrac{\pi}{a}\sqrt{\dfrac{2}{\omega\mu_0\beta_{10}ab}}\cos\dfrac{\pi}{a}x \end{cases} \tag{4.51}$$

在耦合孔所在位置，即$x=\dfrac{a}{2}$处有

$$\begin{cases} H_x^{\mp} = \mp\sqrt{\dfrac{2\beta_{10}}{\omega\mu_0 ab}} \\ E_y^{\mp} = -\sqrt{\dfrac{2\omega\mu_0}{\beta_{10}ab}} \\ H_z^{\mp} = 0 \end{cases} \tag{4.52}$$

取耦合孔为圆形，当$\theta=0$，即主、副波导宽边完全重叠(中轴线一致)时，由式(4.18)可求得

$$a^{\pm} = \pm\mathrm{j}\frac{\beta_{10}}{ab}\frac{4}{3}r_0^3\left[1 \mp \frac{1}{2}\left(\frac{\lambda_g}{\lambda}\right)^2\right] \tag{4.53}$$

可以看出，a^+存在两项相减的因子，因而在一定条件下可以等于零，而a^-反而始终不可能等于零。这就意味着，如果端口1至端口2为主波导，且入射波由端口1输入，则在副波导中3端口(正向)有可能没有输出而端口4(反向)始终会有输出。因此，要特别注意这一点，即单孔定向耦合器的输出端在反向而不是正向。

矩形波导单孔定向耦合器的耦合度是

$$C = 10\lg|a^-|^2 = 20\lg\frac{8\pi r_0^3}{3ab\lambda_g}\left[1+\frac{1}{2}\left(\frac{\lambda_g}{\lambda}\right)^2\right] \tag{4.54}$$

而其方向性则为

$$d = 10\lg\frac{|a^-|^2}{|a^+|^2} = 20\lg\frac{1+\frac{1}{2}\left(\frac{\lambda_g}{\lambda}\right)^2}{1-\frac{1}{2}\left(\frac{\lambda_g}{\lambda}\right)^2} \tag{4.55}$$

得到理想方向性的条件为 $a^+=0$,即

$$\left(\frac{\lambda_g}{\lambda}\right)^2 = 2,\qquad \lambda_g = \sqrt{2}\lambda \tag{4.56}$$

由于对于 TE_{10} 波

$$\lambda_g = \frac{\lambda}{\sqrt{1-\left(\frac{\lambda}{2a}\right)^2}} \tag{4.57}$$

所以理想方向性条件也可以写成

$$\lambda = \sqrt{2}a \tag{4.58}$$

在该条件下,定向耦合器的方向性将达到无穷大。

实际上,$\lambda=\sqrt{2}a$ 的条件就意味着对工作频率的限制,因为波导尺寸 a 是有标准的,a 一般情况下不会随意改动,否则会给与其他波导元件的连接带来麻烦。当 $\lambda\neq\sqrt{2}a$ 时,可以将副波导以耦合孔圆心垂直线为轴相对主波导旋转一个角度 θ,这样就能使得主、副波导中的 H_x 分量形成 θ 夹角,在利用式(4.18)计算时磁偶极矩与磁场切向分量的点乘就会有一个 $\cos\theta$ 因子,因此这时

$$C = 20\lg\frac{8\pi r_0^3}{3ab\lambda_g}\left[\cos\theta+\frac{1}{2}\left(\frac{\lambda_g}{\lambda}\right)^2\right] \tag{4.59}$$

$$d = 20\lg\frac{\cos\theta+\frac{1}{2}\left(\frac{\lambda_g}{\lambda}\right)^2}{\cos\theta-\frac{1}{2}\left(\frac{\lambda_g}{\lambda}\right)^2} \tag{4.60}$$

而理想方向性条件成为

$$\cos\theta = \frac{1}{2}\left(\frac{\lambda_g}{\lambda}\right)^2 = \frac{2a^2}{4a^2-\lambda^2} \tag{4.61}$$

实际的单孔定向耦合器的方向性远不可能达到无穷大,一般也不会很高。

2. 波导—同轴线单孔定向耦合器

前面已指出,单孔定向耦合器通常是作为微波信号取样器用的,因而从副波导耦合出的信号总是进入小功率系统后对其进行测量的。有很多测量仪器的输入端口往往是同轴线接头,可见,如果副波导的输出直接是同轴线而不是波导,这就会方便得多。波导—同

轴线单孔定向耦合器正是适应这种需要而发展起来的,并在现在得到了越来越广泛的应用,它不仅使用方便,而且结构简单,体积小。

波导—同轴线单孔定向耦合器的主波导为矩形波导,而副波导则为位于密封的圆柱腔中的带状线;带状线的下底板即腔体的底与矩形波导宽边是公共壁,耦合小圆孔位于公共壁中央;带状线的两端与同轴线内导体相连,而同轴线的外导体与圆柱腔的上盖板即带状线的上底板相连接。图4-29给出了这类定向耦合器的结构示意图。

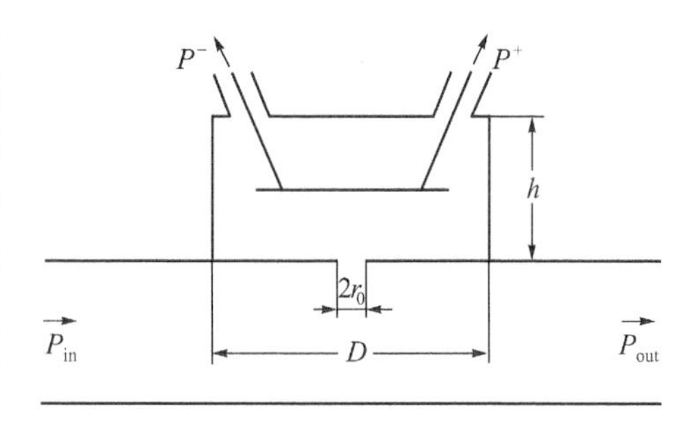

图4-29 波导—同轴线单孔定向耦合器

波导—同轴线单孔定向耦合器也可以利用小孔衍射理论来进行设计,不同的是现在副波导是带状线,主波导矩形波导中 TE_{10} 波的场分量很容易写出,问题就在于如何得到圆柱腔带状线中的场分量表达式,本书作者先后提出了3种解决问题的方法。

1) 理想带状线模型Ⅰ

当带状线中心导电带的宽度远小于接地板的大小,厚度远小于上、下接地板之间的距离,并假定中心导电带两端与输出同轴线匹配时,作为一种近似,可以把实际带状线看成为接地板无限大而中心导电带厚度为零的理想带状线。在这种近似下,利用变换函数

$$\begin{cases} z_1 = e^{\frac{\pi z}{h}} \\ \omega = \arccos z_1 \end{cases} \tag{4.62}$$

可以把 $z = x + jy$ 平面上的理想带状线变换到 $z_1 = x_1 + jy_1$ 平面上,然后再从 z_1 平面变换到 $\omega = u + jv$ 平面,成为平板电容器,平板间距为 $\pi/2$,宽度为 $\mathrm{arcch}\,(e^{\pi b/2h})$,$b$ 为中心导电带长度,h 为腔体上、下底距离。

2) 理想带状线模型Ⅱ

与理想带状线模型Ⅰ不同的是,采用了下述施瓦兹-克里斯托夫变换:

$$\begin{cases} W = -\cosh^2 \dfrac{\pi z}{h} \\ W' = \dfrac{\mathrm{sn}^{-1}[(-W)^{\frac{1}{2}}, k] - \mathrm{sn}^{-1}\left(\dfrac{1}{k}, k\right)}{\mathrm{sn}^{-1}(1, k) - \mathrm{sn}^{-1}\left(\dfrac{1}{k}, k\right)} \end{cases} \tag{4.63}$$

将 $z = x + jy$ 平面上的带状线首先变换到 $W = u + jv$ 平面上,然后再由 W 平面变换到 $W' = u' + jv'$ 平面上成为平板电容器。式中,sn^{-1} 为反椭圆正弦函数,k 为它的模:

$$k = \mathrm{arccosh} \frac{\pi d}{2h} \tag{4.64}$$

3）考虑接地板长度与中心导电带厚度时的带状线模型Ⅲ

实际的波导－同轴线单孔定向耦合器的带状线部分尺寸总是有限的，中心导电带的厚度也不为零，考虑带状线接地板有限大小，即考虑尺寸 D 的有限大小和把中心导电带的横截面近似为一个很扁的椭圆带后，可以利用下述施瓦兹－克里斯托夫变换：

$$\begin{cases} Z = x + \mathrm{j}y = C_1\left\{\lambda \mathrm{F}(\arcsin t \mid m) - \dfrac{\mathrm{j}}{(1 - m\alpha^2)^{\frac{1}{2}}}\mathrm{F}\left[\arcsin\left(\dfrac{1 - m\alpha^2}{1 - mt^2}\right)^{\frac{1}{2}} \mid g\right]\right\} + C_2 \\ W = u + \mathrm{j}v = C_3\displaystyle\int_0^{\frac{t}{\alpha}} \dfrac{\mathrm{d}t}{[(1 - t^2)(\alpha^2 - t^2)]^{\frac{1}{2}}} + C_4 = C_3\mathrm{F}\left(\arcsin\dfrac{t}{\alpha} \mid \alpha^2\right) + C_4 \end{cases} \tag{4.65}$$

式中

$$g = \frac{1 - m}{1 - m\alpha^2} \tag{4.66}$$

将 Z 平面的带状线变换到 t 平面，然后再变换成 W 平面上的有限尺寸平板的电容器。式中，F 为第一类椭圆积分，λ，α，m 及 C_1、C_2、C_3、C_4 均为常数，在变换过程中可以确定，它们与实际带状线的尺寸包括圆柱腔直径及导电带厚度等有关。

计算表明，在考虑了带状线接地板的有限尺寸和中心导电带的厚度后，定向耦合器耦合度的计算值与实测值相比较，比理想带状线模型Ⅱ精确度更高。

上面介绍的三种模型都是将圆柱腔中的带状线首先变换成平板电容器，进一步关于平板电容器中场的计算，在很多微波工程类书籍中都有介绍，有兴趣的读者可参考相关著作或作者的相关论文。波导－同轴线单孔定向耦合器与矩形波导单孔定向耦合器一样，需要调节带状线中心导电带的中心线与波导宽边中心线的夹角 θ 来提高方向性，而且其方向性也是不可能达到很高的；另外，这种定向耦合器同样在副波导反方向才是输出端（图 4－29 中的 P^- 端口）。

4.4.2　多孔定向耦合器

1. 等间距等强度耦合定向耦合器

利用本节在阐述相位叠加原理时所得到的公式，可以直接得出在等间距等强度耦合时定向耦合器的设计公式。

1）双孔定向耦合器

利用式（4.33），直接就可以得到双孔耦合时定向耦合器的耦合度与方向性：

$$\begin{cases} C = 20\lg A^+ = 20\lg\left|2a^+\cos\theta^+\right| \\ d = 20\lg\dfrac{A^+}{A^-} = 20\lg\left|\dfrac{a^+\cos\theta^+}{a^-\cos\theta^-}\right| \\ \theta^\pm = \left|\dfrac{(\beta_1 \mp \beta_2)d}{2}\right| = \pi\left|\dfrac{\lambda_2 \mp \lambda_1}{\lambda_1\lambda_2}\right| d \end{cases} \tag{4.67}$$

式中,λ_1、λ_2 分别为主、副波导中的波导波长,当两孔距离 $d=\left|\dfrac{\lambda_1\lambda_2}{\lambda_1-\lambda_2}\right|$时,$\theta^+=\pi$,$\cos\theta^+=-1$,在这种情况下

$$C=20\lg|2a^+|,\qquad d=20\lg\left|\frac{a^+}{a^-\cos\theta^-}\right| \tag{4.68}$$

若主波导与副波导尺寸相同,均传输 TE_{10}波,则 $\beta_1=\beta_2=\beta$,$\theta^+=0$,$\cos\theta^+=1$,因此在这种情况下可选择 $d=\lambda_g/4$,$\theta^-=\beta d=\pi/2$,$\cos\theta^-=0$,双孔定向耦合器得到理想方向性。

上述计算式中 $a^{\pm}$的大小可以根据式(4.18),对矩形波导 TE_{10} 波来说即式(4.53)来计算。给定工作频率和耦合孔的半径 r_0 后,即可以求得 $a^{\pm}$,或者反过来在设计定向耦合器时,先给定所要求的耦合度 C,由式(4.68)求出 a^+,再利用式(4.53)求出耦合孔的大小 r_0,由 r_0 再计算出 a^-。

双孔定向耦合器只能在一个频率上能满足 $\beta d=\pi/2$ 或者 $\beta d=(i-1/2)\pi(i=1,2,\cdots)$的理想方向性条件,该频率就是定向耦合器的中心频率。当工作频率偏离中心频率后,方向性就会迅速下降,所以双孔定向耦合器只能窄频带应用,为了展宽定向耦合器的工作频带,可以增加耦合孔的数目,做成多孔定向耦合器。

2) 多孔定向耦合器

在等间距等强度条件下,由式(4.50)就可以得到多孔定向耦合器的参量:

$$\begin{cases} C=20\lg A^+=20\lg\left|a^+\dfrac{\sin N\varphi^+}{\sin\varphi^+}\right| \\ d=20\lg\dfrac{A^+}{A^-}=20\lg\left|\dfrac{a^+\sin N\varphi^+\sin\varphi^-}{a^-\sin N\varphi^-\sin\varphi^+}\right| \\ \varphi^{\pm}=\left|\dfrac{(\beta_1\mp\beta_2)S}{2}\right| \end{cases} \tag{4.69}$$

式中,S 为耦合孔间距;N 为耦合孔数。若主、副波导尺寸相同且传输模式相同,则 $\beta_1=\beta_2=\beta$,$\varphi^+=0$,$\varphi^-=\beta S$,且

$$\lim_{\varphi^+\to 0}\left|\frac{\sin N\varphi^+}{\sin\varphi^+}\right|=N \tag{4.70}$$

这样,式(4.69)就可重写为

$$\begin{cases} C=20\lg|Na^+| \\ d=20\lg\left|\dfrac{Na^+\sin\beta S}{a^-\sin N\beta S}\right| \end{cases} \tag{4.71}$$

这时,a^+可以在给定 r_0 后由式(4.18)计算,或者在给定要求的 C 值并选定 N 后,由上式中的第1式求出 a^+值,然后再计算 r_0 及 a^-值。

由式(4.71)可以看出,只要 N 足够大,方向性 d 也可以在比双孔定向耦合器宽得多的频率范围内保持较高的值。这一点,从物理意义上可以这样来理解:双孔定向耦合器

只有在中心频率上，两个孔耦合到副波导中去形成的两个反向波会刚好反相，相互抵消；而在多孔定向耦合器中，N 个耦合孔将在副波导中激励起 N 个反向波，这 N 个反向波在叠加时，就完全可能会不只在一个频率上相互抵消，即相互抵消的频率机会大大增加了。这种机会随着 N 的增加而会越多，也就是能保持足够方向性值的频率范围越宽，所以多孔耦合器可以做到宽带工作。

多孔定向耦合器的主波导可以是矩形波导，也可以是圆波导，而副波导在一般情况下都为基模矩形波导，以便于副波导与测量系统连接。图4－30给出一个主波导为过模圆波导，副波导为基模矩形波导的多孔定向耦合器结构示意图。

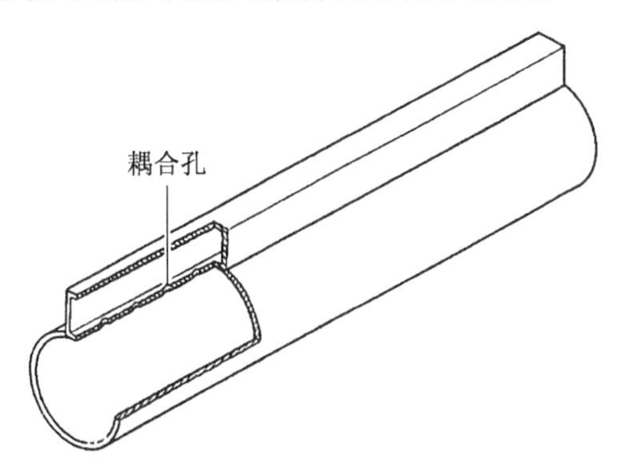

图4－30　多孔定向耦合器

2. 不等间距或不等强度耦合定向耦合器

等间距等强度耦合的多孔定向耦合器虽然可以做到宽带性，但是其方向性在工作频带内的起伏也不规则，而且随着 N 的增加，定向耦合器的总长度也将迅速增加，可见这种孔间距 S 和孔半径 r_0 都相同的定向耦合器并非最理想的定向耦合器。为了进一步改善定向耦合器的性能，可以放弃等间距、等强度的设计，让耦合孔间距或单孔耦合强度按一定规律变化。

1）连续耦合定向耦合器

不等强度耦合的最直接的方法就是把耦合孔无限增加同时孔距减小，使耦合区连接成耦合缝，缝的耦合强度符合某种函数形式 $\phi(z)$，$\phi(z)$ 称为耦合函数，更准确地说，$\phi(z)$ 表示在副波导中沿 z 向被连续激励起的波的相对幅值的分布形式。比如 $\phi(z)$ 可以是矩形叠加三角形，或者余弦形，或者若干长度从小到大的矩形叠加等，它们都可以直接写成数学函数形式。当 $\phi(z)$ 只是一个单纯矩形时，显然它就是等强度耦合在孔数无限增加时的一种极限情况。

假定主波导中入射波的波导波长和传输常数分别为 λ_1 和 β_1，副波导中被激励波的波导波长和传输常数分别为 λ_2 和 β_2，主波导中的波通过公共壁上在 $-L/2$ 到 $L/2$ 区间范围内的连续缝隙耦合到副波导中而激励起波，该耦合强度按函数 $\phi(z)$ 变化，则在副波导中激励起的正向波在耦合区 $L/2$ 端和反向波在 $-L/2$ 端的相对幅值将为

$$A^{\pm}=\int_{-L/2}^{L/2}\phi(z)\exp\left[-\mathrm{j}\beta_1\left(\frac{L}{2}+z\right)-\mathrm{j}\beta_2\left(\frac{L}{2}\mp z\right)\right]\mathrm{d}z=$$
$$\mathrm{e}^{-\mathrm{j}\theta^-}\int_{-L/2}^{L/2}\phi(z)\,\mathrm{e}^{-\mathrm{j}(2\theta^{\pm}/L)z}\mathrm{d}z \tag{4.72}$$

式中

$$\theta^{\pm} = (\beta_1 \mp \beta_2)\frac{L}{2} = \left(\frac{1}{\lambda_1} \mp \frac{1}{\lambda_2}\right)\pi L$$

令

$$F = \frac{1}{L}\int_{-L/2}^{L/2}\phi(z)\mathrm{e}^{-\mathrm{j}\frac{2\theta}{L}z}\mathrm{d}z \tag{4.73}$$

由此可以得到定向耦合器的方向性

$$d = 20\lg\left|\frac{\int_{-L/2}^{L/2}\phi(z)\mathrm{e}^{-\mathrm{j}\frac{\theta^+}{L}z}\mathrm{d}z}{\int_{-L/2}^{L/2}\phi(z)\mathrm{e}^{-\mathrm{j}\frac{2\theta^-}{L}z}\mathrm{d}z}\right| = 20\lg\left|\frac{F(\theta=\theta^+)}{F(\theta=\theta^-)}\right| \tag{4.74}$$

可见,只需要作出 F 与 θ 的关系曲线,就能比较出不同 $\phi(z)$ 的 d 的大小,从而很快就可以判断出 $\phi(z)$ 的优劣,显然,选择 F 值最大的点所对应的 θ 值作为 θ^+,同时,使这时的 θ^- 尽可能落在对应 F 值最小的范围内,就可能获得最大的方向性 d,能满足这样要求的 $\phi(z)$ 才是比较理想的耦合函数。作为例子,在图4-31中我们给出了两种不同 $\phi(z)$ 的 F 与 θ 的关系曲线,其中曲线1的 $\phi(z)$ 是

$$\phi(z) = 1 + 11.2\left[1 + \cos\left(\frac{2\pi}{L}z\right)\right] \tag{4.75}$$

而曲线2的 $\phi(z)$ 表达式是三角形函数,可以很容易写出。

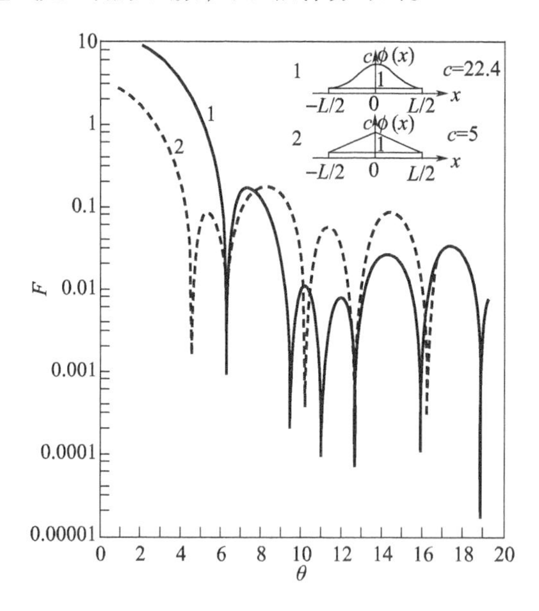

图4-31 两种连续隙缝耦合函数的 F 与 θ 的关系曲线

利用耦合函数虽然可以很方便地计算出定向耦合器的性能,对不同耦合函数的优劣进行比较。但在实际定向耦合器结构中,多数情况下这种连续耦合结构往往是不方便的甚至不可能的,实际的耦合情况并不会如耦合函数所描述的分布形式;另外,式(4.72)中的 $\phi(x)$ 只给定了耦合隙缝的形状,而并没有与隙缝的具体尺寸大小联系起来,因此,它并没有给出耦合隙缝实际耦合强度的计算,因而不能正确地从理论上计算出它的耦合度,也

就不能严格设计出隙缝的实际尺寸,式(4.72)给出的只是耦合强度的相对值。

尽管如此,利用连续隙缝耦合还是可以方便地寻找到比较理想的耦合强度分布形式,然后可以将连续耦合隙缝分解成离散的耦合小孔,再利用式(4.35)或式(4.37)进行耦合度的计算,或者在给定耦合度下设计耦合孔尺寸。具体方法是:把 $\phi(z)$ 对 z 的分布曲线沿 z 轴分成具有相同面积的 $N=2n$ 或 $N=2n+1$ 个区间,每个区间的中心即是耦合孔的位置,由于各区间面积相同,因而所有耦合孔的尺寸相同,也就是说,这时是一种等强度不等间距耦合情况,然后再根据4.3节中等强度不等间距的相关公式进行设计。

2)切比雪夫分布定向耦合器

利用等间距不等强度耦合可以比上面提到的等强度不等间距耦合会更有效地得到高的定向耦合器方向性。实现等间距不等强度耦合可以利用不同的分布函数来确定耦合强度的分布,其中最常用也是最有效的是切比雪夫分布,按切比雪夫函数设计的定向耦合器不仅具有高的方向性,更重要的是它可以使定向耦合器获得宽带性。

关于切比雪夫函数及其递推公式,我们在3.4节中已经介绍过(式(3.14)~(3.19))。

对于等间距不等强度耦合的多孔定向耦合器,式(4.47)给出了在副波导中激励起的波的相对幅值,为了实现等间距不等强度的耦合,现在的问题就在于如何求出耦合强度的具体分布,即各对耦合孔在副波导中激励起的相对幅值 $a_k^{\pm}$ 的分配规律。我们正是利用切比雪夫函数在 $|x|\leqslant 1$ 范围内其值不会超过 ± 1 的特点,使 A^- 中的 a_k^- 符合切比雪夫分布来确定不等强度耦合时耦合孔的大小,并使定向耦合器的工作带宽得到拓宽的。

我们的讨论都是针对定向耦合器的中心工作频率来说的,在频率改变时,不难利用在中心频率求得的尺寸,通过式(4.47)及定向耦合器参量定义求得新的参量,并由此考察其工作频带。

定向耦合器的方向性

$$d = 20\lg\frac{A^+}{A^-} \tag{4.76}$$

可见,d 的带宽及大小不仅取决于 A^+,而且取决于 A^-。利用切比雪夫分布设计的耦合孔的大小分布(即耦合强度的分布),正是为了在一定带宽内限制 A^- 的值不超过某一给定的值,从而保证有足够大的 d 值。

令

$$x = \cos\varphi^- \quad (|x| \leqslant 1)$$

即

$$\varphi^- = \arccos x \tag{4.77}$$

代入式(4.47),就得到

$$A^- = \begin{cases} 2\left|\sum\limits_{k=1}^{n} a_k^- T_{2k-1}(x)\right| & (N = 2n) \\ \left|a_0^- + 2\sum\limits_{k=1}^{n} a_k^- T_{2k}(x)\right| & (N = 2n+1) \end{cases} \tag{4.78}$$

为了将 A^- 在 $|x|\leqslant 1$ 的范围内限定在某一给定值之内,可以再令

$$A^- = \begin{cases} |A_0 T_{2n-1}(tx)| & (N = 2n) \\ |A_0 T_{2n}(tx)| & (N = 2n+1) \end{cases} \tag{4.79}$$

这就是说,在 tx 从 -1 到 $+1$ 的变化范围内,A^- 的最大值将是 A_0。

在选定 n 后,将式(4.78)和式(4.79)同时按各阶切比雪夫函数表达式(3.18)展开,然后使同次幂项的系数相等,就可以得到:

$n=1$, $N=2n+1=3$ 时

$$a_1^- = \frac{1}{2}A_0 t^2,\quad A_0 = 2\frac{a_1^-}{t^2}$$

$$a_0^- = A_0(t^2-1) = 2\left(1-\frac{1}{t^2}\right)a_1^-$$

$n=2$, $N=2n=4$ 时

$$a_2^- = \frac{1}{2}A_0 t^3,\quad A_0 = 2\frac{a_2^-}{t^3}$$

$$a_1^- = \frac{3}{2}A_0(t^3-t) = 3\left(1-\frac{1}{t^2}\right)a_2^-$$

$n=2$, $N=2n+1=5$ 时

$$a_2^- = \frac{1}{2}A_0 t^4,\quad A_0 = 2\frac{a_2^-}{t^4}$$

$$a_1^- = 2A_0(t^4-t^2) = 4\left(1-\frac{1}{t^2}\right)a_2^-$$

$$a_0^- = A_0(3t^4-4t^2+1) = 2\left(3-\frac{4}{t^2}+\frac{1}{t^4}\right)a_2^-$$

$n=3$, $N=2n=6$ 时

$$a_3^- = \frac{1}{2}A_0 t^5,\quad A_0 = 2\frac{a_3^-}{t^5}$$

$$a_2^- = \frac{5}{2}A_0(t^5-t^3) = 5\left(1-\frac{1}{t^2}\right)a_3^-$$

$$a_1^- = \frac{5}{2}A_0(2t^5-3t^2+t) = 5\left(2-\frac{3}{t^2}+\frac{1}{t^4}\right)a_3^-$$

$n=3$, $N=2n+1=7$ 时

$$a_3^- = \frac{1}{2}A_0 t^6,\quad A_0 = 2\frac{a_3^-}{t^6}$$

$$a_2^- = 3A_0(t^6-t^4) = 6\left(1-\frac{1}{t^2}\right)a_3^-$$

$$a_1^- = \frac{1}{2}A_0(15t^6 - 24t^4 + 9t^2) = 3\left(5 - \frac{8}{t^2} + \frac{3}{t^4}\right)a_3^-$$

$$a_0^- = A_0(10t^6 - 18t^4 + 9t^2 - 1) = 2\left(10 - \frac{18}{t^2} + \frac{9}{t^4} - \frac{1}{t^6}\right)a_3^-$$

$$\vdots$$

由此就得到了每个孔的相对耦合强度，只要选定了 t，所有孔的耦合强度 a_k^- 就都可以用 A_0 来表示了，通过式(4.18)或式(4.28)也就可以把 a_k^+ 与 A_0 联系起来。这样，由式(4.47)，在 $\varphi^+ = i\pi$ 的条件下，可以得到定向耦合器耦合度与 A_0 的关系：

$$C = 20\lg A^+ = \begin{cases} 20\lg 2\left|\sum_{k=1}^{n} a_k^+\right| \\ 20\lg\left|a_0^+ + 2\sum_{k=1}^{n} a_k^+\right| \end{cases} = F(A_0) \tag{4.80}$$

当给定定向耦合器中心频率上的耦合度 C_0 的大小后，由上式即可求出实际的 A_0，然后由展开式得到的 a_k^- 与 A_0 的关系求出每对孔的实际耦合强度，并根据小孔耦合公式(4.18)求出每对孔的孔径。

这样，问题就在于 t 的确定了，t 一般可以选定，但选择时可以这样来考虑：由于使 $A^- \leqslant |A_0|$ 的范围是 tx 从 -1 到 $+1$，因而 $tx = \pm 1$ 将与定向耦合器的工作频带直接相关联。

当 $tx = \pm 1$ 时，有

$$x = \pm\frac{1}{t} = \cos\varphi^- \quad (t \geqslant 1) \tag{4.81}$$

根据反相抵消条件(4.46)，在中心频率上 φ^- 满足

$$\varphi_0^- = \left(i - \frac{1}{2}\right)\pi, \quad \cos\varphi_0^- = 0 \tag{4.82}$$

因此可以说，$\cos\varphi^- = \pm 1/t$ 实际上给出了 φ^- 允许从中心频率上的值 φ_0^- 可以偏离的最大范围 $\pm\Delta\varphi^-$，即

$$\varphi^- = \varphi_0^- \pm \Delta\varphi^-, \quad \cos(\varphi_0^- \pm \Delta\varphi^-) = \pm\frac{1}{t} \tag{4.83}$$

因而若给定定向耦合器所要求的工作频率范围，即可从式(4.44)求出对应频带上下两边频的 φ^- 值，并确定对应中心频率的偏差 $\pm\Delta\varphi^-$，从而由式(4.83)求出的 $\pm 1/t$ 来确定 t 的大小。

显然，t 越小，$\Delta\varphi^-$ 就越大，定向耦合器可能获得高方向性的工作带宽就越大(因为方向性还与 A^+ 有关，但由于 A^+ 随频率的变化要比 A^- 随频率的变化缓慢得多，因而单纯 $\Delta\varphi^-$ 虽然不能完全决定带宽大小，但具有关键影响)；但与此同时，t 越小，为了获得一定的耦合，A_0 就要增大，而 A_0 表示的是在 $|tx| = \pm 1$ 的范围内 A^- 可能的最大起伏，可见，t 的减小将导致方向性在带内的起伏增加；另外，随着 t 的减小，$\Delta\varphi^-$ 的增加，即边频偏离中心频率的值的增加，A^+ 本身也会下降，导致方向性变差，这同样限制了 t 的减小。因此，t 不能太小，一般可选取 $t = 1.5$ 左右。

4.5 微波元件特性的散射参数表示

微波元件的外特性可以用等效网络来描述,如果网络中特征量采用电压和电流,则网络参量可以用阻抗参数或导纳参数来表示。但是由于电压和电流的概念在微波波段已失去明确的物理意义,且无法测量,因此我们需要一种在微波频段更便于测量的网络参量,这就是散射参数,又称为 S 参数。如果网络特征量采用归一化入射波和归一化反射波,则网络参量就可用散射参数来描述,而散射参数则是可以用网络分析仪直接测量的物理量。

由于现代微波网络测量在绝大多数情况下都已经利用网络分析仪测量 S 参数来完成,所以我们有必要了解微波元件的特性参量与散射参数之间的关系。在这里,我们并不直接涉及网络分析仪的原理及测量方法。

4.5.1 散射参数的定义

1. 微波网络参数和微波信号参数

微波测量可以分为微波网络参数测量和微波信号参数测量两大类。微波网络参数一般指无源微波元件或有源微波元件的反射系数、插入损耗、相位移、隔离度、耦合度、谐振特性……;而微波信号参数则是指微波器件在工作状态下的输出功率、频率、带宽、频谱、噪声、调制波形……。我们在本节要讨论的就是微波元件的特性参量如何用散射网络参数表示,以利于大家利用网络分析仪来测量这些特性参量。

网络参数在一般情况下都是复数,即包含有幅值和相位,但在很多情况下,我们往往只关心微波元件特性参量的大小,即网络参数的模,而并不一定要知道其辐角。因此在以下讨论中只涉及 S 参数的模。

2. 微波网络的散射参数

1) 多口网络

用散射参数表示的微波网络的一般形式如图 4-32 所示。

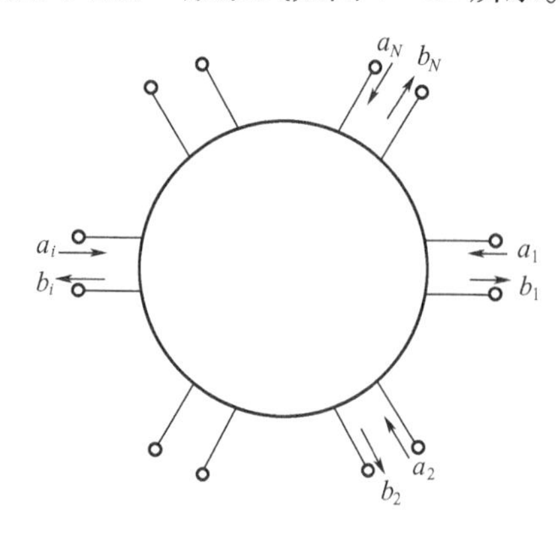

图 4-32 散射参数表示的微波网络

对于一个具有 N 个端口的散射网络,一般用 a 表示各端口入射波(称为入波)的归一化电压,b 表示各端口反射(输出)波(称为出波)的归一化电压,则 a 与 b 之间的关系可表示为

$$b_i = \sum_{j=1}^{N} S_{ij}a_j \quad (i = 1,2,\cdots,N) \tag{4.84}$$

式中，S_{ij}称为散射系数，简称 S 参数。散射系数的定义规定，在端口 j 上接入射波，而其余各端口都接匹配负载，由于匹配负载没有反射，这就使得除 j 口有入波 a_j 外，其余各端口的入波 $a_i(i\neq j)$ 都为零。因此式(4－84)就成为

$i=j$ 时，

$$b_i = S_{ii}a_i \quad S_{ii} = \frac{b_i}{a_i}\bigg|_{\text{除}i\text{口外其余各口匹配}} \tag{4.85}$$

$i\neq j$ 时，

$$b_j = S_{ij}a_j \quad S_{ij} = \frac{b_i}{a_j}\bigg|_{\text{除}j\text{口外其余各口匹配}} \tag{4.86}$$

式(4.85)和(4.86)清楚表示，S_{ii}的物理意义是：除 i 口外其余各口都接匹配负载时，i 口的出波与 i 口的入波的归一化电压比值，即 i 口的电压反射系数；S_{ij}的物理意义则是：除 j 口外其余各口都接匹配负载时，j 口入射的电压波到 i 口输出的电压波的电压传输系数。

2）双口网络

实用微波元件大多是双口网络，部分是三口、四口网络甚至更多口的网络，但是，我们经常使用的网络分析仪一般只有两个端口，也就是说，它只能测量双口网络的 S 参数。在对双口以上的微波元件测试时，可以把它归结为双口网络进行，即只保留两个端口与网络分析仪连接进行测试，而其余端口都接上匹配负载，依次交换被测端口和匹配端口，就可以对整个元件所有端口进行测试。可见双口网络是整个微波网络参数测试的基础。

如图4－33所示的一个双口网络，设其在端口 T_1 的入波归一化电压为 a_1，出波归一化电压为 b_1，在端口 T_2 的入波归一化电压为 a_2，出波归一化电压为 b_2，则式(4.84)就可以展开成

$$\begin{cases} b_1 = S_{11}a_1 + S_{12}a_2 \\ b_2 = S_{21}a_1 + S_{22}a_2 \end{cases} \tag{4.87}$$

式中，各 S 参数的定义和物理意义如下：

(1) S_{11}：

$$S_{11} = \frac{b_1}{a_1}\bigg|_{a_2=0} \tag{4.88}$$

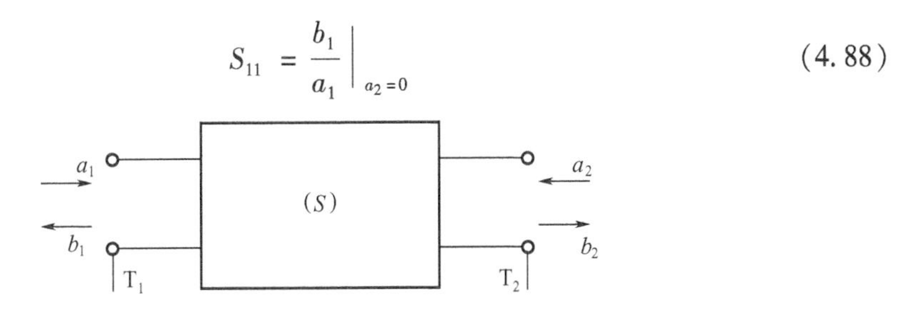

图4－33　微波双口散射网络示意图

可见,S_{11}的物理意义是:当T_2端口接匹配负载时,T_1端口的电压反射系数。当信号电压a_1由T_1端口输入时,由于T_2端口接的是匹配负载,所以负载不会产生反射进入T_2端口,即$a_2=0$,则在T_1端口的反射波电压b_1与入射波电压a_1之比反映的正是T_1端口的电压反射系数。

(2) S_{22}:

$$S_{22} = \frac{b_2}{a_2}\bigg|_{a_1=0} \tag{4.89}$$

与S_{11}类似,S_{22}的物理意义是:当T_1端口接匹配负载时,T_2端口的电压反射系数。$a_1=0$表示当入射波由T_2端口进入时,T_1端口接的匹配负载不产生反射,没有从T_1端口进入网络的波。

(3) S_{12}:

$$S_{12} = \frac{b_1}{a_2}\bigg|_{a_1=0} \tag{4.90}$$

S_{12}的物理意义是:当T_1端口接匹配负载时,T_2端口至T_1端口的电压传输系数。信号a_2由T_2端口输入,而T_1端口只有输出信号b_1而没有反射信号($a_1=0$)时,b_1/a_2正表明了信号从T_2传输到T_1的比例大小,即传输系数。

(4) S_{21}:

$$S_{21} = \frac{b_2}{a_1}\bigg|_{a_2=0} \tag{4.91}$$

显然,S_{21}的物理意义就应该是:当T_2端口接匹配负载时,T_1端口至T_2端口的电压传输系数。

3) S参数的性质

我们已经知道,当微波元件中不包含有各向异性媒质时,它就是互易的,对于互易网络,显然就应有

$$\begin{cases} S_{11} = S_{22} \\ S_{12} = S_{21} \end{cases} \tag{4.92}$$

如果微波元件是无损耗的,则当信号从T_1端口输入时,输入归一化功率为$|a_1|^2$,而传输到T_2端口输出的归一化功率为$|b_2|^2$,在T_1端口得到的反射归一化功率为$|b_1|^2$,在T_2端口匹配时$|a_2|^2\equiv 0$,所以$|b_2|^2+|b_1|^2$就应该等于$|a_1|^2$,即

$$\begin{cases} |b_1|^2 + |b_2|^2 = |a_1|^2 \\ \left|\dfrac{b_1}{a_1}\right|^2 + \left|\dfrac{b_2}{a_1}\right|^2 = |S_{11}|^2 + |S_{21}|^2 = 1 \end{cases} \tag{4.93}$$

同理,当网络无损耗时

$$|S_{22}|^2 + |S_{12}|^2 = 1 \tag{4.94}$$

根据式(4.92),显然式(4.93)与式(4.94)实际上是完全等同的。

4.5.2 微波元件特性的 S 参数表示

1. 反射系数和驻波系数

反射系数的定义是元件输出端接匹配负载时,输入端的反射波电压与输入端的入射波电压之比,根据此定义,可以立即得到端口 T_1 的反射系数 Γ_1 和端口 T_2 的反射系数 Γ_2 分别为

$$\begin{cases}\Gamma_1 = S_{11} \\ \Gamma_2 = S_{22}\end{cases} \tag{4.95}$$

当用驻波系数表示反射大小时

$$\begin{cases}\rho_1 = \dfrac{1+|S_{11}|}{1-|S_{11}|} \\[2ex] \rho_2 = \dfrac{1+|S_{22}|}{1-|S_{22}|}\end{cases} \tag{4.96}$$

对于互易元件,有 $\Gamma_1=\Gamma_2,\rho_1=\rho_2$。

在网络分析仪测量中,经常采用 S 参数的分贝值输出,它的分贝表示式为

$$\begin{aligned} &S_{11}(\text{功率分贝值}) = 10\lg|\Gamma|^2 \quad (\text{dB}) \\ &\Gamma = 10^{S_{11}(\text{分贝})/20}, \rho = \frac{1+|\Gamma|}{1-|\Gamma|} \end{aligned} \tag{4.97}$$

可见,当用分贝值来表示 S 参数的大小时,一般采用的都是功率分贝值。而且特别要注意,反射系数 Γ 都是小于1的,因此由 Γ 求出的 S_{11} 分贝值应该是负值,比如 S_{11}(分贝)= -20dB,表示反射系数 $\Gamma=0.1$,驻波系数 $\rho=1.222$。

2. 插入损耗

我们定义当信号源与负载都是匹配时,元件的输出功率与输入功率之比的分贝数称为插入损耗。由于损耗的存在使输出功率小于输入功率,这样得到的损耗分贝值就是负数,我们习惯上用正的分贝值来表示损耗(衰减)大小,因此,这时插入损耗就可以定义成元件输入功率与输出功率之比。以双口网络的端口 T_1 作为输入端口为例,当 T_2 端口接匹配负载时,插入损耗就是

$$A = 10\lg\frac{|a_1|^2}{|b_2|^2} = 10\lg\frac{1}{|S_{21}|^2} = -20\lg|S_{21}| = -20\lg|S_{12}| \quad (\text{dB}) \tag{4.98}$$

在前面,我们曾定义 S_{21} 或 S_{12} 为电压传输系数,现在又定义成插入损耗,这是对同一物理量从不同角度理解的结果。电压传输系数考虑的是输出电压占到输入电压的比例有多少(用分贝值表示);而插入损耗考虑的则是输出电压比输入电压减少了多少,显然,这种减少就是由损耗造成的,损耗越大,减少量也就越大。但用分贝值来表示这种损耗时,不能用减少量 $(|a_1|^2-|b_2|^2)/|a_1|^2$ 来计算,因为当没有损耗时,$|b_2|^2=|a_1|^2$,$(|a_1|^2-|b_2|^2)=0$,使 $\lg[(|a_1|^2-|b_2|^2)/|a_1|^2]$ 会没有意义,即使按 $\lg[|a_1|^2/(|a_1|^2-|b_2|^2)]$ 来计算,则成为无穷大,用一个无穷大的值来表示无损耗的物理现象

显然也是不适宜的。而且,随着损耗的增加,$|b_2|^2$ 随之减小,按 $\lg[(|a_1|^2-|b_2|^2)/|a_1|^2]$ 求得的损耗值的绝对值反而会越来越小,显然这也是违反常理的。因此,应该定义插入损耗为 $|a_1|^2/|b_2|^2$ 或 $|b_2|^2/|a_1|^2$ 的比值取分贝值,这样,当没有损耗时,$|a_1|^2/|b_2|^2=|b_2|^2/|a_1|^2=1$,$\lg|S_{12}|=\lg|S_{21}|=0$,而数值0准确反映了没有损耗这一物理现象,随着损耗的增加,得到的损耗值的绝对值也随之增加,可见这才是一个合理的结果,所以插入损耗必须用式(4.98)来定义。

对于波导裂缝电桥、定向耦合器之类的四端口元件,如果以端口 T_1 作为输入端口,并假设端口 T_2 为直通输出端口,端口 T_3 为耦合输出端口,端口 T_4 为隔离端口。当 T_2 端口和 T_3 端口接匹配负载,并认为,端口 T_4 理想隔离,即没有功率输出,T_1 端口理想匹配,不产生反射时,它的插入损耗可表示为

$$A=10\lg\frac{|a_1|^2}{(|b_2|^2+|b_3|^2)}=10\lg\frac{1}{(|S_{21}|^2+|S_{31}|^2)}=10\lg\frac{1}{(|S_{12}|^2+|S_{13}|^2)}$$
$$=-10\lg(|S_{12}|^2+|S_{13}|^2)\quad(\text{dB})\tag{4.99}$$

该式表示的是总的输出归一化功率$(|S_{12}|^2+|S_{13}|^2)$与输入的归一化功率 $|a_1|^2$ 的比例的分贝表示值。显然$(|b_2|^2+|b_3|^2)$会比 $|a_1|^2$ 少,就是因为有了损耗,而且这是在端口 T_4 理想隔离及 T_1 端口没有反射的情况下的损耗,即只考虑了元件内部自身的欧姆损耗。在实际上,元件的损耗并不只是包含有元件本身的欧姆损耗,而且也会有隔离端口 T_4 不能理想隔离而输出 $|b_4|^2$ 产生的损耗,还有因元件反射而引起的损耗 $|b_1|^2$。由于利用网络分析仪测量 S_{12}、S_{13}等参数时,T_1 端口不可能理想匹配,同样,元件的 T_4 端口也不可能理想隔离,所以式(4.99)表示的插入损耗实际上已将这些损耗都已经包含在内,如果要将它们分别计算,则可以将式(4.99)进一步作如下变换:

$$A=10\lg\left[\frac{(1-|S_{11}|^2)}{(|S_{21}|^2+|S_{31}|^2+|S_{41}|^2)}\frac{(|S_{21}|^2+|S_{31}|^2+|S_{41}|^2)}{(|S_{21}|^2+|S_{31}|^2)}\frac{1}{(1-|S_{11}|^2)}\right]$$
$$=10\lg\frac{(1-|S_{11}|^2)}{(|S_{12}|^2+|S_{13}|^2+|S_{14}|^2)}+10\lg\frac{(|S_{12}|^2+|S_{13}|^2+|S_{14}|^2)}{(|S_{12}|^2+|S_{13}|^2)}+$$
$$10\lg\frac{1}{(1-|S_{11}|^2)}\quad(\text{dB})\tag{4.100}$$

式(4.100)中的第一项,分子表示 T_1 端口扣除了反射功率 $|S_{11}|^2$ 后真正输入网络的归一化功率,而分母则表示了既包括直通端口 T_2 的输出归一化功率 $|S_{21}|^2$,也包括耦合端口 T_3 的输出归一化功率 $|S_{31}|^2$,还包括了隔离端口 T_4 的输出归一化功率 $|S_{41}|^2$ 在内的所有输出之和,因而剩下的就只有网络本身的欧姆损耗,所以该项反映的就是欧姆损耗的大小,欧姆损耗往往也称为吸收损耗;第二项则为总的输出归一化功率与直通端口和耦合端口输出归一化功率之和的比,显然它反映了隔离端口由于非理想隔离而引起的隔离损耗;

第三项则就是由反射引起的损耗，我们称之为反射损耗。这样，通过式(4.100)，元件的反射损耗、隔离损耗和欧姆损耗分别得到了表达。

当隔离端口理想隔离时，端口 T_4 没有输出，$|S_{41}|^2=0$，上式就可以简化成

$$
\begin{aligned}
A &= 10\lg\left[\frac{(1-|S_{11}|^2)}{(|S_{21}|^2+|S_{31}|^2)}\frac{1}{(1-|S_{11}|^2)}\right] \\
&= 10\lg\frac{(1-|S_{11}|^2)}{(|S_{12}|^2+|S_{13}|^2)}+10\lg\frac{1}{(1-|S_{11}|^2)} \quad (\mathrm{dB})
\end{aligned}
\tag{4.101}
$$

式中，第一项反映了网络引起的损耗，当隔离端口非理想隔离时，它包括了欧姆损耗和隔离损耗；当隔离端口理想隔离时，它就只包括网络的欧姆损耗。而式中第二项就是由输入端口反射引起的反射损耗。

对于四口以上的多口元件，完全可以作类似的分析。比如多路功率分配器，仍以 T_1 端口作为输入端口，其余各端口接匹配负载，则它的插入损耗可以表示为

$$
A = 10\lg\frac{(1-|S_{11}|^2)}{\sum\limits_{i=2}^{N}|S_{i1}|^2}+10\lg\frac{1}{(1-|S_{11}|^2)} \quad (i=2,3,\cdots,N) \quad (\mathrm{dB}) \tag{4.102}
$$

式中，第一项表示功率分配器内部的吸收损耗，第二项则为反射损耗。

3. 功率分配比

微波电桥、功率分配器、分支波导等元件都存在不止一个功率输出端口，一般情况下都是两个输出端口，因此定义：每一个输出端口的输出归一化功率与所有输出端口的输出归一化功率之和的比值的分贝数，称为该端口的功率分配比 R。假设端口 T_1 作为输入端口，则第 i 端口的功率分配比 R_i 就可以表示为

$$
R_i = 10\lg\frac{|b_i|^2}{\sum\limits_{i=2}^{N}|b_i|^2} = 10\lg\frac{|S_{i1}|^2}{\sum\limits_{i=2}^{N}|S_{i1}|^2} \quad (i=2,3,\cdots,N) \quad (\mathrm{dB}) \tag{4.103}
$$

以三端口网络的两个输出端口 T_2、T_3 为例，

$$
\left.
\begin{aligned}
R_2 &= 10\lg\frac{|b_2|^2}{|b_2|^2+|b_3|^2} = 10\lg\frac{|S_{21}|^2}{|S_{21}|^2+|S_{31}|^2} = 10\lg\frac{|S_{12}|^2}{|S_{12}|^2+|S_{13}|^2} \\
R_3 &= 10\lg\frac{|b_3|^2}{|b_2|^2+|b_3|^2} = 10\lg\frac{|S_{31}|^2}{|S_{21}|^2+|S_{31}|^2} = 10\lg\frac{|S_{13}|^2}{|S_{12}|^2+|S_{13}|^2}
\end{aligned}
\right\} \quad (\mathrm{dB})
\tag{4.104}
$$

这样得到的 R 是负值，如果要取正值，可以在计算式前加“ - ”号。

要注意的是，由于反射损耗和欧姆损耗的存在，$\sum\limits_{i=2}^{N}|b_i|^2 \neq |a_1|^2$，所以，在一般情

况下,式(4.103)中的分母不能以 $|a_1|^2$ 代替。

4. 耦合度

定向耦合器和其他任何耦合元件的耦合度都可以定义为:在输入端口的输入归一化功率与耦合输出端口的输出归一化功率之比的分贝数,这样得到的耦合度为正值。也经常会有用负值表示的耦合度,只需要将定义中的分子和分母对换即可。设端口 T_1 为输入端口,端口 T_3 为耦合端口,端口 T_2 为直通端口,则耦合度 C 为

$$C = 10\lg\frac{|a_1|^2}{|b_3|^2} = 10\lg\frac{1}{|S_{31}|^2} = 20\lg\frac{1}{|S_{13}|} = -20\lg|S_{13}| \quad (\mathrm{dB}) \tag{4.105}$$

5. 隔离度

功率分配器、环形器、微波电桥等元件输入端口 T_1 的输入归一化功率与隔离端口 T_4 的输出归一化功率之比称为隔离度

$$I = 10\lg\frac{|a_1|^2}{|b_4|^2} = 10\lg\frac{1}{|S_{41}|^2} = 20\lg\frac{1}{|S_{14}|} = -20\lg|S_{14}| \quad (\mathrm{dB}) \tag{4.106}$$

6. 方向性

定向耦合器的方向性定义是:耦合输出端口 T_3 的输出归一化功率与隔离端口 T_4 的输出归一化功率之比,或者说,耦合臂中正向输出归一化功率与反向输出归一化功率之比的分贝数

$$\begin{aligned} D &= 10\lg\frac{|b_3|^2}{|b_4|^2} = 20\lg|S_{31}| - 20\lg|S_{41}| = 20\lg|S_{13}| - 20\lg|S_{14}| \\ &= I - C \quad (\mathrm{dB}) \end{aligned} \tag{4.107}$$

式中,I 和 C 都取正值。

第5章　高功率微波的传输与模式变换

高功率微波由于其自身的特殊性,使它的传输不同于常规微波功率的传输,不仅采用的波导必须是过模波导,还可能采用专门的传输线。高功率微波以高次模式作为工作模式,它与天线发射要求的模式一般不同,这就必然带来模式变换的问题。本章将专门对高功率微波的传输与模式变换等进行讨论。

5.1　高功率微波传输线

关于高功率微波的定义和特点,我们将在第14章中详细讨论。利用普通标准波导传输高功率微波,将受功率容量限制,引起波导内部打火击穿,因此,高功率微波的传输应该采用具有高功率容量的传输线,这主要是指过模圆波导、过模皱纹波导和准光传输线(波束波导)。

过模波导的利用,最直接的原因是因为波导尺寸大,可以提高功率容量,防止波导在高功率下击穿;除此之外,还因为一般高功率微波源的输出模式都是高次模式,比如回旋管最低次的输出模式也是圆波导 TE_{01} 模而不是基模 TE_{11} 模,更多的回旋管工作在更高次的 TE_{0n} 模或 TE_{mn} 模上,虚阴极振荡器则输出以 TM_{0n} 模为主的各高次模式,因此,与这些器件连接的输出系统也必须是过模波导系统。

准光传输线是以高斯波束在空间传播为基础的传输线,它不受波导金属壁尺寸的约束,因此,只要波束尺寸足够大,它传播的微波功率电平几乎可以不受限制。当然,在实际上,它会存在整个系统尺寸(包括反射镜尺寸)和结构太大而带来的困难,也会受到传播媒质(一般情况下是指空气)击穿电离的制约。

5.1.1　过模光滑圆波导

高度过模的光滑内壁圆波导,可以传输回旋管输出的 TE_{0n} 模。

圆波导 TE_{0n} 模是圆电模,它在管壁上只有磁场 H_z 分量,因而管壁电流只有 J_φ 分量,在传输能量恒定的情形下,频率提高,H_z 就会减小,损耗也就降低;当频率趋近无限高时,H_z 就趋近于零,波导管壁电流就趋近于零,从而损耗也趋于零。

圆波导 TE_{0n} 模的衰减常数可表示为

$$\alpha = \frac{R_s}{r_0 \eta} \frac{f_{c,0n}^2}{f(f^2 - f_{c,0n}^2)^{1/2}} \tag{5.1}$$

式中,r_0 为圆波导半径;$\eta = \sqrt{\mu_0/\varepsilon_0}$,为自由空间波阻抗;$f_{c,0n}$ 为 TE_{0n} 模截止频率;R_s 为圆

波导内壁表面阻抗

$$R_s = \frac{1}{\sigma\delta}, \qquad \delta = \sqrt{\frac{2}{\omega\mu\sigma}} \tag{5.2}$$

式中,δ 为趋肤深度;σ 为波导材料的导电率。由式(5.2)可见;TE_{0n}模的衰减常数 α 将随频率f的升高而按$f^{-3/2}$规律下降(因 R_s 按 $\omega^{1/2}$即$f^{1/2}$上升),这种随频率增大而衰减急速下降的现象是圆波导中 TE_{0n}模的独特性质,从而为高功率远距离传输提供了可能。图5-1给出了铜制过模圆波导对 TE_{0n}模的衰减随频率变化的曲线,图中f以 10^{10} Hz(10GHz)为单位,波导半径 r_0 以 cm 为单位。在所有 TE_{0n}模的衰减常数中,又以 TE_{01}模的 α 值最小。

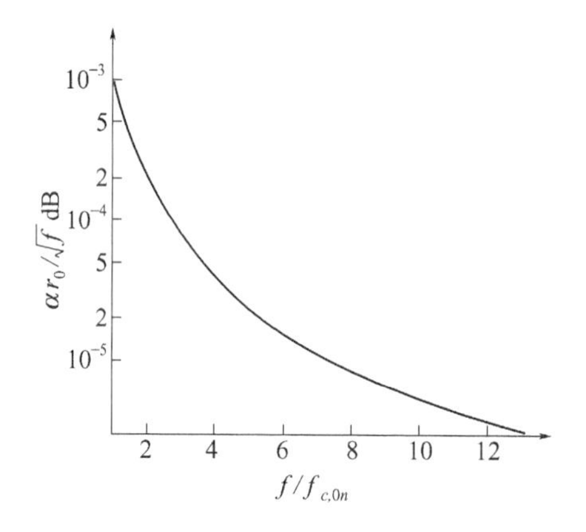

图5-1 铜制圆波导中 TE_{0n}模的衰减常数 α 与频率f的关系

(f以 10^{10} Hz 为单位,r_0 以 cm 为单位)

圆波导的过模工作状态,也会导致波导中的任何一点微小的不均匀性,都将激励起高次模式,其中包括衰减量更大的模式,所以当过模圆波导以 TE_{0n}模(包括 TE_{01}模)传输高功率微波时,其实际衰减会比理论值高。

5.1.2 过模皱纹圆波导

高度过模的,具有皱纹槽深度为 $\lambda_0/4$ 左右的皱纹圆波导,或者具有加载层厚度为 $\lambda_0/(4\sqrt{\varepsilon})$左右的介质加载光滑内壁圆波导,可以远距离传输 HE_{11}混合模。λ_0 是自由空间波长。

皱纹波导传输 HE_{11}模的平衡条件是:皱纹槽深度 $d=\lambda_0/4$,波导半径 $r_0 \gg \lambda_0$。在此条件下的皱纹波导结构示意图及场分布如图5-2所示,图中

$$E_y = E_0 J_0\left(\frac{2.405r}{r_0}\right), \quad E_x = E_z \approx 0 \tag{5.3}$$

式中,J_0 为零阶贝塞尔函数。

皱纹波导传输线的特点是:

(1)由图5-2可见,皱纹波导中传输的模,电场具有对称结构和线性极化的特点,类似于自由空间的 TEM_{00}模,在波导壁附近场很小。

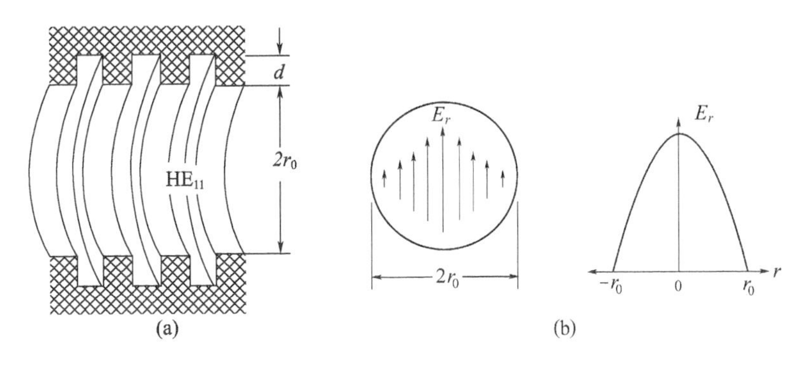

图 5－2　传输 HE_{11} 模的皱纹波导(a)及其中的场结构(b)

(2) 波导壁附近的弱电场，使得 HE_{11} 模过模皱纹波导具有非常小的欧姆损耗，例如，对于不锈钢波导，当 $2r_0=90$mm 时，其损耗每 100m 仅为 10%；对于铝制波导，当 $2r_0=32$mm 时，每 100m 损耗仅 5%。皱纹波导亦具有足够大的功率容量，$2r_0=90$mm 的波导在一个大气压下可传输 1MW 功率。因此，过模皱纹波导可以作为高功率传输线，但如果 $d \neq \lambda_0/4$，则损耗会略有增加。

(3) 皱纹波导还具有足够宽的工作频率范围，可以达到一个倍频程甚至更宽的带宽。但工作频率的改变会引起平衡条件的破坏，从而使场分布发生变化，在皱纹槽深 $d>\lambda_0/4$ 时，模式变成类 TE_{11} 模，场分布范围变得更宽；而在槽深 $d<\lambda_0/4$ 时，模式将出现部分 TM_{11} 模，并使场分布变窄。如果模式是由一个轴对称的高斯波束激励的，则这种场分布的变化会引起附加的损耗，而且波导壁附近场的增强还可能引起电弧放电，降低传输功率容量。

(4) 由于波导直径与波长之比很大，因此过模皱纹波导对不同轴度十分敏感，由不同轴引起的不均匀性会导致模式变换，特别是当波导轴线有弯曲时，将明显产生 HE_{21} 模和 TE_{01} 模。所以，皱纹波导必须精确准直，只有曲率半径 $R \gg r_0^3/\lambda_0^2$ 时，弯曲引起的寄生模式功率才可以忽略，比如 $R=30r_0^3/\lambda_0^2$ 时，寄生模式的功率将小于 3%。

5.1.3　准光传输线(波束波导)

对于短毫米波或亚毫米波微波来说，过模光滑圆波导和过模皱纹圆波导的传输损耗和多模工作的存在都会带来传输的困难，为此，可以采用准光传输线。由于亚毫米波或更短波长的电磁波具有良好的定向性，能够在没有金属体或介质体束缚的自由空间里定向传输一定距离，从而为准光传输线提供了工作基础。

微波的辐射波束在自由空间形成一束电磁波，如果其场强的横向分布是沿径向 r 按指数平方规律 e^{-Ar^2} 下降的，就称为高斯分布(A 为常数)。这种横向分布为高斯分布的辐射波束就称为高斯波束，其大部分能量集中在轴附近。辐射波束在空间传输过程中会不断扩散，增大横向分布范围，因此，每相隔一段距离，就必须设置一个透镜，约束波束的横向扩散，使辐射波束维持在一定横向范围内。对于光波来说，透镜采用光学透镜，而对于微波来说，透镜一般是金属反射镜或电磁透镜。这样一组以一定距离分开设置的透镜就可以使高斯波束沿着透镜路径传输，所以称这种透镜组合为波束波导或透镜波导。

常见的微波波束波导由反射镜组成，如图 5－3 所示，由于其与光学系统的相似性，所以也称为准光传输线。准光传输线最主要的优点是其欧姆损耗和衍射损耗小、功率容量大、模式纯度高,尤其适合高功率毫米波、亚毫米波传输。这些优点是显而易见的,波长越短,准光高斯波束的衍射效应就越弱,衍射损耗也就越小;由于没有金属体的束缚,相隔一定距离才有一个金属反射镜,欧姆损耗当然就十分小;只要波束尺寸足够大,空间每一处的相对场强就比较小,不会引起击穿,因此传输功率容量可以很大;高次模式将由于衍射而消失,系统就可以传输高纯度的高斯波束(TEM_{00}模)。准光传输线的不足是波束尺寸大,因而要求反射镜也应有足够大的尺寸,以减小 TEM_{00}模本身的衍射损耗。

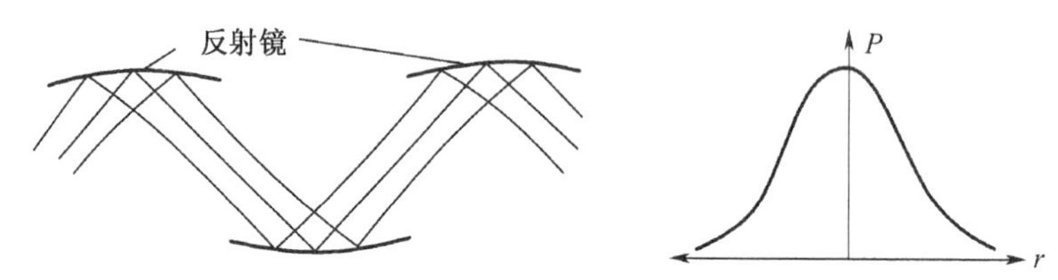

图5-3 波束波导示意图及自由空间高斯波束功率分布

5.2 高功率微波过渡波导

在高功率微波系统中还经常会遇到截面尺寸不同的同一种波导(一般为圆波导)之间的连接,实现这种连接的元件在3.2节中已提到,称为过渡波导,但在高功率微波系统中由于过模波导允许多模传输,因此要求过渡波导传输模式应保持不变,不因连接而产生寄生模式,所以往往称为模式过渡器。

5.2.1 高功率微波过渡波导的提出

在高功率微波系统中,过渡波导的应用比在一般微波系统中更为普遍,回旋管从互作用腔输出口到过模输出波导(收集极),过模系统中接入模式变换器等,由于波导横向尺寸的不同,都必须利用过渡波导进行连接。在3.2节中已指出,与常规过渡波导不同,在高功率微波系统中,过渡波导不仅起到阻抗变换作用,而且存在模式变换问题,由于高功率微波过渡波导的长度一般都比较长,即截面尺寸的变化是缓变的,阻抗匹配变换的要求基本上都能满足,因此我们应重点考虑模式变换问题。

由于过模圆波导的应用,使得波导尺寸的任何改变都会引起模式的变化,因此,高功率微波系统中的过渡波导,应在截面尺寸缓慢变化的同时,保证传输的工作模式(一般都是高次模式)尽可能保持不变,即尽可能减少寄生模式的产生。

过模过渡波导与常规过渡波导(阻抗变换器)一样,最简单的是截面尺寸线性渐变过渡,性能更好的是切比雪夫渐变过渡,前者由于在过渡段两端与均匀波导的连接处不可避免地存在不连续性转折,因此很难抑制寄生模式的产生;后者则为了降低杂模成分,必须针对保证传输模式的高纯度对设计进行修正,使得设计变得比较复杂,而且在过渡段末端同样存在不连续性转折,因此应用范围也受到限制。

5.2.2 高功率微波过渡波导的设计

已经提出了一些更为方便的高功率微波过渡圆波导的设计方法,其原则是过渡段的两端与波导的连接处 r 对 z 的导数应为零，也就是说连接处应光滑过渡而无突变，因此，这些设计方法大多都利用了三角函数，因为正弦函数在 $\pi/2$、$3\pi/2$ 等点，余弦函数在 0、π、2π 等点，高次方正弦函数则在以上所有各点，对 z 的导数为零。这样的过渡波导的半径可按以下方程变化：

$$r(z) = \frac{r_1 + r_2}{2} - \frac{r_2 - r_1}{2}\cos\left(\frac{\pi z}{L}\right) \tag{5.4}$$

$$r(z) = r_1 + (r_2 - r_1)\sin^2\left(\frac{\pi z}{2L}\right) \tag{5.5}$$

$$r(z) = r_1 + (r_2 - r_1)\sin^4\left(\frac{\pi z}{2L}\right) \tag{5.6}$$

还有选用更高次方正弦函数的，不过，一般来说应用得较少。式中 r_1、r_2 分别为过渡圆波导起始端和终止端的半径（取为 $r_2 > r_1$），L 为过渡段的长度。由于 $r_2 > r_1$，所以式（5.4）~式（5.6）中的 $r(z)$ 应该随 z 的增加而增大，且 $z = 0$ 时，$r(z)$ 应该等于 r_1，而 $z = L$ 时，$r(z)$ 应该等于 r_2。至于 L 的大小一般在数值计算或模拟计算中使输出的寄生模式尽可能小以及满足一定带宽要求来确定。

还提出了其他一些过渡波导形状的设计函数，如上升余弦函数、双切比雪夫函数等，不过，它们的函数形式相对式（5.4）~式（5.6）来说都比较复杂，而设计出的过渡器性能并不具有特别明显的优势，因此在这里不进一步讨论这些设计方法。

利用式（5.4）设计的一个 94GHz、TE_{01} 模过渡波导，取 $r_1 = 9$mm，$r_2 = 16$mm 时，得到 $L = 101.8$mm，在终端 TE_{01} 模的相对功率达到 99.5%，产生的杂模功率仅 0.5%，传输效率高于 98.7% 的频带宽度约为 7.6GHz。而根据式（5.6）设计的一个频率为 30.5GHz，r_1、r_2 的大小和工作模式都与上述过渡波导相同的过渡波导，由于这时在 $r = (9 \sim 11)$mm 范围内，TE_{03} 模及以上的模式都已截止，不再能在过渡波导中传播，可以忽略，所以需要考虑抑制的寄生模式大大减少，其结果为 $L = 84.5$mm，TE_{01} 模在终端的相对功率占到 99% 以上，寄生模 TE_{02} 模的相对功率小于 0.95%。图 5-4 给出了 94GHz 的过渡波导内表面轮廓形状及三维图，根据式（5.5）和式（5.6）设计的过渡器的形状，与图 5-4 类似。

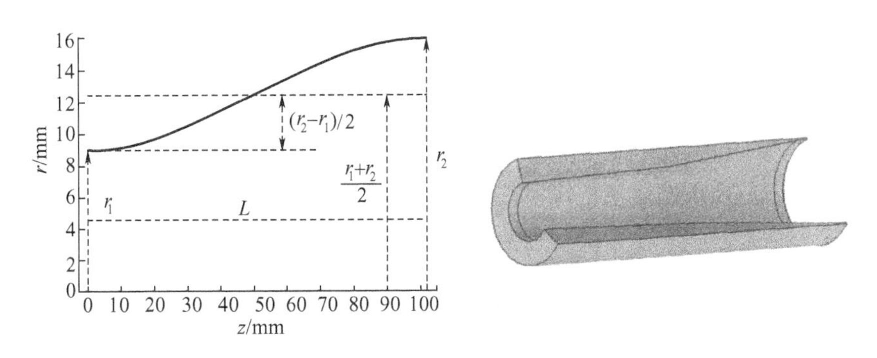

图 5-4　按式（5.4）设计的过渡波导内表面轮廓形状及剖开的三维图

5.3 高功率微波系统的模式变换

模式变换器也是波型变换元件的一种,在3.6节中介绍的过渡接头主要用于不同传输线类型或不同波导类型之间的连接,同时伴随着规定波型的变换,且一般在变换前后都是传输线中的基模;而用于高功率微波系统的波型变换元件则习惯上称为模式变换器,它的目的就是为了实现波型变换。对于其中的波导系统来说,在变换前输入的都是高次模式,而最后输出的一般要求是低次混合模 HE_{11}模,基模往往只是变换过程中的中介模,多数情况下传输线类型并不改变;对于其中的准光系统来说则不同,它在波型变换时虽然输入的是高次模式,但要求输出的是高斯模 TEM_{00}模,同时还要求传输线类型的改变。

高功率微波系统的模式变换器主要包括两大类:波导模式变换器和准光模式变换器。

5.3.1 高功率微波系统中主要的模式变换序列

高功率微波源输出的一般是 TE_{mn}或 TM_{mn}高次模,但对天线的良好辐射方向性要求,则希望馈入天线的微波应具有接近线性极化的 HE_{11}混合模,或准光系统的 TEM_{00}模,至少也应是圆波导 TE_{11}模,这样,在高功率微波系统中就必须设置有模式变换器,将系统传输的高功率微波源的输出模式变换成 TE_{11}模或 HE_{11}模(或 TEM_{00}模)。

模式变换器在高功率微波系统的测量中也是必不可少的,只有将微波源的高次工作模式变换成可与测量系统、测量仪器连接的基次模式,才可能对高功率微波源及元件进行测量。这一任务往往是由模式变换器先将高次工作模式变换成圆波导 TE_{11}模或 TE_{01}模后,再变换成标准矩形波导基模 TE_{10}模以便在波导系统中进行测量,或者再利用波导—同轴接头输入到同轴系统中去测量来实现的。由于很多测量都是在小功率电平下进行的,因此,所需 TE_{01}模到 TE_{10}模的变换和波导—同轴接头在3.6节中都已介绍过。

能最终提供良好方向性和极化方向的辐射波束的回旋管模式变换器根据需要变换的模式不同,可以分为:将 TE_{0n}模变换到 HE_{11}模;将 TE_{mn}模变换到 HE_{11}模或 TEM_{00}模;将 TM_{0n}模变换到 HE_{11}模三种变换类型。

1. 将 TE_{0n}模变换到 HE_{11}模

回旋管最常见的工作模式是 TE_{0n}模,通过轴向(纵向)输出的模式也是 TE_{0n}模,当要求变换到 HE_{11}模时,可以采用以下三种变换序列中的任何一种:

(1) TE_{0n}—TE_{01}—TE_{11}—HE_{11}变换序列;

(2) TE_{0n}—TE_{01}—TM_{11}—HE_{11}变换序列;

(3) TE_{0n}—TE_{01}—HE_{11}变换序列。

在三种变换序列中,第一步都必须先把过模圆波导 TE_{0n}模变换成 TE_{01}模,之所以这样做是为了便于高功率微波特别是毫米波的远距离传输,我们已经了解,圆波导 TE_{01}模具有损耗小,且损耗随频率提高反而下降的特点,其欧姆损耗在毫米波段可小至1dB/km。

TE_{0n}模到 TE_{01} 模的变换都采用波导变换器，至于 TE_{01} 模到 HE_{11} 模的变换，在变换序列(1)、(2)中仍旧采用的是波导变换器，而在变换序列(3)中则往往利用准光变换器。

2. 将 TE_{mn} 模变换到 HE_{11} 模或 TEM_{00} 模

当回旋管工作在高阶边廊模 TE_{mn} 模，且输出 TE_{mn} 模时，利用波导变换器将导致变换步骤十分多、变换器长度十分长的结果，因此往往采用准光学模式变换方法将圆波导 TE_{mn} 模经过若干准光反射镜直接变换成 HE_{11} 模或 TEM_{00} 模。

在所谓横向输出回旋管中，准光变换过程直接在管子内部完成，即微波能量在互作用腔终端的辐射口辐射，经内置在管内的反射镜多次反射，最后变换成 TEM_{00} 准光模并在回旋管径向通过输出窗输出。在这种情况下，回旋管输出的已经是 TEM_{00} 模，所以在管外不再需要模式变换器进行模式变换。

3. 将 TM_{0n} 模变换到 HE_{11} 模

另外有一些高功率微波源，如虚阴极振荡器、相对论返波管等，输出微波的模式是 TM_{mn} 模，其中尤以 TM_{01} 模或 TM_{0n} 混合模为主，其外接的模式变换器一般都是波导变换器，可以有两种变换序列选用：

(1) TM_{0n}—TM_{01}—TE_{11}—HE_{11} 变换序列；

(2) TM_{0n}—TM_{01}—TM_{11}—HE_{11} 变换序列。

5.3.2 模式变换器的主要参数

模式变换器的参数主要有转换效率、功率传输效率、带宽、驻波系数和杂模功率。

1. 转换效率

转换效率是指在模式变换器输出端得到的我们需要的模式的功率与输入端输入模式的功率之比

$$\eta = \frac{P_{\text{wanted}}}{P_{\text{in}}} \times 100\% \tag{5.7}$$

式中，P_{wanted} 指我们要求变换成的模式的输出功率；P_{in} 指变换器输入功率。

2. 功率传输效率

功率传输效率是指模式变换器输出的总功率(包括变换后需要的模式及寄生模式的功率)与输入的模式功率之比，它实际上反映出了变换器的内部损耗(主要是管壁欧姆损耗)和反射损失的多少。

$$\eta_{\text{sum}} = \frac{P_{\text{sum}}}{P_{\text{in}}} \times 100\% \tag{5.8}$$

式中，P_{sum} 为变换器输出的总功率。

3. 带宽

带宽往往定义为模式变换器的转换效率达到指定值时变换器的工作频率范围，譬如转换效率达到 90% 的带宽，或者达到 95% 的带宽等。

4. 驻波系数

我们已经指出，模式变换器也是一个阻抗变换器，它的输入端口的驻波系数正是反映了变换器阻抗匹配的好坏，从而影响变换器的功率传输效率的大小。

5. 杂模功率

人们往往不仅要知道模式变换器的转换效率和功率传输效率,而且希望进而知道它产生了哪些主要的寄生模式及它们的功率是多少,实际计算或模拟时,一般只需要给出与输入模式和输出模式耦合最强的几个最主要的杂模的功率,其他更多的杂模功率所占比例已很小,可以不予考虑。

波导模式变换器一般都采用模式耦合理论进行分析,通过数值计算方法就可以得到它的转换效率、功率传输效率、杂模功率和带宽等。随着计算技术的发展,现在也可以利用商用软件直接进行模拟,得出模式变换器的所有参数;准光模式变换器利用矢量绕射理论进行分析研究,并进行数值计算,同样也可以利用软件直接进行模拟。而且,模式变换器的最终尺寸一般都是在数值计算的基础上经模拟调整后确定的,所以软件模拟往往对模式变换器的设计起决定性作用。

由于不论对于波导模式变换器还是准光模式变换器来说,理论分析和数值计算方法都比较复杂,已超出本书范围,所以我们不再进行具体介绍,有兴趣的读者可参考相关文献。

5.4 高功率微波系统的波导模式变换器

在 TE_{0n}—HE_{11} 和 TM_{0n}—HE_{11} 变换序列中,都要用到波导型模式变换器,它是高功率微波系统中最主要的一种模式变换器,本节将先介绍它的各种形式,5.5 节再介绍另一种变换器——准光型模式变换器。

5.4.1 TE_{0n}—HE_{11} 波导模式变换器

在上面我们已经指出,TE_{0n}—HE_{11} 变换有三种变换序列,序列(1)、(2)和序列(3)中的第一步采用的都是波导模式变换器,其中 TE_{0n}—TE_{01} 变换一般采用波导半径周期性、轴对称扰动的过模圆波导,称为波纹波导的变换器来实现;而 TE_{01}—TE_{11} 变换则可采用半径固定,但波导轴线具有周期性曲率扰动的过模圆波导,称为曲折波导的变换器实现;TE_{01}—TM_{11} 变换则利用半径固定、轴线曲率半径优化的、且长度和弯曲角度一定的过模弯曲波导变换器来实现;最后 TE_{11}—HE_{11} 或 TM_{11}—HE_{11} 变换则采用皱纹槽的槽深按一定规律变化的过模皱纹波导变换器完成。

波纹波导模式变换器具有轴对称性,它能够将圆波导中的 TM_{mn} 模式或 TE_{mn} 模式变换成 $TM_{mn'}$ 模式或者 $TE_{mn'}$ 模式,也就是说,变换前后模式的角向特征值 m 不变,而仅能改变径向特征值 n,而且设计原则是一次变换(一段尺寸确定的波纹波导)一般只使 n 值改变1;而曲折波导与弯曲波导模式变换器虽然在理论上来说,它既可以改变模式的角向特征值 m,也可以改变径向特征值 n,但实际设计的曲折波导和弯曲波导模式变换器都选择改变 m,而且变换一次同样只使 m 的大小改变 1。

序列(1)以 TE_{11} 模作为模式变换的中介模,其最大优点是所采用的曲折波导模式变换器输入端和输出端的中心轴线在同一直线上,因此只要简单地绕轴转动 TE_{01} 模到 TE_{11} 模的变换器,就可以方便地任意改变 TE_{11} 模极化平面的方向;而序列(2)更适合高功率传输,光滑弯曲波导形成的 TE_{01}—TM_{11} 模式变换器的长度只有曲折波导 TE_{01}—TE_{11} 模式变换器长度的一半，而且，正由于 TE_{01}—TE_{11} 模式变换器需要的波纹周期相对较多，它的工作频带也比 TE_{01}—TM_{11} 变换器窄，导致 TE_{11}—HE_{11} 变换器的工作带宽也相应较窄。但是 TE_{01}—TM_{11} 模式变换器存在波导轴线的弯曲，连接在系统中后无法转动以改变极化平面的方向。

1. TE_{0n}—TE_{01} 波纹波导模式变换器

不论是采用 TE_{0n}—TE_{01}—TE_{11}—HE_{11} 变换序列还是 TE_{0n}—TE_{01}—TM_{11}—HE_{11} 变换序列，或者 TE_{0n}—TE_{01}—HE_{11} 变换序列，第一步都必须先将回旋管输出的 TE_{0n} 模变换到 TE_{01} 模，因此我们首先介绍利用波纹波导实现 TE_{0n}—TE_{01} 的模式变换器。

过模波导内壁半径 r 周期性扰动的波纹波导可以实现从 TE_{0n} 模到 $TE_{0,(n-1)}$ 模的变换，变换器的波导半径可按下述规律扰动

$$r(z) = r_0\left[1 - \varepsilon_{01}\cos\frac{2\pi z}{\lambda_w(n,n-1)} - \varepsilon_{02}\cos\frac{4\pi z}{\lambda_w(n,n-1)}\right] \Big/ (1 - \varepsilon_{01} - \varepsilon_{02}) \quad (5.9)$$

式中，r_0 为波纹圆波导平均半径，即未扰动时的半径；ε_{01}、ε_{02} 为扰动因子，一般为远小于1的数值；λ_w 是波纹的周期长度，它由 TE_{0n} 模和 $TE_{0,(n-1)}$ 模的拍波波长 λ_b 决定

$$\begin{cases} \lambda_w(n,n-1) = (1+\delta)\lambda_b(n,n-1) \\ \lambda_b(n,n-1) = \dfrac{\lambda_{0n}\lambda_{0,(n-1)}}{\lambda_{0n} - \lambda_{0,(n-1)}} \end{cases} \quad (5.10)$$

式中，δ 为 λ_w 对 λ_b 的修正因子，一般来说它也是一个小量。引入 δ 的目的是提高 $TE_{0,(n-1)}$ 模的转换效率，降低 TE_{0n} 模的输出残留量，它一般在计算或模拟中通过反复调整确定。λ_{0n}、$\lambda_{0,(n-1)}$ 为 TE_{0n} 模与 $TE_{0,(n-1)}$ 模在以 r_0 为半径的均匀圆波导中的波导波长。

变换器的长度 L 则应满足

$$L = N\lambda_w(n,n-1) \quad (N = 1,2,\cdots) \quad (5.11)$$

式中，N 应为正整数。

经过 $(n-1)$ 段按上述方法设计的波纹波导，就可以实现将 TE_{0n} 模变换成 TE_{01} 模。设计的一个140GHz的 TE_{02}—TE_{01} 变换器，$r_0 = 13.9$mm，长度1352mm（包含6个周期），包括铜波导本身的欧姆损耗后的模式转换效率 η 可以达到99.7%，功率传输效率 η_{sum} 达99.9%；一个 TE_{04} 模到 TE_{01} 模的模式变换器，三段变换器的总长度为1.95m，共46个周期，模式转换效率也可以达到98%；经过改进的工作在70GHz上的 TE_{02}—TE_{01} 模式变换器，$r_0 = 13.9$mm，长872 mm，包括欧姆损耗的理论转换效率为99.8%，实测也达到了99%。

图5-5给出了波纹波导模式变换器的示意图，它除了波导内径作周期性的改变外，波导轴线并不弯曲，因而是轴对称的。为了抑制寄生模的含量，从 TE_{0n} 模到 $TE_{0,(n-1)}$ 模直到 TE_{01} 模的每一段变换器长度都必须是该段的 λ_w 的整数倍，使得它的总长度较长，相应的工作频带则较窄。

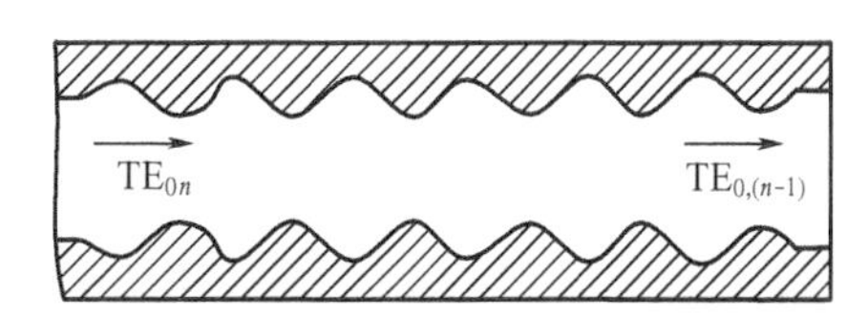

图5-5　波纹波导 TE_{0n}—$TE_{0,(n-1)}$ 模式变换器

2. TE_{01}—TE_{11}—HE_{11}变换序列

TE_{0n}模变换到TE_{01}模后,向HE_{11}模的变换可以有两种方式,一种是通过TE_{11}中介模再变换到HE_{11}模;另一种是以TM_{11}模作为中介模再到HE_{11}模。

1) TE_{01}—TE_{11}曲折波导模式变换器

由TE_{01}模变换到接近线性极化的TE_{11}模,是利用一种圆波导直径不变,但波导轴线在一个平面内周期性来回弯曲的过模曲折波导来实现的。假设波导轴线位于$x-z$平面内,则曲折波导轴线沿z方向的扰动可表示为

$$x(z) = \varepsilon_1 \cos\frac{2\pi z}{\lambda_{w1}} - \varepsilon_2 \sin\frac{2\pi z}{\lambda_{w2}} - \varepsilon_3 \sin\frac{2\pi z}{\lambda_{w3}} \tag{5.12}$$

式中,ε_1为使TE_{0n}模尽可能转换到TE_{11}模而引入的扰动因子;ε_2、ε_3则分别是为尽可能在输入端抑制寄生模TE_{12}模和在输出端抑制寄生模TE_{21}模的产生而引入的扰动因子,因为这两个模式是在变换过程中最有可能产生的寄生模式。λ_{w1}、λ_{w2}和λ_{w3}与式(5.10)类似,可写成

$$\begin{cases}\lambda_{w1} = (1+\delta_1)\lambda_b(01,11)\\ \lambda_{w2} = (1+\delta_2)\lambda_b(01,12)\\ \lambda_{w3} = (1+\delta_3)\lambda_b(11,21)\end{cases} \tag{5.13}$$

式中,$\lambda_b(01,11)$、$\lambda_b(01,12)$、$\lambda_b(11,21)$分别为TE_{01}模与TE_{11}模、TE_{01}模与TE_{12}模、TE_{11}模与TE_{21}模的拍波波长,它们同样可与式(5.10)中的λ_b进行类似计算;δ_1、δ_2、δ_3为修正小量,在计算优化中选定。

变换器的总长度L的选择除了考虑转换效率及带宽的要求外,还应使变换器两端的$dr/dz=0$,以保证两端能与波导系统平滑过渡连接,并使变换器两端轴线在同一直线上。只有这样,用绕轴转动变换器的方法改变TE_{11}模的极化平面方向才有可能。为此,变换器的总长度L应为变换器曲折周期的整数倍。

TE_{01}—TE_{11}模曲折波导模式变换器如图5-6所示。

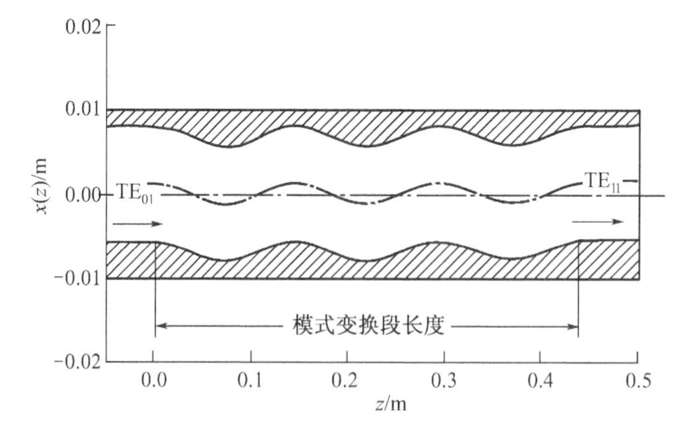

图5-6 曲折波导TE_{01}—TE_{11}模式变换器及其轴线坐标

一个设计在70GHz的TE_{01}—TE_{11}曲折波导模式变换器,波导半径$r_0=13.9$mm,如果只取式(5.12)中的第一项,即$\varepsilon_2=\varepsilon_3=0$,成为简单的轴线仅按余弦变化的曲折波导模式变换器,若取变换器长度为2.49m,则TE_{11}模的转换效率(包括欧姆损耗)只有86.2%;而

如果增加抑制寄生模的扰动项，$\varepsilon_2 \neq 0$，$\varepsilon_3 \neq 0$，ε_1 不变，变换器长度为 2.53m，则就可以使 TE_{11} 模转换效率提高到 97.4%。

计算表明，由几段具有不同 ε_1、ε_2、ε_3 和 δ_1、δ_2、δ_3 值的曲折波导连接构成的变换器，可以在较短长度和更宽频带内实现高效的 TE_{01}—TE_{11} 模式转换。

2）TE_{11}—HE_{11} 皱纹波导模式变换器

TE_{11}—HE_{11} 的模式变换是采用一段轴对称的过模皱纹直波导来完成的，皱纹波导的内半径 r_0 不变，皱纹槽的深度由输入端的接近 $\lambda_0/2$ 逐渐缓慢过渡到输出端的接近 $\lambda_0/4$，λ_0 为自由空间波长，这样的波导的表面阻抗是容性的。如果把每个皱纹槽看作是一段终端短路线，则在变换器输入端短路线长度近似 $\lambda_0/2$，在槽口的阻抗接近零；而在输出端短路线长度近似 $\lambda_0/4$，所以槽口的阻抗就应接近无穷大。长线理论（见第 1 章 1.4 节）又告诉我们，长度在 $\lambda_0/4$ 与 $\lambda_0/2$ 之间的短路线，其阻抗是容抗，所以 TE_{11}—HE_{11} 皱纹波导变换器是一种表面容性阻抗模式变换器，其形状如图 5－7 所示。

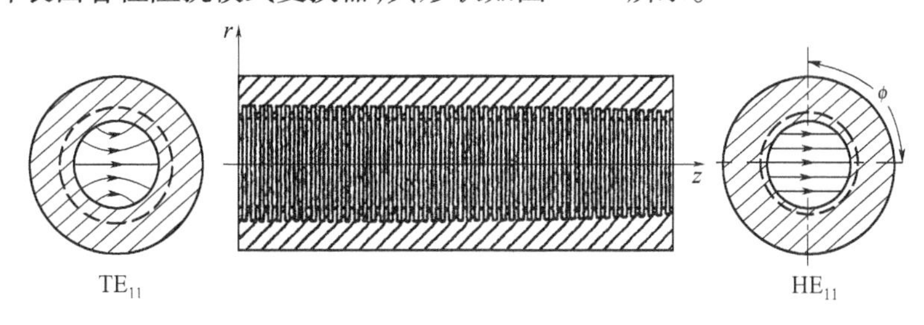

图 5－7　皱纹波导 TE_{11}—HE_{11} 模式变换器

槽深从 $\lambda_0/2$ 过渡到 $\lambda_0/4$ 的变化规律可以是线性的，也可以是非线性的，非线性变化时，槽深 d 可按下述规律变化

$$d = \frac{\lambda_0}{2} - \frac{\lambda_0}{4}\left(\frac{z}{L}\right)^N \tag{5.14}$$

式中，L 为皱纹波导的长度；N 取正整数，在模拟中确定。一般来说，非线性过渡的变换器性能更好，比如为了达到 99% 的转换效率，就必须采用非线性过渡。变换器长度 L 的确定与高功率微波过渡器 L 的确定一样，也在模拟过程中最后选定。按式（5.14）确定的槽深 d，在 $z=0$ 时，$d=\lambda_0/2$；而 $z=L$ 时，$d=\lambda_0/4$，而且指数函数的性质使 d 的变化在开始段十分缓慢，这些都保证了皱纹波导模式变换器的优良性能。

设计计算得到的皱纹波导 TE_{11}—HE_{11} 模式变换器，波导半径在未扰动前为 r_0 = 13.9mm，变换器长度工作在 70GHz 时为 0.37m，工作在 140GHz 上时为 0.74m，皱纹槽的宽度和周期分别选为 $\lambda_0/8$ 和 $\lambda_0/3$，理论转换效率达到 99%。对 70GHz 的模式变换器进行实际测试，得到的转换效率达到了（98.5 ±0.5）%。

3. TE_{01}—TM_{11}—HE_{11} 变换序列

1）TE_{01}—TM_{11} 弯曲波导模式变换器

（1）圆弧弯曲波导模式变换器。TE_{01}—TE_{11}—HE_{11} 变换序列中由于 TE_{01}—TE_{11} 变换器的长度必须是拍波波长的若干整数倍，因而长度一般都相当长，采用 TE_{01}—TM_{11}—HE_{11} 变换序列的主要优越性就是 TE_{01}—TM_{11} 变换器长度较短，因而高功率传输损耗小，同时也带来了加工容易、体积重量小的优点。由于圆波导的TE_{01}模与TM_{11}模是简并模,它们具有相同的波导波长、相同的相速和群速,因而很容易发生强耦合,只要一段恰当转弯角度的过模圆弧形弯曲波导即可实现它们之间的模式转换。

圆弧弯曲波导为实现TE_{01}模与TM_{11}模的功率全转换,弯曲角度必须满足条件

$$\theta_c = \frac{\mu'_{01}\lambda_0}{2\sqrt{2}r_0} = 1.3547\frac{\lambda_0}{r_0}(\text{rad}) = 77.62\frac{\lambda_0}{r_0}(°) \tag{5.15}$$

式中,μ'_{01}为对应TE_{01}模的零阶第一类贝塞尔函数的导数的第一个根,$\mu'_{01}=3.8317$;λ_0为自由空间波长;r_0为圆波导半径。

可见,最佳的弯曲角度与弯波导本身的曲率半径无关,只要弯曲的角度满足式(5.15),理论上就可以实现100%的能量转换。

(2) 三角函数弯曲波导模式变换器。实际上,即使在满足最佳弯曲角度的情况下,弯曲波导模式变换器还是会产生寄生模式。为了减少寄生模式的含量,弯曲波导必须足够长,但为了减少波导损耗和增加工作带宽,又希望变换器要尽量短,为了兼顾这两方面的要求,可以将圆弧弯曲改成其他函数形式的弯曲,比如余弦函数弯曲,就可以有效降低寄生模电平,提高功率传输系数。当余弦分布弯曲波导的轴线在$x-z$平面内弯曲时,轴线的变化规律与式(5.12)完全相同,但式中一些符号的意义则已有所不同:这时ε_1已成为尽可能提高TM_{11}模转换效率而引入的扰动因子,ε_2、ε_3则是为尽可能抑制输入端的寄生模TE_{11}模和输出端的寄生模TE_{21}模而引入的扰动因子,因此,w_1、w_2和w_3相应地也就是与拍波波长$\lambda_b(01,11)$(TE_{01}模与TM_{11}模),$\lambda_b(01,11)$(TE_{01}模与TE_{11}模)和$\lambda_b(11,21)$(TM_{11}模与TE_{21}模)相关的优化量,其计算公式与式(5.13)类似。

此外,将式(5.12)应用于曲折波导设计和应用于弯曲波导设计时的不同还在于z的取值范围,我们只是截取曲折波导中的一小段来构成弯曲波导。因此,作为TE_{01}—TE_{11}曲折波导模式变换器时,z的变化范围应使变换器总长度L为轴线变化周期的若干整数倍;而作为TE_{01}—TM_{11}弯曲波导模式变换器时,z的最大取值应使变换器长度L不超过一个轴线变化周期,也就是式(5.12)中的余弦项只在$-\pi \sim +\pi$之间变化,实际上的变化范围往往还要小得多。当变化角度比较小,比如小于±30°时,按式(5.12)画出的曲线实际上与圆弧弯曲曲线差别比较小,两者在外形上已十分接近。

图5-8给出的是圆弧弯曲波导(或余弦曲线弯曲波导)TE_{01}—TM_{11}模式变换器的形状。在35GHz上设计的这两种变换器,圆弧弯曲的TM_{11}模转换效率为(包括欧姆损耗)为97%,长度688.3mm,而余弦曲线弯曲的转换效率提高到99%,长度缩短至386mm。

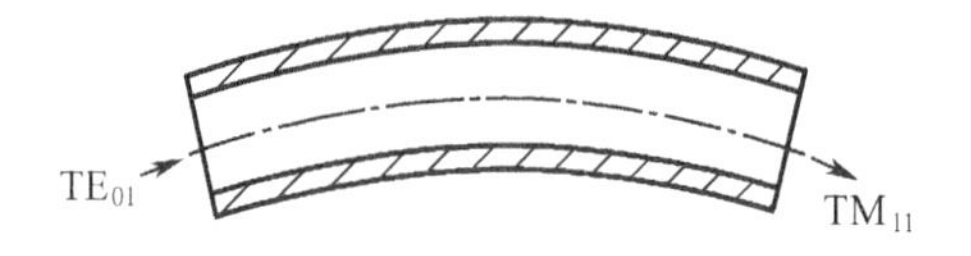

图5-8 弯曲波导TE_{01}—TM_{11}模式变换器

(3) 其他函数形式弯曲波导模式变换器。圆弧弯曲波导TE_{01}—TM_{11}模式变换器是一段曲率κ不变,即曲率半径$R=1/\kappa$为一常数的弯波导,如果弯曲波导的曲率κ是按某个函数的规律变化的,则这样的弯曲波导同样可以作成TE_{01}—TM_{11}模式变换器。已经提出的曲率分布函数很多,例如:

正弦曲率分布

$$\kappa(z) = \left(\frac{\phi\pi}{2L}\right)\sin\left(\frac{\pi z}{L}\right) \tag{5.16}$$

平方正弦曲率分布

$$\kappa(z) = \left(\frac{2\phi}{L}\right)\sin^2\left(\frac{\pi z}{L}\right) \tag{5.17}$$

抛物线曲率分布

$$\kappa(z) = -\frac{13312\phi}{3L^{13}}\left(z-\frac{L}{2}\right)^{12} + \frac{13\phi}{12L} \tag{5.18}$$

式中，ϕ 为弯曲波导的以弧度计的弯曲角度；L 为弯曲波导的弧长。

一个 $r_0=13.9\text{mm}$、$f=140\text{GHz}$ 的弯曲波导 TE_{01}—TM_{11} 模式变换器，若曲率是常数，则 $\phi=12°$，$L=3.05\text{m}$，$\eta=92.52\%$，$\eta_{\text{sum}}=94.5\%$；若曲率采用正弦函数分布，则 $\phi=12.5°$，$L=2.49\text{m}$，$\eta=95.24\%$，$\eta_{\text{sum}}=95.75\%$。

2）TM_{11}—HE_{11} 皱纹波导模式变换器

TM_{11}—HE_{11} 模式的变换与 TE_{11}—HE_{11} 变换类似，也可以利用皱纹波导来实现，只是在 TM_{11}—HE_{11} 模式变换时，皱纹槽的深度应该从 0 开始按非线性规律逐渐增加到 $\lambda_0/4$，也就是说，皱纹波导内表面应具有感性电抗。这样，槽深 d 的变化规律就应是

$$d(z) = \frac{\lambda_0}{4}\left(\frac{z}{L}\right)^N \tag{5.19}$$

而且，为了抑制寄生模的存在，这种变换器的长度应取得较长，其皱纹槽槽深的增加在输入段尤其应该缓慢，因为在这一段寄生模的耦合最强，这可以利用增大 N 值的办法来做到。

设计的一个 140GHz 的 TM_{11}—HE_{11} 皱纹波导模式变换器，内壁半径 $r_0=13.9\text{mm}$，设计长度 0.84m，皱纹槽宽 $\lambda_0/6$，周期 $\lambda_0/3$，理论转换效率 98.5%。

5.4.2　TM_{0n}—HE_{11} 波导模式变换器

TM_{0n}—HE_{11} 模式变换器有两个变换序列，即 TM_{0n}—TM_{01}—TE_{11}—HE_{11} 变换序列和 TM_{0n}—TM_{01}—TM_{11}—HE_{11} 变换序列，它们的第一步都必须首先将 TM_{0n} 模变换到 TM_{01} 模，这一变换可以与 TE_{0n}—TE_{01} 的模式变换一样，利用波纹波导来完成。得到 TM_{01} 模后，可以以 TE_{11} 模作为中介模再变换到 HE_{11} 模，也可以以 TM_{11} 模作为中介模再获得 HE_{11} 模，TE_{11} 模的获得可以采用弯曲波导模式变换器实现，而 TM_{11} 模则一般由曲折波导模式变换器得到。由 TE_{11} 模或 TM_{11} 模最后再变换到 HE_{11} 模，我们在上面已经介绍过，都可以利用皱纹波导模式变换器来实现，我们在这一小节中不再重复。

1. TM_{0n}—TM_{01} 波纹波导模式变换器

TM_{0n}—TM_{01} 模式的变换采用波纹波导来实现，每一段波纹波导变换器可以使模式的径向特征值 n 降低 1，即从 TM_{0n} 变换到 $TM_{0,(n-1)}$，经过 $(n-1)$ 段不同波纹的波纹波导，即可实现从 TM_{0n} 模到 TM_{01} 模的变换。

波纹波导变换器的设计仍旧利用式(5.9)进行计算，只是这时其中的 λ_b 应该是 TM_{0n}

模与$TM_{0,(n-1)}$模的拍波波长。对于一个$f=35GHz$,$r_0=13.6mm$,变换模式为TM_{03}—TM_{01}的波纹波导变换器,设计结果为:TM_{03}—TM_{02}变换段,变换器长度$L=90.15mm$,周期数$N=3$,包括欧姆损耗的TM_{02}模的转换效率η为99.57%,功率传输效率$\eta_{sum}=99.73\%$,$\eta\geq 90\%$的带宽5.14%;TM_{02}—TM_{01}变换段的$L=296.07mm$,$N=4$,TM_{01}模的转换效率$\eta=99.27\%$,功率传输效率$\eta_{sum}=99.37\%$,$\eta\geq 90\%$的带宽6.15%。

TM_{0n}—TM_{01}波纹波导模式变换器的形状与图5-5给出的TE_{0n}—TE_{01}模式变换器完全类似。

2. TM_{01}—TE_{11}—HE_{11}变换序列

由TM_{01}模到HE_{11}模,以TE_{11}模作为中介模的变换序列,在这里只涉及TM_{01}—TE_{11}模的变换,而TE_{11}—HE_{11}变换已经在上面小节中介绍过。TM_{01}—TE_{11}模式变换可以采用弯曲波导模式变换器来实现,弯曲波导模式变换器长度短,频带宽,但由于波导经过弯曲,轴线不再在一直线上,因而在结构上难以改变输出模式的极化方向。

已提出的TM_{01}—TE_{11}弯曲波导变换器主要有两类:

1) S形弯曲波导TM_{01}—TE_{11}变换器

这种变换器的结构形状如图5-9所示,它由两段曲率大小不同、且符号相反的圆弧弯波导相切连接构成,必要时,也可以在两段圆弧弯波导之间连接一段直波导。

图5-9 S形弯曲波导TM_{01}—TE_{11}模式变换器

一个$f=35GHz$,$r_0=13.6mm$的S形弯曲波导TM_{01}—TE_{11}模式变换器的设计参数如下:第一段圆弧弯曲波导弯曲角度14.58°,弧长190.6mm,第二段圆弧弯曲波导弯曲角度21.72°,弧长238.7mm,包括欧姆损耗在内的TE_{11}模的转换效率$\eta=98.09\%$,功率传输效率$\eta_{sum}=99.4\%$,$\eta\geq 90\%$的带宽27.4%。

2) 按函数分布曲线弯曲的弯曲波导TM_{01}—TE_{11}变换器

除了圆弧弯曲的S形弯曲波导外,TM_{01}—TE_{11}变换器的弯曲波导也可以按某种函数的分布曲线形状来进行弯曲,最常见的就是三角函数分布形状,也有人提出可按抛物线形状或高斯分布曲线形状,它们的数学表达式分别是:

三角函数分布见式(5.12)。

立方抛物线分布

$$x(z)=\varepsilon_1 x^3-\varepsilon_2\sin\frac{2\pi z}{\lambda_{w2}}-\varepsilon_3\frac{2\pi z}{\lambda_{w3}} \tag{5.20}$$

高斯分布

$$x(z)=\varepsilon_1 e^{-\delta x^2}-\varepsilon_2\sin\frac{2\pi z}{\lambda_{w2}}-\varepsilon_3\frac{2\pi z}{\lambda_{w3}} \tag{5.21}$$

在上述各式中,ε_1是增强TM_{01}模与TE_{11}模之间的耦合而引入的扰动因子;ε_2则为在

输入端抑制 TM_{01} 模与 TM_{11} 模的耦合而引入的扰动因子；ε_3 则是为在输出端抑制 TE_{11} 模与 TE_{21} 模的耦合而引入的扰动因子。式中 λ_{w1}、λ_{w2}、λ_{w3} 分别是对 TM_{01} 模与 TE_{11} 模，TM_{01} 模与 TM_{11} 模，TE_{11} 模与 TE_{21} 模的拍波波长优化修正后的值。

上述各式是在 $x-z$ 平面内写出的，也就是说，波导轴线是在 $x-z$ 平面内进行弯曲的。利用上述函数形式，对 $f=35\text{GHz}$，$r_0=13.6\text{mm}$ 的弯曲波导 TM_{01}—TE_{11} 模式变换器进行优化设计的结果如下：采用三角函数曲线的弯曲波导 $L=700.8\text{mm}$，$\eta=97.56\%$，$\eta\geqslant90\%$ 的带宽 21.1%；采用立方抛物线曲线的弯曲波导 $L=474.9\text{mm}$，$\eta=98.57\%$，$\eta\geqslant90\%$ 的带宽 28.2%；采用高斯分布曲线的弯曲波导 $L=471.5\text{mm}$，$\eta=98.87\%$，$\eta\geqslant90\%$ 的带宽 27.1%，三种分布的变换器功率传输效率都大于 90%。从这一结果可明显看出，立方抛物线分布和高斯分布的变换器比三角函数分布的变换器长度短，转换效率高，工作频带宽。

TM_{01}—TE_{11} 弯曲波导变换器的形状与图 5-8 类似。

3. TM_{01}—TM_{11}—HE_{11} 变换序列

与 TM_{01}—TE_{11}—HE_{11} 变换序列类似，在这里我们只需要讨论 TM_{01} 模到 TM_{11} 模的变换，TM_{11}—HE_{11} 变换也已经在上面小节中讨论过。而 TM_{01}—TM_{11} 变换器可以利用曲折波导做成。

曲折波导 TM_{01}—TM_{11} 模式变换时仍旧利用式(5.12)和式(5.13)进行设计计算，只是这时式中符号的意义已发生了改变：ε_1 表示为提高 TM_{11} 的转换效率而引入的扰动因子，λ_{w1} 为根据 TM_{01} 模与 TM_{11} 模的拍波波长利用修正因子 δ_1 修正后的周期长度；ε_2 表示为抑制在输入端的寄生模 TM_{21} 模引入的扰动因子，相应的 λ_{w2} 就应是利用修正因子 δ_2 对 TM_{01} 模与 TM_{21} 模的拍波波长修正后的周期长度；ε_3 表示的是在输出端为抑制寄生模 TE_{21} 模而引入的扰动因子，相应 λ_{w3} 则是对 TM_{11} 模与 TE_{21} 模的拍波波长用 δ_3 修正后的周期长度。TM_{21} 模是在输入端具有与 TM_{01} 模最强耦合的模式，TE_{21} 模则是在输出端与 TM_{11} 模具有最强耦合的模。

$f=35\text{GHz}$，$r_0=13.6\text{mm}$ 的 TM_{01}—TM_{11} 曲折波导变换器，设计指标达到考虑欧姆损耗后的转换效率 96.83%，功率传输系数 97.83%，变换长度 1093.46mm，周期 $N=6$。

TM_{01}—TM_{11} 曲折波导变换器的形状与图 5-6 所示类似。

5.5　高功率微波的准光模式变换器

5.5.1　准光模式变换器一般介绍

1. Vlasov 辐射器

工作在高阶边廊模 $TE_{mn}(m\gg1,m>n)$ 模的回旋管，由于其复杂的场结构以及必须使用尺寸很大的高度过模的圆波导，使得回旋管常规的轴向输出方式及采用波导模式变换器进行模式变换都变得十分不方便，而利用准光模式变换器和由此带来的横向（径向）准光输出，就可以克服这些困难。准光模式变换器可以将高次边廊模复杂的场结构直接变换成线性极化的 TEM_{00} 模，与此同时，微波能量的输出方向也不再在轴向而成为径向。图 5-10 给出了轴向输出回旋管和径向输出回旋管的结构示意图，前者利用过模波导在轴向输出 TE_{mn} 边廊模，比如 $TE_{22,2}$ 模，再在管外连接波导模式变换器进行模式变换；后者利用内置准光模式变换器在径向直接输出 TEM_{00} 模（高斯波束）。

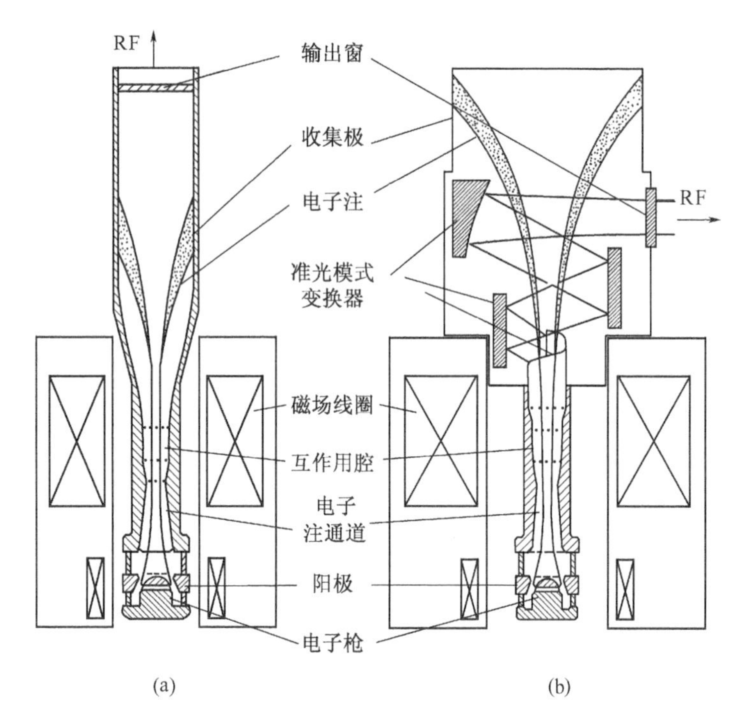

图5-10 轴向输出回旋管(a)和径向输出回旋管(b)结构示意图

准光模式变换器由伏拉索夫(Vlasov)辐射器和几个相位校正反射镜组成,因此也可以称为Vlasov模式变换器。Vlasov辐射器也可以称为Vlasov天线,是由圆波导端口按照一定形状切成的切口形成的,该辐射器直接与回旋管谐振腔输出口连接,其作用是将圆波导中的模式场有效地向空间辐射。由于Vlasov辐射器在一般情况下,尤其是对高阶边廊模来说,辐射波束主瓣较宽,旁瓣成分较大,离高斯波束的要求还有一定甚至较大差别,因此还需要利用若干反射面(反射镜)对波束进行更好聚束以及对各部分的相位进行校正,使之进一步形成更为理想的高斯波束。

Vlasov辐射器最早是由苏联科学家伏拉索夫(S. N. Vlasov)提出的,目前主要的切口形状有阶梯切口、斜切口和螺旋切口等(图5-11),其中最常用的是螺旋切口,它适合任意TE_{mn}模或TM_{mn}模的辐射,若回旋管输出的是TE_{0n}(或TM_{0n})模或TE_{1n}模,则一般可采用阶梯切口或斜切口。

波导模式变换器的优点是转换效率高,但总长度很长,往往达到1m左右甚至几米长,功率容量也受到波导尺寸的限制,因此不利于毫米波系统的紧凑化和对高功率容量的要求。准光模式变换器则不同,它具有以下优点:

(1)微波波束在空间传播,具有极高的功率容量。

(2)变换系统的尺寸小,紧凑到可以直接放入回旋管内部,如图5-10(b)所示。

(3)准光模式变换器在横向输出的是TEM_{00}模,它可以直接与低损耗准光传输线连接,不需要再作进一步的模式变换。

(4)微波能量的横向输出使微波路径与电子注路径得到分开,从而避免了电子束对输出窗的可能轰击,同时使得收集极不再作为输出波导的一部分,收集极的设计就只需要考虑高能电子注热量的耗散,也使得降压收集极的应用成为可能。

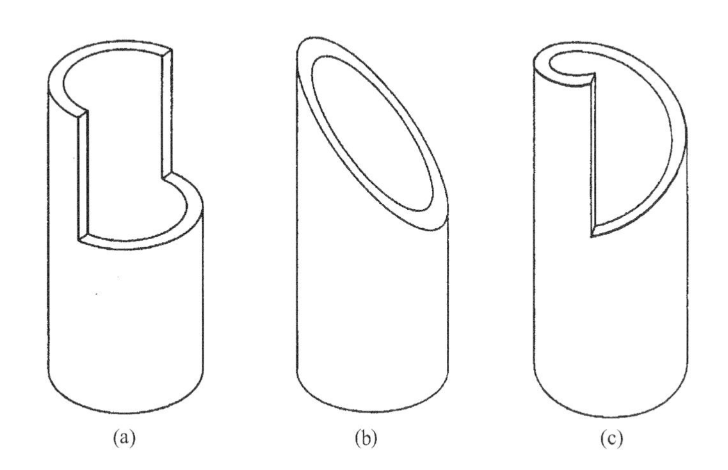

图5-11　Vlasov辐射器形状
(a) 阶梯切口；(b) 斜切口；(c) 螺旋切口。

(5) 从输出窗反射的高功率微波不再直接进入互作用区，反射波对注—波互作用的影响得到极大降低。

准光模式变换器的主要不足是转换效率低，一般只有80%或更小，显然，这对高功率回旋管来说是巨大的功率损失；另外，准光模式变换器的设计也比较复杂。

2. Denisov 辐射器

传统的Vlasov辐射器加工简单、频率相对稳定，因而得到了广泛的应用，但它主要适用于角向对称模式（如TE_{02}）或边廊模（如$TE_{15,4}$），由于波导壁电流呈均匀分布，加之波导横向尺寸与波长可比拟，因此切口的边缘衍射效应明显，辐射效率一般仅有80%左右。为了克服这一缺陷，提出了一种沿波导轴向和角向周期扰动的Denisov辐射装置，Denisov型辐射器由一段不规则波纹波导（预聚束段）和螺旋形切口组成，通过波导壁的不规则扰动，使波导内表面电流呈准高斯分布，从而降低切口边缘的衍射损耗，提高了辐射器的辐射效率，可以达到98%以上。Denisov型辐射器主要适用于高阶腔模（如$TE_{22,6}$、$TE_{28,8}$），具有功率容量大、结构紧凑、模式变换效率高的特点，被广泛应用于兆瓦级高平均功率回旋振荡管中。

为改变波导内壁上的表面电流分布，Denisov首先提出通过螺旋波纹扰动实现壁电流的周期性分布，如图5-12所示，微小的扰动将改变波束的路径使波束产生汇聚，引起表面电流在角向和轴向呈周期性的强弱分布，即形成高斯束斑，由于束斑外围比束斑中心的场强要低得多，因此沿束斑外围电流较弱的区域进行切割，将有效降低切口边缘的衍射损耗，提高辐射器的辐射效率。

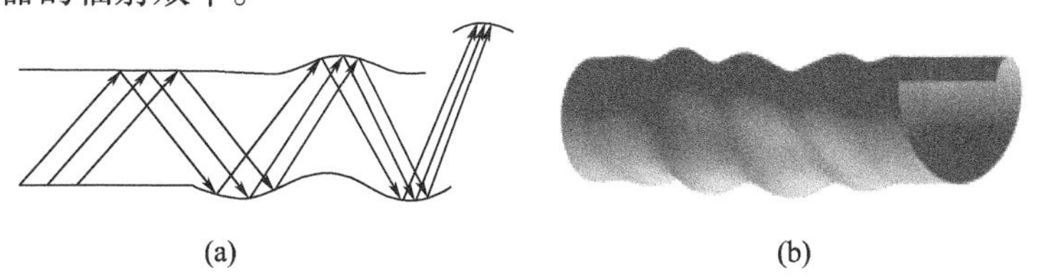

图5-12　螺旋波纹波导的结构及其中的波束汇聚
(a)波束在螺旋波纹波导中轴向的汇聚示意图；(b)螺旋波纹波导Denisov型辐射器。

5.5.2 准光模式变换器的设计及改进

1. 准光模式变换器的设计实例

我们在这里给出一种准光模式变换器的设计实例,该模式变换器由螺旋切口的Vlasov辐射器和两级反射面组成,结构示意图及所采用的坐标系如图 5-12 所示。

Vlasov 辐射器螺旋切口的纵向开口长度 L(图 5-13)由下式给出

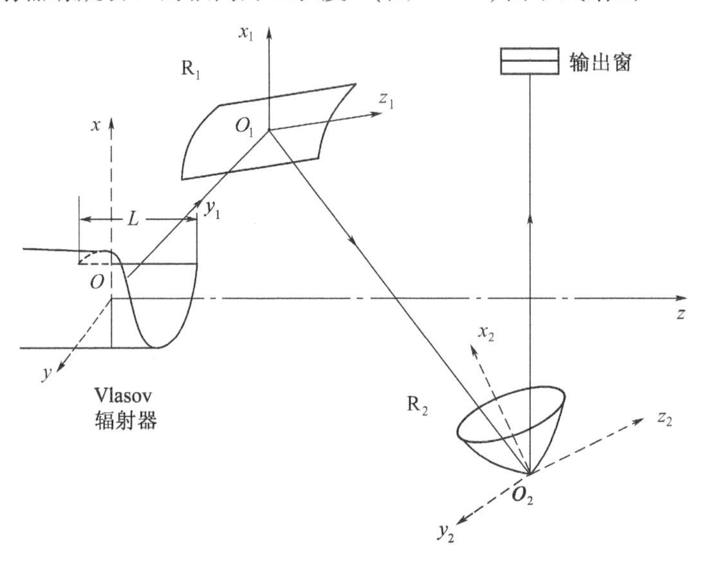

图 5-13 准光模式变换器结构示意图及坐标系

$$L = 2\pi r_0^2\beta\frac{(\mu'_{mn})^2 - m^2}{(\mu'_{mn})^2}\frac{\mathrm{J}_m^2(\mu'_{mn})}{1 - \mathrm{J}_0^2(\mu'_{mn}) + \mathrm{J}_m^2(\mu'_{mn}) - 2\sum_{k=1}^{m}\mathrm{J}_k^2(\mu'_{mn})} \tag{5.22}$$

式中,r_0 为辐射器圆波导半径;μ'_{mn}为对应回旋管输出模式 TE_{mn}模的贝塞尔函数 J'_m 的第 n 个根;β 为该模式的相位常数。

第一级反射面 R_1 选用抛物柱面,设其焦距为f_1,则其抛物柱面方程为

$$y_1^2 = -4f_1x_1 \tag{5.23}$$

第二级反射面 R_2 选用椭圆抛物面,其椭圆抛物面方程是

$$x_2 = \frac{y_2^2}{a} + \frac{z_2^2}{b} \tag{5.24}$$

式中,x_1、y_1;x_2、y_2、z_2 坐标系如图 5-12 所示,a、b 由下式确定

$$\begin{cases} w_{2y} = 2\sqrt{ah} \\ w_{2z} = 2\sqrt{bh} \end{cases} \tag{5.25}$$

式中,w_{2y}、w_{2z}分别为椭圆抛物面椭圆口径的长、短轴;h 为抛物面口径平面到顶点的距离。

对 35GHz、输出 $\mathrm{TE}_{5,2}$模的回旋管的上述准光模式变换器进行的设计计算,得到转换

效率 86.2%，高斯束成分 95.8%；而对 110GHz、输出 $TE_{15,2}$ 模的变换器设计计算的结果是：转换效率 63.7%，高斯束成分 96.3%。

2. 准光模式变换器的改进

为了克服一般准光模式变换器转换效率不高的不足，先后提出了一些改进措施，以减少衍射损耗，获得在轴线附近能量高度集中的类似笔尖状的波束。

1）利用“酒窝”型波导的波束预成形技术

在准光模式变换器的 Vlasov 辐射器与回旋管谐振腔的输出口之间接入一段不规则的波纹波导变换器，将回旋管输出的高阶边廊模式变换成几种模式成分的混合模，使这种混合模的场在辐射器辐射口径上呈现近似的高斯分布，从而提高了辐射波束的高斯成分，这种改进称为波束预成形技术。所采用的不规则波纹波导实际上也是一种模式变换器，它的波导半径不仅在纵向不规则变化而不再是周期性变化，而且在角向也存在不规则变化，这种特殊形状的波导称为“酒窝”型波导（dimpled waveguide）。图 5－14(a) 给出了一个直接由 TE_{31} 模式变换到近似线性的 TE_{11} 模的“酒窝”型波导模式变换器的外形图。

更复杂的高阶边廊模则很难直接变换成 TE_{11} 模，往往是利用这种“酒窝”型波导变换成多个 TE 模按一定比例的组合，以获得旁瓣很小的波束。图 5－14(b) 给出了一个回旋管工作模式为 $TE_{15,4}$ 时，为波束预成形而设计的“酒窝”型波导变换器。

“酒窝”型波导也可以作为独立的模式变换器应用，图 5－14(c) 给出的就是一个 TE_{31}—TM_{01}“酒窝”型宽带波导模式变换器的外形图。

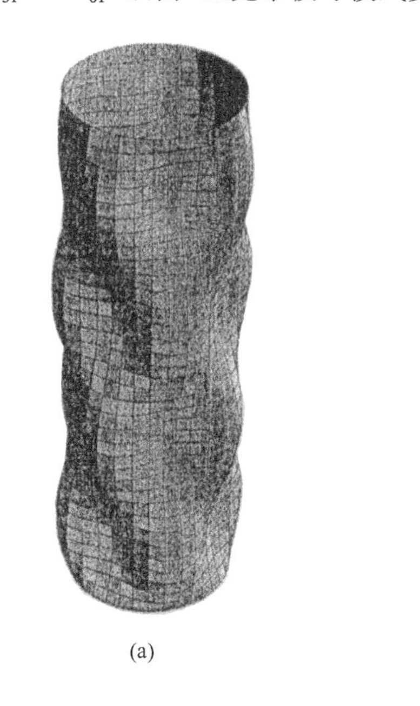

(a)

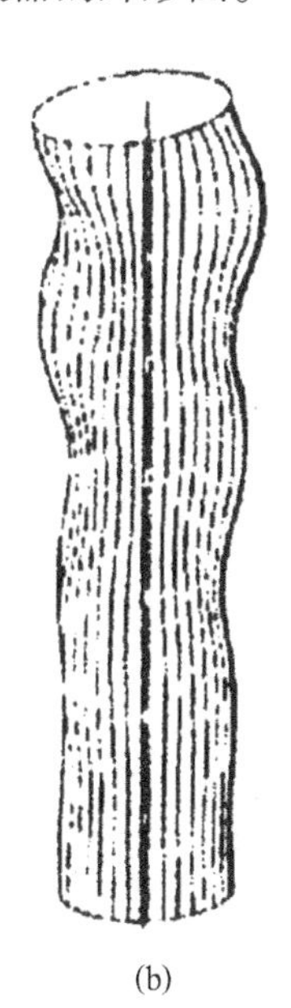

(b)

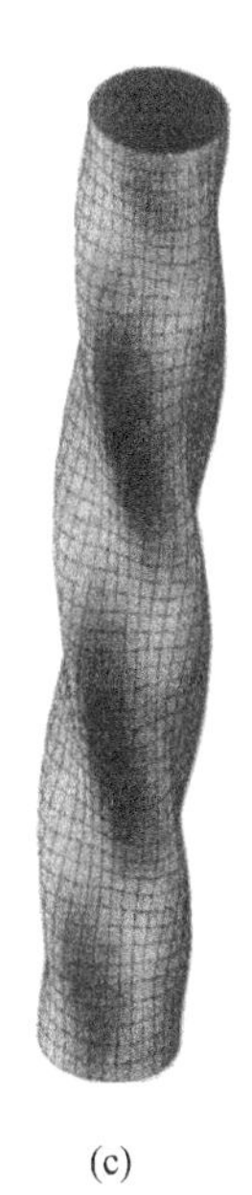

(c)

图 5－14　“酒窝”型波导模式变换器

(a) TE_{31} 模变换到准 TE_{11} 模；(b) $TE_{15,4}$ 模变换到多个 TE 模组合；(c) TE_{31}—TM_{01} 模式变换。

波束预成形技术的应用，可以使辐射器辐射波束大大降低旁瓣，在模式简单情况下，甚至可以不需要反射面进行相位校正就直接辐射出高斯波束，从而有效提高了转换效率。

2）复杂反射面相位校正技术

从准光模式 Vlasov 辐射器辐射出的波束的幅值、相位一般都离理想 TEM_{00} 模还有一定差异，若采用一般二次型曲面反射镜进行校正，则往往需要两级或两级以上的反射面才能达到接近高斯波束的要求，采用复杂曲面反射镜，则只需一级即可达到较理想的高斯分布。

图 5－15 给出了一个复杂曲面反射镜的设计形状及效果图，其中(a)为回旋管输出、亦即 Vlasov 辐射器输入 $TE_{5,2}$ 模时，辐射器辐射的以 $TE_{5,2}$ 模为主的多模混合波束图像；(b)为所采用的复杂曲面反射镜；(c)为经复杂曲面反射镜反射后输出的类铅笔尖状的高斯波束。整个模式变换器的转换效率提高到约 94.3%，其中高斯束成分含量达到 99.7%。

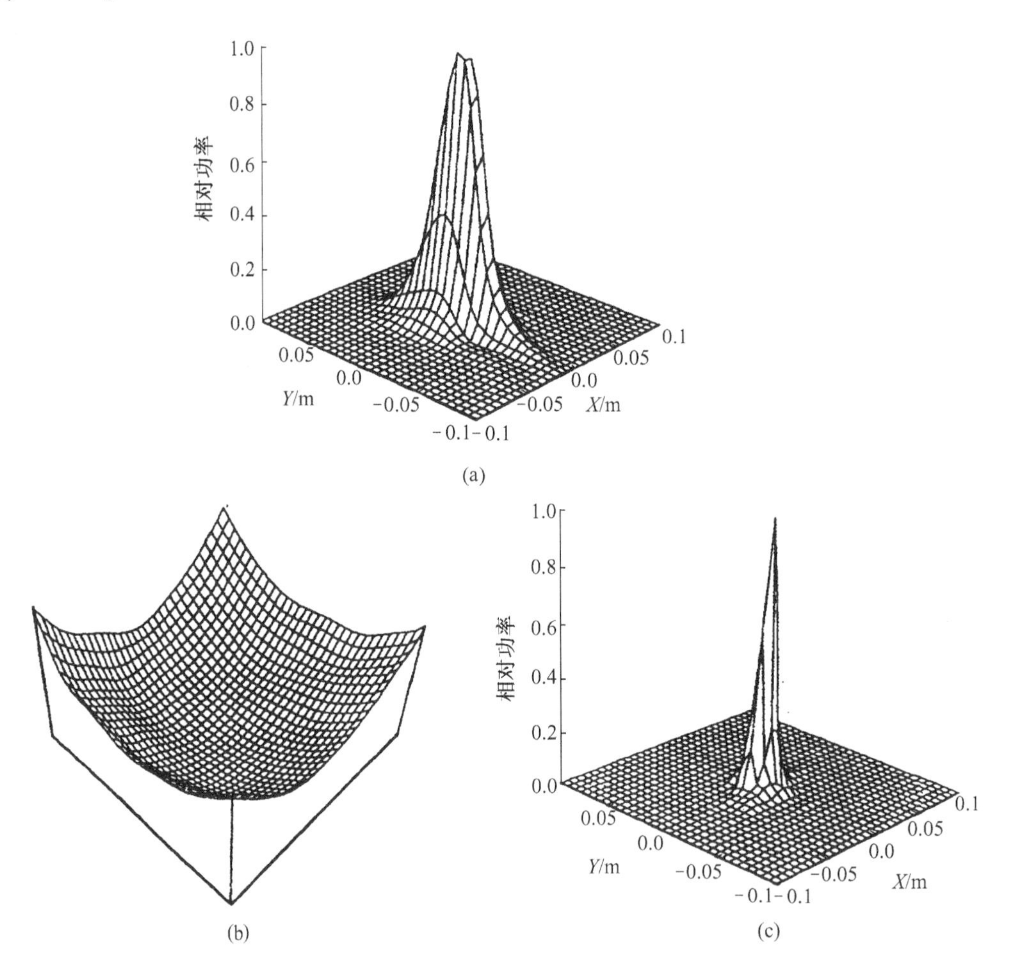

图 5－15　对 $TE_{5,2}$ 模采用复杂曲面反射镜的计算结果

(a) 辐射器辐射波束；(b) 复杂曲面反射镜；(c) 经反射镜后输出波束。

第6章　微带元件

微带元件与波导元件有很多类似之处,特别是在功能上如转折、分支、功率分配、滤波、耦合等都有与波导元件相同名称的微带元件,但是由于微带结构的特殊性,元件在具体结构上则与波导元件有很多不同,因此我们单列一章对微带元件作一概括性介绍。

微带的尺寸比波导小得多,易于与微波固体器件连接,因而可以构成微波集成电路,在小功率微波和毫米波领域已得到十分广泛的应用。

由于微带线可以认为是由双导线演变而来的(见2.6节),因此在分析微带元器件时,总是把微带线等效成双根线画出等效电路来进行讨论。

6.1　微带的连接与不连续性

在微带电路中,由于电气性能和结构上的需要,总会涉及微带线的不连续性,如隙缝、弯曲、宽度变化以及与波导、同轴线等的过渡,这些不连续性和过渡需经合理设计才能达到匹配连接,但更多地还需要依赖于实际测量,不断调整结构参数来获得最佳的连接。好在前人通过大量分析与实验,已经为我们提供了很多实用的曲线、图表和工程公式,在设计时可以直接应用。

6.1.1　微带过渡接头

1. 微带—波导过渡接头

工作在3cm或更短波长上的微带系统,有时会外接波导传输线,这时就需要用到微带—矩形波导的过渡接头。矩形波导至微带的过渡通常用脊形波导来实现,脊的形状可以是阶梯状的(图6-1),也可以是渐变的,比如按切比雪夫分布变化。在这里,脊形波导实际上起到了一个阻抗变换器的作用,因为标准波导的阻抗比微带线的阻抗(通常设计为50Ω)要高得多,经过变换,可以得到良好的匹配连接。从脊引出的接触片用于与微带的导带焊接,有时为了改善匹配,接触片做成一小段宽度渐变的空气带线。

如果微波频率较低,则这时波导尺寸与微带尺寸差距过大,采用上面的过渡连接就不方便了,因此,通常可以采取图6-2所示的过渡方法。这种过渡接头与同轴—波导过渡接头十分类似,只是这时以导带替代同轴线内导体伸进波导作为激励头,而接地板相当于同轴线外导体与波导壁焊接,同时起微带的固定作用。但由于接地板只在微带的一侧存在,因而与波导壁的连接也只有一边,另一侧与波导壁并不连接。这种过渡接头一般要靠试验来进行设计。

2. 微带—同轴线过渡接头

最常用的同轴线多数是50Ω的,如果微带线特性阻抗也是50Ω,则两者的连接就会比波导与微带的连接方便得多。

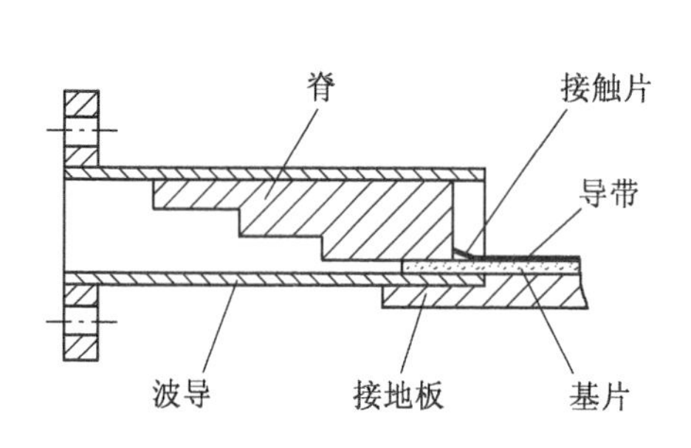

图6-1 微带—矩形波导过渡接头

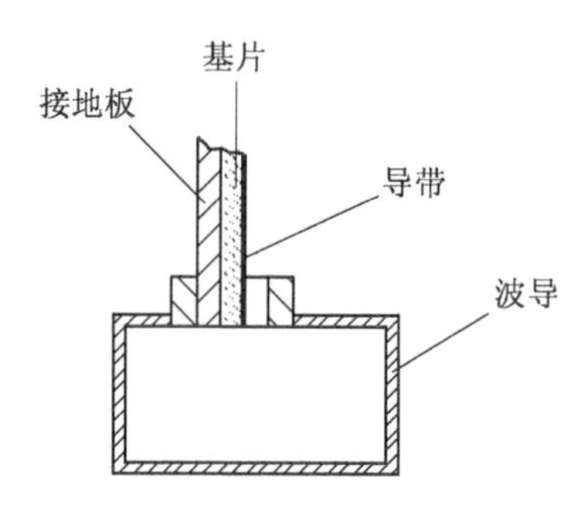

图6-2 微带—矩形波导过渡接头的另一种形式

通常微带线的基片厚度比同轴接头内外导体间的距离要小,这将形成不连续电容,这个阶梯电容随着所使用的同轴接头和微带线的尺寸以及过渡部分的结构的不同而有所不同。为了保持过渡接头的良好匹配性,可以采用调整片来补偿该电容,调整片的宽度比微带线导带的宽度略小,同时微带与接头间留有一微小距离,使得调整片在此处为一段高阻抗线,用它引入串联电感,以补偿同轴线接头与微带间的阶梯电容,仔细改变调整片的大小及与导带的相对位置,直至得到最佳的补偿效果(图6-3)。

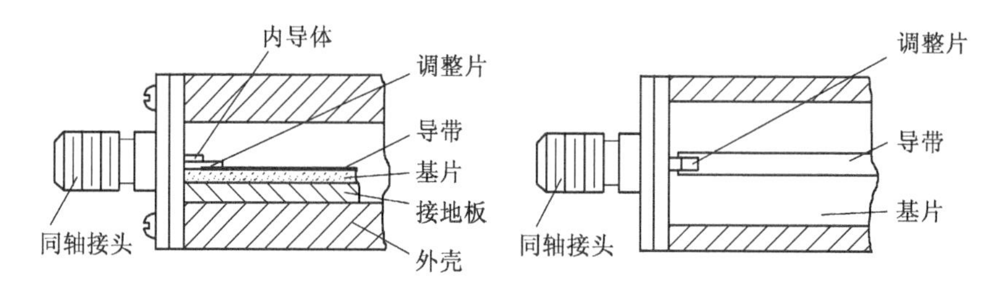

图6-3 带有调整片补偿的微带—同轴线过渡接头

如果采取超小型的同轴接头,例如L-6型接头,就可以简化上述过渡接头结构。只要将L-6型接头的直径为1mm的内导体伸出1.5~2mm,直接压或焊在微带线的导带上,为了使两者接触良好,可将同轴线接头内导体的伸出部分削成扁平状(图6-4)。

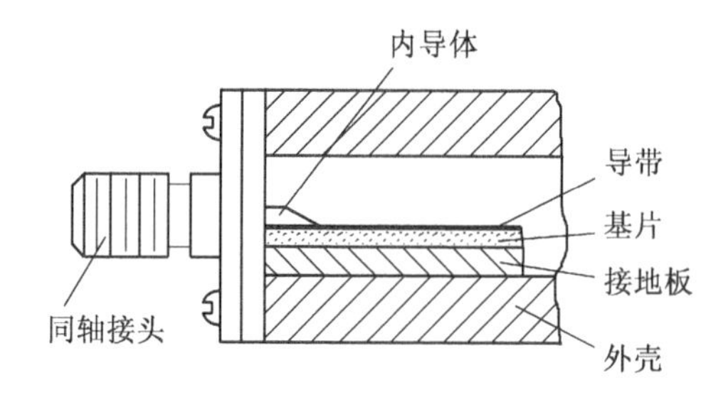

图6-4 带有过渡的微带—同轴线过渡接头

6.1.2 微带的不连续性

微带元件和电路的设计,不可避免地会涉及弯曲、宽度变化、T形分支、截断和隙缝等不连续性(或称不均匀性),这些不连续性将对微带中的场产生影响,从等效电路上来看,相当于并联或串联一些电抗元件,使电路参量发生变化。

1. 微带线的截断

微带线的截断是指微带线导体带的终断(图6-5(a)),但这并不代表微带的开路,这是因为在导体带终断处,场将发生畸变,出现过剩电荷及与其相关的过剩电流,同时还有一定能量辐射。因此,微带线的截断实际上相当于一个RLC终端,R代表能量辐射损耗,L代表过剩电流,C代表过剩电荷。但是在实际上,当微带线工作于1GHz以下时,截断终端的辐射损耗和过剩电流都可以忽略不计,即使在1GHz以上的频率下,等效网络中仍以电容C起主要作用;另外,微带线中的介质基板的厚度达到一定程度时,单纯以电容等效截断也会引起较大误差,好在实际上介质基板的厚度一般总是远小于工作波长。这样一来,在一般情况下,微带线的截断就可以等效成一个电容负载C_{oc}。根据长线理论,这个电容负载可以相当于一小段理想开路线(图6-5(b)),或者可以说,将微带线实际截断处延伸一段距离Δl_{oc}就等效为真正的开路端,反之在设计微带线开路端时,就应将微带线的实际长度缩短Δl_{oc}。

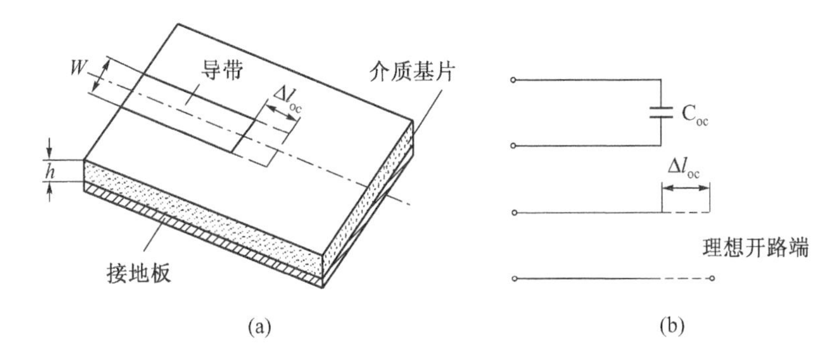

图6-5　微带线的截断(a)及其等效电路(b)

Δl_{oc}的大小可以根据下述经验公式求出

$$\frac{\Delta l_{oc}}{h}=0.412\frac{(\varepsilon_e+0.3)\left[\left(\frac{W}{h}\right)+0.262\right]}{(\varepsilon_e-0.258)\left[\left(\frac{W}{h}\right)+0.813\right]}\tag{6.1}$$

式中,ε_e为微带线有效介电常数,有

$$\begin{cases}\varepsilon_e=\dfrac{\varepsilon_r+1}{2}+\dfrac{\varepsilon_r-1}{2}F\left(\dfrac{W}{h}\right)-\dfrac{\varepsilon_r-1}{4.6}\dfrac{\frac{t}{h}}{\left(\frac{W}{h}\right)^{\frac{1}{2}}}\\ F\left(\dfrac{W}{h}\right)=\begin{cases}\left(1+12\dfrac{h}{W}\right)^{-\frac{1}{2}}+0.04\left(1-\dfrac{W}{h}\right)^2 & \left(\dfrac{W}{h}\leqslant 1\right)\\ \left(1+12\dfrac{h}{W}\right)^{-\frac{1}{2}} & \left(\dfrac{W}{h}\geqslant 1\right)\end{cases}\end{cases}\tag{6.2}$$

其中,t 为微带线导体带的厚度;h 为基片厚度;ε_r 为基片相对介电常数;W 是导体带宽度。

根据 Δl_{oc} 的大小,可以求出截断处的等效电容 C_{oc}:

$$\omega C_{oc} = \tan\beta\Delta l_{oc}/Z_c \approx \beta\Delta l_{oc}/Z_c \tag{6.3}$$

式中,$\beta = 2\pi/\lambda_g$,为微带线的相位常数;Z_c 为微带线的特性阻抗。λ_g 和 Z_c 都可以利用 2.6 节中的式(2.210)和式(2.211)求得。

2. 微带线的间隙

微带线在中间间断而形成一个间隙,这在微带线中也是常见的一种不连续性,如图 6-6(a)所示。在间隙宽度 S 不大时,间隙可以看成是两条微带线之间的一个串联电容 C,也就是说,间隙 S 等效成一个电容 C(图 6-6(b))。但正如上面已经了解到,微带线的间隙两边的截断处与接地板之间也将各自形成一个并联电容,这样,微带线的间隙的等效电路将成为一个 Π 型电容网络(图 6-6(c)),其电容为

$$\begin{cases} C_p = \left(\dfrac{\varepsilon_r}{9.6}\right)^{0.9}\dfrac{C_e}{2} \\ C_g = \left(\dfrac{\varepsilon_r}{9.6}\right)^{0.8}\dfrac{C_o}{2} - \dfrac{C_p}{2} \end{cases} \tag{6.4}$$

式中

$$\begin{cases} \dfrac{C_e}{W} = \left(\dfrac{S}{W}\right)^{0.8675}\exp\left[2.043\left(\dfrac{W}{h}\right)^{0.12}\right] & \left(0.1 \leqslant \dfrac{S}{W} \leqslant 0.3\right) \\ \dfrac{C_e}{W} = \left(\dfrac{S}{W}\right)^{\left[\frac{1.565}{(W/h)^{0.16}}-1\right]}\exp\left[1.97 - \dfrac{0.03}{(W/h)}\right] & \left(0.3 \leqslant \dfrac{S}{W} \leqslant 1.0\right) \\ \dfrac{C_o}{W} = \left(\dfrac{S}{W}\right)^{\left[\frac{W}{h}(0.619\log\frac{W}{h}-0.3853\right]}\exp\left[4.26 - 1.453\log\dfrac{W}{h}\right] & \left((0.1 \leqslant \dfrac{S}{W} \leqslant 1.0\right) \end{cases} \tag{6.5}$$

式(6.5)中 C_e/W、C_o/W 的单位为皮法/米(pF/m)。

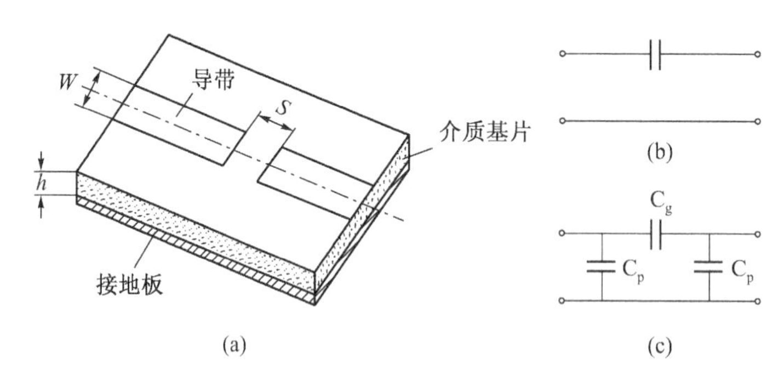

图 6-6 微带线的间隙(a)及其等效电路(b)、(c)

3. 微带线的对称阶梯不连续

两条宽度不同,因而特性阻抗不同的微带线连接就会形成微带线的阶梯不连续性,在一般情况下,阶梯大小是对称的,这种不连续性在微带阶梯阻抗变换器和某些滤波器中经常遇到(图 6-7(a))。阶梯不连续性一般可用图 6-7(b)所示的电路来等效,其中 C_s、L_s

可用下述经验公式求得：

$$\begin{cases} \dfrac{C_s}{h} = 1370\dfrac{\sqrt{\varepsilon_{e1}}}{Z_{c1}}\left(1-\dfrac{W_2}{W_1}\right)\left(\dfrac{\varepsilon_{e1}+0.3}{\varepsilon_{e1}-0.258}\right)\left[\dfrac{\dfrac{W_1}{h}+0.264}{\dfrac{W_1}{h}+0.8}\right] \quad (\text{pF/m}) \\ \dfrac{L_s}{h} = \left[1-\dfrac{Z_{c1}}{Z_{c2}}\sqrt{\dfrac{\varepsilon_{e1}}{\varepsilon_{e2}}}\right]^2 \quad (\mu\text{H/m}) \end{cases} \tag{6.6}$$

式中，Z_{c1}，Z_{c2}分别为微带线导体带宽度为 W_1、W_2 时的特性阻抗；ε_{e1}，ε_{e2}则为对应的等效介电常数。

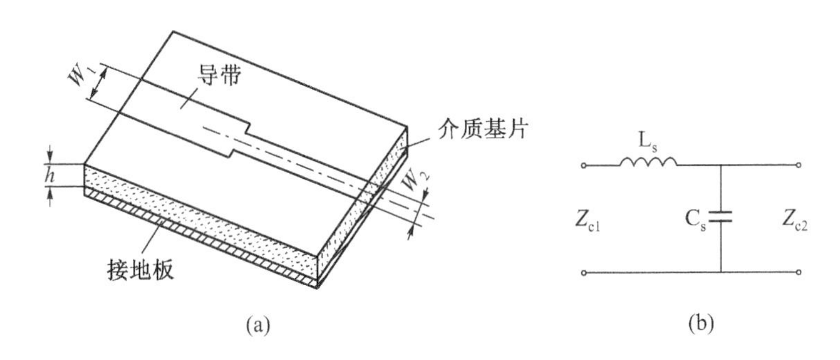

图 6－7　微带线的阶梯不连续(a) 及其等效电路(b)

4. 微带线的直角折弯

微带线的折弯在微带电路中也是经常出现的不连续性之一，一些微带元件在设计上必须要有折弯，如定向耦合器、一些滤波器和功率分配器等；为了使微带电路的安排尽可能合理紧凑，也常需要将微带线折弯。在微带线导体带的各种折弯方式中，使用得最多的是直角折弯。

微带线的折弯一般如图 6－8(a)所示，有时为了尽可能减小由折弯引起的反射，常常将导体带折弯处的顶角切去，成为切角折弯，如图 6－8(b)所示。它们的等效电路则由图 6－8(c)给出。

对于图 6－8(a)所给出的直角折弯，等效电路中的 L_b、C_b 为

$$\begin{cases} \dfrac{C_b}{W} = \left\{\dfrac{(14\varepsilon_r+12.5)\dfrac{W}{h}-(1.83\varepsilon_r-2.25)}{\sqrt{\dfrac{W}{h}}}\right\}+\left(\dfrac{0.02\varepsilon_r}{\dfrac{W}{h}}\right) \quad (\text{pF/m}) & \left(\dfrac{W}{h}<1\right) \\ \dfrac{C_b}{W} = (9.5\varepsilon_r+1.25)\dfrac{W}{h}+5.2\varepsilon_r+7.0 \quad (\text{pF/m}) & \left(\dfrac{W}{h}\geqslant 1\right) \\ \dfrac{L_b}{h} = 50\left(4\sqrt{\dfrac{W}{h}}-4.21\right) \quad (\text{nH/m}) & \end{cases}$$

(6.7)

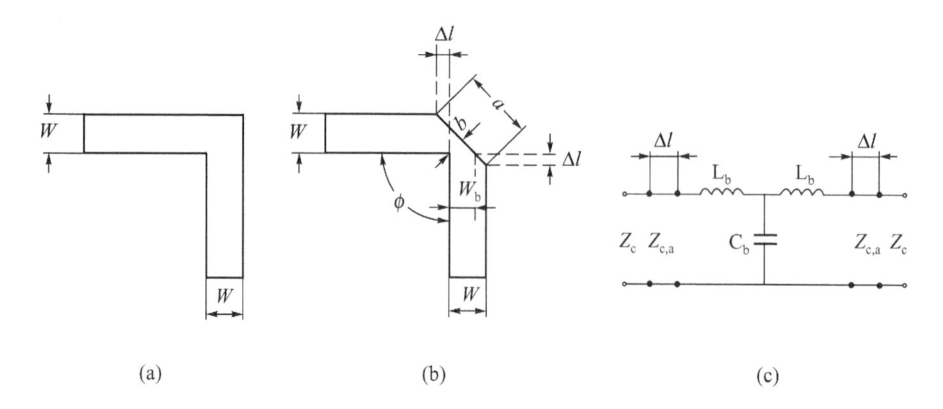

图6-8 微带线的直角折弯(a)及切角折弯(b)和它们的等效电路(c)

而对于切角的微带线折弯,等效电路中的电感、电容可如下确定:

$$C_b = \frac{\omega_b \sqrt{\varepsilon_e(b)}}{cZ_{c,b}} \quad ; \quad L_b = \frac{\omega_b Z_{c,b} \sqrt{\varepsilon_e(b)}}{2c} \tag{6.8}$$

式中

$$\begin{cases} \omega_b = W_b \sin\dfrac{\phi}{2}, \qquad W_b = W - \Delta l \tan\dfrac{\phi}{2} \\ \Delta l = \left[\dfrac{a}{2\cos\left(\dfrac{\phi}{2}\right)} - W\right]\tan\dfrac{\phi}{2}, \qquad b = W_b \cos\dfrac{\phi}{2} \end{cases} \tag{6.9}$$

式中,$Z_{c,b}$为导体带宽度为b时微带线的特性阻抗;$\varepsilon_e(b)$为导体宽度为b时的等效介电常数,由式(6.2)确定;c为自由空间的光速。等效电路中的$Z_{c,a}$为当微带线导体带宽度为$(W+W_b)/2$时的特性阻抗。

在结构尺寸允许的情况下,实验证明,采用如图6-9所示保持导体带宽度不变的微带折弯,可以使反射降至最小。对于图6-9(a)形式的圆折弯,应使导体带中心曲率半径$r>3W$;而对于图6-9(b)形式的折角弯,则应该使折弯斜边长$S=1.6W$。

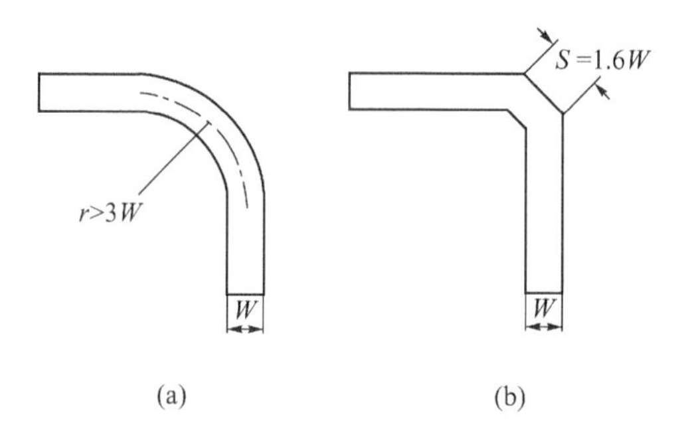

图6-9 微带折弯的实用方案
(a) 圆弧弯;(b) 折角弯。

5. 微带线的T形接头

在微带调配电路、支线滤波电路、分支电桥等很多微带元件中,广泛使用着T形接头(图6-10(a)),它的等效电路可由图6-10(b)表示,其中

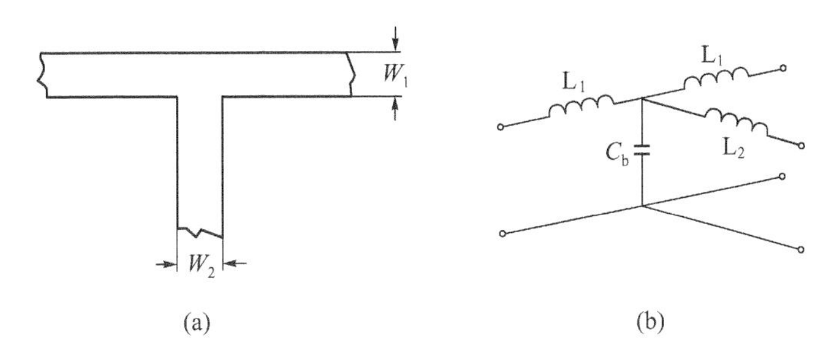

图6-10 微带线的T形接头(a)及其等效电路(b)

$$
\begin{cases}
\dfrac{C_b}{W_1} = \dfrac{100}{\tanh(0.0072Z_{c,2})} + 0.64Z_{c,2} - 261 \quad (\mathrm{pF/m}) \quad (25 \leqslant Z_{c,2} \leqslant 100) \\
\dfrac{L_1}{h} = -\dfrac{W_2}{h}\left[\dfrac{W_2}{h}\left(-0.016\dfrac{W_1}{h} + 0.064\right) + \dfrac{0.016}{W_1/h}\right]L_{w,1} \quad (\mathrm{nH/m}) \quad \left(0.5 \leqslant \left(\dfrac{W_1}{h}, \dfrac{W_2}{h}\right) \leqslant 2\right) \\
\dfrac{L_2}{h} = \left[\left(0.12\dfrac{W_1}{h} - 0.47\right)\dfrac{W_2}{h} + 0.195\dfrac{W_1}{h} - 0.357 + 0.0283\sin\left(\pi\dfrac{W_1}{h} - 0.75\pi\right)\right]L_{w,2} \\
\quad (\mathrm{nH/m}) \quad \left(1 \leqslant \dfrac{W_1}{h} \leqslant 2, \quad 0.5 \leqslant \dfrac{W_2}{h} \leqslant 2\right)
\end{cases}
\tag{6.10}
$$

式中

$$
L_{w,1} = \frac{Z_{c,1}\sqrt{\varepsilon_{e1}}}{c} \quad (\mathrm{H/m}); \qquad L_{w,2} = \frac{Z_{c,2}\sqrt{\varepsilon_{e2}}}{c} \quad (\mathrm{H/m}) \tag{6.11}
$$

Z_{c1}、Z_{c2}分别对应微带线导体带宽度为W_1、W_2时的特性阻抗;ε_{e1}、ε_{e2}则为它们对应的等效介电常数;c为自由空间的光速。

6.1.3 微带线节谐振器

微带线节谐振器也是微带电路中最基本的一类元件,它通常由一段终端开路或短路的微带线形成。在长线理论中,我们已经知道,终端开路线或短路线将对电磁波产生全反射,在线上形成驻波,也就是发生谐振,从而构成谐振器。当然,正如在上面6.1.2节中已指出的,微带线的真正开路端比截断处要长Δl_{oc}(式6.1),反之,在设计谐振器时,开路微带线的长度就应比设计计算值短Δl_{oc};至于微带线的短路,则只需将其截断处与接地板连接起来就可以了。

我们以一段长l,特性阻抗为Z_c的微带线来说明构成谐振器的基本原理。

图6-11和图6-12所示微带线的输入阻抗为

$$\frac{Z_{in}}{Z_c}=\frac{1+\Gamma}{1-\Gamma}=\frac{1+\Gamma_0 e^{-2(\alpha+j\beta)l}}{1-\Gamma_0 e^{-2(\alpha+j\beta)l}} \tag{6.12}$$

式中,Γ 是输入端的反射系数;Γ_0 是终端的反射系数;α 为衰减常数,β 为相位常数,一般情况下,微带线的 α 十分小,$e^{-2\alpha l}\approx 1$。

微带线终端短路时,$\Gamma_0=-1$。

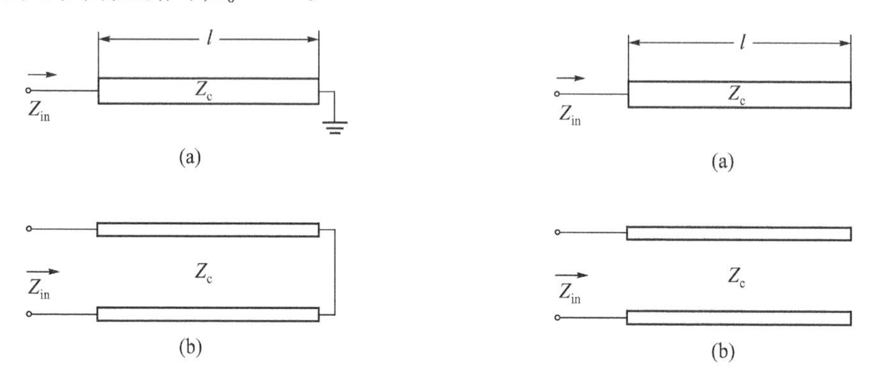

图6-11 短路微带线谐振器(a)及其长线等效电路(b)

图6-12 开路微带线谐振器(a)及其长线等效电路(b)

当 $\beta l=n\pi$ 即 $l=n\lambda_g/2$ 时 $e^{-2j\beta l}=1$,所以

$$\frac{Z_{in}}{Z_c}=\frac{1-e^{-2\alpha l}}{1+e^{-2\alpha l}}\approx 0 \tag{6.13}$$

输入阻抗近似为零,相当于串联谐振,其等效的集总元件电路如图6-13(a)所示。

当 $\beta l=(2n-1)\pi/2$,即 $l=(2n-1)\lambda_g/4$ 时,$e^{-2j\beta l}=-1$,所以

$$\frac{Z_{in}}{Z_c}=\frac{1+e^{-2\alpha l}}{1-e^{-2\alpha l}}\approx \infty \tag{6.14}$$

输入阻抗趋于无穷大,相当于并联谐振,因而其集总元件等效电路如图6-13(b)所示。

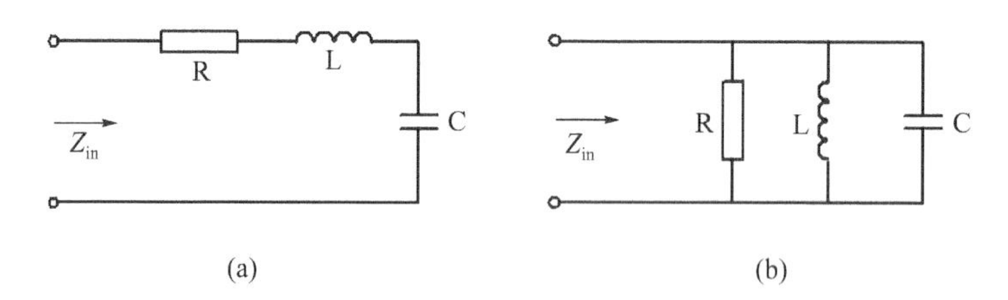

图6-13 微带线谐振器的集总元件等效电路

(a)串联谐振;(b)并联谐振。

微带线终端开路时,因为 $\Gamma_0=1$,因而情况刚好与短路时相反,$l=n\lambda_g/2$ 时相当于并联谐振,而 $l=(2n-1)\lambda_g/4$ 时相当于串联谐振。

$l=n\lambda_g/2$ 的谐振器称为半波长谐振器,相应的 $l=(2n-1)\lambda_g/4$ 的谐振器就称为四分之一波长谐振器。

6.2　微带的集总参数元件

集总电路元件要求元件的尺寸远比工作波长小,因此在整个元件上电磁波的相位接近常数,相移可以忽略不计,这样的元件就具有集总参数的特性。因此,过去微带的集总参数元件一般只能工作在频率低于1GHz的情形,因为在更高的频率上,要把元件尺寸做得远比波长小有一定困难。随着微波集成技术的发展,现在已经可以扩展到60GHz甚至更高。集总参数元件的优点是：工作频带宽;尺寸小,这在较低的微波波段特别显著;参数值的范围宽广,而分布参数电路难以达到很宽的参数范围。

集总参数元件主要是指电路设计中的3种基本元件：电感器、电容器和电阻器。

6.2.1　电感器

1. 带状电感器

微带线的一段直导体带构成一个带状电感器(图6-14),其单位长度的电感量是

$$L = 0.2\left[\ln\left(\frac{l}{W+t}\right) + 1.193 + 0.2235\left(\frac{W+t}{l}\right)\right]K_g \quad (\text{nH/mm}) \tag{6.15}$$

式中,K_g为由于地平面的存在对电感量的影响而引入的修正因子：

$$K_g = 0.57 - 0.145\ln\frac{W}{h} \qquad \left(\frac{W}{h} > 0.05\right) \tag{6.16}$$

t为导体带的厚度,一般来说,相对于W,t可以忽略不计。

带状电感器单位长度的电阻为

$$R = \frac{KR_s}{2(W+t)} \quad (\Omega/\text{mm}) \tag{6.17}$$

式中,$R_s = \sqrt{\pi f \mu \rho}$,为导体带的表面电阻率,单位为欧/正方形面积(Ω/□),其中f为工作频率,μ为导体带材料的导磁率,ρ为导体带材料的电阻率(导电率的倒数),K是考虑到电感器导体角上电流密集的修正因子,带状电感器的K的表达式为

$$K = 1.4 + 0.217\ln\left(\frac{W}{5t}\right) \qquad \left(5 < \frac{W}{t} < 100\right) \tag{6.18}$$

由L、R即可求出电感器的无载品质因数(固有品质因数)

$$Q = \frac{\omega L}{R} \tag{6.19}$$

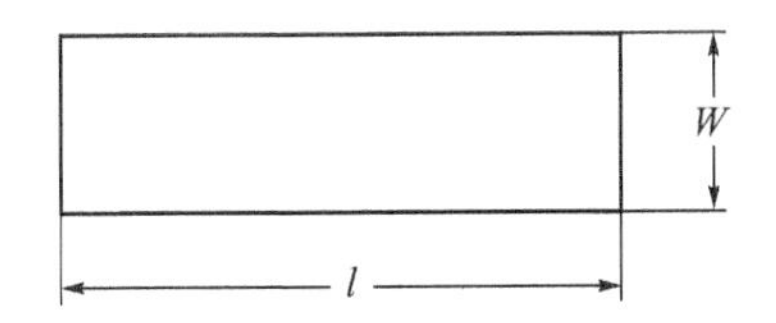

图6-14　微带带状电感器

2. 环形电感器

环形电感器的形状如图6-15所示,其电感量和电阻分别是

$$\begin{cases} L = 1.257a\left[\ln\left(\frac{a}{W+t}\right) + 0.078\right]K_g \quad (\text{nH}) \\ R = \frac{KR_s}{W+t}\pi a \quad (\Omega) \end{cases} \tag{6.20}$$

式中,K_g、K 的计算公式与式(6.16)、式(6.18)相同,a 的单位为mm。

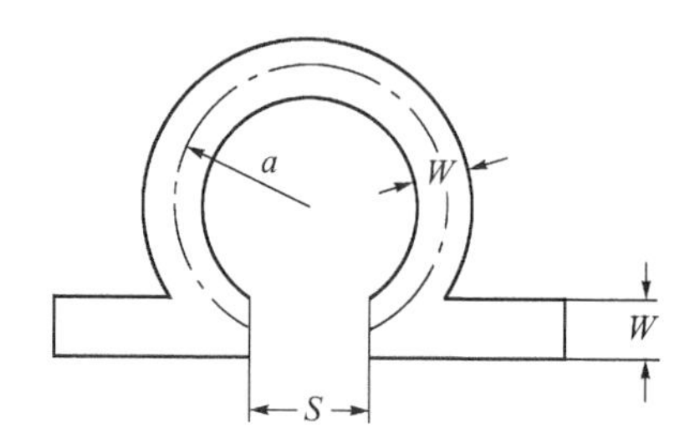

图6-15　微带环形电感器

3. 螺旋电感器

图6-16为微带螺旋电感器的示意图,(a)为方螺旋电感器,(b)为圆螺旋电感器,它们的电感量和电阻可按下述公式计算。

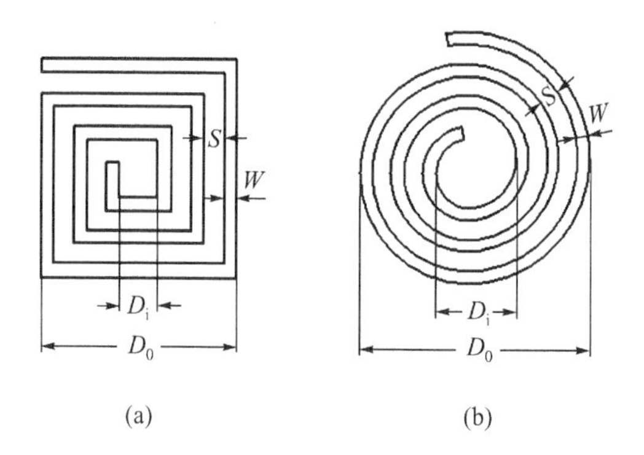

图6-16　微带螺旋电感器

(a)方螺旋;(b)圆螺旋。

方螺旋:

$$\begin{cases} L = 47.2\frac{a^2n^2}{8a+11c}K_g \quad (\text{nH}) \\ R = \frac{4KanR_s}{W} \quad (\Omega) \end{cases} \tag{6.21}$$

圆螺旋:

$$\begin{cases} L = 39.4\dfrac{a^2n^2}{8a+11c}K_g \quad (\text{nH}) \\ R = \dfrac{K\pi a n R_s}{W} \quad (\Omega) \end{cases} \tag{6.22}$$

式中

$$a = \frac{D_o + D_i}{4}; \qquad c = \frac{D_o - D_i}{2} \tag{6.23}$$

D_o 为螺旋的外径；D_i 为螺旋的内径，单位为 mm；n 为螺旋的匝数；K_g、R_s 的定义见式(6.16)和在式(6.17)中的 R_s，而

$$K = 1 + 0.333\left(1 + \frac{S}{W}\right)^{-1.7} \tag{6.24}$$

式中，S 为螺旋各圈之间的间距；W 为螺旋导体带宽度。

4. 引线电感

在上面给出的电感器计算公式中，考虑了地面对电感量的影响，引入了修正因子 K_g，而当微带电路需要与有源器件连接时，或者与输入输出插脚连接时，都会使用到引线，作为引线的导线将会给微带电路引入一个附加电感量。直径为 d 和长度为 l（单位为 mm）的导线在自由空间的电感量 L（单位为 nH）和电阻 R（单位为 Ω）为

$$\begin{cases} L = 0.2l\left(\ln\dfrac{4l}{d} + 0.5\dfrac{d}{l} - 0.75\right) \quad (\text{nH}) \\ R = \dfrac{R_s l}{\pi d} \quad (\Omega) \end{cases} \tag{6.25}$$

6.2.2 电容器

1. 片状电容器

微带线介质基片上的小导体片与接地板之间就构成了一个电容器，在混合微波集成电路中，也采用单独的高介电常数的绝缘材料作基片，在基片两面敷银形成电容器的两个电极并以银带作引出线而构成片状微型电容器。

微带片状电容器的电容量可以用平板电容器的公式来计算：

$$C = \frac{\varepsilon_r S}{36\pi h} \quad (\text{pF}) \tag{6.26}$$

式中，S 为电容器导体片（极板）面积；h 为介质基片厚度；ε_r 则为介质基片的相对介电常数，所有尺寸以 mm 计。

微带片状电容器由于电容量一般都很小（<0.2pF），所以作为集总参数电容器应用时电容量往往嫌小，而单独的片状微型电容器已经完全可以作为普通的集总参数电容器接入微带电路应用。

2. 交指型电容器

利用交指结构一般只可以获得小于1pF 的电容值（图6-17），但其制造工艺简单，直接将微带线的导体带刻蚀成交叉指形状就可以形成，其等效电路如图6-17(b)所示，其中

$$
\begin{cases}
C = \begin{cases}
\dfrac{\varepsilon_e}{18\pi}\left[\dfrac{1}{\pi}\ln\left(2\dfrac{1+\sqrt{k'}}{1-\sqrt{k'}}\right)\right]^{-1}(N-1)l \quad (\text{pF}) & (0 \leqslant k \leqslant 0.7) \\
\dfrac{\varepsilon_e}{18\pi}\dfrac{1}{\pi}\ln\left(2\dfrac{1+\sqrt{k}}{1-\sqrt{k}}\right)(N-1)l \quad (\text{pF}) & (0.7 \leqslant k \leqslant 1)
\end{cases} \\
R = \dfrac{4}{3}\dfrac{R_s l}{NW} \quad (\Omega) \\
C_1 = 10\left(\dfrac{\sqrt{\varepsilon_e}}{Z_c} - \dfrac{\varepsilon_r W}{360\pi h}\right)l \quad (\text{pF})
\end{cases}
\tag{6.27}
$$

式中

$$
k = \tan^2\left[\frac{\pi W}{4(W+s)}\right], \qquad k' = \sqrt{1-k^2}
$$

N 为交叉指的条数;ε_e 为宽度 W 的微带线的有效介电常数;Z_c 为它的特性阻抗;h、ε_r 分别为介质基片的厚度与相对介电常数。式中尺寸均以 mm 计。

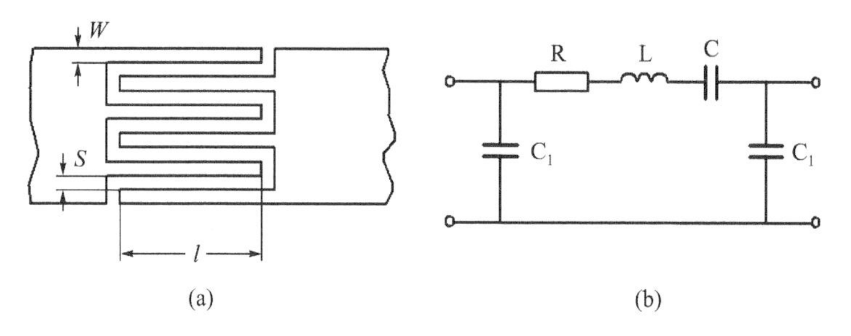

图 6-17 交叉指电容器(a)及其等效电路(b)

3. 薄膜电容器

当电路中要求电容器具有更大电容值时,可以采用薄膜电容器,它的结构示意图如图 6-18(a)所示,它由金属-氧化物-金属薄膜组成,金属薄膜的厚度应当达2倍~4倍趋肤深度(在2GHz频率上大约为4~8μm),氧化物作为电容器金属电极之间的绝缘介质,常采用 SiO_2 或 SiN_2,其厚度为0.05~1μm。薄膜电容器的等效电路由图6-18(b)给出,其中

$$
\begin{cases}
C = \dfrac{\varepsilon_{rd} W l}{36\pi d} \quad (\text{pF}) \\
R = \dfrac{K R_s l}{W + t} \quad (\Omega) \\
G = \omega C \tan\delta \quad (\text{S}) \\
C_1 = 10\left(\dfrac{\sqrt{\varepsilon_e}}{Z_c} - \dfrac{\varepsilon_r W}{360\pi h}\right)l \quad (\text{pF})
\end{cases}
\tag{6.28}
$$

式中,ε_{rd} 是氧化物薄膜的相对介电常数;$\tan\delta$ 则为它的损耗角正切,其余符号定义与式(6.27)相同,或由图 6-18(a)给出。所有尺寸以 mm 为单位。

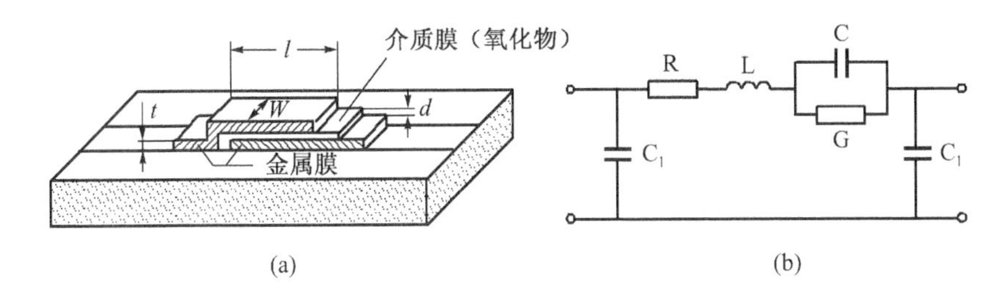

图6－18　薄膜电容(a)及其等效电路(b)

4. 引线电感的影响

与微带电感器一样，微带电容器也存在引线电感 L 的影响，当考虑 L 的这种影响时(图6－17(b)、图6－18(b))，电容器的电容量应按下式进行修正

$$C_e = C\left(1 + \frac{\omega^2}{\omega_0^2}\right) \tag{6.29}$$

式中，$\omega_0 = 1/\sqrt{LC}$；ω 为工作频率，C 按式(6.28)计算，L 为引线电感，已由式(6.25)给出。C_e 称为微带电容器的有效电容量。

6.2.3　电阻器和衰减器

微带电阻器通常由带状有耗金属(合金或金属化合物)薄膜构成，常用的材料有钽、镍铬合金和氮化钽等，厚度为0.05～0.2μm(图6－19)。微带电阻元件可以直接制作在集成电路的基片上，与微带线直接相连，也可以把电阻器做成分离元件再通过焊接接入混合集成电路中去。显然，前者集成度高，性能一致性好，但制作工艺复杂；后者制作工艺简单，灵活性大，缺点是焊接和装配的好坏会影响性能的稳定性。

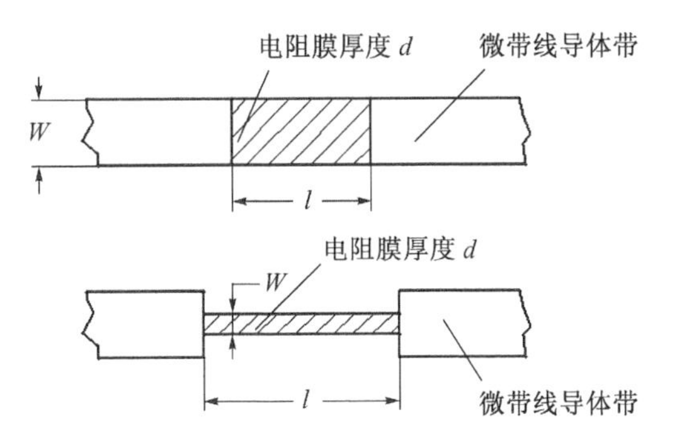

图6－19　带状电阻

带状电阻器的电阻值为

$$R = \rho_s \frac{l}{dW} = \frac{R_s l}{W} \quad (\Omega) \tag{6.30}$$

式中，ρ_s 是薄膜的电阻率，单位为 Ω · mm；R_s 是面电阻率，单位为 Ω/□，□表示任意尺度的方块面积。式(6.29)中的尺寸单位为 mm。当薄膜厚度≥1μm 时，应使用 R_s 计算 R；而对于 d≤1μm 的薄膜，则应使用 ρ_s 来计算 R。

作为终端匹配负载的电阻器除了上面介绍的矩形带状电阻器外,还可以采用锥形带状电阻器、半圆形电阻器等(图6-20),它们的阻值大小如下:

锥形带状电阻

$$R = R_s \cot\alpha / \ln\left(\frac{W\tan\alpha + b}{b}\right) \tag{6.31}$$

半圆形电阻

$$R = \frac{\rho_s}{\pi d}\ln\frac{r_2}{r_1} = \frac{R_s}{\pi}\ln\frac{r_2}{r_1} \tag{6.32}$$

式中,ρ_s、R_s 的定义见式(6.30);d 为电阻膜厚度;其余符号见图6-20。

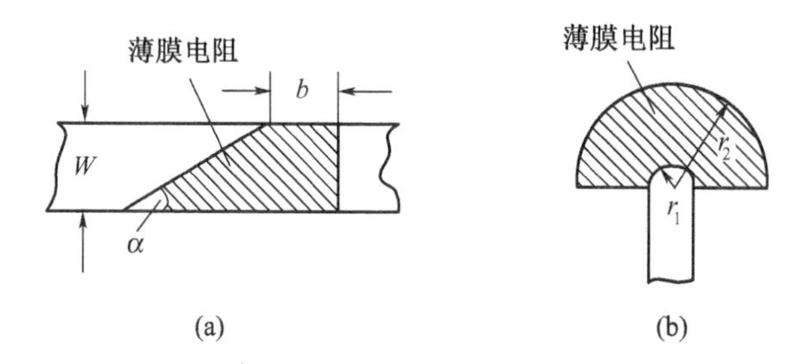

图6-20 锥形和半圆形终端匹配负载

(a) 锥形带状电阻;(b) 半圆形电阻。

作为终端匹配负载的电阻器体积小、结构紧凑,所以在微波集成电路中应用广泛。如果微带主线的阻抗为50Ω,则终端匹配电阻的标称阻值也应该是50Ω。

终端匹配电阻的一端与主线连接,另一端应该接地,接地可以采用匹配电阻终端直接与接地板连接的方法,也可以利用 $\lambda_g/4$ 开路微带线的方法。

半圆形匹配负载比矩形和锥形匹配负载具有宽得多的带宽和大得多的功率容量,电压驻波比小于1.2的带宽可以达到几个倍频程,以高纯度氧化铝作为基片的 $r_2 = 1.9\text{mm}$ 的半圆形钽膜,功率容量达到2.5W。

由于高频电流通过电阻时会产生损耗,吸收高频功率转化为热量,所以用电阻材料也可以做成微带衰减器,其实,微带电阻器可以看作微带衰减器的一种基本形式。衰减器的主要作用是在微带传输系统中控制信号功率大小而不使信号产生明显的畸变,此外,还可以改善阻抗匹配,作为去耦元件等。因此,微带衰减器作为小功率固定衰减,广泛应用于微波宽带测量及宽带功率平衡电路中,也可做成性能优良的微带终端。

由电阻材料和微带线构成的微波衰减器具有体积小、精度高、性能稳定等特点,且更容易集成于微波电路中。衰减器的衰减量主要由电阻的阻值决定,构成微波衰减器的电阻材料根据厚度的大小可以分为薄膜电阻和厚膜电阻。薄膜电阻的膜厚一般在1μm左右,厚膜电阻的膜厚在10μm左右,薄膜电阻主要通过磁控溅射的方式制备,而厚膜电阻主要通过丝网印刷的方式制备。

6.2.4 集总元件在微带线中的应用举例

将微带线等效成双线传输线,则不同接入方式和不同尺寸的微带短截线就可以等效成串联或并联的集总元件。

1. 串联电感

一段长度为 l、特性阻抗为 Z_c 的微带线,它的等效电路可以用一个Π型集总元件电路表示(图6-21(a)、(b)),图中

$$\begin{cases} X_L = Z_c \sin \dfrac{2\pi l}{\lambda_g} \\ B_c = Y_c \tan \dfrac{\pi l}{\lambda_g} \end{cases} \tag{6.33}$$

式中,λ_g 为微带线的导波波长(带内波长);$Y_c = 1/Z_c$ 为微带线的特性导纳。

如果微带线的长度满足 $l < \lambda_g/8$,则上式就可简化为

$$\begin{cases} X_L \approx Z_c \dfrac{2\pi l}{\lambda_g} \\ B_c \approx Y_c \dfrac{\pi l}{\lambda_g} \end{cases} \tag{6.34}$$

由此可见,若微带线的阻抗 Z_c 很大,即导纳 Y_c 很小,则在式(6.34)中 B_c 很小,可以忽略,则等效电路就只有一个电感 X_L。可见,高阻抗的微带短截线可以等效成一个串联的电感,根据这样一个原则,在实际微带电路中,如图6-22(a)所示的结构就形成了一个串联电感,图中 Z_c 为高阻抗短截线的特性阻抗;Z_{c0} 为微带主线的特性阻抗。

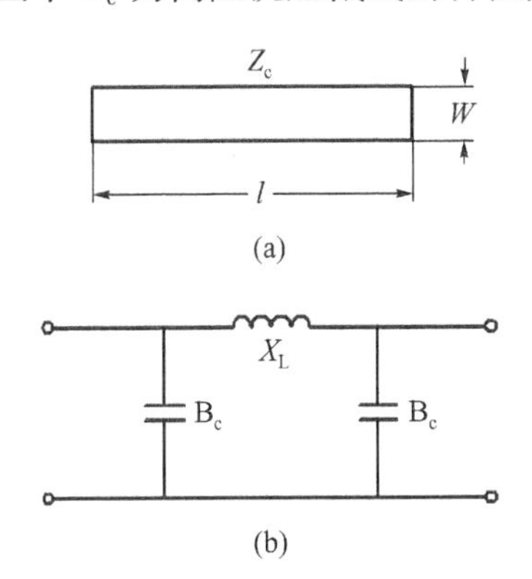

图6-21 微带线的串联电感(a)及其等效电路(b)

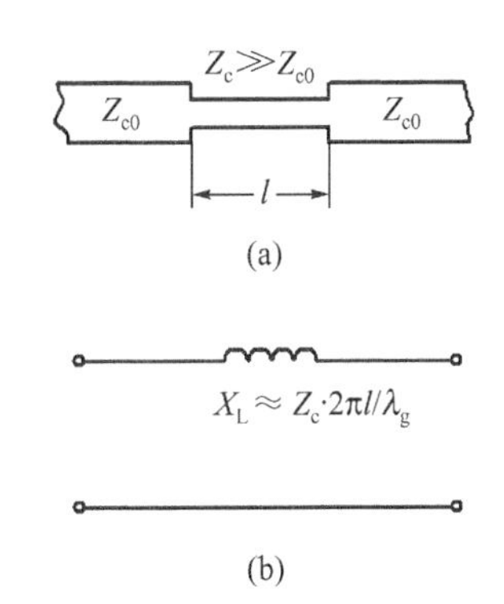

图6-22 高阻抗短截微带线(a)及其等效电路(b)

2. 并联电感

微带线中的并联电感最简单的方案及其等效电路如图6-23(a)、(b)所示,在微带线主路上接一个接地的高阻抗的T形支线,则该T形支线就构成一个并联电感

$$X_L \approx Z_c \frac{2\pi l}{\lambda_g} \tag{6.35}$$

式中符号意义同前。

3. 串联电容

在上节和本节都已经提到了微带线中集总电容的形成,因而在实际微带线中,串联电容的构成也可以有许多形式,如图6-24(a)为微带间隙电容,(b)为薄膜电容,(c)为交指电容。它们的等效电路都可以看作是微带线的串联电容。

4. 并联电容

如果一段短截微带线用一个T形电路来等效(图6-25),则等效集总元件的表达式为

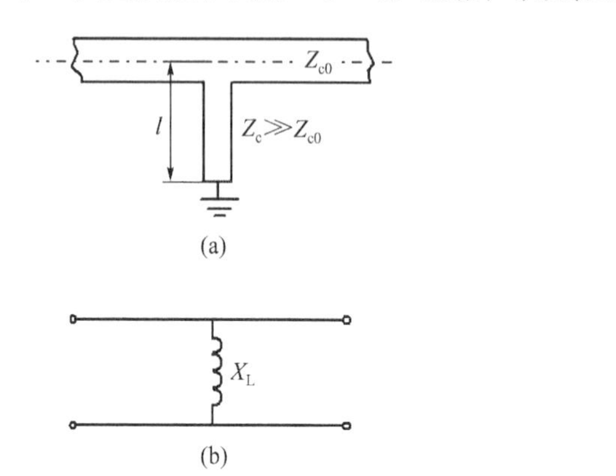

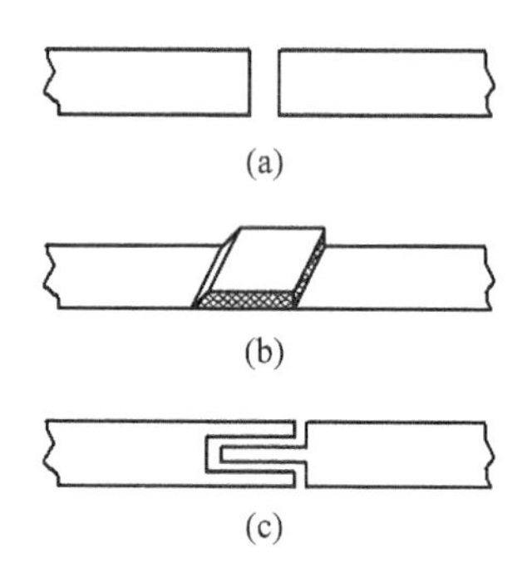

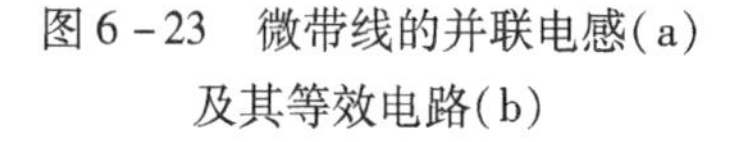

图6-23 微带线的并联电感(a)及其等效电路(b)

图6-24 微带线的串联电容

$$\begin{cases} B_c = Y_c \sin \dfrac{2\pi l}{\lambda_g} \\ X_L = Z_c \tan \dfrac{\pi l}{\lambda_g} \end{cases} \tag{6.36}$$

同样当 $l < \lambda_g/8$ 时,可简化为

$$\begin{cases} B_c \approx Y_c \dfrac{2\pi l}{\lambda_g} \\ X_L \approx Z_c \dfrac{\pi l}{\lambda_g} \end{cases} \tag{6.37}$$

当微带线的阻抗 Z_c 很小,即 Y_c 很大时,X_L 就可以忽略不计,因而低阻抗微带短截线就可以等效成一个并联电容。根据这一原理,图6-26(a)所示的微带电路就实际构成了一个并联电容,图中 Y_c 为低阻抗短截线的特性导纳,Y_{c0}为微带主线的特征导纳。

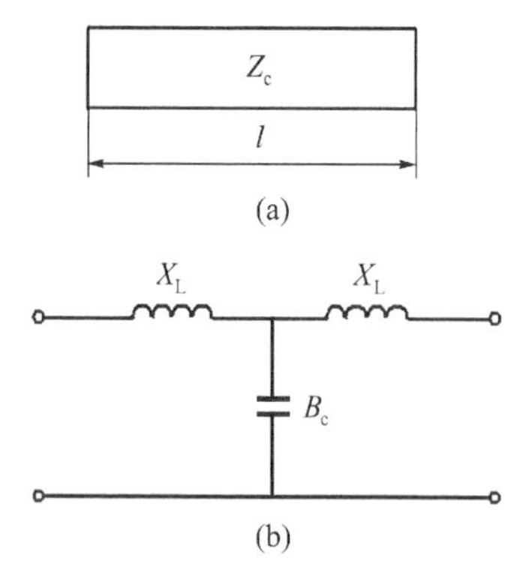

图6-25 微带线的并联电容(a)及其等效电路(b)

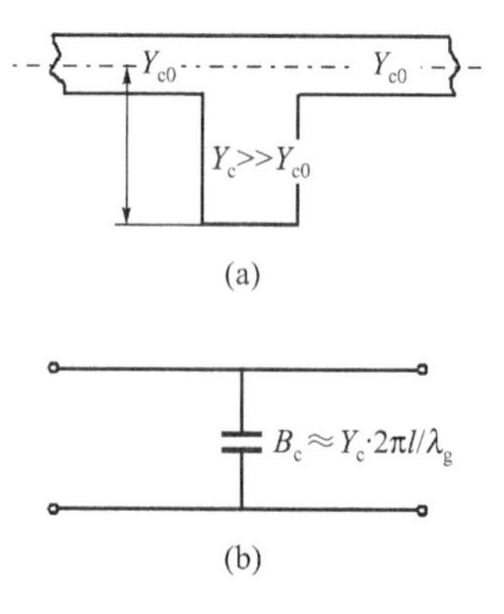

图6-26 低阻抗短截微带线(a)及其等效电路(b)

5. LC 谐振电路

根据特性阻抗相对微带主线的特性阻抗要高得多的短截微带线等效电感，而阻抗低得多的短截线等效电容的原则，不难理解，如图 6-27(a)和图 6-28(a)所示的微带电路，它们的等效电路就应该分别如图 6-27(b)和图 6-28(b)所示，即分别构成并联的 LC 串联谐振电路和并联的 LC 并联谐振电路。

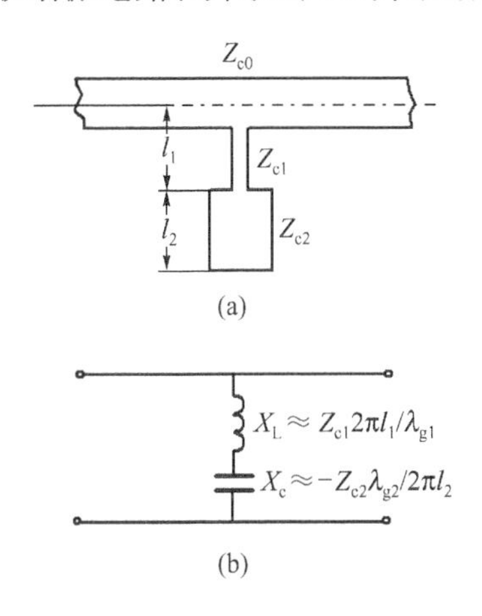

图 6-27　并联在主线上的 LC 串联谐振电路(a)及其等效电路(b)

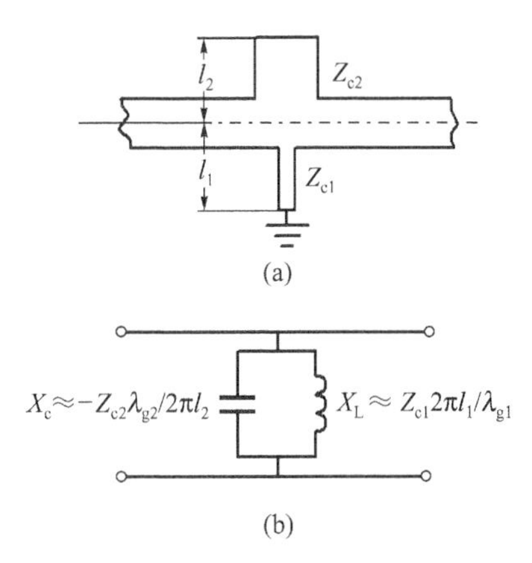

图 6-28　并联在主线上的 LC 并联谐振电路(a)及其等效电路(b)

6.3　耦合微带线

正如波导元件中可以通过小孔、分支波导、隙缝等将两个波导耦合起来以构成各种元件一样，在微带元件中，也经常利用两根微带线间的耦合来构成滤波器、定向耦合器、阻抗变换器、谐振回路等元件。

6.3.1　耦合微带线结构及其参数

耦合微带线的结构如图 6-29 所示。第 2 章中已经指出，微带线中传输的波是准 TEM 波，其电场主要集中在导体带与接地板之间，当两根微带同时存在而且相互靠得比较近时，就将有一部分电磁场使两根微带耦合；如果两根微带相离较远，$S>4W$ 时，它们之间的耦合就会很弱，就可以看成是两根各自独立的微带线。两根微带线的尺寸可以相

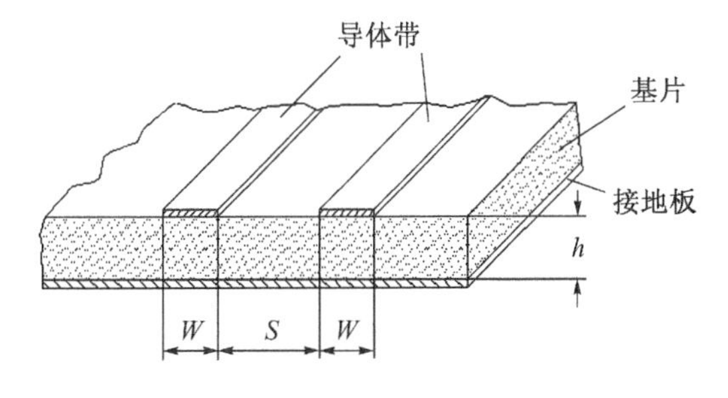

图 6-29　耦合微带线结构

同,也可以不同,但在一般微带元件中,以相同的为多,因此只考虑相同微带线的耦合情况。

在分析耦合微带线时,往往把任意激励的两根微带线分解成偶模和奇模两种激励之和,假定两根耦合的微带线分别由任意电压 V_1、V_2 激励,令

$$\begin{cases} V_e = \dfrac{V_1 + V_2}{2} \\ V_o = \dfrac{V_1 - V_2}{2} \end{cases} \tag{6.38}$$

则可得

$$\begin{cases} V_1 = V_e + V_o \\ V_2 = V_e - V_o \end{cases} \tag{6.39}$$

可见,V_1、V_2 可以看成是一对等幅同相的电压 V_e 和一对等幅反相的电压 V_o 共同激励的结果。V_e 称为偶模激励电压,V_o 称为奇模激励电压。图 6-30 给出了耦合微带线偶模激励和奇模激励时的电场分布。偶模在耦合微带线的中心截面上是磁壁,即该截面是理想磁体,导磁率 $\mu \to \infty$,电场力线平行于截面;而奇模在中心截面上是电壁,即该截面是理想导体,导电率 $\sigma \to \infty$,电场力线垂直于截面。

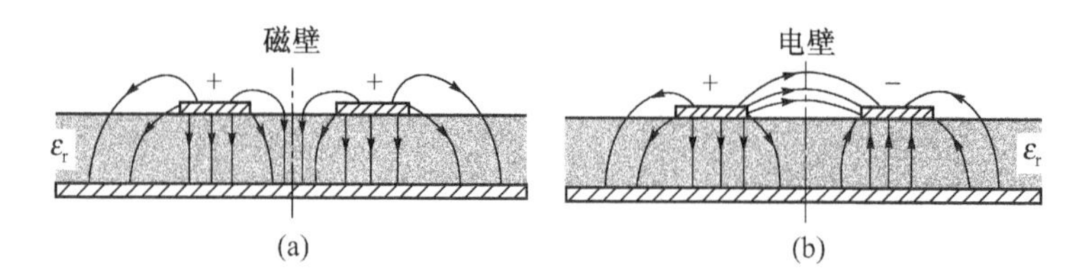

图 6-30　耦合微带线偶模、奇模的电场分布
(a) 偶模;(b) 奇模。

在偶模激励情况下,两根微带线的电场分布完全相同,彼此之间没有耦合,是一种偶对称分布,中心对称面是磁壁;而在奇模激励情况下,两根微带线由于反相激励,因而存在电力线的连接,即存在耦合,是一种奇对称分布,中心对称面是电壁。如果耦合微带线中每根线对地的单位长度静电容在偶模时为 C_{0e},而在奇模时为 C_{0o},C_{0e}、C_{0o}分别称为偶模电容和奇模电容,则耦合微带线偶模和奇模的有效介电常数分别为

$$\begin{cases} \varepsilon_{ee} = \dfrac{C_{0e}(\varepsilon_r)}{C_{0e}(1)} \\ \varepsilon_{eo} = \dfrac{C_{0o}(\varepsilon_r)}{C_{0o}(1)} \end{cases} \tag{6.40}$$

式中,$C_{0e}(\varepsilon_r)$、$C_{0o}(\varepsilon_r)$为介质基片介电常数为 ε_r 时单位长度微带线对地偶模电容和奇模电容;$C_{0e}(1)$、$C_{0o}(1)$则为介质为空气($\varepsilon_r = 1$)时的电容。求得 ε_e 后,耦合微带线的相速、波导波长及特性阻抗就可以得出:

$$
偶模\begin{cases} v_{pe} = \dfrac{c}{\sqrt{\varepsilon_{ee}}} \\ \lambda_{ge} = \dfrac{\lambda_o}{\sqrt{\varepsilon_{ee}}} \\ Z_{ce} = \dfrac{1}{v_{pe} C_{0e}(\varepsilon_r)} \end{cases} \tag{6.41}
$$

$$
奇模\begin{cases} v_{po} = \dfrac{c}{\sqrt{\varepsilon_{eo}}} \\ \lambda_{go} = \dfrac{\lambda_o}{\sqrt{\varepsilon_{eo}}} \\ Z_{co} = \dfrac{1}{v_{po} C_{0o}(\varepsilon_r)} \end{cases} \tag{6.42}
$$

式中，c 为光速；λ_o 为自由空间波长。

由以上关系式可以看出，只要求得 $C_{0e}(\varepsilon_r)$、$C_{0e}(1)$、$C_{0o}(\varepsilon_r)$、$C_{0o}(1)$，就可以计算出耦合微带线的各特征参数。而这些电容量可以利用近似公式根据耦合微带线的几何尺寸和基片的介电常数进行计算，但计算起来较麻烦，在不少专业文献中都已给出了在不同 ε_r 值下耦合微带线特性阻抗与 W/h 和 S/h 的关系曲线，在实际进行耦合微带线设计时，设计人员可以直接查这些曲线。

6.3.2 耦合微带线节

耦合微带线在微带电路中有很多应用，如定向耦合器、滤波器、阻抗变换器，甚至振荡回路等，而耦合微带线节则往往是滤波器、阻抗变换器和隔直流电路的基本结构单元。所谓耦合微带线节是一段长为 l 的耦合微带线，在一般情况下，它是一个四端口元件，例如在耦合线定向耦合器中；而在很多其他场合下，它更多的是作为二端口元件应用的，这时其余两个端口将开路或短路。

1. 短路耦合线节

短路耦合线节由耦合线节中两根导体带各有一端接地短路构成，其电路结构及等效电路如图6-31所示，其中 Z_c 为主线的特性阻抗，Z_1、Z_2 则分别为耦合线节中a线和b线的特性阻抗，其等效关系为

$$
\begin{cases} Z_c = \dfrac{2Z_{ce}^{a} Z_{co}^{a}}{Z_{ce}^{a} - Z_{co}^{a}} = \dfrac{2Z_{ce}^{b} Z_{co}^{b}}{Z_{ce}^{b} - Z_{co}^{b}} \\ Z_1 = Z_{ce}^{a} \\ Z_2 = Z_{ce}^{b} \end{cases} \tag{6.43}
$$

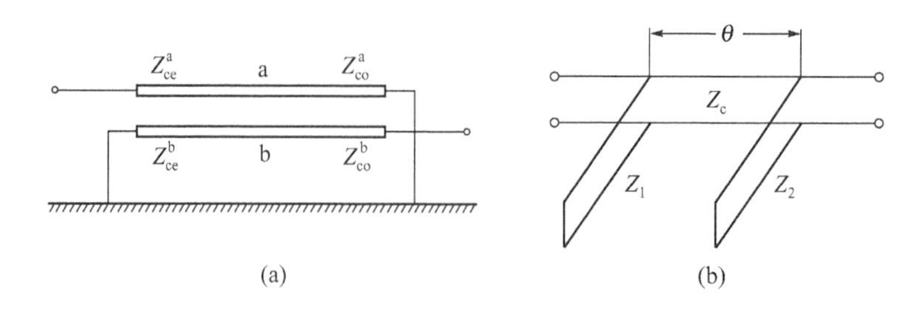

图6-31　短路耦合微带线节(a)及其等效电路(b)

式中,Z_{ce}^{a}、Z_{co}^{a},Z_{ce}^{b}、Z_{co}^{b}分别为耦合线中a线和b线(图6-31)的偶模特性阻抗和奇模特性阻抗,可根据式(6.41)、式(6.42)求得。

上式若用导纳表示则更为简便

$$\begin{cases} Y_c = \dfrac{Y_{co}^{a} - Y_{ce}^{a}}{2} = \dfrac{Y_{co}^{b} - Y_{ce}^{b}}{2} \\ Y_1 = Y_{ce}^{a} \\ Y_2 = Y_{ce}^{b} \end{cases} \tag{6.44}$$

2. 开路耦合线节

如果耦合微带线节的两根导体带各有一端开路,则就构成开路耦合线节,其电路结构及等效电路由图6-32给出,其等效关系式为

$$\begin{cases} Z_c = \dfrac{Z_{ce}^{a} - Z_{co}^{a}}{2} = \dfrac{Z_{ce}^{b} - Z_{co}^{b}}{2} \\ Z_1 = Z_{co}^{a} \\ Z_2 = Z_{co}^{b} \end{cases} \tag{6.45}$$

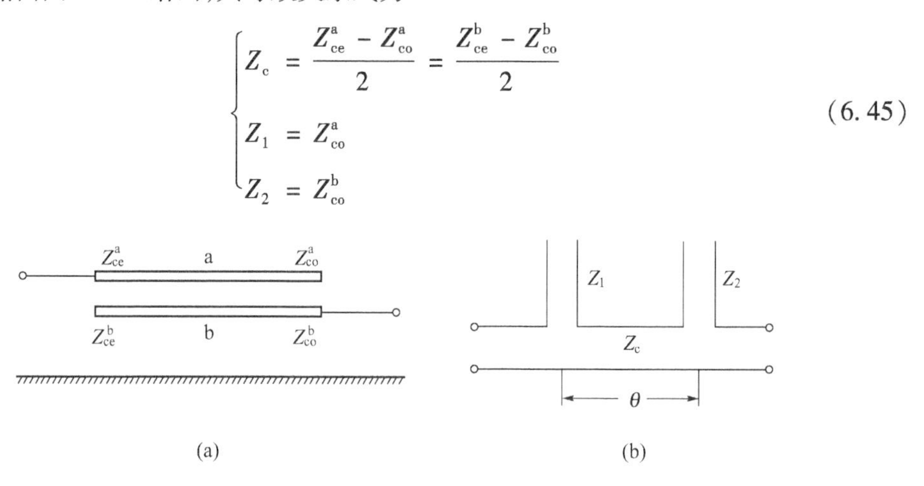

图6-32　开路耦合微带线节(a)及其等效电路(b)

耦合微带线节的电路结构形式还有其他多种形式,不再一一讨论,其开路和短路形式是最基本的结构。

3. 宽带隔直流电路

隔直流电路是开路耦合线节的一个应用实例,它在集成电路中用来代替隔直流电容。直接利用上面介绍的开路耦合线节做成的隔直电路可达50%的相对带宽,如果适当调整导体带宽度 W 和耦合间隙 S,甚至可以达到倍频程带宽(图6-33)。

由于耦合线节长度为 $\lambda_g/4$,因此等效电路中两个开路线段的输入阻抗为零,对主线

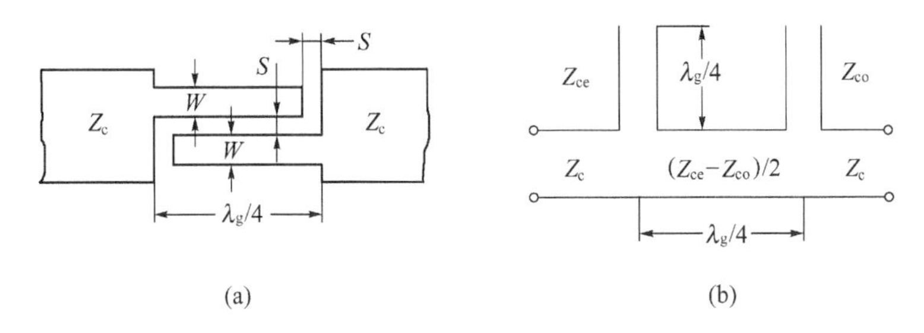

图6－33　开路耦合线节隔直电路(a)及其等效电路(b)

不发生影响,因此当

$$Z_c = \frac{Z_{ce} - Z_{co}}{2} \tag{6.46}$$

时,电路完全匹配。如果同时令

$$Z_{ce} \cdot Z_{co} = Z_c^2 \tag{6.47}$$

则可求得

$$\begin{cases} Z_{ce} = (\sqrt{2} + 1) Z_c \\ Z_{co} = (\sqrt{2} - 1) Z_c \end{cases} \tag{6.48}$$

6.4　微带滤波器

滤波器是最重要的微波元件,尤其在微波固体电路中,微带滤波器的应用更为广泛,微波固体放大器、振荡器、混频器等电路都要用到滤波器。微带滤波器与波导或同轴滤波器一样,也有低通、高通、带通和带阻等不同种类,但微带线的高通滤波器应用极少。

6.4.1　微带低通滤波器

低通滤波器的原型电路图可用图6－34表示,这种电路一般称为梯形电路。设计微带滤波器,首先要计算出其原型电路中各元件的参数,然后再用微带线去实现这些元件。至于滤波器原型的设计,在一般介绍滤波器设计的书中都有详细的介绍,因为它是设计任何传输线型滤波器的共同基础,而且很多情况下这种设计都已直接给出数据表格或曲线,省去了很多计算过程。

设计出微带低通滤波器的原型电路,确定了电路中各个L、C的值后,将其转换成微带电路时,最常用的有两种方法。

1. 集总元件法

在6.2节中已经知道,在介质基片上的金属导体片与接地板之间就形成了一个平板电容器,而一段细的微带线可以构成一个电感,因此,在设计出图6－34所示的低通滤波器原型后,就可以用这些微带集总参数元件来实现,其电路结构如图6－35所示。

电路图中各集总元件的尺寸可以这样来确定,首先整个电路的总长度应小于$\lambda_1/4$,其中λ_1是对应低通滤波器截止频率的自由空间波长,在这样的条件下,滤波器中各元件

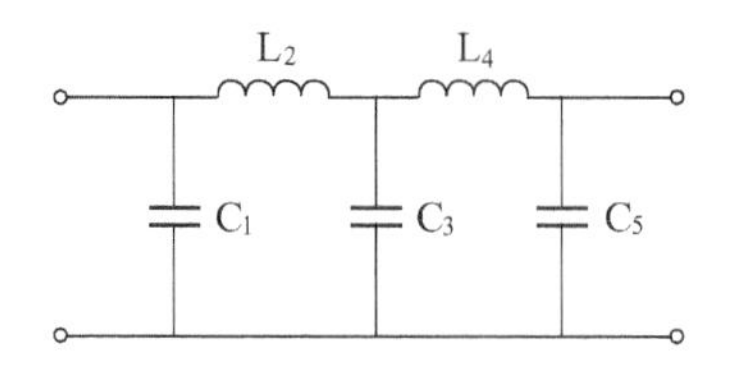

图 6-34　低通滤波器原型电路图——梯形电路

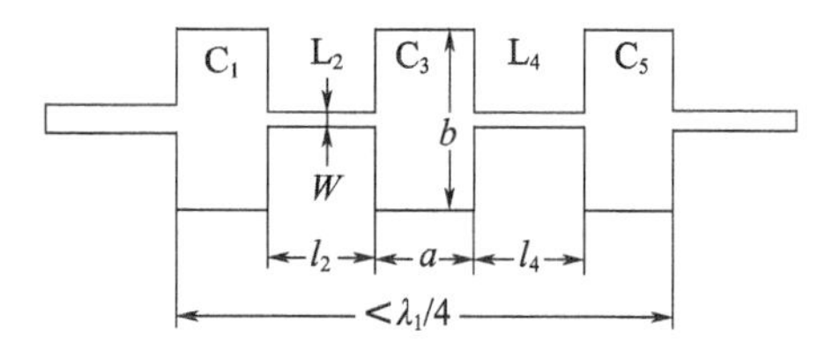

图 6-35　微带集总元件低通滤波器电路结构

的尺寸相对于 λ_1 更小,因而才可以考虑按集总元件来对待。

电容器 C_1、C_3、C_5 的金属矩形带面积可按平板电容器来计算:

$$A_{\mathrm{eff}} = \frac{C_{\mathrm{n}} h}{\varepsilon_{\mathrm{o}} \varepsilon_{\mathrm{r}}} \quad (n = 1,3,5) \tag{6.49}$$

式中,A_{eff}为电容板有效面积;C_{n} 为电容量;h 为微带基片厚度;ε_{r} 为基片的相对介电常数;$\varepsilon_{\mathrm{o}} = 8.85\mathrm{pF/m}$。由于边缘电容的影响,电容极板的实际面积要比有效面积略小一点,即

$$A_{\mathrm{eff}} = (a + \alpha h)(b + \alpha h) \tag{6.50}$$

式中,α 是由于边缘场的影响而引入的归一化因子,经验表明,由边缘场而使平板电容器极板各方向尺寸的有效增加量近似等于基片厚度,因此 $\alpha \approx 1$,于是式(6.50)成为

$$(a + h)(b + h) = \frac{C_{\mathrm{n}} h}{\varepsilon_{\mathrm{o}} \varepsilon_{\mathrm{r}}} \tag{6.51}$$

已知电容量 C_{n} 和基片的 ε_{r} 及 h 后,选定 b 或 a,由上式就可以求出 a 或 b。

电容板的实际面积 ab 与 A_{eff}的关系也可以表示为

$$ab = \left\{\left[A_{\mathrm{eff}} + \frac{(\beta^2 - 4)\alpha^2 h^2}{4}\right]^{\frac{1}{2}} - \frac{\alpha\beta h}{2}\right\}^2 \tag{6.52}$$

式中

$$\beta = \sqrt{a/b} + \sqrt{b/a} \tag{6.53}$$

当 $\alpha \approx 1$ 时,上式简化为

$$ab = \left\{\left[A_{\mathrm{eff}} + \frac{(\beta^2 - 4)h^2}{4}\right]^{\frac{1}{2}} - \frac{\beta h}{2}\right\}^2 \tag{6.54}$$

同样应在 a 与 b 中先选定一个,然后求出另一个。

电感 L_2、L_4 的微带尺寸与电感量之间的关系可用下式表示,宽度为 W 的微带线单位长度的电感是

$$L_{\mathrm{o}} = \frac{60\ln\left(\frac{8h}{W} + \frac{W}{4h}\right)}{c} \tag{6.55}$$

式中,c 为自由空间光速。由此即可求得电感线长度:

$$l_n = \frac{L_n}{L_o} = \frac{cL_n}{60\ln\left(\frac{8h}{W} + \frac{W}{4h}\right)} \quad (n = 2,4) \tag{6.56}$$

由此，通过原型设计已知 L_n，给定基片厚度 h 及微带线宽度 W，即可求出电感线长度 l。

电感线的长度也可以利用下面的公式计算：

$$l_n = \frac{30L_n}{Z_c\sqrt{\varepsilon_e}}\ (\text{cm}) \quad (n = 2,4) \tag{6.57}$$

式中，L_n 的单位为 nH；Z_c 为特性阻抗，单位为 Ω；ε_e 为有效介电常数。Z_c、ε_e 的值可以直接按已学过的知识求得，在实际设计时，往往选定 Z_c 和基片材料，由表格可查出 W/h 值及 ε_e 的大小。

2. 开路、短路短截线法

利用开路、短路微带短截线实现梯形电路低通滤波器（图6-36），其每个电容由两段相同的开路短截线并联来模拟，该并联电容的电容量为

$$C_n = \frac{2Y_n}{\omega_1}\tan\frac{2\pi l_n}{\lambda_{gn}} \quad (n = 1,3,5) \tag{6.58}$$

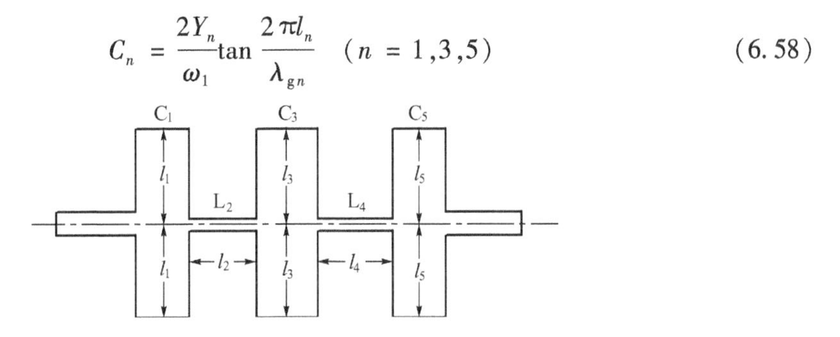

图6-36　微带开路、短路短截线低通滤波器电路结构

式中，Y_n 为开路短截线的特性导纳；l_n 为该短截线的长度；λ_{gn} 为相应短截线的微带导波波长。

对于滤波器中的串联电感，则可用一段窄微带线来模拟，由于该微带线两端接有作为电容的导体片，它们与地之间具有低的容抗，因此可以将此线近似看成短路短截线。该电感短路短截线的电感为

$$L_n = \frac{Z_n}{\omega_1}\tan\frac{2\pi l_n}{\lambda_{gn}} \quad (n = 2,4) \tag{6.59}$$

式中，Z_n 为短截线的特性阻抗；l_n 为其长度；ω_1 为滤波器的截止频率。

具体设计时，可以先选定各短截线的特性阻抗（特性导纳），然后计算或查表确定各线段的宽度与基片厚度比，再利用上述公式求出各线段的长度。

6.4.2　微带带通和带阻滤波器

1. 设计基础

微带高通、带通、带阻等滤波器的设计，一般并不采用与低通滤波器类似的由原型滤波器出发进行计算，而是利用低通原型的设计数据作一定变换来实现，这种变换的基础是

频率变换与倒置转换。由于微带高通滤波器在实际上极少应用,所以下面只讨论微带带通和带阻滤波器。

1) 频率变换

从图6-37可以看出,如果将低通滤波器的衰减特性曲线由 $\omega'>0$ 区域对称地扩展到 $\omega'<0$ 区域,则带通、带阻滤波器的衰减特性曲线将在形状上与低通滤波器的曲线完全一样,只是频率轴 ω' 变换成了一个新的频率轴 ω。其中带通滤波器新的频率轴 ω 与原低通滤波器的频率轴 ω' 只是简单地位移,而带阻滤波器还同时伴有曲线左右两半的换位,在实质上仍是频率轴的变换,只是曲线左右两半各自有不同的频率位移而已。现在以带通滤波器为例说明这一频率变换是如何实现的。

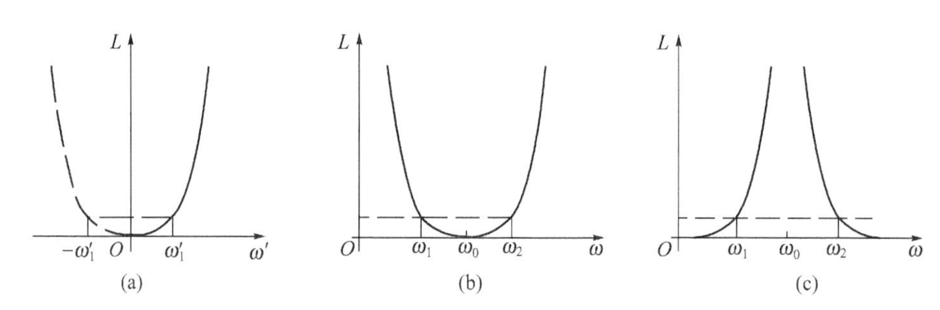

图6-37　由低通到带通、带阻的频率变换

(a) 低通滤波器的衰减特性;(b) 带通滤波器的衰减特性;(c) 带阻滤波器的衰减特性。

从图6-37(a)与(b)的比较不难发现,只要进行下述对应频率点的变换,就可以实现整个频率坐标的变换,而不必在所有频率点上进行变换。

(1) $\omega'=-\infty$ 时,$\omega=0$;

(2) $\omega'=-\omega'_1$ 时,$\omega=\omega_1$;

(3) $\omega'=0$ 时,$\omega=\omega_0$;

(4) $\omega'=\omega'_1$ 时,$\omega=\omega_2$;

(5) $\omega'=\infty$ 时,$\omega=\infty$。

假设

$$\omega'=\frac{\omega}{A}+\frac{B}{\omega} \tag{6.60}$$

则由条件(3)可得

$$\omega_0^2=-AB \tag{6.61}$$

由条件(2)可得

$$\omega_1^2+AB=-\omega_1'\omega_1A \tag{6.62}$$

由条件(4)得

$$\omega_2^2+AB=\omega_1'\omega_2A \tag{6.63}$$

由此可求出:

$$\begin{cases} A = \dfrac{\omega_2 - \omega_1}{\omega_1'} = \dfrac{W\omega_0}{\omega_1'} \\ B = -\dfrac{\omega_0^2}{A} = -\dfrac{\omega_1'\omega_0}{W} \end{cases} \tag{6.64}$$

式中

$$W = \frac{\omega_2 - \omega_1}{\omega_0} \tag{6.65}$$

称为带通滤波器的相对带宽。其中，ω_2、ω_1 分别是带通上、下带边的频率(截止频率)，而

$$\omega_0 = \sqrt{\omega_1\omega_2} \tag{6.66}$$

则是带通滤波器的中心频率。

将 A、B 代回式(6.60)，立即可看出条件(1)、(5)亦得到满足，由此得到由低通滤波器到带通滤波器的频率变换关系：

$$\begin{cases} \omega' = \dfrac{\omega_1'}{W}\left(\dfrac{\omega}{\omega_0} - \dfrac{\omega_0}{\omega}\right) \\ \omega L' = \dfrac{\omega_1'}{W}\left(\dfrac{\omega}{\omega_0} - \dfrac{\omega_0}{\omega}\right)L' = \omega L_s - \dfrac{1}{\omega C_s} \\ L_s = \dfrac{\omega_1' L'}{W\omega_0}; \qquad C_s = \dfrac{W}{\omega_0\omega_1' L'} \\ \omega C' = \dfrac{\omega_1'}{W}\left(\dfrac{\omega}{\omega_0} - \dfrac{\omega_0}{\omega}\right)C' = \omega C_p - \dfrac{1}{\omega L_p} \\ C_p = \dfrac{\omega_1' C'}{W\omega_0}; \qquad L_p = \dfrac{W}{\omega_0\omega_1' C'} \end{cases} \tag{6.67}$$

可见，低通原型滤波器的电感 L' 变换到带通滤波器中成为电感 L_s 和电容 C_s 的串联谐振电路；而低通原型中的电容 C' 变换到带通中成为电感 L_p 和电容 C_p 的并联谐振电路。

由低通到带阻的频率变换可以类似地进行，这里不再详细描述。

2）倒置变换

虽然可以利用 LC 梯形电路的低通原型，成功地设计出微带低通滤波器，也可以利用频率变换，将低通原型滤波器转换成高通、带通和带阻滤波器，但要在微带电路上实现这些滤波器，却并不像低通滤波器那样方便了。对低通滤波器来说，由于特性阻抗不同的微带传输线连接后，具有近似于串联或并联 LC 集总参数的特性，因而电路结构比较容易解决。而对于其他滤波器而言，其结构元件已不是简单的电感或电容，而是 LC 串联或并联谐振电路，多个谐振电路(3 个或 3 个以上)要连接于一个点，如图 6－38(b)所给出的电路那样，则在微带传输线上很难实现；另外，经变换后 LC 元件的值差别很大，特别是串联电路与并联电路的电感值可能相差两个数量级以上，这在电路结构上也比较难以做到。

为了解决这一困难,可将图 6-38(b)中的串并联谐振电路转换成全部串联或全部并联的谐振元件,在微带电路结构上就可以得到实现了。这一过程称为倒置变换,也称作 K 变换(阻抗倒置变换)或 J 变换(导纳倒置变换),具有倒置变换功能的电路称为倒置变换器,利用倒置变换器就可将串并联谐振电路转化成谐振电路全部串联或全部并联,并且它们之间彼此隔开的等效电路。

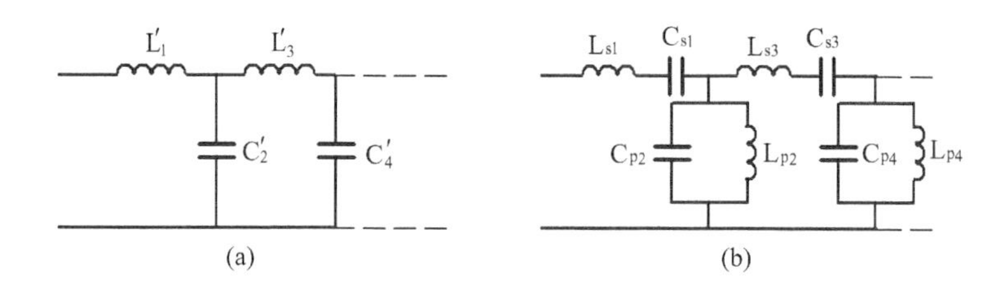

图 6-38 由低通原型(a)到带通滤波器(b)的频率变换

以最简单的一种倒置变换器——$\lambda_g/4$ 传输线段来说明倒置变换的原理和作用。

在长线理论中已经知道,一段四分之一波长的传输线,若特性阻抗为 Z_c,负载阻抗为 Z_2,则其输入阻抗 Z_1 为

$$Z_1 = Z_c \frac{Z_2 + jZ_c \tan\left(\frac{\pi}{2}\right)}{Z_c + jZ_2 \tan\left(\frac{\pi}{2}\right)} = \frac{Z_c^2}{Z_2} \tag{6.68}$$

可见,Z_1 与 Z_2 之间存在一个倒置关系,Z_2 越大,Z_1 就越小,这就是倒置变换名称的由来。

如图 6-39(a)所示,在一个并联谐振回路两端各接一段特性阻抗为 Z_c 的 $\lambda_g/4$ 线,则当以谐振回路作为负载时,其输入阻抗为

$$Z_1 = \frac{Z_c^2}{1/B_2} = \frac{Z_c^2}{1/j\left(\omega C - \frac{1}{\omega L}\right)} = jZ_c^2\left(\omega C - \frac{1}{\omega L}\right) \tag{6.69}$$

式中,B_2 为并联谐振回路的电纳。而若以整个传输线终端阻抗 Z_2 为负载时,由于传输线的总长是 $\lambda_g/2$,故

$$Z_1 = Z_c \frac{Z_2 + jZ_c \tan \pi}{Z_c + jZ_2 \tan \pi} = Z_2 \tag{6.70}$$

这就是说,在传输线的始端和终端得到的输入阻抗相等。

而图 6-39(b)所示电路的输入阻抗为

$$Z_1 = j\left(\omega L' - \frac{1}{\omega C'}\right) \tag{6.71}$$

显然,如果

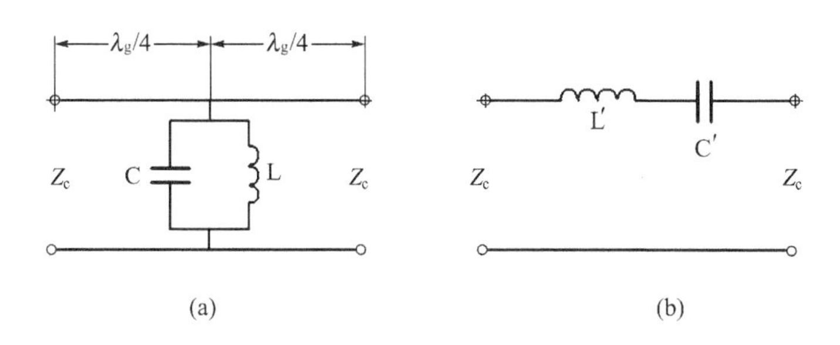

图 6－39　利用 $\lambda_g/4$ 传输线实现的倒置变换

（a）原型电路结构；（b）倒置后的等效电路。

$$\begin{cases} L' = Z_c^2 C \\ C' = \dfrac{L}{Z_c^2} \end{cases} \tag{6.72}$$

则与式(6.69)相同,或者说两者完全等效。这就意味着,只要满足条件(6.72),一个两端各连接有一段 $\lambda_g/4$ 的传输线的由 L、C 组成的并联谐振电路,就等效成一个由 L'、C'组成的串接的串联谐振电路。显然,这一过程也可以反过来进行,即一个两端各接有一段$\lambda_g/4$ 线的串联谐振电路,就等效成一个并接的并联谐振电路。这样,一个既有串联谐振电路又有并联谐振电路组成的带通或带阻滤波器,经倒置变换后将成为一个全部由串联元件或全部由并联元件构成的电路,这时只要中间都间隔 $\lambda_g/4$,它完全与原来的带通或带阻滤波器等效,如图 6－40 所示。

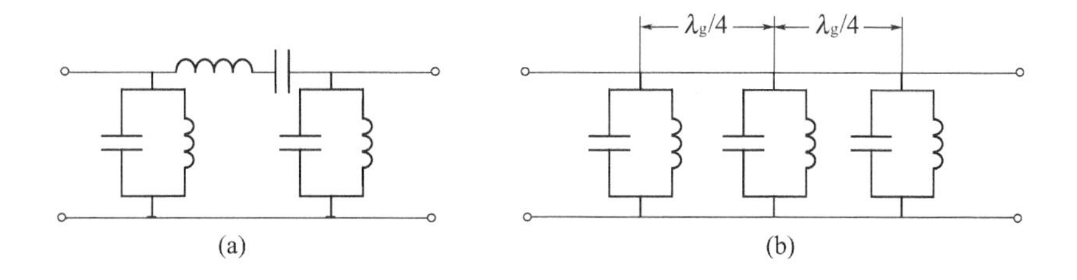

图 6－40　利用 $\lambda_g/4$ 传输线倒置变换可以将有串并联元件的电路(a)等效成仅有并联元件的电路(b)

倒置变换的实现并不仅限于 $\lambda_g/4$ 线一种形式,只要在一定频率范围内,其输入端阻抗 Z_1 与输出端阻抗 Z_2 之间满足:

$$Z_1 = \frac{K^2}{Z_2} \tag{6.73}$$

或者输入端导纳 Y_1 与输出端导纳 Y_2 之间满足:

$$Y_1 = \frac{J^2}{Y_2} \tag{6.74}$$

就都可以作为倒置变换器,前者称为阻抗倒置变换器或K变换器,后者称为导纳倒置变换器或J变换器。

2. 微带线带通滤波器

微波带通滤波器的应用十分广泛,其结构种类也很多,性能各异,但适合微带结构的带通滤波器种类有限。最主要的是耦合微带线滤波器和短截线滤波器,其他一些类型的微带滤波器(如电容间隙耦合滤波器、发夹线滤波器等)有的结构不紧凑,频带太窄;有的则设计困难,性能也不够理想等而很少被采用。

1)耦合线带通滤波器

耦合线滤波器是应用最为广泛的一种结构形式,结构紧凑,简单,易于设计,具有5%~25%的相对带宽,适应的频率范围比较大。这类滤波器由图6-41所示的多级平行耦合微带线组成,这是一个由一系列半波长开路谐振器平行耦合线构成的滤波器。

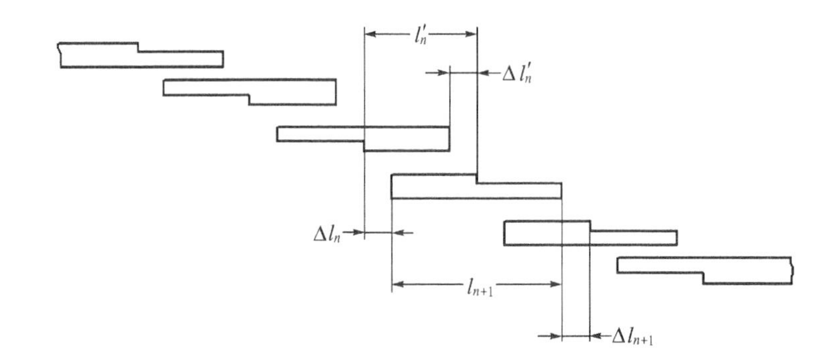

图6-41 半波长平行耦合线滤波器

滤波器每节半波长开路线的长度l_{n+1}是考虑了两端的终端效应而减去了Δl_n及Δl_{n+1}后的长度,对于$W/h\approx1$的微带线,$\Delta l\approx0.3h$。相邻开路线之间的耦合区长度l'_n的标称值为四分之一导波波长,但在耦合微带线上,偶模与奇模的相速是不同的,因而导波波长也就不同,既不能直接选用四分之一偶模波长,也不能选用四分之一奇模波长,而取两者之间的某个中间值:

$$l'_n \approx [0.75(v_p/c)_e + 0.25(v_p/c)_o]\frac{\lambda_0}{4} \tag{6.75}$$

式中,$(v_p/c)_e$和$(v_p/c)_o$分别为耦合段的偶模和奇模的相速与光速之比;λ_0为对应滤波器通带中心频率的自由空间波长。

2)并联短截线带通滤波器

在6.1.3小节中就已经了解到微带短截线可以等效为谐振器,而且终端短路的$\lambda_g/4$短截线和终端开路的$\lambda_g/2$短截线都等效为并联谐振,自然就可以想到,将$\lambda_g/4$短路短截线或者$\lambda_g/2$开路短截线与$\lambda_g/4$倒置变换器联合,就同样可以构成带通滤波器。图6-42(a)是$\lambda_g/4$并联短路短截线带通滤波器,图6-42(b)则是$\lambda_g/2$并联开路短截线带通滤波器,但在实际微带电路中更多地采用后者,因为它不要求对地连接以构成短路。图6-43给出了一个$\lambda_g/2$并联短截线滤波器的微带电路结构。

并联短截线带通滤波器是一种宽带滤波器,带宽在一个倍频程左右。

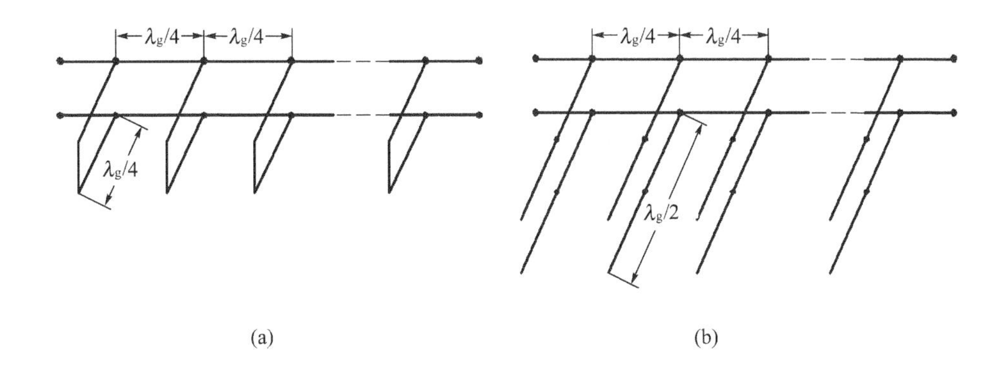

图6-42　并联短截线带通滤波器

（a）$\lambda_g/4$ 短路短截线；（b）$\lambda_g/2$ 开路短截线。

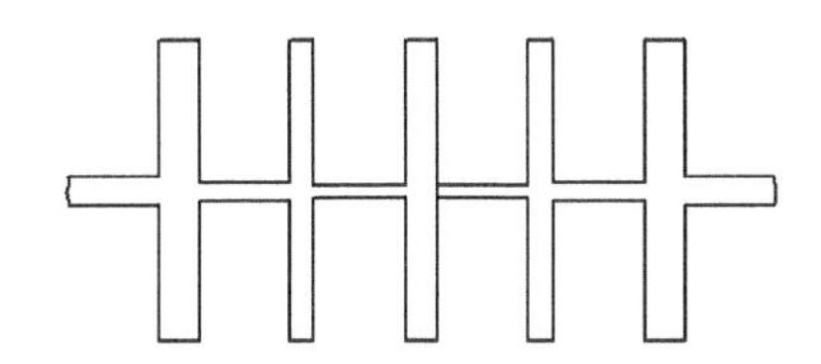

图6-43　$\lambda_g/2$ 并联开路短截线带通滤波器电路结构

3. 微带线带阻滤波器

可以证明，由低通原型到带阻滤波器的频率变换关系为

$$\begin{cases} \dfrac{1}{\omega'} = -\dfrac{1}{\omega_1' W\left(\dfrac{\omega}{\omega_0} - \dfrac{\omega_0}{\omega}\right)} \\ \dfrac{1}{\omega' L'} = -\dfrac{1}{\omega_1' W\left(\dfrac{\omega}{\omega_0} - \dfrac{\omega_0}{\omega}\right)}\dfrac{1}{L'} = \dfrac{1}{\omega L_p} - \omega C_p \\ \qquad L_p = \dfrac{W\omega_1' L'}{\omega_0}; \qquad C_p = \dfrac{1}{\omega_0 W \omega_1' L'} \\ \dfrac{1}{\omega' C'} = -\dfrac{1}{\omega_1' W C'\left(\dfrac{\omega}{\omega_0} - \dfrac{\omega_0}{\omega}\right)} = \dfrac{1}{\omega C_s} - \omega L_s \\ \qquad L_s = \dfrac{1}{\omega_0 W \omega_1' C'}; \qquad C_s = \dfrac{W\omega_1' C'}{\omega_0} \\ W = \dfrac{\omega_2 - \omega_1}{\omega_0}; \qquad \omega_0 = \sqrt{\omega_1 \omega_2} \end{cases} \tag{6.76}$$

式中，$W,\omega_2,\omega_1,\omega_0$ 的意义与带通滤波器的频率变换相同。由式（6.76）可知，当由低通变换到带阻时，原来电路中串联的电感 L'，变换到带阻滤波器中成为串联的电感 L_p 和电容 C_p 的并联谐振电路；而原电路中并联的电容 C' 成为并联的 L_s、C_s 串联谐振电路（图6-44）。由此得到的带阻滤波器，通常以 $\lambda_g/4$ 线段为倒置变换器以实现微带电路结构。

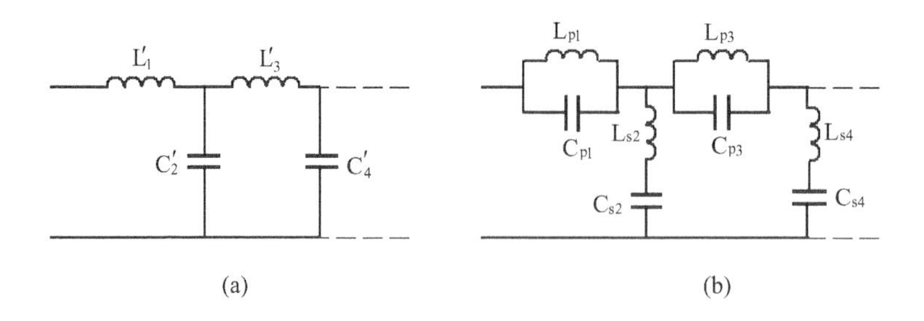

图6-44　由低通原型(a)到带阻滤波器(b)的频率变换

微带线带阻滤波器主要有3种电路结构,图6-45(a)是耦合谐振器带阻滤波器,而(b)则是$\lambda_g/4$开路短截线带阻滤波器,(c)称为耦合微带线带阻滤波器。(a)、(c)是窄带滤波器,(b)则是宽带滤波器。

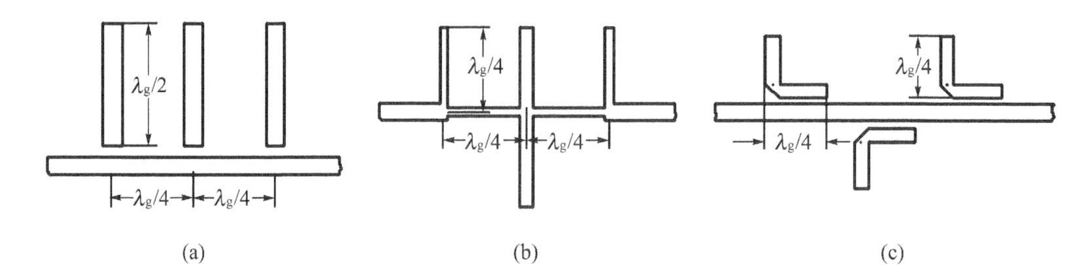

图6-45　微带线带阻滤波器电路结构

(a) 耦合谐振器型;(b) 开路短截线型;(c) 耦合微带线型。

6.5　微带阻抗变换器

与波导阻抗变换器类似,在微带电路中,为了在不同微带元件之间达到匹配连接,从而降低驻波,减少反射,提高传输效率,同样必须利用微带阻抗变换器。微带线阻抗变换器主要有三类:短路分支线阻抗变换器、阶梯阻抗变换器与渐变线阻抗变换器。

6.5.1　短路分支线阻抗变换器

在3.5节中,介绍了短路分支线调配器来实现传输线与负载的匹配,在微带电路中,利用接地的并联短路微带谐振器,同样可以起到调配器作用,而且在发射机与天线之间、信号源与器件的输入端之间或者器件的输出端到负载之间等场合都可以应用短路分支微带线实现阻抗匹配。其方法与3.5节介绍的利用圆图求解完全一致,一般采用单短路分支线比较多,当在理想位置上不能放置单短路分支线的情况下,可以采用双短路分支线。但是,短路分支线阻抗匹配的工作频带比较窄。

现在以一个两级微波晶体管放大器的前级与后级利用短路分支微带线实现阻抗共轭匹配为例来说明短路分支线的具体应用。

例,两级微波晶体管放大器的前级输出端反射系数Γ_1的模为0.68,辐角为$-77.6°$,

后级输入端的反射系数 Γ_2 的模为 0.50，辐角为 135°，设计一短路分支微带线使两者共轭匹配（图 6-46(a)）。

(1) 对于前级输出端，首先应根据给出的反射系数幅值，求出驻波系数

$$\rho = \frac{1+0.68}{1-0.68} = 5.25$$

在导纳圆图上画出 $\rho = 5.25$ 的等驻波圆。然后在圆图 $|\Gamma| = 1$（单位圆）的反射系数辐角值上找到 -77.6°的点，连接该点与匹配点（$\rho = 1$），该连线与等驻波圆的交点 A，即晶体管放大器前级输出端对应的归一化输入阻抗值

$$\overline{Z}_A = 0.452 - j1.14$$

延长该连线到与 A 点在等驻波圆上相差 180°的另一个交点 B，B 即为相应的归一化导纳值

$$\overline{Y}_B = 0.3 + j0.76$$

其电刻度为 0.108λ。

(2) 将 B 点沿等 ρ 圆顺时针旋转相交 $\overline{G} = 1$ 的圆于 C 点，得到

$$\overline{Y}_C = 1 + j1.9$$

C 点的电刻度是 0.185λ。

(3) 于是可以求得 l_1 的长度为

$$l_1 = (0.185 - 0.108)\lambda = 0.077\lambda$$

(4) 对于后级输入端，可以进行完全类似的处理，先根据给出的反射系数幅值，求出驻波系数 $\rho = 3$，然后根据辐角大小，找出该端的归一化输入阻抗值 A' 点

$$\overline{Z}_{A'} = 0.378 + j0.365$$

进而找到对应的导纳值

$$\overline{Y}_{B'} = 1.35 - j1.3$$

B' 点的电刻度为 0.3134λ。

(5) 将 B' 点沿等 ρ 圆顺时针旋转相交 $\overline{G} = 1$ 的圆于 C′点，得到

$$\overline{Y}_{C'} = 1 - j1.18$$

C' 点的电刻度为 0.332λ。

(6) 由此可以求得 l_2 的长度为

$$l_2 = (0.332 - 0.3134)\lambda = 0.0186\lambda$$

(7) 在 A—A' 截面处，$\overline{Y}_C$ 与 $\overline{Y}_{C'}$ 的电纳部分合成后还有 j0.72 没有抵消，所以需要并联一个 $\overline{Y}_3 = -j0.72$ 的短路分支线来抵消这个剩余电纳。从导纳圆图上可以查到，对应电纳 j0.72 的电长度为 0.4006λ，从纯电导线出发，顺时针旋转到 0.4006λ 需要的电长度就是并联短路分支线的长度 l_3，所以

$$l_3 = (0.4006 - 0.25)\lambda = 0.1506\lambda$$

整个求解过程由图 6-46(b) 给出。

应当指出，该例题的解不是唯一的，例如，沿等 ρ 圆的旋转与 $\overline{G} = 1$ 的圆的交点就有两个，表明可以得到另一个解等。

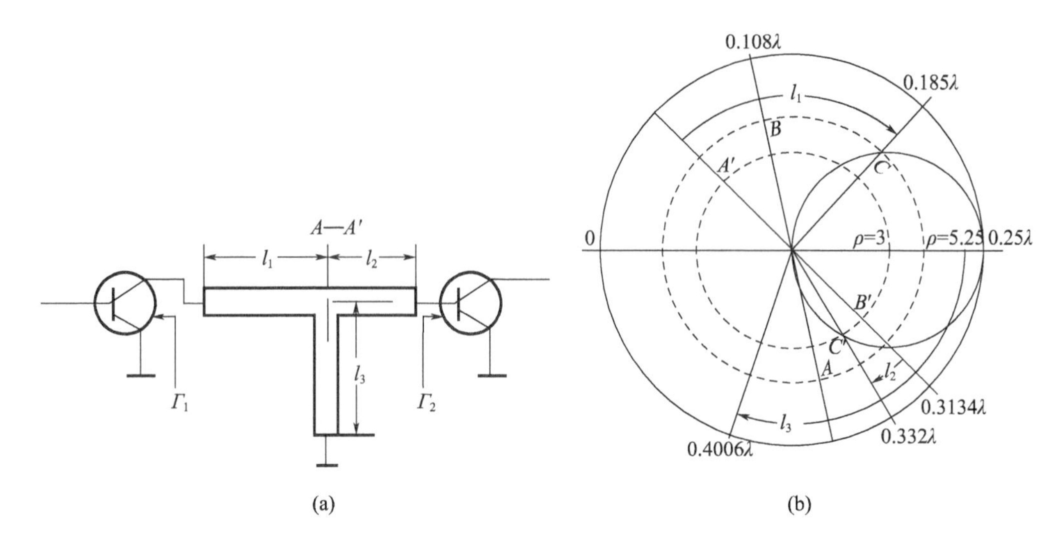

图 6-46　利用短路分支微带线实现阻抗共轭匹配

(a)微带电路图;(b)在圆图上实现共轭匹配的过程。

6.5.2　阶梯阻抗变换器

1. 四分之一波长阻抗变换器

1)单节四分之一波长变换器

四分之一波长阶梯阻抗变换器是一种简单、使用广泛的阻抗变换器,我们在介绍波导阻抗变换器时就已提到过,其中单节四分之一波长变换器是最简单的一种。

如图 6-47,在两段特性阻抗分别为 Z_0 和 Z_2 的微带传输线中插入一段长度为中心频率的四分之一导波波长的微带线,若其特性阻抗为

$$Z_1 = \sqrt{Z_0 Z_2} \tag{6.77}$$

就可以使 Z_0 和 Z_2 的微带线得到匹配连接。

显然,这种变换器的最大特点是结构简单,而且适合任何一种传输线,但由于其变换段的长度必须是中心频率的四分之一导波波长,即电长度必须为 π/2,因而频率改变时其性能变差,只能窄带使用。

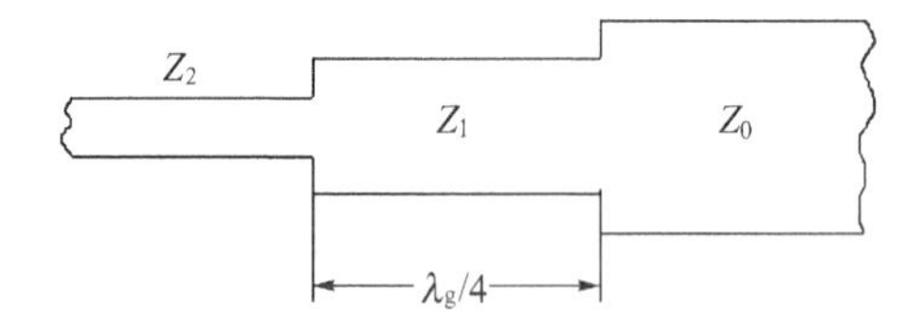

图 6-47　单节四分之一波长阻抗变换器

2)多节四分之一波长变换器

在需要宽频带实现阻抗匹配时,常采用多节阶梯阻抗变换器,使每个阶梯产生的反射相互抵消,可以在较宽的频带内实现阻抗匹配。

如图 6-48 所示,若拟利用多节阻抗变换器将特性阻抗分别为 Z_0 与 Z_{n+1}($Z_{n+1} > Z_0$)的两段微带线匹配连接起来,令

$$R = \frac{Z_{n+1}}{Z_0} \tag{6.78}$$

式中，R 称为阻抗变换比。

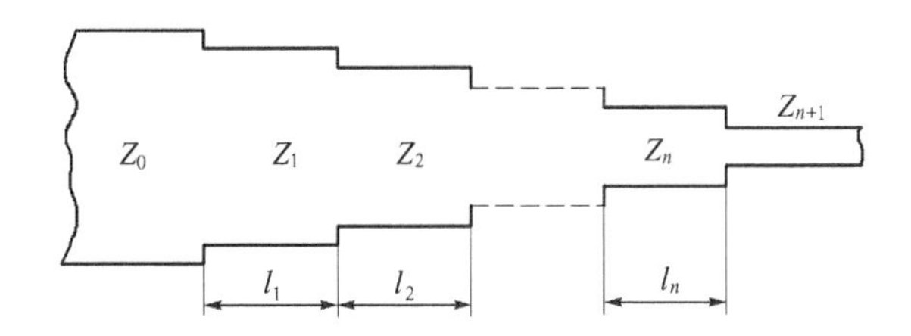

图6-48　多节四分之一波长阻抗变换器

则在设计多节四分之一波长阶梯变换器时，应给定允许的最大电压驻波比 $\rho_{\max}$ 和要求的工作带宽 Δ：

$$\Delta = 2\left(\frac{\lambda_{g1} - \lambda_{g2}}{\lambda_{g1} + \lambda_{g2}}\right) \tag{6.79}$$

式中，λ_{g1} 和 λ_{g2} 分别为所要求的工作带宽内最低频率和最高频率所对应的导波波长。由于 $\lambda_g = v_P/f$，对微带线来说，一般情况下可以不考虑其色散，即可以认为 v_P 不随 f 改变，因此 λ_g 仅取决于 f，这样，式(6.79)就可以写成

$$\Delta = 2\left(\frac{f_2 - f_1}{f_2 + f_1}\right) \tag{6.80}$$

式中，f_1 为工作带宽内的最低频率；f_2 为工作带宽内的最高频率。根据 $\rho_{\max}$ 和 Δ，就可以由微波电路或微波滤波器相关著作中的曲线或表格上查出变换器所需要的节数 n，以及根据选定的驻波比—频率响应特性（如切比雪夫响应等），可查到各节的归一化特性阻抗值（对 Z_0 归一化的值）。

变换器中各节传输线的长度 l_i 可取为

$$l_i = \frac{\lambda_{g0i}}{4} = \frac{\lambda_{g1i}\lambda_{g2i}}{2(\lambda_{g1i} + \lambda_{g2i})} \tag{6.81}$$

式中，λ_{g1i}，λ_{g2i} 分别为带宽内最低频率与最高频率在阻抗变换器第 i 节的导波波长，λ_{g0i} 则称为该节的中心波长，由于查得的各节特性阻抗是不同的，因此各节的 W/h 比值不同，导致各节的等效介电常数 ε_e 不同，从而导波波长及中心波长也就不同。由此可见，由式(6.81)求得的各节长度是不相等的。

阶梯阻抗变换器的每一个阶梯都是一个不连续性，将引入一个等效电纳 B，这些等效电纳在低频时对电路的影响还不十分显著，但在高频时这种影响就不可忽视，在精确设计时就必须对这些不连续性产生的影响进行修正。

2. 短阶梯阻抗变换器

阻抗变换器的工作带宽决定了它只能在一定频率范围内实现阻抗匹配连接，在此频率范围外其反射增大，或者说反射引起的衰减量增大，由此可见，它具有类似滤波器的作用。所以，多节变换器具有阻抗变换与滤波的双重功能，称为变阻滤波器，但一般直接用它作为变阻滤波器并不理想，因为设计时只考虑了带内的匹配特性，导致其带外特性较

差,其最大衰减量也只有

$$L = \frac{(R-1)^2}{4R} \tag{6.82}$$

它相当于阻抗变换器不存在,两个不同特性阻抗的传输线直接相连时的反射衰减。式中 R 由式(6.78)给出。

如果能实现性能优良的变阻滤波器,显然对微带电路是有利的,它可以使电路结构更为紧凑,电路大为简化。而在微带电路中,这种既需要变阻,又需要滤波的情形也是常会遇到的,例如在倍频器中,倍频二极管的输入电路一般就需要变阻器以与信号源匹配,又需要滤波器以阻止倍频后的谐波信号返回信号源。

短阶梯阻抗变换器即是一种特殊的变阻滤波器,由于它每节的长度一般不到 $\lambda_g/8$,例如是 $\lambda_g/16$ 甚至更短,因而与四分之一波长阶梯阻抗变换器相比,其长度可以大为缩短;又由于它具有足够的带外衰减,因而兼具有滤波器功能。

短阶梯阻抗变换器衰减量的典型响应曲线如图 6-49(a)所示。图中 L_d 为低端带外衰减的峰值,称为直流衰减;L_1 为高端带外衰减的峰值,称为峰值衰减;θ_b 和 θ_a 分别为各变换节在上、下带边频率上的电长度;θ_0 则为在频带中心频率上变换节的电长度;L_r 为带内衰减。

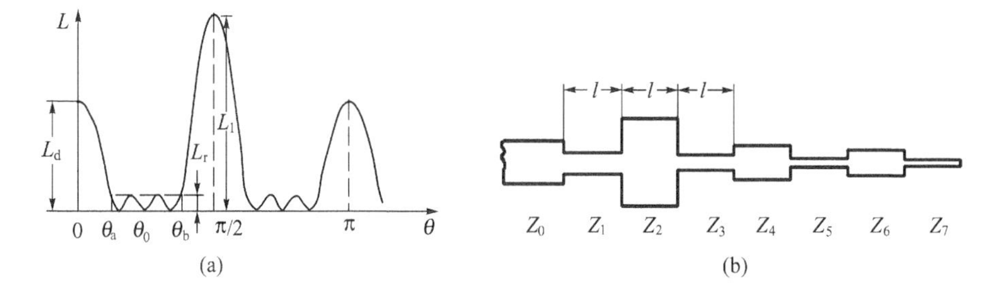

图 6-49 短阶梯阻抗变换器衰减量响应曲线(a)及其电路结构(b)

$$\theta_0 = \frac{\theta_a + \theta_b}{2} = \frac{2\pi l}{\lambda_g} \tag{6.83}$$

式中,l 为变换节的几何长度。通常的相对带宽定义为

$$\Delta = \frac{\theta_b - \theta_a}{\theta_0} \tag{6.84}$$

根据式(6.78)的定义 $R = Z_{n+1}/Z_0$,L_d 取决于 R 的大小:

$$L_d = 10\lg\frac{(R+1)^2}{4R} \tag{6.85}$$

而 L_1 则不仅与 R 有关,还与各变换节的阻抗 Z_i 有关:

$$L_1 = 10\lg\frac{(R_T+1)^2}{4R_T} \tag{6.86}$$

式中

$$R_T = \frac{R\cdot(Z_1\cdot Z_3\cdot Z_5\cdots Z_{n-1})^2}{(Z_2\cdot Z_4\cdots Z_n)^2} \tag{6.87}$$

而短阶梯阻抗变换器通带内的最大衰减 L_r 与驻波系数 ρ 的关系则可用下式表示：

$$L_r = 10\lg\frac{(\rho+1)^2}{4\rho} \tag{6.88}$$

短阶梯阻抗变换器的设计与四分之一波长阻抗变换器类似，根据所需要的阻抗变换比 R、带宽 Δ 及 L_r（或者 ρ），查表确定所需要的变换节数，然后再利用在各种文献中已给出的表找出各节归一化特性阻抗，并由式(6.83)求出各变换节的长度 l，求 l 时可令 $\theta_0 = \pi/8$。要注意的是，由于变换器中阶梯不连续性的影响，对所求得的变换节长度同样必须进行修正，而且这种修正比四分之一波长变换器更为重要，因为这里的阶梯不连续性更大。图 6-49(b)给出了一个短阶梯阻抗变换器的电路结构实例。

6.5.3　渐变线阻抗变换器

前面已指出，多节阶梯阻抗变换器可以比单节阶梯阻抗变换器在更宽的频带内实现阻抗匹配。我们自然会想到，若把阶梯的数目无限增多，而每节的阶梯长度无限缩短时，其性能是否会更优良，事实证实了人们的这一推想。这时微带线的宽度和特性阻抗连续改变，成为渐变线，与阶梯阻抗变换器相比，它使阻抗变换器的工作带宽更宽，或者在同样带宽下总长度缩短。

1. 指数渐变线阻抗变换器

所谓指数渐变线阻抗变换器，是指由特性阻抗 Z 沿变换器长度方向按指数规律变化的微带线构成的阻抗变换器（图 6-50），即

$$Z_c = Z_0 e^{\alpha z} \tag{6.89}$$

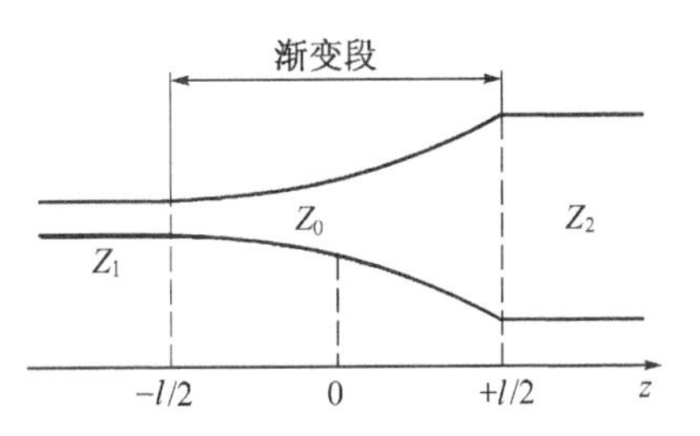

图 6-50　指数渐变线阻抗变换器

式中，Z_0 是渐变线中心位置（$Z=0$）的微带线特性阻抗；α 为阻抗的变换常数。由微带线特性阻抗的计算公式，就可以根据式(6.89)确定出微带线宽度 W 的变化规律。如果需要匹配的两段微带线的阻抗分别为 Z_1 和 Z_2（$Z_1 > Z_2$），设变换器的长度为 l，则根据式(6.89)应有

$$Z_1 = Z_0 e^{-\frac{\alpha l}{2}}, \qquad Z_2 = Z_0 e^{\frac{\alpha l}{2}} \tag{6.90}$$

由此求得

$$\begin{cases} Z_0 = \sqrt{Z_1 Z_2} \\ \alpha = \dfrac{1}{l}\ln\left(\dfrac{Z_2}{Z_1}\right) \end{cases} \tag{6.91}$$

这种变换器的电压反射系数是

$$\Gamma = \frac{\lambda}{8\pi l}\ln\left(\frac{Z_1}{Z_2}\right) \tag{6.92}$$

则

$$l = \frac{\lambda\ln(Z_1/Z_2)}{8\pi\Gamma} \tag{6.93}$$

式中,λ 为所要求的工作带宽中最低频率对应的波长,由式(6.91)和式(6.92)可以看出,Z_1/Z_2 的比值一定时,l 越大,α 就越小,也就是说阻抗变化越缓慢,从而反射系数 Γ 也越小。因此,给定了需要匹配的两段微带线阻抗 Z_1、Z_2 以及要求的反射系数大小后,由式(6.93)就可以确定变换器的最小长度。

2. 切比雪夫渐变线阻抗变换器

在讨论波导阻抗变换器时曾提到,多阶梯阻抗变换器最常用的阶梯变化规律以切比雪夫函数为较佳,当阶梯节数趋于无穷时,它就成为切比雪夫渐变线阻抗变换器(图6-51),这一方法同样可以适用于微带线的阻抗变换。

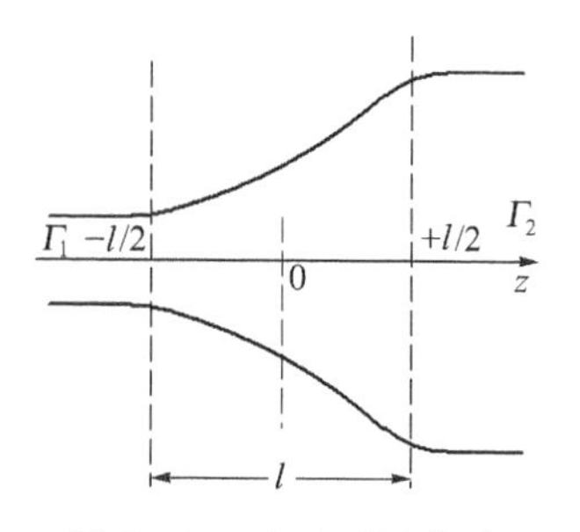

图6-51　切比雪夫渐变线阻抗变换器

切比雪夫渐变线阻抗变换器的特性阻抗沿 Z 向的变化规律为

$$Z_c = \sqrt{Z_1 Z_2} \times \exp\left\{\frac{\Gamma_0}{\cosh A}\left[A^2\phi\left(\frac{2z}{l},A\right) + u\left(z - \frac{l}{2}\right) - u\left(-z - \frac{l}{2}\right)\right]\right\} \quad |z| \leqslant \frac{l}{2} \tag{6.94}$$

式中,Z_1、Z_2 为需要匹配的两段微带线的特性阻抗;$u(x)$ 为阶跃函数:

$$u(x) = \begin{cases} 0 & (x < 0) \\ 1 & (x \geqslant 0) \end{cases} \tag{6.95}$$

而函数 $\phi\left(\frac{2z}{l},A\right)$ 的定义为

$$\phi\left(\frac{2z}{l},A\right) = -\phi\left(-\frac{2z}{l},A\right) = \int_0^{\frac{2z}{l}} \frac{\mathrm{I}_1\left(A\sqrt{1-\left(\frac{2z}{l}\right)^2}\right)}{A\sqrt{1-\left(\frac{2z}{l}\right)^2}}\mathrm{d}\left(\frac{2z}{l}\right) \quad \left|\frac{2z}{l}\right| \leqslant 1 \tag{6.96}$$

式中,$\mathrm{I}_1\left(A\sqrt{1-(2z/l)^2}\right)$ 为第1类一阶变态贝塞尔函数。

式(6.94)中的 Γ_0 的定义为

$$\Gamma_0 = \frac{1}{2}\ln\left(\frac{Z_1}{Z_2}\right) \quad (Z_1 > Z_2) \tag{6.97}$$

而 A 则可通过 Γ_0 和所要求的通带内的最大反射系数 Γ_a 求得

$$\cosh A = \frac{\Gamma_0}{\Gamma_a} \tag{6.98}$$

由此,表示 $Z_c \sim Z$ 变化规律的式(6.94)即可确定,进而求出微带线宽度 W 沿 Z 变化规律。

切比雪夫渐变线的长度通常取为

$$l = \left(\frac{A}{2\pi}\right)\lambda_{\mathrm{gmax}} \tag{6.99}$$

式中,λ_{gmax} 为通带内的最大导波波长。

6.6　微带定向耦合器、环形电桥和功率分配器

定向耦合器、环形电桥和功率分配器在微带电路中的应用也十分广泛,定向耦合器与环形电桥常常在各种平衡式微波元件如混频器、倍频器、放大器等中作为耦合接头,而各种微波源的输出经常需要功率分配器。

6.6.1　微带定向耦合器

1. 耦合微带线定向耦合器

1）单节四分之一波长耦合线定向耦合器

耦合微带线定向耦合器由一段长度为带宽中心频率导波波长的四分之一的平行耦合线构成,如图6-52所示。如果端口1为信号输入端口,则端口2就是直通输出端口,端口4则为耦合输出端口,而端口3是隔离端口。可以证明,这种定向耦合器的耦合输出功率的传播方向与输入功率的传播方向相反,与波导单孔定向耦合器类似,与后者不同的是,耦合微带线定向耦合器两个输出端口2与4的信号相位还有90°的相差。

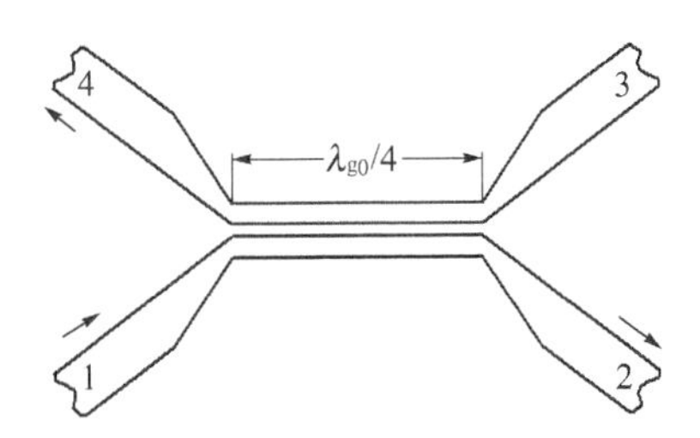

图6-52　耦合微带线定向耦合器

微带定向耦合器的主要指标与波导定向耦合器相同,如耦合度 C、方向性 d、驻波系数 ρ 等。

如果四分之一波长耦合微带线定向耦合器的每个端口都是匹配的,则在理想隔离(端口3无输出)情况下有

$$\begin{cases} Z_{ce} = Z_0\left(\dfrac{1+K}{1-K}\right)^{\frac{1}{2}} \\ Z_{co} = Z_0\left(\dfrac{1-K}{1+K}\right)^{\frac{1}{2}} \end{cases} \tag{6.100}$$

式中,Z_0 为各端口所接匹配负载的特性阻抗;K 为电压耦合系数(倍数表示):

$$Z_0 = \sqrt{Z_{ce}Z_{co}};\qquad K = 10^{\frac{C}{20}} \tag{6.101}$$

式中,Z_{ce}为偶模特性阻抗;Z_{co}为奇模特性阻抗;C 为所要求的耦合度(用dB表示):

$$C = 20\ln\left(\frac{Z_{ce}-Z_{co}}{Z_{ce}+Z_{co}}\right) \tag{6.102}$$

由给定的耦合度及已知 Z_0 后,由式(6.100)即可求得 Z_{ce},Z_{co},然后利用耦合微带线的相关曲线或数据表即可查出其尺寸。至于定向耦合器耦合区长度,则可以有两种方法来确定:

$$l = \frac{\lambda_{g0}}{4} \qquad 或 \qquad l = (\lambda_{ge} + \lambda_{g0})/8 \tag{6.103}$$

式中,λ_{g0}为定向耦合器工作带宽中心频率的导波波长;λ_{ge}和 λ_{go}则为中心频率上偶模和奇模的导波波长。

这种定向耦合器,由于偶模、奇模的相速不同,波长不同,因而 Z_0 与 $\sqrt{Z_{ce}Z_{co}}$ 并不相等,也就不能保证输入端完全匹配,并由此使定向耦合器的方向性变差。

2) 锯齿线定向耦合器

上面已指出,在耦合微带线中由于偶模和奇模相速的不等,导致定向耦合器方向性变坏,耦合越强,相速差越大,方向性越差。克服偶模、奇模相速不等的方法之一就是把直线耦合缝改成锯齿形耦合缝(图6-53)。

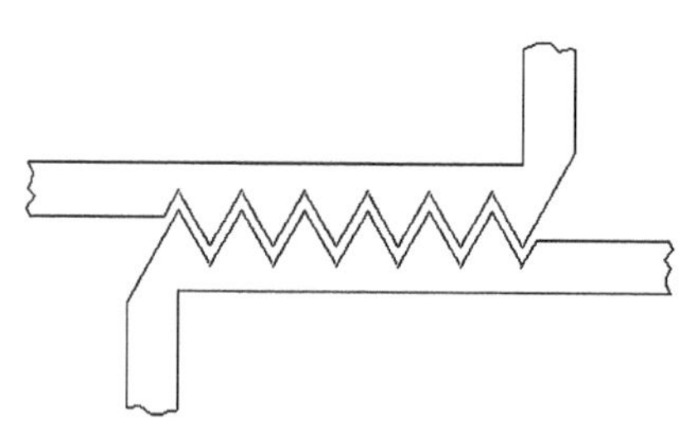

图6-53 锯齿线定向耦合器

在耦合微带线中,偶模和奇模的相速可以利用等效电路的电感、电容来表示:

$$\begin{cases} v_{pe} = \dfrac{1}{\sqrt{L_{0e}C_{0e}}} \\ v_{po} = \dfrac{1}{\sqrt{L_{0o}C_{0o}}} \end{cases} \tag{6.104}$$

式中,v_{pe}、L_{0e}、C_{0e}为偶模相速及耦合微带线单位长度偶模的电感和电容;而 v_{po}、L_{0o}、C_{0o}为奇模的相应参量。

一般情况下,有

$$L_{0e}C_{0e} > L_{0o}C_{0o} \tag{6.105}$$

所以,$v_{pe} < v_{po}$。可见,要使 v_{pe}和 v_{po}接近相等,必须加大 C_{0o}和 L_{0o}而同时使 C_{0e}和 L_{0e}基本不变。锯齿耦合缝就可以达到这一目的,这时奇模将沿曲折的锯齿状耦合缝传播,而偶模基本仍沿直线传播,这样一来,相对于偶模来说,奇模在直线方向上的平均相速显然就慢下来了。或者也可以这样说,由于耦合隙缝长度增加,两根线间的分布电容增大,从而使奇模电容 C_{0o}加大,而偶模电容 C_{0e}及电感 L_{0e}和奇模电感 L_{0o}都改变很小,因而 v_{po}降低,使奇、偶模相速相等,大大提高了定向耦合器的方向性。

2. 支线定向耦合器

支线定向耦合器尤其是功率等分的3dB 支线定向耦合器被广泛应用于微波集成电路中,构成如平衡混频器、移相器和电控开关等。支线定向耦合器由两根平行微带线和将两根平行线相连的若干耦合支线构成,支线长度及其间距都是中心频率的四分之一导波波长。

1）单节支线定向耦合器

单节支线定向耦合器如图 6－54 所示，图中，$\overline{Y}_0$、$\overline{Y}_1$、$\overline{Y}_2$ 为各段微带线对 Y_0 归一化的特性导纳，θ 为电长度，在中心频率上 $\theta=\pi/2$。$O-O'$中心线可以将这种定向耦合器分成上下对称的两部分，在偶模激励时，$O-O'$面是一个磁壁，支线在该面上相当于开路；而当奇模激励时，$O-O'$面是一个电壁，这时支线在该面上相当于短路。据此可以对单节分支定向耦合器进行分析，分析过程不作叙述，仅给出结论。

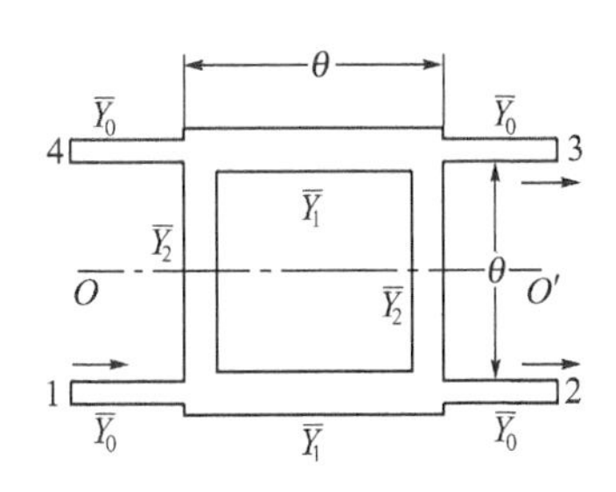

图 6－54　单节支线定向耦合器

在各端口匹配时，理想方向性（方向性无穷大）条件是

$$1+\overline{Y}_2^2=\overline{Y}_1^2 \tag{6.106}$$

在此条件下，端口 2 和 3 的输出电压是

$$\begin{cases} V_2=-\dfrac{\mathrm{j}}{\overline{Y}_1} \\ V_3=-\dfrac{\overline{Y}_2}{\overline{Y}_1} \end{cases} \tag{6.107}$$

可见，输出端口 2 与 3 的输出电压有 90°的相位差。此时耦合器的耦合度为

$$C=20\lg\frac{(\overline{Y}_1{}^2-1)^{\frac{1}{2}}}{\overline{Y}_1}=20\lg\frac{\overline{Y}_2}{\overline{Y}_1} \tag{6.108}$$

由此可得

$$\begin{cases} \overline{Y}_1=\dfrac{1}{\sqrt{1-K^2}} \\ \overline{Y}_2=\dfrac{K}{\sqrt{1-K^2}} \end{cases} \tag{6.109}$$

式中，$K=10^{C/20}$，为以倍数表示的耦合系数。

如果定向耦合器的耦合度是 3dB，则 $K=1/\sqrt{2}$，于是

$$\begin{cases} \overline{Y}_1=\sqrt{2} \\ \overline{Y}_2=1 \end{cases} \tag{6.110}$$

根据以上公式，当给定耦合度、中心频率、端接线特性导纳 Y_0 后，就可以进行支线定向耦合器的设计了。

2）阻抗变换支线定向耦合器

上面讨论支线定向耦合器过程中，曾假定了各端口都有相同匹配负载 Y_0，而在一些实际电路中，如支线定向耦合器作为微波电桥与半导体器件结合时，往往由于半导体器件的输入阻抗并不一定正好等于微带线通常的阻抗 50Ω，这时就需要另外再用阻抗变换器来达到连接的匹配，这必然使电路尺寸变大。若能将支线定向耦合器与阻抗变换器结合起来，构成阻抗变换支线定向耦合器，就能解决两者分开带来的不利。

图6-55给出了这种阻抗变换支线定向耦合器的基本电路结构,端口1与4端接阻抗Z_0,而端口2与3则端接负载阻抗Z_L。为了使得这种定向耦合器既具有理想隔离度,又能在中心频率上完全匹配,它的主线和两个支线的阻抗Z_2、Z_1和Z_3应满足条件:

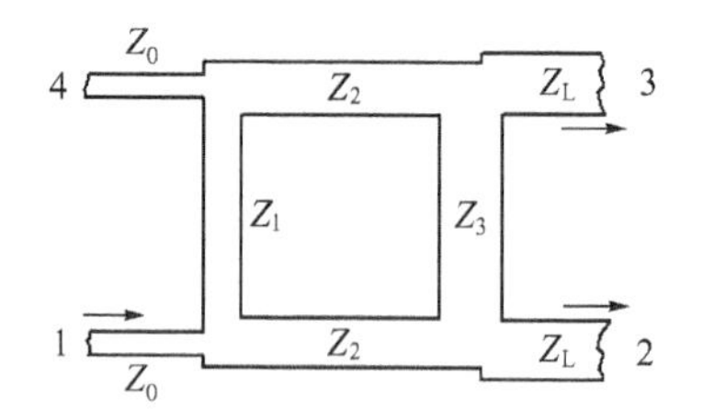

图6-55 阻抗变换支线定向耦合器

$$\begin{cases} \dfrac{Z_1}{Z_3} = \dfrac{Z_0}{Z_L} \\ Z_1 Z_3 = Z_2^2 - Z_0 Z_L \end{cases} \tag{6.111}$$

对于3dB定向耦合器来说,上式可重写为

$$\begin{cases} Z_1 = Z_0 \\ Z_3 = Z_L \\ Z_2 = \sqrt{\dfrac{Z_0 Z_L}{2}} \end{cases} \tag{6.112}$$

求出Z_1、Z_2、Z_3后,选定基片材料和厚度,即可以从数据表上查得各段微带线的宽度。至于各段长度,则等于该段中心频率导波波长的1/4,由于各段特性阻抗不同,其导波波长也不同,因而长度也是不同的。

6.6.2 微带环形电桥

1. 普通环形电桥

与波导环形电桥类似,利用微带线也同样可构成环形电桥,微带环形电桥以其平面结构、尺寸小巧而优于波导环行电桥。微带环形电桥的一般形式如图6-56所示,它由一个中心圆环微带线和四个引出端口微带线构成。圆环特性阻抗分别为Z_1、Z_2,引出端口的特性阻抗为Z_0,端口1与端口4之间的间距为中心频率的$3\lambda_g/4$($3\pi/2$电角度),其余端口之间的间距都是中心频率的$\lambda_g/4$($\pi/2$电角度)。根据各端口之间的电长度很容易判断它们的输出相位关系,从而判定微波信号的输出端口和隔离端口:当微波信号由端口1输入时,端口2和端口4将有反相输出,而端口3没有输出,成为隔离端口;当端口2输入微波信号时,端口1和3将有同相的输出,而端口4成为隔离端口,没有信号输出。

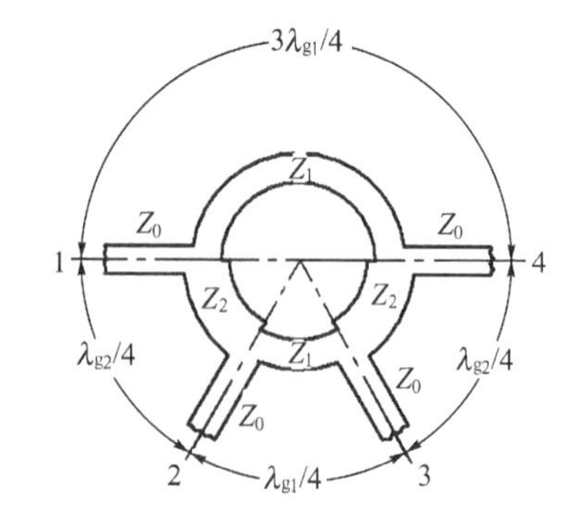

图6-56 普通环形电桥

当环形电桥在中心频率上完全匹配与理想隔离时,即端口1输入且没有反射,端口3完全没有输出时;或者端口2输入且完全匹配,端口4输出为0时,有

$$\begin{cases} Z_0^2 = \dfrac{Z_1^2 Z_2^2}{Z_1^2 + Z_2^2} \\ \dfrac{Z_1}{Z_2} = \begin{cases} -\dfrac{u_2}{u_4} & (\text{端口 1 输入时}) \\ \dfrac{u_1}{u_3} & (\text{端口 2 输入时}) \end{cases} \end{cases} \tag{6.113}$$

式中，u_1、u_2、u_3、u_4 分别为端口 1、2、3 和 4 的输出电压。由此可见，在端口 1 输入时，端口 2 和 4 将反相输出，u_2/u_4 为负；而当端口 2 输入时，端口 1 和 3 将同相输出，u_1/u_3 为正。同理我们可以知道，当端口 4 或端口 3 输入时：

$$\frac{Z_1}{Z_2} = \begin{cases} -\dfrac{u_3}{u_1} & (\text{端口 4 输入，端口 2 隔离}) \\ \dfrac{u_4}{u_2} & (\text{端口 3 输入，端口 1 隔离}) \end{cases} \tag{6.114}$$

由式(6.113)可以求得

$$\begin{cases} Z_1 = Z_0\sqrt{1 + \left(\dfrac{Z_1}{Z_2}\right)^2} \\ Z_2 = Z_0\sqrt{1 + \left(\dfrac{Z_2}{Z_1}\right)^2} \end{cases} \tag{6.115}$$

对于 3dB 电桥，要求输出端口功率相等，由式(6.113)和式(6.114)不难看出，这时 $Z_1 = Z_2$，因此式(6.115)给出：

$$Z_1 = Z_2 = \sqrt{2}Z_0 \tag{6.116}$$

且 $\lambda_{g1} = \lambda_{g2}$。

2. 宽带环形电桥

普通 3dB 环形电桥的性能取决于各端口之间间隔的电长度，而随着频率的改变，电长度就会发生变化，尤其是 $3\lambda_g/4$ 线段的频率敏感性更高，因此这决定了普通环形电桥的带宽仅为 20% ~40%。为了获得能达到倍频程带宽的 3dB 环形电桥，可以对普通环形电桥的结构作一些改进，$3\lambda_g/4$ 的圆弧段用长度为 $\lambda_g/4$ 的耦合微带线代替，即构成宽带混合环。环中耦合微带线两路的终端均接地，该耦合段的等效传输线的总电长度为 270°，即 $3\lambda_g/4$，满足混合环的相位要求。再同时把圆环的特性阻抗由式(6.116)给出的 $Z_r = \sqrt{2}Z_0$ 改变成 $Z_r = 1.46Z_0$。这样设计出的 3dB 宽带环形电桥如图6-57 所示。

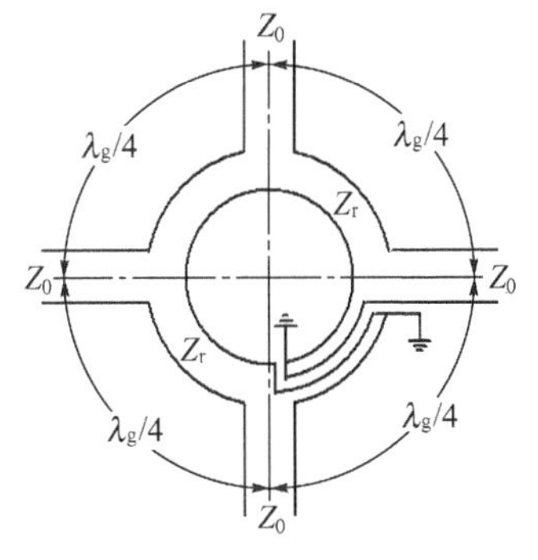

图 6-57　宽带 3dB 环形电桥

耦合微带线的尺寸可这样来确定：相反方向终端短路的耦合微带线的输入阻抗为

$$Z_{in} = \frac{2Z_{ce}Z_{co}\sin\theta}{[(Z_{ce} - Z_{co})^2 - (Z_{ce} + Z_{co})^2\cos^2\theta]^{\frac{1}{2}}} \tag{6.117}$$

式中,Z_{ce}、Z_{co}分别为耦合微带线偶模和奇模阻抗;θ为耦合线的电长度。而耦合线输入与输出间的相位差β则为

$$\cos\beta = -\frac{Z_{ce}+Z_{co}}{Z_{ce}-Z_{co}}\cos\theta = \frac{Z_{ce}+Z_{co}}{Z_{ce}-Z_{co}}\cos(180^\circ+\theta) \tag{6.118}$$

由此可见,要实现270°(3π/2)的相移,θ应该为90°,这样,式(6.117)就简化为

$$Z_{in} = \frac{2Z_{ce}Z_{co}}{Z_{ce}-Z_{co}} \tag{6.119}$$

为了使耦合微带线与环上其余部分的特性阻抗匹配,令

$$Z_{in} = Z_r = \sqrt{Z_{ce}Z_{co}} \tag{6.120}$$

Z_r为环路的特性阻抗,由以上两式即可解得

$$\begin{cases} Z_{ce} = (\sqrt{2}+1)Z_r \\ Z_{co} = (\sqrt{2}-1)Z_r \end{cases} \tag{6.121}$$

由此通过查曲线或数据表即可确定出耦合微带线尺寸。

3. Lange电桥

在定向耦合器的设计中,采用耦合微带线来实现微波能量从一条微带线到另一条微带线的耦合,把两条微带线靠近或者采用锯齿状,都可以增强它们之间的耦合。但常规的微带双线耦合电路很难做成超宽带、强耦合电桥,同时由于信号在微带耦合线中的奇偶模相速不一致,耦合越强相速差越大,对电桥的性能恶化越大。

为了实现宽频带强耦合的电桥,可以将两条微带线分裂成指状,交叉安置,这样的定向耦合器称为交指型微带定向耦合器。这种耦合器的耦合度一般设计为3dB,即两路输出微波幅值相等,而且它们之间有90°相位差,从而成为一种电桥,所以这样的3dB定向耦合器也称为Lange电桥,它由J. Lange在1969年提出。Lange电桥在微带电路中应用非常广泛,该桥结构紧凑、体积小、带宽很宽,能达到2倍频程以上,而且可以在微带结构中实现强耦合。常见的Lange电桥结构如图6-58所示,这是一个4指耦合器,在少数应用中指数也可大于4。

A. Presser给出了Lange电桥简单而又精确的设计方法,可以在已知耦合系数K(倍数)和微带线主线特性阻抗Z_c以及耦合区长度l为中心频率波长的四分之一的条件下,求出在给定厚度h和介电常数ε_r的基底材料上的交指线的间距S和线宽W。

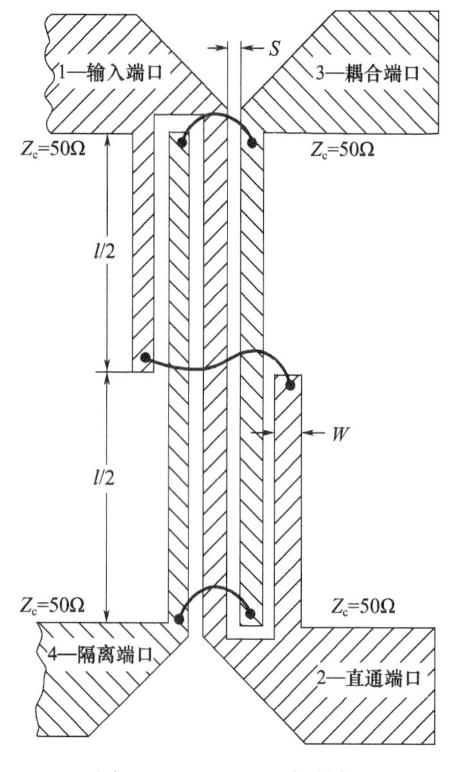

图6-58 Lange电桥结构

6.6.3　微带二分功率分配器

1. 简单二分功率分配器

图6－59是一个最简单的二分功率分配器的电路基本结构。信号从1端口输入，分成两路分别从端口2和3输出。为了使功分器从输入到负载匹配，我们在每路功率臂上设置了一段四分之一波长阻抗变换器，其特性阻抗分别为 Z_{c2} 和 Z_{c3}。电阻R称为隔离电阻，其作用是保证两输出端隔离，若端口2或端口3出现失配，就将有电流流过R，其功率消耗在R上，而不会影响到另一端口的输出。

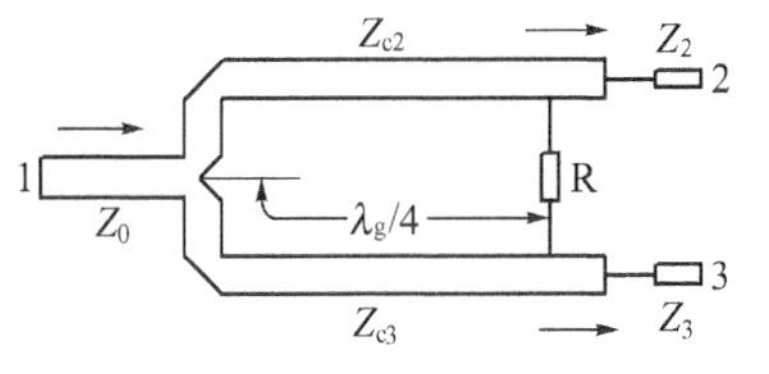

图6－59　简单二分功率分配器

这种功率分配器的设计公式是

$$\begin{cases} P_3 = k^2 P_2 \\ Z_2 = kZ_0 \\ Z_3 = \dfrac{Z_0}{k} \\ Z_{c2} = Z_0\sqrt{k(1+k^2)} \\ Z_{c3} = Z_0\sqrt{\dfrac{1+k^2}{k^3}} \\ R = kZ_0 + \dfrac{Z_0}{k} \end{cases} \tag{6.122}$$

式中，P_2、P_3 分别为端口2和3的输出功率，k^2 为功率分配比，若 $k=1$，$P_2=P_3$，功率分配等分，则有

$$\begin{cases} P_2 = P_3 \\ Z_2 = Z_3 = Z_0 \\ Z_{c2} = Z_{c3} = \sqrt{2}Z_0 \\ R = 2Z_0 \end{cases} \tag{6.123}$$

2. 输出端具有匹配电路的二分功率分配器

如果端口2和3的终端负载 $Z_2 \neq kZ_0$、$Z_3 \neq Z_0/k$，则可以在 Z_{c2} 与 Z_2 之间和 Z_{c3} 与 Z_3 之间各接入一段四分之一波长阻抗变换器（见图6－60），它们的特性阻抗是

$$\begin{cases} Z_{c4} = \sqrt{kZ_0 Z_2} \\ Z_{c5} = \sqrt{\dfrac{Z_0 Z_3}{k}} \end{cases} \tag{6.124}$$

而其余参数仍由式（6.122）确定。当 $Z_2=Z_3=Z_0$ 时，上式简化为

$$\begin{cases} Z_{c4} = \sqrt{k}Z_0 \\ Z_{c5} = \dfrac{Z_0}{\sqrt{k}} \end{cases} \tag{6.125}$$

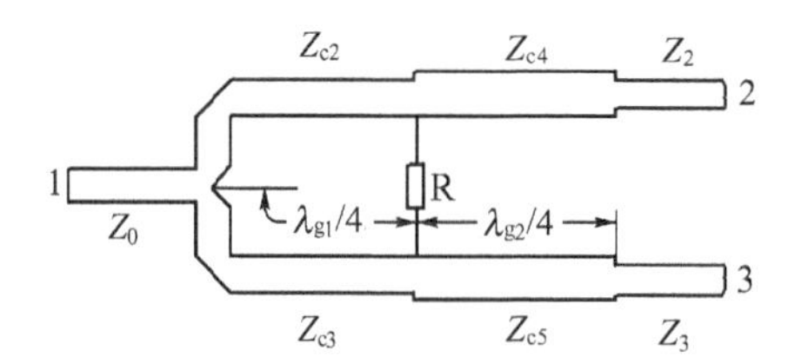

图 6－60　具有匹配电路的二分功率分配器

要注意的是,这时虽然 $Z_2=Z_3$,但 k 可以不等于1,功率分配不一定等分。当 $k=1$,即等分功率时,$Z_2=Z_3=Z_{c4}=Z_{c5}=Z_0$,这样 Z_{c4} 和 Z_{c5} 阻抗变换段不再存在,回复到简单功率分配器电路结构。

3. 宽带二分功率分配器

如果在上述功率分配器的输入端引入一节四分之一波长阶梯阻抗变换器,功率分配器的工作带宽就可以得到增加。这正如同多节阻抗变换器要比单节阻抗变换器带宽要宽的道理一样。这样设计的二分功率分配器电路结构如图 6－61 所示,而它各节阻抗及隔离电阻的设计计算公式为

$$\begin{cases} P_3 = k^2 P_2 \\ Z_{c1} = Z_0\left(\dfrac{k}{1+k^2}\right)^{1/4} \\ Z_{c2} = Z_0 k^{3/4}(1+k^2)^{1/4} \\ Z_{c3} = \dfrac{Z_0}{k}\left(\dfrac{1+k^2}{k}\right)^{1/4} \\ Z_{c4} = \sqrt{kZ_0Z_2} \\ Z_{c5} = \sqrt{\dfrac{Z_0Z_3}{k}} \\ R = Z_0\dfrac{1+k^2}{k} \end{cases} \tag{6.126}$$

各节阻抗变换器的长度都是该节微带线在中心频率上的导波波长的1/4,也就是电长度都是π/2。

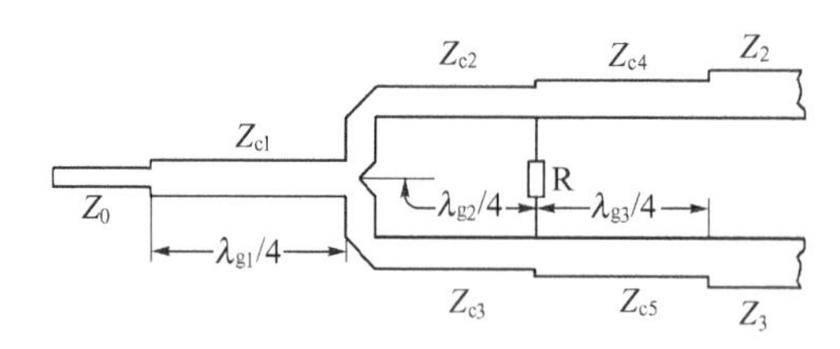

图 6－61　宽带二分功率分配器

第7章 铁氧体元件和微波检波器

在前面两章中介绍的微波元件都是线性互易元件,即元件的性能与入射波方向无关。而本章将介绍另两类最重要的微波元件：非互易元件和非线性元件,前者由于包含具有各向异性特性的铁氧体材料而使元件呈现非互易性,后者则因元件中包含有半导体器件而具有非线性特性。

7.1 微波在铁氧体中的传播特性

铁氧体在微波工程领域有着广泛的应用,它既是陶瓷材料,又是磁性物质,俗称黑瓷或磁性瓷,外观呈黑褐色,质地坚硬而脆。它的主要原料是 $XO \cdot Fe_2O_3$,其中 X 代表二价金属离子,如 Mn(锰),Mg(镁)、Ni(镍)、Zn(锌)、Cu(铜)、Ba(钡)、Co(钴)等,微波波段使用的铁氧体,则常用 Ni－Zn、Ni－Mg 或 Mn－Mg 等混合物。

微波铁氧体与陶瓷一样,是很好的绝缘体,它的电阻率很高,大于 $10^6\Omega \cdot cm$,故电损耗极小,相对介电常数为 10～20。铁氧体又是一种铁磁物质,它的相对导磁率可以随外加磁场而变化,而在恒定磁场偏置下,它在各个方向上的导磁率又是不同的,即具有各向异性。正是基于铁氧体的各向异性,当电磁波从不同方向通过铁氧体时,就会引起不同的效应,利用这种非互易的效应,就可以做成各种十分有用的微波元件。

7.1.1 电磁波的极化

由于磁化铁氧体对电磁波的效应与波的极化密切相关,因此有必要先复习一下有关电磁波极化的基本知识。

波的极化是指电场或磁场矢量端点运动轨迹的形状、取向和旋转方向,而且规定观察者沿着波传播方向观察到的电场或磁场矢量端点旋转方向为极化旋转方向。

下面将仅以电场为例来讨论各种极化情况,磁场可以完全同样地进行分析。

对于平面电磁波,若波沿 Z 轴传播,则电场将存在 E_x、E_y 两个分量,设

$$\begin{cases} E_x = E_{xm}\cos(\omega t - kz + \varphi_x) \\ E_y = E_{ym}\cos(\omega t - kz + \varphi_y) \end{cases} \tag{7.1}$$

式中,E_{xm}、E_{ym}为幅值;φ_x、φ_y 为初始相位;k 为相位常数。

1. 直线极化

当 E_x 和 E_y 没有相位差或相位差为 180°时,就构成直线极化波。

在式(7.1)中,令 $\varphi_x = \varphi_y = \varphi$,或 $\varphi_x = \varphi_y + 180° = \varphi$ 时,则任何瞬时的合成电场为

$$|\boldsymbol{E}| = \sqrt{E_{xm}^2 + E_{ym}^2}\cos(\omega t - kz + \varphi) \tag{7.2}$$

合成电场与 X 轴夹角为

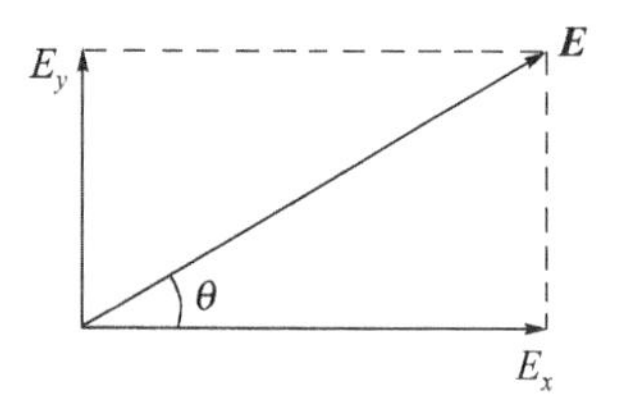

图7-1 波的直线极化

$$\theta = \pm \arctan \frac{E_y}{E_x} = \pm \arctan \frac{E_{ym}}{E_{xm}} \tag{7.3}$$

显然,θ 将是一个固定值,不会随时间而变,合成场 $\boldsymbol{E}$ 的端点轨迹将是一直线(图7-1),它随时间的变化实际上就只是随 E_x、E_y 大小的变化作相应升长或缩短。

2. 圆极化

当电场的两个分量幅值相等,而相位差90°或270°时,就形成圆极化波。

在式(7.1)中,令 $E_{xm}=E_{ym}=E_0$,$\varphi_x-\varphi_y=90°$或270°,则

$$\begin{cases} E_x = E_0\cos(\omega t - kz + \varphi_x) \\ E_y = \pm E_0\sin(\omega t - kz + \varphi_x) \end{cases} \tag{7.4}$$

这样就存在以下关系:

$$\frac{E_x^2}{E_0^2} + \frac{E_y^2}{E_0^2} = 1 \tag{7.5}$$

这是一个圆方程,圆的半径即合成场的幅值为

$$|\boldsymbol{E}| = \sqrt{E_x^2 + E_y^2} = E_0 = 常数 \tag{7.6}$$

而 $|\boldsymbol{E}|$ 与 X 轴的夹角为

$$\begin{cases} \tan\theta = \dfrac{E_y}{E_x} = \pm \tan(\omega t - kz + \varphi_x) \\ \theta = \pm(\omega t - kz + \varphi_x) \end{cases} \tag{7.7}$$

可见,合成场的大小不随时间改变,但方向却随时在改变,其矢量端点随着 t 的增加在一个圆上以角速度 ω 旋转(见图7-2)。当 E_y 较 E_x 滞后90°时($\varphi_y=\varphi_x-90°$),θ 为正值,顺电磁波传播方向 z 观察,电场矢量以顺时针方向旋转,称为右旋极化波;反之,当 E_y 较 E_x 超前90°时($\varphi_y=\varphi_x+90°$或 $\varphi_y=\varphi_x-270°$),θ 为负值,电场合成矢量沿逆时针方向旋转,称为左旋极化波。千万要注意,上述结论一定要顺着电磁波传播方向观察才是正确的,图7-2中所示的电磁波传播方向是 $+z$ 方向,即是由纸面向上的,所以判断极化方向时应该从纸背面穿过纸面向纸上方观察,这时看到的电场矢量是顺时针旋转的,就是右旋极化波,反之则是左旋极化波;而现在对于图7-2所示的电场矢量旋转方向,由于我们看书时是从纸的上方向下观察的结果,刚好观察方向与电磁波传播方向相反,因而看到的是逆时针旋转的才是右旋极化波,而顺时针旋转的反而成了左旋极化波。其实,我们不考虑场矢量旋转方向与顺时针或逆时针的关系,而采用右手法则或左手法则来进行判断将更为方便和直接,将右手或左手的大

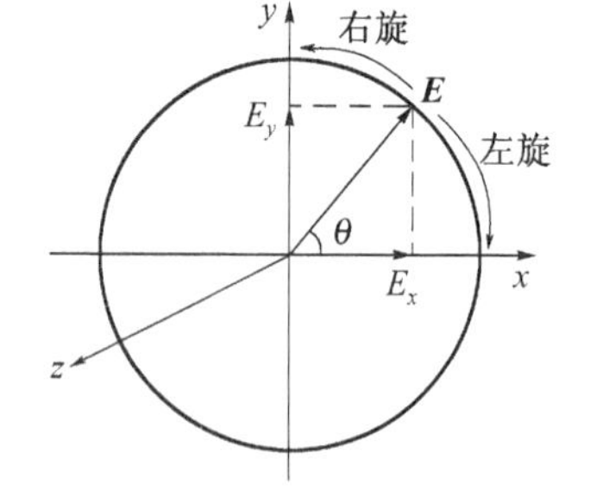

图7-2 波的圆极化

拇指指向电磁波的传播方向,其余四指弯曲指向电场矢量 $\boldsymbol{E}$ 的矢端的旋转方向,符合右手螺旋关系的就是右旋圆极化波,符合左手螺旋关系的就是左旋圆极化波。右旋极化波和左旋极化波也可以分别称为正旋极化波和反(负)旋极化波。

3. 椭圆极化

最一般的情况是电场的两个分量振幅和相位都不相等,即 $E_{xm} \neq E_{ym}$,$\varphi_x - \varphi_y = \varphi$,这时就构成椭圆极化波。

令 $\omega t - kz = \phi$,则式(7.1)成为

$$\begin{cases} E_x = E_{xm}\cos(\phi + \varphi_x) \\ E_y = E_{ym}\cos(\phi + \varphi_x - \varphi) \end{cases} \tag{7.8}$$

将该式三角函数展开,消去 $\cos\phi$ 项,可解得

$$\frac{E_x^2}{E_{xm}^2} - \frac{2E_xE_y\cos\varphi}{E_{xm}E_{ym}} + \frac{E_y^2}{E_{ym}^2} = \sin^2\varphi \tag{7.9}$$

这是一个椭圆方程,合成电场的矢量端点在一个倾斜的椭圆上旋转(图 7-3)。将右手或左手大拇指指向 $+z$ 方向,其余四指弯曲指向 φ 增加或减小方向,当 $\varphi>0$ 时,将符合右手法则,则电场矢量就是右旋极化波;当 $\varphi<0$ 时,则符合左手法则,是左旋极化波。或者说,顺 z 方向观察,当 $\varphi>0$ 时,它沿顺时针方向旋转(右旋);当 $\varphi<0$ 时,它按逆时针方向旋转(左旋)。

前面讨论的直线极化和圆极化都可以看作椭圆极化的特例。而直线极化波可以分解成两个幅值相等、旋转方向相反的圆极化波的合成,一个圆极化电场也可以分解成两个幅值相等、相位相差 90°的线极化电场。

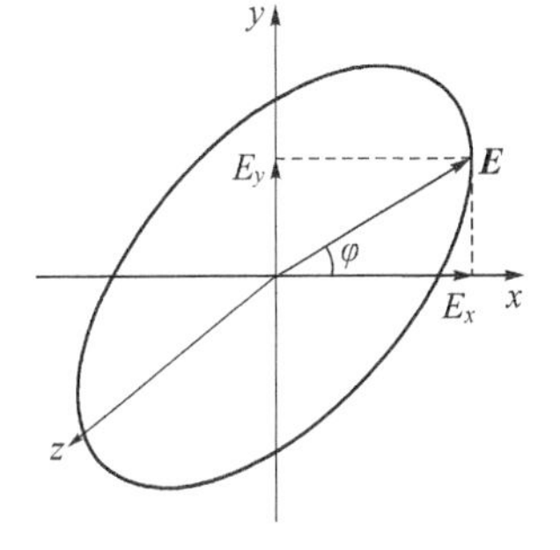

图 7-3　波的椭圆极化

还应指出,由于波自身还在 Z 向传播,因而合成电场矢量端点在空间的轨迹实际上更为复杂,所谓直线极化、圆极化以及椭圆极化只是它们在垂直传播方向的平面上的投影的形状。

电磁波合成矢量与传播方向轴(z 轴)构成的平面称为极化面。

7.1.2　微波铁氧体的电磁特性

1. 自旋电子的进动运动

电子具有自旋运动是一个普遍规律,但是在一般材料中,大量电子的自旋引起的效应是相互抵消的,不影响材料的宏观特性,而在铁氧体中,由于每个分子含有一个未成对的电子,这些电子的自旋未被抵消,在宏观上就会表现出独特的性质。

一个电子的自旋运动就会具有自旋角动量矩 $\boldsymbol{P}$,同时电子自旋形成的电流产生一个磁场,沿其自旋轴的一端为北极,另一端为南极,形成一个磁偶极子,其磁矩 $\boldsymbol{m}$ 是

$$\boldsymbol{m} = -\frac{e}{m}\boldsymbol{P} = \gamma\boldsymbol{P} \tag{7.10}$$

式中,γ 称为旋磁比或回磁比,$\gamma = -1.759 \times 10^7 \text{rad/(s} \cdot \text{Oe)}$,自旋动量矩 $\boldsymbol{P}$ 的方向与电

子自旋方向之间符合右手定则。

1)恒定磁场作用

如果存在一个外加恒定磁场 $\boldsymbol{H}_0$,则运动电荷(即自旋电子)在磁场中就将受到一个作用力,因此自旋电子的磁矩 $\boldsymbol{m}$ 在 $\boldsymbol{H}_0$ 作用下就得到一个力矩 $\boldsymbol{T}$。

$$\boldsymbol{T} = \boldsymbol{m} \times \boldsymbol{H}_0 \tag{7.11}$$

根据牛顿定律

$$\boldsymbol{T} = \frac{\mathrm{d}\boldsymbol{P}}{\mathrm{d}t} \tag{7.12}$$

可见,力矩 $\boldsymbol{T}$ 的方向就是自旋动量矩 $\boldsymbol{P}$ 的增量 $\mathrm{d}\boldsymbol{P}/\mathrm{d}t$ 的方向。

由式(7.10)、式(7.11)、式(7.12)可求得

$$\frac{\mathrm{d}\boldsymbol{m}}{\mathrm{d}t} = \gamma\frac{\mathrm{d}\boldsymbol{P}}{\mathrm{d}t} = \gamma(\boldsymbol{m} \times \boldsymbol{H}_0) \tag{7.13}$$

图7-4给出了自旋电子的 $\boldsymbol{m}$、$\boldsymbol{P}$ 及 $\mathrm{d}\boldsymbol{P}/\mathrm{d}t$ 的相互关系。

在 $\boldsymbol{T}$ 的作用下,电子在自旋的同时,其自旋轴还将围绕外加磁场 $\boldsymbol{H}_0$ 的方向进行旋转,使电子进行类似于自转与公转的复合运动。电子绕 $\boldsymbol{H}_0$ 方向的转动称为进动,进动的角频率 ω_0 可以从图7-4上直观求出,在图上可以看到,经过时间 Δt,力矩 $\boldsymbol{T}$ 使角动量矩改变了 $\Delta\boldsymbol{P}$

$$\Delta\boldsymbol{P} = (\boldsymbol{P}\sin\theta)\omega_0\Delta t \tag{7.14}$$

则

$$\frac{\mathrm{d}\boldsymbol{P}}{\mathrm{d}t} = \boldsymbol{P}\omega_0\sin\theta \tag{7.15}$$

将式(7.11)和式(7.12)代入,两边取幅值

$$|\boldsymbol{m} \times \boldsymbol{H}_0| = |\boldsymbol{P}|\omega_0\sin\theta \tag{7.16}$$

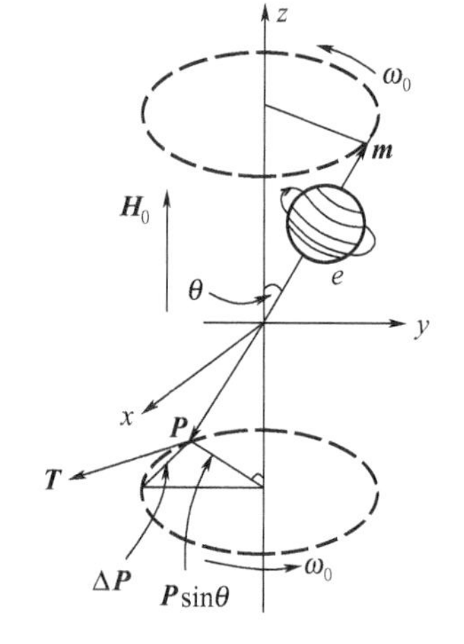

图7-4　电子的进动运动

由于 $|\boldsymbol{m} \times \boldsymbol{H}_0| = mH_0\sin\theta$,所以

$$\omega_0 = \gamma H_0 \tag{7.17}$$

这样,电子就以角频率 ω_0 按右手螺旋方向绕 $\boldsymbol{H}_0$ 旋转,由于 $\boldsymbol{m}$ 和 $\boldsymbol{H}_0$ 不变,其自旋轴与 $\boldsymbol{H}_0$ 的夹角 θ 也就保持不变。如果铁氧体无损耗,这种自旋运动将永远进行下去,但实际上铁氧体是有损耗的,这种损耗类似于摩擦力的作用,使得自旋进动逐渐衰减,夹角 θ 逐渐变小,经过一段时间(大约 10^{-8}s 量级),进动就实际上停止了,这时 $\boldsymbol{m}$ 与 $\boldsymbol{H}_0$ 方向已变成一致,形成附加的磁场。

上面讨论的只是铁氧体中单个电子在外加恒定磁场作用下的结果,如果单位体积铁氧体内有 n 个未被抵消的自旋电子,当外加恒定磁场足够强,以致所有自旋磁矩都被同一指向时,铁氧体的宏观自旋磁矩为

$$\boldsymbol{M}_0 = n\boldsymbol{m} \tag{7.18}$$

在恒定磁场作用下,进动的衰减使得最后 $\boldsymbol{M}_0$ 与 $\boldsymbol{H}_0$ 方向相同,因此,对应的总磁感应强度为

$$\boldsymbol{B} = \mu_0(\boldsymbol{H}_0 + \boldsymbol{M}_0) = \mu_0\left(1 + \frac{M_0}{H_0}\right)\boldsymbol{H}_0 = \mu_0\mu_r\boldsymbol{H}_0 \tag{7.19}$$

式中,$\boldsymbol{H}_0$ 为外加恒定磁场的磁场强度。可见在外加恒定磁场单独作用下,铁氧体并不具有各向异性,只是其导磁率得到了增强。当进动停止时,$\boldsymbol{M}_0$ 与 $\boldsymbol{H}_0$ 方向一致,我们就说铁氧体被磁化了,所以 $\boldsymbol{M}_0$ 称为磁化强度。

引入 $\boldsymbol{M}_0$ 后,式(7.13)成为

$$\frac{\mathrm{d}\boldsymbol{M}_0}{\mathrm{d}t} = \gamma(\boldsymbol{M}_0 \times \boldsymbol{H}_0) \tag{7.20}$$

式(7.20)称为理想无损耗情况下的朗道—里弗西兹方程。

2）恒定磁场与交变磁场共同作用

上面我们讨论的是铁氧体在恒定磁场 $\boldsymbol{H}_0$ 作用下的性质,下面讨论在恒定磁场与交变磁场同时作用下的情形,并假设外加恒定磁场 $\boldsymbol{H}_0$ 的方向为 z 向,则所加总磁场可写为

$$\boldsymbol{H} = \boldsymbol{H}_0 + \boldsymbol{H}_1 = \boldsymbol{\alpha}_x H_{1x} + \boldsymbol{\alpha}_y H_{1y} + \boldsymbol{\alpha}_z(H_0 + H_{1z}) \tag{7.21}$$

式中,$\boldsymbol{H}_1$ 为外加交变磁场。

由总磁场 $\boldsymbol{H}$ 所产生的总磁化强度为

$$\boldsymbol{M} = \boldsymbol{M}_0 + \boldsymbol{M}_1 = \boldsymbol{\alpha}_x M_{1x} + \boldsymbol{\alpha}_y M_{1y} + \boldsymbol{\alpha}_z(M_0 + M_{1z}) \tag{7.22}$$

式中,$\boldsymbol{M}_0$ 为恒定磁场作用下铁氧体的饱和磁化强度,$\boldsymbol{M}_0 = \boldsymbol{\alpha}_z M_0$,而 $\boldsymbol{M}_1$ 为交变磁场 $\boldsymbol{H}_1$ 所产生的磁化强度。

式(7.20)在这种情况下相应成为

$$\frac{\mathrm{d}\boldsymbol{M}}{\mathrm{d}t} = \gamma[(\boldsymbol{M}_0 \times \boldsymbol{H}_0) + (\boldsymbol{M}_0 \times \boldsymbol{H}_1) + (\boldsymbol{M}_1 \times \boldsymbol{H}_0) + (\boldsymbol{M}_1 \times \boldsymbol{H}_1)] \tag{7.23}$$

式中,$\boldsymbol{M}_0$、$\boldsymbol{H}_0$ 方向相同,因此 $\boldsymbol{M}_0 \times \boldsymbol{H}_0 = 0$,同时考虑到铁氧体通常是在小信号状态下工作,即

$$\begin{cases} |\boldsymbol{H}_1| \ll |\boldsymbol{H}_0| \\ |\boldsymbol{M}_1| \ll |\boldsymbol{M}_0| \end{cases} \tag{7.24}$$

因此可以忽略交流变量的高次项,这样式(7.23)就简化为线性方程

$$\frac{\mathrm{d}\boldsymbol{M}}{\mathrm{d}t} = \gamma[(\boldsymbol{M}_0 \times \boldsymbol{H}_1) + (\boldsymbol{M}_1 \times \boldsymbol{H}_0)] \tag{7.25}$$

将式(7.21)和式(7.22)代入上式,并取交流场的时间因子为 $\mathrm{e}^{\mathrm{j}\omega t}$,$\omega$ 为交变场的角频率,将矢量方程展开成标量方程,得到

$$\begin{cases} M_x = \dfrac{M_0}{H_0}\left(\dfrac{\omega_0^2 H_{1x} + \mathrm{j}\omega\omega_0 H_{1y}}{\omega_0^2 - \omega^2}\right) = \dfrac{\omega_0\omega_{\mathrm{M}} H_{1x} + \mathrm{j}\omega\omega_{\mathrm{M}} H_{1y}}{\omega_0^2 - \omega^2} \\ M_y = \dfrac{M_0}{H_0}\left(\dfrac{\omega_0^2 H_{1y} - \mathrm{j}\omega\omega_0 H_{1x}}{\omega_0^2 - \omega^2}\right) = \dfrac{\omega_0\omega_{\mathrm{M}} H_{1y} - \mathrm{j}\omega\omega_{\mathrm{M}} H_{1x}}{\omega_0^2 - \omega^2} \\ M_{1z} = 0 \end{cases} \tag{7.26}$$

式中,$\omega_{\mathrm{M}} = \gamma M_0$,称为本征角频率;$\omega_0 = \gamma H_0$,则为进动角频率。

总的磁感应强度的交变分量就可以表示为

$$\boldsymbol{B}_1 = \mu_0(\boldsymbol{H}_1 + \boldsymbol{M}_1) = \mu_0\boldsymbol{H}_1\left(1 + \frac{\boldsymbol{M}_1}{\boldsymbol{H}_1}\right) = \mu_0\,\boldsymbol{\mu}_r\boldsymbol{H}_1 \tag{7.27}$$

$\boldsymbol{\mu}_r$ 称为铁氧体的张量导磁率,为了避免引入过多的数学概念,不写出它的张量表达式,直接把式(7.27)展开成分量形式

$$\begin{cases} B_{1x} = \mu_0(\mu H_{1x} + j\mu_a H_{1y}) \\ B_{1y} = \mu_0(\mu H_{1y} - j\mu_a H_{1x}) \\ B_z = \mu_0 H_{1z} \end{cases} \tag{7.28}$$

式中

$$\begin{cases} \mu = 1 + \dfrac{M_0}{H_0}\dfrac{\omega_0^2}{\omega_0^2 - \omega^2} = 1 + \dfrac{\omega_M\omega_0}{\omega_0^2 - \omega^2} \\ \mu_a = \dfrac{M_0}{H_0}\dfrac{\omega\omega_0}{\omega_0^2 - \omega^2} = \dfrac{\omega_M\omega_0}{\omega_0^2 - \omega^2} \end{cases} \tag{7.29}$$

式(7.28)表明,磁化铁氧体在各个方向的导磁率是不同的,表现出了各向异性的特点,它是磁化铁氧体中自旋磁矩 $\boldsymbol{m}$ 绕 $\boldsymbol{H}_0$ 进动的结果(式(7.29)中 ω_0 取决于 H_0);但是这种各向异性只有在恒定磁场与交变磁场同时作用到铁氧体上时才能显现出来,单纯的恒定磁场作用,铁氧体不具有各向异性。

2. 铁氧体中的电磁波——铁氧体的旋磁特性

一个在 x 方向的磁场线极化波,当 $H_{1x} = H_{1y} = H_1$ 时,可以根据式(7.2)写成

$$\boldsymbol{H}_1(t) = \boldsymbol{\alpha}_x\sqrt{2}H_1\cos\omega t \tag{7.30}$$

矢量 $\boldsymbol{H}_1(t)$ 的大小随时间变化,但它的方向始终沿 x 轴,可以分解成两个圆极化波

$$\begin{aligned} \boldsymbol{H}_1(t) &= \boldsymbol{H}_1^+(t) + \boldsymbol{H}_1^-(t) \\ &= \left[\frac{\sqrt{2}}{2}H_1(\boldsymbol{\alpha}_x\cos\omega t + \boldsymbol{\alpha}_y\sin\omega t)\right] + \left[\frac{\sqrt{2}}{2}H_1(\boldsymbol{\alpha}_x\cos\omega t - \boldsymbol{\alpha}_y\sin\omega t)\right] \\ &= (\boldsymbol{\alpha}_x H_{1x}^+ + \boldsymbol{\alpha}_y H_{1y}^+) + (\boldsymbol{\alpha}_x H_{1x}^- + \boldsymbol{\alpha}_y H_{1y}^-) \end{aligned} \tag{7.31}$$

按恒定磁场 $\boldsymbol{H}_0$ 的方向来判断,$\boldsymbol{H}_1^+(t)$ 为右旋极化波,$\boldsymbol{H}_1^-(t)$ 为左旋极化波(图7-5)。

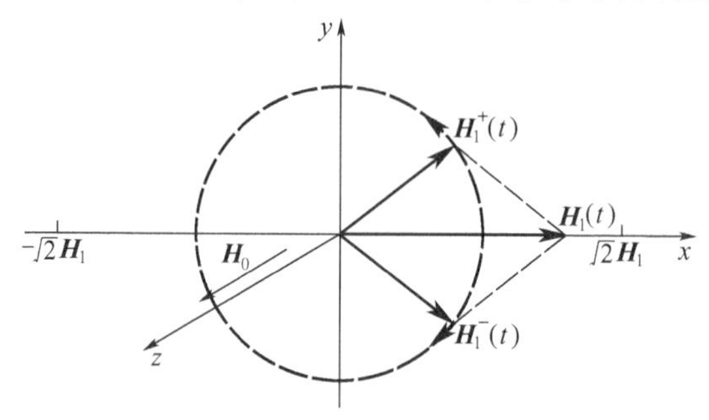

图7-5 $\boldsymbol{H}_1^+(t)$、$\boldsymbol{H}_1^-(t)$ 相对于 $\boldsymbol{H}_0$ 的旋转方向及其合成场 $\boldsymbol{H}_1(t)$

由式(7.31)可得$\boldsymbol{H}_1^+(t)$和$\boldsymbol{H}_1^-(t)$的模

$$
\begin{aligned}
|\boldsymbol{H}_1^{\pm}(t)| &= \sqrt{(H_{1x}^{\pm})^2 + (H_{1y}^{\pm})^2} = \sqrt{\left(\frac{\sqrt{2}}{2}H_1\cos\omega t\right)^2 + \left(\frac{\sqrt{2}}{2}H_1\sin\omega t\right)^2} \\
&= \frac{\sqrt{2}}{2}H_1 = \text{常数}
\end{aligned} \tag{7.32}
$$

以及$H_{1x}^{\pm}$与$H_{1y}^{\pm}$的夹角

$$
\begin{cases}
\tan\theta^{\pm} = \dfrac{H_{1y}^{\pm}}{H_{1x}^{\pm}} = \pm\dfrac{H_1\sin\omega t}{H_1\cos\omega t} = \pm\tan\omega t \\
\theta^{\pm} = \pm\omega t
\end{cases} \tag{7.33}
$$

可见,矢量$\boldsymbol{H}_1^+(t)$和$\boldsymbol{H}_1^-(t)$保持大小不变,分别以$\pm\omega$角频率绕z轴旋转,其端点轨迹是一个半径$\sqrt{2}H_1/2$的圆,这种旋转场就是圆极化场,其合成场$\boldsymbol{H}_1(t)$则为一个线极化波(图7-5)。

1) 回磁共振(回旋谐振)效应

对于线极化电磁波,式(7.27)简化为

$$
\boldsymbol{B}_1 = \mu_0\mu_r^{\pm}\boldsymbol{H}_1 \tag{7.34}
$$

式中,右旋、左旋圆极化波的相对导磁率$\mu_r^{\pm}$为

$$
\begin{cases}
\mu_r^+ = 1 + \dfrac{M_0}{H_0}\dfrac{\omega_0}{\omega_0 - \omega} = 1 + \dfrac{\omega_M}{\omega_0 - \omega} = 1 + \dfrac{\gamma M_0}{\omega_0 - \omega} \\
\mu_r^- = 1 + \dfrac{M_0}{H_0}\dfrac{\omega_0}{\omega_0 + \omega} = 1 + \dfrac{\omega_M}{\omega_0 + \omega} = 1 + \dfrac{\gamma M_0}{\omega_0 + \omega}
\end{cases} \tag{7.35}
$$

由此可见,铁氧体对右旋极化波和左旋极化波的相对导磁率是不同的。当微波频率ω与电子进动频率ω_0相等时,对于右旋波来说μ_r^+趋于无穷大,也就是说,这时达到了谐振,称为铁氧体的回磁(回旋)谐振现象;而对于左旋波来说,μ_r^-不会出现谐振点。当铁氧体存在实际上的损耗时,右旋极化波在谐振点附近将产生很大的衰减,反之,左旋极化波由于不存在谐振现象,衰减就很小。

右旋波对电磁波存在谐振损耗的现象,是由于电子自旋的自旋磁矩$\boldsymbol{m}$相对于外加恒定磁场$\boldsymbol{H}_0$来说也是右旋的,与右旋极化波$\boldsymbol{H}_1^+(t)$是同一转向,使高频场向电子交出能量,电子进动运动得到增强。当自旋磁矩进动角频率ω_0与右旋场的转动角频率ω接近时,两者发生了同步,从而产生了能量交换的积累,使得自旋磁矩的进动迅速增加,进动幅度不断加大。但它不可能无限制地增大,因为在实际上,自旋磁矩和它周围介质相互作用总会引起损耗,因此它必须不断从右旋场中吸取能量以补充这种损耗,当高频电磁场提供的能量与电子为克服阻尼而损失的能量平衡时,进动的幅度达到稳定,高频电磁场则要不断提供能量以维持这一稳定进动,这就是铁氧体回磁谐振吸收的物理实质。而对于左旋极化波$\boldsymbol{H}_1^-(t)$,由于其旋转方向与自旋磁矩的进动旋转方向相反,因此在任何频率下都

不可能同步,不存在换能的积累效果,也就不会有谐振吸收效应。

回磁共振微波元件的直流外加磁场应该与微波磁场相垂直,对于传播 TE_{10}波的矩形波导来说,即外加磁场垂直于波导宽边。

2)法拉第旋转效应

在写出式(7.31)时,只考虑了场随时间的变化因子 ωt,如果同时考虑场在 z 方向的传播因子,则右旋极化波和左旋极化波可以分别写成如下形式:

$$\begin{cases} \boldsymbol{H}_1^+(z,t) = \dfrac{\sqrt{2}}{2}H_1[\boldsymbol{\alpha}_x\cos(\omega t - \beta^+ z - \varphi_0) + \boldsymbol{\alpha}_y\sin(\omega t - \beta^+ z - \varphi_0)] \\ \boldsymbol{H}_1^-(z,t) = \dfrac{\sqrt{2}}{2}H_1[\boldsymbol{\alpha}_x\cos(\omega t - \beta^- z - \varphi_0) - \boldsymbol{\alpha}_y\sin(\omega t - \beta^- z - \varphi_0)] \end{cases} \tag{7.36}$$

式中,β^+、β^-分别为右旋波和左旋波的相位常数,因为在磁化铁氧体中 $\mu_r^+ \neq \mu_r^-$,所以 $\beta^+ \neq \beta^-$。不考虑铁氧体损耗时,

$$\begin{cases} \beta^+ = \omega\sqrt{\varepsilon_0\varepsilon_r\mu_0\mu_r^+} = \dfrac{\omega}{c}\sqrt{\varepsilon_r\mu_r^+} \\ \beta^- = \omega\sqrt{\varepsilon_0\varepsilon_r\mu_0\mu_r^-} = \dfrac{\omega}{c}\sqrt{\varepsilon_r\mu_r^-} \end{cases} \tag{7.37}$$

右旋场与左旋场的合成场是

$$\boldsymbol{H}_1(z,t) = \sqrt{2}H_1\left[\boldsymbol{\alpha}_x\cos\left(\frac{\beta^- - \beta^+}{2}z\right) + \boldsymbol{\alpha}_y\sin\left(\frac{\beta^- - \beta^+}{2}z\right)\right]\cdot \cos\left[\omega t - \left(\frac{\beta^+ + \beta^-}{2}z\right) - \varphi_0\right] \tag{7.38}$$

可以看出,式(7.38)表示的还是一个线极化波,只是以 $\boldsymbol{H}_0$ 的方向判断,它在 $z=z$ 处的极化面相对于在 $z=0$ 处的极化面右旋了一个角度 θ:

$$\begin{cases} \tan\theta = \dfrac{H_y(z)}{H_x(z)} = \dfrac{\sin\left(\dfrac{\beta^- - \beta^+}{2}z\right)}{\cos\left(\dfrac{\beta^- - \beta^+}{2}z\right)} = \tan\left(\dfrac{\beta^- - \beta^+}{2}z\right) \\ \theta(z) = (\beta^- - \beta^+)\dfrac{z}{2} = \dfrac{\omega}{c}\left(\sqrt{\varepsilon_r\mu_r^-} - \sqrt{\varepsilon_r\mu_r^+}\right)\dfrac{z}{2} \end{cases} \tag{7.39}$$

由此可见,一个线极化的波在磁化铁氧体中传播时,随着波在 z 向的行进,其极化面会发生旋转,即 θ 角会随着 z 的变化而改变,这种现象称为铁氧体的法拉第旋转效应,θ 称为法拉第旋转角。

如果波向反方向($-z$ 方向)传播,在式(7.36)中将所有 $-\beta^{\pm}z$ 改成 $+\beta^{\pm}z$,这样的改变不会引起 θ 的表达式(7.39)的变化,这就是说,磁场极化方向还是旋转 θ 角度,而且旋转方向也不变。可见,法拉第旋转效应不遵守互易定理,电磁波朝 $+z$ 方向传播和朝 $-z$ 方向传播时极化面朝同一方向旋转。如果 $\beta^- > \beta^+$,则 θ 为正,沿波传播方向来看,旋转为顺时针方向;反之 $\beta^+ > \beta^-$ 时,则为逆时针方向。

将式(7.35)代入式(7.39),当 $\omega \gg \omega_0$ 时,可以近似得

$$\theta \approx \frac{\gamma M_0}{c}\sqrt{\varepsilon_r}\,\frac{\omega^2}{\omega^2-\omega_0^2}\,\frac{z}{2} \approx \frac{\gamma M_0}{c}\sqrt{\varepsilon_r}\,\frac{z}{2} \tag{7.40}$$

由此可以看出,θ 不仅与波行进距离 z 成正比,而且与磁化强度 M_0 成正比,而 M_0 可以通过改变外加磁场 H_0 来进行调节,θ 与电磁波频率无关。

由于极化面将发生旋转,显然,铁氧体的法拉第旋转效应只能在圆波导中才能实际应用,因为圆波导中的 TE_{11} 模,磁波的 H_x 与 H_y 分量构成一个直线磁极化波,而且其极化面可以在圆波导中旋转。

3）场移效应

法拉第旋转效应发生在外加直流磁场与波的传播方向平行,即直流磁场为纵向时,基于这类原理制作的铁氧体微波元件也就称为纵向磁场铁氧体微波元件。而当外加直流磁场与波的传播方向垂直时,将产生另外一种现象——场移效应,利用横向磁场做成的铁氧体元件相应称为横向磁场铁氧体微波元件。

直流磁场与微波磁场和波的传输方向相垂直的情况,在矩形波段中容易实现,图 7-6 给出了 TE_{10}模在不同时刻的磁力线,在波导上固定两点 A、B 来考察磁场矢量的方向变化,图中 T 为周期。

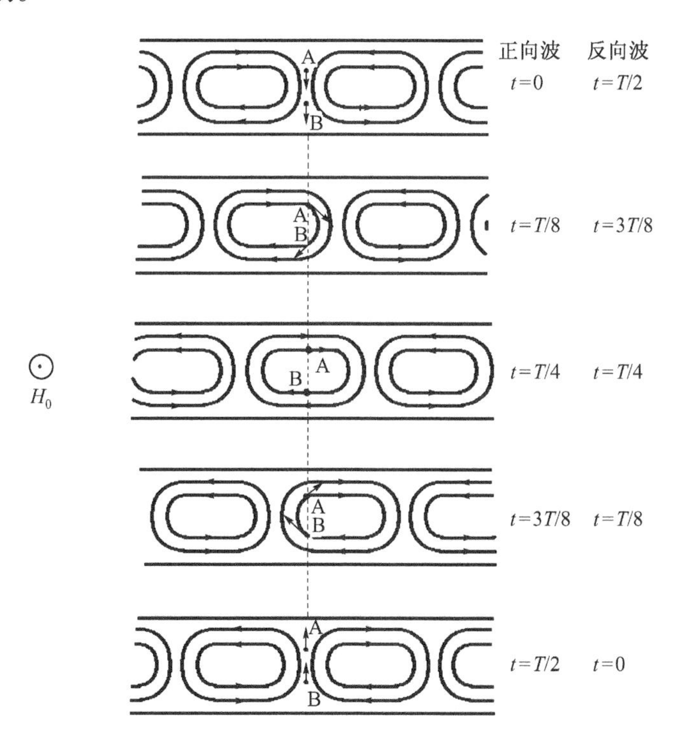

图 7-6　矩形波导中 TE_{10}模的磁场圆极化现象

假设外加直流磁场的方向是从纸里穿出纸面向上,则顺着该方向观察,可以十分清楚地看到,时间从 $t=0$ 变化到 $t=T/2$,在 A 点,磁场矢量将向顺时针方向旋转,即是右旋极化波;而 B 点的磁场则逆时针方向旋转,是左旋极化波。当波反向传播时,相当于时间顺序倒一下,波从右向左移动,从同一图(图 7-6)上可以清楚看出,这时圆极化波的旋转方

向与正向波相反,在A点为逆时针旋转的左旋极化波,而B点成为顺时针旋转的右旋极化波。

如果在矩形波导中相应于A点或B点的位置放置由横向磁场H_0磁化的铁氧体片或棒,如图7-7所示的情形。由于铁氧体对旋转方向不同的磁极化波具有不同的导磁率、不同的相位常数,而波传播方向不同时,同一位置的磁极化波旋转方向相反,因而正、反向波通过铁氧体时产生的相位移也就不同,而且这一过程是不可逆的。

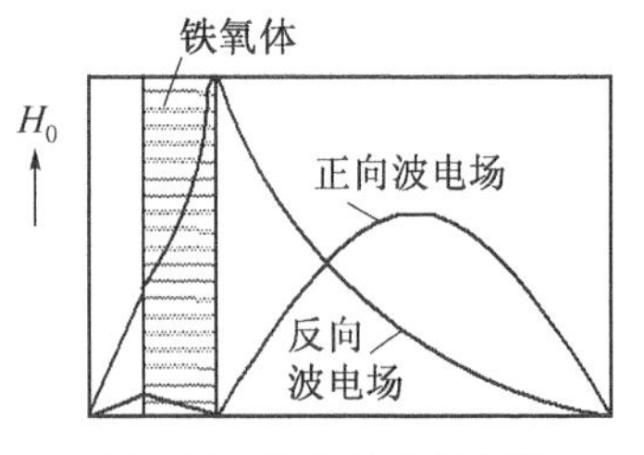

图7-7　横向磁化铁氧体的场移效应

矩形波导中放置的横向磁化铁氧体不仅会产生不可逆的相移,而且还会引起场移效应。如图7-7所示,铁氧体位于接近矩形波导中圆极化磁场的位置(图7-6中A点或B点),比如A点,当我们顺着H_0正向观察时,此时入射波磁圆极化波为右旋极化。如果直流磁场H_0小于对应于回旋谐振所要求的磁场,即$\omega_0/\omega<1$,即$\omega_0<\omega$时,则由式(7.35)可以看出,此时$\mu_r^+<1$,而$\mu_r^->1$。调节H_0,使$\mu_r^-\gg\mu_r^+$,则对于右旋极化的正向波来说,由于μ_r^+很小,铁氧体的存在对场分布影响很小,电磁场能量仍然集中于波导中,只是电场最大值的位置稍有偏移;而同样在A点,对于反向波而言,此时磁圆极化波成为左旋极化,则由于μ_r^-很大,使电磁波的能量被主要集中到铁氧体附近,即电场的最大值位置移到了铁氧体表面。这种由横向磁化铁氧体产生的电场最大值位置的偏移现象称为场移效应,显然,只要外加磁场H_0方向不变,μ_r^+、μ_r^-的大小就是不可逆的,场移效应也是不可逆的。

以上就是横向磁场铁氧体微波元件的基本工作原理。

7.2　铁氧体隔离器与移相器

隔离器是非互易铁氧体二端口微波元件,它是一种特殊的衰减器,衰减量的大小对正、反向波有很大的差别,因而使它能允许电磁波从一个方向可以几乎无损耗地通过,而从另一方向传播将遇到很大的衰减。

隔离器对反向波的衰减与对正向波的衰减之比称为隔离比,这是隔离器最重要的指标。显然,普通的互易元件衰减器的隔离比等于1,而隔离器的隔离比大于1,而且越大越好。

隔离器在微波技术中的应用非常广泛,它能有效地阻隔反射功率回到微波源。当负载、天线等阻抗改变时,反射波会引起振荡源如磁控管的频率漂移,隔离器就可以消除反射波的影响,稳定磁控管的工作;当负载不匹配严重时,反射波形成的驻波波腹甚至会引起微波管输出窗的击穿,隔离器可以有效地保护微波管免遭损坏,改善微波系统的匹配;隔离器在微波测量中也应用很普遍,对稳定测量信号、提高测量系统匹配性能、提高测量稳定性、准确性、可靠性起着重要的作用。

铁氧体移相器的功用与普通波导移相器完全相同,但铁氧体移相器可以通过改变外加磁场来调节相移量,而不像普通移相器那样需要改变介质片(板)在波导内的位置(或方向)来调节相移量。

7.2.1　铁氧体隔离器

1. 场移式隔离器

利用铁氧体的场移效应可以做成场移式隔离器,这是应用最为广泛的一种小功率隔离器。如图7-8所示,在矩形波导中接近磁圆极化的位置放入铁氧体片,外加磁场 H_0 与波的传播方向垂直,因此场移式隔离器是一种横向磁场铁氧体微波元件。根据7.1节的分析在 $\omega > \omega_0$ 时,由于$\mu_r^- \gg \mu_r^+$,在图7-6中的A点位置,左旋极化的反向波的场将被集中到铁氧体附近,并被附在铁氧体表面的电阻片吸收,使反向波被衰减,而右旋极化的正向波的场受到铁氧体影响很小,几乎可以无衰减地通过。

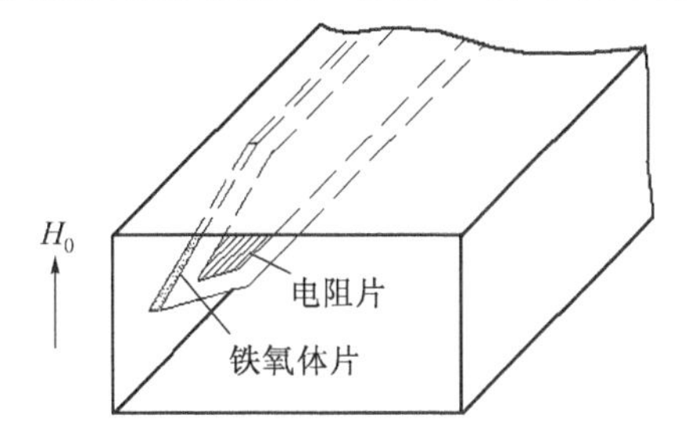

图7-8　场移式隔离器

在实际使用的场移式隔离器中,铁氧体片离波导窄边的距离应依据μ_r^+ 和μ_r^- 差别最大的原则来确定,距离过大或过小都会使μ_r^+ 和μ_r^- 的差别减小,而且最佳距离比较临界,任何小的偏移都会引起$\mu_r^\pm$ 的很大改变。通常铁氧体片距波导窄边约为 $a/20$,其厚度约为 $a/10$。

为了改善匹配,减少隔离器的输入驻波,铁氧体片的高度应比波导窄边 b 尺寸小,一般可取 $0.75b$,同时将铁氧体的两端磨成尖劈形状。场移式隔离器的带宽一般为8%左右。

贴在铁氧体表面的电阻片可用云母或有机玻璃表面蒸涂电阻层或石墨做成,表面电阻率一般为75Ω/cm²。由于电阻片可以承受的功率有限,因而这种场移式隔离器只适宜小功率系统应用,但由于其工作磁场低,因而体积小,质量小,与微波系统可以直接连接使用。

为了提高隔离比,场移式隔离器也可以采用双片铁氧体片,即在矩形波导靠近两个窄边的位置各放一片,但两片的磁化方向应相反。这样,其反向隔离可达60~70dB,正向损耗小于1dB。

2. 谐振式隔离器

从上面关于场移效应的分析中已经知道,如图7-6所示,矩形波导中的TE_{10}模,顺着H_0方向观察时,对于正向波,A点所在的波导一侧,磁场矢量将是右旋极化波,而B点所在的一侧,磁场矢量则为左旋极化波;对于反向波,则刚好相反,A点一侧将是左旋极化波,而B点一侧则是右旋极化波。图7-9给出了电磁波在正向和反向传播时,在B点观察到的矩形波导中TE_{10}模磁场矢量的极化现象,图7-9(a)为谐振式隔离器的结构,包括直流磁场的安置;图(b)则给出了正向波从左向右传播时,磁场矢量的极化情况,其中数字1、2、3、…表示时间的先后次序,从纸的背面向正面观察(即顺着$\boldsymbol{H}_0$方向观察),可以看出,这时磁场是一个左旋波;而图(c)则是反向波从右向左传播时的情形,这时磁场是一个右旋波。

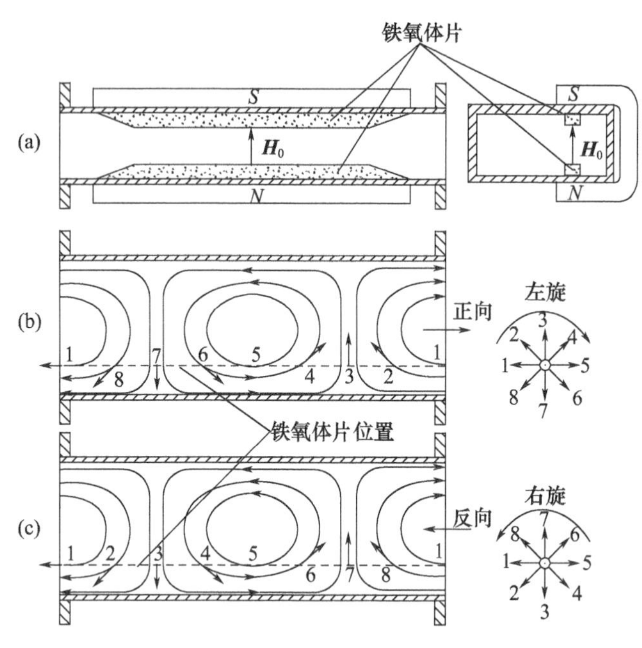

图7-9 谐振式隔离器

(a)隔离器结构;(b)正向波时B点的左旋场示意图;

(c)反向波时B点的右旋场示意图。

如图7-9(a)所显示,将铁氧体片放置在矩形波导相应于B点的位置,外加直流磁场垂直于波导宽边,方向如图由下向上,那么,对于正向波,B点的磁场符合左手法则,是左旋场,不会产生回磁谐振现象,不会引起电磁波的损耗;但对于反向波,B点的磁场符合右手法则,是右旋场,当铁氧体材料的电子进动频率 ω_0 与电磁波频率 ω 相等时,就会发生铁磁共振(回磁共振),从而对反向波产生很大的损耗。

谐振式隔离器可以分为E面隔离器和H面隔离器,以铁氧体条平行于H面还是平行于E面安置区分,平行于H面的称为E面隔离器,否则为H面隔离器,其结构为在矩形波导中离窄边 x_1 的位置放置一条铁氧体片(E面谐振式隔离器)或者在该位置的上下宽边各贴一窄条铁氧体片(H面谐振式隔离器),如图7-10所示。

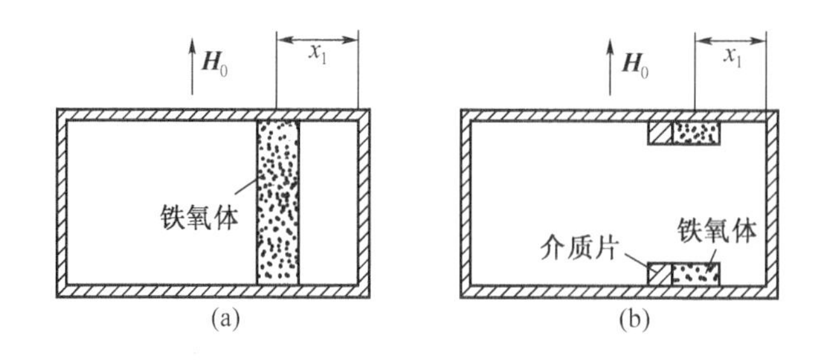

图7-10 谐振式隔离器

(a) E面谐振式隔离器;(b) H面谐振式隔离器。

相对于场移式隔离器,在谐振式隔离器中,应提高 H_0 使 ω_0 达到与微波频率 ω 相等,$\omega_0/\omega=1$(注意在场移式隔离器中,$\omega_0/\omega<1$),即出现回旋谐振现象,此时 $\mu_r^+ \gg \mu_r^-$。

铁氧体片的位置 x_1 应满足

$$\tan\left(\frac{\pi x_1}{a}\right)=\frac{\lambda_g}{2a} \tag{7.41}$$

从矩形波导中 TE_{10}模的场方程可以发现，在上述条件下，H_x 和 H_z 分量的幅值相等，即在 x_1 处磁场呈圆极化波。此位置在波导宽边中心线两边，约在宽边 a 的 1/4 和 3/4 处。因此，与场移式隔离器类似，在需要提高隔离比时，也可以在波导宽边中心线两边都设置铁氧体片，只是要注意这时两边的直流磁场应反向。

实际上，实验发现引入铁氧体片后，磁场纯圆极化的位置比理论上的位置 x_1 要小一点（离波导窄边近一点），原因是铁氧体具有一定大小，它的存在会影响原来微波磁场的大小。

实验表明 E 面隔离器的正、反向损耗都较大，且隔离比较小；而 H 面隔离器的正、反向损耗都较小，同时隔离比相对较大，而且在这种结构中，铁氧体片紧贴波导宽边，接触面大，散热好，可以承受较大的功率，适宜大功率系统应用。在铁氧体片的一面或两面附加介质片（图 7－10（b）），可以提高隔离比，同时增加隔离器的工作频带。为了改善匹配，铁氧体片的端头也往往做成尖劈形状。

3. 法拉第旋转式隔离器

利用铁氧体法拉第旋转效应也可以做成隔离器，与上面两种隔离器不同的是：场移式与谐振式隔离器是横向磁场铁氧体元件，是矩形波导元件；法拉第旋转式隔离器则是纵向磁场铁氧体微波元件，而且隔离器的主体部分是圆波导，应用于矩形波导系统时，两端应通过 $TE_{10}^{\square}-TE_{11}^{\circ}$ 波型变换器连接。

法拉第旋转式隔离器的结构与工作原理示意图如图 7－11 所示。在图 7－11（a）中，1 为输入矩形波导，2 与 4 为方—圆过渡器，3 为 TE_{11}° 模圆波导，5 为输出矩形波导，它相对输入波导转了 45°，6 为纵向磁化铁氧体，7、8 为电阻片（微波吸收片），与两段矩形波导一样，吸收片 8 相对 7 偏转 45°，它们都与各自相邻的矩形波导宽边平行。

设 TE_{10} 波由矩形波导 1 入射，经过 $TE_{10}^{\square}-TE_{11}^{\circ}$ 波型变换器在圆波导中变成 TE_{11}° 波，这时吸收片 7 的平面与电场垂直，电磁波基本不受衰减。在圆波导中，由于纵向磁化铁氧体片 6 的法拉第旋转效应，将使 TE_{11}° 波的极化方向沿逆时针方向旋转 45°，这一角度的大小可以通过调整铁氧体的大小和磁场的大小来保证。经过旋转后的 TE_{11}° 波电场力线将再次与吸收片 8 的平面垂直，从而几乎无衰减地从矩形波导 5 输出（图 7－11（b））。当输出端存在来自负载的反射时，如图 7－11（c）所示，反射波在通过吸收片 8 时仍不会被吸收，但当它再次通过圆波导时，由于铁氧体的法拉第旋转效应的旋转方向与波的传播方向无关，TE_{11}° 波将再向逆时针方向旋转 45°，这样就使电场矢量与吸收片 7 的平面平行，因而受到强烈的衰减。如果吸收片 7 还没有把反射波全部吸收完，则剩余的反射波经过波型变换后成为 $TE_{10}^{\square}$ 波，由于其电场方向与矩形波导宽边平行，矩形波导对它来说已是截止状态，不能从波导 1 输出返回振荡源，必然再次反射回去。该反射波在经过吸收片 7 时将再次被衰减。没有被吸收完的剩余能量进入圆波导，然后在圆波导中又被逆时针旋转 45°，这时，TE_{11}° 的电场方向与吸收片 8 亦将平行，因而波亦会被吸收片 8 强烈衰减。剩余的能量进入波导 5，但类似上面在输入端遇到的情况，由于此时电场力线已与矩形波导 5 的宽

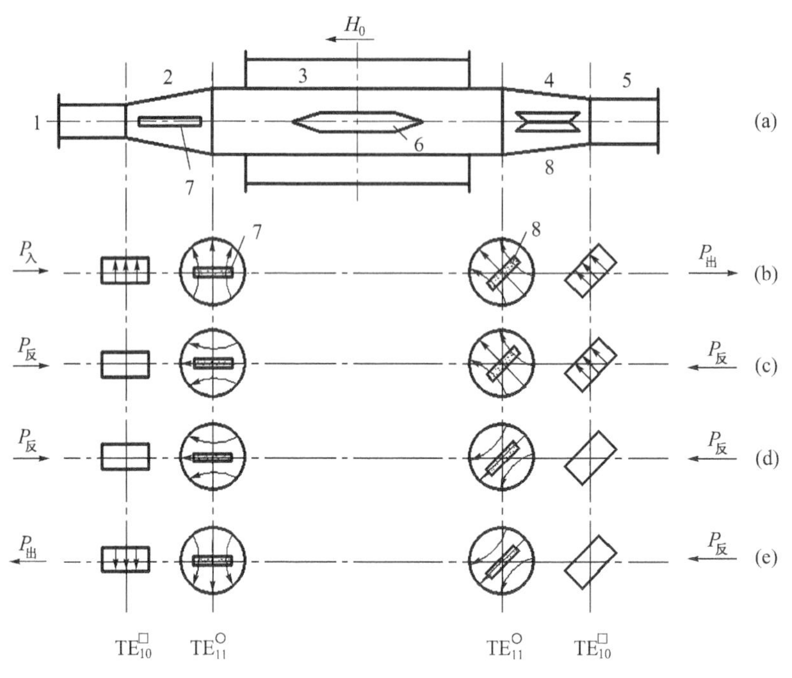

图 7 - 11　法拉第旋转式隔离器

边平行,波导截止,波不能经此输出,只能第 3 次被反射(图 7 - 11(d))。最后,从输出端反射回来的波,经吸收片 8 的再次衰减,在第 4 次经 45°逆时针旋转后,才有可能从波导 1 输出回到微波源去(图 7 - 11(e))。

由以上分析可知,在法拉第旋转式隔离器中,一个反射波只有在隔离器中通过 3 次,被吸收片 4 次衰减后才可能返回到微波源去,显然这将极大地提高隔离器的隔离比,真正能返回到微波源的微波功率已十分微弱。

法拉第旋转式隔离器的功率容量低,结构又较复杂,尺寸大,因而使用较少,但它要求的磁场低,因而可以用在因频率提高而要求较高的铁氧体隔离器工作磁场的毫米波波段。

4. 微带铁氧体隔离器

1）环行器式隔离器

利用微带铁氧体环行器(关于环行器的工作原理,将在 7.3 节介绍),在其一个端口接上匹配的负载,就可以构成隔离器(如图 7 - 12 所示)。隔离器的负载可以用 50Ω 铬薄膜电阻做成,再通过一段四分之一波长开路谐振电路以保证负载点接地。这类隔离器结构紧凑,是目前应用最多的微带隔离器。

2）场移式隔离器

类似于波导场移式隔离器,利用横向磁化铁氧体的场移效应,同样可以做成场移式微带铁氧体隔离器。如图 7 - 13 所示,当微波信号从左侧输入时,电磁波在微带中正常传播,几乎不会被吸收材料吸收;而当反射波从右侧反射回来时,由于铁氧体的场移效应,电磁场将向导体带的上边缘集中,并因此被微波吸收材料吸收。

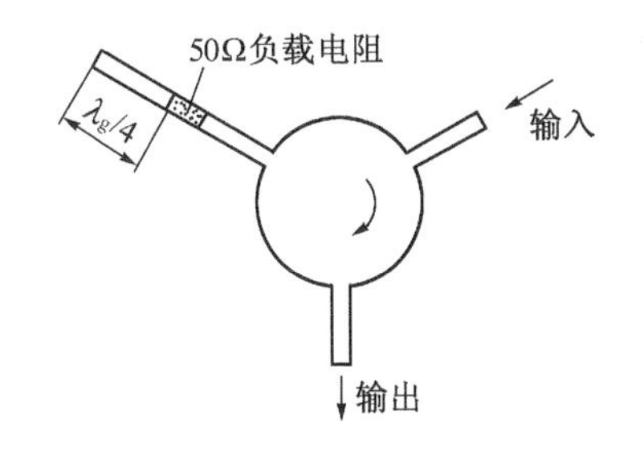

图7-12 环行器式微带铁氧体隔离器

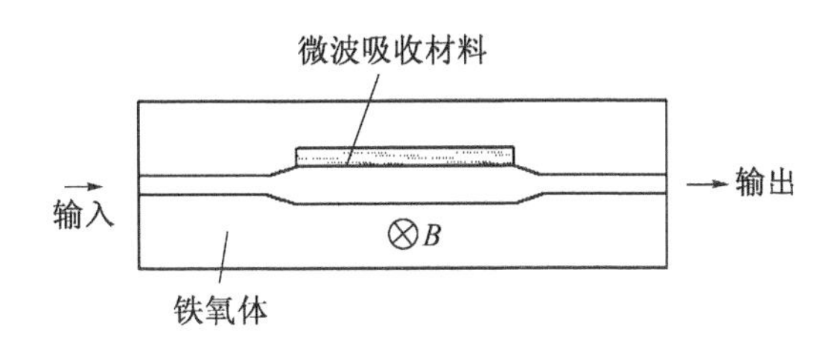

图7-13 场移式微带铁氧体隔离器原理图

7.2.2 铁氧体移相器

1. 波导移相器

我们在3.6节中介绍了介质材料移相器,它是依赖于介质材料具有不同于波导中空气介质的 ε_r 而达到相移的目的的,其实,由式(2.155)不难发现,不仅改变 ε_r,而且改变 μ_r,都可以使电磁波的相位常数 β 发生变化,从而改变电磁波通过一定长度相移材料时的相移量 $\Delta\varphi$,铁氧体移相器就是利用这一特性来实现相移的。

铁氧体移相器的结构与横向磁场铁氧体隔离器完全类似,如图7-14所示,因而也是一种横向磁场铁氧体微波元件,且所要求的外加磁场 H_0 较小,使 $\omega_0/\omega \ll 1$。横向磁场的方向及铁氧体片的位置应当选择适当,使入射波在铁氧体内部的磁场成为一个左旋极化波,因为在 $\omega_0/\omega \ll 1$ 时,$\mu_r^- \gg \mu_r^+$,这样就可以使移相器对入射波的相移大于反射波的相移,达到使用移相器的目的。

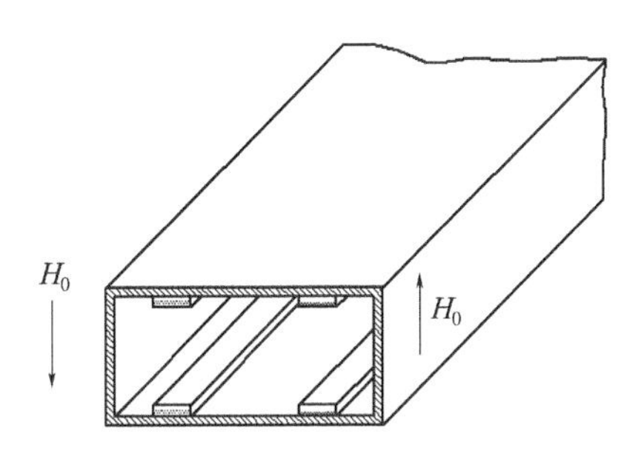

图7-14 铁氧体双H面移相器

在大功率状态下,可以采用单H面铁氧体或双H面铁氧体(图7-14),注意后者两侧的磁场方向相反。

利用铁氧体的法拉第旋转效应,也可以做成不可逆的纵向磁场铁氧体移相器,这种移相器结构较复杂,同样需要方—圆过渡,因而应用较少。

铁氧体移相器的相移量可以方便地通过改变外加磁场的大小在相当大的范围内进行调节,而且它是非互易的,对入射波与反射波的相移量可以差别很大。

2. 微带铁氧体移相器

前面已指出,实现移相的方法可以是改变传输线的长度,或者改变电磁波的相位常数,我们也已知道,外加在铁氧体上的磁场将引起铁氧体导磁率的改变,因此,用铁氧体材料直接做成微带移相器的贴片并加上适当的外加磁场就可以构成微带铁氧体移相器,并通过调节磁场,可以方便地改变相移量的大小。

微带铁氧体移相器在性能上比不上波导铁氧体移相器,而在尺寸小、性能可靠等方面,随着 PIN 二极管移相器的普遍应用,它亦已逐渐失去优势。

7.3 铁氧体环行器

铁氧体环行器是一种应用十分广泛的微波元件,它可以在雷达中做天线收发转换开关(双工器),分离输入与输出信号、入射波与反射波,也可以在微波传输系统和测量系统中做隔离器等。环行器用作隔离器时,由于它不是靠内部自身的吸收片来吸收反射功率,而是将反射波在另一端口输出,然后再用大功率负载来吸收反射功率的,因而特别适合用作大功率系统中的隔离器。

铁氧体环行器一般是三端口或者四端口元件,微波功率将在环行器各端口间环行传输——从端口 1 输入时将从端口 2 输出,端口 2 输入时则由端口 3 输出,端口 3 输入时端口 4 输出,端口 4 输入又回到端口 1 输出,以此循环,所以叫作环行器。而且除了输出端口外,在理想情况下,其余两个端口都不会有功率输出。

铁氧体环行器主要有法拉第旋转式、相移式、场移式和结环行器等种类。前 3 种都是四端口元件,结环行器则一般为三端口元件,也可以做成四端口的。这些环行器中目前结环行器使用得最多,次之为相移式环行器,后者主要应用于大功率微波系统。

7.3.1 结环行器

结环行器的结构如图 7-15 所示,它的中心区域是一个加载有铁氧体的谐振腔,谐振腔侧壁与 3 个或 4 个传输端口相连接,在谐振腔轴线方向上加直流磁场 H_0。各传输端口可以是波导,或经波导—同轴线转换接头转变成为同轴线。中心铁氧体可以是圆柱体或三角形块。三端口可以 120°分布(Y 型),也可以 T 型分布(T 型)。

结环行器结构简单、质量轻、体积小,具有很宽的工作带宽,可以承受中等以上的功率。因此结环行器的应用十分普遍。

图 7-15 给出了波导型结环行器的基本结构示意图,据此来说明它的工作原理。

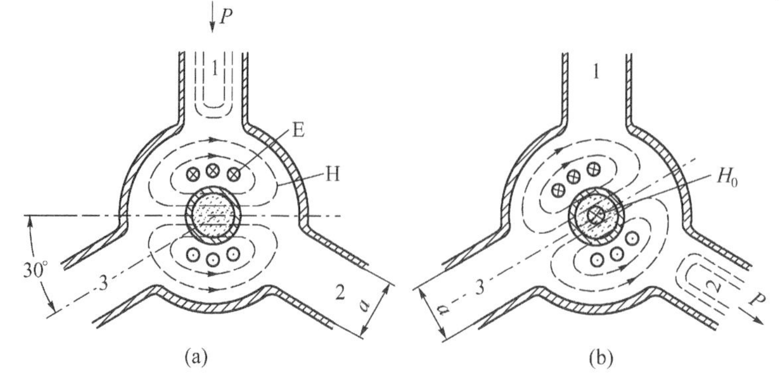

图 7-15 Y 波导型结环行器工作原理

(a) 未加外加磁场时;(b) 加有外加磁场后。

三个矩形波导成 120°对称分布地与中心谐振腔耦合,矩形波导中传输基模 TE_{10} 波,而谐振腔中将被激励起 TM_{11} 波的驻波场(谐振腔部分上下金属板与波导宽壁连成整体)。在谐振腔轴线方向加外加磁场,由于磁场方向与谐振腔轴线一致,也就是说,与腔中行波场(腔中的 TM_{11} 驻波场可以看成是向相反方向传播的两个行波场的合成)的传播方向是平行的,因而这是一种纵向磁化铁氧体元件。其实现环行的基础是法拉第旋转效应。有人根据外加磁场方向与端口中 $TE_{10}^{□}$ 波的传播方向相垂直而将结环行器归为横向磁场铁氧体元件,这一观点似乎欠妥,因为铁氧体元件并不是放置在矩形波导中的。

当没有外加磁场 H_0 时,铁氧体尚未被磁化,但由于铁氧体的介电常数比较大(ε > 8),谐振腔中的微波能量将向铁氧体及其周围集中,因而当矩形波导输入 TE_{10} 波时,在腔中将激励起 TM_{11} 波而不会是 TM_{01} 波,因为后者在谐振腔轴线上的磁场为零。当微波从端口 1 输入时,在环行器中的场分布如图 7 – 15(a)所示,可见此时在端口 2 和 3 位置的场分布是完全对称的,所以不会形成环行能力。当中心铁氧体加上外加磁场被磁化后,腔中场的极化就会发生旋转,调整外加磁场的方向和大小,在合适的铁氧体尺寸下,场将逆时针旋转 30°,如图 7 – 15(b)所示。这时,端口 2 将接近 TM_{11} 波角向磁场 H_φ 的最大值处,微波能量会从端口 2 输出,而端口 3 刚好处于 H_φ 的零值处,所以不会有能量从端口 3 输出。由此可见,端口 1 输入的微波将从端口 2 输出,依此类推,端口 2 输入时将从端口 3 输出,端口 3 输入时从端口 1 输出,从而形成环行能力。

7.3.2 差相移式环行器

差相移式环行器是一种横向磁场铁氧体微波元件,其典型的结构如图 7 – 16(a)所示,图 7 – 16(b)则给出了其工作原理图。相移式环行器由三部分组成:魔 T、π/2 差相移器和 3dB 窄边裂缝电桥。魔 T 和 3dB 窄边裂缝电桥在 4.2 节中已做过介绍,只是在这里魔 T 的两个对称支臂被弯折靠拢,成为两个具有公共窄壁的平行波导。铁氧体移相器在 7.2 节中已简单介绍过其工作原理,用在相移式环行器中的相移器的特点是:其正向波与反向波的相移量固定差 π/2,即若相移器对某一个方向上的波产生的相移量为 θ,则对另一相反方向的波的相移量就是 $\theta-90°$,所以称其为差相移器。而且在魔 T 的两个对称支臂中这种差相刚好相反,在 A 支路中正向波的相移量为 $\theta-90°$,而在 B 支路中则是反向波的相移量为 $\theta-90°$(见图 7 – 16(b)),但在图中省略了相移量 θ,这并不会影响对其工作原理的分析。

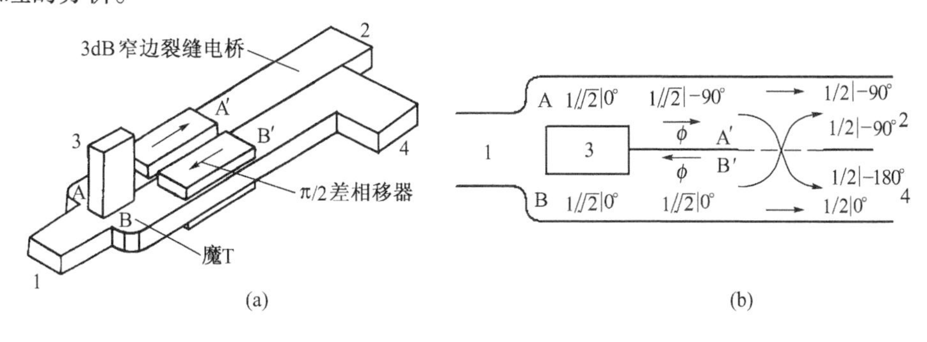

图 7 – 16　差相移式环行器结构示意图(a)及工作原理图(b)

假设当微波从端口1输入时,其功率为1,初始相位为0°。经过魔T时,该微波将等幅同相地进入A、B两个支路,每个支臂中的功率等于1/2,幅值则是$1/\sqrt{2}$,相位仍为0°,所以以$1/\sqrt{2}\,|0°$来表示。当A支路中的微波经过差相移器到达A′时,幅值不变,但增加了一个相移量$\theta-90°$,因而成为$1/\sqrt{2}\,|\theta-90°$;而B支路中的波经过差相移器到达B′时,根据上述对两臂中相移器的相移量相反放置的要求,产生的附加相移只是θ,成为$1/\sqrt{2}\,|\theta$。到达A′的微波在3dB电桥中又将被等分成两份,一份直达端口2,其功率只有原来的一半,即1/4,幅值则为1/2,因此可以表示成$1/2\,|\theta-90°$;另一半功率则经过耦合裂缝到达了端口4,而且根据波导窄边裂缝电桥的特性,到达端口4的波将产生新的-90°相移,因此成为$1/2\,|\theta-180°$;而在B′的微波在经3dB电桥时同样被分成两份,直通到端口4的一半保持原相位角θ,只是功率又降了一半,成为$1/2\,|\theta$;同时分到耦合端口2的一半功率同样会产生一个附加相移-90°,成为$1/2\,|\theta-90°$。这样我们可以看出,到达端口2的两路微波功率都是$1/2\,|\theta-90°$,因而得到同相叠加,从端口2输出;而在端口4的两路功率则分别是$1/2\,|\theta$与$1/2\,|\theta-180°$,刚好反相相消,在端口4就没有微波输出。

实际上,到达端口4的功率并没有自行消失,而是被反射回来了。同样假设反射波功率为1,该微波首先经3dB电桥分成两路,在B′(直通端)成为$1/\sqrt{2}\,|0°$,而在A′(耦合端)则为$1/\sqrt{2}\,|-90°$,它们在通过差相移器时刚好与上述端口1作为输入端时情况相反,从B′到B时将引起$\theta-90°$的相移,成为$1/\sqrt{2}\,|\theta-90°$;而从A′到A时仅引起θ相移量,加上在电桥中产生的-90°相移,所以A点的波也成为$1/\sqrt{2}\,|\theta-90°$。根据魔T的特征,当从两个支臂中输入同相的波时,将在H-T接头输出而不会在E-T接头输出,因此A、B两支臂的微波功率将合成后进入端口1而不会从端口3输出,而端口1本来就是输入端,因此由端口4反射回到端口1的微波将作为输入功率一部分再次输入;这样经过多次来回反射,最终端口2将获得全部功率输出,而实际上这一过程是瞬时完成的。或者也可以这样来理解:假设一开始从端口1输入了2份功率,这2份功率中1份由端口2输出,另一份由端口4反射而返回到端口1交还给微波源,因此最终端口1实际输入的只有一份功率,端口2输出1份功率。

同样,从端口2输入的微波功率将从端口3输出,而从端口3输入时将由端口4输出,由此形成1→2→3→4→1的环行过程。对于端口2、3输入时的情况读者可以自行进行补充分析。

7.3.3 法拉第旋转式环行器

法拉第旋转式环行器的结构和工作原理如图7-17所示。很显然,它与法拉第旋转式隔离器在结构上十分类似,只是不再需要微波吸收片,代之的是在圆波导两端各有一矩形输出波导。两波导的轴线与各自相靠近的方—圆过渡一端的矩形波导的宽边垂直,它们的宽边与圆波导轴线平行,由于两端的矩形波导本来就有45°的转向,因而接在圆波导上的两个矩形波导自然的在角向也有45°夹角。

铁氧体片将使电磁波的极化产生不可逆的45°逆时针旋转,这样,读者就可以很容易由图7-17理解该环行器的环行原理。

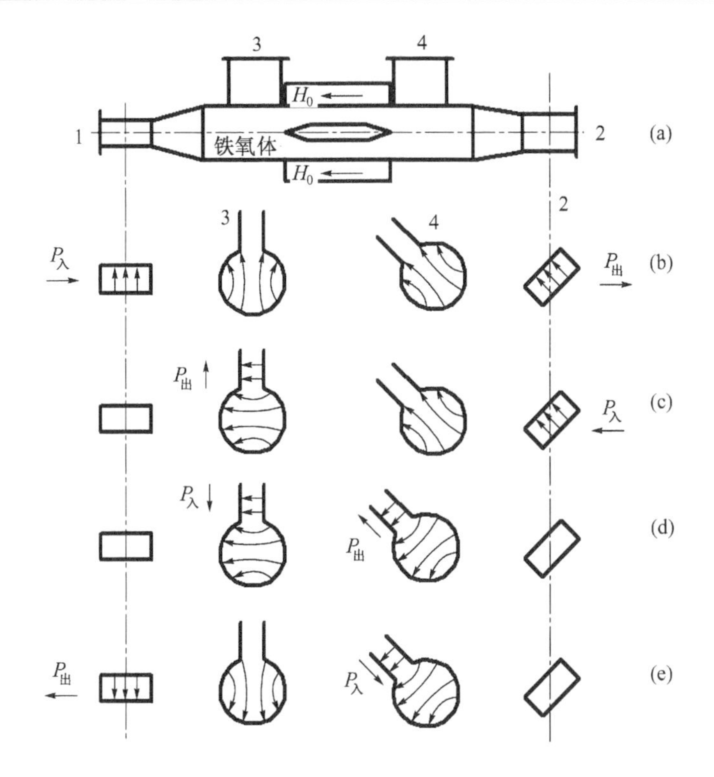

图7－17　法拉第旋转式环行器

(a) 结构示意图；(b) 端口1输入,端口2输出；

(c) 端口2输入,端口3输出；(d) 端口3输入,端口4输出；

(e) 端口4输入,端口1输出。

7.3.4　微带铁氧体环行器

微带铁氧体环行器与波导结环行器在结构上类似,在工作原理上也同样是利用了铁氧体材料的法拉第旋转效应。

1. 嵌入式微带铁氧体环行器

嵌入式微带铁氧体环行器的结构示意图如图7－18所示,它是在3条互成120°分布的微带线的汇合处的介质基片上开一个适当直径的圆孔,将端面已金属化的直径与基片上的圆孔相应的铁氧体圆柱体(其高度一般与基片厚度相同)嵌入该孔中,然后将微带线导体带与铁氧体端面用金属连接带通过焊接连接起来,而在铁氧体另一端面放置永久磁铁而形成的。要注意的是,当该环行器组装构成独立的元件时,其外壳材料应用非磁性材料。

2. 薄膜式微带铁氧体环行器

薄膜式微带铁氧体环行器将铁氧体材料与微带线的导体带一样直接沉积在介质基片上,从而避免了在介质基片上打孔,因此进一步提高了元件的集成程度。图7－19给出了一个沉积在蓝宝石基片上的铁氧体薄膜环行器的结构。

3. 基片式微带铁氧体环行器

将适当厚度的铁氧体材料直接作为微带线的基片,在该基片上用薄膜光刻技术或掩模沉积技术形成3条120°分布的导体带及与它们相连接的导体圆盘,而在基片的另一边对应圆盘的位置放置永磁铁,为铁氧体材料提供磁场(图7-20)。

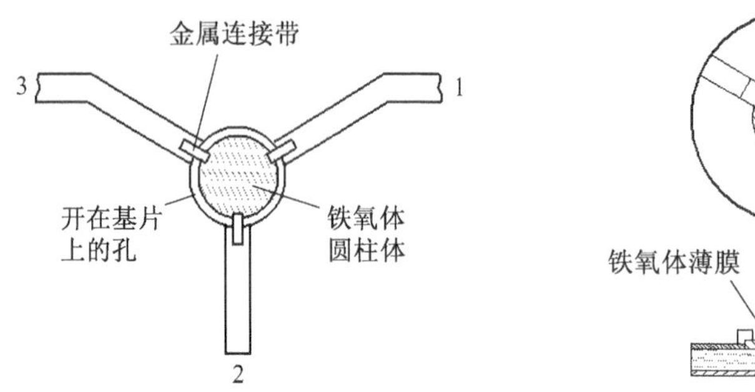

图7-18 嵌入式微带铁氧体环行器结构示意图

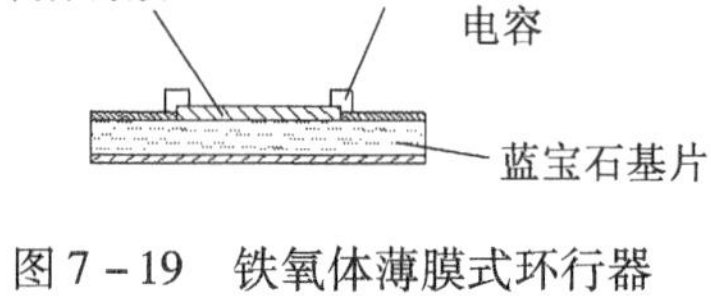

图7-19 铁氧体薄膜式环行器

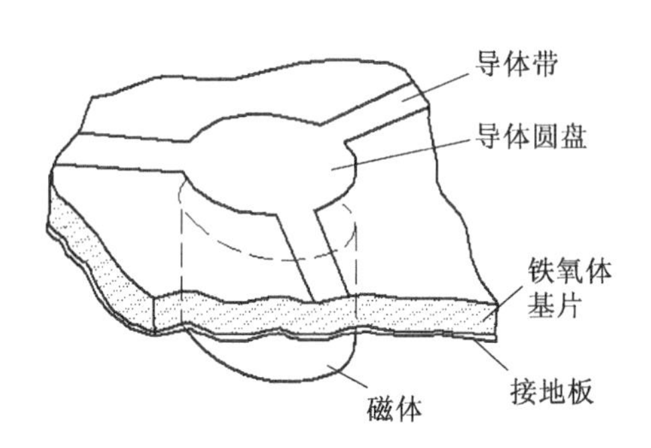

图7-20 铁氧体基片微带环行器结构

还有其他一些类型的微带铁氧体环行器,不再一一列举。用多个三端口环行器串接起来就可以构成多端口的环行器,例如用两个三端口环行器串联,就形成了四端口环行器,3个三端口环行器一一串联,就形成五端口环行器,等等。

4. 带状线铁氧体环行器

带状线铁氧体环行器由于其设计比较成熟、功率容量比微带线铁氧体环行器大得多,而体积重量又比波导铁氧体环行器小很多,因此也获得了广泛应用。

带状线铁氧体环行器的基本结构如图7-21所示,由带状线中心导体带形成一个圆片,圆片与三条互成120°分开的带状线导体带连接,作为微波的传输线,在圆片导体的上下各放置一个铁氧体圆盘,在它们的上下方则是构成带状线的上下接地板,磁场$\boldsymbol{H}_0$垂直于铁氧体圆盘。

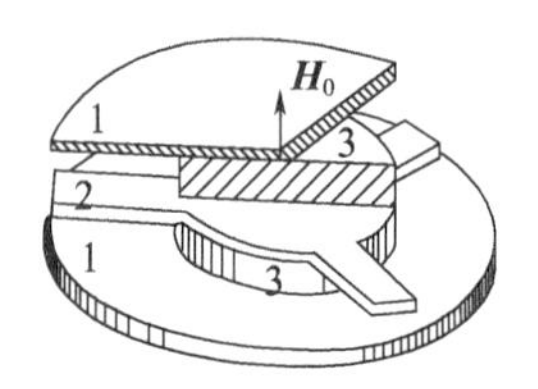

图7-21 带状线铁氧体环行器基本结构

1—接地板;2—带状线中心导体;3—铁氧体圆盘。

图7-22则分别给出了带状线铁氧体环行器在没有磁场和有磁场时在铁氧体圆盘内的电磁场分布。不论从哪条带状线输入的电磁波，在铁氧体圆盘中心可以分裂成右旋极化波与左旋极化波，圆盘中的整体场型就是这两个波的合成。合成后的高频磁场在圆盘中心是圆极化的，随着离开中心向圆盘边缘靠拢，合成场的椭圆度加大，到铁氧体圆盘的边缘上，椭圆度变为无限大，成为线极化波。

图7-22(a)显示当环行器还没有加上磁场，即 $H_0=0$ 时铁氧体中的驻波场分布，这时，铁氧体圆盘呈现各向同性，自端口1输入的电磁波在端口2、3得到的电磁波分布完全相同，并不能形成单独在某一个端口输出，从而也就不能形成环行；当环行器加上磁场时，即 $H_0\neq0$ 时，自端口1输入的线极化电磁波就会分裂成一个右旋极化波和一个左旋极化波，我们已经知道，这两个极化波的导磁率是不同的，导致它们合成后的高频磁场的极化方向会旋转30°，如图7-22(b)所示。这时，端口2处于接近磁场最大点波腹位置，而端口3则正好处于波节点位置，于是，端口1输入的电磁波就将从端口2输出；依此类推，端口2输入的电磁波将从端口3输出，端口3输入的电磁波会从端口1输出，形成环行。

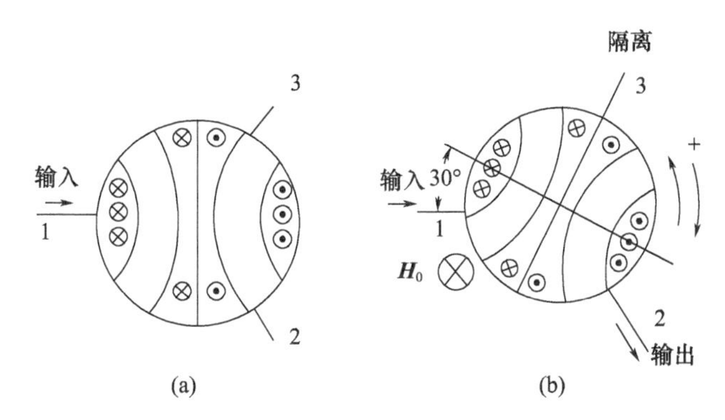

图7-22 铁氧体圆盘内的驻波电磁场分布
(a) $H_0=0$ 时；(b) $H_0\neq0$ 时。

7.4 微波检波器

在微波系统中，特别是在微波接收机中微波的检波是必不可少的，它能将微波信号直接转换成直流或低频信号。

检波器的主体都是微波二极管，由于晶体管是非线性元件，因而检波器属于非线性微波元件。

7.4.1 金属—半导体结二极管

1. 金属—半导体结二极管的结构

人们最早使用的检波二极管是点接触二极管，图7-23给出了常见的两种点接触二极管的结构，它是由一根金属丝(一般为钨丝或磷铜丝)压接在半导体(一般为硅单晶片)表面而形成的二极管。由于金属丝直径很小，因而极间电容小，可以减少对微波信号的旁路作用，适合于微波波段工作。

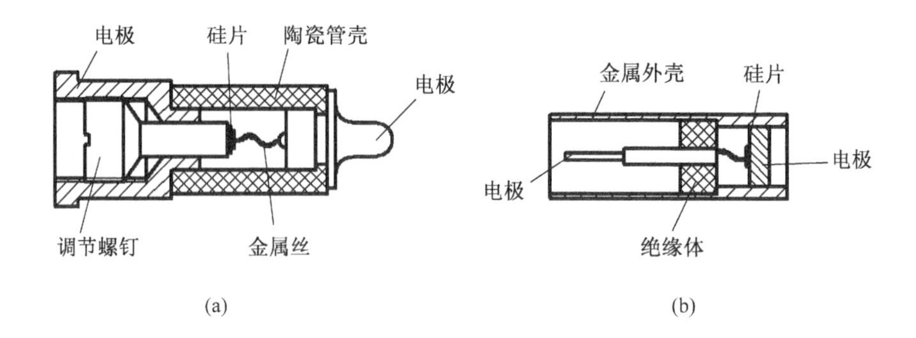

(a)　　(b)

图7-23　点接触二极管的两种结构形式

随着半导体工艺的发展,出现了一种面接触型的金属—半导体结二极管,如图7-24所示,称为肖特基势垒二极管。其结构是在重掺杂(在半导体中掺入杂质的量很高)的N型半导体(掺入施主杂质,即掺入有能交出电子的杂质的半导体)衬底N^+层(施主杂质交出电子后带正离子)上外延生长一层薄的外延N层,并在其表面氧化生成SiO_2保护层,经光刻在保护层上刻蚀出一个小孔(几微米到几十微米),然后再蒸发一层金属膜,于是在小孔内该金属膜和N型外延层的交界面形成了金属—半导体结,再在金属膜表面蒸发一层作为电极的金属材料,这样就构成了二极管的管芯(图7-24(b))。将管芯封装入管壳之中并焊上引线,就成为实用的肖特基势垒二极管(图7-24(a))。根据封装的形式不同,它有同轴型、微带型、玻璃封接以及金属—微带封接等不同类型。

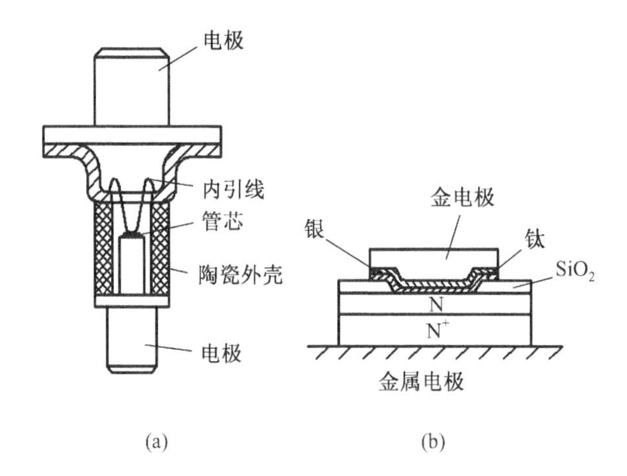

(a)　　(b)

图7-24　肖特基二极管

2. 金属—半导体结二极管的特性

金属—半导体结具有单向导电特性。其伏安特性如图7-25所示,显然它是非线性的,该伏安特性可以表示成

$$I = I_s(e^{\alpha V} - 1) \tag{7.42}$$

式中

$$\alpha = \frac{e}{nkT} \tag{7.43}$$

I_s 为二极管反向电流饱和值；V 为二极管两端的电压；k 为玻尔兹曼常数；T 为绝对温度；e 为电子电荷；n 为斜率参数，它取决于二极管的制造工艺，一般在 1～2 之间，当金属—半导体交界面理想无任何缺陷时，$n\approx1$。

由图7－25可见，二极管的正向电流经转折后迅速增加，可以很大，而反向电流则趋于很小的饱和值 I_s，而且当反向电压达到一定值时，反向电流突然增大，表明二极管已被击穿。这表明金属—半导体结二极管具有变电阻特性，在正向电压下，其电阻很小，允许流过大电流，而在反向电压下，它的电阻很大，因而反向电流很小。

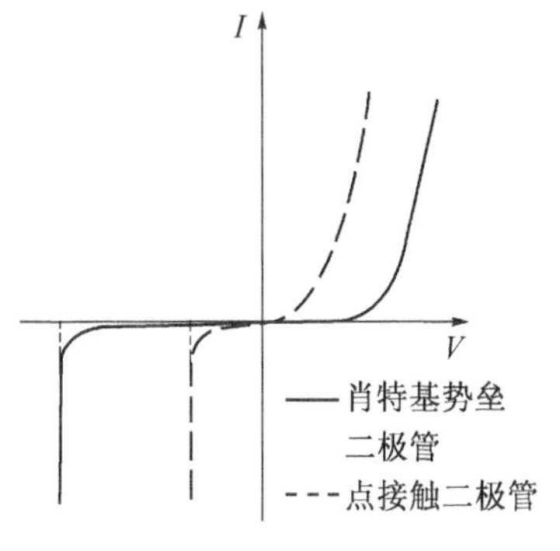

图7－25　金属—半导体结二极管伏安特性

7.4.2　检波器

1. 金属—半导体结二极管的检波原理

当一微波信号加到二极管上时，在管子上产生的电压为

$$V(t)=V_0+V\sin\omega t \tag{7.44}$$

式中，V_0 为二极管的外加偏压，即二极管的工作点；V 为信号的幅值。在该电压下，检波后得到的检波电流为

$$I(t)=f(V_0+V\sin\omega t) \tag{7.45}$$

将该式在 V_0 点展开为泰勒级数：

$$\begin{aligned}I(t)&=f(V_0)+f'(V_0)V\sin\omega t+\frac{1}{2}f''(V_0)(V\sin\omega t)^2+\cdots\\&=\left[f(V_0)+\frac{1}{4}f''(V_0)V^2+\cdots\right]+\left[f'(V_0)V\sin\omega t-\frac{1}{4}f''(V_0)V^2\cos2\omega t+\cdots\right]\end{aligned} \tag{7.46}$$

在小信号假设下，略去更高次的项，同时，滤去所有高频交变电流，这样得到的检波电流为

$$I_0\approx f(V_0)+\frac{1}{4}f''(V_0)V^2 \tag{7.47}$$

式中，$f(V_0)$ 为直流偏压对检波电流的贡献，一般情况下它比较小，在对调制信号（这种情况为大多数）进行检波时，还可以利用检波器中的隔直电容将它滤掉。显然，我们关心的应该是输入微波电压所产生的检波电流

$$I_0\approx\frac{1}{4}f''(V_0)V^2\propto V^2\propto E^2 \tag{7.48}$$

由此可见，检波电流正比于微波信号电场幅值的平方，这就是说，在小信号时检波器呈现出平方律检波。

对检波二极管的伏安特性的实测表明，在检波电流小于微安量级时，符合小信号平方

律,检波电流大于微安量级后,平方律就不再成立,这时检波电流与微波信号电场幅值的关系可表示为

$$I_0 = kE^{\alpha} \qquad (\alpha \leqslant 2) \tag{7.49}$$

式中,k 为一常数,指数 α 应由实验确定,而且 α 不是常数,它在不同的检波电流时是不同的。

2. 晶体检波器

为了将检波二极管接入微波系统,并尽可能做到宽频带匹配应用,往往还需做成一类专门的波导元件——晶体检波器。图7-26分别给出了波导型、同轴型和微带型晶体检波器的结构。

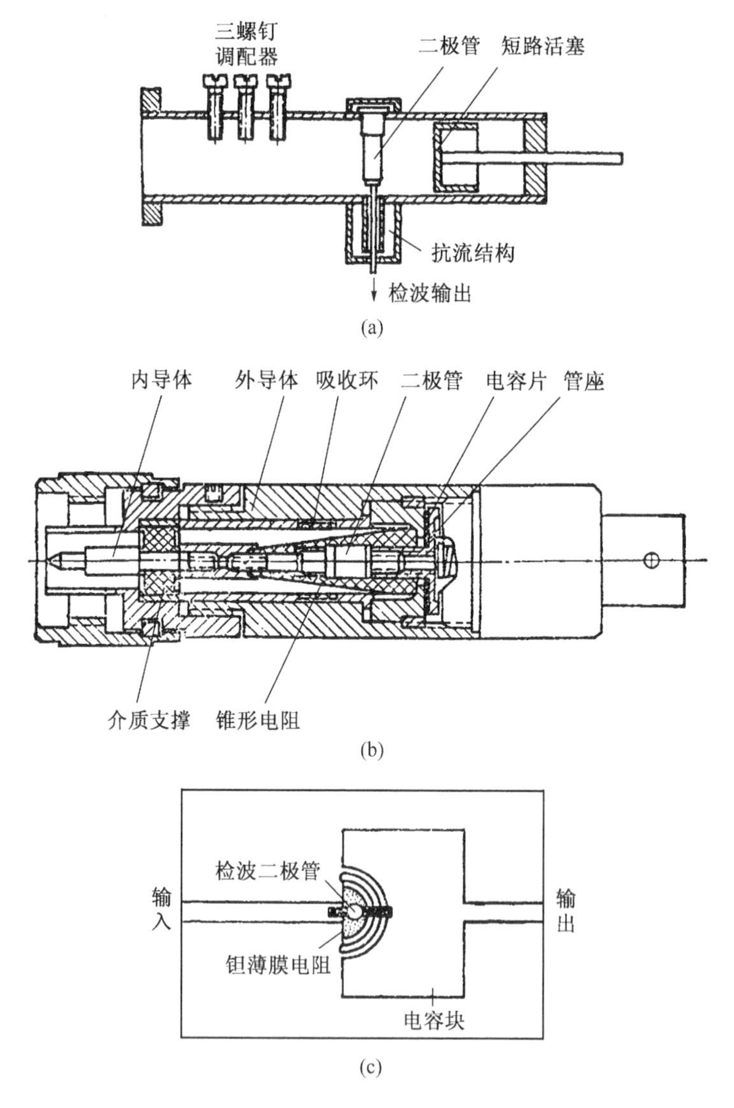

图7-26 晶体检波器结构

(a) 波导型;(b) 同轴型;(c) 微带型。

图7-26(a)是一种具有可调短路活塞的波导型晶体检波器,调节短路活塞和在输入

端的三螺钉调配器，可使检波器达到宽带匹配，也就是使检波器的输出检波电流达到最大。检波二极管应跨接在矩形波导宽边中心，以使其正好处于 TE_{10} 波的电场最大值位置。检波电流的引出端设置有抗流结构以阻止微波功率的泄漏，同时起高频旁路电容的作用，以防止检波电流中高频分量进入直流或低频电路，影响指示仪表的正确指示。

图7-26(b)则是一种宽带同轴型晶体检波器。为了防止微波的泄漏，在同轴线外导体的内壁加羰基铁吸收环，同时在内外导体之间并联一锥形吸收电阻。二极管串接在同轴线内导体上，在固定二极管的管座与同轴线外导体之间夹一层介质薄膜，形成高频旁路电容。图7-26(c)是根据同样原理制成的宽带微带检波器。

3. 检波器的工作方式

当晶体检波器的输入微波是等幅的连续简谐波时，由于检波二极管的非线性特性，微波振荡的正半周检波器将有输出，而负半周则没有输出。但这时检波电流不再是简谐振荡，它可以分解成直流分量和各次高频谐波分量，由于检波器引出装置的高频旁路电容具有的高通滤波作用，检波电流中的高频谐波分量将通过该旁路电容流走，而从检波器输出的就只有直流分量 I_0，可以直接用直流仪表指示 I_0 的大小。这一过程如图7-27(a)所示。达到微安量级的 I_0 可用直流微安表指示，小于微安级的 I_0 则可用光点检流计指示。

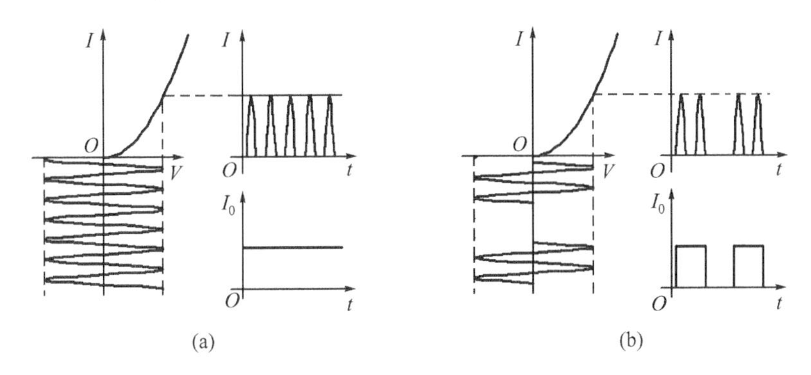

图7-27 检波器工作方式

(a) 等幅信号检波；(b) 脉冲调制信号检波。

如果输入到晶体检波器上的是经调制的微波信号，这时的检波过程如图7-27(b)所示。检波电流中除了直流和高频分量以外，还有调制波，即信号包络波形。从检波器需要获得的输出是指信号包络而不是其直流分量，因此这时可通过隔直电容去掉直流分量，而将音频调制信号输出，经专用的测量放大器——选频放大器放大后进行指示，或者直接输入示波器显示。

第 8 章　微波谐振器

谐振器是微波系统中经常会用到的另一类微波元件，它的作用相当于无线电技术中集总的 LC 振荡回路。本章将首先介绍微波谐振器的基本参数，然后具体介绍各类谐振器的特性及其计算公式，包括金属谐振腔、微带谐振器以及准光学谐振腔等。

在微波传输线中，电磁场在横向受到限制不能传播而成为驻波场，而在纵向是不受限制的，因而成为行波场，使微波得以沿线传输。若电磁场在纵向也受到限制不再能传播，即也形成驻波场，则传输系统就变成了谐振系统，即谐振器，更多的情况下则称为谐振腔。

8.1　概　述

微波谐振器是一种具有储能和频率选择性作用的微波元件。对于金属谐振腔来说，一个由金属导电壁封闭成的任意形状的空腔都可以形成谐振腔，但这并不是说，只有封闭金属腔才能构成谐振腔，微带线谐振器、介质谐振器、准光学谐振腔等都不具备全封闭的金属面，同样可以形成微波谐振回路。但在微波波段，使用最普遍的还是金属谐振腔，它的形成可以由低频 LC 谐振回路演变而来。

低频 LC 谐振回路的基本参量是 L、C 及 R，并由此可求出回路的谐振频率

$$f_0 = \frac{1}{2\pi\sqrt{LC}} \tag{8.1}$$

以及固有品质因数

$$Q_0 = \begin{cases} \dfrac{\omega_0 L}{R} & (\text{当 } R \text{ 与 } L \text{ 串联时}) \\ \omega_0 CR & (\text{当 } R \text{ 与 } C \text{ 并联时}) \end{cases} \tag{8.2}$$

在 1.4.1 小节中，我们已经给出了 L、C 在国际单位制中的量纲，将它们代入式(8.1)，得到量纲 1/[秒]，这正好是频率的单位，所以式(8.1)计算得到频率。随着频率由低频向微波波段提高，工作于低频频段的 LC 振荡回路显现出越来越严重的欧姆损耗、介质损耗以及由于结构的开敞性而引起的辐射损耗，导致回路的品质因数下降，频率选择性变坏；与此同时，为了提高谐振频率，要求回路的电感和电容的量值越来越小，回路尺寸也相应变小，导致回路的储能也随之减小。于是人们设想用增大两极板之间的距离来减小电容 C，用减小线圈匝数的办法来减小电感 L，减小到只有一根导线，进而并联导线以进一步减小 L，当并联的导线无限增多，在极限情况下即变成了全封闭的谐振腔（图 8－1）。

在 LC 振荡回路中，射频能量能储存在电感和电容中，电能储存在电容中，磁能储存在电感中。在振荡回路的振荡频率上，储能达到最大而且在电容和电感之间来回转换形

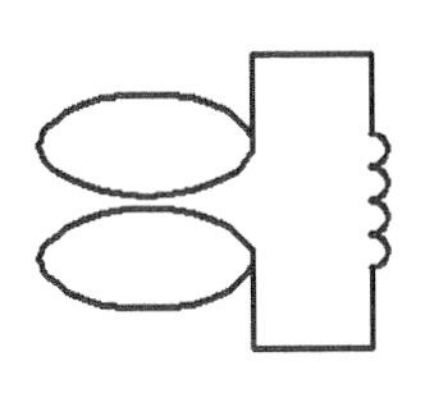 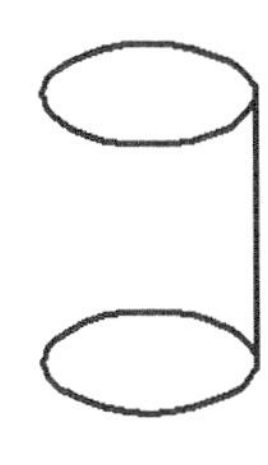 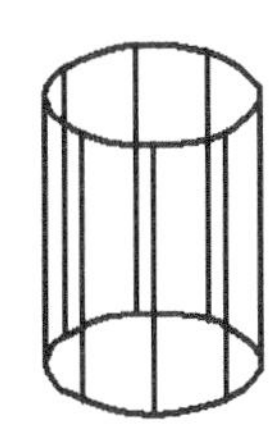 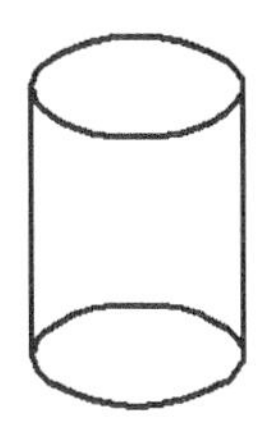

图 8－1　从 LC 振荡回路到微波谐振腔的演变

成振荡。在微波谐振腔中，电能储存在电场中而磁能储存在磁场中，在谐振频率上，储能达到最大且场的能量在电场和磁场之间来回转换，形成电磁振荡。正因为微波谐振腔能产生电磁振荡，所以它成为微波振荡管或放大管的关键部件，是电子注与高频场发生能量交换，电子注交出直流能量转换成微波能量的地方。微波谐振腔在微波技术领域还有其他各种广泛的用途，例如可以组成微波滤波器，阻抗匹配元件，可以构成波长计、倍频器、频率预选器、回波箱等。

8.2　谐振器的主要特性参数

对于微波谐振腔，其主要特性参数还是谐振频率 f_0 和品质因数 Q_0，这与 LC 谐振回路相同；不同的是，谐振腔的参数是与模式相关的参数，模式不同，同一谐振腔的这些参数一般也不同。

8.2.1　谐振波长 λ_0

谐振波长（或谐振频率）是谐振腔内某模式场达到最强时的波长，即该模式发生谐振时的波长，它表征了微波谐振腔的振荡规律，或者说表示了谐振腔内振荡存在的条件即谐振腔的频率选择特性。

在波动方程的求解中，曾得到：

$$k_c^2 = k^2 + \gamma^2 = k^2 - \beta^2 \tag{8.3}$$

在传播条件下，电磁波在无限长的均匀波导系统的横向呈驻波状态，而在纵向（z 向）为行波，分别以 k_c 和 β 为其特征。k_c 是分离的量而 β 值则是连续的，因而 k，即频率也是连续可变的，表明波在 z 向没有谐振特性。但对谐振腔来说，由于它是由全封闭的金属面构成，因此在 z 向也有边界限制，电磁波在 z 向也将形成驻波而不再是行波。由于 z 向的两端边界都是金属短路面，电场的横向分量在这里将形成驻波波节点，而纵向分量要么也形成波节、要么与短路面垂直。这样，在谐振腔的整个纵向长度上就必须满足条件

$$l = p\frac{\lambda_g}{2} \quad (p = 0,1,2,\cdots) \tag{8.4}$$

式中，$p=0$ 是一种特殊的场分布，对 TM 型模式，存在 E_z 分量，它可以垂直于谐振腔纵向两端的金属面而不一定要等于零（即不必一定成为波节），因此 $p=0$ 就表示 E_z 分量在纵向均匀分布而没有变化，也就不会出现波节、波腹了。除了这种特殊情况外，当然 TM 模

也可以 $p\neq0$，而对于TE型模式，由于不存在 E_z 场分量，p 在任何情况下都不可能等于零。

类似于 k_x、k_y 的定义，可定义

$$k_z = \frac{p\pi}{l} \tag{8.5}$$

于是，由式(8.3)就可求得

$$\lambda_0 = \frac{1}{\sqrt{\left(\frac{1}{\lambda_c}\right)^2 + \left(\frac{p}{2l}\right)^2}} = \frac{1}{\sqrt{\left(\frac{1}{\lambda_c}\right)^2 + \left(\frac{1}{\lambda_g}\right)^2}} \tag{8.6}$$

由于这时 k_z 不再是连续的，这由式(8.5)可以立即看出，因而 k 也不再是连续的，即频率不再能任意连续变化，只有对应分离的 k_z 值(即分离的 k 值，也即 λ_0 值或 f_0 值)的那些频率点的波才可能在谐振腔中存在，这就是谐振腔的频率选择性。而这些频率点就是谐振腔的谐振频率，对应的波长就是谐振波长。

在式(8.6)中，λ_g 与 λ_c 都是与传输系统的形状尺寸和工作模式有关的量，因而 λ_0 也与这些因素有关。

8.2.2 品质因数 Q_0

品质因数是微波谐振腔的另一个最重要的参数，它表征的是微波谐振腔储能能力或者频率选择的能力大小。谐振频率的存在表明了谐振腔的频率选择性的存在，但不同的谐振腔这种选择性的能力或者说选择的灵敏度是不同的，这就要由谐振腔品质因数的大小来反映这种不同。如图8-2所示的曲线称为谐振腔的谐振曲线，其纵坐标是能输入谐振腔的微波功率或者是能从谐振腔中耦合出来的功率，显然当达到平衡时，两者是相等的；横坐标则为频率。品质因数越高，谐振曲线越尖锐，换句话说，也就是频率选择性越好。也可以这样来理解谐振腔的频率选择性：当输入谐振器的微波频率等于谐振器本身的谐振频率时，由于这种合拍的强迫振荡，使谐振器建立起最强的场，而且这时谐振器内电场储能的最大值等于磁场储能的最大值，谐振器呈现纯电阻性；当输入微波的频率偏离谐振器谐振频率时，由于两者不再合拍，谐振器吸收的能量明显下降，从而使谐振器内的场明显减弱，微波频率偏离谐振频率越大，这种减弱越严重，以致频率偏移达到一定程度时，腔内的电磁场振荡不能够得以维持，振荡停止，这就是谐振器的选频特性。选频特性反映的是输入谐振腔的微波频率允许偏离谐振腔谐振频率的程度，即能在谐振腔中形成稳定振荡的频率范围。谐振曲线越尖锐，在相同的频率偏移量下，引起谐振腔内的场减弱得越快，随着频率偏移的增加，也就更快地停止了振荡，也就是说，能允许频率偏移谐振频率的范围越窄，这就意味着频率选择能力越强。因此，在图8-2中，谐振曲线1的选频特性就优于谐振曲线2，相应地，曲线1的品质因数高于曲线2的品质因数。

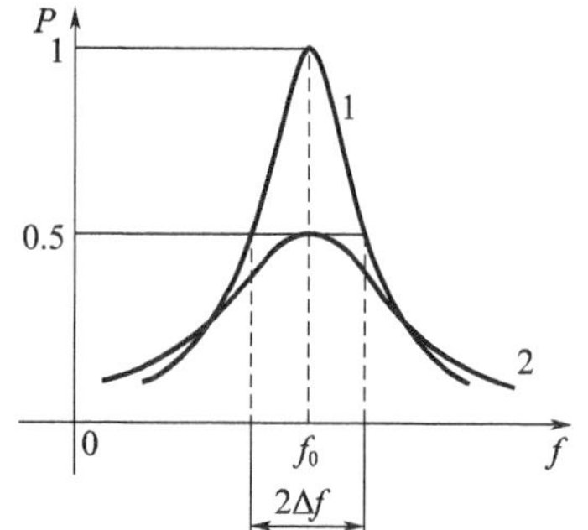

图8-2 谐振器的选频特性

谐振腔固有品质因数 Q_0 定义为当谐振腔处于稳定的谐振状态时，腔内的总储能与一

个周期内腔体的损耗之比,这一定义正是反映了谐振腔储能的能力:

$$Q_0 = 2\pi\frac{\text{谐振腔内储存的电磁场总能量}}{\text{一个周期内谐振腔内损耗的能量}} = 2\pi\frac{W}{W_s} = \omega_0\frac{W}{P_s} \tag{8.7}$$

$$P_s = W_s f$$

式中,ω_0 为谐振腔谐振时的角频率;W 表示谐振腔总储能;W_s 表示谐振腔在一个周期中的能量损耗;P_s 则表示一个周期内腔体的平均损耗功率。

$$W = W_e + W_m \tag{8.8}$$

式中,W_e、W_m 分别表示谐振腔的电场储能和磁场储能。由于谐振腔内电磁场以纯驻波形式存在,电场和磁场之间有 $\pi/2$ 的相位差,这就是说,当腔内电场在某一时刻达到最大值时,磁场将为零,反之,在另一时刻(经过 $T/4$)磁场达到最大值时电场将为零,因此上式可表示为

$$W = \begin{cases} W_{e,\max} = \dfrac{1}{2}\displaystyle\int_V \varepsilon\,|\boldsymbol{E}|^2 \mathrm{d}V \\ W_{m,\max} = \dfrac{1}{2}\displaystyle\int_V \mu\,|\boldsymbol{H}|^2 \mathrm{d}V \end{cases} \tag{8.9}$$

式中,V 为谐振腔体积。而由腔壁上流过的高频电流引起的腔内损耗功率则为

$$P_s = \frac{R_s}{2}\oint_s |\boldsymbol{H}_t|^2 \mathrm{d}S \tag{8.10}$$

式中,$\boldsymbol{H}_t$ 为磁场切向分量;S 为谐振腔内壁表面面积;R_s 为其表面电阻:

$$\begin{cases} R_s = \sqrt{\dfrac{\omega\mu}{2\sigma}} = \dfrac{\delta}{2}\omega\mu \\ \delta = \sqrt{\dfrac{2}{\sigma\omega\mu}} \end{cases} \tag{8.11}$$

式中,σ 为谐振腔腔壁材料的导电率;δ 则为电磁场在谐振腔内壁的趋肤深度。

将式(8.9)、式(8.10)代入式(8.7),就可得到固有品质因数 Q_0 的实际计算式(注意在谐振状态下,无耗腔的电场能和磁场能相等,即 $W_{e,\max} = W_{m,\max}$):

$$Q_0 = \frac{2}{\delta}\frac{\displaystyle\int_V |\boldsymbol{H}|^2 \mathrm{d}V}{\displaystyle\oint_S |\boldsymbol{H}_t|^2 \mathrm{d}S} \tag{8.12}$$

对于确定的模式场,磁场是确定的,因而 $|\boldsymbol{H}|^2/|\boldsymbol{H}_t|^2$ 的比值是一个常数,令

$$2\frac{|\boldsymbol{H}|^2}{|\boldsymbol{H}_t|^2} = A \tag{8.13}$$

则

$$Q_0 = \frac{A}{\delta}\frac{V}{S} \tag{8.14}$$

由此可见,Q_0 与腔体体积 V 成正比,而与其内壁表面积 S 成反比,与趋肤深度 δ 成反比。

Q_0 还可以表示成

$$Q_0 = \frac{\omega_0}{2\tau} \tag{8.15}$$

式中,τ 称为谐振腔阻尼振荡的衰减因子,或直接称为阻尼因子,它表示在撤掉激励源后,谐振腔中振荡衰减的速率,如果用振荡的储能 W 来表示,则 W 与 τ 的关系就是

$$W = W_0 e^{-2\tau t} \tag{8.16}$$

式中,W_0 为激励源未撤掉前在谐振腔中形成稳定振荡后的储能,即 $t=0$ 时刻的储能。

从式(8.15)可以看出,Q_0 与 τ 成反比。

也可以用 τ 的倒数定义为阻尼因子。

最后还应指出,谐振腔中的振荡随频率偏移而引起的衰减与随时间引起的衰减是不同的概念。在上面已指出,Q_0 值越高,谐振曲线就越尖锐,能进入谐振腔中的振荡功率随频率偏离谐振频率的偏移量增加而衰减得越快,这正说明了它的频率选择能力越强;而在谐振腔的激励源去掉后,谐振腔中原有振荡会因损耗而衰减, Q_0 值越高,阻尼因子 τ 越小,这种衰减就越缓慢,或者说,它的衰减速率越小,这正说明了它的储能能力越强。

8.2.3 等效电导 G_0 和特性阻抗 ρ_0

1. 等效电导 G_0

前已指出,微波谐振器与低频 LC 谐振回路等效,因此,谐振器的等效电路可如图 8-3 所示。图中用等效电导 G_0 表示谐振器的功率损耗,显然,在 G_0 上损耗的功率为

$$P_s = \frac{1}{2} G_0 U_m^2 \tag{8.17}$$

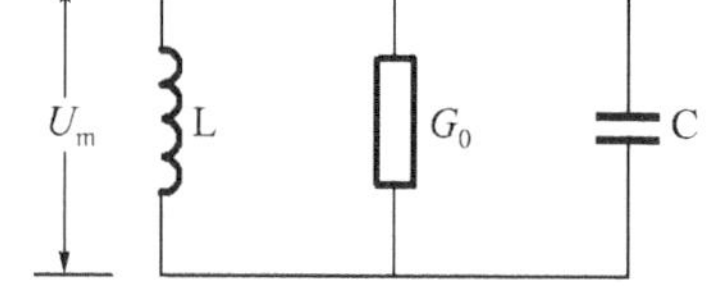

图 8-3 微波谐振器的等效电路

式中,U_m 是等效电路两端电压的幅值。则等效电导可求得

$$G_0 = \frac{2P_s}{U_m^2} \tag{8.18}$$

式中,P_s 的计算公式已由式(8.10)给出,而一般情况下,U_m 可以按下式计算:

$$U_m = \int_a^b \boldsymbol{E} \cdot d\boldsymbol{l} \tag{8.19}$$

a、b 为在谐振器内选定的某一参考面上的积分路径的起止点,可见不同的积分路径就会得到不同的 U_m,也就有不同的 G_0。在微波管用谐振腔中,通常在电子注通过路径或者能量输出端口上选取适当位置作为积分路径,以反映腔场与电子注换能效率的高低。这是因为等效电导 G_0 越小,对应的等效电阻 $R_0 = 1/G_0$ 越高,腔口高频场越强,腔场与电子注的互作用效率就越高。因此,在微波管中,希望电场尽可能集中在腔口,以增强与电子注的能量交换,这就要求 R_0 越高越好。这样定义的 R_0 亦可称为腔口谐振电阻,相应的 G_0 称为腔口谐振电导。

2. 特性阻抗 ρ_0

按式(8.18)计算 G_0 在实际上是相当复杂的,需要知道腔内的谐振模式及其场分布,只有对少数形状简单的规则谐振腔才可能进行计算,所以常用测量方法来得到 G_0。

G_0 不仅取决于电压 U_m,而且与腔内损耗功率 P_s 有关。而 P_s 的实际大小不仅与腔体形状、材料有关,还与加工工艺有关(加工情况会影响 R_s 与表面积 S 的大小,见式(8.10));另外,谐振器的另一个重要参数 Q_0 中已考虑了腔内损耗,因此定义一个新的参数——特性阻抗 ρ_0 来表征谐振腔腔口可能产生的谐振电阻 R_0(亦即可能产生的电场强度)。

$$\rho_0 = \frac{R_0}{Q_0} = \frac{U_m^2}{2\omega_0 W} = \frac{\left[\int_a^b \boldsymbol{E} \cdot \mathrm{d}\boldsymbol{l}\right]^2}{\omega_0 \varepsilon_0 \int_V |\boldsymbol{E}|^2 \mathrm{d}V} \tag{8.20}$$

式中,W 为谐振腔储能,其表达式由式(8.9)给出。ρ_0 仅取决于腔的形状、几何尺寸和腔内场分布,而与腔内损耗无关,而且实际上与腔体是否与负载耦合也无关(即与 R 和 Q 是否考虑了负载影响无关)。因此 ρ_0 又可以称为形状系数或几何因数,对于形状简单的规则腔,若能求出其中工作模式的场分布,就可以由式(8.20)求出 ρ_0。

最后我们必须指出:谐振腔的基本参数 f_0、Q_0 及 ρ_0 都是对一定的振荡模式而言的,不同的模式,f_0、Q_0 及 ρ_0 是不同的。从理论上说,谐振腔可以有无穷多个振荡模式,对应着有无穷多个 f_0、Q_0 及 ρ_0,但在实际应用中,人们总是要求谐振腔在一定的工作频率范围内只谐振于一种模式,即单模工作。

8.2.4 有载品质因数 Q_L 与耦合系数 β

1. 微波谐振器的耦合

微波谐振器在实际应用时总是要和微波系统相连接而不可能是孤立的,至少谐振器必须通过传输系统由微波源向它提供能量,否则在谐振器中就不可能维持稳定的振荡;在一般情况下,谐振器中的电磁能量也要通过传输系统向负载输送。换句话说,谐振腔与传输系统之间必须有耦合,实现这种耦合的机构称为耦合装置或激励装置。常用的耦合方式有:直接耦合、探针耦合、耦合环耦合和孔缝耦合,在 2.8 节中我们已对主要的耦合方式作过介绍,这里针对谐振腔的耦合再举一些实例。

直接耦合往往是一种强耦合,微波能量经传输线全部耦合到谐振器中,因而常应用于微波滤波器的能量输入输出。图 8-4(a)是一种用于微带线的通过间隙电容进行的耦合,图 8-4(b)则是波导中的模片耦合。在这类直接耦合的结构中,电磁波模式不会因耦合结构而发生改变。

图 8-5 则给出了一些常用的探针、耦合环、小孔耦合的耦合结构,即耦合装置实例。探针耦合是一种电耦合,探针可等效成一个电偶极子,探针应在与高频场的电力线平行方向插入谐振腔,以使电场在探针上感应出尽可能高的高频电位;耦合环则是一种磁耦合,它可以等效成一个磁偶极子,耦合环的平面应与高频场的磁力线垂直,以使尽可能多的磁力线穿过耦合环感应高频电流;至于小孔,在 4.3 节中已经介绍,它可以等效成电偶极子与磁偶极子的组合,但在具体耦合情况中要具体分析,在 4.3 节定向耦合器的工作原理小节中,对此做过介绍。可以指出,在谐振器与波导之间的小孔耦合主要是磁耦合,如图8-5中的(d)、(e)。

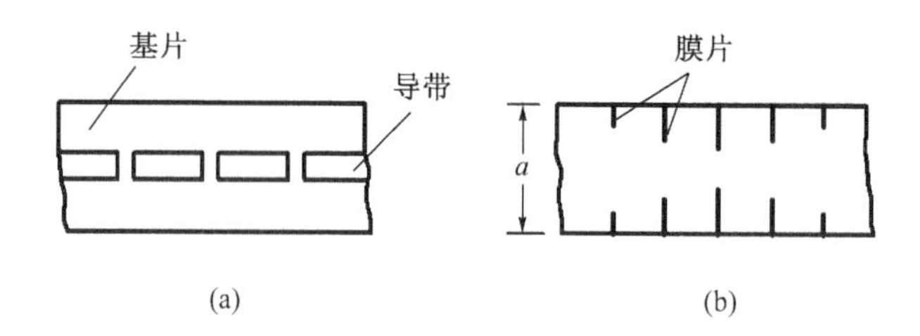

图8-4 谐振器的直接耦合

(a)微带线间隙电容耦合;(b)波导膜片耦合。

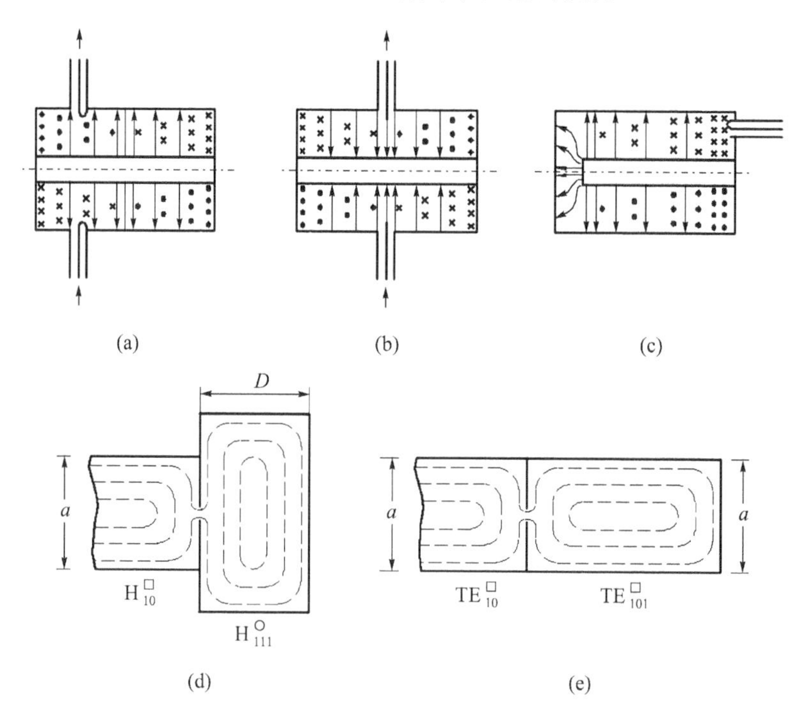

图8-5 谐振器的探针、耦合环及小孔耦合

(a)同轴腔的耦合环耦合;(b)同轴腔的探针耦合;(c)电容加载同轴腔的耦合环耦合;(d)矩形波导与圆柱腔的小孔耦合;(e)矩形波导与矩形腔的小孔耦合。

2. 微波谐振器的耦合参数

为了反映微波谐振器与外电路耦合的特性,定义谐振器的耦合参数:有载品质因数、外观品质因数和耦合系数,作为基本参数f_0、Q_0及ρ_0的补充。

1)有载品质因数与外观品质因数

微波谐振器与外电路耦合后,很显然,这时微波能量将不仅在腔体内被损耗,而且外电路上也将损耗部分能量。考虑了外电路上的这种损耗后,谐振器的品质因数为

$$Q_L = \frac{\omega_0 W}{P_s + P_e} \tag{8.21}$$

式中,与式(8.7)一样,W为谐振时腔内总储能;P_s表示一个周期内腔体本身的平均损耗功率;而P_e则为与谐振腔耦合的外电路负载上损耗的功率。式(8.21)可以重写为

$$
\begin{cases}
\dfrac{1}{Q_{\mathrm{L}}} = \dfrac{P_{\mathrm{s}} + P_{\mathrm{e}}}{\omega_0 W} = \dfrac{P_{\mathrm{s}}}{\omega_0 W} + \dfrac{P_{\mathrm{e}}}{\omega_0 W} = \dfrac{1}{Q_0} + \dfrac{1}{Q_{\mathrm{e}}} \\
Q_{\mathrm{e}} = \omega_0 \dfrac{W}{P_{\mathrm{e}}}
\end{cases}
\tag{8.22}
$$

Q_{L} 称为谐振器的有载品质因数,相应地,Q_0 也可以称为无载品质因数或固有品质因数,Q_{e} 则称为外观品质因数。很明显,Q_{e} 的大小不仅与外电路与谐振腔的耦合强弱有关,也与负载有关,因为负载不同,它所消耗的微波功率 P_{e} 就不同,使得外观品质因数也不同,也就是说 Q_{e} 成为一个不确定的参数。为了避免这种不确定,通常指定 P_{e} 为匹配负载所损耗的微波功率,因此 Q_{e} 是指匹配负载条件下的外观品质因数。

2) 耦合系数

在负载匹配时,外观品质因数就只与外电路与谐振腔的耦合状况有关了,所以 Q_{e} 反映了外电路对谐振器的影响,或者说反映了外电路和谐振器的耦合关系,耦合强弱改变,Q_0 不变,但 Q_{e} 却随之改变。为了定量地表示谐振器和外电路的耦合程度,定义 Q_0 与 Q_{e} 的比值为耦合系数 β:

$$
\beta = \frac{Q_0}{Q_{\mathrm{e}}} = \frac{\omega_0 W/P_{\mathrm{s}}}{\omega_0 W/P_{\mathrm{e}}} = \frac{P_{\mathrm{e}}}{P_{\mathrm{s}}}
\tag{8.23}
$$

β 亦称为耦合度。β 越大,即 Q_{e} 越小,负载吸收的功率 P_{e} 越多,表示耦合越强;反之,β 越小,Q_{e} 越大,负载吸收功率 P_{e} 越少,表示耦合越弱。按 β 的大小可将耦合强弱分为三种情况:$\beta<1$,$P_{\mathrm{e}}<P_{\mathrm{s}}$ 称为欠耦合;$\beta>1$,$P_{\mathrm{e}}>P_{\mathrm{s}}$ 称为过耦合;$\beta=1$,$P_{\mathrm{e}}=P_{\mathrm{s}}$ 称为临界耦合。

有载品质因数 Q_{L} 亦可以用耦合系数 β 表示:

$$
Q_{\mathrm{L}} = \frac{Q_0 Q_{\mathrm{e}}}{Q_0 + Q_{\mathrm{e}}} = \frac{Q_0}{1+\beta}
\tag{8.24}
$$

谐振器谐振曲线的测量必须有输入微波信号的电源和接收输出功率的负载(指示器),取负载上吸收的功率与频率的关系曲线上的半功率带宽 $2\Delta f$(见图 8-2),就可以求出品质因数为

$$
Q_{\mathrm{L}} = \frac{f_0}{2\Delta f}
\tag{8.25}
$$

显然,这是从负载吸收功率出发而得到的计算式,所以应该是有载品质因数。如果谐振器的电源和负载与谐振器的耦合很弱,即与电源和负载的耦合系数 β 都很小,远小于 1,上式就可以近似为

$$
Q_0 \approx Q_{\mathrm{L}} = \frac{f_0}{2\Delta f} = \frac{\omega_0}{2\Delta\omega}
\tag{8.26}
$$

选频性能越好的谐振器,即谐振曲线越尖锐的谐振器,其 Δf 也就越小,Q_{L} 值和 Q_0 值就越高。

8.3　矩形波导谐振腔

8.3.1　振荡模式及其场分量

将一段长度为 l 的矩形波导的两端用金属平板封闭起来就构成了矩形波导谐振腔,

简称为矩形谐振腔(图8-6)。由于矩形波导中存在有无穷多个TE_{mn}模和TM_{mn}模,它们都有各自相应的λ_c,因此根据式(8.6),在矩形谐振腔中也就可能存在与矩形波导对应的无穷多个TE_{mn}模振荡和TM_{mn}模振荡;而且即使对于确定的一个矩形波导模式,在矩形谐振腔中还可能因纵向模式号数p的不同而形成无穷多个振荡模式,它们可以用特征值p的不同来表示成TE_{mnp}和TM_{mnp}模。

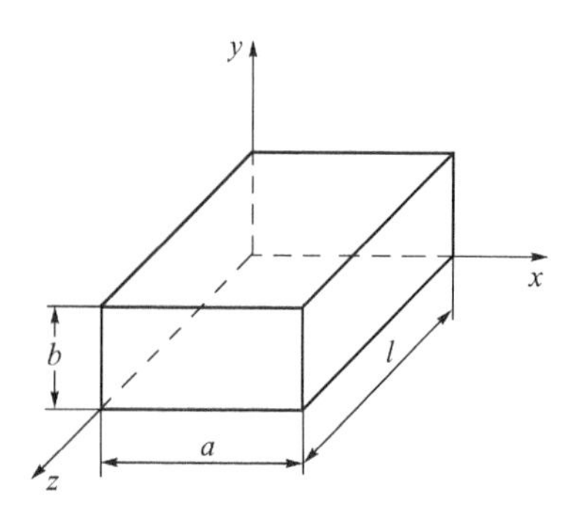

图8-6 矩形波导谐振腔

在矩形波导模式场的表达式中,纵向为行波状态,考虑到谐振腔两端短路,将引起反射,反射行波与入射行波叠加形成驻波,因而此时场在纵向的分布形式就不再是行波的传播因数$e^{-j\beta z}$形式,而成为驻波的三角函数形式。

TE_{mnp}振荡模式的场分量:

$$\begin{cases} H_x = \sum\limits_{m=0}^{\infty}\sum\limits_{n=0}^{\infty}\sum\limits_{p=1}^{\infty} -\dfrac{k_x k_z}{k_c^2}H_{mnp}\sin(k_x x)\cos(k_y y)\cos(k_z z) \\ H_y = \sum\limits_{m=0}^{\infty}\sum\limits_{n=0}^{\infty}\sum\limits_{p=1}^{\infty} -\dfrac{k_y k_z}{k_c^2}H_{mnp}\cos(k_x x)\sin(k_y y)\cos(k_z z) \\ H_z = \sum\limits_{m=0}^{\infty}\sum\limits_{n=0}^{\infty}\sum\limits_{p=1}^{\infty} H_{mnp}\cos(k_x x)\cos(k_y y)\sin(k_z z) \\ E_x = \sum\limits_{m=0}^{\infty}\sum\limits_{n=0}^{\infty}\sum\limits_{p=1}^{\infty} \mathrm{j}\,\dfrac{\omega\mu k_y}{k_c^2}H_{mnp}\cos(k_x x)\sin(k_y y)\sin(k_z z) \\ E_y = \sum\limits_{m=0}^{\infty}\sum\limits_{n=0}^{\infty}\sum\limits_{p=1}^{\infty} -\mathrm{j}\,\dfrac{\omega\mu k_x}{k_c^2}H_{mnp}\sin(k_x x)\cos(k_y y)\sin(k_z z) \\ E_z = 0 \end{cases} \tag{8.27}$$

TM_{mnp}振荡模式的场分量:

$$\begin{cases} E_x = \sum\limits_{m=1}^{\infty}\sum\limits_{n=1}^{\infty}\sum\limits_{p=0}^{\infty} -\dfrac{k_x k_z}{k_c^2}E_{mnp}\cos(k_x x)\sin(k_y y)\sin(k_z z) \\ E_y = \sum\limits_{m=1}^{\infty}\sum\limits_{n=1}^{\infty}\sum\limits_{p=0}^{\infty} -\dfrac{k_y k_z}{k_c^2}E_{mnp}\sin(k_x x)\cos(k_y y)\sin(k_z z) \\ E_z = \sum\limits_{m=1}^{\infty}\sum\limits_{n=1}^{\infty}\sum\limits_{p=0}^{\infty} E_{mnp}\sin(k_x x)\sin(k_y y)\cos(k_z z) \\ H_x = \sum\limits_{m=1}^{\infty}\sum\limits_{n=1}^{\infty}\sum\limits_{p=0}^{\infty} -\mathrm{j}\,\dfrac{\omega\varepsilon k_y}{k_c^2}E_{mnp}\sin(k_x x)\cos(k_y y)\cos(k_z z) \\ H_y = \sum\limits_{m=1}^{\infty}\sum\limits_{n=1}^{\infty}\sum\limits_{p=0}^{\infty} -\mathrm{j}\,\dfrac{\omega\varepsilon k_x}{k_c^2}E_{mnp}\cos(k_x x)\sin(k_y y)\cos(k_z z) \\ H_z = 0 \end{cases} \tag{8.28}$$

式中

$$\begin{cases} k_x = \dfrac{m\pi}{a}, \quad k_y = \dfrac{n\pi}{b}, \quad k_z = \dfrac{p\pi}{l} = \dfrac{2\pi}{\lambda_g} \\ k_c^2 = \left(\dfrac{m\pi}{a}\right)^2 + \left(\dfrac{n\pi}{b}\right)^2 = k_x^2 + k_y^2 = \left(\dfrac{2\pi}{\lambda_c}\right)^2 \end{cases} \tag{8.29}$$

要注意的是,对于 TE_{mnp} 振荡模式,p 不能为零,且 m、n 不能同时为零;而对于 TM_{mnp} 振荡模式,正如矩形波导中的模式一样,m、n 都不能为零,但 p 可以为零。对于 m、n 的这种限制来自于矩形波导中 TE_{mn} 模式和 TM_{mn} 模式对 m、n 的限制,我们在第 2 章中已作过介绍并从物理上阐明了其原因。至于 TE_{mnp} 振荡模式的 p 不能等于零,这也不难从物理意义上理解,因为 TE_{mnp} 模的电场 E_x、E_y 分量,相对于矩形腔两端的金属面来说,它们都在切向,因而在金属面上必须为零,如果这时 $p=0$,就意味着 E_x、E_y 在腔的长度方向上无变化,也就是在整个长度上都将为零,从而使整个腔内将不存在电场,显然这样的场结构是不可能存在的。

下标 m、n、p 分别表示在矩形腔 a、b、l 上分布的半驻波波长个数。

8.3.2 谐振波长与品质因数

1. 谐振波长 λ_0

根据式(8.6)及关于 λ_c、λ_g 的式(8.29),不难得到矩形波导谐振腔的谐振波长:

$$\lambda_0 = \frac{2}{\sqrt{\left(\dfrac{m}{a}\right)^2 + \left(\dfrac{n}{b}\right)^2 + \left(\dfrac{p}{l}\right)^2}} \tag{8.30}$$

谐振波长 λ_0 最大的振荡模式称为谐振腔的最低振荡模式(最低振荡波型)或主振荡模式(主振荡波型)。

可见 m、n、p 的不同,谐振腔就会有不同的谐振频率,矩形谐振腔具有无穷多个分离的振荡模式。另外由式(8.30)可以看出,TE_{mnp} 模式和 TM_{mnp} 模式的模式标号 m、n、p 相同时,其谐振频率相同,这表明它们是简并的。

2. 品质因数 Q_0

由固有品质因数的定义式(8.12),经过推导,不难得出矩形谐振腔不同振荡模式的品质因数如下。

1)TE_{mnp} 模

$m=0$、$n\neq 0$、$p\neq 0$ 时

$$Q_0\big|_{TE_{0np}} = \frac{abl}{\delta}\,\frac{\left(\dfrac{n}{b}\right)^2 + \left(\dfrac{p}{l}\right)^2}{\left(\dfrac{n}{b}\right)^2 l(b+2a) + \left(\dfrac{p}{l}\right)^2 b(l+2a)} \tag{8.31}$$

$m\neq 0$、$n=0$、$p\neq 0$ 时

$$Q_0 \big|_{\mathrm{TE}_{m0p}} = \frac{abl}{\delta} \frac{\left(\frac{m}{a}\right)^2 + \left(\frac{p}{l}\right)^2}{\left(\frac{m}{a}\right)^2 l(a+2b) + \left(\frac{p}{l}\right)^2 a(l+2b)} \tag{8.32}$$

$m \neq 0$、$n \neq 0$、$p \neq 0$ 时

$$Q_0 \big|_{\mathrm{TE}_{mnp}} = \frac{abl}{2\delta} \cdot \frac{\left[\left(\frac{m}{a}\right)^2 + \left(\frac{n}{b}\right)^2\right]\left[\left(\frac{m}{a}\right)^2 + \left(\frac{n}{b}\right)^2 + \left(\frac{p}{l}\right)^2\right]}{al\left\{\left(\frac{m}{a}\right)^2\left(\frac{p}{l}\right)^2 + \left[\left(\frac{m}{a}\right)^2 + \left(\frac{n}{b}\right)^2\right]^2\right\} + bl\left\{\left(\frac{n}{b}\right)^2\left(\frac{p}{l}\right)^2 + \left[\left(\frac{m}{a}\right)^2 + \left(\frac{n}{b}\right)^2\right]^2\right\} + ab\left(\frac{p}{l}\right)^2\left[\left(\frac{m}{a}\right)^2 + \left(\frac{n}{b}\right)^2\right]} \tag{8.33}$$

2) TM_{mnp} 模

$m \neq 0$、$n \neq 0$、$p = 0$ 时

$$Q_0 \big|_{\mathrm{TM}_{mn0}} = \frac{abl}{\delta} \frac{\left(\frac{m}{a}\right)^2 + \left(\frac{n}{b}\right)^2}{\left(\frac{m}{a}\right)^2 b(a+2l) + \left(\frac{n}{b}\right)^2 a(b+2l)} \tag{8.34}$$

$m \neq 0$、$n \neq 0$、$p \neq 0$ 时

$$Q_0 \big|_{\mathrm{TM}_{mnp}} = \frac{abl}{2\delta} \frac{\left(\frac{m}{a}\right)^2 + \left(\frac{n}{b}\right)^2}{\left(\frac{m}{a}\right)^2 b(a+l) + \left(\frac{n}{b}\right)^2 a(b+l)} \tag{8.35}$$

8.3.3 矩形腔的主要振荡模式

1. TE_{101} 模式谐振腔

在矩形谐振腔中,当 $b < a < l$ 时,TE_{101} 模式是最低振荡模式,它的谐振波长是

$$\lambda_0 = \frac{2al}{\sqrt{a^2 + l^2}} \tag{8.36}$$

而它的品质因数 Q_0 可以表示为

$$Q_0 = \frac{\lambda_0}{2\delta}\left[\frac{b(a^2+l^2)^{\frac{3}{2}}}{al(a^2+l^2) + 2b(a^3+l^3)}\right] \tag{8.37}$$

若 $a = l$,则

$$Q_0 = \frac{1.11\eta_0}{R_s\left(1 + \frac{a}{2b}\right)} = \frac{1.11\lambda_0}{\pi\delta} \frac{2b}{(a+2b)} \tag{8.38}$$

若 $a = b = l$,谐振腔成为一正立方体,这时 Q_0 的表达式简化为

$$Q_0 = \frac{0.742\eta_0}{R_s} = 0.742\frac{\lambda_0}{\pi\delta} \tag{8.39}$$

式中，η_0 为自由空间波阻抗。要指出的是：计算得到的品质因数一般比实际测到的值要高，这是因为腔体材料内表面不可能理想光滑和清洁，另外谐振腔及与外电路的耦合系统，加工带来的尺寸变化和表面的不均匀性等都将引起损耗的增加，导致实际品质因数的降低。

TE_{101}模式的场结构如图 8－7 所示。

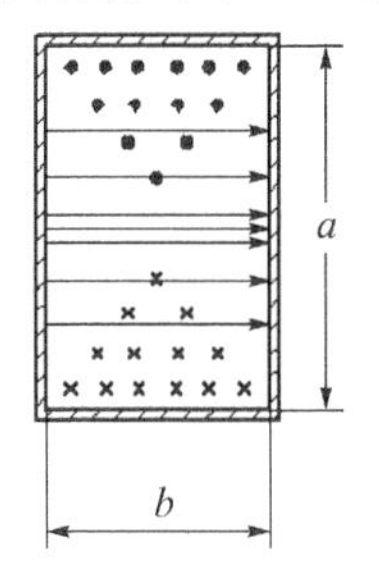

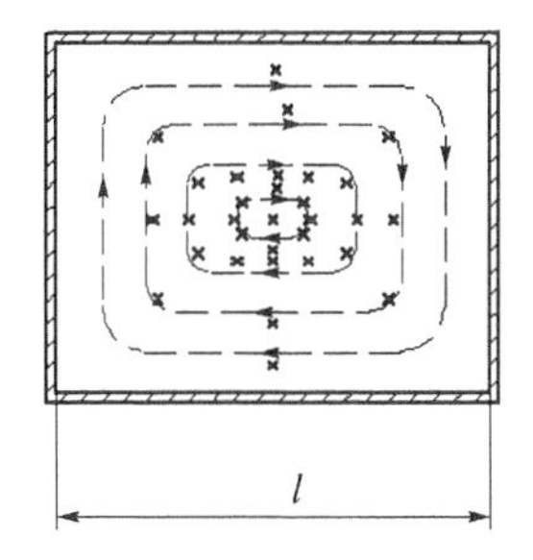

图 8－7　矩形腔 TE_{101}振荡模式的场结构

需要指出的是，矩形腔中的 TE_{101}模与矩形波导中 TE_{10}模在场结构上有一点不同。在矩形波导中 TE_{10}模的 E_y 和 H_z 在纵向（z 向）的分布有 90°的相位差，而与 H_x 同相位，即在 z 方向 E_y 达到最大值时，H_z 则为零，而 H_x 也达到最大值；而对于矩形谐振腔来说，在腔的长度 l 上，E_y 却是与 H_z 同时达到最大值而与 H_x 有了 90°的相位差。

2. TM_{110}模式谐振腔

由式（8.28）可立即得出 TM_{110}模的谐振波长

$$\lambda_0 = \frac{2ab}{\sqrt{a^2 + b^2}} \tag{8.40}$$

而它的品质因数，根据式（8.32）可表示为

$$Q_0 = \frac{\lambda_0}{2\delta}\left[\frac{l(a^2 + b^2)^{\frac{3}{2}}}{ab(a^2 + b^2) + 2l(a^3 + b^3)}\right] \tag{8.41}$$

TM_{110}模式的场结构如图 8－8 所示。

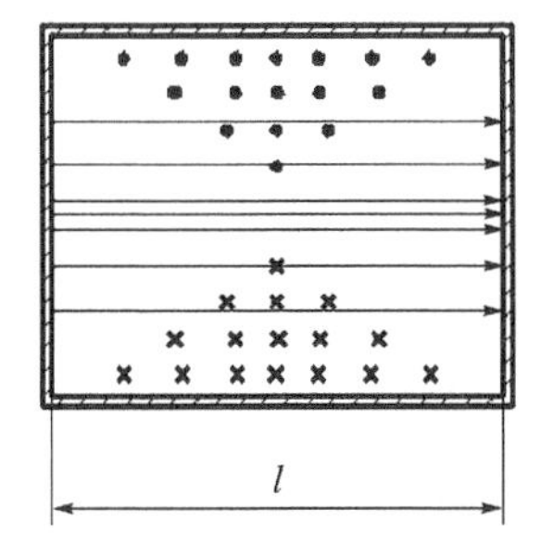

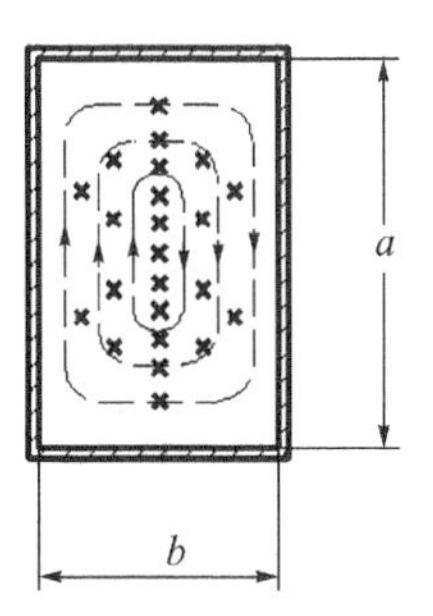

图 8－8　矩形腔 TM_{110}振荡模式的场结构

由图8-7与图8-8比较,立即可以看出,两者实际上完全一样,也就是说,如果把图8-8中的 b 与 l 调换一下,就成为 TE_{101} 模,反之,若把图8-7中的 b 与 l 对调,就成为 TM_{110} 模,所以,到底是 TE_{101} 模还是 TM_{110} 模,取决于如何选取坐标系统的纵坐标(z 轴),或者说取决于将矩形腔的哪一边作为腔的长度 l。

另外,由图8-8还可以看出,TM_{110} 模振荡的电场沿 l 方向没有变化,而且电场也只有 E_z 分量,因此,任意长度的矩形腔都可以构成 TM_{110} 振荡,由式(8.40)也可以得出同样的结论,TM_{110} 模的谐振波长与 l 无关。

8.4 圆波导谐振腔

8.4.1 振荡模式及其场分量

与矩形波导谐振腔类似,截取一段长度为 l 的圆波导,两端用金属封闭,就构成了圆波导谐振腔,简称圆柱腔(图8-9)。

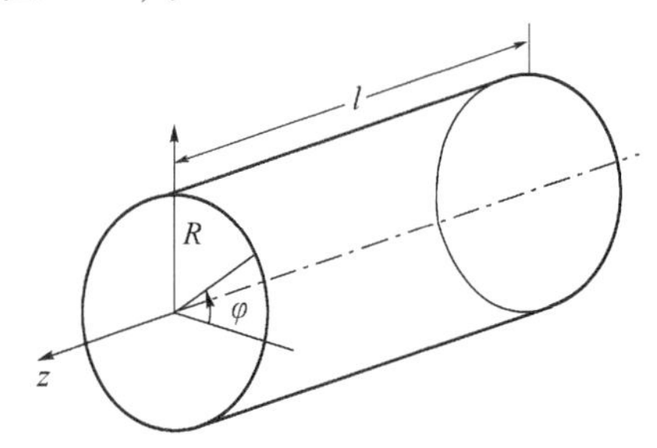

图8-9 圆波导谐振腔

同样,圆柱腔也如同矩形腔一样存在有无穷多个振荡模式,即 TE_{mnp} 模式与 TM_{mnp} 模式。

TE_{mnp} 振荡模式的场分量可表示为

$$\begin{cases} H_r = \sum\limits_{m=0}^{\infty}\sum\limits_{n=1}^{\infty}\sum\limits_{p=1}^{\infty} \dfrac{k_z}{k_c} H_{mnp} \mathrm{J}'_m(k_c r) \begin{matrix}\cos(m\varphi)\\ \sin(m\varphi)\end{matrix} \cos(k_z z) \\ H_\varphi = \sum\limits_{m=0}^{\infty}\sum\limits_{n=1}^{\infty}\sum\limits_{p=1}^{\infty} \pm \dfrac{m}{r}\dfrac{k_z}{k_c^2} H_{mnp} \mathrm{J}_m(k_c r) \begin{matrix}\sin(m\varphi)\\ \cos(m\varphi)\end{matrix} \cos(k_z z) \\ H_z = \sum\limits_{m=0}^{\infty}\sum\limits_{n=1}^{\infty}\sum\limits_{p=1}^{\infty} H_{mnp} \mathrm{J}_m(k_c r) \begin{matrix}\cos(m\varphi)\\ \sin(m\varphi)\end{matrix} \sin(k_z z) \\ E_r = \sum\limits_{m=0}^{\infty}\sum\limits_{n=1}^{\infty}\sum\limits_{p=1}^{\infty} \pm \mathrm{j}\dfrac{m}{r}\dfrac{\omega\mu}{k_c^2} H_{mnp} \mathrm{J}_m(k_c r) \begin{matrix}\sin(m\varphi)\\ \cos(m\varphi)\end{matrix} \sin(k_z z) \\ E_\varphi = \sum\limits_{m=0}^{\infty}\sum\limits_{n=1}^{\infty}\sum\limits_{p=1}^{\infty} \mathrm{j}\dfrac{\omega\mu}{k_c} H_{mnp} \mathrm{J}'_m(k_c r) \begin{matrix}\cos(m\varphi)\\ \sin(m\varphi)\end{matrix} \sin(k_z z) \\ E_z = 0 \end{cases} \tag{8.42}$$

TM_{mnp} 振荡模式的场分量则为

$$\begin{cases} E_r = \sum_{m=0}^{\infty}\sum_{n=1}^{\infty}\sum_{p=0}^{\infty} -\dfrac{k_z}{k_c}E_{mnp}J'_m(k_c r)\begin{matrix}\cos(m\varphi)\\ \sin(m\varphi)\end{matrix}\sin(k_z z) \\ E_\varphi = \sum_{m=0}^{\infty}\sum_{n=1}^{\infty}\sum_{p=0}^{\infty} \pm\dfrac{m}{r}\dfrac{k_z}{k_c^2}E_{mnp}J_m(k_c r)\begin{matrix}\sin(m\varphi)\\ \cos(m\varphi)\end{matrix}\sin(k_z z) \\ E_z = \sum_{m=0}^{\infty}\sum_{n=1}^{\infty}\sum_{p=0}^{\infty} E_{mnp}J_m(k_c r)\begin{matrix}\cos(m\varphi)\\ \sin(m\varphi)\end{matrix}\cos(k_z z) \\ H_r = \sum_{m=0}^{\infty}\sum_{n=1}^{\infty}\sum_{p=0}^{\infty} \mp j\dfrac{m}{r}\dfrac{\omega\varepsilon}{k_c^2}E_{mnp}J_m(k_c r)\begin{matrix}\sin(m\varphi)\\ \cos(m\varphi)\end{matrix}\cos(k_z z) \\ H_\varphi = \sum_{m=0}^{\infty}\sum_{n=1}^{\infty}\sum_{p=0}^{\infty} -j\dfrac{\omega\varepsilon}{k_c}E_{mnp}J'_m(k_c r)\begin{matrix}\cos(m\varphi)\\ \sin(m\varphi)\end{matrix}\cos(k_z z) \\ H_z = 0 \end{cases} \tag{8.43}$$

式中

$$k_c = \frac{2\pi}{\lambda_c} = \begin{cases} \dfrac{\mu'_{mn}}{R} & (\mathrm{TE}_{mnp}\ \text{振荡模式}) \\ \dfrac{\mu_{mn}}{R} & (\mathrm{TM}_{mnp}\ \text{振荡模式}) \end{cases} \tag{8.44}$$

式中，μ_{mn}和μ'_{mn}分别为第 1 类 m 阶贝塞尔函数及其导数的第 n 个根；R 为圆柱腔半径。

$$k_z = \frac{p\pi}{l} = \frac{2\pi}{\lambda_g} \tag{8.45}$$

在圆柱腔中，TE_{mnp}振荡模式的 m 可以为零，而 n 与 p 都不能为零，n 不能为零是圆波导中 TE_{mn}模的要求，在介绍圆波导时已经给出解释，p 不能为零则与矩形腔的道理一样，TE_{mnp}模的电场只有 E_r 和 E_φ 分量，而 E_r 和 E_φ 在两端金属面上必须为零，若 $p=0$ 就将使电场在整个腔体内都为零；对于 TM_{mnp}振荡模式来说，则由于存在 E_z 分量，p 可以等于零，只有 n 不能为零，这也是圆波导 TM_{mn}模的要求。

模式标号 m、n 的意义与圆波导的模式标号意义相同，而 p 则表示场在圆柱腔长度 l 上分布的半驻波波长数。

8.4.2　谐振波长与品质因数

1. 谐振波长 λ_0

将式(8.44)与式(8.45)代入式(8.6)，就得到了圆柱腔的谐振波长。

TE_{mnp}模式

$$\lambda_0 = \frac{2}{\sqrt{\left(\dfrac{\mu'_{mn}}{\pi R}\right)^2 + \left(\dfrac{p}{l}\right)^2}} \tag{8.46}$$

TM_{mnp}模式

$$\lambda_0 = \frac{2}{\sqrt{\left(\frac{\mu_{mn}}{\pi R}\right)^2 + \left(\frac{p}{l}\right)^2}} \tag{8.47}$$

2. 品质因数 Q_0

品质因数的推导过程比较繁杂,与矩形腔一样,直接就给出最后结果。

TE_{mnp}模式

$$Q_0 = \frac{R}{\delta} \frac{(\mu_{mn}'^2 - m^2)\left[\mu_{mn}'^2 + \left(\frac{p\pi R}{l}\right)^2\right]}{\left[\mu_{mn}'^4 + 2p^2\pi^2\mu_{mn}'^2\left(\frac{R}{l}\right)^3 + \left(\frac{p\pi mR}{l}\right)^2\left(1 - \frac{2R}{l}\right)\right]} \tag{8.48}$$

若 $m=0$, $n=1$,则 TE_{01p}模式的品质因数成为

$$Q_0 = \frac{R}{\delta} \frac{1 + 0.672\left(\frac{pR}{l}\right)^2}{1 + 1.344p^2\left(\frac{R}{l}\right)^3} \tag{8.49}$$

TM_{mnp}模式

$$Q_0 = \frac{R}{\delta} \frac{1}{\left(1 + \frac{SR}{l}\right)} \qquad \begin{pmatrix} p = 0 & S = 1 \\ p \neq 0 & S = 2 \end{pmatrix} \tag{8.50}$$

以上各式中,R 为圆柱腔半径。

3. 模式图

圆柱腔的应用要比矩形腔广泛得多,因此在这里要讨论一下与圆柱腔的设计密切相关的模式图。一个谐振腔如果在指定的工作频率范围内只能存在一个振荡模式,就称为单模腔;如果能同时存在多个模式,则就称为多模腔。在圆柱腔的设计中,一般都希望采用单模腔,而必须设法不产生其他多余的“干扰模式”,要做到这一点,利用模式图是一个重要的途径。

将圆柱腔振荡波长式(8.46)和式(8.47)变换成谐振频率f_0,重写成如下形式:

$$\begin{cases} \left(\frac{f_0 D}{c}\right)^2 = \left(\frac{p}{2}\right)^2\left(\frac{D}{l}\right)^2 + \left(\frac{\mu'_{mn}}{\pi}\right)^2 & (TE_{mnp}\text{ 模}) \\ \left(\frac{f_0 D}{c}\right)^2 = \left(\frac{p}{2}\right)^2\left(\frac{D}{l}\right)^2 + \left(\frac{\mu_{mn}}{\pi}\right)^2 & (TM_{mnp}\text{ 模}) \end{cases} \tag{8.51}$$

式中,$D=2R$,为圆柱腔直径;c 为自由空间光速(当谐振腔中填充介质为空气时)。

式(8.51)更直观地表达出了圆柱腔谐振频率的平方f_0^2与谐振模式(μ_{mm}^2或$\mu_{mm}'^2$)以及腔体尺寸的平方$(D/l)^2$之间的关系,显然这种关系对于给定的模式来说,画成图形是一条直线,其斜率为$(p/2)^2$,将各不同模式的这种关系画在同一图上就构成了模式图,如图8-10所示。

在设计谐振腔时,一般先给定工作频率范围f_1与f_2,以及工作模式(如TE_{011}),这时可

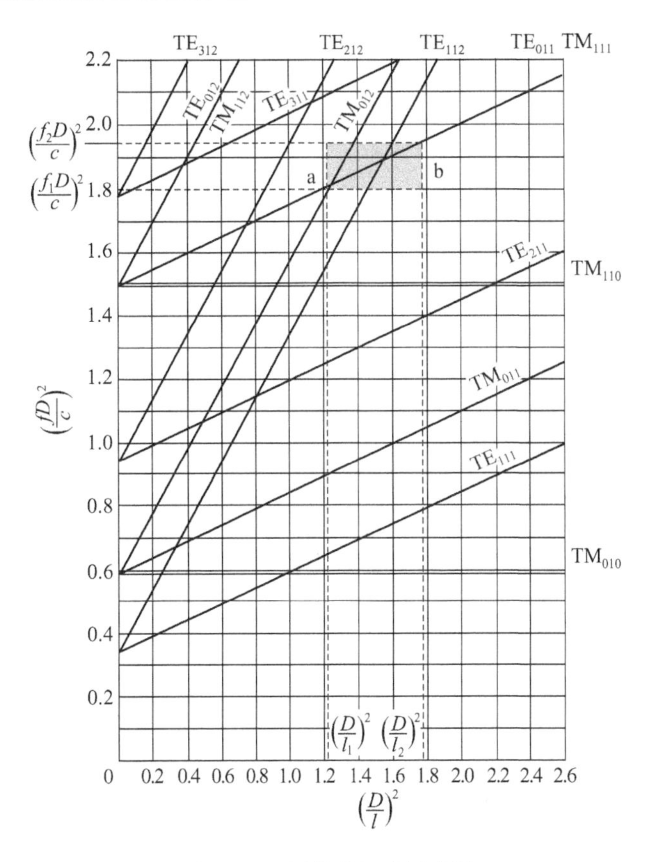

图 8－10　圆柱谐振腔模式图

初步选定一个腔的直径大小 D，据此可得到模式图的纵坐标值 $(f_1D/c)^2$ 和 $(f_2D/c)^2$，将该纵坐标值的水平线交于给定模式（图中 TE_{011} 模）的模式线，如 a、b 两点，它们对应的横坐标即给出了谐振腔的长度 l_1 和 l_2。由通过 a、b 两点的平行纵坐标的直线与平行横坐标的由 $(f_1D/c)^2$ 和 $(f_2D/c)^2$ 给出的水平直线构成的矩形，称作为工作矩形或工作方块（图中阴影区），凡模式线穿过该矩形的就是在腔内可能存在的模式。因此，在谐振腔设计时，应调整尺寸 D 及 l，使工作矩形内只有我们要求的模式的模式线穿过，或者至少希望只有尽可能少的其他干扰模式的模式线在工作矩形内同时存在。

8.4.3　圆柱腔的主要振荡模式

1. TM_{010} 模式谐振腔

TM_{010} 振荡模式的谐振波长与品质因数为

$$\begin{cases} \lambda_0 = 2.62R \\ Q_0 = \dfrac{\eta_0}{R_s} \dfrac{2.405}{2\left(1 + \dfrac{R}{l}\right)} = \dfrac{R}{\delta} \dfrac{l}{l+R} = \dfrac{2V}{\delta S} \end{cases} \tag{8.52}$$

式中，V 为谐振腔的体积；S 为其内表面面积。

TM_{010} 模的场结构如图 8－11 所示，它的电场只有 E_z 分量，且在轴线上最强，而磁场

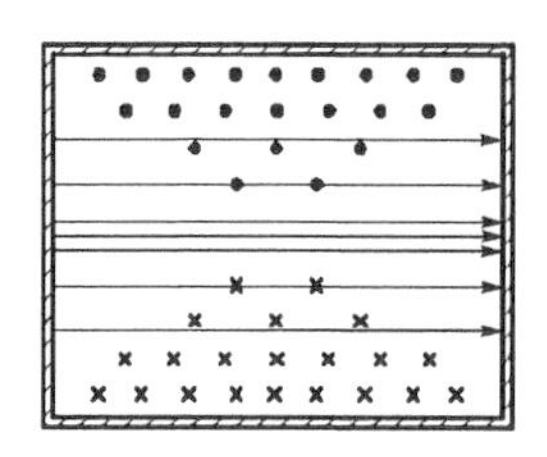
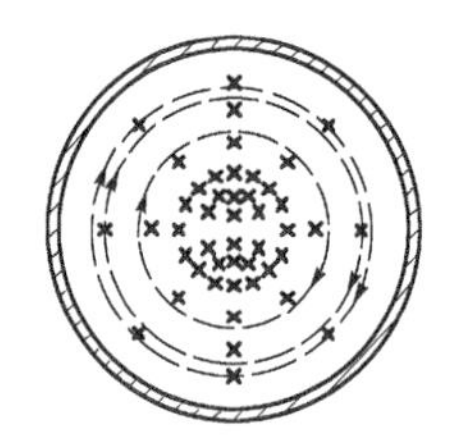

图8-11　圆柱腔中TM_{010}模的场结构

只有H_φ分量,在腔的圆柱壁附近最强。E_z和H_φ在z向与φ向都没有变化,只在r向有变化。TM_{010}模的特点是:① 当谐振腔长度$l<2.1R$时,它是腔中的最低模式;② 由于其谐振波长与l无关,因此不能用短路活塞来进行调谐,一般采用在中心轴加调谐杆的方法调谐;③ 它在腔体中心轴上及其附近纵向电场最强,十分有利于与在中心轴上穿过的电子注发生相互作用,因而这种腔及其变形常常应用于微波管和电子直线加速器中作为高频结构;④ 其品质因数较高,但比TE_{011}模圆柱腔的品质因数要低,因而适宜于做精度要求不高的波长计,亦可应用于介质测量的微扰腔。

2. TE_{111}模式谐振腔

TE_{111}振荡模式的谐振波长和品质因数为

$$\begin{cases} \lambda_0 = \dfrac{1}{\sqrt{\left(\dfrac{1}{3.14R}\right)^2+\left(\dfrac{1}{2l}\right)^2}} \\ Q_0 = \dfrac{R}{\delta}\dfrac{\left[8.1+2.29\left(\dfrac{\pi R}{l}\right)^2\right]}{\left[11.49+66.9\left(\dfrac{R}{l}\right)^3+\left(\dfrac{\pi R}{l}\right)^2\left(1-\dfrac{2R}{l}\right)\right]} \end{cases} \tag{8.53}$$

TE_{111}模式的场分布如图8-12所示。

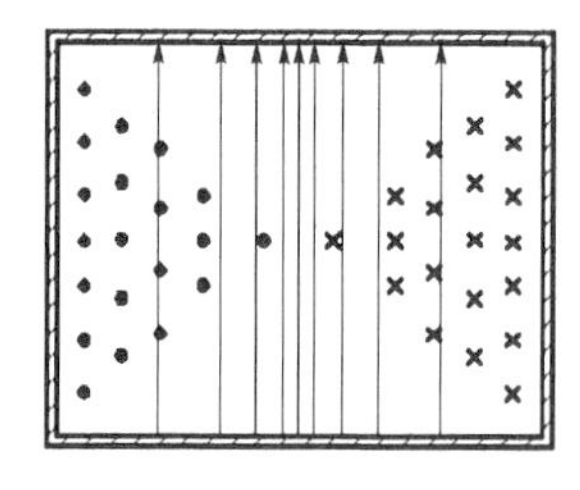
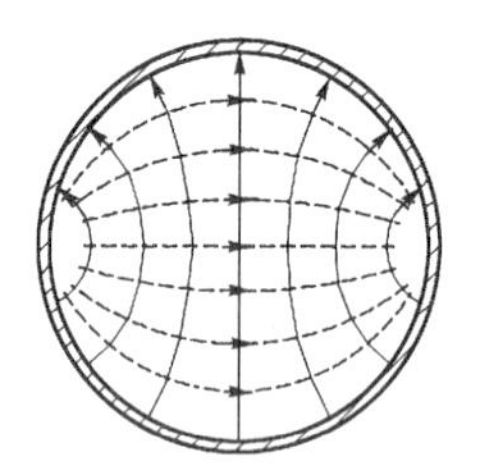

图8-12　圆柱腔中TE_{111}模的场结构

TE_{111}振荡模式的特点是:① $l>2.1R$时,它是圆柱腔的最低振荡模式;② 谐振频率与l有关,因此可用短路活塞进行调谐,这使得TE_{111}模圆柱腔常用来作中精度波长计,但TE_{111}模式容易出现极化简并,在一定程度上影响了它的更广泛的应用;③ 其品质因数低于TE_{011}模圆柱腔,与TM_{010}模圆柱腔相当。

3. TE_{011}模式谐振腔

TE_{011}振荡模式的谐振波长和品质因数为

$$
\begin{cases}
\lambda_0 = \dfrac{1}{\sqrt{\left(\dfrac{1}{1.64R}\right)^2 + \left(\dfrac{1}{2l}\right)^2}} \\
Q_0 = \dfrac{R}{\delta} \dfrac{\left[1 + \left(\dfrac{\pi R}{l}\right)^2\right]}{\left[1 + 1.34\left(\dfrac{R}{l}\right)^2\right]}
\end{cases}
\tag{8.54}
$$

而它的场结构则由图 8 - 13 给出。TE_{011} 模式无极化简并模存在,因此谐振腔即使有小的变形,对谐振频率的影响不太严重,场分布仍然稳定而不会发生模式分裂。

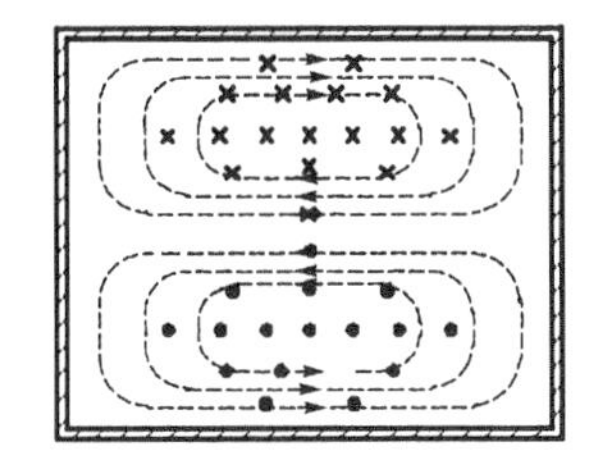
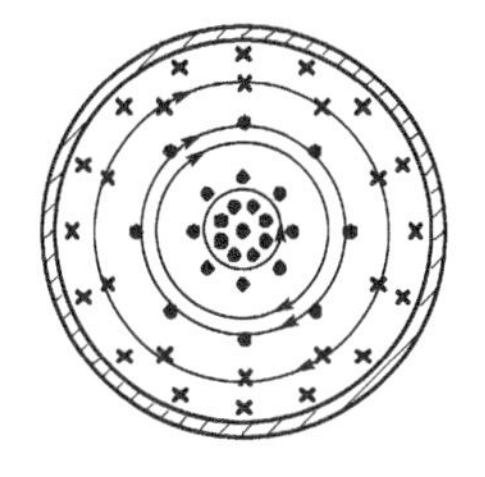

图 8 - 13　圆柱腔中 TE_{011} 模的场结构

TE_{011} 模式圆柱腔的特点是: ① 正如圆波导中的 TE_{01} 模一样,圆柱腔中的 TE_{011} 模电场只有 E_φ 分量,而磁场在腔体纵向壁附近只有 H_z 分量,而在腔体两端面附近只有 H_r 分量,因此在圆柱腔体的任何壁上都只有 φ 方向的高频管壁电流而无 z 向电流,也就没有电流会流过侧壁和端面的连接处。这就使得调谐用的活塞可以做成真正意义上的非接触式活塞。② TE_{011} 腔的损耗很小,并且随频率的升高损耗减小,因而可以做成品质因数很高的谐振腔,Q_0 可达数万甚至数十万。

上述两个特点,使得 TE_{011} 模圆柱腔可以作为高精度波长计、稳频腔等。但 TE_{011} 模式不是最低振荡模式,因此在同样工作频率范围下,腔的体积较大,且存在干扰模式,使工作频带变窄。

8.5　同轴线谐振腔

同轴线谐振腔的工作模式是 TEM 模,它没有低截止频率,因此腔的工作频率范围宽,这使得它成为常用的微波谐振腔之一,经常用作微波振荡器件、倍频器、微波放大器及波长计的谐振腔。

8.5.1　二分之一波长同轴线谐振腔

1. 谐振波长 λ_0

二分之一波长同轴线谐振腔由一段两端短路的同轴线构成,其中一端的短路面做成可调短路活塞以调节谐振腔长度,即改变谐振波长(图 8 - 14)。由于谐振腔中的工作模式为 TEM 波,其电场只有 E_r 分量,在两端短路面上 E_r 必须为零,因此其腔长必须等于半波长的整数倍

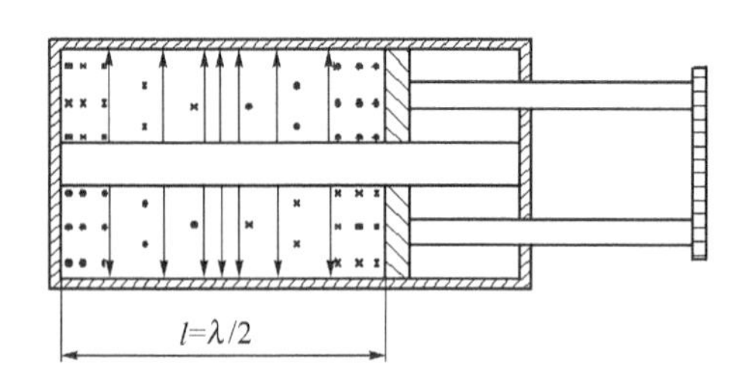

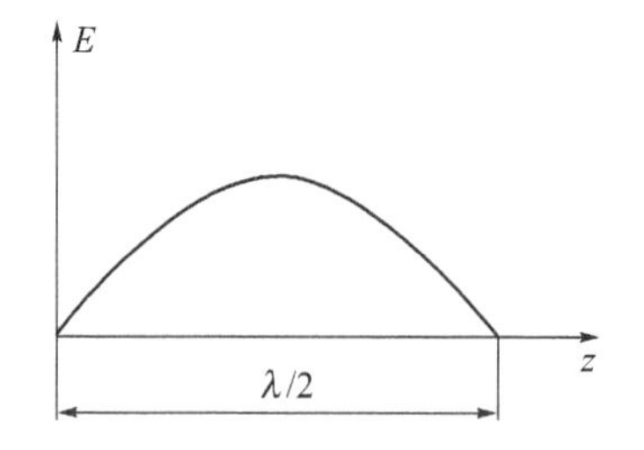

图 8-14 λ/2 同轴线谐振腔的结构及场分布

$$l = p\frac{\lambda_0}{2} \quad (p = 1,2,3,\cdots) \tag{8.55}$$

或者反过来说,只有半波长的整数倍等于腔长的 TEM 波才能在腔内谐振。由此得到谐振波长

$$\lambda_0 = \frac{2l}{p} \tag{8.56}$$

不同的 p 可以对应不同的 λ_0,即在同一腔长 l 下亦可以存在无穷多个谐振波长;当然,改变 l 也就改变了 λ_0。

2. 品质因数 Q_0

根据品质因数 Q_0 的定义式(8.12),可以求出二分之一波长同轴线谐振腔的品质因数为

$$Q_0 = \frac{2}{\delta}\left[\frac{l\ln\frac{b}{a}}{l\left(\frac{1}{a}+\frac{1}{b}\right)+4\ln\frac{b}{a}}\right] \tag{8.57}$$

计算表明,当 $b/a \approx 3.6$ 时,Q_0 值最大。式中,a、b 分别为同轴线内、外导体的半径(见图 2-28)。

8.5.2 四分之一波长同轴线谐振腔

四分之一波长同轴线谐振腔可以看作是由一段一端短路另一端开路的同轴线构成(图 8-15),这时,由于开路端阻抗无穷大,可以形成 TEM 波电场 E_r 的波腹,因此腔长就成为四分之一波长或它的奇数倍:

$$l = (2p-1)\frac{\lambda_0}{4} \quad (p = 1,2,3,\cdots) \tag{8.58}$$

谐振波长

$$\lambda_0 = \frac{4l}{2p-1} \tag{8.59}$$

而品质因数为

$$Q_0 = \frac{2}{\delta}\left[\frac{l\ln\frac{b}{a}}{l\left(\frac{1}{a}+\frac{1}{b}\right)+2\ln\frac{b}{a}}\right] \tag{8.60}$$

若不考虑腔体端壁的损耗,则上式简化为

$$Q_0 = \frac{2b}{\delta}\frac{\ln\frac{b}{a}}{1+\frac{b}{a}} \tag{8.61}$$

$\lambda/4$ 同轴线谐振腔的固有品质因数更多地采用式(8.60)计算。与 $\lambda/2$ 同轴线谐振腔一样,$b/a=3.6$ 时,Q_0 值最大

$$(Q_0)_{\max} = 0.557\frac{b}{\delta} \tag{8.62}$$

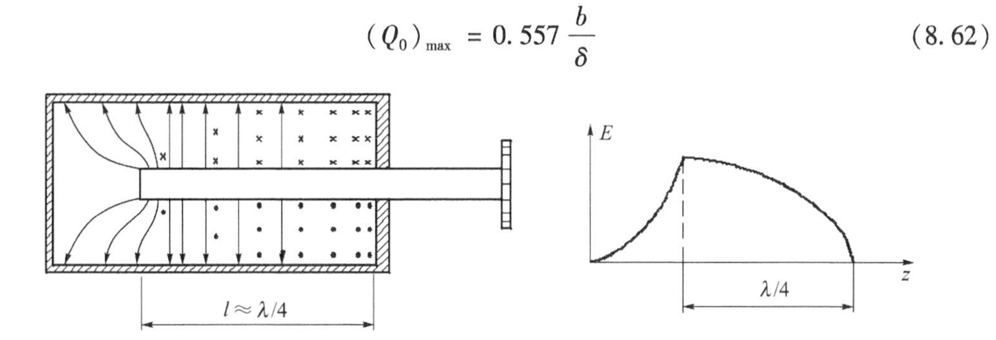

图 8-15 $\lambda/4$ 同轴线谐振腔的结构及场分布

8.5.3 电容加载同轴线谐振腔

如果将同轴腔的内导体与腔体的一侧端面脱离一段距离 d,如图 8-16(a)所示,则在内导体与该端面之间就形成了一个电容,相当于一段 l 长的同轴线,其一端已短路,另一端则带有一个电容负载,即其等效电路如图 8-16(b)所示。由于电容的加载,它的长度比 $\lambda/4$ 同轴腔短,而当 d 足够大时,电容就可以忽略,谐振时 l 的长度就是 $\lambda/4$。

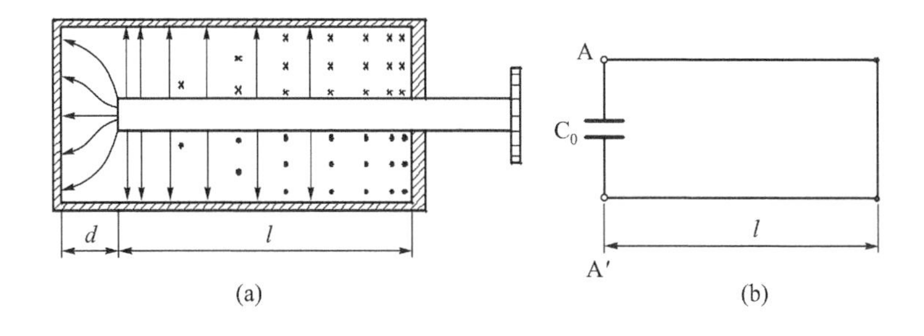

图 8-16 电容加载同轴线谐振腔(a)及其等效电路(b)

电容加载的同轴腔的谐振频率可以用计算总电纳的方法来确定。如果设加载的电容为 C_0,则在参考平面 AA′上的总电纳为

$$\sum B = \omega C_0 - \frac{1}{Z_c}\cot\left(\frac{2\pi}{\lambda}l\right) \tag{8.63}$$

式中,Z_c 是同轴线的特性阻抗,其大小可根据同轴线的尺寸求得;至于加载电容 C_0,则可以近似地用平板电容器的电容计算公式求得:

$$C_0 = \varepsilon\frac{\pi a^2}{d} \tag{8.64}$$

式中,a 为内导体半径;d 为内导体端面与腔体端面的距离;ε 为介电常数。实际上加载电容中的电场并不像理想平板电容器中一样均匀分布,而且还存在边缘电场,考虑到这些实际因素,当 $\varepsilon=1$(空气介质)时,C_0 的计算可按下式进行:

$$C_0 = 27.76\frac{a^2}{d}\left[1+\frac{36.8d}{4\pi a}\lg\frac{b-a}{d}\right]\times 10^{-12}\quad(\mathrm{F}) \tag{8.65}$$

式中,b 为同轴腔外导体的半径。

当谐振时,AA′面上的总电纳应为0,即

$$\sum B\Big|_{\lambda=\lambda_0} = 0 \tag{8.66}$$

式(8.66)是一个超越方程,一般应用数值计算法求解,根据已知腔体尺寸(l 及 C_0)求出谐振频率;也可以用图解法求解:将式(8.63)中的 ωC_0 与 $(1/Z_c)\cot(2\pi l/\lambda)$ 分别画成与 ω(或 f、或 λ)的关系曲线,两条曲线的交点(即两者相等,$\sum B=0$)所对应的 ω 值(或 f 值、或 λ 值)就是谐振频率(波长)。

这种谐振腔采用活塞可以很方便地改变腔长 l,很容易做到大于倍频程的宽频带调谐,较长波段的反射速调管、微波三极管、四极管振荡器,甚至耿氏管振荡回路都可以采用这种谐振腔。

8.6 微带线谐振器

微带线谐振器在微波集成电路中有着广泛的用途,其结构形式除了在6.1.3小节中已经提到的微带线节谐振器外,还有矩形谐振器、圆形谐振器、环形谐振器,它们在微带振荡器、滤波器及环形器等中获得了广泛的应用,一些几何形状更为复杂的微带谐振器如等边三角形、正六边形、椭圆形等能提供更优良的性能,但应用相对较少,在本节中将不作具体讨论。

8.6.1 微带线节谐振器

在6.1节中介绍了微带线节谐振器的基本原理,在这里将进一步讨论它的品质因数及影响品质因数的主要因素。

1. 两端短路微带线节谐振器

对于两端短路的微带线节谐振器,如果短路良好,则谐振器本身的损耗主要来自导体带的欧姆损耗和基片介质的损耗,而短路端的辐射损耗和短路线的欧姆损耗则可忽略不计。即

$$P_s = P_c + P_d \tag{8.67}$$

式中，P_s 为谐振器一个信号周期内本身的平均总损耗；P_c 为导体损耗；P_d 为介质损耗。所以微带线的固有品质因数为

$$Q_0 = \frac{\omega_0 W}{P_c + P_d} \tag{8.68}$$

式中，ω_0、W 的意义与式(8.7)相同。式(8.68)亦可写成

$$\frac{1}{Q_0} = \frac{1}{Q_c} + \frac{1}{Q_d} \tag{8.69}$$

即

$$Q_0 = \frac{Q_c Q_d}{Q_c + Q_d} \tag{8.70}$$

这里 Q_c 是由导体损耗所决定的品质因数；Q_d 是由基片介质损耗所决定的品质因数。

传输线的 Q_0 与它的用 dB 表示的衰减常数 α 的关系是

$$Q_0 = \frac{8.68\beta}{2\alpha} \tag{8.71}$$

由于 $\beta = 2\pi/\lambda_g$，由此得出

$$Q_0 = 8.68\frac{\beta}{2\alpha} = \frac{27.3}{\alpha\lambda_g} \tag{8.72}$$

相类似地，可以将 Q_c、Q_d 写成

$$Q_c = \frac{27.3}{\alpha_c\lambda_g}, \qquad Q_d = \frac{27.3}{\alpha_d\lambda_g} \tag{8.73}$$

α_c 和 α_d 则分别是单独导体带和单独基片介质的衰减常数的分贝数。

一般情况下，微带线的 $\alpha_c \gg \alpha_d$，所以 $Q_d \gg Q_c$，$Q_0 \approx Q_c$。

$$\alpha_d = 27.3\left(\frac{q\varepsilon_r}{\varepsilon_e}\right)\frac{\tan\delta}{\lambda_g} \quad (\text{dB/cm}) \tag{8.74}$$

或

$$\alpha_d = 4.34\eta\frac{q}{\sqrt{\varepsilon_e}}\sigma_d \quad (\text{dB/cm}) \tag{8.75}$$

式中，q 是微带线的介质填充因数：

$$q = \frac{\varepsilon_e - 1}{\varepsilon_r - 1} \tag{8.76}$$

ε_e 为微带线的有效介电常数；$\eta = \sqrt{\mu_0/\varepsilon_0} = 120\pi\Omega$，是自由空间波阻抗；$\tan\delta$ 是基片介质的损耗角正切；σ_d 则为基片介质材料的导电率。可见式(8.74)适用于基片材料完全不导电的情况，而式(8.75)则适用于具有一定导电率的基片材料，如半导体基片。

式(8.74)中的($q\varepsilon_r/\varepsilon_e$)称为损耗正切的填充因数，而式(8.75)中的($q/\sqrt{\varepsilon_e}$)则称为

导电率的填充因数,它们都与微带线基片的相对介电常数 ε_r 和微带线的尺寸 W/h 有关。

至于 α_c 的大小,计算稍麻烦一点,一般可直接查相关曲线估算。对于 $W/h \gg 1$ 的宽带微带线,α_c 可以通过下述近似公式直接计算:

$$\alpha_c \approx 8.68 \frac{R_s}{WZ_c} \quad (\text{dB/cm}) \tag{8.77}$$

式中,R_s 为导体带的表面电阻率;Z_c 为微带线的特性阻抗。宽带微带线的 Z_c 的近似值为

$$Z_c \approx \eta \frac{1}{\sqrt{\varepsilon_e}} \frac{h}{W} \tag{8.78}$$

而宽带微带线的 λ_g 可表示为

$$\lambda_g = \frac{30}{f\sqrt{\varepsilon_e}} \quad (\text{cm}) \tag{8.79}$$

考虑到 $Q_0 \approx Q_c$,则由式(8.77)、式(8.78)和式(8.79),取 $\eta = \eta_0$,则式(8.72)可以得到

$$Q_0 \approx 3.95\left(\frac{h}{R_s}\right)f \tag{8.80}$$

式中,h 以 mm 为单位;R_s 可表示为

$$R_s = 20\pi\sqrt{\frac{f}{\sigma}} \tag{8.81}$$

由此

$$Q_0 \approx 0.063\sqrt{f\sigma} \tag{8.82}$$

式中,σ 为导体带的导电率,单位为$(\Omega \cdot \text{cm})^{-1}$。由式(8.80)可见,增大 h 与 f,可以提高 Q_0。应该指出,按以上方法得到的 Q_0,既是两端短路微带线节谐振器的固有品质因数(无载品质因数),也是微带线自身的品质因数。

2. 开路微带线节谐振器

与短路微带线节谐振器中短路端引起的损耗可以忽略不计不同,具有开路端的微带线节谐振器开路端引起的辐射损耗不仅不再能忽略,而且成为了谐振器的主要损耗之一,甚至可以超过谐振器的导体带损耗和基片介质损耗。

一端开路的四分之一波长微带线节谐振器开路端辐射损耗 P_r 和分布损耗(导体和介质损耗)P_s 之比为

$$\frac{P_r}{P_s} \approx \frac{Q_{0s}Z_c(\varepsilon_e)^{\frac{3}{2}}\left(\frac{W}{\lambda_0}\right)^2}{45\pi\left(1 + 1.6h\frac{\sqrt{\varepsilon_e}}{\lambda_0}\right)} \tag{8.83}$$

式中,Q_{0s}是指只考虑分布损耗时谐振器的固有品质因数。

显然,由于辐射损耗 P_r 的存在,使得谐振器的总损耗 P_t 增加,从而使谐振器的品质因数 Q_0 显著下降,Q_0 的相对变化可表示为

$$\frac{\Delta Q_0}{Q_0}=\frac{Q_{0s}-Q_0}{Q_0} \tag{8.84}$$

式中

$$\frac{1}{Q_0}=\frac{1}{Q_{0s}}+\frac{1}{Q_{0r}} \tag{8.85}$$

Q_{0r}是由辐射损耗决定的品质因数。

两端开路的半波长谐振器，由于它的辐射损耗近似为单端开路辐射损耗的 2 倍，因而 Q_0 值将更低。

要注意，设计开路微带线节谐振器时，对单端开路谐振器，其长度应比计算长度缩短 Δl_{oc}（见式 6.1），对两端开路的谐振器，应减去 $2\Delta l_{oc}$。

8.6.2 环形微带谐振器

环形微带谐振器由导体带成环形的微带线构成，其结构如图 8－17(a)所示。对这种谐振器的分析，可以采用近似的磁壁模型，即假设环形导体带和接地板上与之相对应的环形部分为理想的电壁，这两个电壁环之间的内、外侧壁是理想磁壁，内充基片介质材料（图 8－17(b)），由于电磁波在电壁和磁壁上的反射，因而这些电壁和磁壁就构成了一个环形的圆柱腔，电磁波在由电壁和磁壁所限定的腔体内振荡。这种谐振器的振荡模式为 TM_{mn0}模，主模为 TM_{110}模，图 8－18 给出了环形微带谐振器的几种 TM_{mn0}模式的场结构，注意在金属环面上，必须以高频电流来代替电场，只有在上下电壁之间的介质内部才能建立其高频电场。

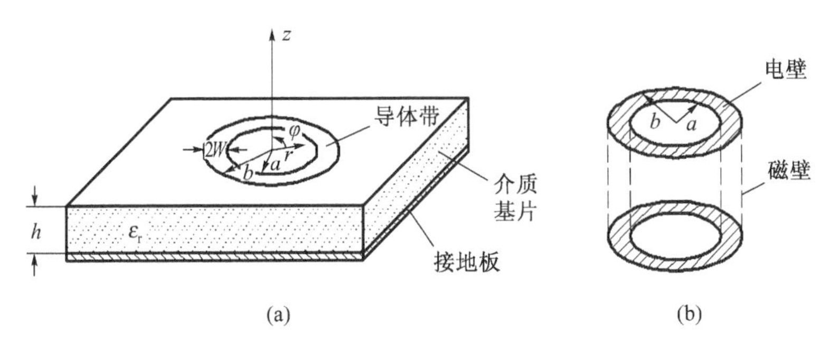

图 8－17　环形微带谐振器的结构(a)及其磁壁模型(b)

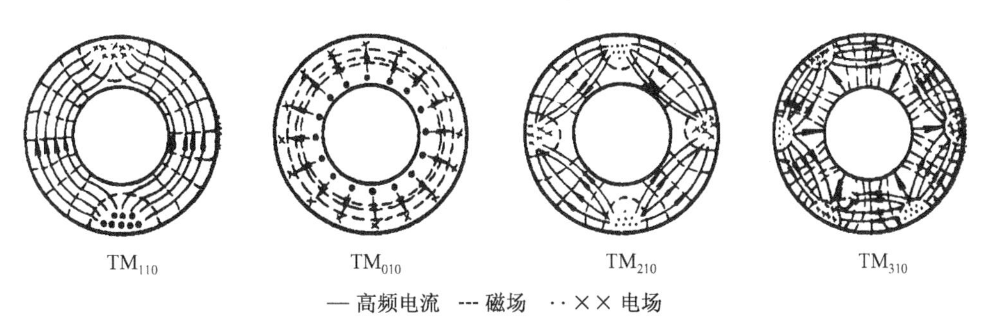

图 8－18　环形微带谐振器的几种振荡模式的电磁场结构

由于这种谐振器是由电磁波沿微带线传输环形一圈而形成谐振的,所以其谐振波长可以由电磁场沿 φ 方向一周应该是谐振波长的整数倍(电长度为 2π 的整数倍)来确定。

$$2\pi R = \frac{m\lambda_0}{\sqrt{\varepsilon_e}} \tag{8.86}$$

式中,R 为环的平均半径,$R=(a+b)/2$,a、b 定义见图 8-17;ε_e 已在上面提到过,是微带线的有效介电常数,于是

$$\lambda_0 = \frac{2\pi R\sqrt{\varepsilon_e}}{m} \tag{8.87}$$

应当指出,式(8.87)只有在

$$\frac{W}{R} \leqslant 0.1 \tag{8.88}$$

时才适用,此时谐振器的谐振模式为 TM_{m10} 模。当 W/R 增大时,就可能会出现 $n>1$ 的高次模。

环形微带谐振器中的 TM_{m10} 模的电磁场的传播路径基本闭合,故辐射损耗很小,它的无载品质因数 Q_0 就近似等于微带线本身的 Q_0 值,因此环形微带谐振器是微带谐振器中 Q 值较高的一种谐振器。但是对于 $n>1$ 的模式,由于它们的辐射损耗较大,所以 Q 值较低,无多大实用价值。

8.6.3 圆形微带谐振器

直接由一片圆形导体构成的微带谐振器称为圆形微带谐振器,其结构如图 8-19 所示,它实际上可以看成是环形微带谐振器当内径 $a=0$ 时的一种极限情况。电磁场在上下为圆形电壁,圆柱侧面为磁壁,内充 ε_r 介质的谐振腔里振荡。与环形谐振器一样,圆形谐振器的振荡模式也是 TM_{mn0} 模,主模为 TM_{110} 模。几种圆形微带谐振器的振荡模式的场结构如图 8-20 所示。

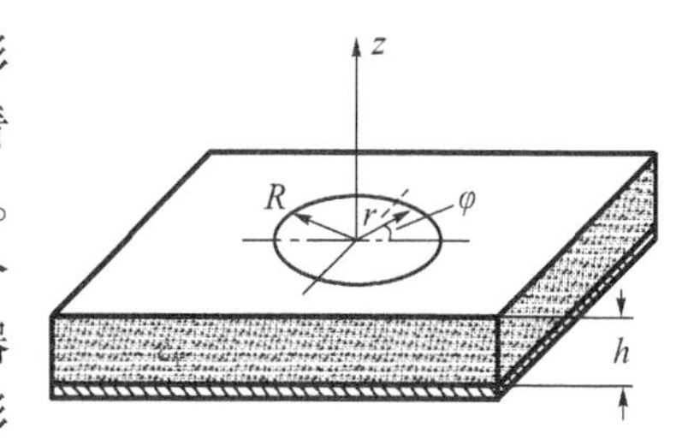

图 8-19 圆形微带谐振器

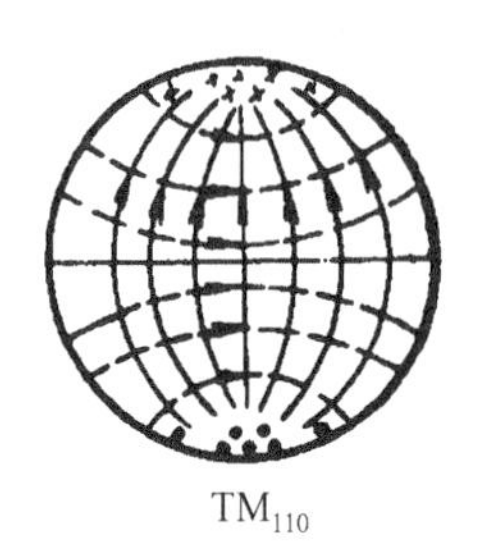
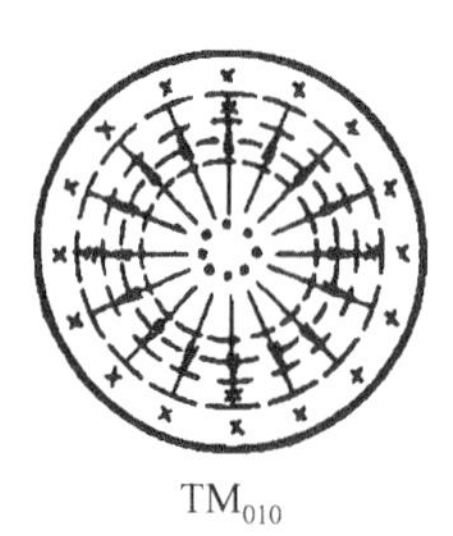

TM_{110} TM_{010} TM_{210} TM_{310}

— 高频电流 --- 磁场 ·· ×× 电场

图 8-20 圆形微带谐振器的几种振荡模式的电磁场结构

圆形微带谐振器的谐振频率可以按下式近似求得

$$f_0 = \frac{c\mu'_{mn}}{2\pi R_e\sqrt{\varepsilon_e}} \tag{8.89}$$

式中，μ'_{mn}为 m 阶贝塞尔函数的导数的第 n 个根；R_e 是考虑圆形片的边缘场效应后它的有效半径

$$R_e = R\left\{1 + \frac{2h}{\pi R}\left[\ln\left(\frac{\pi R}{2h}\right) + 1.7726\right]\right\}^{\frac{1}{2}} \tag{8.90}$$

R 为谐振器圆形导体片半径。

若不考虑圆形片场分布的边缘场效应，并且忽略圆形谐振器的介质损耗和圆形片边缘的辐射损耗，则圆形微带谐振器的无载品质因数可以近似表示为

$$Q_0 \approx 0.063h\sqrt{\sigma f_0} \tag{8.91}$$

式中，h 以 mm 为单位；导电率 σ 的单位为$(\Omega \cdot \mathrm{m})^{-1}$；$f_0$ 以 GHz 为单位。在上面提到的被忽略的因素中，圆形片的边缘效应和基片的介质损耗，对品质因数都影响不大；至于圆形片边缘辐射，对于 TM_{110}模式来说，它的辐射损耗很小，所以这时圆形谐振器的品质因数较高，而如果圆形谐振器工作于 TM_{010}模式，则其辐射损耗很大，品质因数很低。

圆形微带谐振器结构简单，使用方便，工作于主模时 Q 值也比较高，适宜于作体效应二极管或雪崩二极管振荡器的谐振器，它可以方便地实现振荡管的功率合成或者反之获得等功率或不等功率的功率分路输出。尽管如此，圆形谐振器的谐振模式是非谐波相关的，也就是一种模式的频率不能由其他两种模式的频率合成得到，因此它不适宜用于谐波倍频器和参量放大器等电路中。如果将圆形微带谐振器中的圆形片改成椭圆形，构成椭圆形微带谐振器，由于椭圆形比圆形多了一个可变量——偏心率，它的谐振模式就可以获得上述的频率关系。

8.7　介质谐振器和单晶铁氧体(YIG)谐振器

在前面已介绍过的各种谐振腔和谐振器中，电磁波都是在由金属面(电壁)围成的空腔或者至少一个方向上的电壁和其他方向上的磁壁围成的体积内产生全反射而形成驻波，从而产生电磁波振荡形成谐振的。如果换个角度，电磁波遇到两种不同介质的界面时，在一定条件下，也会发生全反射，从而组成谐振器；或者直接从谐振器是一种窄频带储能元件出发，能够在一个很窄频率范围内吸收电磁能的机构，也就可以成为谐振器。基于前一机制形成了介质谐振器，而利用后一原理制成了单晶铁氧体(YIG)谐振器。

8.7.1　介质谐振器

1. 介质谐振器的特点及模式

1) 介质谐振器的基本原理

在电磁场理论中已知道，若平面波从一种介质(介电常数 ε_1)进入另一介质(介电常数 ε_2)，则入射角大于临界角 θ_c，有

$$\theta_c = \arcsin\sqrt{\frac{\varepsilon_2}{\varepsilon_1}} \tag{8.92}$$

时，波将在两种介质的界面上发生全反射而不会进入第二种介质传播(实际上场在第二种介质中随着离开界面的距离而呈指数方式衰减)。可以看出，式(8.92)只有在 $\varepsilon_1 > \varepsilon_2$

的条件下才成立,也就是说,电磁波只有从高介电常数(ε_1)的介质中投向低介电常数(ε_2)的介质界面时,才可能产生全反射。基于这一现象,处于低介电常数介质中的一块高介电常数材料,就可以形成一种非常理想的谐振器,在它里面的电磁波不会向低介电常数介质辐射,而只能在它里面形成振荡。

微波集成电路中所用的介质谐振器,通常为矩形平行六面体和圆柱体两种形式。

2) 介质谐振器中的模式

由于介质谐振器在界面上的场不会为零,而是按指数规律在界面外逐渐衰减,所以介质谐振器沿轴向的长度 l 与金属谐振腔不同,不再是 $\lambda_g/2$ 的整数倍而成为

$$p\frac{\lambda_g}{2} < l = (\delta + p)\frac{\lambda_g}{2} < (p+1)\frac{\lambda_g}{2} \tag{8.93}$$

式中,δ 就是考虑场向界面外渗透而引入的修正因子,显然 $\delta < 1$,而 $p = 0,1,2,\cdots$。这样,介质谐振器的振荡模式就应表示成 $TE_{mn(p+\delta)}$,$TM_{mn(p+\delta)}$,$HE_{mn(p+\delta)}$ 和 $EH_{mn(p+\delta)}$ 等,当 $p = 0$ 时,就是 $TE_{mn\delta}$,$TM_{mn\delta}$ 等。

当 $p = 0$ 时,圆柱形介质谐振器中几种常见的振荡模式的电磁场分布如图 8-21 所

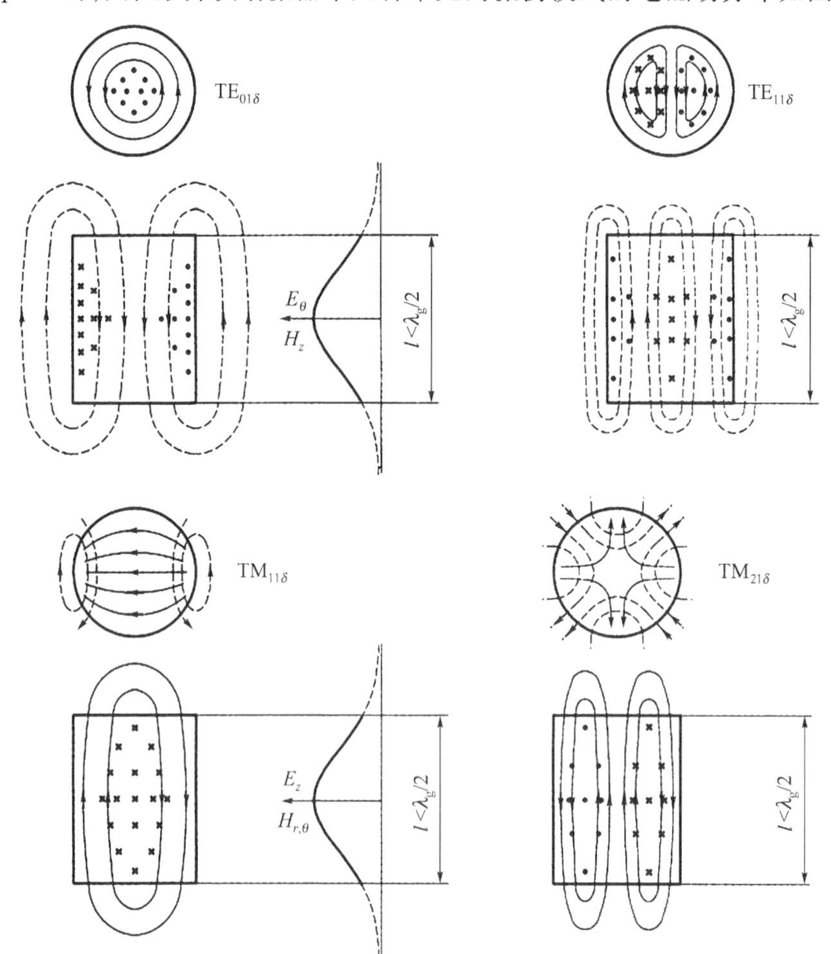

图 8-21　圆柱形介质谐振器中主要振荡模式的场分布
及其场分量沿轴向的变化

示，图中同时给出了 $TE_{01\delta}$模和 $TM_{11\delta}$模场分量沿轴向变化曲线，对于 $TE_{11\delta}$模和 $TM_{21\delta}$模，场在 z 向的变化分别与 $TE_{01\delta}$模和 $TM_{11\delta}$模完全类似。矩形介质谐振器中振荡模式的场分布可以类似地画出。

3）介质谐振器的品质因数及特点

由于在介质谐振器中电磁场主要集中在谐振器内部而基本上不会向外辐射，因而辐射损耗很小，可以忽略不计，这样，介质谐振器的无载品质因数就主要决定于介质的内部损耗。对于相对介电常数为 100 左右或者更高的介质材料，其介质谐振器的 Q_0 值可近似用下式估算：

$$Q_0 \approx \frac{1}{\tan\delta} \tag{8.94}$$

式中，$\tan\delta$ 是介质材料的正切损耗。介质谐振器常用材料的 $\tan\delta$ 典型值为 0.0001 ~ 0.0002，所以 Q_0 值可达 5000 ~ 10000，可以与矩形波导谐振腔相比拟。

振荡在基模上的介质谐振器的尺寸与波在该介质材料中的波长为同一量级，即与

$$\lambda_d = \frac{\lambda_0}{\sqrt{\varepsilon_r}} \tag{8.95}$$

同一量级。当介质谐振器材料的相对介电常数很大时，介质中的波长 λ_d 就比自由空间波长 λ_0 小很多，因而介质谐振器的尺寸要比普通的金属波导腔的尺寸小很多，因为后者的尺寸是与 λ_0 同一数量级的。

可见，介质谐振器的特点是：① Q_0 值高，在 0.1 ~ 30GHz 范围内，可达 $10^3 \sim 10^4$；② 体积小、质量轻，易于实现电路小型化；③ 谐振频率的温度稳定性好；④ 制造工艺简单，价格便宜。因此介质谐振器已广泛应用于微波集成电路作滤波器、慢波结构、振荡器的稳频腔、鉴频器的标准腔等。

2. 介质谐振器的谐振频率

介质谐振器谐振频率的求解有多种方法，下面只介绍利用改进的磁壁法求谐振频率所得的结果，略去分析和推导过程。

1）圆柱形介质谐振器

圆柱形介质谐振器如图 8 - 22 所示，我们认为它是由均匀、无耗、相对介电常数为 ε_{r1} 的介质形成，并孤立地处于介电常数为 ε_{r2} 的媒质中。其半径为 a，高度为 l。

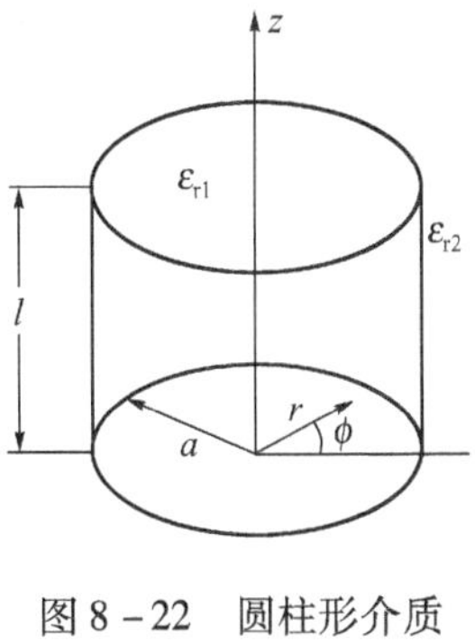

图 8 - 22　圆柱形介质谐振器

圆柱形介质谐振器 $TE_{mn(p+\delta)}$ 和 $TM_{mn(p+\delta)}$ 模的谐振频率可由下式求得：

$$f_0 = \frac{c}{2\pi\sqrt{\varepsilon_{r1}}}\sqrt{k_c^2 + \beta^2} \tag{8.96}$$

式中，c 为光速，相应的谐振波长就是

$$\lambda_0 = \frac{2\pi}{k_0} = \frac{2\pi\sqrt{\varepsilon_{r1}}}{\sqrt{k_c^2 + \beta^2}} \tag{8.97}$$

式中，ε_{r1} 为介质谐振器介质材料的相对介电常数，而

$$k_c=\begin{cases}\dfrac{\mu'_{mn}}{a} & (\mathrm{TE}_{mn(p+\delta)}\text{ 模})\\ \dfrac{\mu_{mn}}{a} & (\mathrm{TM}_{mn(p+\delta)}\text{ 模})\end{cases} \tag{8.98}$$

μ_{mn}和μ'_{mn}分别为m阶第一类贝塞尔函数和它的导数的第n个根。式(8.96)和式(8.97)中的相位常数β则通过联立解下述方程求得：

$$\begin{cases}\beta l=(p+\delta)\pi=\begin{cases}p\pi+2\arctan\left(\dfrac{\alpha}{\beta}\right) & (\mathrm{TE}_{mn(p+\delta)}\text{ 模})\\ p\pi+2\arctan\left(\dfrac{\varepsilon_{r1}\alpha}{\varepsilon_{r2}\beta}\right) & (\mathrm{TM}_{mn(p+\delta)}\text{ 模})\end{cases}\\ \beta^2=\varepsilon_{r1}k_0^2-k_c^2\\ \alpha^2=k_c^2-\varepsilon_{r2}k_0^2\\ k_0^2=\omega_0^2\varepsilon_0\mu_0\end{cases} \tag{8.99}$$

方程中，ε_{r2}为包围介质谐振器的媒质的相对介电常数，如果介质谐振器周围是空气，则$\varepsilon_{r2}=1$。

在大多数情况下，圆柱形介质谐振器以$\mathrm{TE}_{01\delta}$模作为主模，但$\mathrm{TE}_{01\delta}$模并非在任何条件下都是圆柱形介质谐振器中的最低模式，当l较大时其最低次模是$\mathrm{TM}_{11\delta}$模，只有在$a/l>0.48$条件下，$\mathrm{TE}_{01\delta}$模才是最低次模。

2）矩形六面体介质谐振器

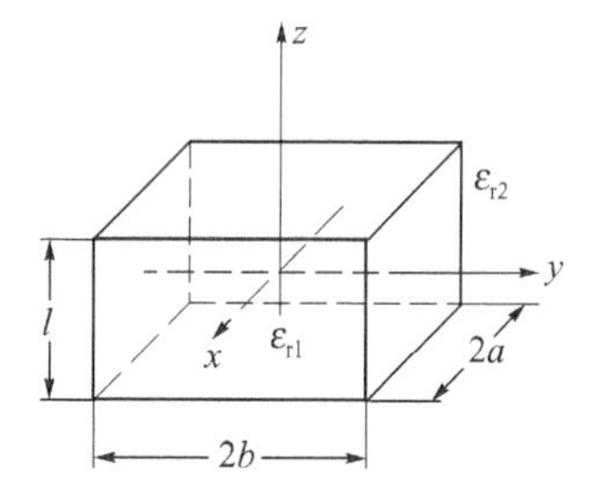

图8-23 矩形六面体介质谐振器

矩形六面体介质谐振器各边的尺寸l、$2a$、$2b$如图8-23所示。它的$\mathrm{TE}_{mn(p+\delta)}$模的谐振频率可表示为

$$f_0=\frac{c}{2\pi\sqrt{\varepsilon_{r1}}}\sqrt{k_x^2+k_y^2+\beta^2} \tag{8.100}$$

在$\varepsilon_{r2}=1$时，式(8.100)中的k_x、k_y及β可通过以下联立方程求出：

$$\begin{cases}k_x^2+k_y^2+\beta^2=\varepsilon_{r1}k_0^2\\ k_x^2+k_y^2-\alpha_z^2=k_0^2\\ k_x^2-\alpha_y^2+\beta^2=k_0^2\\ k_y^2-\alpha_x^2+\beta^2=k_0^2\\ k_0^2=\omega_0^2\mu_0\varepsilon_0\end{cases} \tag{8.101}$$

以及

$$\begin{cases}k_xa=\dfrac{m\pi}{2}-\arctan\dfrac{k_x}{\alpha_x} & (m=1,2,\cdots)\\ k_yb=\dfrac{n\pi}{2}-\arctan\dfrac{k_y}{\alpha_y} & (n=1,2,\cdots)\\ \beta l=p\pi+2\arctan\dfrac{\alpha_z}{\beta} & (p=0,1,2,\cdots)\end{cases} \tag{8.102}$$

矩形六面体介质谐振器的最低振荡模式为 $TE_{11\delta}$模，其场分布与圆柱形介质谐振器中的 $TE_{01\delta}$类似。

3. 微带电路中的介质谐振器

上面讨论的是处于媒质中的孤立的介质谐振器，但实际上，谐振器总是要连接在微带电路中的，在它下面有介质基片，基片下面还有接地板，在它上面往往还有金属盖。分析这种结构的谐振器（图 8-24），也可以用磁壁法等不同方法，下面将给出磁壁法所得到的结果。

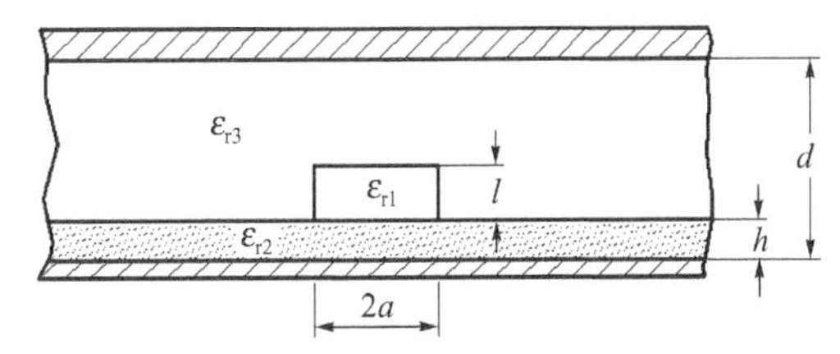

图 8-24　在微带电路中的介质谐振器

1）圆柱形介质谐振器

对于在微带电路中的圆柱形介质谐振器中的 $TE_{0n(p+\delta)}$ 模，其谐振频率可根据

$$f_0 = \frac{c}{2\pi\sqrt{\varepsilon_{r1}}}\sqrt{k_c^2 + \beta^2} \tag{8.103}$$

求得，式中 β、k_c 可由下述方程求得：

$$\beta l = p\pi + \arctan\left\{\frac{\alpha_3}{\beta}\coth[\alpha_3(d-l)]\right\} + \arctan\left[\frac{\alpha_4}{\beta}\coth(\alpha_4 h)\right] \tag{8.104}$$

$$\frac{J_0'(k_c a)}{k_c J_0(k_c a)} + \frac{K_0'(\tau a)}{\tau K_0(\tau a)} = 0 \tag{8.105}$$

式中，$J_0(k_c a)$、$J_0'(k_c a)$、$K_0(\tau a)$、$K_0'(\tau a)$ 分别为零阶第一类贝塞尔函数及其导数和零阶第二类变态贝塞尔函数及其导数；d、l 及 h 均为结构尺寸，其定义见图 8-24；a 为圆柱形谐振器的半径；α_3、α_4、τ则由以下方程联立求解给出：

$$\begin{cases} \beta^2 = \varepsilon_{r1}k_0^2 - k_c^2 = k_0^2 + \tau^2 \\ \alpha_3^2 = k_c^2 - k_0^2 \\ \alpha_4^2 = k_c^2 - \varepsilon_{r2}k_0^2 \\ k_0^2 = \omega_0^2\varepsilon_0\mu_0 \end{cases} \tag{8.106}$$

以上方程中，ε_{r1} 为谐振器材料的相对介电常数；ε_{r2} 为基片的相对介电常数；并假设除基片外，谐振器周围 $\varepsilon_{r3} = 1$。

由式（8.104）可以看出，谐振频率与盒盖到微波电路基片的距离 d 有关，换句话说，调节 d 的大小可以调整谐振器的谐振频率，这是一种十分有用的调整谐振频率的方法。

2）矩形六面体介质谐振器

在微带电路中，矩形六面体介质谐振器中的 $TE_{11\delta}$模的谐振波长 λ_0，应根据以下方程求得：

$$\begin{cases}\beta_0 = 2\pi\sqrt{\left(\dfrac{\beta}{\pi}\right)^2 - \dfrac{1}{\lambda_0^2}} \\ \beta = \dfrac{\pi}{2}\sqrt{\dfrac{1}{a^2} + \dfrac{1}{b^2}} \\ \beta_1 = 2\pi\sqrt{\dfrac{\varepsilon_{r1}}{\lambda_0^2} - \left(\dfrac{\beta}{2\pi}\right)^2} \\ \beta_2 = 2\pi\sqrt{\dfrac{\varepsilon_{r2}}{\lambda_0^2} - \left(\dfrac{\beta}{2\pi}\right)^2} \\ l = \arctan\dfrac{\beta_0}{\beta_1\tanh(\beta_0 d)} + \arctan\dfrac{\beta_2}{\beta_1 h\tanh(\beta_2 h)}\end{cases} \tag{8.107}$$

式中,a、b 分别为矩形六面体的长和宽,其余符号定义见图 8-24,与圆柱形谐振器中的定义相同。

要指出的是,微带电路中金属屏蔽盒盒盖与微带线的距离不仅会对谐振器的谐振频率产生影响,而且会引起谐振器 Q 值的下降,这是由金属盒盖产生感应电流引起导体损耗的结果。一般来说,在其他条件相同的情况下,谐振器的截面尺寸与高度 l 之比较小的谐振器具有较高的无载 Q 值。

8.7.2 单晶铁氧体谐振器

1. 基本原理

利用单晶铁氧体铁磁谐振吸收特性制成的谐振器就称为单晶铁氧体谐振器,通常采用的单晶铁氧体材料为钇铁石榴石,简称 YIG,它的成分为$[3Y_2O_3 \cdot 5Fe_2O_3]/2$。

在 7.1 节中,我们已讨论到了铁氧体的回旋谐振吸收效应,指出当铁氧体同时处于外加恒定磁场 $\boldsymbol{H}_0$ 和线极化高频交变磁场 $\boldsymbol{H}_1$ 中,而且高频场的频率 ω 与铁氧体中自旋电子的进动频带 ω_0 相等时,铁氧体就会对线极化波中的右旋圆极化高频场产生谐振吸收。

而任何一个能在一定频率范围内吸收电磁能的机构,与能存储电磁能的结构一样,也同样可以构成谐振器,因此,利用单晶铁氧体(YIG)的这种回磁吸收现象,就可以做成 YIG 谐振器。

2. YIG 谐振器

1)谐振频率与品质因数

利用 YIG 的铁磁共振吸收现象就可以构成谐振器。对于尺寸无限大(即尺寸和波长可比拟)、各向同性的谐振器,其谐振频率可表示为

$$f_0 = \frac{\gamma}{2\pi}H_0 = 2.8H_0 \tag{8.108}$$

式中,f_0 的单位为 MHz;H_0 的高斯单位为 Oe(1Oe≈79.6A/m)。实际上单晶铁氧体谐振器,其尺寸远小于工作波长,加上晶体内部磁场和各向异性的影响,因而上式只是一个近似估计公式,具体计算时还应加以修正。还应指出的是,单晶铁氧体谐振器的谐振频率对

于温度的变化十分敏感。

单晶铁氧体小球谐振器的无载品质因数可用下式估计：

$$Q_0 = \frac{H_0 - \frac{4\pi M_0}{3}}{\Delta H} \tag{8.109}$$

式中，M_0 为饱和磁化强度，它是单位体积铁氧体材料中电子自旋磁矩之和；ΔH 称为谐振线宽，单位是 Oe。ΔH 虽然以磁场强度的单位计量，但它反映的却是谐振器内部的损耗，线宽越宽，谐振器的品质因数越低。纯 YIG 小球的线宽 ΔH 在 10GHz 时约为 0.6Oe，掺镓的 YIG 小球 ΔH 小于 1.5Oe。

由 Q_0 的公式(8.109)可以看出，当 $H_0 = 4\pi M_0/3$ 时，$Q_0 = 0$，谐振器显然不再具有谐振能力，这就意味着，单晶铁氧体谐振器有一个调谐下限：

$$f_{0\min} = \frac{\gamma}{2\pi}\frac{4}{3}\pi M_0 = 11.73M_0 \tag{8.110}$$

$f_{0\min}$ 称为最低调谐频率。

2）基本结构

用于微波集成电路的 YIG 谐振器的典型结构如图 8－25 所示，YIG 频率调谐用的磁铁是一个具有单空气隙的电磁铁，由主调谐线圈为空气隙提供调谐用直流磁场，YIG 小球、微带电路及调谐线圈都放在两个极靴之间，YIG 通过耦合环与外电路耦合。

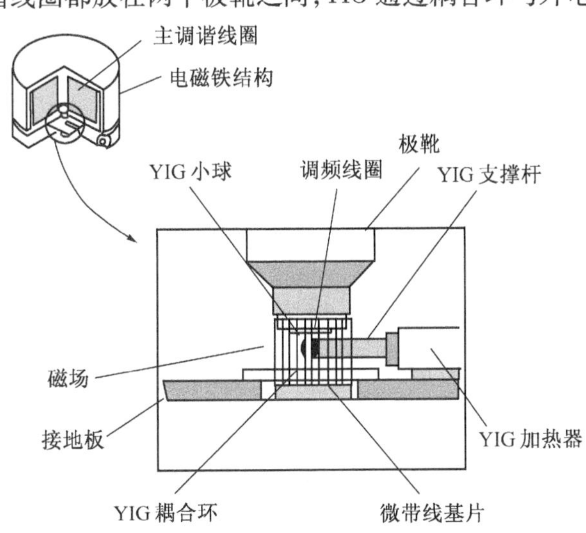

图 8－25　YIG 振荡器结构示意图

YIG 谐振器与一般谐振器相比，具有下列一些特点：① 谐振频率仅取决于 YIG 材料的电磁性能、形状和外加磁场 $\boldsymbol{H}_0$，而与 YIG 谐振器的大小无关，因此，即使是直径仅毫米量级的 YIG 小球，也可以在整个微波波段中应用；② 改变 $\boldsymbol{H}_0$ 的大小就可以对谐振频率进行调谐，即改变调谐线圈的电流就可以调谐频率。

可见，YIG 谐振器体积小、调谐范围广、损耗小（因而 Q 值高），良好的性能及适合微波集成电路应用的尺寸使 YIG 谐振器得到了广泛应用，成为如滤波器、倍频器、鉴频器、限幅器及振荡器等首选的谐振器之一。

8.8 开放式光学谐振腔

随着微波频率的不断提高,尤其是在毫米波段和亚毫米波段,封闭式谐振腔的品质因数 Q_0 由于损耗的增加而越来越小,对于任何封闭的空腔,Q_0 值将以 $f^{-1/2}$ 的规律下降;另外,频率越高,工作于低次模的谐振腔尺寸将越小,不仅导致 Q_0 值进一步降低,而且加工制造也变得十分困难。避免这些困难的一种简单而实用的方法是去掉封闭腔的侧壁而保留两端的金属面,使之成为开敞式结构,称为开放式谐振腔。与封闭式谐振腔相比,开放式谐振腔具有品质因数高,单模工作稳定性高,调谐方便以及易于加工制造等优点,因此在毫米波频率范围内有着广阔的应用前景。

8.8.1 法布里—佩罗腔

最简单的开放腔由两块无限大的平行金属板组成(图8-26(a)),在原理上与光学上的法布里—佩罗干涉仪类似,所以称为法布里—佩罗(Fabry-Perot)腔,简记为F-P腔。

F-P腔中的场是TEM波的驻波,其表达式可写成:

$$\begin{cases} E_x = E_0 \sin\beta_0 z \\ H_y = \mathrm{j}\dfrac{E_0}{\eta_0}\cos\beta_0 z \end{cases} \tag{8.111}$$

式中,E_0 为场的幅值;η_0 为自由空间波阻抗。若F-P腔的两块平板分别位于 $z=0$ 与 $z=l$ 处,则式(8.111)已满足 $z=0, E_x=0$ 的边界条件,为了满足 $z=l, E_x=0$ 的条件,必须有

$$\beta_0 l = p\pi \qquad (p = 1,2,3,\cdots) \tag{8.112}$$

于是谐振频率就是

$$f_0 = \frac{c\beta_0}{2\pi} = \frac{cp}{2l} \tag{8.113}$$

F-P腔的品质因数可取单位面积平板来计算,即取宽、高(x、y 方向)各为1,长为 l 的体积来计算其储能:

$$W = \frac{\varepsilon_0}{2}\int_0^1\int_0^1\int_0^l |E_x|^2 \mathrm{d}x\mathrm{d}y\mathrm{d}z = \frac{\varepsilon_0}{4}E_0^2 l \tag{8.114}$$

而取宽、高各为1的平板面积来计算导体损耗,两块这样的导体平板总损耗为

$$P_s = 2\left[\frac{R_s}{2}\int_0^1\int_0^1 |H_y|^2 \mathrm{d}x\mathrm{d}y\right] = R_s\left(\frac{E_0}{\eta_0}\right)^2 \tag{8.115}$$

因此

$$Q_0 = \frac{\omega_0 W}{P_s} = \frac{\omega_0 \varepsilon_0 l \eta_0^2}{4R_s} = \frac{\eta_0}{4R_s}p\pi \tag{8.116}$$

式中,R_s 为平板导体的表面电阻率。由式(8.116)计算得到的 Q_0 值一般都达到几千甚至更高。

8.8.2　共轴球面腔

开放式光学谐振腔更普遍的形式由两个具有公共轴线的球面镜构成，称为共轴球面腔，具有一个或两个平面镜的腔只是共轴球面腔的特例。图8－26给出了共轴球面腔的一些类型。

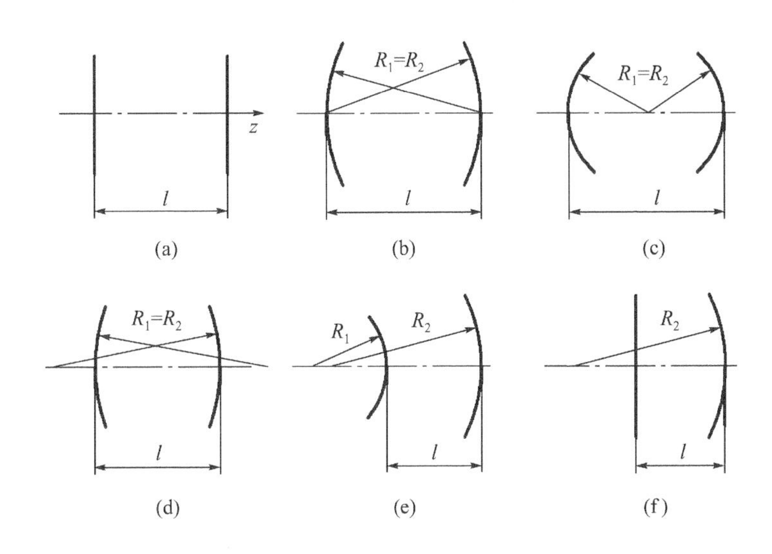

图8－26　共轴球面开放式光学谐振腔的几种模型

(a) 平行平面腔(F－P腔)；(b) 对称共焦腔；(c) 对称共心腔；(d) 双凹稳定腔；(e) 凹—凸稳定腔；(f) 平—凹稳定腔。

1. 共轴球面腔的稳定条件

在开放式光学腔中，光(或者说电磁波)在两个反射镜之间来回不断反射，如果光在腔内经过若干次来回反射后就横向射出腔体，显然就不再能在腔内形成稳定的振荡，因而总是要求腔体能保证光在腔内来回反射任意多次而始终不逸出腔体，能满足这一要求的开放腔称为稳定腔。

以 R 表示球面镜的曲率半径，f 为焦距，并规定

凹面镜　　$R>0$　$f=R/2>0$

凸面镜　　$R<0$　$f=R/2<0$

平面镜　　$R=\infty$　$f=\infty$

根据射线光学，可以证明共轴球面腔的稳定条件为

$$0<\left(1-\frac{l}{R_1}\right)\left(1-\frac{l}{R_2}\right)<1 \tag{8.117}$$

式中，R_1、R_2 为构成球面腔的两个球面镜的曲率半径。满足条件式(8.117)的开放式光学谐振腔就是稳定腔。为简单起见，该式也可写成

$$\begin{cases}0<g_1g_2<1\\ g_1=1-\dfrac{l}{R_1},\qquad g_2=1-\dfrac{l}{R_2}\end{cases} \tag{8.118}$$

反之,当满足条件

$$g_1g_2 > 1 \qquad 或者 \qquad g_1g_2 < 0 \tag{8.119}$$

时,光线在腔内经过有限次往返后一定会逸出腔外。

由以上分析可知,满足条件式(8.118)的光线不会逸出腔体,或者说没有几何偏折损耗或逸出损耗,而满足条件式(8.119)的腔体必定是高损耗的。

2. 共轴球面腔的分类

按照腔体几何损耗的高低,共轴球面腔可以分成3类。

(1) 稳定腔。满足条件

$$0 < g_1g_2 < 1 \tag{8.120}$$

的共轴球面腔是稳定腔。稳定腔的几何损耗为零,即光线可在腔内来回反射无限次而始终不会横向逸出。稳定腔又可分为双凹稳定腔、凹—凸稳定腔、平—凹稳定腔等种类,对应图8-26中的(d)、(e)、(f)三种腔。

(2) 非稳腔。所有满足条件

$$g_1g_2 > 1 \qquad 或 \qquad g_1g_2 < 0 \tag{8.121}$$

的腔都是非稳腔。非稳腔内的光线经有限次往返后就会从侧面逸出,因而这类腔具有较高的几何损耗。所有双凸腔、平凸腔都是非稳腔;满足条件 $0 < R < l$ 的平凹腔也是非稳腔;即使是双凹腔,在 $R_1 < l, R_2 > l$(或 $R_1 > l, R_2 < l$)和 $R_1 + R_2 < l$ 两种情况下也成为非稳腔;至于凸凹腔,在 $R_2 < 0, 0 < R_1 < l$ 或 $R_2 < 0, R_1 + R_2 > l$(R_1 与 R_2 互换也一样)两种情况下同样是非稳腔。

(3) 临界腔。凡满足条件

$$g_1g_2 = 0 \qquad 或 \qquad g_1g_2 = 1 \tag{8.122}$$

的共轴球面腔为临界腔。$R_1 = R_2 = l$ 的对称共焦腔,$R_1 = R_2 = \infty$ 的平行平面腔以及 $R_1 + R_2 = l$ 的共心腔为临界腔的代表性结构,如图8-26中的(a)、(b)、(c)所示。

平行平面腔、共心腔等大多数临界腔,其性质介于稳定腔与非稳腔之间。在腔中沿中轴线行进的光线能往返无限多次而不致逸出,这与稳定腔的情况类似,而所有非沿轴行进的光线,在腔内往返有限次后必然横向逸出腔体,显然这又与非稳腔相像。

共焦腔实际上是一种稳定腔,而且是最重要和最有代表性的一种稳定腔。在共焦腔中,任意旁轴光线都可以在腔内往返无限多次而不会横向逸出,只是由于共焦腔 $R_1 = R_2 = l$,满足临界腔的条件 $g_1g_2 = 0$,才归为临界腔。

3. 稳区图

为了直观起见,可以用稳区图来表示共轴球面腔的稳定条件,从而从稳区图中就可以十分清楚地看出谐振腔的工作区域(图8-27)。取 g_1 为横坐标,g_2 为纵坐标,则 $g_1g_2 = 1$ 为图中的双曲线,图中非阴影区,即由坐标轴 $g_1 = 0, g_2 = 0$ 与双曲线围成的区域和坐标原点属于稳定区,其余的阴影区为非稳区。任何一个共轴球面腔(R_1, R_2 及 l)都对应稳区图上唯一一点,如果某一球面腔,根据 R_1、R_2 及 l 算得的 g_1、g_2,其在稳区图上对应的点落在稳定区内,则该腔就是稳定腔;若落在非稳区内,则为非稳腔;若落在两区的边界上,就是临界腔。

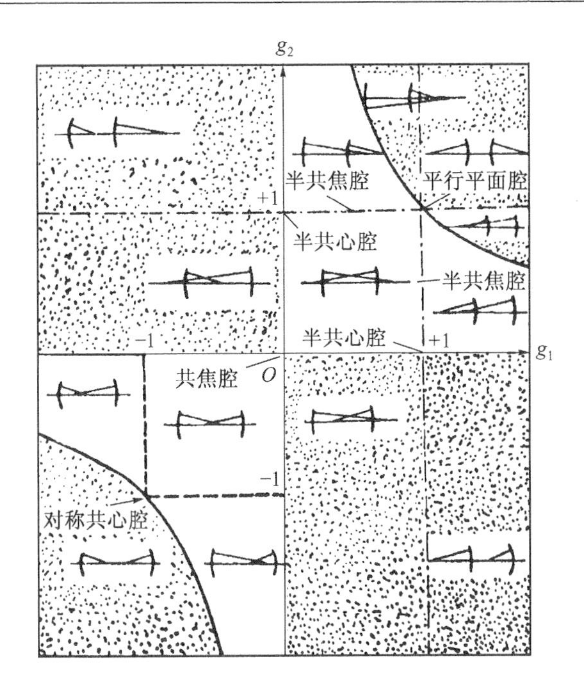

图 8－27　共轴球面腔稳区图

8.8.3　开放式光学谐振腔的模式

1. 开放腔模式的物理概念

开放式光学谐振腔与 F－P 腔一样，工作在 TEM 波。在一个两端有金属反射面的腔内，TEM 波在纵向将形成驻波，驻波半波长的多少不同，就会有不同的模式，称为开放腔的纵模，这应该是很容易理解的。但按说场在横向分布是均匀的 TEM 波，就不会再有不同的分布，即在横向不会有不同的模式存在。但实际的开放式腔的反射镜的尺寸是有限的，电磁场不可能被严格限制在腔体内部，它在反射镜边缘会产生衍射，使场的横向分布发生变化而不再均匀，使得电磁场在横向也有了不同模式，称为开放腔的横模，可见场的横向分布是由场的衍射引起的。

假设在理想开放腔中有一列传播的波，一开始它在镜面 1 上有一个场分布 u_1，当它传播到镜面 2 时，由于波的衍射将损失一部分能量，而且波在横向的能量分布也将发生变化，从而使它在镜面 2 上生成一个不同于 u_1 的新的场分布 u_2；u_2 经反射回到镜面 1 时，又将因衍射生成一个新的场分布 u_3，以后 u_3 又产生 u_4，u_4 又产生 u_5……这一过程将反复下去，每次产生新的一种场分布。由于衍射主要发生在反射镜的边缘附近，因此在传播过程中，镜边缘附近的场将很快衰落，经过多次往返衍射，场的边缘振幅会变得很小，这几乎是一切开放腔模式场的共同特性。这时，由于边缘场已经很小，衍射对它的影响也已经不再那么明显了，因此可以预期，在经过足够多次往返传播后，就能形成一种稳定的场，它的分布不再受衍射影响。稳态场在腔内往返一次后能够“再现”出发时的场分布，唯一可能的变化是镜面上各点场的幅值按同样的比例衰减，各点的相位发生同样大小的滞后。

我们将在开放腔镜面上经过一次往返能再现的稳态场分布称为开放腔的自再现模或横模。横模的存在主要由衍射引起，由腔镜的不完全反射以及腔中介质的吸收所造成的损耗,只会引起横截面内各点的场同比衰减,不会引起场分布的变化,即横模不会改变。

2. 开放腔的纵模

波在谐振腔内形成稳定振荡的条件是:波从某一点出发,经过在腔内往返一周再回到原来位置时,应与原出发时同相,或者说要求波在腔内走一个来回时相位的改变量是 2π 的整数倍,这就是谐振的相位条件。若以 $\Delta\phi$ 表示波在腔内往返一周时的相位变化,则谐振条件就可以写成

$$\Delta\phi = \frac{2\pi}{\lambda_0}2l' = 2p\pi \qquad (p = 0,1,2,\cdots) \tag{8.123}$$

式中,λ_0 为自由空间波长;l'为腔的光学长度

$$l' = \eta l \tag{8.124}$$

η 为充满腔内的均匀媒质的折射率。

根据式(8.123),有

$$l' = p\frac{\lambda_{0p}}{2} \qquad (p = 0,1,2,\cdots) \tag{8.125}$$

式中,λ_{0p}称为腔内纵模 p 的谐振波长,式(8.125)表明,开放式光学谐振腔中的谐振频率是分离的,不同的纵模(不同的 p)对应不同的频率。

当波在腔内达到谐振(稳定振荡)时,在纵向形成驻波,因此式(8.123)也是腔的驻波条件,而由式(8.125)表征的腔长应为谐振半波长的整数倍,正是驻波的特性。这种由整数 p 表征的腔内波场的纵向分布,称为腔的纵模,不同的 p 对应不同的纵模。

由式(8.125)可以看出,开放式光学谐振腔的谐振频率与所选模式(p 的大小),以及间距 l 有关。当模式给定后,调节 l 即可改变频率,而且由于开放腔的固有品质因数较高,所以频率分辨率也高,而且操作方便。因此,利用开放腔作波长计,或者用来测量介质的相对介电常数 ε_r 时,都具有比封闭腔更高的精确度。

开放式光学谐振腔的品质因数的定义,与一般谐振腔的定义完全一样,可根据式(8.26)来确定。

3. 开放腔的横模

前面已经指出,由于衍射损耗,本来在横向均匀分布的 TEM 波最终会形成边缘场比中心场弱得多的稳态横向分布,从而形成了开放腔的横模。这种以在镜面中心处振幅最大,从中心到边缘振幅逐渐减小,整个镜面上的场分布具有偶对称性的稳态场分布为特征的横模,称为腔的最低阶偶对称模或基模,以符号 TEM_{00} 表示。

除了 TEM_{00} 基模外,还可能存在其他形式的稳态场分布,即其他横模,以 TEM_{mn} 来标记,下标 m、n 为模的阶次,它们表示镜面上场的振幅为零的节线的数目。对于矩形镜,m 表示沿 x 方向的节线数,n 表示沿 y 方向的节线数;对于圆形镜,m 表示沿辐角 φ 方向的节线数,n 表示沿半径 r 方向的节线数。

图 8-28 给出了平行平面腔中一些横模在镜面上的电场分布,图中以箭号的长短表示振幅的大小,而箭号的方向表示电场方向,图中的虚线表示节线,即电场振幅为零的位置。

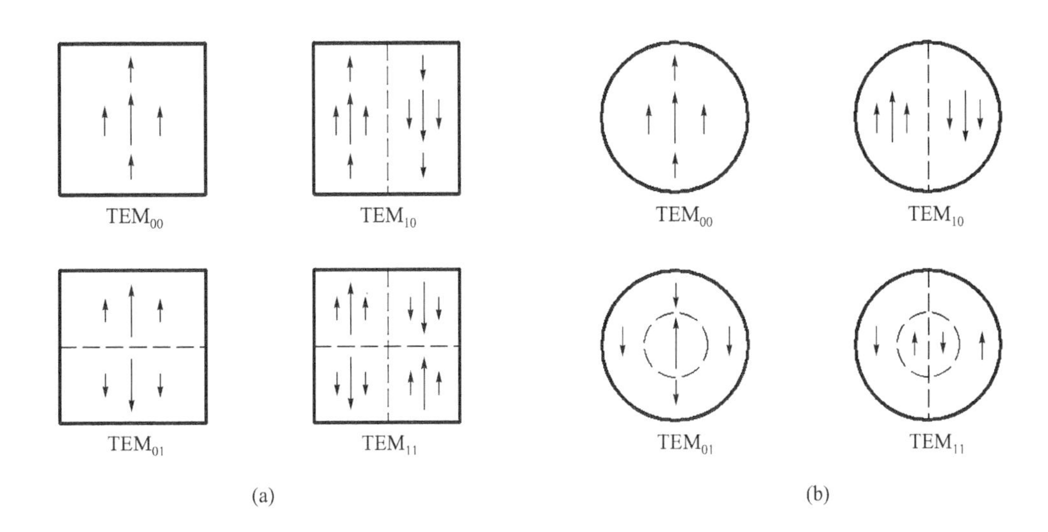

图 8－28　平行平面腔中若干低阶横模在镜面上的电场分布
(a) 方形腔；(b) 圆形腔。

4. 纵模与横模之间的关系

开放腔中纵模与横模并不是分割的，它们之间有着如下的关系与特点：

(1) 纵模与横模是对于开放腔中稳定的场结构的不同侧面描述，纵模反映的是该场结构在纵向分布的特点，横模则反映了该场在横向的分布，所以只有同时用纵模与横模的概念才能全面反映腔内的场分布，或者说腔内的任何一个稳定场分布必定是既有纵模，又有横模；既没有脱离了纵模，只有横模的腔场；也没有脱离了横模，只有纵模的腔场，所以完整的开放腔模式应以 TEM_{mnp} 来表示。

(2) 开放腔模式 TEM_{mnp} 中 m、n、p 任何一个的改变，都表示模式的改变，并对应不同的场分布和频率；纵模的谐振频率由式(8.125)表征，当 p 一定时，不同横模的谐振频率也会有微小的差别。

(3) 横模之间的频率差别远远小于纵模之间的频率间隔，而且通常难以分辨这种微小差别。因此，通常认为，纵模的特征值 p 近似地决定了平行平面开放腔中模式的谐振频率。属于同一 p 值，即同一纵模的各个不同横模的差别主要不在谐振频率，而是场的横向分布。

第 9 章　微波电真空器件概论

本章介绍微波电真空器件的发展及种类,介绍微波电真空器件中电子运动特性和电子与场的能量交换以及器件的主要技术指标,从而为学习以后各种具体器件原理奠定基础。

9.1　微波电真空器件的发展

微波电真空器件是指在真空状态下,利用带电粒子在电极间的运动过程从而实现微波信号的振荡或放大的一种电子系统。人们习惯上往往也把利用带电粒子在特定气体中的运动而产生信号的放大或转换的器件归结为电真空器件。

9.1.1　普通电子管向微波波段发展的限制

1. 普通电子管的工作原理

普通电子管由阴极、阳极和其他电极构成。阴极常常被称为电子管的心脏,它是提供电子的电极,阳极则是接收电子的电极,其他电极则起到形成电子注的形状或控制电子注的流通的作用。电子管一般还包含有灯丝,它用来加热阴极,使阴极具有发射电子的能力。

1) 二极管

最简单的电子管由两个电极——阴极和阳极组成,称为二极管(图 9-1)。在二极管工作时,阳极上的电压处在信号电压正半周时,由阴极发射出来的电子在阳极正电压的作用下飞向阳极,而当阳极电压处在信号负半周时,阴极发射的电子就遇到了阳极的推斥场而不可能到达阳极。这样一来,就只有信号的正半周外电路中才有电流流通,负半周就没有电流,可见,二极管起到了检波或整流作用。

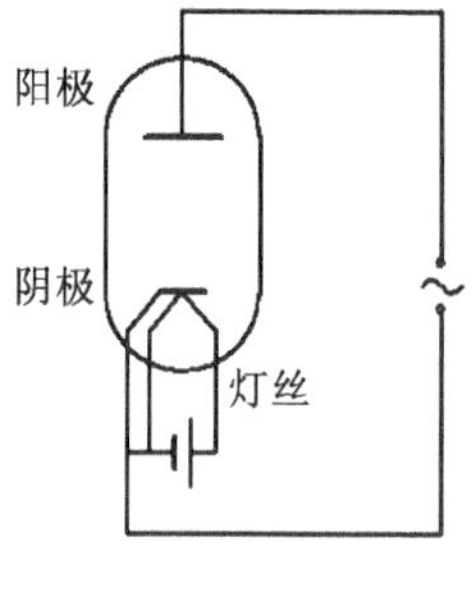

图 9-1　二极管结构示意图

二极管中阳极电流 I_a 主要取决于阳极电压 V_a 和阴、阳极之间的距离 d_{ak}:

$$I_a = \frac{4}{9}\varepsilon_0\sqrt{\frac{2e}{m}}\frac{V_a^{3/2}}{d_{ak}^2}S_a = 2.334\times10^{-6}\frac{V_a^{3/2}}{d_{ak}^2}S_a \quad (\mathrm{A}) \qquad (9.1)$$

式中,ε_0 为真空介电常数;e 为电子电荷;m 则为电子质量;阳极电压 V_a 单位为 V,d_{ak} 为阴、阳极间的距离,单位为 m,S_a 为阳极面积,单位为 m^2。式(9.1)被称为二分之三次方定律,是真空电子管领域中的著名公式。

2) 三极管

在结构已给定的二极管中,阳极电流仅仅取决于阳极电压,如果我们在阴—阳极之间加入一个网状电极,由于这个新的电极离阴极的距离要比阳极离阴极近,因而加在它上面的电压对阴极发射电流的影响就要比加上同样电压的阳极对阴极发射的影响大；又由于这个电极是网状的，它能让绝大部分电子穿过后仍旧打上阳极为阳极所接收。这个电极称为栅极，引入了栅极的电子管就是三极管。栅极的引入还对阳极电压对阴极的影响起到了屏蔽作用，因为阳极电位只有透过栅极“网眼”才能作用到阴极表面。显然，阳极离阴极越远，或者反过来说，栅极离阴极越近；栅极绕得越密，栅丝越粗，或者说栅极“网眼”越小，则阳极电位对阴极表面电场的影响就越小，而栅极的影响就越大。因此利用栅极上一个较小的电位就可以对阴极发射，即阳极电流产生较大影响，或者说，用一个较小的栅极电压的变化就可以引起阳极电流的很大变化，这就是三极管的放大作用。图9-2为三极管的结构和工作原理示意图，图中省略了灯丝。

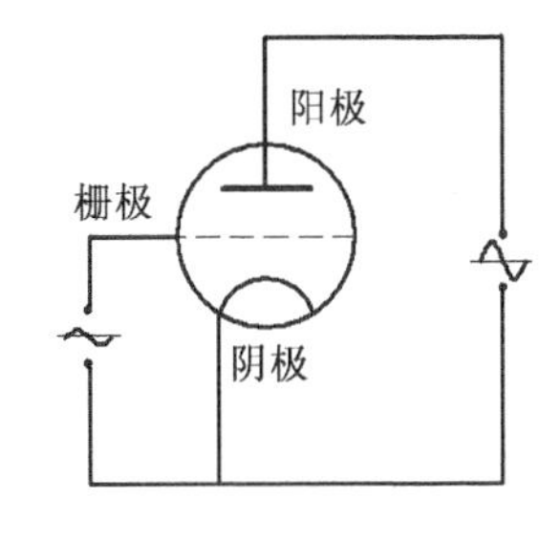

图9-2　三极管结构示意图

可以用一个二极管来等效三极管的工作，称为等效二极管。在这个等效二极管的阳极上加上电压，使该电压在阴极表面产生的电场与原来三极管的阳极和栅极电压一起在阴极表面产生的合成电场相同，那么，这个电压对阴极发射的影响就与原来三极管阳极和栅极电压共同对阴极发射的影响相同，因此称该电压为等效电压，即

$$V_{\mathrm{d}} = \frac{\mu V_{\mathrm{g}} + V_{\mathrm{a}}}{\left[\mu + \left(\frac{d_{\mathrm{ak}}}{d_{\mathrm{gk}}}\right)^{\frac{4}{3}}\right]} \quad (\mathrm{V}) \tag{9.2}$$

式中，V_{g} 为三极管的栅极电压；d_{gk} 为栅极—阴极距离；μ 称为三极管的放大系数，它表示栅极电压对阴极表面电场的作用比阳极电压的作用大多少倍，或者说是栅极电压和阳极电压控制阳极电流的能力的比，即

$$\mu = -\left(\frac{\mathrm{d}V_{\mathrm{a}}}{\mathrm{d}V_{\mathrm{g}}}\right)\Bigg|_{\mathrm{d}I_{\mathrm{a}}=0} \tag{9.3}$$

式中，$\mathrm{d}I_{\mathrm{a}}=0$ 表示阳极电流不变，显然这只有在 V_{a} 与 V_{g} 反向变化时才做得到，即 $\mathrm{d}V_{\mathrm{a}}$ 与 $\mathrm{d}V_{\mathrm{g}}$ 一定符号相反。

利用三极管可以产生振荡或放大信号。但是由于三极管的栅—阳电容较大，使其作为高频放大器时降低了输入阻抗，并且容易引起自激振荡。为此，人们在栅极与阳极之间又加入一个栅极用以屏蔽栅—阳电容，做成了四极管。基于同样的理由，甚至发展成了五极管。

2. 普通电子管应用到微波频率的限制

普通电子管可以很好地工作在频率不很高的情况下，对信号进行检波、放大。但随着工作频率的提高，普通电子管将不能正常工作，其限制主要来自两个方面。

1）电子渡越时间的限制

电子从一个电极（如阴极）运动到另一个电极（如阳极）所需的时间，称为渡越时间。在信号频率不很高时，阳极上所加信号电压的周期 T 比电子从阴极行进到阳极所需的渡越时间 τ 长得多，因而这时对于电子来说，它在行进过程中所感受到的阳极电压可以认为是稳定不变的，使得电子打上阳极形成的阳极电流能够反映当时阳极上的信号电压。

当信号频率提高时,电子的渡越时间将与信号周期可以比拟。例如,假设极间间距为1mm,阳极电压100V,则当电子在电极间作匀加速运动(加速度 $a = eE/m$,E 假设为均匀场)时,其渡越时间约为 0.3×10^{-9}s,这相当于 $\lambda = 10$cm($f = 3000$MHz)的信号周期。因此,如果这时我们加在阳极上的交变电压的频率达到3000MHz左右,则电子在从阴极向阳极飞越过程中,阳极电压已经发生了变化,甚至从正半周变成了负半周,会阻止电子继续向阳极飞行。显然,二分之三次方定律在这时也不再成立,阳极电流也不再能反映阳极电压的变化,在三极管中,则表现为阳极电流不再反映加在栅极上的信号电压,或者说栅极电压失去了对阳极电流的控制作用,因此,普通电子管不再能进行检波或放大信号。

2) 振荡系统的限制

电子管的电极之间会形成一定电容,电子管的引线也具有一定电感,这些电容和电感的数值都很小,在频率较低时,它们与电子管振荡器外接谐振回路的电容和电感相比可以忽略不计。但当频率很高时,由于谐振回路的谐振频率为

$$f = \frac{1}{2\pi\sqrt{LC}} \tag{9.4}$$

电子管振荡器外接谐振回路的电容 C 和电感 L 这时也已十分微小,电子管的极间电容和引线电感就可以与它们比拟甚至超过它们了。例如,对于 $f = 1000$MHz 的信号,如果 $C = 1$pF,则 L 应该为 0.025μH,而直径为1mm、长约3cm的一根导线就具有这样大的电感量。有人计算认为,即使电子管不接任何谐振回路,而且把所有电极引线在管脚处短路(引线长度达到最短),则单由极间电容和引线电感形成的谐振频率就已经只能达到分米甚至米波波段。而这时由于没有任何外接负载,电子管的输出功率和效率已等于零,而且加上任何负载以获得输出都只能使谐振频率下降而不会提高。

除此之外,频率的提高还会使普通电子管的集肤损耗、介质损耗增加,效率降低;使管子的输入阻抗降低,增大了栅极控制信号功率消耗,等等。

9.1.2 微波电子管发展概况

1. 微波电子管发展的历史回顾

在前面已经指出,普通电子管在向微波波段发展时遇到了严重阻碍,这促使人们发明和发展了专门的微波电子管。

1883年,爱迪生在研究白炽灯泡时,观察到了电子在真空中可以从一个电极向另一个电极运动,从而为电真空器件的发明打下了基础。之后,1904年英国人弗莱明(J. A. Fleming)发明了世界上第一只电子管——检波二极管;1906年美国人福来斯特(Lee de Forest)发明了三极管,由此人类获得了第一个利用电子在真空中的运动来放大信号的器件,三极管成为20世纪初最伟大的发明之一,并在此后相继出现了四极管、五极管等。

随着无线电技术的发展,希望获得频率更高的电磁波以传输更多的信息,于是人们千方百计缩小电极尺寸及极间距离、改进管子结构来提高工作频率,出现了各种型号的微波三极管、四极管。现代微波三极管中的极间距离常常以百分之几毫米计,工作频率可以达到3cm(10GHz),这可以说达到了微波三极管的工作频率极限。科学工作者一开始就意

识到了普通电子管在向微波波段前进上的限制，因而几乎与微波三极管、四极管发展的同时，就开始寻求能摒弃普通电子管的静电控制原理的新的能产生和放大微波信号的工作机理，而且很快就发现了动态控制微波管，并于 1921 年由霍耳发明了磁控管。军事应用的需求极大地推动了动态控制微波管的发展，1937 年美国瓦里安兄弟发明了速调管，1943 年英国科学家康夫纳尔发明了行波管，20 世纪 60 年代又发明了各种新的正交场器件，60 年代出现了回旋管，70 年代回旋管系列的各种管型及相对论器件迅速兴起，并且很快形成了一门新的学科——高功率微波技术，其功率电平往往达到百兆瓦甚至吉瓦量级。

微波电子管的发展亦遇到了半导体器件的严重挑战，但是，半导体器件的结构和工作原理决定了它在功率和频率的发展上与微波电真空器件还有一定差距。在低频率、低功率情况，半导体器件完全可以取代微波管，但在高频率、高功率情况下，则微波真空器件占有优势，在目前是任何其他器件无法替代的。

2. 微波电子管的分类

各类微波电子管可以大致如下进行分类。

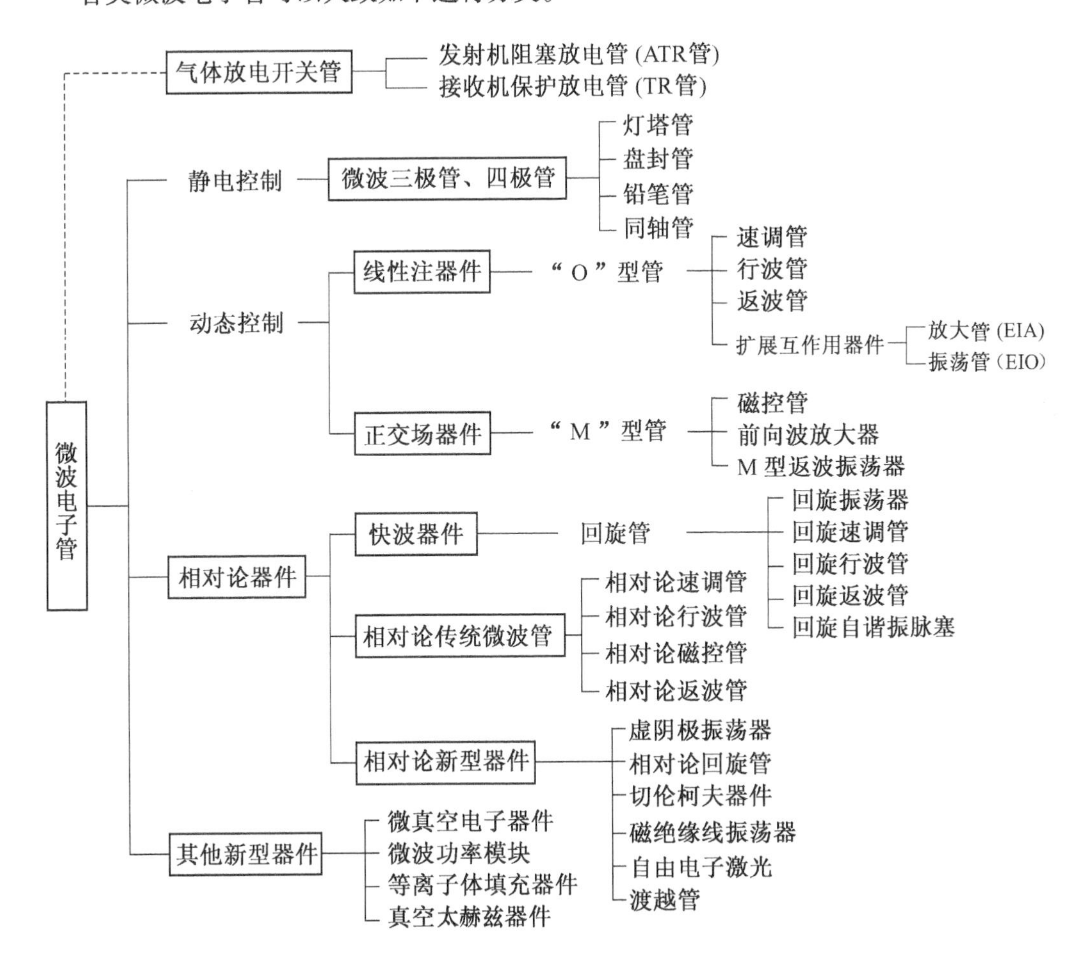

气体放电管虽然并不是真正意义上的微波管，因为它并不产生微波振荡或放大微波信号，但它的应用领域与微波密切相关，一般作为雷达系统的双工器，因此习惯上人们仍把它归入微波电子管。随着科学技术的发展，微波电子管也由传统微波管发展到了相对论微波

管,其新的管型也在不断出现。上述列出的各类微波管的分类并不完善,不论哪一大类的微波管都还有不少管型未能列入,我们只能给出目前最常见或获得广泛应用的一些管种。

现代军事应用和国民经济众多领域的发展向微波管提出了越来越高的要求,微波管正不断向更高频率(毫米波、亚毫米波波段)、更高功率(吉瓦甚至更高)、更宽频带(数倍频程)、高可靠、长寿命(数年甚至十年以上)等方向迈进。

9.2 微波管的主要参量

增益、带宽、功率和效率是微波电子管最主要的技术指标,弄清它们各种不同的定义及意义,对理解微波管的性能是十分必要的。微波管还有其他一些重要技术指标,如相位(或相位稳定度)、噪声、相位一致度、谐波比、调幅—调相转换、寿命等,需要指出的是,不但不同管种有不同的指标要求,例如放大管的增益是最重要的指标,而振荡管则往往对频率稳定度或频谱有较严格的要求;就是同一管种而用途不同的管子,对它的指标要求也不同,例如接收机用的行波管要求尽可能低的噪声,电子对抗用的行波管则要求宽频带,卫星通信用的行波管则对寿命有特别的要求,等等。

9.2.1 增益

增益是指微波放大管放大信号的能力,它被定义为放大管输出功率与输入功率之比取对数得到的值,以 dB 表示:

$$G = 10\lg(P_{\text{out}}/P_{\text{in}}) \tag{9.5}$$

由于功率与高频电压或电场成平方关系,所以上式亦往往表示成

$$G = 20\lg\frac{V_{\text{out}}}{V_{\text{in}}} = 20\lg\frac{|E_{zl}|}{|E_{z0}|} \tag{9.6}$$

式中,V_{out}为放大管输出端高频电压;E_{zl}为相应端($z=l$)的高频电场;V_{in}为放大管输入端高频电压;E_{z0}为相应端($z=0$)的高频电场。

由于微波放大管的输出功率与输入功率之间有如图9-3所示的典型关系,因而根据不同的测试条件,可以得到几种不同的增益。

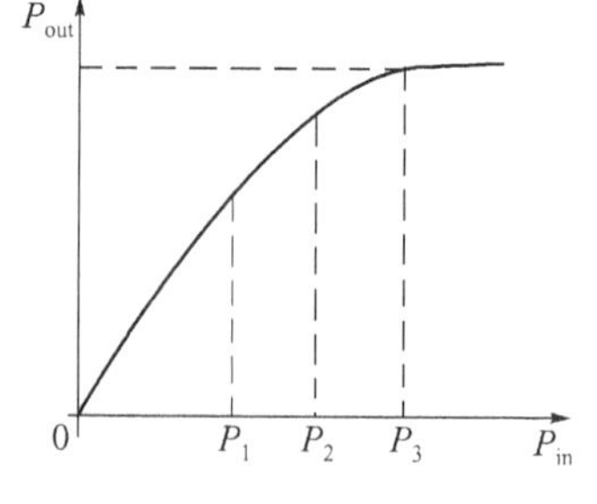

图9-3 微波放大管典型的功率曲线

1. 小信号增益

如图9-3所示,当输入功率$P_{\text{in}}\leqslant P_1$时,输出功率几乎随输入功率线性增长,因而这一区域称为线性区,也称为小信号区。在这一区域测得的增益即为小信号增益,它基本上为一常数。

2. 饱和增益

在$P_{\text{in}}\geqslant P_3$的区域,输出功率基本上不再随输入功率的增加而增加,因而称为饱和区,这时的输出功率称为饱和功率,对应P_3点测得的增益就是饱和增益,此后增益将随着输入功率的增加而下降。

3. 额定功率增益

在规定的输出功率(由微波管技术条件规定的输出功率——额定功率)下测得的增益称为额定功率增益。如图9-3所示,如果$P_{in}=P_2$时微波管的输出功率达到额定功率,则对应P_2时的增益就是额定功率增益。

9.2.2 带宽

所谓带宽,是指微波振荡器或放大器在一定工作条件下,能满足一定技术指标要求的工作频率范围。它往往是微波放大管的一个十分重要的指标,而对于振荡管来说,则较少用带宽这一指标名称,而习惯上用调谐范围来表示其工作频率范围。带宽根据不同的条件、对象、测试方式等有不同的定义和名称。

1. 带宽的不同表示方法

根据计算方法的不同,带宽有几种不同表示。

1)绝对带宽

直接以能满足某个指定指标要求的工作频率的范围大小来表示的带宽称为绝对带宽:

$$\Delta f = f_{max} - f_{min} \tag{9.7}$$

式中,f_{max}为微波管允许的最高工作频率;f_{min}则为其最低工作频率。显然Δf不能反映出微波管工作的实际性能,因为实际上带宽不仅与Δf的大小有关,还与管子工作在什么频率范围有关。例如一个管子能工作在2GHz~4GHz与另一只工作在36GHz~38GHz的管子相比,虽然它们的绝对带宽都是2GHz,但两者的实际性能明显有着很大的差别。

2)相对带宽

相对带宽的定义是:

$$相对带宽 = \frac{\Delta f}{f_0} \times 100\% \tag{9.8}$$

式中,$\Delta f = f_{max} - f_{min}$为绝对带宽;$f_0 = (f_{max} + f_{min})/2$为中心工作频率。

相对带宽以百分比表示,由于它与管子的中心频率有关,所以能更科学地反映出微波管的性能,例如仍以上面两只管子来说,两者的绝对带宽都达到了2GHz,但以相对带宽来说,前者为67%,后者只有5.4%,两者相差12倍之多。

3)倍频程(octave bandwidth)

由于现代微波管尤其是行波管的带宽越来越宽,往往可以达到百分之几百,这时以相对带宽表示也不方便了,因此人们又定义了一个“倍频程”单位来表示这种很宽的带宽。

如果一个微波管的最高工作频率f_{max}与最低工作频率f_{min}之比为

$$\frac{f_{max}}{f_{min}} = 2^n \tag{9.9}$$

则就称该管具有n个倍频程的带宽。例如,一个9~18GHz的微波管可以说其带宽为1个倍频程;而一个2~8GHz的管子就有2个倍频程的带宽。

2. 以技术指标定义的带宽

带宽是微波管满足一定技术指标要求的频率范围,用来衡量带宽的技术指标不同,自然也就有了不同的带宽,不过最常用的指标是增益和功率,少数情况下也有用效率指标来衡量带宽的。

1)增益带宽

用增益的大小来定义带宽一般有两种情况。一种是当频率改变时,对应的微波管增益与最大增益相比跌落不超过一定分贝的频率范围,它又往往以规定跌落的允许值大小而具体称为1.5dB增益带宽、3dB增益带宽等,指的是在整个带宽内增益的最大跌落不超过1.5dB、3dB等;另一种增益带宽是直接由微波管增益大于和等于某一个额定值来定义的,它不考虑带内的跌落大小。在不同的使用要求下可以采用不同的增益带宽。

2)功率带宽

与增益带宽完全类似,如果用微波管的输出功率来定义带宽,就得到功率带宽。它同样可以分为两种,一种是以功率相对最大输出功率跌落一定分贝值确定的带宽;一种是以输出功率达到额定值确定的带宽。前者也往往冠以1dB功率带宽、3dB功率带宽等名称。

图9-4给出了根据输出功率或增益的跌落来定义带宽(Δf)的示意图。同一图上还给出了根据输出功率或增益的额定值来确定带宽($\Delta f'$)的方法。

应该特别指出的是:有时微波管的技术条件中所定义的带宽,往往要求的不只是某一个指标满足规定的要求,而是两个甚至多个指标同时都满足规定要求的频率范围,才是该管的带宽。比如宽带行波管往往以输出功率和二次谐波抑制比(二次谐波功率与对应的基波功率之比的对数)两个指标同时满足规定要求作为带宽的定义。

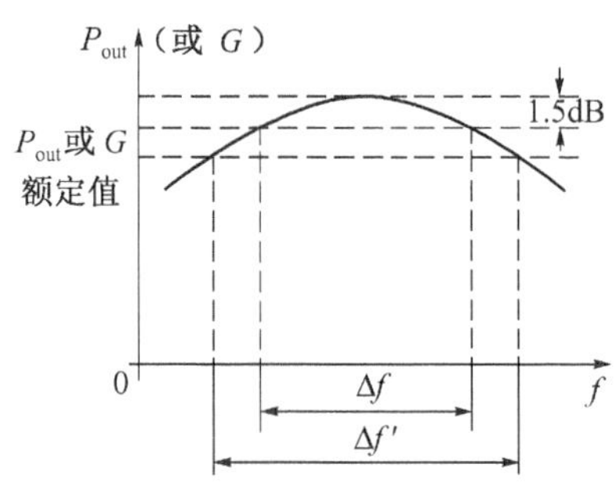

图9-4 微波管带宽的确定

3. 以工作状态定义的带宽

定义带宽不仅要满足一定的技术指标,而且要在一定的工作条件下,工作状态的不同,得到的带宽也不同,尤其是对放大管和振荡管来说,两者定义带宽时的工作条件是完全不同的。

1)瞬时带宽

瞬时带宽是指不改变微波管的工作状态,包括高频结构尺寸和电压、电流等电参数的情况下所能达到的带宽,它是指微波放大管工作时的带宽,或者说,除专门指出的带宽名称外,一般指的放大管的带宽都是瞬时带宽,因此,往往省去“瞬时”两字,只称放大管的带宽。

2)调谐带宽

与瞬时带宽相对,用改变微波管工作状态(高频结构形状、尺寸或工作电压等)而能达到的工作频率范围就是调谐带宽,它常常是指微波振荡管的工作带宽,为了更明确,调谐带宽又常常称为调谐范围而不直接用带宽称呼。根据改变微波管工作状态方式的不同,又有机械调谐和电子调谐之分,前者用改变谐振腔的高频缝隙大小、谐振腔长度或者改变谐振腔的电抗加载来达到调谐目的;后者则用改变振荡管工作电压的方法来达到调谐。

少数微波放大管除了具有瞬时带宽外，还具有调谐带宽，通过调谐以达到更宽的工作频率范围。例如：多腔速调管本来是瞬时带宽很窄的放大器件，但如果能通过机械调节办法改变谐振腔尺寸，如高频间隙大小或电容、电感加载的大小等使谐振腔的谐振频率改变，则就可以使管子的工作频率随之发生变化，从而达到在更宽的频率范围内工作的目的，这就是机械调谐的方法。作为振荡管的磁控管和反射速调管的机械调谐往往也是采用类似的办法来实现的。

返波管在固定不变的工作状态下只能产生固定频率的微波振荡，如果改变返波管的工作电压，则振荡频率也就会随之改变，因而用改变电压的方法可以使返波管在一个相当宽的频率范围内都能工作，这种调谐称为电子调谐。

4. 微波管高频系统的带宽

在对微波管高频系统的研究中也必须考虑其带宽，由于高频系统的性能直接影响着微波管的性能，因而微波管高频系统本身的带宽是微波管工作带宽的决定性因素之一，所以高频系统的分析计算与测试是微波管设计研制的一项关键技术。

1）冷带宽

冷带宽是指高频结构本身的某一通频带范围，或者指能满足相速基本不变的范围。前者是从某一次谐波的微波能否在系统中建立和传输的角度来确定的频率范围，多数应用在谐振型高频结构中，有时也用在慢波结构中，而且一般都直接称为通带范围；后者则是从能否产生有效的电子注—电磁波相互作用的角度来确定的频率范围，也就是相速基本不变以致能与电子速度保持同步的频率范围，只有慢波高频系统才有这种冷带宽的概念。但所谓相速基本不变，其程度并没有一个确定的量，即没有一个统一的定义。

2）热带宽

与冷带宽相对应的是热带宽，热带宽是指在高频系统中引入电子注以后以输出功率或增益来确定的带宽。不用说，微波管的带宽肯定是热带宽，完全不必要再强调“热”这一概念。因而，对高频系统而言，“热带宽”一般是指利用注—波互作用小信号分析或大信号分析计算得到的功率或增益来确定的带宽，它反映了利用该高频结构制成实际微波管后所能达到的带宽。

在对慢波系统的研究中，有人往往把系统的通带范围和相速基本不变的频率范围混淆，都称为冷带宽，其实这是两个本质完全不同的概念：前者只是某一模式的电磁波能在该慢波系统中建立和传播的频率范围，它与利用该慢波结构制成微波管后所能获得的带宽并无直接关系；后者才是在该慢波结构上的某一模式（某次谐波）的相速能与具有一定速度的电子注基本同步的频率范围，因而也才反映该结构做成微波管后可能的带宽大小。所以作者认为，在慢波系统中，将前者称为通带范围或通带大小，而不称为冷带宽似更为恰当。

冷带宽和热带宽的名称经常出现在对高频结构和微波管的理论分析和数值计算的文献资料中。而对于实际已做成的微波管，就不存在冷带宽了，也不再在带宽上冠以“热”的称呼。

9.2.3 功率

显然,输出功率是微波管的最重要指标之一,不论对振荡器件来说,还是对放大器件来说,都需要衡量其输出功率的大小。对于放大管来说,一般情况下其输出功率是指饱和输出功率,当然在一些特殊要求的场合,亦会要求给出专门定义的输出功率,如线性放大状态下的输出功率等;对于带宽特别宽达到倍频程及以上带宽的放大管,在输出功率里面就会包含有谐波成分,由于谐波功率是我们不希望的,所以对这类微波管规定其输出功率是指基波输出功率。

1. 功率的定义

由于微波管的工作状态有连续或脉冲之分,因而亦有相应不同的功率定义。

1) 连续波状态的功率

如果微波管工作在连续波状态,则在一定的工作电压、电流和输入功率下,其输出功率就是连续波功率(图9-5(a)中的P(CW))。一般来说,在一个固定的频率点上,微波管输出的连续波功率是一个确定不变的值(由各种原因如电压波动、冷却条件的波动等引起的小的功率波动除外),只有到微波管接近寿命终止前,输出功率才会明显下降。

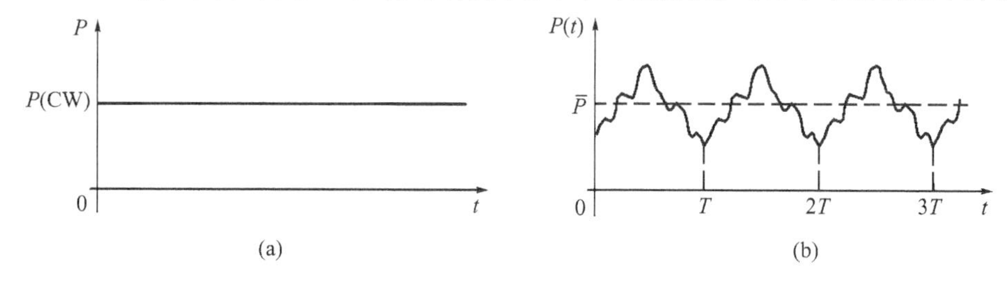

图9-5 连续波输出功率(a)和调制波的平均输出功率(b)

如果微波管输出的是已经被信号调制的连续波,则显然,这时已经不再有确定的连续波功率,我们改用平均功率来描述微波管这时的输出功率(图9-5(b)中的$\overline{P}$)。它的定义是:调制信号若干周期内的微波(载波)功率的平均值,即

$$\overline{P} = \frac{1}{nT}\int_0^{nT} P(t)\,\mathrm{d}t \tag{9.10}$$

式中,n为求平均功率所取的周期数;T为调制信号周期。

2) 脉冲状态的功率

从微波被一个任意波形的脉冲调制出发来讨论脉冲状态下功率的定义。

(1) 峰值功率。顾名思义,脉冲峰值功率应该是指调制脉冲峰值点的功率(图9-6),实际上,由于功率的定义是单位时间里做的功,做功的时间可以是任意短,但不能为零,可见功率必须与一定时间间隔联系起来才有意义是肯定的。而对于峰值点,严格来说,“点”是没有时间间隔的,因此脉冲峰值点的功率也就没有意义了。所以,正确地说,峰值功率应该是在脉冲峰值处一个极短时间间隔内的平均功率。它可以通过在负载上的峰值电压来确定:

$$\hat{P} = \frac{\hat{V}^2}{R} \tag{9.11}$$

式中，$\hat{V}$ 为调制脉冲在恒定负载电阻 R 两端的峰值电压，它经常是利用示波器来指示该电压大小的。

我国电子行业军用标准 SJ 20769—1999《脉冲峰值功率测量方法》对微波脉冲峰值功率 P_{pp} 给出的定义是：脉冲调制信号峰顶处一个载波周期内的平均功率，即

$$\hat{P} = \frac{1}{T_0}\int_0^{T_0} P(t)\,\mathrm{d}t \tag{9.12}$$

式中，T_0 为脉冲载波的周期，即微波的周期。

显然，该标准所定义的峰值功率与功率本身的定义是完全相符合的，它以一个载波周期作为时间间隔来取平均值。但在实际测量中，由于微波周期 T_0 远比调制脉冲的持续时间 τ 小，在一个 T_0 时间里的 $P(t)$ 一般是无法精确测定的，因此，式(9.12)只是理论上的定义，在测量上没有实际意义。

(2) 脉冲功率。脉冲功率则是在一个调制脉冲的持续时间 τ 内微波功率的平均值(图 9-6)，即

$$P_{\mathrm{p}} = \frac{1}{\tau}\int_0^{\tau} P(t)\,\mathrm{d}t \tag{9.13}$$

显然，如果调制脉冲是理想的矩形脉冲，则其峰值功率 $\hat{P}$ 就等于脉冲功率 P_{p}。对于常规微波管，它的脉冲输出功率都是指在矩形调制脉冲下的功率，因而也就不再存在另外的峰值功率；而对于相对论器件，多数情况下，由于其脉冲持续时间很短(数十纳秒)，很难获得理想的矩形脉冲，因此往往用峰值功率和一个脉冲包含的能量来同时表示其输出能力。

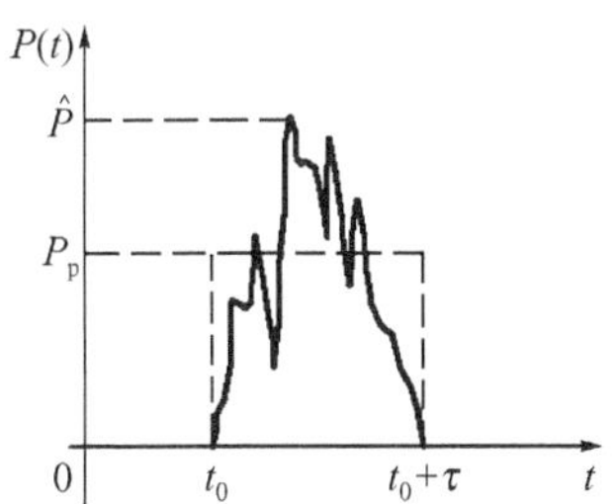

图 9-6　脉冲调制状态下的功率

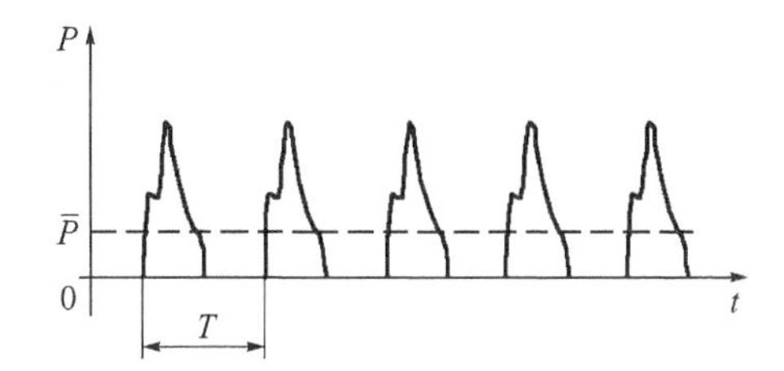

图 9-7　重复脉冲的平均功率

(3) 平均功率。一般情况下，(一些相对论微波管除外)，脉冲调制都是重复的，对于重复脉冲调制的微波，同样可以引入平均功率的概念(图 9-7)：

$$\overline{P} = P_{\mathrm{p}}\frac{\tau}{T} = \frac{P_{\mathrm{p}}}{Q} \tag{9.14}$$

式中，T 为脉冲重复周期：

$$T = \frac{1}{F} \tag{9.15}$$

F 为脉冲的重复频率。

$$Q = \frac{T}{\tau}, \quad Q^{-1} = \frac{\tau}{T} = \tau F \tag{9.16}$$

Q^{-1} 称为脉冲占空系数或占空比。

如果要用峰值功率来表示平均功率,则应引入一个波形修正系数K:

$$\overline{P}=\frac{\hat{P}}{KQ} \tag{9.17}$$

K的大小等于实际脉冲的峰值功率与一个等效的矩形脉冲的脉冲功率之比,该等效矩形脉冲与实际脉冲具有相同的脉冲持续时间τ和相同的脉冲波形所包围的面积,即

$$K=\frac{\hat{P}}{P_p} \tag{9.18}$$

式中,P_p为等效矩形脉冲的脉冲功率,由式(9.13)确定。在实际测量中,P_p是难以直接测量的,因此K值常常是估计的。对于理想的矩形脉冲,显然$K=1$,即$P_p=\hat{P}$。

2. 功率的单位

大家都熟知,功率的单位是瓦特,简称瓦,以W表示。当需要表示更大量级的功率时,常用吉瓦(GW,10^9W)、兆瓦(MW,10^6W)、千瓦(kW,10^3W)作单位,而表示小量级的功率时,则用毫瓦(mW,10^{-3}W)、微瓦(μW,10^{-6}W)、纳瓦(nW,10^{-9}W)作单位。

人们还常常用一个功率对另一个基准功率的比值的对数来表示该功率的大小,即

$$A=10\lg\frac{P}{P_0}\quad(\text{dB}) \tag{9.19}$$

式中,P_0为用作比较的基准功率,常常以1瓦(1W)或1毫瓦(1mW)作为基准功率。这时,A相应地用dBW或dBm表示,称作dB瓦或dB毫瓦,也可称为分贝瓦或分贝毫瓦。

dBW或dBm同样可以作为功率的单位,如0dBm就表示$P=1$mW,13dBW表示$P=20$W,-20dBm表示0.01mW即10μW,等等。

9.2.4 效率

微波管的效率一般定义为

$$\eta=\frac{P_{out}}{\sum P_0}\times 100\% \tag{9.20}$$

式中,P_{out}为微波管的微波输出功率,P_0为供给电极的直流功率,$\sum P_0$就是所有电极电源消耗的总功率。

严格说来,效率的定义应该为

$$\eta=\frac{P_{out}-P_{in}}{\sum P}\times 100\% \tag{9.21}$$

式中

$$\sum P=\sum P_0+P_f+P_m+P_{cl} \tag{9.22}$$

其中,$\sum P_0$为各电极电源消耗的功率总和;P_f为灯丝加热功率;P_m为电磁铁电源消耗的功率,当然,如果使用永磁铁,则$P_m=0$;P_{cl}为冷却系统的电源消耗的功率。而P_{in}则为微波输入功率。

但在习惯上,人们还是把式(9.20)定义的效率作为微波管的效率使用,进而还可以认为$\sum P_0 = I_0V_0$,I_0V_0为电子注直流功率。这个效率还往往可以进一步分成电子效率和线路效率之积:

$$\eta = \eta_e \cdot \eta_c \tag{9.23}$$

电子效率(有时亦称为互作用效率)表征的是电子注的直流功率转换成微波功率的效率,所以它定义成电子注交给高频场的功率P_e与电子注的直流功率I_0V_0之比:

$$\eta_e = \frac{P_e}{I_0V_0} \times 100\% \tag{9.24}$$

但高频场得到的功率P_e并不能全部成为微波管的输出功率P_{out},因为高频系统本身总会有一定损耗,另外为了防止放大管自激振荡而人为引进的衰减器也要损耗一部分的微波功率,能量输出机构的损耗与反射亦降低了能输出的微波功率的大小等,表示所有这些损耗的相对大小的就是线路效率:

$$\eta_c = \frac{P_{out}}{P_e} \times 100\% \tag{9.25}$$

由于真正的电子效率只有理论上的意义以及部分大信号计算上的意义,它不能直接测量,因此,现在习惯上把

$$\eta = \frac{P_{out}}{I_0V_0} \times 100\% \approx \eta_e \tag{9.26}$$

称为微波管的电子效率,也往往直接称为微波管的效率。

9.3 微波真空器件中的电子注

9.3.1 微波真空器件的基本构造

1. 微波管的主要组成部分

微波真空器件是通过电子在真空中的运动并与微波电磁场相互作用将电子所携带的直流电能转换成微波能量的器件,这一原理决定了其在结构上必然包含三个最主要的组成部分:产生电子注并赋予电子注直流能量的机构——电子枪;电子注与高频场相互作用,电子注交出直流能量而使高频场获得能量被放大的机构——高频系统;收集作用过的电子注并输出高频能量的机构——收集极与输能装置,这一功能可以由两个各自独立的机构分别完成,也可以合在一起由同一机构如回旋管中的收集极来完成。除此之外,对于放大器件来说,当然还应该有输入信号的装置;对于大部分微波电真空器件来说,为了维持电子注的形状和正常运动,还需要引入外加的聚焦系统,聚焦系统通常采用磁场组成。在多数微波电真空器件中,由于聚焦系统本身并不参与微波管中的能量交换过程,因此从原理上来说,它并不是必须的,因此有一些器件并没有外加聚焦系统而是如通过内部电极的静电作用来实现聚焦的;但也有一些器件,外加磁场是必不可少的,它们直接参与电子与高频场的互作用过程,在正交场器件——电子在正交的电场和磁场中运动的器件——中就是这种情况。

可见电子注与高频场是微波管实现微波振荡或放大的两个主体,它们进行能量交换以达到微波振荡或放大目的的机构则是高频系统。因此在本章首先讨论电子的产生,电子注的形成、聚焦和收集,电子注与场的能量交换;在第10章再讨论高频系统。

2. 微波管的电子光学系统

微波电子管的电子光学系统主要包括电子枪、聚焦系统和电子注收集极,对它们进行研究的学科称为强流电子光学,这是一门通过研究微波管中电子和电子注在电场和磁场中的运动规律以实现电子注的形成、维持和收集的学科。典型的微波电子管电子光学系统如图9-8所示。

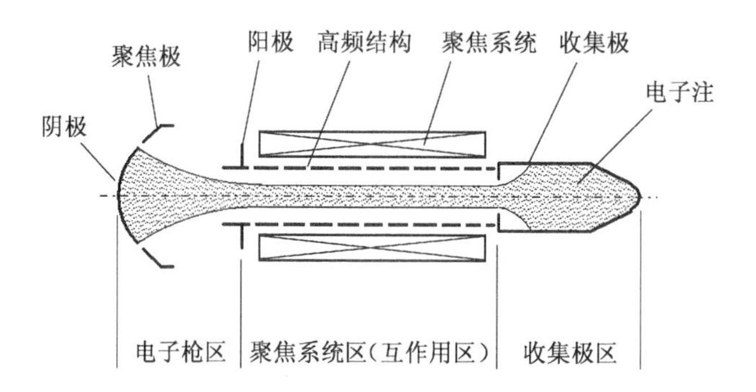

图9-8 微波管中电子光学系统的典型结构

在该系统中,电子枪提供电子并使电子注成形和加速到规定的速度;聚焦系统主要起保证电子注维持一定形状,不因扩散而打上高频结构的作用;收集极则收集已完成任务的电子,有时还可以回收一部分电子的剩余能量。

9.3.2 电子枪

1. 电子枪的构造与工作状态

电子枪主要包括阴极、聚焦极(成形极)和阳极,对于热阴极来说,还应该包括加热阴极用的灯丝(热子)。

在微波管中,电子是由阴极发射的。电子发射的方式或者说阴极的种类有多种,包括热阴极、光电阴极、二次发射阴极及场致发射阴极等。不过在微波管中,目前真正实用的一般都是热阴极,随着真空微电子技术的发展,场致发射阴极已经开始在微波管中使用。在相对论微波管中,则普遍使用爆炸发射冷阴极,它是场致发射阴极的一种。

在非相对论微波电真空器件中,阴极的发射都是受阳极电压或控制极电压的控制的,或者更确切地说,是受阴极表面的电场来控制的,这种控制状态称为空间电荷限制状态;与此对应的阴极发射还有另一种状态——温度限制状态,此时阴极的发射能力在一定电压下已达到饱和,继续提高电压已不能使发射增加,只有提高阴极工作温度才能使发射电流得以提高,不过这种状态在微波管中很少遇到。

在微波管中通常使用热阴极,在空间电荷限制下,阴极发射电流与阳极电压之间满足3/2次方关系,我们定义一个参数——导流系数来表征这一关系:

$$p = \frac{I}{V^{3/2}} \quad (\mathrm{P}) \tag{9.27}$$

式中，阴极发射电流I的单位为安培(A)，阳极电压V的单位是伏特(V)，导流系数p的单位称为朴(P)，一般p是一个很小的值，所以常常使用另一个更为方便的量——微导流系数，其单位称为微朴(μP)，即

$$p = \left(\frac{I}{V^{3/2}}\right) \times 10^6 \quad (\mu P) \tag{9.28}$$

导流系数是电子注强度的量度，反映了电子注电流和电压之间的关系。

聚焦极一般与阴极同电位，它的作用是限制和压缩电子注，使之初步形成一定形状；阳极加有正高压，其作用是使阴极获得足够的电流发射并对发射电流加速。

电子枪中从阳极到互作用区之间的一段漂移空间通常称为过渡区，电子注在这里最终成形，电子注参量应达到与互作用区(即聚焦系统区)所要求的电子注注入条件相匹配。在过渡区，电子枪各电极之间建立起的静电场作用力急剧减小，过渡成等位漂移空间，相应空间电荷力逐渐显现其散焦作用；与此同时，聚焦系统的聚焦力也开始起作用防止电子注扩散。

2. 电子枪的类型

在实际微波管中，电子枪有各种不同的类型，它们不仅结构形式不同，而且电子注形成方式不同，因而设计方法也不同。仅就几种最主要的电子枪类型作一个简单介绍。

1)皮尔斯电子枪

皮尔斯(J. R. Pierce)电子枪是微波管中应用最为广泛的一种电子枪，它是利用简单几何形状的二极管，例如平板二极管、圆柱二极管、球形二极管中的电子流切割出一部分来作为我们要求的电子注，而用特殊的电极的作用来替代二极管中原有的被切割掉的电子流的作用，即这些电极应当沿保留的电子注边界建立起与原来二极管中一样的电位分布，而这些二极管的电位分布都已有精确解析解。

如果在无限大平板二极管中切割出一部分，就形成非收敛型的平行电子注，它可以是带状电子注(图9-9(a))，也可以是轴对称圆形电子注(图9-9(b))。

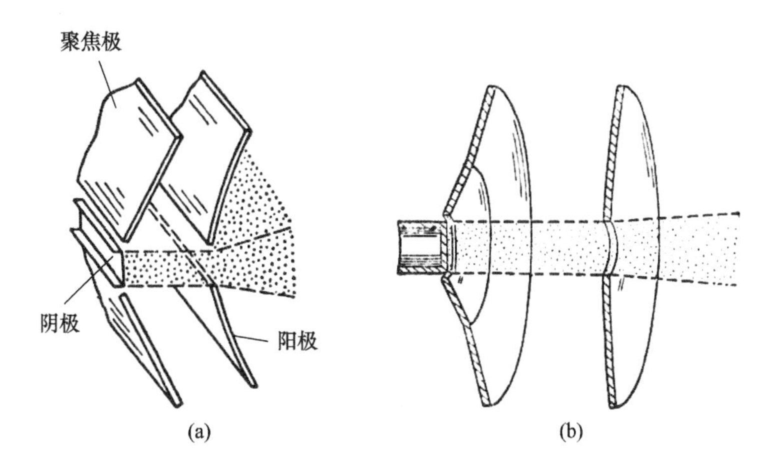

图9-9　由平板二极管切割出一部分电子流形成的平行电子注
(a)带状电子注；(b)圆形电子注。

如果在无限长圆柱二极管中切割出一部分，则就形成收敛型的带状电子注(图9-10)。

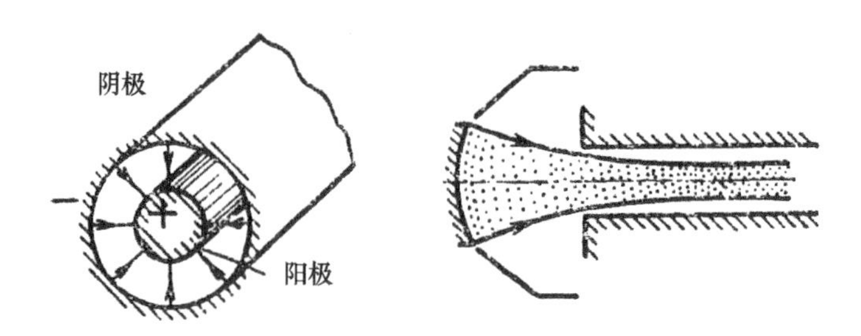

图9-10 由圆柱二极管切割出一部分电子流形成的带状平行电子注

但是,不论是平板二极管形成的带状电子注,还是圆柱二极管形成的带状电子注,由于是无限大的平板或者是无限长的圆柱,所以电子注在宽度上将无限宽,实际上都不能成为真正实用的带状电子注,实用的带状电子注电子枪将在下面第4)点讨论。这样,只有由平板二极管切割出一部分电子流形成的圆形电子注才可能具有实用性,可以做成平行圆形电子注电子枪。

2)皮尔斯轴对称收敛型电子枪

除了平板二极管、圆柱二极管中的电子流切割出一部分来形成电子注外,球形二极管中的电子流切割出一部分则将可以形成轴对称收敛型电子注(图9-11),这是得到最普遍使用的皮尔斯电子枪。但是,由于电子枪中的阳极上必须开孔以便电子注通过,这样它就不再成为原球形二极管中阳极的完整的一部分,因而破坏了原球形二极管中的电场分布,在设计聚束极和阳极形状和尺寸时需要对阳极孔的影响进行必要的补偿。

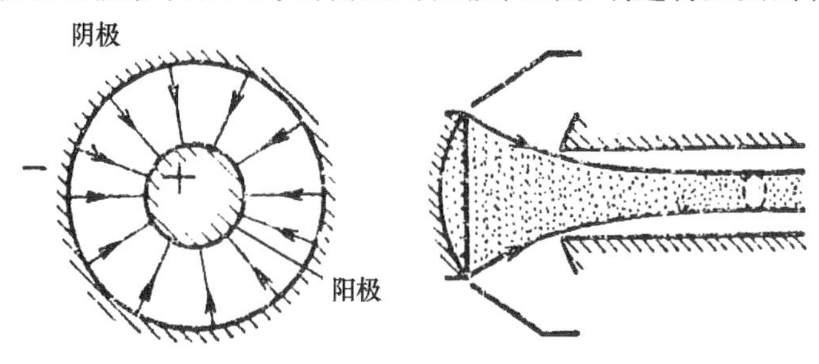

图9-11 由球形二极管切割出一部分电子流形成的轴对称收敛型电子注

轴对称收敛型电子枪又可简称会聚枪、收敛枪或聚束枪等,它是所谓"O"型微波管中应用最广泛的电子枪。会聚枪的具体结构形式也很多,其代表性结构如图9-12(a)、(b)所示,它们都是以阳极控制阴极发射的结构。在收敛枪中,阴极发射电流也可以利用设置某个比阳极更靠近阴极的电极来控制,以达到以小电流控制大电流的目的,这个电极可以是控制极,也可以是栅网状的控制栅(图9-13(a)、(b))。

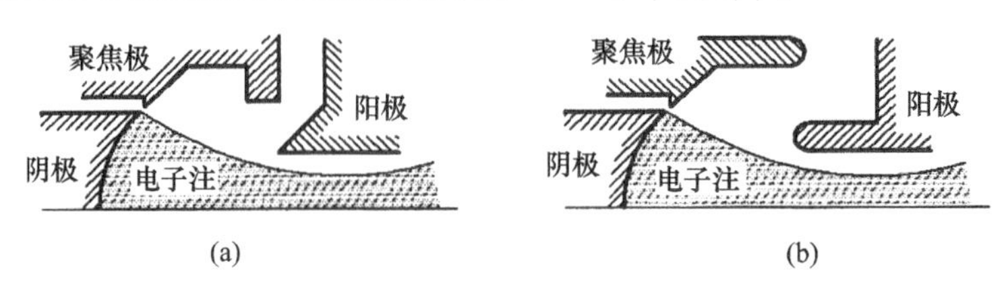

图9-12 轴对称会聚枪的代表性结构示意图

(a)台阶型聚束极;(b)圆筒型聚束极。

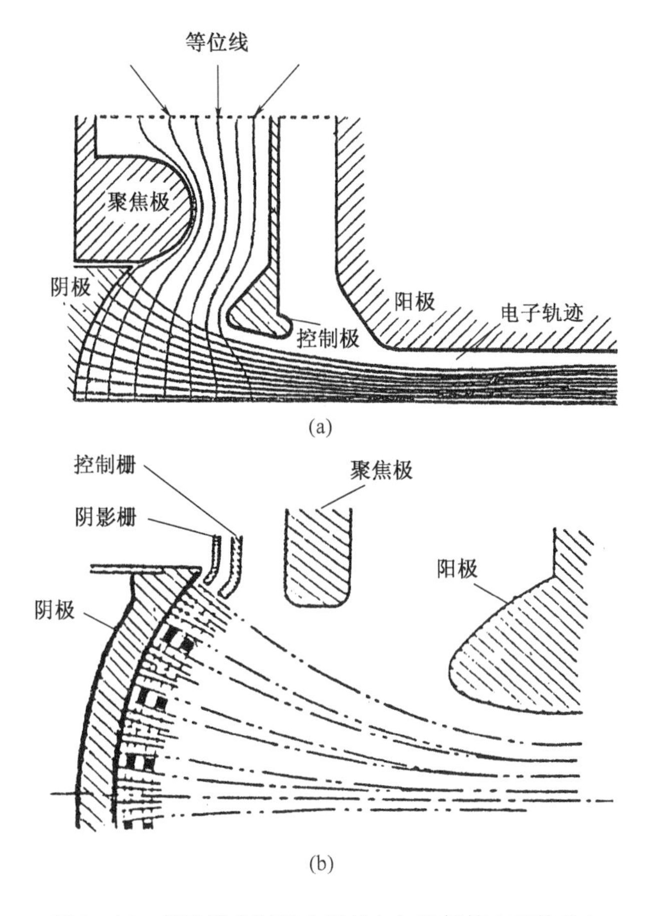

图 9 - 13　微波管控制极电子枪(a) 和栅控电子枪(b)

在栅控电子枪中,控制栅直接放置在阴极前面,且十分靠近阴极,因此它的控制阴极发射电流的能力十分强。为了防止阴极发射的电子轰击控制栅栅丝,将其烧毁,所以一般还要在阴极表面设置一个大小、形状与控制栅完全一致的阴影栅,并与阴极同电位,使两个栅的栅丝严格对准,从而使正对控制栅栅丝的阴极部分被阴影栅屏蔽而不发射电子,以避免电子打上控制栅。严格来说,由于电子从阴极发射出来后的运动轨迹是收敛的,因此控制栅和阴影栅并不完全相同,两者会有微小差别。

3) M 型电子枪

在 M 型(正交场)注入式微波管中使用的电子枪称为 M 型枪。从 M 型电子枪阴极发射的带状电子流,在正交电磁场作用下偏转进入互作用区,并要求电子注在不存在高频场的情况下能维持层流,以一定的厚度和位置,平行于阳极(慢波线)和底极运动。图9 - 14 给出了 M 型电子枪的具体结构形式。

4) 磁控注入电子枪

提高电子注的导流系数,以便在较低的电压下能获得较大的电流,这是微波管向大功率和宽频带发展对电子枪提出的要求,磁控注入电子枪在一定程度上可以实现高导流系数。图 9 - 15 为一种磁控注入枪的结构示意图,整个枪处在一个轴向磁场中,从阴极发射的电子受到加速极加速,同时在磁场的作用下发生偏转,而且强磁场使得从大面积阴极发

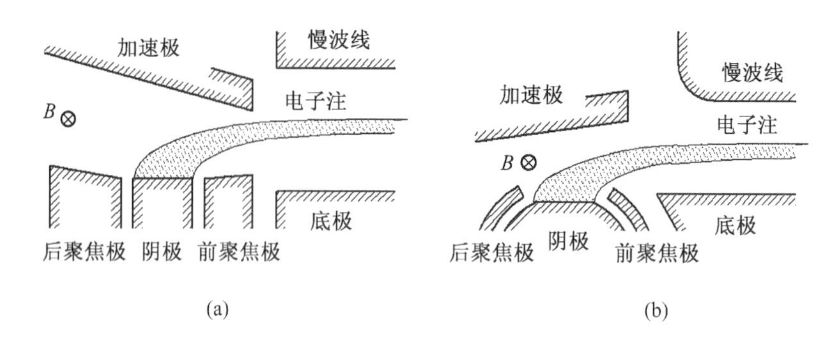

图9-14 M型电子枪的两种结构形式

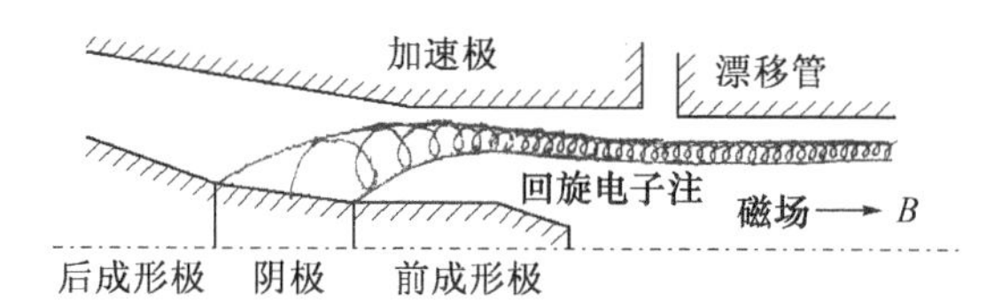

图9-15 磁控注入电子枪的结构示意图

射出来的电子流被压缩成很薄的环形电子注(空心电子注)。由于阴极和阳极构成一个同轴系统,不会出现如收敛枪中那样由阳极孔引起的影响,因而可以获得较高的导流系数。从这种枪中发射的电子将作回旋运动而不再是层流运动。

5)带状电子注电子枪

带状电子注具有在不增强空间电荷场的情况下,通过增加电子注的宽度就可以增加电子注的电流,从而提高器件的输出功率的突出优点,因此受到了越来越高度的重视,尤其是在毫米波段,为了获得更大的输出功率,比较普遍地采用了带状电子注。

产生带状电子注的电子枪一般分为两种:一种是直接法产生带状电子注,如椭圆面阴极电子枪和矩形面阴极电子枪;另一种是间接法产生带状电子注,主要是由传统圆柱形电子注经过磁场压缩形成带状电子注,如磁四极子磁场压缩产生的电子注。

直接法产生带状电子注是将阴极发射面直接做成带状电子注形状,常见的有矩形阴极(图9-16(a))、椭圆形阴极(图9-16(b))和矩形加两端半圆形阴极(图9-16(c))。

间接法产生带状电子注是将圆柱形电子注压缩而形成的带状注,一般采用磁四极子磁场(图9-17)或者密绕的椭圆螺线管磁场(图9-18),通过其产生的压缩磁场将轴对称电子注在水平方向上拉伸,垂直方向上压缩,最后形成一个带状电子注。

磁四极子方法可以调节磁场将圆形电子注压缩成任意椭圆率的带状电子注,但是,针对电压低、电流高的电子注,四极子磁场的磁场强度限制了其压缩能力的提高;椭圆螺线管将圆形电子注压缩形成带状电子注的方法可以用于强、弱流带状电子注的形成,但是粒子模拟表明,难以只用一个椭圆螺线管就形成高椭圆率的电子注输出,因此实际的椭圆螺线管往往做成由圆形螺线管渐变成椭圆螺线管的形式,或者做成由一个圆形螺旋管和一个甚至两个椭圆螺线管组合形式,以有利于形成更高质量的带状电子注。

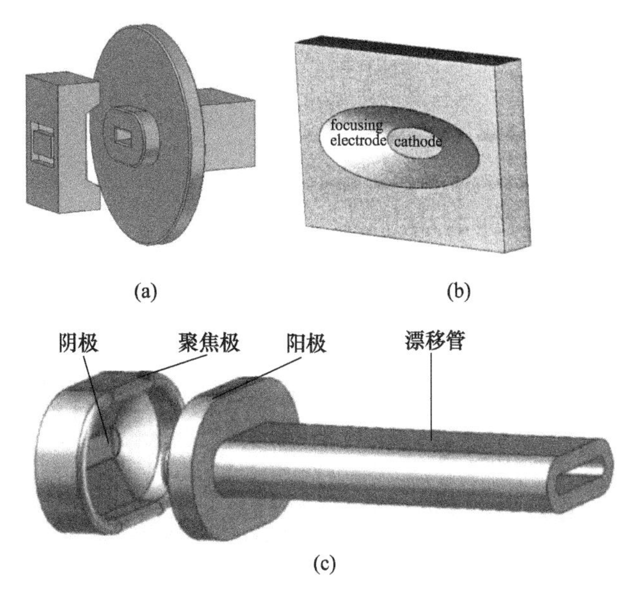

图 9－16　直接法产生带状电子注的电子枪结构示意图

(a)矩形阴极电子枪；(b)椭圆形阴极电子枪；(c)矩形加两端半圆形阴极电子枪。

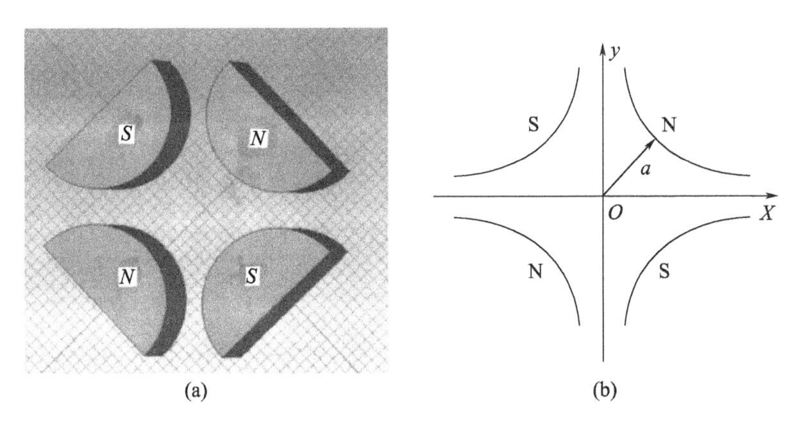

图 9－17　四极子磁场产生带状电子注的磁体及其磁场分布示意图

(a)四极子磁场的磁体组合；(b)四极子磁体的磁场分布。

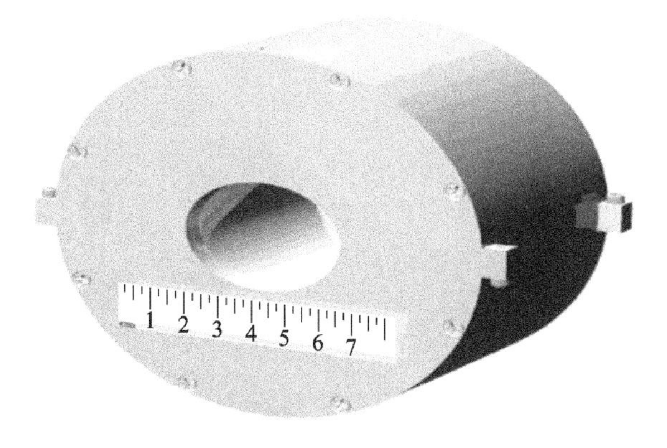

图 9－18　椭圆螺线管产生带状电子注的螺线管外形

除了以上介绍的具有代表性的带状电子注的形成方法,还有其他多种形成带状电子注的办法:比如采用阳极开缝的办法形成带状电子注是最简单的一种方案,但是这种方法的电流效率很低;还可以采用刀口状阴极来直接发射带状电子注等。

9.3.3 聚焦系统

电子注经电子枪成形后,以一定速度进入互作用区,由于电子注内部的空间电荷斥力,它在前进的同时将不断发散,使得电子注将不可能与微波场进行充分的能量交换而过早地打上高频结构,甚至引起高频结构的损坏。因此要得到有效的注—波互作用,就必须克服电子注内部的空间电荷力,使电子被聚在具有一定截面形状的一束电子注内,这就是聚焦系统所应承担的功能。电子束的截面形状可以是圆形、扁矩形和环形的,相应的电子注称为圆柱注、带状注和空心注,在O型微波管中一般都采用柱形电子注,我们亦将以柱形注为例来介绍微波管的聚焦系统。

常见的微波管聚焦系统主要有均匀磁场聚焦系统、周期永磁聚焦系统和静电聚焦系统3类。

1. 均匀磁场聚焦系统

均匀磁场聚焦的出发点是:利用磁场聚焦力来抵消电子注内的空间电荷力,使两者达到平衡,电子将沿磁力线运动,而均匀磁场的磁力线是平行高频系统轴线的,从而使得电子注横截面尺寸没有波动或者波动很小。这个平衡过程十分清楚:如果纵向运动的电子因空间电荷力产生径向扩散而具有 v_r 速度时,纵向磁场 B_z 就会对以 v_r 运动的电子产生一个角向力,使电子在角向具有了 v_φ 速度,这个速度在 B_z 作用下,又会使电子受到一个向心力,即产生 $-v_r$ 的运动,从而迫使电子回到平衡位置。因此,最终扩散运动和向心运动平衡,电子只能顺着磁力线在 z 向运动,而不可能出现真正的扩散运动,或者更严格地说,电子将围绕磁力线作向 z 向前进的螺旋运动,而不会有径向运动。

产生均匀磁场可以用螺旋管、电磁铁和永久磁铁3种形式,3种方法各有优缺点。线包磁系统(螺旋管)结构简单,易于调节,特别是由于线包可以分段绕制,每段线包的电流又可以分别调节,所以易于使微波管中电子注与高频场的相互作用达到比较理想的状态;电磁铁系统受限于极靴间距不能太大,否则磁场的不均匀性严重,因此其磁场均匀区一般较短,但能产生的磁场较强,由于电磁铁系统在均匀磁场区周围没有线包,因而微波管输入、输出、调谐甚至冷却等装置的设置就比较方便;螺旋管和电磁铁系统共同的缺点是体积大、质量大、要消耗较大功率,有时还需要进行冷却。永磁系统不需要消耗功率,当然也无须冷却,因此相对而言质量小、体积小,但它的设计和调整都比较困难,因而实际应用较少。

2. 周期永磁聚焦系统

周期永磁聚焦系统(Periodic Permanent Magnet,PPM)以周期性分布的磁场来代替均匀磁场聚焦系统中方向一致,强度接近均匀的磁场分布,其结构如图9-19所示。

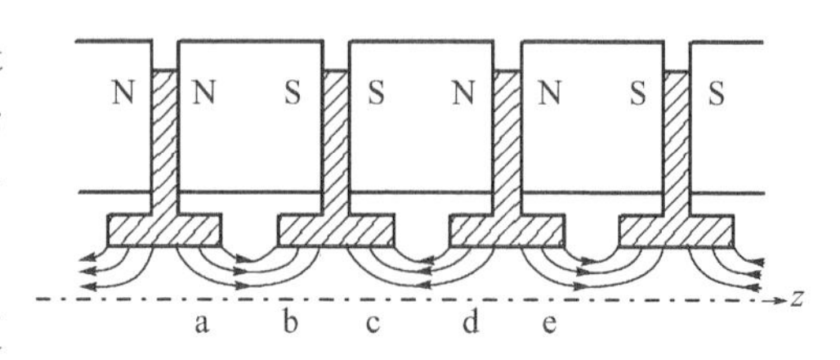

图9-19　周期永磁聚焦系统结构

设电子从聚焦系统左边以平行于轴的速度 v_z 入射(注意电子电荷为负的),在a点,这里的聚焦磁场存在一个 $-B_r$ 分量,v_z 与 $-B_r$

共同作用使电子受到一个角向力，产生一个 v_φ 速度；这时电子由于电子注内部的空间电荷斥力和 v_φ 引起的旋转运动的离心力作用，还将向外扩散，即存在一个 v_r 速度；与此同时，电子又继续以 v_z 前进。另一方面，在 a 点，磁场还存在有 B_z 分量，电子的 v_φ 和 B_z 共同作用，又会使电子得到一个向心力，产生 $-v_r$ 速度；而且随着电子离开 a 点，到达 a、b 点中间时，B_z 达到最大，因而电子的 $-v_r$ 也达到最大，使电子受到的向心力可以超过空间电荷引起的扩散力和电子角向旋转的离心力，电子注截面将得到收缩。

电子离开 a、b 点中间继续前进时，由于磁场径向分量由 $-B_r$ 变成了 B_r，电子受到的角向力也将相反，使得角向速度 v_φ 减小；与此同时磁场纵向分量 B_z 随着 B_r 的增加不断减小，电子的空间电荷排斥力超过了向心力，电子注又开始扩散。到达 b、c 点中间时，B_r 最大，电子角向速度则降到零，但电子的径向扩散达到最大。

电子越过 b、c 中点达到 c 点时，情况与 a 点又相类似了。只是这时磁场径向分量反了方向，成为 B_r，因而与 v_z 作用产生的电子角向速度也反向，成为 $-v_\varphi$，但这时磁场的纵向分量也已经反向成为 $-B_z$，因此 $-v_\varphi$ 与 $-B_z$ 共同作用仍然产生一个向心力，抵消电子注的空间电荷力与离心力，这一过程在 c、d 中间点达到最强，电子注在径向收缩。电子离开 c、d 中间点后，就将重复出现上面分析过的过程，即电子的角向速度 $-v_\varphi$ 越来越小，而电子注的散焦又开始增强，直至在 d、e 中间点，$-v_\varphi$ 降到零，电子注径向扩散达到最大……如此往复。

由此可见，在 a、b 之间和 c、d 之间的中间区域，磁场以 B_z 为主，而且接近均匀，只有在这里，电子注的空间电荷力、磁场会聚力和离心力三者之间才真正达到平衡；在 a、b、c、d 等点，上述 3 个力不能完全平衡，使得电子注横截面出现波动。由此可见，在周期永磁聚焦系统中，电子注反复左旋和右旋，其直径有规则地周期性波动。

周期永磁聚焦系统的优点是体积小、质量小，其体积和质量只有均匀永磁系统或螺旋管聚焦系统的 1/5 甚至更小；不消耗功率，而且可以十分方便地实现包装式结构，因而目前得到广泛的应用。其不足之处主要是工作温度范围受限制、微波管噪声高以及电子注存在波动。

3. 静电聚焦系统

利用静电场产生的会聚力（如静电透镜）来平衡电子注的空间电荷发散力从而实现电子注聚焦的系统称为静电聚焦系统。静电聚焦系统的体积和质量比周期永磁聚焦系统更小，完全没有杂散磁场引起的对相邻管子的影响，聚焦性能基本上不受环境温度变化和电源电压波动的影响。其主要缺点是聚焦结构的安排和电位分布受到管子高频性能和电压击穿的限制，从而也限制了静电聚焦的能力，使得电子注的导流系数较低；静电聚焦的电子注抗高频扰动性差，高频散焦严重。总的说来，目前静电聚焦系统应用面很窄，仅在对频宽要求不高、功率不大和体积、质量受到严格限制的 S、C 波段速调管中有少量应用。

4. 超导磁体

回旋管的输出频率取决于工作磁场，一般工作在基波的回旋管要求的磁场是很高的，例如输出频率为 15GHz 的 TE_{01} 模回旋管要求 0.6T 的磁场，37.5GHz 的 TE_{13} 模回旋管所需要的工作磁场高达 1.46T，随着回旋管向更高频段的发展，特别是对于太赫兹波段的回旋管，所要求的磁场也越来越高，往往高达几万高斯，这样高的磁场，即使采用高次谐波，对于常规的线圈磁体或者永磁体都已经无法达到，必须采用超导磁体。

超导磁体一般是指用超导导线绕制的能产生强磁场的超导线圈,以及线圈运行所必要的低温恒温容器。超导磁体在很多方面都比常规磁体优越:超导磁体稳定运行时本身没有焦耳热的损耗,对于需要在较大空间中获得直流强磁场的磁体,这一点尤为突出,可以大量节约能源,且所需的励磁功率很小;超导材料可以有很高的电流密度,因此超导磁体体积小、重量轻,而且可以较容易地满足关于高均匀度或高磁场梯度等方面的特殊要求。但是超导磁体必须在液态氦温度(4.2K)下工作,成本较高。

5. 带状电子注聚焦系统

1956年,科学家在实验中发现带状电子束在沿传输方向的磁场作用下,经过一段距离的传输后将会发生扭曲、断裂并形成多条细丝,这种带状电子束传输的不稳定现象称为Diocotron不稳定性,正是由于这种不稳定性的存在,有必要对带状电子注聚焦系统开展专门的研究。研究发现采用周期磁场、高强度的均匀磁场都可以较好地抑制带状电子注的不稳定性,从而有效地延长带状电子注的传输距离。

1)均匀磁场聚焦系统

对于均匀磁场聚焦系统,可以通过提高磁场强度的方式来抑制Diocotron不稳定性,对于太赫兹波段的行波管,由于体积很小,要求的磁场均匀段不仅直径比较小,而且长度也比较短,这就使均匀磁场聚焦系统在太赫兹波段的应用成为可能并得到推广。这种系统结构相对比较简单,但是同时也存在比较笨重、体积大的不足。图9-20(a)显示的是220GHz正弦波导行波管带状电子注的均匀磁场聚焦系统的结构,而图9-20(b)则是太赫兹行波管正在热测的照片,可以清楚看到产生均匀磁场的磁体形状。

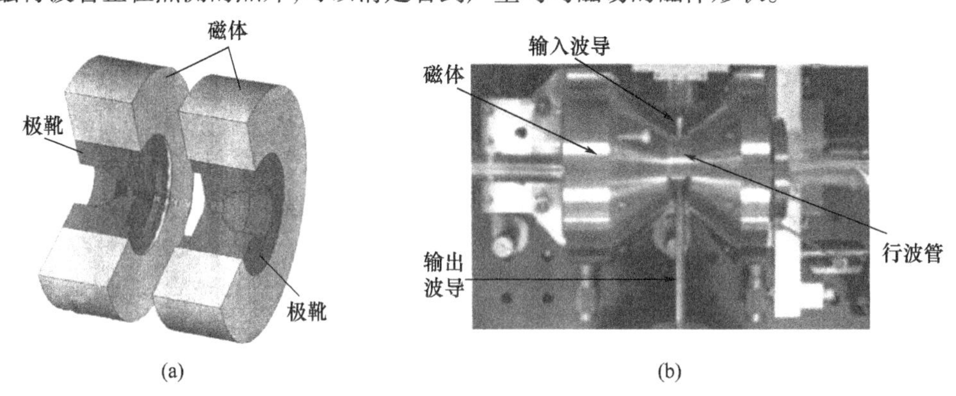

图9-20 带状电子注的均匀磁场聚焦系统

(a)220GHz正弦波导行波管聚焦系统的结构;(b)太赫兹行波管热测的照片。

2)周期会切磁场聚焦系统

周期会切磁场(Periodic Cusped Magnet,PCM)聚焦系统由周期排列的上下磁体极化方向相反的磁条组成(图9-21)。

PCM聚焦磁场在近轴附近可以实现电子注的稳定传输,但是对x方向的边缘电子,却无法实现聚焦和稳定传输,其原因是:从窄边(y向)的聚焦来看,由于电子注通道壁感应电荷的影响,使得电子注边缘附近的y向空间电荷电场E_y减少,大约只有近轴区的一半,从而空间电荷力小于聚焦力,边缘电子在y向出现过聚焦现象;而从宽边(x向)来看,由于在边缘附近x方向的空间电荷场迅速增大,聚焦场远小于空间电荷场,致使电子注扩散,很快被管壁截获,这也会造成对微波管增益的影响。

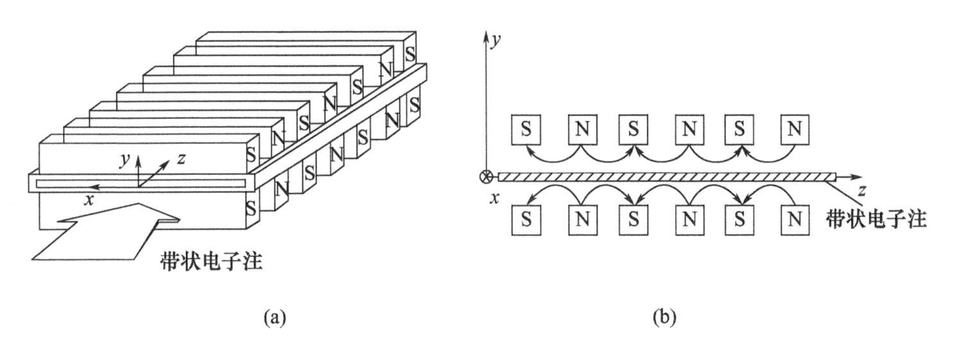

图9-21 PCM聚焦磁场

(a)磁场结构;(b)磁场侧面及磁场力线。

3)偏移周期会切磁场聚焦系统

PCM聚焦磁场对近轴电子在y向的聚焦比较容易,但不能实现水平方向的聚焦和边缘电子的聚焦,为了改善这一不足,可以采用带偏移磁极的周期会切磁场(offset - pole PCM)聚焦系统,其结构如图9-22所示。

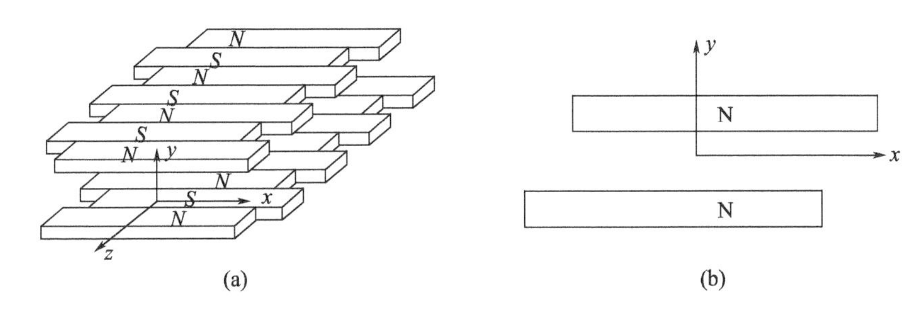

图9-22 offset - pole PCM聚焦磁场

(a)聚焦磁场结构;(b)聚焦磁场正面图。

这种系统在结构对称中心附近的磁场与PCM磁场相似,而磁极偏移产生的边缘磁场B_y与电子纵向运动产生x方向的聚焦力,这样的聚焦力抵消了空间电荷产生的x方向的扩散力,从而实现带状电子注边缘电子的横向聚焦;而在磁极偏移区域的边缘磁场B_x,与电子的纵向运动产生的力,使得在y方向上出现相反的散焦效果,从而改善了PCM系统中边缘电子在y向的过聚焦现象,显然这对带状电子注边缘电子的聚焦也是有利的。

4)偏移周期会切磁场与周期四极子磁场聚焦系统

offset - pole PCM聚焦系统对于带状注边缘电子,如果在x方向聚焦良好,则y方向依然会过聚焦,显然,这时边缘场B_x还不够大,其散焦效果还不足以抵消过聚焦;如果增大边缘场B_x的峰值,使其在y方向能够平衡传输,则又会引起x方向的过聚焦。由此可见,offset - pole PCM磁场不能单独分别控制边缘电子在窄边(y向)和宽边(x向)方向的聚焦磁场大小,因此比较难以实现双平面聚焦。一种偏移周期会切磁场与周期四极子磁场(Periodic Cusped Magnet and Periodic Quadrupole Magnet, PCM - PQM)相结合的聚焦系统采用将边缘磁场分离的结构,可以实现对横向聚焦磁场的单独控制,从而达到双平面聚焦的目的。PCM - PQM磁场的中间部分是PCM结构,边缘则是周期四极子磁体,以提供边缘电子的聚焦。周期四极子磁体分为有偏转角的和没有偏转角的两种形式(图9-23)。

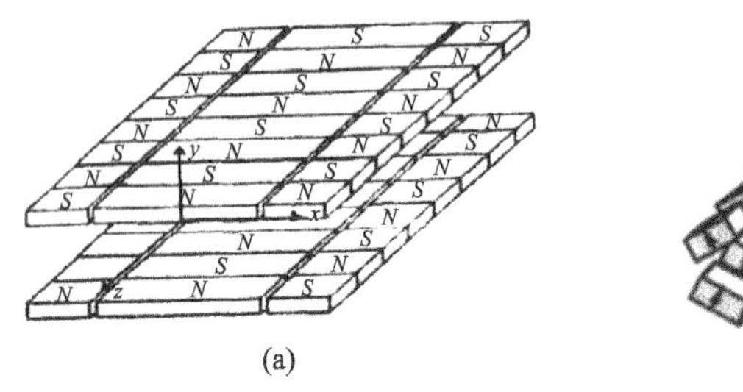

(a)

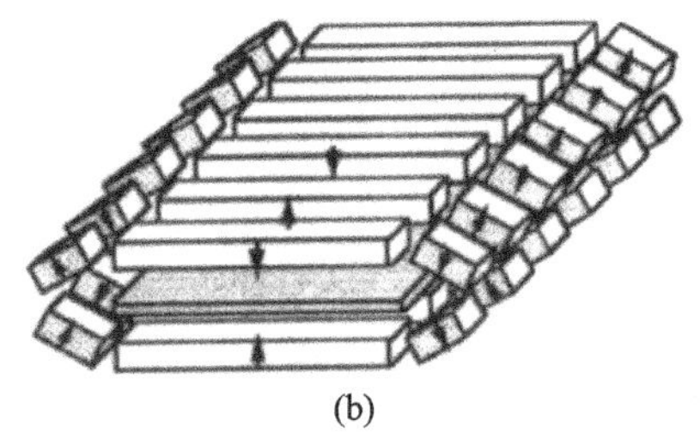

(b)

图9-23　PCM-PQM 聚焦磁场

(a)四极子磁体没有偏转角的结构;(b)四极子磁体有偏转角的结构。

5) Wiggler 磁场聚焦系统

Wiggler 磁场又称为摇摆器,最早应用于自由电子激光器使电子形成摇摆变速运动,从而产生相干电磁辐射。Wiggler 磁场用于聚焦带状电子注时,能够实现椭圆状电子束在 $y-z$ 平面上的聚焦,约束电子束的纵向发散,但是在 $x-y$ 和 $x-z$ 平面上会发生严重的倾斜、最后断裂的现象,聚焦效果不好,电子束很快到达波导壁。

Wiggler 带状电子注聚焦磁场的结构如图9-24所示。

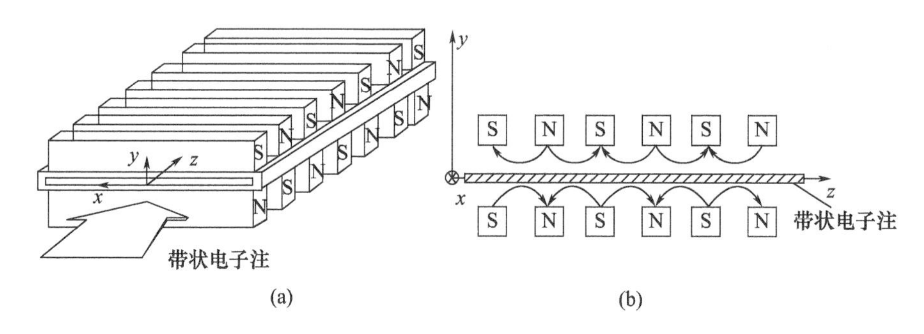

(a)　　(b)

图9-24　Wiggler 聚焦磁场

(a)磁场结构;(b)磁场侧面及磁场力线。

对 Wiggler 磁场的周期长度和磁场峰值大小进行合理设置,可以让电子受到的磁场力和空间电荷力达到平衡,此时带状电子注在传输过程中就可以不容易发生扭曲、分裂等现象,从而使带状电子注微波真空器件得到实用。

9.3.4　收集极

1. 单级降压收集极

微波管中收集极的功能是收集在互作用区与高频场换能以后的电子注,让电子流流回电源,完成整个电子运动过程。

在一般情况下,微波管的收集极具有与加速电极及高频系统相同的电位,这导致电子注与高频场相互作用后的剩余能量将全部消耗在收集极上,使微波管效率不能进一步提高。

提高微波管效率的方法之一是采用降压收集极,它的基本原理可以用图9-25来解释。

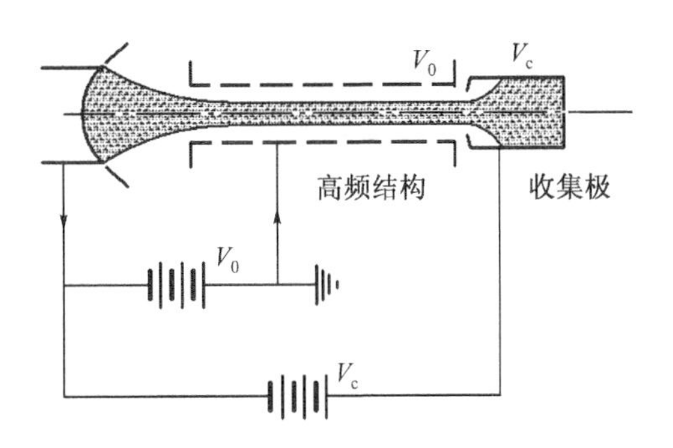

图 9－25　微波管中各电极的供电关系

设某个电子在进入高频系统时的能量为 eV_0 电子伏特，在离开高频系统刚进入收集极入口时的能量为 eV_s 电子伏特，则该电子在高频系统中减少的能量为

$$e\Delta V = e(V_0 - V_s) \tag{9.29}$$

显然，电子失去的能量 $e\Delta V$ 就是它交给高频场的能量。这时电子的剩余能量为 eV_s，因此它只能克服最大相当于 V_s 电位的减速场而落到收集极上，即高频结构与收集极之间的电位差只能小于等于 V_s，即

$$V_0 - V_c \leqslant V_s \tag{9.30}$$

$$V_c \geqslant V_0 - V_s = \Delta V \tag{9.31}$$

称 ΔV 为电子的能量减量，由式(9.31)可见，能量减量越大的电子（进入收集极时速度越小的电子），就要求收集极电位越高才能收集。

当 $V_c = \Delta V$ 时，电子刚好克服减速场落到收集极上，打上收集极时速度正好降到零，因而在收集极上没有能量损失，电子损失的能量 ΔV 是全部交给高频场的，也就是对这种电子来说，其效率达到了 100%。当然，对于那些 $\Delta V < V_c$ 的电子来说，打上收集极时还有一部分多余的能量，即速度还没有降到零，因此在收集极上有能量损耗，效率也就低于 100%。

由于 V_c 总是小于 V_0，所以加 V_c 电压而不是 V_0 电压的收集极称为降压收集极。

由于电子与高频场的相互作用是各不相同的，它们交给高频场的能量多少也就不同，因此，在高频结构中，“工作完了”的电子的速度零散很大，就不可能用一个统一的收集极电压 V_c 来收集所有的电子，最好的办法是采用多级降压收集极来收集对应不同 ΔV 的电子。当然，即使如此，收集极的级数还是有限的，由于收集极能收集的只能是 $\Delta V \leqslant V_c$ 的电子，因此总会有一些电子打上收集极时速度不为零。

设电子注电流为 I_0，高频结构截获的电流为 $kI_0(k<1)$，其余电流 $(1-k)I_0$ 打上收集极。这样，高频系统电源供给它截获的电子的直流功率为 kI_0V_0，收集极电源供应给打上收集极的电子的直流功率为 $(1-k)I_0V_c$，直流电源消耗的总功率为

$$P_0 = [kV_0 + (1-k)V_c]I_0 \tag{9.32}$$

若高频输出功率为 P_{out}，则收集极没有降压，即 $V_c = V_0$ 时，微波管的效率 η 就是

$$\eta = \frac{P_{out}}{I_0V_0} \tag{9.33}$$

而采取降压收集极后,管子效率成为

$$\eta_1 = \frac{P_{out}}{[kV_0 + (1-k)V_c]I_0} \tag{9.34}$$

与未降压情况相比,效率提高的比值为

$$\frac{\eta_1}{\eta} = \frac{1}{k + (1-k)V_c/V_0} \tag{9.35}$$

由式(9.35)可以很容易算出:若电子全部通过高频结构而没有被截获,即 $k=0$,则 $\eta_1 = \eta V_0/V_c$,由于 $V_0 > V_c$,可见 $\eta_1 > \eta$,也就是说,降压收集极提高了管子的效率。例如若 $V_c = V_0/2$,收集极电压降低到加速电压(亦即高频系统电压)的一半,则 $\eta_1 = 2\eta$,即收集极降压后使效率提高了一倍。

2. 多级降压收集极

在降压收集极中,收集极所加电位 V_c 低于高频结构的电位 V_0,因此,在收集极区将形成一个减速场,减速场的电压降 $V_{coll} = V_0 - V_c$。

经过与高频场的相互作用,已经向场交出一部分能量的电子注,在收集极区被收集极收集而形成的电流 I_{coll} 与收集极的电压降 V_{coll} 之间的关系如图9-23所示,它反映了电子的剩余能量能否克服 V_{coll} 形成的拒斥场而打上收集极形成电流 I_{coll} 的能力,因此它实际上也反映了收集极区电子注能量或者功率的分配关系。在图9-23(a)中,无高频激励时,$I_0 \times V_0$ 的矩形面积即电子注的初始直流功率 P_0,有高频激励时,图中阴影部分面积即为电子注向高频场交出的功率,而曲线下方白色区域面积代表电子注的剩余功率。当 $V_{coll}=0$ 时,收集极与高频系统同电位,没有压降,所有电子都可以打上收集极;由于在行波管中电子能交出的只能是超出同步速度部分的能量,也就是说,所有电子的剩余能量都将不会小于大致对应同步速度的能量,因此,只要收集极电压降 V_{coll} 不超出同步速度对应的电压 V_{sy},在0到 V_{sy} 之间的任意值上,所有电子都会打上收集极,只是在收集极上消耗的能量不同而已:$V_{coll}=0$,电子的全部剩余能量都在收集极上转变成热能,随着 V_{coll} 的增加,电子开始向电源交回能量,V_{coll} 愈大,电源回收的能量愈多;只有当收集极电压降进一步增加到 $V_{coll} \geq V_{sy}$ 时,才会开始有部分剩余能量小的电子不再能打上收集极,而将被收集极反射,直到 V_{coll} 大于 V_0 的瞬间,所有电子都将不可能到达收集极;理论上在 $V_{coll} = V_0$ 时 I_{coll} 应该等于零,但实际上 I_{coll} 并没有完全降到零,而是在超过 V_0 处出现了一个小拖尾,它代表在互作用过程中处于高频加速场中的少量电子从场中吸取的功率,从而使得它们的能量比初始能量更大,对应的电位超过了 V_0。

图9-26(b)给出了采用单级降压收集极后电子注功率的分配情况,收集极的实际电压 $V_c = V_0 - V_{coll}$,即式(9.31)中取等号时的情况。图中阴影部分表示能克服 V_{coll} 形成的减速场的推斥而打上收集极的电子,因而其面积即反映了单级降压收集极所能回收的最大功率,显然,这时的 V_{coll} 与 V_{sy} 大致相当。在这些被收集极收集的电子中,有相当部分电子在打上收集极时速度并没有降到零,它们还有剩余能量消耗在收集极上。因此,如果提高收集极压降 V_{coll},则一部分电子将会把更多的能量交回给电源,同时,也会有一部分剩余能量不足以克服拒斥场的电子将被收集极所反射,成为管体电流的一部分。因此单级降压收集极的压降 V_{coll} 不能太大,以免增加反射电子,因为被反射的电子的剩余能量没有

被回收(图中白色部分即代表没有被回收的剩余功率),这也正是单级降压收集极的能量回收率还不是很高的原因。

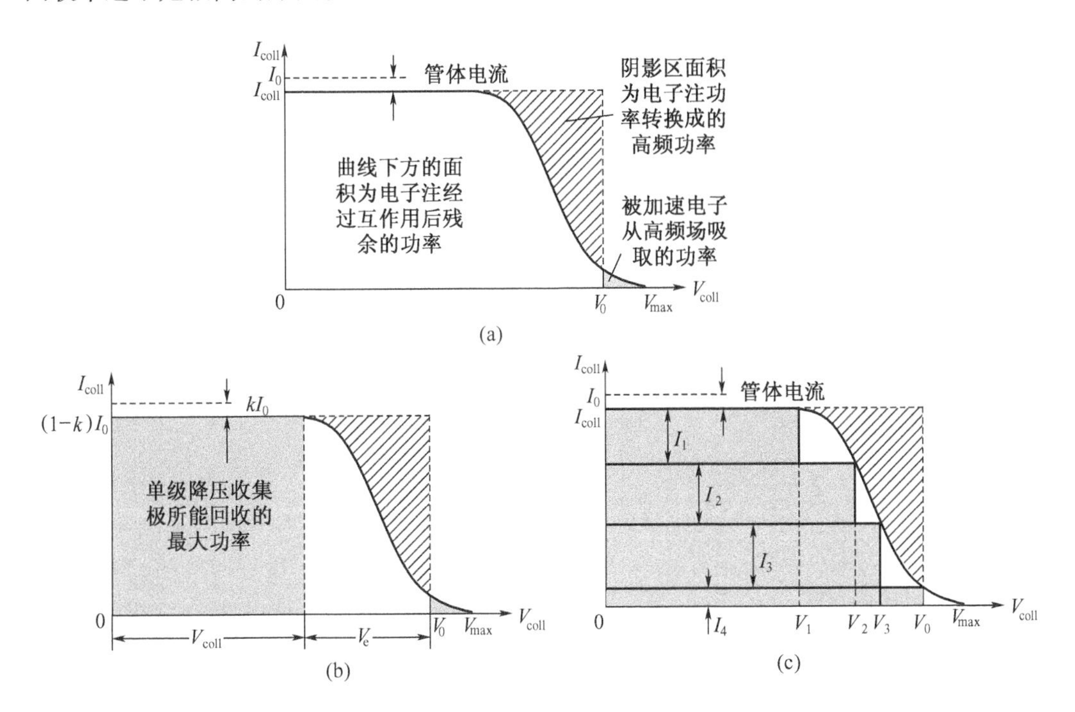

图 9 - 26　收集极区电子注功率的分配

(a) 经过互作用后在收集极入口的电子注功率;(b) 单级降压收集极中电子注的功率分配;(c) 四级降压收集极中电子注的功率分配。

为了进一步提高收集极回收电子剩余能量的效率,就可以采用多级降压收集极,即根据电子剩余能量的分布将其分成若干能量段,对应每一个能量段中剩余能量的最小值确定一个收集极电压压降 V_{coll} 的大小,则在该能量段中的电子就可以都打上该收集极。分成几个能量段就设置几个收集极,所以称为多级降压收集极。每极上加上不同的电压,形成不同的推斥场,让剩余能量多的电子落到电压降较大(即电压较低)的收集极上,最后一级的电压一般设置为零,即 $V_{coll} = V_0$,形成 $-V_0$ 的推斥场,用以收集在互作用区没有交出能量,剩余能量为 eV_0 的电子和那些在互作用区获得能量的电子。图 9 - 26(c)给出了一个四级降压收集极的电子注功率分配关系,从图中可以发现,采用了多级降压收集极,未被回收的电子注残余功率(图中白色部分)比单级降压收集极已大大减少。可见,收集极的能量回收效率得到了很大提高。

采用多级降压收集极后,微波管的效率可以近似表达为

$$\eta = \frac{P_{out}}{I_0 V_0 - P_{rec}} \tag{9.36}$$

式中,P_{rec} 为收集极回收的功率。在图 9 - 26(c)所示情况下

$$P_{rec} = I_1 V_1 + I_2 V_2 + I_3 V_3 + I_4 V_0 \tag{9.37}$$

式中,I_1、I_2、I_3、I_4 分别为第一级至第四级收集极的电流;V_1、V_2、V_3、V_4 分别为每级收集极的电压降 V_{coll} 的值,因为收集极的压降与所加实际电压的关系为 $V_{coll} = V_0 - V_c$,以及在忽略

管体电流的情况下 $I_0=I_1+I_2+I_3+I_4$,所以式(9.37)又可以表示成

$$P_{rec}=I_1(V_0-V_{c1})+I_2(V_0-V_{c2})+I_3(V_0-V_{c3})+I_4(V_0-V_{c4})$$
$$=I_0V_0-(I_1V_{c1}+I_2V_{c2}+I_3V_{c3}+I_4V_{c4}) \tag{9.38}$$

$V_{c1},V_{c2},V_{c3},V_{c4}$为各级收集极的实际电压。所以

$$\eta=\frac{P_{out}}{I_1V_{c1}+I_2V_{c2}+I_3V_{c3}+I_4V_{c4}} \tag{9.39}$$

若 $V_{c4}=V_0-V_{coll}=0$,则

$$\eta=\frac{P_{out}}{I_1V_{c1}+I_2V_{c2}+I_3V_{c3}} \tag{9.40}$$

而收集极的效率可以表示为

$$\eta_{coll}=\frac{P_{rec}}{P_0-P_{out}} \tag{9.41}$$

要注意的是,以上对降压收集极的分析都是建立在以阴极为零电位的基础上的。而在微波管实际工作时,从安全出发,一般都以管体,即加速极与高频结构接地,为零电位的,在阴极上加上负高压 $-V_0$。这样,在以上分析中所指电压 V_0 实际上是零电位,而所指零电位应该是压 $-V_0$ 电位。在微波管测试时,一种四级收集极的供电方式如图9-27所示。

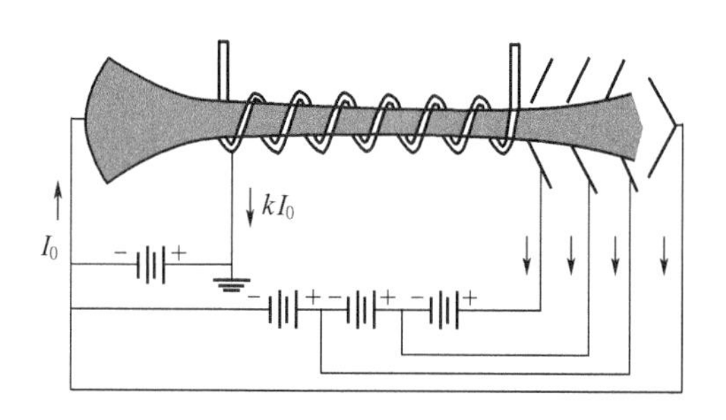

图9-27 微波管四级降压收集极的供电方式之一

9.4 感应电流及电子流与场的能量交换

9.3节介绍了微波管中电子注从产生、聚焦到收集的整个运动过程,本节接着讨论电子流与高频场的能量交换,为此,需要先建立感应电流的概念。

9.4.1 感应电流

1. 平板间隙中的感应电流

在静态和低频状态下,电子器件外电路上的瞬时电流就是该瞬时落到电极上的电子流,因为这时电子在电极间运动的时间完全可以忽略。但在微波频率下,这时电子在电极间运动不再是瞬时完成的,因而外电路上流过的电流也不再能直接反映落到电极上的电

子流的大小。为了了解在这种情况下管外电路中的电流与管内电子运动之间的关系，以一个平板间隙为例来进行讨论。

如图 9－28，设有一电荷 $-q$ 在平板间隙内由阴极向阳极运动，由于静电感应，阴极和阳极上都将产生感应电荷 q_k 和 q_a，它们与原电荷 $-q$ 之间应满足电荷守恒定律：

$$q_a + q_k - q = 0 \tag{9.42}$$

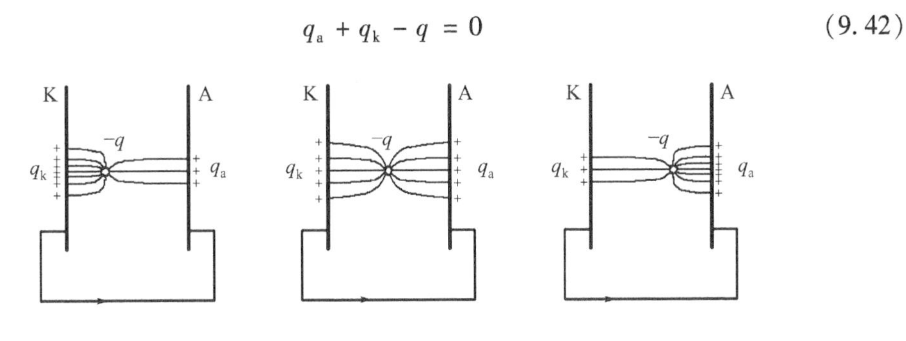

图 9－28　平板间隙中电荷 $-q$ 运动引起的感应电荷变化

但是电荷 q_k 和 q_a 并不是平均分配的，当原电荷 $-q$ 靠近阴极时，显然在阴极上的感应正电荷 q_k 比阳极上的感应正电荷 q_a 多。在原电荷向阳极运动过程中，阴极上的感应电荷逐渐减少而阳极上的感应电荷不断增多，这一变化也可以看成是阴极上的感应正电荷通过外电路向阳极的不断转移，即外电路中电流的流通。当原电荷到达阳极时，q_k 为零，而 q_a 在电荷量上与 q 相等，由于 q_a 是正电荷，而原电荷 $-q$ 为负电荷，所以两者正好中和。由此可见，二极管电极外电路中流过的电流实际上是运动电荷 $-q$ 在飞行过程中电极上感应电荷的变化引起的，所以称为感应电流。这与低频时的观念完全不同，电荷 $-q$ 在没有落到阳极上时，在运动过程中外电路上就有了电流，而电荷 $-q$ 一旦落到阳极上，外电路中的电流也就为零了。

2. 平板二极管中的感应电流

在上面的讨论中，平板间隙的两个极板之间没有外加电压，而实际的平板二极管总是加有阳极电压 V_a 的，V_a 将在平板二极管内建立起稳定的电场 E，现在就进一步讨论在这种情况下的感应电流。

设在如图 9－29 所示的平板二极管中充满从阴极飞向阳极的电子，取其中的一个薄层电子来讨论，整个电子注可以看成是由许多这样的薄层电子组成。每个薄层电子在向阳极运动时都会在管外电路中感应出电流，总的感应电流就是各层电荷产生的感应电流之和。

二极管外加电压将在平板两极之间产生电场 E，这时阴极和阳极两块平板作为电容极板将分别充有 $-Q$ 和 $+Q$ 电荷，且

$$Q = S\varepsilon_0 E \tag{9.43}$$

式中，S 为极板的面积；ε_0 为真空介电常数。

若有一薄层电荷 $-q$ 位于离阴极 x 距离处，那么在两电极上除了原有电荷外，还将因 $-q$ 的存在而分别感应有 $+q_k$ 和 $+q_a$ 电荷，使阴、阳极板上的电荷变成 $(-Q+q_k)$ 与 $(Q+q_a)$，相应地电荷薄层两边的电场也将发生变化，分别成为 E_1 和 E_2，如图 9－29(b) 所示，根据高斯定律有

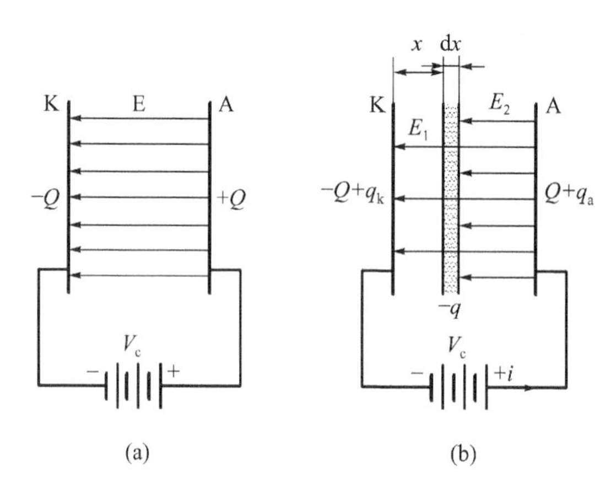

图9-29 平板二极管中薄层电荷引起的感应电流

(a) 不存在电荷层时;(b) 存在电荷层时。

$$\begin{cases} S\varepsilon_0 E_1 = -(-Q+q_k) = Q-q_k \\ S\varepsilon_0 E_2 = Q+q_a \end{cases} \tag{9.44}$$

E_1、E_2 之间还存在以下关系式

$$E_1 x + E_2(d-x) = Ed = V_a \tag{9.45}$$

式中,d 为两极板之间的距离,将式(9.43)、式(9.44)代入式(9.45),并考虑到式(9.42),即可得到

$$\begin{cases} q_k = q\left(1-\dfrac{x}{d}\right) \\ q_a = q\dfrac{x}{d} \end{cases} \tag{9.46}$$

则阴极和阳极上的总电荷分别为

$$\begin{cases} Q_k = -Q+q_k = -Q+q\left(1-\dfrac{x}{d}\right) \\ Q_a = Q+q_a = Q+q\dfrac{x}{d} \end{cases} \tag{9.47}$$

电流是由电荷的变化产生的,因而外电路中的电流

$$i = \frac{dQ_a}{dt} = -\frac{dQ_k}{dt} = \frac{dQ}{dt} + \frac{q}{d}\frac{dx}{dt} = \frac{dQ}{dt} + q\frac{v}{d} \tag{9.48}$$

式中,v 为电荷薄层运动的速度。

由式(9.48)可以看出,外电流中的电流包含有两部分:

(1) 位移电流。式(9.48)中的第一项 dQ/dt 称为位移电流,它是由阴、阳两个电极构成的电容 C 产生的,而与电荷层存在与否无关,它又可称为容性电流:

$$i_d = \frac{dQ}{dt} = C\frac{dV_a}{dt} \tag{9.49}$$

若外加电压 V_a 是直流电压，则极板上的电荷不随时间而变，$dQ/dt=0$，故此时位移电流为零；当外加电压为交变电压

$$V_a = V_m \sin\omega t \tag{9.50}$$

时，位移电流

$$i_d = \omega C V_m \cos\omega t \tag{9.51}$$

但在低频时，ω 很小，在 C 也不大时，位移电流就可以忽略不计。

（2）感应电流。式(9.48)中的第二项代表感应电流，它是由运动的电荷在外电路中感应产生的。

$$i_{ind} = q\frac{v}{d} \tag{9.52}$$

可见，只要知道电荷的运动速度后，就可按式(9.52)计算感应电流的大小。

3. 调制电子流通过平板间隙时的感应电流

在实际微波管中，电子注将会被高频场调制引起速度变化，这种速度的调制进而会转变成电子注的密度调制，密度调制电子流通过高频结构同样会产生感应电流，但显然它将不同于前面讨论的薄层电荷引起的感应电流。为了分析方便，在这里研究一种最简单的密度调制电子流通过平板间隙时的情况。

如图 9-30 所示，设平板间隙由两个对电子流完全没有截获的理想栅极组成，注入间隙的密度调制电子流为

$$i = I_0 + I_m \sin\omega t \tag{9.53}$$

式中，I_0 为电流的直流分量；I_m 为电流的交变分量的幅值。

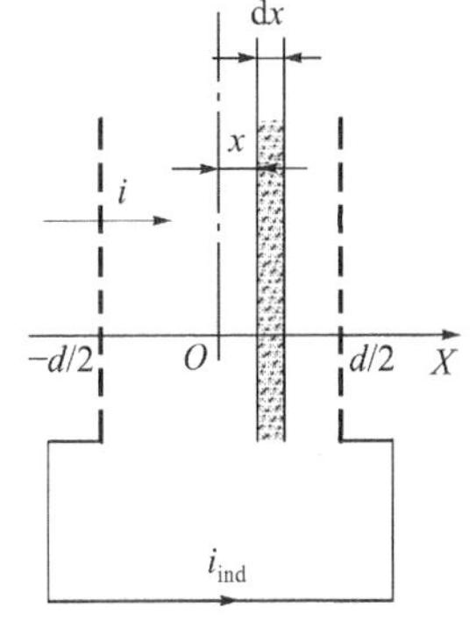

图 9-30 密度调制电子流穿过平板间隙

选择间隙中点为坐标原点，令 t_0 为某电子层通过 $x=0$ 点的时刻，且在小信号情况下，忽略电子运动速度的交变分量，认为电子流以直流速度 v_0 匀速通过间隙，则电子层到达 x 处的时间应为

$$t = t_0 + \frac{x}{v_0} \tag{9.54}$$

$$dt = \frac{dx}{v_0} \tag{9.55}$$

包含在 dx 层中的电荷量应为

$$dq = i dt = i\frac{dx}{v_0} \tag{9.56}$$

而由于电荷 dq 的运动引起的外电路中的感应电流根据式(9.52)就应该是

$$di_{ind} = dq\frac{v_0}{d} = i\frac{dx}{d} \tag{9.57}$$

显然，由于密度调制电子流充满整个平板间隙空间，因此在外电路中产生的总的感应电流，应该是 di_{ind} 在 $-d/2$ 到 $d/2$ 整个空间内的积分：

$$i_{\text{ind}} = \int_{-d/2}^{d/2} \mathrm{d}i_{\text{ind}} = \int_{-d/2}^{d/2} i\,\frac{\mathrm{d}x}{d} = \frac{1}{d}\int_{-d/2}^{d/2}\left[I_0 + I_{\mathrm{m}}\sin\omega\left(t_0 + \frac{x}{v_0}\right)\right]\mathrm{d}x = I_0 + I_{\mathrm{m}}M\sin\omega t_0 \tag{9.58}$$

式中

$$M = \frac{\sin(\theta/2)}{(\theta/2)}, \quad \theta = \frac{\omega d}{v_0} \tag{9.59}$$

式中,θ 称为电子流通过间隙的渡越角;M 称为电子流与间隙的耦合系数,它是反映电子流与间隙电场相互作用程度的一个量。

若通过间隙的电子流是非简谐的周期性变化电流,这样的电流可以用无穷多时间谐波的叠加来表示

$$i = I_0 + \sum_{n=1}^{\infty} I_n \sin(n\omega t + \varphi_n) \tag{9.60}$$

式中,φ_n 为 n 次谐波的初相位。则相应的感应电流就成为

$$\begin{cases} i_{\text{ind}} = I_0 + \sum\limits_{n=1}^{\infty} M_n I_n \sin(n\omega t + \varphi_n) \\ M_n = \dfrac{\sin(n\theta/2)}{(n\theta/2)} \end{cases} \tag{9.61}$$

M 将随渡越角的变化而变化,当 $\theta \to 0$ 时,$M \to 1$,即感应电流的大小这时将等于通过间隙的电子流;当 θ 增大时,感应电流的幅值将随 M 的减小而减小;而在 $\theta = 2\pi$ 时,通过间隙的电子流尽管没有改变,但感应电流的交变分量将变为零。

需要指出的是,类似于在平板间隙中运动电荷引起的感应电流,以上讨论的密度调制电子流在平板间隙中的感应电流同样只是在外电路短接的情况下才成立,若外电路接有负载,则情况又会有所不同。

9.4.2 电子流与场的能量交换

1. 能量交换

前面已经指出任何微波信号的放大或振荡的产生,都是通过电子的运动,将直流电源的能量转换成微波能量的。因此,必须了解电子流与微波场是如何进行能量交换的。

电子受到的电场力为

$$\boldsymbol{F} = -e\boldsymbol{E} = m\boldsymbol{a} = m\frac{\mathrm{d}^2\boldsymbol{S}}{\mathrm{d}t^2} \tag{9.62}$$

式中,$\boldsymbol{S}$ 为电子运动距离的矢径,将上式与 $\mathrm{d}\boldsymbol{S}$ 点积:

$$-e\boldsymbol{E}\cdot\mathrm{d}\boldsymbol{S} = m\left[\frac{\mathrm{d}}{\mathrm{d}t}\left(\frac{\mathrm{d}\boldsymbol{S}}{\mathrm{d}t}\right)\right]\cdot\mathrm{d}\boldsymbol{S} = d\left[\frac{1}{2}m\left(\frac{\mathrm{d}S}{\mathrm{d}t}\right)^2\right] \tag{9.63}$$

若电子从电场中某一点 a 运动到另一点 b,则

$$\int_{\mathrm{a}}^{\mathrm{b}} \mathrm{d}\left[\frac{1}{2}m\left(\frac{\mathrm{d}S}{\mathrm{d}t}\right)^2\right] = -e\int_{\mathrm{a}}^{\mathrm{b}} \boldsymbol{E}\cdot\mathrm{d}\boldsymbol{S} \tag{9.64}$$

即

$$\frac{1}{2}mv_{\mathrm{b}}^{2} - \frac{1}{2}mv_{\mathrm{a}}^{2} = e(V_{\mathrm{b}} - V_{\mathrm{a}}) \tag{9.65}$$

式中，v_{b}、v_{a} 分别为电子在 b 点和 a 点的速度，V_{b}、V_{a} 则为该两点的电位。可见，式(9.65)表明，电子在电场中从 a 点运动到 b 点时，其动能的变化取决于这两点的电位差，而与电子运动的轨迹无关，也与电位的分布状况无关。b 点电位高于 a 点时，电子从低电位向高电位运动，电场使电子加速，电子的动能增加，而电场因对电子做功而消耗能量；若 b 点电位低于 a 点，则电子减速，能量减少，其减少的能量交给电场使电场能量增加。

从感应电流原理出发可以进一步理解电子与场的能量交换，利用图 9－31 来说明这一转换过程：设一薄层电子流电荷量为 $-q$，受到加速度以速度 v_0 进入接有交流电源的平板间隙。当外加交变电压使间隙中的电场与 v_0 反向时，进入间隙的电子流受到加速，这时外电路上的感应电流方向与平板间隙中的电场方向相反，成为交流电源的放电电流，因此电源消耗自己的能量用于加速电子流，转变为电子流的动能；当交流电源电压反向，间隙中的电场随之反向，进入间隙的电子流将受到减速，但电子流由于所受到的加速电压远大于交变电场，因而总的运动方向不变，只是速度减小，这时感应电流方向亦不变，但由于间隙中的交变电场已改变方向，使得感应电流方向与间隙电场方向一致，感应电流成为了交流电源的充电电流，电子流因速度减小而减少的能量转变为向电源充电的能量。由于电源的能量是以向平板间隙充电形成电场的形式对电子流的运动产生作用的，所以我们可以说，通过间隙时受到加速的电子将消耗交变场的能量，只有那些受到减速的电子，才能把自己的一部分能量交给交变场。

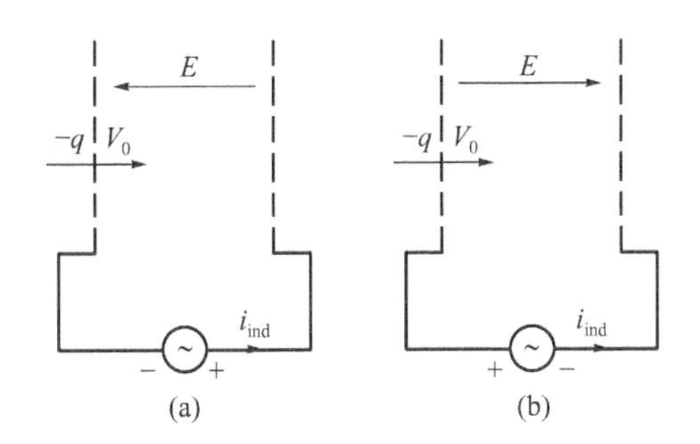

图 9－31　电子流与场的能量交换

(a) 在交变电压正半周，电子加速，电源放电；(b) 在交变电压负半周，电子减速，电源充电。

如果电子流是非调制的均匀电子流，则电子在交变场正半周内从场中摄取的能量与在负半周内交给场的能量相等，两者刚好抵消，电子与交变场之间没有纯的能量交换。因此要想得到有效的能量交换，使交变场得到增长，就应该使处于交变场负半周的电子数比处于正半周的电子数多，也就是说，电子流必须具有密度调制而不能是均匀电子流。在理想情况下，应使电子聚集成一群群的电子群，称为群聚块，让群聚块正好在间隙内具有最大减速场时通过间隙，交变场就可以从群聚块中获得最大的能量，电子与交变场的互作用效率最高，微波电子管正是利用这一原理来产生或放大微波振荡的，或者说，电子都是以失去自己动能的形式来使高频场得到增长的。

2. 作用场的建立

上面的讨论我们把与电子流作用交换能量的高频场看作是外加的,但实际并非如此,这个电场是电子流通过间隙时自己建立起来的。

在间隙的外电路中连接一个 LRC 并联谐振电路,如图 9-32 所示。在实际微波管中,谐振腔就可以等效成一个 LRC 谐振电路,因而图 9-32 就相当于一个重入式谐振腔的等效电路,腔体的重入部分正好构成平行间隙。关于重入式谐振的讨论,将在第 10 章中进行。

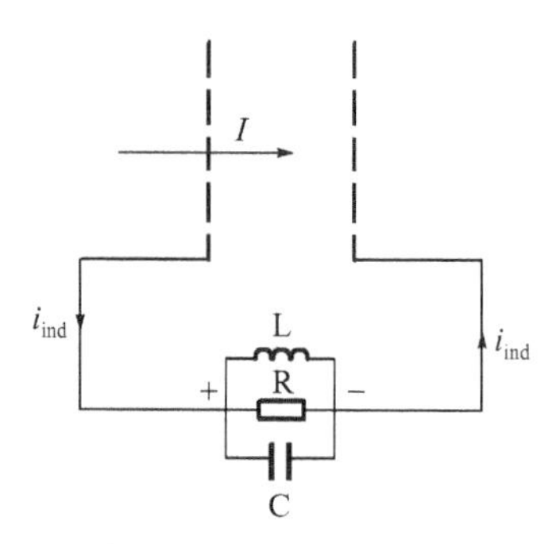

图 9-32 重入式谐振腔的等效电路

当有电子流 I 穿过间隙时,在外电路中将有感应电流流通,它就会在 R 上产生一个电压降,其极性如图中所示。立即可以看出,该电压降将在间隙上建立起一个阻止电子流前进的拒斥场,使电子流的速度降低。电子流速度的降低就意味着其动能的减少,所减少的动能正是在外电路电阻上所消耗的能量。而在实际微波管中,R 是由谐振腔的外接负载产生的,因此,电子流的能量实际上是由谐振腔输出而消耗在负载上了。当电流 I 方向改变时,外电路中感应电流方向随之改变,由 R 上的电压降在平板间隙上建立的电场方向也相应改变,对电子流仍旧形成一个拒斥场。

由于通过间隙的电子流是密度调制电子流,包含有交变分量,在外电路中激励起的感应电流也包含有交变分量,经过 LC 谐振电路后,在 R 上将产生交变电压降,因而在间隙上建立起高频交变电压即在谐振腔内产生高频场。

可见,通过间隙的交变电子流将在谐振腔间隙之间自动建立起减速场,从而使电子向该场交出能量。

实际上,通过平板间隙的电子流除了交变分量外,还包含有直流分量,在小信号情况下,直流分量远大于交变分量。所以,即使在交变分量的负半周,尽管其方向发生了改变,但其幅值不足以改变总电流的方向,也就是说,通过间隙的电子流始终只在一个方向运动,只是总的幅值大小在不断交替变化。另外,由于整个谐振腔包括平板间隙都是金属构成的,整体处于直流同电位,在平板间隙上也就不可能建立起直流电场,因此在讨论电子流与场的相互作用时,我们只需考虑由感应电流交变分量产生的交变场,而不必考虑直流场。这样一来,平板间隙上交变的高频场与运动方向不变的电子流相遇,必然就会出现加速场与拒斥场的交替作用,这正是我们要求电子流形成群聚块,尽可能集中在高频拒斥场通过间隙的原因。只是,正如上面分析的,这种平板间隙上的高频交变场是由感应电流交变分量自动建立而无须外加的。

9.5 微波输能窗

输能窗是微波管不可或缺的重要部件,振荡管必须要有微波能量的输出窗,放大管除了输出窗外,还必须要有输入窗。

输能窗的主要功能是:将微波管产生或者放大的微波能量从管内通过输出窗输出到管外的微波系统中,经微波系统输到负载上应用,同时,对于微波放大管来说,需要被放大的微波信号则必须从信号源经由微波输入窗输入到微波管中进行放大；由于微波管内部都是处于高真空状态，而微波传输系统一般都是非真空的，微波信号从管内输出到管外或者从管外输入到管内，都必须经过大气与真空的变换，这也就离不开输能窗把大气与真空隔离的作用。

根据输能窗应用于传输线的不同，它的结构可以分为三类，分别是同轴窗、矩形波导窗与圆形波导窗。

9.5.1　窗片材料

1. 对输能窗的要求

对输能窗的要求主要如下：

(1)输能窗对于微波的传输在理想状态下应该是完全“透明”的。所谓“透明”，在这里是指微波能够既没有反射、也没有损耗地通过，当然，实际情况并不可能做到真正的全“透明”，为此，就应该要求输能窗与传输线尽可能匹配，引入的插入损耗尽可能小。即要求反射系数 S_{11} 尽量低、传输系数 S_{21} 尽量接近 1。

(2)输能窗对于空气在理想状态下应该是完全“隔绝”的。所谓“隔绝”，在这里是指空气完全不能透过输能窗进入处于真空状态的微波管内部空间，同样，实际情况并不可能做到真正的完全“隔绝”，应该要求输能窗对大气的漏率尽可能小，比如小于 $10^{-12}\mathrm{Pa \cdot m^3/s}$。输能窗的漏率不仅与窗片本身的材料性能有关，还与窗与传输线的封接质量有关。

(3)输能窗必须具有足够的机械强度，能够抵抗住大气的压力；绝缘强度要高，不能产生高频击穿；同时还应具有足够的导热能力和热稳定性，不能因高频损耗引起的高热导致炸裂。

(4)输能窗必须具有足够的功率容量、良好的封接性能、低的二次电子发射系数。

2. 窗片材料

窗片的材料是输能窗能否满足上述要求的关键因素，因此对所采用的窗片介质材料的要求非常苛刻，除要求具备良好的气密性，能有效隔绝管内真空环境与管外的大气环境，耐高温性和足够的强度，可以适应环境条件的变化，提高器件可靠性之外，还要求高频损耗小、微波透射率高、热传导能力强，避免因损耗而导致温度升得过高，从而产生由热应力过大而造成的窗片损坏，绝缘强度高，防止由于电荷的聚集而引起的二次电子倍增效应从而导致的窗片损坏。目前常用的材料有蓝宝石、金刚石、氧化铝瓷、氮化硼瓷、氧化铍瓷、石英玻璃等。

蓝宝石的特点是介电损耗小，气密性好；在高功率电平下不易产生击穿；机械强度高，可以加工成 0.1mm 厚的高精度气密薄片；使用温度高，可以承受焊接与真空排气时的高温；进入规模批量生产后成本适中，在毫米波、亚毫米波段的微波管输出窗中已经被广泛应用。它的主要不足是相对介电常数过高，一般在 9 以上；高频损耗相对偏大；它的导热系数低于氧化铍瓷和氮化硼瓷，热膨胀系数大、抗热冲击性能差，所以适合在传输中小功率的盒形窗中使用。

氮化硼瓷的特点是相对介电常数较低，按照制造工艺与取向的不同，相对介电常数为 3.18～5.16；导热系数比较大，仅次于氧化铍瓷；使用温度高，可以承受焊接与真空排气时的高温，而且热导率对温度敏感性低，稳定性高；二次电子发射系数很低；无毒、无害；机械强度适中,可以加工成一定精度的气密薄片。综合考虑,氮化硼瓷输能窗能够在高功率分米、厘米、毫米波段使用。它的主要问题是成本比较高,国内氮化硼制备的技术仍有不足,封接也比较困难。

氧化铍瓷的导热能力最好,可达260W/(m·K),具有优良的低温导热性能,但热导率随温度升高而显著降低;氧化铍瓷的气密性相对较差,机械强度不高,很难满足大功率高频输出窗对材料的要求;它的相对介电常数比氧化铝小,比较适中($\varepsilon_r=6.15$)。氧化铍材料最大的问题是加工过程中有毒,工艺处理非常麻烦,但加工完成的成瓷不再有毒,对人身的伤害成为氧化铍瓷在微波输能窗中很少应用的主要原因。

氧化铝瓷具备良好的机械性和气密性,而且可以抵抗较高的温度,同时成本相对较低;但是氧化铝瓷的介电常数较大,一般都在9以上,并且高频下损耗也比较大,不适宜毫米波及太赫兹频率下输能窗的应用;其导热性能差,热导率仅约为40W/(m·K),热膨胀系数在20~800℃时为$6.5\times10^{-6}\sim8\times10^{-6}$/K,抗热冲击能力差较。由于氧化铝瓷具有产品质量稳定、价格低廉、金属化工艺成熟稳定、封装结构简单可靠等特点,在普通微波管中大量应用。但其介质损耗以及热导率成为阻碍在高频率波段应用的一个重要原因。

金刚石是比较理想的窗片材料,相比于其他材料,金刚石性能优异,热导率在1800~2000W/(m·K)以上,导热性能优异,介电常数约为5.6,介电损耗比较小,损耗正切角在170GHz时仅为6×10^{-6},传输性能好,热膨胀系数为2×10^{-6}/K,相对较小,与基体金属的热膨胀系数相差悬殊,在焊接冷却后容易形成较大的剩余内应力,易与基体脱落。价格昂贵是金刚石的主要不足,随着人工采用CVD方法,特别是等离子体化学气相沉积(PCVD)方法制造金刚石技术的发展,金刚石窗片的制造成本也在不断降低。

石英相对介电常数在3.6左右,相对较低,容易满足宽频带的要求;介电损耗比较小,微波通过率较高;膨胀系数为0.56×10^{-7}/K,具有良好的抗热震性;石英的缺点是机械强度和硬度太低,且抗裂性差,同时石英的导热系数仅为1.68W/(m·K),导热性能差,所以在微波管中应用比较少,在中小功率的真空电子器件中有一定应用。

9.5.2 同轴窗

1. 同轴窗的结构

在同轴线中电磁波的传播模式为TEM模,因此同轴窗具有频带宽、易匹配、尺寸小等优点。然而随着功率升高,同轴窗中内外导体之间的微放电效应也更加显著,会导致器件性能和寿命受到影响,因此同轴窗的功率容量较低。在中小功率行波管中,同轴窗因其通频带宽的特点而得到广泛应用。典型的同轴窗结构如图9-33所示,窗片厚度一般远远小于半个波长。在实际应用中,为了匹配具有介质窗片的结构段的特性阻抗与同轴线本身的特性阻抗,经常采取减小内导体直径或者加大外导体直径的办法来达到阻抗匹配。

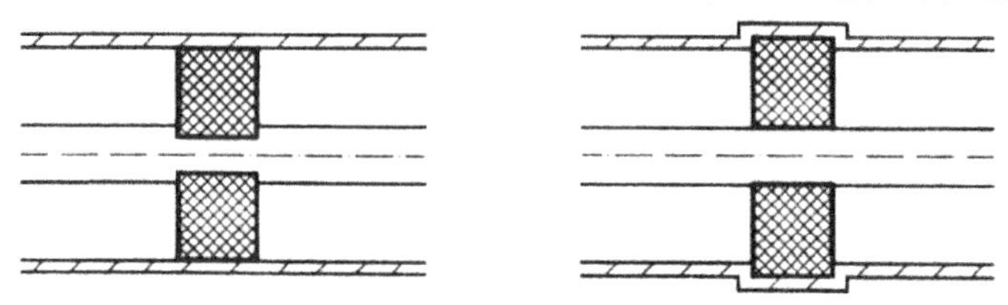

图9-33　典型的同轴窗结构

为了更好地改善由于窗片产生的同轴线突变引起的阻抗不匹配，还可以将窗片做成阶梯状、渐变斜锥状（图9－34（a））或者锥形环状（图9－34（b））。

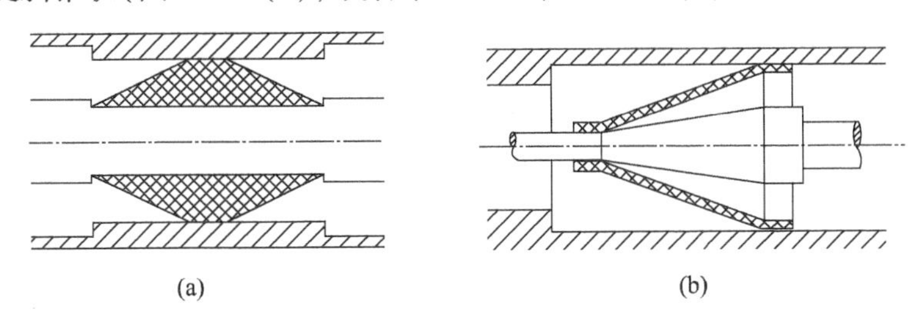

图9－34　渐变斜锥状窗片（a）和锥形环状窗片（b）的同轴窗

或者也可以扩展同轴线外导体或内导体变化区域的范围，如图9－35所示。

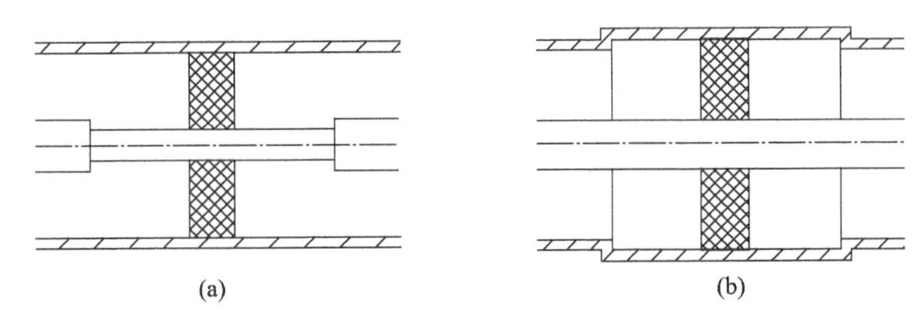

图9－35　改变内外导体尺寸范围的同轴窗
（a）扩展内导体缩小的范围；（b）扩展外导体增大的范围。

在行波管中，输入同轴窗和中小功率的同轴输出窗还往往直接与同轴接头做成一体，可以使管子的输能结构整体更为紧凑，使输能窗可以直接与管外同轴电缆连接，这种窗的形式如图9－36所示。

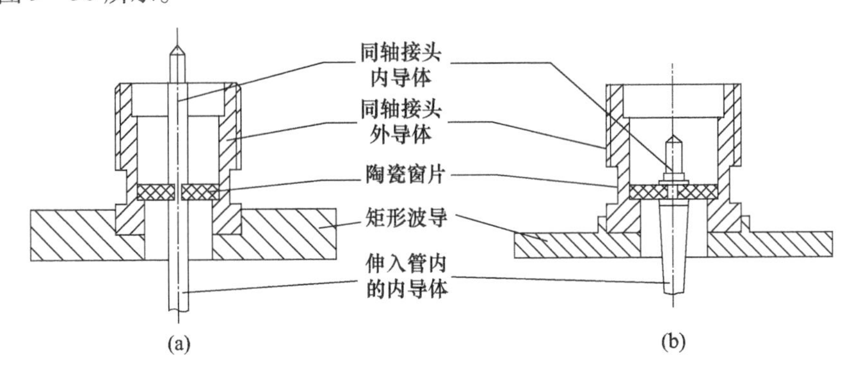

图9－36　同轴接头式输能窗
（a）常规形式；（b）优化结构。

2. 同轴窗的分析

同轴窗的分析主要基于等效电路模型的方法，根据同轴窗在中心频率处反射等于零计算同轴窗的初始尺寸。

1）无损四端网络

如果窗片的损耗可以忽略，就可以将输能窗等效成一个无耗四端（双口）网络，如

图9-37所示。其中,P_1为端口1的入波功率,P_3为该端口的出波功率,P_4为端口2的入波功率,P_2为该端口的出波功率。

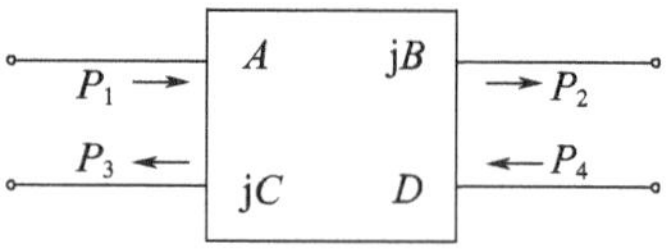

图9-37 无耗四端网络

由四端网络的一般原理可得到P_1与P_2之比为

$$\frac{P_1}{P_2}=\left|1+\frac{1}{4}(A-D)^2+\frac{1}{4}(B-C)^2\right| \tag{9.66}$$

考虑以窗片中心为对称面左右完全对称的同轴输能窗(图9-33、图9-34(a)、图9-35),它的等效四端口网络也是对称的,即$A=D$,这样,输能窗本身的插入损耗就可表示为

$$L=10\lg\frac{P_1}{P_2}=10\lg\left|1+\frac{1}{4}(B-C)^2\right| \tag{9.67}$$

由于

$$P_2=P_1-P_3=P_1(1-|\Gamma|^2) \tag{9.68}$$

式中,Γ为反射系数。由式(9.68)就可以得到

$$|\Gamma|=\sqrt{1-\frac{1}{|1+(B-C)^2/4|}} \tag{9.69}$$

因为驻波系数$\rho=(1+|\Gamma|)/(1-|\Gamma|)$,所以

$$\rho=\left(1+\sqrt{1-\frac{1}{|1+(B-C)^2/4|}}\right)\Bigg/\left(1-\sqrt{1-\frac{1}{|1+(B-C)^2/4|}}\right) \tag{9.70}$$

因此只要知道网络参量A、B、C、D就可以利用式(9.69)或式(9.70)计算输能窗的频率特性。这些计算公式对任何类型的输能窗都是适用的。

2)同轴窗的传输矩阵

典型的同轴窗的结构及其等效电路如图9-38所示,其中$T_1-T'_1$左侧是外径为b、内径为a的同轴线部分,其特性阻抗为Z_0;$T_1-T'_1$到$T_2-T'_2$是外径为c、内径为a的同轴线部分,特性阻抗为Z_1;$T_2-T'_2$到$T_2-T'_2$是外径为c、内径为a的介质窗片,这部分是介质填充的同轴线,特性阻抗为Z_2,B_1为$T_1-T'_1$与$T_2-T'_2$之间同轴线半径不连续引起的阶梯电容的电纳,整个结构以窗片中心线左右对称。同轴窗的等效电路分析方法根据在中心频率处反射等于零的条件进行分析设计。

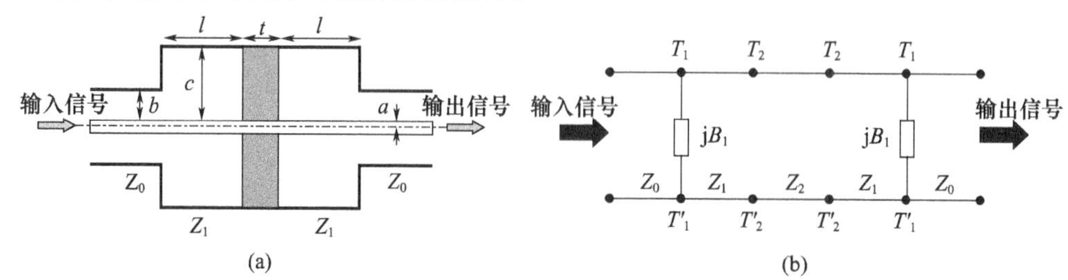

图9-38 典型的同轴窗结构及其等效电路

(a)结构尺寸示意图;(b)等效电路图。

考虑到结构对称性,根据等效电路图 6-38(b)得到同轴窗的传输矩阵如下:

$$\begin{bmatrix} A & B \\ C & D \end{bmatrix} = \begin{bmatrix} n & 0 \\ \mathrm{j}nB_1 & 1/n \end{bmatrix} \begin{bmatrix} \cos\theta & \mathrm{j}\sin\theta \\ \mathrm{j}\sin\theta & \cos\theta \end{bmatrix} \begin{bmatrix} \cos\theta_1 & \mathrm{j}n_1^2\sin\theta_1 \\ \mathrm{j}\dfrac{1}{n_1^2}\sin\theta_1 & \cos\theta_1 \end{bmatrix}$$

$$\begin{bmatrix} \cos\theta & \mathrm{j}\sin\theta \\ \mathrm{j}\sin\theta & \cos\theta \end{bmatrix} \begin{bmatrix} 1/n & 0 \\ \mathrm{j}nB_1 & n \end{bmatrix} \tag{9.71}$$

式中

$$n^2 = \frac{Z_1}{Z_0}, \quad n_1^2 = \frac{Z_2}{Z_1}$$

$$Z_0 = 60\ln\left(\frac{b}{a}\right), \quad Z_1 = 60\ln\left(\frac{c}{a}\right), \quad Z_2 = \frac{60}{\sqrt{\varepsilon_r}}\ln\left(\frac{c}{a}\right)$$

$$\theta = kl = \frac{2\pi l}{\lambda_0}, \quad \theta_1 = k_1 t = \frac{2\pi t}{\lambda_1}$$

$$\lambda_1 = \frac{\lambda_0}{\sqrt{\varepsilon_r}}$$

λ_0为工作波长,k 为自由空间波数,k_1为介质窗片中的波数,ε_r为窗片的相对介电常数,阶梯电容的电纳 B_1为

$$\mathrm{j}B_1 = \mathrm{j}\omega C_d \tag{9.72}$$

其中

$$C_d = \frac{2a\varepsilon}{100}\left[\frac{\alpha^2+1}{\alpha}\ln\left(\frac{1+\alpha}{1-\alpha}\right) - 2\ln\left(\frac{4\alpha}{1-\alpha^2}\right)\right] + 4.12(0.8-\alpha)(\tau-1.4)\times 10^{-15} \tag{9.73}$$

$$\alpha = \frac{b-a}{c-a}$$

$$\tau = \frac{c}{a}$$

在 $0.01 \leqslant \alpha \leqslant 0.7$, $1.5 \leqslant \tau \leqslant 6.0$ 范围内,C_d最大误差不超过 $\pm 0.6\times 10^{-15}$ F/cm。

解传输矩阵式(9.71)就可以求得网络参量 A、B、C、D。

3)同轴窗的无反射条件

功率全部传输的条件,亦即无反射条件$|\Gamma| = 0$,由式(9.69)可知,$B = C$,根据所求得的网络参量可得到

$$Y\tan^2\theta - 2X\tan\theta + Z = 0 \tag{9.74}$$

式中

$$X = \left(\frac{1}{n_1^2} + n_1^2\right)B_1\sin\theta_1 - \left(\frac{1}{n^2} - n^2 - B_1^2 n^2\right)\cos\theta_1$$

$$Y = \left(\frac{n^2}{n_1^2}B_1^2 + \frac{n^2}{n_1^2} - \frac{n_1^2}{n^2}\right)\sin\theta_1 - 2B_1\cos\theta_1$$

$$Z = \left(\frac{1}{n^2 n_1^2} - n^2 n_1^2 B_1^2 - n^2 n_1^2\right)\sin\theta_1 + 2B_1\cos\theta_1$$

由方程(9.74)得到

$$\tan\theta = \frac{X}{Y} \pm \sqrt{\left(\frac{X}{Y}\right)^2 - \frac{Z}{Y}} \tag{9.75}$$

由此可得出在要求的频率点上存在完全匹配的条件为

$$\left(\frac{X}{Y}\right)^2 \geqslant \frac{Z}{Y} \tag{9.76}$$

选择合适的同轴线直径、窗片材料和厚度，使上述条件满足，就得到了典型同轴窗的初始尺寸。

9.5.3 波导窗

微波管的输能窗更常见的是波导窗，这不仅是因为波导窗的功率容量远比同轴窗大，而且在毫米波段及更高的频段，同轴线的尺寸本身已经很小，这时在内外导体之间还要密封介质窗片，在工艺上将遇到难以克服的困难，相对来说，波导窗的窗片密封要容易实现得多。

1. 直封窗

直接将窗片与波导内壁密封的输能窗称为直封窗，这种窗与波导的封接一般都是将窗片的侧面与波导的内表面进行封接。

利用窗片的侧面(端面)直接与波导进行封接的输能窗在3.4.2小节中已经提到过，它一般采用 $\lambda_g/2$ 厚度的介质窗片与波导内壁直接封接，在矩形波导和圆波导中的应用十分广泛。由于与窗片焊接的波导一般都由无氧铜制成，膨胀系数比窗片大得多，为了匹配封接，所以都采用将波导做成薄边，同时在薄边外面缠绕钼丝(适用于圆波导，见图9-39(a))或者钎焊钼条(适用于矩形波导，见图9-39(b))。

在矩形波导的直封窗结构中，为了展宽工作带宽，可以在窗片两端的波导内放置匹配膜片(图9-39(c))，这种窗通常用于较高频率的微波管。

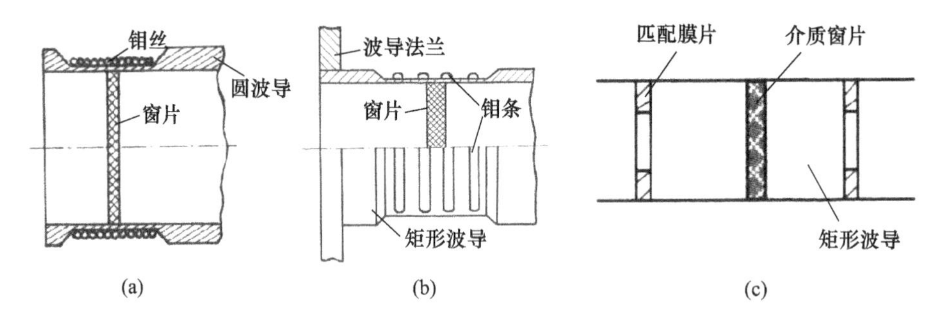

图9-39 窗片与波导内壁直接封接的直封窗

(a)圆波导直封窗；(b)矩形波导直封窗；(c)放置有匹配膜片的矩形波导直封窗。

2. 谐振窗

在3.5.2小节中介绍矩形波导中的膜片时，就曾经指出，利用电感膜片和电容膜片的组合就可以形成谐振窗，在这种窗的窗口封上陶瓷或者玻璃就成为了输能窗，这是在电真空器件中少数使用玻璃作为窗片的输能窗，目前实际应用已很少。只是要注意，与玻璃封接时应该将封口处金属做成薄壁，其窗口封接玻璃的结构如图9-40所示。

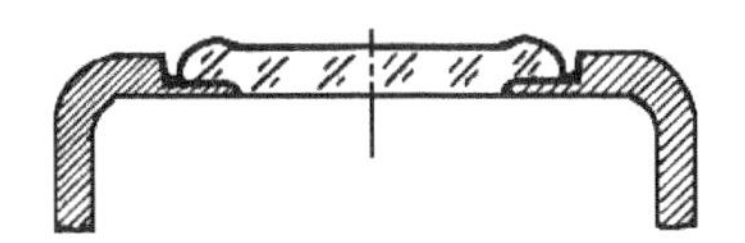

图 9－40　波导谐振窗口与玻璃封接示意图

3. 杯形窗

为克服直封窗中陶瓷窗与无氧铜波导膨胀系数差别太大，导致封接处应力过大，容易引起窗片炸裂的缺点，将陶瓷窗片改成先与圆筒形可伐封接，成为一个杯状，然后盖在波导口上再由可伐与波导焊接，并在窗两侧的波导口进行弧形扩口，有利于与窗片的匹配，这种杯形窗在磁控管的输出窗中应用比较多，其结构形式如图 9－41 所示。

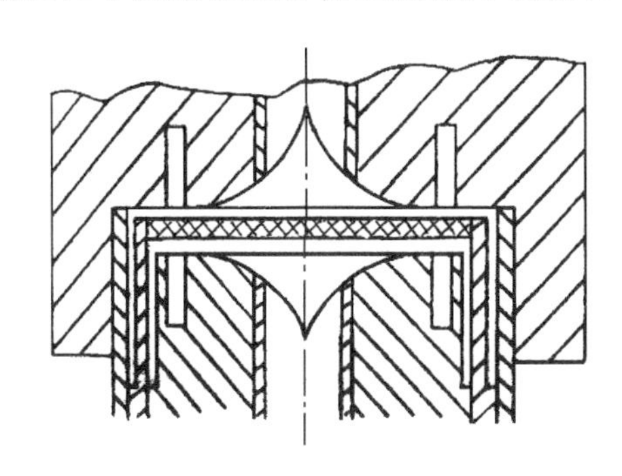

图 9－41　杯形窗结构示意图

9.5.4　盒形窗

盒形窗也是波导窗的一种，由于它是在行波管中使用得最为普遍的一种输能窗，在其他微波管中也有广泛应用，因此将它单独列为一小节进行比较详细的讨论。

1. 盒形窗的结构

盒形窗是在两段矩形波导之间夹一段比较短的圆波导，窗片与圆波导对称中心处的内壁密封而形成的一种输能窗。在厘米波段，一般圆波导的直径等于矩形波导的对角线长度，而到了毫米波段和更高的波段，则不一定符合这一规则。

在低频波段，由于窗片比较厚，可以直接利用窗片侧面与圆波导内表面封接，如图 9－42(a)所示；在高频波段，窗片侧面比较薄，应该采用平封结构，即对窗片边缘圆环进行金属化，再与圆波导端面进行平面封接，如图 9－42(b)所示。

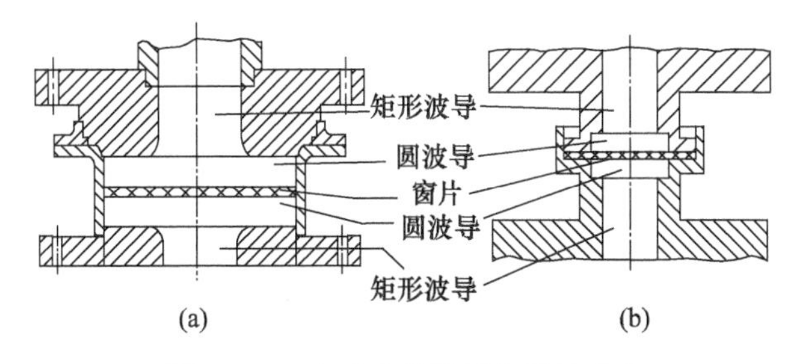

图 9－42　盒形窗的侧封和平封形式
(a)窗片与圆波导侧封；(b)窗片与圆波导平封。

对盒形窗的分析,与同轴窗一样,一般也都采用等效电路方法进行理论分析,通过无耗四端网络的网络参量 A、B、C、D,就可以利用式(9.69)或式(9.70)计算输能窗的频率特性。盒形窗的结构尺寸示意图可以画成如图9-43所示形式,其中 a 为矩形波导的宽边,b 为窄边,l_0为长度;D 为圆波导的直径,l_1为其从与矩形波导连接面到窗片表面的长度;t 是窗片的厚度。

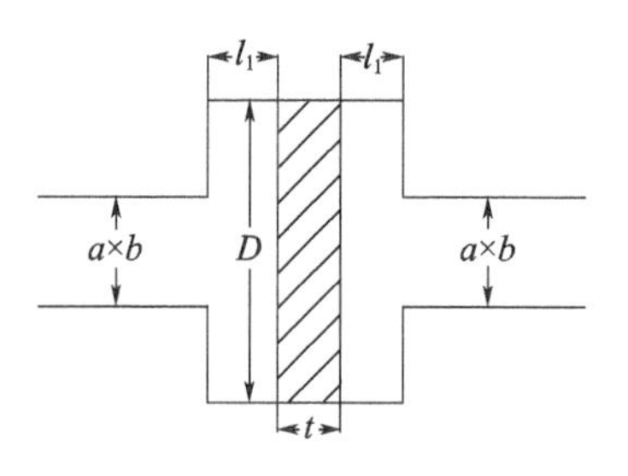

图9-43 盒形窗结构尺寸示意图

对盒形窗的等效电路分析有两种模型:一种是针对低频段的盒形窗,这时窗片比较厚,窗片所在部分应该作为一段传输线考虑;另一种是在高频段,这时窗片很薄,窗片所在部分可以不再看做一段传输线,而只考虑由它引入的不均匀性导纳。

2. 考虑窗片所在部分作为一段传输线时的等效电路分析

1)等效电路

如果考虑到窗片厚度 t 的存在,就可以把窗片所在区域也看做一段介质填充的圆波导传输线,这样,它的等效电路就可以画成如图9-44所示。整个盒形窗是以窗片作为中心左右完全对称的,其中第1部分和第7部分为矩形波导段,传输 TE_{10}模式,β_0、l_0、Z_0分别是该段的相位常数、长度和特性阻抗;第2部分和第6部分是矩形波导与圆波导连接处的不连续性引入的导纳 B_T;第3部分和第5部分为圆波导段,传输 TE_{11}模式,β_1、l_1、Z_1则是该段的相位常数、长度和特性阻抗,$\bar{Z}_1$ 是 Z_1的归一化值;第4部分为窗片,它是介质填充的圆波导,传输的也是 TE_{11}模式,传播常数是 β_2,特征阻抗是 Z_2,$\bar{Z}_2$ 是它的归一化值,窗片厚度是 t。

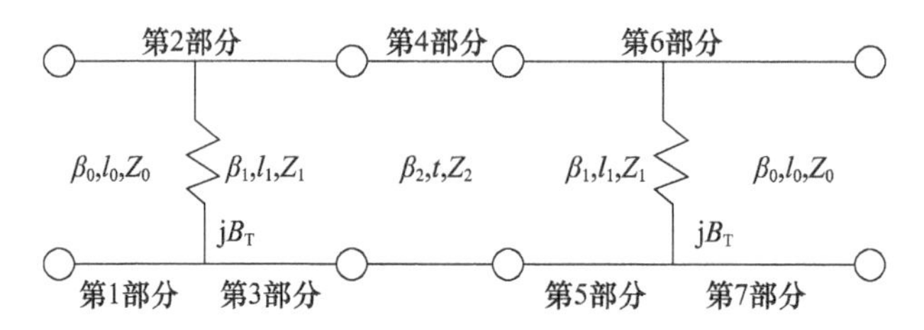

图9-44 考虑窗片厚度 t 时的盒形窗等效电路

2)传输矩阵

由于矩形波导的长度只影响散射矩阵中的相位,为了最小化反射系数 $|S_{11}|$,矩形波导段的长度 l_0可设置为0。因此,归一化传输矩阵经简化可写为

$$\begin{bmatrix} A & B \\ C & D \end{bmatrix} = \begin{bmatrix} \sqrt{\bar{Z}_1} & 0 \\ \mathrm{j}\sqrt{\bar{Z}_1}B_\mathrm{T} & \dfrac{1}{\sqrt{\bar{Z}_1}} \end{bmatrix} \begin{bmatrix} \cos\theta_1 & \mathrm{j}\sin\theta_1 \\ \mathrm{j}\sin\theta_1 & \cos\theta_1 \end{bmatrix}$$

$$\begin{bmatrix} \cos\theta_2 & \mathrm{j}\bar{Z}_2\sin\theta_2 \\ \mathrm{j}\dfrac{1}{\bar{Z}_2}\sin\theta_2 & \cos\theta_2 \end{bmatrix} \begin{bmatrix} \cos\theta_1 & \mathrm{j}\sin\theta_1 \\ \mathrm{j}\sin\theta_1 & \cos\theta_1 \end{bmatrix} \begin{bmatrix} \dfrac{1}{\sqrt{\bar{Z}_1}} & 0 \\ \mathrm{j}\sqrt{\bar{Z}_1}B_\mathrm{T} & \sqrt{\bar{Z}_1} \end{bmatrix} \quad (9.77)$$

式中

$$\overline{Z}_1=\frac{Z_1}{Z_0},\quad \overline{Z}_2=\frac{Z_2}{Z_1}$$

$$\theta_1=\beta_1 l_1,\quad \theta_2=\beta_2 t,\quad Z_0=\frac{b}{a}\frac{120\ \pi}{\sqrt{1-\left(\frac{\lambda}{2a}\right)^2}}$$

$$\beta_1=\frac{2\ \pi}{\lambda}\sqrt{1-\left(\frac{2\lambda}{3.41D}\right)^2},\quad Z_1=\frac{120\ \pi}{\sqrt{1-\left(\frac{2\lambda}{3.41D}\right)^2}} \tag{9.78}$$

$$\beta_2=\frac{2\ \pi}{\lambda}\sqrt{\varepsilon_r-\left(\frac{2\lambda}{3.41D}\right)^2},\quad Z_2=\frac{120\ \pi}{\sqrt{\varepsilon_r-\left(\frac{2\lambda}{3.41D}\right)^2}}$$

式中,λ 为自由空间工作波长。矩形波导的对角线长度和圆柱波导的直径相近时,即 $D\approx\sqrt{a^2+b^2}$ 时,B_T 值可近似为

$$B_T=\frac{\beta_0 b}{2\ \pi}\left[2\ln\frac{D^2-b^2}{4Db}+\left(\frac{b}{D}+\frac{D}{b}\right)\ln\frac{D+b}{D-b}+2\sum_{m=1}^{\infty}\frac{\sin^2 m\varphi}{m^3\varphi^2}\delta_{2m}\right]$$

$$\delta_{2m}=\frac{1}{\sqrt{1-\left(\frac{\beta_0 D}{2m\ \pi}\right)^2}}-1,\varphi=\frac{\pi\ b}{D},D\approx\sqrt{a^2+b^2} \tag{9.79}$$

由此可以求出网络参量 A、B、C、D。根据式(9.69)可知,当 $B=C$ 时,得 $|\Gamma|=0$,而由 $B=C$ 的条件可以得到方程

$$X\tan^2\theta_1-2Y\tan\theta_1+Z=0 \tag{9.80}$$

方程中的 X、Y、Z 是

$$X=\frac{\overline{Z}_1 B_T^2 Z_0^2+\overline{Z}_1}{\overline{Z}_2}\sin\theta_2-\frac{\overline{Z}_2 Z_0^2}{\overline{Z}_1}\sin\theta_2-2B_T Z_0^2\cos\theta_2$$

$$Y=\frac{2B_T Z_0^2}{\overline{Z}_2}\sin\theta_2+2\overline{Z}_2 B_T Z_0^2\sin\theta_2+2\overline{Z}_1 B_T^2 Z_0^2\cos\theta_2-2\overline{Z}_1\cos\theta_2-\frac{2Z_0^2}{\overline{Z}_1}\cos\theta_2 \tag{9.81}$$

$$Z=\frac{Z_0^2}{\overline{Z}_1\overline{Z}_2}\sin\theta_2-\overline{Z}_1\overline{Z}_2 B_T^2 Z_0^2\sin\theta_2-\overline{Z}_1\overline{Z}_2\sin\theta_2+2B_T Z_0^2\cos\theta_2$$

利用式(9.80)即可算得在中心频率无反射时盒形窗圆波导的长度 l_1,然后由式(9.69)及式(9.70)计算盒形窗的频率特性。

3. 窗片所在部分只考虑由它引入的不均匀性导纳时的等效电路分析

1)等效电路

在高频段,窗片一般都很薄,这时对盒形窗进行等效电路分析时往往可以不再把它看做一段介质填充的圆波导传输线,而代之以一个不连续性导纳 B_d,这样,其等效电路如图 9-45 所示,图中各符号与图 9-44 相同,只是第 4 部分以导纳 B_d 替换了窗片厚度所在的圆波导段。

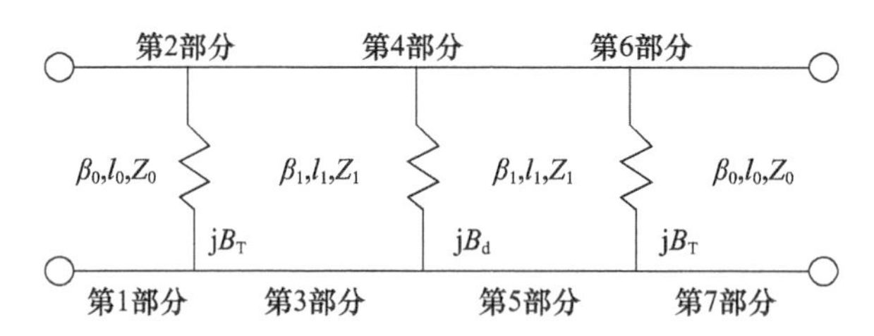

图 9-45　忽略窗片厚度 t 时的盒形窗等效电路

2)传输矩阵

$$\begin{bmatrix} A & B \\ C & D \end{bmatrix} = \begin{bmatrix} \sqrt{Z_1} & 0 \\ \mathrm{j}\sqrt{Z_1}B_{\mathrm{T}} & \dfrac{1}{\sqrt{Z_1}} \end{bmatrix} \begin{bmatrix} \cos\theta_1 & \mathrm{j}\sin\theta_1 \\ \mathrm{j}\sin\theta_1 & \cos\theta_1 \end{bmatrix}$$

$$\begin{bmatrix} 1 & 0 \\ \mathrm{j}B_{\mathrm{d}} & 1 \end{bmatrix} \begin{bmatrix} \cos\theta_1 & \mathrm{j}\sin\theta_1 \\ \mathrm{j}\sin\theta_1 & \cos\theta_1 \end{bmatrix} \begin{bmatrix} \dfrac{1}{\sqrt{Z_1}} & 0 \\ \mathrm{j}\sqrt{Z_1}B_{\mathrm{T}} & \sqrt{Z_1} \end{bmatrix} \tag{9.82}$$

矩阵中各个元素的表达式与式(9.78)和式(9.79)中给出的相同,新引入的导纳 B_{d} 则为

$$B_{\mathrm{d}} \approx \frac{2\pi}{\lambda} \frac{t(\varepsilon_{\mathrm{r}}-1)}{\sqrt{1-\left(\dfrac{2\lambda}{3.41D}\right)^2}} \tag{9.83}$$

式中使用尺寸仍如图 9-43 所示。当 $B=C$ 时,得 $|\Gamma|=0$,由此即可得到方程

$$\tan\theta_1 = \frac{-Y \pm \sqrt{Y^2-4XZ}}{2X} \tag{9.84}$$

其中

$$\begin{aligned} X &= B_{\mathrm{T}}^2 B_{\mathrm{d}} Z_1 Z_0 - 2B_{\mathrm{T}} Z_0^2 + B_{\mathrm{d}} \frac{Z_1}{Z_0} \\ Y &= \frac{2Z_0^3}{Z_1} - 2B_{\mathrm{T}}^2 Z_1 Z_0 - 2B_{\mathrm{T}} B_{\mathrm{d}} Z_0^2 - \frac{Z_1}{Z_0} \\ Z &= 2B_{\mathrm{T}} Z_0^2 + \frac{Z_0^3 B_{\mathrm{d}}}{Z_1} \end{aligned} \tag{9.85}$$

利用式(9.69)及式(9.70)即可计算出只考虑窗片引入的不均匀性导纳时盒形窗的频率特性。

4. 盒形窗的改进

1)过模波导盒形窗

随着微波管工作频率的不断提高,盒形窗的尺寸也越来越小,这对盒形窗的加工制造提出了十分苛刻的要求,特别是在太赫兹波段,所要求的加工和装配精度都在百分之几毫米甚至微米量级,这不仅带来制造的极大困难,焊接的气密性也难以保证,而且误差的增大造成实际做成的盒形窗性能往往远达不到设计值,为了克服这一障碍,提出了过模波导盒形窗方案。

过模波导盒形窗由标准矩形波导、方—圆过渡接头、圆波导渐变波导、过模圆波导和介质窗片组成。过模圆波导内部容易产生大量的高次模，这会对整个系统的传输产生较大的影响，因此需要合理设计方—圆过渡接头和渐变圆波导，前者希望将矩形波导输入的 TE_{10} 模式变换成圆波导 TE_{11} 模式，后者则要求在将方—圆接头后的圆波导渐变过渡到过模圆波导，都应该尽可能减少高次模的产生。一般来说，方—圆过渡接头和渐变圆波导的锥体长度在一定范围内越长对于高次模的抑制效果越明显。

过模波导盒形窗的结构如图 9 – 46 所示。

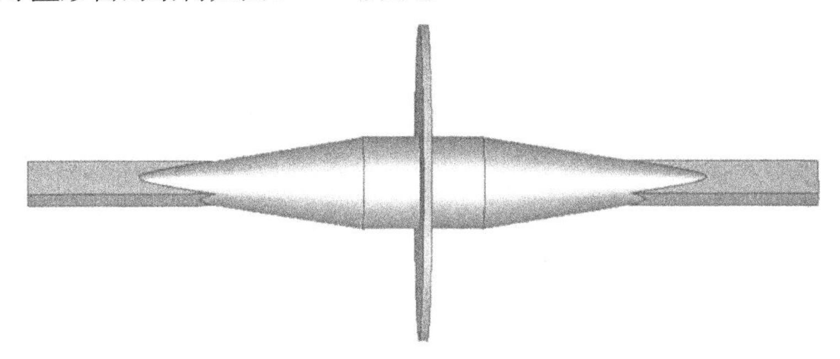

图 9 – 46　过模波导盒形窗

如果不考虑在过模圆波导中高次模的出现，即仍只考虑 TE_{11} 模式的存在，则过模波导盒形窗的分析可以采用与上面对常规盒形窗的分析同样的方法进行。

2）截止圆波导盒形窗

（1）截止圆波导盒形窗的概念

在比较低的频段，亦可以与过模波导盒形窗相反，不是将盒形窗中的圆波导尺寸增大，而是将其尺寸减小变成截止波导。在常规盒形窗中，圆波导的直径一般取为与矩形波导的对角线相等，因而使得圆波导尺寸比较大，如果将圆波导直径缩小，使之小于矩形波导对角线长度，甚至可以使盒形窗的相当部分工作频率范围落到圆波导截止状态中，这就可以使得整个盒形窗尺寸大大缩小，结构紧凑。图 9 – 47 给出了具有截止圆波导盒形窗与常规盒形窗中矩形波导截面与圆波导截面的比较，图 9 – 47（a）是常规的盒形窗的情况，其圆波导直径通常与矩形波导对角线相等，$D^2 = a^2 + b^2$，而图 9 – 47（b）是截止圆波导盒形窗的情况，$D^2 < a^2 + b^2$，图中两种情况下矩形波导尺寸 a、b 的大小没有改变，但圆波导的尺寸 D 明显减小了，使得盒形窗的整体尺寸大为减小。

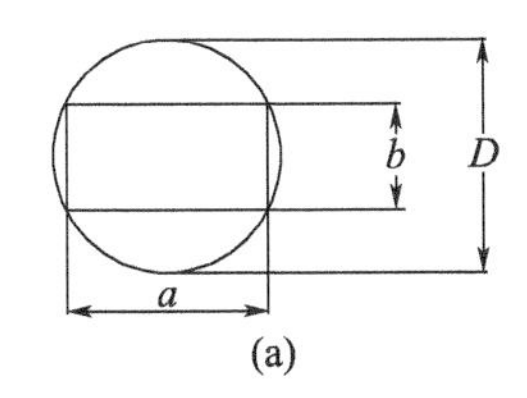

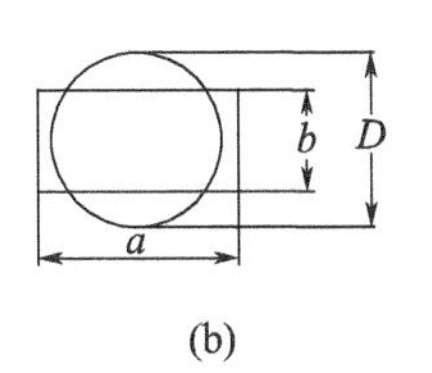

图 9 – 47　盒形窗中矩形波导截面尺寸与圆波导截面尺寸的关系

（a）常规的盒形窗的情况，$D^2 = a^2 + b^2$；（b）截止圆波导盒形窗的情况，$D^2 < a^2 + b^2$。

截止圆波导盒形窗不仅减小了盒形窗的体积，而且并不会影响盒形窗的工作带宽。这是因为，在盒形窗中，圆波导部分的长度都是比较短的，这使得电磁波在即使截止的圆波导中虽然会被衰减,但总的衰减量很小,电磁波在经过一小段截止波导后可以继续传输。由于电磁波在这种盒形窗圆波导的非截止部分(传输状态)和截止部分(截止状态)都得以通过,使得它的工作带宽甚至反而会得到拓宽。

图9-48(a)是一个实际制作的10cm波段的截止圆波导盒形窗的结构图,圆波导直径为56mm,远小于BJ32标准矩形波导72.14mm×34.04mm的对角线长度79.77mm,该圆波导TE_{11}模式的截止频率为3.138GHz。为了改善该输能窗中频和高频段的性能,采用了一段矩形波导窄边减小到31mm的过渡波导,标准波导与过渡波导之间以45°的斜边过渡,这样的截止圆波导盒形窗的驻波系数理论计算结果、模拟结果和实验测试结果如图9-48(b)所示,可见,实测的驻波系数在2.7~4.0GHz范围内均小于1.15,而且很明显,其中2.7~3.138GHz频率范围处于圆波导的截止区,但并没有影响微波的传输性能。

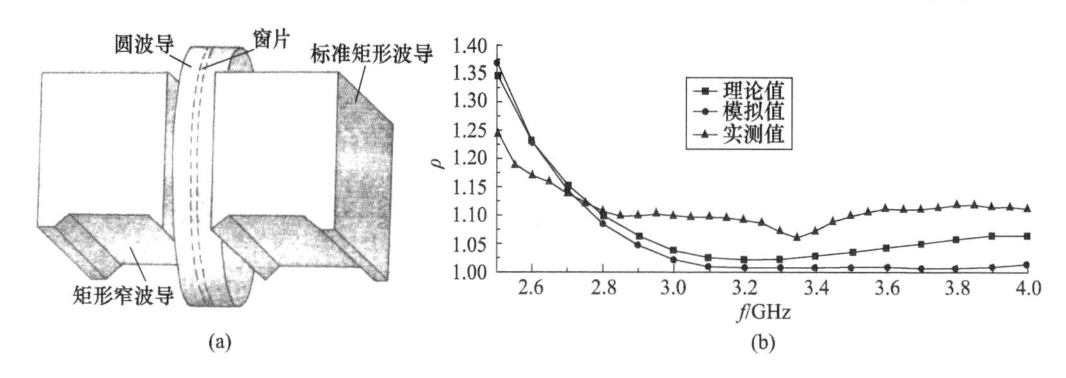

图9-48 截止圆波导盒形窗的结构和驻波系数曲线

(a)截止圆波导盒形窗的结构;(b)截止圆波导盒形窗的驻波系数曲线。

(2)截止圆波导盒形窗的等效电路分析

由于这种盒形窗中的圆波导在可以工作的频率范围内,对于频率的高端部分是传输状态,而在频率的低端部分则已处于截止状态,所以对它的分析与常规的盒形窗有所不同。当圆波导处于传输状态时,对它的等效电路分析完全与式(9.77)的讨论一致,只是当圆波导处于截止状态时,式(9.77)的形式会有所改变,这时其归一化传输矩阵成为

$$\begin{bmatrix} A & B \\ C & D \end{bmatrix} = \begin{bmatrix} \sqrt{\bar{Z}_1} & 0 \\ \mathrm{j}\sqrt{\bar{Z}_1}B_{\mathrm{T}} & \dfrac{1}{\sqrt{\bar{Z}_1}} \end{bmatrix} \begin{bmatrix} \cosh(\alpha_1 l_1) & \sinh(\alpha_1 l_1) \\ \sinh(\alpha_1 l_1) & \cosh(\alpha_1 l_1) \end{bmatrix}$$

$$\begin{bmatrix} \cos\theta_2 & -\mathrm{j}\bar{Z}_2\sin\theta_2 \\ -\mathrm{j}\dfrac{1}{\bar{Z}_2}\sin\theta_2 & \cos\theta_2 \end{bmatrix} \begin{bmatrix} \cosh(\alpha_1 l_1) & \sinh(\alpha_1 l_1) \\ \sinh(\alpha_1 l_1) & \cosh(\alpha_1 l_1) \end{bmatrix} \begin{bmatrix} \dfrac{1}{\sqrt{\bar{Z}_1}} & 0 \\ \mathrm{j}\sqrt{\bar{Z}_1}B_{\mathrm{T}} & \sqrt{\bar{Z}_1} \end{bmatrix} \tag{9.86}$$

这一级联矩阵与式(9.77)的不同主要表现在:

①当圆波导处于截止状态时,其传输常数由相位常数β变成了衰减常数α,相应地,电磁波在圆波导中也由振荡的三角函数形式变成了衰减的双曲函数形式。

其中

$$\alpha_1=\frac{2\pi}{\lambda}\sqrt{\left(\frac{2\lambda}{3.41D}\right)^2-1} \tag{9.87}$$

②按式(9.78)中的 $\overline{Z}_1$ 表达式计算得到截止圆波导盒形窗的驻波系数值与模拟所得到的值在高频端会有比较大的误差，目前，尚无如图9-47(b)所示矩形波导与圆波导连接的不连续性的理论分析，为此，可以采用一种圆波导直径小于等于矩形波导窄边，即 $D\leqslant b$ 的矩形—圆形过渡连接时的归一化阻抗值作为 $\overline{Z}_1$ 的值：

$$\frac{1}{\overline{Z}_1}=-\mathrm{j}0.446\,\frac{ab\lambda_g}{D^3}\sqrt{1-\left(\frac{1.706D}{\lambda}\right)^2}\left[\frac{1-\left(0.853\,\dfrac{D}{a}\right)^2}{2J_1'\left(\dfrac{\pi D}{2a}\right)}\right]^2 \tag{9.88}$$

式中，λ_g 为矩形波导中的波导波长。

③另外在 $\overline{Z}_2$ 的表达式(9.78)中，Z_1 的计算式这时成为

$$Z_1=-\frac{120\pi}{\sqrt{\left(\dfrac{2\lambda}{3.41D}\right)^2-1}} \tag{9.89}$$

这使得在式(9.86)中，所有 $\overline{Z}_2$ 项前都增加了一个“-”号。

④对于截止圆波导盒形窗，由于圆波导直径的缩小，矩形—圆形过渡已经由矩形波导尺寸完全在圆形波导直径之内(图9-47(a))变成了圆波导直径大于方波导窄边，小于方波导宽边(图9-47(b))，在这种情况下阶跃电纳 B_T 的计算式(9.79)已不再适用，而符合这种矩形—圆形过渡的阶跃电纳的计算在目前的文献中还没有报道，文献[141]以已有文献的结果为基础，进行了一些修改，提出了 B_T 的经验计算公式

$$B_T=0.2089\,\frac{ab\lambda_g}{D^3}\sqrt{1-\left(\frac{1.506D}{\lambda_g}\right)^2}-0.0403\,\frac{ab\lambda_g}{\pi(D/2)^3} \tag{9.90}$$

作了上述各项修改后，具有截止圆波导的盒形窗即可以按式(9.86)并利用式(9.69)及式(9.70)进行设计。

9.5.5　其他类型输能窗

1. 同轴—波导转换窗

同轴窗一般都作为微波功率不大的输入输出结构，在高峰值功率或者高平均功率情况下，则采用同轴—波导转换窗比较合适。这种窗以门钮窗为主要形式，其他形式的同轴—波导转换窗应用较少。门钮窗的结构如图9-49所示，它由门钮形状的同轴—波导转换和圆柱形陶瓷筒组成，同轴线内导体由矩形波导上面的宽边伸入波导内部并扩展成门钮形，门钮与矩形波导下面的宽边焊接，陶瓷圆筒同时与波导上宽边内壁和门钮上表面焊接以起真空密封和辐射微波的作用，波导的一端设置短路活塞以使微波向规定方向传输。

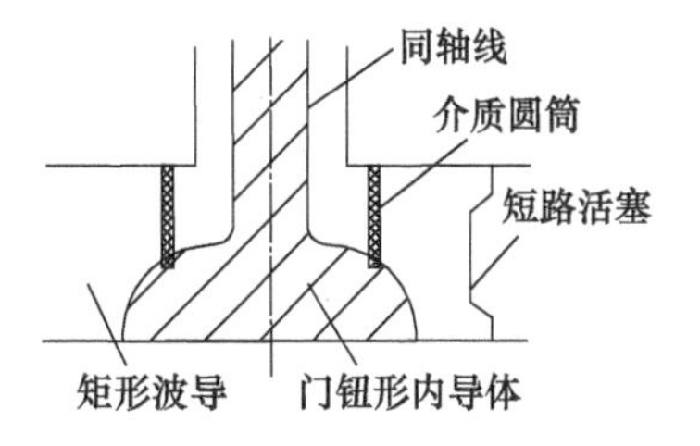

图9-49　门钮窗结构示意图

2. 辐射天线窗

在连续波磁控管,特别是微波炉用的磁控管的微波能输出结构中,广泛采用一种辐射天线式的输能窗。这种输出窗的天线导体从磁控管谐振腔中耦合微波能量通过圆筒形陶瓷窗辐射,将这种输出窗直接插入波导中,天线就将微波能量辐射到波导中,整个磁控管与输出波导组合成一个整体,结构十分紧凑,也减少了微波能的传输损耗。

辐射天线式输能窗的结构如图9-50所示,其中图9-50(a)显示了磁控管输能窗插入输出波导的结构。图9-50(a)和图9-50(b)分别是天线从磁控管阳极单腔耦合能量和多腔耦合能量的两种情况。

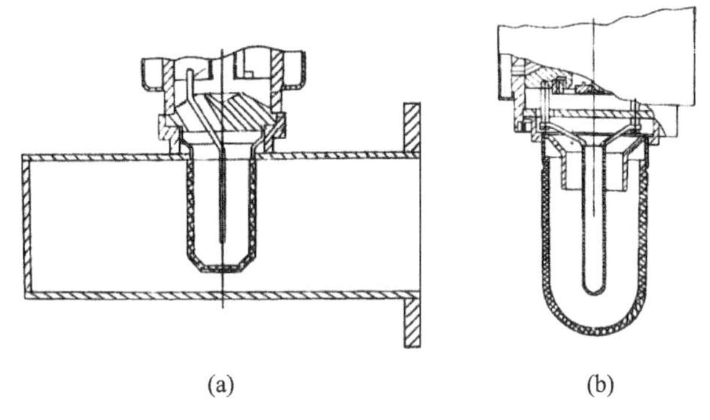

图9-50 连续波磁控管辐射天线式输能窗
(a)插入波导的单腔耦合辐射天线窗;(b)多腔耦合辐射天线窗。

第10章 微波电真空器件的高频结构

在第8章中介绍了一般意义上的谐振腔,但在微波电真空器件中作为电子注与高频场相互作用进行能量交换的机构——高频系统之一的谐振腔,有其自身的特殊要求和相应的结构特点;微波电真空器件中另一类高频系统——慢波系统我们还没有涉及。因此,本章将主要介绍在一些最重要的微波管中实用的各类高频结构,包括谐振系统与慢波系统,介绍它们的基本工作原理、主要参数和工程设计方法。

10.1 概 述

微波管高频系统是指能够建立起特定的电磁场并实现电子注与高频场有效的能量交换的机构。作为微波电真空器件中电子注与高频场相互作用进行能量交换以实现微波振荡或放大的场所,高频系统的特性将直接影响微波管的工作频率、频带宽度、换能效率和输出功率,以及其他一系列整管性能。可以说,器件的性能在很大程度上取决于高频系统,因此,高频系统是微波管的核心部件。

微波电真空器件的高频系统可以分为谐振腔型和慢波线型两大类。谐振腔型高频系统的特点如下。

(1) 高频场在谐振腔中建立的是驻波场,电子注只有在通过谐振腔的高频间隙时才与场发生相互作用。

(2) 由于谐振腔的频率选择性作用,或者说谐振腔的谐振频率是分离的一系列频率点,因此利用谐振腔作为高频系统的器件是窄频带器件,谐振腔的品质因数越高,器件的频带越窄。

(3) 谐振腔全部由金属封闭形成,只在电子注通过的地方和微波能量输入输出的地方才开孔,因此它的热传导性能好,热耗散能力强,可以实现大功率输出。

与此对应,慢波线型高频系统的特点如下。

(1) 高频场在慢波线上建立的是行波场,电子注在通过慢波线的整个过程中与行波同步,始终发生相互作用。由于电子注的速度只能小于光速,因此行波在高频系统上的相速也必须小于光速,才能与电子注保持同步,所以行波是慢波,传输慢波的高频系统必须是慢波系统。

(2) 弱色散的慢波线(如螺旋线)可以具有十分宽的工作频带,带宽可以达到几个倍频程,当然,强色散的慢波线(如耦合腔链)带宽要窄得多,只能与谐振腔型高频系统的带宽相比拟。

(3) 弱色散的慢波线往往是一种开敞式结构,它需要介质支撑固定在器件内部,因而热传导能力低,能承受的功率容量小,其输出功率一般要比谐振腔型高频系统的器件低一个数量级甚至更多;而强色散慢波线如果是全金属结构,没有介质支撑,则输出功率同样能与谐振腔高频系统相仿。

高频系统的功率与带宽往往相互制约,高的输出功率一般要求系统具有金属封闭性,以保证它良好的热传导性和散热能力;而宽的工作频带则要求系统在一定程度上的开敞性,以减弱它的色散;但系统的封闭又会带来谐振特性增强,即色散增强,带宽变窄,系统的开敞则相反,会导致热耗散能力下降,使输出功率受到限制。

在第8章中,已经对微波技术领域常见的各种谐振腔作了介绍,这些谐振腔也可以用于微波器件的外接振荡电路,但较少直接用来作为微波器件内部的高频系统。在微波器件——这里主要指的是微波电真空器件中,谐振腔作为管子不可分割而且是起核心作用的一个部件,往往对其有特殊的要求,因而也往往在结构形式上与普通谐振腔有所不同。这些特殊要求主要表现在:能提供足够强的与电子注发生相互作用交换能量的高频场;同时在这样的高频场所在位置又具有足够大的电子注通道;具有大的功率容量和便于与输能机构耦合;在一些情况下还希望有尽可能宽的带宽。

10.2 重入式谐振腔

在速调管中,普遍使用重入式谐振腔作为其高频结构。在第8章讨论圆柱谐振腔时就曾指出:圆柱腔中的TM_{010}模式在腔体中心轴上具有最强的纵向电场,因而十分有利于与在中心轴上穿过的电子注发生相互作用。但普通的TM_{010}模式圆柱腔纵向尺寸较大,电子注穿过时渡越时间较长,而在电子注的渡越时间内高频场的变化将导致互作用效率的下降。因此一般都要求电子注穿越的间隙宽度要小,这就要求缩短腔体长度,但这样一来腔体的体积与面积之比也随之减小,导致品质因数下降。为了满足互作用间隙小而又不致过分降低品质因数,可以把腔体轴线附近电场比较集中的地方缩小其长度形成一个间隙,而保持其余部分尺寸不变。这样的腔体一般称为重入式谐振腔,也可称为环形谐振腔。

10.2.1 实心间隙重入式谐振腔

图10-1所示为重入式圆环形谐振腔,在尺寸上满足

$$d \ll h,\quad r_0、r_1、h < \lambda \tag{10.1}$$

的条件下,就可以近似认为TM_{010}模式的高频电场基本上集中在间隙d中间,而高频磁场则主要集中于环形部分。因此可以按照静电场方法来计算间隙电容和环形部分电感,从而确定谐振腔的谐振频率。

计算电容C、电感L的公式是

$$C = \varepsilon_0\left[\frac{\pi r_0^2}{d} - 4r_0\ln\frac{2d}{e\sqrt{h^2+(r_1-r_0)^2}}\right] = C_0 + C_b \tag{10.2}$$

式中,第1项C_0为谐振腔隙缝的平板电容;第2项C_b为边缘电容。

$$L = \frac{\mu_0 h}{2\pi}\ln\frac{r_1}{r_0} \tag{10.3}$$

式中，e = 2.718，在电容 C 的公式中，第 1 项为间隙的平板电容，第 2 项则为由边缘电容引起的修正。

腔体的谐振波长为

$$\lambda_0 = \frac{2\pi}{\sqrt{\varepsilon_0\mu_0}}\sqrt{LC} = 2\pi\sqrt{r_0 h\left[\frac{r_0}{2d} - \frac{2}{\pi}\ln\frac{2d}{\mathrm{e}\sqrt{h^2 + (r_1 - r_0)^2}}\right]\ln\frac{r_1}{r_0}} \tag{10.4}$$

而谐振频率为

$$f_0 = \frac{1}{2\pi\sqrt{LC}} \tag{10.5}$$

10.2.2 空心间隙双重入式谐振腔

在速调管中实际应用的并不是图 10 - 1 所示的重入式腔，因为这种腔没有电子注通道，所以速调管一般采用的是如图 10 - 2 所示的空心间隙双重入式谐振腔，空心的目的就是在中心轴线上为电子注提供通道（该通道称为电子注漂移管）。很明显，除了电容间隙由实心改为空心这一点外，双重入式腔实际上可以看成是两个单重入式腔的合成。由于双重入式腔与单重入式腔相比，虽然高度由 h 变成了 $2h$，使电感增加了一倍，但同时间隙宽度由 d 也变成了 $2d$，使电容降低为原来的一半，因此谐振波长和谐振频率两种腔并无区别。这就是说，只要取双重入式腔的一半就可以计算其谐振频率，或者反过来，根据谐振频率要求设计出单重入式腔的尺寸后，将其对称地在高度方向重复一次就得到了双重入式腔了。

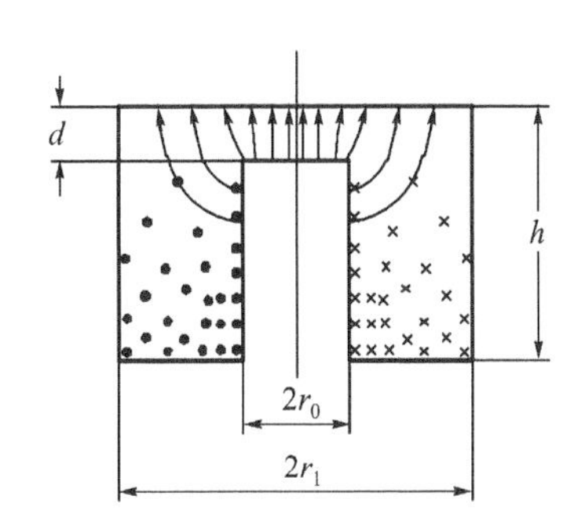

图 10 - 1 重入式谐振腔及其 TM_{010} 模场分布

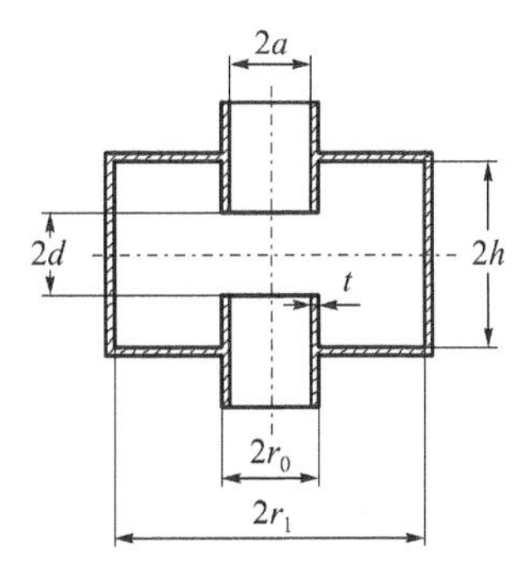

图 10 - 2 速调管用空心间隙双重入式谐振腔

至于重入式空心间隙腔的谐振频率，仍然可以按式（10.5）来确定，只是这时电容 C 显然不能再根据式（10.2）来计算了。由外径为 $2r_0$、内径为 $2a$ 的圆筒构成的间隙，其间隙电容 C_0 这时可按下式计算：

$$C_0 = \frac{\varepsilon_0\pi(r_0^2 - a^2)}{d} + \varepsilon_0\frac{\pi a^2}{d}f\left(\frac{d}{a}, ka\right) = \varepsilon_0\frac{\pi r_0^2}{d}F \tag{10.6}$$

$$F = 1 - \left(\frac{a}{r_0}\right)^2\left[1 - f\left(\frac{d}{a}, ka\right)\right] \tag{10.7}$$

$$f\left(\frac{d}{a}, ka\right) = \frac{\mathrm{J}_1(k_0 a)}{k_0 a\mathrm{J}_0(k_0 a)} - 2\sum_{n=1}^{\infty}\frac{\mathrm{e}^{-\frac{d}{a}\sqrt{\mu_{0n}^2 - k_0^2 a^2}}}{\mu_{0n}^2 - k_0^2 a^2} \tag{10.8}$$

式中，$f\left(\frac{d}{a},ka\right)$称为电容缩减因子；$k_0=2\pi/\lambda_0$；$J_0(k_0a)$和$J_1(k_0a)$为零阶和一阶第一类贝塞尔函数；$\mu_{0n}$是$J_0(k_0a)=0$的第$n$个根。

而C_b与L的计算式与式(10.2)和式(10.3)相同，这样，空心间隙重入式谐振腔的谐振波长就可以表示成

$$\lambda_0=2\pi\sqrt{r_0h\left[\frac{r_0}{2d}F-\frac{2}{\pi}\ln\frac{2d}{e\sqrt{h^2+(r_1-r_0)^2}}\right]\ln\frac{r_1}{r_0}} \tag{10.9}$$

10.2.3 圆锥形重入式谐振腔

在静电聚焦速调管、放电开关管等微波管中，还往往采用一种圆锥形重入式谐振腔，如图10-3所示。对于实心圆锥端面的圆锥形重入式谐振腔，其等效电感和电容可由下述公式计算：

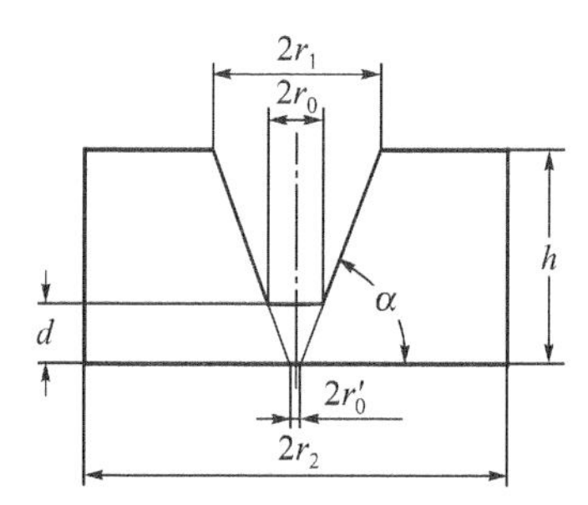

图10-3 圆锥形重入式谐振腔

$$L=\frac{\mu_0h}{2\pi}\left(\ln\frac{er_2}{r_1}-\frac{r_0'}{r_1-r_0'}\ln\frac{r_1}{r_0'}\right) \tag{10.10}$$

$$C=\varepsilon_0\pi\left[\frac{r_0'^2-r_0^2}{d}+\frac{2}{\alpha}\left(r_0'\ln\frac{el_M\sin\alpha}{d}+\frac{d\cot\alpha}{2}\ln\frac{\sqrt{e}\,l_M\sin\alpha}{d}\right)\right] \tag{10.11}$$

式中

$$l_M=\frac{1}{3}\frac{\{[2(r_1-r_0')^2+3(r_2-r_1)(r_1+r_2-2r_0')]^2+h^2(3r_2-2r_1-r_0')^2\}^{\frac{1}{2}}}{2r_2-r_1-r_0'} \tag{10.12}$$

除了以上介绍的环形谐振腔(圆柱形重入式谐振腔)外，还有矩形重入式谐振腔(角柱形重入式谐振腔)，但应用很少，这里就不作介绍了。

应该指出，谐振腔尺寸必须通过测试(冷测和热测)，在设计计算的尺寸基础上进行适当修正才能最终确定。

10.3 多腔谐振系统

在磁控管中一般采用多腔谐振系统作为阳极，它由一系列沿圆周均匀分布的谐振腔

组成，它是决定磁控管的工作频率、效率、功率及频率稳定性等性能的关键部件。每一个腔的隙缝口都与相互作用空间相通，电子注正是通过这些隙缝口与高频场相互作用的。

多腔谐振系统可以分为两大类。

(1) 同腔系统。由多个具有相同形状和尺寸的谐振腔组成的多腔谐振系统称为同腔系统，每个腔的具体形状又有孔—槽形、扇形、扇—槽形、槽形等之分(图 10-4)。

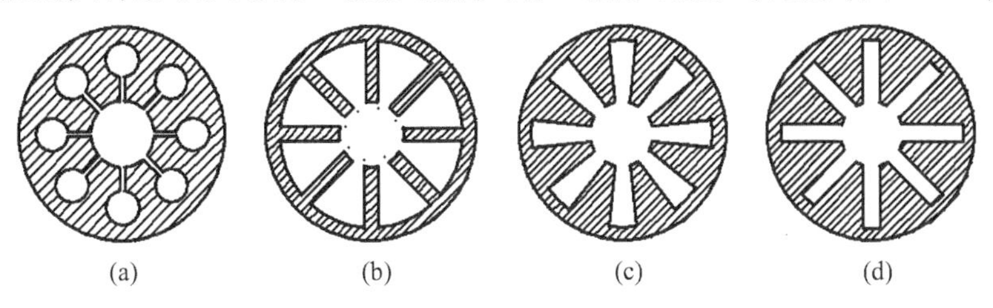

图 10-4　磁控管同腔谐振系统

(a) 孔—槽形；(b) 扇形；(c) 扇形—槽形；(d) 槽形。

(2) 异腔系统。由大小两组谐振腔(称为长波谐振腔和短波谐振腔)间隔排列组成的多腔谐振系统就是异腔系统，同样，根据两组腔的形状又可以分为孔槽形、扇形、扇形—孔槽形、扇形—槽形等类型(图 10-5)。

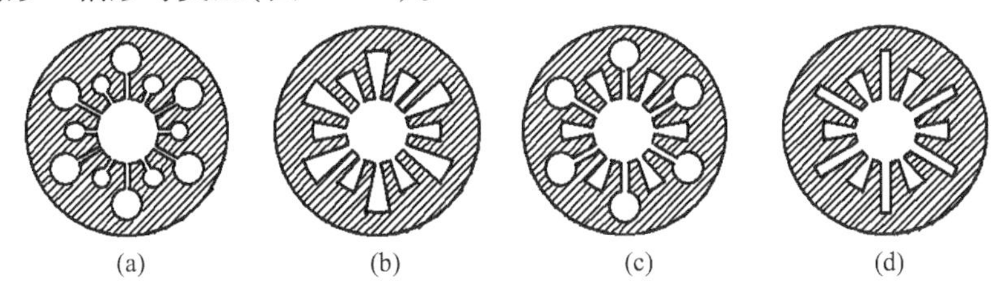

图 10-5　磁控管异腔谐振系统

(a) 孔槽形；(b) 扇形；(c) 扇形—孔槽形；(d) 扇形—槽形。

10.3.1　振荡模式

以由 N 个相同的谐振腔组成的同腔系统为例来进行分析。根据已学过的电磁场知识可知，即使每一个腔都工作在它的最低模式而不考虑高次模，这样一个多腔系统也可能激励起许多场结构和振荡频率各不相同的谐振模式。这些谐振模式都能满足多腔系统的边界条件，因此都有存在的可能性。

磁控管多腔系统是一个在圆周上首尾相连的闭合系统，因此，从谐振的基本概念出发，在这样一个闭合的系统中，谐振时必须满足的相位条件是：高频场沿谐振系统圆周一周的相位变化，应该是 2π 的整数倍，即

$$N\varphi = 2n\pi \quad (n = 0,1,2,\cdots) \tag{10.13}$$

式中，φ 为相邻两个谐振腔高频场的相位差，由于谐振腔是均匀分布的，所有相邻谐振腔的相位差应该相同，所以 N 个腔的总相位移应是 $N\varphi$。与在第 8 章中讨论过的矩形腔、圆柱腔不同，这些腔两端是金属封闭面，电场在两端只要切向分量为零，轴向分量与端面垂直就满足边界条件，因而它们的相位条件是 $\beta L = p\pi$。而在这里，谐振系统是一个闭合系统，从某一角向位置出发的高频场，经过一周后回到这一位置时，必须刚好是 2π 的整数

倍,振荡才能继续维持下去,否则,在这个位置上出发的场与回到这里的场不同相,就会互相抵消一部分,经过若干周后,最后振荡就会停止。

由式(10.13)得到

$$\varphi = \frac{2n\pi}{N}(n = 0,1,2,\cdots) \tag{10.14}$$

该式表明,当谐振腔数目 N 确定后,n 取不同的值就会有不同的 φ,相应地就会有不同的振荡模式。以一个八腔($N=8$)谐振系统为例,列出 n 不同时对应的不同模式,以及在每一个模式下相邻腔之间的相位差 φ(表 10-1)。不难看出,在这个八腔系统中,$n=0$ 和 $n=8$两个模式的相邻腔相位差分别为 $\varphi=0$ 和 $\varphi=2\pi$,显然,这两者并无实质差别,因为它们都表示所有谐振腔内的高频场都是同相的,因此,在整个谐振系统中的振荡状态两者相同,实际上是同一个谐振模式。同样,$n=1$ 和 $n=9$ 也应该是对应同一种振荡状态,即同一种振荡模式。依此类推,就可以得出一个结论:在八腔谐振系统中,谐振模式只有从 $n=0$到 $n=7$ 共 8 个。在一般情况下,一个由 N 个谐振腔组成的多腔谐振系统应该有 N 个谐振模式,从 $n=0$ 到 $n=N-1$。

表 10-1 八腔谐振系统的振荡模式

n	0	1	2	3	4	5	6	7	8
	$\frac{N}{2}-4$	$\frac{N}{2}-3$	$\frac{N}{2}-2$	$\frac{N}{2}-1$	$\frac{N}{2}$	$\frac{N}{2}+1$	$\frac{N}{2}+2$	$\frac{N}{2}+3$	$\frac{N}{2}+4$
φ	0	$\frac{\pi}{4}$	$\frac{\pi}{2}$	$\frac{3\pi}{4}$	π	$\frac{5\pi}{4}$	$\frac{3\pi}{2}$	$\frac{7\pi}{4}$	2π
						$2\pi-\frac{3\pi}{4}$	$2\pi-\frac{\pi}{2}$	$2\pi-\frac{\pi}{4}$	$2\pi-0$

进一步考察还可以发现:既然 $\varphi=0$ 和 $\varphi=2\pi$ 两个振荡模式并无区别,也就是说,两个相位差为 2π 的振荡与同相的振荡是同一模式,那么,$\varphi=7\pi/4=2\pi-\pi/4$ 的振荡模式与 $\varphi=-\pi/4$ 的振荡模式的相位差也是 2π,因此也是同一模式。这样,$n=1,\varphi=\pi/4$ 与 $n=7,\varphi=7\pi/4=2\pi-\pi/4$ 两个模式就可以看作是 φ 分别为$\pi/4$ 和 $-\pi/4$ 的两个模式,它们相邻小腔间的相位差大小相同,只有正负($\pm\pi/4$)之分,显然,这样两个模式的场结构也是完全相同的。正负的相位差表示的只是相邻腔的场的相位是超前或滞后的不同,从行波的角度来看,就是左旋或右旋的不同,而其场结构是完全相同的。同样可以类推,$n=2,\varphi=\pi/2$ 与 $n=6,\varphi=2\pi-\pi/2,\cdots$也具有相同的场结构,而只是旋转方向不同,由圆波导的知识我们已经知道,它们是一对对极化简并模式。这样一来,在由 N 个小谐振腔组成的谐振系统中,实际上只有($N/2+1$)个模式,即从 $n=0,1,2,\cdots,N/2$。

10.3.2 高频场结构

$n=0$、$\varphi=0$ 的谐振模式称为零模,而 $n=N/2$、$\varphi=\pi$ 的模式称为 π 模。零模的场结构的特点是相互作用空间各个谐振腔隙缝口的高频电场都同相,而 π 模则刚好相反,其场结构的特征是相邻腔隙缝口的高频电场都反相。图 10-6 给出了在八腔系统的相互作用空间内 $n=1,2,3,4$(即 π 模)的各模式的高频电场的瞬时分布。由图可以明显看出,n 的大小正是代表了高频场沿谐振系统绕一周变化的周期数。图中在磁控管阳极块中心位置的是阴极。

图 10－7 给出了某一瞬间在隙缝口的高频电场的角向分量(横向分量)分布,图中把磁控管的圆形谐振系统展开成了直线图形。与图 10－6 相同,假设在画图的瞬间都对应第一个隙缝口电场横向分量(即 φ 向分量)为最大值。由图 10－7 可更清楚和直观地看出:模式号数 n 正好是高频场沿谐振腔一周变化的周期数。

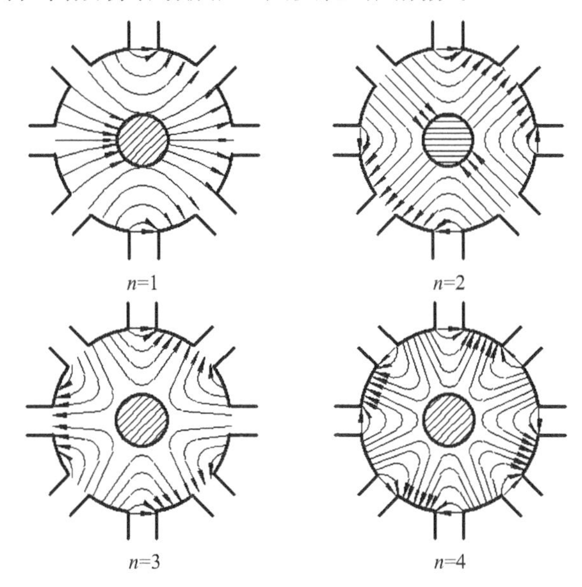

图 10－6　八腔磁控管相互作用空间内的高频场结构

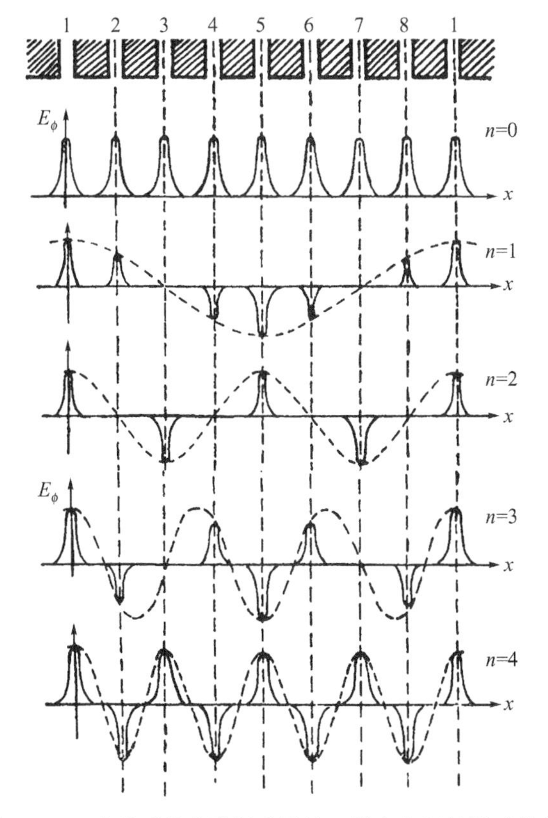

图 10－7　多腔系统中谐振腔隙缝口横向电场的瞬时分布

10.3.3 谐振频率

通过等效电路方法来分析磁控管多腔谐振系统的谐振频率。对一个由 N 个谐振腔组成的同腔系统,每个谐振腔都可以等效成一个并联 LC 谐振回路,各个腔之间则通过阴—阳极之间的互作用空间发生电耦合,以及通过谐振腔顶部的公共空间发生磁耦合。在只考虑谐振腔之间通过阴—阳极之间电容 C' 的耦合时(当阳极块较长时,这种考虑是合理的),一个八腔系统的等效电路如图 10-8 所示,图中 L_0 和 C_0 是指单个谐振腔反映到相互作用空间隙缝口处的等效电感和电容,C' 是阳极块与阴极之间的电容,即谐振腔之间的耦合电容。

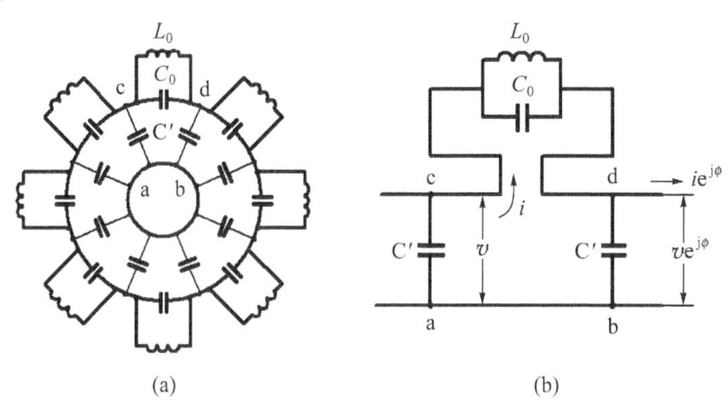

图 10-8 磁控管谐振系统的等效电路

(a) 八腔谐振系统的总等效电路;(b) 其中第 i 腔的等效电路。

取图 10-8(a)所示的总等效电路中的第 i 腔的等效电路(图 10-8(b))来具体求谐振频率。在图 10-8(b)中,设左端的高频电压和电流分别为 v 与 i,由于每个腔引起的相位移为 φ(式(10.14)),因此在该等效电路右端的电压与电流就应该是 $ve^{j\varphi}$ 与 $ie^{j\varphi}$。由图 10-8(b)可以看出,$(v-ve^{j\varphi})$ 表示电流 i 流过该 LC 并联电路引起的压降,即

$$v - ve^{j\varphi} = iZ_0 \tag{10.15}$$

式中,Z_0 为由等效电容 C_0 和等效电感 L_0 组成的并联电路的等效阻抗,显然

$$Z_0 = \frac{1}{j\omega C_0 + \dfrac{1}{j\omega L_0}} = \frac{1}{j\left(\omega C_0 - \dfrac{1}{\omega L_0}\right)} = \frac{1}{j\omega C_0\left(1 - \dfrac{\omega_0^2}{\omega^2}\right)} \tag{10.16}$$

式中,$\omega_0^2 = 1/L_0C_0$。

而由图 10-8(b)亦不难发现,$(i-ie^{j\varphi})$ 应该是电流被等效电容 C' 分流走一部分后的结果,即

$$i - ie^{j\varphi} = Y've^{j\varphi} \tag{10.17}$$

式中,Y' 是等效电容 C' 的电纳:

$$Y' = j\omega C' \tag{10.18}$$

将式(10.15)代入式(10.17),得

$$\begin{cases}(1-e^{j\varphi})^2 = Z_0Y'e^{j\varphi} \\ \cos\varphi = 1+\dfrac{1}{2}Z_0Y'\end{cases} \tag{10.19}$$

把式(10.16)与式(10.18)代入上式,就可以得到

$$\omega = \frac{\omega_0}{\sqrt{1+\dfrac{C'}{2C_0(1-\cos\varphi)}}} \tag{10.20}$$

满足此条件的频率 ω 就是整个多腔谐振系统的谐振频率,若以 $\varphi = 2n\pi/N$ 代入,就得到相应于不同振荡模式的谐振频率

$$\omega_n = \frac{\omega_0}{\sqrt{1+\dfrac{C'}{2C_0[1-\cos(2n\pi/N)]}}} \tag{10.21}$$

或

$$\lambda_n = \lambda_0\sqrt{1+\frac{C'}{2C_0[1-\cos(2n\pi/N)]}} \tag{10.22}$$

式中,$\lambda_0 = 2\pi C\sqrt{L_0C_0}$;$\lambda_n$ 为第 n 个振荡模式的谐振波长。

在一定的 ω_0,C'/C_0 比值下,一个八腔磁控管的各模式谐振频率与相位差 φ,即模式号数 n 的关系曲线如图 10-9 所示,这一关系曲线被称为模谱图。由模谱图上可以看到 $(N/2-1)=3$ 与 $(N/2+1)=5$,$(N/2-2)=2$ 与 $(N/2+2)=6$ 等振荡模式具有相同的谐振频率,这再次说明了它们是简并的。只有 $n=0$ 与 $n=N$ 两个模式是同一模式,它们不是简并关系,所以在有 N 个谐振腔组成的多腔谐振系统中,只有 $(N/2+1)$ 个模式。

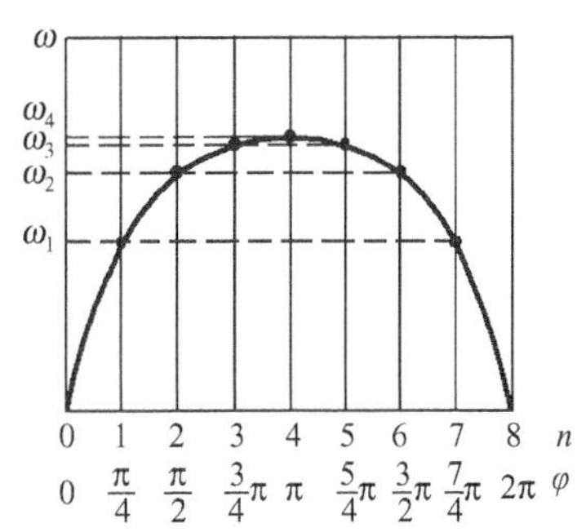

图 10-9　八腔磁控管的模谱图

在进行磁控管谐振腔的具体设计计算时,L_0、C_0 及 C' 的大小可根据近似计算公式或曲线来求得,在磁控管设计的一些专门文献上就给出了针对不同谐振腔形状的相关公式或曲线。

我们不难发现,在以上讨论中,对于小谐振腔相互之间的耦合,只涉及了通过阳极块与阴极之间的电容 C' 的耦合,而没有考虑通过阳极块两端顶部的闭合磁力线,即电感的耦合。实际上,小腔体之间既有电耦合,也有磁耦合,特别是当阳极块高度 h 较短时,这时电容 C' 就较小,电容耦合比较弱,腔体间的耦合就将以电感耦合为主,即以磁耦合为主,从而阳极块的模谱图也将发生改变。以电耦合为主的阳极块的模谱图具有正色散特性,而以磁耦合为主的阳极块则具有负的色散特性,如图 10-10 所示,图中给出了一个 S 波段八腔磁控管的模谱图,曲线 a 是以磁耦合为主时的模谱分布曲线,而当阳极块高度 h 较长时,达到 $h/\lambda = 0.6$ 时,腔体间就以电耦合为主,这时的模谱图就如图中曲线 b。

由于阳极块是一个统一的谐振系统,只能在分立的谐振频率上激励起高频振荡,但切

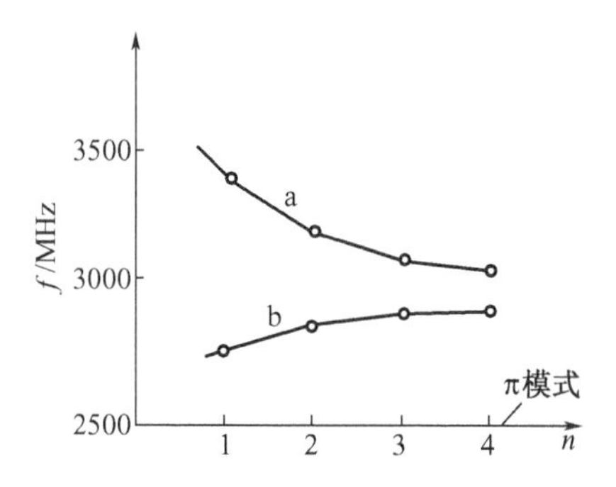

图 10-10　某S波段八腔磁控管的模谱图

断阳极块的首尾连接,各个小腔就组成一个周期结构慢波线,这时在通带内任意频率上就可以激励起高频场,分立的振荡点就连接成了线。

10.4　开放式波导谐振腔

回旋管的高频结构也是谐振腔,但它与前面讨论的封闭腔不同,是一种开放式的谐振腔,而且它与第8章介绍过的开放腔也不同,是开放的波导谐振腔而不是光学谐振腔。

图 10-11 是回旋管用开放式波导谐振腔的典型结构,这种腔具有下述特点。

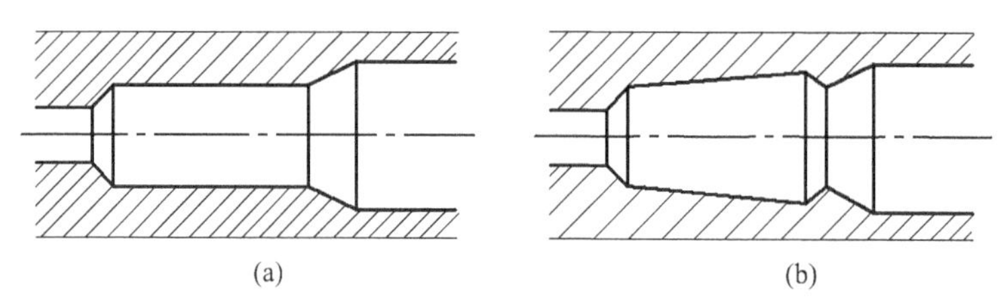

图 10-11　开放式波导谐振腔
(a) 开放式均匀波导腔; (b) 开放式缓变截面波导腔。

(1) 腔的两端没有金属封闭面,因而腔内振荡的形成不能与传统谐振腔一样依赖金属面的反射,而是由两端的截止截面或不均匀性(波导截面的改变)的反射的结果,因此,这样的腔体就可以具有足够大的横截面尺寸以便电子注通过,而且腔对某些模式仍具有很高的 Q 值;

(2) 这样的腔的截止截面只能对一些模式截止,而对更高次的模式不截止,因而这些不被截止的模式就不具有足够的反射形成振荡,从而减少了腔内的谐振模式,即减少了模式之间的干扰,提高了模式分隔度;

(3) 在开放式波导腔中波以接近截止状态传输,相速远大于光速,而波的群速即能量传输速度远小于光速。

10.4.1　缓变截面开放腔的一般理论

1. WKB 解

为了具有普遍性,讨论如图 10-12 所示的开放式波导谐振腔,它是一种旋转对称结构,它的半径 r 随 z 作缓慢变化,z_{c1}、z_{c2}、z_{c3} 为某一模式 m 的截止截面位置,其半径为 r_c。

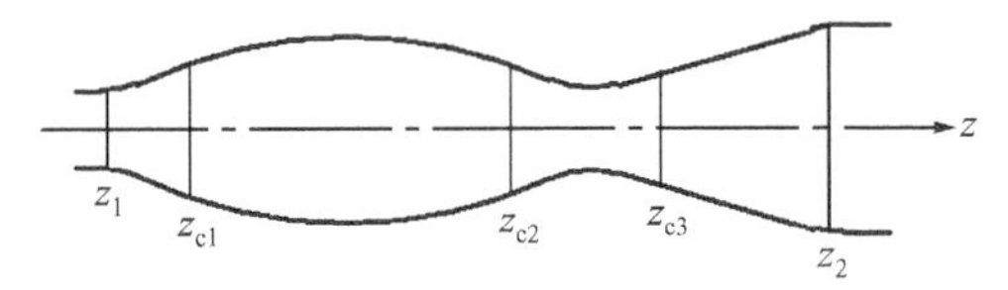

图 10-12　开放式波导谐振腔的结构图

所谓波导截面缓变,是指满足下述条件的情况:

$$\begin{cases} |r'(z)| = \left|\dfrac{\mathrm{d}r(z)}{\mathrm{d}z}\right| \ll 1 \\ \left|\dfrac{\Delta r}{r_c}\right| = \left|\dfrac{r(z) - r_c}{r_c}\right| \ll 1 \end{cases} \tag{10.23}$$

上述第 1 个条件直接表示了 $r(z)$ 的变化必须足够小,即足够缓慢;而第 2 个条件在谐振腔工作频率设计得十分接近它的截止频率时,即 $r(z)$ 十分接近 r_c 时,也是很容易得到满足的。

在缓变截面情况下,开放式波导谐振腔中某一模式 m 的场的纵向分布满足以下方程:

$$\frac{\mathrm{d}^2 f_m}{\mathrm{d}z^2} + h_m^2(z) f_m = 0 \tag{10.24}$$

该方程称为不均匀弦方程。其中

$$h_m^2(z) = k^2 - k_{cm}^2 = \left(\frac{\omega}{c}\right)^2 - \left(\frac{\chi_{mn}}{r(z)}\right)^2 \tag{10.25}$$

式中,k_{cm} 为 m 模式的截止波数,它的表达式在关于圆波导的介绍中已经了解;χ_{mn} 对于 TE 模式是 m 阶第一类贝塞尔函数的导数 $\mathrm{J}'_m(x)$ 的第 n 个根,对于 TM 模式,它是 $\mathrm{J}_m(x)$ 的第 n 个根。

在一般情况下,式(10.24)的解具有以下形式:

$$f_m = \frac{A}{\sqrt{h_m(z)}} \mathrm{e}^{\mathrm{j}\int h_m(z)\mathrm{d}z} + \frac{B}{\sqrt{h_m(z)}} \mathrm{e}^{-\mathrm{j}\int h_m(z)\mathrm{d}z} \tag{10.26}$$

这是两个线性独立的解,称为 WKB 或 WKBJ 近似(缓变近似)解(由 Wentzel G., Kramers H. A., Brillouin L. 和 Jefferys H. 提出的方法)。

当 $h_m^2(z) > 0$,$h_m(z)$ 为实数时,方程(10.26)表示两个分别在 $+z$ 和 $-z$ 方向传播的波;如果 $h_m^2(z) < 0$,$h_m(z)$ 就成为虚数,则方程(10.26)表示两个非传播的波,一个在 $+z$ 方向增长的波,一个在 $+z$ 方向衰减的波;当 $k^2 = k_{cm}^2$ 时,$h_m^2(z) = 0$,这时方程(10.26)发散。可见 WKB 解不适用于 $k^2 = k_{cm}^2$ 及其邻域的情形,即不能应用于截止截面及其附近区域。

2. Airy 函数解

为了求在截止截面($z = z_c$)附近的解,将 $h_m^2(z)$ 在截止截面附近展开为泰勒级数:

$$h_m^2(z) = h_m^2(z_c) + h_m'^2(z_c)(z - z_c) + \frac{1}{2!} h_m''^2(z_c)(z - z_c)^2 + \cdots \tag{10.27}$$

已知 $h_m^2(z_c)=0$,而且在缓变条件下有 $h_m'^2(z_c)\gg h_m''^2(z_c)$,所以高阶项都可以忽略,这样一来,方程(10.24)就化为

$$\frac{\mathrm{d}^2 f_m}{\mathrm{d}z}+h_m'^2(z_c)(z-z_c)f_m=0 \tag{10.28}$$

由式(10.25)可得到

$$h_m'^2(z)=-\frac{2\chi_{mn}^2}{r^3(z)}\frac{\mathrm{d}r(z)}{\mathrm{d}z} \tag{10.29}$$

令

$$t=\frac{2\chi_{mn}^2}{r^3(z)}r'(z_c)(z-z_c)=-h_m'^2(z)(z-z_c) \tag{10.30}$$

代入式(10.28)可得

$$\frac{\mathrm{d}^2 f_m}{\mathrm{d}z}-tf_m=0 \tag{10.31}$$

这是一个爱里(Airy)方程,其解为爱里函数,有两个线性独立的解:

$$f_m=Au+Bv \tag{10.32}$$

当 $t<0$ 时

$$\begin{cases} u=\dfrac{\sqrt{3}}{3}\sqrt{\pi|t|}\left[\mathrm{J}_{-1/3}\left(\dfrac{2}{3}|t|^{3/2}\right)-\mathrm{J}_{1/3}\left(\dfrac{2}{3}|t|^{3/2}\right)\right] \\ v=\dfrac{1}{3}\sqrt{\pi|t|}\left[\mathrm{J}_{-1/3}\left(\dfrac{2}{3}|t|^{3/2}\right)+\mathrm{J}_{1/3}\left(\dfrac{2}{3}|t|^{3/2}\right)\right] \end{cases} \tag{10.33}$$

当 $t>0$ 时

$$\begin{cases} u=\dfrac{\sqrt{3}}{3}\sqrt{\pi t}\left[\mathrm{I}_{-1/3}\left(\dfrac{2}{3}t^{3/2}\right)-\mathrm{I}_{1/3}\left(\dfrac{2}{3}t^{3/2}\right)\right] \\ v=\dfrac{1}{3}\sqrt{\pi t}\left[\mathrm{I}_{-1/3}\left(\dfrac{2}{3}t^{3/2}\right)+\mathrm{I}_{1/3}\left(\dfrac{2}{3}t^{3/2}\right)\right] \end{cases} \tag{10.34}$$

式中,J 和 I 分别为第一类贝塞尔及变态贝塞尔函数,角标是其阶数。实际上爱里函数已经有现成的数据表可利用。

由方程(10.33)和方程(10.34)可以看出:f_m 在 $t<0$ 的区域(非截止区)具有振荡特点,表示两个向相反方向传播的波;而在 $t>0$ 的区域(截止区),则 f_m 由两个类似指数形式的衰减场组成;在 $t=0$ 的区域(截止截面处),u、v 可以连续地度过 $t=0$ 的点而不会出现不连续点。可见 u、v 可以用来描述截止截面及其附近区域的场分布。

10.4.2 缓变截面谐振腔的计算

从理论上来说,既然已经得到了缓变截面开放式谐振腔中场的表达式(10.26)和(10.32),再利用必要的边界条件,就可以解析求得腔内的场分布。但这样求解十分不方便,过程相当烦琐,因此在实际计算中不被采用,而较多采用数值计算法或相位积分法。

1. 数值计算法

1）边界条件

计算机能力的迅速提高，以及现代计算方法的发展，使得我们可以完全不必要解析求解场方程，而直接从不均匀弦方程（10.24）出发，再补充腔体两端的边界条件，就可以数值求解出腔内的场分布，及其谐振频率和品质因数。

如图 10－12 所示的谐振腔，在远离截止截面 z_{c1}、z_{c3} 的腔体两端 z_1、z_2，都可能存在辐射，其边界条件可用电磁辐射理论中的索末菲尔德（Sommerfeld）辐射条件应用于变截面波导中的形式来表示：

$$\left[\frac{\mathrm{d}f_m}{\mathrm{d}z} - \mathrm{j}h_m(z)f_m\right]_{z=z_1} = 0 \tag{10.35}$$

及

$$\left[\frac{\mathrm{d}f_m}{\mathrm{d}z} + \mathrm{j}h_m(z)f_m\right]_{z=z_2} = 0 \tag{10.36}$$

由辐射条件可以得到辐射场的一个重要特性，设

$$f_m(z) = P(z) + \mathrm{j}Q(z) \tag{10.37}$$

则式（10.36）成为

$$[P'(z) + \mathrm{j}Q'(z) + \mathrm{j}h_m(z)P(z) - h_m(z)Q(z)]_{z=z_2} = 0 \tag{10.38}$$

该式可写为

$$\begin{cases} P'(z) = h_m(z)Q(z) \\ Q'(z) = -h_m(z)P(z) \end{cases} \quad z = z_2 \tag{10.39}$$

又因为 $f_m(z)$ 的幅值是

$$|f_m(z)| = [P^2(z) + Q^2(z)]^{1/2} \tag{10.40}$$

由式（10.40）和式（10.39）就可以得到

$$\left.\frac{\mathrm{d}|f_m(z)|}{\mathrm{d}z}\right|_{z=z_2} = 0 \tag{10.41}$$

这就是说，场的幅值 $|f_m(z)|$ 曲线在辐射端 $z=z_2$ 的斜率为零，也即场的幅值在该端面将趋于一常量，而幅值为常数不变的波是纯行波。所以辐射条件的物理意义就是在辐射面 $z=z_2$ 上场将变成为一个纯行波输出。将上述推导过程应用于式（10.35）可以得到完全类似的结论，就是说在 $z=z_1$ 处的场将是一个纯行波输入。不过，实际的回旋管使用开放式波导腔时，在输入端总是接有截止波导的，以防止腔内微波场向电子枪端辐射，也就是说，在输入端是充分截止的，因而 $f_m(z_1)$ 可近似为零。

2）计算方法

由式（10.25）可以看出，$h_m(z)$ 不仅是 z 的函数，而且它应该还是频率 ω 的函数，因此，不均匀弦方程可重写为

$$\frac{\mathrm{d}f_m^2(z)}{\mathrm{d}z} + h_m^2(\omega,z)f_m(z) = 0 \tag{10.42}$$

一般情况下,考虑到腔体的辐射损耗,频率 ω 应该认为具有复数性质,即

$$\omega = \omega_1 + j\omega_2 \tag{10.43}$$

其中实部 ω_1 是腔体的谐振频率,而虚部 ω_2 则代表了腔体的辐射损耗。由 ω_1 和 ω_2 就可以确定腔体的另一个重要参数——外观品质因数,即

$$Q_e = \frac{\omega_1}{2\omega_2} \tag{10.44}$$

对方程(10.42)直接进行数值计算,就可以得到整个腔体内的场分布,以及谐振频率和品质因数。但是,不同的 ω 会得到不同的 $f_m(z)$,因此还必须利用边界条件——腔体终端的辐射条件来判别哪一个 ω 值才是腔体真正的谐振频率和辐射损耗。

若谐振腔长度为 l,其终端坐标为 z_2(图 10-11),则数值计算得到的 $f_m(z)$ 若满足辐射条件

$$\frac{df_m(z_2)}{dz} + jh_m(\omega, z_2)f_m(z_2) = 0 \tag{10.45}$$

就说明这时的 ω 值是腔体真正的谐振频率与辐射损耗。实际上,上述条件是很难得到严格满足的,因此我们可令

$$\begin{cases} M = \dfrac{df_m(z_2)}{dz} + jh_m(\omega, z_2)f_m(z_2) = M_1 + jM_2 \\ |M| = (M_1^2 + M_2^2)^{1/2} \end{cases} \tag{10.46}$$

在给定频率 ω 下,用数值计算方法求不均匀弦方程(10.42),得到谐振腔终端 z_2 处的场值 $f_m(z_2)$、$df_m(z_2)/dz$ 及 $h_m(\omega, z_2)$,代入式(10.46)求得 $|M|$ 值,不同的 ω 可得到一系列不同的 $|M|$,其中使 $|M|$ 极小的 ω 值即为所求的正确的 ω 值。

3) 初始值确定

进行数值计算时,必须给定计算初始点的值。

由于 ω 是复数,显然 $h_m(\omega, z)$ 和 $f_m(z)$ 也应为复数。在腔体的输入端 z_1,考虑到过截止波导的存在,场得到充分截止,因此可选取 $f_m(z)$ 的初始值为

$$\begin{cases} f_{m1}(z_1) = 1 \\ f_{m2}(z_1) = 0 \end{cases} \tag{10.47}$$

式中,$f_{m1}(z_1)$ 代表 $f_m(z_1)$ 的实部,$f_{m2}(z_1)$ 则是它的虚部。

对 ω 的初始值若能给出预先估计,则可以有效减少计算时间。对于 ω_1 来说,由于回旋管的工作频率(即谐振腔谐振频率)与开放式波导的截止频率很接近,因此即可利用这一点来预估谐振频率:先求出对应半径等于变截面腔平均半径的均匀波导的同一 m 模式的截止频率 ω_c,代入式(10.25),求出相应的 h_m,然后利用谐振条件:

$$2h_m l + \varphi_1 + \varphi_2 = 2n\pi \qquad (n = 1, 2, \cdots) \tag{10.48}$$

在 ω_c 值附近找出满足式(10.48)的 ω 值,即可作为 ω_1 的计算初值。式中,l 为腔长;φ_1 和 φ_2 分别为波在腔体输入端和输出端反射时产生的相位突变,端面存在有截止截面时取为

π/2，不存在截止截面时可近似取为 0。

至于 ω_2 的初始值，则可取

$$\omega_2 = \frac{\omega_1 \lambda_0}{8\pi l} = \frac{c}{4l} \tag{10.49}$$

式中，λ_0 为真空中对应 ω_1 的波长；c 为光速。

2. 相位积分法

在谐振腔中形成振荡的相位条件应该写成

$$2\int_{z_{c1}}^{z_{c2}} h_m(z)\,\mathrm{d}z + \varphi_1 + \varphi_2 = 2n\pi \qquad (n = 1,2,\cdots) \tag{10.50}$$

式中，第一项是波在两个截止面之间来回反射一周的总相位移；φ_1 和 φ_2 是两端点反射引起的相位移。$h_m(z)$ 可以由式(10.25)确定，式中的频率 ω 正是待求的谐振频率，因此，利用式(10.50)计算谐振频率的困难在于 φ_1 和 φ_2 的确定。

φ_1 和 φ_2 一般包含两部分，一部分是反射面引起的相位突变，另一部分则是在 $z < z_{c1}$ 和 $z > z_{c2}$（图 10－12）区域内波的传输引起的相位修正，或者说是由于端面辐射引起的对相位的修正。第一部分的值在对式(10.48)的讨论中已经给出，即端面有截止截面时有 π/2 的相位突变，而不存在截止截面时就不存在相位突变（相位突变为 0），至于第二部分相位修正项，若记为 φ_1' 和 φ_2'，则可以这样来计算：

选定远离 z_{c2} 的一点 z，且 $z < z_{c2}$，则该点场的幅值可用爱里函数来表示，即

$$f_m = [Au + Bv]_z \tag{10.51}$$

根据爱里函数渐近解，可以证明

$$\mathrm{e}^{\mathrm{j}\varphi_2'} = \frac{F_m^-}{F_m^+} = -\left[\frac{A - \mathrm{j}B}{A + \mathrm{j}B}\right]_z \tag{10.52}$$

同样的方法可以求得 φ_1'，式中 F_m^- 为 m 模式反射波的振幅，F_m^+ 为入射波振幅。

由式(10.52)可以看出，如果 A、B 是实数，则对应的 φ' 也是实数，否则 A、B 是复数时，φ' 也将是复数。对于 φ_2' 来说，由于腔体终端存在辐射，A、B 一般是复数，因而 φ_2' 也是复数；而对于 φ_1'，由于在腔体输入端接的是一段过极限波导，此时 φ_1' 是实数，它只改变腔体反射波与入射波的相位关系而不会改变幅值大小。

φ' 的具体求解表明，如果腔体端面的截止区足够长，则 $\varphi' \approx 0$，显然，对谐振腔输入端可以认为基本满足此条件，即可以认为 $\varphi_1' = 0$。

当谐振腔两端存在截止截面且截止区足够长时，$\varphi_1' = \varphi_2' \approx 0$，则式(10.50)变成

$$\int_{z_{c1}}^{z_{c2}} h_m(z)\,\mathrm{d}z = \left(n - \frac{1}{2}\right)\pi \qquad (n = 1,2,\cdots) \tag{10.53}$$

这时腔体无任何能量输出，因而上式相当于腔体外观品质因数 Q_e 值无穷大时的谐振条件。对于高 Q_e 腔，给定 $r(z)$ 结构形式后，就可以利用式(10.53)近似算出谐振频率。

在相位积分法中腔体的品质因数 Q_e 可以这样计算：由于 φ_2' 一般为复数，将其代入式(10.50)，注意此时：

$$\begin{cases}\varphi_1 = \dfrac{\pi}{2} + \varphi_1' \approx \dfrac{\pi}{2} \\ \varphi_2 = \dfrac{\pi}{2} + \varphi_2' \approx \varphi_{2,1}' + j\varphi_{2,2}'\end{cases} \tag{10.54}$$

同时引入复数频率 $\omega = \omega_1 + j\omega_2$。这样,式(10.50)就可以分成实部与虚部两个方程,实部满足的方程是腔内振荡的相位条件,虚部满足的方程表示振荡的幅值条件,因此解出 ω_1、ω_2,得到一级近似值。对于高 Q_e 值腔,一级近似值就足够精确了。如有必要,利用得到的 $\omega = \omega_1 + j\omega_2$ 重新计算 φ_2',得到的值代入式(10.50)重复进行计算,就得到二级近似的频率值。

求出 $\omega = \omega_1 + j\omega_2$ 后,Q_e 值就可按式(10.44)计算得到。

10.5 慢波系统的一般特性

在10.1节中就已指出,作为微波管另一类高频系统的慢波线,由于电子注必须与慢波线上的行波保持同步才能发生持续有效的能量交换,由于电子注的速度总是小于光速的,因此线上的波应该是慢波——相速小于光速的波,这正是慢波系统这一名称的由来。

10.5.1 构成慢波系统的条件

1. 对 k_c 的要求

在1.2节中已经得到

$$k_c^2 = k^2 + \gamma^2 \tag{10.55}$$

在传播状态下,$k_c^2 < k^2$,$\gamma = j\beta$,上式成为

$$k_c^2 = k^2 - \beta^2 \tag{10.56}$$

上述关系式可以存在三种情况:

(1) $k_c^2 > 0$,即 $k^2 > \beta^2$,$k > \beta$,所以这时 $v_p > c$;

(2) $k_c^2 = 0$,即 $k^2 = \beta^2$,$k = \beta$,于是 $v_p = c$;

(3) $k_c^2 < 0$,即 $k^2 < \beta^2$,$k < \beta$,这时 $v_p < c$。

第1种情况通常对应波导系统的传输状态,即有色散的快波系统;第2种情况是无色散传输系统,传播TEM波,如同轴线;第3种情况则是慢波系统的情况,这就是说,慢波系统对 k_c 的要求是 $k_c^2 < 0$,或者反过来说,只有满足条件 $k_c^2 < 0$ 的传输线才能成为慢波系统。

进而来讨论什么样的电磁场分布或者说具有什么样边界条件的结构能满足上面第3个条件。

2. 对场分布的要求

(1) 在直角坐标系统中,在2.1节中已得到:

$$k_c^2 = k_x^2 + k_y^2 \tag{10.57}$$

如果 $k_x^2 < 0$,$k_y^2 > 0$ 且 $|k_x^2| > k_y^2$,则 $k_c^2 < 0$,即满足上面第3个条件,可得到 $v_p < c$ 的慢

波,这时可令

$$k_x = \mathrm{j}\gamma_x \tag{10.58}$$

则在 2.1 节中求解矩形波导场分布时对应 k_x 得到的分布,即场沿 x 坐标的分布$\cos(k_x x)$、$\sin(k_x x)$这时成为

$$\begin{cases}\cos(k_x x) = \cos(\mathrm{j}\gamma_x x) = \mathrm{ch}(\gamma_x x) \\ \sin(k_x x) = \sin(\mathrm{j}\gamma_x x) = \mathrm{jsh}(\gamma_x x)\end{cases} \tag{10.59}$$

如果 $k_y^2 < 0, k_x^2 > 0$ 且 $|k_y^2| > k_x^2$,则 $k_c^2 < 0$,同样可得到 $v_p < c$,若令

$$k_y = \mathrm{j}\gamma_y \tag{10.60}$$

则在直角坐标系统中场沿 y 坐标的分布 $\cos(k_y y)$、$\sin(k_y y)$就成为

$$\begin{cases}\cos(k_y y) = \cos(\mathrm{j}\gamma_y y) = \mathrm{ch}(\gamma_y y) \\ \sin(k_y y) = \sin(\mathrm{j}\gamma_y y) = \mathrm{jsh}(\gamma_y y)\end{cases} \tag{10.61}$$

如果 $k_x^2 < 0, k_y^2 < 0$,显然 $k_c^2 < 0$,这时可同时令 $k_x = \mathrm{j}\gamma_x, k_y = \mathrm{j}\gamma_y$,则场分布沿 x 坐标与 y 坐标的分布同时由三角函数变成双曲函数。

由此可见,在直角坐标系统中,为了满足传播慢波的条件 $k_c^2 < 0$,横向波数 k_x 或 k_y 中至少应有一个必须为虚数,相应其场分布亦应由周期性的三角函数变为非周期性的双曲函数。

(2) 对于圆柱坐标系统,当满足 $k_c^2 < 0, v_p < c$ 的条件时,若令

$$k_c = \mathrm{j}\gamma \tag{10.62}$$

则 2.2 节中求得的圆波导场分量中对应 k_c 的是径向 r 的分布函数 $\mathrm{J}_m(k_c r)$或 $\mathrm{J}'_m(k_c r)$,当 k_c 成为虚数时就成为

$$\begin{cases}\mathrm{J}_m(k_c r) = \mathrm{J}_m(j\gamma r) = \mathrm{j}^m \mathrm{I}_m(\gamma r) \qquad (-\pi < \arg\gamma r < \pi/2) \\ \mathrm{I}_m(\gamma r) = \mathrm{j}^{-m} \mathrm{J}_m(\mathrm{j}\gamma r)\end{cases} \tag{10.63}$$

可见,当传播慢波时,在圆柱坐标系中,电磁场沿径向的分布也由具有近似周期性正负变化的贝塞尔函数变成了非周期性的变态贝塞尔函数,这与直角坐标系中的结论完全类似。

3. 对系统表面阻抗的要求

对于理想的光滑导电表面,其表面阻抗显然必须为零。正因为如此,所以在波导系统中,场的横向分布必须是具有周期性的三角函数或近似周期性的贝塞尔函数,以满足至少在两个边界面上都存在横向场的零点,即阻抗为零的要求;可是对于横向场分别以指数规律衰减的双曲函数或近似指数规律衰减的变态贝塞尔函数来说,它们仅有一个零点,因此,在慢波系统中,在横向至少应有一个表面的表面阻抗不为零以能建立起表面不为零的场,否则,慢波就不能建立。

可见,在慢波系统中,$k_c^2 < 0$;电磁场的横向分布将具有按指数规律衰减或近似按指数规律衰减的特点,也就是说,是表面波;系统中至少应有一个表面的表面阻抗不为零以使场在该表面不为零,场离开该表面即开始衰减。

10.5.2 慢波系统的基本参量

慢波系统作为一种特殊的传输系统,除了波的相速小于光速外,其最主要的参量还有色散特性与耦合阻抗。

1. 色散特性

与波导传输系统一样,表征电磁波在系统中传播时的相速 v_p 随频率 f 变化的关系称为色散特性。色散特性是慢波系统最重要的参量,它关系到微波管的工作电压、频带宽度、工作频率、工作稳定性等一系列重要指标。慢波系统色散特性可以有多种不同的表示方法,最主要的有以下两种。

1) v_p—f(或 λ)曲线

直接把相速与频率(或波长)的关系画成曲线,如图 10-13 所示。这一方法的优点是直观,相速的变化情况一目了然,缺点是曲线不能反映出群速的大小及群速与频率的关系。另外,在慢波系统的理论研究中,所得到的色散方程也往往并不是 v_p 和 f 的显函数,为了得到 v_p—f 关系,一般要经过复杂的变换。

图中曲线 a 表示相速随频率没有变化,显然代表无色散波;曲线 c 具有 $dv_p/df>0$($dv_p/d\lambda<0$)的特征,称为异常色散或反常色散;而曲线 b 的特点是 $dv_p/df<0$($dv_p/d\lambda>0$),称为正常色散。

2) k—β 曲线

人们更多地把色散关系画成自由空间波数 k 与相位常数 β 的关系曲线,并称为布里渊图,如图 10-14 所示。

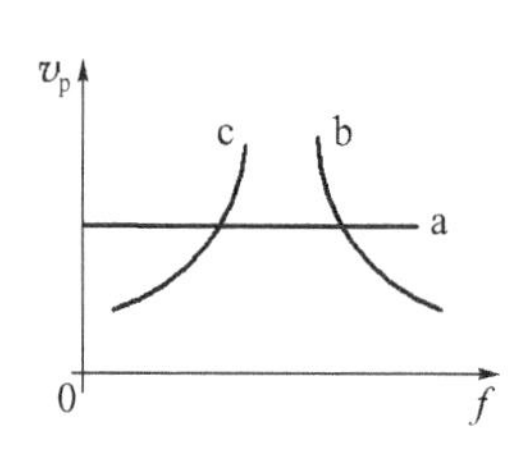

图 10-13 色散特性的直接表示方法

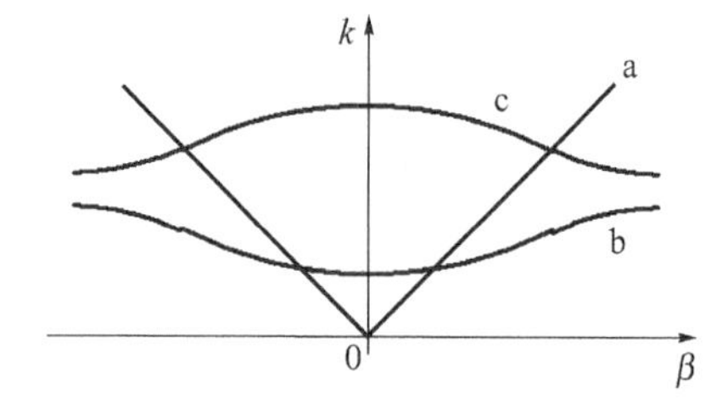

图 10-14 慢波系统的布里渊图

以布里渊图表示色散特性的优越性在于:由于 $k=\omega/c$,$\beta=\omega/v_p$,因而曲线上任一点的纵坐标与横坐标之比,或者说曲线上任一点与坐标原点的连线与横坐标夹角的正切,就是 v_p/c,称 v_p/c 为慢波比;而曲线上任一点的切线的斜率 $dk/d\beta=v_g/c$。由于纵坐标 k 直接正比于频率 ω,即 f,可见,曲线 k—β 不仅给出了相速与频率的关系,也给出了群速与频率的关系。

布里渊图同时也给出了相速与群速之间的关系:曲线 a 的相速与群速相等,是无色散波;曲线 a 与 b 的相速与群速同号,方向一致,即 $v_p>0$ 时 $v_g>0$,$v_p<0$ 时 $v_g<0$,这种波称为前向波,其色散关系称为正色散;而曲线 c 的相速与群速反号,方向相反,即 $v_p>0$ 时 $v_g<0$,反之 $v_p<0$ 时 $v_g>0$,这种波被称为返波,相应的色散关系称为负色散。

正色散可以是正常色散,也可以是异常色散;但负色散一定是异常色散;或者也可以反过来说,正常色散一定是正色散,异常色散可以是正色散,也可以是负色散,我们在 1.3

节中已经对这些色散关系作过分析。

2. 耦合阻抗

为了表征慢波系统与电子注相互作用的有效程度，人为引进一个参数——耦合阻抗，又称为互作用阻抗。耦合阻抗是慢波系统的另一个重要参量，由于电子注是与慢波线上的纵向电场发生作用，所以耦合阻抗取决于系统中传输的功率流与纵向电场之间的关系，它的定义为

$$K_c = \frac{E_{zm}^2}{2\beta^2 P} \tag{10.64}$$

式中，E_{zm}为电子注通过的位置上的纵向电场幅值；P 为通过慢波系统的功率流；β 为相位常数。

耦合阻抗与微波放大管的增益与效率直接相关，所以一般都希望慢波线具有尽可能高的耦合阻抗。由于功率流 P 具有下述关系：

$$P = Wv_g \tag{10.65}$$

式中，W 为线上单位长度的储能；v_g 为群速。由此可见，为了提高耦合阻抗，可以降低慢波系统中的储能或降低电磁波群速，但相速与群速之间有着简单的关联：

$$v_g = \frac{d\omega}{d\beta} = \frac{1}{\dfrac{d(\omega/v_p)}{d\omega}} = \frac{v_p}{1 - \dfrac{\omega}{v_p}\dfrac{dv_p}{d\omega}} \tag{10.66}$$

由式(10.66)不难得出结论：

(1) 对于正常色散 $dv_p/d\omega < 0, v_p > 0$(这时 $v_g > 0$)，所以 $|dv_p/d\omega|$ 越大，即色散越强烈，群速 v_g 就越小，耦合阻抗越高。

(2) 对于异常色散 $dv_p/d\omega > 0, v_p > 0$ 时，则在 $0 < \omega dv_p/v_p d\omega < 1$ 的范围内(即$v_g > 0$ 时)为正色散，且随 $dv_p/d\omega$ 增加即色散的增强，v_g 增加，耦合阻抗减小；在 $\omega dv_p/v_p d\omega > 1$ 的范围内(即 $v_g < 0$ 时)色散变成负色散，且随色散增强，v_g 越来越小，耦合阻抗提高。

因此，在一般情况下，可以得出结论：具有强烈色散的慢波系统能得到较高的耦合阻抗。但是，另一方面，$dv_p/d\omega$ 不仅影响着耦合阻抗的大小，而且还影响着慢波系统的带宽，电磁波的 $dv_p/d\omega$ 越大，一定速度的电子流能与之近似同步的频率范围就越窄，即频带越窄。由此可见，耦合阻抗与带宽两者往往是矛盾的。

由于电子注横截面上的纵向电场并不是均匀的，因此式(10.64)中的 E_{zm}应该是系统横向坐标的函数。当计算具有有限截面 S_e 的电子注的实际耦合阻抗时，可以取纵向电场在 S_e 上的平均值，即

$$K_c = \frac{\iint_{S_e} E_{zm}^2(z)\, dS}{2S_e\beta^2 P} \tag{10.67}$$

考虑到电子注一般都是沿系统轴线通过，所以作为一种近似也可以取系统轴线上的 E_{zm}来计算耦合阻抗；对于空心环状电子注，由于其环厚一般比较薄，就可以取环平均半径位置上的 E_{zm}值计算耦合阻抗。

10.5.3 周期性结构慢波线

边界条件在纵向具有周期性变化的慢波线,或者说具有周期性结构的慢波线称为周期性慢波线,绝大部分慢波线实际上都是周期性结构慢波线。一般来说,传输系统的形状、尺寸或材料沿 z 轴不变,即边界条件沿 z 轴是均匀的,称为均匀传输系统;边界条件沿 z 轴出现不均匀时就称为非均匀传输系统,这种不均匀如果是周期性地重复的,就是周期系统。周期系统的特征就在于系统本身的原始物理量(几何尺寸、介质特性等)沿 z 轴的周期性变化。

1. 弗洛奎定理

一个无限长的均匀传输系统的特点是:将系统沿传输方向向 z 移动任意距离后,它与移动前的系统可以完全重合,因此,在纵向任意两个截面 z_1 与 z_2 上的场,只相差一个与移动距离 $\Delta z = z_2 - z_1$ 有关的复数常数 $e^{-\gamma\Delta z}$,即

$$E(x,y,z_2) = E(x,y,z_1)e^{-\gamma\Delta z} \tag{10.68}$$

这就是说,在均匀系统中,对于一定的模式,场沿横截面的分布函数不随 z 而变,而只有场的纵向分布将按 $e^{-\gamma z}$而随 z 变化,对任意截面 z 上的场就都可以写成

$$E(x,y,z) = E(x,y)e^{-\gamma z} \tag{10.69}$$

式中,γ 为传播系数。

对于周期系统来说则就不同,把一个无限长的周期系统沿 z 移动任意距离,并不能保证系统在移动前后会重合,只有当移动的距离为系统空间周期的整数倍时,移动后的系统才会与移动前的系统重合,因此,也只有在这种情况下,系统中的场在横截面上的分布函数在移动前后才会相同,而只是幅值和相位相差了一个与移动距离相关的复数 $e^{-\gamma_0 nL}$,其中 γ_0 为波的传播常数,n 为整数,L 为周期系统的空间周期。弗洛奎定理反映的正是周期系统的这一特性。

在周期结构慢波系统中,电磁波的传播也具有周期性,符合周期性定理,即弗洛奎定理。弗洛奎定理可叙述为:在一给定频率下,对一个确定的传输模式,沿周期系统传输的波在任一截面上的场分布与离该截面整数个周期处的场,只差一个复数常数。弗洛奎定理的数学表述为

$$E(x,y,z+nL) = E(x,y,z)e^{-\gamma_0 nL} \tag{10.70}$$

由于对非均匀系统来说,场的横向分布函数随 z 是变化的,上式等号左边的 $z+nL$ 中的 z 是任意的,所以等号右边的场就必须写成 $E(x,y,z)$ 而不能写成 $E(x,y)$。

2. 空间谐波

1)空间谐波的产生

假设在周期性结构慢波线上传输的某一模式的某个场分量可以写成

$$F(x,y,z)e^{-\gamma_0 z} \tag{10.71}$$

式中,$F(x,y,z)$ 为某一场分量的幅值分布,应该是 z 的周期函数,根据周期性函数的数学性质,可以将 $F(x,y,z)$ 展开成傅里叶级数,即

$$F(x,y,z) = \sum_{n=-\infty}^{\infty} f_n(x,y)e^{-j\frac{2n\pi}{L}z} \tag{10.72}$$

展开系数$f_n(x,y)$为

$$f_n(x,y) = \frac{1}{L}\int_z^{z+L} F(x,y,z)\mathrm{e}^{\mathrm{j}\frac{2n\pi}{L}z}\mathrm{d}z \tag{10.73}$$

将式(10.72)代回式(10.71)，于是得

$$F(x,y,z)\mathrm{e}^{-\gamma_0 z} = \sum_{n=-\infty}^{\infty} f_n(x,y)\mathrm{e}^{-\left(\gamma_0+\mathrm{j}\frac{2n\pi}{L}\right)z} \tag{10.74}$$

由于

$$\gamma_0 = \alpha_0 + \mathrm{j}\beta_0 \tag{10.75}$$

对于无损系统，$\alpha_0 = 0$，$\gamma_0 = \mathrm{j}\beta_0$，所以式(10.74)可重写为

$$F(x,y,z)\mathrm{e}^{-\mathrm{j}\beta_0 z} = \sum_{n=-\infty}^{\infty} f_n(x,y)\mathrm{e}^{-\mathrm{j}\left(\beta_0+\frac{2n\pi}{L}\right)z} = \sum_{n=-\infty}^{\infty} f_n(x,y)\mathrm{e}^{-\mathrm{j}\beta_n z} \tag{10.76}$$

式中

$$\beta_n = \beta_0 + \frac{2n\pi}{L} \qquad (n = 0,\ \pm 1,\ \pm 2,\cdots) \tag{10.77}$$

式(10.76)表明，在周期系统中传播的波，由于结构的空间周期性，波的场分布也具有周期性，但是是非简谐的，因而可分解成无数个谐波，这些谐波就称为空间谐波。这与无线电技术中的脉冲波，由于在时间上具有周期性，因而可以用傅里叶级数展开法分解成无穷多个时间谐波相类似。

以n的数值作为空间谐波的号数，如0次空间谐波，+1次空间谐波，-1次空间谐波，……，0次空间谐波又称为基波。

2）场分布

图10-15给出了一个周期性结构慢波线中一个传播模式的场分布。设$\beta_0 L = \pi/2$，取6个周期在第一个隙缝口为3 π/4时刻(其左边隙缝口为π/4时刻)来考察。对基波而言，$\beta_0 L = \pi/2$，每个周期之间在间隙中的场相差90°，系统中总的场分布如图10-15(a)所示，而在图10-15(c)上可清楚看出，这时6个周期内场一共变化了3π；图10-15(b)给出了每个周期隙缝口($r = a$)上的场分布，由于在隙缝口可以近似认为场只有E_z分量，且均匀，而在金属表面$E_z = 0$，因而场分布类似于一个个矩形脉冲波，而不是简谐分布；在图10-15(c)中还同时给出了-1次空间谐波在互作用空间($0 < r < a$)的场分布，在$\beta_0 L = \pi/2$时，$\beta_{-1}L = -3\pi/2$，因此6个周期内-1次空间谐波一共变化了-9π；基波与-1次谐波的合成场在图(c)中用实线绘出，可以清楚地看到，这时场分布不再具有如基波和-1次谐波单独的场分布的简谐特性，而是成为周期非简谐行波。正是这种如图(b)、(c)所示的周期非简谐波，可以用傅里叶分析方法分解成空间谐波。显然，更多次谐波场的合成场具有同样特性，只有无穷多个空间谐波的合成，才能满足这样一个周期不均匀边界条件(在边界上得到如图(b)所示的场分布)，任何一个单独的简谐波是无论如何满足不了这种周期不均匀边界条件的。从上面的分析可以得出结论：之所以在系统中会出现在空间非简谐分布的行波，完全是由于边界条件的周期不均匀性造成的。

3）空间谐波与时间谐波的不同

空间谐波与时间谐波在数学处理上都是傅里叶级数展开的结果，但它们是两个不同的概念，不能混为一谈：① 空间谐波是场的幅值在空间(z向)具有非简谐的周期性而引

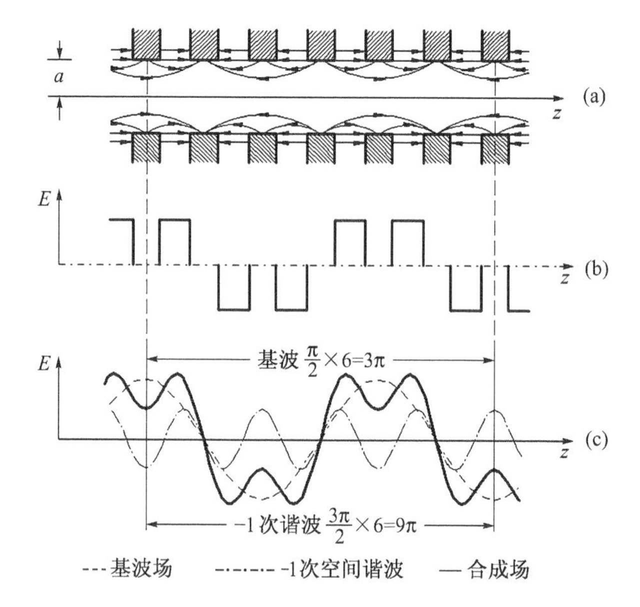

图 10-15　当 $\beta_0 L=\pi/2$ 时周期慢波系统中的场
(a) 在周期系统中的场分布结构；(b) 在 $r=a$ 面上 E_z 的场分布；
(c) 在互作用空间 $0<r<a$ 中 E_z 的分布。

起的；而时间谐波则是场幅值在时间上具有非简谐的周期性(比如周期性调制波和脉冲波)而引起的。② 同一模式的各次空间谐波都具有相同的频率 ω，但具有不同的相位常数 β_n 和相同的群速 v_g；同一调制波的各次时间谐波则具有不同的频率，在色散系统中相速也不同，一般情况下群速相同。③ 由空间谐波合成的总的场在时间上仍是简谐变化的，并不存在谐波。

4)空间谐波与传播模式(波型)的不同

空间谐波与传播模式也是不同的，必须严格区分它们：① 空间谐波是周期性结构的产物，是一个统一的波动过程沿空间的分解，它不能单独存在；而传播模式则代表了一种场的总的分布，每一个传播模式都能独立存在。② 只有各空间谐波同时存在合成一个总的场分布才能满足系统的全部边界条件，对于一个给定的周期系统，它们之间的幅值是严格成比例的，不可能使某一个或几个空间谐波单独地增强或减弱；每个传播模式不仅能满足波动方程，而且能满足系统的全部边界条件；单独一个空间谐波虽然可以满足波动方程，但不能满足全部边界条件。因此总的来说，一个传播模式可以包含无穷多个谐波，可以独立存在；一个空间谐波必定属于某一传播模式，它本身不能独立存在。③ 每个单独的空间谐波在时间和空间上都是简谐变化的，它们合成的传播模式在时间上仍是简谐变化，但在空间上则是非简谐周期性分布的。④ 周期系统中的传播模式不同于均匀波导系统(如矩形波导、圆波导等)中的模式，虽然它们都能分别满足各自的全部边界条件，都能独立存在；但前者在空间是非简谐周期性分布的，因而可以分解成无穷多个空间谐波，而后者在空间分布上不仅是周期性的、也是简谐的，因此不可能再分解成空间谐波。

由于各次空间谐波的 β 值不同，即相速不同，因此在传播过程中各个空间谐波之间的相位关系将会不断发生变化，由所有空间谐波叠加而成的总的非简谐行波的场分布在传播过程中就会发生畸变，即波形不断变化。

5)磁控管的振荡模式与空间谐波的不同

与传播模式完全类似,磁控管多腔谐振系统中的振荡模式与空间谐波也是不同的,每个磁控管的振荡模式都是可以独立存在的,但是它们不是简谐分布的,因此同样也必须由无穷多个空间谐波叠加才能形成其场的结构形式,或者说,磁控管中的任何一个振荡模式也可以分解成无穷多个空间谐波。图 10-16 就显示出了一个八腔磁控管中 π/2 模($n=2$)在 3 π/2 时刻(第一个隙缝口的场为负的最大值,经过 π/2,第二个隙缝口的场为零,……)的场结构及其空间谐波的基波、-1 次空间谐波和它们的合成场的场分布。

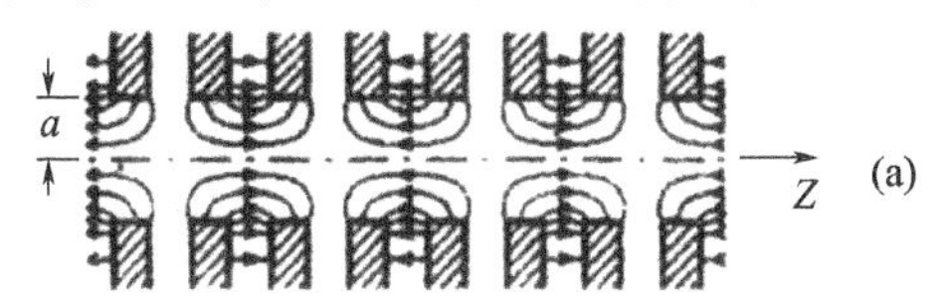

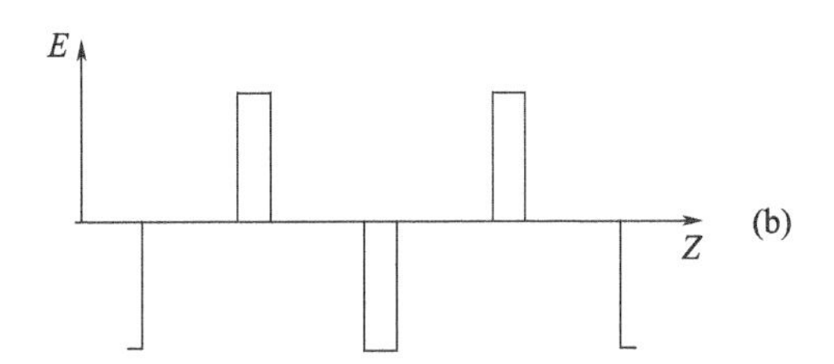

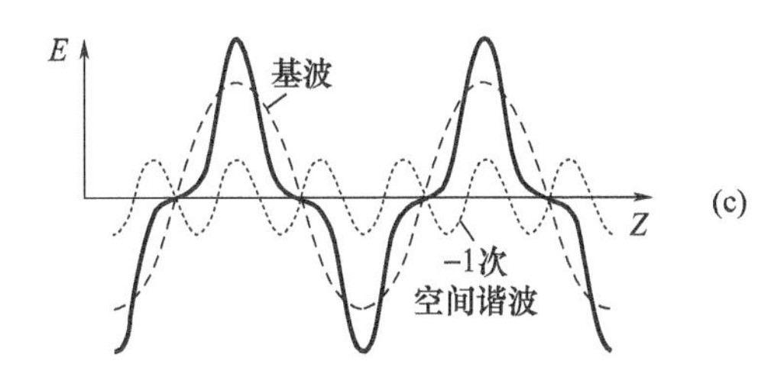

---基波场 ·····-1次空间谐波场 —合成场

图 10-16　八腔磁控管中 π/2 模的场结构及其空间谐波

(a)在磁控管阳极块中的场分布;(b)在阳极块谐振腔隙缝口 $r=a$ 面上的场分布;

(c)场的基次空间谐波和 -1 次空间谐波场分布及它们的合成场分布。

3. 色散特性与耦合阻抗

1) 色散特性

考虑到在慢波线上的模式波携带能量既可以在 $+z$ 方向传播,也可以在 $-z$ 方向传播,式(10.76)中的传播因子 $\mathrm{e}^{-\mathrm{j}(\beta_0 L+2n\pi)z/L}$ 就可以写成 $\mathrm{e}^{\mp\mathrm{j}(\beta_0 L+2n\pi)z/L}=\mathrm{e}^{-\mathrm{j}[\pm(\beta_0 L+2n\pi)/L]z}=\mathrm{e}^{-\mathrm{j}\beta_n z}$,则式(10.77)就应改写成

$$\beta_n=\pm(\beta_0 L+2n\pi/L)\quad(n=0,\ \pm1,\ \pm2,\cdots)\tag{10.78}$$

由此不难求出慢波线上各次空间谐波的相速与群速

$$\begin{cases}v_{\mathrm{p}n}=\dfrac{\omega}{\beta_n}=\pm\dfrac{v_{\mathrm{p}0}}{1+n\dfrac{\lambda_{\mathrm{p}0}}{L}}\\[2ex] v_{\mathrm{g}n}=\dfrac{\partial\omega}{\partial\beta_n}=\left(\dfrac{\partial\beta_n}{\partial\omega}\right)^{-1}=\pm v_{\mathrm{g}0}=\pm v_{\mathrm{g}}\end{cases}\tag{10.79}$$

式中，λ_{p0}为零次空间谐波，即基波的波导波长；v_{p0}、v_{g0}分别为它的相速和群速。对于基波为前向波的模式，由式(10.79)可见，它的各次空间谐波具有不同的相速，它随谐波号数 n 的不同而改变；但同一模式的所有空间谐波群速相同，都等于基波的群速。β_n 取式(10.78)中的正号时，相速可以是 $+z$ 方向，也可以是 $-z$ 方向，取决于 n 取正值或负值，但所有空间谐波的群速一定都是正的；当β_n 取式(10.78)中的负号时，相速仍然取决于 n 的取值而可以有不同的方向，但各次谐波的群速与 β_n 取正号时刚好相反，都成为负的。

当基波为前向波时，若取式(10.79)中的正号，所得到的周期慢波结构典型的色散曲线如图 10－17(a)所示，可以看到，各次空间谐波的群速都是正的；如果取式(10.79)中的负号，则典型色散曲线如图 10－17(b)所示，这时，各空间谐波的群速都是负的。从图上还可以发现，n 为正时，相速与群速同相，为前向波，n 为负时，相速与群速相反，为返波；但不同的是，β_n 取正号时，前向波的相速与群速都是正的，返波的相速为负，群速仍是正的，而 β_n 取负号时，前向波的相速与群速都是反向，都为负的，返波的相速则成为正的，群速仍是负的。

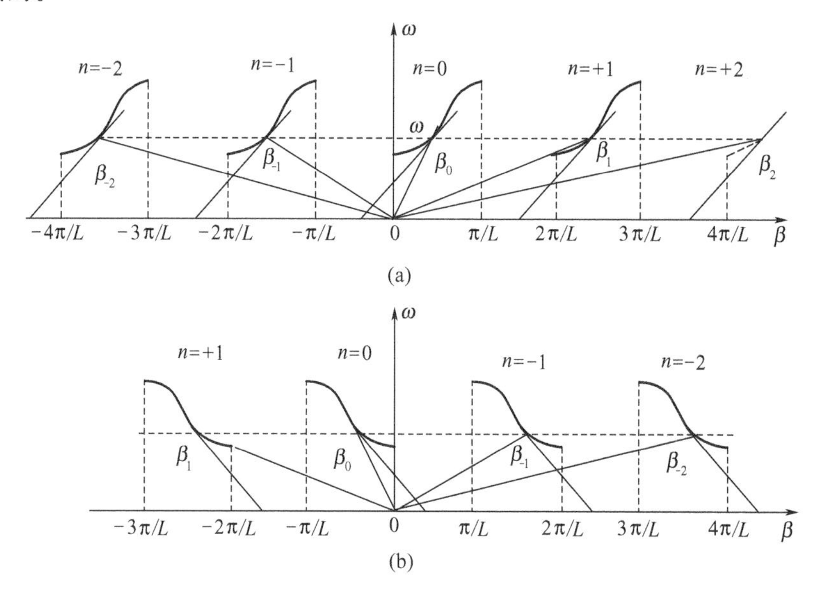

图 10－17　基波为前向波时，周期慢波系统的典型色散曲线

(a) 群速为正；(b) 群速为负。

完整的周期性慢波系统的色散特性如图 10－18 所示，基波为前向波的色散曲线如图中曲线 a，基波为返波的色散曲线则如图中曲线 b。其中 $-\pi/L \leqslant \beta \leqslant \pi/L$ 区域对应 $n=0$ 时的色散，即基波的色散。在此区域两边，以 $\pm\pi/L$ 为间距，依次为 $n=-1,+1,-2,+2\cdots$各次谐波的色散，即 $|\pm\pi/L| \leqslant |\beta| \leqslant |\pm 2\pi/L|$ 的区域对应 -1 次空间谐波，$|\pm 2\pi/L| \leqslant |\beta| \leqslant |\pm 3\pi/L|$ 的区域对应 $+1$ 次空间谐波……依此类推。实际上，由图 10－17 不难看出，只要画出 k—β_0 曲线，即基波的色散曲线即可，其余 $|n| \geqslant 1$ 各次谐波的色散曲线只需要将 k—β_0 曲线在 β 轴上向正、负方向推移 $2n\pi/L$ 即可得到。

在曲线的 k—β_0 部分，如图所示，当 $k=k_{c1}$ 时，$\beta_0=0$，$\beta_0 L=0$，这时曲线的斜率为零，即 $v_g=0$，说明波不再传播；当 $k=k_{c2}$ 时，$\beta_0=\pi/L$，即 $\beta_0 L=\pi$，由于周期性结构在实质上是一种周期不均匀性，每个不均匀性都会引起反射，在 $\beta_0 L=\pi$时，所有不均匀性的反射波与入

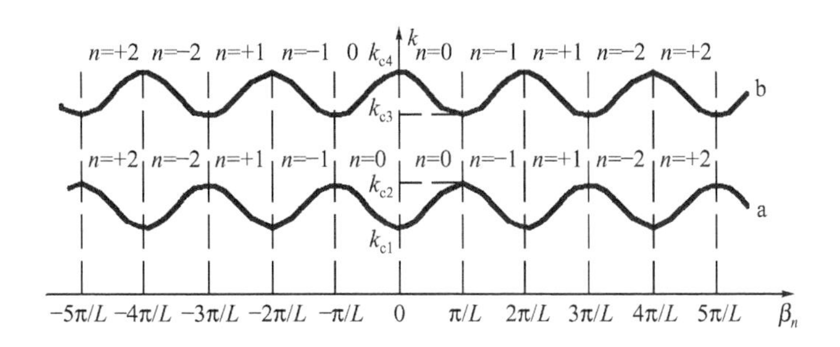

图 10－18　周期性结构慢波系统的完整色散曲线

射波都将得到同相叠加，形成全驻波，波同样被截止，反映在布里渊图上就是在 $k=k_{c2}$点曲线斜率也为零，即 $v_g=0$，波不再传播。因此，从 k_{c1}到 k_{c2}成为周期系统的第 1 个通带，在通带之外的区域，电磁波不能传播，成为阻带。同样的分析可得知，k_{c3}到 k_{c4}之间构成第 2 个通带，依此类推，还可以有第 3 通带、第 4 通带……。每一个通带对应一个传播模式，周期系统可以有无限个通带，每一个通带（模式）的色散曲线可以包含有 $n=0,\pm1,\pm2,\cdots$ 无穷个谐波。

可见与均匀波导传输系统具有高通特性不同，周期性结构慢波系统具有带通特性。

从曲线上也不难判断，相速 v_{pn}与群速 v_g 同号，为前向波；相速 v_{pn}与群速 v_g 反向，为返波。对于基波为前向波的慢波系统（图 10－18 中曲线 a），n 为正的空间谐波都是前向波，n 为负的空间谐波都是返波；而对于基波为返波的慢波系统（图 10－18 中曲线 b），则情形刚好相反，n 为正的空间谐波都是返波，n 为负的空间谐波则都是前向波。

2）耦合阻抗

由于周期系统中各个空间谐波的相速是不同的，一定速度的电子注只可能与其中某一次空间谐波的相速同步而发生相互作用实现能量交换以使微波场得到增长。因此，在计算周期系统的耦合阻抗时也只能取某一次空间谐波的场，也就是说只能计算某一次空间谐波的耦合阻抗：

$$K_{cn}=\frac{(E_{zm})_n^2}{2\beta_n^2 P} \tag{10.80}$$

式中，$(E_{zm})_n$ 为电子注所在位置第 n 次空间谐波的纵向电场幅值。应该注意，由于周期系统中同一传播模式的各空间谐波的群速是相同的，也就是说它们是组成统一的模式波携带能量传播形成功率流的，所以在上面的第 n 次空间谐波的耦合阻抗计算式中，功率流 P 只能是统一的系统中的总功率流，即

$$P=\sum_{n=-\infty}^{\infty}P_n \tag{10.81}$$

式中，P_n 为第 n 次空间谐波的功率流，总功率流 P 为各次空间谐波功率流之和。

虽然电子注只能与某一空间谐波发生作用，但其作用结果得到增长的却是慢波系统中整体的场，而不是只放大某一个空间谐波，这正是模式的整体性的体现，即所有空间谐波的合成才构成整体模式场，单独的谐波场是不存在的。因为前面已指出，给定的周期系统中每个模式的各个空间谐波场的振幅的比例是固定的，这个比例取决于周期系统的边界条件，单个空间谐波场的增长或减小都将使整体场不再满足边界条件。

10.6 螺旋线及其变形慢波系统

在行波管中使用得最广泛的慢波结构为螺旋线和耦合腔。螺旋线慢波结构由于其十分宽的频带特性而在中小功率行波管中被普遍采用,尤其是现代电子对抗技术的发展更是离不开螺旋线行波管的应用。为了克服螺旋线结构功率容量小,耦合阻抗低的不足,一些螺旋线的变形,如环杆、环圈、环板等慢波结构也得到了一定程度的应用。

10.6.1 螺旋线慢波结构的基本工作原理

螺旋线的形状早为大家所熟知(图10-19(a)),取其一圈展开(图10-19(b)),以便于理解螺旋线使电磁波变慢的原理。

电磁波沿着螺旋线以光速 c 传播,那么它行进一圈所走过的路程应该是

$$\sqrt{(2\pi a)^2 + L^2} = \frac{2\pi a}{\cos\psi} \tag{10.82}$$

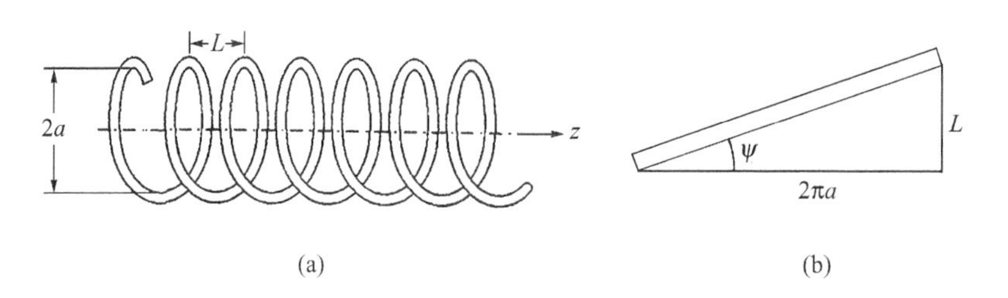

图10-19 螺旋线慢波系统

(a) 螺旋线的结构形状;(b) 螺旋线一圈的展开图。

式中,a 为螺旋线的平均半径;L 为螺距;ψ 为螺旋角。

与此同时,电磁场以相速 v_p 沿螺旋线的轴向(z 方向)前进了一个螺距 L,显然就应有

$$\frac{2\pi a}{c\cos\psi} = \frac{L}{v_p} \tag{10.83}$$

式中,v_p 为电磁波在轴向运动的速度,即慢波的相速。由式(10.83)可得到

$$v_p = c\frac{L\cos\psi}{2\pi a} = c\sin\psi \tag{10.84}$$

当螺旋角 ψ 很小时,$\cos\psi \approx 1$,式(10.84)就可简化为

$$v_p \approx c\frac{L}{2\pi a} = c\tan\psi \tag{10.85}$$

由于 $\sin\psi < 1$,在 ψ 很小时,$\tan\psi$ 也远小于1,因此 $v_p < c$,这样,螺旋线就构成了慢波系统,螺旋角 ψ 越小,螺旋线上慢波的相速就越低。v_p 与 c 的比值 v_p/c 就称为慢波比。

上面的分析只是十分粗略地说明了螺旋线慢波系统的工作原理,实际的螺旋线的电磁波传播远不会这么简单,它是一个有色散的传输线,而式(10.84)或式(10.85)没有能给出相速与频率的关系。

10.6.2　螺旋线的螺旋导电面模型——均匀系统分析

1. 螺旋导电面模型

上面从最简单的物理概念出发，证明了螺旋线传播慢波的可能性。要严格来求解螺旋线上传播的电磁波将会十分困难，因为它的边界条件十分复杂，但是这并不妨碍提出一些简化但又能反映螺旋线传播的电磁波的本质特性的物理模型，其中最有实际价值并应用广泛的是皮尔斯(Pierce)提出的螺旋线导电面模型。

当螺旋线的螺距 L 远小于螺旋线上的慢波导波波长的一半时，可以把螺旋线看成是一个沿 z 轴均匀的无限薄的圆筒，圆筒半径就是螺旋线的平均半径，该圆筒只在沿螺旋线方向，即与垂直轴线的横断线（横截面与圆筒的交线）成螺旋角 ψ 角的方向上理想导电，而在与螺旋垂直的方向，即导电方向的法线方向完全不导电，理想绝缘。显然，当螺旋线绕得足够密，即

$$L \ll \frac{\lambda_g}{2} \tag{10.86}$$

或

$$\beta L \ll \pi \tag{10.87}$$

时，这样的螺旋线就可以很好地近似为螺旋导电面（图 10－20）。

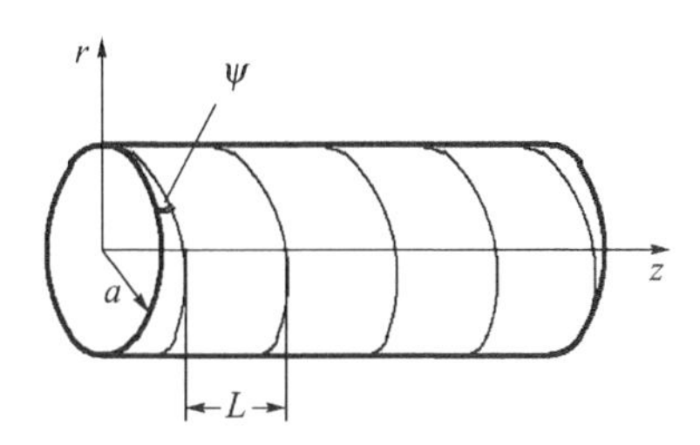

图 10－20　螺旋导电面圆筒

利用上述螺旋导电面模型求解色散方程时，还必须考虑到以下特点。

(1) 由于螺旋导电面模型没有考虑螺旋线的结构周期性，在 $\beta L \ll \pi$ 的条件下，实际上把螺旋线近似看作了均匀系统，因此螺旋导电面是螺旋线的均匀系统近似。

(2) 螺旋导电面沿传导方向的边界条件是倾斜的，具有螺旋角 ψ，因而单独的 TE 波或 TM 波不能满足这样的边界条件，必须考虑 TE 波和 TM 波同时存在。

(3) 可以以螺旋导电面圆筒为边界，将整个空间分成两个区域，即 $r \leqslant a$ 的区域与 $r > a$ 的区域。

(4) 在分析时认为螺旋导电面处于真空中，不考虑周围介质的影响。

(5) 导电面在螺旋方向是理想导电的，因而可以不考虑导电面本身的损耗，即波的传播常数 $\gamma = \alpha + \mathrm{j}\beta \approx \mathrm{j}\beta$。

2. 色散特性

在上述条件下，可以得到考虑了所有模式场的螺旋导电面的色散方程：

$$\frac{[(\Gamma a)^2 - n\beta_n a\cot\psi]^2}{(\Gamma a)^2 (ka)^2}\tan^2\psi = -\frac{\mathrm{I}_n'(\Gamma a)\mathrm{K}_n'(\Gamma a)}{\mathrm{I}_n(\Gamma a)\mathrm{K}_n(\Gamma a)} \tag{10.88}$$

式中，$\mathrm{I}_n(\Gamma a)$、$\mathrm{K}_n(\Gamma a)$ 和 $\mathrm{I}_n'(\Gamma a)$、$\mathrm{K}_n'(\Gamma a)$ 分别为 n 阶第一类和第二类变态贝塞尔函数及其导数。

$$\Gamma^2 = \beta_n^2 - k^2 \tag{10.89}$$

称为径向传播常数,相应地β_n则可以称为纵向传播常数。要注意的是,这里的n是模式的角向号数,在描述圆波导中的模式时,曾用m来表示这一号数,以后会看到,改成n来表示是有其特殊作用的。也可以看到,在式(10.88)中没有出现L,即色散与螺距L无关,这正是螺旋导电面是均匀系统模型的结果。

根据式(10.88)画出的螺旋导电面各次模式的色散曲线由图10-21给出,它具有以下特性。

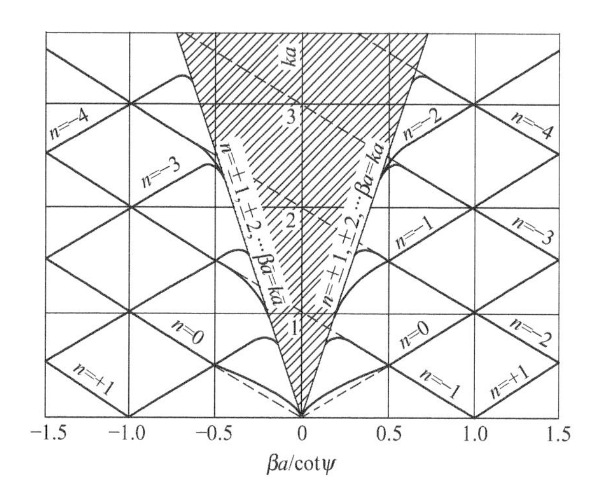

图10-21 螺旋导电面中各模式的色散曲线($\cot\psi=5$)

(1) 存在"禁区"。图中打斜线的区域为快波区,即慢波的禁区。

(2) 存在无穷多个模式。图中每一条曲线就代表一个模式,不同的模式n不同,即场沿角向变化的周期数不同;每个模式都可以独立存在于螺旋导电面中,即独立满足螺旋导电面的边界条件。

(3) 除了$n=0$模式外,$+n$波与$-n$波的色散特性并不相同,即在同一频率下它们具有不同的β值;但$+n$和$-n$的模式的色散曲线各自是对称的,而且对同一个n值的模式存在前向波和返波两种状态。

在式(10.88)中,令$n=0$,就可以得到螺旋导电面中角向均匀的模式,即主模的色散方程:

$$(ka)^2\cot^2\psi = (\Gamma a)^2\frac{\mathrm{I}_0(\Gamma a)\mathrm{K}_0(\Gamma a)}{\mathrm{I}_1(\Gamma a)\mathrm{K}_1(\Gamma a)} \tag{10.90}$$

由式(10.90)计算得到的螺旋导电面主模的色散曲线如图10-22所示,可以看出,它实际上就是图10-21中$n=0$的曲线部分放大后的图。

在很多情况下,螺旋线上波的慢波比很小,$v_p/c \ll 1$,这时$\beta \gg k$,因而$\Gamma^2 \approx \beta^2$,于是式(10.90)就可以化为

$$\left(\frac{v_p}{c}\right)^2 = \frac{\mathrm{I}_0(\Gamma a)\mathrm{K}_0(\Gamma a)}{\mathrm{I}_1(\Gamma a)\mathrm{K}_1(\Gamma a)}\tan^2\psi \tag{10.91}$$

另外，当 Γa 很大时，有

$$\lim_{\Gamma a\to\infty}\frac{\mathrm{I}_0(\Gamma a)\mathrm{K}_0(\Gamma a)}{\mathrm{I}_1(\Gamma a)\mathrm{K}_1(\Gamma a)}=1 \tag{10.92}$$

因此，由式(10.91)就得到

$$\frac{v_\mathrm{p}}{c}\approx\tan\psi \tag{10.93}$$

同时，$v_\mathrm{p}/c\ll 1$ 意味着 ψ 角很小，就有 $\tan\psi\approx\sin\psi$，所以

$$\frac{v_\mathrm{p}}{c}\approx\sin\psi \tag{10.94}$$

与式(10.84)完全一致。

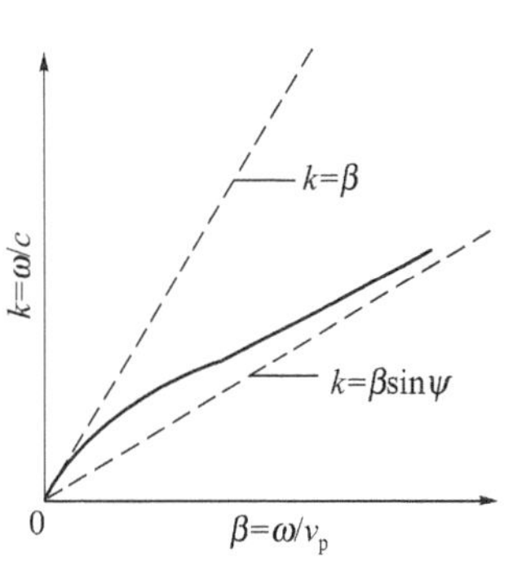

图 10－22　螺旋导电面主模的色散曲线

3. 场分布

在推导色散方程的过程中，同时也可以得到螺旋线中主模的各个场分量的表达式，并由此可画出螺旋导电面中场沿径向的分布图，如图 10－23 所示。图中曲线以螺旋导电面($r=a$)上的场幅值作为 1 时画出，由该图可以看到螺旋线中的场具有以下特点。

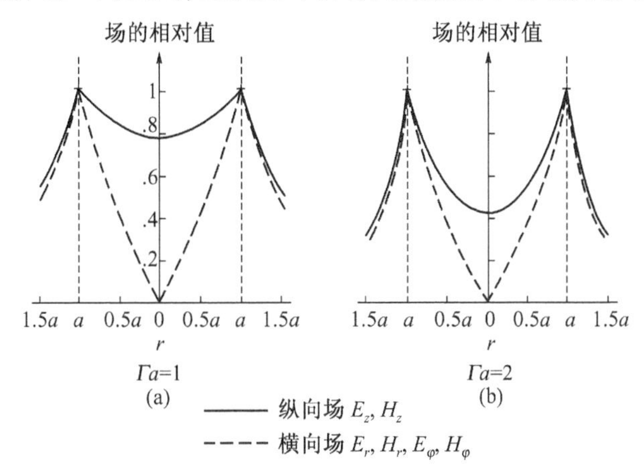

图 10－23　螺旋导电面中主模的各个场分量沿径向的分布

(1) 场的各个分量都是在螺旋导电面上($r=a$)最强，离开螺旋面后就逐渐衰减，因此这样的场具有表面波的性质。

(2) 场的纵向分量 E_z、H_z 沿径向按零阶变态贝塞尔函数 $\mathrm{I}_0(\Gamma r)$(在 $r<a$ 的区域)、$\mathrm{K}_0(\Gamma r)$(在 $r>a$ 的区域)分布衰减，衰减较慢；而场的横向分量 E_r、E_φ、H_r、H_φ 沿径向则按一阶变态贝塞尔函数的分布衰减，在螺旋导面内($r<a$)为 $\mathrm{I}_1(\Gamma r)$，在螺旋导面外($r>a$)为 $\mathrm{K}_1(\Gamma r)$，衰减很快。

(3) Γa 越大，场的各个分量沿径向衰减越快，图 10－23 中(a)、(b)分别给出了 $\Gamma a=1$ 和 $\Gamma a=2$ 两种情况下的场分布，可以看出，场的纵向分量 E_z、H_z 从螺旋导面上衰减到轴线上时，$\Gamma a=1$ 时还有 80%，而 $\Gamma a=2$ 时就只有不到 50% 了。

上述特点(3)说明，Γa 增大，将使轴线上的纵向场 E_z 降低，由于微波管中电子注一般都是沿轴线通过的，因而这一降低将导致耦合阻抗的降低，从而降低了微波管的增益；

另外,前面已提到,当 $v_p/c \ll 1$ 时,$\Gamma \approx \beta$,从图 10-22 可以看出,当 Γa 增大,即 βa 增大时,螺旋导电面的色散曲线将越接近 $k = \beta\sin\psi$ 的直线,即由式(10.94)给出的相速不随频率变化的直线,这就意味着色散越弱,带宽越宽。由此可见,增益与带宽在这里是矛盾的,在确定 Γa 值时必须兼顾增益与带宽的要求,一般可选择 Γa 在 1~2 之间。宽带行波管需要选用较大的 Γa 值,这时为了提高增益,可以采用较粗的电子注或空心电子注,使电子注遇到的纵向电场有所提高,从而提高耦合阻抗。

进一步还可以画出螺旋导电面主模的场结构,如图 10-24 所示。要注意的是,图中画出的是电力线和磁力线在螺旋导电面的纵剖面上的投影,而且没有反映螺旋角 ψ 的影响,实际的电力线和磁力线都应当倾斜大约一个 ψ 角,即它们都应位于垂直于螺旋方向的面上,而不是如图上给出的通过导电圆筒轴线的纵截面上。

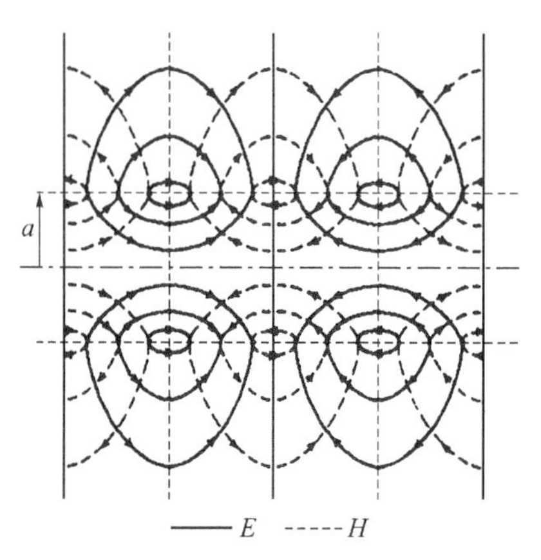

图 10-24 螺旋导电面主模的场结构

4. 耦合阻抗

根据耦合阻抗的定义式(10.64),可以求得螺旋导电面中主模在轴线($r=0$)上的耦合阻抗为

$$K_c(0) = \frac{\beta}{k}\left(\frac{\Gamma}{\beta}\right)^4 F^3(\Gamma a) \qquad (10.95)$$

式中

$$F(\Gamma a) = \left\{\frac{\Gamma a}{240}\frac{\mathrm{I}_0}{\mathrm{K}_0}\left[\left(\frac{\mathrm{I}_1}{\mathrm{I}_0} - \frac{\mathrm{I}_0}{\mathrm{I}_1}\right) + \left(\frac{\mathrm{K}_0}{\mathrm{K}_1} - \frac{\mathrm{K}_1}{\mathrm{K}_0}\right) + \frac{4}{\Gamma a}\right]\right\}^{-1/3} \qquad (10.96)$$

式中,各变态贝塞尔函数的自变量都是 Γa。

在 $\Gamma a = 0.5 \sim 0.8$ 范围内,$F(\Gamma a)$ 可以近似为

$$F(\Gamma a) \approx 7.154\mathrm{e}^{-0.6664\Gamma a} \qquad (10.97)$$

在偏离轴线的 $r=b$ 处,耦合阻抗可以修正为

$$K_c(b) = K_c(0)\mathrm{I}_0^2(\Gamma b) \qquad (10.98)$$

显然,对于在轴线通过的细电子注(电子注半径 $b/a \ll 1$)可以用式(10.95)计算耦合阻抗,而对于半径为 b 的薄空心电子注,就应该由式(10.98)计算耦合阻抗。而对于一个半径为 b 的实心电子注,则可以按电子注横截面上的平均耦合阻抗来计算,即

$$K_c(s) = \frac{1}{\pi b^2}\int_0^b\int_0^{2\pi} K_c(0)\mathrm{I}_0^2(\Gamma r)r\mathrm{d}\varphi\mathrm{d}r = K_c(0)\left[\mathrm{I}_0^2(\Gamma b) - \mathrm{I}_1^2(\Gamma b)\right] \qquad (10.99)$$

10.6.3 螺旋线的螺旋带模型——周期系统分析

实际的螺旋线并不是均匀系统,它不仅具有周期性,而且具有整圆周性和螺旋性。周期性已经由弗洛奎定理所描述,整周期性是指:螺旋线在角向 φ 变化 2π 的整数倍时,场连续,即

$$F(r,\varphi + 2n\pi,z) = F(r,\varphi,z) \qquad (10.100)$$

而螺旋性则是指当结构沿 z 轴移动 Δz,同时旋转一个角度 $\Delta\varphi = 2\pi\Delta z/L$ 后,与原来的系统重合,即

$$F\left(r,\varphi + 2\pi\frac{\Delta z}{L},z + \Delta z\right) = F(r,\varphi,z) \tag{10.101}$$

这些特点与螺旋线上的场的分布规律有密切关系,螺旋导电面模型显然并不能反映出这些特点。

比螺旋导电面模型更接近实际螺旋线的是螺旋带模型(图 10-25),该模型认为螺旋线是由无限薄的金属带绕成的,其周期为 L,带宽度为 δ,半径为 a。利用螺旋带的边界条件,并假定高频电流在带上的分布是均匀的,可以求得单螺旋带的色散方程:

$$\sum_{n=-\infty}^{\infty}\left\{\left[(\Gamma_n a)^2 - 2n\beta_n a\cot\psi + \frac{(\beta_n a)^2}{(\Gamma_n a)^2}n^2\cot^2\psi\right]\mathrm{I}_n(\Gamma_n a)\mathrm{K}_n(\Gamma_n a) + (ka)^2\cot^2\psi\mathrm{I}'_n(\Gamma_n a)K'_n(\Gamma_n a)\right\}\frac{\sin^2(n\pi\delta/L)}{(n\pi\delta/L)^2} = 0 \tag{10.102}$$

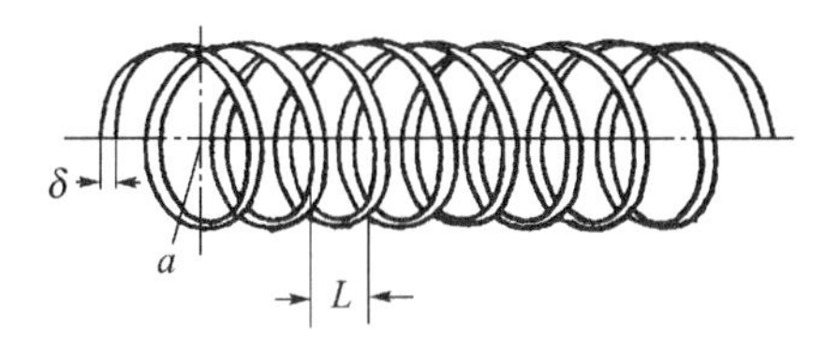

图 10-25　螺旋带模型

由方程(10.102)可以看出,螺旋带的色散方程包括无穷多项,而且与由螺旋导电面模型所得到的基波和高次波型的色散方程不同。但是,如果在螺旋带的色散方程(10.102)中只取一项,例如只取 $n=0$ 的一项或 $n\neq 0$ 的某一项,就得到了螺旋导电面模型的基波或高次波型的色散方程,由此可见,螺旋带的色散特性是螺旋导电面所有波型的色散特性的叠加。

对于一个给定的螺旋线(即给定 a、ψ、δ 及 L),选定一个 ka 值,由式(10.102)就可以求出相应的 β_0。注意这并不是指在求解时只取 $n=0$ 的一项,n 仍应该取足够多项求和(理论上应取 n 从 $-\infty$ 到 $+\infty$ 的无穷多项求和,实际计算时一般只取到 $n=\pm 5$ 左右的各项就足够精确了),但可以只解出 β_0 值,而利用关系式

$$\beta_n = \beta_0 + \frac{2n\pi}{L} \tag{10.103}$$

可以比直接解式(10.102)更方便地求解各 β_n 值。在不同的 ka 值下求得不同的 β_0 值及相应的 β_n 值,就可以得到 β—k 色散曲线。

在 $\psi=10°$,$\pi\delta/L=0.1$ 时,得到的 β_0 与 k 的关系如图 10-26 所示,而各次谐波的色散曲线则由图 10-27 给出。这些曲线具有以下特性。

(1) 存在周期性出现的“禁区”,说明螺旋带的色散曲线具有明显的周期系统的特点,禁区出现的周期为 $\beta L=2n\pi$。周期性出现的禁区是所有开敞性周期结构慢波系统的特征之一。

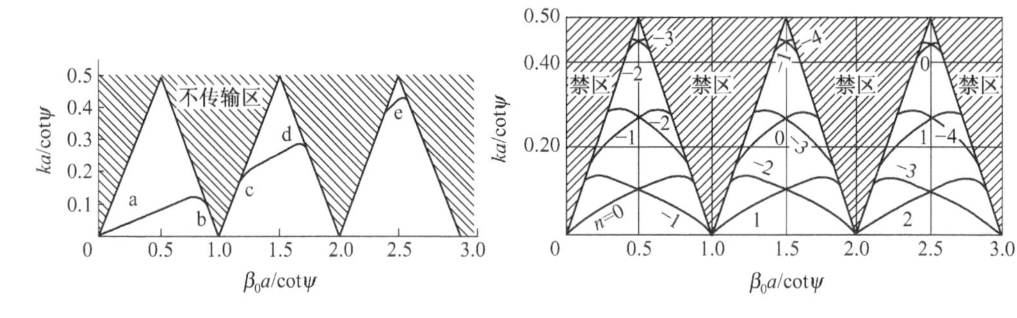

图 10-26 螺旋带基波的色散特性($\psi=10°$,$\pi\delta/L=0.1$)

图 10-27 螺旋带各空间谐波的色散特性

(2) 在禁区内电磁场将产生径向辐射,而不再传输慢波,因此,应避免微波管的工作点落在靠近禁区边缘的色散曲线上。

(3) β_0 的解存在多值,每一个解就对应一种模式(波型)的基波(零次谐波),图 10-26 给出的a、b、c、d、e 表示螺旋线的几个传输模式的基波。当 $ka/\cot\psi$ 较低时,β_0 有 3 个值,分别对应于 a、b、c 三段曲线,a、c 为前向波,b 则为返波;在频率较高时,还存在另外两个前向波模式 d、e。模式 a 是行波管中常用的模式,在一定频率范围内,它具有最平坦的色散特性,相速接近 $c\sin\psi$,与式(10.84)一致。

(4) 根据式(10.103),每一个 β_0 对应有无穷多个 β_n,这就是说,每一个模式包含了无穷多个空间谐波,它们的色散曲线如图 10-27 所示。这些模式和谐波被不传播电磁波的一个个禁区分隔。

(5) 将螺旋带的色散曲线图 10-27 与螺旋导电面的色散曲线图 10-21 进行比较,可以看出,螺旋带的各次空间谐波相应于螺旋导电面的各次波型,只是螺旋带的色散曲线不再连续,被周期分布的禁区切断。正因为此,所以在螺旋导电面色散特性的推导中,以 n 代替 m 来作为模式的角向号数,为的就是与螺旋带色散特性的对应。

(6) 虽然用 n 来既表征螺旋带中的空间谐波号数,也表示螺旋导电面中波型的号数,但两者是有本质不同的,空间谐波不能独立存在,单独的空间谐波不能满足边界条件,每个模式包含有无穷多个谐波。

(7) 由图 10-27 可见,模式 a 的基波与 -1 次空间谐波(返波)的色散曲线存在交点,在交点上它们具有相同的相速,因而可以同时与电子注发生同步相互作用,若行波管工作在交点附近,就容易产生返波振荡,因此在设计行波管时应尽量避开这一点。

最后,还必须指出,慢波系统的禁区与在前面提到过的周期系统阻带是两个不同的概念。

(1) 禁区是指 $k>|\beta_n|$ 的区域,即快波区,由于对开敞系统来说,快波不能传播,成为辐射场,因而成为"禁区";而阻带是周期系统产生谐振,不再存在传播波的频率范围。

(2) 对于开敞性周期系统来说,不可能传播快波,慢波既有禁区,每个模式也会有阻带;对于封闭性周期系统而言,由于不仅能传播慢波,系统的封闭性使它也可以传播快波,因而就不再存在禁区,但阻带一般来说仍然存在。

总的来说,禁区是开敞性系统的特性,阻带则是周期系统的特点。

10.6.4　变态螺旋线

螺旋线作为行波管最广泛采用的慢波系统，虽然具有工作频带宽的优点，但由于不论是以丝料还是带料绕成的螺旋线，其功率承受能力十分有限；加之螺旋线的固定还必须依赖介质杆（一般为陶瓷夹持杆）的支撑，进一步降低了螺旋线的散热能力，因而功率容量低是螺旋线行波管的最主要不足。为了进一步改善螺旋线慢波系统的性能，提高行波管的功率容量，提高慢波线耦合阻抗，抑制返波振荡等，人们提出了各种螺旋线的变形结构，如双绕螺旋线、同轴双螺旋线、反绕双螺旋线、环杆、环圈和环板、π 线等。其中得到实用的主要有下面几种。

1. 双绕螺旋线

双绕螺旋线的结构如图 10－28 所示，其特点是：由于双螺旋线可以消除部分谐波，使双螺旋线中“禁区”间有较大间隔。这种结构的慢波线具有较高的 －1 次空间谐波的耦合阻抗，因而主要用于返波管中，较宽的慢波区亦使得返波管有较宽的频率调谐范围。

2. 环—杆结构

环—杆结构慢波系统是由双绕螺旋线演变而成的（图 10－29）。这种结构在同相激励时，轴线上的纵向磁场抵消，因而慢波线中的主波就只有 TM 波而不存在 TE 波，基波场就全部集中于 TM 波，使纵向电场强度增大约一倍，大大提高了基波耦合阻抗；与此同时，同相激励又抑制了 －1 次空间谐波的存在，大大降低了 －1 次谐波的耦合阻抗，避免了高压行波管由 －1 次谐波引起的返波振荡。但是环—杆结构有较强的色散，因此频带比单螺旋线行波管要窄。

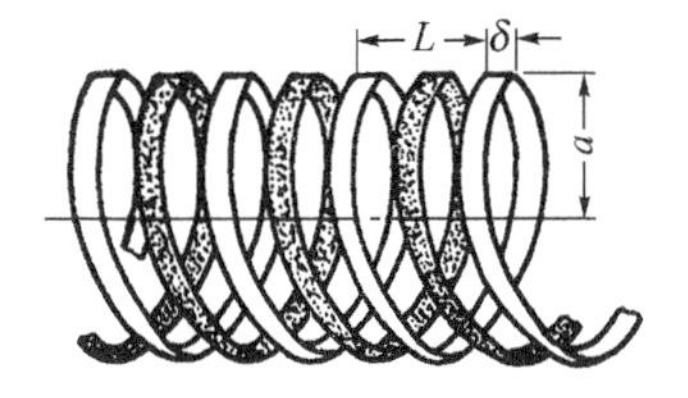

图 10－28　双绕螺旋线

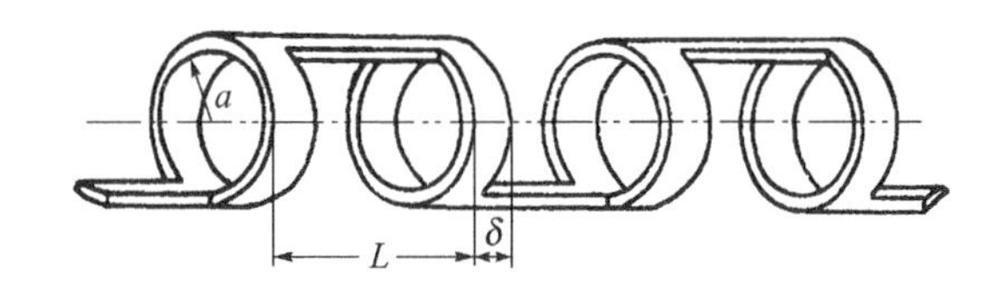

图 10－29　环—杆结构慢波系统

3. 环—圈结构

若将环—杆结构慢波线中的杆改成半圆圈，就成为环—圈结构（图 10－30）。这种结构的特点是基波的耦合阻抗进一步增大，几乎没有 －1 次返波分量，－1 次返波振荡的危险性很小。环—圈结构慢波线的行波管单位长度增益大，因而管子可以较短。

4. 环—板结构

螺旋线的另一种变形结构是环—板结构慢波线。由于环—板结构直接由圆环两侧对称伸出的径向板支持环的位置，可以完全不再用介质支持杆来固定环，径向板直接与慢波线的屏蔽筒连接，因而使得结构的热传导性能大为改善，明显提高了行波管的功率容量。为了增加环—板结构的带宽，可以在环—板慢波线的屏蔽筒内部加脊，构成与环之间的容性负载，从而增加带宽的方案，如图 10－31 所示。

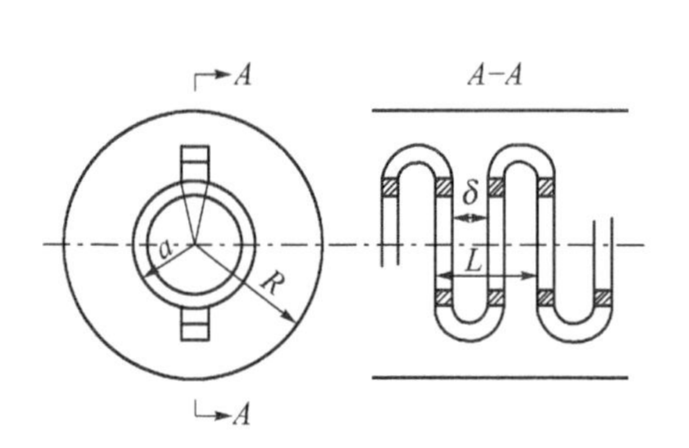

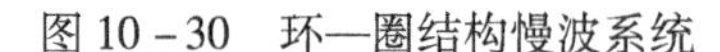

图 10-30　环—圈结构慢波系统

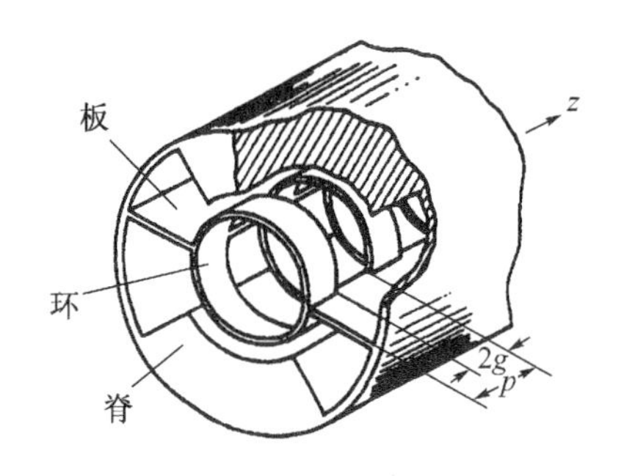

图 10-31　改进的环—板结构慢波系统

10.7　耦合腔慢波系统

螺旋线慢波结构虽然具有频带宽的优点,但其功率容量受到螺旋线散热能力差的严重制约。一些螺旋线的变态结构尤其如环板、π线等以牺牲一定带宽为代价,虽然在相当程度上改善了热耗散能力,提高了行波管的输出功率,但是,总的来说,它们还是难以满足大功率行波管的要求,因此,在大功率行波管中,一般都采用各种周期性加载的慢波结构来替代螺旋线。最重要也是应用最普遍的周期系统是耦合腔链构成的慢波系统,它们可以工作在非常高的峰值功率电平上,也可以工作在很高的平均功率或连续波功率电平上。

与螺旋线慢波系统主要以场分析方法不同,对耦合腔慢波系统的分析则主要用等效电路分析方法。

10.7.1　周期加载慢波结构的基本工作原理

耦合腔链是一种周期加载结构,所以从一般周期加载系统入手来理解其重要特性,即它的通带与阻带。

在圆波导中,周期性地放入了一系列间隔为 L 的带有中心圆孔的圆盘,作为波导的负载,如图 10-32 所示,就成为最典型的周期加载系统,称为圆盘加载波导;由于每两个圆盘之间的区域构成了一个圆柱谐振腔,一系列谐振腔通过中心圆孔发生耦合,因而这种结构又是最基本的耦合腔链慢波系统。

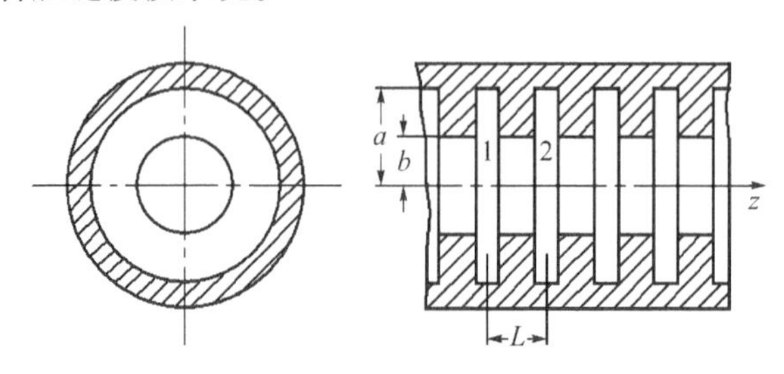

图 10-32　周期加载结构慢波系统

考虑到电子注是与 E_z 发生相互作用的,因此在图 10-32 所示的周期加载系统中,只取 TM_{01} 模来进行讨论。

(1) 当 $b=a$ 时,即中心孔扩大到与圆波导直径相同时,系统就变成了传播 TM_{01} 模式的圆波导,其色散特性也就成为圆波导 TM_{01} 模式的色散特性,如图 10-33 中曲线 1 所示。k_c 为 TM_{01} 模式的截止波数,$k_c b=k_c a=2.405$,与 k_c 对应的截止频率为 ω_c。显然当 $\omega>\omega_c$ 时,成为系统的通带,传播 TM_{01} 模式快波;而当 $\omega<\omega_c$ 时,则对于 TM_{01} 模式成为阻带,波被截止。所以普通波导是一个高通滤波器。$\omega_0=\omega_c$ 时,$\beta=0$,此时电场只有纵向分量,场分布与圆柱谐振腔中的 TM_{010} 振荡模式相同,如图 10-34(a)所示。

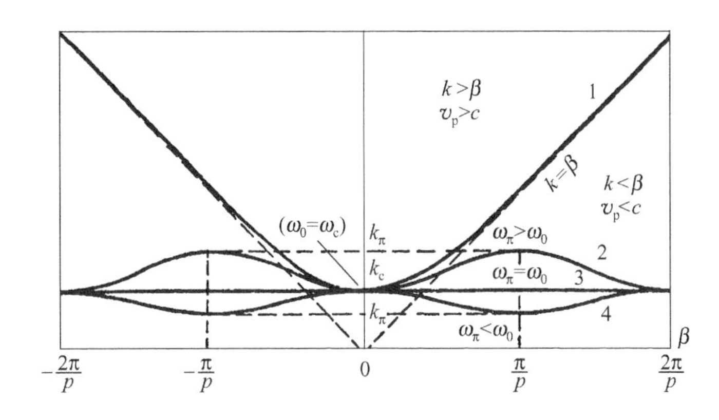

图 10-33　耦合腔(圆盘加载波导)的色散特性

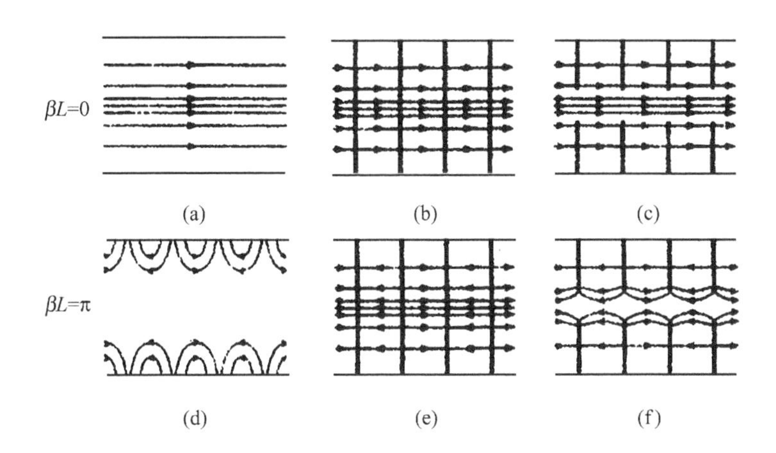

图 10-34　周期加载系统中截止频率时的场分布
及相应频率时圆波导和独立谐振腔中的场

(2) 当 $b\to 0$ 时,这时圆盘成为孔极小或无孔的金属面,它们把圆波导分隔成了一个个独立的完全相同的谐振腔。如果每个谐振腔都振荡在 TM_{010} 模式上,则其场分布与 $a=b$ 时实际上没有区别,如图 10-34(b)所示。但不同的是,根据谐振腔的选频特性,只有当 $\omega_0\approx\omega_c$ 时,即谐振腔谐振时,电磁波才可能被耦合进谐振腔,从而也才有能量可能被从谐振腔中耦合出来,所以 $\omega_0=\omega_c$ 时成为通带;电磁波略有偏移 ω_c,谐振腔即失谐,电磁波就不可能再进入谐振腔,腔中振荡即不再存在,换句话说,电磁波被截止,成为阻带。因此,在这种极端情况下,耦合腔链的通带极窄,其色散曲线趋近于 $k=k_c(\omega_0=\omega_c)$ 的一根直线,如图 10-33 中的曲线 3 所示。

(3) 当 $0<b<a$ 时,即一般圆盘加载波导情况,这时色散特性取决于引入的圆盘对 TM_{01} 模式的电磁场的影响:在 $\omega \approx \omega_c$ 时,圆盘的引入基本上不会改变原来 TM_{01} 模式在 $\omega_0=\omega_c$ 时的场分布,因为这时电场只有 E_z 分量,而圆盘平面是在垂直 E_z 方向引入的,因而除了在圆盘中心孔附近场的分布略有变化外,总体上场的扰动比较小,场分布如图10-34(c)所示。正因为此,所以圆盘加载波导的第一个截止频率仍为 ω_c(或接近 ω_c),也就是圆波导 TM_{01} 模式、圆柱谐振腔 TM_{010} 模式的截止频率。这个频率是由 $k_c a=2.405$ 所决定的,而与 b 无关,也就是说,是圆波导或圆柱谐振腔形成横向振荡状态所决定的,所以这个截止频率称为横向截止频率,在横向截止频率上,$\beta=0$,$\beta L=0$。

当 $\omega>\omega_c$ 时,电磁波在系统中可以传播,谐振腔之间就产生了相移,即 $\beta L>0$。电磁波的传播在遇到圆盘时将产生反射,在一个无限大的周期系统中,任何一个圆盘的反射总可以找到另一个圆盘的反射可以与它相位相反,相互抵消,使总反射为零,这就意味着电磁波可以无反射地传播,形成系统的通带;当 βL 增加到 $\beta L=\pi$ 时,电磁波从第 n 个圆盘传播到第 $n+1$ 个圆盘再反射回第 n 个圆盘时,总的相移将为 2π,即同相。推广来说,任意两个圆盘的反射波在到达系统中的某一点时其相位差总是 2π 的整数倍,是同相的。因此,所有反射波都将叠加而不是相互抵消,在系统中形成全驻波,这时电磁波在系统中不再能传播,形成了第2个截止频率,在这个截止频率下 $\beta L=\pi$,故记作 ω_π。由于这种截止是由电磁波的纵向反射形成驻波而造成的,因此被称为纵向截止频率。在 $\omega=\omega_\pi$ 即 $\beta L=\pi$ 时,圆盘加载波导中的场分布及相对应的圆波导和独立谐振腔中的场分布如图10-34中的(e)、(d)、(f)。

圆盘加载波导在 $0<b<a$ 时的色散曲线则如图10-33中的曲线2所示,基波为前向波。耦合孔越大(b 越大),ω_π 越高,即通带越宽,b 从0增大到 a,ω_π 就从 $\omega_\pi=\omega_c$ 增大到 ∞,即圆波导的高通情况。由此亦可以看到,圆盘加载慢波系统的 ω_c 主要取决于 a,而 ω_π 则主要取决于 b。

10.7.2 交错排列耦合孔耦合腔慢波系统的等效电路分析

1. 结构与特点

在行波管中实用的耦合腔链慢波系统除了在每个圆盘的中心开有作为电子注通道的孔外,在圆盘的接近边缘位置还开有小孔或隙缝作为各个腔之间电磁场耦合的耦合元件,耦合腔慢波结构由于耦合元件(耦合孔、耦合缝)的存在,使得用场论的方法进行分析比较困难,因而目前一般采用等效电路分析方法来求它的色散特性。

图10-35是目前大功率窄带行波管中应用最广泛的一种耦合腔慢波结构,称为交错排列耦合隙缝(孔)耦合腔链,习惯上称为休斯结构。它由一段圆波导和把圆波导分隔成

图10-35 休斯耦合腔慢波结构

一个个谐振腔的周期性排列的膜片构成。膜片中心开有圆孔并安装一段漂移管以构成电子注通道，漂移管直径较小，一般对工作模式的电磁波是截止的，因此相邻腔体通过漂移管的耦合十分微弱，可以忽略不计。耦合通过在每一个膜片上开的一个呈腰子形的耦合隙缝（孔）进行，相邻膜片上的耦合孔成 180°交错。

耦合腔慢波系统具有以下特点。

(1) 由于耦合腔慢波结构是全金属结构，不像螺旋线需要介质支撑，因而导热性能好，功率容量大，适合大功率行波管应用；但同时因为它又是谐振腔型的慢波线，因而频带必然比较窄。

(2) 耦合孔位于靠近管壁电流和磁场最强（对于 TM_{010} 模式而言）的位置，因此，这种隙缝耦合是磁耦合，或称电感耦合；耦合腔慢波系统腔体之间的耦合主要靠这些耦合孔实现，膜片中心孔的耦合可以忽略不计。

(3) 耦合腔慢波系统的基波是返波，其色散特性如图 10－32 中曲线 4 所示，其通带两端的截止频率是 ω_0 和 ω_π：$\omega_0=\omega_c$，$\omega_\pi<\omega_c$。对于圆盘加载波导来说，耦合是通过中心孔实现的，中心孔的存在使电场受到减弱（与 $\beta L=0$ 时相比），腔中电场储能减小，而磁场因为主要集中在靠近腔外壁（圆波导壁）附近，中心孔对它影响很小，磁场储能不变，根据微扰理论，腔中电场储能减小将导致谐振频率的提高，因此 $\omega_\pi>\omega_c$，基波为前向波；而耦合腔慢波系统的情况刚好相反，耦合孔使得磁场减弱，磁场储能减小，而中心孔由于截止，对电场影响很小，电场储能基本不变，由微扰理论可知，此时谐振频率将降低，因此 $\omega_\pi<\omega_c$，基波为返波。

(4) 漂移管的存在，不仅使 TM_{01} 模式截止，而且使作用间隙（相邻漂移管之间的间隙）的纵向电场更加集中，绝大部分电力线终止于漂移筒端面而不穿过圆筒；漂移管的存在还增加了纵向电场沿轴线分布的“非正弦”性，以增加空间谐波分量，从而提高了－1 次空间谐波的耦合阻抗。由于耦合腔慢波系统的基波是返波，其－1 次空间谐波才是前向波，所以它被应用在行波管放大器中时是工作在－1 次谐波上的。

(5) 电子注通道与系统中的慢波传输通道是分开的，前者由中心孔（即漂移管）承担，而后者则是由耦合隙缝（孔）完成的。因此耦合腔慢波系统的耦合阻抗的大小主要由漂移管的形状和尺寸来确定，而通频带的宽窄则主要取决于耦合孔的位置、形状和尺寸。从而克服了圆盘加载波导中电子注通道以及相邻腔之间的耦合都由中心孔完成，使得耦合阻抗与色散特性的调整互相影响，不能分别进行的矛盾。

2. 等效电路

休斯结构的等效电路可以如下来考虑（见图 10－36(a)）。

假定无耦合隙缝时，每一个腔 TM_{010} 模式的谐振频率为 ω_c，它由腔体的等效电容 C_1 和等效电感 L_1 组成的谐振回路所决定：

$$\omega_c=\frac{1}{\sqrt{L_1C_1}} \tag{10.104}$$

式中，电容 C_1 主要由漂移管端部电容构成；电感 L_1 则与腔体内的回路电流有关。

在有耦合隙缝时，每一个耦合隙缝也可以产生谐振。当隙缝是狭长形状时，可以把它等效成两端短路的传输线，则其谐振频率为

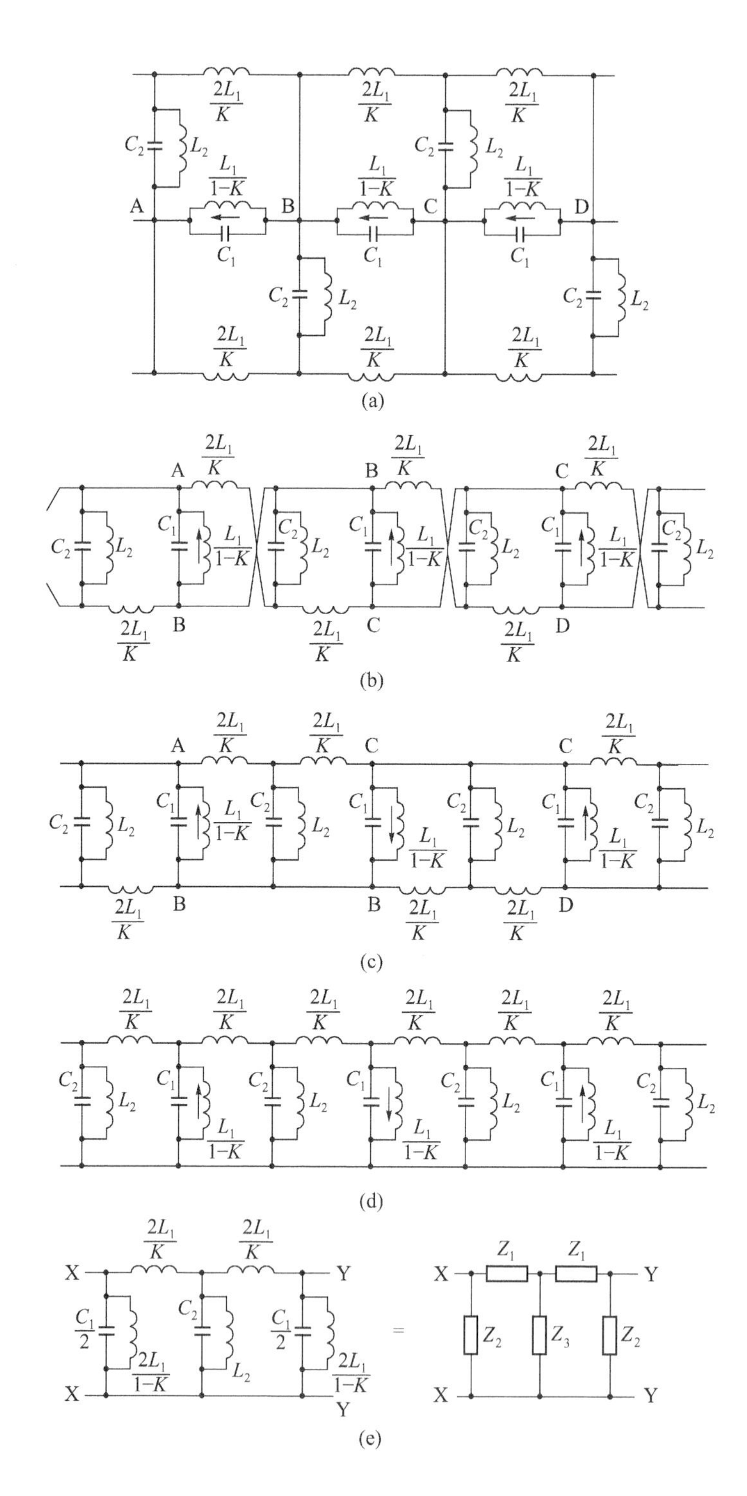

图 10－36　休斯结构耦合腔链的等效电路

$$\omega_s = \frac{1}{\sqrt{L_2 C_2}} \tag{10.105}$$

式中，L_2、C_2 分别为耦合隙缝的等效电感和等效电容。以图 10－36(a)中的 A 点为例来考察，可以看出：由于耦合隙缝的存在，使腔内的回路电流分成三部分，相应地腔体电感 L_1 也被分成了三部分：第 1 部分电流流经耦合孔与前一个相邻的腔体，使之发生耦合，这部分对应的电感(上面的 $2L_1/K$)与左侧的耦合孔 L_2、C_2 谐振回路串联后再接在腔体电容 C_1 两端；第 2 部分电流则流经耦合孔与后一个相邻腔体，对应的电感(下面的 $2L_1/K$)与右侧的耦合孔 L_2、C_2 回路串联后再接在 C_1 两端；第 3 部分电流不通过耦合孔，因此其相应的电感($L_1/(1-K)$)直接接在 C_1 两端。显然，由于所有腔体和耦合孔的形状、尺寸都是相同的，第 1、第 2 部分的电流应相等，若令流经耦合孔的电流占全部电流的百分数为 $K(K<1)$，则第 1 部分与第 2 部分电流应各占 $K/2$，剩下的第 3 部分电流就为总电流的 $(1-K)$ 倍；它们相应的电感就应该分别为 $2L_1/K$、$2L_1/K$ 和 $L_1/(1-K)$，它们并联后的总电感就是原来的腔体电感 L_1。

这样，若把所有腔的等效电路都画出来，就得到如图 10－36(a)所示的网络链，经多次变换(图 10－36(b)、(c))后，最后简化成一个对称的四端网络图 10－36(d)，该网络的基本单元则如图 10－36(e)所示。网络的交换过程如下：

第 1 步，把网络原型图 10－36(a)拉开成如图 10－36(b)所示的图形；

第 2 步，把交叉的连线扭转拉直，如图 10－36(c)。但应注意，这时相邻的 C_1 上的电压参数方向相反，相当于引进了一个附加的 π 相移；

第 3 步，把所有串联的电感移到同一边，成为图 10－36(d)所示的最后形式。

图 10－36(e)为网络最后形式的一个单元，代表耦合腔链慢波系统的一个周期，我们只需要研究这一单元网络的相移 βL 与网络参量的关系就可以得到系统的色散特性。

3. 色散特性

图 10－36(e)所示电路的色散特性可以通过开路阻抗和闭路阻抗来计算：

$$\cos\theta' = \sqrt{\frac{Z_{oc}}{Z_{oc} - Z_{sc}}} \tag{10.106}$$

式中，θ' 为网络每个单元的相移角；Z_{oc} 为 YY 端开路时的 XX 端阻抗，Z_{sc} 为 YY 端短路时 XX 端的阻抗。

$$Z_{oc} = Z_2 \frac{Z_1^2 + 2Z_1Z_3 + Z_1Z_2 + Z_2Z_3}{Z_1^2 + Z_2^2 + 2Z_1Z_2 + 2Z_1Z_3 + 2Z_2Z_3} \tag{10.107}$$

$$Z_{sc} = Z_2 \frac{Z_1^2 + 2Z_1Z_3}{Z_1^2 + 2Z_1Z_3 + Z_1Z_2 + Z_2Z_3} \tag{10.108}$$

将式(10.107)、式(10.108)代入式(10.106)得到

$$\cos\theta' = 1 + \frac{2Z_1}{Z_2} + \frac{Z_1}{Z_3} + \frac{Z_1^2}{Z_2Z_3} \tag{10.109}$$

式中

$$\begin{cases} Z_1 = \mathrm{j}\dfrac{2\omega L_1}{K} \\ Z_2 = \mathrm{j}\dfrac{2\omega L_1}{1 - K - \omega^2 L_1 C_1} \\ Z_3 = \mathrm{j}\dfrac{\omega L_2}{1 - \omega^2 L_2 C_2} \end{cases} \tag{10.110}$$

考虑到网络转换中每个单元发生的附加相移π后,耦合腔链每个单元的相移角,亦就是系统每个周期的相移角 $\theta(\theta = \beta L)$ 应为

$$\cos\theta = 1 - \frac{2L_1}{K^2 L_2}(1 - \omega^2 L_1 C_1)\left(1 + \frac{KL_2}{L_1} - \omega^2 L_2 C_2\right) \tag{10.111}$$

这就是交错排列耦合孔耦合腔慢波系统的色散方程,式中 θ 与 θ' 的关系为

$$\theta = \theta' + \pi, \cos\theta = -\cos\theta' \tag{10.112}$$

考虑到关系式(10.104)和式(10.105),并令

$$K_c = K\frac{L_2}{L_1} \tag{10.113}$$

K_c 为耦合系数,它取决于耦合孔电感 L_2 与谐振腔电感 L_1 之比,由此色散方程就可以写成:

$$\cos\theta = 1 - \frac{2}{KK_c}\left(1 - \frac{\omega^2}{\omega_c^2}\right)\left(1 - K_c - \frac{\omega^2}{\omega_s^2}\right) \tag{10.114}$$

方程(10.114)所表示的交错排列耦合隙缝耦合腔慢波系统的色散特性可画成如图10-37所给出的曲线。从图上可以看出,这种结构色散特性的主要特点如下。

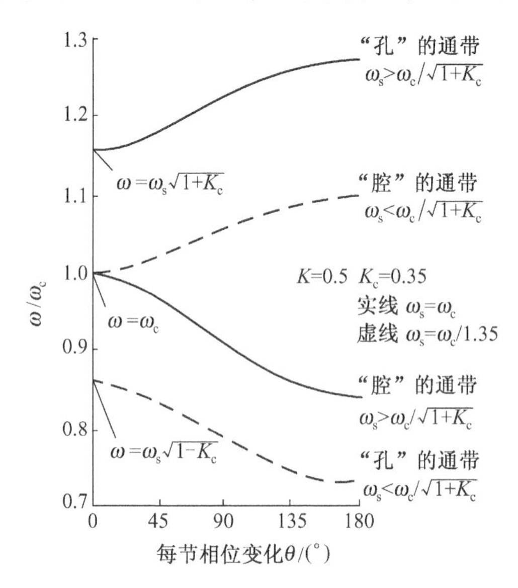

图10-37 休斯系统色散曲线

（1）存在两个通带，即腔通带与耦合孔通带。腔通带在 $\beta L = \theta = 0$ 的截止频率就是腔的谐振频率 ω_c；而孔通带在 $\beta L = 0$ 时的截止频率并不是孔的谐振频率，而是 $\omega_s\sqrt{1+K_c}$。

（2）当 $\omega_s\sqrt{1+K_c} > \omega_c$，即耦合孔的截止频率较高时，孔通带在上方，基波为正色散是前向波；而腔通带在下方，基波为负色散是返波，-1 次空间谐波才是前向波。图 10-36 中的实线表示的是这种情况。

（3）当 $\omega_s\sqrt{1+K_c} < \omega_c$，即耦合孔的截止频率较低时，情况刚好相反，孔通带在下方，基波为负色散是返波；腔通带在上方，基波为正色散前向波。如图 10-37 中虚线所示。

（4）当耦合系数 K_c 增加时，腔通带随之增宽，因而这种结构较其他耦合腔结构得到更广泛的应用。

应当指出，由以上等效电路方法获得的耦合腔链的色散特性只适合基波，随着工作频率的提高，系统中还会出现高次模式，它们会与基模有不同的场分布与色散，不再能由上述电路所代表。

4. 网络参量的计算

采用等效电路方法分析慢波系统时，除了要根据实际结构画出对应的电路外，还必须求出电路中每个元件的参量，即找到电路参量与结构的几何尺寸之间的关系，只有这样，这样分析的结果才具有实际意义。

腔体谐振频率 ω_c 的计算，可以应用在 10.2 节中给出的重入式谐振腔的计算公式。

耦合隙缝谐振频率 ω_s 的计算，可以把隙缝看成是一段两端短路的传输线，构成一个半波长谐振腔，从而计算出谐振频率。

流经耦合孔的电流分配比 K 的计算，可以用耦合隙缝所张角度与整个圆周角 2π 之比作为 K。

耦合系数 K_c 的计算，因为 $K_c = KL_2/L_1$，因此必须首先求出耦合孔电感 L_2 与谐振腔电感 L_1。

如果把耦合孔与谐振腔都看作为一个谐振回路，则其并联电阻 R 与品质因数 Q 之比 R/Q，可以用场的方法计算（实际应用计算软件即可计算），或用实验方法确定，则由

$$\frac{R}{Q} = \sqrt{\frac{L}{C}} \tag{10.115}$$

及

$$\omega = \frac{1}{\sqrt{LC}} \tag{10.116}$$

就可以得到

$$L = \frac{R/Q}{\omega} \tag{10.117}$$

对于谐振腔而言，间隙处的 R/Q 可记为 $(R/Q)_c$，相应的 $\omega = \omega_c$，$L = L_1$，$C = C_1$；对耦合孔而言，中点处的 R/Q 可记为 $(R/Q)_s$，相应的 $\omega = \omega_s$，$L = L_2$，$C = C_2$。

可见，虽然等效电路方法可以方便地得到色散特性，但要指导实际结构设计，还需要借助于电磁场的计算，但对工程设计来说，这还是十分有用的。

10.7.3 其他耦合腔结构慢波系统

耦合腔链慢波系统有各种不同的结构形式,如耦合孔不交错排列,而在同一方向一线排列(图10-38);或者上、下同时设耦合孔(图10-39);或者在双长缝耦合的基础上,在膜片间的腔内圆波导壁上加脊(图10-40)等。它们的基本原理与交错排列耦合孔的耦合腔链没有什么不同,只是具体的色散特性有所不同,有的使腔通带的基波成为前向波,更有利于大功率行波管的应用;有的则是为了增加带宽。

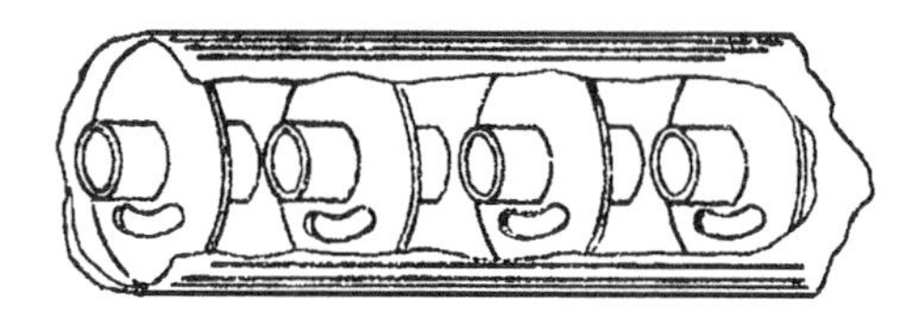

图10-38 直线排列耦合孔耦合腔慢波系统

图10-39 双耦合孔耦合腔慢波系统

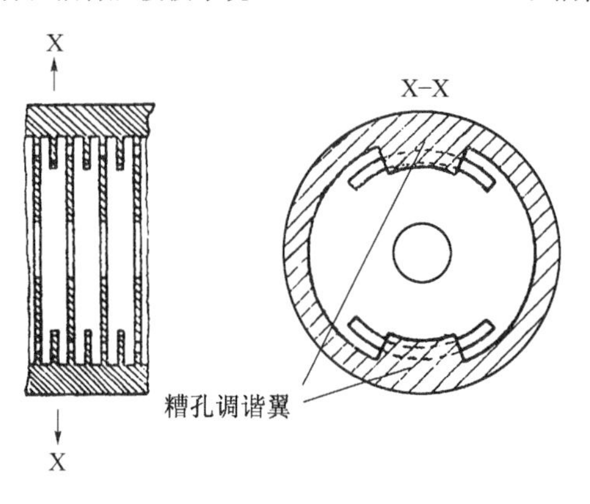

图10-40 长隙缝耦合腔慢波系统

为了适应毫米波行波管发展的需要,美国凡里安公司开发了一种改进的耦合腔链慢波电路——梯形线,把圆形腔体改成了矩形腔体,在腔的公共壁的边缘开设耦合槽。图10-41给出了直线式耦合的梯形电路的结构图,整个电路只用3块铜板组成,中间一块是构成腔体的主板,板上开一系列矩形孔作为腔体的主体,轴线上开一贯通整个主板的圆孔作为电子注通道;上、下两块是盖板,与主板焊接后与主板上的矩形孔系列形成封闭的谐振腔,在上、下盖板上事先各开有一条纵向的矩形槽,在盖板与主板连接后,上、下纵向槽将各腔贯通起来,使腔体间发生耦合。

与传统耦合腔相比,梯形电路显然结构简单得多,特别是结构整体性和一致性好,易加工,加工和装配精度易得到保证,成本低;同时具有尺寸大、散热性能好、功率容量高,还能消除带边振荡等优点。

梯形电路除了直线式耦合结构外,还提出了单交错耦合和双交错耦合等结构形式。图10-42给出了一种单交错耦合梯形线的结构示意图,它取消了原来开在盖板上的作为耦合槽的纵向矩形槽,代之以直接在主板上的腔体之间公共壁上交错开槽,即一个公共壁在上方开耦合槽,下一个公共壁则在下方开耦合槽,单交错耦合梯形线比直线式耦合结构具有更宽的频带和更高的群速。

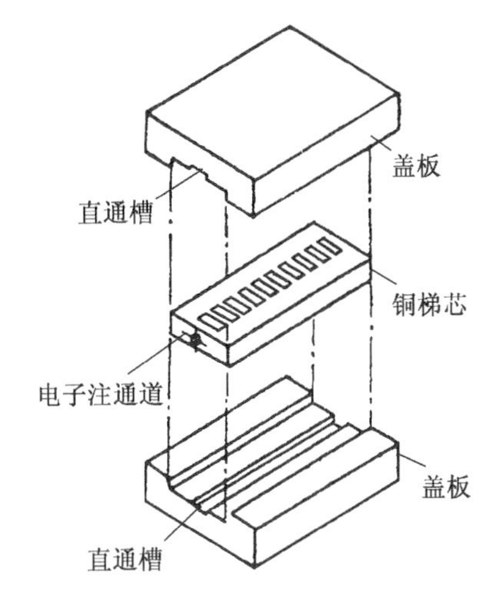

图 10－41　直线式耦合槽梯形电路

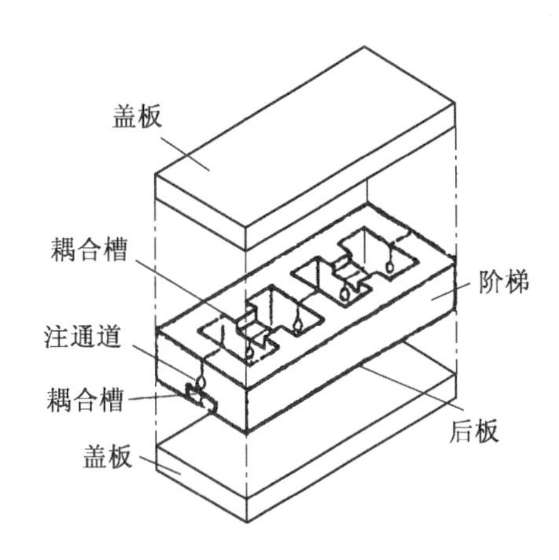

图 10－42　单交错耦合槽梯形电路

如果在每一个腔体公共壁上开有两个相对的（互成 180°）耦合槽，相邻公共壁的耦合槽成 90°错开，即一个壁上如果在上、下开槽，则下一个壁上就在左、右开槽，这样就构成了双交错耦合梯形电路。双交错梯形电路具有更宽的工作频带，其冷带宽在 40% 以上，做成实际行波管后热测得到的带宽亦达到 20%。

10.8　其他慢波系统

除了螺旋线类和耦合腔类慢波系统外，慢波系统还有其他很多种类，而且随着微波电子学的发展，还有新的慢波结构不断被提出，在这里只能就最重要的一些其他慢波系统作一个简单介绍。

10.8.1　圆盘加载波导

若在圆柱波导中周期性加载带中心孔的圆形膜片或圆盘，就构成圆盘（膜片）加载波导，或简称盘荷波导。当膜片厚度很薄时，一般可作为均匀系统处理，而当膜片比较厚时，就应当看作周期系统。

1. 膜片加载波导

膜片加载波导的剖面如图 10－43 所示，如果满足条件 $L \ll \lambda$，则这种系统可以当作均匀系统来处理，而且仍限于研究角向对称的 TM 波型，即$\partial/\partial\varphi=0$ 的 TM_{0n}波。

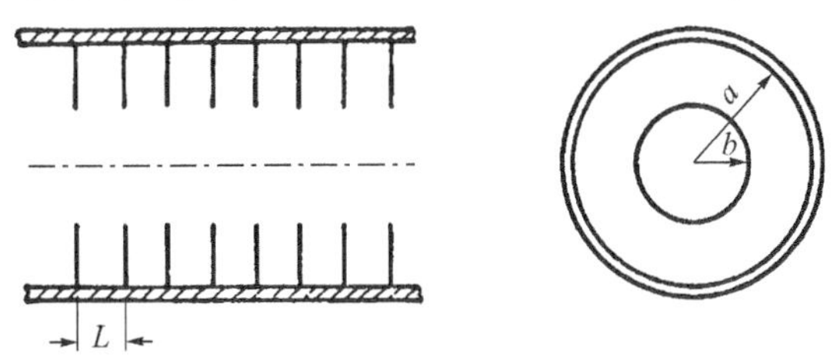

图 10－43　周期性膜片加载波导

将系统分成两个区域,$r\leqslant b$ 的区域为第一区,$b\leqslant r\leqslant a$ 的区域为第2区。在第1区中的场是圆柱坐标系统中的TM慢波,场在 r 方向应以变态贝塞尔函数分布;而第2区则可以看作在 $r=a$ 处短路的径向线,其中的场是沿 r 方向传播的TEM波(在 $r=a$ 处短路),径向线中的TEM波由于短路面的存在,可以写成驻波形式,即零阶第一类和第二类贝塞尔函数 J_0 和 N_0,将两区域中的场在 $r=b$ 的边界上缝合(匹配),就可以得到膜片加载圆柱波导的色散方程:

$$\frac{\gamma b}{kb}\frac{I_0(\gamma b)}{I_1(\gamma b)}=\frac{J_0(kb)N_0(ka)-N_0(kb)J_0(ka)}{J_1(kb)N_0(ka)-N_1(kb)J_0(ka)} \tag{10.118}$$

式中,J_0、J_1 为零阶和一阶第一类贝塞尔函数;N_0、N_1 则为相应第二类贝塞尔函数。式(10.118)所表示的膜片加载波导慢波系统的色散关系可以由图10-44所示曲线反映,图中 $\beta^2=k^2+\gamma^2$,图中只给出了主模的色散特性,其特点如下:

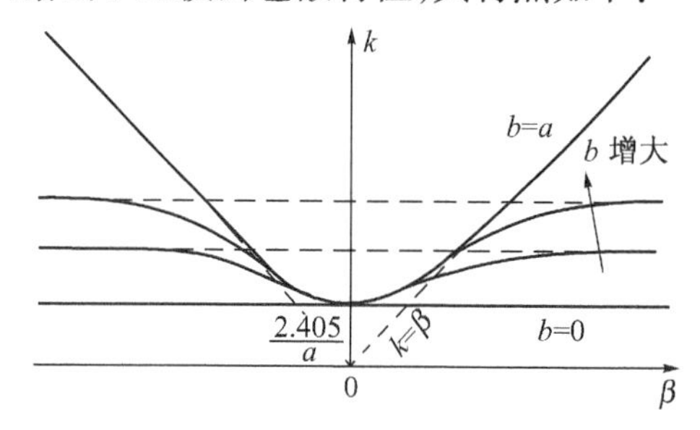

图10-44 膜片加载波导的色散特性

(1)同样存在通带和阻带。

(2)不存在禁区,这是封闭系统的普遍特性,即可以传播快波。

(3)与梳形系统相比,梳形系统的主模式只有一个高截止频率而低截止频率为零,呈现低通滤波器的性质;而膜片加载系统则既有高截止频率,也有低截止频率,具有带通滤波器性质,且低截止频率就是 $r=a$ 的圆波导的 TM_{01} 模式的截止频率,不随耦合孔半径而变。

(4)系统通带随 b 的增大而增加,当 $a=b$ 时成为均匀圆波导,不再存在高截止频率。

2. 圆盘加载波导

实际上,在10.7节一开始就已经分析了圆盘加载波导(图10-32)的色散特性,并给出了其色散曲线(图10-33)。在这里进而给出圆盘加载波导的色散方程。

与膜片加载波导一样,将圆盘加载波导分成两个区,$r\leqslant b$ 为第1区,$b\leqslant r\leqslant a$ 为第2区,与膜片加载波导不同的是,在第1区,考虑到周期性,场方程应包含TM波的无穷个空间谐波,而在第2区,$L\ll\lambda$ 的条件下,仍然可以考虑沿 r 方向传播的是TEM波($n=0$)。

最后得到的圆盘加载波导色散方程为

$$\frac{d}{L}\sum_{n=-\infty}^{\infty}\frac{I_1(\gamma_n b)}{\gamma_n b I_0(\gamma_n b)}\left[\frac{\sin\frac{\beta_n d}{2}}{\frac{\beta_n d}{2}}\right]^2=\frac{1}{kb}\frac{N_0(ka)J_1(kb)-J_0(ka)N_1(kb)}{N_0(ka)J_0(kb)-J_0(ka)N_0(kb)} \tag{10.119}$$

10.8.2　全金属慢波结构

1. 全金属慢波结构的特点

慢波系统作为行波管电子注与高频场相互作用以放大微波能量的部件，其性能直接决定着行波管的水平，传统的螺旋线及其变态结构和耦合腔结构在功率容量与带宽的兼顾上各自都遇到了严重的障碍。螺旋线带宽很宽，但功率电平受到其热耗散能力低的制约；而耦合腔虽然在功率容量上可以比螺旋线高出至少一个数量级，但其工作频带却十分窄，一般仅有 3% ~10% 。这就是说，慢波系统的功率容量和带宽往往是相矛盾的，这种矛盾是与其结构上的开敞性与封闭性相联系的。减弱色散，增加带宽，要求结构在一定尺寸范围内增加开敞性，开敞的结果同时又带来系统散热能力下降，使功率容量降低；反之，改善热耗散，提高功率容量，则希望结构具有金属封闭性，封闭性结构导致谐振特性明显，又使得系统带宽变窄。新型全金属慢波结构在克服这一矛盾上显示出了一定优越性，它可以获得很大的输出功率，又具有比耦合腔宽得多的带宽。

所谓全金属结构是指整个慢波系统全部由金属构成，而不引入任何介质支撑的封闭结构，前面我们已介绍过的耦合腔慢波结构和盘荷波导慢波结构实质上也是全金属结构，而新型全金属慢波线主要有螺旋槽波导（图 10 -45）、螺旋波导（图 10 -46）、曲折波导（图10 -47）、同轴径向线（图 10 -48）、波纹波导（图 10 -49）、螺旋波纹波导等。作者领导的课题组对螺旋槽波导、π 线、周期加载波导等全金属慢波结构进行了较深入的研究，证明了一些新型全金属慢波线可以达到 25% ~50% 的冷带宽和 15% ~30% 的热带宽。

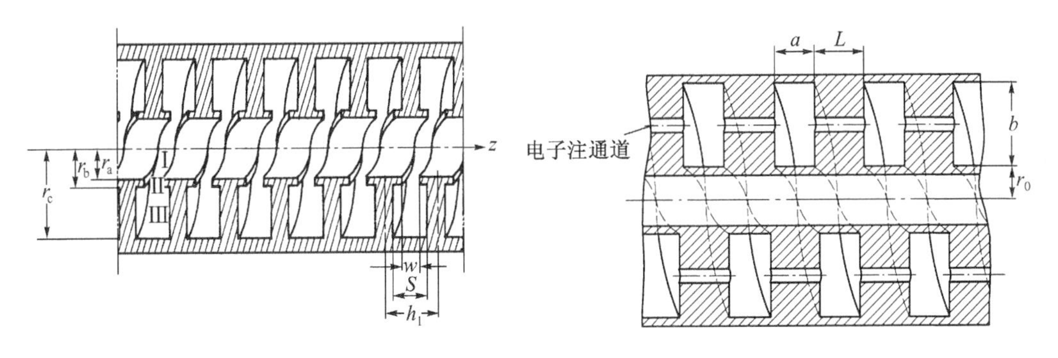

图 10 -45　螺旋槽慢波结构　　图 10 -46　螺旋波导慢波结构

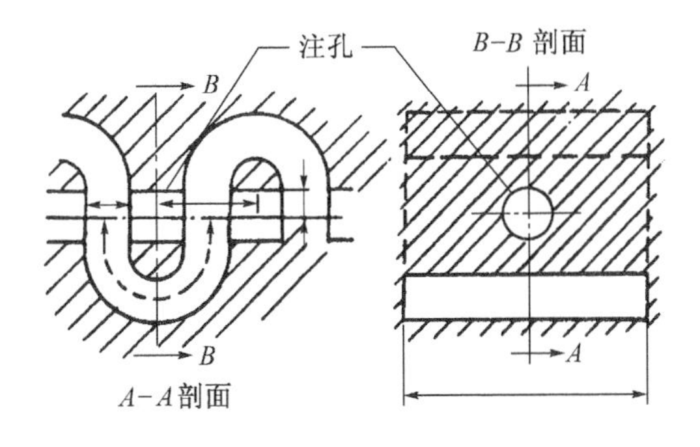

图 10 -47　曲折波导慢波结构

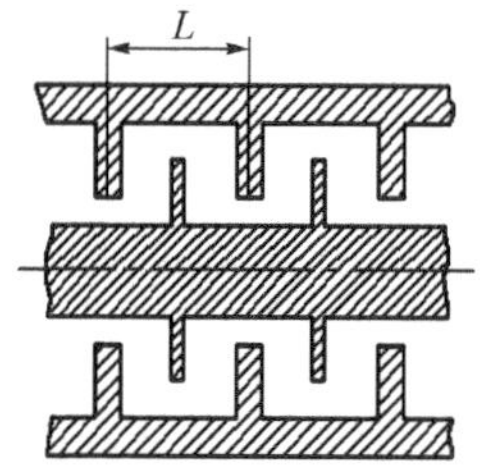

图 10-48　同轴径向线慢波结构

图 10-49　波纹波导慢波结构

全金属慢波结构具有以下特点。

(1) 其最突出的优点就是热耗散能力强,因而行波管的输出功率可以大幅度提高。

(2) 尺寸大,因而允许增大电子注半径,提高电子注注入功率,特别适合应用于毫米波行波管。

(3) 由于没有介质支撑和夹持,结构整体性好,因而其加工精度和装配精度高。

(4) 结构牢固,加工成本低,适合于恶劣环境中使用。

(5) 由于全金属慢波结构是一种封闭系统,因而与螺旋线相比,其色散强,总体上频带还是比较窄。但是与耦合腔相比,频带宽得多。

2. π 线和曲折波导

新型全金属慢波线在行波管中已经得到比较广泛实用的是π线和曲折波导。

1) π线

π型结构慢波线由一系列圆环组成,每个圆环由从外壳内壁互相相对伸出的两根径向短杆支撑,在与短杆相隔90°的位置上,由外壳内壁向圆环伸出两条脊,与环构成容性加载,横向连接带把相对的脊连接起来以消除环上的反对称模式。图 10-50 给出了这种π线的结构示意图。

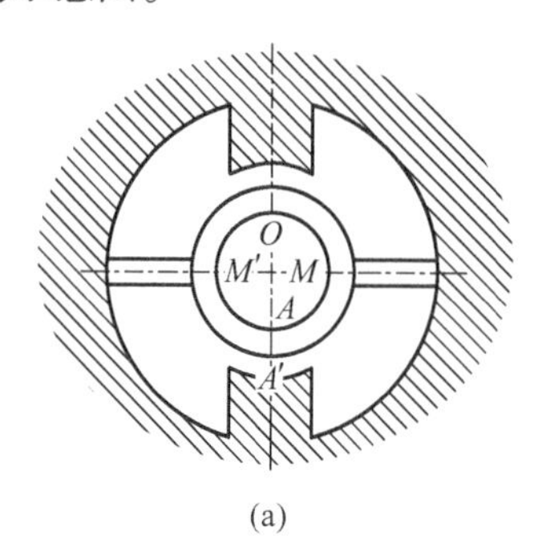

(a)

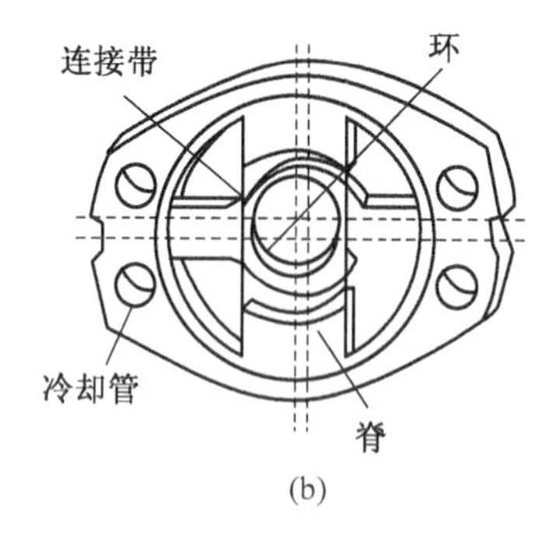

(b)

图 10-50　π型慢波线结构示意图

(a) 大功率行波管用π型慢波线; (b) 带连接带的π型慢波线。

π线的功率容量很大,曾有学者预言这种结构的脉冲功率容量可以达到 1MW,平均功率可以达到 10kW,π线的工作带宽预计也可以达到 10% ~20%。法国汤姆逊公司制造了几个类型的π线行波管商品。

2) 曲折波导

曲折波导是将矩形波导的宽边来回折弯而形成的,沿系统的中心轴线贯穿开一个圆孔作为电子注通道,其结构示意图如图 10-51 所示。

图 10－51　曲折波导慢波线结构示意图

实际的曲折波导是由两片金属板组成,在每一片金属板上加工出曲折槽的一半,槽深为曲折波导宽边的一半,槽宽就等于波导窄边,在曲折槽的中心加工出半圆槽作为半个电子注通道,然后将两片金属板上的半曲折槽精密对准合起来,通过外壳或焊接的方法固定。这种精密机械加工方法只能加工最高工作在 200GHz 及以下频段的曲折波导,工作频段在 100GHz 及以上的曲折波导则可以采用 LIGA 技术(见 16.1.3 小节)进行加工。

曲折波导慢波线由于功率容量大、尺寸大、整体性好,十分易于加工,能量耦合装置与慢波线连接十分方便,因而在毫米波、亚毫米波甚至太赫兹行波管中得到了广泛应用,成为毫米波段及更高频段行波管采用的最主要的慢波结构形式。

10.8.3　带状电子注慢波系统

带状电子注由于可以比常规圆形电子注在同样电压下得到更大的电流,因此在毫米波和太赫兹波段行波管中得到了广泛的应用,适合用于带状电子注工作的慢波线往往不同于常规的慢波线,比较常见的主要有矩形栅波导、交叉双栅波导、正弦波导和平面曲折线。

1)矩形栅慢波结构

开敞的矩形栅慢波结构由一系列金属平板等距离平行排列形成,因为不存在金属侧壁,该结构能支持纯的横电模(TE)或横磁模(TM)模式;在行波管中实际应用矩形栅慢波结构,都是需加上金属管壳的,即是有金属侧壁的,这时,它所支持的模式是相对于传播方向上的混合模式,而不再是纯的横电模或横磁模了。

栅形慢波结构在微波器件中有着广泛的应用,如返波振荡器、行波管、奥罗管、线性磁控管、多波契伦科夫发生器、多波衍射发生器以及回旋管等。它最吸引人的优点是结构紧凑,加工精度高,用于毫米波和太赫兹波行波管中,可以在 100～300GHz 频率上产生高功率微波。

用于带状注行波管的矩形栅慢波系统有三种结构形式:矩形单栅结构(图 10－52(a))、矩形双栅结构(图 10－52(b))和交错双栅结构(图 10－52(c))。

矩形单栅结构和矩形双栅结构的色散比较强,工作带宽窄,矩形单栅结构的基波的耦合阻抗也比较低,因此实际应用比较少;而矩形双栅由于上下都有栅条结构,明显提高了耦合阻抗,可达几十欧姆,而－1 次空间谐波的耦合阻抗很小,因此产生返波振荡的危险被降低;交错双栅结构将矩形双栅结构的上下栅条相互错开半个周期,使行波管的工作带宽得到了显著增加,一般使用它的－1 次空间谐波。

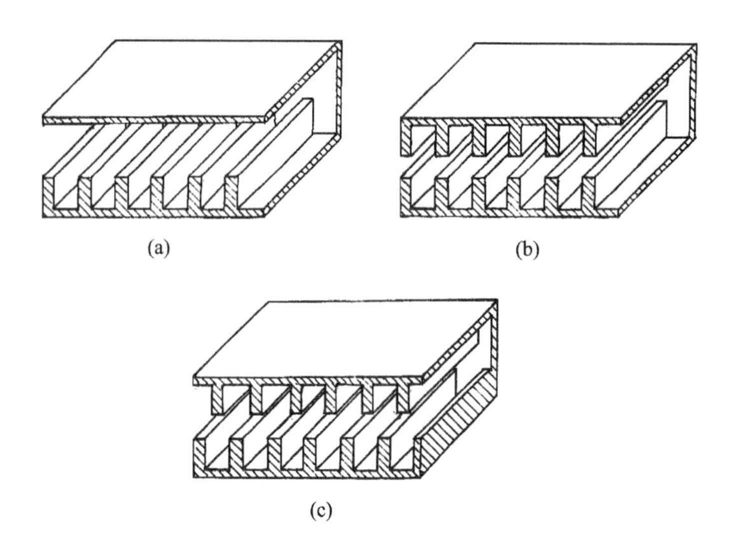

图 10－52　矩形栅慢波结构

(a)矩形单栅结构;(b)矩形双栅结构;(c)交错双栅结构。

栅的形状除了矩形外,还可以是其他形状,如梯形、阶梯形等。

2)正弦波导慢波结构

2011 年,电子科技大学毫米波太赫兹源技术及应用团队在研究毫米波和太赫兹慢波结构中注意到折叠波导具有简单的输入输出结构,这正是交错双栅慢波结构的不足;但交错双栅拥有较小的欧姆损耗,又有天然的带状电子注通道,这又正是折叠波导的缺陷。因此若将这两种慢波结构的特点结合,应该是一种很有潜力的短毫米波及太赫兹慢波结构,基于这一思路,提出了正弦波导慢波结构(图 10－53),它实际上也可以看成交错双栅慢波结构当栅的形状变成正弦起伏时的一种变态。正弦波导慢波结构是一种全金属慢波结构,没有介质损耗,只有导体损耗,具有宽的工作带宽、反射小以及易于加工等优点,其最大的特点是传输损耗低,是一种非常适合工作在毫米波和太赫兹波段的慢波结构,已经在国内外得到广泛关注和应用。

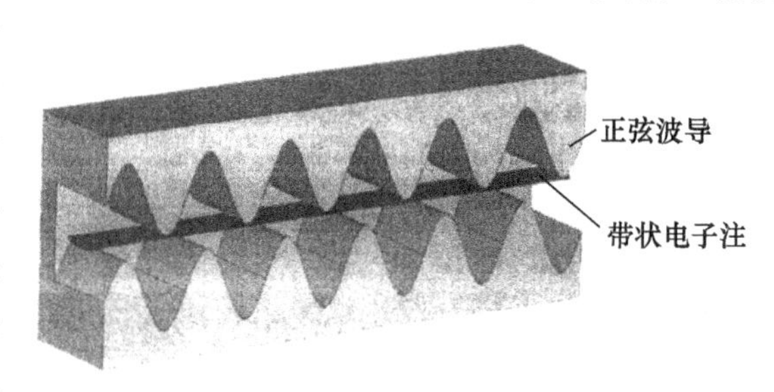

图 10－53　正弦波导慢波结构

3)微带曲折线慢波结构

微带曲折线慢波结构是一种二维平面慢波结构,具有工作电压低、频带宽、效率高和易于加工等优点(图 10－54)。这种结构应用到毫米波和太赫兹波段时可以充分利用半导体刻蚀技术制造,因此特别适合批量生产和集成化,而且由于这种慢波结构可以与毫米波功率模块的前端固态功率放大电路进行很好的匹配,因此可以考虑将微带曲折线慢波结构行波管应用于毫米波功率模块的末级功率推进器,这一应用也将推动微波功率模块向短毫米波甚至太赫兹频段发展。

但是平面曲折线作为行波管慢波线使用时,电子很容易打上介质底板,而且被截获的电子将在基板上积累而不能导走,从而影响后续电子的运动以及电子注与慢波的相互作用,致使行波管工作性能下降甚至失效。各国学者作出了各种努力,提出了各种方案,试图解决这一困境。如图 10－55 是利用陶瓷小条支撑起曲折线以尽可能减少电子打上介质基板的概率,但这并不能完全避免基板的电子截获,可以说至今还没有一个从根本上能完全克服这一缺陷的理想方案,这成为了微带曲折线慢波结构实用化的主要障碍。

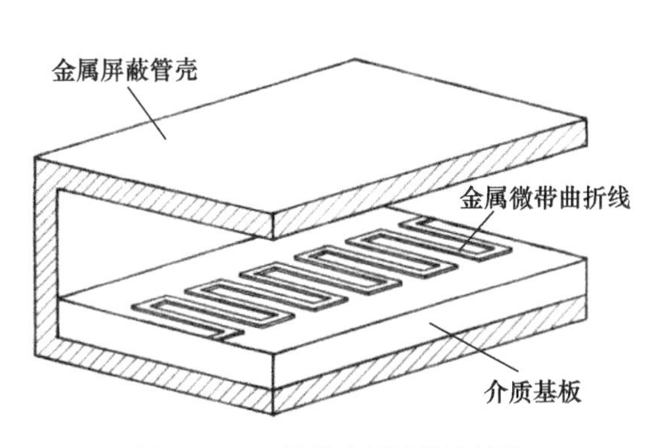

图 10－54　微带曲折线慢波结构

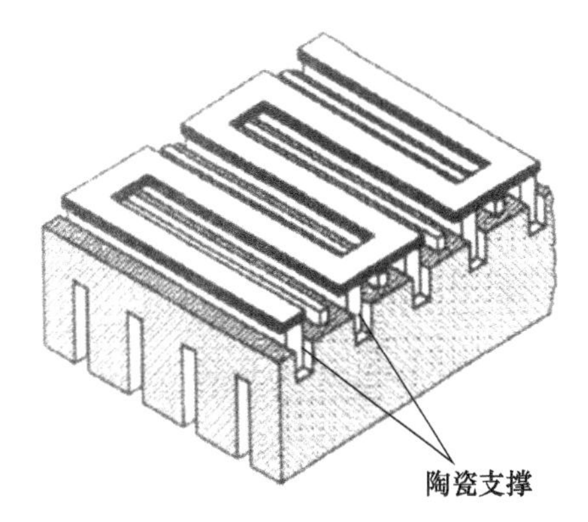

图 10－55　陶瓷支撑的曲折线

第 11 章　线形注微波管

线形注微波管又称为 O 型微波管,它指的是电子注是直线形的柱状、管状(空心柱)或片状的微波管,主要包括速调管、行波管和返波管。本章着重介绍它们的基本结构、工作原理和特点。

11.1　速调管的基本结构和工作原理

速调管是最主要也是应用最广泛的微波电子管之一,它是利用电子注在通过谐振腔间隙时,受到高频场作用产生速度调制,然后在漂移管中利用渡越时间效应形成密度调制为基本原理,将电子注的直流能量转换成高频能量的电子器件。

11.1.1　速调管的基本结构与动态控制原理

1. 静态控制与动态控制原理

在第 9 章已经指出,在普通电子管中,电子流渡越时间的影响将严重限制管子工作频率的提高,这是因为在普通栅控电子管中,信号的放大依赖的是静态控制原理。所谓静态控制是指加在栅极上的信号频率较低时,电子流从阴极飞到栅极的渡越时间内,可以近似认为栅极电压还来不及发生变化,也就是说,对每一个电子来说,它遇到的是一个近似的静态场。该静态场建立在栅极与阴极之间,作用于阴极表面,控制了阴极的发射,所以栅极上的信号电压的变化可以直接改变阴极发射电流的大小,使电流密度的变化直接反映信号电压的变化,或者说,信号电压使电子流密度得到了调制。经过密度调制的电子流通过栅极后得到阳极电压加速,最后打上阳极的电流就直接反映了电子注的密度调制即信号电压的变化,由于阳极电压远比信号电压高,从而使阳极输出的信号比原信号大得多,即信号得到了放大,这就是静态控制栅控电子管的工作原理。

当工作频率提高后,在电子从阴极飞向栅极的过程中,栅极电压已经发生了变化,这时,电子流的密度就不再能直接反映信号电压的变化。因此,在微波频率范围内,必须改变由栅极直接控制电子流密度的所谓静态控制原理,而采用动态控制原理来实现信号的放大。其方法是在控制栅极与输出回路(相当于阳极,但不再具有加速电子作用)之间增加一段漂移空间,把由栅极电压直接控制电流密度的作用变成控制通过栅极的电子速度,显然,这一控制过程只能发生在电子流通过栅极的瞬间,与电子流在阴—栅空间飞行的渡越时间无关。速度发生变化的电子流在漂移管中作惯性运动并完成密度的改变,形成交变电流。速调管就是根据这个原理设计的微波管。

2. 速调管的基本结构与工作原理

图 11 -1 是一个最基本的速调管放大器的结构示意图,它由电子枪,高频结构(包括

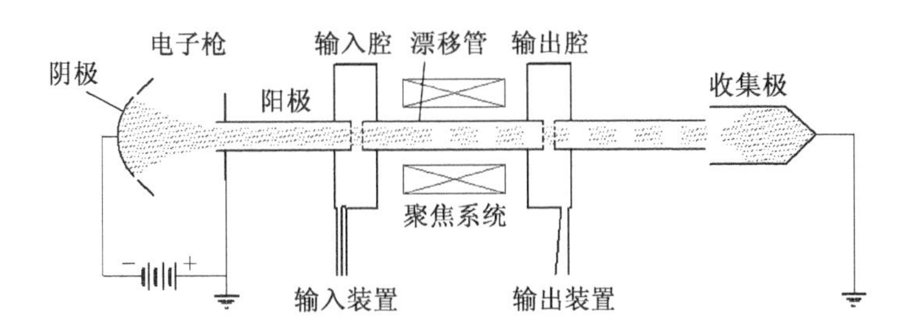

图 11－1　双腔速调管放大器结构示意图

输入谐振腔、漂移管和输出谐振腔），能量输入、输出装置，收集极和聚焦系统组成。电子枪产生密度均匀的电子注；电子注在高频系统中完成与高频场的能量交换，将自身的直流能量部分地交给高频场使微波信号得到放大；飞出高频结构的电子流最后打上收集极，并在收集极上以热能形式消耗掉剩余的能量；为了防止电子注因空间电荷力而扩散，聚焦系统可以使电子注保持一定直径而不致打上高频结构。

从阴极发射的电子注受到电子枪的阳极加速，以一定的速度通过输入谐振腔的高频间隙，该间隙相当于栅控电子管中的栅极。阳极电压是直流恒定电压，因此阴极发射电流是未经调制的均匀恒定的电子流。微波信号输入输入谐振腔，在高频间隙上产生高频交变电压，当均匀的电子注通过间隙时，在高频电压正半周时对通过的电子加速，负半周时使通过的电子减速，而且加速或减速的多少亦与高频电压的瞬时大小对应。这样，电子注在离开高频间隙时，其速度已不再均匀，而是得到了与信号电压相应的变化，或者说电子速度受到了调制。但是，在电子注离开间隙进入漂移管时，它们之间的相对位置还来不及发生改变，因而电流密度还是均匀的。由于漂移管是一个等电位空间，速度已受到调制的电子在漂移管中将作惯性运动，引起速度不等的电子之间发生追赶现象，使电子注变得有稀有密，不再均匀，也就是说，电子注由速度调制转变成了密度调制。电子密集的区域称为“群聚块”，形成群聚块的过程称为群聚，输出腔离开输入腔的距离选择在电子注刚好形成最强烈群聚的位置。已群聚的电子注穿过输出谐振腔时，就在腔内建立起感应电流并由此在输出腔中激励起相应的电磁场，该电磁场在输出高频间隙上形成高频电压，而且所形成的高频电压相对电子注群聚块产生的是减速场，使电子注失去自己的部分能量交给了高频场，使场得到放大。虽然也还有少数电子在高频电压的正半周时穿过间隙，受到加速并从高频场中获得部分能量，但总的来说，受到减速的电子数目远多于受加速的电子数目，即电子注失去的能量远比得到的能量多，两者之差即为高频场获得的能量，该能量通过能量输出装置传输到负载，完成了高频信号的放大作用。而离开输出谐振腔的电子注打上收集极，将剩余的能量转化为热能。

这就是速调管基于动态控制原理放大微波信号的物理过程。

3. 动态控制与静态控制的比较

根据上述速调管的工作原理，可以发现速调管的动态控制与栅控电子管的静态控制相比，其不同特点主要如下。

（1）电子流的密度调制，不是直接在阴—栅空间完成，而是通过发生在输入高频间隙的速度调制和漂移空间的电子群聚两个过程完成的。

（2）正因为上述第一个特点，所以栅控电子管中总是先进行电子流的密度调制，然后再在栅—阳空间对电子流进行加速;而在速调管中就可以在电子枪中先对电子注进行加速,然后再形成速度调制和密度调制。

(3) 在栅控电子管中,阴—栅回路既起到产生电子流的作用,又起到控制电子流(密度)的作用,同样,栅—阳回路则既是放大信号的能量输出回路,又是收集完成能量转换后的电子的回路;在速调管中,分别用电子枪和输入腔来承担发射电子注和控制电子注(速度)的作用,用输出腔和收集极来分别完成输出放大信号和收集作用完的电子的任务。这种分离是动态控制微波管的共同特点。

11.1.2 电子注的速度调制

1. 电子注的速度调制

为了获得密度调制的电子流,实现电子的群聚,在速调管中首先就要得到电子注的速度调制,因此首先要研究电子注穿过输入谐振腔高频间隙时高频场对电子注的作用问题。高频间隙通常由两个与谐振腔相连的平行栅网构成,如图 11-2 所示,为了分析方便,假定栅网既密实又对电子注完全“透明”,即电子注可以无截获地通过,间隙宽度为 d,假设间隙内的高频场处处均匀。

假设电子离开阴极时速度为零,在阳极直流电压 V_0 作用下被加速,获得均匀的直流速度

$$v_0 = \sqrt{\frac{2e}{m}V_0} = 0.593 \times 10^6\sqrt{V_0} \quad (\text{m/s}) \tag{11.1}$$

当微波信号加到输入腔中时,在输入间隙上产生一个高频电压

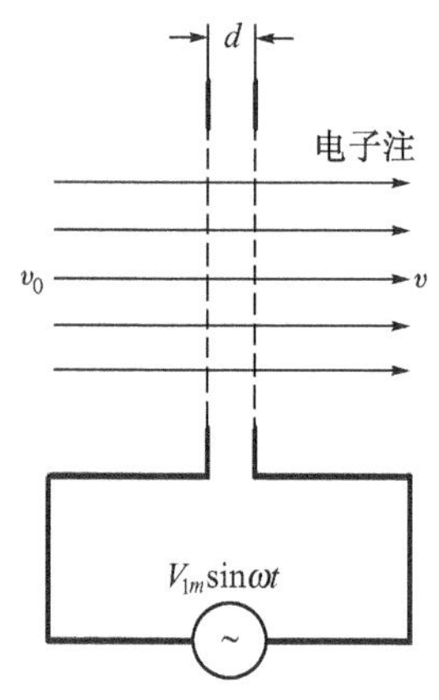

图 11-2 输入高频间隙

$$V_1 = V_{1m}\sin\omega t \tag{11.2}$$

式中,V_{1m} 为高频电压幅值,在小信号假设下,$V_{1m} \ll V_0$,正因为此,所以电子注通过间隙 d 的平均时间 τ 将主要决定于电子的直流速度 v_0,即

$$\tau = t_2 - t_1 \approx \frac{d}{v_0} \tag{11.3}$$

τ 称为渡越时间。式中 t_1 为电子注进入间隙的时刻;t_2 为离开间隙的时刻;与 τ 相对应的电子注的平均渡越角则为

$$\theta_d = \omega\tau = \omega(t_2 - t_1) = \frac{\omega d}{v_0} = 2\pi\frac{d}{v_0 T} = 2\pi\frac{\tau}{T} \tag{11.4}$$

式中,T 为高频电压周期,可见 θ_d 的物理意义是电子在通过高频间隙的时间内高频场变化的相位弧度数,或者说是与电子以直流速度 v_0 通过间隙的渡越时间对应的高频场相位角。θ_d 可称为间隙的直流渡越角。

电子注在通过间隙的时间过程中,所遇到的间隙上的平均高频电压显然可以这样求得

$$\langle V_1 \rangle = \frac{1}{\tau}\int_{t_1}^{t_2} V_{1m}\sin\omega t\,dt = -\frac{V_{1m}}{\omega\tau}[\cos\omega t_2 - \cos\omega t_1]$$

$$=\frac{V_{1m}}{\omega\tau}\left[\cos\omega t_1-\cos\left(\omega t_1+\frac{\omega d}{v_0}\right)\right]=V_{1m}\left[\frac{\sin(\theta_d/2)}{(\theta_d/2)}\right]\sin\left(\omega t_1+\frac{\theta_d}{2}\right)\tag{11.5}$$

这样,根据 $v=\sqrt{2eV/m}$ 及 $\sqrt{1+x}\approx 1+x/2$,电子注离开间隙时的速度就可以得到

$$v_d=\left\{\frac{2e}{m}V_0\left[1+\frac{V_{1m}}{V_0}\frac{\sin(\theta_d/2)}{(\theta_d/2)}\sin\left(\omega t_1+\frac{\theta_d}{2}\right)\right]\right\}^{1/2}$$

$$\approx v_0\left[1+\frac{1}{2}\frac{V_{1m}}{V_0}M_1\sin\left(\omega t_1+\frac{\theta_d}{2}\right)\right]=v_0\left[1+\frac{1}{2}\alpha M_1\sin\left(\omega t_1+\frac{\theta_d}{2}\right)\right]$$

$$=v_0+v_1\sin\left(\omega t_1+\frac{\theta_d}{2}\right)\tag{11.6}$$

式中,$v_1=\frac{1}{2}M_1\alpha v_0$,为电子注交变速度的幅值,其中

$$\alpha=\frac{V_{1m}}{V_0};\qquad M_1=\frac{\sin(\theta_d/2)}{(\theta_d/2)}\tag{11.7}$$

式中,α 称为电压调制系数,显然,在小信号假设下 $\alpha\ll 1$;M_1 则为电子注与输入间隙的耦合系数,或称为电子注与输入间隙的互作用系数。

2. 耦合系数

耦合系数描述的是间隙中高频场对电子注作用的有效程度或与电子注的耦合程度,它是反映间隙高频场对电子注速度进行调制的特性的一个重要物理量。耦合系数的物理意义可以从电子注能量角度来理解。

从式(11.6)出发,在小信号条件下,忽略高次项,$(1+x)^2\approx 1+2x$,电子在离开高频间隙时所具有的动能为

$$W=\frac{1}{2}mv_d^2\approx\frac{1}{2}mv_0^2\left[1+\frac{M_1V_{1m}}{V_0}\sin\left(\omega t_1+\frac{\theta_d}{2}\right)\right]$$

$$=eV_0+eM_1V_{1m}\sin\left(\omega t_1+\frac{\theta_d}{2}\right)\tag{11.8}$$

该式说明,电子所感受到的高频电压幅值已不是 V_{1m},而是 M_1V_{1m},且 $M_1V_{1m}<V_{1m}$。所以耦合系数是电子感受到的调制电压幅值与加在间隙上的实际电压幅值之比。之所以会出现 M_1V_{1m} 与 V_{1m} 两者之间的这种不同,是因为电子穿过具有一定宽度 d 的高频间隙时存在一个渡越时间 d/v_0,在这个时间里加在间隙上的电压发生了一定变化,作用到电子上的电压应该是这一变化过程的平均值,耦合系数 M_1 正是反映这一平均的具体量度。

引入耦合系数 M_1 后,就可以用一个位于实际间隙中心、宽度为零、加有调制电压 $M_1V_{1m}\sin(\omega t+\theta_d/2)$ 的等效间隙来代替具有有限宽度 d,加有高频电压 $V_{1m}\sin\omega t$ 的实际平行栅间隙。

关于耦合系数,还应该指出两点。

(1) 在9.4节中也曾定义过一个耦合系数式(9.59),该式与式(11.7)形式完全相同,并且一般情况下其大小也是相等的。但两者却代表了相反的电子过程,有着不同的物理意义,式(9.59)定义的耦合系数反映的是密度调制电子流对间隙场的作用,即在间隙上产生感应电流的有效程度,或者说电子流感应产生间隙场的有效程度;而式(11.7)定义的耦合系数则表征了间隙场对电子流调制的有效程度,是场对电子流的作用。

(2) 在实际速调管中,高频间隙一般并不是由两个平行的栅网组成的,而是无栅间隙,它由两段圆筒漂移管的相对端口构成,并与谐振腔外壁一起形成重入式谐振腔,正如在10.2节中已讨论过的一样。在这种情况下,与有栅间隙不同,无栅间隙上的高频场要向栅外即漂移管内渗透,场在间隙中不再均匀,场具有纵向和径向两个分量,且处处不同,轴上的纵向场比边缘的纵向场弱。在这种情况下,耦合系数就不再按式(11.7)计算,应根据间隙的具体形状进行修正。对于圆筒漂移管端口为圆弧形的情形,两个相对的圆筒之间的间隙内电场几乎均匀,这种情况的间隙耦合系数可表示为

$$M_n = M_1 \frac{I_0(\beta_e r)}{I_0(\beta_e a)} \tag{11.9}$$

式中,M_1为有栅网时的耦合系数,已由式(11.7)给出;β_e 为电子注的传输常数,$\beta_e = \omega/v_0$;a 为漂移筒半径。

式(11.9)表明,无栅间隙对沿轴运动的电子的调制作用要比沿筒壁运动的电子弱。在工程实践中,$\beta_e a$ 一般可取1~1.5,以保证电子注与场的充分相互作用。

11.1.3 电子注的漂移群聚

速调管工作原理的第二个特点是电子群聚,也就是速度调制电子注转换为密度调制电子注的过程,这一过程是在漂移管中依靠电子的惯性运动完成的。为了简化分析,假设电子注进入漂移空间时调制系数很小,即 $\alpha = V_{1m}/V_0 \ll 1$;也不考虑电子注的横向运动,认为它只是一维的电子注;忽略相对论效应和空间电荷效应。

1. 电子群聚的时—空图

1) 时—空图

将速调管的输入腔与输出腔间隙用图11-3示意,把坐标原点选在输入间隙的中点,从坐标原点到输出间隙中点的距离 l 即为漂移管长度。根据在上面已指出的,引入耦合系数 M_1 后,可以用一个位于间隙中心无宽度的等效间隙来代替实际平行栅,因此,这时就可以认为电子是以零渡越角 $\theta_d = 0$ 通过该等效间隙的。假设电子注通过坐标原点的时刻为 t_1、电流为 I_0,则电子注进入漂移空间时的速度根据式(11.6)应为

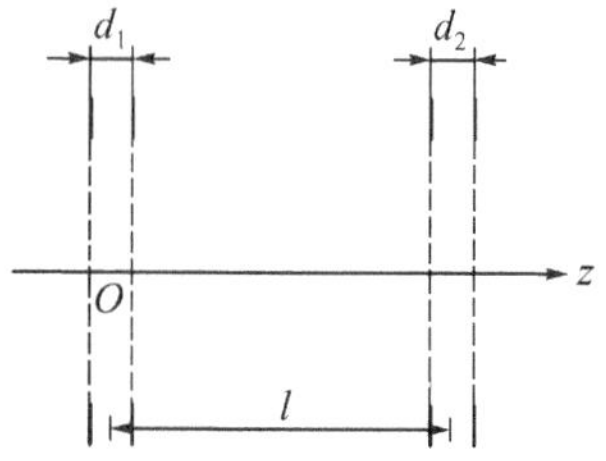

$$v(t_1) = v_0\left(1 + \frac{1}{2}\alpha M_1 \sin\omega t_1\right) \tag{11.10}$$

图11-3 速调管的高频间隙与漂移空间

由于漂移管是一个等位空间,当忽略空间电荷场时,电子在漂移管内作惯性运动,速度不变,若设电子到达某一个 z 位置时的时间为 t,则就应有

$$t=t_1+\frac{z}{v(t_1)}=t_1+\frac{z}{v_0\left(1+\frac{1}{2}\alpha M_1\sin\omega t_1\right)}$$

$$=t_1+\frac{z}{v_0}\left(1-\frac{1}{2}\alpha M_1\sin\omega t_1+\alpha^2M_1^2\sin^2\omega t_1-\cdots\right)$$

$$\approx t_1+\frac{z}{v_0}\left(1-\frac{1}{2}\alpha M_1\sin\omega t_1\right) \tag{11.11}$$

将式(11.11)描述的 z 与 t 的关系绘制成图,就得到了如图 11-4 所给出的时—空图,其纵坐标为距离,横坐标是时间,以高频间隙的中心平面,即等效间隙所在位置作为纵坐标的起始点,因此,横坐标上的每一点代表了电子通过高频间隙的时刻,在横坐标上同时画出了间隙上的高频电压波形。显然,图中每一条线的斜率就代表了电子的速度,由于电子在漂移空间作惯性运动,速度不变,即 $\mathrm{d}z/\mathrm{d}t$ 不变,所以时—空图线都是一条条直线。图上在一个高频周期内共画了 24 条线,表示在不同 t_1 时刻进入漂移空间的 24 个电子的运动情况,由于一开始($z=0$ 时)电子注还没有密度调制,在刚进入漂移空间时电子注还是均匀分布的,所以选取的 24 个电子也在一个高频周期内均匀分布在横坐标上。在高频电压等于零的 t_a、t_c、t_e 时刻离开间隙进入漂移空间的电子,由于没有受到高频场的作用,保持原来的初始速度 v_0 不变,时—空图线的斜率都是 $\mathrm{d}z/\mathrm{d}t=v_0$;在高频电压负半周 t_a 至 t_c 之间的时刻离开间隙的电子,由于受到高频场的减速,以小于 v_0 的速度进入漂移空间,时—空图线的斜率 $\mathrm{d}z/\mathrm{d}t<v_0$;线条更向右倾斜,而且,越接近电压负半周最大值时刻 t_b 的电子,速度减得越多,时—空图线也越向右倾斜;而在高频电压正半周 $t_\mathrm{c}\sim t_\mathrm{e}$ 之间的时刻离开间隙的电子,则由于受到高频场的加速,以比 v_0 大的速度进入漂移空间,时—空图线的斜率 $\mathrm{d}z/\mathrm{d}t>v_0$,所以直线比速度为 v_0 的线倾斜得更少,同样,越靠近电压正半周最大值 t_d 时刻的电子,这种倾斜程度的减少越严重。这三类电子由于速度受到了高频场调制,有的变快了,有的变慢了,也有的速度不变,它们就会在漂移空间发生相互追赶,快电子追上慢电子,最后三种电子的大部分会在同一时刻到达漂移空间某一点,即它们的时—空图线在空间某一点会相交在一起,这意味着大量电子在这里集中。我们称聚集有大量电子的区域为群聚块,电子在漂移管中形成群聚块的过程称为电子群聚。由图 11-4 可以看出,电子群聚的中心是在高频电压由负变正通过零的时刻 t_c 进入漂移空间的电子。

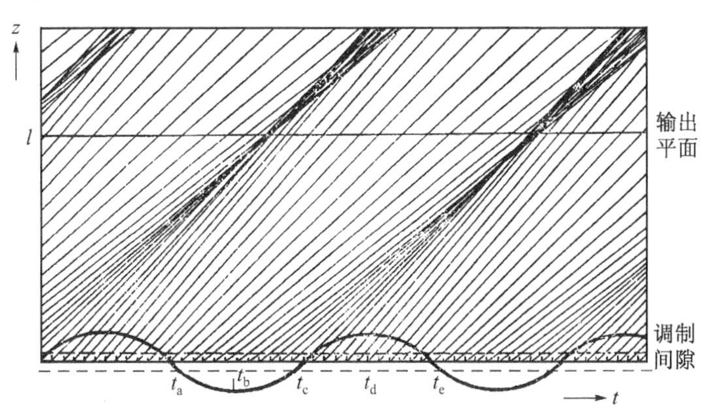

图 11-4 漂移空间中电子群聚过程的时—空图

如果在电子注刚好形成群聚块的位置 l 处设置输出腔,则就能感应出最强的高频场。

2)群聚距离 l

从调制间隙中心平面到刚好形成群聚块的输出平面的距离为 l,若在图 11-4 中,对于以 t_c 时刻出发的电子为中心而形成群聚块的时刻为 t_2,则显然有

$$l=\begin{cases} v_0(t_2-t_c) & (\text{对于 } t_c \text{ 时刻出发的电子}) \\ v_{\min}(t_2-t_b)=v_{\min}\left(t_2-t_c+\dfrac{T}{4}\right) & (\text{对于 } t_b \text{ 时刻出发的电子}) \\ v_{\max}(t_2-t_d)=v_{\max}\left(t_2-t_c-\dfrac{T}{4}\right) & (\text{对于 } t_d \text{ 时刻出发的电子}) \end{cases} \tag{11.12}$$

如果假设在式(11.12)中对应 t_c 的电子,其出发时刻 $t_1=0$,则根据式(11.10)可得

$$\begin{cases} v_{\min}=v_0\left(1-\dfrac{1}{2}\alpha M_1\right) & (\sin(\omega t_1-\pi/2)=-1) \\ v_{\max}=v_0\left(1+\dfrac{1}{2}\alpha M_1\right) & (\sin(\omega t_1+\pi/2)=1) \end{cases} \tag{11.13}$$

将式(11.13)代入式(11.12),并考虑到

$$\frac{T}{4}=\frac{1}{4f}=\frac{\pi}{2\omega} \tag{11.14}$$

可以得到

$$l=\begin{cases} v_0(t_2-t_c)+v_0\left(\dfrac{\pi}{2\omega}-\dfrac{1}{2}\alpha M_1(t_2-t_c)-\dfrac{1}{2}\alpha M_1\dfrac{\pi}{2\omega}\right) \\ v_0(t_2-t_c)+v_0\left(-\dfrac{\pi}{2\omega}-\dfrac{1}{2}\alpha M_1(t_2-t_c)+\dfrac{1}{2}\alpha M_1\dfrac{\pi}{2\omega}\right) \end{cases} \tag{11.15}$$

与式(11.12)对比就不难发现,为了使由 t_b、t_d 时刻出发的电子与由 t_c 时刻出发的电子在同一时刻到达 l,即群聚在一起,就必须使

$$\begin{cases} \dfrac{\pi}{2\omega}-\dfrac{1}{2}\alpha M_1(t_2-t_c)-\dfrac{1}{2}\alpha M_1\dfrac{\pi}{2\omega}=0 \\ -\dfrac{\pi}{2\omega}-\dfrac{1}{2}\alpha M_1(t_2-t_c)+\dfrac{1}{2}\alpha M_1\dfrac{\pi}{2\omega}=0 \end{cases} \tag{11.16}$$

由于 $\alpha\ll 1$,$\pi/\omega\ll 1$,略去二阶小量,由上式可以得到

$$t_2-t_c\approx\frac{\pi}{\omega}\frac{1}{\alpha M_1}=\frac{\pi}{\omega}\frac{V_0}{V_{1m}M_1} \tag{11.17}$$

由此得

$$l=v_0\frac{\pi}{\omega}\frac{1}{\alpha M_1}=\frac{\pi}{\omega}\frac{V_0 v_0}{V_{1m}M_1} \tag{11.18}$$

2. 电子群聚的相位图

将电子形成群聚块的位置 $z=l$ 及对应时刻 t_2 代入式(11.11),然后在两边同乘以 ω,

就得到

$$\begin{cases}\omega t_2 = \omega t_1 + \theta_0 - X\sin\omega t_1 \\ \omega t_2 - \theta_0 = \omega t_1 - X\sin\omega t_1\end{cases} \tag{11.19}$$

式(11.19)称为相位方程,其中

$$\begin{cases}\theta_0 = \dfrac{\omega l}{v_0} \\ X = \dfrac{1}{2}\alpha M_1\theta_0 = \dfrac{1}{2}\dfrac{V_{1m}}{V_0}M_1\theta_0\end{cases} \tag{11.20}$$

式中,θ_0 为电子在漂移空间的直流渡越角;X 称为群聚参量,它是表示电子注群聚能力的一个参量。

将由式(11.19)描述的 $\omega t_2 - \theta_0$ 与 ωt_1 的关系以 X 为参变量画成图 11-5,表示电子到达输出端的相位与进入漂移空间时的相位之间的关系,称为相位图,它是相对于群聚中心的相位画出的,即在图中把群聚中心的相位定为 0 相位。从相位图上可以很清楚地看出群聚参量 X 对群聚过程的影响。

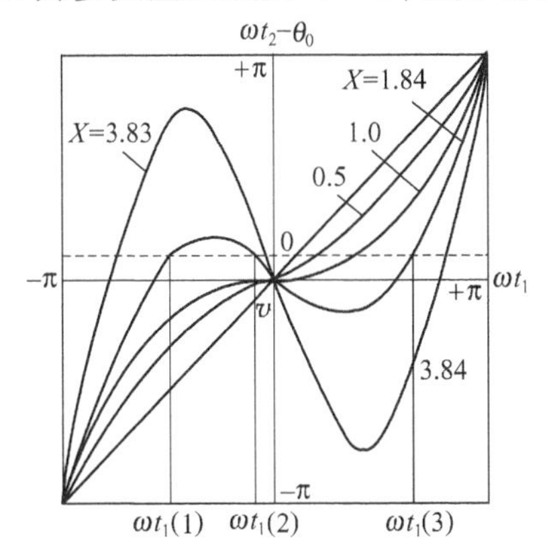

图 11-5　电子群聚的相位图

(1) $X=0$,这时相位图为一直线,其斜率 $d\omega t_2/d\omega t_1 = dt_2/dt_1 = 1$,这表明,当不存在调制时($X$ 正比于调制系数 α),所有电子均以初始速度 v_0 运动,在 Δt_1 间隔内进入漂移空间的电子必定在相同时间间隔 $\Delta t_2 = \Delta t_1$ 内离开漂移空间,亦就是说电子注的密度始终是均匀的,并没有产生任何密度调制。

(2) $0<X\leqslant 1$,相位图上的直线开始变成曲线,曲线上各点的斜率不同,表明在不同时刻出发(t_1 不同),但在相同时间间隔(Δt_1 相同)内进入漂移空间的各批电子,在离开漂移空间时的时间间隔 Δt_2 已经不同。在 $\omega t_1=0$ 附近的 Δt_1 间隔内进入漂移空间的电子,将在比 Δt_1 更短一些的间隔 Δt_2($\Delta t_2 < \Delta t_1$)内离开漂移空间,这就是说,电子在离开漂移空间时更集中了,亦即电流密度增大了;相反,在 $\omega t_1 = \pm\pi$附近的 Δt_1 间隔内进入漂移空间的电子,则将会在比 Δt_1 更长一些的时间间隔 Δt_2($\Delta t_2 > \Delta t_1$)内离开漂移空间,这意味着电子变稀疏了,也就是电流密度降低了。可见,当 $X>0$ 后,由于对电子有了速度调制($\alpha>0$),使得本来密度均匀的电子注,通过漂移空间后就发生了周期性的密度变化,形成了电子注的群聚,这种现象随着 X 的增大而增强。当 $X=1$ 时相位图上的曲线在 $\omega t_1=0$ 点与横轴相切,斜率为零,这表示在 $\omega t_1=0$ 附近一个很小间隔 Δt_1 内进入漂移空间的电子,将在无限小的 Δt_2 间隔内离开漂移空间,或者说,它们将几乎同时到达输出谐振腔,对应此瞬时的电流密度将达到无限大。

(3) $X>1$,这时曲线出现与横坐标多处相交,即 ωt_1 成为($\omega t_2-\theta_0$)的多值函数,这表示,在多个不同 t_1 时刻进入漂移空间的电子,会在同一 t_2 时刻离开漂移管。例如图上 $X=1.84$ 的曲线有 3 点与横坐标相交,而在 $t_1(1)$、$t_1(2)$、$t_1(3)$三个不同时刻进入漂移空间的电子,会在同一时刻到达输出间隙。这种情况的发生,表明在漂移空间快电子赶上并超过了慢电子,出现了所谓超越现象。显然,$X=1$ 是出现超越现象的临界值。

3. 群聚电流

1) 群聚电流波形

现在进而来求电子注离开漂移空间到达输出腔间隙时的群聚电流。电子注在输入腔间隙时是均匀电子注,设电流为 I_0,则在时间间隔 $\mathrm{d}t_1$ 进入漂移空间的总电荷应为 $\mathrm{d}q = I_0\mathrm{d}t_1$,这些电荷在时间间隔 $\mathrm{d}t_2$ 内到达输出间隙($z = l$ 的平面)。根据电荷守恒定律,其总电荷量应仍为 $\mathrm{d}q$,若在这时的群聚电流为 i_2,则显然 $\mathrm{d}q = i_2\mathrm{d}t_2$。即

$$\mathrm{d}q = I_0\mathrm{d}t_1 = i_2\mathrm{d}t_2$$

$$i_2 = I_0\frac{\mathrm{d}t_1}{\mathrm{d}t_2} \tag{11.21}$$

当 $X > 1$ 时,相位图曲线会出现多值,即若干不同 $\mathrm{d}t_1$ 时间间隔出发的电子群会在同一 $\mathrm{d}t_2$ 间隔内到达输出间隙。这时,式(11.21)就应该修正为

$$i_2 = I_0\sum_i\left|\frac{\mathrm{d}t_1(i)}{\mathrm{d}t_2}\right| \tag{11.22}$$

由式(11.19)可以得到

$$\frac{\mathrm{d}t_2}{\mathrm{d}t_1} = 1 - X\cos\omega t_1 \tag{11.23}$$

因此

$$i_2 = \sum_i\frac{I_0}{|1 - X\cos\omega t_1(i)|} \tag{11.24}$$

这就是群聚电流 i_2 的表达式,但它表示的是 i_2 与 t_1 的函数关系,而我们希望得到的是在输出间隙的电流与时间的关系,即 i_2 与 t_2 的关系,虽然不能直接写出 i_2 与 t_2 的函数关系,但可以通过图解法来克服这一困难。式(11.23)告诉我们,$(1 - X\cos\omega t_1)$就是相位图(图11-5)上曲线的斜率 $\mathrm{d}t_2/\mathrm{d}t_1$,所以只要在相位图曲线上求出对应某一$(\omega t_2 - \theta_0)$值的各点的斜率,然后将它们的绝对值的倒数相加,代入式(11.22),就得到 i_2 随 t_2 变化的关系,画成曲线如图11-6所示。

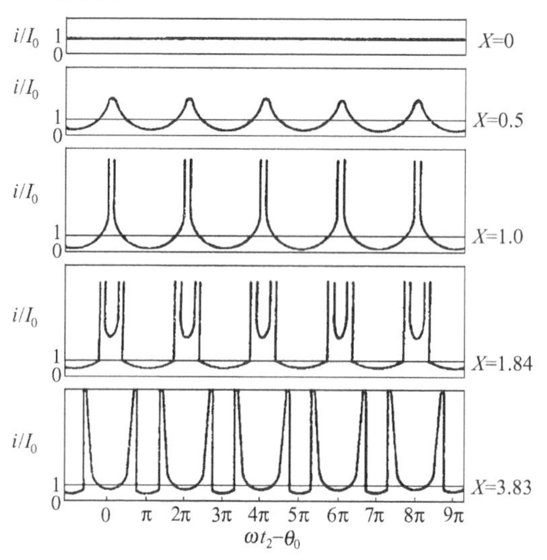

图11-6 不同 X 值时的群聚电流波形

2）小信号情况下的群聚电流

$\alpha \ll 1$,因而 $X \ll 1$ 的小信号情况下,图 11－5 表明这时 ωt_1 是$(\omega t_2-\theta_0)$单值函数,而且式(11.19)可写出近似式

$$\omega t_2 - \theta_0 = \omega t_1 - X\sin\omega t_1 \approx \omega t_1 \tag{11.25}$$

因此,式(11.24)成为

$$i_2 = \frac{I_0}{1 - X\cos\omega t_1} \approx I_0[1 + X\cos\omega t_1] \approx I_0[1 + X\cos(\omega t_2 - \theta_0)]$$

$$= I_0\left[1 + X\sin\left(\omega t_2 + \frac{\pi}{2} - \theta_0\right)\right] \tag{11.26}$$

式(11.26)表明,在 α 和 X 很小时,简谐速度调制的电子注在漂移空间引起了简谐电流调制,电流波形随着$(\omega t_2-\theta_0)$按余弦变化。当 X 增大时,式(11.25)和式(11.26)不再成立,电流波形就会偏离余弦分布。X 越大,偏离越大,以致电流呈现脉冲形状,表明群聚电流中出现了谐波成分。

3）群聚电流的一般表达式

X 不满足 $\ll 1$ 时,由于电流波形是 ωt_2 的周期函数,周期为 2π,因此可以对式(11.24)进行傅里叶级数分解:

$$i_2 = a_0 + \sum_{n=1}^{\infty}[a_n\cos n(\omega t_2 - \theta_0) + b_n\sin n(\omega t_2 - \theta_0)] \tag{11.27}$$

式中

$$a_0 = \frac{1}{2\pi}\int_{-\pi}^{\pi} i_2 \mathrm{d}(\omega t_2) = \frac{I_0}{2\pi}\int_{-\pi}^{\pi}\mathrm{d}(\omega t_1) = I_0 \tag{11.28}$$

$$a_n = \frac{1}{\pi}\int_{-\pi}^{\pi} i_2\cos n(\omega t_2 - \theta_0)\mathrm{d}(\omega t_2) = \frac{I_0}{\pi}\int_{-\pi}^{\pi}\cos n(\omega t_2 - \theta_0)\mathrm{d}(\omega t_1)$$

$$= \frac{I_0}{\pi}\int_{-\pi}^{\pi}\cos n(\omega t_1 - X\sin\omega t_1)\mathrm{d}(\omega t_1) = 2I_0\mathrm{J}_n(nX) \tag{11.29}$$

$$b_n = \frac{1}{\pi}\int_{-\pi}^{\pi} i_2\sin n(\omega t_2 - \theta_0)\mathrm{d}(\omega t_2) = \frac{I_0}{\pi}\int_{-\pi}^{\pi}\sin n(\omega t_1 - X\sin\omega t_1)\mathrm{d}(\omega t_1) = 0 \tag{11.30}$$

在 a_n 的推导中应用了关系式

$$\begin{cases}\sin(X\sin\omega t) = \sum\limits_n 2\mathrm{J}_{2n-1}(X)\sin(2n-1)\omega t \\ \cos(X\sin\omega t) = \mathrm{J}_0(X) + \sum\limits_n 2\mathrm{J}_{2n}(X)\sin 2n\omega t\end{cases} \tag{11.31}$$

式中,$\mathrm{J}_m(X)$为 m 阶第一类贝塞尔函数。将式(11.28)、式(11.29)代入式(11.27),得到

$$i_2 = I_0 + \sum_{n=1}^{\infty} 2I_0\mathrm{J}_n(nX)\cos n(\omega t_2 - \theta_0) = I_0\left[1 + 2\sum_{n=1}^{\infty}\mathrm{J}_n(nX)\cos n(\omega t_2 - \theta_0)\right]$$

$$= I_0 + 2\sum_{n=1}^{\infty} I_n\cos(\omega t_2 - \theta_0) \tag{11.32}$$

式(11.32)表明,群聚电流等于在原来的直流分量 I_0 上叠加了无穷多个谐波,各次谐波的幅值与各阶贝塞尔函数成比例。$n=1$ 的谐波为基波。要特别注意的是,这里的电流谐波是时间谐波,不同次(n 不同)的谐波,频率($n\omega$)是不同的。

(1) 根据贝塞尔函数的值与 nX 的关系可知,当 $n=1, X=1.84$ 时,贝塞尔函数达到最大值,$J_1(x)=0.582$,相应的基波电流也达到最大,$I_{1\max}=1.164I_0$。在上面的分析中已经知道,$X>1$ 时电子在漂移管中的运动会出现超越现象,可见,对于 $X=1.84$ 的速调管达到最佳群聚状态,即基波电流达到最大值时已经存在严重的超越现象。

(2) 贝塞尔函数是一个振荡型函数,因此各次谐波电流随 X 的增大而起伏波动,交替出现最大值和最小值,但最大基波电流恒为 $1.16I_0$。根据式(11.20),对应最大基波电流时的漂移空间最佳长度为

$$l_{\text{opt}} = 1.84 \frac{2v_0}{\alpha\omega M_1} \tag{11.33}$$

11.1.4 电子注的能量转换

微波管产生微波振荡和放大都是依赖于电子注将直流能量转换成微波能量来完成的,在速调管中,这种能量转换过程是在输出腔中完成的。已经形成密度调制的电子注在输出腔中将激励起高频感应电流,该感应电流将在腔中建立起高频场;输出腔高频间隙上的高频电场又反过来使电子注减速,将电子注的直流能量转换成高频场的能量,使高频场得到放大。

1. 输出腔中的感应电流

在 9.4 节已经知道,一个非简谐的周期性密度调制电子流

$$i = I_0 + \sum_{n=1}^{\infty} I_n \sin(n\omega t + \varphi_n) \tag{11.34}$$

通过高频间隙时,在间隙外电路上产生的感应电流是

$$i_{\text{ind}} = I_0 + \sum_{n=1}^{\infty} M_{2(n)} I_n \sin(n\omega t + \varphi_n) \tag{11.35}$$

式中

$$M_{2(n)} = \frac{\sin(n\theta_2/2)}{(n\theta_2/2)} \tag{11.36}$$

为第 n 次谐波电流与输出间隙的耦合系数;θ_2 为电子穿过输出间隙的直流渡越角;$M_{2(n)}$ 与由式(9.59)定义的 M 具有相同的数学形式和物理意义,但两者在数值上并不相同。

在速调管中,群聚电子流由式(11.32)给出,根据 9.4 节中给出的感应电流与通过间隙的电流的关系式(9.61)和式(9.60),类似地,该电流在输出腔中激励起的感应电流应该为

$$i_{\text{ind}} = I_0 \left[1 + 2\sum_{n=1}^{\infty} M_{2(n)} J_n(nX) \cos n(\omega t_2 - \theta_0)\right] \tag{11.37}$$

可见,感应电流和群聚电流在数值上是不等的,各次谐波电流与其产生的感应电流存在一个常数 $M_{2(n)}$ 的差别,由于 $M_{2(n)}$ 对不同次数 n 的谐波是不同的,也不成一定比例,所

以感应电流不仅幅值与群聚电流不同，而且各次谐波叠加后的波形也与原来不同。

由于谐振腔的频率选择性，速调管的腔体总是设计在信号频率上或其邻近的，因此高次谐波电流由于频率是信号频率的 n 倍，实际上并不能在腔中建立起稳定的高频场，只有基波电流分量的感应电流才能在输出间隙上建立起足够强的高频电压。因此只需考虑基波感应电流，若以 $M_{2(1)}$ 表示输出间隙与基次谐波（$n=1$）的耦合系数，则

$$i_{\text{ind}} = 2M_{2(1)}I_0\mathrm{J}_1(X)\cos(\omega t_2 - \theta_0) \tag{11.38}$$

若考虑到电子注的流通率——有一小部分电子在运动过程中会打上高频间隙壁和漂移管壁，使得真正穿过输出间隙的电子流只有原电流的 k 倍，则式（11.38）可改写为

$$i_{\text{ind}} = 2kM_{2(1)}I_0\mathrm{J}_1(X)\cos(\omega t_2 - \theta_0) = 2kM_{2(1)}I_0\mathrm{J}_1(X)\sin\left(\omega t_2 + \frac{\pi}{2} - \theta_0\right) \tag{11.39}$$

2. 输出间隙中的能量交换

在上面已经指出，在输出谐振腔中真正能起作用的只是基波感应电流分量，高次谐波将不能有效激励起相应的高频场，因此，式（11.38）重写如下：

$$i_{\text{ind}} = M_2I_{2m}\sin\left(\omega t_2 + \frac{\pi}{2} - \theta_0\right) \tag{11.40}$$

式中为了简化，原式中的 $M_{2(1)}$ 直接以 M_2 代替，I_{2m} 为到达输出间隙时群聚电流基波分量的幅值

$$I_{2m} = 2I_0\mathrm{J}_1(X) \tag{11.41}$$

$\mathrm{J}_1(X)$ 的最大值为0.582，所以群聚电流基波的最大幅值为 $1.164I_0$。

另外，感应电流将在输出腔中激励起高频场，并在输出间隙上产生高频电压，由于谐振腔是全金属构成的，间隙在直流上是同电位的，因此在间隙上只能建立起高频电压而不可能有直流电压。

这样一来，输出谐振腔对于感应电流的基波分量的等效电路就可以画成如图11－7（a）所示的形式。由于在小信号条件下，感应电流的大小仅决定于群聚电流和间隙的耦合系数的大小，与负载阻抗大小无关，只有间隙高频电压才与负载阻抗有关。因此，密度调制电子注可以当作一种恒流源，相应地感应电流也将恒定，据此画出了图11－7（b）所示的电路形式。所以，感应电流在输出间隙上建立起的高频电压就是

$$V_2 = \frac{i_{\text{ind}}}{G + \mathrm{j}B} = M_2I_{2m}\sin\left(\omega t_2 + \frac{\pi}{2} - \theta_0\right)\frac{G - \mathrm{j}B}{G^2 + B^2} = V_{2m}\sin\left(\omega t_2 + \frac{\pi}{2} - \theta_0\right) \tag{11.42}$$

当谐振腔的谐振频率与群聚电流基波分量频率相等时，$\mathrm{j}B=0$，这时感应电流与高频电压相位相同，负载上获得最大功率：

$$P_{\text{emax}} = \frac{1}{2}M_2I_{2m}V_{2m} = V_{2m}M_2I_0\mathrm{J}_1(X) \tag{11.43}$$

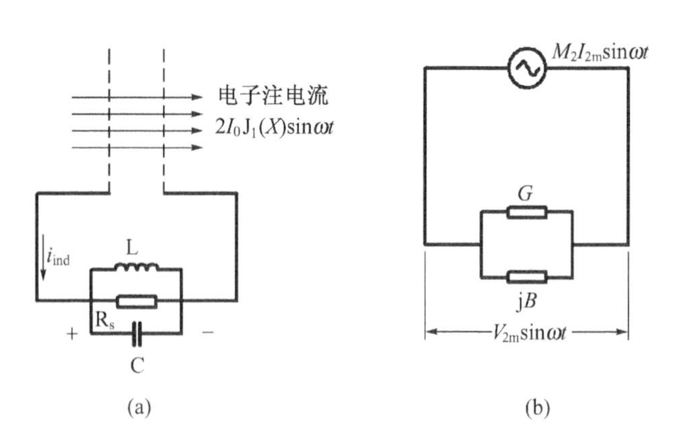

图 11-7 输出谐振腔对于基波感应电流的等效电路
(a) 阻抗形式; (b) 导纳形式。

间隙上的高频电压 V_{2m} 不能超过 V_0,更精确地说,不能超过($V_0 - V_{1m}$)(V_{1m} 是输入间隙上的调制电压幅值),否则电子注通过间隙时,电子注的一部分有可能失去全部动能后尚不能通过间隙,出现反转运动。而对于感应电流来说,M_2 在零间隙宽度情况下最大值也只等于 1,$J_1(X)$ 的最大值 $J_1(1.84)=0.582$,所以能达到的最大基波功率为

$$P_{emax} = 0.582V_0I_0 \tag{11.44}$$

相应地最大能量转换效率或电子效率为

$$\eta_{max} = \frac{P_{emax}}{V_0I_0} = 58.2\% \tag{11.45}$$

以上讨论中,没有考虑电子注的直流速度和直流密度,只考虑了群聚电子注以及相应感应电流的基波分量,因为它们在本质上反映了能量交换的结果——获得的高频功率大小。但从能量交换的角度来看,既然只考虑基波分量,而它们是简谐变化的,也就是说,它们会有方向的改变,且正负方向电流的幅值相同,这似乎将不会有纯的能量交换,与群聚要求矛盾。可以这样来理解这一现象,正如前面已指出的,在输出间隙上只能建立起交变的高频电压,但这一电压是由流过输出腔的感应电流产生的。从图 11-7可以看出,当群聚电流和感应电流基波分量的方向如图 11-7(a)所给出的方向时,在 R_s 上建立的电压降,其方向对电子注来说刚好是拒斥场;当电流基波分量方向改变时,R_s 上的电压降方向也随之改变,使它对电子注来说仍为拒斥场。可见,不论交变的群聚电流基波分量方向如何改变,感应电流基波分量以及建立的高频电压方向也随之改变,使电子注始终处于拒斥场中,速度减小,即向场交出能量。尽管这时电子注的基波分量在高频场的正半周和负半周时通过间隙的电荷量相同,但由于电子注始终处于减速场中,因而将自己从直流场中获得的经过调制变成交变速度的能量交给了高频场,这一过程可以从图 11-8(a)给出的群聚电流基波分量、感应电流基波分量以及高频电压三者的关系上清楚看出。

在上面是把基波分量抽象出来后得到的物理图像,显然,实际情况并不是这样的过程。因为电子注由于具有直流速度,又由于 $V_{2m} \leqslant V_0$,所以电子注总是在一个方向上运动并穿过输出间隙的,并不会出现方向的交变,而只有幅值大小的周期变化,即群聚。相应

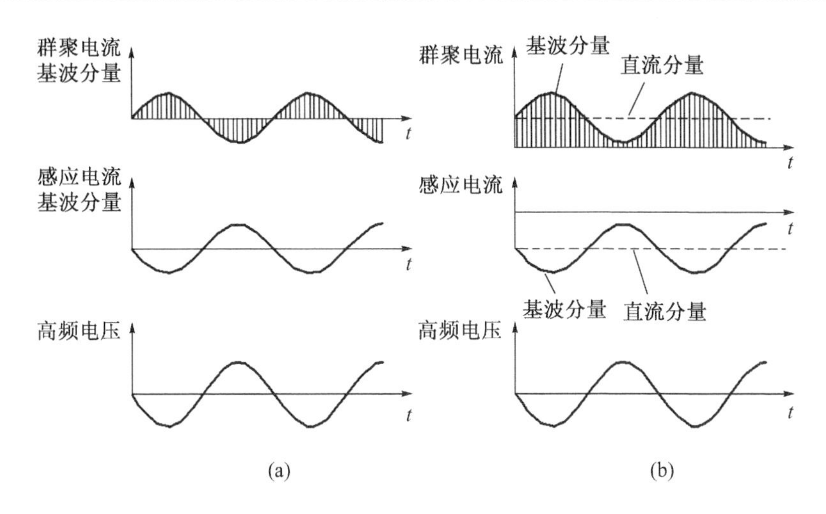

图 11-8　速调管输出腔中群聚电流、感应电流及间隙上的高频电压

(a) 只考虑电子注基波分量时的情形；(b) 考虑了电子注直流分量时的情形。

地，感应电流也总是只在一个方向流通，不会有方向的改变，只有幅值大小的变化，但这时在间隙上的电压仍然只有高频的交变电压，而不会存在直流分量。交变的电压对单一方向运动的电子注的作用显然就不再始终是拒斥场，而出现了加速场和拒斥场的交替作用，只有让电子集中在高频拒斥场时通过间隙，才会可能有纯的能量交给高频场，而这也正是考虑了电子注直流分量后出现的结果。由图 11-8(b)可以清楚地看出，这时电子注在高频场正、负半周通过间隙的电荷量不再相等，电子大量集中在高频拒斥场时通过间隙，而这正是电子注群聚的结果。

应该指出，两种物理分析结果是一致的。在只考虑电子流基波分量时，电子是平均在高频场正半周和负半周都交出能量，在考虑了电子流直流分量后，电子则集中在高频场负半周交出能量，而在高频场正半周通过输出间隙的少量电子反而要从高频场中吸收能量。综合结果，两种情况下交出能量的总量是一致的，这实质上是同一物理过程从不同角度理解的结果。

由此可见，只要保证群聚电流基波分量最大时电子注刚好通过输出腔高频间隙，即漂移管长度满足式(11.33)时，上述能量交换过程就将自动完成，输出腔将输出最大基波功率。

11.2　速调管放大器和振荡器

11.2.1　双腔速调管

所谓双腔速调管是指由输入谐振腔和输出谐振腔两个腔构成的速调管，也是在上面分析速调管结构与工作原理的基础。

1. 双腔速调管放大器的等效电路

在 11.1 节，实际上已经分析了双腔速调管放大器的工作原理，现在进一步来讨论一下它的工作特性。

双腔速调管放大器输入腔和输出腔的等效电路可绘成图11-9的形式。图中高频信号源用恒流源 I_s 及其内电导 G_s 表示,它通过能量耦合装置与输入腔耦合,输入腔包含有两部分,G_1+jB_1 代表输入腔本身的电导和电纳,而 $G_{b1}+jB_{b1}$ 则代表通过输入腔的非密度调制的均匀电子注的负载导纳;经过漂移管形成的密度调制电子流在输出腔激励起的感应电流基波分量以 M_2i_2 表示,G_2+jB_2 表示输出腔本身的导纳,而 $G_{b2}+jB_{b2}$ 表示在输出腔的电子注导纳,负载通过能量输出机构与输出腔耦合,G_L+jB_L 就代表转换到输出间隙中心截面的等效负载电导和电纳。

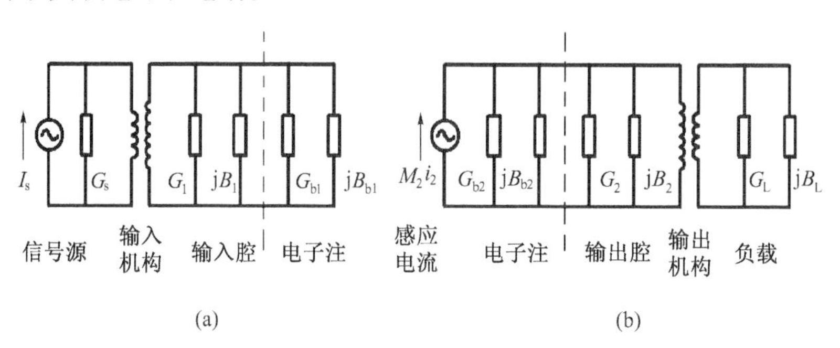

图11-9 双腔速调管放大器输入腔(a)和输出腔(b)的等效电路

2. 输出功率

为了保证信号源功率能最有效地被耦合到输入腔中,在输入间隙上建立起最大的调制电压,要求正确设计能量输入装置的耦合,使信号源与输入腔达到阻抗匹配,即 $G_1=G_s$,也就是使谐振腔的固有品质因数与外观品质因数相等 $Q_0=Q_e$。在大功率速调管中,电子注负载电导(电子注从高频场中取得能量实现速度调制)G_{b1} 不能忽略甚至会大大超过腔体本身的损耗电导 G_1,在这时,匹配条件成为 $G_s=G_1+G_{b1}$,这样,就要求降低 Q_e,使谐振腔处于强耦合状态。

在上述匹配状态下,输入功率为

$$P_{in}=\frac{1}{2}V_{1m}^2(G_1+G_{b1}) \tag{11.46}$$

式(11.20)给出

$$X=\frac{1}{2}\frac{V_{1m}}{V_0}M_1\theta_0 \tag{11.47}$$

因此

$$P_{in}=2\left(\frac{V_0X}{M_1\theta_0}\right)^2(G_1+G_{b1}) \tag{11.48}$$

与式(11.48)类似,显然,输出腔的输出功率,或者说负载的吸收功率就可以写成

$$P_{out}=\frac{1}{2}V_{2m}^2G_L \tag{11.49}$$

根据式(11.41)和式(11.42),并将其中的负载阻抗($1/G+jB$)用 $|Z_2|$ 表示,则就可以得到在输出间隙上的高频电压幅值为

$$V_{2m}=[2M_2I_0J_1(X)]\,|Z_2| \tag{11.50}$$

式中，V_{2m}为输出间隙上建立起的感应电压的幅值；$2M_2I_0J_1(X)$为输出腔感应电流的基次谐波分量的幅值（见式（11.38））；Z_2 为输出腔的总等效阻抗。根据图 11－9，Z_2 的值应为

$$Z_2 = \frac{1}{(G_2 + G_{b2} + G_L) + j(B_2 + B_{b2} + B_L)} \tag{11.51}$$

因而输出功率为

$$P_{out} = 2[M_2I_0J_1(X)]^2 \frac{G_L}{(G_2 + G_{b2} + G_L)^2 + (B_2 + B_{b2} + B_L)^2} \tag{11.52}$$

由于在实际情况下 $M_2 < 1$、$V_{2m} < V_0$，因此这样求得的输出功率显然要比前面得到的最大可能输出功率要小。

3. 增益与带宽

如果负载为纯电导，电纳为零（$B_L = 0$），则根据谐振腔理论，当输出谐振腔的谐振频率 ω_{o2}与信号频率 ω 偏谐不大时，谐振腔的电纳就可以表示为

$$B_2 \approx 2Q_LG_T \frac{\omega - \omega_{o2}}{\omega_{o2}} \tag{11.53}$$

式中，Q_L 为有电子注时输出腔的有载品质因数；$G_T = G_2 + G_{b2} + G_L$ 为输出回路总电导。

令 $\omega_{o2} - \omega = \delta\omega$，且 $\delta\omega \ll \omega_{o2}$，则

$$B_2 \approx 2Q_LG_T\left(\frac{-\delta\omega}{\omega_{o2}}\right) \tag{11.54}$$

将式（11.54）代入式（11.52），并考虑到 $B_{b2} \ll B_2$，得

$$P_{out} = 2[M_2I_0J_1(X)]^2 \frac{G_L}{G_T^2\left[1 + 4Q_L^2\left(\frac{\delta\omega}{\omega_{o2}}\right)^2\right]} \tag{11.55}$$

由式（11.48）与式（11.55），双腔速调管放大器的增益就为

$$G = 20\lg\frac{P_{out}}{P_{in}} = 10\lg\left\{\left[\frac{M_1M_2I_0\theta_0}{V_0}\frac{J_1(X)}{X}\right]^2 \frac{G_L}{(G_1 + G_{b1})G_T^2\left[1 + 4Q_L^2\left(\frac{\delta\omega}{\omega_0}\right)^2\right]}\right\} \tag{11.56}$$

不难看出，当信号频率 ω 与输出腔谐振频率相同时，或者说输出腔调谐到信号频率时，$\delta\omega/\omega_0 = \Delta f/f_0 = 0$，增益最高，可见，双腔速调管放大器的增益与输出回路的调谐状态有关。

当

$$\frac{\delta\omega}{\omega_0} = \frac{\Delta f}{f_0} = \frac{1}{2Q_L} \tag{11.57}$$

时，输出功率降低到最大值的一半，增益降低 3dB，因而上式实际上给出了双腔速调管放大器的半功率带宽

$$\Delta f = \frac{f_0}{2Q_L} \tag{11.58}$$

4. 双腔速调管的特点与应用

双腔速调管主要是作为中功率放大器,其特点是体积小,质量小,主要缺点是效率较低、增益较低,一般功率增益仅20dB。双腔速调管放大器的连续波功率可达几百瓦,脉冲功率则可达几十千瓦。

双腔速调管除了可以作为放大器外,还可以作成振荡器和倍频器,如果在双腔速调管放大器的输入和输出腔之间加入反馈回路,就可以构成双腔速调管自激振荡器;而由速调管群聚电流的分析已经知道,随着调制信号的增大,当达到 $1 < X < 1.84$ 时,群聚电流中将含有丰富的谐波成分,如果将输出腔调谐在第 n 次谐波的频率上,则就可以得到频率为输入信号频率 n 倍的输出,从而构成双腔速调管倍频器。

双腔速调管振荡器不仅体积小、质量小,而且可靠性和稳定性好,调频调幅噪声低,所以连续波双腔速调管振荡器多用于飞行器(飞机、导弹等)的测量、多普勒制导等。

11.2.2 多腔速调管

双腔速调管能达到的群聚电流基波分量最大为 $1.16I_0$,理论上能达到的最大效率为58%,而其增益一般不超过20dB,而且频带由于受输入、输出腔谐振特性的限制,通常也很窄。为了改善速调管的性能,提高增益和效率,人们往往采用多腔速调管来代替只有两个腔的速调管。每增加一个腔体,增益就可以提高15~20dB,因此,四腔速调管的小信号增益可达60dB,六腔速调管可达90dB。

1. 多级群聚

1) 多级群聚的基本原理

多腔速调管是在双腔速调管的输入腔和输出腔之间增加若干中间腔构成的,中间腔既无输入信号,也不接任何负载。在多腔速调管中发生的群聚过程可以定性地作如下分析。

图11-10给出了一个多腔速调管的结构示意图,由输入腔输入的高频电压对电子枪发射的均匀电子注进行第1次速度调制,并在第1段漂移管形成初步的密度调制,该电子注到达第2腔的高频间隙时,已有初步密度调制的电子注将在腔内产生感应电流并在间隙上建立高频电压。由于第2腔不接负载,Q 值很高,即使输入腔的信号很弱,形成的密度调制交变电流很小,仍能激励起很高的高频电压,获得相当高的信号放大,该电压反过来又对电子注进行速度调制,而且第2次调制比第1次调制要强得多;电子注在第2段漂

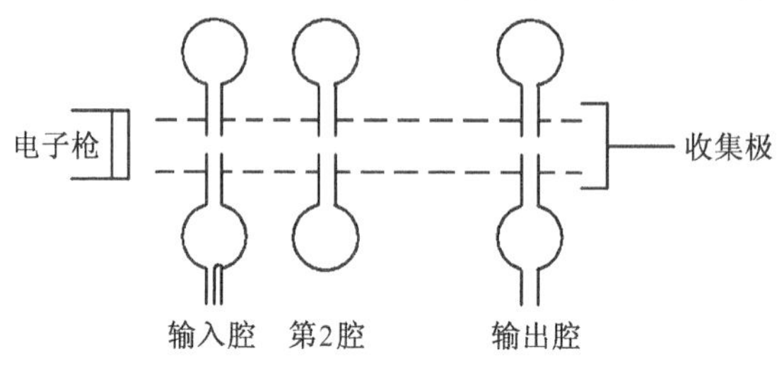

图11-10 多腔速调管原理示意图

移管中运动时，就会产生比第一次密度调制强烈得多的密度调制，使电子注群聚得更好；当该电子注穿过第 3 腔间隙时，在腔内就会激励起更强的感应电流，在间隙上建立起更高的高频电压，使信号又得到一次放大；第 3 腔的高频电压又反过来对电子注进行更强烈的调制，并在第 3 段漂移空间形成更好的群聚……重复上述类似的过程，直到最后得到十分高的群聚程度，在输出腔输出很高的信号电压，获得很高的增益。

2）三腔速调管中多级群聚的时—空图

为了进一步理解上述多级群聚的原理，以一个三腔速调管为例来说明电子的群聚过程，图 11 - 11 给出了它的时—空图。在输入腔，电子在没有受到调制时是均匀分布的，取 1 ~ 10 号 10 个电子来考察。它们在出发点——输入间隙中心平面均匀分布，其中 1 号、5 号、9 号电子都是在输入电压为零值时出发的，因而速度不变，以原来的直流速度进入第一段漂移空间；2 号、3 号、4 号电子受到输入高频电压减速，6 号、7 号、8 号电子受到加速，在前面已经知道，它们将以在电压由负变正的零点时通过间隙的 5 号电子为中心群聚起来，所以 5 号电子是群聚中心，是有利相位电子。而 1 号电子和 9 号电子则成为不利相位电子，是“散聚”的中心；如果中间腔与输入、输出腔一样，都调谐在信号频率上，那么群聚中心的 5 号电子通过间隙时，将产生最大感应电流交变分量，建立最大的高频电压，两者相位相同。而且在 11. 2. 1 已经知道，这个电压对群聚中心的电子来说是拒斥场，因此 5 号电子通过中间腔的间隙时，将遇到最大的减速场；这样一来，从图 11 - 11 上可以看出，3 号到 7 号电子都处于第二腔减速场中，而 1 号、9 号等电子将处于中间腔的加速场中，它们又将在中间段漂移空间中以 8 号电子为中心群聚起来，因为这时 8 号电子正好在中间腔间隙上高频电压由负变正时的零点通过间隙，成为新的群聚中心。这时，9 号电子也不再是散聚中心，改变了原来不利的相位，成了有利相位电子，由于它正好落后于 5 号电子半个周期，所以应该在中间腔电压最大加速场时刻通过中间腔间隙；但与此同时，本来在第 1 段漂移管中可能被群聚的 3 号电子，由于在通过中间腔间隙时遇到的拒斥场不够强，而有可能在第 2 段漂移管中运动时退出群聚；这样一来，本来在电子注进入中间腔高频间隙时，只有 3 号到 7 号电子群聚在高频减速场中，向场交出能量，而在电子注经过中间腔的再次调制到达输出腔高频间隙时，就已经有 4 号到 9 号电子都群聚了起来，落到高频减速场区；另外，本来在中间腔处于不利相位（加速场）的 1 号电子，在输出腔与 9 号电子一样，也成为了有利相位（减速

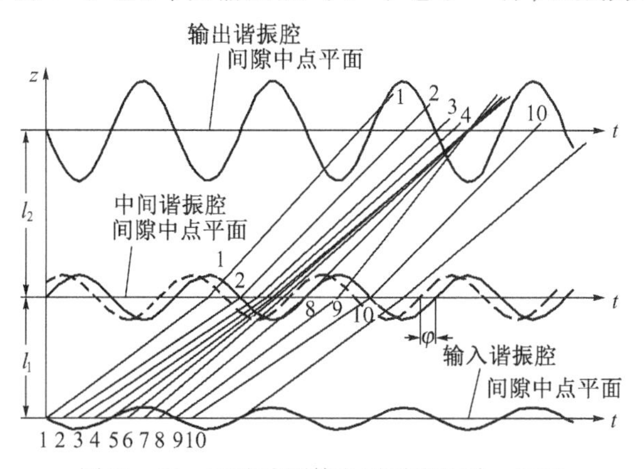

图 11 - 11　三腔速调管电子群聚的时—空图

场)电子,只是不在同一群聚块而已。可见,增加了一个中间腔,可以使群聚程度更高,群聚电流交变分量更大,在输出腔激励的高频信号也更强,增益更高。

2. 中间腔的偏谐

1)中间腔偏谐的作用

由上面的分析可以看出,当三腔速调管的中间腔与输入、输出腔一样都精确调谐到信号频率上时,虽然在相当程度上可以改善群聚,提高增益,但是由于在第一段漂移管和第二段漂移管中两次群聚时的群聚中心不一样,第二次群聚中心8号电子比第1次群聚中心5号电子滞后了$\pi/2$相位,致使原来处于有利相位的一些电子如3号电子退出了群聚,落入不利相位。

为了进一步改善群聚状态,提高放大器效率,应设法使第2次群聚中心与第1次群聚中心尽可能重合或靠近。为此,通常可以将中间腔偏谐,也就是把中间腔调谐到偏离信号频率,这样,中间腔内感应电流与间隙电压的相位不再相同,而是产生了相位差φ,致使群聚中心5号电子到达中间腔间隙时将不再是落在最大减速场区,而是偏离了φ角度。

要注意的是,由于群聚电流的交变分量频率仍是信号频率,它在中间腔激励起的感应电流交变分量也是信号频率,因此在中间腔高频间隙上建立起的高频电压频率本身还是信号频率。只是由于谐振腔的谐振频率调谐到了偏离信号频率,亦即使腔体内的振荡频率与其固有谐振频率不一致,致使谐振腔的等效谐振电路中的电纳总和不等于零(在谐振频率上总电纳为零,谐振腔呈现纯电导)。这一结果同时亦表现为腔内感应电流与建立起的高频电压相位不一致,即电流流经纯电阻产生的电压不产生相位移,两者相位一致;而电流流过复数阻抗时建立的电压就会有附加相位移,两者相位不一致,该复数阻抗的复角就是相位移的大小。

假定在小信号条件下,中间腔产生的相位移达到$\varphi=\pi/2$,即电压超前电流$\pi/2$,这时在第一段漂移管中形成的群聚块的群聚中心5号电子就将正好又在电压由负变正时经过的零幅值时刻进入中间腔的间隙,它在电子注被中间腔电压调制后,正好又成为在第2段漂移管中的群聚中心,前后两次群聚中心不变,同为5号电子。这样,新的附加群聚将仍围绕原来的电子群聚中心形成,从而使电子群聚得更好。反之,如果中间腔的偏谐使$\varphi=-\pi/2$,即电流超前电压$\pi/2$,则5号电子将在中间腔电压由正变负的零幅值时刻进入中间腔间隙,而我们知道,对应这个时刻的电子将成为“散聚”中心,从而使原来已经形成的群聚块产生“散聚”。由此可见,只有使$\varphi=0\sim\pi/2$之间,才有利于进一步提高群聚;而当$\varphi=0\sim-\pi/2$时,对群聚反而不利。

图11-11中虚线表示的就是中间腔偏谐角为$+\varphi$时的情况,在这种情况下,第2次群聚的中心将是7号电子,比原来的8号电子更靠近第一次群聚中心5号电子,因而使得2号电子亦落到了减速场中,2号、3号电子就都可能参与第2次群聚(图中没有画出第二次群聚的时—空轨迹)

2)最佳偏谐角φ_{opt}

要求中间腔偏谐到使电压超前电流φ角,即φ为正值,应使中间腔的导纳呈电感性,把中间腔的谐振频率调谐到略高于信号频率即可达到此目的。但是,这时尽管对改善群聚将会有利,但由于感应电流与高频电压的相位不一致,致使腔体等效阻抗和间隙电压要降低,而且这种降低对偏谐量的大小十分敏感,当φ达到$\pi/2$时,显然,对应感应电流最大值时的间隙电压将变为零,这就等于中间腔不再有附加的群聚作用。所以,中间腔的偏谐,一方面可以改善群聚的相位关系,有利于提高群聚程度;另一方面使间隙电压减小,第 2 次调制作用减弱,有效群聚减小,成为两个相互矛盾的因素。因此,综合考虑这两方面的影响,必定会存在一个最佳的偏谐角 φ_{opt},一个最佳的相对频偏量 $\delta\omega/\omega$,使得群聚最好、效率最高、输出功率最大。

最佳偏谐角 φ_{opt} 的选择往往与输入信号的强弱有关。一般,输入信号越弱,φ_{opt} 就越小,甚至可以不偏谐,$\varphi_{opt}=0$。因为输入信号很小时,第 1 次调制很弱,群聚很差,这时就必须尽可能提高中间腔间隙上的电压,以尽量增强第 2 次调制,以保证在第二段漂移空间形成足够强的群聚并在输出间隙处有足够强的群聚电流交变分量,所以中间腔应调谐在信号频率上,使 $\varphi_{opt}=0$,相对偏谐 $\delta\omega/\omega=0$。随着输入信号的增强,最佳偏谐角 φ_{opt} 也随之增大,但即使如此,实际的偏谐量也并不很大,$\delta\omega/\omega$ 只有百分之几。

最后应该指出,以上讨论是针对三腔速调管进行的,这时可以对中间腔进行偏谐,而对于三腔以上的多腔速调管而言,一般都是仅对其末前腔(输出腔前面的一个腔)向高频方向偏谐。

3. 多腔速调管的调谐

从上面的分析已经知道,为了改善群聚,提高输出功率和效率,速调管的末前腔应该向高频端偏谐。速调管根据这一条原则来进行的谐振腔调谐以提高效率,称为高效率调谐。在高效率调谐时,除末前腔向高频偏谐外,其余各腔都调谐到信号频率,以达到高的效率和输出功率。

如果多腔速调管的各腔包括末前腔都调谐到信号频率上,则就可以获得最大增益(各腔高频间隙的高频电压幅值最大),所以称这种调谐为同步调谐。

同步调谐和高效率调谐虽然可以获得高增益和高效率,但在这种情况下,速调管的频带都很窄。为了获得较宽的频带,同时效率又不致明显降低,可以将输出腔前各级腔体的频率错开,分别调到不同的频率上,从而获得较宽的和较平坦的增益频率特性,这种调谐称为参差调谐或宽带调谐。速调管在参差调谐时展宽频带的同时也会带来增益的降低。

4. 多腔速调管的特点与应用

多腔速调管的主要特点是增益高、功率大,在微波管中是增益最高、功率最大的管子,而且效率也很高。

目前,S 波段脉冲速调管输出峰值功率达到了 200MW,在 X 波段达到了 75MW,连续波速调管在 X 波段输出功率达 800kW,在 P 和 L 波段更达到了数兆瓦。这种功率电平无论是脉冲功率还是平均功率,都是其他类型的微波管无法比拟的。速调管的增益也是所有微波管中最高的,在窄频带情况下,可以达到 80dB 的稳定增益。

但是速调管是一种窄带器件,瞬时带宽一般只有百分之几到百分之十几;另外,速调管的工作电压也较高,体积比较大。

为了进一步提高速调管的性能,发展了一些特殊结构的多腔速调管。例如为了降低电压、拓展带宽,发展了多注速调管,在速调管中可以有多达 10 ~ 30 个电子注平行通过谐振腔间隙,大大提高了总电流而不必提高电压;为了减轻速调管的体积、质量,发展了不需要磁聚焦系统的静电聚焦速调管或空间电荷聚焦速调管;为了提高带宽而采用分布作用腔的扩展互作用速调管和行波速调管,采用带状电子注是在毫米波、亚毫米波频段速调管获得高功率输出的另一个重要途径,等等。

大功率速调管作为高功率、高增益和高效率微波放大器件,得到了广泛的应用:雷达是速调管最主要的应用领域,雷达用速调管的工作频率覆盖了整个微波波段,脉冲功率电平为千瓦级至兆瓦级;速调管的高峰值功率特点使它在加速器上的应用占有绝对优势,可控热核聚变中等离子体驱动与加热也往往利用大功率速调管作为微波源;连续波速调管则主要应用于电视、广播和通信作为发射机,散射通信、卫星通信地面站也都离不开速调管。

11.2.3 反射速调管

1. 反射速调管的基本工作原理

1）基本结构

反射速调管是只有1个谐振腔的速调管,这个谐振腔既用于速度调制,也用于能量输出,它由电子枪、谐振腔和反射极构成,如图11－12所示(图中电子枪部分只画出了阴极)。在谐振腔上加有对阴极为正的直流电压V_0,在反射极上加有对阴极为负的直流电压V_r,当电子从阴极发射出来,经V_0加速后穿过谐振腔间隙进入反射空间,因为反射极电压V_r是负的,反射空间对电子来说是拒斥场,因而电子将不断减速,并在飞行一段距离后返回。对返回电子来说,反射空间的场成为了加速场,电子将再次穿过谐振腔间隙。

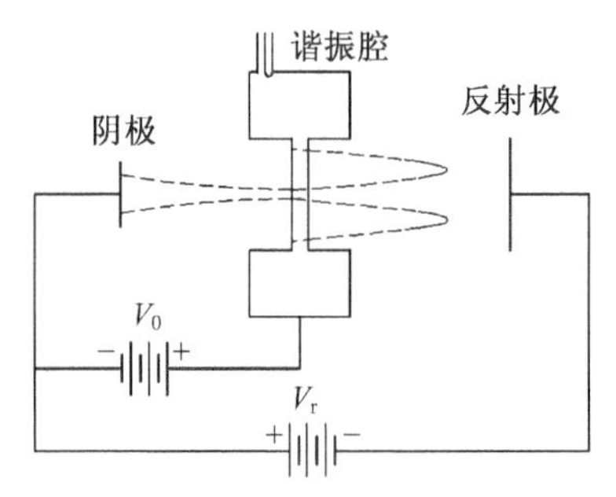

图11－12　反射速调管结构示意图

2）电子群聚时—空图

假设在谐振腔间隙上已有高频电场,电子注在第1次穿过时就会受到速度调制,有的电子受到加速,有的电子受到减速,进入反射空间后:受到减速的电子动能小,在反射空间飞行的距离就要短些,飞行时间也少一些;而受到加速的电子动能大,飞得远,飞行时间也长。若受加速的快电子先离开间隙,受减速的慢电子后离开间隙,那么这两类电子以及在高频场零值通过间隙速度没有改变的电子将可能同时返回到间隙,亦即形成群聚。图11－13给出了反射速调管中电子群聚的时—空图。

由图可见,1号、7号、13号电子在高频电压为零值时通过间隙,它们既未受到加速也没有受到减速,所以它们在反射空间的运动轨迹只是在横轴(时间轴)上的平移。2号至6号电子受到加速,它们在反射空间的运动轨迹就要高一些,在空间停留时间长一些,表现为返回到间隙时在横轴上相对在场零值通过间隙的1号电子轨迹更多地向右偏移,离

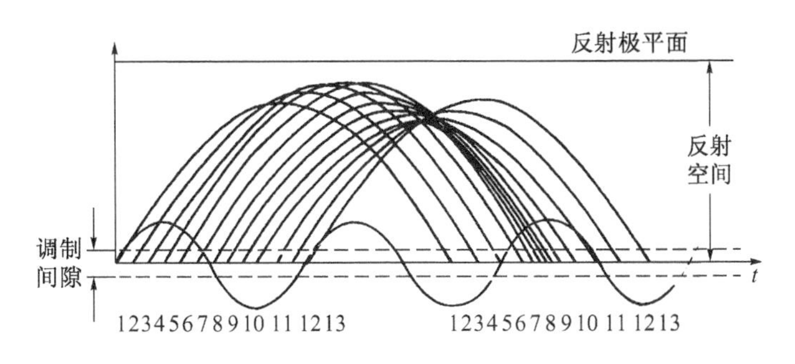

图 11－13　反射速调管中电子群聚的时—空图

1 号电子更远一些而向 7 号电子靠拢；反之，8 号至 12 号电子受到的是减速，它们在反射空间的轨迹就要低一些，在空间停留时间短一些，也就是当它们返回到间隙时在时间轴上相对要向左偏移，同样向 7 号电子靠拢。可见，电子将以高频电压由正到负通过零点的那个时刻穿过间隙中心的 7 号电子为中心群聚起来。

3）最佳渡越角

如果群聚块返回到谐振腔的高频间隙时，高频电压恰好为正的最大值，这个电压对第 1 次穿过间隙的电子是加速场，而对于运动方向已相反的返回电子来说，已经成为减速场，因此群聚电子注将向高频场交出能量，使场得到放大，振荡得以维持。由图 11－13 不难看出，群聚中心的电子从谐振腔间隙穿过到返回间隙的最佳渡越时间应为

$$\tau_{\text{opt}} = \left(n + \frac{3}{4}\right)T \quad (n = 0,1,2,\cdots) \tag{11.59}$$

式中，T 为高频电压周期。对应最佳渡越角为

$$\theta_{\text{opt}} = \left(2n + \frac{3}{2}\right)\pi \quad (n = 0,1,2,\cdots) \tag{11.60}$$

由于群聚中心的电子是在高频电压零值时离开高频间隙进入反射空间的，它的速度没有受到高频电压调制，所以上述渡越角只决定于电子的直流速度，也即直流渡越角。

2. 反射速调管的特点及应用

1）初始振荡的来源

在上面的分析中，曾假设一开始谐振腔间隙上已存在高频电压，作为自激振荡微波管，并不存在输入高频信号，那么这个初始高频电压是怎么得来的呢？其实，在微波管内部和微波管周围环境中都始终存在有各种各样的噪声：在微波管内部会有阴极发射的不规则引起电流和电子速度的起伏而形成的电子发射噪声（电流的起伏称为散粒噪声，电子速度的起伏称为速度噪声）；由于电子注在电子枪区、腔体及漂移管上被截获的不规则引起的分配噪声；电子被截获，特别是打上收集极时产生的二次电子发生噪声以及电子注中的等离子体振荡产生的离子振荡调制噪声等。这些噪声会直接在谐振腔里激励起相应的感应电流并在间隙上产生噪声电压。另外，在周围环境里，各种电磁波充斥着整个空间，甚至宇宙射线也是一种电磁脉冲，这些电磁噪声可以通过微波管输出窗口、电压引线等被耦合进微波管并同样会在高频间隙上建立起噪声电压。由于噪声具有十分丰富的频谱，其中总会有某一个频率成分满足条件式（11.60），那么该频率的电压将会得到增长，在微波管工作电流足够大的条件下，最终形成自激振荡。噪声中所有不满足式（11.60）

的其他频率成分,由于不能得到增长,就很快被衰减而消失。

2）反射速调管的调谐

反射速调管形成振荡的条件是电子在反射空间的直流渡越角 θ_0 满足式(11.60),现在看一下 θ_0 又与哪些因素有关。

反射空间总的直流电压应该是 V_0+V_r,若谐振腔间隙中心平面到反射极的距离为 l,则反射空间的直流场是$(V_0+V_r)/l$,电子在反射空间受到的反向加速度应为

$$a_0 = \frac{e}{m}\frac{V_0+V_r}{l} \tag{11.61}$$

电子以直流速度 v_0 进入反射空间,在反向加速度作用下速度越来越小,当速度降到零时刻时刚好在反射空间运动了一半时间,然后开始返回,在另一半时间里又被反向加速到 v_0,恰好回到高频间隙。所以应该有

$$v_0 = a_0\frac{\tau_0}{2} \tag{11.62}$$

即

$$\tau_0 = 2\frac{v_0}{a_0} \tag{11.63}$$

式中,τ_0为群聚中心电子在反射空间的总渡越时间,即电子注的直流渡越时间。

将式(11.61)代入式(11.63),两边乘上 ω,并考虑到 $v_0=\sqrt{2eV_0/m}$得到

$$\theta_0 = \frac{\omega l}{v_0}\frac{4V_0}{V_0+V_r} \tag{11.64}$$

可以看到,V_0、V_r 及 l 的变化都会引起 θ_0 的改变,从而使满足式(11.60)的频率改变,使反射速调管的振荡频率和功率亦随之改变。通常的做法则是用调节反射电压 V_r 的办法来改变反射速调管的振荡频率,称为电子调谐,它可以不付出任何电源功率而实现振荡器的频率微调,是反射速调管的一个重要特性。电子调谐频率的灵敏度为

$$\frac{\delta\omega}{\delta V_r} = -\left(n+\frac{3}{4}\right)\frac{\pi\omega_0}{Q_L(V_0+V_r)} \tag{11.65}$$

式中,Q_L 为反射速调管谐振腔的有载品质因数;ω_0 为 $\delta V_r=0$ 时的振荡频率,或者说是在每一个确定的 n 值下,输出功率最大时的振荡频率;$\delta\omega/\delta V_r$ 也称为电子调谐斜率。图 11-14 给出了在不同 n 值下反射速调管的输出功率与振荡频率随反射极电压 V_r 变化

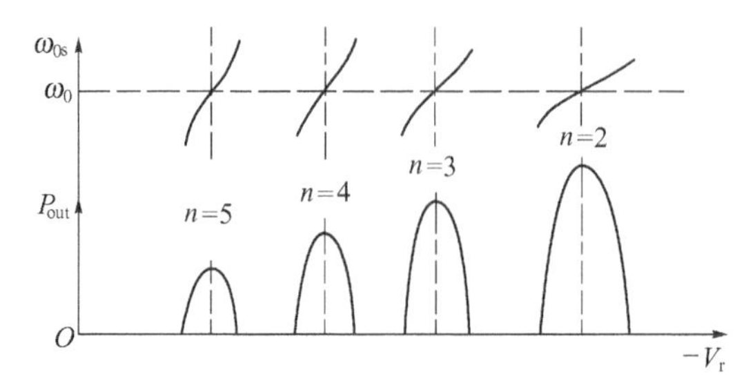

图 11-14 反射速调管的振荡功率和频率随反射电压的变化

的关系,可以看到,反射速调管具有分离的多个振荡区,每个 n 值对应 1 个振荡区,它们随反射极电压的改变而依次出现。

除了电子调谐外,反射速调管也可以用改变谐振腔尺寸或者改变谐振腔加载的办法来改变振荡频率,这称为机械调谐。机械调谐通常可利用组成谐振腔壁之一的可动薄膜的变形来改变间隙栅网间距的方法来实现,这是一种电容性调谐。

3）反射速调管的特点与应用

反射速调管是一种窄带、低功率的振荡器,其功率量级为几十毫瓦到几瓦,频率范围为 1 ~ 25GHz,原来效率也很低,仅 3% 左右,现在已经提高到 20% ~ 30%。反射速调管被广泛应用在实验室作微波测量用的小功率信号源,在通信、雷达和机载多普勒雷达、导弹等飞行器上作微波接收机的本振源,微波脉冲和参量放大器也常用反射速调管作为泵浦振荡器。反射速调管还可以有一些特殊用途,如再生式放大器、再生式检波器和混频器等。

反射速调管和多腔速调管相比,除了前者是振荡器,后者是放大器外,还有如下一些特点。

(1) 反射速调管的群聚中心是在高频电压由正变负时的零点通过高频间隙的电子,而多腔速调管则是高频电压由负变正时的零点时刻通过间隙的电子。

(2) 反射速调管只能振荡在感应电流基波频率上,因为高次谐波不能在同一腔体中形成正反馈,自激振荡无法建立;而多腔速调管原则上来说可以输出谐波频率的微波功率。

(3) 反射速调管功率小,一般不能作为功率管用,而多腔速调管是一种大功率器件,往往可作为末级功率放大器。

11.3　行波管的工作原理

行波管是目前在军事装备上应用最广泛的微波管,由于其无可替代的宽频带特点,也成为现代电子战中最重要的一种微波管。行波管可分为最主要的两类: 螺旋线类行波管和耦合腔类行波管。将先从螺旋线类行波管出发,来讨论其基本原理和工作特性。

11.3.1　行波管的结构和工作原理

1. 行波管的基本结构

速调管由于采用了谐振腔作为高频结构,因而在腔中建立的高频场是驻波场,而且谐振腔的品质因数 Q 很高,因此速调管的增益很高但频带很窄。降低腔体的 Q 值,可以加宽频带,但管子的增益要降低,输出功率减少。克服带宽和增益这对矛盾的途径之一是放弃谐振腔,而改用一段慢波线作为电子注的控制和能量交换机构,使电磁场以行波形式沿慢波线行进,同时使电子注以与行波相速基本相同的速度与行波场一起前进。在这一运动过程中,电子注与场持续地相互作用,也就可以在电子注中建立起密度调制以及在慢波线上激励起高频场。虽然慢波线上各点的高频场要比谐振腔间隙中的高频场弱得多,但由于电子注与行波场相互作用时间长,电子注和高频场仍然可以充分交换能量,使高频信号在很宽的频带范围内得到很大的增强。利用这一构想设计成的微波管就是行波管。

图 11 - 15 是一个螺旋线类行波管的结构示意图,它主要由五部分组成: 电子枪、聚

焦系统(或称聚束系统)、慢波结构、输入输出装置和收集极。

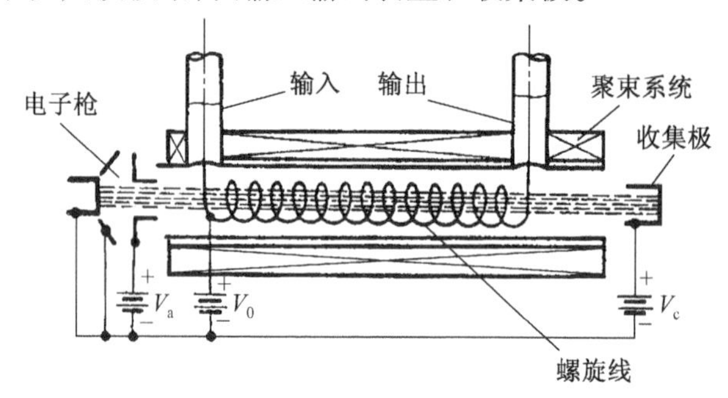

图 11-15　螺旋线类行波管结构示意图

(1) 电子枪。电子枪的作用是产生具有一定形状和电流强度的电子注,并将电子注加速到一定速度以便和慢波线上的电磁场交换能量。

(2) 聚焦系统。聚焦系统的功能是用磁场力抵消电子注的空间电荷推斥力,约束电子注使其能顺利通过整个慢波系统而不被截获。

(3) 慢波结构。为了使电子注与高频场能持续有效地相互作用以交换能量,它们的轴向行进速度要基本相同,称为同步。慢波结构的任务就是传输高频电磁行波并使电磁波的相速降到同步速度,慢波结构也是实现注—波互作用的场所,即电磁场对电子注实现调制,而调制电子注交出直流能量放大高频场的机构。

(4) 输入输出装置。通过输入输出装置将高频输入信号能量耦合到慢波线上和将已放大的高频信号能量耦合到输出回路上去。

(5) 收集极。收集极用来收集已经和电磁场换能完毕后的电子,由于这时电子仍然有很高的速度,打上收集极时将转化为热能耗散掉。

2. 行波管的工作原理

行波管放大高频信号的能力来源于电子注与高频行波场相互作用时进行的能量交换,这一物理过程可以用图 11-16 加以说明。假设电子注直流速度与行波的相速完全相等($v_0=v_p$),而图 11-16 的坐标系以同样的速度(同步速度)向 z 向前进,因而行波场和仅有直流速度的电子在该运动坐标系中相对静止。只考虑行波场中与电子注同步的一个空间谐波,因而其轴向(纵向)场分量沿轴按正弦分布。

一开始,电子注刚进入慢波线时,高频场还来不及对电子注速度进行调制,因而可以认为电子注密度沿轴向分布是均匀的,如图 11-16(a)所示。在图中,在 1 个高频周期中取 13 个电子来考察。

处于高频场零点的 1 号、7 号、13 号、19 号、25 号……电子将保持直流速度 v_0,因而在运动坐标中位置不变;对于 2 号至 6 号电子、14 号至 18 号电子……,它们处于高频场正半周(E_z 为正),对于电子运动来说是减速场,因而它们将被减速,速度就比直流速度 v_0 略小,在运动坐标系中就有一个相对落后(向 $-z$ 方向)的运动;反之,8 号至 12 号电子、20 号至 24 号电子……处于高频加速场中,速度就会略快于直流速度 v_0,它们就将有一个相对超前(向 $+z$ 方向)的运动。这样,沿 z 轴均匀分布的电子注产生了速度调制,导致电子的分布变得不均匀,出现了密度调制,它们开始以 1 号、13 号、25 号……电子为中心群聚起来,群聚中心是高频场由负变正时的零点,如图 11-16(b)所示。

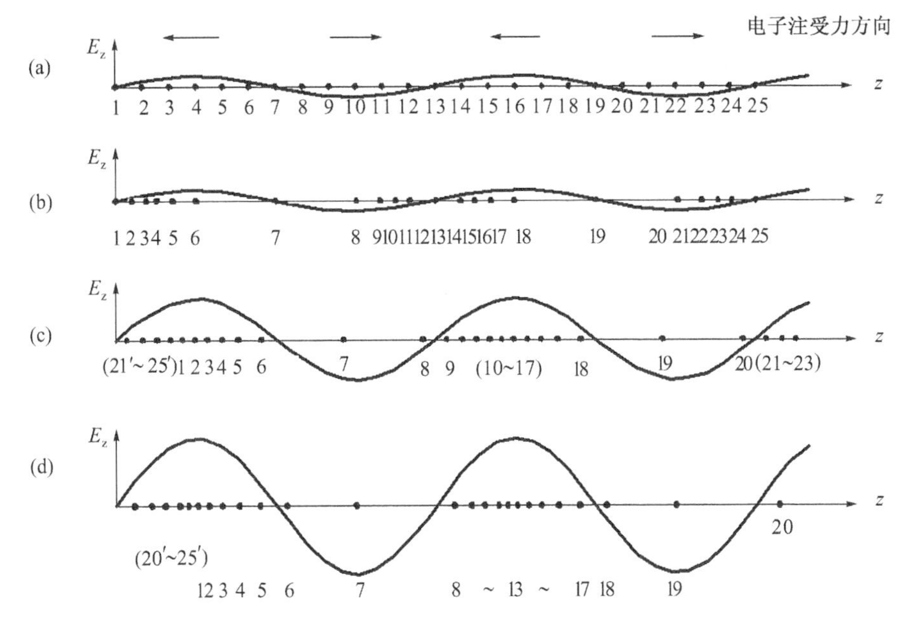

图 11－16　行波管中电子注与行波场的相互作用

但是，在电子注直流速度 v_0 与行波场完全同步时，群聚中心 1 号、13 号、25 号……将保持停留在场的幅值为 0 的位置。而群聚在它们两边的电子，刚好有一半处于减速场中，一半处于加速场中，前者向高频场交出能量，而后者从高频场中获得能量，交出的能量与获得的能量相等，没有净的能量交换，高频场不能得到放大。如果让电子注的直流速度略大于行波的相速（$v_0 \geqslant v_p$），则电子注整体将向前有一个附加的运动，群聚中心及其两边的群聚电子就将逐渐移入减速场区，出现如图 11－16（c）所示的情形。这时，处于减速场区的电子就会明显比在加速场区的电子多，电子交出的能量就多于获得的能量，出现了电子注与行波场之间的净能量交换，行波场的幅值因此得到放大。

电子注继续向前运动，电子注群聚得更加紧密，更多的电子进入减速场区。最后，当电子注到达慢波线末端时，达到了最佳群聚状态，绝大部分电子都进入了减速场区，电子注交给高频场的能量也达到了最大，使行波场得到很强烈的放大，如图 11－16（d）所示的情况。

由以上分析可以看出，在行波管中，电子注的速度调制、密度调制和群聚都是在电子注整个运动过程中进行的，电子注与场的相互作用和能量交换也是在整个慢波线区连续进行的。这是一种分布式的相互作用，也是行波管有别于速调管的主要特点。

11.3.2　耦合腔行波管

1. 耦合腔行波管基本工作原理

螺旋线行波管中的螺旋线与管子外壳之间必须使用介质夹持杆（一般为陶瓷杆）绝缘，以避免螺旋线被外壳短路，同时起到固定螺旋线的位置的作用，这种结构对螺旋线的散热不利，使得其输出功率不可能很大。耦合腔行波管则不同，耦合腔结构尺寸大，又全部由金属件构成，没有介质夹持杆，因而散热性能好，使得管子能得到很高的平均功率和脉冲功率输出。

耦合腔行波管的基本结构也主要由五部分组成,除了慢波系统由螺旋线换成了耦合腔链外,其余与螺旋线行波管结构完全相同。典型的耦合腔慢波结构如图11-17所示,它由一系列谐振腔和漂移管组成,或者也可以说是由一系列双重入型环形腔连接而成。漂移管是电子注通道,但对于高频场来说则是截止波导,腔与腔之间的高频场不能通过漂移管发生耦合,腔间场的耦合完全通过设置在相邻腔壁上的耦合隙缝实现。

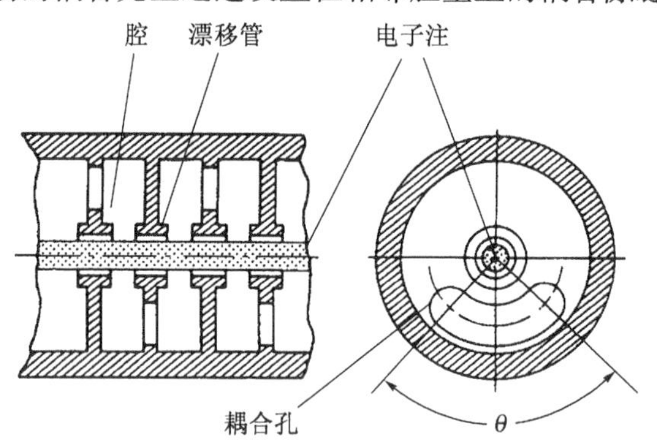

图11-17 交叉耦合孔耦合腔慢波线

由于漂移管处于截止状态,轴向电场主要集中在漂移管端口与端口之间的间隙内,所以电子注与耦合腔慢波线上高频场的相互作用也集中在间隙内,电子注在一个间隙内与场相互作用后,要经过一段无高频场的漂移空间,再进入下一个相互作用间隙。可见,电子注与耦合腔慢波系统的相互作用不是连续发生而是间断进行的,这一点与螺旋线行波管不同而类似于速调管。

但是耦合腔链是一种慢波线,场可以通过耦合隙缝耦合,在电子注向前运动的同时,波也在耦合腔链内传播,形成行波。在同步条件下,当电子注从一个间隙漂移到下一个间隙时,所遇到的行波场的相位基本不变,因此电子注将与高频场保持同步相互作用,即电子注依次通过各个间隙时,与场之间的相互作用是积累进行的,每经过一个间隙,就交给场一部分能量,使高频场得到增长。这一过程又与螺旋线行波管类似,电子注是与行波场而不是与驻波场发生互作用的。

2. 与螺旋线行波管及速调管的比较

由上述分析可以看出,耦合腔行波管介于速调管与螺旋线行波管之间。

1)耦合腔行波管与速调管相比

相同之处是电子注间断地在一个一个间隙内与高频场相互作用;将电子能量转换至高频场的条件也是使电子注的群聚中心通过间隙时遇到减速场。

不同之处在于各谐振腔之间存在强的耦合,因而在耦合腔链慢波线中的场是行波状态;而不像速调管内各谐振腔之间无耦合,场呈现驻波状态。

2)耦合腔行波管与螺旋线行波管相比

相同之处是电子注都是与行波场相互作用,高频结构都是慢波系统,因而都可以认为电子注与场是分布式的相互作用。

不同之处是在耦合腔行波管中电子注与场是间断的分布式互作用,或者说是分离的分布式互作用;而在螺旋线行波管中电子注与场则是连续的分布式互作用。

11.3.3 行波管的分类

经过几十年的发展，也为了适应不同应用的要求，行波管的种类已经有成百上千种，可以从不同的角度出发对它们进行大致分类。

1. 按慢波结构来区分

1）螺旋线行波管

螺旋线行波管是最大一类行波管，其最大特点是带宽很宽，可以达到 2 个倍频程（4:1）以上。但由于受到螺旋线散热能力有限，以及为了避免返波振荡的出现致使螺旋线电压不能太高的限制，因此其功率电平相对较低。一般脉冲功率在 10kW 量级，平均功率在 1kW 左右，目前最大连续波功率不超过 3kW。

2）耦合腔行波管

这是仅次于螺旋线行波管的另一大类行波管。其特点刚好与螺旋线相反，由于其慢波结构是全金属的，所以散热能力很好，工作电压可以很高，因而输出功率大，不论脉冲功率还是平均功率，都要比螺旋线行波管高出一个数量级以上。但其谐振腔式的结构限制了其工作带宽，使它的频带很窄，一般只有 10% 左右。

3）其他慢波结构行波管

如环杆行波管和环圈行波管，这类行波管的高频结构可以看作螺旋线的一种变形，但它们的工作电压可以比螺旋线行波管高，因此脉冲功率比螺旋线行波管大得多。但由于它们仍然需要用介质夹持杆支撑慢波结构，散热能力有限，因而平均功率只比螺旋线行波管稍大一点，相应地带宽则要窄一些。

π 线慢波结构是由环板慢波线发展而来的一种全金属慢波结构，在法国商业行波管中得到广泛应用，其脉冲功率和平均功率容量远大于螺旋线行波管，接近耦合腔行波管。其带宽虽比不上螺旋线行波管，但比耦合腔行波管要宽得多。

曲折波导也是一种全金属慢波结构，由于它加工装配简单、精度高、尺寸大，因此特别适合作为毫米波行波管的慢波线，已经得到广泛应用。由于先进加工技术如 LIGA、DRIE 技术的推广，曲折波导已经可以工作到亚毫米波直至太赫兹波段。

还有其他各种慢波结构的行波管，但它们大部分都没有被广泛实用，只有少量在实际行波管中得到了应用，如梯形线，在毫米波行波管中得到了普遍采用，但它实际上是耦合腔电路的一种变形。人们正在不断探索寻求功率容量大，同时带宽足够宽的各种新型慢波结构。

2. 按功率大小分类

1）中小功率行波管

中小功率行波管的功率电平并没有严格的定义，不过一般来说，连续波输出功率在 1W 以下的称为小功率行波管，连续波输出功率在瓦级以上至几百瓦、脉冲功率在几十千瓦以下的称为中功率行波管。由于螺旋线行波管一般都是连续波输出功率在千瓦以下，因而中小功率行波管主要是指螺旋线行波管。

中小功率行波管中的小功率行波管最主要的是低噪声行波管，这类行波管噪声低、工作频带宽、增益高，因而可以作为接收机前端的高频放大器，但目前已经完全可以用固态器件来替代，因此不再生产这类行波管。

目前在电子对抗中的输出级最广泛使用的是中功率螺旋线行波管——宽带功率行波管,其最大特点是工作频带很宽,一般都在1个倍频程左右甚至更宽,连续波输出功率在几十瓦(毫米波波段)至1kW(十厘米波段)。在习惯上,人们往往把连续波功率百瓦以上、脉冲功率千瓦以上的行波管统称为大功率行波管,而较少使用中功率行波管这一称呼。

2）大功率行波管

大功率行波管主要用于雷达和干扰机,尤其是预警机上的干扰机的输出级。要求千瓦量级的输出、宽工作频带时往往采用螺旋线行波管或环杆慢波线行波管,利用焊接螺旋线工艺制造的螺旋线行波管,最高连续波输出功率已经达到了2~3kW。要求功率更大时则只能采用耦合腔行波管,可以获得几十千瓦的平均功率和几百千瓦的峰值功率,但其工作频带窄,在电子对抗中应用较少,主要用于雷达输出级。

3. 按功能分类

为了适应不同应用状态、场合的特殊要求,行波管发展了一系列具有不同功能特点的类型。

1）双模行波管

这类行波管有两个工作状态:一个是连续波或高工作比脉冲状态,这时峰值功率较低,称为“低模”状态;另一个是窄脉冲状态,峰值功率远高于低模状态,但其平均功率则与低模状态基本一致,称为“高模”状态。两个状态的峰值功率之比称为脉升比,这是双模行波管特有的一个参数,一般脉升比应为5~10dB,双模行波管常用在雷达中以观察不同视角和不同距离的目标。

2）相位一致行波管

相位一致行波管是指各管子的输出相位—频率特性和增益—频率特性尽可能一致的行波管,这是为相控阵雷达和多波束干扰机所专门研制的一类行波管,因为相控阵雷达由数百至上万个发射单元组成,只有各个单元的输出相位和幅值一致时,它们才有可能在合成时通过对相位的控制实现波束电扫描或多波束辐射,目前相位一致行波管在工作频带内增益的不一致性可以达到小于1dB,相位的不一致性小于20°。另外,正因为相控阵雷达利用了大量单元输出进行合成,因此对每一个单元的输出功率的要求就相对较低,一般为50~100W。

3）调相行波管

现代干扰机往往需要对输出信号进行各种形式的相位调制以改善干扰性能,与此相适应就出现了调相行波管。本来在行波管中改变慢波线电压时,输出信号的相移就会变化,即天生具有调相能力。但作为一个调相行波管,还必须进行一些特殊设计以使其调相灵敏度尽可能的高,而慢波线电压则应尽可能低,以降低对调制电压的要求,慢波线对地电阻要足够高(几千欧以上)以降低对调制器的功率要求,慢波线对地电容则应尽量小(几十皮法以下)以提高调相频率。

4）储频行波管

在电子对抗中采用欺骗式干扰往往要求我方在接收到敌方雷达信号后,延续一段时间后才产生频率相近的假反射信号发射出去,以有效地使敌方造成假目标判断,储频行波管就是为此目的而设计的。

5）卫星和空间行波管

卫星和空间飞行器用的通信行波管最大特点是为适应恶劣环境使用需要，对性能要求非常严格。例如为了减小失真，工作频带内增益波动不能大于 1dB，增益斜率小于 0.05dB/MHz；调幅调相转换（信号幅度变化引起的相位变化）要达到 4～6°/dB；为了避免信号之间的串扰，要求交叉调制（一个信号幅度的变化引起另一个信号幅度的变化）越小越好；另外，对管子的频率、寿命和可靠性也要求十分严格，对抗冲击和振动的要求也很高。对卫星和空间行波管的工作频带要求则不太宽，又由于星上或空间飞行器上可供电源有限，因而对行波管输出功率的要求也不高。

4. 按聚焦方式分类

行波管的聚焦系统可以是永磁聚焦、周期永磁聚焦、电磁线包聚焦、静电聚焦等，相应地可以分为周期永磁聚焦行波管（PPM 行波管）、线包聚焦行波管等，其中以 PPM 聚焦使用得最普遍，在亚毫米波段也有采用均匀永磁聚焦的，目前几乎极少采用线包聚焦和静电聚焦。

对于带状电子注行波管，则除了均匀磁场聚焦系统外，普遍采用周期聚焦系统，包括周期会切磁场聚焦系统（PCM 系统）、偏移周期会切磁场聚焦系统、周期四极于磁场聚焦系统（PCM－PQM 系统）、Wiggler 磁场聚焦系统，带状注行波管也就可以以此分类。

11.3.4　行波管与多腔速调管工作原理的不同特点

综合起来，可以把行波管与多腔速调管在工作原理上的不同特点归结如下。

（1）速度调制与密度调制。在行波管是不可分的，是电子注在慢波线中行进时连续地同时进行的；而在速调管中是分开的，在输入高频间隙中完成速度调制（这种速度调制在中间腔中将得到进一步加强），而在漂移管中实现密度调制。

（2）电子注与场的相互作用。在行波管中是沿整个慢波线分布式的相互作用；而在速调管中是集中式的相互作用，集中在谐振腔高频间隙内进行相互作用。

（3）高频场。行波管中是行波场；而速调管中是驻波场。

（4）高频结构。行波管的高频结构是慢波线；速调管的高频系统则是谐振腔。

（5）群聚中心。行波管群聚电流的中心是沿慢波线分布的高频加速场（E_z 负半周）向减速场（E_z 正半周）过渡的零值点，即 E_z 相位为 0 的点；速调管中电子注的群聚中心则是在高频间隙中高频减速场（高频电压负半周，E_z 正半周）向加速场（高频电压正半周，E_z 负半周）过渡的零时刻，即 E_z 相位为 π 的点。要注意的是，由于场的方向与它对电子的作用产生的加速度方向是相反的，而电压的正、负则直接对应着电子的加速还是减速，所以在速调管中，若从场的角度来看，减速场虽然是高频电压负半周，但是是 E_z 的正半周，反之亦是如此。但是应当指出，这种群聚中心的不同只是表面上的，是由于在对速调管和行波管的群聚过程分析时采用的横坐标不同造成的。前者所用横坐标是时间 t，t 越大，对应通过高频间隙的电子越晚，在 $t=0$ 时刻的电子是最早通过输入腔间隙的（图 11－4）；而后者所有横坐标则是空间 z，z 越大，说明电子越早出发，刚好与 t 作横坐标时相反（图 11－16）。因此若从电子出发的先后来看，群聚中心都应是高频减速场向加速场过渡的零相位点，两者是完全一致的，即加速场在后（对应 t 大而 z 小），减速场在前（对应 t 小而 z 大），其物理内涵都反映受加速电子（后出发电子）追上受减速的电子（先出发的电子）。

11.4 行波管的参数与工作特性

行波管的输出参数和工作特性如输出功率、效率、幅值特性、振荡的抑制等都必须通过大信号非线性理论进行数值计算才能得到,但也可以根据小信号理论得到一些定量或定性的初步概念。

11.4.1 行波管的输出参量

1. 增益

行波管的增益定义为

$$G = 10\lg\frac{P_{out}}{P_{in}} = 20\lg\left|\frac{E_{zm}(l)}{E_{zm}(0)}\right| \quad (\mathrm{dB}) \tag{11.66}$$

式中,P_{out}为输出功率;P_{in}为输入功率;$E_{zm}(l)$为在输出端($z=l$)纵向电场的幅值;$E_{zm}(0)$为在输入端($z=0$)纵向电场的幅值;l为慢波线总长度。

根据行波管小信号理论,可得到计算行波管增益的简单公式:

$$G = (A_1 + A_2) + BCN - \frac{1}{3}L \tag{11.67}$$

式中,$A_1 = -9.54\mathrm{dB}$,称为初始损耗;$A_2 = -6\mathrm{dB}$,为防止行波管自激振荡而对慢波线采取切断或引入衰减器后而引起的附加损耗;$B=47.3\mathrm{dB}$,称为增益因子;$N=\beta_e l/2\pi = l/\lambda_e$为按电子波长计算的慢波系统的电长度,其中$\beta_e=\omega/v_0$代表以电子注直流速度$v_0$传播的波的相位常数,叫作电子相位常数,则$\lambda_e$为对应的电子波长;$L$为慢波线对沿线增长的行波的损耗;$C$称为增益参量,定义

$$C^3 = \frac{K_c I_0}{4V_0} \tag{11.68}$$

式中,K_c为慢波线耦合阻抗;I_0为电子注直流电流;V_0为电子注直流加速电压。C是行波管理论中一个很重要的参量,是衡量电子注与行波场相互作用强弱的一个物理量。

2. 输出功率和效率

由耦合阻抗K_c的定义式(10.64),不难得出行波管输出功率的表达式:

$$P_{out} = \frac{|E_{zm}(l)|^2}{2\beta_0^2 K_c} \tag{11.69}$$

式中,β_0为慢波线上行波的相位常数。

当不考虑慢波线的损耗时,输出功率就等于电子注交给高频场的功率,即

$$P_e = P_{out} \tag{11.70}$$

根据行波管小信号理论

$$P_e \approx \frac{4V_0^2\beta_e^2 C^4}{2\beta_0^2 K_c}\left|\frac{I_{m1}}{I_0}\right|^2 \tag{11.71}$$

式中,I_{m1}为在输出端群聚电流的基波分量幅值。在最佳群聚的理想情况下,群聚电流基波分量与直流分量之比可达到 $I_{m1}/I_0 \approx 2$。考虑到在同步条件下 $\beta_e \approx \beta_0$,以及将式(11.68)、式(11.70)代入式(11.69),可得到最大输出功率

$$P_{\text{outmax}} = 2V_0I_0C \tag{11.72}$$

以及最大效率

$$\eta_{\max} = \frac{P_{\text{out}}}{I_0V_0} \approx 2C \tag{11.73}$$

由此可见,要提高行波管的输出功率和效率,就必须提高增益参量 C。实际上,通过采取各种提高效率的措施,行波管的效率可以远比 $2C$ 高。

3. 带宽

行波管的带宽主要取决于慢波系统的色散特性,即慢波线上行波相速随频率变化的情况,色散越弱,相速随频率的变化越小,就能保证电子注与行波同步的频率范围越宽,从而使行波管的瞬时带宽很宽。

在各种慢波结构中,螺旋线具有最弱的色散、最宽的带宽,因此螺旋线行波管具有十分宽的频带,可以达到 2 个倍频程以上的带宽。可以说,由螺旋线的色散所引起的对工作频带的限制几乎可以忽略,而往往是其他因素限制了行波管的带宽,例如输入输出装置的匹配状况在很大程度上制约了行波管带宽的拓展。

耦合腔行波管则不然,由于耦合腔慢波结构色散较强,因而耦合腔行波管的工作频率范围要比螺旋线行波管窄得多,其带宽只有百分之几至百分之十。

11.4.2 行波管的输入—输出幅值特性

输入—输出幅值特性是指行波管的输出功率随输入功率变化的特点,图 11 - 18 是行波管输入—输出幅值特性的理想化曲线。

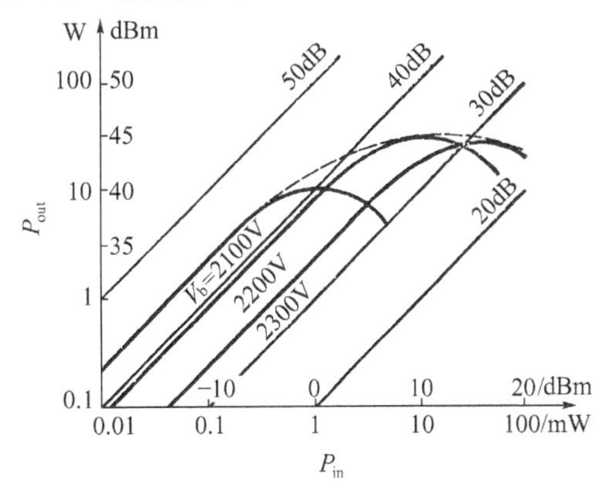

图 11 - 18　行波管输入—输出功率特性

1. 输入—输出特性的特点

(1) 在固定的工作电压下,行波管的输出可以分成线性区和非线性区两个区域。当输入功率较小时,输出功率随输入功率成比例地增加,增益成为常数,且较高,这个增益保持不变的区域称为线性工作区。随着输入功率的进一步增加,输出功率开始偏离线性增

长规律,增加趋势变得越来越缓慢,直至最后达到最大值后不再增长,这个区域称为非线性工作区。饱和时行波管的输出功率称为饱和功率,饱和功率比线性区可达到的最大功率大致要高5~10dB;饱和功率点对应的增益称为饱和增益,饱和增益则一般要比线性区的小信号增益低4~8dB。继续增加输入功率,输出功率反而会开始下降,这种现象称为过饱和。

(2) 若改变工作电压,则随着行波管工作电压从同步电压开始提高,将出现小信号增益最高的电压,称为最佳增益电压;电压继续提高,则线性区增益将降低,但饱和输出功率会增加,并存在一个最佳输出功率电压;超过此电压,饱和输出功率反而下降。

2. 输入—输出特性的机理

(1) 从电子注与行波场同步的角度出发,对行波管的上述输入—输出特性的特点可以作出定性解释。在一定电压下,电子注在与行波场相互作用过程中,不断交出能量给高频场,自身速度将逐渐降低,当速度降到比同步速度还低时,放大作用就停止了,输出功率达到了饱和。电子注交给高频场的功率相当于$\Delta V_0 I_0$,这里ΔV_0为电子注直流加速电压与同步电压之差。超过饱和点后,电子注由于速度比行波场相速低,将反过来从高频场吸取能量,输出功率下降。

提高行波管工作电压,使得电子"富余"的能量$\Delta V_0 I_0$增加,即电子交出来的能量增加,因而输出功率可以提高。但是,电压的提高将使电子速度与同步速度的偏离以及与最佳增益电压对应的速度的偏离也随之增加,导致增益下降。所以行波管最大增益时的工作电压与最大功率输出时的电压是不同的,一般后者要比前者高10%~20%。

(2) 从电子注与行波场之间换能的角度出发,可以更清楚地理解行波管输入—输出特性的特点:随着输入功率的增加,电子的群聚越来越充分,这时电子群聚块处于高频减速场中,向高频场交出能量,因而输出功率随之增加。但是随着电子注不断向高频场交出能量,使电子注的速度逐渐减慢,输入功率增加到一定程度,这种速度减慢就会十分明显,导致群聚中心逐渐滞后,向π相位移动,电子注交出的能量也逐渐减少,增益开始下降,输出功率的增长速率变小。当群聚中心落到π相位点时,正如前面介绍行波管工作原理时已经指出的,这时就不再有纯的能量交换;从电子注群聚来说,这时由于电子注已经群聚得很紧密,空间电荷斥力增大,使群聚块产生散聚和分裂,导致一部分电子进入高频加速场区,一部分电子仍留在减速场中,电子注从高频场吸收的能量与向高频场交出的能量相等,输出功率不再增长,达到了饱和。输入功率继续增加,电子平均速度下降过多,将使整个群聚块落入加速场区,电子注开始从高频场中吸收纯的能量,输出功率下降。

11.4.3 行波管的自激振荡

在速调管中,腔与腔之间的漂移管对高频场是截止的,高频能量不可能通过漂移管在腔体之间传输,只能通过电子注产生耦合,除此之外,不存在其他高频能量的传输通道。而电子注总是单向运动的,因而一般不存在能量的反馈路径,不致引起自激振荡。行波管则不然,在行波管里慢波线本身就是一根双向传输线,即使电子注不存在,高频能量既可以从输入端传输到输出端,也可以从输出端返回到输入端,这就意味着行波管存在内部反馈通道,就可能激励自激振荡。

行波管中的自激振荡主要有三种基本类型：① 反射振荡，或者称为前向波振荡；② 返波振荡；③ 带边振荡。

1. 反射振荡及其防止

1）产生反射振荡的原因

在行波管中，若在慢波线上某两个位置存在不匹配引起反射，则微波能量就会在这两个位置之间来回反射，在满足一定条件时，这种反射就会稳定维持下去，形成自激振荡。可见，反射是产生振荡的根本原因，在行波管中主要的反射来自：

（1）输入输出装置的不匹配产生的反射。

（2）管内衰减器两端不匹配产生的反射。

（3）慢波线不均匀性引起的反射。

可见，防止反射振荡就在于减少或消除反射。

2）产生反射振荡的条件

在行波管内，任意两个反射面引起的来回反射，原则上都有可能激励起振荡，作为一个一般性讨论，把一个反射面设为输入端，另一个反射面称为输出端。当微波场从输出端反射回输入端并从输入端再次反射回去时，如果再次反射回去的信号功率等于或大于原输入信号功率，而且反射信号与原输入信号的相位差为 2π 的整数倍时，就会形成自激振荡。

（1）振荡的幅值条件

假设输入端和输出端的电压反射系数分别为 R_{in} 和 R_{out}，在输入端和输出端之间可以获得的信号放大倍数为 K，这段慢波线的冷损耗为 A，这里 R、K 都以倍数表示。输入信号功率 P_{in} 到达输出端时放大了 K 倍，在输出端反射的功率就是 $|R_{out}|^2KP_{in}$，该功率反馈回输入端时，要被慢波线损耗 A 倍（信号从输入端到输出端时受到的慢波线损耗 A 已在放大倍数 K 中扣除，因而不再另外计算），然后在输入端再次被反射，这时的反射功率就应为 $(K/A)|R_{in}|^2|R_{out}|^2P_{in}$。

产生振荡的幅值条件就是

$$\frac{K}{A}|R_{in}|^2|R_{out}|^2P_{in} \geqslant P_{in} \tag{11.74}$$

$$K|R_{in}|^2|R_{out}|^2 \geqslant A \tag{11.75}$$

若上式各量用分贝表示，则为

$$G \geqslant L - 2\Gamma_{in} - 2\Gamma_{out} \tag{11.76}$$

式中，G 为增益；L 为以分贝表示的损耗；$2\Gamma_{in}$、$2\Gamma_{out}$ 为以分贝表示的反射系数，由于 $|R_{in}|$、$|R_{out}|$ 为小于 1 的数，因而上式中 Γ_{in}、Γ_{out} 为负值。在习惯上，Γ_{in}、Γ_{out} 一般表示为正值，这样，式(11.76)应写成

$$G \geqslant L + 2\Gamma_{in} + 2\Gamma_{out} \tag{11.77}$$

对于实际的行波管，输入、输出机构的反射是不可避免的，尤其对宽频带工作的管子来说，保证在很宽的频率范围内的输入输出端的理想匹配是完全不可能的。一般来说，输入、输出机构的驻波系数在 2 左右，相当于分贝反射系数为 $2\Gamma \approx 10\text{dB}$，代入式(11.77)得

$$G \geqslant 20 + L \quad (\text{dB}) \tag{11.78}$$

可见,行波管的慢波线损耗 L 越大,允许的增益值越高。但实际上,行波管分布冷损耗一般不允许超过6dB,因此,从理论上讲,单段慢波线的极限增益只有26dB。如果再考虑到其他因素的影响,如频带内增益的波动等,单段慢波线允许的增益值还要低一些。

(2) 产生振荡的相位条件

如果忽略输入、输出端在反射时引起的附加相移和电子注对相速的影响,则行波场在一段长为 l 的慢波线行进一个来回的总的相移应为 $2\beta l$,满足正反馈的相位条件是总相移应为 2π 的整数倍,即

$$2\beta l = 2n\pi \quad (n = 1,2,\cdots) \tag{11.79}$$

或者写成

$$\lambda_g = \frac{2l}{n} \tag{11.80}$$

式中,β 为行波相位常数;λ_g 为对应的慢波波长。

在完全同步条件下,行波相速 v_p 等于电子注直流速度 v_0,则自激振荡频率可求得为

$$f = \frac{v_0}{\lambda_g} = \frac{n}{2l}\sqrt{\frac{2e}{m}V_0} \quad (n = 1,2,\cdots) \tag{11.81}$$

式(11.81)表明,行波管可以在一系列分立的频率上产生自激振荡。

3) 反射振荡的抑制

上面已经提到,抑制由反射引起的行波管自激振荡最根本的办法就是减少或消除反射。但是,要直接利用匹配技术来达到消除反射十分困难,因为要在行波管整个工作频率范围内使慢波线与输入、输出机构完全匹配是不可能的。于是人们通常采用在行波管中设置集中衰减器或对慢波线进行切断的办法来消除反射,抑制寄生振荡。

(1) 集中衰减器

所谓集中衰减器是指在行波管螺旋线慢波系统中点附近设置一段衰减量很大的衰减器,它往往由用喷涂、溅散或沉积等方法在螺旋线夹持杆上形成一段微波衰减层,如石墨、碳膜、金属薄膜等构成。为了减少衰减器本身产生的反射,其两端总是做成衰减量渐变的过渡段,以保证在很宽的频带内得到良好的匹配。

集中衰减器使慢波线上的反射波来回都得到了很大衰减,使得条件式(11.77)中 L 很大,振荡就很难得以激励。如果衰减器分布在一段很短的长度上,则它对行波放大的相互作用过程影响不大,这是因为,即使衰减量增大到无限大,使慢波线上的波被完全吸收掉,已被调制的电子注也仍然会在衰减器后面的慢波线上迅速地重新激励起高频电磁波。为了保证在衰减器后面电子注有足够的时间重新激励高频场,并继续与场相互作用,以获得尽可能高的增益和输出功率,所以实际的集中衰减器往往放置在螺旋线中点偏输入端方向的位置,使衰减器后的螺旋线长度比衰减器前的长度长。

当然,实际的衰减器总是有一定长度的,尤其是两端为了匹配所采用的渐变段更进一步增加了衰减器的长度,而在这一长度内由于波已被吸收,实际上已不存在电子注与波的相互作用。这样电子注将在空间电荷的影响下使群聚变差,行波管增益、效率下降;另外,采用衰减薄膜做成的衰减器功率容量有限。所以,集中衰减器主要用于中、小功率行波

管，而在效率要求较高，输出功率较大的行波管中，采用切断慢波线更为有利。

(2) 切断慢波线

所谓切断慢波线是将慢波线在适当位置切断，并在切断处的两端都连接能量输出装置并外接匹配负载，如图 11－19 所示。

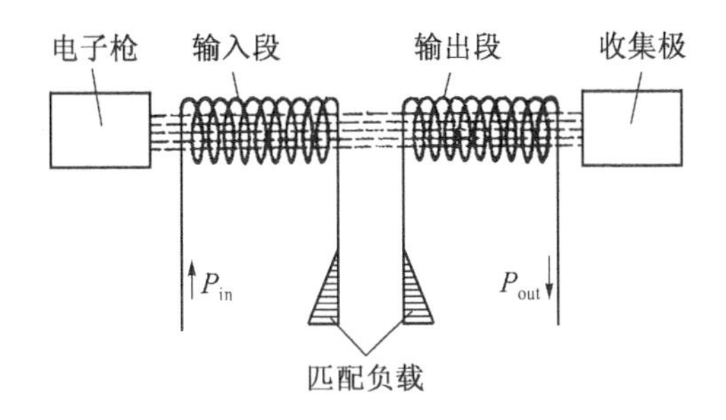

图 11－19　行波管的慢波线切断衰减

慢波线被切断后，内部高频反馈通道也就切断了，消除了产生自激振荡的根源，虽然这样也使得在正向沿慢波线传输的信号被切断处的负载吸收，但在第 1 段慢波线里，电子注已受到信号的调制，产生了密度交变分量，这种密度调制的电子注进入第 2 段慢波线时，就会重新激励起高频行波场，继续完成放大作用。因此，由于电子注的作用，切断处的负载对正向传输的放大信号并没有真正“切断”，而是对反射波全部吸收，切断了自激振荡的反馈路径。

由于切断慢波线的匹配负载可设置在管外，它的功率容量可以做得足够大。如果切断处输能机构和匹配负载的匹配性能很好，行波管就不仅可以工作在大功率状态，而且增益也可以达到很高。实际的切断处不可能做到理想匹配，振荡就可能会发生在输入(或输出)装置与切断处之间，因此每一段慢波线的稳定增益仍然会受到限制。

4) 衰减器对行波管增益和效率的影响

理论分析表明，如果假定集中衰减器或切断段长度为 0，而衰减量可达无穷大，则行波场在到达集中衰减器或切断处时，其幅值就会下降到 0。但电子注的交变速度和交变电流密度保持不变，因此集中衰减器或切断只仅仅引起行波管增益下降 3.52dB，即高频场幅值下降至无衰减或切断时的 2/3。由于实际的集中衰减器或切断总有一定长度，两端还有匹配需要的渐变段，所以增益大约要下降 6dB，反映在行波管增益公式(11.67)中，就是 $A_2 = -6\mathrm{dB}$。由于在渐变段内电子还可能与行波场发生微弱的相互作用，集中衰减器或切断的衰减量也不可能达到无穷大，因此实际上在切断段或集中衰减器段内行波场也不会完全降到 0。考虑到这些因素后，存在集中衰减器或切断段后行波管增益与慢波线长度的关系如图 11－20 所示。

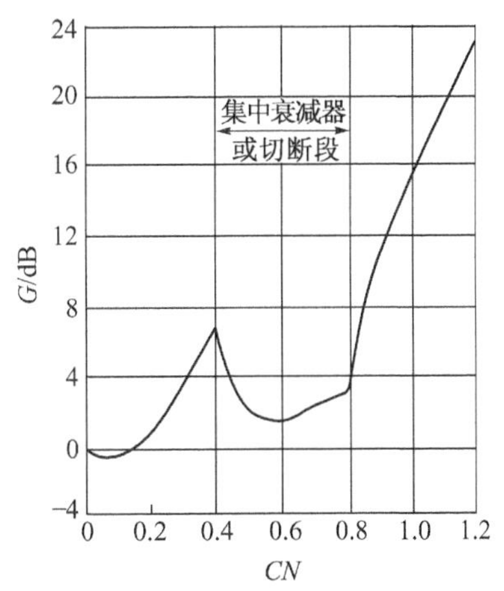

图 11－20　存在有限衰减量衰减器或切断时，行波管增益与慢波线长度的关系

2. 返波振荡及其防止

在周期性结构慢波系统中,存在无穷多空间谐波,而实际行波管所采用的慢波线,可以说都是周期系统。在空间谐波中,既有前向波也有返波。由于返向空间谐波的相速与群速方向相反,因此若电子注速度与某一返波相速接近时,电子注就可以与该返波发生相互作用,使该返波得到放大,但其能量却由收集极端向电子枪端传输。这样,电子注在一个方向上交出能量,放大高频场,而波则将能量在相反方向上传输,两者正好构成一个反馈回路。当返波的耦合阻抗足够高、电子注电流足够大以及相互作用区长度足够长时,就可能产生返波振荡。

显然,为防止返波振荡,应合理设计慢波线,使返波相速远离电子注速度和使返波耦合阻抗尽可能小。通常对于基波为前向波的慢波结构,如螺旋线,最可能产生返波振荡的是 -1 次空间谐波,因而进行慢波结构设计时,主要考虑 -1 次谐波的相速与耦合阻抗的大小即可。

在耦合腔行波管的慢波系统设计时,则应避免电子注与腔体通带以外的模式的返向空间谐波同步,以防止非工作模式的返波振荡。

3. 带边振荡及其防止

在耦合腔行波管中,腔体通带中传输行波,但在通带的上、下截止频率处,行波被截止,场就具有谐振驻波的性质。由于驻波场幅值比行波场高,因此使耦合阻抗很高,增益随之升高。另外,在通带两边缘,高频切断区的两端和输入、输出端的匹配也往往比在通带中间要差。这些因素都使得在这里特别容易产生反射引起的自激振荡,因为它发生在腔通带的上、下截止频率处,因而被称为带边振荡。带边振荡特别容易在上截止频率处发生,因为上截止频率所要求的同步速度比正常工作点的速度小,这样在行波管升压和降压过程中,都会通过上截止频率的同步电压值,从而激励起振荡。

为了抑制带边振荡,连续波行波管可以在阴极冷状态或控制栅(极)加截止电压的状态下先加高压,而后才使阴极发射电流;脉冲行波管则应使慢波线电压的上升、下降足够快,使振荡来不及被激励。另外,也可以在腔体内涂覆高电阻金属或合金薄膜,如镍、铁、铝、铬及其合金,利用这些材料的高频损耗在带边附近迅速增加的特点来抑制带边振荡。

11.4.4 提高行波管效率的方法

在行波管中,由于电子注与行波场只有在同步条件下才能进行有效相互作用,因而电子注能够向高频场交出的能量只是其速度比同步速度高出的部分所对应的动能,使得其电子效率比较低,只有20%左右。为了提高行波管的效率,人们采取了一系列措施,目前主要有两类方法:一类是电子速度的再同步技术;另一类是回收电子在互作用结束后剩余能量的降压收集极技术。

1. 速度再同步技术

在前面已指出,在电子注与行波场相互作用过程中,随着电子注交出能量,其速度也随之降低,当降低到与行波场相速接近时,换能过程就会逐步停止,管子输出功率出现饱和。可见,为了使电子注能继续向高频场交出能量,提高行波管效率,增加输出功率,就必须设法恢复电子注与行波场之间的速度差。为此,可以改变行波相速,使相速相应降低,也可以提高电子注速度以保持与行波场之间必要的速度差。具体方法有以下三种。

（1）相速渐变法。在慢波线输出段渐变尺寸，如改变螺旋线的螺距，使慢波线上的行波相速逐渐变慢，以维持电子注与行波场的速度差，这种速度再同步方法称为相速渐变法。

（2）相速跳变法。使慢波线尺寸发生若干跳变而不是渐变，这比尺寸渐变更容易实现，尺寸的跳变使行波相速发生阶梯式降低。一般来说，较多采用两段相速跳变，即在输出功率要出现饱和时进行跳变，跳变长度为饱和长度。但在现代行波管中，除了效率以外，还考虑到其他一些因素，如抑制振荡等，越来越多采用了多级跳变技术。

（3）电压跳变法。维持慢波线上行波相速不变，而用跳变的办法提高慢波线电压，即电子注加速电压，使电子注速度提高，得到能量补充，继续与高频场进行能量交换。这种方法在实际采用中往往不方便，因为不仅慢波线要分段，而且每段要加上不同电压，给慢波线之间的绝缘，以及不同电压的馈送都带来极大困难。因此，在实用上，相速跳变更为方便，应用更为广泛。

2. 降压收集极技术

在行波管中，采用速度再同步技术后，可使效率提高到 30% ~50%，这意味着，仍有一半以上的电子能量在电子打上收集极时以热能形式耗散掉，因此进一步提高行波管效率就应设法减少这部分能量损失。消耗在收集极上的能量取决于收集极的电位，收集极电位如果低于慢波线电位，则在慢波线与收集极之间就形成了减速场，电子在打上收集极之前受到减速，就把自己的能量交回电源。显然，收集极电位越低，减速场越强，电子受到的减速越大，交回给直流电源的能量也就越多。这就是采用降压收集极提高行波管效率的原理。

但是，收集极电位也并不能无限降低，或者说并不是越低越好。因为经过相互作用后进入收集极区的电子速度具有很大零散，有一定的速度分布，收集极电压过低，一部分在相互作用过程中交出能量多，速度降低得多的电子就会不能克服慢波线与收集极之间的减速场而返回到慢波线中，扰乱行波管的正常工作。因此，可以针对不同速度的电子群设计若干不同电压的收集极，即多级降压收集极来更好地提高效率。

11.5 返波管

在 11.4 节中，讨论了行波管中寄生振荡的存在及克服措施，对于作为放大器的行波管来说，这是一类我们不希望的振荡。但也存在相反的情况，在合适的条件下，行波管也可以成为我们所希望的振荡器，即不需要输入信号，自激产生频率连续可调的电磁波振荡，这就是返波管。

11.5.1 返波管的慢波系统

1. 自激振荡对返波管慢波电路色散的要求

讨论行波管自激振荡时曾指出，由反射引起的自激振荡的相位条件是：电磁波在行波管中由于两端反射而行进一个来回时产生的总相移应为 2π 的整数倍。其实这个条件也是产生振荡的一个普遍原则，如图 11－21 所示，假设在一个行波管的输入端和输出端之间存在一个反馈回路,这个反馈回路可以是外接的传输线,也可以是内部反射使电磁波沿原传输线(图中即慢波线)反馈回去,或者其他因素形成的反馈等。根据振荡的相位条件,在该图中,若满足相位条件:

$$\beta l + \beta_b l_b = 2N\pi \quad (N = 0,1,2,\cdots) \tag{11.82}$$

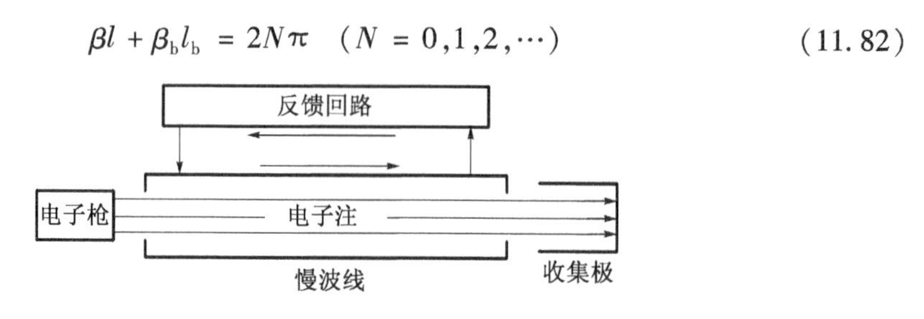

图 11-21　反馈产生振荡原理图

以及式(11.77)所给出的幅值条件,则振荡就能形成并维持。式(11.82)中 β 及 l 为慢波线上波的相位常数和慢波线的长度;而 β_b 及 l_b 则为反馈回路上波的相位常数和反馈长度。

如果要求一个行波管能实现自激振荡而又没有外部的反馈回路,也就是说要利用管子内部的反馈来实现振荡,则首先就要能在管子内部找到反馈的路径。其实不难发现,在管子内部除了慢波线可以传输电磁波外,电子注也可以看作一种传输线,因而若在它们上面传输的电磁波能量能方向相反,就完全可以构成一个完整的能量回路,从而形成振荡。

就电子注来说,在前面已经了解到,受到高频电磁场作用后就会引起电子注的速度调制和群聚,从而产生密度调制,这种密度调制表现为空间电荷的不均匀分布。由于这种不均匀分布出现了空间电荷力,其结果引起电子注的波动过程,称为空间电荷波。可以证明,空间电荷波的相速接近于电子注的速度,而且空间电荷波总是正色散的,也就是说,波的相速与群速方向总是相同的,而且群速就等于电子的速度。

这样一来,既然在电子注中能量的传播方向只能是电子运动方向,那么要构成一个能量传递回路,就只能要求在慢波线上波的能量必须在相反方向上传播。但是另一方面,为了实现电子注与高频行波的有效互作用,以便电子注将能量交给高频场使之得到增长,我们已经知道,又要求电子注必须与电磁波的相速同步。这样,就对波在慢波线上传输的相速方向与群速方向提出了相反要求,前者应与电子注运动方向相同且同步,后者被要求在相反方向上传播能量。这一要求就意味着慢波线必须具有负色散特性,只有利用具有负色散的电磁慢波,即返波才能实现振荡的自激,这样的行波管振荡器就称为返波管。

要利用管子内部反馈来实现自激振荡,就必须采用具有负色散特性的慢波结构,这就是返波管对慢波电路的要求。

2. 负色散空间行波的条件

返波管实现自激振荡的条件是慢波线必须具有负色散特性,对于周期不均匀慢波系统,什么情况下才具有负色散特性呢?

在周期系统中,存在有无穷多个空间谐波,其相位常数为

$$\beta_n = \beta_0 + \frac{2n\pi}{L} \quad (n = 0, \pm 1, \pm 2,\cdots) \tag{11.83}$$

式中，n 为空间谐波号数；L 为空间周期；β_0 为零次谐波（基波）的相位常数。这样，第 n 次空间谐波的相速就是

$$(v_p)_n = \frac{\omega}{\beta_0 + \dfrac{2n\pi}{L}} = \frac{(v_p)_0}{1 + \dfrac{(\lambda_g)_0}{L}n} \tag{11.84}$$

式中，$(v_p)_0$ 为零次谐波的相速；$(\lambda_g)_0$ 则为它的波导波长。而 n 次空间谐波的群速则是

$$(v_g)_n = \left(\frac{d\beta_n}{d\omega}\right)^{-1} = \left(\frac{d\beta_0}{d\omega}\right)^{-1} = (v_g)_0 \tag{11.85}$$

式(11.85)表明，尽管不同次空间谐波的相速是不同的，但它们的群速却是相同的，并且都等于零次谐波的群速。

由式(11.84)可以看出，凡满足条件

$$\left(1 + \frac{(\lambda_g)_0}{L}n\right) < 0 \tag{11.86}$$

的各次谐波，其相速均与基波的相速 $(v_p)_0$ 方向相反。

由此可以得出结论：如果周期慢波系统的基波是正色散的，则满足条件(11.86)的各次谐波都是负色散的；而如果基波是负色散的，则满足条件(11.86)的各次谐波就都是正色散的。实际上，周期慢波系统中往往有 $(\lambda_g)_0 > L$，因此当 $n = -1$ 时，式(11.86)给出的条件就可以得到满足。

3. 宽频带电子调谐的条件

式(11.82)给出了形成振荡必须满足的相位条件，而为了使该式在所要求的频带范围内都得到满足，则还应满足

$$\frac{d}{d\omega}(\beta l + \beta_b l_b) = 2\pi\frac{dN}{d\omega} = 0 \tag{11.87}$$

也就是说，整个回路上总的相位移，或者说 N 的大小应与频率无关。上式亦可以写成

$$\frac{\omega}{v_p}l + \frac{\omega}{v_b}l_b = \frac{2\pi}{\lambda_g}l + \frac{2\pi}{\lambda_b}l_b = 2\pi N = 常数 \tag{11.88}$$

或

$$\frac{l}{\lambda_g} + \frac{l_b}{\lambda_b} = N = 常数 \tag{11.89}$$

式中，v_p、λ_g 和 v_b、λ_b 分别为慢波电路和反馈电路上的电磁波的相速、波长。

又由于 $d\beta/d\omega = 1/v_g$，所以式(11.87)又可以写成

$$\frac{l}{v_g} + \frac{l_b}{(v_g)_b} = 0 \tag{11.90}$$

式中，v_g 和 $(v_g)_b$ 分别为慢波系统和反馈系统上波的群速。

由此可见，为了实现宽频带的振荡，式(11.90)表明在慢波电路和反馈电路上的群速符号应相反，其和才可能为 0；而式(11.89)则说明，当改变频率时（进行电子调谐

时),若在一个电路上电长度增加,则在另一个电路上的电长度就应该相应减小,以保持总的N值不变;式(11.88)从另一个角度告诉我们,如果慢波电路和反馈电路上波的相速与频率同步增减使ω/v_p和ω/v_b的比值都保持不变,则N值同样可保持不变。而这一要求就意味着,电路必须具有异常的色散特性,即$dv_p/d\omega > 0$。由此可见,作为返波管的慢波系统,不仅要求是负色散的,而且要具有异常色散特性,即v_p将随频率增加而增加。

11.5.2 返波管的工作原理

1. 返波管反馈回路形成机理

返波管中反馈回路的形成从本质上来说是一个能量传输的反馈过程。在上面的分析中,虽然信号和电子注都可以携带能量并在相反的方向上传播,但并没有产生能量的交换,没有形成能量的反馈,因为既没有电子注将能量交给慢波线上的电磁波,也没有输入的信号波能量对电子注的调制。这一问题解决的关键就在于返波管使用的慢波线是周期结构,而周期慢波系统的特点就在于系统上的每一个模式波都存在一系列空间谐波,如果该模式波的基波的相速和群速是在$-z$方向,则其-1次空间谐波的相速将在$+z$方向。由于所有空间谐波实际上是一个统一的场结构(模式场),它们只有一个统一的能量传输速度,即群速,而且该群速就是基波的群速,所以-1次谐波的群速在$-z$方向。这样一来,我们很自然就会想到:可以把慢波线上由电子注激励的电磁波和假设的初始信号波都归结为周期结构上同一个模式波,其基波即可代替信号波,其-1次空间谐波则作为电子注激励的电磁波。而能量反馈回路的形成就可以理解为:携带有能量的电子注在$+z$方向运动,-1次空间谐波的传播与电子注的运动同向,只要满足$(v_p)_{-1} = v_0$,电子注就可以与-1次空间谐波发生相互作用,并把能量交给空间谐波,使它得到放大;而被放大的能量则向$-z$方向传输,亦即基波的群速方向,并在传输过程中把一部分能量耦合到电子注中,对电子注进行调制。

因此,返波管的反馈回路实际上就可以由一个模式波来完成,该模式波的-1次空间谐波向$+z$方向传播,在同步条件下从电子注中获得能量使场沿$-z$方向得到增长;其基波向$-z$方向传播,由于模式波的能量是统一的并向$-z$方向传输的,所以基波可以不断将能量反馈给电子注,对电子注进行调制;调制的电子注则在$+z$方向运动时,不断与-1次空间谐波进行能量交换,使整个模式波得到放大,……。由此可见,当利用返波,即相速与群速反向的负空间谐波作用时,就必然存在反馈现象,同一模式波的基波是反馈回路的一环,-1次空间谐波则为反馈回路的另一环,电子注则作为能量的提供者,为模式波提供能量使其得到放大。这种能量供给的条件是电子注与-1次空间谐波同步

$$v_0 = (v_p)_{-1} \tag{11.91}$$

这也就是返波管能形成反馈、产生振荡的条件。

可见返波管中反馈回路的形成并不需要外加的反馈路径,是返波管内部固有的特性。

2. 返波管自激振荡条件的满足

根据上面的分析,返波管中反馈回路的形成是由周期慢波系统上的模式波的基波与

-1 次空间谐波构成的,用图 11－22 来考虑回路中的相位关系。图中 θ_1 表示围绕慢波线 1 个周期 L 长度形成的反馈回路产生的总相移;θ_2 表示围绕 2 个周期的回路的总相移,……

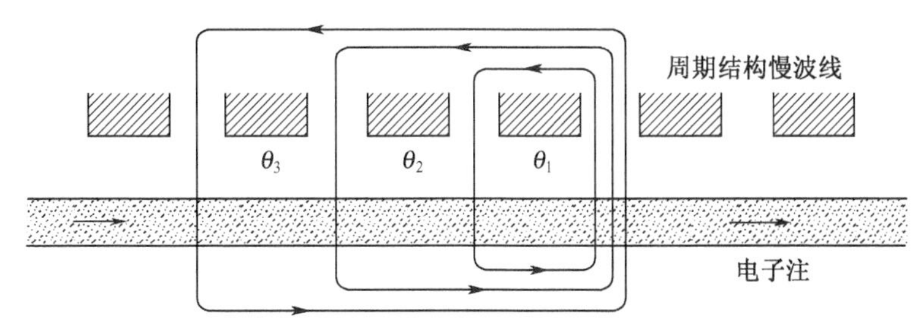

图 11－22　返波管中反馈回路的相位

向 $-z$ 方向传播的基波,经过一个周期 L 产生的相移为 $\beta_0 L$,而向 $+z$ 方向传播的 -1 次空间谐波经过一个周期 L 产生的相移则为 $\beta_{-1}L$,则该回路产生的总相移就是

$$\theta_1 = \beta_0 L + \beta_{-1}L \tag{11.92}$$

同理

$$\begin{cases}\theta_2 = 2(\beta_0 L + \beta_{-1}L) \\ \theta_3 = 3(\beta_0 L + \beta_{-1}L) \\ \cdots\end{cases} \tag{11.93}$$

由于现在基波是向 $-z$ 方向传播的,所以 β_0 与 β_{-1} 的关系我们应取式(10.78)中的负号,即 $\beta_n = -(\beta_0 + 2n\pi/L)$,所以

$$\beta_{-1}L = 2\pi - \beta_0 L \tag{11.94}$$

由此可得

$$\begin{cases}\theta_1 = 2\pi \\ \theta_2 = 4\pi \\ \theta_3 = 6\pi \\ \cdots\end{cases} \tag{11.95}$$

可见,在返波管中,每一个反馈回路的总相移都是 2π 的整数倍,自动满足了产生振荡的相位条件。

而振荡的幅值条件式(11.77),则只要返波管的增益足够高,也是不难得到满足的。因此,返波管是一种内部自身存在反馈回路,并且自动满足振荡相位条件的自激振荡器件,称为返波振荡管。

11.5.3　返波管的工作特点

1. 结构特点

根据以上分析,已经可以想到,返波管与行波管在结构上是不同的,在返波管中,由于高频能量传播方向与电子注运动方向相反,因此微波从慢波线靠近电子枪一端输出;而在慢波线的收集极端,为了消除反射产生的寄生振荡,往往接有匹配负载(图11-23(a))。而在行波管中,慢波线的电子枪端是微波信号的输入端,在收集极端输出放大的微波信号(图11-23(b))。与这种结构上的不同相对应的,返波管和行波管中高频场和电子注交变分量的幅值沿管子纵轴的分布也不同,如图11-23所示,返波管中高频场和交变电流的这种分布也正是形成反馈回路和自激振荡所需要的。

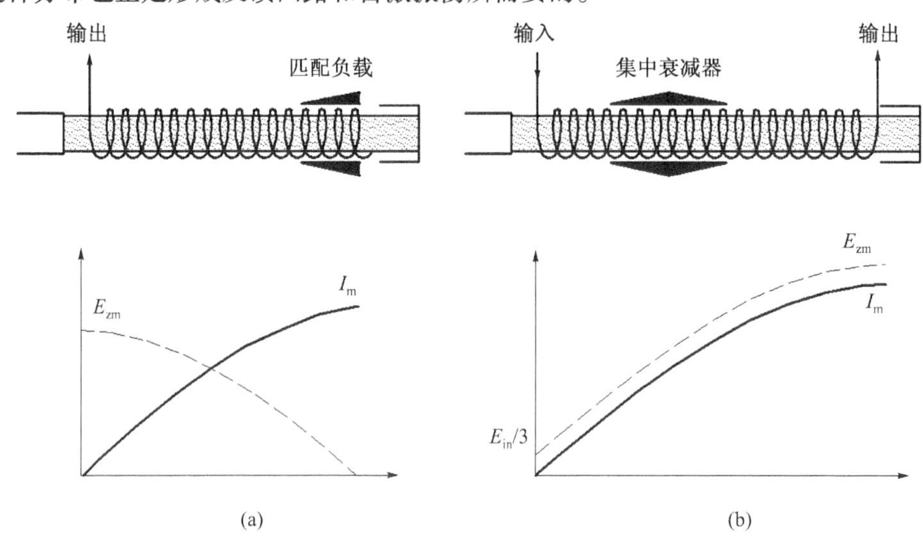

图11-23 返波管与行波管中高频场和电子注交变分量幅值的沿线分布
(a) 返波管;(b) 行波管。
E_{zm}—纵向高频电场幅值;I_m—交变电流幅值。

2. 返波管的振荡区

在讨论行波管工作原理时已经知道,为了保证电子注群聚中心落到高频减速场中以有效地将能量交给高频场,电子注的直流速度 v_0 应略大于波的相速 $(v_p)_{-1}$,而随着电子群向高频场不断交出能量,它的速度将不断减小,以致逐步退出减速场区。显然,在一个运动坐标系中,电子群可以停留在减速场中的最大距离为半个波长,即从减速场的开始位置缓慢地退到减速场结束的位置,最大为整个半波长。这就意味着,沿慢波结构的纵向,相对于 v_0 与 $(v_p)_{-1}$ 的速度差引起的电子渡越角,波的相移应该是π,当然,当相移为 $(2N+1)\pi$ 时,上述情况同样成立,即

$$\frac{\omega l}{(v_p)_{-1}}-\frac{\omega l}{v_0}=(2N+1)\pi \quad (N=0,1,2,\cdots) \tag{11.96}$$

式中,$N=0$ 的情形很容易理解,指电子群在整个渡越时间里都在减速场中运动;而 $N=1$ 时电子将相对高频场产生一共 3π 相移,这表示电子有1/3渡越角(一个π)对应的时间在减速场中运动,然后1/3渡越角对应的时间在加速场中运动,最后的1/3渡越角对应的时间又在减速场中运动;依此类推。

由式(11.96)可得

$$\frac{1}{(v_p)_{-1}}-\frac{1}{v_0}=\frac{N+\frac{1}{2}}{fl} \tag{11.97}$$

由式(11.96)和式(11.97)可以看出,不同的 N 对应不同的振荡模式,或称振荡区。$N=0$ 的振荡区称为返波管的主模式或主振荡区,$N\geqslant 1$ 时称为高次模式。由于 $N=0$ 能保证返波管具有最大输出功率和最低起振电流,因此一般返波管都振荡在主模式,而高次模式则为返波管的寄生振荡,寄生振荡使返波管同时产生几个不同频率的振荡,这种振荡的多频性总是不希望的。这样,令式(11.97)中的 $N=0$,就可简化为

$$\frac{1}{(v_p)_{-1}}-\frac{1}{v_0}=\frac{\lambda}{2cl}=\frac{1}{2fl} \tag{11.98}$$

式(11.98)反过来也说明了,在振荡状态下,电子速度 v_0 应比相速 $(v_p)_{-1}$ 略大。

3. 返波管的电子调谐

考虑到电子注 v_0 与加速电压 V_0 之间的关系,

$$v_0=\sqrt{\frac{2e}{m}V_0} \tag{11.99}$$

式(11.98)就可以改写为

$$\sqrt{\frac{m}{2eV_0}}=\frac{1}{(v_p)_{-1}}-\frac{1}{2fl} \tag{11.100}$$

式(11.100)表明,条件(11.98)或条件(11.96)对任意频率都成立,因为当频率改变,返波相速变化时,只要相应改变加速电压 V_0,使电子注速度 v_0 同步变化,就可以保证上述条件成立,这就是返波管的电子调谐。返波管不仅存在内部反馈,自动满足振荡相位条件,而且自动具有宽电子调谐频率范围。当然,返波管的调谐频率范围在实际上不可能任意宽,频率改变过多,输出端的不匹配,注波互作用效率的降低等因素都会破坏振荡的相位和幅值条件,使振荡不能维持。

第 12 章　正交场微波管

正交场微波管是不同于行波管、速调管的另一大类微波电真空器件，顾名思义，在正交场微波管中具有相互正交（垂直）的直流电场和磁场，而不像行波管、速调管中加速电场与磁焦磁场都是在轴向的。正交场器件往往也称为 M 型器件，以区别于行波管、速调管等 O 型器件。

正交场微波器件也可以分为振荡管与放大管两大类。磁控管是一种正交场振荡管，也是应用最普遍和最重要的一种正交场器件，因此本章将主要讨论磁控管的基本原理和特性，其他正交场器件只作简单介绍。

12.1　概　述

M 型器件从结构到工作原理，各方面都与 O 型器件有着显著的不同。

（1）在结构上，O 型器件中电子与高频场换能互作用区由谐振腔或慢波线构成，电子注在谐振腔或慢波线中运动时与高频场发生互作用并交换能量；而 M 型器件的互作用区则由阳极与阴极（底极）构成，其阳极也由谐振腔（专门的多腔系统）或慢波结构组成，电子注则在阴—阳极空间内运动并与高频场作用进行能量交换。

（2）在磁场的作用方面，O 型器件中的磁场与电子运动方向在同一轴线上，其作用只是保持电子流的截面形状不散焦，而与电子的能量交换过程无关，因而原则上任何其他能聚束电子注的方式都可以代替磁场，如静电聚焦系统；而在 M 型器件中，其直流磁场总是与直流电场方向相垂直，并在电子运动和能量交换过程中必不可少，它不再是聚束电子注的手段。

（3）在能量交换机理上，在 O 型器件中，电子流首先在电子枪区被一次性地加速到某一直流速度，在互作用区以失去动能的形式向高频场交出能量，然后以较低的速度离开互作用区，电子流进入和离开互作用区的速度差正是电子交给高频场的能量；而对于 M 型器件来说，电子在互作用区是以不断失去自己位能的形式转变为高频能量的，并最终以接近于同步速度的能量打上阳极（收集极）。

（4）对 O 型器件而言，场（电场、磁场）、电子运动（速度）都在同一方向（z 轴）上，因而本质上是 1 维的；而 M 型器件基本上是 2 维的，电子在磁场力和电场力作用下的基本运动在磁场的垂直平面上。

（5）器件效率不同，在行波管等 O 型器件中，能量由电子注向高频场的转换是在条件 $v_e > v_p$ 下进行的，电子效率决定于电子“多余”速度的多少；而在 M 型器件中，类似的能量交换则是在条件 $v_e \approx v_p$ 下进行的，电子效率取决于电子所具有的位能，而电子的位能一般可达到电子用于与波同步的动能的 10 倍，所以效率较 O 型器件高，最高可达 80%

以上。

正交场器件由于其工作原理所决定，具有大功率、高效率的特点，而且由于相位聚焦的作用，使得正交场管具有极高的相位稳定度。尽管它在增益、带宽、信噪比等方面还未能赶上线性注微波管的水平，但在效率、工作电压以及单位体积或质量所能产生的微波功率方面，却是任何 O 型器件所无法比拟的。因此，至今正交场微波管仍然是雷达发射机、电子对抗、微波能应用等领域的主要微波功率源之一。

12.2　静态磁控管的基本特性

12.2.1　磁控管的基本结构

磁控管是一种正交场微波振荡管，它的结构相对比较简单（图 12－1），它由阴极、阳极以及能量输出机构组成。

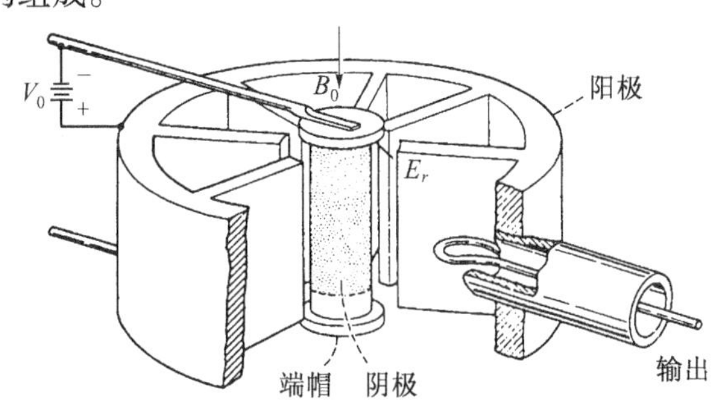

图 12－1　磁控管的基本结构

阴极和阳极组成同轴圆柱结构形式，阴极处在中心，它发射电子流，阳极则环绕阴极，它是一个由许多小谐振腔构成的谐振系统，或者也可以认为是由一系列小谐振腔构成的首尾相连的慢波系统。因此磁控管往往也称为多腔磁控管，多腔谐振系统决定了磁控管的振荡频率，在第 10 章中已经对磁控管的多腔谐振系统进行过讨论。

磁控管工作时在阴—阳极之间加有直流电压，因而电场是径向的，直流磁场则加在管子轴线方向，直流电场和磁场相互垂直。

12.2.2　静态磁控管中的电子运动

作为磁控管研究的第一步，可以先来研究存在有正交直流电场与磁场但不存在高频场的磁控管，这样的磁控管称为静态磁控管。

1. 平板系统中的电子运动

虽然磁控管在实际上是一种同轴结构，但为了简单起见，近似认为它是由两块无限大的相互平行的平板电极构成，两块平板电极分别表示阴极和阳极，它们之间的间距为 d_0，在两极之间加有直流电压 V_a，同时存在有一个垂直于纸面的直流磁场 B，如图 12－2 所示。

1）电子运动方程

在图 12－2 中，选择直角坐标系，其原点在阴极上，假设从原点出发的某个电子的初

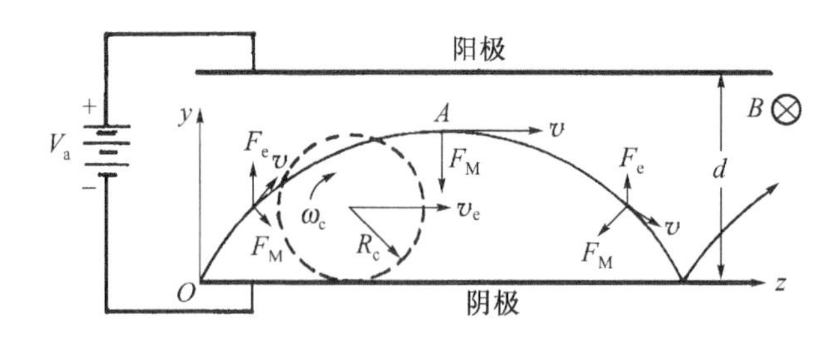

图 12-2 平板系统中的电子运动

速为0,则在正交电磁场作用下,电子的运动方程为

$$m\frac{\mathrm{d}^2\boldsymbol{r}}{\mathrm{d}t^2} = \boldsymbol{F} = -e(\boldsymbol{E} + \boldsymbol{v}\times\boldsymbol{B}) \tag{12.1}$$

式中,$\boldsymbol{r}$ 为决定电子在空间位置的矢径;$\boldsymbol{v}$ 为电子运动速度;$\boldsymbol{F}$ 为电子所受的电场力和磁场力;电场 $\boldsymbol{E}$ 和磁场 $\boldsymbol{B}$ 分别为

$$\begin{cases}\boldsymbol{E} = E_y\boldsymbol{i}_y = -E_0\boldsymbol{i}_y = -\dfrac{V_a}{d_0}\boldsymbol{i}_y \\ \boldsymbol{B} = B_x\boldsymbol{i}_x = B\boldsymbol{i}_x\end{cases} \tag{12.2}$$

将式(12.2)代入式(12.1),并分解成 x、y、z 三个标量方程,考虑到初始条件

$$\begin{cases}x = y = z = 0 \\ \dfrac{\mathrm{d}x}{\mathrm{d}t} = \dfrac{\mathrm{d}y}{\mathrm{d}t} = \dfrac{\mathrm{d}z}{\mathrm{d}t} = 0\end{cases} \quad (t = 0) \tag{12.3}$$

就可以得到

$$\begin{cases}y = R_c(1 - \cos\omega_c t) \\ z = R_c(\omega_c t - \sin\omega_c t)\end{cases} \tag{12.4}$$

式中,ω_c 称为电子回旋角频率;R_c 为回旋半径。ω_c 与 R_c 分别为

$$\begin{cases}\omega_c = \dfrac{e}{m}B \\ R_c = \dfrac{m}{e}\dfrac{E_0}{B^2}\end{cases} \tag{12.5}$$

式中,e 和 m 分别为电子的电荷与质量。

式(12.4)是一个轮摆线方程,亦称摆线方程,它表示一个半径为 R_c 的圆沿垂直于电力线的基线(在这里即 $y=0$ 的 z 轴)以角速度 ω_c 做没有滑动的滚动时,圆周上的一点在 $y-z$ 平面内所描绘出来的轨迹(图 12-2),该轨迹就称为轮摆线或摆线。

可见,在正交电磁场中,初始速度为0的电子在 $y-z$ 平面内的运动是一种轮摆线运动,它在 z 向的平均漂移速度就是轮摆圆圆心的速度,即

$$v_e = R_c\omega_c = \frac{E_0}{B} \tag{12.6}$$

实际上,电子在每个瞬时的速度是不同的,不仅大小不同,而且方向也不同,由式(12.4)可以得到

$$\begin{cases} v_y = \dfrac{\mathrm{d}y}{\mathrm{d}t} = R_c\omega_c\sin\omega_c t = v_e\sin\omega_c t \\ v_z = \dfrac{\mathrm{d}z}{\mathrm{d}t} = R_c\omega_c - R_c\omega_c\cos\omega_c t = v_e(1 - \cos\omega_c t) \end{cases} \tag{12.7}$$

由式(12.7)不难看出:电子在 y 方向的速度是从 0 开始增加的,达到 v_e 时最大,接着就逐渐下降回到 0,然后又开始在反方向($-y$ 方向)增加,直到 v_e 后再次下降回到 0,完成 1 圈运动;而电子在 z 方向的速度从 0 开始就一直增加到 $2v_e$ 才达到最大,然后又逐渐减小到 0,整个过程并不反向。从轮摆圆的角度来看,在起始位置(坐标原点),$\omega_c t = 0$,电子速度为 0($v_y = v_z = 0$);当轮摆圆滚过 1/4 圈时,$\omega_c t = \pi/2$,$v_y = v_z = v_e$,但此时 v_y 已达到最大;轮摆圆继续滚动时,v_y 将下降,而 v_z 继续增加,直到轮摆圆滚过半圈时,$\omega_c t = \pi$,v_y 降为 0,而 v_z 达到最大值 $2v_e$;接着 v_y 开始反向增加,而 v_z 则开始减小,在 $\omega_c t = 3\pi/2$ 时,v_y 在反向又达到最大值 v_e,v_z 则也降低到刚好等于 v_e;轮摆圆滚完 1 圈时,$\omega_c t = 2\pi$,v_y 和 v_z 又都回到 0 值。

电子的这种摆线运动也可以看成两个运动的合成,一个是在 z 方向以平均漂移速度 v_e 所做的直线运动和一个以角速度 ω_c 环绕圆心所做的回旋运动(图 12-3)。

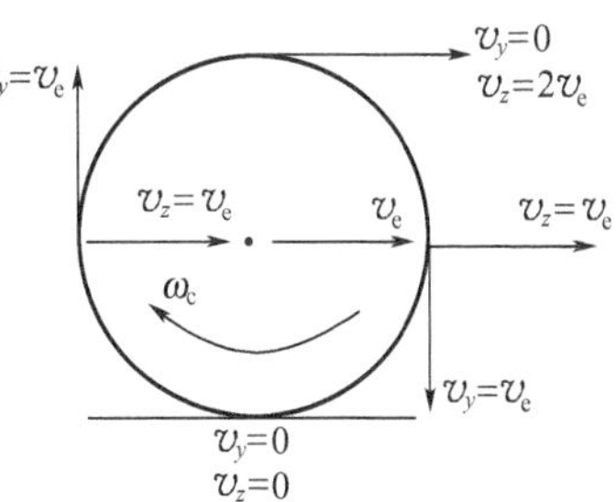

图 12-3　正交电磁场中初速为零的电子运动

2) 临界磁场和截止抛物线

由式(12.5)给出的 R_c 表达式可以看出,在电场 E_0 一定时,轮摆圆的半径将随着磁场 B 的增加而减少。当磁场为 0 时,电子的回旋半径趋于无穷大,或者说电子将由阴极直线飞向阳极,这正是平板二极管中的电子运动情况;随着磁场由 0 开始逐渐增大,回旋半径就由无穷大逐渐变小。不难想象,当磁场增加到某一个值时,回旋圆的直径 $2R_c$ 将会刚好等于极间距离 d_0,这时电子就会刚好擦过阳极而不打上阳极;如果磁场进一步增加,则轮摆圆直径就小于 d_0,电子更不可能打上阳极。显然轮摆圆直径刚好等于 d_0 时是一种临界状态,磁场值低于这一临界状态时的值时,电子都将打上阳极;反之磁场值等于及超过临界状态值时,电子都不会打上阳极,阳极和阴极的回路中这时也将不会有电流流过(图 12-4)。

令

$$2R_c = d_0 \tag{12.8}$$

则对应磁场就可由式(12.5)求得

$$B = B_c = \sqrt{\frac{2mE_0}{ed_0}} = \frac{1}{d_0}\sqrt{\frac{2m}{e}V_a} \tag{12.9}$$

称 B_c 为临界磁场或截止磁场。把式(12.9)画成 B_c—V_a 关系曲线,就得到一条抛物线,如图12-5所示,称为临界抛物线或截止抛物线。截止抛物线的意义就在于:对于一定的电压 V_a,当 $B<B_c$ 时,$2R_c>d_0$,电子将都打上阳极,$I_a\neq 0$;而当 $B\geqslant B_c$ 时,$2R_c\leqslant d_0$,电子都不可能到达阳极,而是返回阴极,$I_a=0$。

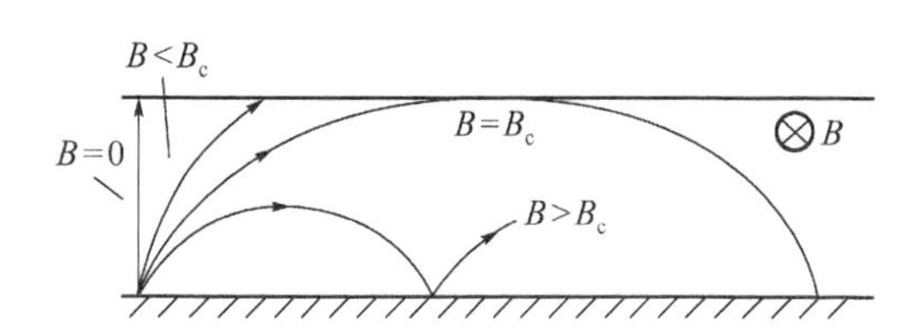

图12-4 平板系统中的电子运动特性

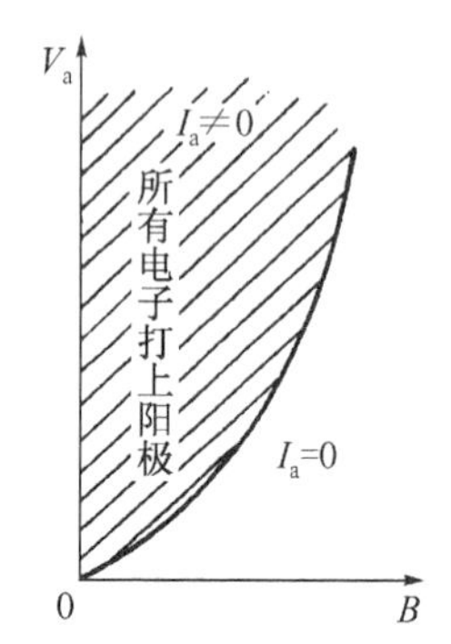

图12-5 平板系统中的截止抛物线

式(12.9)也可以写成

$$V_a=(V_a)_c=\frac{e}{2m}d_0^2B^2 \tag{12.10}$$

$(V_a)_c$ 称为临界电压,其物理意义是:在磁场一定的情况下,当阳极电压等于或低于临界电压时,没有电子打上阳极,阳极电流为0,反之则阳极电流不为0。

2. 同轴圆柱系统中的电子运动

1)电子运动轨迹

在实际磁控管中,阴极和阳极并不是平板结构,而是同轴的圆柱结构,如图12-6所示。

若阳极半径为 r_a,阴极半径为 r_k,并令

$$\begin{cases}E=-E_r\\E_\varphi=E_z=0\\B=B_z\\B_r=B_\varphi=0\end{cases} \tag{12.11}$$

以及电子的初始条件

$$t=0\text{ 时},\qquad r=r_k,\qquad \frac{\mathrm{d}r}{\mathrm{d}t}=\frac{\mathrm{d}\varphi}{\mathrm{d}t}=\frac{\mathrm{d}z}{\mathrm{d}t}=0 \tag{12.12}$$

则通过求解圆柱坐标系统中的电子运动方程,可以得到

$$\frac{\mathrm{d}\varphi}{\mathrm{d}t}=\frac{eB}{2m}\left(1-\frac{r_k^2}{r^2}\right)=\frac{\omega_c}{2}\left(1-\frac{r_k^2}{r^2}\right) \tag{12.13}$$

式(12.13)表明,电子在离开阴极后的角速度 $\mathrm{d}\varphi/\mathrm{d}t$ 只是径向距离 r 的函数,而与电子的运动轨迹无关。

由于在圆柱系统中,直流场不再是一个常数,而是随 r 的变化而变化的,因而严格求

解这种情况下的电子运动轨迹是十分困难的。不再作进一步的数学上的分析，但可以指出，在圆柱系统中，电子运动的基本特性仍与平板系统相似，按一种称为外摆线的轨迹运动。所谓外摆线，是指一个滚动圆沿阴极（同轴圆柱系统中的内圆柱）表面无滑动的滚动时圆周上某一点在空间描绘出来的轨迹（图12-7）。

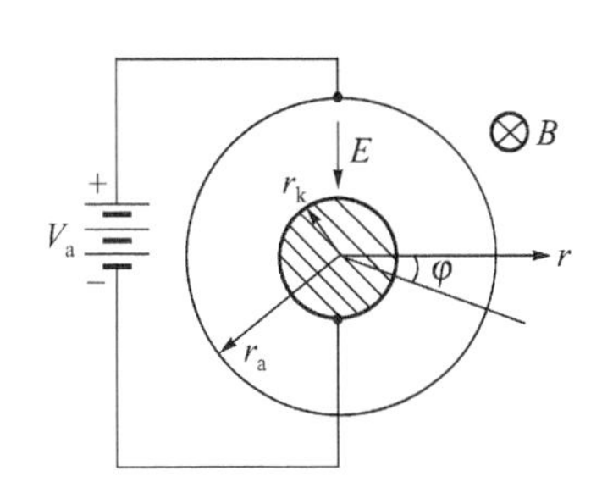

图12-6　实际磁控管的电极系统

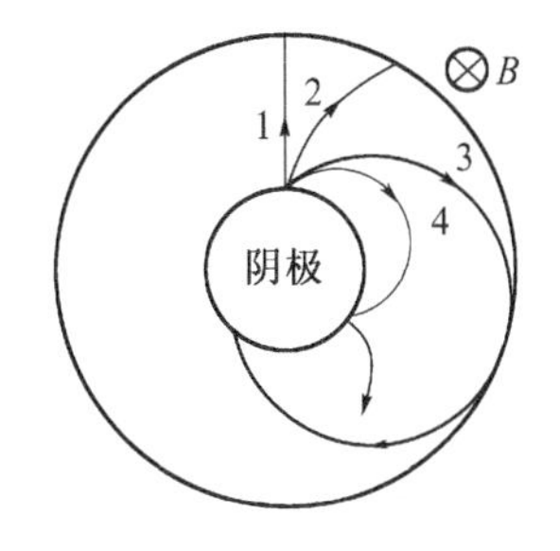

图12-7　静态磁控管中的电子运动轨迹
1—$B=0$；2—$B<B_c$；3—$B=B_c$；4—$B>B_c$。

2）临界磁场

尽管不能直接给出电子运动的轨迹方程，但这并不妨碍从另一角度——能量守恒的角度——来求出圆柱系统下的临界磁场。

在临界状态下，电子轨迹应该正好与阳极表面相切，这时电子擦过阳极而不打上阳极，阳极电流正好为0。从能量的观点来看，电子刚好擦过阳极时将只具有动能 $mv_a^2/2$ 而不再有位能，而电子从阴极出发时相反只具有位能 eV_a 而还没有动能（初速为0）。显然，电子的速度 v_a 正是由于失去的位能转变而来的，因此

$$\frac{1}{2}mv_a^2 = eV_a \tag{12.14}$$

式中，v_a 为电子到达阳极时的速度。一般来说，在圆柱系统中电子的速度应包含有径向分量 v_r 与角向分量 v_φ，但在临界状态下，电子是擦阳极而过的，所以 $v_r=0$，这样

$$v_a = v_\varphi \tag{12.15}$$

而根据式（12.13），当 $r=r_a$ 时，有

$$v_\varphi = r_a\frac{\mathrm{d}\varphi}{\mathrm{d}t} = \frac{\omega_c r_a}{2}\left(1-\frac{r_k^2}{r_a^2}\right) \tag{12.16}$$

因此式（12.14）成为

$$\frac{1}{2}m\left[\frac{\omega_c r_a}{2}\left(1-\frac{r_k^2}{r_a^2}\right)\right]^2 = eV_a \tag{12.17}$$

由于 $\omega_c=eB/m$，由式（12.17）即可求得

$$B = B_c = \frac{\sqrt{\dfrac{8m}{e}V_a}}{r_a\left(1-\dfrac{r_k^2}{r_a^2}\right)} \tag{12.18}$$

当 r_k 与 r_a 十分接近,即 $r_a-r_k=d_0$ 相比于 r_k 与 r_a 十分小时($r_a-r_k=d_0\ll r_a$、r_k),有

$$r_a\left(1-\frac{r_k^2}{r_a^2}\right)=\frac{1}{r_a}(r_a+r_k)(r_a-r_k)\approx 2d_0 \tag{12.19}$$

所以

$$B_c\approx\frac{1}{d_0}\sqrt{\frac{2m}{e}V_a} \tag{12.20}$$

这就是平板系统中的临界磁场表达式。因此可以说,式(12.18)是一个更普适的关系式,式(12.20)只是它的一个特例。根据式(12.18)画出的截止抛物线与图12-5完全相同,只是具体坐标比例有所不同,临界抛物线的形状将完全取决于电极系统的几何尺寸。

圆柱系统中的临界电压则为

$$V_a=(V_a)_c=\frac{e}{8m}B^2r_a^2\left(1-\frac{r_k^2}{r_a^2}\right)^2 \tag{12.21}$$

12.3 磁控管中电子与高频场的相互作用

12.3.1 电子与行波的同步,空间谐波

1. 行波相速

在10.3节中,已经知道,磁控管阳极块由许多小谐振腔组成,小谐振腔之间通过阴—阳极之间的互作用空间发生耦合,这一点与周期加载系统、耦合腔系统完全类似。周期加载系统构成传输行波的慢波线,而由于磁控管的互作用空间是首尾相连的,因此磁控管多腔系统则形成具有驻波的谐振系统。但是,驻波场总是可以分解成两个相向传播的行波场的,因此,仍然可以把多腔系统看作一种周期不均匀性慢波线,电子注将与其中一个行波同步,并进行能量交换。

以π模为例来说明这种电子与慢波的同步,如图12-8所示,图中给出了在各个时刻

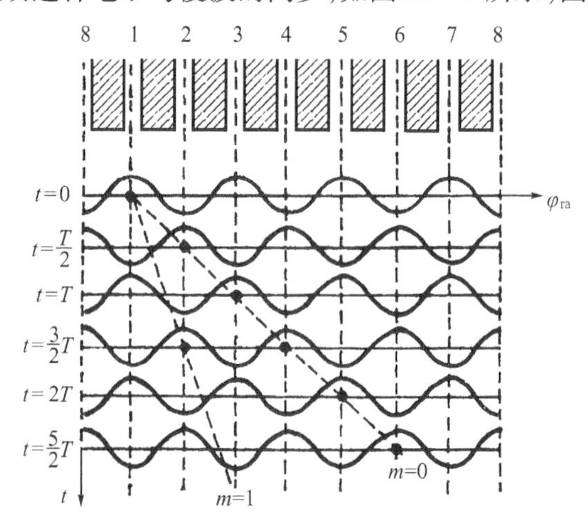

图12-8 π模振荡时,满足同步条件的电子时—空图

$m=0$,π模基波;$m=1$,π模1次谐波。

π 模基波的行波电场 E_φ 的分布及对应的谐振腔隙缝口位置。假设在 $t=0,\omega t=0$ 时，电子群聚中心正好到达第 1 个小谐振腔的隙缝口中央，且正好切向（电子运动方向）减速场达到最大值；半个周期后，即 $t=T/2,\omega t=\pi$ 时，第 2 个谐振腔隙缝口变成了切向减速电场的最大值，而群聚电子也正好运动到了第 2 个隙缝口中央……依此类推，电子群聚中心每到达一个隙缝口中央，该处的电场也都将正好变到切向减速场的最大值。这样，对群聚的电子来说，它看起来始终随场一起行进，使它在每个隙缝口都将遇到高频减速场，因而不断交出自己的能量，使场得到放大。

若阳极内表面的半径为 r_a，则两隙缝间的距离就是 $2\pi r_a/N$，N 为小谐振腔数目，行波从一个隙缝口行进到下一个隙缝口所需时间为 $T/2$，T 为场的周期，于是 π 模式振荡的行波沿阳极内表面行进的相速就是

$$(v_p)_\pi = \frac{2\pi r_a}{N}\frac{2}{T} = \frac{2\pi r_a}{N}\frac{\omega_\pi}{\pi} = 2\left(\frac{\omega_\pi}{N}\right)r_a \tag{12.22}$$

若群聚电子在阳极内表面附近的切向速度与式（12.22）给出的值相同，则电子就与 π 模行波达到了同步。

对于其他振荡模式（模式号为 n）来说，可以类似地求得其行波相速。若 n 模式振荡的场在两个谐振隙缝口之间的相位移不再是 π 而是 φ，则该模式的行波从一个隙缝口前进到下一个隙缝口所需的时间也不再是 $T/2$，而应为

$$\begin{cases}\omega_n\Delta t = \varphi = \dfrac{2n\pi}{N}\\[2ex] \Delta t = \dfrac{2n\pi}{\omega_n N}\end{cases} \tag{12.23}$$

所以

$$(v_p)_n = \frac{2\pi r_a}{N}\frac{1}{\Delta t} = \left(\frac{\omega_n}{n}\right)r_a \tag{12.24}$$

而 10.3 节已指出，对于 π 模，$n=N/2$，代入上式，即可得式（12.22）。

与 $(v_p)_n$ 对应的行波旋转角速度

$$\Omega_n = \frac{(v_p)_n}{r_a} = \frac{\omega_n}{n} \tag{12.25}$$

可见，振荡模式号数 n 越大，行波的相速和角速度就越小。

2. 空间谐波

既然磁控管多腔谐振系统也是一种周期不均匀性慢波线，根据周期系统理论，在这种系统中，每一个模式应存在无穷多个空间谐波，电子只是与其中某一次空间谐波同步并发生能量交换。

设想某一观察者，在 1 号隙缝口观察到的场为 0 相位，则另一个观察者在 2 号隙缝口观察到的场将是 φ_0 相位，而且我们知道，$\varphi_0=2n\pi/N$（n 为模式号数），但是，常识告诉我们，对第 2 个观察者来说，相位 φ_0 与 $\varphi_0\pm 2m\pi$ 对他来说并无任何区别，他在第 2 个隙缝口观察到的场是完全一致的。因此，相邻隙缝口的相移可以写成更一般的形式

$$\varphi = \varphi_0 \pm 2m\pi \tag{12.26}$$

φ_0 是基波的相移,它的范围是 0~ ±π,若以 m 表示谐波次数,此时 $m=0$,而 $m\neq 0$ 时即为高次谐波。

这样,就可以把图 10-9 关于八腔谐振系统的模式图重新画成慢波线色散曲线(图 12-9)。由该图可见,该慢波线的基波是正色散波,其相速与群速都在同一方向。其中 φ_0 在 0~π 范围内,相速与群速都为正,与电子运动方向相同,即是正向波;而 φ_0 在 0~-π 范围内,相速与群速都为负,与电子运动方向相反,为反向波。

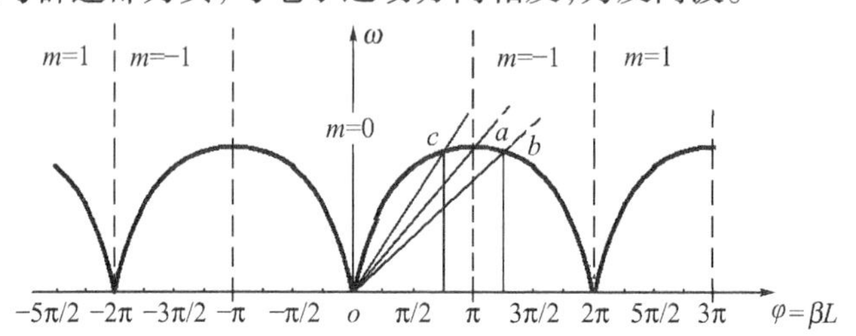

图 12-9 八腔磁控管阳极作为慢波线时的色散特性

图 12-9 中,直线$\overline{oa}$的斜率是 π 模的相速。由于 a 点是基波色散曲线与 -1 次空间谐波色散曲线的公共点,因此,与 π 模同步的电子,既与基波的正向波同步,也与负一次空间谐波的反向波同步,电子流将同时激励起正向波与反向波,从而形成驻波。

对于 $n=(N/2)+1$ 模式,其相速由直线$\overline{ob}$斜率决定。这时电子将与负一次空间谐波同步,而我们看到,$n=(N/2)-1$ 模(c 点)的振荡频率与 $n=(N/2)+1$ 模(b 点)的相同,说明这一对模式是简并模,而且会同时存在。依此类推,就可以得出结论,从慢波线的角度来看,$n=(N/2)+1$、$n=(N/2)+2$,…,$n=N-1$ 等模式与$n=(N/2)-1$,$n=(N/2)-2$,…,$n=1$ 等模式成对出现,构成一对对简并模式。

相位变化 2π 对应波动的 1 个周期 T,因而相位移 φ 对应的时间是

$$t = \frac{\varphi}{2\pi}T = \frac{\varphi_0}{2\pi}T \pm mT = \left(\frac{n}{N} \pm m\right)T \tag{12.27}$$

则 n 号振荡模式的第 m 次空间谐波的相速就是

$$(v_{\mathrm{p}})_{n,m} = \frac{2\pi r_{\mathrm{a}}}{Nt} = \frac{\omega_n r_{\mathrm{a}}}{n \pm mN} \tag{12.28}$$

该谐波对应的角速度为

$$\Omega_{n,m} = \frac{(v_{\mathrm{p}})_{n,m}}{r_{\mathrm{a}}} = \frac{\omega_n}{n \pm mN} \tag{12.29}$$

$m=0$ 时,式(12.28)和式(12.29)就简化为式(12.24)和式(12.25)。式(12.28)告诉我们,相应 $m=0$ 的基波具有最高相速,这一点从图 12-9 上也可以清楚看到,在 $\varphi=\pm\pi$ 范围内的速度线(如$\overline{oa}$,$\overline{oc}$等)具有最大斜率。而在基波各个模式中,π 模式要求的电子同步速度则最低,在一定的磁场下,要求的阳极电压也就最低。因此磁控管振荡在 π 模式上时,可以避免其他要求更高阳极电压的模式激励起振荡,这正是 π 模式振荡的优点之一。

$(v_p)_{n,m}$的大小一般都比光速小,由式(12.28)很容易得到

$$\frac{(v_p)_{n,m}}{c} = \frac{2\pi r_a}{\lambda_n(n \pm mN)}, \quad \lambda_n = \frac{2\pi c}{\omega_n} \tag{12.30}$$

即使对于 $m=0$ 的基波,由于 $n\lambda_n > 2\pi r_a$ 一般都能成立,因此$(v_p)_{n,m} < c$,可见在磁控管中传播的也是慢波。

12.3.2 磁控管中的相位聚焦和电子挑选

1. 运动坐标系中的高频场

现在来进一步讨论磁控管中的换能过程,即电子是如何将能量交给高频场的。在以上讨论中,都没有考虑到磁控管中的高频场的作用,因而称为静态磁控管,但实际上,只要磁控管中一旦建立起振荡,则除了直流电场和磁场外,还存在高频电磁场。上面已指出,磁控管中行波相速比光速小得多,也就是同步电子的速度比光速小得多,因此,高频磁场对电子的作用可以忽略不计,仅考虑高频电场的影响。

取一个运动坐标系,该坐标系将以由式(12.28)确定的波的相速运动,这样,在该坐标系中波将呈现静止状态,波场分布静止不变。同时我们假设当高频场不存在时,电子在静态磁控管中的漂移速度 $v_e = E_0/B$ 与波的相速相等,即电子在不考虑高频场作用时是同步的,因此电子相对于波场的位置在还没有考虑高频场作用时也是固定不变的。这样,就可以来研究图 12-10(a)所给出的磁控管互作用空间的电子运动情况,图中画出了在运动坐标系中静止的高频场的分布,以及处在高频场几个典型位置的 1 号~4 号电子。

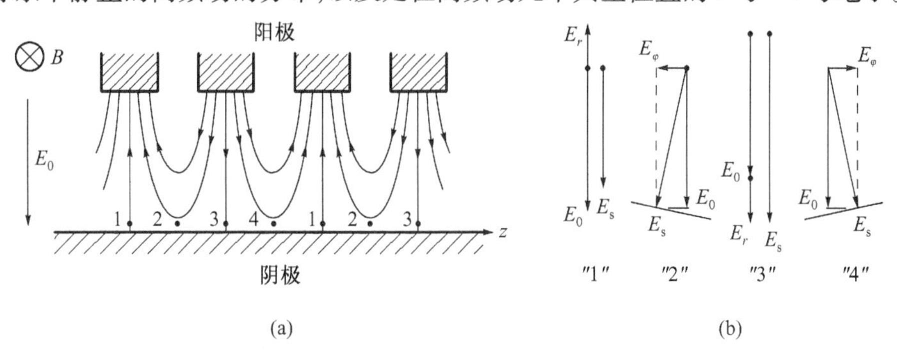

图 12-10　在运动坐标系中磁控管互作用空间中的电场
(a) 互作用空间中的场;(b) 场的合成。

2. 相位聚焦

首先来考察 1 号电子,作用在 1 号电子上的直流场 E_0 和高频场 E_r 刚好方向相反,都是径向场,因此合成场 E_s 比原来的直流场 E_0 小了(图 12-10(b)中 1 号电子对应的场)。这就使得电子的漂移速度

$$v_{e1} = \frac{E_s}{B} \tag{12.31}$$

减小,但坐标系是以原来的漂移速度 $v_e = E_0/B$ 运动的(假设在 $+z$ 方向运动),由于 $E_s < E_0$,$v_{e1} < v_e$,使得 1 号电子相对于坐标系来说有一个 $-z$ 方向的移动。

3号电子的情况与1号电子正好相反,它所处的高频场 E_r 也在径向,但与直流场 E_0 同向,因此合成场 $E_s > E_0$,使得3号电子的漂移速度 $v_{e3} > v_e$,从而3号电子相对于坐标系向 $+z$ 方向偏移。

这样,1号电子向左偏移,3号电子向右偏移,结果它们都向4号电子靠拢,换句话说,它们改变了自己原来在高频场中的相位而在4号电子位置上聚焦,这种现象就叫作相位聚焦。

3. 电子挑选

现在再来考察2号和4号电子的情况。2号电子所受高频场是角向的(图中为 z 向),方向为 $-z$,因此它与直流场 E_0 的合成场也向 $-z$ 方向稍有倾斜,即电场不再与阴极表面垂直了。在静态磁控管中的电子运动分析中已经知道,在正交电磁场中电子作轮摆运动,轮摆圆是沿着与电场垂直的基线(阴极表面)滚动的。现在合成场的方向发生了倾斜,与其垂直的基线也相应发生了倾斜(图12-10(b)中2号电子对应的场),这就使得向 $+z$ 方向滚动的2号电子在轮摆圆滚动不到1圈就打上阴极,并从互作用空间消失。由于2号电子还没有回到出发时的零速度状态,因此它打上阴极时还有部分剩余动能,这部分动能消耗在了阴极上,形成正交场微波管中特有的电子回轰现象。但是2号电子从阴极出发又回到了阴极,直流电场没有对它做功,或者说,它没有从直流场中获得能量,那么,它回轰阴极的能量就只能是从高频场中得到的。可见,2号电子不仅不能将能量交给高频场,反而要从高频场中吸取一部分能量回轰阴极,因此,对振荡来说是不利的,所以称为不利电子。

4号电子所处位置上的高频场与2号电子所处位置上的高频场方向正好相反,在 $+z$ 方向。因此合成场 E_s 亦会向 $+z$ 方向倾斜,并导致基线也发生相应倾斜,但倾斜方向与2号电子的基线也相反。从图12-10(b)4号电子对应的场合成情况立即可以看出,这一倾斜将导致轮摆圆可以向阳极不断滚动,电子的位能越来越低,由于电子本身的漂移速度基本没有改变,显然这失去的位能只能是交给高频场的,因此,称4号电子为有利电子。

4. 相位聚焦的稳定性

1号电子和3号电子不仅会向有利相位转移,形成以4号电子为中心的群聚,而且这种聚焦是稳定的。

如果有利电子(4号电子)的速度出现了某种程度的降低,小于同步要求的速度,使4号电子向3号电子靠拢,而我们已经知道,在3号电子所在位置及其附近,电子受到的合成电场作用将使它的漂移速度增加,其结果就是促使4号电子回到原来有利相位位置;同样道理,如果4号电子受到某种加速因素的影响,使它向1号电子靠拢,由于在1号电子位置及其附近,电子所受的合成场作用将使它减速,因此也会使4号电子回到原来位置上。由此可见,磁控管中的这种相位聚焦是稳定的,也就是说,只要电子被聚焦到有利相位位置,它在整个与高频场互作用过程中就将始终处于该位置,而不会移出有利相位,从而使它可以持续不断地交出自己的能量(位能)放大高频场。而我们知道,在行波管中,电子在向高频场交出自己的动能后会引起速度降低并逐渐移出减速场区,即移出有利位置,从而使换能停止,行波管输出功率饱和不再增加;另外,在磁控管中,不利电子(2号电子)迅速退出互作用区,它从高频场中吸收的能量十分有限。而在行波管中,总会有少量电子一开始就落在加速场区,原来在减速场区的电子由于交出能量而减速,也可能落到加速场区来,这些在加速场区的电子会在相当一段时间里与行波管同步,从场中吸取能量。正是上述这种换能机制的不同,使得磁控管的效率会比行波管高得多。

5. 互作用空间中的电子轨迹

根据以上分析,不难得出结论:1 号电子和 3 号电子向有利电子 4 号电子靠拢的过程称为相位聚焦,相位聚焦是高频场径向(横向)分量作用的结果;而不利电子 2 号电子回轰阴极,有利电子 4 号电子移向阳极,这种把有利和不利电子从互作用区中区分开的过程称为电子挑选,这种挑选作用是由高频场的角向分量(纵向)完成的。

这样,可以画出上述 4 个典型位置的电子分别在运动坐标系中和静止坐标系中的运动轨迹,如图 12 - 11 所示。

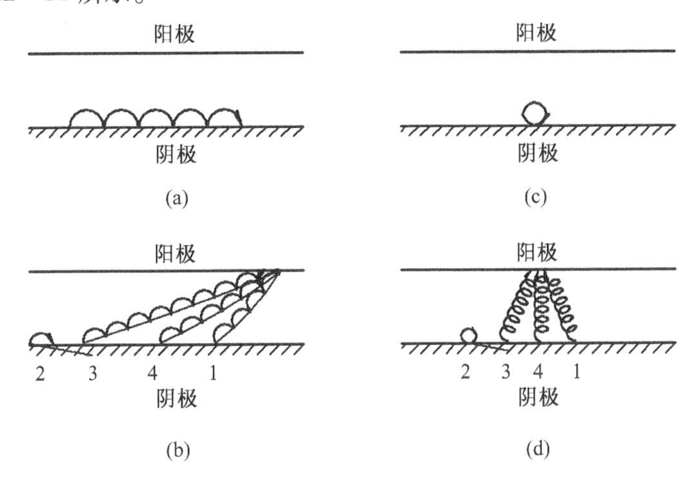

图 12 - 11 典型电子的运动轨迹

(a) 静态坐标系中无高频场时的电子轨迹;(b) 静态坐标系中有高频场时的电子轨迹;
(c) 运动坐标系中无高频场时的电子轨迹;(d) 运动坐标系中有高频场时的电子轨迹。

除上述 4 个典型位置的电子以外的电子,则完全可以根据它们在高频场中的相位关系作出类似的分析,这样一来,所有 1 号电子及其附近的电子和 3 号电子及其附近的电子都将以 4 号电子为中心形成向阳极运动的电子群,只有 2 号电子及其附近的电子回轰阴极。由图 12 - 11(b)和(d)就可以清楚看到,在达到稳定状态后,在相互作用空间就会形成以 4 号电子为中心的由阴极伸向阳极的“电子轮辐”。由于阳极块上出现最大 $+z$ 方向角向电场的次数等于模式号数 n,所以在互作用空间就会存在 n 个轮辐;而且阳极块上 n 个隙缝口所出现的最大 $+z$ 方向的高频场是相等的,因而每个轮辐的形状也相同。图12 - 12 给出了一个八腔磁控管中 π 模式振荡时电子轮辐的图形。

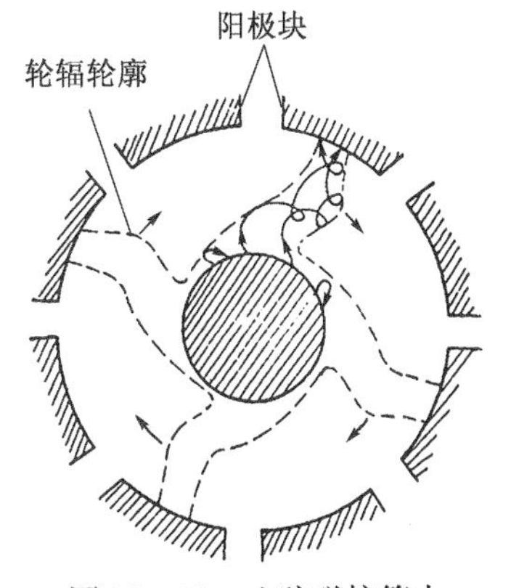

图 12 - 12 八腔磁控管中 π 模式振荡的电子轮辐

图 12 - 12 描绘的是运动坐标系中的电子轮辐,轮辐中还绘出了几个典型电子的运动轨迹。对于静止坐标系来说,整个电子轮辐以图中箭头所示方向旋转,其

旋转角速度由式(12.25)给出。

12.3.3 电子与高频场的能量交换

在磁控管振荡过程中,不利电子打上阴极并很快从互作用空间消失,而其余电子在相位聚焦作用下,都会变成有利电子并向阳极移动。因此从能量交换的角度上来说,磁控管中电子只需分成2类:不利电子与有利电子。

1. 不利电子与高频场的能量交换

在本章一开始就已经讨论过,当忽略电子从阴极发射时的热初速时,即电子初速为0时,它将从基线(阴极)出发开始做轮摆运动。对于图12-10中的2号不利电子来说,它所遇到的高频场E_φ在$-z$方向,而这对在$+z$方向具有漂移速度E_0/B的2号电子来说,它是一个加速场,使得电子速度增加,速度的增加导致磁场力增大,迫使电子更快转弯。这样,2号电子就会还来不及完成1个轮摆周期,即轮摆圆还没有转够1圈就已经回到了起点——阴极表面。由于电子打上阴极时轮摆还没有完成1圈,也就是说还没有回到基线(因为这时基线倾斜了),速度还没有降回到0就被阴极截获了,因此电子打上阴极时还具有一定速度即一定动能,这部分动能消耗在了阴极上。显然,这部分动能来自高频场对它的加速,因为磁场只能改变电子运动方向,迫使它转弯,而不能改变它的动能,直流电场也没有交出能量,因为电子从阴极出发又回到了阴极,也就是从零电位出发又回到了零电位。由于高频场E_r分量对2号电子来说是一个加速场,使它从高频场中吸收了能量,增加了速度,才使得磁场力增加,提前转弯,以致没有轮摆完1圈就打上了阴极。可见,这类电子不但不能向高频场交出能量,相反还要从高频场吸取一部分能量,因此对磁控管的振荡形成来说是不利的,所以也才称为不利电子。

电子回轰阴极的功率在一般磁控管中占输出功率的2%~10%,它不仅降低了磁控管的效率,而且会影响磁控管的起振和稳定;但电子回轰也使阴极得到了附加加热,在振荡稳定后可以适当降低磁控管的灯丝加热功率,甚至去掉灯丝加热,完全靠回轰加热来维持阴极发射。

2. 有利电子与高频场的能量交换

从图12-10可以看到,有利电子(4号电子)处在z向高频减速场中,因此它在做轮摆运动时z向速度要减小,动能减少,这部分动能交给了高频场使得行波场得到增强。电子速度的降低导致磁场力随之降低,这样,电子还没有来得及回到原来的基线(阴极表面)时速度就已降为0,也就是说,电子在径向(横向)向阳极方向有了一定位移而不再回到阴极。这一位移意味着电子失去了一部分直流位能,失去的位能正是电子交给高频场的能量。当电子从新的位置开始又一个轮摆运动时,直流场对它加速使它又获得了动能,高频减速场又使它动能减少,使它再次速度回到0时又向阳极方向偏移了一定位置,又失去一部分位能……这样,电子不断从直流场中获得加速,将位能变成动能,在高频减速场中向高频场交出部分动能,速度降低,使电子的位能发生改变,失去了位能。电子就这样不断将位能变成动能,又不断将动能交给高频场,然后又从直流场中以失去位能的形式补充动能……直至电子打上阳极。从宏观上来看,电子最终失去的是位能,是位能转换成了高频场能量使之得到增长;但从微观过程来看,电子实际上是以动能形式与高频场进行能量交换的,电子不断失去动能,又不断从位能中得到补充,这样失而复得,得而复失,直至打上阳极。

在高频电场比直流电场小得多的情况下（小信号情形），合成场 E_s 的大小与 E_0 差别不大，也就是可以认为，电子的漂移速度 v_e 变化不大。因此对不利电子和有利电子来说，改变的都只是漂移的方向，都不再沿阴极表面漂移。不利电子向阴极倾斜漂移，而很快打上阴极；有利电子则向阳极倾斜漂移。有利电子在向阳极漂移过程中，其平均漂移速度变化不大，虽然每个具体电子打上阳极时所处的轮摆圆位置不同，因而具体速度也不同，但就大量电子平均而言，它们的平均速度不变，也就是说电子打上阳极时平均消耗的只是与它们的漂移速度对应的动能，而丧失了全部位能。显然，丧失的直流位能与损失在阳极上的动能之差，就是电子交给高频场的能量。

3. M 型器件与 O 型器件换能机理的比较

（1）虽然 M 型器件中的相位聚焦与 O 型器件中的速度调制都使电子发生群聚。但 M 型器件中高频场改变的是电子沿基线轮摆的漂移速度而电子在角向的同步速度基本不变（即漂移速度的角向分量基本不变，见 12.4 节关于磁控管工作电压范围的分析），而且漂移速度不仅与直流场（即阳极电压 V_a）有关，而且与磁场 B 有关；而 O 型器件中的电子只有 1 种速度，因而高频场改变的就是电子的同步速度，而且它仅取决于加速电压 V_a。

（2）M 型器件中，电子不是一次性将全部位能转化为动能，而是每轮摆 1 次，失去一部分位能，转化为动能并交给高频场，经过多次轮摆，才逐步失去全部位能。因此总体上来说它是以失去其位能的形式来把直流能量转变为高频场能量的，虽然在本质上，在微观上它也是以动能与高频场发生作用而实现能量交换的；而在 O 型器件中，电子则一次性地从直流场中获得全部动能，然后处在高频减速场中的电子不断失去其动能使得高频场得到增长。与此同时，在行波管中，电子的速度不断下降，渐渐偏离了与行波场的同步状态，就不可能再向高频场交出能量甚至反而可能落到加速场区，从高频场中吸取能量；而在磁控管中，由于相位聚焦的稳定性，有利电子将始终保持其有利相位位置，在整个互作用过程可以一直向高频场交出能量。

（3）O 型器件（行波管）由于电子必须维持与行波的同步，而维持该同步速度的能量与电子向高频场交出的能量都来自电子的同一个运动速度，因此电子能交给场的能量只能是超出同步速度的一小部分“多”出的能量，正因为此，所以行波管不采取特殊措施，其效率是不高的；M 型器件则不然，电子与高频场的换能与维持同步是分开的，电子失去位能来向高频场交出能量，而此时，电子角向同步速度基本不变，由于电子位能要比同步速度对应的动能高得多，所以 M 型器件的效率要比 O 型器件高得多。

12.4　磁控管的自激振荡

12.4.1　磁控管自激振荡的条件

1. 自激条件

在式（12.24）与式（12.25）中给出了磁控管阳极块上的行波相速与旋转角速度，显然在静态坐标系中，只有电子轮辐在互作用空间的旋转与高频场的相速同步时，电子与行波场的换能才能保持长时间进行，高频场才得以增长，从而振荡会被激励和维持。而我们知道,在高频场远小于直流场,或者说在静态磁控管条件下,电子的纵向(角向)速度就是它的漂移速度 v_e,因此说满足同步条件

$$v_e = (v_p)_n \tag{12.32}$$

时磁控管最易激励起振荡,这时,磁控管中任意一个微小的扰动就能激励起 n 模式的振荡。

式(12.32)中,电子的漂移速度为

$$v_e = \frac{E_0}{B} \tag{12.33}$$

而 n 次振荡模式的相速则决定于式(12.24)。但由于式(12.24)所确定的相速是阳极表面的值,而在圆柱坐标系统中,这个值显然在不同径向位置会有所改变,也就是说行波相速会随着计算点的半径不同而不同。作为一种近似考虑,取阴极和阳极的平均半径,即互作用空间的中心位置的相速作为行波相速,则在式(12.24)中就应以 $(r_a + r_k)/2$ 来代替 r_a,于是

$$(v_p)_n = \frac{\omega_n (r_a + r_k)}{2n} \tag{12.34}$$

而式(12.33)中的电场 E_0,在 $(r_a - r_k) = d_0 \ll r_k$,即 r_a 与 r_k 之比接近1时,可以认为是均匀分布的,即

$$E_0 = \frac{V_a}{r_a - r_k} \tag{12.35}$$

则由同步条件式(12.32)就可以得到自激所要求的电压为

$$V_a = \frac{\omega_n (r_a^2 - r_k^2)}{2n} B \tag{12.36}$$

可见,产生自激要求的阳极电压是静磁场 B 的线性函数。根据式(12.36)画出的 V_a—B 关系将是一条从坐标原点开始并与临界抛物线相交的直线(图12-13)。

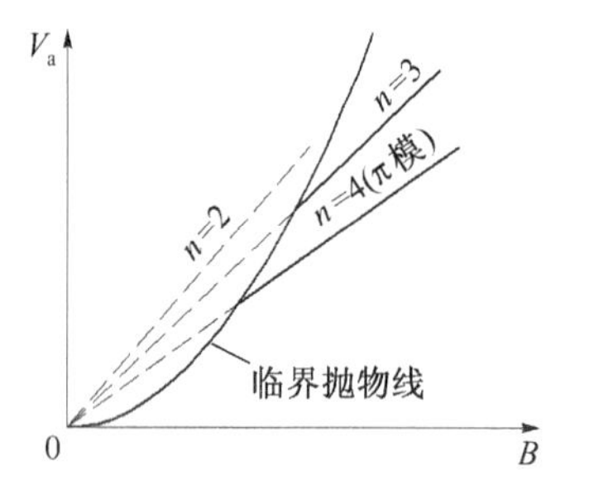

图12-13 八腔磁控管自激的近似条件

2. 门槛电压

虽然已经在上面得到了磁控管自激振荡的条件,但这并不意味着,磁控管的阳极电压和直流磁场满足式(12.36)给出的条件,振荡就能激励起来。这是因为,在图12-13中,在临界抛物线左面的直线段(以虚线表示),将对应电子在不到轮摆圆转半周时就已经打上阳极,相位聚焦和电子挑选过程都还不可能发生,因此电子与高频场不会有有效的能量交换,电子效率为0。只有在临界抛物线右方的部分,即图12-13中的实线直线段,才相应于真正能激励起自激振荡的部分。

我们是取相互作用空间平均半径处的行波相速而得到自激振荡条件式(12.36)的,显然这只是一个假设。实际上,在一定的工作磁场下,当逐渐提高阳极电压时,在阳极电压还没有达到式(12.36)所确定的值时,磁控管中就出现了阳极电流。由于这时阳极电

流必然是由有利电子形成的，这意味着在磁控管中已出现了自激振荡，继续提高阳极电压，阳极电流和振荡功率就会急剧增加。将开始出现阳极电流的阳极电压称为门槛电压 V_{th}，其意义十分清楚，阳极电压到达 V_{th}，在磁控管中无限小的高频扰动中与谐振腔振荡模式频率相符的成分就足以保证了电子到达阳极。或者换句话说，V_{th} 就如一个门槛，阳极电压只要跨过这个门槛，振荡就会形成；反之，当阳极电压低于门槛电压时，高频振荡就无法稳定形成。

V_{th} 的大小由下述关系式给出：

$$V_{th} = \frac{\omega_n (r_a^2 - r_k^2)}{2n} B - \frac{m r_a^2}{2e} \left(\frac{\omega_n}{n} \right)^2 \tag{12.37}$$

或者写成

$$V_{th} = 1.01 \times 10^7 \left(\frac{r_a}{n\lambda} \right)^2 \left[B \left(1 - \frac{r_k^2}{r_a^2} \right) \frac{n\lambda}{1.07} - 1 \right] \tag{12.38}$$

式中，λ、r_a、r_k 的单位为 cm；B 的单位为 T；电压以 V 计。式（12.37）或式（12.38）一般称为哈垂方程。哈垂方程中右边的第 1 项就是式（12.36）的右边部分，可见，V_{th} 只是比式（12.36）给出的 V_a 值减少了一个式（12.37）右边的第 2 项的值。由于该第 2 项与 B 无关，因此 V_{th}—B 线将与式（12.36）给出的 V_a—B 线平行，向右移动一个固定值（对确定的一个 n 模式）。这样，在同样的一个 B 值下，门槛电压就将比满足自激条件的阳极电压 V_a 小，而且门槛电压不再通过坐标原点（图 12－14）。

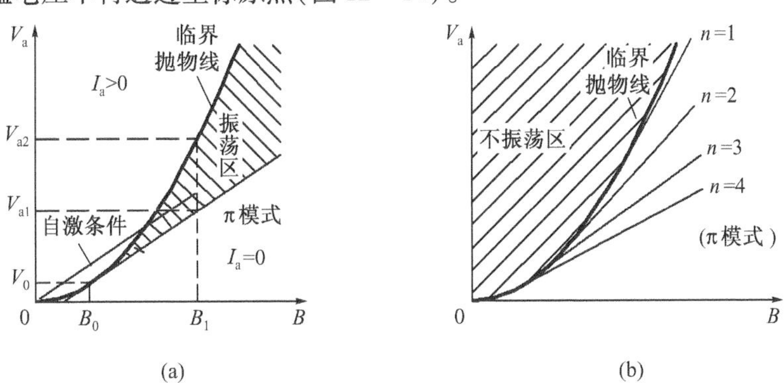

图 12－14　八腔磁控管的门槛电压线

（a）π 模式的振荡区；（b）不同振荡模式的门槛电压线。

3. 特征电压

门槛电压线与临界抛物线相切，因而只有 1 个交点。这个交点既在门槛电压线上，应该满足式（12.37），又是临界抛物线上的一个点，应该满足式（12.18），因而不难由此求出该点对应的电压 V_0 和 B_0

$$\begin{cases} V_0 = \dfrac{m r_a^2}{2e} \left(\dfrac{\omega_n}{n} \right)^2 \\ B_0 = \dfrac{2 m r_a^2}{e (r_a^2 - r_k^2)} \dfrac{\omega_n}{n} \end{cases} \tag{12.39}$$

也可以从另一角度来更方便地求出 V_0 和 B_0 的大小。由于临界抛物线表示电子轮摆刚好擦过阳极表面时的电压和磁场值,如果假设电子这时的角向速度为 v_t(注意这时电子径向速度为0),则相应的电位就是

$$V_0 = \frac{1}{2}\frac{m}{e}v_t^2 \tag{12.40}$$

当该速度与行波在阳极表面的相速

$$v_p = \frac{\omega_n}{n}r_a \tag{12.41}$$

相等,$v_t = v_p$,即电子与行波在阳极表面同步时,就得到

$$V_0 = \frac{1}{2}\frac{m}{e}\left(\frac{\omega_n}{n}r_a\right)^2 \tag{12.42}$$

将式(12.42)代入式(12.18)得

$$B_0 = \frac{2m}{e}\frac{r_a^2}{(r_a^2 - r_k^2)}\frac{\omega_n}{n} \tag{12.43}$$

可见这样得到的 V_0 和 B_0 与式(12.39)给出的完全一样。由此就可以说明 V_0 的物理意义:V_0 表示电子注与行波同步所需要的最低阳极电压,即电子擦过阳极表面,全部位能变成角向速度时与行波同步的电压。如果磁控管的阳极电压 V_a 小于 V_0,则磁控管就不能自激振荡,因为这时电子的直流位能即使全部转变成动能,也不能使电子达到与行波同步所要求的角向速度。因此称 V_0 为特征电压,对应 V_0 时的磁场 B_0 称为特征磁场。

当然,如果磁控管就在特征电压 V_0 和特征磁场 B_0 下工作,电子的能量全部转变成同步速度,没有剩余的能量可以交给高频场。反过来说,若电子把一部分能量交给了高频场,则就不能维持与行波场的同步。因此,这时电子效率为0,磁控管的实际工作电压和磁场应该比 V_0 和 B_0 大得多。

根据式(12.37)和式(12.42)、式(12.43),不难得到特征电压、特征磁场、门槛电压三者之间的关系

$$\frac{V_{th}}{V_0} = 2\frac{B}{B_0} - 1 \tag{12.44}$$

4. 工作电压范围

从以上分析不难理解,当磁控管阳极电压超过临界抛物线时,电子直接打上阳极,虽然有阳极电流,但没有电子与场的能量交换,磁控管不能起振;当阳极电压低于门槛电压时,没有电子能到达阳极,也就是说,电子不会失去能量,因而同样不存在振荡。因此,这说明磁控管可能工作的区域只是门槛电压线之上、临界抛物线之下的三角地带(图12-14(a))。但即使如此,磁控管还是具有相当宽的实际工作电压范围,如图12-14(a)所示,任意选择一个工作磁场 B_1,则与之对应的可产生振荡的工作电压范围就是从 V_{a1} 直到 V_{a2}。

为什么磁控管可以在如此宽的工作电压范围内都能稳定工作呢?可以这样来理解

这一现象：一方面，当阳极电压从 V_{a1} 开始继续增加时，阴阳极之间互作用空间的电场 E_0 也随之增大，这就导致电子的漂移速度 v_e 提高；但另一方面，电子轮摆半径也要相应增大。每经过 1 个轮摆周期电子失去的位能随之增大，或者说每个轮摆周期电子交给高频场的能量增加，与此同时，阳极电压的提高意味着电子注具有的直流功率提高，这都促使高频场幅值也随之增大。我们知道电子的漂移是沿基线方向运动的，高频场引起基线的倾斜，因而漂移速度将既具有角向分量，也出现了径向分量，而且只有角向分量才能起到与行波场的同步作用。阳极电压的提高引起的高频场幅值增加，使得基线倾斜得更陡，电子漂移速度的径向分量更多，而其与行波同步的角向速度分量却基本保持不变，同步得以继续保持。可见，阳极电压的提高主要使电子径向速度增加，而角向速度及同步条件基本维持不变，从而保证了磁控管在相当宽的电压范围内稳定振荡，直到阳极电压达到和超过临界抛物线。

12.4.2　磁控管振荡的稳定性

1. 磁控管的工作模式

磁控管的工作模式几乎无例外地都选择 π 模式，这是因为 π 模式具有其他模式所无法比拟的优点。

(1) 在相同的工作磁场下，π 模式起振要求的阳极电压最低，而电压可调范围最宽，这从图 12－14(b)可以清楚地看出。

(2) π 模式是非简并模式，工作稳定。而其他模式都存在有简并模，磁控管阳极谐振系统中的不连续性(例如能量耦合装置)的存在会使简并模式分裂成两个振荡模式，引起磁控管在这两个模式上不连续地跳变，管子工作极不稳定。

(3) 在相同的工作磁场下，振荡在 π 模式时，磁控管的电子效率最高。

但是，在磁控管中也可能会存在非 π 模式的振荡，主要表现在：

(1) 磁控管可能会在振荡频率与 π 模式振荡频率十分接近的非 π 模式上激励起振荡，如图 10－9 所示，$n=4$ 的 π 模式与相邻的 $n=3$ 的模式的谐振频率 ω_4、ω_3 就十分接近。而一旦非 π 模式被激励起来，就会干扰互作用空间原来的 π 模式振荡的高频场，使得电子流与 π 模式的互作用程度减弱，输出功率与效率都将下降。

(2) 磁控管也可能在与 π 模式的 $n\lambda$ 值非常接近的一个非 π 模式上振荡。这是因为，沿磁控管阳极表面的行波相速是

$$v_p = \frac{\omega_n}{n} r_a = \frac{2\pi c}{n\lambda_n} r_a \tag{12.45}$$

可见，不同模式的 $n\lambda$ 相近，就意味着它们的相速接近，从式(12.38)可知，在同样的工作磁场下，它们还有相近的门槛电压，使它们可以与电子注发生有效的相互作用。在这种情况下，磁控管就可能时而在 π 模式上振荡，时而在相速接近的非 π 模式上振荡，使得振荡频率和输出功率都将随之发生跳跃式的变化，这种现象称为跳模。

2. 防止非 π 模式振荡的方法

1) 模式分隔度

显然，磁控管的非 π 模式振荡对管子的稳定工作是不利的，因此应尽量避免磁控管振

荡在非π模式上,这就要求π模与非π模的振荡频率有尽可能大的差别。这种差别可以用模式分隔度来定量表示,它的定义是

$$\gamma = \frac{\Delta\omega}{\omega_\pi} = \frac{|\omega_\pi - \omega_{(N/2-1)}|}{\omega_\pi} = \frac{|\lambda_\pi - \lambda_{(N/2-1)}|}{\lambda_{(N/2-1)}} \tag{12.46}$$

如果不采取专门的措施,磁控管的模式分隔度一般小于百分之几,很难有效抑制非π模的振荡,为此,就需要在阳极块结构上来考虑设法提高模式分隔度。常用的方法是在阳极块上设置隔膜带或采用异腔式阳极块。

2)隔膜带

隔膜带通常是一些安装在磁控管阳极块顶部和底部的矩形或圆形截面的金属环,顶部和底部各有1个环的称为双端单环结构,各有2个环的称为双端双环结构。隔膜带与阳极块上的谐振腔翼片交错连接,即如果将分隔各个谐振腔的翼片编上号码,则一个隔膜带若与单数号阳极翼片连接,另一个隔膜带就与双数号阳极翼片连接;而且在两端的隔膜带连接阳极翼片时也要互相交错,即若在阳极翼片顶端的内环隔膜带与单数阳极翼片连接,则在底部的内环隔膜带应与双数阳极翼片连接……。图12-15给出了隔膜带与阳极翼片连接的示意图:(a)为双端单环结构,其中实线为顶端隔膜带,虚线为底部的隔膜带,黑点表示与阳极翼片连接;(b)为双端双环结构,只给出了阳极块顶部的连接方式。

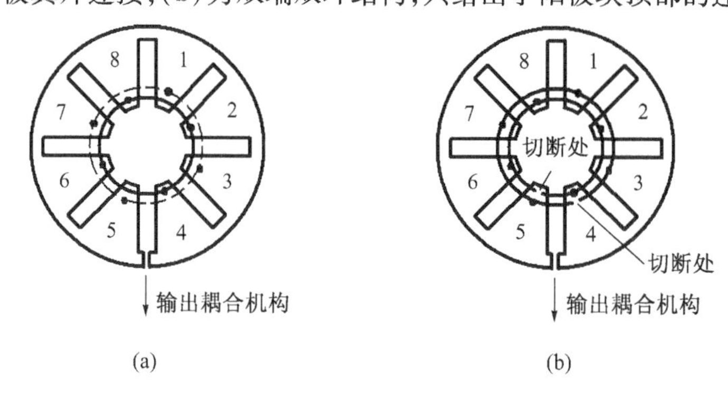

图12-15 磁控管阳极块上的隔膜带

(a)双端单环结构;(b)双端双环结构。

这些隔膜带实际上都安放在阳极块翼片上、下端部专门的凹槽内,以减弱隔膜带对互作用空间高频场的影响,如图12-16所示。

对于π模式振荡来说,隔膜带所连接的阳极翼片正好都处在同一电位,因此带上不会有高频电流流过。但是2个相邻的阳极翼片的高频电位有180°相位差,这使得2个隔膜带之间(双环结构)以及每个隔膜带与不连接的阳极翼片之间的高频电位都会有180°相位差,从而存在容性电流流通,或者说形成了电容。因此,隔膜带这时的主要作用可以等效为谐振系统的并联电容,使总电容量增加,从而使π模式的谐振频率降低。

而对于非π模式来说,由于与隔膜带连接的阳极翼片不再具有相同电位,而是处于不同高频电位上,因而隔膜带上就会有高频电流流过。这时隔膜带的作用就成为对谐振腔引入一个并联旁路电感,使总电感减小,从而使非π模式的振荡频率提高。

由此可见,隔膜带使π模式的谐振频率降低,而使非π模式的谐振频率升高,因而增大了模式分隔度。但应该指出,隔模带的这种作用对短阳极块十分显著,而对长阳极来

说,这种影响就要小得多,甚至反而使模式分隔度减小。在 10.3 节中我们已指出,短阳极块以磁耦合为主,其模谱图具有负色散特性,图 12－17 给出了一个八腔磁控管短阳极块上安放隔膜带前后对不同振荡模式谐振频率的影响,图中曲线 a 为没有隔膜带时的模谱,可以看出模式 $n=3$ 与 $n=4$(π 模)的振荡波长差别很小,而曲线 b、c 分别为安置单环与双环隔膜带后的模谱,显然,它们都明显提高了模式分隔度,而且双环的作用比单环更大。根据计算,双环隔膜带的分隔度可以达到 59%,单环隔膜带仅为 19%,即使如此,也比无隔膜带时仅有 1% 的分隔度有了显著提高。

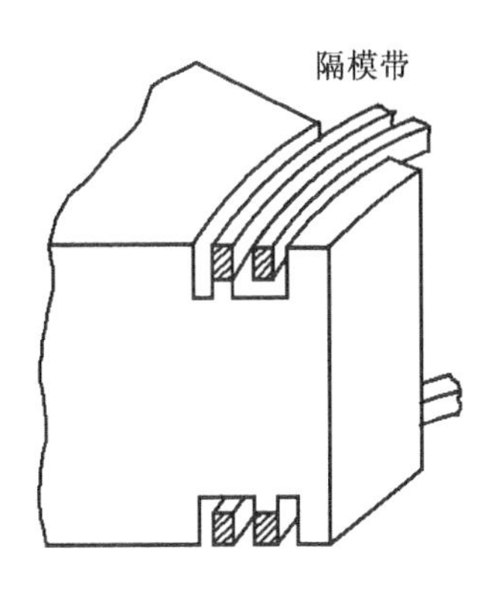

图 12－16　隔膜带的安置方法

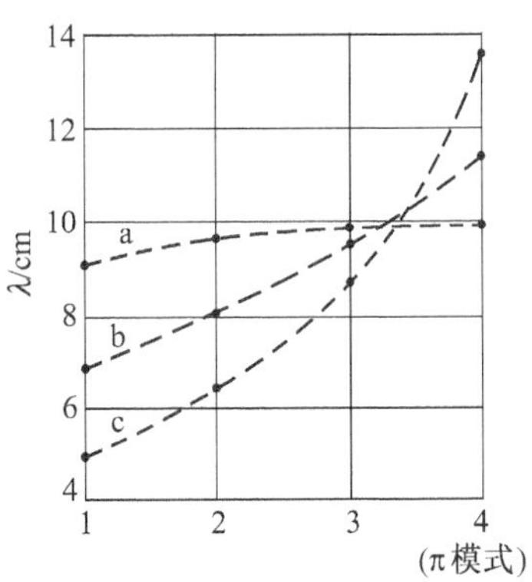

图 12－17　磁控管中隔膜带的模式分隔作用

a—没有隔膜带; b—单环隔膜带; c—双环隔膜带。

将隔膜带在适当的位置切断可以进一步提高 π 模式工作的稳定性。因为对 π 模式来说,每个隔膜带环本来就是一个等位体,在上面没有高频电流,因而切断并不会对 π 模式的振荡产生任何影响。而对于非 π 模式来说,切断就会中断该处高频电流的流通,从而破坏了非 π 模式振荡的高频场结构,增加了它的损耗,使得它更难以被激励。隔膜带的切断一般选择在能量输出装置的两侧阳极片的正中位置(图 12－15(b))。

3) 异腔式阳极块

隔膜带虽然可以增加模式分隔度,但也会使阳极块的高频损耗增加,降低了阳极块的无载品质因数,特别是对于频率较高(例如波长短于 3cm)的磁控管,这种损耗增加的影响更为明显。另外,随着工作频率的提高,阳极块的尺寸越来越小,特别是到毫米波段,隔膜带的制造和装配会变得十分困难。基于此,在波长小于 3cm 的磁控管中,一般放弃使用隔膜带而采用异腔式阳极块谐振系统。

异腔式阳极块是由大小两组不同尺寸的谐振腔交替排列而构成的闭环谐振系统,大小谐振腔不仅尺寸不同,形状也可以不同,但也可以相同。在图 10－5 中已给出 4 种不同组合的异腔结构。图 12－18(a)重新给出一个具有 18 个谐振腔的异腔式阳极块示意图,并以此来说明其模式分隔作用。

在这个谐振系统中,大腔具有较低的谐振频率而小腔谐振频率较高。因此,如果磁控管激励起的振荡在较低频率范围,即接近于大腔组成的谐振系统的谐振频率,就可以近似地认为小腔不存在。这时,在大腔腔口处的高频场就远比小腔腔口处的高频场强,如果不考虑简并模式,则就只有 n 为 1、2、3、4 四个模式会可能有振荡产生。相反,如果磁控管激励起的振荡在高频率范围,接近小腔组成的谐振系统的谐振频率范围,

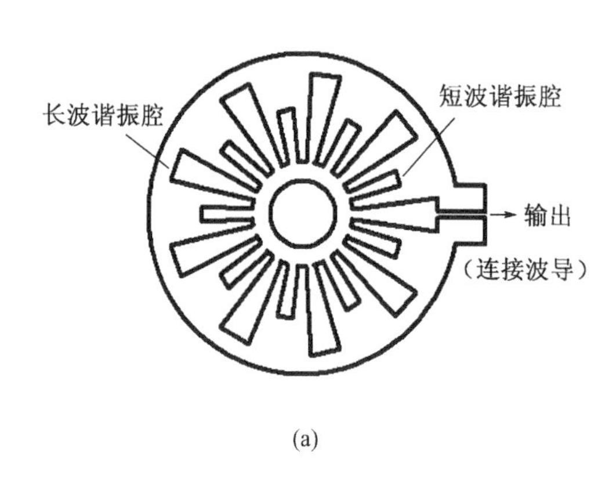

(a)

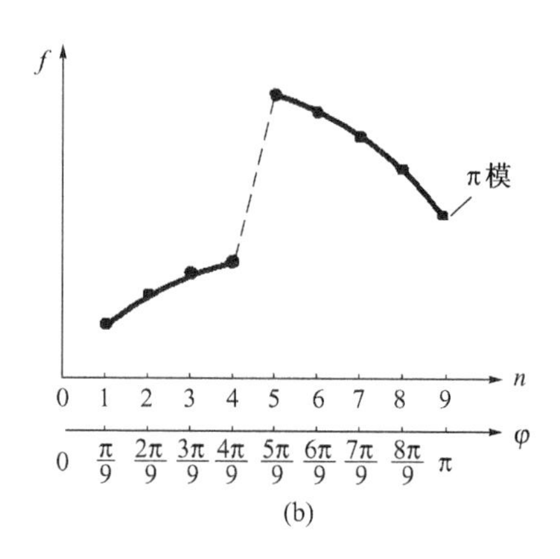

(b)

图12-18　18个谐振腔的异腔式阳极块
(a)结构示意图;(b)模谱图。

则高频场就主要存在小腔腔口,可以近似认为大腔不存在,同样略去简并模式,则振荡就只可能有 n 为5、6、7、8四个模式。而且由于单独由大腔或小腔组成的谐振系统腔数是奇数(9腔),它们都不可能有π模式存在。只有激励起的振荡的频率落在大腔与小腔谐振频率之间时,大腔和小腔将同时起作用,才会有 n 为9的π模式存在,这里π模式同样是非简并模式,而且由于大、小腔的谐振频率相差较大,因而振荡频率处在它们之间的π模式与邻近模式的分隔度也较大。显然大、小腔的频率差别越大,模式分隔度也就越大。

12.5　磁控管的工作状态和其他类型的磁控管

12.5.1　磁控管的工作特性和负载特性

磁控管工作的基本特性可以用工作特性和负载特性来表示。

1. 磁控管的工作特性

磁控管的工作特性是指磁控管连接高频匹配负载时,其阳极电压、输出功率、效率、频率等参数与阳极电流和直流磁场的关系。磁控管的工作特性一般在以阳极电压 V_a 和电流 I_a 为坐标的平面上用一系列等功率、等效率、等频率和等磁场的曲线来表示,如图12-19所示。该图给出了一个实际磁控管的工作特性曲线。

1) 等磁场线

由同步条件式(12.36)表明,磁控管阳极电压 V_a 与阳极电流 I_a 无关,而仅决定于直流磁场 B,或者反过来说,磁场仅与阳极电压相关而与阳极电流无关,因此等磁场线似乎应该是一组平行于横坐标 I_a 的直线。但实际上的等磁场线是一些稍有倾斜的直线,磁控管阳极电压并非与阳极电流完全无关,在一定的磁场下,随着阳极电流的增加,空间电荷效应增加,要求相应提高一定量的阳极电压,这就导致了等磁场线向上的一定倾斜。

把等磁场线延长并与纵轴 V_a 相交,则交点表示在该磁场值下,$I_a=0$ 时的起振电压,

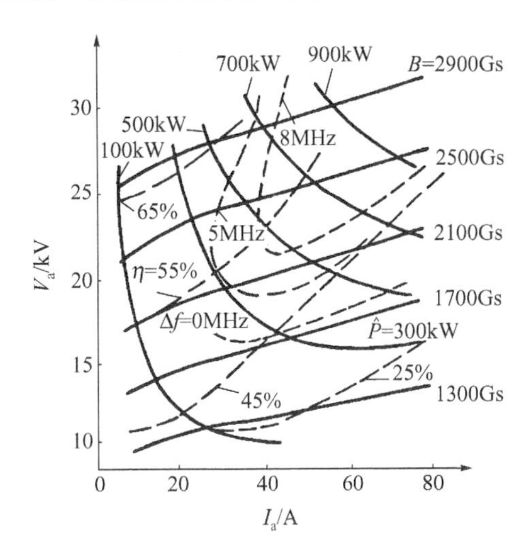

图 12－19　某个实际磁控管的工作特性

显然这就是前面定义的门槛电压值。

鉴于阳极电压与直流磁场直接成正比，因此随着磁场的增加，等磁场线差不多成比例地平行上移。

2）等功率线

磁控管的输出功率随阳极电压和电流的增加而增加，如果假设磁控管的效率不变，则功率与电压、电流的关系就是

$$P = \eta V_a I_a \tag{12.47}$$

可见，等功率线应该是等边双曲线形状。而且随着电压 V_a、电流 I_a 的增加，输出功率提高，因而等功率线向右上方移动。

实际上，磁控管的效率与阳极电流 I_a 是有关的，随着电流的增加，效率将略有下降，因此，实际的等功率线与等边双曲线稍有差别，下部要略微提高一些。

3）等效率线

在阳极电流一定时，阳极电压的提高会使磁控管效率也提高，这是因为阳极电压高，电子从直流场中能获得的总能量增加，交给高频场的能量随之增加；另外，阳极电压的提高要求直流磁场相应增加，电子的回旋半径减小，使电子打上阳极时的动能降低，这两方面的原因都有利于效率的提高。

如果阳极电压不变，效率随阳极电流的变化不是单调的，但总的趋势是阳极电流增加时效率会有所降低，这是由于阳极电流增加，空间电荷影响增强，不利于电子的相位聚焦，不利于电子流与高频场的能量交换，因此较高效率值的等效率线在工作特性坐标平面的左上方，即电压较高而电流较小的位置。

4）等频率线

磁控管工作特性中的等频率线的形状比较复杂，即使是同一类型的磁控管，这些曲线的形状也并不相同。图 12－19 中等频率线上标出的数值是相对于管子规定工作频率偏移的大小。

2. 磁控管的负载特性

磁控管的负载特性是指在一定的阳极电流和直流磁场下，磁控管的输出功率和振荡

频率随外负载变化的关系。这种关系一般都以绘在导纳圆图或阻抗圆图上的一组等功率线和等效率线来表示,称为雷基图,如图12-20所示。该图是一个X波段磁控管的实际负载特性,图中每一点都对应一个确定的复数负载值,圆心0为匹配点;一系列同心圆是等驻波系数圆,或者等反射系数圆,图中标出了反射系数的大小,因此,离圆心越远的点反射越大,表示负载偏离匹配要求值越大;实线圆弧线是等功率线,线上直接给出了功率值;虚线圆弧线是等频率线,线上标志的频率值是相对规定工作频率的偏移量。

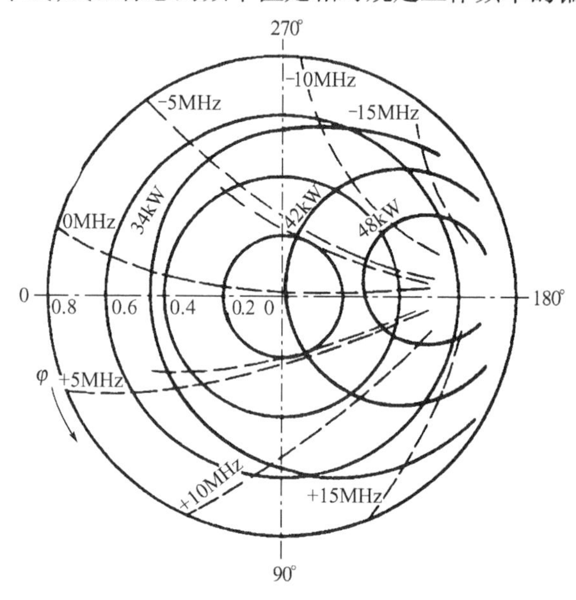

图12-20 X波段实际磁控管的负载特性

可以看到,磁控管的负载改变时,管子的输出功率和振荡频率都将发生变化。在输出功率越大的区域,等频率线越密,说明振荡频率受负载影响越大,这也反映了输出功率要求大与频率变化要求小(工作稳定)是矛盾的。而在匹配点附近,输出功率和频率变化都比较适中,得到了兼顾,因此负载匹配是磁控管最好的工作点。

由负载变化引起的磁控管振荡频率的改变,称为负载对频率的牵引,或简称频率牵引。当负载的驻波为1.5(反射系数0.2)时,若负载的变化使反射相位改变2π(沿驻波为1.5的等驻波圆转1圈),所引起的振荡频率的改变称为频率牵引系数,它的大小可表示为

$$\Delta f = 0.417\frac{f_0}{Q_e} \quad (\text{MHz}) \tag{12.48}$$

式中,f_0 为磁控管的工作频率;Q_e 为它的外观品质因数。可见,频率牵引与外观品质因数成反比。

12.5.2 磁控管的效率

1. 电子效率

如果不计电子打上阳极时所具有的径向速度,也不考虑不利电子回轰阴极时所消耗掉的功率,则电子效率的最大值为

$$(\eta_e)_{max} = 1 - \frac{V_0}{V_a} = \frac{I_a(V_a - V_0)}{I_a V_a} = \frac{P_e}{P_0} \tag{12.49}$$

式中，V_0 是特征电压；V_a 是阳极电压；I_a 为阳极电流；P_e 是电子注产生的高频功率；P_0 则是电子注具有的直流功率。如果磁控管刚好工作在门槛电压上，即 $V_a = V_{th}$，并考虑到式(12.44)，就有

$$(\eta_e)_{max} = 1 - \frac{B_0}{2B - B_0} \tag{12.50}$$

该式表明了这样一个规律：电子效率将随磁场 B 的增大而提高。这是因为电子的漂移速度与 V_a/B 的比值成正比，所以为了保持同步，阳极电压将随着磁场的增加而提高，从而使电子获得的直流位能增加，使电子效率得到提高。而电子效率将随特征电压的提高而减小，模式号数 n 越小，特征磁场 B_0 就越高，效率就越低，所以在相同的工作磁场 B 下，π 模式的电子效率最高。

实际磁控管由于电子打上阳极时和不利电子回轰阴极时都会损失掉部分能量，因而电子效率会比式(12.49)给出的值低。现有厘米波段磁控管的实际电子效率在 40% ~ 70% 之间。

2. 线路效率

电子效率表征的只是电子可能交给高频场的能量的多少，或者说管子将直流能量转换成高频能量的能力大小。但这部分高频能量并不意味着就是负载上能够获得的能量，管内产生的高频能量经过能量耦合机构输出并被负载吸收，这一过程同样存在一个转换效率问题，这就是线路效率。

线路效率的定义是：磁控管负载所得到的高频功率 P_L 与电子流产生的高频功率 P_e 之比，即

$$\eta_c = \frac{P_L}{P_e} = \frac{Q_L}{Q_e} = \frac{\beta}{1 + \beta} \tag{12.51}$$

式中，Q_L 为磁控管的有载品质因数；Q_e 为外观品质因数，β 为磁控管耦合系数。由于

$$\frac{1}{Q_L} = \frac{1}{Q_0} + \frac{1}{Q_e} \tag{12.52}$$

因此，式(12.51)也就可以写成

$$\eta_c = \frac{1}{1 + \dfrac{Q_e}{Q_0}} = 1 - \frac{Q_L}{Q_0} \tag{12.53}$$

Q_e/Q_0 反映了管内损耗的高频功率和负载所分配到的功率之比，而 Q_L/Q_0 则表示的是管内损耗功率与电子流产生的功率（即管内损耗功率与负载吸收功率之和）之比。可见 Q_e/Q_0 或 Q_L/Q_0 越小，线路效率 η_c 越高，表明负载和管子耦合越紧，从而分配到负载上的功率比例越大。反之亦然。

从提高 η_c 的角度来看，当然希望 Q_0 尽可能高，而 Q_e 或 Q_L 尽可能小。但实际上，Q_e（或 Q_L）的大小还会受到振荡稳定性的限制，过重的负载会导致管子的停振；即使从线路

效率来说,也并不是 Q_e(或 Q_L)越低越好。负载过轻(Q_e 或 Q_L 过高)会引起线路效率下降,因为这时管内高频场过强,使电子很快打上阳极并在阳极上消耗很大的径向动能;负载过重(Q_e 或 Q_L 很小)则会使管内高频场过弱,以致电子的相位聚焦作用变差,有效的能量交换过程变弱,同样导致线路效率下降。只有 Q_0 希望越高越好,既可以保证得到高的线路效率,也可以在保证足够的线路效率的同时,允许提高外观品质因数 Q_e,以提高振荡的稳定性。

磁控管的总效率取决于电子效率和线路效率的积,即

$$\eta = \eta_e \cdot \eta_c \tag{12.54}$$

12.5.3 磁控管的频率调谐

磁控管的振荡频率决定于阳极谐振系统的谐振频率,它是分离的确定的一些频率,因此要改变磁控管的振荡频率,就必须设法改变谐振系统的等效电容和等效电感,以改变其谐振频率,这就是磁控管的频率调谐。

磁控管频率调谐的方法很多,其中应用最多的是机械调谐,其次是电调谐即电压调谐。采用机械方法或电的方法去改变谐振腔的等效电容、电感就可以改变磁控管的振荡频率。机械调谐如电容环、电感环、旋转叶片等的调谐频率范围宽,可达10%带宽,但调谐速度慢,寿命和可靠性差;电调谐如PIN二极管调谐、铁氧体调谐等,由于不存在移动元件在真空中的机械运动,调谐速率高,可以实现脉间或脉内变频,但调谐频带窄,一般只有1% ~2%带宽。

1. 容性调谐

最简单的容性调谐方法是在阳极块顶部正对谐振腔隙缝的位置放置一个金属环,如图12-21所示。由于该薄环处在高频电场较强的空间内,因此它与阳极翼片顶部之间形成一个电容,相当于谐振腔增大了等效电容。调节该金属环与阳极块之间的距离,就可以改变该电容的大小,从而改变谐振频率。金属环越靠近阳极块,增加的电容越大,磁控管的振荡频率下降得就越多。而且环的很小位移,就可以得到足够的频率改变,即频率调谐范围,因而采用弹性良好的材料作成柔性模片作真空密封就可以满足这个位移要求。

2. 感性调谐

感性调谐的元件同样可以是一个放置在阳极块顶部的金属环,不同的是圆环的平均直径较电容环大,使环正好处在谐振腔孔的上方而不是隙缝上方,并且环的面积正好覆盖住腔孔的直径,如图12-22所示,由于在这里正好是高频磁场集中的区域,从而环的存在压缩了高频磁场的空间,使谐振腔的等效电感减小,谐振腔的谐振频率增加。随着金属环与阳极块之间距离的调节,等效电感减小的程度也相应改变,谐振频率的增加也随之变化,实现了调谐作用。

3. 旋转调谐——捷变频调谐

在容性调谐和感性调谐中,调谐用金属环都是作轴向位移(改变它与阳极块顶部的距离来实现调谐)的,显然这样的调谐方法速度很慢。为了提高调谐速度,人们将调谐元件由轴向运动改成角向运动,从而出现了旋转调谐。调谐元件由角向均匀分布的金属叶

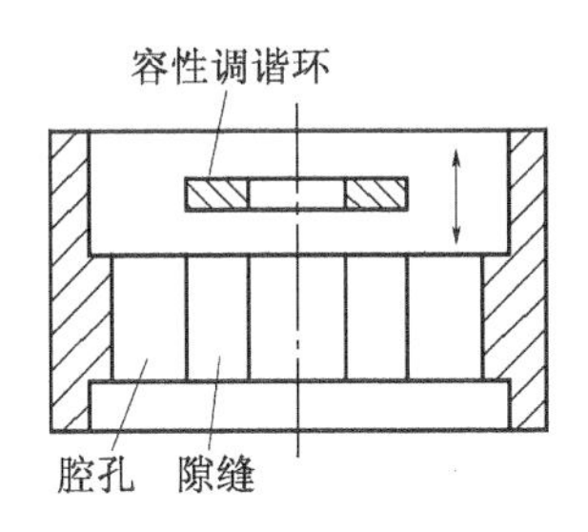

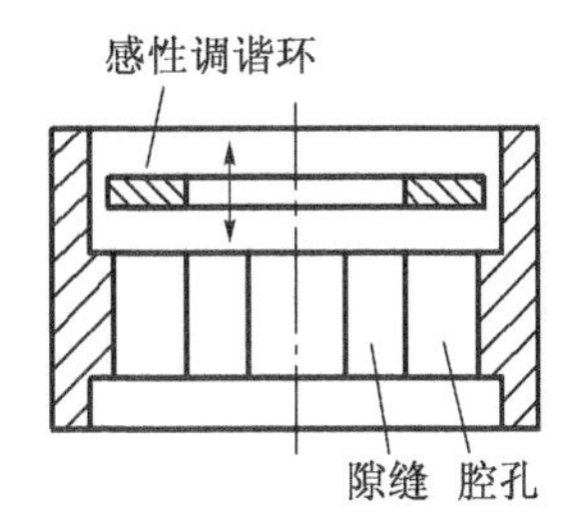

图 12－21　磁控管的电容环调谐

图 12－22　磁控管的电感环调谐

片组成的调谐盘形成，叶片数与谐振腔数相同，调谐盘仍然置于阳极块顶部空间内。使调谐盘转动，当每个叶片位于两谐振腔之间时，叶片与阳极之间形成一个电容，谐振腔等效电容增加，使谐振频率降低，调谐盘转动 180°/N 后，所有叶片就将刚好位于谐振腔孔的上方，压缩了高频磁场空间，使谐振腔等效电感减小，这时谐振频率提高。可见，实际上这是一种容性作用和感性作用的组合调谐。

采用旋转调谐可以提高调谐速度，得到频率快速变化的信号。调谐速度大小取决于调谐盘的转动速度和谐振腔的数目。在捷变频磁控管中，就大都采用了旋转调谐，其调谐元件是一个圆筒而不再是圆盘。如图 12－23 所示，在磁控管阳极块谐振腔的外沿挖一条环形的调谐槽，槽的深度约为阳极块高度的一半，圆筒形的调谐元件插入调谐槽内，在插入部分的筒壁上开一系列角向均匀排列的小孔——调谐孔，孔的数目与谐振腔数目相同。当调谐圆筒高速旋转时，调谐孔改变了相邻两个谐振腔的磁力线的路径，从而改变了谐振腔的等效电感，使振荡频率发生快速变化。在这种调谐方式下，频率的变化周期还是要比磁控管振荡的脉冲宽度长得多。因此在脉冲的持续时间内，振荡频率还来不及有显著变化，或者说可以认为几乎不变；而在脉冲与脉冲之间，则磁控管的振荡频率已经发生了改变，从而使得每一个脉冲与前一个脉冲的高频振荡的频率不同，实现了脉间变频。而要实现脉内变频，即在一个脉冲宽度内振荡频率都在改变，则必须利用电调谐来进一步提高调谐速度。

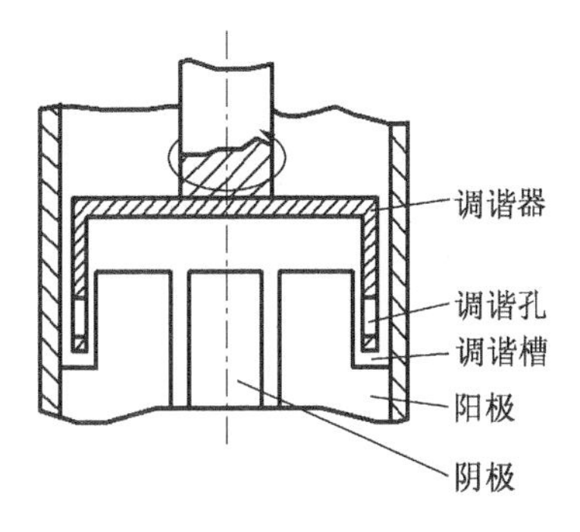

图 12－23　捷变频磁控管的调谐

12.5.4　其他类型的磁控管

上面介绍的是普通磁控管，除此之外，根据特殊的用途和机理，还有其他类型的磁控管，主要是指同轴磁控管、捷变频磁控管、信标磁控管、电压调谐磁控管和连续波磁控管等。

1. 同轴磁控管和反向同轴磁控管

1）同轴磁控管

在普通磁控管中的阳极块的外围再增加一个同轴外腔，在阳极块的多腔谐振系统的小腔后壁上，每隔一个腔沿轴向开一条细长的隙缝，使小腔与同轴外腔耦合，就可以起到稳定磁控管工作频率的作用，这样，作为内腔的原来的多腔谐振系统就可以不再需要隔模带，这种磁控管就称为同轴磁控管，其结构如图 12－24 所示。

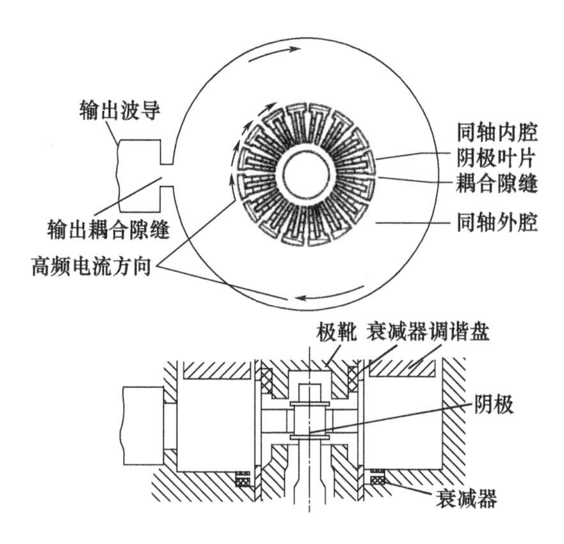

图12-24 同轴磁控管结构图

同轴磁控管整个谐振系统谐振在π模上,而小腔是每隔一个腔才开一条耦合隙缝,因此每个耦合隙缝口流出的高频电流和渗透出来的磁场是同向的,而且大小相同,这就意味着,在同轴腔中,场分布在角向是均匀没有变化的,腔壁电流只有角向分量,而具有这样的结构的最低模式是TM_{011}模式,这就使得我们可以像波长计一样进行机械调谐。

同轴磁控管由于增加了一个能起到稳定频率作用的外腔,所以它在很大程度上降低了频率牵引,频率稳定度可以比普通磁控管提高两个数量级,频谱特性也好,频带宽,工作稳定。

同轴磁控管由于尺寸大,特别适合在毫米波段采用。

2)反向同轴磁控管

如果将同轴磁控管的结构内外倒置,即阴极放在最外面,中间是阳极,但阳极小腔开口随之亦应该向外对着阴极,而同轴腔则放到了最内部,这样的磁控管就称为反向同轴磁控管。与正常的同轴磁控管比较可以发现,反向同轴磁控管的阴极直径最大,比普通的磁控管要大一个数量级,因而发射电流得到极大增加,由于阳极小腔向外,翼片数量即小腔数量也得到了增加,而频率仍旧可以由中心的同轴腔控制。

反向同轴磁控管由于阴极尺寸得到了增大,因而特别适合由于阴极尺寸小、发射电流严重不足导致输出功率受到极大限制的毫米波磁控管采用。

2. 捷变频磁控管

所谓捷变频磁控管,就是调谐速度很快,亦即频率改变速度很快的一类磁控管,它的频率可以在一个很宽的范围内以很高的速度跃变,使每个发射脉冲都具有不同的频率,实现脉间变频,因而极大地提高了雷达的抗干扰能力,同时还可以增大雷达的作用距离,提高雷达的跟踪精度,提高分辨力,减少地波干扰和增强抑制海浪杂波能力。捷变频磁控管调谐速率高、体积小、重量轻、效率高、成本低,但它的频率稳定度不高,不适合动目标显示应用。

捷变频磁控管还可以分成几种不同的类型,常见的是旋转调谐磁控管,这种调谐方式在前面已经介绍过(图12-23),它的调谐带宽可以达到5%~10%。

3. 信标磁控管

信标磁控管是一种频率稳定度很高、频率控制精确的磁控管，它的频率稳定度比普通磁控管要高约一个数量级，雷达发射机要求它在没有附加的电子装置的情况下就能实现频率的控制。信标磁控管必须是可调谐的，经过调谐后，又必须频率稳定，因此，管子使用了陶瓷介质调谐，高矫顽力磁钢，并且采用磁性材料的温度补偿技术使其温度系数仅为普通磁控管的 1/10，它的阳极部件则采用膨胀系数比较低的材料（如钼）。

信标磁控管主要用于导弹小型脉冲应答机、导弹无线电控制和导弹定高控制系统、机载引导应答器、导弹空地寻的器等武器装备上。它是一种体积小、重量轻、电压低、耐冲击、耐振动、小功率的脉冲磁控管。

为了进一步提高信标磁控管的输出性能，可以在信标磁控管起振前，先注入一个锁频小信号，对管内电子进行预群聚，由此可以降低管子起振期的噪声和频率抖动，使频谱噪声功率降低 30dB，而且输出的大信号将具有与注入的小信号相同的频率、相同的稳定度，这样的功能就相当于一个放大器，放大增益可达 11dB。

4. 电压调谐磁控管

前面介绍的磁控管调谐方式都是机械调谐，需要一套复杂的调谐机构，而且调谐范围也有限。电压调谐克服了这一不足，不需要任何调谐机构，而且频率随阳极电压的变化几乎是线性的，调谐范围大，调谐宽度可以达到 2∶1、4∶1，甚至 20∶1，输出功率随阳极电压的改变引起的变化也很小。

电压调谐磁控管的结构如图 12－25 所示。它由阴极 1 和阳极 2 与 4 组成，上、下阳极形成交叉指慢波线 3，上、下阳极和金属顶盖 5 一起与陶瓷环 6 封接形成真空密封外壳。管子的轴向磁场加在上、下顶盖之间，将上、下阳极环与高度渐变的矩形波导的上、下宽边直接压紧，即可以作为能量输出装置。

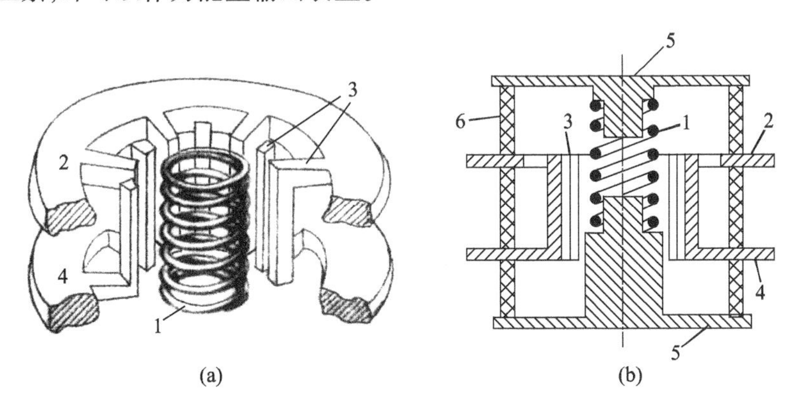

图 12－25　电压调谐磁控管结构示意图

(a)立体图；(b)剖面图。

1—阴极；2—上阳极圆环；3—阳极翼片形成交叉指慢波线；4—下阳极圆环；5—金属顶盖；6—陶瓷环。

在普通磁控管中，阳极是由 N 个小腔组成的多腔系统，Q 值很高，因此，管子的振荡频率主要取决于谐振系统的谐振频率，而相互作用空间的电子注引入的电子导纳只能引起振荡频率的微小偏移，工作电压的改变会引起输出功率的剧烈变化，而振荡频率的变化很小；在电压调谐磁控管中，阳极由低 Q 的交叉指慢波线组成（一般 $Q_L < 10$），这种系统

的储能小,也就是说,谐振系统的负载电导很大,且允许所有的翼片有较重的加载,因此,振荡频率主要取决于电子注的电子导纳的作用。

电压调谐磁控管的频率由调节阳极电压实现调谐,振荡频率与阳极电压近似成正比,与磁场成反比,而阴极发射电流的变化将对调谐特性产生影响,为了降低阴极的发射电流的这种影响,一般采用直热式阴极,控制阴极的加热电流以保证阴极工作在温度控制状态下。

5. 连续波磁控管

连续波磁控管主要用于各种微波炉和微波加热设备,很少在雷达上应用,因为它被利用的是微波能量而不是微波信号。它的工作频率主要集中在2450MHz和915MHz两个频率上,前者以家用微波炉为主,功率量级大多在500~1300W,后者则主要用于工业加热,功率可达200kW,甚至更高。

家用微波炉用2450MHz磁控管由于结构十分简单,技术相当成熟,需求量大,因而成为微波管中目前唯一能在生产线上大批量生产的商品,我国现在年产量达到5000万~6000万只,成本降到每瓦不足一美分。图12-26是微波炉磁控管的基本结构图,它的阳极采用最简单的扇形谐振腔结构,阴极是直热式钍钨阴极或纯钨阴极,轴向探针天线辐射输出。

连续波磁控管除了各种微波炉在家庭、宾馆、轮船等场所使用外,微波加热在其他领域也都得到了广泛的应用,例如轻工、食品、橡胶、化工、煤炭、冶金、陶瓷等行业中的脱水、焙烧、淬火、干燥等,以及污水、生活垃圾及医疗垃圾、废轮胎等的处理,微波在医疗领域则主要用于微波理疗、微波放疗和微波热疗,微波能量在各种新领域的应用正在不断探索和开发。

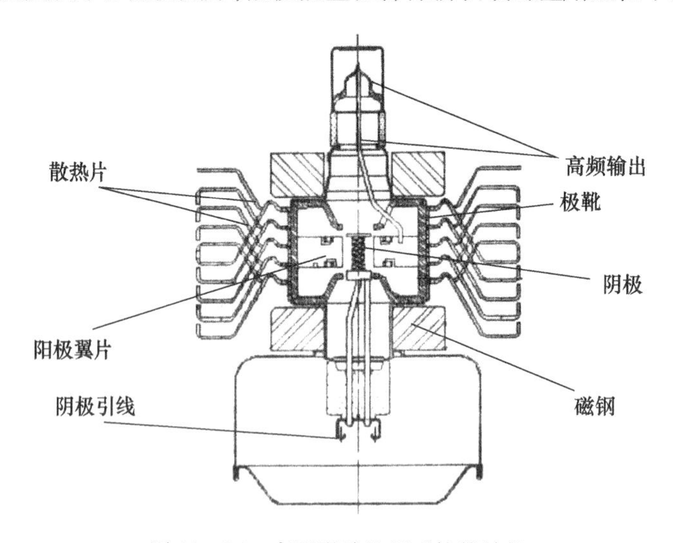

图12-26 家用微波炉用磁控管结构

12.6 正交场放大管

正交场微波管不仅有振荡管,也有放大管。正交场放大管根据慢波电路上行波场的相速、群速方向可以分为前向波放大管和返波放大管;根据电子注发射方式可以分为分布发射式和注入式;根据管子结构形式可分为圆形结构和线形结构。

12.6.1　分布发射式正交场放大管

曾经指出，磁控管中的阳极谐振系统实际上是一个首尾相接的慢波线，正是这种首尾相接构成了一个闭合回路，类似于普通谐振腔中由入射波与反射波构成的闭合回路一样，使磁控管阳极块也成为一个谐振系统。因此，如果把这个系统切断，它就形不成谐振回路，而自然形成了一段慢波电路，这时若在切断处两端分别装上能量输入输出机构，就可以构成正交场的放大器件。

在正交场放大管中，电子流在正交直流电、磁场中的运动，电子流与高频场的相互作用和能量交换机理，所要求的工作条件等，也都和磁控管相同或相似，不再详细讨论。它们之间最基本的不同在于：磁控管阳极块上形成的是驻波场，因而各谐振腔隙缝口的高频场有固定的相位，整个系统处于谐振状态，并振荡在单一的谐振频率上；而正交场放大管阳极块上传播的是行波场，沿慢波线各点的高频场相位是变化的，管子可以在一定的频带内进行放大，带宽由构成阳极块的慢波线的色散特性所决定。在结构上，圆形结构的分布发射式正交场放大管也与磁控管类似，阴极与阳极慢波线是同轴圆柱结构，在整个阴极圆柱表面发射电子，也就是说，在整个互作用空间都存在电子发射。

分布发射式正交场放大管一般都工作在脉冲状态，作为大功率雷达发射机的末级放大之用。分布发射式放大管按不同特点又可以分成不同类型。

1. 按电子流运动方式分

1）重入式正交场放大管

在互作用空间电子注与行波场作用后，大部分电子将最终打上阳极，少部分则回轰阴极。如果在输出端电子还没有来得及打上阳极（还没有将自己的位能都交给高频场），则这些电子在经过一段漂移区后，将再次进入互作用空间参与能量交换，直到打上慢波线为止。这种电子流可以多次重入互作用空间的正交场放大管就称为重入式分布发射式正交场放大管，图 12 - 27（a）给出了这种管子的结构示意图。

2）非重入式正交场放大管

如果在正交场放大管的输入与输出结构之间设置一个收集极，使在互作用空间还没有打上阳极的电子被收集极所收集，而不再重新进入互作用空间，这种管子就称为非重入式的正交场放大管。非重入式放大管一般也是圆形的，但也可以做成线形，类似于平板磁控管，阴极与阳极是平行平板结构。圆形非重入式正交场放大管的结构示意图由图 12 - 27（b）给出。

2. 按行波性质分

1）正交场前向波放大管

若电子与慢波线上的前向波相互作用而使高频场放大，则就形成正交场前向波放大管，一般就称为前向波放大管（器）。在图 12 - 27（a）中，若电子漂移方向（图中以实线箭头表示）与电磁场能量传输方向一致，电子与正色散空间谐波（通常为基波）同步和相互作用，这就是前向波放大。

2）正交场返波放大管

在图 12 - 27（a）中，若电子的漂移方向（图中虚线箭头表示）与电磁场能量传输方向相反,即电子与负色散的空间谐波同步,产生相互作用与能量交换,则就构成正交场返波放大管。

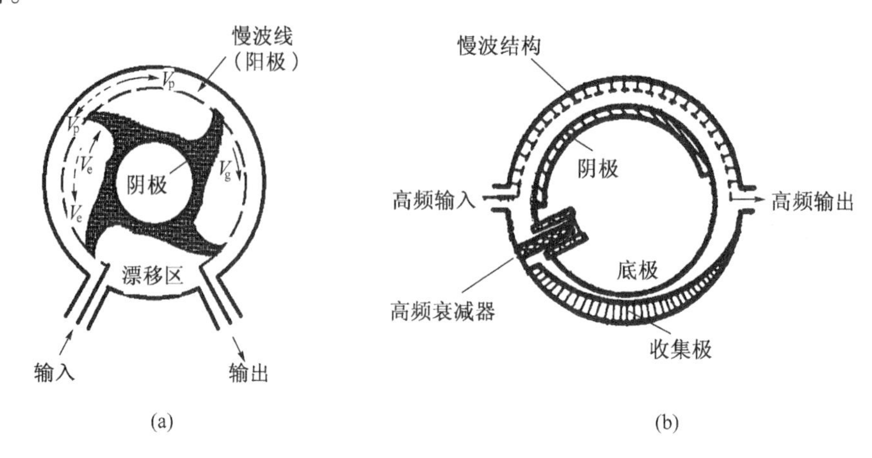

图12-27 分布发射式正交场放大管
(a) 重入式放大管; (b) 非重入式放大管。

12.6.2 注入式正交场放大管

1. 注入式正交场放大管的特点

(1) 注入式正交场管与分布发射式正交场管的主要区别在于,电子流是由位于互作用空间以外的单独的电子枪提供而后注入到互作用空间去的。这时,在互作用空间替代分布发射式正交场管中的阴极的是底极,底极不再具有发射能力。

(2) 在结构上注入式正交场放大管可以分为线形和圆形两种,图12-28给出了这两种管子的结构示意图。这两种结构的工作原理是相同的,只是圆形管中的高频场结构及其传输状态更复杂一些,管子易于产生自激振荡,因而增益的提高比线型管更要受到限制,一般对于要求增益大于20dB的管子都会采用线型结构。线形结构正交场放大管与O型行波管相似,因此又往往被称为M型行波管。

(3) 与分布发射式正交场放大管类似,注入式管子也可以根据与电子流发生相互作用的慢波线上的空间谐波性质不同,分为前向波放大管和返波放大管。前向波放大管利用的是慢波线上具有正色散特性的空间谐波,返波放大管则利用的是负色散的空间谐波。

(4) 为了抑制管子产生自激振荡,注入式正交场放大管与行波管一样,可以在慢波线的适当位置进行切断或放置集中衰减器。

(5) 注入式正交场放大管的工作特点是效率高、增益较低;特别是具有高的相位稳定度,因而一般用作大功率放大。由于它的信噪比比较低,不宜作为输入级的小信号放大。

(6) 当电子流与负色散空间谐波相互作用时,既可以构成返波放大管,也可以构成返波振荡管,而且与O型返波管类似,正交场的返波振荡管也具有电子调谐特性。

2. 注入式正交场放大管的工作原理

注入式正交场放大管在结构上可以分为电子枪区、相互作用区和收集极区3部分,如图12-28(a)所示。

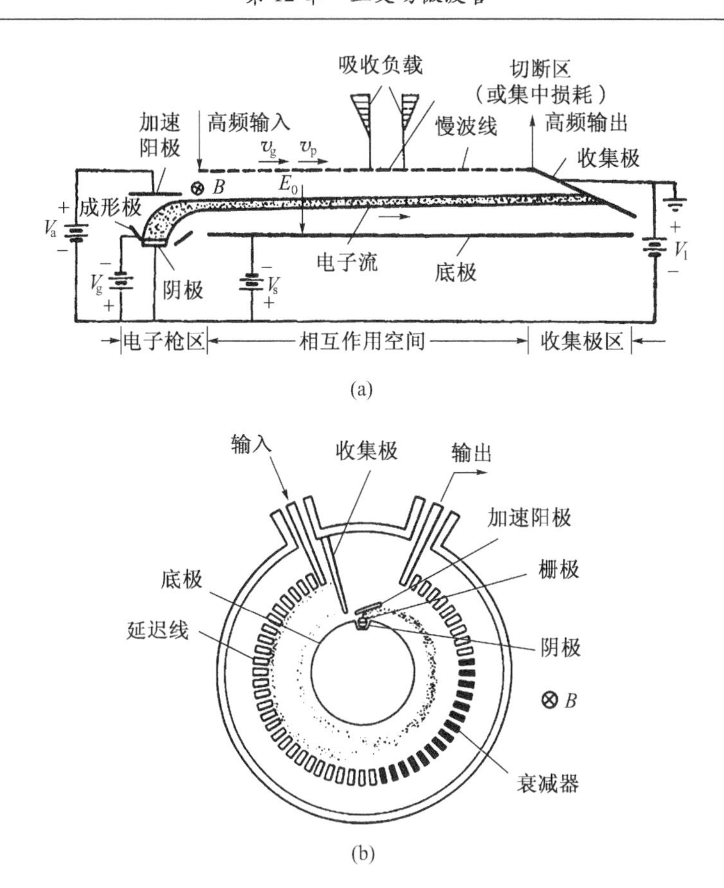

图 12-28　注入式正交场放大管结构示意图

(a) 线形结构；(b) 圆形结构。

在电子枪区，除了由阴极、成形极(或称聚束极)和阳极构成电子枪外，还有与直流电场相垂直的恒定磁场，该磁场与相互作用区的磁场是同一磁场，但电子枪区没有高频场。因此，从阴极发射的电子在阳极电压作用下被加速，同时在直流磁场作用下发生弯曲，形成具有一定截面大小和电流密度的带状电子注并注入相互作用空间。

在相互作用区，慢波线相对于阴极加有直流电压 V_1，而底极相对于阴极则加有负电压 V_s。这样，在慢波线与底极之间建立起了横向直流电场 E_0，同时还存在一个与 E_0 垂直的直流磁场 B。若不考虑高频场的影响，电子在静态正交场中的运动就将是轮摆运动，正如在 12.2 节中分析的一样，但在这里与静态磁控管中的电子运动不同的是：① 由于底极电位低于阴极，是负的，因此电子轮摆运动的基线不是底极表面，而是相互作用空间中对应零电位(阴极电位)的线；② 电子进入相互作用空间的正交电磁场之前，已经具有一定速度，因而其轮摆运动的具体形式或者说电子的运动轨迹，也将因初速的不同而不同。只有在初速为 0 的特殊情况下，其运动才与静态磁控管中的电子轮摆运动一致，而且在特定条件下(电子进入相互作用空间时的初速与电子在相互作用空间的漂移速度 E_0/B 相等)，电子流将在互作用空间以直线形的层流形式运动，或者其轮摆圆半径为 0。但是，不论电子的注入条件和轨迹的具体形状如何，电子的纵向漂移速度只取决于相互作用空间内的直流电场 E_0 和磁场 B 的大小,而与电子枪区无关。

图 12 - 29 给出了电子以不同纵向初速 v_{z0}注入互作用空间时作轮摆运动的轨迹。

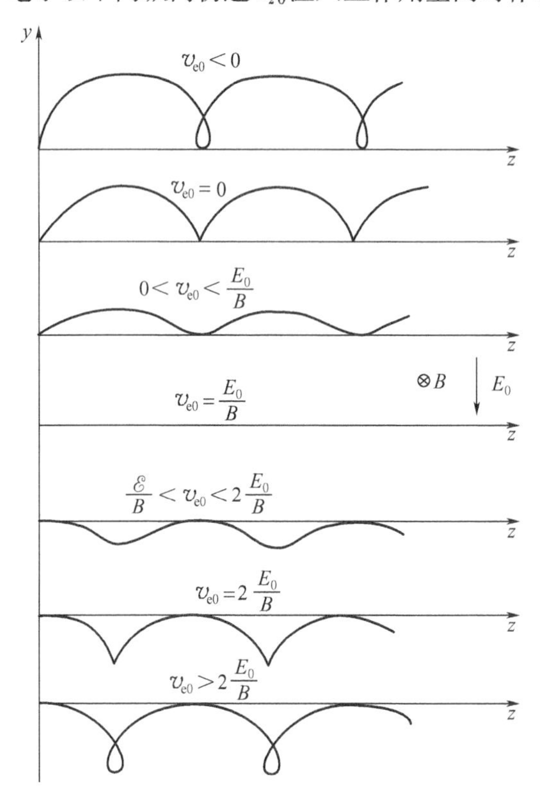

图 12 - 29　电子以不同纵向初速注入互作用空间时的运动轨迹

当相互作用空间存在高频场时,在满足同步条件,即电子漂移速度 $V_e = E_0/B$ 与慢波线上某空间谐波相速相同时,电子流将发生与磁控管中完全类似的物理过程:即相位聚焦和电子挑选作用。在高频纵向减速场中的电子,不断降低自己的直流位能来向高频场交出能量,直到打上慢波线或收集极为止。而处于高频纵向加速场中的电子则向底极方向漂移,这时它的位能有所提高,这正是从高频场中吸取了能量的结果。与磁控管不同的是,不利电子不会在不到 1 个轮摆周期内就回轰底极,因为这时电子的轮摆基线不再在底极表面,而是比底极电位高的零电位线,因此电子要经过若干轮摆周期后才会打上底极。而在这过程中,由于强烈的相位聚焦作用,使得这部分电子中的相当多数在还没有来得及打上底极时,就已经改变了相位,进入了高频纵向减速场中,变成了有利电子,继续参与能量交换作用。

收集极位于慢波线的末端,其作用是收集在互作用区能量交换过程中既没有打上慢波线,也没有回轰底极的电子。收集极电位一般与慢波线电位相同,也可以与线形注微波管一样,采用降压收集极来提高管子的总效率。

12.6.3　正交场放大管的慢波结构

正交场放大管的慢波电路与行波管中的慢波线一样,都是起减慢电磁波在某一方向的相速的作用,以使电子注与电磁波同步,发生持续有效的相互作用。但正交场放大管中的慢波线在具体结构形式上又与行波管用慢波线不同：在行波管中，电子注一般都是柱状或空心管状，而且在慢波线内部沿慢波线的轴线纵向运动，因而慢波线具有轴对称或近似轴对称结构；而对于正交场放大管，电子注在底极与慢波线之间向慢波线倾斜运动，慢波线与底极构成平行平板或同轴圆柱结构，因而慢波线在总体上应具有平面或圆柱面的表面。适合于正交场管的慢波结构种类也很多，但主要有以下几种。

1. 短管支撑曲折线

短管支撑曲折线的实用结构如图12-30所示，这种结构又可以称为四分之一波长短路线支撑曲折线。它的基波是前向波，带宽一般都在15%以上，而且容易实现宽带匹配，耦合阻抗较高，可达到80~100Ω。构成曲折线的空心铜管可以直接通水冷却，因而散热性能好，适合于大功率应用。

短管支撑曲折线结构坚实，质量小，容易制作，是L、S和C波段正交场器件最常用的慢波线。

2. 螺旋耦合叶片

螺旋耦合叶片慢波线是由叶片和螺旋线组合而成的，如图12-31所示，它兼有叶片的高散热能力和螺旋线的宽频带特性。螺旋耦合叶片电路又可以分为单螺旋耦合叶片和双螺旋耦合叶片两种。

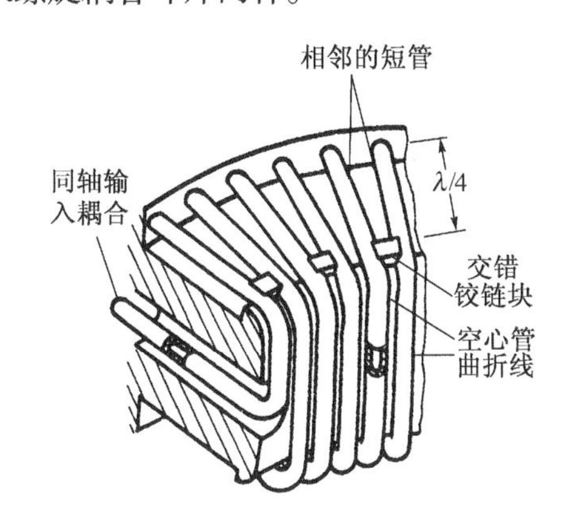

图12-30　短管支撑曲折线慢波结构

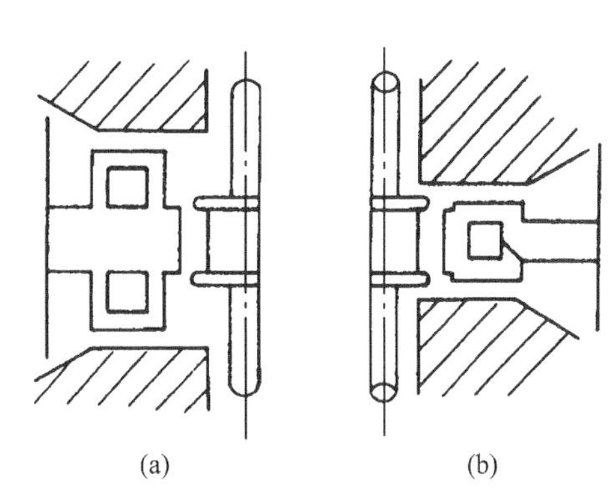

图12-31　螺旋耦合叶片慢波结构
(a) 双螺旋耦合叶片；(b) 单螺旋耦合叶片。

螺旋耦合叶片的基波为前向波，耦合阻抗较高，达40~80Ω。频带也可达15%，能直接导热，具有良好的散热能力。这也是一种应用很广的正交场器件慢波结构，特别适合在不能采用水冷的场合下使用。

3. 卡普线

卡普线是单脊矩形波导在脊相对的宽边上垂直窄边周期性开槽而形成的慢波结构，实用的卡普线则是去掉脊相对的波导宽边，然后焊上一系列金属圆杆或可通水冷却的空心管而形成，如图12-32所示。

卡普线慢波结构的基波是前向波，有良好的散热和工作带宽，耦合阻抗很高，可达100~200Ω，因而线路长度可做得较短，它的线路损耗也低。主要应用于L、S波段，而不适合工作在短波波段。

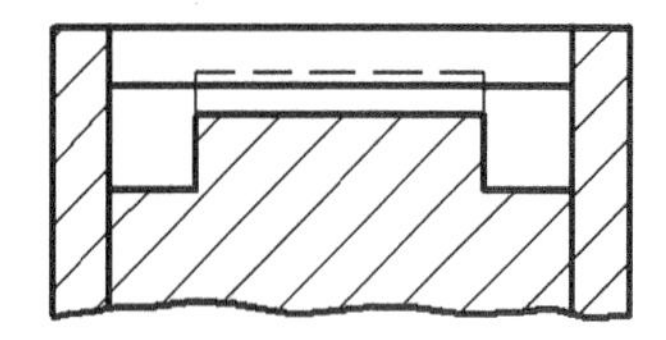
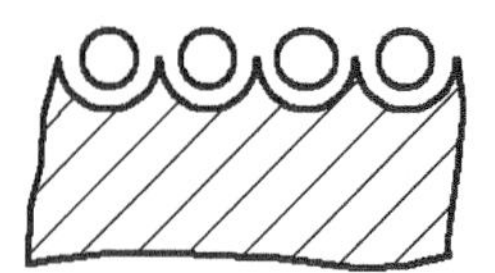

图 12－32　卡普线慢波结构

4. 双 T 线

双 T 线慢波结构如图 12－33 所示。双 T 线具有耦合阻抗高、基波为前向波等优点，适合工作在 S 波段以下的分布发射式放大管中。

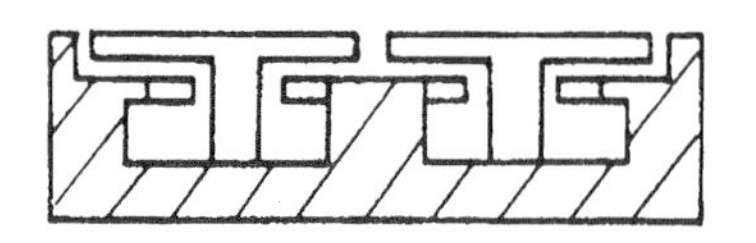

图 12－33　双 T 线慢波结构

5. 分离折叠波导

分离折叠波导是把一个矩形波导顺宽边往返折叠成一个折叠波导，然后在宽边中间(即电场最强的平面)剖开而构成的一种慢波结构，如图 12－34 所示，它的基波是返波，因此在前向波放大管中采用的是它的负一次空间谐波。

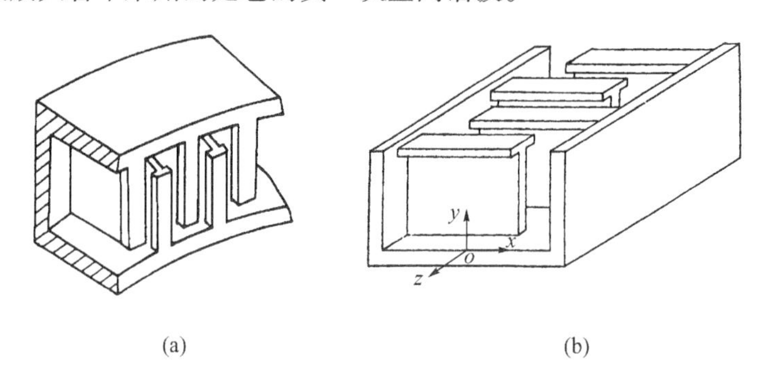

图 12－34　分离折叠波导慢波结构
(a) 圆形管分离折叠波导；(b) 线形管分离折叠波导。

由于分离折叠波导就是折叠波导的一半，其传播特性和高频场结构，就和普通折叠波导一样，所不同的只是耦合阻抗大约增加了 1 倍。为了进一步提高耦合阻抗，还在分离后的宽壁顶端加一个脊棱，这种脊棱不但把高频场进一步集中到了慢波线表面，而且使负一次前向空间谐波能量增强，使耦合阻抗提高到无脊时的 3 倍。

分离折叠波导尺寸大，散热能力强，频带特别宽，最宽可到 40%，它的缺点是耦合阻抗相对而言比较低。

第13章 毫米波、亚毫米波及新型电真空器件

传统微波管如磁控管、行波管和返波管等在向毫米波段拓展时不仅在结构上将会遇到严重的困难,而且功率输出急剧下降。因此,寻求基于新原理的毫米波、亚毫米波器件一直是人们努力的目标,由此产生了一系列不同于传统微波管的新型器件。本章将对主要的新型毫米波、亚毫米波电真空器件作简要介绍。

13.1 概 述

13.1.1 毫米波、亚毫米波器件的发展概况

人类的科技发展史,总是与对电磁频谱的开发利用相紧密联系的。在微波波段,传统微波管已经可以在米波、分米波和厘米波段稳定而有效地工作,并且得到了越来越广泛的应用。与此同时,长期以来人们力图把对微波频谱的掌握向毫米波、亚毫米波拓展,这一努力主要沿着两个不同的途径展开:其一是将传统微波管的工作频率向毫米波、亚毫米波推进;其二则是探索获得毫米波、亚毫米波的新的工作原理及新的器件。

1. 传统电真空器件向毫米波段的发展

把传统的微波管向毫米波段、亚毫米波段拓展,至今仍是人们不断努力的方向,并取得了很大成就。毫米波返波管、行波管、磁控管和速调管等都已达到了很高水平。

(1) 返波管是最早用来产生毫米波振荡的器件,也是目前所有普通微波管中能达到最高频率的器件,在俄罗斯已经制成了工作频率3000GHz,即波长0.1mm的返波管。

毫米波返波管中的慢波线常用叶片或栅状结构,也有的采用耦合腔结构。慢波线的尺寸往往达到亚毫米或微米量级,例如一工作在600GHz的返波管,其慢波线为交叉指型结构,周期为18μm,指长25μm,慢波线总长也才8mm,可见加工之精细。

(2) 毫米波行波管仍是毫米波雷达、通信及电子对抗等装备中的优选管种,因而发展迅速。

限制螺旋线行波管功率提高的关键因素始终是螺旋线本身的功率容量及散热问题,在毫米波行波管中,常采用金刚石夹持杆来代替氧化铍陶瓷夹持杆。金刚石不但是一种极好的绝缘材料,而且其导热性能比铜好,导热率是铜的3倍,比氧化铍和氮化硼高10倍以上,因而可以进一步提高行波管的输出功率。

耦合腔慢波电路在毫米波行波管中占有明显优势,它是全金属结构,功率容量大,耦合阻抗高。特别是它的改进型——耦合腔梯形慢波电路,更是把毫米波行波管推进到了更高水平,并称之为Millitron。工作在30GHz、35GHz、44GHz和95GHz上的Millitron可以达到50~8kW的脉冲输出功率,2kW~100W的平均功率。串接式(直线式)耦合梯形电

路可达1% ~2%的带宽,为了拓展带宽,发展了交错式耦合梯形结构和双交错式耦合梯形结构,带宽分别可以达到10%和20%。

折叠波导(曲折波导)毫米波行波管也在45 ~ 94GHz的频率上获得了1kW ~ 100W的连续波输出。

(3) 磁控管仍然是毫米波传统微波管中峰值输出功率最高的一种,磁控管的脉冲功率在35GHz可达150kW,在70GHz时约10kW,95GHz时约8kW。同轴和反向同轴磁控管具有更优越的性能,工作在3mm波段的同轴磁控管输出功率可达1 ~ 6kW。毫米波磁控管是毫米波雷达发射机最主要的功率源。

(4) 反射速调管亦可以很好地工作在毫米波段,作为小功率振荡源,它可以在220GHz的频率上输出接近10mW的功率。反射速调管曾经是最主要的毫米波信号源,广泛应用于各种微波测试设备中,由于其功率电平很低,现在已经基本上被固体器件所取代。

(5) 分布互作用放大器和振荡器(EIA和EIO)是一种互作用机理介于行波管和速调管之间的电真空器件,它是一种中功率的毫米波器件。工作频率达220GHz的分布互作用放大器仍有60W的峰值功率、0.5W平均功率输出,在95GHz上达到2.8kW峰值功率、100W平均功率的输出;分布互作用振荡器可以工作在30 ~ 300GHz频率上,其中30 ~ 40GHz时输出功率可达1kW。

2. 新型毫米波、亚毫米波器件

尽管传统微波管向毫米波段的发展取得了很大成绩,但是沿着这一方向继续前进会遇到原则性的限制。① 传统微波管的高频系统尺寸与工作波长必须具有共度性,随着器件工作频率的不断提高,高频系统的尺寸越来越小,以致无法加工制造。正是这一原因成为传统微波管向毫米波段及更短的亚毫米波段发展的严重阻碍。② 随着高频结构尺寸的减小,表面处理要求也越来越高,加上趋肤效应愈加严重,使得高频损耗很大,Q值大大降低。③ 互作用空间也变得十分窄小,允许通过的电子流很小,管子的功率容量受到极大限制,而对阴极和聚焦系统则提出了十分苛刻的要求。④ 阳极或收集极的散热,极间和高频系统内部高频或直流击穿打火等问题也会随着尺寸缩小而十分严重。所有这些,都使得传统微波管在毫米波特别是亚毫米波段工作时遇到了极大的限制。正因为这样,人们为了进一步提高工作频率,获得更大的输出功率,开始不断寻求基于新的技术和新的原理的毫米波电真空器件,并且取得了很大成就,其中最主要的是回旋管、奥罗管、微波功率模块、真空微电子器件以及太赫兹技术等。

13.1.2 毫米波的特点及应用

1. 毫米波的特点

毫米波的工作频率介于微波与红外线及光之间,为30 ~ 3000GHz。人们往往把波长1mm以下的毫米波专门称为亚毫米波或太赫兹波,实际上它已经进入了红外线的范畴。

毫米波的最大特点在于其波长短、频带宽。

(1) 波长短。和微波相比,毫米波波长短,因而其设备和系统体积小、质量小、机动性好。

在同样口径的天线下,波长短波束就窄,副瓣低,因而目标分辨力和跟踪精度高,还可以提高系统的隐蔽性和抗干扰能力。

(2) 频带宽。以从30~300GHz的毫米波段来说,不包括亚毫米波段,其带宽就达到了270GHz。即使考虑到大气吸收,在大气中传播时毫米波只能使用4个主要的“窗口”频率,它们的中心频率分别为35GHz、94GHz、140GHz和220GHz,这4个窗口的总的带宽也可达135GHz,为从直流到微波全部带宽的4.5倍。如此宽的频带,使雷达可以采用窄脉冲和宽带调频技术获得目标的细部特征;使通信系统可以传输更多的信息,为更多用途提供互不干扰的通道。

(3) 毫米波与大气作用既具有“窗口”,也具有吸收峰。毫米波的大气传播比微波有更大的衰减,但比激光受气候的影响又要小得多。上面已指出,在毫米波段内有4个传播衰减相对较小的大气“窗口”,也有由氧分子谐振引起的吸收峰(60GHz和120GHz)和由水蒸气谐振引起的吸收峰(183GHz附近)。这种大气影响可以为我们开辟毫米波的特殊用途,窗口频段可用作低空空地导弹制导和地基雷达;而吸收峰频段则为军用保密通信和雷达隐藏工作提供了相对好的条件。

2. 毫米波的应用

1) 毫米波雷达

(1) 毫米波雷达波束窄,具有良好的角度和距离分辨力,可以在恶劣气候条件或受到电子干扰情况下,对低空目标进行高精度跟踪和测距。因而毫米波警戒与目标拦截雷达可以有效地对抗低空飞机,是理想的低空防卫系统;而毫米波自动寻的和制导雷达,则可以用于空—空导弹和空—地导弹的自动寻的,空—地导弹的末制导。

(2) 毫米波雷达的多普勒频移大,因而它的速度分辨能力大。以960km/h的速度移动的目标,在95GHz雷达上产生的多普勒频移可以达到170kHz,而在X波段雷达上产生的频移只有18kHz。

(3) 毫米波雷达发现掠海目标的能力强。当飞行器以10m左右的高度掠海飞行时,由于水面反射,将产生一个与目标十分接近的镜像假目标,毫米波雷达波束窄,可以有效地分辨出假目标。此外,假目标的回波强度与海情有关,海浪越大,假目标回波越弱,毫米波由于波长短,对海浪更为灵敏,因而在同样的海浪高度下,毫米波雷达更有利于将假目标与真目标区分开来。

2) 毫米波通信

毫米波通信由于具有波束窄,保密和抗干扰能力强,容量大,系统体积小,质量小以及准全天候工作等优点,因而成为卫星通信中星—星及星—地通信中最重要的开发频段。

3) 毫米波末制导

由于毫米波制导兼有微波制导和红外制导的优点,同时由于毫米波天线的旁瓣低,敌方难以截获;加之毫米波制导系统受导弹飞行中形成的等离子体影响较小,因此毫米波成为导弹末制导系统的优选方案。

4) 毫米波电子对抗

由于毫米波雷达和制导系统的迅速发展,相应地对电子对抗技术提出了新的挑战。由于毫米波具有窄波束低旁瓣和高定向的特点,给电子对抗设备造成难以截获、监视和干扰的困难。目前,美国、俄罗斯等国均在努力研制毫米波对抗设备,包括对毫米波雷达、通信、导航、制导信号实施有效的侦察、警告、干扰等。据报道,美国的电子侦察系统在110GHz以下已经实用化,毫米波干扰也在40GHz以下实用化,正在向110GHz发展。

5)毫米波辐射武器

功率足够高的毫米波辐射,利用其波束窄、定向性高、天线尺寸小的特点,可以制成武器系统。它既可以用来研制大功率毫米波雷达,用于精确探测与反隐身,也可以用于瞄频攻击;利用高功率毫米波照射到人的皮肤上会引起剧烈灼痛的作用,可以用作驱散人群的非致命武器;功率密度进一步提高,还可以用来直接烧毁隐身飞机涂层、油箱,攻击航天器太阳能电池板,破坏毫米波精确制导系统等。

6)电磁能定向传输

由于毫米波具有良好的方向性和若干低衰减的大气窗口,因此有人建议利用毫米波向大气顶层或外层进行电磁功率传输,为无人驾驶飞机或航天器提供动力。

7)等离子体加热和诊断

实现受控热核聚变反应长期以来就是人类的目标,其关键技术之一是对等离子体进行诊断和加热,而用毫米波或亚毫米波的电子回旋共振加热就是有效的加热手段之一。

8)毫米波遥感

遥感实质上就是用高灵敏度的辐射计进行探测。利用毫米波的大气传播特性和地表穿透特性,可以对气象预报、环境保护、资源普查和农作物检测提供丰富的数据信息。例如,频率为35GHz的辐射计能在海面上探测数十千米外的舰船或冰山,22~65GHz的辐射计可以从空中测绘大地图形、水源及地表温度等。此外,用毫米波辐射计还能对星际分子进行检测,用于射电天文研究等。

毫米波、亚毫米波还有其他很多用途,新的应用领域也在不断开发,如毫米波生物效应和电磁生物谱,大气传播特性和材料特性研究等。但这一切应用,首先都离不开毫米波和亚毫米波功率源,即振荡器和放大器。

13.2 绕射辐射振荡器

基于史密斯—帕塞尔(Smith - Purcell)效应而形成的一类新型毫米波、亚毫米波器件称为绕射辐射器件。所谓史密斯—帕塞尔效应是指电子沿光栅运动时,会有电磁波辐射。由于在绕射辐射器件中采用了准光学谐振腔和绕射光栅,所以此类器件又称为奥罗管(Orotron——Oscillator with Open Cavity and Reflecting Grating,即具有开放式谐振腔和反射光栅的振荡器)。苏联科学家在1966年首先制成第1只奥罗管,此后日本也制成了类似的管子,并取名为莱达管(Ledatron),即孪生管的意思。它实际上与奥罗管是同一类管子的两种不同工作状态,前者为返波管工作状态而后者为绕射辐射工作状态。

13.2.1 奥罗管的基本工作原理

奥罗管的典型结构示意图如图13-1所示。其主要组成部分包括由上反射镜1和下反射镜2构成的开放式谐振腔,绕射光栅3可嵌在下反射镜2上,由电子枪6产生的薄带状电子注4沿光栅表面运动,最终被收集极5收集,7为振荡能量输出装置。

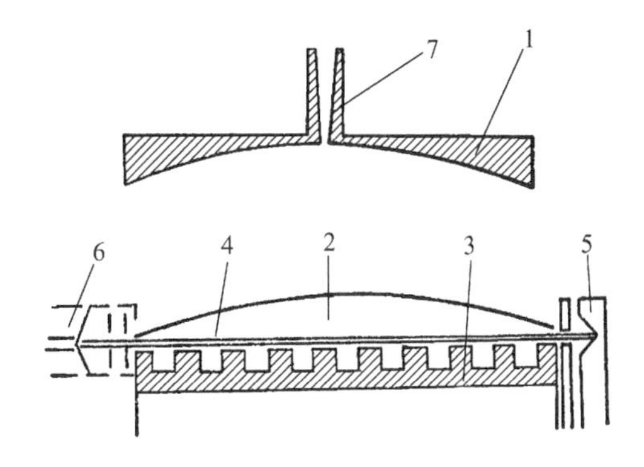

图 13－1　绕射辐射振荡器结构示意图

1—准光腔上反射镜；2—下反射镜；3—光栅；4—带状电子注；5—收集极；6—电子枪；7—输出波导。

当具有一定速度 v_0 的电子注沿光栅表面通过时，产生电磁波辐射，这就是史密斯—帕塞尔效应。如果没有谐振系统，则这种辐射并不是相干的，正是由于奥罗管内有了准光学谐振系统，由史密斯—帕塞尔效应产生的电磁波受到高品质因数的准光谐振腔的谐振作用，才建立起了稳定的相干振荡，从而发展成为一种新型电子器件。分析表明，当电子注的速度与光栅上的电磁波的相速同步时，可以得到最好的工作状态，这时，电子注将在电场作用下产生群聚，从而可以与高频场进行有效的能量交换。

若电子注的纵向运动速度为 v_0，光栅的空间周期为 l，观察者的角度为 φ_n，则产生辐射的电磁波长（或者说若以光栅表面的中点为原点，在 φ_n 角度方向上接收到的电磁波波长）为

$$\lambda = \frac{l}{n}\left(\frac{c}{v_0} - \cos\varphi_n\right) \quad (n = 1,2,\cdots) \tag{13.1}$$

式中，c 为光速。

当电子注在绕射光栅上方平行于光栅表面并垂直于光栅槽（槽的长度方向垂直纸面）运动时，电子注在光栅上产生电磁波辐射，开放式谐振腔把这种辐射又反馈给电子注，电子注在纵向高频场作用下就产生群聚。开放式谐振腔的多次反馈和增强作用使系统中建立起稳定的振荡，振荡能量由位于 90°方向的，即上反射镜中部的能量耦合装置输出。由于这时 $\varphi_n = \pi/2$，因此，由式（13.1）可得

$$\omega = \frac{2n\pi}{l}v_0 \tag{13.2}$$

则由电子注速度 v_0 可得同步电压为

$$V_0 = 255\left(\frac{l}{n\lambda}\right)^2 \quad (\text{kV}) \tag{13.3}$$

显然，n 不同，同步电压 V_0 的值也不同。这就是说，改变奥罗管的工作电压，就可以改变它的工作模式。

只要改变两个反射镜之间的距离，谐振腔的谐振频率就会随之改变，从而使奥罗管可以实现频率的机械调谐。在机械调谐过程中，振荡模式也会随着改变。

奥罗管也会有较小的电子调谐范围。

13.2.2 具有光栅的准光学谐振腔

1. 准光学谐振腔的特点

绕射辐射振荡器采用相互分离的上、下反射镜构成准光学的开放式谐振腔作为器件的高频系统,它具有以下优点。

(1) 谐振腔的尺寸不再受"与波长共度"的限制。我们知道,在其他O型和M型微波器件中,作为高频系统的普通谐振腔的尺寸与器件的工作波长具有共度性,因此,除非工作在高次模式,否则随着器件工作频率的提高,谐振腔的尺寸将随之减小,以致到了短毫米波段就已经很难加工,品质因数亦急剧下降。即使工作在高次模式时可以在一定程度上改善这种状况,但随之而来的是模式竞争越来越严重,模式谱愈加密集。

而开放式的准光学腔不再受到这一限制,开敞的侧面使一部分模式向空间辐射而不再存在,使得模式密度大大减少,从而我们可以利用开放腔的高次模式而不再担心模式竞争问题。所以腔的尺寸可以做得很大,储能高,品质因数很高,很适宜于在毫米波段、亚毫米波段应用。

(2) 由于作为高频系统的开放腔尺寸大,这就使得电子注尺寸也允许增大,相应的整管的尺寸都可以做得较大,放宽了加工工艺要求。

(3) 由于电子注尺寸的增大,利用常规的不收敛电子枪的发射水平就能满足器件在短毫米波段的起振和正常工作的要求,还有利于器件向亚毫米波段甚至远红外波谱发展。

2. 奥罗管的准光学谐振腔

在奥罗管中,与普通准光学谐振腔不同之处在于下反射镜上嵌入一条光栅,这一光栅是器件中电子注与高频场换能的机构,因而是必需的。图13-2给出了这种具有光栅的准光腔剖面图,为了简单,图中给出的只是一种平行平面准光腔结构。

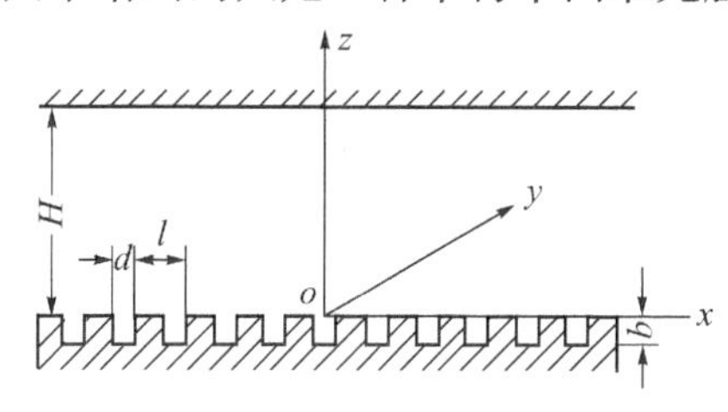

图13-2 具有绕射光栅的平行平面镜准光腔

在图13-2中,假设光栅周期为l,且$l \ll \lambda$,槽宽为d,槽深为b,两反射镜间距为H,且$H \gg \lambda$。我们认为结构在x、y方向上是无限扩展的,在这一假定下,腔中的场将是一种准平面波。具体来说,在光栅表面,由于光栅是周期性结构,将使得高频场也成为周期性场,它包含有无穷多次空间谐波,这些谐波与我们讨论过的梳形慢波系统中的表面波相同;但这种空间谐波的振幅将随距光栅表面的距离增大而迅速衰减,因此在远离光栅表面的空间,腔内的场就逐渐过渡为准平面波。

另外,由于光栅上的场是表面波场,而且光栅的引入要增加附加的欧姆损耗,因此,引入光栅后,谐振腔的另一个特点是使准光腔的Q值将有所降低。正因为此,对光栅的加工精度和光洁度应提出很高要求。

1）谐振条件及相速

具有光栅的平行平面准光腔的谐振条件可写为

$$\tan(kH) = -\frac{d}{l}\tan(kb) \tag{13.4}$$

式中，$k=\omega/c$，为自由空间波数。式(13.4)给出了谐振时绕射光栅尺寸与镜间距离之间的相互关系。

当准光腔中不存在光栅时，$d=0$，$b=0$，式(13.4)成为

$$\begin{cases}\tan(kH) = 0 \\ kH = p\pi \quad (p = 1,2,\cdots)\end{cases} \tag{13.5}$$

这实际上就已退化成为一般波导谐振腔的谐振条件。

存在光栅时沿光栅传播的波的相速是

$$v_{\mathrm{pn}} = \frac{cl}{n\lambda} \tag{13.6}$$

该式不难从式(13.2)直接得到。

2）固有品质因数

准光腔的固有品质因数可表示为

$$Q_0 = \frac{H}{\delta}\frac{1}{(1+\Delta)} \tag{13.7}$$

式中，δ 为集肤深度。

$$\Delta = \frac{\left(1-\dfrac{d}{l}\right)\cos^2(kb) + \left(\dfrac{d+b}{l}\right) + \dfrac{1}{2kl}\sin(2kb)}{\cos^2(kb) + \left(\dfrac{d}{l}\right)^2\sin^2(kb)} \tag{13.8}$$

分析表明，当选择 $b\sim\lambda/4$，$d/l=1/2$ 时，光栅带来的损耗最小，这时式(13.7)变成

$$Q_0 \approx \frac{Hl}{\delta(3l+\lambda)} \tag{13.9}$$

而无光栅时，可以求得此时的 Q_0 值为

$$Q_0 \approx \frac{H}{2\delta} \tag{13.10}$$

可见，光栅损耗最小时与无光栅时两者固有品质因数之比是 $2l/(3l+\lambda)$。

3）模式分隔度

对于如图 8－26 所示的共轴球面开放式准光学谐振腔，其镜面附近的波场等相位面与镜面重合，是一种特殊的球面波；而离开镜面后，在旁轴范围内，波场逐渐变为接近于平面波，成为准平面波。其模式以 TEM_{mnp} 表示。m、n 是模式的横向特征值，分别表示 x、y 方向上的场的零值线（节线）个数；而 p 则是模式的纵向特征值，表示场在传输方向上的驻波半波长数。

共轴球面腔的谐振频率为

$$f_0 = \frac{c}{2H}\left\{p + \left(\frac{m+n+1}{\pi}\right)\arccos\sqrt{\left(1-\frac{H}{R_1}\right)\left(1-\frac{H}{R_2}\right)}\right\} \tag{13.11}$$

式中,H 为两反射镜轴线上的间距;R_1、R_2 为它们的曲率半径;c 为光速。

对于共焦腔,$R_1 = R_2 = H$(图 8-26(b)),有

$$f_0 = \frac{c}{2H}\left[p + \frac{1}{2}(m+n+1)\right] \tag{13.12}$$

如果定义两相邻模式之间的频率差为模式分隔度,即模式标号 p、m 或 n 任意一个增加 1 或减少 1 引起的谐振频率改变量,则由式(13.12)不难求得模式分隔度

$$\Delta f_0 = \begin{cases} \dfrac{c}{2H} & (m、n\text{ 不变},p\text{ 改变 }1) \\ \dfrac{c}{4H} & (p\text{ 不变},m\text{ 或 }n\text{ 改变 }1) \end{cases} \tag{13.13}$$

可见,它们都与频率 f 无关,而只与腔体尺寸 H 有关。这就是与普通波导腔的根本区别,也是准光学开放腔更适合毫米波段、亚毫米波段应用的又一个理由。

13.3 回旋管

20 世纪 70 年代起,一种基于自由电子受激辐射原理的新型电真空器件——电子回旋脉塞,又称回旋管(Gyrotron)得到了迅猛发展,它填补了毫米波及亚毫米波段大功率器件的空白,现已取得在短毫米波段数百千瓦的连续波功率(或平均功率)和吉瓦级的脉冲功率输出,连续波输出 1MW 的 2mm 回旋管也已在研制中。它所能达到的功率电平就是工作在厘米波段的传统微波管也是望尘莫及的。

13.3.1 回旋管的提出与分类

1. 回旋管的提出

大家熟知,传统微波管的工作频率基本上取决于它的高频系统的尺寸,即所谓高频结构与工作波长具有共度性。因此,当传统微波管向更高频率发展时,由于加工尺寸越来越小,精度要求越来越高,而功率密度越来越大,因而对电源、磁场、材料、工艺和管子结构等都提出了越来越苛刻的要求;另外,电流密度大而尺寸小的电子注也越来越难以获得;当电子群聚块的尺寸与辐射的电磁波的波长可以比拟甚至更大时,群聚块各段辐射出具有不同相位的振荡,它们相叠加时将使辐射功率显著降低。

在另一领域内,激光成功地在更高的波段——可见光、红外光波段——实现了相干的电磁辐射,但是当激光器在向更长的波长——远红外以至亚毫米波波段——扩展时,其工作效率将急剧下降,这使得它的实用工作波段被限制在 10.6μm 及更短的波长上。

由此可见,传统微波管和激光器在向毫米波、亚毫米波扩展时各自都遇到了原则性的困难。人们必须努力寻求新的电磁波辐射机理来克服这一困难,正是自由电子受激辐射的概念为这一努力提供了理论基础。早在 1958 年,澳大利亚天文学家特韦斯

(R. Q. Twiss)就已提出了电子回旋谐振受激辐射的机理，与此同时，苏联学者卡帕诺夫(A. B. Гапанов)也提出了考虑到相对论效应时回旋电子注与电磁波相互作用的新概念。1965 年，美国学者赫希菲尔德(J. L. Hirshfield)从实验上完全证实了电子回旋受激辐射的机理，在苏联首先利用这一机理做出了管子，并将它称为回旋管。

2. 回旋管的分类

由于回旋管在毫米波段及亚毫米波段振荡和放大上的卓越性能，为毫米波、亚毫米波在雷达、通信、电子战、高功率微波武器、受控热核聚变、新型材料及高能物理等领域的应用开辟了广阔的前景，因而得到了迅猛发展，尤其在俄罗斯、美国、德国的工作代表了当前的国际水平。

经过数十年的发展，回旋管已经形成了一个庞大的家族，可以说，几乎所有的传统微波管种类都有相对应的回旋管：回旋振荡管、回旋行波管、回旋速调管、回旋返波管、回旋磁控管、回旋行波速调管等。除此之外，还有不少特殊的回旋谐振受激辐射器件，如磁旋管、回旋自谐振脉塞等。

与任何其他微波器件一样，回旋管也有振荡管与放大管之分。回旋振荡管、回旋返波管都是振荡管；而回旋行波管、回旋速调管、回旋自谐振脉塞、回旋行波速调管等则都是放大管。从电子回旋轨道的不同来区分，回旋管有小回旋轨道和大回旋轨道之分，上述提到的回旋振荡管和放大管，电子都以回绕磁力线的小回旋轨道运动；而在大回旋轨道回旋管中，电子绕管子(互作用腔)的轴线作大轨道回旋运动，这类管子中回旋磁控管(又称会切管，Cusptron)是振荡管，磁旋管(Magnicon)则是放大管。

3. 回旋管的结构

我们将以最简单的回旋单腔管为例来说明回旋管的工作原理，在习惯上，如果不特别指出是回旋速调管、回旋行波管等，一般所称的回旋管总是指回旋振荡管，回旋单腔管是最简单的回旋振荡管，除此之外还有复合腔回旋振荡管。

回旋单腔管的结构形式如图 13－3 所示，图中同时给出了回旋管磁场的纵向分布。回旋管具有轴对称性，并大致可以分为 4 个主要部分：电子枪、互作用腔、输出结构、磁场。

电子枪的作用在于形成具有足够横向能量和电流密度的电子注。由于在电子枪枪

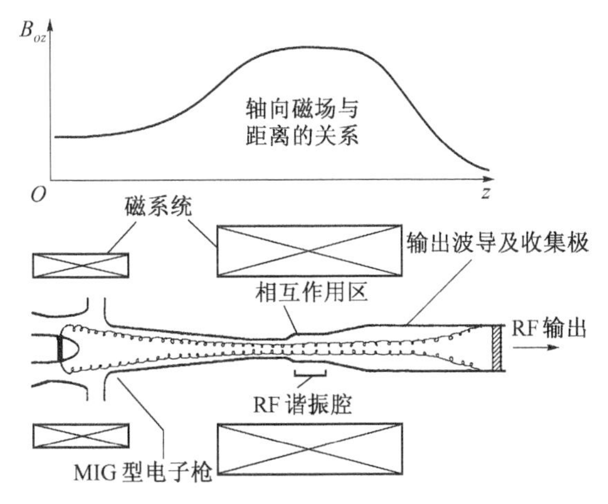

图 13－3　回旋单腔管结构示意图及纵向磁场的沿轴分布

区向互作用腔过渡的一段空间,纵向磁场由弱变强,即具有收敛性,收敛磁场的径向压缩作用和管子结构的轴对称性,使得阴极面积可以做得足够大,产生相当强的电子注,而速度零散也比较小。这种强电子注经过电子枪过渡区磁场的绝热及非绝热压缩而获得足够大的横向(回旋)能量,成为作强烈回旋运动的电子注,而进入作为互作用空间的开放式波导谐振腔。在这里,电子受到基本上是均匀的磁场的控制。回旋电子和高频场的角向电场相互作用,从而产生受激辐射(电子向场交出能量)和受激吸收(电子从场获得能量),当相位有利于受激辐射的电子在数量上较相位有利于受激吸收的电子占优势时,就能产生净的电磁辐射,这就是作用腔中电子的惯性角向群聚过程。交出回旋能量的电子从互作用空间跑出来后,进入散焦区,并打上收集极。而电子辐射的电磁波则通过作为互作用腔的开放式波导末端的衍射输出孔经波导(兼作收集极)及输出窗输出。

13.3.2 磁控注入枪

1. 收敛磁场及其绝热压缩作用

1)磁控注入枪的结构

回旋管用的电子枪是一种磁控注入枪,其典型结构如图13-4所示。它可以分成3个区域:Ⅰ为枪区;Ⅱ为过渡区;Ⅲ为漂移区。图中同时画出了在电子枪区域的轴向磁场分布。

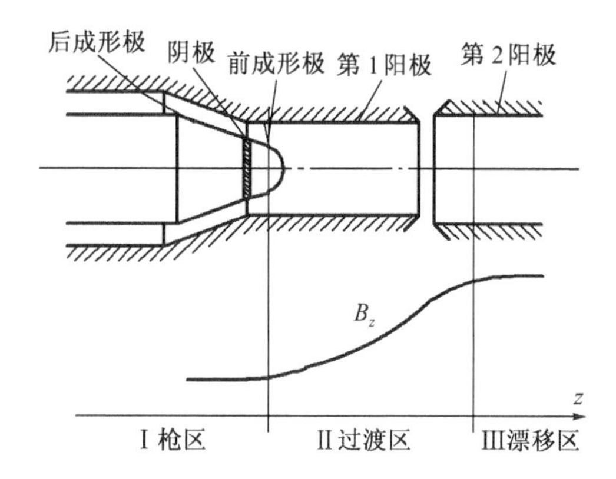

图13-4 回旋管磁控注入枪结构及纵向磁场分布

2)磁场的收敛性

回旋管磁控注入枪的一个最重要特点在于,它是浸没在轴向收敛的磁场中的,这也是它与普通O型磁控注入枪的本质区别,后者总是浸没在轴向均匀磁场中的。由图13-4可以看到,在过渡区域,回旋管的轴向磁场是逐渐增强的,即

$$\frac{\partial B_z}{\partial z} > 0 \tag{13.14}$$

根据

$$\nabla \cdot \boldsymbol{B} = 0 \tag{13.15}$$

即

$$\frac{1}{r}\frac{\partial}{\partial r}(rB_r)+\frac{1}{r}\frac{\partial B_\varphi}{\partial \varphi}+\frac{\partial B_z}{\partial z}=0 \tag{13.16}$$

并考虑到由于结构的轴对称性,因而

$$\frac{1}{r}\frac{\partial B_\varphi}{\partial \varphi}=0 \tag{13.17}$$

就可以得到

$$rB_r=-\int r\frac{\partial B_z}{\partial z}\mathrm{d}r \tag{13.18}$$

如果磁场满足缓变条件,即在电子回旋 1 圈的范围内,有

$$\frac{\partial B_z}{\partial z}\approx 常数 \tag{13.19}$$

则式(13.18)成为

$$r_c B_r=-\frac{\partial B_z}{\partial z}\frac{1}{2}r_c^{\ 2}$$

$$B_r=-\frac{1}{2}\frac{\partial B_z}{\partial z}r_c \tag{13.20}$$

式中,r_c 为电子回旋半径。

式(13.20)表明:如果磁场 $\boldsymbol{B}$ 的轴向分量 B_z 在 z 向有变化,则就必定会存在磁场的径向分量 B_r;当 B_z 在 z 向是增加的,即$\partial B_z/\partial z>0$ 时,B_r 在 r 向将是负的,即 B_r 总是指向轴线的。这样,径向磁场与轴向磁场就合成了所谓收敛磁场,其磁力线如图 13-5 所示。

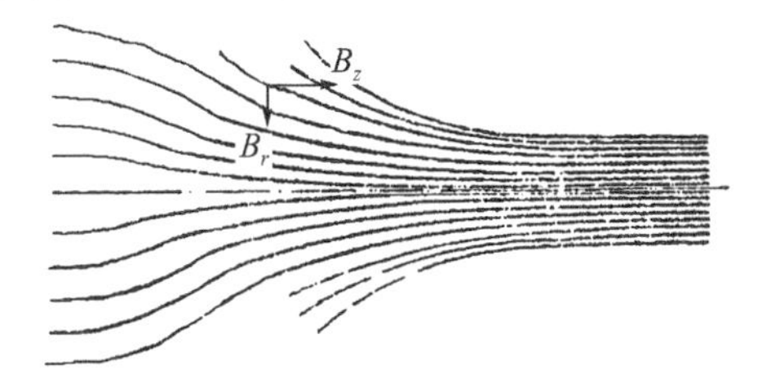

图 13-5　回旋管电子枪区的收敛磁场

3）收敛磁场的绝热压缩作用

从图 13-4 给出的电子枪结构不难看到,在阴、阳极之间的电场将不仅有 E_r 分量,由于阴阳极的倾斜,还将有 E_z 分量。E_z 分量使电子获得一个纵向速度,习惯上以 $v_\parallel$ 表示;而 E_r 则与 B_z 构成一个正交电磁场,使得电子将围绕阴极做摆线运动,即回旋运动与角向漂移运动合成的复合运动,其回旋运动的角向线速度是横向的,以 $v_\perp$ 表示。

在过渡区,磁场将具有纵向 B_z 和径向 B_r 分量,电子已经具有纵向 $v_\parallel$ 和横向 $v_\perp$ 速度。$v_\perp$ 与 B_r 将产生纵向的磁场力 $F_\parallel$ 为

$$F_\parallel=ev_\perp B_r=-\frac{e}{2}r_c v_\perp\frac{\partial B_z}{\partial z} \tag{13.21}$$

注意到 $B_z\gg B_r$,$B\approx B_z$,并考虑到作摆线运动的电子具有关系式 $\omega_c=eB/m$(式(12.5)),则上式就可以写成

$$F_{\parallel} \approx -\frac{e}{2} r_c v_{\perp} \frac{dB_z}{dz} = -\frac{e}{2} \frac{v_{\perp}^2}{\omega_c} \frac{dB_z}{dz} \approx -\frac{W_{\perp}}{B} \frac{dB}{dz} \qquad (13.22)$$

式中，$\omega_c = v_{\perp}/r_c$ 为电子回旋频率；$W_{\perp} = mv_{\perp}^2/2$ 为相应于电子横向速度 $v_{\perp}$ 的横向能量。在式中由于 $dB/dz > 0$，因而 $F_{\parallel}$ 将是负的，这就意味着，$F_{\parallel}$ 将使电子的 $+z$ 向纵向速度 $v_{\parallel}$ 降低。

另外，根据牛顿定律，有

$$F_{\parallel} = m\frac{dv_{\parallel}}{dt} = mv_{\parallel}\frac{dv_{\parallel}}{dz} = \frac{dW_{\parallel}}{dz} \qquad (13.23)$$

其中，$W_{\parallel} = mv_{\parallel}^2/2$ 是相应于电子纵向速度 $v_{\parallel}$ 的纵向能量。由此

$$\frac{dW_{\parallel}}{dz} = -\frac{W_{\perp}}{B}\frac{dB}{dz} \qquad (13.24)$$

将 $W_{\perp}/B$ 对 z 求导，即

$$\frac{d}{dz}\left(\frac{W_{\perp}}{B}\right) = \frac{1}{B}\frac{dW_{\perp}}{dz} + W_{\perp}\frac{d}{dz}\left(\frac{1}{B}\right) = \frac{1}{B}\left(\frac{dW_{\perp}}{dz} - \frac{W_{\perp}}{B}\frac{dB}{dz}\right) \qquad (13.25)$$

将式(13.24)代入上式，得

$$\frac{d}{dz}\left(\frac{W_{\perp}}{B}\right) = \frac{1}{B}\left(\frac{dW_{\perp}}{dz} + \frac{dW_{\parallel}}{dz}\right) \qquad (13.26)$$

再考虑到能量守恒定律

$$\frac{dW_{\perp}}{dz} + \frac{dW_{\parallel}}{dz} = 0 \qquad (13.27)$$

则立即可以看出

$$\frac{d}{dz}\left(\frac{W_{\perp}}{B}\right) = 0 \qquad (13.28)$$

所以

$$\frac{W_{\perp}}{B} = 常数 = \mu \qquad (13.29)$$

μ 称为绝热不变量(或寝渐不变量)，收敛磁场的这一特征称为绝热压缩作用，这是回旋管电子枪过渡区的一个重要特征。绝热压缩作用，即式(13.29)告诉我们，为了增加电子的横向能量 $W_{\perp}$，只要增加磁场 B 就行。换句话说，当磁场逐渐增强时，电子的横向能量，亦即横向速度就随之不断提高。而根据能量守恒观点，横向能量的增加必然意味着纵向能量的减少，也就是说，电子随纵向磁场的增强，不断将纵向速度转换成横向速度，即电子将以降低纵向速度的方式来提高横向速度。这种电子能量不与外场发生能量交换而只是自身能量形式的转换，就是过渡区空间缓变收敛磁场的绝热压缩作用。

2. 电子枪区中的电子运动

1）枪区

在枪区，电子环绕阴极作摆线运动时，其回旋频率和回旋半径分别为(见式(12.5))

$$\begin{cases} \omega_c = \dfrac{e}{m}B \\ r_c = \dfrac{m}{e}\dfrac{E_r}{B^2} = \dfrac{E_r}{\omega_c B} \end{cases} \tag{13.30}$$

式中，e 为电子电荷；m 为电子的质量。

电子回旋运动的线速度以 $v_\perp$ 表示，显然它可以表示为

$$v_\perp = r_c\omega_c = \frac{E_r}{B} \tag{13.31}$$

而电子在角向漂移的平均速度——漂移速度，根据式(12.6)应为

$$v_\varphi = \frac{E_r}{B} \tag{13.32}$$

显然，这时，$v_\varphi = v_\perp$。即在枪区，当磁场还是均匀磁场时，电子回旋的线速度 $v_\perp$ 与回旋运动的漂移速度 v_φ 相等。只是在电子枪过渡区，电子进入收敛磁场，在绝热压缩作用下，电子的 $v_\perp$ 上升，而由于这时，E_r 下降并趋于零，而 B 上升，因而 v_φ 下降，两者不再相等。

2）过渡区

在过渡区，磁场成为收敛场，B_z 分量越来越强，而且开始存在 B_r 分量，而电场 E 则随着前成形极的弯曲以致结束，因而越来越弱。这时电子运动的特点是，电子回旋频率 ω_c 随着磁场 B 的增加而增加，即电子回旋将越来越快；而电子的回旋速度 $v_\perp$ 则由于空间缓变磁场的绝热压缩作用而不断得到增加，电子的漂移速度 v_φ 则随着电场的减小以及磁场的增强而迅速减小。要注意的是，电子的回旋速度 $v_\perp$ 的增加是磁场将电子的纵向能量 $W_\parallel$ 转化成横向能量 $W_\perp$ 的结果；磁场本身并不能给电子提供能量，它只是起到了把电子的 $v_\parallel$ 转变成 $v_\perp$ 的作用。这种能量的转换从电子运动在过渡区的受力情况也可以直接看出来：

$\boldsymbol{v}_\perp \times \boldsymbol{B}_r$ 将产生一个 $-F_\parallel$ 力，其方向在 $-z$ 上，因而是电子的 $v_\parallel$ 减小；

$\boldsymbol{v}_\parallel \times \boldsymbol{B}_r$ 则产生一个 $F_\perp$ 力，方向则与原来的 $v_\perp$ 方向一致，也就是说，将使 $v_\perp$ 增加。

3）漂移区

在漂移区，磁场开始趋于均匀，而电场早已等于 0，成为了等位空间，这时电子的回旋运动已经十分强烈并趋于稳定；角向漂移 v_φ 则趋于 0 而仅保持剩余的 $v_\parallel$，因而电子将围绕磁力线回旋前进。实际上，由于空间电荷场的存在，仍旧会使电子注形成一个微弱的角向漂移运动。这样，在漂移区，电子最终将以十分强烈的回旋运动、十分微小的角向漂移以及一定的纵向速度（按照回旋管理论，这个速度应等于互作用空间中电磁波的群速）而进入互相作用空间。

回旋管磁控注入枪中尤其是过渡区中的电子运动十分复杂，以上分析只是建立了一个忽略空间电荷影响的基本的电子运动图像。

13.3.3　电子的角向群聚与能量交换

1. 开放式谐振腔

由电子枪形成的回旋电子注进入互作用空间以实现电子与场的能量交换，回旋管的

互作用高频机构是开放式波导谐振腔,这是一节(单腔)或两节(复合腔)截面变化不大的圆波导,截面的变化使它构成一个开放式的腔体并在后端构成辐射微波功率的衍射输出孔径,在10.4节中已经作过专门的讨论。在这里需要指出的是:① 在这样的开放式腔体中,电磁波既有驻波成分,又有行波成分,驻波表征了其作为腔体的特点,行波则反映了它末端辐射输出的能力;② 由于这种开放腔是由截面缓变的圆波导构成的,因而与普通波导一样,其中传播的行波成分是快波而不是慢波;③ 由于回旋电子注以横向能量为主,回旋管中的能量交换也是在横向(角向)进行的,因此在开放腔中的电磁场必须具有足够强的角向分量。

回旋管谐振腔中的工作模式主要有两种:角向对称模式TE_{0n}模和边廊模式TE_{mn}模($m \gg 1, m > n$)。角向对称模的腔壁损耗小,但腔体横向尺寸不如边廊模腔体大;边廊模具有较好的模式稳定性和高的效率,更多地应用于高功率回旋管中。TE_{01}模式则是回旋管中最为常用的工作模式,也是典型的工作模式。图13-6给出了TE_{0n}模和TE_{1n}模的电场力线示意图,TE_{mn}模的力线图可以参看图13-12。有人曾经提出利用TE_{1n}模作为回旋管工作模式,主要是因为若在谐振腔壁上对称地开两条纵向槽,就可以固定TE_{1n}模的结构不发生旋转,而且可以使其他在槽处具有非零电场的模从槽处衍射,从而降低对TE_{1n}模的模式竞争。但是,由于这种腔体不论从结构上,互相作用效果上都有严重不足,因而较少得到实用。

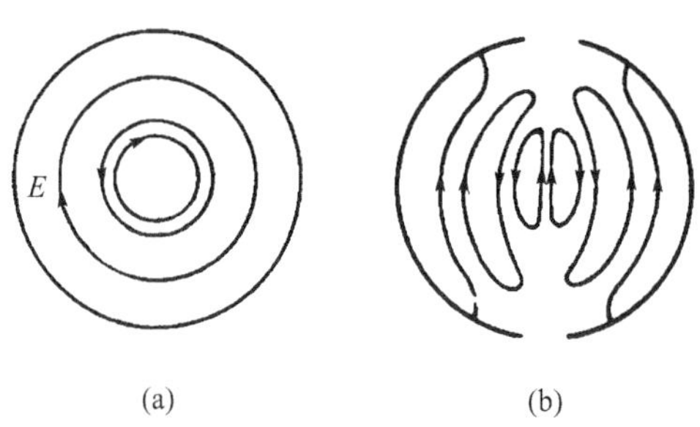

图13-6 回旋管的基本工作模式

(a) TE_{0n}模;(b) TE_{1n}模。

2. 电子的角向群聚

假设在开放腔中已建立起最简单的TE_{01}模的电磁场,有电子枪形成的空心回旋电子注注入互作用空间,图13-7给出了在互作用空间入口的电子注与TE_{01}模角向电场的图像。图中r_0为空心电子注的平均半径,r_c为电子的回旋半径,E_φ为TE_{01}模的角向电场。

取回旋电子的一个回旋圆,设在某一时刻,电场E_φ的方向与该回旋圆的关系如图13-8(a)所示。由于电子枪发射的电子数量十分巨大,因而在电子注平均半径上将分布有无数个回旋圆,而平均半径实际上也并不是单一的,有一个厚度分布,即使在同一个回旋圆上,也分布有大量的电子。初始的电子运动还没有受到电磁场的扰动,因而可以认为它们在回旋圆上任意位置的分布是均匀的,现在就取回旋圆上8个电子来考察,如图13-8(a)所示。

首先,对回旋角频率及回旋半径的表达式(13.30)和式(13.31)引入相对论修正,即

$$\omega_c = \frac{e}{m}B = \frac{e}{m_0}\frac{1}{\gamma}B = \frac{\omega_{c0}}{\gamma} \tag{13.33}$$

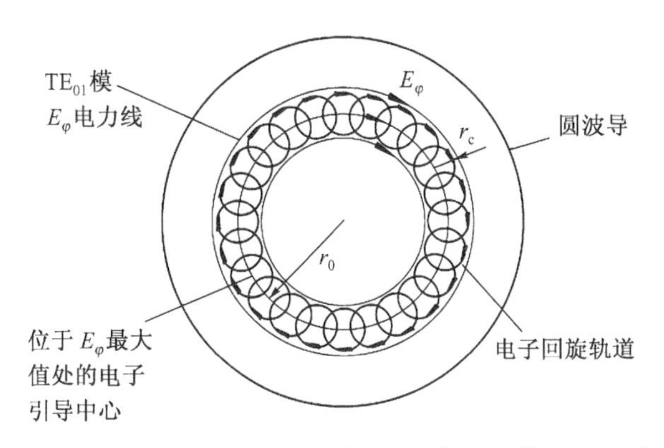

图 13－7　互作用腔入口处的回旋电子注与 TE_{01}模的 E_φ 场分量

$$r_c = \frac{v_\perp}{\omega_c} = \frac{v_\perp}{\omega_{c0}}\gamma = r_{c0}\gamma \qquad (13.34)$$

式中，m_0 为电子的静止质量；ω_{c0}为相应于 m_0 的电子回旋频率；r_{c0}为相应于 m_0 的电子回旋半径；$\gamma = 1/\sqrt{1-\beta^2}$为相对论修正因子，$\beta = v/c$，$v$ 是电子速度，c 是光速。

1 号电子的回旋方向与电场 E_φ 方向相同，因而电子处于减速场中，电子速度减慢，相对论因子 γ 变小，使电子的回旋频率 ω_c 增加而回旋半径 r_c 减小，电子运动的轨迹就趋于 r_c 圆的内侧而其相位则因旋转得快而超前于场。或者以相对论中质能关系的观点来说，电子由于向电磁场交出能量而使自己变轻，因而引起回旋频率 ω_c 的增加。5 号电子则相反，处于加速场中，相对论因子 γ 变大，导致电子回旋频率 ω_c 减小，而回旋半径 r_c 增大，因而电子运动的轨迹趋于 r_c 圆的外侧，而其相位落后于场。或者说电子由于从电磁场中获得能量而变重了，因而引起 ω_c 的下降。3 号和 7 号电子的回旋方向与电场 E_φ 垂直，所以将不改变其回旋速度 $v_\perp$，也不发生相位的超前或落后及回旋半径的变化。

8 号和 2 号电子的情况将与 1 号电子类似，而 4 号和 6 号电子则与 5 号电子情况类似。因此，如果高频场的频率与电子的回旋频率接近，$\omega \approx \omega_c$，则受到减速的 8 号、1 号、2 号电子就将始终处于减速场中，因而其相位也越来越超前而从回旋圆内侧向 3 号电子靠拢；同样，受到加速的 4 号、5 号、6 号电子将始终处于加速场中，其相位将越来越落后而从回旋圆外侧亦向 3 号电子靠拢（图 13－8(b)）。经过一段时间，它们就将以 3 号电子为中心群聚起来。在以 ω_c 为角频率的旋转坐标系中来观察，这一群聚过程将如图 13－8(b)、(c)所示，并称之为回旋电子的角向群聚。

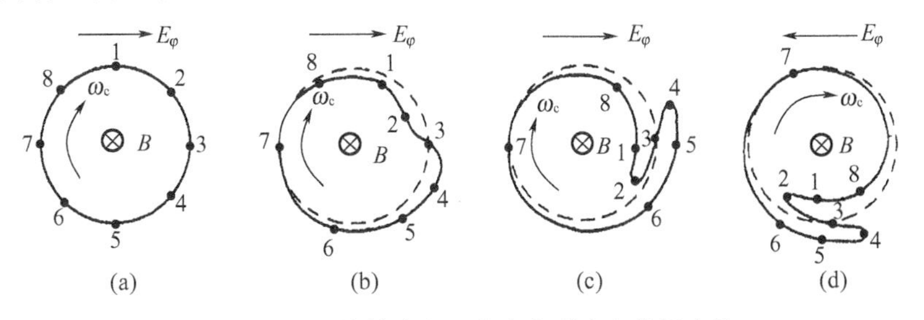

图 13－8　回旋管中电子的角向群聚和能量交换
（图中虚线表示电子的初始回旋圆）

3. 电子注与场的能量交换

由图13-8(c)不难看出,尽管回旋电子注产生了角向群聚,但在$\omega \approx \omega_c$的条件下,群聚中心并没有落在减速场中,因而电子注与场不会有纯的能量交换。因此,在实际回旋管中,必须使$\omega \geqslant \omega_c$,这时,场的相位将在每一个回旋周期里比电子的回旋超前一点,经过若干回旋周期,群聚中心就会落后场$\pi/2$相位,即高频场变化$2n\pi+\pi$相位时,电子回旋只变化了$2n\pi+\pi/2$相位,使本来处于与场没有纯能量交换位置的电子群聚块落后到了减速场区(图13-8(d))。在减速场区,整个群聚块受到场的减速而向场交出能量,使其回旋频率ω_c增加,因而$(\omega-\omega_c)$的差值减小,并随着群聚块不断向电磁场交出能量而使$(\omega-\omega_c)$的值不断减小。只要ω与ω_c的差值还不足以破坏它们的基本同步,群聚块就能始终处于减速场区,并实现有效的电磁辐射;只有当ω_c增加到超过了ω,ω_c与ω的同步被破坏,群聚块就将逐步移出减速场位置,有效的能量交换也才会停止甚至反过来电子注从场吸收能量。这样,在互作用空间横截面上总的电子图像将如图13-9所示,图中每个回旋圆上的黑点代表群聚中心,图13-9(a)和图13-9(b)表示改变半个周期(π相位)时电子轨迹与TE_{01}场间的同步。

反之,若$\omega_c \geqslant \omega$,则在电子与场发生相互作用并向场交出能量后,$\omega_c$将进一步增加,使电子很快就会退出减速场区,所以回旋管不能工作在$\omega_c \geqslant \omega$的条件下。

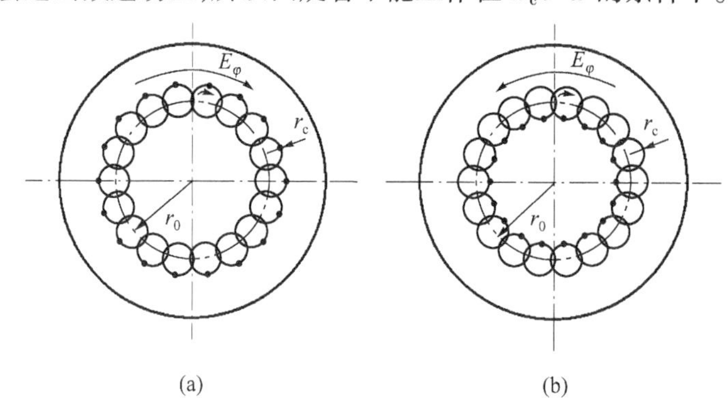

图13-9 电子群聚块与场的同步(·表示群聚中心位置)

从上面讨论的回旋管电动力学系统中的能量交换过程可以得到一个重要结论:回旋管电磁辐射频率ω将取决于电子回旋频率ω_c,而ω_c又取决于磁场B的大小。因而在回旋管中,器件的内部尺寸和波长相比可以很大,而不像传统微波管那样受到工作频率的严格限制。对回旋管来说,互作用腔尺寸的限制来自互作用效率的优化需要和对寄生模式的尽可能截止。

由此可见,要使自由电子尽可能向高频场交出能量,要求:① 必须使电子具有足够大的回旋速度——横向能量;② 辐射场的频率ω必须略大于电子回旋频率ω_c,即$\omega \geqslant \omega_c$;③ 必须有一定的互作用区长度,以利于电子群聚及充分进行能量交换。若令N表示电子在互作用腔中的回旋圈数,则一般希望$\beta_\perp^2 N \geqslant 1$,其中$\beta_\perp = v_\perp / c$。

最后应该指出,以上仅讨论了工作模式的基波频率情况,实际上,回旋管也可以工作在高次回旋谐波频率上,即

$$\omega \approx l\omega_c \quad (l = 1,2,\cdots) \tag{13.35}$$

式中，l 为谐波次数。高次谐波的利用使得我们可以在同样的磁场下 l 倍地提高辐射频率，或者在同样的辐射频率下，可以使得工作磁场降低为原来的$\frac{1}{l}$。

13.3.4　回旋管的色散曲线及与 O 型器件的对比

1. 电子回旋脉塞的色散曲线

在第 1 章中就已经得到均匀波导中的色散关系式为

$$k^2 - \beta^2 - k_c^2 = 0 \tag{13.36}$$

β 是纵向传播常数，在回旋管中以 $k_{\parallel}$ 代替 β，$k_{\parallel} = \omega/v_p$。这样，上式就可以写成

$$\omega^2 - k_{\parallel}^2 c^2 - k_c^2 c^2 = 0 \tag{13.37}$$

上式实际上就是真空均匀波导模式的色散方程，此方程画成布里渊图（ω—$k_{\parallel}$ 关系图）时是一条具有截止频率 ω_{coff}（对应 k_c）的抛物线（为了与电子回旋频率 ω_c 区别，这里用 ω_{coff} 表示截止频率）。

而回旋管中电子注与波的谐振条件，可以比式（13.35）更为严格地表示为

$$\omega - k_{\parallel} v_{\parallel} - l\omega_c = 0 \tag{13.38}$$

式中，$k_{\parallel} v_{\parallel} = \omega_d$ 表示多普勒频移；l 为回旋管谐波次数，仅考虑 $l = 1$ 的情形。上式就可以看作回旋波模式的色散方程，它在布里渊图上是一条与纵轴交于 ω_c、以 $v_{\parallel}$ 为斜率的直线。

电子回旋脉塞的色散方程就是将波导模与回旋模耦合起来的方程，将这两个模式的色散在布里渊图上画出，它们相切或相交的点附近就是回旋管的工作区。图 13－10 给出了对应不同类型回旋管的色散曲线，图中同时给出了 $\omega = k_{\parallel} c$（相应于 $v_p = c$）的直线。

1）回旋振荡管和回旋速调管放大器

回旋振荡管和回旋速调管的色散关系如图 13－10（a）所示。它们一般利用的是弱相对论电子注（<100kV），但具有高的横向能量（$v_{\perp}/v_{\parallel} > 1$）。回旋模和波导模的色散曲线相切于截止点 ω_{coff}附近，在这里工作点离 $\omega = k_{\parallel} c$ 的线较远，因而

$$v_p \gg c \tag{13.39}$$

由于 $k_{\parallel} = \omega/v_p$，$k = \omega/c$，所以

$$k \gg k_{\parallel} \tag{13.40}$$

加之 $v_{\parallel}$ 本身又小于 $v_{\perp}$，可见这时多普勒频移 $k_{\parallel} v_{\parallel}$ 很小，谐振条件式（13.38）就可以近似成为

$$\omega \approx l\omega_c \tag{13.41}$$

这正是在前面讨论回旋振荡管工作原理时已经得到的结论。但是，这时（$\omega - l\omega_c$）的差值是正的，正是这一差值，保证了电子群聚块保持在辐射能量的相位上。

工作点频率接近波导腔截止频率，谐振条件近似为 $\omega \approx l\omega_c$，这正是回旋振荡管和回旋速调管的特征。

2）回旋自谐振脉塞（Cyclotron Autoresonance Maser，CARM）

在具有强相对论（$\geqslant 1$MV）电子注的回旋管中，电子注能量的改变（交给高频场）十分

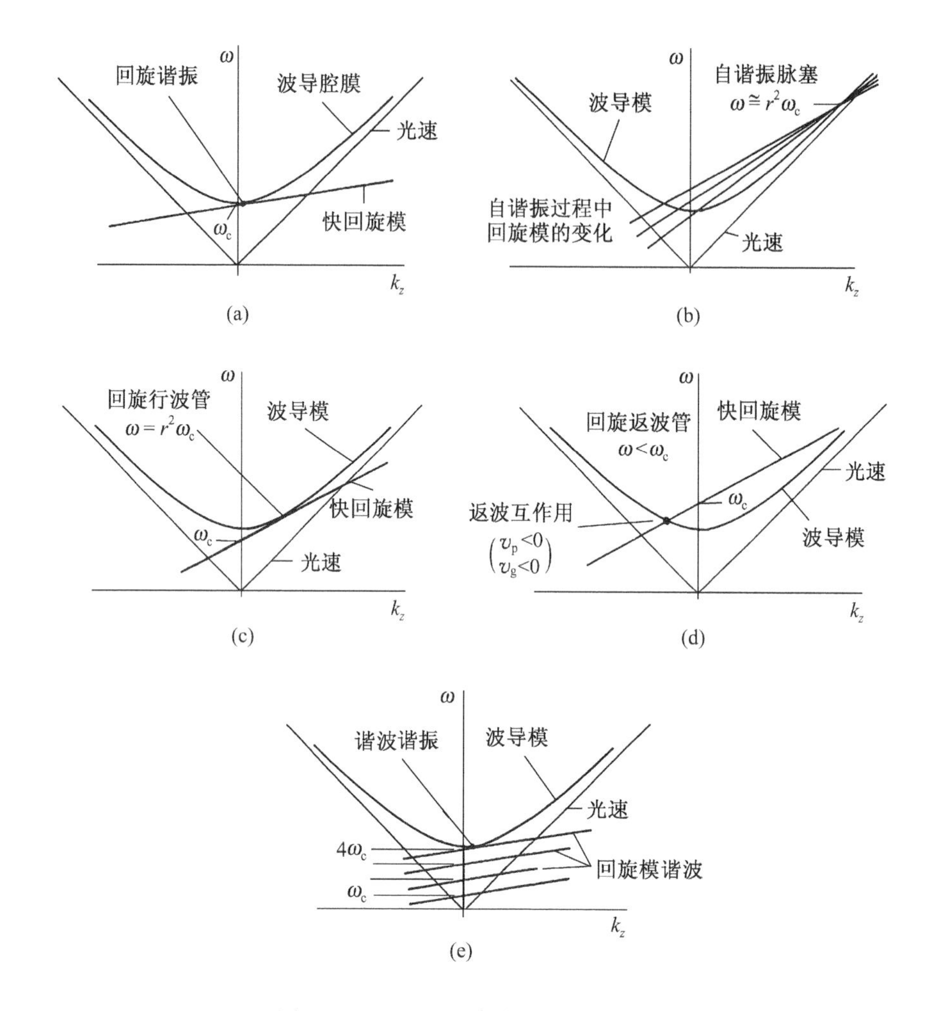

图 13-10 电子回旋脉塞的色散曲线

(a) 回旋振荡管和回旋速调管；(b) 回旋自谐振脉塞；(c) 回旋行波管；
(d) 回旋返波管；(e) 高次谐波回旋振荡管。

显著,导致回旋频率的变化。因此,在这种情况下,要保持工作频率不变,就应该利用相速接近光速的电磁波来与电子注相互作用,因为在谐振条件

$$\omega = k_{\parallel} v_{\parallel} + l\omega_c \tag{13.42}$$

中,如果 $v_p \approx c$,由于失去能量而引起的电子回旋频率 ω_c 的增加(因为 γ 降低了)差不多正好由因电子失能使纵向速度降低而引起的多普勒频移 $k_{\parallel} v_{\parallel}$ 的减小得到补偿,从而使谐振条件,即 ω 在互作用过程中保持基本不变。这种现象称为自谐振,而工作在相对论多普勒频移区的电子回旋脉塞就称为回旋自谐振脉塞(CARM)。

由于 $v_p \approx c$,工作频率很高,所以回旋自谐振脉塞的工作点就远在截止频率之上,如图 13-10(b)所示。工作频率高,$v_p \approx c$,利用强相对论电子注,但横向能量相对低($v_{\perp}/v_{\parallel} < 0.7$),这就是回旋自谐振脉塞的工作特点。

3）回旋行波管和回旋行波速调管放大器

回旋行波管利用中等相对论电子注与快波波导模式相互作用,回旋模色散曲线与波

导模色散曲线相切而不是相交，但其谐振点频率高于回旋振荡管而低于自谐振脉塞（图 13－10(c)）。由于在回旋行波管的工作区波导模的群速 v_g 与电子注的纵向速度 $v_{\parallel}$ 接近相等，使互作用效率和增益达到最高，又由于其高频结构不再具有谐振特性，它的工作带宽就比回旋速调管宽得多。

回旋行波速调管是一种速调管原理与行波管原理相结合形成的复合管，其微波信号输入一个输入腔，在这里电子注得到调制，经过一段漂移区后，调制电子注进入一段周期加载圆柱波导或缓变截面圆柱波导，在这里产生行波放大并在终端输出放大后的微波信号。

4）回旋返波管

如果调节电子注磁场，使电子注的回旋模色散线与波导模色散曲线的左半边，即 $k_{\parallel}$ 为负值的一边相交，则电子回旋脉塞就成为回旋返波管（图 13－10(d)）。在回旋返波管中，工作频率将随着回旋模的色散线的倾斜程度（即 $v_{\parallel}$ 的大小）的不同而改变，也就是说，它是 $v_{\parallel}$ 的函数，从而也就是加速电压 V 的函数，因此，回旋返波管的振荡频率能在相当宽的频率范围内通过改变电压 V 而不是磁场 B 连续调谐。

2. 回旋器件与 O 型器件的对比

1）回旋器件与 O 型器件的对比

在前面讨论的回旋振荡管的群聚过程其实与传统 O 型器件中的群聚有很多共同之处，在这两种器件中，初始能量的调制都导致群聚（在角向或者轴向）的形成，即使在初始调制场不再存在的情况下（如速调管中的漂移管），电子注仍然会在漂移管中产生群聚。这种类似使我们可以将 O 型器件与各种回旋器件相对应起来。表 13－1 给出了这两类器件高频结构的示意图和其中的高频场分布。

2）回旋振荡管与行波管的比较

将讨论过的行波管工作原理与回旋管工作原理进行对比，不难发现它们之间存在以下不同之处。

（1）行波管的作用机理不需要考虑相对论效应，而回旋管的工作机理必须考虑相对论效应。

表 13－1　回旋器件与相应的 O 型器件的对比

O 型器件	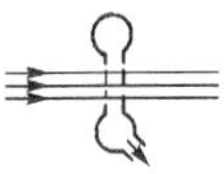 单腔管	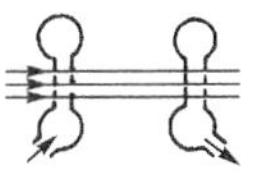 速调管	 行波管	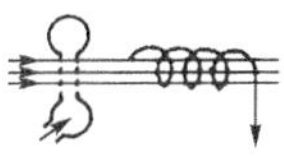 行波速调管	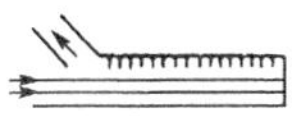 返波管
回旋器件	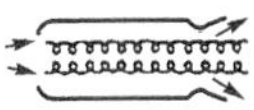 回旋单腔管	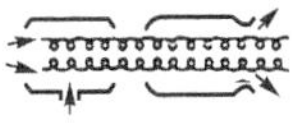 回旋速调管	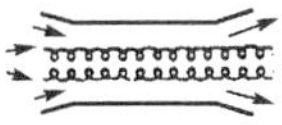 回旋行波管	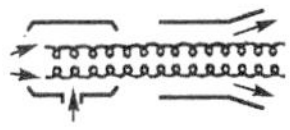 回旋行波速调管	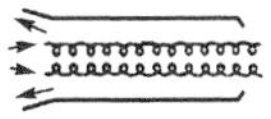 回旋返波管
高频场分布				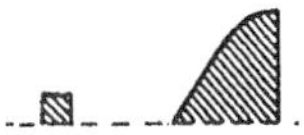	
群速 v_g	$v_g \approx 0$	$v_g \approx 0$	$v_g \ll c$	驻波 $v_g \approx 0$ 行波 $v_g < c$	$v_g < 0$

(2) 行波管高频结构中的高频电磁场是慢波,回旋管开放式波导腔中的行波分量是快波。

(3) 行波管中参与互作用的是线性电子注,回旋管中则是回旋电子注。

(4) 行波管中电子注在纵向产生群聚,回旋管中的群聚在角向形成。

(5) 行波管中产生纯的能量交换,即电子注向高频场交出能量的条件是 $v_e \geqslant v_p$,而回旋管中则为 $\omega \geqslant \omega_c$。

(6) 磁场在行波管中只起聚焦电子束作用,在回旋管中,磁场不仅是形成回旋电子所必需的,也起着提高回旋电子横向能量的作用,而且还是回旋管工作频率的决定因素。

(7) 行波管的工作频率取决于高频系统,回旋管则由工作磁场决定。

(8) 行波管使用的电子枪一般是收敛型皮尔斯枪,而回旋管则用磁控注入枪。

(9) 行波管的高频系统必须是慢波系统,回旋管的高频系统可以是由光滑波导构成的开放腔,因而尺寸比相同工作频率下的慢波结构大很多,极大地提高了回旋管的功率容量。

13.4 其他回旋器件

在回旋管发展的同时,其他形式的回旋器件也不断被提出并得到了长足的发展,其中最主要的如回旋潘尼管(gyro - peniotron)、回旋磁控管(gyromagnetron)等。本节将主要对这两种器件作一简单介绍。

13.4.1 回旋磁控管

回旋磁控管又称为会切管(cusptron),是一种大回旋轨道回旋管,即电子的回旋运动中心——引导中心——与高频系统轴线重合,电子直接绕轴做回旋运动。这样的电子运动称为大回旋轨道运动,以区别于在上节提到的电子分布在平均半径的圆周上各自做的小回旋轨道运动。

1. 谐波工作的物理实质

回旋磁控管是为了适应降低回旋管工作磁场的要求而提出来的。回旋管工作磁场高是阻碍回旋管实用化的最重要因素,另外回旋管工作电压高也是其严重不足,因此,克服回旋管的这两个缺点,使之小型化轻量化成为人们努力的目标。从20世纪80年代起,各国学者就不断寻求使回旋管能在低压低磁场条件下工作的有效途径。在13.3节中,已经指出,若回旋管工作在高次谐波上,则工作磁场就可以成倍降低,采用 l 次谐波工作的回旋管,其工作磁场就可以减小到基波时的 $1/l$。

与图13-8(a)类似,再次取回旋管中一个回旋圆来考察谐波工作的机理。如图13-11所示,基波回旋管工作在 $\omega=\omega_c$(见式(13.35))。从电子的观点来看,电子在位置1与3将分别受到减速和加速,而在2与4位置并不受到高频场的作用,由于高频场只会改变大小与 $\pm\varphi$ 方向,因此电子在回旋运动过程中,在位置1、3受力,2、4位置不受力的状况始终不会改变。这就是说,电子回旋时遇到的将是一个不均匀的周期变化的场。这样一来,电子回旋1周时,只要保证电子在1、3位置遇到的场是一样的,至于高频场在这一过程中已变化了1个还是几个周期,对电子来说没有任何区别,这与在分析周期系统时遇到的情况完全类似。如果说,电子回旋1个周期 ω_c;而高频场的频率 l 倍于回旋周期

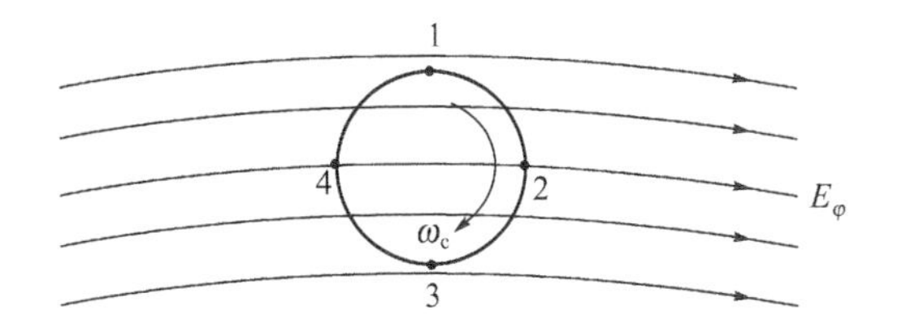

图 13－11　小回旋轨道时电子运动与高频场的关系

$\omega = l\omega_c$，也就是在同一时间内，高频场实际上已经变化了 l 个周期，或者说经过了 l 个 2π 相位变化。这样一来，如果不考虑电子回旋轨道和高频场本身的变化，那么电子在回旋过程中，将会遇到一个周期性变化的场，谐波次数为 l，电子回旋一圈遇到的高频场变化了 l 个周期，这就是谐振条件成为 $\omega = l\omega_c$ 的物理实质。但是对电子来说，这时在 1、3 位置受到的高频场作用不变，回旋管工作机理也就不会被改变。当然，由于场的大小变化得更快了，从电子与场换能的时间过程来考察，实际上受力的大小会发生变化，换能效率会改变，使得回旋管工作在高次谐波时效率迅速下降，但这并不会改变谐波工作的物理本质。

以上的互作用过程完全也可以以场的空间分布来实现，例如圆波导的 TE_{mn} 模（图 13－12（a））或者磁控管型高频系统中的π模（图 13－12（b））。这时，只要改变电子的运动方式，由小回旋改为大回旋，即电子直接绕系统轴线回旋运动，那么，在电子回旋 1 周过程中，它同样会遇到高频场改变了 m 个周期，即发生了 m 次 2π 相位变化，在物理实质上与上面分析的高次回旋谐波工作没有区别。因此说，圆波导的高次角向（m 值）模式和磁控管型高频结构中的模式场也都可以作为高次谐波回旋管互作用机构。比之小回旋轨道回旋管高次谐波互作用，这种互作用机构更具有自身的特点，因为在同步条件下，电子每转过 $1/2m$ 个圆周，高频场正好变化了 π 相位，从而使场与电子的互作用刚好保持不变。也就是说，处于有利相位的电子在回旋过程中所遇到的每个场瓣或隙缝口的场，就将都能让电子交出能量。虽然一开始处于不利相位的电子基于同样的理由亦将始终从场中获得能量，但由于电子群聚的结果，总体上电子将失去能量使高频场得到放大。

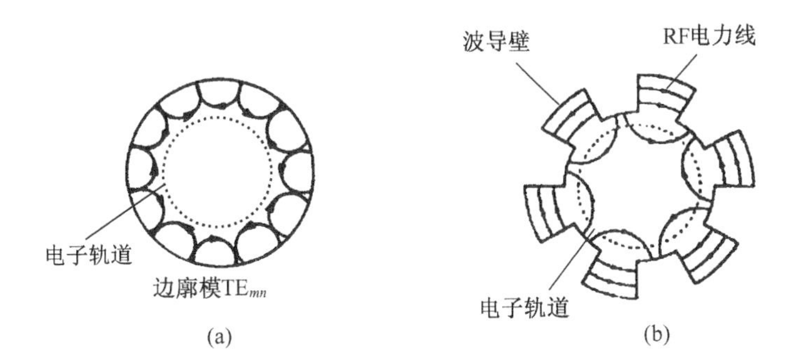

图 13－12　回旋管谐波工作的高频场

（a）光滑圆波导中的场；（b）磁控管型高频系统中的场。

2. 磁控管型高频系统的优势

根据上面的分析，光滑圆波导和磁控管型高频系统都可以用作高次谐波回旋管，只要将电子的小回旋运动改成绕系统轴线的大回旋运动，但两者的优劣是不同的。

光滑圆波导谐振腔虽然结构简单，加工方便，但随着角向模式号数 m 的增加，模式竞争会加剧,特别是当 $m>5$,以及 n 不大时(径向模式号数),波导中的场将紧靠近波导管壁,形成所谓"边廊模式"。这时不仅模式竞争严重,而且随着高频场向管壁靠拢,互作用效率随着谐波次数的增加而急剧下降,为了提高效率,就必须增大电子注的回旋半径,使电子也向管壁靠拢,即提高电子的能量($v_{\perp}=r_c\omega_c$),也就是要求提高电子注的加速电压。这些不利因素都影响了光滑圆波导谐振腔高次谐波回旋管性能的提高。

磁控管型高频系统的优点如下。

(1) 磁控管型高频系统,不论是扇槽形还是旭日形或其他类型,也不论是π模式,还是2π模式或其他模式,由于各小谐振腔口场的边缘效应,场向互作用空间的"渗透",都将在互作用空间中引入周期性的场,使得谐波分量十分丰富和足够强,从而提高了谐波工作的效率。

(2) 由于谐波场从腔口向互作用空间延伸"渗透"比较宽,使得电子注回旋半径即使较小,它所感受到的谐波场幅度仍较大,所以电子注加速电压可以降低。

(3) 分析表明,在相同工作频率下,磁控管型高频系统的内径比光滑圆波导内径要小,这进一步可使电子注回旋半径减小,也就进一步降低了电子注初始能量。

(4) 由磁控管高频腔的分析可知,这种大腔腔壁周期性设置小腔的结构,比之光滑圆柱腔壁,大大增强了模式的稳定性和选择性,有效地克服了光滑圆波导腔中的模式竞争问题。

尽管磁控管型高频系统比光滑圆波导腔加工要复杂,成本略高,但正因为有上述优越性,所以发展成了高次谐波回旋管的一个重要管型——回旋磁控管。

3. 回旋磁控管结构

回旋磁控管的结构示意图如图 13-13 所示,图中同时给出了该实验管纵向磁场的沿轴分布。

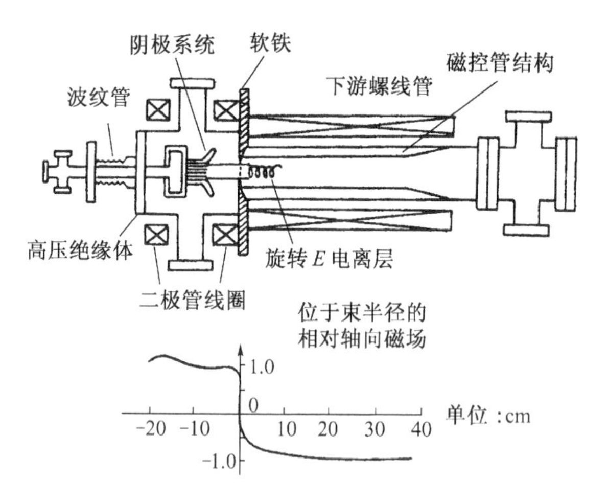

图 13-13 回旋磁控管实验样管结构示意图

回旋磁控管与普通回旋管的主要区别,从图 13-13 上就不难看出:利用大回旋轨道电子注与高次谐波互作用,使工作磁场得到与谐波次数 l 成反比的 l 倍降低;增加了会切磁场来实现电子的大回旋轨道运动,所以回旋磁控管又称为会切管(cusptron)。

会切磁场是一个倒向磁场,它将电子枪区的轴向磁场与互作用区的轴向磁场迅速地反了一个方向，二者之间的过渡区就是会切区。在会切区内，由于轴向磁场从 $+B_z$ 急速地变为 $-B_z$，因而会出现一个很强的磁场径向分量 B_r，正是这一径向磁场 B_r，使电子枪产生的轴向运动的电子受到足够大的角向力 $F_{\perp}=v_zB_r$，导致电子直接绕轴大回旋运动。

回旋磁控管的注—波互作用及换能机理与回旋管相同，它是一种很有潜力的低电压低磁场大功率回旋管。

13.4.2　回旋潘尼管

我们已经知道，回旋管作为毫米波大功率源得到了迅猛的发展。各国学者为了进一步提高回旋管中电子注与波的互作用效率，提出了各种改进方案，例如采用锥形分布互作用区磁场、使用缓变截面开放腔或复合腔、改善电子注质量等，但都没有能使回旋管效率从根本上有所突破。另外，20 世纪 60 年代初提出的潘尼管采用了一种与回旋管完全不同的互作用机理，从而使注—波换能效率达到了前所未有的高度。据此，结合回旋管具有功率容量高的特点与潘尼管互作用效率高的优点，回旋潘尼管就自然诞生了。

1. 潘尼管的工作原理

1）潘尼管的工作原理

潘尼管的结构示意图如图 13－14 所示，它的高频结构是一段双对脊波导，高频电磁波以 TE_{10}模式沿波导传播，因而它是快波，也是行波。正因为此，潘尼管也被称为回旋快波管，或行波潘尼管。空心薄电子注在脊形波导中回旋运动——一种螺旋运动，在波导脊附近，电子的横向（回旋）运动将受到横向电场的作用，产生能量交换，而电子的纵向运动则几乎不受任何影响。

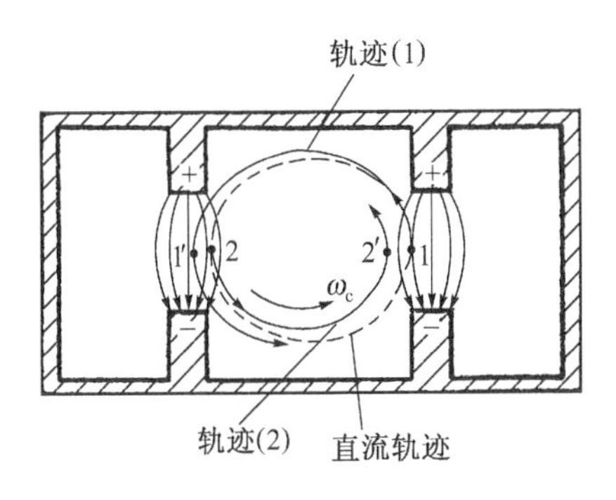

图 13－14　潘尼管横截面结构与电子运动示意图

如图 13－14 所示，当没有高频场作用时，在外加直流磁场的引导下，电子的轨道在横截面上来看就是一个理想的圆，并以角频率 ω_c 回旋；但当有高频场存在时，电子的运动状态就会发生改变，取 2 个典型电子 1 号和 2 号来考察，1 号电子一开始处于右侧一对脊中间，将受到高频场加速，因而它将按轨迹（1）运动；而 2 号电子开始时处于左侧一对脊中间，遇到是高频减速场，因而将按轨道（2）运动。经过半个回旋周期（T_c、ω_c 分别为电子回旋运动的周期与角频率）

$$\Delta t=\frac{T_c}{2}=\frac{\pi}{\omega_c} \tag{13.43}$$

以后,1号电子将达到1′位置,而2号电子则到达2′位置。如果在同一时间内,高频场变化了整个周期,即(设T、ω为高频场的周期与角频率)

$$\Delta t = T \approx \frac{2\pi}{\omega} \tag{13.44}$$

则电场力线分布仍然如图13-14所示不变。但在这时,处于1′位置的1号电子将受到减速而在2′位置的2号电子则变成受到加速,而且由于1号电子因原来在1位置受到加速而使回旋半径增大,使得1′位置比1位置更靠近脊中心,受到的减速场将比原来受到的加速场更强;反之,2号电子因原来在2位置受到减速而使回旋半径减小,使得2′位置比2位置更远离脊,也就是说,它受到的加速场比原来的减速场弱。这样一来,无论是1号电子或2号电子,经过半个回旋周期,都把一部分能量交给了高频场。显然,最佳互作用的谐振条件应为

$$\omega = 2\omega_c \tag{13.45}$$

随着电子运动的继续,电子将不断失去能量,使回旋半径总的趋势总是逐渐减小。但由于1号电子一开始是处于加速场中,使得它的回旋中心逐渐向左移动;而2号电子则由于一开始受到的是减速场,因此回旋中心逐渐向右移动(图13-15)。这种电子把横向(角向)能量交给高频场的作用,原则上可以一直继续到电子的横向能量耗尽为止,这正是潘尼管可以获得很高效率的原因。潘尼管可以在毫米波段做成大功率高频率的放大管。

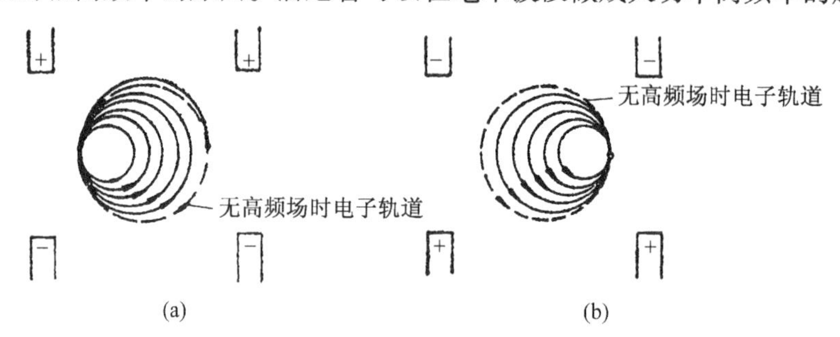

图13-15　潘尼管中电子运动轨迹在横截面上的投影

(a) 1号电子运动轨迹;(b) 2号电子运动轨迹。

当然潘尼管也可以工作在回旋谐波上,这时谐振条件就成为

$$\omega = 2l\omega_c \tag{13.46}$$

式中,l为回旋谐波次数。

2) 潘尼管与回旋管的比较

由以上的分析不难看出,与回旋管相比,潘尼管有以下几个特点。

(1) 工作在基波的潘尼管,其所需直流磁场只是回旋管的一半,这由谐振条件就可以清楚地理解。

(2) 由于潘尼管中波导脊之间的场更具有不均匀性,因而它比回旋管更有利于在高次谐波上工作。

(3) 从原理上来说,潘尼管可以得到比回旋管更高的效率,根据计算,潘尼管的理论效率可达95%。

但是,另一方面,与回旋管相比,潘尼管又存在以下不足。

(1) 回旋管的高频结构是光滑圆波导构成的开放腔,显然它比潘尼管所用的双脊波导加工要简单得多,因而回旋管可以比潘尼管工作在更高的频率上。

(2) 潘尼管中的脊不仅增加了高频损耗,而且可能会截获电子,脊的散热显然也比光滑波导要差;另外,潘尼管高频结构中的电子注通道截面小,使得工作电流太小。这一切都限制了潘尼管功率电平的提高,使它只能达到数千瓦的中功率水平,远低于回旋管的功率电平。

正因为此,将潘尼管与回旋管结合起来以期望获得高效、大功率的新型器件,由此出现了回旋潘尼管。

2. 回旋潘尼管

1) 圆波导开放腔回旋潘尼管

将回旋管与潘尼管结合起来的最简单而直接的方法就是采用回旋管的圆波导谐振腔来代替双脊波导作为潘尼管的高频结构。如果让圆波导开放腔工作在 TE_{02} 模上,则沿半径方向高频场就会形成与双脊波导类似的两个横向(角向)电场峰值,从而就可以产生潘尼管的工作机理。

如图 13－16 所示,其中图(a)为互作用区横截面图,图(b)则为工作模式 TE_{02} 模电场 E_φ 的径向分布。图中用实线给出的回旋圆表示回旋管工作状况,回旋中心对应的是 TE_{02} 模 E_φ 的第 1 个极值(R_1 对应的场值);而图中用虚线表示的回旋圆则是潘尼管的工作状况,回旋中心对应 TE_{02} 模 E_φ 两个峰值之间的零点(R_0 对应的场值)。很容易看出,回旋潘尼管与潘尼管的不同之处在于,这时电子回旋圆两侧边的高频场不再如图 13－14 中一样具有相同方向,而是具有相反的相位。因此,当回旋电子经过半个回旋周期转过半圈时,如果场刚好变化 1 个周期,则若电子原来受到的是减速场(或加速场),这时将仍旧遇到减速场(或加速场),这种作用并不产生潘尼管的效应,不会有纯的能量交换。由上面潘尼管的工作原理我们已经知道,电子经过半个回旋圆后所遇到的场必须与电子初始位置遇到的场相反,才有可能使电子有纯的能量交给场,因此高频场不应刚好变化 1 个周期的整数倍,而应额外再多(或少)半个周期(π 相位)以使电子遇到与初始位置相反作用力的场。这就是说,这时满足潘尼管工作机理的谐振条件应改变为

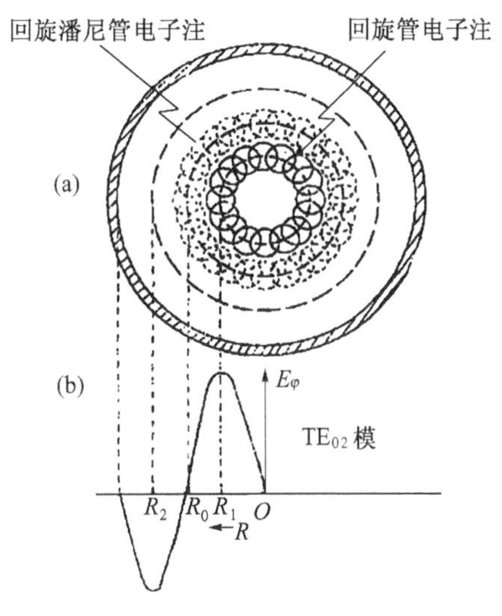

图 13－16　回旋潘尼管与回旋管工作状态

(a) 波导腔横截面中的电子运动;

(b) 高频场 E_φ 的径向分布。

$$\begin{cases}\dfrac{1}{2}T_c = lT \pm \dfrac{1}{2}T \\ \omega = (2l \pm 1)\omega_c\end{cases} \tag{13.47}$$

回旋潘尼管中空心电子注的平均半径为 R_0,以 R_0 为半径的圆周都对应 E_φ 的零点,随着偏离 R_0 的距离增加,E_φ 随之增大,但两边相位相反,分布在 R_0 圆周上的每个回旋圆都情况相同。回旋潘尼管中的这种电子注分布与光滑圆波导的结构,使得它能容纳很大的工作电流,具有大的功率容量和热耗散的能力,从而比之潘尼管极大地提高了输出功率。

2）磁控管型回旋潘尼管

为了在相同的磁场下(即 ω_c 相同)提高工作频率,或者反之,在一定的工作频率下降低工作磁场,往往要求管子工作在高次谐波上。为了与 l 次谐波相互作用,就要求高频场在一个电子回旋周期内产生 l 次相位变化。对于大回旋轨道电子注,即初始电子的引导中心就是高频腔的轴线、电子的回旋圆圆心与轴线重合的情形来说,要实现在一个电子回旋周期内电子遇到的场有 l 次 2π 变化,在光滑圆波导中,可以用高次 TE_{mn} 模式($m>0$)工作来达到。在这种情况下,电子绕波导轴线回旋1周,高频场将有 m 个 2π 变化。而且工作于高次模式,谐振腔尺寸可以大大增加,这就特别适合于发展短毫米波段回旋潘尼管。在谐振条件式(13.42)中 $\omega=k_{\parallel}v_{\parallel}+l\omega_c$,这时若 $l=m$,则就是高次谐波回旋管工作状态,若 $l=(2m\pm1)$,则互作用就发生在高次谐波潘尼管工作状态。

前面已指出,在光滑圆波导中,当 m 太大,以及 n 不太大时,波导中的场将形成所谓“边廊模式”,此时模式竞争会加剧;另外,大回旋轨道电子注具有大的回旋半径,这就要求有高的电子注加速电压。这些都限制了光滑圆波导谐振腔回旋潘尼管的发展和使用。

采用磁控管型高频结构同样可以获得高频场沿圆周的多次相位变化,例如一个 N 个翼片的谐振腔,工作在 π 模时,高频场沿圆周就有 $N/2$ 个 2π 相位变化。磁控管型高频腔具有良好的模式分离度,具有较小的电子绕轴回旋运动半径,提高了注波互作用强度,并且可以工作在较低的电子注电压下。图13-17给出了磁控管型高频结构潘尼管中的 π 模电场分布及电子运动示意图。

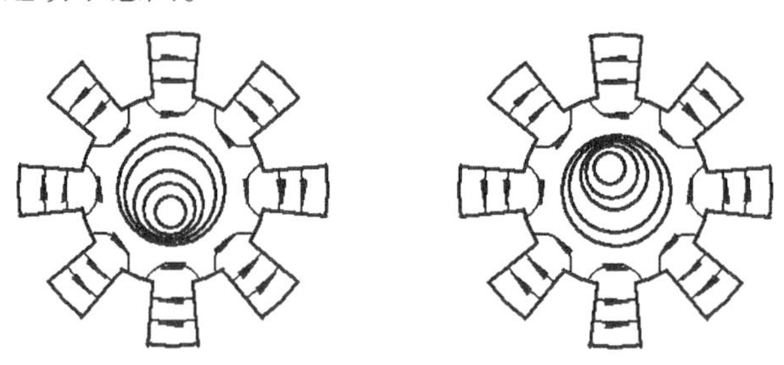

图13-17　磁控管型潘尼管中 π 模高频场结构及不同初相时的电子运动状态

3. 回旋潘尼管与回旋管的差别

根据以上分析,可以将回旋潘尼管与回旋管的主要不同归结如下。

1）谐振条件不同

在圆波导腔中以 TE_{mn} 模式作为工作模式时,它们的谐振条件都可以写成

$$\omega=l\omega_c+k_{\parallel}v_{\parallel} \tag{13.48}$$

但不同的是：当 $l=m$ 时是回旋管工作状态,而当 $l=(2m\pm1)$ 时则成为潘尼管工作状态。

2）工作点位置不同

由图13-16可以清楚地看到,高频场是 TE_{02} 模式时,回旋管的引导中心在场的第一个

峰值 $R = R_1$ 处，而潘尼管的电子回旋圆中心则在高频场两个峰值之间的零点处（$R = R_0$）。

3）换能机制的本质不同

回旋管是通过相对论效应产生电子的角向群聚，群聚电子落到减速场中交出能量而实现换能的。由于总有一部分电子会没有被群聚并且进入加速场区，而且同步要求使得群聚电子也不可能交出全部能量，因此回旋管的效率不可能太高。

而在潘尼管中，电子不依赖相对论效应，也不产生群聚，它的换能作用是由位置选择机制完成的。电子在 1 个回旋周期上，既会遇到减速场区，也会遇到加速场区，但由于磁场力的作用（回旋半径 r_c 的改变），使得电子在减速时总会遇到比加速时更强的场。这样，电子在 1 个回旋周期上，所有电子都会交出一部分能量给高频场，与初始位置无关，交出的能量也都一样多。经过若干周期，电子将可能将自己的绝大部分能量（理论上可达 100%）交给场。初相不同的电子，只会使电子回旋引导中心在角向偏离轴心的方向不同，但轨道形状是一样的。

4）换能速度不同

回旋管由于有群聚发生，因而功率增长快，但效率随着谐波次数的增加而迅速下降。潘尼管是靠每一个回旋周期中减速场与加速场的差别实现纯的换能的，因而功率增长速度较慢，但效率高，而且即使在高次谐波工作时，仍有较高的效率。

潘尼管是高效率、中功率的毫米波管，回旋管是高功率、相对效率较低的毫米波管。回旋潘尼管综合了两者的优点，成为大功率、高效率、高频率（频率可达 300GHz）的毫米波管。

13.4.3　其他类型回旋管

1. 回旋速调管

回旋速调管与普通速调管类似，同样存在输入腔和输出腔，群聚电子与高频场相互作用，电子向高频场交出能量，放大的高频场由输出腔输出，在多腔回旋速调管中也同样还有中间腔。但是在普通速调管中，电子群聚是在轴向发生的，因此电子与高频纵向场相互作用，而在回旋速调管中，群聚则发生在角向，电子向横向场交出能量。图 13－18 是一个四腔回旋速调管的结构示意图。

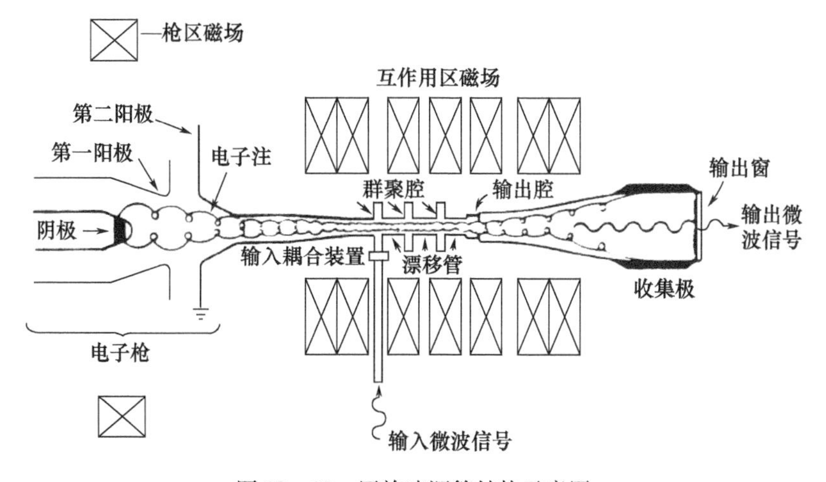

图 13－18　回旋速调管结构示意图

回旋速调管是一种放大器件,具有比较好的工作稳定性,对电子注的速度零散的要求相对较低,功率容量大,在国内外,对回旋速调管的研究已经取得很好的成果。回旋速调管在高功率雷达、反无人机、电磁干扰、高能直线对撞机等领域都有广阔的应用前景。

2. 回旋行波管

回旋行波管是利用回旋电子注与传播快波的波导中的电磁波相互作用而放大微波信号的放大器件,这种高频结构是非谐振型的,而且在一般情况下,它工作在接近截止频率。在互作用空间保持工作的稳定性和克服返波振荡是回旋行波管设计中应该解决的主要问题,为此,在互作用波导中采用加载分布损耗与截断损耗相比更有利于稳定性的提高。

图13-19是美国瓦里安(Varian)公司研制的C波段回旋行波管的结构示意图,它工作于TE_{11}模式,采用缓慢变化的磁场可得到最优的输出。

回旋行波管的输出功率和效率相对其他回旋器件来说都要差一些,但是它的工作带宽则是其他回旋器件无法比拟的。它可以用于小型飞行器的探测跟踪、电子对抗、通信、雷达成像等领域。

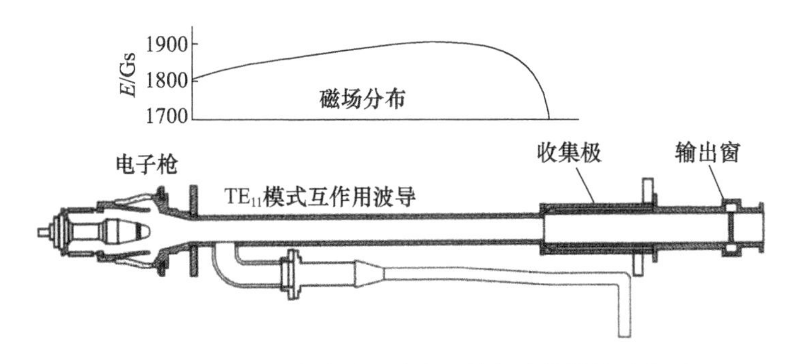

图13-19 瓦里安公司C波段回旋行波管结构示意图

回旋管还有其他多种管型,例如回旋行波速调管、回旋返波管等,由于这些管型的发展和应用相对来说不如回旋振荡管、回旋磁控管、回旋速调管和回旋行波管,因此不再一一介绍。

13.5 扩展互作用速调管

扩展互作用速调管从工作原理上说仍是一种传统的微波管,由于它在毫米波段上具有优异的性能和重要的应用价值,成为了一种很重要的毫米波电真空器件,因此将它归入本章来进行讨论。

扩展互作用速调管习惯上被简称为EIO和EIA,前者指的是扩展互作用振荡器(Extended Interaction Oscillator),后者则是指扩展互作用放大器(Extended Interaction Amplifier)。

在第11章中,已经介绍过O型器件的速调管和行波管,速调管的特点是增益和效率高,增益可达60~70dB,效率达50%~60%;但速调管由于使用了谐振腔作为高频系统,其带宽比较窄,一般也只有百分之几,至多10%左右;行波管则是典型的宽带器件,螺旋线慢波结构可以达到两个倍频程的带宽，它的增益也高，是带宽增益乘积最大的一种管子。因此，人们自然就会想到，能否将速调管与行波管的优点结合起来，建立一种既有高的增益和效率，又有足够的带宽的新型微波电真空器件呢？沿着这一思路开展的研究工作，导致了扩展互作用速调管的诞生。虽然扩展互作用速调管还并没有达到最初人们所要求的理想情况，但却在发展新型毫米波器件方面开辟了一种新的途径。

最初人们的思路是：将一段慢波结构的两端形成一定反射，从而构成谐振系统，它就可能既具有慢波线的特点，又具有谐振腔的特点。可以证明，采用由慢波结构终端反射形成的谐振腔，确实可以得到较高的 R_s/Q 比值，R_s 为腔体的等效并联电阻，Q 为腔体的品质因数。调制电子注与电磁波进行能量交换的等效电压就正比于 R_s/Q 值，因此 R_s/Q 总是希望有较高的值；另外，由于电子注的调制是在慢波线上进行的，而慢波线构成的谐振腔则可能具有较宽的频带。

在普通速调管中，电子注与高频场的互作用及能量转换是发生在谐振腔的单个间隙中的，而在由 m 个周期结构的慢波线两端短路构成的谐振腔中，形成了 m 个间隙，电子与场的互作用发生在多个间隙上，这正是扩展（或分布）互作用这一名称的由来。这相当于多腔速调管中的每个腔又是由许多相互耦合的小腔构成（扩展互作用速调管的谐振腔一般由耦合腔链、梯形线、梳齿形等慢波电路构成），互作用分布在这些小腔间的间隙上连续进行（图 13－20）。计算表明，速调管的单间隙谐振腔的 R_s/Q 值仅为 100～150Ω，而由 3～5 个间隙组成的分布互作用速调管的谐振腔，R_s/Q 值可达 400Ω 左右，管子效率也比普通速调管可高 25%。

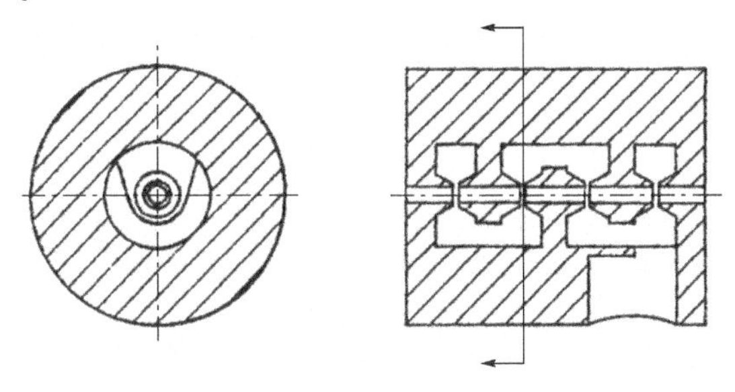

图 13－20　一个 EIO 的谐振腔结构图

一个由 3 个扩展互作用谐振腔组成的 EIA，其互作用过程与一个三腔速调管相类似。电子注在第 1 个腔中受到速度调制，由于扩展互作用腔多间隙总长度远比普通速调管谐振腔的单间隙宽度大，因而在产生速度调制的同时开始密度调制；电子注进入到第 2 个腔时，已经有速度调制和密度调制，同时又进一步受到速度调制，两种调制同时发生，相互叠加；到达第 3 个腔，在第 3 个腔与高频场发生能量交换并输出微波能量。

由一段扩展互作用腔构成的单腔 EIO，与反射速调管一样，可以进行机械调谐和电子调谐，其毫米波连续波功率可达到毫米波反射速调管的 1000 倍，而脉冲管的峰值功率约为它的连续波功率的 20～30 倍。EIO 已经覆盖了 30～300GHz 的频率，功率电平达到 1kW～1W 的连续波功率，EIO 还能产生纳秒级的脉冲。

EIO、EIA 是一种高频率、高效率、结构简单、质量小、稳定性好、频谱较纯和寿命长的毫米波器件，它可以广泛应用于低空导航和目标搜索的机械雷达、其他各种毫米波雷达、等离子体诊断等领域。

13.6 微波电真空器件的新发展

13.6.1 微波管的发展方向

微波管是建立在电子注与电磁场互作用原理基础上的器件,其突出的优点是具有大的功率容量。这是因为它的电子注可以具有很高能量、散热能力强以及利用电子注能量回收技术使它同时具有很高的效率,而这些特点正是半导体器件所没有的,因而在大功率雷达、电子对抗设备和大功率通信设备中,微波电真空器件还是无法替代的。即使在体积质量方面,和一个设计得很好的微波管放大器相比,采用功率合成技术后达到同等功率的大功率半导体放大器的体积和质量要大得多。

因此,微波管在现代战争中的重要性已经得到无可争议的认可。但随着现代科学技术的发展,对微波管的要求越来越高,促进了微波管进一步向高、大、宽、小、微、新方向发展。

(1) 高: 主要是指向更高频率拓展,在8mm波段已日益被固态器件所取代的态势下,微波真空器件应该向3mm波段及更短波段发展,同时开拓新的频谱源——太赫兹辐射源。

(2) 大: 提高微波管输出功率,不断向更大功率、更高效率目标努力。输出功率大小是决定雷达、电子对抗和通信作用距离及效果的决定性因素,因而对微波管的输出功率总是希望越大越好,尤其是宽带行波管,目前迫切要求进一步提高功率电平以扩大作用距离。

(3) 宽: 指进一步拓宽微波管工作频带,这不仅对电子对抗用微波管十分重要,就是对雷达用微波管同样希望尽可能宽的工作带宽。微波管带宽越宽,能干扰敌方雷达的工作频率的范围也就越宽;同时我们自己的雷达带宽越宽,能避开敌方干扰的能力就可以大大增强。

(4) 小: 指小型化,特别是微波功率模块(Microwave Power Module,MPM)用的小型化行波管。飞机、导弹、卫星等一切空载、天载雷达、通信设备都要求小型化、长寿命、高可靠。

(5) 微: 在场致发射阴极基础上发展起来的真空微电子器件,将固体集成工艺技术和真空电子技术结合起来,兼顾了两者的优点,并形成了一门新兴学科——真空微电子学。

(6) 新: 既包括新的互作用机理、新器件,也包括新技术、新工艺、新材料等,如等离子体填充微波管、新型全金属慢波电路、预调制器件等。

本节将对微波电真空器件的几个最突出的发展方向作一简单介绍。

13.6.2 微波功率模块(MPM)

1. MPM的构成

诚如上面已指出的,微波电真空器件仍是现代军事装备在短毫米波及以上频段中唯一能产生超大功率的微波源,但它的工作电压高,单管质量大,体积大,成本高;另外,半导体固态器件可在低电压下工作，单管质量小，体积小，尤其适合大规模生产，降低了成本，但是目前在高频段的输出功率电平上还无法与电真空器件比。可见，它们各自有其独特的优点和缺点，能否将两者结合起来形成一种新型器件，使之兼具两者的优点呢？自 1989 年起，美国率先开始这方面的研究，并将它称为微波功率模块（MPM），图 13－21 为 MPM 的组成框图。

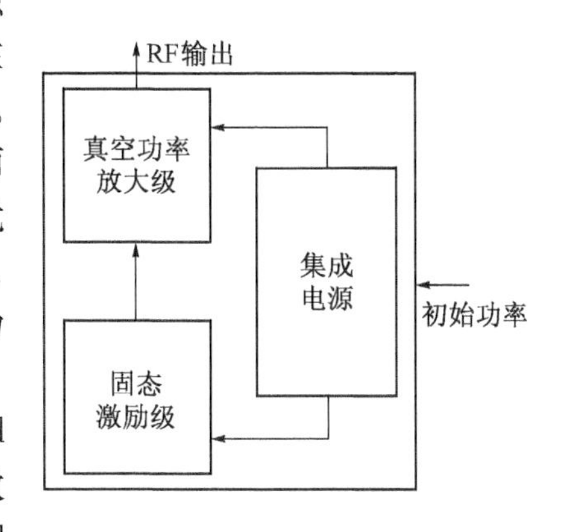

图 13－21　微波功率模块的组成框图

MPM 的前级是高增益的固态放大器（Solid State Amplifier，SSA），末级是低增益、大功率、高效率行波管放大器，它们与集成功率源（Integrated Power Conditioner，IPC）一起封装，形成一个模块化组件。

图13－22给出了一个 C 波段的微波功率模块照片，封装尺寸为 19.8cm × 15.2cm × 2.5cm，质量 1.4kg。该 MPM 的工作频率为 3.7 ~ 5.3GHz，连续波输出功率 170W，效率 51%，小信号增益 68dB，饱和增益 53dB。其中行波管放大器的技术参数是：小信号增益 33dB，饱和增益 23dB，电子效率 32%，收集极效率 73%，总效率 61%，尺寸仅为 18.5cm × 16cm × 1.6cm，质量小于 0.2kg。

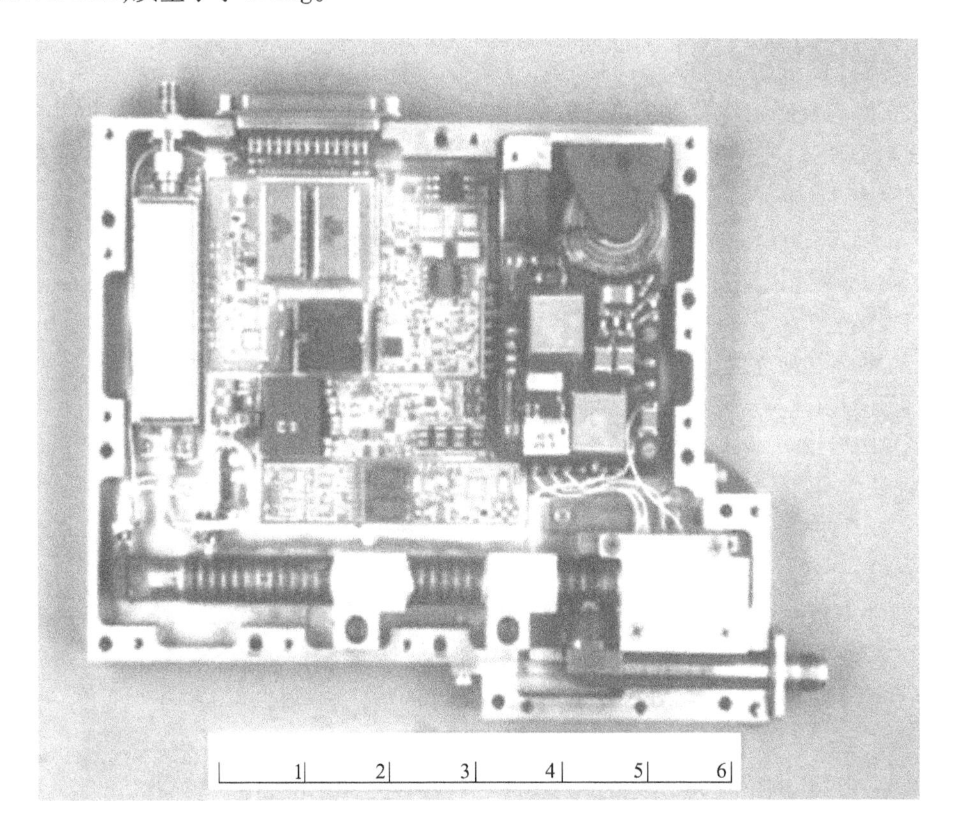

图 13－22　C 波段 MPM 构成照片（图中标尺单位为英寸）

2. MPM 的特点

(1) 具有比固态器件更高的功率和效率。

(2) 具有比行波管低得多的噪声。

(3) 更高的可靠性。

(4) 适合规模化生产,降低了价格。

(5) 整个组件模块化,易于实现标准化、系列化,使用维护方便。

MPM 采用行波管作输出级,使其具有了输出功率大、效率高的能力;而采用固态放大器作激励级,既可以降低对行波管增益的要求,有利于行波管效率的提高和体积质量的降低,又可以极大地降低整个 MPM 的噪声系数。级联放大器的噪声系数是 $F = F_1 + F_2/G_1$,对于 MPM,该式 F_1 为前级固态放大器的噪声系数,F_2 是行波管的噪声系数,G_1 是固态放大器的增益。就功率行波管而言,由于采用了大压缩比电子枪,其噪声系数都在 35dB 以上;而在 MPM 中,固态放大器的噪声系数 F_1 只有几分贝,而增益 G_1 可达30dB 左右,这就使得 MPM 的总噪声系数只有 8dB 左右,大大低于功率行波管本身的噪声。

MPM 由于采用了高增益的固态放大器,在很大程度上降低了行波管的增益,从而使其工作电压随之降低,管子长度缩短。另外,规模化生产可使行波管可靠性大大提高。

在 6~18GHz,同样输出 100W 功率,若采用单片 10W 的固态功率放大器(Solid State Power Amplifier,SSPA)功率模块合成,则总效率只有 15%;采用功率行波管,它和高压电源一起的总效率也只有 30%;而对于同样功率电平的 MPM,总效率可达45%。可见 MPM 具有最高的效率,同时亦具有最小的体积和最低的价格。

3. MPM 的应用

MPM 因其优越的综合性能和良好的通用性,具有广泛的应用领域,它不仅能广泛应用于雷达、电子对抗、导弹寻的、通信和空间系统等军用装备,而且可用于监控、导航、交通管理、气象和地球资源监视、测量等民用领域。

由于 MPM 的高效率、高可靠、高一致性,使相控阵雷达的合成总效率明显提高,所需模块数量比单纯用固态功率放大器合成相控阵雷达所需模块大幅度减少;而可靠性比直接用大功率行波管的雷达又极大地得到提高,例如一个 C 波段千瓦级雷达发射机,若用两支大功率行波管合成,则任何 1 支管子失效,发射机功率下降 50%,2 只管子失效,整个发射机即不能工作;若采用 MPM,由 48 块模块组成,同样一块模块失效,发射机性能仅下降 0.37dB。

13.6.3 真空微电子器件

1. 一般介绍

微波功率模块是将微波真空器件与固态器件结合形成的一种新的组合,但这种结合还是"分离"式的,即真空器件与固态器件各自独立形成器件,然后有机连接在一起。真空微电子器件则进一步在器件内部将真空电子器件与固态器件直接结合而形成一个统一的新型器件。

我们知道,在电学性能上,"真空"显然是比"固体"要优越得多的材料,在真空中电子的迁移速度一般要比在固体中高三个数量级以上,而且电子穿过真空的功耗比穿过任何固体的功耗低,特别是真空不会像固体那样容易受到核辐射、静电以及高温等的损害。因此，真空电子器件实际上是实现高频率电磁辐射和超高速电子开关的理想器件，传统真空电子器件在频率和开关速率上的限制主要来自极间距离难以微型化，因此，为了实现更高频率的注—波互作用和超高速的转换，首先就要将真空器件超微型化，以提高集成度。然而要做到这一点，相应的还应实现器件的超低功耗，否则超微型化的器件将无法承载，为此，就要求器件甩掉发热量大的热阴极，而采用场致发射冷阴极。这一思路导致了新型器件——真空微电子器件的诞生，并形成了一门新兴学科——真空微电子学。

所谓真空微电子学，就是指采用先进的半导体微细加工技术，在芯片上制造场致发射阵列阴极（Field Emitter Array，FEA），并在此基础上制成微型真空电子器件的一门学科。

2. 场致发射阵列阴极

真空微电子学的基础是场致发射阴极，它的工作原理是建立在电场在金属尖端集中的“尖端效应”和电子发射的“隧道效应”基础上的。早在 20 世纪 20 年代，人们就已经了解到在强电场（约 10^7V/cm）作用下，导体表面的势垒高度会降低，宽度会变窄，以致部分自由电子能穿透表面势垒，称之为“隧道效应”，其结果形成电子的场致发射。只要电场强度足够高，在同样的发射面积下，场致发射电流的大小远比正常的热发射电流大，而且此时的发射电流与温度无关，即阴极不需要升温，因而是真正意义上的冷阴极。

同时人们也早就知道，电场会在导体尖端附近集中，从而形成很高的场强，即所谓“尖端效应”。但是长期以来，人们很难通过提高电压的方式在导体尖端获得 10^7V/cm 以上的电场强度，使得场致发射阴极一直不能得到实际应用。直到 1976 年，美国斯坦福国际研究所（SRI）的 C. A. Spindt 研究小组经过 15 年的努力，采用现代半导体集成电路工艺技术，才成功研制成了薄膜场致发射阵列阴极（FEA）。Spindt 小组利用金属钼得到了曲率半径小于 100nm 的阴极尖端，而阴极与栅极之间的距离不到 1μm，因而只要几十伏的栅极电压就可以在阴极尖锥表面产生 10^7V/cm 以上的电场强度，致使场致发射成为可能，这种阴极也因此被称为 Spindt 阴极。目前实用 Spindt 阴极的发射能力已达到 100A/cm^2以上，而实验室的发射电流密度可以高达 1600A/cm^2，每个微尖的发射电流达到 100～500μA，每平方厘米的集成密度达到 10^7 个微尖，Spindt 阴极的寿命已经超过 76000h。

Spindt 阴极结构如图 13－23 所示。除了钼尖锥 FEA 外，硅尖端锥阵列阴极也得到了迅速发展和广泛应用，利用金、钨合金材料作发射体还可以降低逸出功，在发射体表面涂覆铪、铯等也可以降低逸出功；为此，还发展了薄膜边缘横向发射阴极、金刚石和类金刚石薄膜阴极以及基于内场致发射原理的雪崩二极管阴极等其他场致发射阴极。

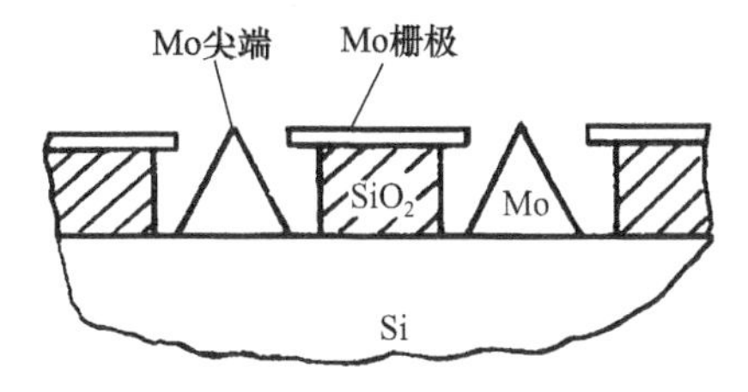

图 13－23　Spindt 阴极结构剖面图

3. 真空微电子微波管

真空微电子器件最主要的特点是：既具有超微型真空电子器件运行速度快、截止频率高以及一般真空器件抗辐射、耐高温、功率大、寿命长、稳定性好等优点，同时又具有固体电子器件体积小、效率高、适合规模生产和集成化、低成本等优点，因此是一种理想的电子器件。

1）微型三极管

微型三极管、四极管是一种通过栅极直接对电子注进行密度调制的所谓静态控制微波管,电子的渡越时间限制了这类管子的工作频率的提高。利用真空微电子技术制作的真空微型三极管中栅极与阴极之间的距离仅 1μm 左右,这时电子的渡越时间就不再是工作频率提高的障碍,将微波信号加到真空微型三极管的栅极上就可以直接将信号放大。根据极间电容的影响,估计微型三极管的工作频率在 100GHz 以上,输出功率可以大于 $160W/cm^2$,开关速度小于 1ps。

微型三极管的若干结构形式如图 13－24 所示。

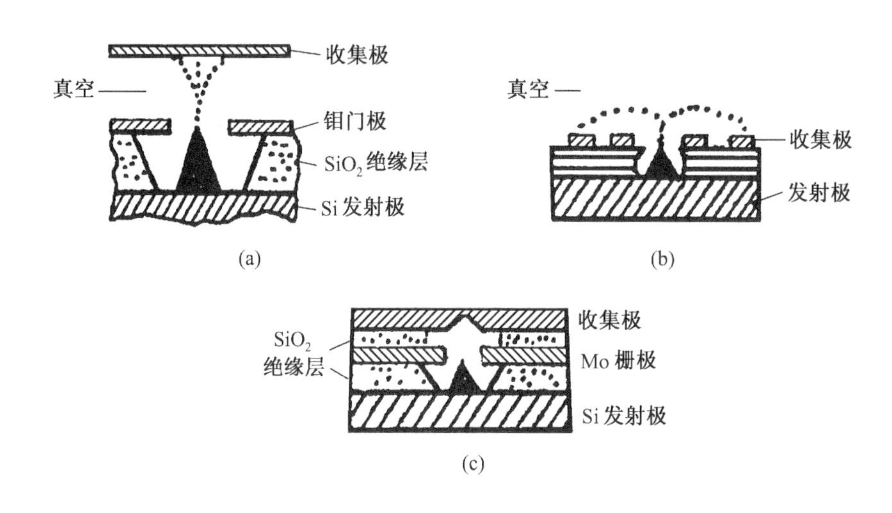

图 13－24　真空微型三极管结构

（a）Spindt 器件；（b）Gray 器件；（c）封闭式器件。

2）毫米波微波管

传统微波管在向毫米波段发展时,除了遇到器件尤其是高频结构尺寸越来越小难以加工的困难外,还受到了阴极发射密度的限制,使得在毫米波段器件的输出功率急剧下降,而 FEA 强大的发射能力正可以克服毫米波微波管的这一障碍。FEA 的高发射能力还可以显著减少电子枪的阴极发射面积,降低电子注的压缩比,有利于电子光学系统的设计,可以获得性能更优良的电子注,促使毫米波微波管性能的进一步提高。采用 FEA 的速调管、倍频程行波管、回旋管都已成功进行了实验。

3）感应输出放大器

感应输出放大器是建立在真空微型三极管基础上的,它由微型三极管直接产生密度调制的电子注,然后经一个高频结构与电磁场交换能量并输出放大的微波信号(图 13－25)。感应输出放大器(IOA)的概念早在 1940 年就已提出,但由于技术上的困难很长时间以来一直都没有得到发展,而可提供高电流密度、高调制频率的电子注的 FEA 的出现,使感应输出放大器得到了新生。各个频段(3～10GHz)的 IOA 正在研制中,还提出了兆瓦级的 IOA,称之为 Gigatron,采用 FEA 产生一个密度调制的带状电子注,经加速后穿过特殊设计的波导隙缝,与电磁场相互作用交出能量,放大的微波能量经由波导直接输出。

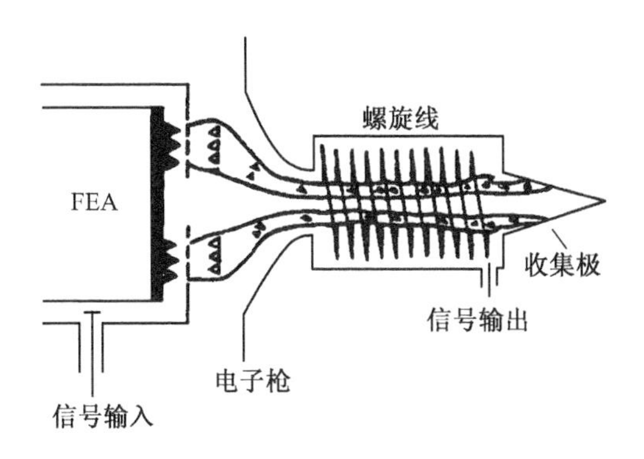

图 13－25　感应输出放大器原理图

4）微带分布放大器

利用真空微电子集成化的单片器件为基础提出的新型分布放大器的设想，由若干个新型微型四极管作为放大器件，所有管子的栅极和基极构成输入微带线系统，所有管子的屏蔽栅极和阳极构成输出微带线系统，通过管内密度调制电子流在输出系统中激励起电磁波，只要两个微带线相速相同，就可以实现信号的放大。这种器件虽然可以工作到很高频率上，甚至有人设计了 1THz 的微带分布放大器，但是由于在很高频率工作时传输线损耗太大，近年来研究工作进展不大。

5）其他真空微电子器件

真空微电子技术发展最快的应用领域是场致发射平面显示器（FED）。FED 是由 FEA 阴极底板和涂有透明导电薄膜及低压荧光粉的阳极玻璃面构成，阴—阳极间距 200μm 左右，并被抽成高真空。从 FEA 阴极发射的电子经过很短的间隙打到加有几百伏电压的阳极上，使荧光屏受激发光。FED 集中了真空显像管和液晶显示器的优点，功耗低、体积小、响应速度快、工作温度范围宽、高亮度、宽视角、分辨率高、规模生产成本低。因此，目前世界各国都在大力发展该项技术，FED 成为最接近实用的真空微电子器件。

此外，真空微电子技术还在众多领域有着广阔的应用前景，小型反射速调管、磁聚焦和静电聚焦返波管、微波传感器（磁传感器、压力传感器等）、特种电子源、新型光源等都已有实验成果。

13.6.4　等离子体填充微波管

最新的研究表明，在微波管内存在一定浓度的等离子体可以显著地提高微波管的频带宽度、工作频率和输出功率，并可以允许管子在无聚焦磁场状态下工作。这种等离子体填充引起的性能改善既可以在传统微波管中得到体现，也可以在相对论微波管中得到应用。

1. 等离子体填充行波管

俄罗斯电工研究所成功研制了等离子体耦合腔行波管，该行波管由电子枪、耦合腔慢波电路、收集极、能量输入输出机构、聚焦磁场、氢发生器和差压泵等部分组成。等离子体耦合腔行波管采用一种特殊的具有差压泵的六硼化镧热阴极电子枪，由钨丝组成的热子对阴极圆盘进行加热，使其发射电子，在电子枪出口处安装一个差压泵，保证在电子枪区和慢波结构区之间形成一定的气压差。差压泵包括有吸附部分和磁放电泵，磁放电泵的电极也起离子捕获器的作用，以保护阴极使其免受离子轰击而遭破坏。一般情况下，慢波结构部分的工作气体氢的压强为 $7\times10^{-4}\sim1\times10^{-3}$Torr①,而电子枪区气体氢的压强保持在 $10^{-6}\sim10^{-5}$Torr。直接封装在管内的特殊的氢发生器通过加热释放氢气,根据释放气体的多少,就可以改变管内的工作气压($10^{-6}\sim10^{-3}$Torr),从而可以通过改变真空度实现在真空条件下和填充等离子体情况下的两种工作状态。当电子束在引导磁场(聚焦磁场)约束下进入具有一定气体的耦合腔区,电子束碰撞气体电离,产生圆柱状的等离子体柱,等离子体密度可达到 $10^{12}\sim10^{13}\text{cm}^{-3}$。互作用慢波系统、微波能量输入输出装置、聚焦磁场及收集极与常规耦合腔行波管类似,整个管子(聚焦磁场除外)包括气动力学系统(差压泵、氢发生器)都密封在一个气密系统中,成为可封离的独立硬管。

俄罗斯研制的等离子体填充行波管在真空和等离子体两种状态下的性能参数比较如表13-2所列。

表13-2 性能参数比较

参数	条件	
	真空条件下	等离子体填充条件下
电子注电流/A	≤3	≤3
电子注电压/kV	≤22	≤22
气体压强/Torr	10^{-6}	$10^{-4}\sim10^{-3}$
最大输出功率/kW	10	30
效率/%	17	40
带宽/%	18	24

2. 等离子体填充返波管

美国休斯公司研制了等离子体辅助返波振荡器,并命名为Pasotron(Plasma-Assisted Slow-Wave Oscillatros),图13-26给出了一个以波纹波导作为慢波线的Pasotron结构的示意图。

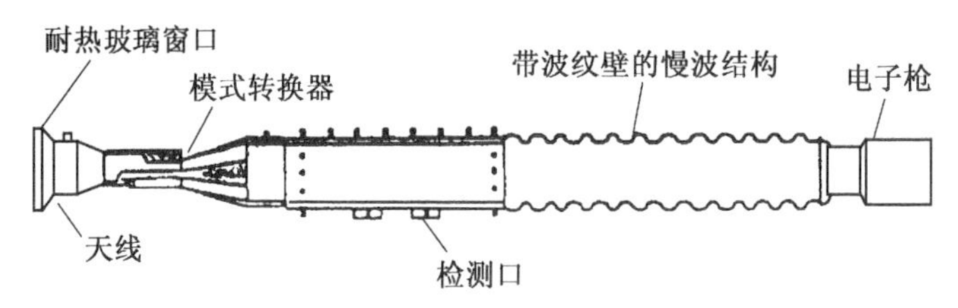

图13-26 具有波纹波导慢波线的Pasotron

Pasotron在结构上的最大特点是采用了空心阴极等离子体电子枪,这是为了克服等离子体填充后引起的正离子轰击电子枪导致阴极损坏和阴—阳极间发生等离子体闭合,限制了脉冲宽度这两个缺点而提出的一种电子枪,其结构如图13-27所示。等离子体空心阴极是利用空心阴极效应和空心阴极的放电特性制成的电子枪,由空心阴极、电离阳极和电子注阳极组成。阴极做成空心圆筒状,因而称为空心阴极。在低压电离脉冲触发下,阴极与电离阳极之间产生辉光放电,形成均匀和稳定的等离子体,作为电子源。空心阴极

① 1Torr=133.322Pa。

的放电电流密度比平板结构阴极的正常辉光放电时要明显大得多，这就是所谓空心阴极效应。在空心阴极底部引入一个放电维持电极，加有 -1kV 的偏压，以维持在低压脉冲间隙期小电流（大约 10mA）的连续放电，以致大电流的放电只要一个低电压（≤5kV）就可以被触发。电子注阳极和电离阳极之间加有直流高压，它的作用是从空心阴极的等离子体放电中提取电子并对电子加速，从而在加速间隙后形成高功率电子注。电离阳极的栅网具有足够的光学透明度，电子注阳极与它具有同样的栅结构，从而保证了从等离子体中提取的电子的通过；但栅孔的孔径较小，以避免等离子体通过栅网扩散。

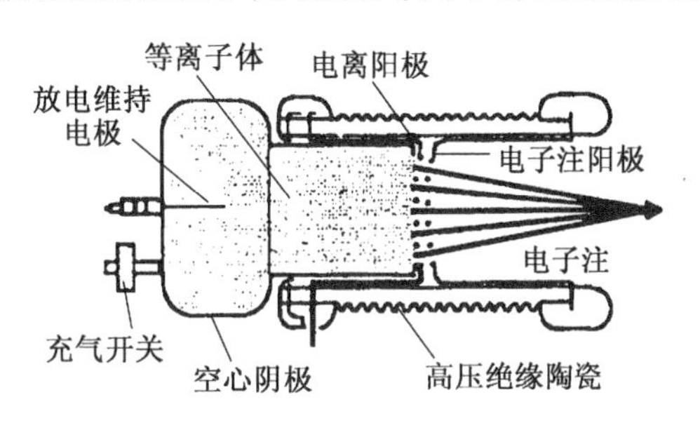

图 13-27　等离子体空心阴极电子枪

由此可见，在等离子体空心阴极电子枪中，真正提供电子束的是等离子体，而且等离子体密度也远低于爆炸电子发射中的等离子体密度，因而由于高能离子反轰造成的阴极破坏就微不足道了；通过控制等离子体的浓度还可以消除加速间隙中的等离子体闭合现象。

等离子体空心阴极电子枪在（5～50）$\times 10^{-3}$Torr 的氢或氦气中，在高达 100kV 电子注加速电压下，可产生脉冲宽度达数百微秒、电流密度≥50A/cm^2 的电子束。空心阴极不需要加热，对真空条件相对不敏感，可承受离子轰击，克服了热阴极空间电荷限制发射和常规冷阴极等离子体闭合加速间隙的缺点。

电子枪产生的强流电子束通过等离子体填充漂移段进入互作用慢波结构。漂移段和慢波结构填充压强大约为 1×10^{-5}Torr 的中性气体（例如氙气），电子注进入后与中性气体碰撞电离，形成背景等离子体，引起电子注发散的径向空间电荷力被明显中和，因而不再需要外加磁场，利用电子注的自身磁场即可约束电子注半径的扩散。

在慢波结构区等离子体辅助下的注—波互作用可提高管子的工作频率，增大可以利用的电子注电流，改善电子注质量。使输出功率、频带宽度和互作用效率综合性能得到提高。

除了等离子体填充返波振荡管外，等离子体填充螺旋线行波管、等离子体填充回旋管等也都在实验上取得了满意的结果。

13.6.5　太赫兹（THz）技术

随着科学技术的不断发展，人类对电磁频谱的掌握与应用也在不断拓展，继毫米波段的开发日益成熟之后，科技界又开始了对亚毫米波领域的进军。太赫兹（THz，1THz $=1\times 10^{12}$Hz）波段是指频率在 0.1～10THz 的电磁波，它介于毫米波与红外光之间，即波长在 3～0.03mm，太赫兹波段的长波段往往又被称为亚毫米波段。

1. 太赫兹波的特点及应用

1）太赫兹波的特性

（1）在室温下(绝对温度300K左右),一般物体都有热辐射,其辐射频谱大约是6THz,宇宙大爆炸产生的宇宙背景辐射中相当部分也是太赫兹波。

（2）许多有机分子在太赫兹波段具有强的吸收和色散特性,物质的太赫兹光谱(发射、反射和透射光谱)包含有丰富的物理和化学信息,使得它们具有类似指纹一样的唯一性特点。

（3）太赫兹波的光子能量很弱,仅为X射线的百万分之一至千万分之一,因而不会在生物组织中引起有害损伤。

（4）太赫兹波波长短,频率高,因而具有高分辨率、超宽带、高速的特点。太赫兹脉冲源单个脉冲的频带可以覆盖从吉赫直至几十太赫兹的范围。

（5）太赫兹波位于红外光与毫米波之间,因而是光学与电子学的过渡区;太赫兹波在电磁波谱中属于宏观与微观的过渡频带,也是经典理论和量子理论的交界区。

这些特点使得太赫兹波在电磁波谱中处于一个特殊的位置,并具有很多独特的性质,尽管在国际上研究工作才进行了20多年,但已取得比较重大的进展,并形成了一门新兴学科——太赫兹电子学。这是一门研究太赫兹波产生和放大、传输与处理、检测与应用等方面的物理与机理、现象与特性、技术与器件的交叉学科。

2）太赫兹波的应用

太赫兹技术在天体物理学、等离子体物理与工程、材料科学与工程、生物医学工程、环境科学与工程、光谱与成像技术、信息科学技术等领域都有着广泛而重要的应用。

（1）太赫兹成像技术。利用太赫兹时域光谱技术可以直接测量太赫兹电磁脉冲所产生的瞬态电磁场,可以直接测得样品的介电常数和厚度分布,因而可以应用于钞票水印的鉴别;应用太赫兹波在材料中的时间延迟特性,可以对不同的材质进行无伤鉴别;二维实时太赫兹活动成像可应用于生物活体的实时观测,也可应用于军队和国家安全部门的探测、监控;利用太赫兹波对物质的穿透能力,可以实现层析成像;利用太赫兹成像技术制成的高灵敏传感器,可以识别几千英里外的树叶种类。

（2）医疗诊断。由于很多生物大分子及DNA分子的旋转及振动能级多处于太赫兹波段,生物体对太赫兹波具有独特的响应,所以太赫兹辐射可用于疾病诊断、生物体的探测及癌细胞的表皮成像。

（3）安全监测。太赫兹辐射也可用于污染物检测、生物组织和化学物质的探测,因而可用于食品保鲜和食品加工过程的监控,非接触、非损伤地监视特殊物质如炸药、毒品的隐藏。由于太赫兹电磁波的强穿透能力和低辐射能力(对人体完全无害),太赫兹成像就可以替代X射线透视、CT扫描、材料无损检测以及要害部门的安检和炭疽菌等生化武器检查等。

（4）天文和大气研究。太赫兹是射电天文学极重要的波段,以超高空间分辨率对宇宙中冷暗区进行观测和成像,开展星系形成演化、太阳系天体、宇宙空间的研究。大气中大量分子如水、一氧化碳、氮、氧及微量分子可以在太赫兹波段进行探测,因而可以进行大气环境保护监控、臭氧层监视等。

（5）雷达与通信。太赫兹波段频率高,带宽宽,比微波信道数多得多,特别适合作卫星间、星地间及局域网的宽带移动通信。太赫兹用于通信可以获得比当前的超宽带技术快几百至 1000 多倍的传输速度,而与可见光和红外线相比它又同时具有极高的方向性及较强的云雾穿透能力,因而可以进行高保密卫星通信。太赫兹波的波长短、分辨率高,可以作为未来高精度雷达的技术基础。

(6) 化学和生物制剂的探测。太赫兹脉冲光谱对分子以及它们周围环境的构成非常灵敏,因此,在各种天气状况下,以及有烟雾和灰尘的环境内,利用太赫兹技术可以在战场上对空降化学药品进行探测,识别化学和生物制剂的种类。

2. 太赫兹辐射源

太赫兹电磁波的产生是太赫兹技术的关键,大功率、高效率的太赫兹辐射源是太赫兹波应用的前提和基础。太赫兹辐射源基本上沿着电子学技术和光学技术两个方向发展,目前已提出的方案主要有:

(1) 真空电子太赫兹辐射源,包括纳米速调管、行波管、返波管及其和频、倍频技术;史密斯—帕塞尔辐射源;以及太赫兹回旋管、太赫兹 EIO 等;

(2) 相对论电子太赫兹辐射源,例如自由电子激光太赫兹源,光学切伦科夫辐射等;

(3) 电子发射器:耿氏振荡器、布洛赫振荡器,冷等离子体等,半导体太赫兹激光器和气体太赫兹激光器;

(4) 利用飞秒激光照射半导体材料或电光晶体表面,产生太赫兹电磁脉冲;

(5) 两个波长相近的光波在非线性晶体中差频产生太赫兹波,可以通过选择不同的差频晶体和改变输入波长,实现太赫兹波的调谐输出;

(6) 光整流脉冲太赫兹源,电流自振荡太赫兹源;

(7) 通过施加偏置电压,用激光脉冲激发光电导偶极天线,产生太赫兹辐射——光电导开关太赫兹源。

第 14 章　相对论电子注器件(高功率微波器件)

相对论电子注器件是指利用加速器产生电子注的微波电真空器件,它与传统微波管最大的不同就是电子注的产生不再利用热阴极电子枪,而是由加速器产生高压,利用场致爆炸发射阴极发射电子注,其特点就是电子注电压高、速度大(必须考虑到相对论因子影响,所以称为相对论电子注)、功率高、脉冲窄、单次或低重频运行。

14.1　概　述

14.1.1　相对论电子注器件的特点

1. 相对论电子注器件与高功率微波的定义

相对论电子注器件现在更通用的名称是高功率微波器件。高功率微波(High Power Microwave,HPM)没有一个严格的统一的定义,根据 J. Benford 和 J. Swegle 在 *High Power Microwave* 一书中的约定,高功率微波(HPM)一般是指频率在 1 ~ 300GHz、瞬时功率大于 100MW 的相干电磁辐射。

但是,高功率微波习惯上往往将一些利用普通热阴极电子枪、脉冲峰值功率不到 100MW 的器件也包括进去,比较典型的就是回旋管。尽管一些高水平的回旋管峰值功率已经接近 100MW,但对绝大部分回旋管来说,它更大的长处是在高平均功率或连续波功率而不是高峰值功率。按照高功率微波的界定,回旋管显然不应属于高功率微波范畴。对能够归入高功率微波范畴的回旋管,人们给予了一个专门名称:相对论回旋管,因为在这类器件中同样采用了由加速器产生的相对论电子注。因此,直接采用相对论电子注器件这一名称似乎比高功率微波器件更为恰当,可以避免这种混淆。但是,高功率微波已经成为大家熟悉的习惯名称,而且,高功率微波范畴内绝大部分器件也都是相对论电子注器件,考虑到这些因素,所以在下面对高功率微波器件与相对论电子注器件两个名称我们将不再区分。

2. 高功率微波运行特点

1) 高功率微波器件脉冲峰值功率高、平均功率低

高功率微波器件由于相对论电子注电压高(可以大于 1MV)、电流大(可以超过 10kA),因而微波脉冲的峰值功率高,目前已经达到数十吉瓦量级的水平。但加速器产生的是窄脉冲单次或低重复频率的高压,脉冲宽度只有数十纳秒,而脉冲宽度与脉冲重复频率的乘积——占空比只是 10^{-6}量级甚至更低(最大 10^{-5}),因此高功率微波器件的平均功率一般都不大。相对论磁控管是目前平均功率最高的高功率微波器件,在 1GHz 频率下,获得了 6kW 平均功率。相对于占空比可以从 10^{-4}一直增加到 1(连续波),最大平均功率

可达 1MW 的普通微波管来说,显然落后很多。图 14 - 1 比较了常规微波管和高功率微波源的峰值功率和平均功率特性,可以看出,高功率微波源的峰值功率远比常规微波管高,但平均功率还落后接近 3 个数量级。

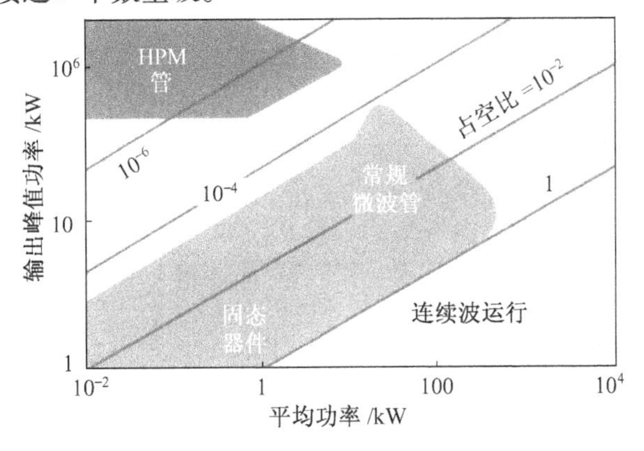

图 14 - 1　微波源的脉冲峰值功率与平均功率的关系

高功率微波器件的效率习惯上是根据微波峰值功率对同一脉冲的电子束峰值功率(电子束峰值电压和电流的乘积)之比来定义的,称之为峰值瞬时功率效率。目前一般高功率微波源的功率效率只能达到 10% 左右或更低,少数最高可达 40% ~50% 。

2) 高功率微波器件品质因子提高迅速

微波器件,不论对传统微波管还是相对论电子注微波管而言,提高功率输出和工作频率始终是努力的方向,对这种努力所取得的成就可以用品质因子——Pf^2 来度量,这个因子的物理意义是,从固定尺寸天线发射的微波信号在目标上的功率密度正比于微波管输出功率与工作频率的平方的乘积 Pf^2。普通微波管从 1940—1970 年的 30 年间,Pf^2 提高了 3 个数量级,达到了 1 左右(P 以 GW 为单位,f 以 GHz 为单位),但此后的进展却很小,其自身机理的限制,使其在继续提高输出功率和工作频率上遇到了严重困难,发展十分缓慢。而高功率微波器件从 20 世纪 70 年代以来,发展迅猛,其 Pf^2 直接从 1 起步,在 20 年里就前进了 3 个数量级,已经远远将普通微波管抛在后面。目前,具有最高品质因子的器件是频率 46GHz、输出功率 3. 5GW 的相对论衍射发生器(Relativistic Diffraction Generator, RDG),达到 7400GW(GHz)^2。图 14 - 2 给出了微波器件品质因子 Pf^2 的发展情况。

3) 高功率微波器件单脉冲能量提高快,但能量效率低

普通微波管尽管脉冲宽度可以达到数十毫秒甚至更宽,但由于其峰值功率的限制,因此单脉冲能量一般仅在若干焦耳的量级,最高达到 100J(连续波除外);高功率微波器件虽然脉宽只有数十纳秒量级,但随着峰值功率的不断提高,以及脉宽的增加,单脉冲能量的发展十分迅速,20 世纪 70 年代达到几十焦耳,80 年代达到几百焦耳,到 90 年代就超过了 1kJ(相对论速调管)。图 14 - 3 给出了微波管峰值功率与能量的关系图,可以看到,单脉冲能量高的都是窄带高功率微波器件,具有很短脉冲宽度的宽带脉冲源,峰值功率水平跌落到≤100MW 的范围,致使单脉冲能量≤1J。

但是,以单脉冲能量与电子束脉冲能量之比定义的能量效率来衡量,则高功率微波器件的能量效率都很低,这是由于微波脉冲宽度普遍比电子束脉冲宽度小得多,即在电子束持续通过时微波却被过早地截断,即所谓脉冲缩短现象而导致的结果。

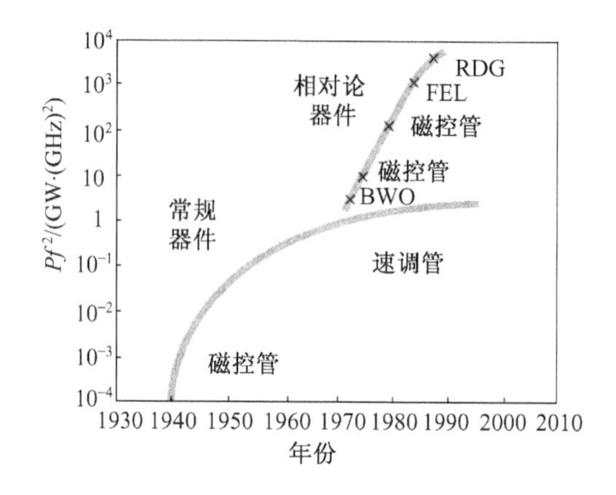

图 14－2　微波器件品质因子 Pf^2 的发展

BWO—返波振荡器；FEL—自由电子激光；RDG—相对论衍射发生器。

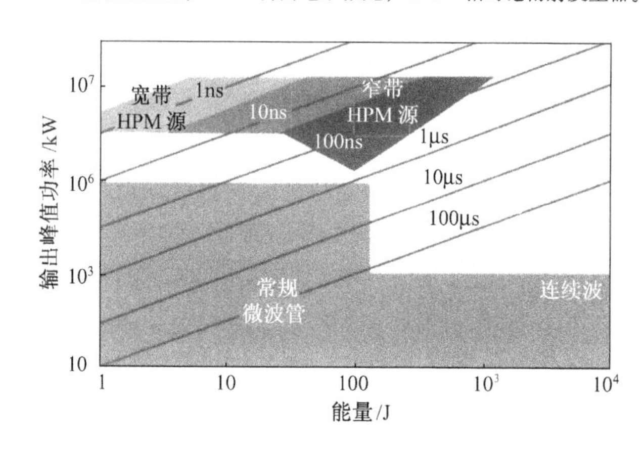

图 14－3　微波管峰值功率与单脉冲能量的关系

14.1.2　高功率微波的应用

高功率微波在国防、科学研究和民用领域具有巨大的应用前景，这种应用的需求又推动着高功率微波的进一步发展。目前，高功率微波的主要应用和需求包括以下领域。

1. 高功率微波武器

高功率微波器件产生的高功率和高能量微波输出，使利用高功率微波来直接作为破坏、损伤敌方军事设备和人员成为可能，从而产生了高功率微波武器。高功率微波和激光、粒子束是定向能武器的三大类型，与其他定向能武器相比，高功率微波武器的优点是不存在严重的大气传输问题，特别是在 35GHz、94GHz、140GHz 和 220GHz 等大气窗口，大气对微波的损耗更小；另外，由高增益天线定向发射的微波通过衍射仍可扩展到具有足够大小的斑点，可以弥补瞄准和跟踪的低精度，比激光武器、能束武器大大提高了命中目标的概率。

高功率微波武器既可实现对目标的软杀伤——执行战斗任务的关键元件如微波晶体管、记忆元件等的失效、翻转从而使目标失去功能，但目标整体没有被破坏；在功率密度足够大时，也可以实现对目标的硬杀伤——使目标的电子系统部分易损元件直接烧毁。

还应指出,高功率微波对人员同样具有损伤作用,使敌方人员暂时或永久失去战斗能力,但一般不致人死亡。据此,美国提出了一种非致命武器系统——主动拒止武器,用高功率毫米波照射人群,会引起皮肤的剧烈灼痛,从而达到驱散人群,迫使人群迅速逃离现场的目的。

2. 超级干扰机

超级干扰机是介于高功率微波武器与常规电子对抗干扰机之间的一种过渡系统,西方认为电子干扰不产生目标的任何物理破坏,而武器系统则相反,必须具有明显的对目标和人员的破坏杀伤力;俄罗斯人则把高功率微波和电子对抗一起作为一个整体武器概念,从这一点出发,就可以把高功率微波看作电子对抗的自然延伸,而超级干扰机正是这种延伸的中间一环。超级干扰机利用高功率微波源作为发射机,因此大大提高了有效干扰距离,干扰效果也可以显著提高,使敌方电子系统(通信、雷达、导弹等)受到干扰而失灵、失效或迷失方向,发生判断错误;对近距离目标甚至可以产生高功率武器系统的某些效果,例如使敏感电子元件失效,电子系统误触发,数字电路系统翻转等。

3. 高功率雷达和冲击雷达

高功率微波源用作雷达发射机功率源是很自然的应用,雷达发射功率提高后,探测距离随之亦将增加(按功率的 1/4 次方($P^{1/4}$)比例增加)。但是,对雷达作用距离的限制往往不是功率而是信号噪声比,因此,简单地提高功率并不是最佳选择。

近年来,一种新型雷达——冲击雷达得到了重视,这种雷达由每个脉冲只有几个高功率微波周期,而高功率微波周期仅百分之几纳秒至十分之几纳秒量级,因此,雷达脉冲宽度最大也只有纳秒量级,这样的窄脉冲包含有非常丰富的频谱,换句话说,具有非常宽的带宽,称之为超宽带(Ultra Wideband,UMB)。一个脉宽为纳秒量级的信号,典型的带宽为吉赫量级,一般≤2GHz。而为了在许多应用方面能与普通雷达竞争,冲击雷达每个脉冲的能量至少不能低于普通雷达,因此,若普通雷达的脉宽大约为 1μs,在 1MW 峰值功率下产生每个脉冲 1J 的辐射能量,则对于 1ns 脉宽的冲击雷达来说,为了提供同样 1J 的能量,就必须具有大约 1GW 的峰值功率。

冲击雷达在 1ns 脉冲宽度下可以达到 15cm 的测距分辨率;如果角度分辨率能达到同样精度,则就可以对目标形状进行直接识别和成像;冲击雷达可以作为探地雷达调查地球土壤和冰冻层及探测由泥土和枝叶覆盖的隐蔽目标;还可以排除杂物干扰信号,从而探测海面掠行巡航导弹;其超宽带特性使它可以探测隐身飞机。不仅如此,冲击雷达在体积、质量以及成本方面亦显著优于普通雷达。

4. 高能射频加速器

目前加速器的发展目标是产生能量为 1TeV(1000GeV)的电子束,产生这种束流的加速器应是射频加速器,射频直线加速器的关键性能是能量增长率(MeV/m),称之为加速梯度。对于一定的电子最终能量,加速梯度越大,加速器就可以做得越短,从而降低加速器成本。对于一个 TeV(10^{12}电子伏特)目标的加速器来说,其加速梯度的要求是希望达到 100MeV/m 量级或更高,而要达到高加速梯度目标的风险最低的方案就是提高注入微波的功率和频率,因而采用高功率微波源显然是最佳选择。

5. 受控热核聚变等离子体加热

受控热核聚变是人类社会未来最有希望的一种新能源,在传统以炭为主的燃料能源

(煤、石油、天然气)日渐枯竭的今天,加快核聚变释放的巨大核能潜力的开发更为迫切。受控热核聚变主要有磁约束聚变与惯性约束聚变两种方法,而磁约束等离子体受控热核聚变需要将等离子体加热到极高温度(约 10^8K),因此需要某种形式辅助加热,其中利用高功率微波,特别是毫米波高功率微波对等离子体进行电子回旋共振加热是最重要的加热方法之一。目前用于或计划用于回旋共振加热的高功率微波源主要有回旋管、回旋自谐振脉塞和自由电子激光,对它们的要求是高频率、长脉冲或连续波、高功率(兆瓦量级)。

6. 功率传输

采用高功率微波波束可以将能量从地面传到空间,或者反过来从空间传到地面,或者空间两点之间传输,从而使人类可以实现在太空利用太阳能向地球传输电能,其关键技术就是将空间站上由太阳能产生的高达10GW的直流功率转换成高功率微波,定向发射至地面后再变换回直流功率,为解决能源危机提供一条更为诱人的途径;利用HPM微波功率传输也可以由地面向人造卫星传送功率、补充能源。近年来,又有人提出利用高功率微波在大气层中人造电离区以修复电离层的革命性概念,它不是限制天然电离层,而是试图直接控制电离层,以保证即使在太阳风暴干扰电离层时,雷达和长距离通信仍能正常工作。

7. 高功率微波其他应用

高功率微波在工业加工、环境净化、医学、生物学、激光泵浦及新材料制备等各方面有广泛的应用潜力,有待人们去不断探索和开发。例如等离子体化学、材料高温处理、介质加工等。利用频率≥2.4GHz、连续波功率10~50kW的回旋管烧结高质量高硬度精密陶瓷的设备已在俄罗斯商品化。

14.1.3 相对论电子注电磁辐射的物理基础

在前面各章中所讨论过的各种微波电真空器件,使用的都是能量较低的非相对论或弱相对论电子注,因而我们都是从电子与高频场进行能量交换的角度来分析其产生微波振荡或放大的机理的。本章要讨论的是相对论电子注器件,即能量很高的强相对论电子注,在这种情况下,自由电子的辐射现象非常重要,一些重要器件也往往直接以辐射形式命名,如电子回旋脉塞,即回旋管(脉塞——Maser,指受激微波辐射)、切伦科夫振荡器、自由电子激光(激光——Laser,指受激光辐射)等,因此,有必要先对自由电子的辐射有一个概念性了解。

1. 自由电子的辐射

1) 自发辐射与受激辐射

运动的自由电子会产生电磁辐射,这早已被科学家所发现并进行了深入的研究,发现了各种不同形式的辐射机理。直接由自由电子产生的辐射称为自发辐射,自发辐射产生的电磁波一般是连续谱,是非相干的,因而一般不能为人类所直接利用。将非相干辐射转变为相干辐射的主要方法,就是将自发辐射变成受激辐射,而利用高频结构的"谐振"特性是实现这种转变的常用的有效途径;另外,使电子注与高频结构上的电磁波"同步",利用某种"泵"源电磁波强迫辐射场与之"谐振"也可以使自发辐射转变为受激辐射。可以说,将非相干的自由电子自发辐射利用外部因素转变为相干辐射,就成为受激辐射。自发辐射是受激辐射的基础。

2) 自由电子的自发辐射

(1) 放射辐射。由自由电子的加速度引起的辐射称为放射辐射。例如,带电粒子在磁场中受到洛伦兹力的作用,粒子就将作加速度运动,从而产生辐射。其中,由非(弱)相对论性电子在磁场中运动产生的辐射称为回旋辐射,而把强相对论性电子在磁场中运动产生的辐射称为同步辐射,同步辐射加速器的辐射就是以接近光速做圆周运动的电子产生强烈的辐射而产生的。

(2) 切伦科夫(Cherenkov)辐射。在一般情况下,做匀速运动的自由电子不产生辐射,但当电子的速度超过周围介质中的光速时,即使是作匀速直线运动,电子亦会产生辐射,称为切伦科夫辐射,或者“超光速”辐射。实际上,行波管的工作原理在一定意义上也就是一种切伦科夫辐射,行波管产生高频放大的条件就是电子速度大于慢波线上电磁波的相速,慢波线的作用等效于某种介质,而慢波线上电磁波的相速就是该介质中的光速。

(3) 散射辐射。当一束电磁波射到自由电子上时,电子就会在所接收到的场的作用下运动,这种运动必定有速度的改变,即加速度,从而产生辐射,这种辐射射向各个方向,类似于光的散射,因而称为散射辐射。当投射波的频率较低时,称为汤姆逊(Thomson)散射;而当投射波的频率较高,其波长小于电子的康普顿(Compton)波长($\lambda = h/(m_0 c)$,h 为普朗克常数,m_0 为电子静止质量,c 为光速)时,散射由经典的汤姆逊散射过渡到量子的康普顿散射。

汤姆逊散射的散射波频率与投射波频率一般相同;而当电子运动速度很高时,散射波的频率就有可能与投射波的频率不一样。散射波的频率与投射波的频率相同时,称为相干散射;频率不同时,称为非相干散射。

(4) 衍射(绕射)辐射。在电子运动的途径中,遇到不均匀时,如一块金属片,电子就将在该金属片上感应起电荷,而且感应电荷将随着电子运动而发生变化,这样,这块金属片就犹如一根天线,感应电荷的变化形成天线上的电流,从而产生电磁波辐射,这就是衍射(绕射)辐射。

在 Orotron 中,利用的史密斯—帕塞尔效应就是一种衍射辐射,电子在运动过程中周期性遇到光栅上的不均匀性,从而产生受激相干辐射。

(5) 渡越辐射。当均匀运动的带电粒子从一种介质突然进入另一种介质时,也会产生电磁辐射,这种辐射称为渡越辐射。这种辐射的机理可以这样来理解:当电子在一种介质中运动时,会建立起一个随着电子运动的场,而当电子进入另一种介质中时,电子运动将建立起另一个场,两种介质的电磁特性不同,建立起的场也就不同,所以,必定出现一个附加的场,这种场就构成辐射场。

渡越辐射与切伦科夫辐射都是由均匀直线运动的电子激发的,但切伦科夫辐射只有当电子速度大于介质中的光速时才会发生,而渡越辐射对电子在介质中的速度没有任何限制,只要以任何速度从一种介质进入另一种介质,就可以产生辐射。若电子在真空中穿越一系列介质薄片,人们利用渡越辐射,适当选择介质薄膜的参数及电子束的能量,就可望得到 X 射线激光。

2. 相对论器件中电子注的主要辐射形式

上面列举了自由电子辐射的主要形式,每种形式都在产生相干电磁波辐射方面有着重要的应用,但在具有强烈相对论电子注的高功率微波器件中,其自由电子的辐射最主要的形式是磁韧致辐射和切伦科夫辐射。

1) 磁韧致辐射

韧致辐射的概念是在不断扩展的,它最初是指电子射入固态物质时,电子被迅速减速或制动,这一速度变化过程必然产生电磁辐射,所以,当高能电子轰击金属靶时,可以观察到X射线波段范围内的辐射。韧致辐射的起初含义,就是指上述过程中电子被靶物质制动所产生的电磁辐射,亦称为制动辐射。顺着这一思路深入下去,电子或带电离子与物质的原子核碰撞,使得粒子作加速或减速运动,从而产生辐射,这种由于碰撞作用所产生的辐射显然也应是韧致辐射。韧致辐射的频谱不限于X射线,可以遍及整个电磁波谱范围。

现在,韧致辐射一词的含义已被延伸或泛指自由电子在外场作用下,被加速或减速时所产生的辐射。其中,具有一定速度的电子在均匀磁场中做圆周运动(如考虑到电子若具有纵向速度,则电子做螺旋运动),具有向心加速度,从而产生辐射。这种电子在磁场中做圆周运动所引起的辐射,称为磁韧致辐射,而且可以证明,这种电子运动是加速度与速度相垂直的圆周运动,其辐射比加速度与速度平行条件下的电子辐射更为有效。显然,韧致辐射是一种由速度变化(存在加速度)引起的放射辐射,而回旋辐射或同步辐射主要就是磁韧致辐射。所以电子回旋脉塞又可以被称为自由电子磁韧致辐射器;在同步加速器、回旋加速器中磁韧致辐射被作为新的高强度光源;而世界上第一台自由电子激光器就是一种受激磁韧致辐射装置。

2) 切伦科夫辐射

根据相对论,电子的运动速度不可能大于真空中的光速,但却可能大于某种介质中的光速,即

$$v_e > u = \frac{c}{n} \tag{14.1}$$

式中,v_e 为电子速度;u 为介质中的光速;n 为该介质的折射率;c 为真空中的光速。在这种情况下,运动的电子将超过它的场,于是源(电子)就"抛开"了场,从而使场"离开"源,形成了电磁波辐射,这种辐射就是切伦科夫辐射。

图14-4给出了切伦科夫辐射的原理示意图。电子运动的速度 v_e 比波的传播(扩散)速度 u 更快,使得电子运动产生的场不可能出现在电子的前方,而总是落在电子的后方,因此在电子后面将出现一系列球面子波,这些相继发生的球面子波干涉结果形成一个在电子后面的锥形尾波。不难看出,尾波的波阵面正是电子在轨道上各点发出的球面子波的包络面,从空间看,这一包络面将是一个圆锥面,电子位于圆锥的顶点,并且圆锥与电子一起前进。辐射方向与粒子运动方向之间的夹角 θ_c 称为切伦科夫角,它由下式确定:

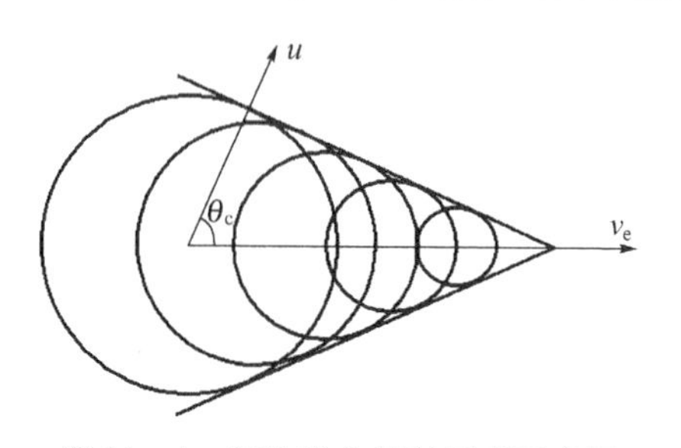

图14-4 切伦科夫辐射原理示意图

$$\cos\theta_c = \frac{u}{v_e} = \frac{c}{nv_e} \tag{14.2}$$

可见,电子速度 v_e 越大,辐射方向偏离电子速度方向就越大(注意 u 的方向与圆锥面垂直),圆锥面也就越尖锐,这是切伦科夫辐射的特点。利用这一关系式就可以探测高能粒子的速度,只要将高能粒子通过已知折射率 n 的介质,测量切伦科夫辐射角,就可以计算出粒子的速度。

利用切伦科夫辐射,已经出现了高功率多波切伦科夫振荡器、相对论行波管、相对论返波振荡器等等高功率微波器件。近年来,人们又着眼于研究切伦科夫激光,而且预计受激切伦科夫辐射激光比通常的自由电子激光更优越。前面已指出,我们熟悉的行波管、返波管等慢波器件,同样可以看作一种切伦科夫辐射装置。

14.2　相对论切伦科夫器件

以切伦科夫辐射现象为基础的高功率微波源称为切伦科夫器件,其工作原理在讨论行波管、返波管时已经作过详细介绍。当电子注速度大于慢波结构中电磁波相速时,群聚电子将主要集中在减速场中,电子向场交出的能量比电子从场中吸收的能量多,使波的幅值得到增加。提高电子注本身的能量以获得更高的输出功率,由此出现了相对论行波管、相对论返波管,而改善这些器件功率产生能力的进一步研究,又导致了多波切伦科夫发生器和相对论衍射发生器的发展。

14.2.1　相对论行波管

相对论行波管的原理与常规行波管相同,它同样属于 O 型放大器件,由脉冲功率源和非热电子阴极产生的强流电子束在强轴向磁场引导下,以略高于慢波结构上行波相速的速度注入高频慢波系统,与行波场发生分布式互作用,发生电子群聚并使高频场得到放大,在相互作用区的出口处,电子束开始扩散并打到收集极壁上。

相对论行波管常用的慢波结构是波纹波导和盘荷(膜片加载)波导,螺旋槽波导也可以用于相对论行波管。图 14－5 为美国康奈尔大学研制的相对论行波管的结构示意图。

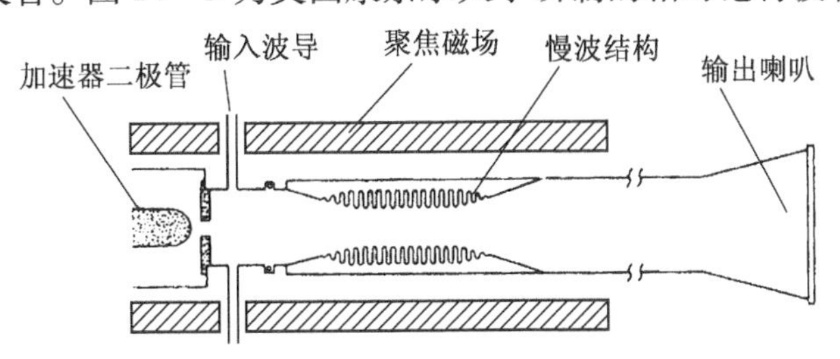

图 14－5　相对论行波管结构示意图

图 14－5 所示的相对论行波管是 20 世纪 80 年代后期进行的实验,在 8.76GHz 频率上获得 100MW 的输出功率,由于该行波管只有一段慢波线,输入与输出之间没有隔离,波在慢波系统两端的反射导致振荡,限制了输出功率的进一步提高,同时降低了放大器带宽。为了有效抑制放大器的反射振荡,人们采用了被隔离段分隔的两段慢波结构,隔离段

是一段对于被放大微波截止的有损耗的漂移管。在实验中,这种两级行波管可以得到超过400MW的功率而不发生击穿。为了保证注波互作用的高效性,相对论行波管在开始都采用了单模(TM_{01}模)高频结构,但是,随着器件输出功率的不断提高,这种单模结构内部的功率密度不断提高,高频场强不断增强,一方面导致内部高频击穿的发生,另一方面也会破坏电子束的正常传输与群聚。这两方面都将破坏注波互作用的持续进行,人们开始采用过模高频结构,以增大结构的横向尺寸,从而降低器件内部场强。应用过模高频结构的X波段相对论行波管放大器,最终获得了吉瓦量级的脉冲输出,增益47dB,脉宽70ns。

防止器件内部击穿的另一种途径是增加放大器中最后2个或3个慢波结构单元的尺寸,从而减小金属表面的电场,使慢波系统变成准周期结构。在基于准周期结构的盘荷波导行波管实验中,进一步提高功率的措施可以采用使系统两端反射所产生的反射波往返时间等于或大于电子注脉冲时间的方法,来有效消除由反射波引起的振荡。这种称为渡越时间隔离法的措施已经在实验中得到成功验证,在9GHz频率上达到了160MW的功率而没有出现振荡。

14.2.2 相对论返波管

相对论返波管也有着与常规返波管相同的工作原理,相对论强流电子束与慢波系统中的返波空间谐波相互作用,由于返波的相速与群速的反向,在内部形成反馈机制,从而产生微波振荡。但与传统返波管不同的是,相对论返波管在慢波结构的电子枪端设置有一段截止波导,使得能量沿慢波线向电子枪端传输的微波被反射,仍在收集极端输出。

相对论返波管的结构如图14-6所示。相对论返波管由于其高功率、高效率和适合重复频率工作等特点而受到人们的重视,它是输出功率能够超出10GW以及在吉瓦量级功率水平上能够实现100~200Hz重复频率运行的少数高功率微波器件之一,因而在高功率微波技术中占有重要地位。

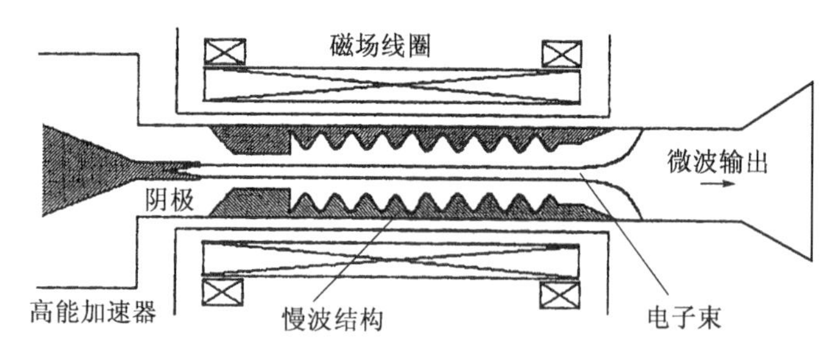

图14-6 相对论返波管结构示意图

提高相对论返波管效率的方法可以是增加慢波结构输出段的波纹深度以提高耦合阻抗;也可以同时使引导磁场在输出段沿轴向逐渐降低,使电子束更靠近慢波结构内壁,进一步增加束波之间的耦合;还可以改变慢波结构的周期以逐渐降低波的相速,以保持与因不断失去能量而速度下降的电子束之间的同步。理论和实验证明,这些措施可以使相对论返波管的效率从15%提高到45%,甚至60%以上。

高功率微波器件的重复频率运行可以大大提高管子输出的平均功率,在这方面,相对论返波管取得了令人瞩目的成绩,重复频率达到了200Hz。在结构上,重复频率相对论返波管与单次脉冲管最大的不同是单独设置了一个收集极,在单次工作的相对论返波管中,输出波导或辐射喇叭兼作收集极,电子直接打在波导或喇叭壁上。但在重复频率运行时,特别是较高重复频率运行时,电子打上管壁所沉积的热量迅速增加,导致二次电子发射严重、材料放气引起场击穿和脉冲缩短等,因而需要设计一个单独的收集极。

在返波管中,慢波线的电子枪端微波场最强,因而截止波导由于半径相对较小而最易引起击穿。为了避免这一现象的发生,俄罗斯研究人员提出可以用一谐振腔(称为 Bragg 腔或 Braag 反射器)来代替截止波导(图 14-7)。该谐振腔对返波管的工作模式(通常为 TM_{01} 模)产生反射而在腔中激励起另外的模式,如 TM_{02} 模,该模式还增加了对电子束的预调制作用。

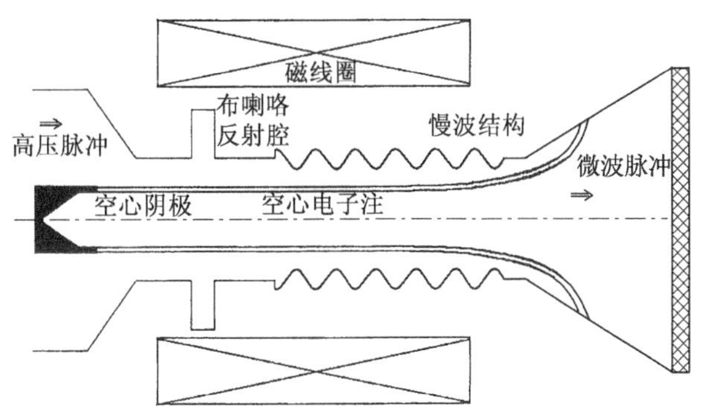

图 14-7　带 Bragg 反射器的相对论返波管

在相对论返波管中填充等离子体可以提高束波转换效率也已被实验所证实。美国马里兰大学的研究表明,在电子束注入慢波结构之前直接注入等离子体,在束流为 70 ~ 200A 时,可以使相对论返波管的效率从真空条件下的 20% 提高到填充等离子体后的 40%;将束流提高到 2000A 时,效率则从 5% 提高到 40%。

14.2.3　多波切伦科夫振荡器

相对论返波管的超高功率运行遇到了慢波结构内高频击穿的限制,因此,为了能从强流加速器所产生的几十吉瓦功率的电子束脉冲中有效地转换成最大的微波辐射,必须采用尺寸明显大于波长的超大慢波结构,多波切伦科夫振荡器(Multiwave Cerenkov Generator,MWCG)就是这类器件的一个代表。

多波切伦科夫振荡器在结构上具有下述特点:① 慢波结构的尺寸大,其直径至少为对应工作频率的自由空间波长的几倍;② 使用了两段慢波结构,两段慢波结构之间由一节漂移空间隔开。图 14-8 给出了一个多波切伦科夫振荡器的结构示意图,显然,结构的

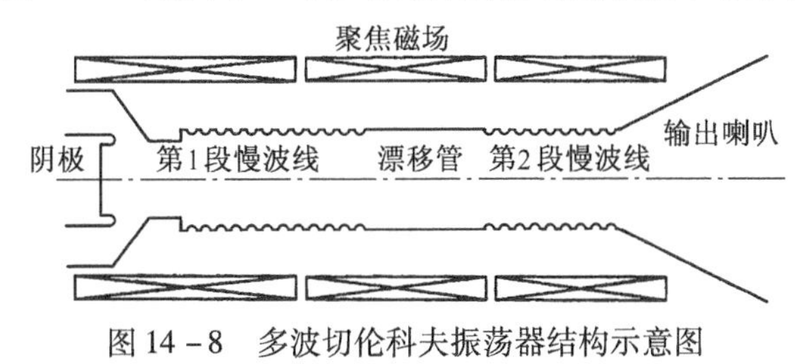

图 14-8　多波切伦科夫振荡器结构示意图

第一个特点使得相互作用空间直径大为增加,有助于减小平均功率密度和增加总的功率容量,但同时也带来了可能导致模式竞争而出现工作不稳定的问题;而结构的第二个特点,两段慢波结构的使用正是为了有助于工作模式的选择,第一段慢波线起预群聚作用,使电子束开始群聚(伴随有一定换能过程发生),群聚过程在漂移空间继续进行,第二段慢波结构则是输出段,电子束在其中产生电磁辐射。每段慢波线的长度小于起振所要求的长度,两段在一起才能产生稳定的微波振荡,每一段都工作在色散曲线的 π 点附近,即色散曲线的截止频率附近。

还应该注意,两段慢波结构之间的漂移段对微波传输并不截止,这与速调管中的情况完全不同,在漂移区中将传播快波模式。这样,在漂移段与慢波线之间将产生一定反射,这种反馈有助于稳定器件的传输模式,类似于谐振腔作用,所以曾有研究人员提出直接以一个谐振腔来替代漂移区。

多波切伦科夫振荡器中的"多波"一词,一般来说,是指大截面慢波结构将导致器件中多种微波模式并存,电子束同时与冷结构的 n 个模式发生相互作用,它们都以同样的频率相干振荡。有些模式的电场集中在慢波结构表面附近,而有些模式场则占据了结构整个体积,这种作用导致整个系统形成统一的振荡器,它由上述许多冷结构波模式组成。在X波段的多波切伦科夫振荡器在9.4GHz上得到了15GW功率,效率达50%,脉冲宽度60~70ns;而在30.86GHz频率下,获得了3GW的峰值功率,效率20%。

与多波切伦科夫振荡器结构类似的器件还有多波衍射发生器(Multiwave Diffraction Generator,MWDG)和相对论衍射发生器(Relativistic Diffraction Generator,RDG),同样由过模的两段慢波线构成,不同的是,多波衍射发生器的第一段慢波结构的工作为一个返波管,因而在电子束输入端附近慢波线的截面尺寸减小,使之形成反射,而第二段慢波结构为接近于 $3\pi/2$ 模式($v_g \approx 0$)工作的一个衍射发生器;相对论衍射发生器的各段慢波线则通常工作于 2π 衍射模。在衍射发生器中,微波场主要分布在慢波结构空间体积中,而不像多波切伦科夫振荡器中基于表面波的互作用,在这里与体积波相互作用并通过能量交换实现反向耦合,同时也降低了在慢波结构表面的电磁场强度。衍射发生器可以获得吉瓦量级微秒脉宽的电磁脉冲,现有水平是:在2.3cm波长上输出功率0.5~1GW,脉宽100~250ns;5cm波长上脉冲1GW,脉宽0.7μs;代表相对论器件最高品质因子 Pf^2 的46GHz、3.5GW的衍射发生器。

MWCG、MWDG和RDG都具有大尺寸的慢波线,直径一般在10个波长以上。它们的优点是输出功率高、脉冲宽度长和输出脉冲能量高,但缺点是体积大,而且需要一个庞大而沉重的磁场线圈及其电源系统。

14.3 相对论正交场器件

相对论切伦科夫器件是线性注器件,即O型器件,与常规微波管相对应,相对论器件同样还有M型器件,即正交场器件,最主要的相对论正交场器件为相对论磁控管和磁绝缘线振荡器(Magnetically Insulated Transmission Line Oscillator,MILO)。

14.3.1　相对论磁控管

相对论磁控管实际上就是普通磁控管对强流相对论电子注情况的扩展,它与普通磁控管的区别除了电压高、电流大外,最大的不同是以冷阴极(场致发射阴极)取代了普通磁控管中的热阴极,此外,必须考虑相对论效应的影响是相对论磁控管工作原理的特点。

相对论磁控管由于结构简单,近年来得到迅速发展,它可以很容易得到吉瓦量级的功率输出和千赫量级的重复频率。

1. 相对论磁控管的阳极

相对论磁控管的阳极同样是一个多腔谐振系统,其中发展得最完善的是 A6 系统(图 14－9(a)),次之还有 M8 型(图 14－9(b))。近来又发展了一种可调谐的阳极结构(图 14－9(c)),它的基本形式是一种由可伸入阳极的叶片,叶片之间的扇形腔组成与普通磁控管扇形阳极块类似的旭日式结构,每个叶片中心又挖出一个矩形腔,调节叶片(矩形腔的外壁)伸入阳极的长度即可实现频率调谐,可提供 35% 带宽的调谐能力,而且在频率变化时管子的输出功率变化很小。

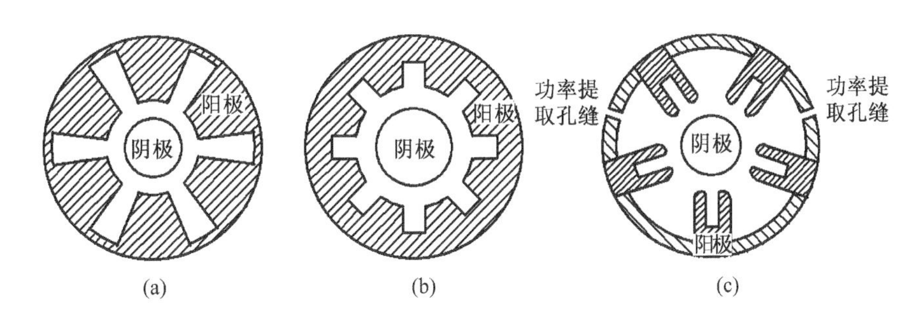

图 14－9　相对论磁控管的阳极

(a) A6 型;(b) M8 型;(c) 可调谐型。

相对论磁控管的主要模式为 π 模和 2 π 模,其电场结构如图 14－10 所示。

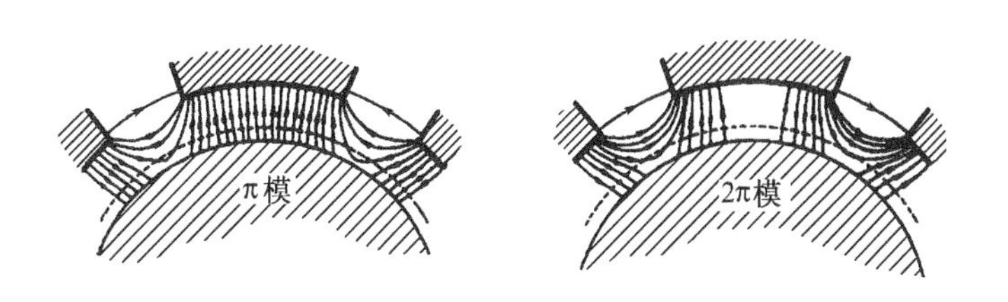

图 14－10　π 模和 2 π 模的高频电场结构

2. 相对论磁控管的临界磁场

在第 12 章讨论静态磁控管中的电子运动时,曾引入临界磁场的概念——在一定的电压下,做轮摆运动的电子刚好擦过阳极表面而不打上阳极所对应的磁场,并得到临界磁场 B_c 的表达式(12.18):

$$\begin{cases} B_{\mathrm{c}} = \dfrac{2\sqrt{\dfrac{2m}{e}V_{\mathrm{a}}}}{r_{\mathrm{a}}\left(1 - \dfrac{r_{\mathrm{k}}^2}{r_{\mathrm{a}}^2}\right)} = \dfrac{\sqrt{\dfrac{2m}{e}V_{\mathrm{a}}}}{d_{\mathrm{e}}} \\ d_{\mathrm{e}} = \dfrac{r_{\mathrm{a}}^2 - r_{\mathrm{k}}^2}{2r_{\mathrm{a}}} \end{cases} \tag{14.3}$$

式中，d_{e} 称为阴阳极之间的有效间隙；r_{a}、r_{k} 分别为阳极和阴极半径。

将式(14.3)扩展到相对论条件下，就不难得到相对论磁控管的临界磁场。

由相对论因子

$$\gamma = \frac{1}{\sqrt{1 - \beta^2}} = \frac{1}{\sqrt{1 - (v/c)^2}} \tag{14.4}$$

就可以得到

$$v^2 = \left(\frac{c}{\gamma}\right)^2(\gamma^2 - 1) \tag{14.5}$$

则在临界磁场下，电子擦过阳极表面时的速度 v 与阳极电压 V_{a} 之间存在关系：

$$V_{\mathrm{a}} = \frac{mv^2}{2e} \tag{14.6}$$

将式(14.5)代入式(14.6)，然后代入式(14.3)，得到

$$B_{\mathrm{c}} = \frac{1}{d_{\mathrm{e}}}\frac{mc}{e}\frac{1}{\gamma}\sqrt{\gamma^2 - 1} = \frac{m_0c}{ed_{\mathrm{e}}}\sqrt{\gamma^2 - 1} \tag{14.7}$$

这就是相对论磁控管的临界磁场表达式，式中，$m = m_0\gamma$，m_0 为电子的静止质量。根据能量守恒定律，相对论能量关系给出

$$mc^2 - m_0c^2 = eV_{\mathrm{a}} \tag{14.8}$$

即

$$(\gamma - 1)m_0c^2 = eV_{\mathrm{a}} \tag{14.9}$$

由此可得

$$\gamma^2 - 1 = \frac{2eV_{\mathrm{a}}}{m_0c^2} + \left(\frac{eV_{\mathrm{a}}}{m_0c^2}\right)^2 \tag{14.10}$$

这样，式(14.7)就可以重新写为

$$B_{\mathrm{c}} = \frac{m_0c}{ed_{\mathrm{e}}}\left[\frac{2eV_{\mathrm{a}}}{m_0c^2} + \left(\frac{eV_{\mathrm{a}}}{m_0c^2}\right)^2\right]^{\frac{1}{2}} \tag{14.11}$$

在非相对论条件下，V_{a} 很小，$eV_{\mathrm{a}}/m_0c^2 \ll 1$，开方项中的第2项(平方项)与第1项相比可以忽略，则式(14.11)就退化为式(14.3)，可见，考虑到相对论效应后，临界磁场值增加。

由于式(14.11)给出的磁场是一个临界值，当磁场达到和超过该值时，电子就不会打

上阳极,或者说,阴、阳极之间是绝缘的,因此,临界磁场又可以称为磁绝缘条件。临界磁场与阳极电压的关系曲线称为临界抛物线。

3. 相对论磁控管的哈垂方程

普通磁控管中的哈垂方程给出了门槛电压的表达式,其物理意义在于:在一定磁场下,门槛电压给出了形成稳定振荡所要求的最低阳极电压,由于临界磁场给出了阳极电压的最高值,高于此值,所有电子在不到 1 个轮摆时就打上了阳极,因而也无法进行换能以激励起振荡。因此,磁控管的实际振荡区处在门槛电压线与临界抛物线之间。

哈垂方程是从磁控管的同步条件出发求得的,即

$$v_e = (v_p)_n \tag{14.12}$$

式中,v_e 为电子的角向漂移速度;$(v_p)_n$ 为 n 号振荡模式的行波相速。由此得到的哈垂方程或称哈垂条件,或者振荡条件。

对于相对论磁控管,考虑到相对论效应后,哈垂条件可以写成

$$\frac{eV_{th}}{m_0c^2} = \frac{eB\omega_n}{m_0c^2n}r_a d_e + \sqrt{1 - \left(\frac{r_a\omega_n}{cn}\right)^2} - 1 \tag{14.13}$$

式中,V_{th}为起振门槛电压;ω_n 为 n 模式的振荡频率;n 为模式号数。这一方程不难退化为普通磁控管的哈垂条件,在非相对论的普通磁控管中,r_a 比较小,因而式(14.13)中根号的第 2 项满足$(r_a\omega_n/cn)^2 \ll 1$,因而有

$$\sqrt{1 - \left(\frac{r_a\omega_n}{cn}\right)^2} \approx 1 - \frac{1}{2}\left(\frac{r_a\omega_n}{cn}\right)^2 \tag{14.14}$$

则式(14.13)简化为

$$\frac{eV_{th}}{m_0c^2} = \frac{eB\omega_n}{m_0c^2n}r_a d_e - \frac{1}{2}\left(\frac{r_a\omega_n}{cn}\right)^2 \tag{14.15}$$

显然,这就是普通磁控管哈垂方程(12.37)的另一种表达形式,两者完全一致,由此亦表明了,相对论磁控管的起振条件式(14.13)只是普通磁控管起振条件式(12.37)的相对论推广。相对论磁控管起振条件曲线与普通磁控管也完全类似,可以参看图 12-14,其门槛电压 V_{th}值只是比普通磁控管的门槛电压值更低,但同样与临界抛物线相切。

4. 相对论磁控管的效率

在磁控管中,电子打上阳极时,已经将大部分直流位能转变成了高频场能量,剩余的能量以动能形式消耗在阳极上并转变成热能发散掉,根据相对论能量守恒公式,应有

$$mc^2 - m_0c^2 = \frac{1}{2}mv^2 \tag{14.16}$$

式中,mc^2 为电子打上阳极时的电子能量,即对应速度 v 时的电子能量;m_0c^2 为电子速度为零时的静止能量;$mv^2/2$ 为电子消耗在阳极的动能,式(14.16)也可以写成

$$(\gamma_a - 1)m_0c^2 = \frac{1}{2}mv^2 \tag{14.17}$$

其中,γ_a 为电子打上阳极块时的相对论因子。电子从直流场获得的总能量为 eV_a,因而电子交给高频场的能量就是

$$P = eV_a - \frac{1}{2}mv^2 = eV_a - (\gamma_a - 1)m_0c^2 \tag{14.18}$$

则磁控管的电子效率就是

$$\eta_e = 1 - \frac{(\gamma_a - 1)m_0c^2}{eV_a} \tag{14.19}$$

而我们在第12章已经指出,电子在磁控管中的运动可以看成轮摆圆的回旋运动和电子的漂移运动的合成。假设在电子打上阳极时这两个运动的速度相等且方向相同,换句话说,即电子刚好处于轮摆圆最高点时打上阳极,则根据相对论速度加法公式,电子打上阳极时的总速度为

$$v = \frac{v_e + R_c\omega_c}{1 + \frac{v_eR_c\omega_c}{c^2}} \tag{14.20}$$

其中

$$v_e = \frac{E}{B} = \frac{V_a}{Bd_e} \tag{14.21}$$

为电子的漂移速度,R_c 为轮摆圆半径,ω_c 为轮摆圆的回旋角频率,因而 $R_c\omega_c$ 就是电子回旋运动的线速度,而且它的大小与 v_e 相等,当电子刚好处在轮摆圆最高点时,它们方向也相同,都平行于轮摆运动的基线。因此式(14.20)就可写成

$$\begin{cases} \beta = \dfrac{v}{c} = \dfrac{\dfrac{2v_e}{c}}{1 + \dfrac{v_e^2}{c^2}} = \dfrac{2\beta_e}{1 + \beta_e^2} \\ \beta_e = \dfrac{v_e}{c} = \dfrac{V_a}{cBd_e} \end{cases} \tag{14.22}$$

因此

$$\gamma_a - 1 = \frac{1}{\sqrt{1 - \beta^2}} = \frac{2\beta_e^2}{1 - \beta_e^2} \tag{14.23}$$

则

$$\eta = 1 - \frac{m_0c^2}{eV_a}\frac{2\beta_e^2}{1 - \beta_e^2} = 1 - \frac{m_0c^2}{eV_a}\frac{2\left(\dfrac{V_a}{cBd_e}\right)^2}{1 - \left(\dfrac{V_a}{cBd_e}\right)^2} \tag{14.24}$$

令

$$
\begin{cases} U = \dfrac{eV_a}{m_0c^2} \\ A = \dfrac{eBd_e}{m_0c} \end{cases} \tag{14.25}
$$

有

$$
\eta = 1 - \frac{2U}{A^2 - U^2} \tag{14.26}
$$

14.3.2　磁绝缘线振荡器(MILO)

磁绝缘线振荡器是一种新型正交场器件,它可以看成是线性相对论磁控管的发展,其最大特征是利用阴极电流的自身磁场来阻止电子流直接打上阳极,从而实现磁绝缘。

1. MILO 的工作原理

图 14-11 是一个简单的同轴输出型磁绝缘线振荡器结构的纵剖面图,它是一个轴对称结构,图中点画线为其轴线,我们只画出了其轴线的上方一半,它由阳极慢波线、阴极和收集极组成,其中慢波线可以看作由一个个用膜片分隔形成的小腔组成的多腔系统。当对结构左边的阴极加上负高压时,阴极的侧面(图中阴极上表面)和端面(图中阴极右侧端面)将发射电子,端面发射的电子向右运动打上收集极,这部分电子称为负载电流。负载电流将产生一个围绕阴极的角向磁场,从而使从阴极侧面发射的电流产生偏转,阻止它直接打上阳极,也就是说,该磁场起到了绝缘作用,因此负载电流也称为磁绝缘电流。而阴极侧面发射的电子流在阴阳极间正交的径向电场和角向绝缘磁场的共同作用下产生向右方向的纵向漂移,当这部分电子的轴向漂移速度与慢波线上的微波场相速同步时,电子流与场发生相互作用,电子将能量交给场,使微波得到增长,产生高功率微波输出。

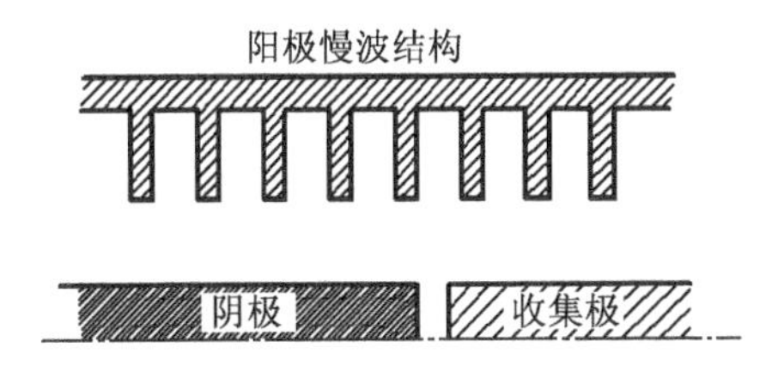

图 14-11　同轴输出型 MILO 的简单结构示意图

2. 改进型 MILO

磁绝缘线振荡器的一个显著特点是依靠它自身固有的电子流形成角向绝缘磁场,阻止电子束在参与与高频场能量交换之前就打上阳极,从而不再如普通磁控管那样需要外加直流磁场。

但是,研究发现,图 14-11 给出的结构并不理想,这是因为,实验研究和数值模拟表明,在这种均匀慢波结构的 MILO 中,要实现微波能量的有效增长,需要很多个腔才有可能。而随着腔数的增加,模式竞争将会加剧,从而严重降低器件效率;而且,由于π

模的群速度为零,微波能量在轴向的传输是通过边缘场的提取而不是通过波的传播,因而,当在图14-11右端(下游方向)提取微波功率时,只有最右端的几个腔对产生微波辐射有贡献,而与上游方向的腔的个数关系不大。均匀腔结构MILO存在的另一个问题是,微波能量会从左端(上游方向)泄漏,而且,当向上游泄漏的微波若以相反的相位反射回MILO,还会显著减少MILO的输出功率。基于以上原因,经过改进的磁绝缘线振荡器在上游引入了2个截止腔,截止腔比主慢波结构的腔要深一些(膜片内孔小一些),使得慢波结构中的π模在截止腔中被截止而反射。这样既可以防止微波能量向上游的泄漏,又可以极大地增强慢波结构中的反馈,因而可以只用4个腔就产生强烈的振荡,还可以提高MILO的效率,腔的个数的减少亦完全避免了角向对称模式之间的竞争。图14-12给出了这种改进型的MILO轴向截面图,它在1.2GHz上可以得到大约2GW的功率输出。

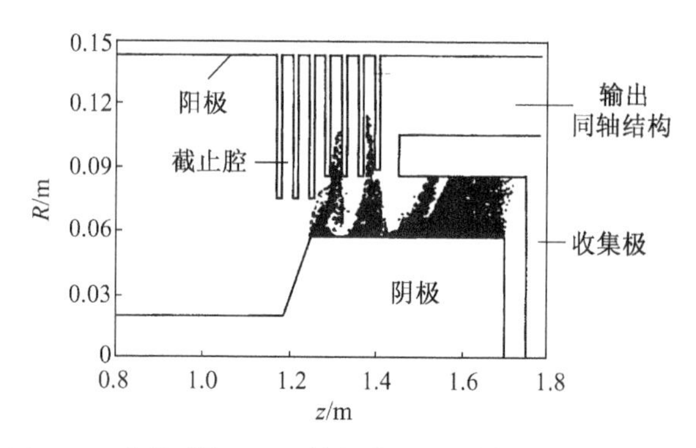

图14-12 改进型的MILO轴向截面图及模拟得到的电子束流

另一种改进型的MILO是锥形慢波结构MILO,其结构示意图及粒子模拟得到的电子运动状况由图14-13给出。在前面已指出,π模的群速为零,这就使得在MILO中产生的微波振荡能量不能有效输出,在锥形MILO中,先采用4~5个均匀腔锁定微波振荡的频率,然后利用腔长沿轴向逐步缩短,起放大微波信号作用的慢波结构,把已形成振荡的微波放大并转化成同轴输出结构中的行波。数值模拟的结果表明,锥形MILO比任何其他MILO在效率和功率水平上都有显著提高,并得到了实验验证。

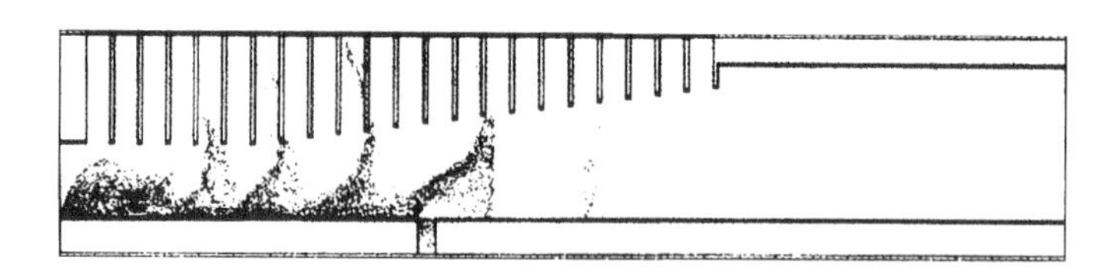

图14-13 锥形MILO结构与模拟得到的电子流

3. MILO的特性

若当MILO工作在效率最大状态时,能够保持磁绝缘的最小负载电流是I_{cT},则根据电流守恒定律,在阳极慢波线上的平均轮辐电流最大值就应是

$$(I_s)_{max} = I_a - I_{cT} \tag{14.27}$$

式中,I_a为总电流;I_s为阴、阳极之间的轮辐电流;I_a与I_{cT}分别为

$$\begin{cases} I_a = 8.5G\gamma_a \ln(\gamma_a + \sqrt{\gamma_a^2 - 1}) \quad (kA) \\ I_{cT} = 8.5G\gamma_a \beta_a \quad (kA) \end{cases} \tag{14.28}$$

G 称为结构因子,对于同轴圆柱结构

$$G = \left[\ln\left(\frac{r_a}{r_c}\right)\right]^{-1} \quad (\Omega) \tag{14.29}$$

式中,r_a、r_c 分别为 MILO 的阳极慢波线表面半径与阴极半径。

$$\gamma_a = 1 + \frac{eV}{mc^2} \tag{14.30}$$

为电子在阳极表面的相对论因子,V 是工作电压,m 为电子质量,c 是光速。

$$\beta_a = \sqrt{1 - \frac{1}{\gamma_a^2}} \tag{14.31}$$

轮辐电流漂移通过阴阳极间隙时,将其一部分能量转化为高频能量,其总功率应为 $I_s V$,若电子效率为 η_e,则产生的微波功率就是

$$P_{out} = \eta_e I_s V = \eta_e (I_a - I_{cT}) V \tag{14.32}$$

微波产生效率就是

$$\eta = \frac{P_{out}}{I_a V} = \eta_e \left(1 - \frac{I_{cT}}{I_a}\right) \tag{14.33}$$

式中,η_e 一般为0.32 左右。式(14.33)表明,由于维持 MILO 的自绝缘必须付出电流 I_{cT},它使得 MILO 的效率比电子效率小,而且这一影响通常比较大。

14.4　相对论回旋管

14.4.1　普通强流相对论电子注回旋管

为了进一步提高回旋管的峰值输出功率,首先就必须提供有足够功率的电子注,一般要求高电压(≥500kV)和大电流(≥1kA)的强流相对论电子注,由此产生了相对论回旋管。

相对论回旋管的特点是:

(1) 电子束与 TM 模耦合而进行能量交换。我们已经知道,在普通弱相对论回旋管中,电子以回旋运动为主,纵向速度相比横向速度要小得多,所以电子以横向群聚和与 TE 模的横向(角向)场交换能量为主;而在相对论回旋管中,电子已具有足够大的纵向速度,即电子具有很高的纵向动能可以交给高频场,所以这时电子以纵向群聚并与 TM 模的纵向电场交换能量为主。

(2) 电子注能量增加到了相当高后,回旋频率 ω_c 更强烈地依赖于电子能量($\omega_c = \omega_{c0}/\gamma$),以致即使在磁场均匀不变的情况下,电子能量的相对微小变化都可能破坏它与高频场的谐振条件 $\omega \approx l\omega_c$(式(13.35))。

(3) 为了提高相对论回旋管的效率,要求电子回旋频率尽可能小,以致电子在整个相互作用空间中运动时只回旋1圈左右,以保证电子的纵向能量足够大,同时要求高频场尽可能强。但这两点都是难以完全实现的,因此相对论回旋管的效率一般都比较低。

(4) 为了获得强流电子束,相对论回旋管必须采用爆炸发射冷阴极而不再能利用普通热阴极来产生电子束,但冷阴极爆炸发射技术产生的电子束质量相当差,特别是轴向速度的零散,将引起不均匀的多普勒频移(回旋管谐振条件式(13.38)中的 $k_{\parallel}v_{\parallel}$ 项)的频谱展宽,从而导致回旋管工作频率的不稳定,而且这种影响在以前向波工作的回旋管中比以返波工作的回旋管(回旋返波管)中要严重得多,而在普通弱相对论回旋管中,由于工作频率接近截止频率,对这种零散的敏感性就明显降低。

(5) 在电子束电流十分强时,空间电荷效应将限制能够注入到互作用区的电流值,这种限制对回旋管更为明显,因为在一定的电压下,电子的速度被分配为横向速度(回旋运动所需的速度)和纵向速度两部分,其纵向速度就比同样电压下的线性注要慢,因而空间电荷效应更为严重。当相对论回旋管工作在空间电荷限制流附近时,电子束可能超过限制值,使束流变得不稳定,并开始出现电子反射,这时,电子流与高频场的互作用过程将停止,导致"脉冲缩短"现象的出现。

相对论回旋管已经获得吉瓦级的输出功率。采用同轴结构的电子束绕轴旋转的大轨道同轴回旋管,可以获得更大的电流传输能力以减小空间电荷效应对电流的限制带来的影响。

14.4.2 回旋自谐振脉塞(CARM)

1. CARM(Cyclotron Autoresonance Maser)工作原理

在13.3.4小节中论及回旋管的色散曲线时,就已经提到回旋自谐振脉塞,指出了它在色散曲线上的工作点与普通回旋管的不同,现在进一步阐述它的工作原理。

将回旋器件的谐振条件重新写成如下形式:

$$\omega = k_{\parallel}v_{\parallel} + l\frac{\omega_c}{\gamma} \tag{14.34}$$

式中,$\gamma=(1-\beta^2)^{-1/2}$ 为相对论因子,其中,$\beta=v/c$。将上式对时间 t 求导,并取 $l=1$,有

$$\frac{d\omega}{dt} = k_{\parallel}\frac{dv_{\parallel}}{dt} + \omega_c\frac{d}{dt}\left(\frac{1}{\gamma}\right) \tag{14.35}$$

式中,纵向速度 $v_{\parallel}$ 的导数可以通过动量与能量损失的关系来求得,在相对论回旋管中电子由于与电磁波在纵向相互作用而引起的能量变化必然反映为电子纵向动量的改变,即

$$\frac{dE}{dt} = v_p\frac{dP_{\parallel}}{dt} \tag{14.36}$$

式中,v_p 为电磁波相速;$E=m_0c^2\gamma$ 为电子能量,m_0 为电子静止质量;$P_{\parallel}=m_0v_{\parallel}\gamma$ 为电子的纵向动量。将 E 与 $P_{\parallel}$ 的表达式代入式(14.36),得

$$m_0c^2\frac{d\gamma}{dt} = v_pm_0\frac{d\gamma v_{\parallel}}{dt} = v_pm_0v_{\parallel}\frac{d\gamma}{dt} + v_pm_0\gamma\frac{dv_{\parallel}}{dt} \tag{14.37}$$

由此得到

$$\frac{\mathrm{d}v_{\parallel}}{\mathrm{d}t}=\frac{c^2}{v_{\mathrm{p}}\gamma}\frac{\mathrm{d}\gamma}{\mathrm{d}t}-\frac{v_{\parallel}}{\gamma}\frac{\mathrm{d}\gamma}{\mathrm{d}t}=\frac{1}{\gamma}\frac{\mathrm{d}\gamma}{\mathrm{d}t}\left(\frac{c^2}{v_{\mathrm{p}}}-v_{\parallel}\right) \tag{14.38}$$

将式(14.38)代入式(14.35)得

$$\frac{\mathrm{d}\omega}{\mathrm{d}t}=k_{\parallel}\frac{1}{\gamma}\frac{\mathrm{d}\gamma}{\mathrm{d}t}\left(\frac{c^2}{v_{\mathrm{p}}}-v_{\parallel}\right)-\frac{\omega_{\mathrm{c}}}{\gamma^2}\frac{\mathrm{d}\gamma}{\mathrm{d}t}=$$

$$\frac{1}{\gamma}\frac{\mathrm{d}\gamma}{\mathrm{d}t}\left(k_{\parallel}\frac{c^2}{v_{\mathrm{p}}}-k_{\parallel}v_{\parallel}-\frac{\omega_{\mathrm{c}}}{\gamma^2}\right)=\frac{\omega}{\gamma}\frac{\mathrm{d}\gamma}{\mathrm{d}t}\left(\frac{1}{\beta_{\mathrm{p}}^2}-1\right) \tag{14.39}$$

式中，$\beta_{\mathrm{p}}=v_{\mathrm{p}}/c$。由式(14.39)可以看出，当 $\beta_{\mathrm{p}}\approx1$，即 $v_{\mathrm{p}}\approx c$ 时，$\mathrm{d}\omega/\mathrm{d}t=0$，即谐振频率 ω 不随电子能量的变化($\mathrm{d}\gamma/\mathrm{d}t$)而改变，这就是回旋自谐振脉塞的物理基础。

由于在式(14.39)中，第 1 个等式等号后面的第 1 项代表的是多普勒频移的变化率，第 2 项则表示电子回旋频率的变化率，所以上述结果从物理上可解释为：当电磁波相速 v_{p} 与光速接近，即 $v_{\mathrm{p}}\approx c$ 时，如果电子失去能量，γ 和 $v_{\parallel}$ 减小，则多普勒频移的变化率和电子回旋频率的变化率同步增加，保持谐振频率的变化率 $\mathrm{d}\omega/\mathrm{d}t$ 为 0；反之，电子得到能量时，γ 和 $v_{\parallel}$ 都增加，多普勒频移的变化率和电子回旋频率的变化率同步减小，$\mathrm{d}\omega/\mathrm{d}t$ 仍然保持为 0，即 ω 不变。

若从式(14.34)出发，则当电子能量发生变化时，由于电子回旋频率的改变与多普勒频移的改变具有相反的符号，因此回旋自谐振脉塞机理的物理基础就应该这样来理解：当电子失能时，γ 和 $v_{\parallel}$ 减小，电子回旋频率 $\omega_{\mathrm{c}}/\gamma$ 的增加将刚好由多普勒频移 $k_{\parallel}v_{\parallel}$ 的降低得到补偿，从而保持 ω 不变；反之，当电子得到能量时，回旋频率的减小与多普勒频移的增加相抵消，使谐振频率始终能保持不变。

从电子与高频场的相互作用上来考察，电子回旋频率 $\omega_{\mathrm{c}}/\gamma$ 的变化表现为电子的角向群聚，而电子纵向速度 $v_{\parallel}$ 的变化则表现为电子的纵向群聚，因而上述自谐振效果亦可以看作电子角向群聚(引起回旋频率改变)和纵向群聚(引起多普勒频移改变)互相补偿的结果。这样一来，即使电子不断将能量交给高频场(γ 和 $v_{\parallel}$ 不断减小)，它也仍能保持谐振。这与普通回旋管形成鲜明对照，在普通回旋管中，由于工作频率接近开放式谐振腔的截止频率，$k_{\parallel}\approx0$，多普勒频移以及纵向群聚十分微弱，因而电子失去能量后，其谐振频率不能单纯由角向群聚得到补偿。

2. CARM 的特点

1) 纵向群聚与换能

CARM 的工作点是 $v_{\mathrm{p}}\geqslant c$，即

$$\beta_{\mathrm{p}}=\frac{v_{\mathrm{p}}}{c}\geqslant1 \tag{14.40}$$

根据上面的分析，实现回旋自谐振的条件是 $v_{\mathrm{p}}=c$，但 CARM 的最大转换效率工作点，或者说获得足够高增益的工作点应使相速略大于光速，即 $v_{\mathrm{p}}\geqslant c$。这时，电子的纵向速度很高，电子将主要与高频腔中的行波场分量相互作用，或者说，电子的群聚将主要发生在纵向并发生纵向换能。而在普通回旋管中 $v_{\mathrm{p}}\gg c$，电子的轴向群聚可以忽略，而主要与高频

场横向分量相互作用,以横向群聚为主进行能量交换。

2）工作频率是普通回旋管的γ倍

CARM的工作频率以正比于γ^2的量产生强烈的多普勒上移,但由于回旋频率自身正比于γ降低,所以回旋自谐振脉塞的频率总的来说只按γ一次方上移。

根据狭义相对论中电磁场的洛伦兹变换关系

$$\omega_c = \gamma(\omega - v_{\parallel} k_{\parallel}) = \gamma\left(\omega - v_{\parallel}\frac{\omega}{v_p}\right) = \gamma\omega\left(1 - \frac{v_{\parallel}}{v_p}\right) \tag{14.41}$$

对于CARM,$v_p \approx c$,所以$v_{\parallel}/v_p \approx v_{\parallel}/c = \beta_{\parallel}$,则

$$\omega \approx \frac{\omega_c}{\gamma(1-\beta_{\parallel})} \tag{14.42}$$

由$\gamma_{\parallel}^2 = [(1+\beta_{\parallel})(1-\beta_{\parallel})]^{-1} \approx [2(1-\beta_{\parallel})]^{-1}$,可得$(1-\beta_{\parallel})^{-1} \approx 2\gamma_{\parallel}^2$,所以

$$\omega \approx 2\gamma_{\parallel}^2\frac{\omega_c}{\gamma} \approx 2\gamma\omega_c \tag{14.43}$$

式中,ω_c为电子回旋频率,根据式(13.35),它也就是弱相对论回旋管(普通回旋管)的工作频率($l=1$时)。

由此可见,由于工作在强相对论状态,多普勒频移将十分强烈,使CARM的工作频率可以比普通回旋管的工作频率($\omega \approx \omega_c$)提高γ倍;或者也可以说,在相同的工作频率下,CARM的工作磁场可以为普通回旋管的$1/\gamma$。在强相对论情况下,由于电子速度很高,γ值可以很大,这一效应是十分显著的。

14.5 自由电子激光

自由电子激光(Free Electron Laser,FEL)是指利用在真空中运动的相对论电子注通过摇摆器(Wiggler或Undulator)或其他换能机制将电子动能转换成电磁波能量,从而产生相干受激发射光的器件。实际上,自由电子激光器所产生的电磁辐射早已超出了“光”的范畴,它包括从微波直到X射线的宽广频谱,而且它是一种电真空器件,所以在这里也对它作一个简单介绍。并且要特别指出,在本节中所指的激光应该是包括微波在内的更广义的电磁频谱。

14.5.1 自由电子激光的结构与特点

1. 自由电子激光器的基本结构

自由电子激光器包括三部分:加速器、摇摆器和注-波互作用腔。加速器提供自由电子激光器中的工作物质——能量很高的相对论电子束,但加速器技术是一门专门的学科,不在本书讨论的范围内。

1）摇摆器

自由电子激光器中的相对论电子束只有按一定方式做变速运动,才可能产生相干电磁辐射,摇摆器就是为了达到这一目的而设置的机构。最普遍的摇摆器由一列极性在纵向和横向都是交错排列的周期磁场组成,电子束从加速器射入这种磁场系统后,受洛伦兹力

作用,就会在与磁力线和电子纵向速度都垂直的横向做来回摆动的变速运动,图 14-14 给出了这种摇摆器的结构和其中的电子运动示意图。

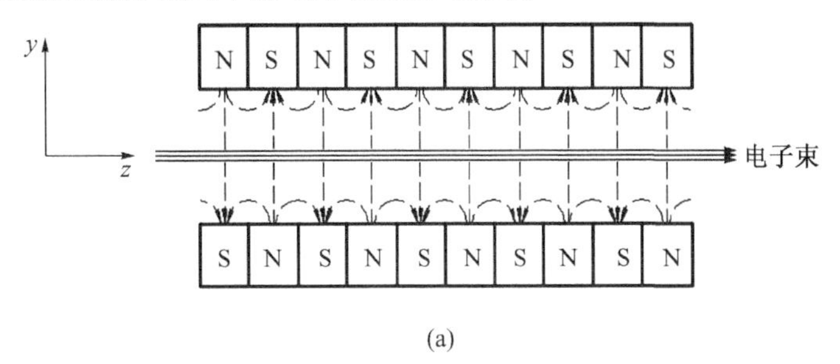

(a)

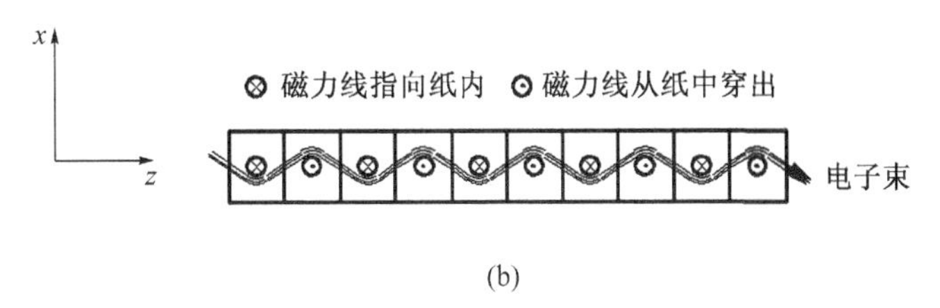

(b)

图 14-14　摇摆器磁场及电子运动轨迹示意图

(a) 正视图;(b) 俯视图。

摇摆器中心轴上的静磁场可以近似表示为

$$\boldsymbol{B}_{\mathrm{w}} = \boldsymbol{i}_y B_{\mathrm{w}} \cos(k_{\mathrm{w}} z) \tag{14.44}$$

式中,$k_{\mathrm{w}} = 2\pi/\lambda_{\mathrm{w}}$,$\lambda_{\mathrm{w}}$ 为摇摆器的周期长度。当相对论电子注由左边进入摇摆器后,由于受洛伦兹力作用,电子运动将发生横向 x 方向的运动,电子的运动方程由下式给出:

$$\frac{\mathrm{d}}{\mathrm{d}t}(\gamma m v) = -e(\boldsymbol{v} \times \boldsymbol{B}_{\mathrm{w}}) \tag{14.45}$$

式中,γ 为相对论因子,因为静磁场并不对电子做功,因此可以认为 γ 是常数,这样

$$\gamma m \frac{\mathrm{d}v}{\mathrm{d}t} = -e(\boldsymbol{v} \times \boldsymbol{B}_{\mathrm{w}}) \tag{14.46}$$

解此方程可得

$$\begin{cases} \boldsymbol{v}_{\perp} = \boldsymbol{i}_x v_x = \boldsymbol{i}_x \dfrac{eB_{\mathrm{w}}}{\gamma m k_{\mathrm{w}}} \sin(k_{\mathrm{w}} z) = \boldsymbol{i}_x \dfrac{\sqrt{2} a_{\mathrm{w}} c}{\gamma} \sin(k_{\mathrm{w}} z) \\ x = -\dfrac{eB_{\mathrm{w}}}{\gamma m c k_{\mathrm{w}}^2} \cos(k_{\mathrm{w}} z) = -\sqrt{2} \dfrac{a_{\mathrm{w}}}{\gamma k_{\mathrm{w}}} \cos(k_{\mathrm{w}} z) \end{cases} \tag{14.47}$$

其中

$$a_{\mathrm{w}} = \frac{eB_{\mathrm{w}}}{\sqrt{2} m c k_{\mathrm{w}}} \tag{14.48}$$

是无量纲的均方根磁感应场。v_x 为电子在 x 方向的摆动速度,x 为电子在 x 方向的摆动距离,显然,电子的摇摆周期与静磁场周期相同。

对于 $a_w<1$ 的摇摆器往往被称为波荡器(Undulator),而 $a_w \gg 1$ 时,同样的装置就称为摇摆器(Wiggler),但很多情况下,人们往往不加区别,统称为摇摆器或波荡器。

应该指出,因为电子能量应该守恒,磁场不会改变电子的总能量,因此电子的摆动运动只能是以消耗前向运动为代价而取得的。

上面介绍的是最基本的摇摆器,它是静磁摇摆器的一种,除了这种由永磁体组成的静磁摇摆器外,还有超导磁体、电磁体和混合磁体等组成的静磁摇摆器。

除静磁摇摆器外,还有电磁波摇摆器、静电摇摆器等。

2)注—波互作用腔

自由电子激光可以工作在从微波直到X射线的广阔频谱上,工作频段不同,所需要的注—波互作用腔也不同,一般来说,工作在微波、毫米波段以微波腔为主,而更高的光波、紫外线、X射线波段,则应采用光学腔。

自由电子激光所用的互作用腔,都应该采用开放腔,以保证电子注有射入和飞出互作用腔的通道。

2. 自由电子激光器的特点

1)激光波长连续可调

大家都知道,普通激光器是以电子在原子或分子的能态间反转跃迁为基础而产生相干光的,这种激光器由于跃迁的电子都要受到原子核的束缚,因而可以称为是束缚电子激光器。束缚电子激光器由于激光物质内部结构都具有特定的分立能级,电子跃迁只能在这些分立能级间进行,因此产生的激光频率也只能是分立的固定频率。而自由电子激光器中的电子是自由电子,所以它的激光波长连续可调,其波长取决于电子束能量和摇摆器的参数,因此只要改变电子束的能量,自由电子激光的波长覆盖范围原则上可以从微波波段一直到X射线。

2)激光输出功率高

普通激光器(束缚电子激光器)由于工作物质的热效应及强光作用下的非线性效应等影响,限制了输出功率和重复频率的提高;另外,当激光器工作波长较长时,效率低、功率小。而自由电子激光是以真空中的相对论电子束为工作物质的,所以其输出的激光器能量不受工作物质热破坏的限制;而由加速器产生的相对论电子注本身又可以具有很高的能量,这都保证了自由电子激光器可以获得非常高的输出功率。

3)光束质量好,效率高

一般自由电子激光不存在工作物质温度升高引起的谱线增宽,同时光束发射角可以接近衍射极限,因而自由电子激光的亮度要比一般激光器高,光束质量好,为自由电子激光的应用提供了更为有利的条件。

采用能量回收技术可以将与电磁场能量交换后的电子注具有的剩余能量回收,从而自由电子激光器可以达到提高效率的目的。

14.5.2 基本工作原理

1)电子能量的变化率

首先来考虑相对论性带电粒子的能量随时间的变化率,即 $\mathrm{d}\varepsilon/\mathrm{d}t$,$\varepsilon$ 为带电粒子的动能。

根据动能的定义不难得到

$$\frac{d\varepsilon}{dt} = \boldsymbol{v} \cdot \boldsymbol{F} = \boldsymbol{v} \cdot \frac{d\boldsymbol{P}}{dt} \tag{14.49}$$

式中,$\boldsymbol{P}$ 为粒子的动量;$\boldsymbol{F} = d\boldsymbol{P}/dt$,对于电子而言,

$$\frac{d\boldsymbol{P}}{dt} = -e(\boldsymbol{E} + \boldsymbol{v} \times \boldsymbol{B}) \tag{14.50}$$

代入式(14.50)可得

$$\frac{d\varepsilon}{dt} = -e[\boldsymbol{v} \cdot \boldsymbol{E} + \boldsymbol{v} \cdot (\boldsymbol{v} \times \boldsymbol{B})] \tag{14.51}$$

由矢量恒等式可知 $\boldsymbol{v} \cdot (\boldsymbol{v} \times \boldsymbol{B}) = 0$,因此上式成为

$$\frac{d\varepsilon}{dt} = -e\boldsymbol{v} \cdot \boldsymbol{E} \tag{14.52}$$

相对论性粒子的能量由动能和静止能量组成

$$\varepsilon = m_0c^2\gamma + m_0c^2 \tag{14.53}$$

式中,$\gamma = (1-\beta^2)^{-1/2}$,$\beta = v/c$,$m_0$ 为电子的静止质量,根据式(14.53),式(14.52)可以写成

$$\frac{d\gamma}{dt} = -\frac{e}{m_0c^2}\boldsymbol{v} \cdot \boldsymbol{E} \tag{14.54}$$

由式(14.54)可以看出,电子与电磁场之间是有可能进行能量交换的,至于电子是增加能量还是失去能量,就要由电子速度矢量与电磁场电场矢量之间的相位关系来确定。显然,当 $\boldsymbol{v}$ 与 $\boldsymbol{E}$ 方向相同,即同相位时,$d\gamma/dt$ 为负,电子能量减小,表示它失去能量;而当 $\boldsymbol{v}$ 与 $\boldsymbol{E}$ 反向,即相位相反时,$d\gamma/dt$ 为正,电子获得能量;而 $\boldsymbol{v}$ 与 $\boldsymbol{E}$ 垂直时,$d\gamma/dt = 0$,电子与电磁场没有能量交换。这些结论实际上都早已为我们所熟知,只是我们现在从数学上作了进一步的阐述。

2) 电子与电磁场的谐振

现在进一步来讨论在什么情况下或者说什么条件下能做到使大部分电子处于向场交出能量的状态,保证 $d\gamma/dt$ 为负,从而使电磁场(微波或激光)获得增长。

图 14-15 给出了在摇摆器中,电子的横向运动 v_x 与电磁场横向分量 E_x 之间的谐振关系。假设在 $z=0$ 处电子与波场同时进入摇摆器,而且电子的横向速度 v_x 与电场分量 E_x 在这里具有相同的方向,或者说具有相同相位,这就意味着,电子受到的是减速场,将失去部分能量。当电子在 z 方向前进了半个摇摆器周期 $\lambda_\omega/2$ 到达 z_1 位置时,如果波场在相同时间里跑得快,前进了 $n\lambda_s$ 个周期(λ_s 为电磁波波长),而且在距离上超前了电子运动半个波长,即 $\lambda_s/2$ 的距离,如图 14-15(b)所示。这样,对应 $z=z_1$ 处的电磁波相位正好落后了 π 的相位,由于这时电子运动速度 v_x 也已经反向,所以使得电磁波与电子速度继续保持了相同相位(即 v_x 与 E_x 仍然方向相同,但在 $-x$ 方向)。当电子继续沿 z 向前进 $\lambda_\omega/2$ 距离到达 z_2 时,在同样时间内,波场应该一共前进了 $2n\lambda_s$ 距离,显然,这时波场将比电子超前又一个 $\lambda_s/2$ 的距离,即一共多前进了 λ_s 距离,这时,

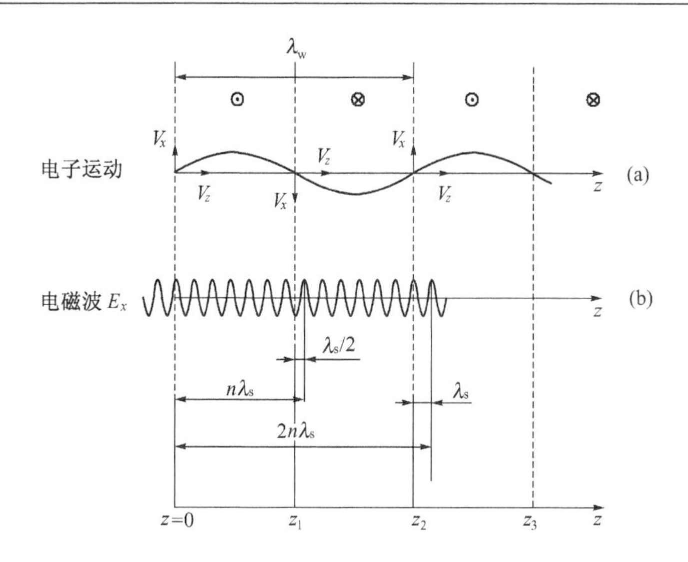

图 14-15 在 FEL 摇摆器中,电子与电磁波之间的共振关系示意图
⊙ 磁感应场由纸中穿出; ⊗ 磁感应场穿入纸中。

对应 $z=z_2$ 位置,波场与电子速度又一次保持了同相位,即 v_x 与 E_x 同方向($+x$ 方向)。称这种与波场相位始终保持同步的电子为谐振电子,电子实现谐振的条件,根据上述分析,显然应该是:电子走完一个摇摆器周期 λ_ω 距离的时间里,波场应该比电子多前进一个 λ_s 距离。即

$$\frac{\lambda_w}{v_z} = \frac{\lambda_w + \lambda_s}{c}$$

由此可得

$$\lambda_s = \frac{c - v_z}{v_z}\lambda_w = \frac{1 - \beta_\parallel}{\beta_\parallel}\lambda_w \tag{14.55}$$

式中, $\beta_\parallel = v_z/c$。

在推导式(14.43)时已经得到$(1-\beta_\parallel) \approx 1/2\gamma_\parallel^2$。又根据式(14.47),可以推得电子的均方根横向速度

$$\begin{cases} \bar{v}_x = \dfrac{a_w c}{\gamma} \\ \dfrac{\bar{v}_x}{c} = \dfrac{a_w}{\gamma} \end{cases} \tag{14.56}$$

又由

$$\begin{cases} \gamma^2 = \left(1 - \dfrac{v_z^2}{c^2} - \dfrac{v_x^2}{c^2}\right)^{-1} \\ \gamma_\parallel^2 = \left(1 - \dfrac{v_z^2}{c^2}\right)^{-1} = \left(\dfrac{1}{\gamma^2} + \dfrac{v_x^2}{c^2}\right)^{-1} \end{cases} \tag{14.57}$$

不难得出 $\gamma_\parallel^2$ 的均方根值

$$\bar{\gamma}_{\parallel}^{2}=\frac{\gamma^{2}}{1+\gamma^{2}\dfrac{\bar{v}_{x}^{2}}{c^{2}}}=\frac{\gamma^{2}}{1+a_{\omega}^{2}} \tag{14.58}$$

将$(1-\beta_{\parallel})\approx 1/2\gamma_{\parallel}^{2}$及式(14.58)代入式(14.55),并近似认为$\beta_{\parallel}\approx 1$,即$\gamma_{\parallel}\approx\gamma$,以及直接用$\gamma_{\parallel}$代替$\bar{\gamma}_{\parallel}$,则

$$\lambda_{s}\approx\frac{1}{2\gamma_{\parallel}^{2}\cdot\beta_{\parallel}}\lambda_{w}\approx\frac{\lambda_{w}}{2\gamma^{2}}(1+a_{w}^{2})\approx\frac{\lambda_{w}}{2\gamma_{\parallel}^{2}} \tag{14.59}$$

式(14.59)就是自由电子激光的谐振关系。

式(14.59)既是电子与电磁波发生谐振,即电子将能量交给电磁波场,使波场得到放大必须满足的条件;又表明在谐振时,自由电子激光的波长与电子能量γ^{2}成反比,或者说,自由电子激光输出的电磁波频率将是摇摆器频率的$2\gamma^{2}$倍。由于电子能量γ是连续可调的,所以自由电子激光器输出的波长(频率)也是可以连续改变的;又由于加速器产生的电子束可以获得很高的能量,γ可以很大,所以自由电子激光器可以产生很高频率的电磁波,甚至可以产生 X 射线。

3) 摇摆器的能量耦合功能

从上面的分析可以看出,摇摆器产生的静磁场既不能与电子交换能量,也不能与电磁波交换能量,也就是说,摇摆器既不交出任何能量,也不得到任何能量。因此,在自由电子激光器中,摇摆器只是起到了能量耦合的功能,把电子束的能量耦合给电磁波。

14.5.3 自由电子激光的分类

从不同角度出发,自由电子激光器可以有不同的分类。

1. 从电子束角度来分

(1) 康普顿(Compton)型自由电子激光器。当电子束电子能量很高(10MeV 左右)而束流很弱(电子密度稀薄)时,称为康普顿型自由电子激光器,这时电子的个体行为比电子束的集体效应占优势。

(2) 拉曼(Raman)型自由电子激光器。由低能量高密度电子束构成的自由电子激光器属于拉曼型自由电子激光器,这时,电子的集体效应比个体行为占优势。

2. 从波长不同来分

(1) 自由电子激光。以工作在光波波段及更高频率的波段为主,使用光学谐振腔,所以又称为光腔型自由电子激光器。

(2) 自由电子脉泽。以工作在微波、毫米波及亚毫米波段为主,一般使用波导腔,所以又称为波导腔型自由电子激光器。

3. 从摇摆器的性质来分

(1) 静磁摇摆器,包括磁场极性沿横向、角向、纵向周期性交错排列三种情况。

(2) 电磁波摇摆器。一般又称为电磁波泵浦自由电子激光器,它采用电磁波作为泵浦来代替通常的摇摆器,因为电磁波的波长可以达到毫米波甚至亚毫米波,因此与静磁摇摆器相比,可以大大缩短摇摆器的周期长度,从而以低能量的电子束就能产生短波长自由电子激光。另外,由于泵浦电磁波本身又在与电子束作相对传播,相较于本身不动的静磁

摇摆器,电磁波摇摆器的空间周期(波长)在电子运动坐标系中将出现“双重”缩短,辐射频率相对于摇摆器频率,就发生了“双重”多普勒频率上移,因此,这时式(14.59)应该写成

$$\lambda_s \approx \frac{\lambda_w}{4\gamma_{\parallel}^2} \tag{14.60}$$

4. 从所用加速器来分

从加速器的角度来分,可以把自由电子激光器分成脉冲线自由电子激光器、静电加速器自由电子激光器、储存环自由电子激光器等。

5. 以工作方式来分

最后,像其他电磁辐射一样,自由电子激光器亦可以以放大器和振荡器两种方式工作。

总体来说,自由电子激光器利用电子横向运动的多普勒频率上移产生高频率、高功率辐射。输出频率范围从微波、毫米波直至可见光、X 射线。输出波长主要与电子束能量、摇摆器周期和强度有关。

14.6 相对论速调管与虚阴极振荡器

除了以上介绍过的高功率微波器件外,还有其他多种已经提出和制造出实际器件的相对论高功率微波源,其中最重要的包括相对论速调管和虚阴极振荡器。

14.6.1 相对论速调管

相对论速调管在工作原理上与常规速调管相似,其具体结构如图 14-16 所示。

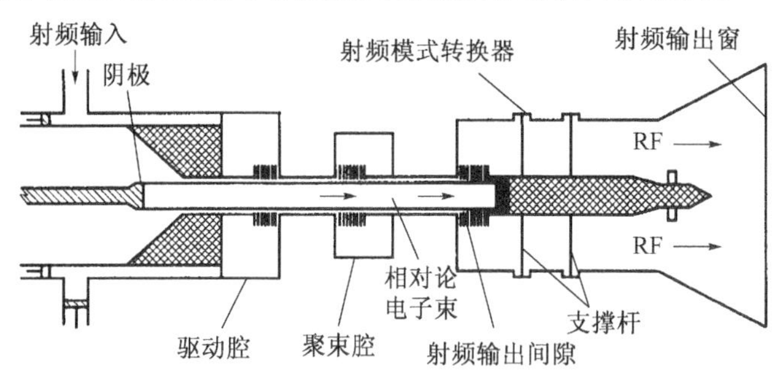

图 14-16 相对论速调管结构示意图

在图 14-16 中,驱动腔即普通速调管中的输入腔,它利用输入高频场对电子束产生调制,在电子群聚达到最大值的位置放置一个聚束腔,用来进一步增加电流的调制度(群聚程度)。输出腔的输出间隙位于电子束群聚最强烈的位置,腔的阻抗和品质因数经过精心优化,从而保证从电子束中提取最大微波能量。之后,利用一段转换器来收集电子束和输出微波能量,该转换器由放置在电场零点的径向支撑臂支持的一个炭收集极构成,该收集极同时充当输出同轴结构的内导体,同轴线末端接锥形喇叭和输出窗,调节匹配短线以使反射最小。

相对论速调管除了利用相对论性电子束外,与普通速调管相比,它还具有以下特点。

(1) 相对论速调管一般采用大直径环形电子束而不是传统速调管的实心柱电子束。环状电子束紧靠导电壁附近传播可以在同样电压下比实心束具有更大电流,它的填充系数(电子束半径与漂移管半径之比)比普通速调管高得多,随之而来的是它的效率得到提高。

(2) 在相对论速调管中,空间电荷影响严重,以致在高频间隙中产生一个势垒(低电位区),从而阻止了击穿电流的形成,为谐振腔提供了静电绝缘,这使得相对论速调管可以获得很高的输出功率而不必担心发生击穿。而在普通速调管中正是击穿现象成为限制其输出功率的主要因素,因为弱电流的实心束不可能形成这种绝缘作用。

(3) 由于空间电荷的影响,在相对论速调管中,群聚将会周期性发生。随着漂移长度的增长,电子束将周期性地出现群聚—散聚—群聚现象。

实际上,相对论速调管一直是沿着两个方向发展的:一种是基于普通速调管机制发展而形成的弱电流相对论速调管;另一种则是基于上述新群聚机制的强电流相对论速调管。在上面讨论的相对论速调管特点是指后者所特有的。表14-1给出了这两类相对论速调管的输出参数的比较。

表14-1　相对论速调管的输出参数

输出参数	弱电流	强电流	输出参数	弱电流	强电流
电流/kA	0.3~0.7	5~35	效率/%	40	50
导流系数/($\mu A/V^{3/2}$)	≤1	约10	电子束几何结构	实心	环形
电压/mV	约1.2	0.5~1	填充系数(r_0/r_b)	0.7	0.94
阻抗/Ω	1700	约35	引导场/kGs	3	10
峰值功率/GW	0.3	10			

14.6.2　后加速相对论速调管

后加速相对论速调管(Reltron)又往往被称为超级后加速管(Super-Reltron)。在普通双腔速调管中,当均匀电子注通过输入谐振腔时受到腔中高频电场的速度调制,速度调制的电子注在漂移管中形成群聚,当群聚电子注通过输出谐振腔时遇到减速场,电子注将自己的动能交给高频场使场的能量得以增长并通过输能机构输出。设想在两个腔之间电子注已形成最佳群聚的位置插入一个加速间隙,间隙上的加速电压将使群聚块中的所有电子加速到接近光速的速度,这时电子之间本来的速度差异(速度调制)相对于它们本身的速度(接近光速)来说已经微不足道,因此,已经形成的群聚就被“凝固”,而电子的动能已经大为增加,也就有更多的动能可以交给高频场。这就是提出后加速相对论速调管的基本思路。

图14-17给出了一种后加速相对论速调管的结构示意图,它主要由电子注入器、调制腔、加速间隙段及若干输出腔组成。

电子注入器依靠脉冲高压产生强流电子束。

调制腔实际上是一个双腔速调管自激振荡器,它由一个电子注入器、一个电子束调制腔、一组加速间隙和多个输出腔等组成。调制腔包括有两个圆柱盒形腔和一个置于该两

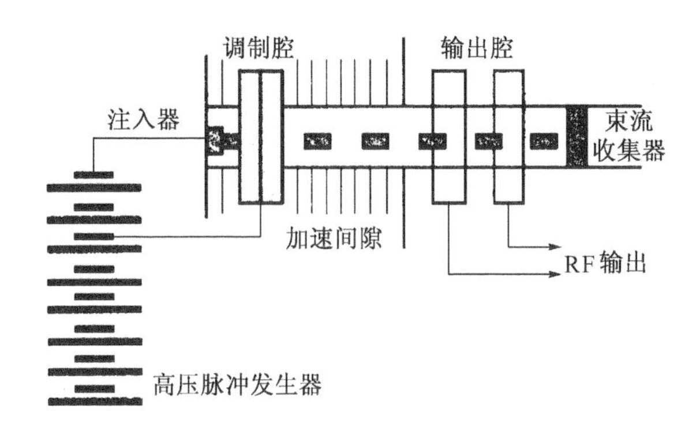

图 14-17　Super-Reltron 结构示意图

腔公共壁中间的第三腔构成,第三腔通过磁耦合隙缝与两个圆柱腔耦合,如图 14-18 所示,图中同时给出了当腔体工作在0模、$\pi/2$ 模和 π 模时的场幅值的分布,其中 $\pi/2$ 模是后加速管的典型工作模式。假设一个电子进入第1个圆柱腔时正好遇到高频减速场,电子将把自己的一部分动能转换成高频场能量;如果该电子在第1个圆柱腔中的渡越时间又等于振荡周期的一半,则电子进入第2个圆柱腔时高频场正好改变 π 相位,即反向,因此电子在第2腔中将仍然遇到减速场,高频场得以继续增长。但是,对于落后半个周期进入第1圆柱腔的电子来说,情况正好相反,遇到的将始终是加速场,也就是说电子将从高频场中吸取能量。然而,由于减速电子在腔中飞行的时间比加速电子要长,因此从平均来看,将会有纯的能量从电子转换到高频场,如果电子束电流十分大,接近空间电荷限制流,则高频场将变得如此之强,可以把加速电子迅速"赶"出腔体,就像一道门一样,可以选择性地把电子留在腔体,使得电子群聚变得十分强烈。

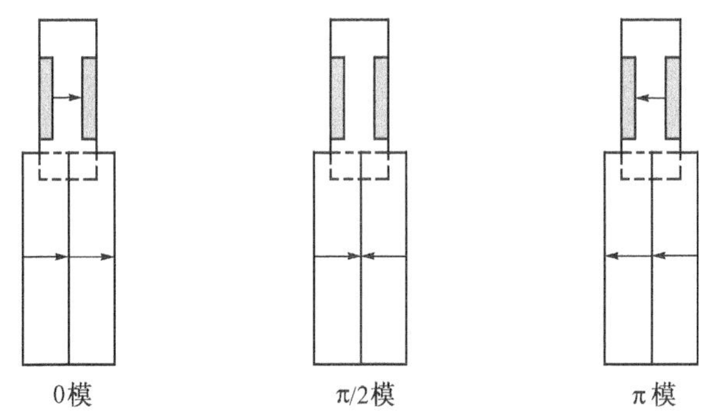

图 14-18　后加速管的调制腔结构示意图及其中的场分布

经调制并形成强烈群聚的电子束在加速间隙中得到加速,从而有效地减小了束内电子能量的相对零散,同时提高了电子的动能;若干低 Q 值的输出腔可以有效地从交变电子注中提取微波能量,输出腔是包括1个可调短路活塞和1个电感膜片的矩形腔,群聚电子注在输出腔中激励起高频场,高频场通过膜片开口直接在矩形波导中以 TE_{10} 基模输出。多腔的应用可以避免击穿的发生。

通过以上分析,可以不难看出,后加速相对论速调管具有以下特点。

(1) 通过后加速显著减小了电子注能量的相对零散,同时又明显提高了电子注所具有的能量。

(2) 多输出腔的应用,可以防止发生高频击穿。

(3) 群聚距离很短,管子结构紧凑。

(4) 高峰值功率工作时不需要外加磁场,高平均功率工作时也只需要低聚焦磁场。

(5) 频率稳定性高,对调制腔进行机械调谐可以在中心频率上实现 ±15% 范围的调谐。

(6) 将输出腔调谐在 2 倍或者 3 倍基频上可以获得倍频输出,扩展管子工作频率范围。

(7) 输出耦合机构可以将微波功率直接转换成矩形波导 TE_{10} 基模输出,从而避免了模式变换器的使用。

可见,后加速相对论速调管是一种高效、高功率、高频率稳定性、可调谐的窄带高功率微波源,其输出功率可达 1GW,效率达 30% ~50%,脉冲长度 0.1 ~1μs。后加速相对论速调管的这些特点使其尤其适合作为高功率微波效应试验的辐射源,也将是雷达和加速器的优良功率源。

14.6.3 渡越管

电子注越过一个谐振腔时,谐振腔中振荡模式的电场就会作用于电子,使电子获得加速或减速,在一定的相位条件下,电子注失去的能量会比获得的能量多,从而将自己的一部分动能交给了高频场,这一过程就是"渡越时间效应"。渡越时间效应早在 20 世纪 30 年代就已经被发现,然而,由于微波场的增长率太低,最终能达到的饱和功率也不高,因此长期以来这一效应并未得到重视。人们试图用增加电子注电流的办法来增加功率,但这又导致了空间电荷的限制和虚阴极的形成。直到脉冲功率技术的发展和在微波电真空器件中的成功应用,上千甚至数千安培电子注的形成成为可能,才使得基于渡越时间效应的高功率微波辐射源得以实现,并先后提出了径向速调管放大器(Radial Klystron Amplifier, RKR)、径向加速管(Radial Acceletron)、单腔管(Monotron)、径向速调管振荡器(Radial Klystron Oscillator, RKO)及多腔速调管振荡器等新型器件。

以渡越时间振荡器(Transit - time Oscillator, TTO)为例来说明渡越时间效应器件的基本工作原理。这里所指的渡越时间振荡器是指只有 1 个谐振腔的器件,其中电子注在径向发射的又称为径向加速管,而在轴向发射的就称为单腔管。它们的共同特点是圆柱谐振腔与二极管(阴极—阳极)组合成同一机构,即圆柱腔的一个底面直接由阴极—阳极组成。因此使得它结构十分紧凑,尤其是不再需要一般加速器二极管中的阳极膜片(或阳极网),可以在高工作比下极大地提高脉冲重复频率;同时,由于不需要外加聚束磁场,使得器件十分简单、质量小、体积小。图 14 - 19 给出了轴向发射和径向发射两种单腔渡越时间振荡管的结构示意图,图中在阴极—阳极同轴结构中的径向线和布喇格反射腔的应用都是为了在阴—阳极同轴线与谐振腔之间形成高频绝缘以防止微波泄漏,同时又不影响高频电流的流通。管子具有轴对称结构,横坐标即为中心轴线,图中只画出了对称轴的上半部分。

当电子注穿过具有驻波场的谐振腔时,它们就将受到场的反复加速和减速。如果电子的渡越时间接近高频场的周期,谐振腔中振荡的是纵向最低次模(场在纵向只有 1 个驻波半波长),则电子将根据进入谐振腔时高频场的相位不同,要么受加速,要么受减速,

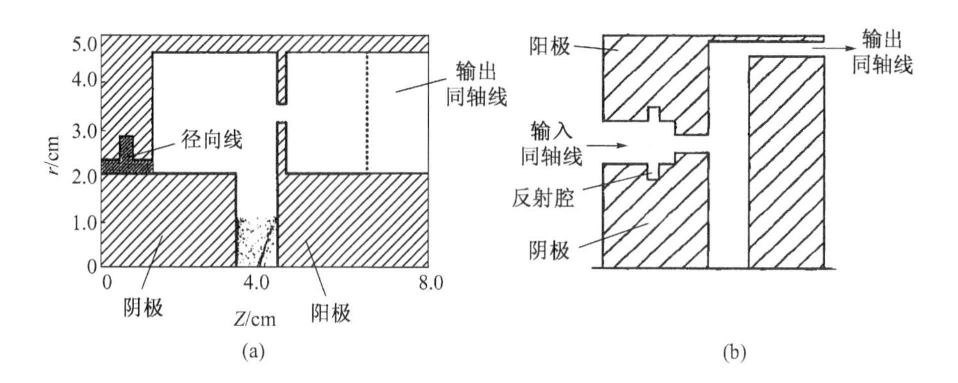

图 14-19　渡越时间振荡管结构示意图

(a) 轴向单腔管；(b) 径向单腔管—径向加速管。

不再多次受到加速和减速。那些在纵向高频场处于加速场时进入谐振腔的电子,将运动得比原来的直流速度快,并且从高频场中获得部分能量;而那些在高频减速场时进入谐振腔的电子,则运动得就要比原来的速度慢,并且向高频场中交出自己部分动能。总体来说,由于慢电子比快电子在高频场中停留的时间要长,因此交出的能量要比获得的能量多,就有纯的能量从电子注交给了高频场,使高频场得以增长,这一过程不断继续下去,直到电子注渡越时间越来越不同于原来的直流渡越时间,而高频场也增长得越来越大直至饱和。

实际发生纯的能量交换的条件并不是电子渡越时间正好等于高频场的周期,慢电子才可能把能量交给场,由于慢电子速度的减慢,就会落后于高频场的相位变化。因此不论对最低次振荡模还是高次振荡模来说,电子与场发生纯的能量交换的条件是

$$\tau = \left(N + \frac{1}{4}\right)T \tag{14.61}$$

式中,τ 为电子渡越时间;T 为高频场周期;N 为正整数。这表明,当电子渡越时间比高频场振荡周期多 1/4 周期,即 $\pi/2$ 相位时,电子将向高频场交出能量。

电子渡越时间与高频场能量的变化可以由图 14-20 来表示。图中横坐标为电子渡越角,纵坐标 $g(y)$ 正比于每一个高频周期中电子与场的平均能量交换,它是一个振荡函数,$g(y)$ 为正值的区域表示电子注从腔体中吸取能量,而为负值的区域对应能量从电子注转换给腔体高频场。从图上不难看出,$g(y)$ 为负最大值时所对应的电子渡越角正是式

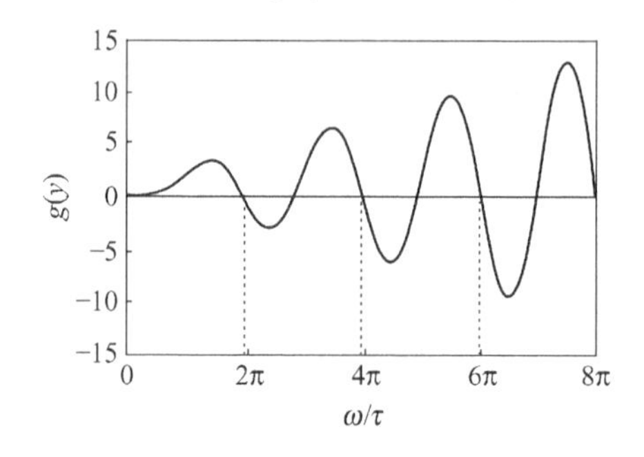

图 14-20　电子注与高频场的能量交换与电子渡越时间的关系

(14.61)所给出的值,所以式(14.61)亦可以称为同步条件。

实际上,高频场不仅影响了电子的运动速度,从而使交出能量的慢电子比得到能量的快电子能在腔体中停留更多时间而实现纯的能量交换。而且正如我们在讨论速调管中已经知道的,速度不同的电子在运动过程中还将产生群聚,群聚使更多的电子向高频场交出能量而成为慢电子,从而进一步增强了电子注与高频场的能量交换。

14.6.4　虚阴极振荡器

1. 基本原理

虚阴极振荡器结构十分简单,它的基本组成部分仅有阴极、阳极和输出波导(包括输出窗),图 14－21 给出了微波能量轴向输出和横向输出的虚阴极振荡器的结构示意图。

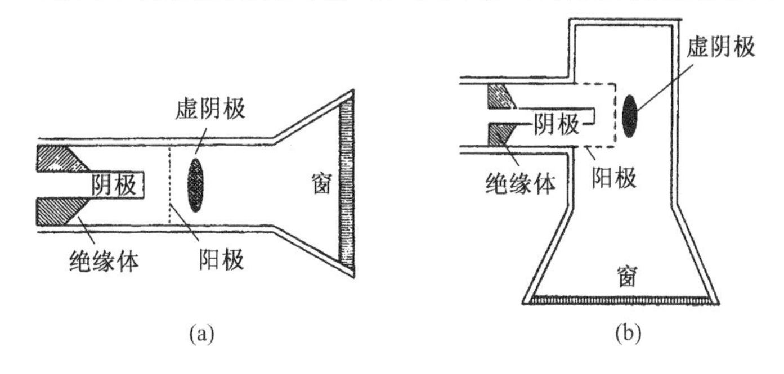

图 14－21　虚阴极振荡器结构示意图
(a) 轴向提取虚阴极振荡器;(b) 横向提取虚阴极振荡器。

虚阴极振荡器的工作基础是虚阴极的形成。

在一般情况下,阴极的发射电流将随着阳极电压的提高而增加,但由于电子带有负电荷,在阴极—阳极空间形成负空间电荷,将导致空间各点电位都比无空间电荷时有所下降。当进一步提高阳极电压,阴极发射电流达到一定程度时,空间电荷密度引起的电位下降可以达到使阴极表面场强为 0,这时如果不考虑阴极发射电子的初速,则阴极就不再继续发射,或者说,阳极电场与空间电荷场达到平衡,阴极电流不再增加。进而考虑到电子具有初速,则从阴极进入阴—阳极空间的电子将会略有增加,使空间电位分布进一步下降,在空间某个位置会出现负的电位,同时在阴极表面产生一个负的场强,它将拒斥电子离开阴极表面继续进入空间。阴极发射受空间电荷限制时所能达到的平衡态电流称为空间电荷限制流,在相对论器件中,电子束做一维运动时,空间电荷限制流为

$$I_{\mathrm{scl}}(kA)=\begin{cases}\dfrac{17(\gamma^{2/3}-1)^{3/2}}{1+2\ln(R/r_{\mathrm{b}})} & (\text{实心电子注})\\[2ex] \dfrac{8.5(\gamma^{2/3}-1)^{3/2}}{\ln(R/r_{\mathrm{b}})} & (\text{空心电子注})\end{cases}\tag{14.62}$$

式中,γ 为电子束的相对论因子;R 为阴极—阳极间隙处外壁半径;r_{b} 为电子束半径。

正如上面已指出的,若电子束电流达到或略大于空间电荷限制流,则在空间就会形成一个电位为 0 甚至更低的区域,称为虚阴极。在虚阴极位置,电子束的静电势能将等于它的动能,导致部分能量低的电子被反射,同时,也会有一部分高能量电子会离开虚阴极继

续向前运动(称为透射电子),这种电子的反射和透射运动将引起虚阴极处空间电荷密度降低,空间电位升高,电子将重又向正向运动,阴极就可以补充损失的电子,这又引起空间电荷增加,电位降低,部分电子又被反射回去……如此不断反复,电子束由稳态传输状态变成不稳定的振荡态。

反射电子在阴极和虚阴极中间来回振荡,以及虚阴极位置本身的振荡,就会辐射电磁波,这就是虚阴极振荡器产生微波辐射的基本机理。随着对虚阴极振荡器的研究不断深入,现在认为在虚阴极振荡器中还存在有高频场引起的密度调制机理,即电子注在由阴极向阳极以及由阳极向虚阴极运动过程中,与高频场相互作用而受到速度调制进而转变为密度调制,因此在虚阴极处的反射电子流和透射电子流实际上是已经密度调制的电子流,这种电子流进一步增强了与微波场的能量交换,使微波场得到增长。

2. 虚阴极振荡器的发展

虚阴极振荡器结构简单、输出功率大(大于1GW),而且极易调谐,因为它的辐射微波频率与任何谐振条件无关,单一的虚阴极振荡器甚至能产生一两个倍频程的微波辐射。虚阴极振荡器也不需要聚焦磁场、质量小,而且能产生微秒级宽度的微波脉冲。虚阴极振荡器的缺点是它的效率很低,一般只有1%,辐射微波的模式杂、频谱太宽,难以做到单模、单频振荡,人们在寻求克服这些不足的方法的过程中提出了许多新型的虚阴极振荡器。

在普通轴向输出的虚阴极振荡器中,微波模式一般都是以 TM_{0n} 模为主,再经圆波导喇叭天线辐射,这种结构简单易行,但 TM 模实用性不大,且微波频带宽。将轴向提取改成横向(侧向)提取,电子束在过模矩形波导宽边注入并形成虚阴极,因此虚阴极辐射的微波电场垂直于波导宽边,使得输出模式成为具有很高纯度的 TE_{10} 模,高次模式的功率小于10%,横向提取的另一个优点是为虚阴极振荡器的锁频锁相提供了方便。

为了清除反射电子的不规则运动及零散给微波辐射带来的模式与频率的分散,人们提出了 Reditron,它将二极管放入纵向磁场中,采用开有环形窄缝的厚阳极来替代原来的阳极薄膜或栅网(图14-22(a))。磁场引导环形空心电子束穿过阳极窄缝进入下游波导管,在虚阴极处部分电子将被反射,由于反射电子运动方向的不规则,一般都具有径向速度,使得它们不再能通过阳极环形缝进入阴—阳极空间而只能打上阳极。反射电子几乎全部消失,因此只有虚阴极本身的振荡能产生微波辐射,亦减少了反射电子与阴极发射电子相互作用而引起的电子横向发散和能量零散,提高了虚阴极辐射效率。

另一种提高效率的方案是所谓反射三极管(Reflex Triode)虚阴极振荡器,在该器件

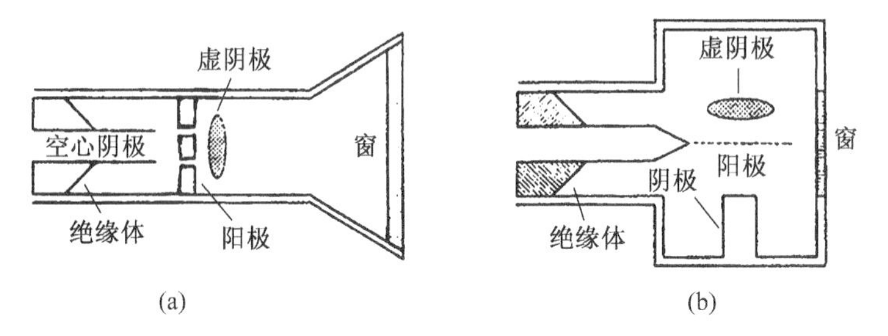

图14-22 Reditron和反射三极管的结构示意图
(a) Reditron;(b) 反射三极管。

中,同轴系统的中心导体与通常的虚阴极振荡器的作用相反,成为阳极而不再是阴极,因而其极性是正的而不是负的,阴极置于圆波导壁上(图 14 - 22(b))。在通常的虚阴极振荡器中,电子束在通过阳极之前,较少受到高功率微波场的影响,而在反射三极管中正好相反,由于阴极本身已成为高频系统的一部分,在阴—阳极空间同样存在高频场,特别是当高频场满足适当的相位条件时,就可以对电子束进行预调制,从而使虚阴极振荡器的效率可以超过 10% 。基于同样的思想,有科学家提出可以专门将部分高功率微波反馈到二极管区来对电子束进行预调制,并将这种器件称为反馈虚阴极(Virtode),据称可以使虚阴极振荡器的效率达到 20% 。

同轴虚阴极振荡器提出的目的是提高阴极发射,形成更强的环形虚阴极,从而提高输出功率。

在虚阴极振荡器的下游输出段采用慢波结构,可以起到稳定 TM_{0n} 模的输出频率的作用。

而为了使虚阴极振荡器能具有频率稳定的窄带输出,克服频谱宽的缺点,科学家们采取了各种锁频锁相的方法。最简单的就是谐振腔锁频,让虚阴极振荡在谐振腔中激励微波,由于谐振腔只能在分立的频率上形成稳定振荡,因而虚阴极在谐振腔中将只能建立起与其振荡频率最接近的某一频率下的某一模式的高频场,这个场又反作用于虚阴极振荡,使得虚阴极振荡器被锁定在这个频率上,结果得到窄带、单模输出。科学家们还提出了利用相对论磁控管、普通磁控管产生单频信号输入到虚阴极振荡器的谐振腔,输入的微波就会使虚阴极振荡器的振荡相位锁定,这时,为虚阴极振荡器振荡频率起锁定作用的主要是磁控管提供的微波而不是谐振腔。

第 15 章　微波电真空工艺特点和电真空材料

微波电真空器件的生产制造是一个十分复杂的过程，为了对微波工程领域的知识有一个更全面深刻的了解，对电真空器件尤其是微波管的制造工艺作一定介绍是十分必要的，因为现在已经很少专门开设“电真空材料与工艺”这门课程了。

15.1　电真空工艺特点

微波电真空器件是利用电子注与高频场的相互作用而实现微波能量的产生和放大的器件，但电子注与高频场看不见摸不着，而它们之间的相互作用又是一个十分复杂的物理现象，这一特点决定了它的研制必然是一项知识、技术密集型的过程。器件结构复杂、精度要求高、工艺规范严格，在材料选用、加工技术、设备性能以及生产环境等各方面都有极为严格而特殊的要求，从而对从事微波电真空器件生产的人员素质亦有着不同于其他行业的特殊要求。

电真空器件的生产工艺，归纳起来，主要有以下特点。

1. 使用的材料广泛而特殊

电真空器件种类繁多，每一类器件中又有若干不同功能的部件组成，这些部件的作用不同，要求特殊，因此电真空器件的零部件和制造工艺中所使用到的材料十分广泛，几乎包含了自然界中70%以上的已知元素。涉及到金属及合金、气体及气体燃料、介质材料及化合物、化学材料及特殊功能材料等。如：

金属材料：W（钨）、Mo（钼）、Re（铼）、Ta（钽）、Nb（铌）、Fe（铁）、Ni（镍）、Co（钴）、Cu（铜）、Au（金）、Ag（银）、Pt（铂）、Pd（钯）、Al（铝）、Na（钠）、K（钾）、Rb（铷）、Cs（铯）、Be（铍）、Mn（锰）、Mg（镁）、Ca（钙）、Sr（锶）、Ba（钡）、Ti（钛）、Zr（锆）、Zh（钍）、In（铟）、Os（锇）……及它们的合金。

气体材料：H_2（氢）、O_2（氧）、N_2（氮）、Ar（氩）、He（氦）、天然气（或煤气）、压缩空气……。

介质材料：玻璃、陶瓷、云母、聚四氟乙烯、硅橡胶、环氧树脂……，及其他密封材料。

化学材料：硫酸、盐酸、硝酸、铬酸、丙酮、乙醇、汽油、三氯乙烯、四氯化碳……。

特殊材料：发射材料、吸气材料、发光材料、封接材料、二次电子发射材料、磁性材料、微波吸收材料……。

电真空器件不仅使用的材料种类繁多，而且要求也很特殊：

机械加工性能：既要易于加工，又要具有足够的强度。

电磁性能：高频机构的材料应具有良好的导电性，磁体材料则应具有良好的磁性能等。

真空性能：器件的内部结构件都应要求有好的吸气或放气性能，低的饱和蒸汽压，器件外壳材料都应具有良好的气密性。

热性能：热稳定性能、高温强度性能等。

封接(焊接)性能：要求具有适当的膨胀系数以便与玻璃或陶瓷封接，好的焊料浸润性能，良好的点焊性能等。

特殊材料的特殊性能：发射材料的发射性能、抗中毒能力，吸气材料的吸气性能等。

对材料的质量要求也十分严格，材料的杂质含量不仅会影响材料的机械性能，还会影响其焊接性能、真空性能以及电磁性能等。

2. 机械加工要求高

1）要求加工精度高

电真空器件尤其是微波管，其电子光学性能(尤其是电子枪)，高频特性都直接与结构尺寸相关，细微的尺寸变化都会引起性能的很大变化。如八毫米波段的行波管，其螺旋线外直径只有 1mm 左右，因此所有尺寸的精度都必须控制在几微米以内；八毫米速调管的谐振腔，直径的 0.01mm 变化都会引起谐振腔的频率数兆赫兹的改变；这些管子的电子枪结构尺寸和装配尺寸，其精度也都必须精确到 0.01 ~ 0.02mm 以内，否则就会引起电子注形状和轨迹的改变，破坏电子注与高频结构上的电磁场的互作用。随着频率的进一步提高，整个管子的尺寸将进一步减小，加工也越来越精细，精度要求也越来越苛刻，目前太赫兹波段的微波管、电子枪和高频结构部分的加工和装配精度都已经要求达到 1 ~ 5μm 范围。

2）表面光洁度要高

由于趋肤效应，微波损耗将集中在金属材料的表面，因此这就对材料的表面光洁度提出了严格的要求。表面粗糙，不仅会增加高频损耗，也会容易引起管内打火，这些因素严重时甚至可能导致管子破坏。如螺旋线行波管，本来其热耗散能力差就正是制约螺旋线行波管功率提高的一个决定性因素，如果沿线高频损耗再增加，就会加剧螺旋线的发热，进一步限制管子输出功率的提高，或者引起螺旋线烧毁。所以对微波管管内关键部件尤其是高频结构部件的加工光洁度必须有严格要求，如对谐振腔、输出波导的内表面，一般都应达到表面粗糙度优于 0.4 ~ 0.2μm，甚至小于 0.1μm。

另外，高的加工精度也必然要求相应高的光洁度，太低的光洁度保证不了高的精度。

3. 设备专业性强

由于真空电子器件生产工艺的特殊性和复杂性，因此它的生产设备除了众多通用的设备和仪器外，还涉及大量按照特定工艺技术要求而设计制造的专用设备。这些设备大致包括如下几种。

1）加工制造设备

如专门绕制螺旋线的绕丝机，其精度一般可达到 3μm。

2）真空设备

真空电子器件的内部必须保持真空状态，为此设计制造了各种不同的排气台对管子抽真空；此外，真空焊接、真空镀膜等设备也都离不开真空系统。

3）涂覆设备

如灯丝涂覆机、衰减器蒸散炉、阴极溅散炉、等离子体喷涂机等。

4）热处理设备

制造钡—钨阴极要用钼管烧结炉、钨网氢气炉，零部件焊接要用氢炉、真空焊接炉等。

5）焊接设备

为了将管子的不同零件组装成部件并最终装配成整管，出现了各种各样的焊接设备，如点焊机、高频焊接机、激光焊接机、氩弧焊接机以及钎焊用的各种氢气炉、真空炉等。

6）专用测试设备

如电子注分析仪、真空检漏仪、慢波线色散特性测试仪等。

熟悉这些设备的用途，了解它们的性能，也是正确设计电真空器件的关键，否则，设计出再好的零件和管子，在工艺上无法实现，也只能是纸上谈兵。而且，随着新型器件的不断提出，会对生产工艺提出新的要求；随着科学技术的发展，加工工艺本身也在不断提高和发展。这些又都促使各种新的、性能更好的设备出现。

4. 生产技术复杂

电真空器件的生产制造涉及很多专门技术，可以说是集技术之大成的一门高科技行业，主要的技术门类涉及如下几种。

1）机械加工技术

电真空器件的零部件制造主要依赖于各种机械加工技术，尤其是精密加工和微细加工技术。随时了解最新的加工手段和方法，以及相应的加工设备，就可以提高设计水平和制管水平，如电火花加工技术的出现，就极大地提高了加工水平，很多原来无法加工的复杂零件，利用电火花加工就成为可能。

2）半导体工艺技术

随着电真空器件的越来越小型化、微型化，以及真空微电子器件的发展，传统的加工方法已经不能加工出如此微小的结构尺寸，因而人们在近年已开始将半导体工艺技术引进到电真空器件的制造中来，使器件的电极尺寸达到了微米量级。最突出的代表就是LIGA技术，即深度X射线光刻、电铸成模、微塑铸综合三维超微细加工技术。

3）真空技术

电真空器件的制造当然离不开真空技术，包括真空的获得、维持和测量，真空系统的组成、使用、维护和检漏等。以真空的获得来说，人们广泛使用各种真空泵来抽去器件中的空气，如机械泵、扩散泵、离子泵、分子泵等，既要了解各种泵的基本原理、特性和使用要求，也要了解各种器件对真空的要求，如微波管，一般要求器件内部真空度达到$10^{-7}\sim10^{-9}$Torr以上，即$10^{-5}\sim10^{-7}$Pa以上($1Pa=1N/m^2=0.9869\times10^{-5}atm=7.5\times10^{-3}Torr$，$1Torr=133.3Pa$)；而高功率微波器件，目前一般仅达到$10^{-3}$Torr以上。

4）化学技术

在电真空器件的生产中，离不开化学技术，特殊零件的制造(电腐蚀、电铸造等)、零件的清洗、表面涂覆等都必须依赖于化学技术，各种化学分析更是器件质量的可靠保证。

5）涂覆技术

为了获得具有特殊性能的零部件，如阴极、衰减器、氧化铝绝缘层等，或者为了改善零部件的表面性能以满足特殊需要，如改善焊接性能、降低表面逸出功、降低二次电子发射系数、防腐蚀、提高硬度等，都需要对电真空器件的零部件进行涂覆，并因此产生了各种涂覆手段，如电镀、蒸涂、喷涂、溅射、等离子体沉积等。

6）净化技术

为了保证电真空器件的正常工作，必须对管内零部件进行彻底清洗，任何气体、液体、固体的污染，都将严重影响器件的性能和使用寿命。在电真空器件制造中，除了化学清洗外，还广泛使用机械、物理、电化学等各种净化手段。

7）焊接技术

为了把器件的零件组装成整管，同时又能保证管子内部能维持真空，电真空器件的制造中使用了各种气密焊接技术，而且一般情况下还要求焊接过程对零部件不会产生新的污染，也不会引起零部件关键尺寸的改变或变形。常用的焊接方法有电阻焊、高频焊、真空焊、氢焊、氩弧焊、激光焊、电子束焊等。

8）玻璃、陶瓷及其封接技术

由于玻璃、陶瓷是电真空器件中用得最普遍的电介质绝缘材料，而且它们与普通工业用、民用玻璃、陶瓷不同，对它们各方面的性能都有十分严格的要求，所以大型电真空器件制造企业都设有专门的玻璃、陶瓷生产车间，国家还单独设有专门的真空玻璃、陶瓷生产工厂。

此外，玻璃、陶瓷与金属零件的气密封接也是制造电真空器件必不可少的一项工艺技术，否则无法保证器件内部的真空状态。

9）电子和微波技术

器件制造和测试过程中，涉及大量专用电子设备和微波设备，所以电子技术和微波技术知识也是微波电真空器件工作者所必要的。

5. 真空卫生严格

电真空器件的成品率、可靠性以及寿命都与零部件的洁净度和管内的气氛（真空度、残余污染物）有十分密切的关系，因此，器件生产过程中对真空卫生的要求十分严格。

管内任何形式的污染物都会对器件造成不良甚至致命的影响。固体污染物主要包括尘埃、加工过程中的金属、非金属屑粒、清洗中残留的棉花纤维、人的皮屑等，它们主要来自于空气、墙壁、天花板，操作者的身体、衣帽、头发，工作台、工具、模夹具以及加工生产过程。器件内固态微粒污染物的存在，往往会引起器件内部打火、堵孔、高频性能改变以及放气致使真空度下降等；液态污染物则主要指油脂、酸、碱、手污、唾液及水（水蒸气），它们主要来自加工清洗过程没有彻底去酸、碱，没有彻底脱水、烘干，以及操作者操作过程没有按规定戴指套（或手套）、口罩，部分来自工艺设备的润滑剂、加工过程中使用的各类冷却液。液态污染物的存在会引起涂层不牢、焊接漏气、封接漏气、漏电、放气及锈蚀等危害；气态污染物则是指对阴极有害及使真空度下降的气态物质或放气源，主要来源于净化不彻底的零部件、内部含有有害气体成分的材料以及上述固态、液态污染物的放气。它们在器件存放过程中会缓慢释放出内部的气体，更会在工作过程中高温热分解状态下释放气体，引起器件真空度的降低，导致电性能变差，其中某些有害气体会导致阴极中毒，发射降低。

为此，在电真空器件生产过程中，必须严格保持真空卫生，主要从两个方面着手：一方面是环境的洁净，建立超净间和洁净车间，所有设备、工具都必须符合真空卫生要求；另一方面是所有工作人员严格遵守工艺卫生要求和操作规程。在电真空器件生产工厂中，整个装配车间都必须符合真空卫生的洁净要求，其中管芯部分的装架间尤其要求超净。

洁净室的优劣主要应包括这些因素：热(空气温度、湿度)、空气(尘埃、流速、压力、有害气体、负离子、异味)、光(照度、眩光、色彩)、声(噪声)及电、磁(静电、静磁场)等。其中空气洁净度是最为重要的指标,我国对洁净室洁净等级的划分就是以洁净室内空气中含尘(微粒)量的多少来决定的,目前一般采用100级、1000级、10000级和100000级4个级别,指每立方米空气中微粒直径≥0.5μm的尘埃数量应≤35×100个,≤35×1000个,≤35×10000个,≤35×100000个。为了保证洁净室能保持其洁净等级,应防止室外未经严格逐级清洁过滤的空气直接侵入,和使室内气压略高于室外气压。室内装饰材料应平整光滑,尽量不留缝、槽、死角等易沉积灰尘的结构。

洁净室的维护和有效利用,更大程度上取决于管理和使用人员对真空卫生要求的遵守。严格控制进入室内工作的人员数量以及物品,进入洁净室的人员必须穿洁净工作服、工作帽、工作鞋,经过空气吹淋,工作时必须戴手套或指套,严禁裸手接触工件,必要时还应戴口罩。

6. 工艺纪律严肃

为了保证电真空器件的生产质量和成品率,在生产过程中,每一道工序都制定有严格的工艺规范,这些工艺规范往往是经过大量试验、已证明行之有效后制定出来的,因此工作人员必须严肃认真、一丝不苟地严格按工艺规范生产,任何对工艺规范的违反都会导致产品内在质量的降低甚至成为废品。对工艺规范的修改,都必须经充分试验,并经过一定审批手续批准后才能实行。

15.2 电真空常用金属与合金

前面已指出,电真空器件所涉及到的材料十分广泛,而且对其性能要求也十分严格特殊。我们在总体上可以把这些材料分成两大类：一般材料和特殊材料。前者主要是指制造电真空器件时的主要结构材料,如各类金属和合金、陶瓷与玻璃等,以及工艺辅助材料,如气体和气体燃料、各种真空密封材料和化学试剂等;后者是指具有特定功能的功能材料,如具有发射电子能力的阴极材料,能与玻璃、陶瓷匹配封接的封接材料、能吸收各种气体的吸气材料、进行钎焊用的焊料等。

本节将首先介绍电真空器件常用金属的主要性能,然后再分别介绍常用的金属材料及它们的合金。电真空器件的材料,不论是一般材料还是特殊材料,都以金属材料为主,所涉及的金属种类十分多。其中作为一般材料的金属结构材料,又可以分为难熔金属和非难熔金属。

15.2.1 金属材料的性能

1. 机械性能

1)应力

任何材料在外力作用下都会发生形状变化,如果在外力去除后这种变化完全消失,这种形变为弹性形变,反之,如果在外力去除后变化仍然保留,则这种形变为塑性形变,作用在单位面积上的力就称为应力,材料在应力作用下产生的形状变化称为形变。在工程单位制中,应力的常用单位是kg/mm^2。

抗拉强度和屈服强度是标注材料强度的重要参数，材料承受的荷载超过了屈服强度，就要产生不能恢复的永久形变，而当材料承受的荷载达到了抗拉强度时，则材料就会断裂。

2）弹性

弹性形变实质上反映的是固体中原子之间的结合力，这种形变引起的形变量很小，只是在平衡位置附近的很小范围内发生偏移，所以偏移距离与力的大小近于线性关系。而弹性模量就反映了材料在受外力作用时抵抗变形的能力大小，它直接取决于原子间结合力的强弱，而金属的熔点也是原子间结合力强弱的表现，所以弹性模量与金属熔点之间必然存在一定的关联。

对于大多数金属来说，温度升高，结合力下降，弹性模量也随之下降。

3）塑性与脆性

多数金属在承受的应力超过屈服强度后就进入塑性阶段，直至断裂以前，它可以产生显著的永久形变，这样的材料称为塑性材料，如果材料几乎不能产生塑性形变，直至断裂都只产生弹性形变，这种材料就称为脆性材料。

4）硬度

材料局部区域抵抗弹性形变、永久形变或者破裂的能力就是材料的硬度，因此，硬度不仅与抵抗的是何种形变有关，还与测试硬度的方法有关。例如，压入硬度指材料抵抗比它更硬的物体压入其表面产生永久形变的能力；划痕硬度指材料表面抵抗局部破裂的能力；回跳硬度则是材料抵抗弹性形变的能力。在生产工作中，常用的是压入硬度。

采用不同直径的淬火钢球在不同压力下根据产生的压痕面积来测定的硬度称为布氏硬度（以 HB 表示）；以一个顶面成 120°的金刚石圆锥压头，或者一个直径 1/16 英寸的钢球，分两次以规定的不同压力对材料表面加压，以前后两次压痕的深度差的大小作为材料的硬度，这样得到的硬度称为洛氏硬度（以 HR 表示）；维氏硬度（以 HV 表示）的测试方法与布氏硬度相同，只是所用的压头不同，它的压头是一个锥面夹角为 136°的金刚石四方角锥体。

5）疲劳和蠕变

材料在承受重复的交变应力时，尽管该应力的大小低于材料本身的抗拉强度，甚至低于屈服强度，材料也会发生断裂，这种现象称为疲劳，金属材料在使用中的破坏大部分是由于疲劳造成的。疲劳破坏的原因是由于材料内部应力的不均匀，使得某些局部的应力引起不均匀的形变而产生微裂纹，在交变应力的反复作用下，微裂纹逐渐扩展而导致材料整体断裂。材料能够承受的长期交变应力称为疲劳强度或疲劳极限，大多数有色金属的疲劳极限很低。

如果材料长期承受的是恒定荷载，同样尽管应力大小低于屈服强度，也会逐渐产生永久形变，形变量的大小与形变速率、承受荷载的时间长短以及温度高低有关，这种现象称为蠕变。温度对蠕变起着重要的作用，工作在高温下的零件必须考虑这种现象，在一定的温度下产生规定的形变速率时的应力值称为蠕变极限，或者在一定的温度下和规定的时间内产生规定的形变量时的应力值作为蠕变极限。

6）冷作硬化和再结晶

金属材料经过加工，特别是轧制、拉制等加工后，不仅材料形状发生了永久变形，内部晶粒形状也产生了变化,由原来的等轴状晶粒变成了纤维状晶粒,使得材料抵抗进一步形变的能力增加,强度和硬度升高,塑性下降,这种现象叫作冷作硬化或加工硬化。冷作硬化可以用来强化金属材料,但是同时它也使对材料的进一步加工更加困难,为了恢复材料的塑性,就需要对它进行高温退火,目的是在高温下使金属原子的活动能力增加,为内部组织的恢复创造条件。这一过程随着温度的升高可分为三个阶段:

(1)去应力退火。加热温度不高时,金属原子的扩散能力还不大,晶粒的形状也还没有明显变化,但是由于原子的近距离扩散,使得晶体的缺陷得到减少,晶格的畸变有一定恢复,内部应力消除,一些物理化学性能,如导电性、耐腐蚀性等得到显著恢复,这一阶段叫作回复,为达到回复而进行的热处理就是应力退火。

(2)再结晶。继续升高温度,原子活动能力增加,在变形晶粒的晶界处、晶粒破坏严重的地方生成新的晶核,长成新的晶粒,并取代了原来变形的晶粒,从而使冷作硬化过程中形成的纤维状晶粒重新恢复为等轴状晶粒组织,这一阶段叫作再结晶。再结晶后的金属材料完全消除了加工硬化现象,机械性能和物理性能也完全恢复到加工前的状况,又可以继续进行形变加工了。

(3)二次再结晶。材料如果在已经完成再结晶后温度再继续升高或继续保持高温,则晶粒会继续长大,形成粗大的晶粒组织,这个过程称为二次再结晶。二次再结晶后形成粗大晶粒的材料强度反而下降、塑性也变差了,显然这是不希望的结果。例如可伐的退火温度过高就会形成粗大晶粒,导致在钎焊过程中银铜焊料沿着晶界往里渗透,造成可伐开裂、漏气的后果。

由上面的分析可知,对金属材料的退火,关键是掌握好温度,其次是合适的保温时间。为此,需要了解材料的再结晶温度,金属的最低再结晶温度 T_c 大约相当于其熔点 T_f 的 0.4 倍

$$T_c \approx 0.4T_f \tag{15.1}$$

式中,T_c 和 T_f 均为以绝对温度(K)计量的温度值。生产中采用的实际退火温度一般比最低再结晶温度 T_c 高 100~200℃。

2. 磁性能

1)铁磁性

具有实用价值的磁性材料主要是铁、镍、钴和以它们为基的合金,以及其他少量元素和化合物。铁磁性物质表现出磁性的物理本质是,在它们内部存在有很多大小约为 $10^{-15}m^3$ 的小区域(一个原子的大小约为 $10^{-30}m^3$),这些小区域称为磁畴,每一个小区域铁磁性材料的基本特点是:

(1)磁化率非常大;

(2)磁化过程是不可逆的,这就是磁滞现象,可以用磁滞回线表示,在后面15.5.3小节将专门介绍;

(3)存在临界温度,在这一温度以上,铁磁性消失,这个温度称为居里温度。

2)影响物质铁磁性的因素

金属和合金的铁磁性与其成分、组织和结构有关。例如,饱和磁感应强度、居里温度等与合金的成分、原子的结构有关;矫顽力、导磁系数、磁化率、剩余磁感应强度等与晶粒大小、分布、组织结构有关。一般来说,晶粒越细小,晶界就越多,就会阻碍磁化过程和退

磁过程的进行；加工形变引起的晶格畸变，同样会使得导磁系数下降，矫顽力增加。

晶体的磁性是具有各向异性的，在晶体的不同方向加上同样强度的磁场，得到的磁化强度会不同，沿容易磁化的方向进行磁化达到饱和需要的外加磁场较小，而沿难磁化的方向进行磁化达到饱和需要的外加磁场则就较大。将晶格中连接两个以上结点的任何一条直线所代表的晶体中原子在空间的一种排列方向，称为晶向，晶向用一组数字表示，称为晶向指数。例如对于铁的立方晶体，晶向指数为[100]、[010]、[001]等 6 个方向是容易磁化的方向，而对角线方向则是难以磁化的方向；对于镍来说，易磁化的方向是晶向指数为[111]的方向，难磁化的方向则是[100]；钴为六方晶体，易磁化的方向是[0001]。图 15－1 给出了立方晶体和六方晶体中的晶向的指数。

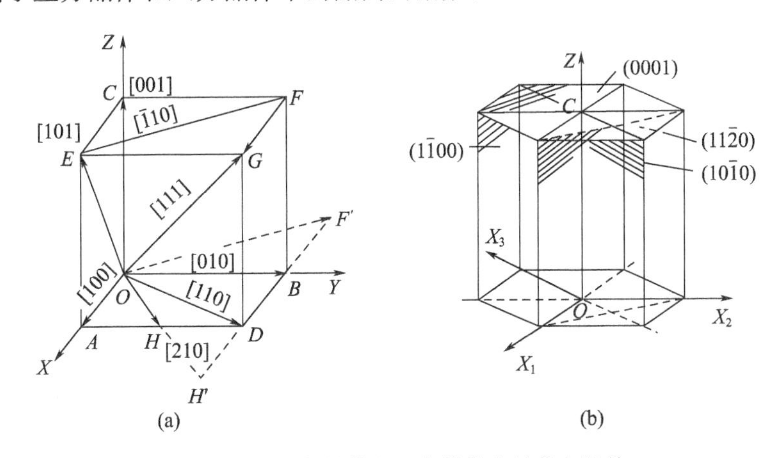

图 15－1　立方晶体和六方晶体中的晶向指数

(a)立方晶体的一些晶向的指数；(b)六方晶体的一些晶向的指数。

3. 导电性

1)电阻率

单位长度、单位截面积导体材料的电阻称为电阻率，通常用 ρ 表示，其单位是欧·米($\Omega \cdot m$)、欧·厘米($\Omega \cdot cm$)或微欧·厘米($\mu\Omega \cdot cm$)。电阻率的倒数称为电导率 σ，它同样可以表示材料的导电性能，σ 的单位是 1/欧·米($1/\Omega \cdot m$)等。

导体的电阻则可以表示为

$$R = \rho \frac{L}{A} = \frac{1}{\sigma} \frac{L}{A} \tag{15.2}$$

式中，L 是导体的长度；A 是导体的截面积。

根据不同材料的导电性能大小，可以把材料分为导体、半导体和绝缘体。所有金属都是导体，电阻率一般小于 $10^{-6}\Omega \cdot m$，半导体的电阻率为 $10^{-5} \sim 10^{7}\Omega \cdot m$，绝缘体的 ρ 值为 $10^{8} \sim 10^{20}\Omega \cdot m$。

2)影响金属导电性能的因素

(1)温度的影响

金属的电阻是由于自由电子在金属内部移动时受到散射而产生的，晶体结点上原子的热振动，晶体结构的缺陷，如空缺、位错等，以及杂质原子引起的晶格畸变，都可以使电子受到散射，但这些因素中只有原子的热振动引起的散射与温度有关。因此金属的电阻可以分成两部分，一部分与温度相关，另一部分与温度无关。其中与温度有关的部分可用

$\rho(T)$表示,它与温度的关系可以表示为

$$\begin{aligned}\rho(T) &= \rho_0(1+\bar{a}T) \\ a &= \frac{1}{\rho(T)}\frac{d\rho}{dT}\end{aligned} \tag{15.3}$$

式中,ρ_0为金属在20℃时的电阻率;$\bar{a}$为金属在20℃至温度T之间的平均电阻温度系数;a为其电阻温度系数。对于大多数金属来说,$\bar{a}$的值大约在4×10^{-3}℃,铁磁性金属的$\bar{a}$比较大,而且随温度的不同而变化比较显著,一般在居里温度以下时a随温度升高而增大,当温度达到居里温度后a将急剧下降。

(2)加工形变的影响

金属经过加工产生永久形变后,电阻率往往会增加。Al、Cu、Ag、Fe等的电阻率增加2%~6%,W和Mo的电阻率可增加百分之几十。电阻率的增加是由于加工形变使晶格发生畸变和空位、位错等缺陷增多,使电子受到的散射增加而引起的。对加工件进行退火处理,可以使金属的导电性能恢复到加工前的水平。

3)合金的导电性能

如果组成合金的元素能够互相溶解,生成单一均匀的结晶相,而且其晶体结构与合金中的某一种元素的晶体结构相同,这样的结晶相称为固溶体。当合金形成固溶体时,一般会导致导电性下降,电阻率增加。固溶体合金的电阻率高于纯金属是由于异类原子的引入,使得原来金属的晶体结构产生了畸变,增加了电子散射的概率。

一些含有过渡金属的合金如Ni-Cr、Ni-Cu、Fe-Al、Cu-Mn、Ni-Cu-Zn、Fe-Cr-Al、Fe-Ni-Mo等,在冷加工后电阻反而会明显降低,这是因为这类合金的组成原子在晶体中的分布不均匀严重,导致间距大小显著波动,增加了电子的散射概率,因而电阻比较高,冷加工可以在很大程度上促使不均匀组织的破坏,因此电阻得到明显降低。

4)金属化合物的导电性能

金属化合物的导电率通常比形成化合物的组成元素的电导率小得多,因此导电性能比较差,这是因为金属化合物中原子之间的结合键已有部分变成了共价键或离子键,自由电子的浓度减少,所以导电性能下降。

4. 热性能

在电真空器件中,有不少部件将工作在高温环境下,如阴极、热子、栅极、阳极、阴极支持筒等,必须了解制作这些零件的材料的热性能。

1)导热性

金属的导热性一般都比较好,因为金属中存在大量自由电子,金属正是依靠这些自由电子进行导热的,这与介质材料、半导体材料主要依靠晶格导热不同。

材料的导热性能用导热率或导热系数来描述,定义是在单位温度梯度下、单位时间内通过垂直于梯度方向的材料单位面积的热量,单位为瓦特/(米·度)(W/(m·℃))或卡/(厘米·秒·度)(cal/(cm·s·℃))。

2)蒸气压

电真空器件内部一般都是被抽成高真空的,在这样的环境下,管子内部零件会有一定的蒸发,并最终达到该零件的材料在工作温度下的饱和蒸气压。材料的蒸发将引起管内真空度的下降,材料的饱和蒸气压越高,对管内真空度的影响越大,因此管内零件使用的

材料必须考虑它的饱和蒸气压的大小，尽量选用饱和蒸气压能满足管内极限真空度要求的材料。

(1)纯金属材料的饱和蒸气压只取决于材料的种类和温度。

(2)合金中含有饱和蒸气压高的元素时，合金的总蒸气压升高，所以电真空材料中要注意防止含有蒸气压高的杂质。

(3)组成合金的元素比例在合金的蒸气中与在固态中是不同的，蒸气压高的元素蒸发快，它的分压强高，因此合金在高温下长时期工作时，其成分会逐渐改变。

3)热膨胀系数

在电真空器件中，很多零部件都要求尺寸十分精准同时又必须在高温下工作，例如电子枪部分的零件、大功率微波管高频结构的输出段等；管内有很多部件是由不同金属零件焊接在一起的，还少不了金属与陶瓷、金属与玻璃的封接，在这些情况下，都必须了解所用材料的热膨胀性能。虽然金属的热膨胀系数一般都不大，在 $10^{-6} \sim 10^{-5}$ 之间，但是若零件不能自由膨胀(例如两端都被固定)时，或者它与其他膨胀系数与其差别太大的材料所做的零件连接时，由热膨胀所产生的应力却是很可观的。例如对于铁零件，温度升高1℃，膨胀造成的应力就可达 20×10^5 Pa，相当于 20kg/cm^2 的压强。

(1)膨胀系数

金属材料的线膨胀系数可表示为

$$\bar{\alpha} = \frac{1}{L_1} \times \frac{\Delta L}{\Delta T} \tag{15.4}$$

式中，$\bar{\alpha}$ 称为材料的平均线热膨胀系数，它是在一定温度区间内，温度每升高1℃，材料单位长度伸长量的平均值；L 为材料长度；T 为温度；L_1 为材料在温度区间的起始温度 T_1 时的起始长度。当 ΔT 和 ΔL 趋于无限小时，就得到在某一温度 T 时的线热膨胀系数

$$\alpha_T = \frac{1}{L_T} \times \frac{\mathrm{d}L}{\mathrm{d}T} \tag{15.5}$$

相应地，材料的体平均热膨胀系数就是

$$\bar{\beta} = \frac{1}{V_1} \times \frac{\Delta V}{\Delta T} \tag{15.6}$$

对于立方晶体和各向同性固体，满足下述关系

$$\bar{\beta} = 3\bar{\alpha} \tag{15.7}$$

金属材料的热膨胀现象本质上是在温度升高时原子间距增大的结果，因此，原子之间结合能的大小必然与热膨胀相关，结合能越大，膨胀系数相应就比较低，结合能小时则正好相反。而金属的熔点、硬度同样也是原子间结合能大小的反映，因此，金属的热膨胀系数必然与其熔点存在一定联系，熔点高的金属，热膨胀系数低。

(2)影响膨胀系数的因素

绝大多数单相的固溶体合金的热膨胀系数介于合金组成成分的金属的膨胀系数之间。

绝大多数金属和合金的实际膨胀系数 α 随温度的变化规律如图 15－2(a)所示，α 值在开始增加很快，然后变得增加缓慢以至于接近恒定值，这种变化的膨胀系数称为正常膨胀系数。但是铁磁性金属 Fe、Ni、Co 和它们的合金，膨胀系数随温度的变化却与正常膨胀系数不

同,在居里点附近发生突变,甚至出现膨胀系数在一定温度范围内下降,如图15-2(b)所示,称这类膨胀系数为反常膨胀系数。

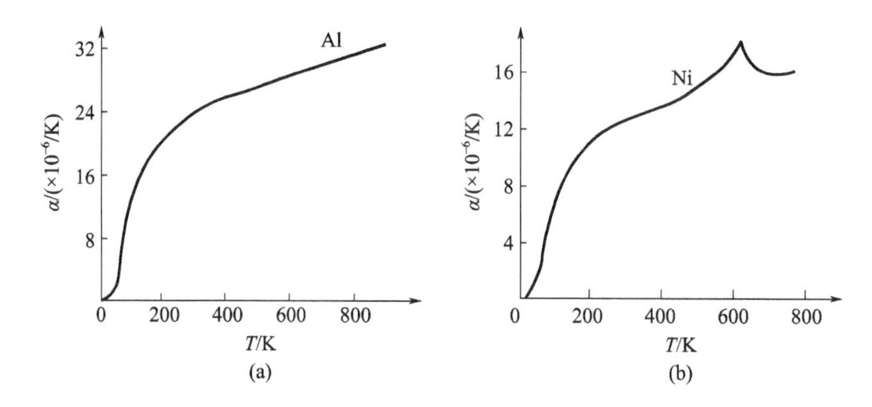

图15-2 正常膨胀系数与反常膨胀系数随温度的变化曲线

(a)Al的正常膨胀系数曲线;(b)Ni的反常膨胀系数曲线。

铁磁性金属及其合金的这种反常热膨胀主要是由于材料的磁致伸缩效应引起的,在居里温度以下的温度时,由于铁磁性材料存在自发磁化现象,材料内部各个磁畴中的磁矩多数取相同方向,使得材料在磁矩方向伸长或缩短,伸长的称为正磁致伸缩,这时材料的膨胀系数为正,如铁;缩短的称作负磁致伸缩,这种情况下材料的膨胀系数在一定温度范围内就成为负值,如镍和钴。所以随着温度的升高,铁磁性材料除了正常的热膨胀以外,还有温度对磁致伸缩效应的影响而带来的材料的伸长或缩短,从而导致了出现反常的热膨胀现象。当温度达到居里温度时,铁磁性消失,这种反常的热膨胀现象也就随之消失,使得铁磁性材料及其合金的膨胀系数在居里点附近发生急剧的变化。

利用反常热膨胀现象,可以制造膨胀系数低到接近零值的因瓦合金(殷钢),也可以制造膨胀系数在一定温度范围内与某种陶瓷或玻璃非常接近的封接合金,它们都是含有铁磁材料的合金。

15.2.2 难熔金属

在电子器件中,常用的难熔金属是W(钨)、Mo(钼)、Re(铼)、Ta(钽)、Nb(铌)等,它们最显著的共同点就是熔点高,因而主要用作器件中的加热体(阴极、热子)及高温工作零件(行波管螺旋线、管内阳极、聚焦极等)。

由于熔点高,难熔金属具有高的机械强度,高温下不易变形,膨胀系数比较小。

1. 钨(W)及钨合金

1)钨的性质

钨的密度达19.1~19.3g/cm^3,纯钨断面呈银白色,但钨粉呈黑色。钨的熔点高达3410℃,是最难熔的金属之一,所以它一般都采用粉末冶金法制造钨棒,钨具有高的强度和硬度。钨不易制成板料,但可以拉成直径几微米的很细的钨丝,由于它有纤维状结构,因而丝的强度大,但其断面往往呈纤维状开裂。

钨的焊接性能差,只能与镍、钽点焊,钨与钨、钨与钼的点焊只能通过镍或钽铌片过渡。

2）钨的用途

钨的电子发射稳定，能耐离子轰击，虽然逸出功较大，但可以提高温度来得到足够大的发射，因此常用来做直热式阴极，如连续波磁控管中往往就采用钨阴极。因为钨的阴极溅散率小，耐高速电子轰击能力强的特点，钨也被用作 X 射线管中的阴极。

钨也被广泛用作热子的基体材料，涂覆 Al_3O_2 粉后用来对间热式阴极进行加热。

钨的导电率比较好，比镍、铁高，因而也可以用作电极引出线。

常用的纯钨丝是 W1（钨含量 99.95%）、W2（钨含量 99.92%），在高温下不会产生下垂的掺杂钨丝的牌号是 WAL1、WAL2、WAL3（钨含量 99.92%）。

3）钨的合金

钨丝的晶粒结构是纤维状的，这种结构强度最好，但如果钨丝被加热至 1100 ~ 1300℃以上，就会发生再结晶，纤维状结构遭到破坏，变回小颗粒状结构，温度达到 1500 ~ 1600℃，这种晶粒就会长大，使钨丝变脆、抗张强度降低、引起钨丝变形。因此，在实际应用的钨丝中，往往加入一些其他成分来改善钨丝的结晶结构。

（1）钨钼：钨钼合金比纯钨的塑性好、强度高，特别是高温强度好，在 1100 ~ 1300℃退火后易于机械加工；它与纯钼相比，则具有比钼高的熔点、高的极限强度和电阻率。

（2）钍钨丝：在钨中加入 0.5% ~2% 的二氧化钍（ThO_2），它包在钨晶粒周围，在钨再结晶过程中可以阻止晶粒增大，从而减少脆性，提高了机械强度。钍的掺入更可贵的是可以提高钨的发射能力，因而实用的钨阴极都采用钍钨丝而不是纯钨丝。

（3）铼钨丝：为了提高钨丝的韧性，可以在钨中加入铼（Re）。钨加入适量铼后，可以提高再结晶温度、提高电阻率、降低电阻温度系数；既可以改善加工状态和退火状态下的强度，也可以提高再结晶后室温和高温下的强度、延展性。因此，铼钨丝是做灯丝基体的理想材料，反复绕制不会断裂，高温工作不易发脆、变形。

（4）钨铜棒：含 12% ~30%（体积）铜（Cu）的钨具有良好的机械切削性能，因而往往用作储备式阴极的阴极坯料，一方面可以方便加工出精度和形状要求高的阴极，另一方面将铜从钨中清除掉后，自然形成多孔的钨基体，使发射物质方便浸入到钨基体中。钨铜棒也常常用来做高负荷的电接触材料，如点焊机的电极等，它可以比铜的寿命高 20 ~ 30 倍。但应指出的是，钨与铜属于两种互不相溶的金属相，因此钨铜是一种假合金。

2. 钼（Mo）及钼合金

1）钼的性质

钼是银白色、具有金属光泽的难熔金属，其粉末呈深灰色。钼的密度为 $10.2g/cm^3$、熔点为 2620℃，比钨、铼、钽都低，钼一般也用粉末冶金法制造。纯钼的机械性能良好，因而易于加工，也可以碾压成很薄的板料、带料，拉成很细的丝。钼在 1000℃左右强度仍很好，不变形，但在 1000℃以上开始再结晶，1200℃以上晶粒亦会长大，脆性增加，因此一般应考虑钼零件的工作温度不要超过 1000℃。

钼可以与铁、镍、钽等点焊，但与钨一样，不能与钨、钼焊接。

2）钼的用途

钼熔点高、蒸汽压低、表面去气和清洁处理容易、价格比钨低，可以方便地加工成形状复杂的零件，因而被广泛用于电真空器件尤其是电子管（包括微波管）中作工作在 1000℃以下的电极。阴极、热子的支持筒，它们周围的聚焦极、热屏、栅极，以及阳极等往往采用钼,钼带、钼丝则是行波管螺旋线最常用的材料;钼丝、钼管还是真空炉、氢炉、退火炉等设备中常用的加热体。

钼丝的主要牌号是 Mo1、Mo2 和 Mo3,钼的含量分别大于或等于 99.93%、99.9% 以及 99.73%。

3) 钼的合金

钼的合金除了上面已提到的钨钼合金,可以既改善钨的机械加工性能,又改善钼的热性质,因而可用作热子外,改变钨钼合金中钨、钼的成分比例,可获得不同的膨胀系数,还可以用来与玻璃封接。

钼的另一种重要合金是钼铜,它的导热系数高于纯铝和纯钼,而膨胀系数又低于无氧铜,可以与陶瓷匹配封接,无磁性。它主要用于与陶瓷封接和作为真空开关管和开关电器中的电触头,同时也可以作为大规模集成电路等微电子器件中的热沉材料。与钨铜一样,钼铜也是假合金。

3. 钽—铌(Ta - Nb)合金

1) 钽、铌的性质

钽(Ta)、铌(Nb)外表呈灰白色(钽稍暗些),有金属光泽,钽的熔点为 2996℃,密度为 16.6g/cm^3,铌的熔点为 2415℃,密度为 8.57g/cm^3。钽和铌的化学性质十分相近,这使得它们在自然界总是共存的,很难获得单独的纯钽或纯铌,钽铌合金具有良好的高温强度、较低的热导率、较好的吸气性能和很好的焊接性能,可以方便地制成厚 10μm 的箔和管,但不易拉成细丝。钽和铌的加工硬化不严重,一般无须中间退火。

2) 钽—铌合金的用途

钽—铌合金常用作金属—陶瓷微波三极管、四极管和其他微波管中的阴极支持筒、热屏筒;在真空器件中作吸气材料,点焊时的中间过渡层(如钨、钼点焊时可用钽—铌过渡);在小型电子管中还有用钽—铌直接作阳极和栅极;钽铌薄膜还可以作微波衰减器,行波管慢波线上的集中衰减器就可以用阴极溅射法在陶瓷夹持杆上沉积钽—铌薄膜形成。

钽和铌的主要牌号有 Ta1、Ta2、Nb1、Nb2 以及 TaNb3 和 TaNb20。

4. 铼(Re)

铼(Re)在游离状态下呈银白色,外观与钼相似,密度达 20.99g/cm^3,熔点很高,达 3170℃。铼具有很好的高温工作性能,在高温下仍具有足够的强度,不易变形。铼也具有良好的加工性能,可塑性好,具有高的电阻率。

铼在自然界中分布极为分散,含量又少,因而应用较少,可以替代钨丝作白炽灯中的灯丝,在电真空器件中主要是以铼钨丝的形式作热子。

15.2.3 非难熔金属

难熔金属熔点高,但一般来说加工性能差,价格昂贵,因此除了部分高温工作零件外,电真空器件尤其是微波管中更多地使用非难熔金属来作结构零件,如铜(Cu)、镍(Ni)、铁(Fe)等及其合金。它们的熔点大都在 1000 ~ 1500℃,都具有比较好的机械加工性能,但在较高温度下,它们的强度会下降,形状稳定性也较差,因此一般不能用作要求承受较高温度的零件。

1. 铜(Cu)及铜合金

1) 铜的性质

由于铜的良好导电、导热性能,因而是微波管结构零件使用得最广泛的材料,纯铜呈微红色,它的熔点为1083℃,密度为8.95g/cm^3;但由于铜的蒸发速率很大,纯铜在900℃时就开始显著蒸发,如果含有少许杂质,将大大增加蒸发速度,因此限制了铜的工作温度一般不能超过400~450℃;铜是很好的导体,导电率在金属中仅次于银,铜的导热性能也很好,其导热率为镍的4.3倍,钨的3倍,但膨胀系数大,不利于与陶瓷、玻璃封接;铜便于机械加工,无磁性,有良好的耐腐蚀性,成本低。

在铜中加入其他金属时,可以增加其机械强度,但同时也会导致其导电、导热性能明显下降,蒸发速度增加。

2) 铜的用途

微波电真空器件大量使用铜作阳极块、谐振腔、慢波线屏蔽筒、大功率行波管的慢波线、收集极、栅极边杆或边框等管内零件,以及波导管、波导元件、管座、基板等管外零件。但这些铜零件几乎都不用一般的纯铜,而应该是无氧铜或铜合金。

纯铜的牌号是T1、T2、T3和T4,其中T1中铜的含量必须大于或等于99.95%,T2则为99.9%,T3和T4则分别为99.7%和99.5%。

3) 无氧铜

普通的铜中都含有氧化铜,如果用普通纯铜作零件,当零件在氢气炉中退火、焊接时,因为氢气的扩散能力很强,很容易渗入到铜的内部,就会与氧化铜反应还原出铜并与氧生成水,形成水蒸气。由于水蒸气不能溶于铜且不容易从铜中渗出,于是就会在铜内部晶格间膨胀产生很大的胀力造成裂缝,从而使得铜变脆甚至漏气,在铜表面会生成凸起的小泡,破坏零件表面尺寸和平整度,这种现象称为铜的“氢病”。为了避免氢病的发生,所以在电真空器件中必须使用无氧铜,无氧铜中氧的含量一般在0.001%~0.003%,杂质总量不超过0.05%,它不会发生氢病,而且蒸发率极小,韧性比铜大大提高。

在生产中可以采用以下简单的方法对铜与无氧铜进行区分:

(1)将待区分铜的丝料或带材在氢炉中加热至820~850℃、保温40min,冷却后取出,反复进行90°弯曲试验,曲率半径应达到铜丝直径或铜带厚度的2.5倍,有氧铜会因为“氢病”而变脆,弯曲1~2次即会折断,而合格的无氧铜可以弯曲6次以上。

(2)大直径的铜棒可以在氢炉中加热至800℃后冷却,含氧铜会因“氢病”而使直径长大,比如直径63mm的有氧铜会增加0.25~0.5mm,而无氧铜棒直径则不会变大。

无氧铜薄边经氧化生成氧化亚铜后可与玻璃直接封接,封接处呈砖红色。虽然铜的膨胀系数远大于玻璃,但利用铜塑性好的特点,借助铜薄边的微小变形来适应玻璃的不同膨胀,避免产生应力过大而炸裂。基于同样的原理,无氧铜薄壁也可以与陶瓷进行封接,这时还常常在无氧铜外壁绑扎或焊接低膨胀系数的金属丝、金属条或金属板,如钼、钼铜等,以限制铜的膨胀。

无氧铜的缺点是强度不高,尤其在退火以后很容易变形,这与纯铜并无区别。为了提高强度,可以在无氧铜中均匀掺入非常细小(小于1μm)的硬化质点,如Al_2O_3颗粒,形成所谓弥散强化无氧铜。Al_2O_3质点不仅使无氧铜的强度显著提高,而导电率下降很少,而且还阻碍了材料的再结晶和晶粒的长大。弥散无氧铜由于强度高、导热导电性能好、热稳定性和气密性高、无磁性、易于加工等,因而是微波管中结构零件的理想材料,也可以用作点焊机的电极。

我国无氧铜的牌号是TU1和TU2,它们铜的含量分别达99.97%和99.95%,而氧含量都在0.003%以下。弥散无氧铜依照其强度、硬度由低到高排列的牌号是AD15、AD30、AD20A、AD30A,但它们都比普通无氧铜高。

4) 铜的合金

(1) 铜—锌(Cu-Zn)合金——黄铜。黄铜是铜—锌为主的合金材料,其中含锌量低于50%,有些黄铜还含有少量锡、镍、铁、铝、锰等。在铜中加入锌后,会使铜的强度大大提高,在空气中的抗氧化性得到改善,价格比纯铜低,而且黄铜的加工性能也比铜好,不粘加工用刀具。但是由于锌在加热后蒸发严重,因此不能作为电真空器件的内部零件,一般都作为管外零件,如阳极头(管外部分)、管帽、底座、引线接头、散热片等,特别是微波元件、波导管等大量采用高含铜量的黄铜来制作。

最常用的黄铜是H62,它是含铜量在60.5%~63.5%,杂质总量0.5%,其余为锌的黄铜,根据含铜量的多少,还有H96、H68、H59等,其中H96是制造波导管选用的黄铜,它的含铜量达95%~97%,因而导电性好,但又比纯铜具有高得多的机械强度。

(2) 铜—镍(Cu-Ni)合金——白铜,在铜中加入超过20%的镍形成的铜—镍合金,一般统称为白铜。白铜比纯铜具有更好的高温强度和耐腐蚀性,但导电能力则比铜有所下降。在白铜中加入少量锰后,可进一步提高强度,称为锰白铜。

含镍与钴(Co) 39%~41%,Mn 1%~2%的白铜称为康铜,康铜具有很低的电阻温度系数,因而是一种很好的电阻材料,可用作一般的电阻丝、精密电阻丝,也可以作为热电偶丝。康铜具有磁性。

(3) 青铜。除黄铜和白铜外,其他的铜合金,如含以锡、铝、铍、硅、锰、铬、镉、银、钛、镁等的铜的合金,就统称为青铜。最常见的青铜是铍青铜。

铍青铜(Cu-Be)的铍含量在1.9%~2.3%,它的最大特点是具有很高的弹性模量,是一种很好的具有良好导电性能的弹性材料。铍青铜在微波管中可作为机械调谐的变形元件,微波元件中做成软波导,铍青铜作为波纹管大量用在微波管、真空系统等中作为防冲击、吸收变形应力的过渡元件。铍青铜还是一种良好的次级发射体,二次电子发射系数可达到10,因而也常被用作光电倍增管或电子倍增管的倍增极。

2. 镍(Ni)及镍合金

1) 镍的性质

镍是银白色的金属,熔点为1452℃,密度为8.9g/cm^3。镍的抗拉强度较高,有好的延展性和韧性,具有良好的机械加工性能。对镍进行冷加工会产生硬化,但可以通过退火来消除,退火温度约为800℃。因镍的导电率不大,熔点也不是很高,又不易氧化,所以它具有极好的焊接性,加之它的蒸汽压低、耐腐蚀,因而在电真空器件中获得广泛应用。

杂质硫对镍的机械性能会产生较大影响,镍与硫产生的低共熔晶体分布于镍晶粒之间,会削弱晶粒之间的结合力,在加热状态下就会使镍材脆裂,出现所谓"红脆"现象,所以一般镍中含硫量应不超过十万分之几,同时如果在镍中加入少量(千分之几)锰或镁,将会使硫的危害减小。

2）镍的用途

镍与铜一样，是电真空工业中应用最广泛的金属之一，它常用作氧化物阴极的基金属，含锰的镍可作栅极边杆或栅丝，在小型管中，镍还可以作阳极，由于镍的良好焊接性能，它经常可作为电极引线。

镍是磁性材料，可以作为磁屏蔽或极靴用料。

纯镍的牌号为 N2、N4、N6 等，它们中镍与钴合在一起的含量分别是 99.98%、99.9% 和 99.5%。

3）镍的合金

为了改善纯镍的某些特性，使之满足电真空器件的特定要求，人们往往更多地采用镍的合金。

（1）氧化物阴极基金属用镍合金。氧化物阴极的基金属除了作为氧化物发射涂层的结构支持体外，还应具有对发射涂层能起激活作用的功能，为此常在镍中加入各种元素作为激活剂，如硅、镁等。镍钨镁合金是最常用的基金属，而含铼的镍铼合金则被认为性能更好，现在一般在镍钨钙合金表面敷铼（厚度 1 ~ 3μm）作为基金属，这样做成的氧化物阴极的发射性能和寿命都优于不涂覆铼的阴极。

（2）蒙耐尔（Monel）合金。镍含量达 60% ~ 70%、铜仅 25% ~ 35%，以及其他一些杂质如锰、铁、硅、碳等组成的镍铜合金称为蒙耐尔。它是白色的金属，外观与镍相似，具有比镍更好的强度和塑性，但在室温下有弱磁性，100℃以上时自行消磁。但含 40% 铜、2% 锰、1% 铁的蒙耐尔 NiCu40 - 2 - 1 室温下没有磁性，因而广泛用作电子枪零件，以及与陶瓷封接的薄片状电极或电极支持法兰。蒙耐尔还常用来制作波纹管或在氩弧焊焊接钨钼零件时作焊料。

（3）因康耐尔（Inconel）。镍与铬的合金称为因康耐尔，这种合金没有磁性，强度进一步提高，抗氧化和抗腐蚀能力强，常用作真空系统上的压力封接材料。

3. 铝（Al）及铝合金

1）铝的性质

铝的密度小，2.7g/cm^3，仅为铜的 1/3，导电率高，仅次于银和铜，因而在电真空技术中也应用较多，铝的导热性好，塑性好，易于加工成型，同时固态铝所吸收的氢极少，轧制和拉制过的铝也不会漏气，在离子轰击时也不易溅射。

但是铝的熔点低（658℃），强度也较低，尤其是高温时机械强度大大降低。在铝中加入其他元素（如镁、锰、铜、硅等）制成的铝合金，可以大大提高其机械性能；铝在空气中很容易生成 Al_2O_3 薄层，该氧化层不仅硬、结实、熔点高（2050℃），而且化学稳定性好，绝缘性极高，它起到了保护铝内部不再继续被氧化的作用，但表面的氧化层也降低了铝的焊接性能。

纯铝的化学性很活泼，酸碱都能与铝发生作用而使铝被腐蚀。要注意的是自来水对铝会造成锈蚀及层裂，所以不适宜用铝制品长期存放自来水。特别要指出的是，铝和有机溶液三氯乙烯接触时，会生成有毒的光气（$COCl_2$），对人体健康有极大危害，因此对铝只能用丙酮或汽油来去油净化。

2）铝的用途

铝的常规用途以作管外零件为主，如管基的金属套，管外一些支持架构件，管子散热基座,散热片等。但在一些特殊的电真空器件中,也常常利用铝的一些特定性能将它作为管内零件应用。例如:铝对X射线的吸收很小,因此可以用铝作X射线输出窗;铝对电子及其他快速粒子有很高的透过率,因而铝箔(厚度<300μm)可以作高能电子或粒子窗;铝的大气稳定性好,是组成Ba-Al、Zr-Al等吸气剂的主要成分;利用铝及其合金的高导热能力,易加工,耐腐蚀性能,可以用来制造超高真空系统;因为铝轻,溅射很小,耐电子轰击,因此可用于低温工作的气体放电管的电极和显示器件中作偏转电极和聚焦膜片等。

高纯铝的牌号为L1、L2,其中铝含量分别是99.9%和99.85%。

3)铝的合金

硬铝。纯铝的屈服强度很低,因此易变形,为了提高强度,常在铝中加铜、镁、锰等组成铝合金,即所谓硬铝。

硬铝主要有铝—铜—镁(Al-Cu-Mg)和铝—铜—锰(Al-Cu-Mn)系合金。按照合金成分不同、机械性能和工艺的不同,硬铝又可分为低强度硬铝、中强度硬铝、高强度硬铝和耐热硬铝,电真空技术中主要用中强度和高强度硬铝。硬铝的牌号分别为LY11和LY12。

4. 铁(Fe)及铁合金

1)铁的性质

铁的性质在很多方面与镍相似,屈服点低、塑性好、导磁率高、导电和导热性较好等,尤其是价格低廉,因而往往在一些场合可以用铁来代替镍。但铁也有不少性能不如镍,诸如铁的去气性能不如镍,去气比较困难;铁比镍容易生锈;铁的导热率不如镍等。

纯铁的熔点为1537℃,密度为7.87g/cm^3。铁的机械性能在很大程度上取决于晶粒的大小、杂质含量、晶格缺陷及热处理方式等,特别是与含碳量的多少关系很大,拉伸强度、屈服强度、硬度等都随含碳量的增加而增大,而延展率、热膨胀系数则随之减少。铁在空气中就极易生成FeO和Fe_2O_3,其氧化速率是镍的800~1000倍,纯铁本身应该是银白色金属,正是由于表面总是生成了一层黑色的氧化铁,所以才呈黑色,并往往被称为黑色金属。铁与汞不起作用,这是铁的优点,所以可以用来制造储存汞的容器。

2)铁的用途

铁的真空性能和化学稳定性都不如镍,正是铁在性能上的这种缺陷,在一定程度上限制了它在电真空器件中的应用。

在电真空器件中,纯铁的最大应用是利用它的软磁特性,作极靴和磁屏蔽。而铁在电真空器件中更多的是利用其合金或复合材料,以克服其化学稳定性差、零件极易氧化的不足。其中应用最广的就是不锈钢,既可以作为器件本身的结构件,如电子枪零件、管壳等,也可以作真空系统的管道和各种连接法兰,更是器件零件进行焊接和装配时不可替代的模具材料。另外镀镍铁、复铝铁等可以代替镍作小型电子管的栅极、阳极材料。铁镍合金更是电真空器件中应用最广泛的玻璃、陶瓷封接材料。

电真空常用纯铁又称电工纯铁,其牌号是DT7和DT8,要求真空气密的纯铁为DT9。微波管中普遍用DT8A作为极靴,DT8A的磁性能优于DT8。

3）铁的合金

（1）不锈钢。在电真空技术中常用的不锈钢是含铬 17% ~19%，含镍 9% 左右的 1Cr18Ni9，如果再加入 0.8% ~1% 的钛，则就成为 1Cr18Ni9Ti。在铁中加入铬可以提高抗腐蚀性，而镍的加入使钢的相结构发生改变，从而提高了不锈钢的塑性、增强了室温下的强度、硬度。

我国现在常用的不锈钢的牌号有我国标准和美国标准两种表示方法，我国的表示方法由除铁以外的不锈钢的主要元素的符号及其含量的数字组成，如 1Cr18Ni9Ti，表示该不锈钢中含平均 18% 左右的 Cr、平均 9% 左右的 Ni 和微量 Ti。至于前面第一个数字表示不锈钢中含 C 量平均是千分之多少，比如，第一个数字 00，表示含碳量在 0.03% 以下，0 表示含碳 0.03% ~0.08%，1 则表示含碳量 0.08% ~0.12%。美国则直接用数字表示不同的不锈钢，常见的是 300 系列的不锈钢，例如 302（1Cr18Ni9）、304（0Cr18Ni9）、316（0Cr16Ni14）、321（1Cr18Ni9Ti）等。

不锈钢是微波管最主要的结构材料之一，在微波管制造工艺中也广泛使用不锈钢，除了常用的不锈钢材料，如 1Cr18Ni9Ti 以外，还大量使用一些具有特殊性能的不锈钢，例如：

① 无磁不锈钢。在微波管中，聚焦系统的磁场大小和分布都是有严格要求的，因而管体和管内的零件，尤其是电子枪区、高频结构部分，以及收集极区的零件都必须是无磁性的材料，以免影响聚焦磁场的特性，从而干扰电子的运动轨迹。当这些结构零件不宜使用无氧铜、钼等无磁材料而需要采用不锈钢时，则就必须要求所用的不锈钢无磁性，一般的不锈钢由于主要是铁磁材料制成的，所以都会有磁性，常用的非磁性不锈钢一般是 1Cr18Ni9（302），但是这种不锈钢在材料加工变形后磁性会增强，为了消除这一影响，可以在进行加工的工序之间进行热处理，加热到 1050 ~1150℃ 后保温一段时间，然后快速冷却，即可以恢复其无磁性，但是这样的处理往往会使零件变形，所以不是一种理想的方法。真正无磁的不锈钢是 0Cr16Ni14 不锈钢，即 316 不锈钢，加工变形对它的磁性能影响很小，即使需要消除这种很小的影响，所需要的热处理温度也只有 500 ~600℃，清洗、点焊、真空去气等对它的磁性能影响也很小。

② 模具不锈钢。作为钎焊焊接模具用的不锈钢，为了避免焊料熔化后把模具与被焊零件粘结在一起，就要求不锈钢模具在湿氢中加热能够黑化，即在表面生成一层深灰黑颜色的氧化膜，该薄膜对熔化的焊料不浸润，防止了模具的被焊接，这样的不锈钢就应该采用 321 或 304 不锈钢，即 1Cr18Ni9Ti 或 0Cr18Ni9 不锈钢。

（2）镀镍铁和敷铝铁。在铁的表面电镀一层镍，就可以使该表面具有镍的性能，也可以用硬化方法使表面黑化以增加辐射能力，镀镍后又保护了铁不致生锈。

用碾压的方法将纯铝敷在铁皮表面，就构成敷铝铁，可以是双面敷铝或单面敷铝，也可以一面敷铝一面镀镍，当将敷铝铁加热到 625℃ 以上时铁会向铝层中扩散，使表面变得粗糙，生成黑绒色的 $FeAl_3$ 或 $FeAl_5$，具有很高的辐射能力。敷铝铁也可以用真空蒸发法或在熔融电解质中电镀铝等方法制造。

（3）铁—镍（Fe - Ni）合金

在电真空器件中，铁—镍合金一般都是作为膨胀合金而用于金属—玻璃、金属—陶瓷封接，在 15.5 节中论述膨胀合金时将对它进行专门的介绍。

15.2.4 贵金属

贵金属是指金(Au)、银(Ag)、铂(Pt)、钯(Pd)、铑(Rh)、铯(Cs)、锇(Os)、铱(Ir)等8种金属,它们因在自然界中含量少而且分散,以致价格昂贵而被称为贵金属。它们具有良好的化学稳定性、抗腐蚀性和抗电化学侵蚀性,并具有优良的导电、导热性,因而在电真空器件中仍有一定的应用。

(1) 银(Ag)。银的密度为10.49g/cm^3,熔点为961.93℃。银是有光泽的银白色金属,其最大特点是导电率最高,导热性也很好,其硬度和化学性质均介于铜和金之间。在常温下,银在空气中不易氧化,但在氧气中加热,表面就会被氧化而呈现出棕色、红色和紫色的氧化层颜色;银与硫有很强的亲和力,在有氧气存在时,加热的银接触到硫化氢或硫,表面会生成一层硫化银而发暗。

氧渗透银的能力很大,所以在真空技术中可以将氧通过银箔充进器件或真空系统中去。

银在电真空器件中的应用主要有两方面。一个用途是利用其导电特性,如在微波管引线,微波管谐振腔内壁,甚至在一些波导元件内壁镀覆银以起提高导电性、降低高频损耗和保护作用;在其他电真空器件中,如银氧铯光电管中作光灵敏层的垫层,在小型管栅极上镀银以降低热发射等。银的另一个用途是做焊料,广泛应用于微波管零件的钎焊中。

(2) 金(Au)。金的密度为19.32g/cm^3,熔点为1064.43℃。金是金黄色而有光泽的金属,延展性非常好,1g金可以拉成3km长的丝(直径约4.7μm),可以碾成0.1μm厚的金箔。金的导电和导热性都很好,导电率仅次于银和铜,金的化学稳定性很高,不会氧化,只溶于王水而不溶于一般的酸中。

金的主要用途是在一些要求高稳定性和导电、导热高的场合作镀覆材料,如在微波固体器件的引线,毫米波段波导元件、谐振腔上镀金以降低高频损耗、保护基体不被氧化或锈蚀,小型管栅极上镀金以减少电子发射;金也是微波管钎焊的焊料之一。

(3) 铂(Pt)。铂的密度达21.45g/cm^3,熔点为1772℃。铂是延展性能最好的金属之一,易于机械加工。铂对碱,甚至对氢氟酸的化学稳定性都很强,铂在温度高于700℃时,氢能透过,其他气体则不能透过;磷和硅能对铂起作用,使铂变脆并降低其熔点。

铂可以作为长寿命氧化物阴极基金属及热电偶丝,由于价格昂贵,在微波管中目前应用很少,主要在钨、钼材料点焊时作为过渡材料偶尔使用。

(4) 钯(Pd)、锇(Os)、铱(Ir)。它们都是很稀有的金属,目前钯在电真空器件中的最大用途是作钎焊焊料,而锇、铱则作为钡钨阴极的表面涂层,以提高阴极发射能力和稳定性,铱还是热电离真空规管中阴极的主要材料。

15.2.5 石墨

石墨并不是金属,它是碳的六方晶系,但它具有金属光泽,能导电、导热,类似于金属,所以在这里对它做一个简单介绍。

1. 石墨的性质

石墨质软,为黑灰色,有油腻感,可污染纸张。

(1)密度。石墨的密度,鳞片石墨约为1.08g/cm^3,膨胀石墨仅为0.002~0.005g/cm^3,

石墨制品密度则为 0.8 ~ 1.8g/cm^3。

(2)熔点。石墨的熔点为(3850 ± 50)℃。热膨胀系数也很小。

(3)耐温性。石墨可以在 − 200 ~ 800℃安全使用。低温不脆化,不老化,高温不软化,不变形,不分解。石墨强度随温度提高而加强,在 2000℃时,石墨强度提高一倍。

(4)导电、导热性。石墨的导电性比一般非金属矿高 100 倍,石墨能够导电是因为石墨中每个碳原子与其他碳原子只形成 3 个共价键,每个碳原子仍然保留 1 个自由电子来传输电荷。石墨的导热性超过钢、铁、铅等金属材料,导热系数在室温下约为铜的 1/3,铝的 1/2,钢的 2 倍,导热系数随温度升高而降低,甚至在极高的温度下,石墨成绝热体。

(5)润滑性。石墨的润滑性能取决于石墨鳞片的大小,鳞片越大,摩擦系数越小,润滑性能越好。

(6)化学稳定性。石墨在常温下有良好的化学稳定性,能耐酸、耐碱和耐有机溶剂的腐蚀。

(7)可塑性。石墨的韧性好,可碾成很薄的薄片。

(8)抗热震性。石墨在常温下使用时能经受住温度的剧烈变化而不致破坏,温度突变时,石墨的体积变化不大,不会产生裂纹。

(9)耐放射性。石墨受中子射线、γ 射线、α 射线、β 射线等长期照射不会产生明显变化。

2. 石墨的用途

石墨可分为天然石墨和人造石墨两大类。天然石墨的主要用途是生产耐火材料、电刷、柔性石墨制品、润滑剂、锂离子电池负极材料等,生产部分碳素制品有时也加入一定数量的天然石墨。在炭素工业中生产量最大的是各种人造石墨制品,人造石墨的主要产品是电弧炼钢炉及矿热电炉使用的石墨电极,在其他许多工业部门也有广泛的用途,如机械工业中电机用电刷、精密铸造模具、电火花加工的模具及耐磨部件,化学工业中的电解槽使用的导电体或耐腐蚀器材,高纯度及高强度人造石墨是核工业部门的反应堆结构材料和用作导弹火箭的部件等。

在微波器件和微波元件的制造中,当利用高频感应加热钎焊焊接非低电阻率的非磁性材料零件时,高频加热到高温比较困难,这时就可以采用石墨作为辅助加热器;在大电流电阻钎焊中,电流必须通过夹持零件的石墨电极进行焊接;石墨制成的石墨乳还是制造小功率波导匹配负载时涂覆在吸收片表面的微波吸收材料。

石墨还可用于制取散热材料、密封材料、隔热材料和防辐射材料等,石墨功能材料广泛应用于冶金、化工、机械设备、新能源汽车、核电、电子信息、航空航天和国防等行业。石墨还是轻工业中玻璃和造纸的磨光剂和防锈剂,是制造铅笔、墨汁、黑漆、油墨和人造金刚石、钻石不可缺少的原料。它是一种很好的节能环保材料,可用它做汽车电池。随着现代科学技术和工业的发展,石墨的应用领域还在不断拓宽,已成为高科技领域中新型复合材料的重要原料,在国民经济中具有重要的作用。

15.3　电真空常用介质材料

电真空器件的结构材料,除了大量使用各种金属和合金外,还广泛使用各种介质材料,如玻璃、陶瓷、云母、硅橡胶、聚四氟乙烯和衰减材料等。其中有些材料如云母,随着技术的发展和新材料的出现,已经只在少数电真空领域还有应用,如真空密封窗、X射线输出窗、β射线输入窗及红外透光窗等,但陶瓷、玻璃等仍是最主要的常用材料。这些材料中虽然有不少是工业生产中的通用材料,但针对电真空器件的特点,往往对它们提出了许多特殊的要求,因此有必要就其中的一些主要材料作简单介绍。

15.3.1 电真空陶瓷的特性

电真空陶瓷在真空器件中主要作为结构绝缘材料、支撑材料,少量用作微波衰减材料,用来制造管壳、输出窗、高频系统支持件、电子枪枪壳、电极间绝缘间隔、衰减器等。

1. 陶瓷的优点

随着科学技术的发展,微波管的工作环境变得更为恶劣,特别是输出功率更大、工作频率更高时,要求微波管仍能长期可靠地工作,相应地对作为管子结构件的介质绝缘材料也提出了更高的要求。陶瓷取代了玻璃,这是因为陶瓷能更好地适应这种要求。

(1) 陶瓷能在高温(达800℃)下正常工作,能忍受剧烈的温度变化以及振动和冲击的作用。陶瓷的平均损坏加速度可达1500g(g为重力加速度),而玻璃仅为500g左右。

(2) 在高频率下,陶瓷的介质损耗仍很小,而且即使在高温下,损耗也不大,而玻璃在200℃以上时,介质损耗就会急剧增加。

(3) 陶瓷通过磨削加工可以得到精确的尺寸,而不改变其物理性能,这对微波管尤其是毫米波微波管尤为重要,也是玻璃无法比拟的。

(4) 陶瓷的机械强度、化学稳定性、绝缘性能等都优于玻璃。

陶瓷的不足之处是不透明,制造和封接工艺相对比较复杂。

2. 电真空陶瓷的主要性能

陶瓷的种类很多,应用领域也十分广泛,从日常生活到导弹、卫星、飞船都离不开陶瓷,对不同用途的陶瓷会有不同的要求,电真空陶瓷由于其应用领域的特点,对它的性能有更严格的要求。

1) 真空性能

对陶瓷的真空性能的要求不仅指其气密性,而且还应包括它的放气性。

(1) 气密性。指阻止电真空器件外部的大气通过陶瓷进入器件内部的能力,或者也可以称为透气性。Al_2O_3陶瓷的透气率一般在$10^{-16} \sim 10^{-17}$($cm^3 \cdot mm$)/($s \cdot cm^2 \cdot Pa$),可见,透气量(cm^3)的多少与陶瓷和大气接触的表面积大小(cm^2)、透气时间长短(s)以及器件内部与外部的压力差(Pa)成正比,而与陶瓷件的厚度成反比(mm)。

(2) 放气性。由于陶瓷都是经高温烧结而成,而且在器件中排气时又要经过400~700℃的长时间烘烤,因此其本身蒸发和分解所放出的气体已完全可以忽略不计;但在陶瓷表面吸附气体是不可避免的,这些气体遇热就会释放出来,放气量与陶瓷表面积大小有关而与其厚度无关。经过彻底清洁的陶瓷的放气量约为$0.1L \cdot Pa/cm^2$。

2) 热性能

对真空电子器件的制造和使用影响较大的热性能主要包括陶瓷的导热系数、膨胀系数和热稳定性。

(1) 导热系数。由于陶瓷存在介质损耗,因而处于高频场中的陶瓷会发热而升温,另外，与发热零件直接接触或者在它们周围的陶瓷件，也会因热传导或热辐射而引起发热升温，这些热量如不及时导出，就会导致陶瓷件因应力而炸裂，所以要求电真空陶瓷具有良好的导热性。不同陶瓷的导热性能差别极大，Al_2O_3 瓷的导热系数一般在 0.1 ~ 0.3W/(cm · K)之间，随着陶瓷工作温度的升高，其导热系数明显下降；氧化铍(BeO)陶瓷具有接近金属的导热系数，为 Al_2O_3 的 5 ~ 10 倍。导热系数与传导的热量(J)成正比，而与热传导面积(cm^2)、持续时间(s)和温度梯度(K/cm)成反比，所以其单位为 $J \cdot cm/cm^2 \cdot s \cdot K = W/cm \cdot K$。

(2) 膨胀系数。微波管一般都是以金属和陶瓷封接构成密封外壳的，这些封接件在温度变化时，如果金属和陶瓷的膨胀系数差异太大，就会引起封接炸裂，因此，必须了解和掌握各种不同陶瓷的膨胀系数。

(3) 热稳定性。主要是指陶瓷件承受高低温冲击的能力，微波管往往会遇到温差很大的工作环境，如宇宙飞船、沙漠地区、高海拔地区等，其高、低温温差可达 +60 ~ +80℃至 -30 ~ -50℃，管子中的陶瓷件必须能经受住这种温度变化的冲击而不引起炸裂。

3) 电性能

陶瓷的电气性能如介质损耗、绝缘强度与电真空器件尤其是微波管的性能有着密切的关系。

(1) 介质损耗。陶瓷的介质损耗一般都很小，$\tan\delta$(损耗正切角)小于$(2 \sim 9) \times 10^{-4}$(频率为1MHz时)。陶瓷内杂质含量对其介质损耗影响很大，而陶瓷的结晶相则是决定其良好电气性能的主要因素，玻璃相的存在会使介质损耗显著增加，特别是温度增加，玻璃相的介质损耗会剧增，因此陶瓷的 Al_2O_3 含量越高，损耗越小。在1MHz以上，频率对陶瓷介质损耗的影响则不大。

(2) 绝缘性能。陶瓷具有良好的绝缘性，体电阻在100℃时约为 $10^{13}\Omega \cdot cm$，在300℃仍有 $10^{12}\Omega \cdot cm$。随着 Al_2O_3 纯度的提高，陶瓷绝缘性能也会增加。

4) 机械性能

电真空陶瓷是高强度的真空材料，其强度主要取决于陶瓷的成分和密度，瓷体内部的缺陷、微裂、组成成分的不均匀性都严重影响着陶瓷的强度，甚至表面清洁度、不平度等对其强度也会有影响。真空陶瓷的强度还会随着温度的升高而降低。

陶瓷是一种脆性材料，其抗压强度远大于抗拉强度，两者相差可达十倍左右。

5) 其他性能

用于电真空器件的陶瓷，其他如密度、二次电子发射、抗辐射等性能也是我们需要关注的指标。

(1) 密度和吸水率。电真空陶瓷应是密度大的致密性陶瓷，一般用吸水率来表示其致密程度。将陶瓷浸入沸水中，其吸收水分的质量与干燥时陶瓷本身质量之比称为吸水率，电真空陶瓷的吸水率应小于或等于0.02%。

(2) 次级电子发射。电真空陶瓷在工作时经常会受到高能电子轰击，这时就会产生次级电子发射，当一次电子能量在1000eV时，其次级电子发射系数最大，会远大于2。由于瓷件所处环境的电场(特别是高频场)不同，其受一次电子和次级电子轰击的情况也就不同，导致温升不均匀，严重时甚至会引起陶瓷炸裂。

(3) 抗辐射性。电真空陶瓷耐各种高能粒子如 γ 射线、X 射线、质子和中子等辐射的能力良好,一般照射剂量不很大时,瓷件的性能不会受到影响,特别是 Al_2O_3 含量在95%以上的高铝瓷性能更为稳定。

15.3.2 电真空常用陶瓷

电真空陶瓷包括氧化物瓷、硅酸盐瓷、氮化物瓷等。

1. 氧化物瓷

氧化物瓷包括氧化铝(Al_2O_3)瓷、氧化铍(BeO)瓷、氧化镁(MgO)瓷和氧化锆(ZrO_2)瓷。氧化物瓷主要成分为单一氧化物结晶,结晶相纯度高,含玻璃相少。原料纯度高,烧制温度也高,因此瓷的电、热及机械性能都较好,是电真空器件中用量最大的陶瓷,其中以氧化铝和氧化铍陶瓷为主,而氧化镁和氧化锆瓷很少应用。

1) 氧化铝瓷

氧化铝瓷是电真空器件中最常用的陶瓷,根据 Al_2O_3 的含量不同,它又可以分为:

(1) 75瓷。Al_2O_3 含量为75%,烧成温度1400~1450℃,瓷的外表不太洁白,有些粗糙,瓷内含玻璃相较多,因此介质损耗较大。75瓷主要用作无线电元件而很少用在电真空器件内。

(2) 95瓷。Al_2O_3 含量在92%~97%之间的氧化铝瓷称为95瓷,烧成温度1600~1620℃,它的外表洁白,有些配方中加入0.5%~2%的 Cr_2O_3,则陶瓷呈玫瑰红色。95瓷的膨胀系数和介质损耗都比75瓷低,而导热性能和强度则比75瓷高,因此它是国内外微波管的主要用瓷。

(3) 99瓷。Al_2O_3 含量达到99%的氧化铝瓷称为99瓷,它的烧成温度比95瓷还要高50~100℃。这种瓷的介电性能和强度等比95瓷又有提高,但也使得研磨加工更加困难,加之烧成温度的提高带来成本的增加,因此99瓷仅用于电真空器件中的关键部位,如行波管螺旋线的夹持杆、大功率微波管的输出窗等。

(4) 透明刚玉瓷。含 Al_2O_3 达到99.9%的透明刚玉瓷的烧成温度和时间达1800℃和5h,这种瓷的性能非常好,特别是高频损耗比95瓷要低一个数量级,导热率又高,化学稳定性好,但成本很高,仅在少数场合下作微波管输出窗和特殊光源如钠灯、钾灯灯管等。

(5) 宝石。单晶刚玉通常称为宝石,这是一种以单晶形式生长的 Al_2O_3 含量在99.98%~99.992%的 Al_2O_3 单晶体。纯的 Al_2O_3 是白色透明体,称为白宝石;掺入少量钛和铁的单晶呈浅蓝色,称为蓝宝石;而掺入微量铬的单晶呈红色,称为红宝石。宝石具有优异的性能,很高的机械强度、耐高温、耐电子轰击、很低的介质损耗、导热性与金属钛和不锈钢相当。宝石可以作为毫米波大功率微波管输出窗、螺旋线夹持杆,也常用于红外激光器、大规模集成电路外延的衬底、光学传感器、光通信器件的窗口、声表面波器件等,目前,毫米波段和太赫兹波段微波管的输能窗广泛采用了蓝宝石作为窗片。

2) 氧化铍瓷

氧化铍瓷是以氧化铍粉为原料,加入微量 MgO、Al_2O_3 等添加物烧结而成,烧成温度达1800~1850℃。氧化铍瓷的机械强度略低于氧化铝瓷,但足以满足电真空器件的要求,其膨胀系数、介电强度、介质损耗都与氧化铝瓷接近。氧化铍瓷的最大特点是具有与金属可以比拟的导热能力,它的导热系数与纯铝接近,是95瓷的10倍。但是氧化铍瓷的导热性受添加物的影响非常大,95% 氧化铍瓷的导热率就只有 99% 氧化铍瓷的 80% 左右。

可见氧化铍是一种低损耗、高导热的绝缘材料,是制造大功率输能窗和大功率行波管螺旋线夹持杆的理想材料,也广泛用作大功率半导体器件的热沉材料,近年来,它也被用来制造氩离子激光器的放电管以提高激光器的输出功率和可靠性。

需要注意的是,氧化铍的粉尘有剧毒,吸入人体后会引起上呼吸道病变和铍肺,有伤口的皮肤接触到后,会引起皮肤溃疡,因此,在生产和加工氧化铍的工厂,必须采取严格的防护措施。氧化铍瓷在湿氢中在 1000℃ 下进行金属化时,会生成极易挥发的 $Be(OH)_2$,$Be(OH)_2$ 被气体带到炉外冷却时又会分解成 BeO 粉尘,这时炉内排出的气体必须先用水洗,然后再用高效过滤器除尘,我国规定在氧化铍工作区空气中的铍含量平均值应小于 $1\mu g/m^3$,排出污水含铍量应小于 $10\mu g/L$。但是,已制成的氧化铍瓷一般接触并不会引起中毒。

2. 硅酸盐瓷

硅酸盐由具有酸性的二氧化硅(SiO_2)和具有碱性的 MgO、CaO、BaO 等构成,这些氧化物在瓷体内形成硅酸盐,所以称为硅酸盐瓷。电真空用的硅酸盐瓷主要有滑石瓷、镁橄榄石瓷和锆英石瓷。

硅酸盐瓷的主要原料是天然矿石,烧成温度低,成本低,但它的机械强度也相对较低、导热性能较差、抗热冲击能力较弱,因此在电真空领域应用范围有限。

1) 滑石瓷

滑石瓷的主要成分为块滑石脱水后形成的偏硅酸镁($MgO \cdot SiO_2$),焙烧温度为 1300～1350℃。滑石瓷的介质损耗很小,机械加工性较好,但膨胀系数较大,强度小,耐震性很差。由于这些原因,尽管早期在电真空器件中曾使用过滑石瓷,现在已基本不再应用,但仍大量使用在无线电元件制造业中。

2) 镁橄榄石瓷

镁橄榄石瓷的主要成分就是镁橄榄石(原硅酸盐),是在滑石中引入一定数量的氧化镁,组成 $2MgO \cdot SiO_2$ 而形成的,焙烧温度为 1350℃。与滑石瓷相比,它在高温和高频下的介质损耗更低,而膨胀系数稍大,与钛的膨胀系数接近,适合与金属钛及某些镍合金封接,多用于超小型微波电子管。这种电子管以钛为电极,镁橄榄石瓷作管壳,体积小,具有较好的耐震性。

3) 锆英石瓷

锆英石瓷以锆英石($ZrO_2 \cdot SiO_2$)矿为主要原料,适量加入黏土、氧化铝或滑石等形成。锆英石瓷机械强度高、介电性能好、耐热冲击性能好,它的膨胀系数小,与钼接近,可与钼、锆等金属匹配封接。

3. 氮化物瓷

氮化物瓷中用得较多的是氮化硼(BN)瓷和氮化硅(Si_3N_4)瓷。

1) 氮化硼瓷

氮化硼(BN)有两种晶体结构:一种是六方结构,与石墨体相似,硬度很低,因此有白石墨之称;另一种为立方结构,其硬度仅次于金刚石,是一种超硬磨料。

氮化硼瓷的主要结晶相是六方体,它的介电常数低,介质损耗一般也较低,采用化学气相沉积制造的氮化硼瓷在平行于沉积平面方向上的热导率在500℃以下时低于氧化铍瓷,但在500℃以上时却高于氧化铍瓷,因此氮化硼瓷是优良的高温导热材料。它的膨胀系数随温度变化很小,因此耐热冲击能力强,甚至反复加热至1500℃后直接在空气中冷却数十次也不会炸裂。六方氮化硼硬度低,可以进行机械切削。

氮化硼瓷被广泛用于大功率微波管的散热器、散热板及高温绝缘支撑零件。但因为它的机械强度低,作管外零件时容易划伤;在空气中亦易吸潮。因此一般对氮化硼陶瓷的管外零件气相沉积一层氮化硅作保护层,既可以防止损伤,也可以避免吸潮。

氮化硼瓷的制备方法有两种,即热压法和气相沉积法。由于采用一般的烧结方法难以得到致密的氮化硼瓷,所以都采用加压烧结,即所谓热压法;而气相沉积法制造大件瓷件十分困难,一般可获得氮化硼薄膜,如脉冲行波管中无截获栅与阴极之间的绝缘膜即可采用这一方法制造。

2) 氮化硅瓷

氮化硅(Si_3N_4)在自然界中很少,必须人工合成。氮化硅瓷的高温强度极大,抗高温蠕变和抗热冲击性好,导热系数高,硬度高,耐磨损,常用于各种热机部件、模具、刀具、轴承等。

3)氮化铝瓷

氮化铝(AlN)是一种具有高热传导性和出色的电绝缘特性的陶瓷材料。它室温强度高,且强度随温度的升高下降较慢,导热性好,接近BeO和SiC,热膨胀系数小,与Si和GaAs匹配,是良好的耐热冲击材料;氮化铝还是电绝缘体,介电性能良好,适宜用作电器元件,例如微波微带电路基板、半导体的电路载体(基底)或者LED照明技术或高能电子的散热器。

4. 衰减瓷

衰减瓷也是微波管常用的陶瓷材料,而且往往应用于管子内部,起吸收微波功率的作用,如行波管内的集中衰减器、返波管的终端负载、速调管的谐振腔内部抑制高次模振荡的衰减器、同轴磁控管中抑制寄生模式的瓷环等。

1) 碳化硅

碳化硅是一种半导体性质的高温材料,它与氧化铝陶瓷或氧化镁陶瓷组合可成为大功率衰减陶瓷。碳化硅衰减瓷的衰减量大、能耐高温、在1200℃下仍能正常工作,同时具有高强度、高硬度、致密性好和导热率高的优点,其缺点是放气量大、性能不够稳定。

2) 金属衰减瓷

金属瓷是将一定颗粒的金属(W、Mo)粉末和陶瓷(Al_2O_3、SiO_2、BN、BeO)粉末,按一定比例混合,在高温下压制成型,埋于石墨中烧结而成。这样制成的材料既具有金属的性质,又具有陶瓷的特性,故称为金属瓷(cermet)。这种常用的衰减瓷以95%氧化铝瓷为基体,混入5%的钨粉,由于在碳粉保护下烧结,成瓷后钨粉转换成碳化钨(WC),同时含有少量(一般0.85%~1.1%)的碳,因而具有微波衰减作用。

金属衰减瓷的特点是可以通过改变金属粉的含量来控制材料的衰减量,并得到较好的机械性能、导热性能和真空性能,其缺点是衰减量不稳定,烧结后变形大。

另外,以二氧化钛或钛酸盐为基体,与氧化铝粉混合,在干氢中烧结而成的金属衰减瓷也得到了应用。例如以78%~80%的钛酸铝与1%~3%的氧化铝烧结,得到的衰减瓷放气量与成品率都比“钨基”金属衰减瓷好。在氧化铍瓷中掺入二氧化钛,则更可以获得高导热率的衰减瓷。

3）渗碳多孔衰减瓷

在多孔陶瓷(多孔 Al_2O_3 瓷、BeO 瓷或其他陶瓷)中渗入碳,烧氢而制成的陶瓷亦可以作衰减瓷。这种衰减瓷的优点是工艺简单、衰减量大,而且可以通过改变多孔瓷的气孔率和渗碳处理规范来改变衰减量。其缺点是性能不很稳定,衰减量受配方、原料处理、成型方法、烧结温度等影响较大。另外,出气量大、导热性较差则是 Al_2O_3 多孔衰减瓷的不足。

5. 玻璃陶瓷

玻璃陶瓷又称微晶陶瓷、微晶玻璃,是玻璃在催化剂或晶核形成剂作用下结晶而成的多晶新型硅酸盐材料,为晶相和残余玻璃相组成的质地致密、无孔、均匀的混合体。具有机械强度高、绝缘强度高、介电损耗低、机械加工性能好、耐化学腐蚀、热稳定性好等特点。由于可以进行常规的机械切削加工,得到所需要的零件,而且加工表面光洁、强度好,因此无须烧结就可直接使用;它还可以与其他陶瓷一样进行金属化,然后与金属零件进行钎焊形成气密封接。

玻璃陶瓷的真空性能和电气性能均比氧化铝陶瓷、氮化硼陶瓷、玻璃、云母等好,可用于制作电路板、电荷存储管、光电倍增管的屏、导弹弹头、雷达天线罩、轴承、泵、反应堆中子吸收材料、绝缘支柱,也可以做成绝缘夹具、支架、离子轰击溅射涂膜的基体等。

玻璃陶瓷已被广泛应用于机械制造、光学、电子与微电子、航天航空、化学、工业、生物医药及建筑等领域。

15.3.3　金刚石

1. 金刚石性质

金刚石是碳的正八面体晶体,其成分为纯碳,是石墨的同素异形体,但金刚石是绝缘体,而石墨则是导体。金刚石有各种颜色,从无色到黑色都有,以无色的为佳,它们可以是透明的,也可以是半透明或不透明的。由于金刚石中的 C—C 键很强,所有的价电子都参与了共价键的形成,没有自由电子,所以金刚石不导电,而硬度非常大,为已知自然存在的最硬物质。金刚石还具有非磁性、亲油疏水性和摩擦生电性等,金刚石化学性质稳定,具有耐酸性和耐碱性。

金刚石熔点为3550℃,沸点为4827℃,金刚石在纯氧中燃点为720~800℃,在空气中为850~1000℃。

金刚石也是一种优良的导热材料,其独特的晶格构造赋予了它高的导热能力,同时又赋予了它较小的热膨胀系数,使其在高温和热震条件下,可以抵抗极端高压和高温度变化。

金刚石有天然金刚石和人造金刚石两大类,在工业生产中用得比较多的都是人造金刚石。人工合成金刚石的方法主要有两种:高温高压法(聚晶金刚石,Polycrystalline Diamond,PCD)及化学气相沉积法(Chemical Vapor Deposition,CVD)。

总之,金刚石最主要的特性可以归纳为:几乎不导电;熔点很高;是天然存在的最硬物质,金刚石的绝对硬度是刚玉的 4 倍,石英的 8 倍。

几类金刚石的性能列于表 15-1。

表15-1 几类金刚石的性能

性能		CVD金刚石	PCD金刚石	天然金刚石	单晶钻石
密度/(g/cm^3)		3.52	4.12	3.515	3.52
硬度/GPa		85~100	50	57~100	50~100
导热率/(W/(cm·K))	20℃	21	5.6	22	22
	200℃	11	2		11
膨胀系数/(10^{-6}/℃)	100℃	1.21	4.2	1.1	1.21
	500℃	3.84			3.84
	1000℃	4.45	6.3		4.45
电阻率/(Ω·cm)		10^{12}~10^{16}		10^{16}	
介电常数		5.6		5.5	
介电损耗($\tan\delta$)		<0.0001			

2. 金刚石的主要应用

(1)宝石。最为人所知的金刚石应用就是作为宝石使用。由于其极高的硬度和透明度,金刚石被珠宝行业广泛用于制作高档首饰。

(2)工业应用。金刚石的高硬度和热导性能使得它广泛用于工业切削、抛光、钻孔等领域。例如,金刚石切割片、钻头、砂轮、刀片等被用于金属、玻璃等材料的精密加工。聚晶金刚石是多晶结构,磨损无方向性,晶粒间隙可储存润滑油,所以金刚石用于拉丝模,不仅使用寿命比天然单晶拉丝模高,而且拉拔金属丝的表面质量好。

(3)科学实验。金刚石在科学研究中有着重要的应用。它可以用于高压、高温等极端条件下,以便进行物理、化学等实验。

(4)医疗应用。金刚石的生物相容性好,被用于生产人工关节、牙科手术器械、手术刀片等医疗器械。此外,金刚石也被用于生产电解质和药剂。

(5)微波器件应用。随着人工合成金刚石技术的不断发展,金刚石在微波真空器件上的应用也越来越得到推广,主要用来做输能窗和螺旋线行波管的夹持杆,以利用其优异的导热能力提高微波管的输出功率。金刚石微波窗片导热系数>1800W/(m·K)。兆瓦级回旋管和高功率CO_2激光器都使用金刚石作为输出窗片,太赫兹微波管由于尺寸十分小,也必须采用金刚石作为输能窗。

金刚石是一种物理性质独特、具有广泛应用价值的材料,未来,随着科技的发展和需求的增加,金刚石的应用领域还将继续扩展。

15.3.4 电真空玻璃的特性

1. 电真空玻璃的组成成分及优点

电真空器件的发展早期曾普遍采用玻璃作为管壳和管内绝缘材料,目前,性能更为优良的电真空陶瓷已大量取代玻璃,在电真空器件特别是微波管中得到广泛应用。但是,由于玻璃具有其自身的优点,它在电真空器件尤其是显示器件、光电器件等中仍有着大量应用,即使在微波管中,玻璃也仍少量地被用作某些管子的输出窗、放电管的谐振窗等。

1）玻璃的组成成分

凡是由熔融物体经过冷却而得到的一种无定形态，都称为“玻璃态”，它是物质客观存在的一种状态，类似于气态、液态、结晶等。玻璃就是属于这类“玻璃态”的物质，它是各种氧化物加热熔融成为熔体，再经过冷却而得到的。

常见的玻璃由二氧化硅（SiO_2）和其他各种氧化物按一定比例混合、熔制、加工而成，这些氧化物主要有硼酐（B_2O_3）、氧化铝（Al_2O_3）、氧化钙（CaO）、氧化铅（PbO）、氧化钡（BaO）、氧化钾（K_2O）、氧化钠（Na_2O）、氧化镁（MgO）、氧化锌（ZnO）、氧化锑（Sb_2O_3）、氧化铍（BeO）、磷酐（P_2O_5）、氧化锂（Li_2O）等。其中酸性氧化物二氧化硅为主要成分，它本身就可以单独形成玻璃，是构成玻璃的基本骨架，占玻璃总质量的 1/2 ~ 3/4。此外，B_2O_3 和 P_2O_5 也可以单独形成玻璃。

玻璃中的碱金属氧化物（如 Na_2O、K_2O 等）、碱土金属氧化物（CaO、BaO 等）以及 Al_2O_3 和 PbO 等为次要成分，加入碱金属氧化物可以降低玻璃的熔化温度，但也会降低玻璃的化学稳定性、热稳定性和机械强度等，因此应控制加入量的多少。通过在玻璃中加入碱土金属氧化物则有助于改善和提高玻璃的化学稳定性和机械强度等性能。

2）电真空玻璃的优点

电真空玻璃具有的主要特点是：

（1）玻璃成本低廉、原料丰富；

（2）玻璃是透明材料、透光性好，这点对显示器件和光电器件尤为重要；

（3）加工性能好，易于成型，能加工成各种尺寸和形状复杂的零件和产品；

（4）气密性好，不透气，且易于清洁和去气；

（5）玻璃的电气绝缘性能、化学稳定性等也能满足一般电真空器件的要求。

玻璃的主要不足是损耗大、强度差、不耐震、不能在高温下工作等。

2. 电真空玻璃的主要性能

1）机械性能

（1）密度。玻璃的密度变化范围很大，一般在 2.1 ~ 6.3g/cm^3，在电真空玻璃中，石英玻璃质量最小，密度为 2.02 ~ 2.08g/cm^3，而铅玻璃质量最大，密度为 3.05g/cm^3。玻璃经退火后密度会有所增加。

（2）强度。玻璃与陶瓷一样是脆性材料，它的抗拉强度远小于抗压强度，因而限制了它在机械力作用下的应用范围，也限制了其耐热冲击的能力。

（3）应力。玻璃在加热和冷却过程中会形成应力，应力会引起玻璃的炸裂，这是玻璃制品损坏的主要原因之一。玻璃的应力是由于被加热后在自然冷却时，内、外层出现温度不一致，外层玻璃温度下降比内层快，因此当外层玻璃固化时，内层玻璃还要继续冷却一定温度后才固化，致使内层玻璃的收缩量大于外层玻璃，使玻璃外层受到压应力，而内层则受拉应力。

玻璃制品必须利用退火来消除其应力，所谓退火，就是将玻璃制品重新加热至转换温度或稍高的温度，保温一段时间，然后再缓慢冷却到常温。玻璃的转换温度是指玻璃固态特性消失的最低温度，一般定义黏度为 10^{13}泊（1 泊 = 1 达因 · 秒/厘米^2 = 1 克/（厘米 · 秒））的温度为转换温度，通常在 300 ~ 400℃。

玻璃的应力可以用偏光仪进行检查。

2）热性能

（1）导热系数。玻璃是一种良好的热绝缘体,其导热系数很小。玻璃的导热系数受其组成成分的影响很大,而且随温度升高而增加,当加热到软化温度时,其导热能力增加1倍。

（2）膨胀系数。玻璃的膨胀系数决定着它能否与金属或其他玻璃进行气密和牢固的封接,一般要求玻璃与欲与之封接的金属或玻璃的膨胀系数之差不应超过10%。

玻璃的膨胀系数与它的成分关系密切,碱金属和碱土金属氧化物的加入会使玻璃的膨胀系数提高,而SiO_2、B_2O_3、Al_2O_3等成分却能降低其膨胀系数,石英玻璃是纯的SiO_2材料,所以它的膨胀系数最低。

（3）热稳定性。玻璃经受急剧温度变化而不破裂的能力称为它的热稳定性,可以用"热稳定系数"或"耐热度"来表示。玻璃的耐热度与它的机械性能(抗拉强度、弹性模量)和热性能(膨胀系数、导热系数及比热)以及密度有关,膨胀系数越大的玻璃,其热稳定性越差。石英玻璃的热稳定性就特别好,将其加热至发红(1100℃)立即投入冷水中也不会炸裂,而一般玻璃甚至100℃的开水都会引起炸裂。

实际上,玻璃的热稳定性不仅取决于玻璃本身的性能,而且与玻璃制品的大小、形状、厚薄,尤其是弯曲、拐角等都有关,厚玻璃比薄玻璃热稳定性差,弯曲拐角处最易引起炸裂。

（4）黏度。玻璃不像其他晶体那样具有确定的熔点,在高温下它处于固态和液态之间的状态,这种状态称为非晶体。可以用黏度这个物理量来描述玻璃的液体性。黏度的定义:接触面积为S的两平行液体层,总的层厚$\mathrm{d}x$,当其中一层相对另一层以速度$\mathrm{d}v$移动时,则在该两层液面之间存在内摩擦力f,f的大小正比于两层液面之间沿厚度方向的速度梯度$\mathrm{d}v/\mathrm{d}x$和液面面积S,即

$$f = \eta \frac{\mathrm{d}v}{\mathrm{d}x} S \tag{15.8}$$

$$\eta = \frac{f}{S} \frac{\mathrm{d}x}{\mathrm{d}v} \tag{15.9}$$

式中,η称为黏度,它是单位面积上的内摩擦力(剪应力)f/S与速度梯度$\mathrm{d}v/\mathrm{d}x$的比值,单位为g/(cm·s),称为泊(poise)。

玻璃的黏度受其组成成分影响很大,碱性氧化物能降低玻璃的黏度,而增加氧化硅、氧化锡(SnO)和氧化锆(ZrO)等则能增大玻璃的黏度。

3）电性能

（1）绝缘性能。玻璃通常是作为绝缘体来使用的,在常温下它的电阻率很大,但是由于玻璃是离子导电性的,其电阻率与温度的关系很大,其体电阻率可以从室温时的$10^{11}\Omega\cdot$cm下降至1200℃时的$1\Omega\cdot$cm。在实际应用中,常常用"TK－100"来表示玻璃的绝缘性,它定义为当玻璃的电阻率为100MΩ·cm时的温度。显然,TK－100值越大,表明玻璃在同样温度下电阻率越大,其绝缘性越好。电真空玻璃的TK－100值一般为140～400℃,而石英玻璃可达到600℃。

（2）介质损耗。玻璃的介质损耗一般都比陶瓷大,由于玻璃的介质损耗是由于离子导电和结构松弛极化现象所引起的,所以凡是体电阻率小的玻璃,其介质损耗就大;温度

升高时,玻璃的体电阻率减小,所以介质损耗就增大。同样道理,凡能增加玻璃导电率的成分,如 Na_2O、K_2O 等就都会使介质损耗增加。

玻璃的介质损耗与频率也有关系,而且频率越低,介质损耗受温度的影响越大。

4) 化学性能

(1) 水解与风化。玻璃抵抗周围介质(水、酸、盐、湿气等)侵蚀作用的能力即为它的化学稳定性。这种能力的大小与玻璃的组成成分和作用介质的性质有关,碱金属硅酸盐玻璃的稳定性最差,酸作用时的稳定性优于碱的作用。

玻璃表面的碱金属硅酸盐(如 Na_2SiO_3)会与空气中的水蒸气(H_2O)作用形成苛性钠($NaOH$)和硅酸(H_2SiO_3),这一过程称为水解。玻璃发生水解后,在表面会形成一层很薄的硅酸膜,它能抵抗水和盐酸、硝酸的侵蚀,但碱溶液能与它作用,导致玻璃抗碱能力较差。

水解后玻璃表面的碱($NaOH$)又会与空气中的 CO_2 发生反应生成碳酸盐(Na_2CO_3)和水, Na_2CO_3 是一种疏松的物质,使得玻璃表面疏松发毛并出现斑点,玻璃失去了透明性,这一过程称为玻璃的“风化”或“长毛”。

所有玻璃都可用氢氟酸腐蚀,利用这一点,可以在玻璃上刻蚀图案。

(2) 失透。玻璃在常态下是非晶态,具有透明性,但在一定条件下,玻璃也会析出晶体,使它失去透明性,这种现象称为玻璃的“失透”或“析晶”。玻璃长期处在软化温度上下,或退火温度过高、保温时间过长,或长时间处在高温下加工等,都容易发生失透。玻璃发生失透后,除了光学透明性变坏外,还会引起机械强度、化学性能变差,因此在玻璃加工过程中应尽量避免形成失透。但也有一些场合正可以利用玻璃的失透来满足产品的特殊应用要求,如乳白灯泡外壳,利用失透可以使灯光柔和。

5) 真空性能

玻璃能达到气密,但它对气体的吸收却比较多。其主要来源是:表面吸附的水蒸气和二氧化碳;所吸附的湿气在玻璃表面发生水解,形成碱金属的水化物及具有与大量水汽化合或结合能力的硅酸胶体,并在空气中 CO_2 作用下变成硅酸盐,这种化学反应生成物将成为玻璃在真空中放气的主要来源;玻璃在熔制过程中,与周围气体相互作用而溶解、残留在玻璃内部,这些气体将在玻璃被加热时大量放出。

6) 光学性能

一般来说,玻璃对可见光(波长 λ 为 0.28 ~ 0.78μm)是透明的,其透射率平均约为 91%。红外线也可以透过玻璃,但随着波长增加,其透射率下降,当波长大于 2.65μm 时,透射率急剧下降,直至波长大于 5μm 时,完全丧失透射能力。$\lambda < 0.3\mu m$ 的紫外线不易透过玻璃,这是因为玻璃中一般都含有杂质 Fe_2O_3,含量 0.02% 的 Fe_2O_3 就足以使紫外线完全不能透过。Fe_2O_3 的存在也是影响可见光透射率的主要因素。

15.3.5 电真空常用玻璃

电真空常用玻璃材料按膨胀系数可分为:钨组玻璃、钼组玻璃、铂组玻璃、钢组玻璃及石英玻璃。若按用途分,又可以分为电子管玻璃、显像管玻璃、特殊玻璃(中间玻璃、焊料玻璃、特种玻璃等),近代更有液晶显示玻璃、光导纤维玻璃等。其中与我们关系密切的只是电子管玻璃、石英玻璃,前者又包括钨组玻璃(DW)、钼组玻璃(DM)、铂组玻璃

(DB)和钢组玻璃(DG),它们主要用于磁控管、气体放电管、引燃管、闸流管以及传统电子管中。

1. 钨组玻璃

钨组玻璃的 SiO_2 和 B_2O_3 含量超过90%,膨胀系数为(36~40)×10^{-7}/℃,与钨的膨胀系数44×10^{-7}/℃接近,可以与钨封接。钨组玻璃介质损耗较小,封接性能好,工作温度可达300℃左右,因此常作为厘米波段中小功率微波管输出窗和放电管谐振窗,以及特种灯泡的外壳。

2. 钼组玻璃

SiO_2 和 B_2O_3 含量在85%~90%,同时含有3%的 Al_2O_3 和8%的碱金属化合物(Na_2O、K_2O)的玻璃是钼组玻璃。它的膨胀系数为47×10^{-7}/℃左右,与钼接近。钼组玻璃具有相对较好的热稳定性,退火温度最高可达500℃,能与可伐合金和钼进行良好的匹配封接。钼组玻璃常用于传统大功率振荡电子管、X光管、引燃管等。

3. 铂组玻璃

铂组玻璃是一类不含 B_2O_3 或含量极少的玻璃,常用的铂组玻璃有铅玻璃、重晶石玻璃和氧化镁玻璃。铂组玻璃的膨胀系数在90×10^{-7}/℃左右,可与铂进行封接,由于铂比较昂贵,所以实际上多与杜美丝、铁镍铬合金及高铬钢进行封接。铅玻璃是含氧化铅(PbO)5%~30%的铂组玻璃,其成型温度范围宽,易加工成复杂的形状,适合大量生产的芯柱的自动压制,亦可做显像管锥体。不含氧化铅的铂组玻璃主要用于制造荧光灯和普通白炽灯的灯泡。

4. 钢组玻璃

钢组玻璃的膨胀系数可以在较大范围内变动,如与高铬钢封接的钢组玻璃膨胀系数达120×10^{-7}/℃左右,而与镍铬钢封接的钢组玻璃膨胀系数仅为98×10^{-7}/℃左右。

5. 石英玻璃

石英玻璃在机械强度、电气性能、化学和热稳定性等各方面都是玻璃中最好的,可以长期在1000~1050℃下使用,其膨胀系数只有(5.1~6.4)×10^{-7}/℃,介电常数约为3.78(一般电真空玻璃为5~10)。石英玻璃的优良性能使它可以用作大功率管管内的绝缘零件,特种电光源如气体放电灯、卤钨灯和紫外线灯的外壳,真空退火炉的玻璃钟罩等。

15.3.6 硅橡胶

硅橡胶是一种非常优良的绝缘材料,在电性能、耐热性、耐候性等方面都有很好的特点,而且可以做成导电橡胶、导热橡胶、耐辐射橡胶、透气薄膜等。现代电真空器件越来越广泛地使用硅橡胶作为管外封装材料,中、小功率行波管大都用硅橡胶把管脚与引线灌装以提高绝缘强度和加以保护避免损坏;甚至一些大功率管子也采用类似的方法将整个电子枪外壳灌装在硅橡胶中;一些周期永磁聚焦系统的外贴磁片(在调试管子时为了提高电子注流通,外贴软磁或永久磁片的措施是被广泛采用的)也有利用硅橡胶来固定的。另外,微波管引线几乎都用硅橡胶线,一些电子元器件如晶体管的密封、灌注也大量采用了硅橡胶,高压绝缘电缆和导线都是硅橡胶线,等等,所以应该对硅橡胶有一个基本了解。

1. 硅橡胶的特点

硅橡胶是有机硅产品中产量最大、应用最广泛的一大类产品,它的基本结构是由硅—

氧链(Si - O)为主链的链状结构,侧链则通过硅原子与其他各种有机基团相连,这种结构使得硅橡胶具有一系列优异的性能。

(1) 电气性能。硅橡胶具有很高的电绝缘性能,其体积电阻率和表面电阻率均在绝缘材料中名列前茅,且在很宽的温度和频率范围内其电阻值保持稳定。同时,其介电损耗、耐电弧、耐电晕性能也很优良。因此,它是一种稳定的绝缘材料,被广泛应用于电子、电气工业上做高压绝缘件、电视机高压帽、电器零件绝缘等。

(2) 耐温特性。硅橡胶具有优异的耐温度特性,在 150℃下工作,几乎永远不会有性能变化,可在 200℃下连续使用 10000h,甚至在 350℃下亦能短时工作。硅橡胶在 -60 ~ -70℃下时仍具有较好的弹性,某些特殊配方的硅橡胶还可以工作在更低的温度下。因此,它可以广泛应用于耐热、耐冷场合作密封圈。

(3) 耐候性。普通橡胶在电晕放电产生的臭氧作用下会迅速降解,而硅橡胶不受臭氧影响,且长时间在紫外线和其他恶劣气候条件下,其性能也仅有微小变化。硅橡胶在自然环境下使用寿命可长达几十年。

(4) 特殊性能。

① 导电性:在硅橡胶中加入导电填料时,它就具有导电能力,可作键盘触点用。

② 导热性:加入导热填料,硅橡胶又会具有良好的导热能力,可作散热片、导热密封圈、复印机和传真机的导热辊。

③ 阻燃性:硅橡胶本身可燃,但添加少量阻燃剂(氢氧化铝、氢氧化镁、红磷、溴系阻燃剂、三氧化二锑等)后,它便具有阻燃性和自熄性,而且硅橡胶不含有机卤化物,即使燃烧也不会冒烟,不释放有毒气体,因而十分适合防火场合使用。

④ 透气性:硅橡胶薄膜具有比普通橡胶好的透气性,可以用作气体交换膜医用品、人造器官。

⑤ 耐辐射性:含有苯基的硅橡胶的耐辐射能力大大提高,适合核电厂用电缆等。

(5) 其他性能。硅橡胶十分耐生物老化,与动物体无排异反应,并具有较好的抗凝血性能;它具有高的撕裂强度,优异的黏接性、流动性和脱模性;在使用温度范围内,硅橡胶不仅能保持一定的柔软性、回弹性和表面硬度,而且机械强度也无明显变化。

2. 硅橡胶的种类

硅橡胶按照其硫化(熟化)方法不同,可分为高温硫化硅橡胶和室温硫化硅橡胶两大类。室温硫化硅橡胶按其硫化机理可分为缩合型和加成型;按其包装方式可分为双组分和单组分两种。

1) 热硫化硅橡胶(HTV)

甲基乙烯基硅橡胶是热硫化硅橡胶中最主要的品种,俗称高温胶。甲基乙烯基硅橡胶(生胶)是无色、无臭、无毒、无机械杂质的胶状物,生胶按需要加入适当的补强剂、结构控制剂、硫化剂等一起混炼,然后升温模压成型或挤出成型,再经二段硫化做成各种制品。该类硅橡胶制品主要用于航空、仪表、电子电器、航海、冶金、机械、汽车、医疗卫生等部门,可做成各种形状的密封圈、垫片、管料、电缆,也可以作人体器官、血管、透气膜以及橡胶模具、精密铸造的脱模剂等。

2) 室温硫化硅橡胶(RTV)

室温硫化硅橡胶是 20 世纪 60 年代问世的一种新型硅橡胶,它不需要加热,在室温下就可以固化,因而使用十分方便,已广泛用作黏合剂、密封剂、保护涂料、灌封和制模材料,在电真空器件中使用的硅橡胶主要也是这一类硅橡胶。

室温硫化硅橡胶可分为三大类,即单组分室温硫化硅橡胶、双组分缩合型室温硫化硅橡胶和双组分加成型室温硫化硅橡胶。这三类硅橡胶各有其优缺点:单组分室温硫化硅橡胶使用方便,但深部固化较困难,速度较慢;双组分室温硫化硅橡胶固化时不放热、收缩率很小、也不膨胀、无内应力,固化在内部和表面同时进行;加成型硅橡胶的硫化时间主要取决于温度,因此,利用温度调节可以控制其硫化速度。

(1) 单组分室温硫化硅橡胶。单组分室温硫化硅橡胶通常由基础聚合物(生胶)、交联剂(甲基三乙酰氧基硅烷)、催化剂、填料及添加剂等混合装入密封的软管中,使用时挤出,借助空气中的水分而硫化成弹性体,使用极为方便。单组分室温硫化硅橡胶的硫化时间取决于交联剂类型、温度、湿度和硅橡胶的厚度。提高环境温度和湿度,都能使硫化过程加快,在一般情况下,经过 15 ~ 20min,硅橡胶表面即可没有黏性,1 天之内固化深度达到 3mm。固化深度和强度在 3 周左右逐渐得到增强。

单组分室温硫化硅橡胶具有良好的电器绝缘性和化学稳定性,对大多数金属和玻璃、陶瓷和混凝土等非金属材料有良好的黏接性。因此主要用作黏合剂和密封剂,可以就地成型垫片,或作防护涂料和嵌缝材料等,例如作各种电子元器件及电器设备的涂覆、包装;作半导体器件的表面保护材料;以及作为密封填隙料及弹性黏接剂等。其中用量最大的是用于建筑及装饰市场的密封剂,即俗称“玻璃胶”的产品。

(2) 双组分缩合型室温硫化硅橡胶。双组分缩合型室温硫化硅橡胶的硫化反应不是靠空气中的水分,而是靠催化剂来完成的,因此在平时催化剂必须单独存放。通常是将硅生胶、填料、交链剂作为一个组分包装,催化剂单独作为另一个组分包装,只有当两个组分完全混合在一起时才开始发生固化。通常的交链剂是正硅酸乙酯,催化剂为二丁基二月桂酸锡,由于后者属于中等毒性级别的物质,因此现在基本上已被低毒性的辛基锡所取代。双组分缩合型室温硫化硅橡胶的硫化时间主要取决于催化剂的种类、用量以及温度,在室温下一般经过 1 天左右可以实现完全固化,但在 150℃下只需要 1h。

双组分室温硫化硅橡胶使用简单,工艺适用性强,广泛用作灌封和制模材料,而且还能深度硫化,因而大量用于电子电器、汽车、机械、纺织、化工、轻工、印刷等行业作绝缘、封装、嵌缝、密封、防潮、抗震及作辊筒的材料。此外,双组分室温硫化硅橡胶具有优良的防黏性、脱模性,加上硫化后收缩率极小,因此适合用来制造软模具用于环氧树脂、聚酯树脂、聚苯乙烯、聚氨酯、乙烯基塑料、石蜡、低熔点合金等的铸造;复制各种文物、工艺品、玩具、电子电器等,例如,复制古代青铜器、在人造革上复制动物皮纹,可以达到以假乱真的效果。

(3) 双组分加成型室温硫化硅橡胶。双组分加成型室温硫化硅橡胶的硫化机理是基于有机硅生胶端基上的乙烯基(或丙烯基)和交链剂分子上的硅氢基发生反应来完成的,将催化剂与含乙烯基团的有机硅聚合物(生胶)作为一种组分,含有氢的聚硅氧烷交链剂作为另一种组分,在室温下两组分混合硫化,在交链过程中不放出低分子物,因此完全不产生收缩。这一类硅橡胶无毒、机械强度高、具有卓越的抗水解稳定性(即使在高压水蒸气中也不会水解),是制膜的优良材料,适用于文物和美术工艺品的复制。

15.4　电真空常用特殊材料——发射材料

电真空器件的结构部件主要用金属和介质材料制造,但要组成一个完整的器件,除了主体结构外,还离不开众多具有特殊功能的零部件,例如为器件提供电子注的阴极,吸收管子在排气后管内残余气体或管子工作过程中放出的气体的吸气剂,产生聚焦磁场的聚焦系统等。这些零部件都是由具有相应特殊功能的材料做成的,如制作阴极的发射材料,制作吸气剂的吸气材料,构成聚焦系统的磁性材料等。由这些材料制成的零部件除了具有能起特定作用的功能外,有些本身还构成器件的一个组成部分,有些虽然本身并不是器件的必要组成部分,而是为保证器件能正常工作而附设在管内的构件,如吸气剂。

本节将首先介绍最重要的特殊材料——电子发射材料,在下一节再介绍其他特殊材料。

绝大多数电真空器件,都必须借助电子来完成信号的放大或转换。因此,电真空器件离不开能产生满足特殊要求的电子注的源——阴极,阴极质量的好坏不仅直接影响着电真空器件的性能指标,而且更在相当大程度上决定着器件的可靠性和寿命。正因为此,阴极曾被誉为电子管的“心脏”。

所有物体都含有大量的电子,但是这些电子在正常情况下不能逸出物体,为了保证让电子从物体中发射出来,就必须赋予它们额外的能量,以削弱或抵消阻碍它们逸出的力的作用。按照电子获得这种外加能量和克服阻碍它们逸出的力的方式不同,阴极主要可分为四类:热电子发射阴极、场致电子发射阴极、光电子发射阴极及次级电子发射阴极。

15.4.1　电子发射相关物理概念

1. 价电子与自由电子

1）价电子

任何物体都是由原子核和绕核旋转的电子组成的,带负电的电子受带正电的原子核的束缚而绕核旋转,因而电子具有势能。稳态原子的电子首先从最低能态填充起,然后按能级高低依次填充其他高能级,由于越靠近原子核,电子的势能越小,因此电子将按能量从小到大分布在原子核周围从近到远的不同能级上,或者说不同层次的轨道上。而每层轨道上能容纳的电子数目是有限制的,为 $2n^2$ 个,n 为从离原子核最近的轨道起始计算的层数,即第一层 2 个电子,第二层 8 个电子,……。但最外层轨道上的电子受每个原子所能拥有的总电子数的限制,一般都不可能达到 $2n^2$ 个电子,显然,在这一轨道上的电子势能最高,受原子核束缚最小,这一层的电子称为价电子。

2）自由电子

如果电子受到外力激发而吸收能量,提高了自己的势能,就会从低能级轨道跃迁到高能级轨道。如果电子吸收的能量足够多,就甚至可能脱离原子核的束缚成为自由电子,而剩下的电子与原子核一起就成为带正电的离子。显然,价电子本来受束缚最小,因而最容易受激发而成为自由电子。

金属中的价电子在相邻原子核的正电荷影响下,在无外力作用下,也可能成为自由电子,而失去价电子的离子形成规则排列的晶格,正离子所在位置即晶格节点,自由电子可以在晶格间自由运动,但还不能脱离金属体跑到空间去。金属中有大量自由电子存在,这些自由电子正是金属具有良好导电性和导热性的基础。

2. 费米能级和逸出功

1)费米能级

金属中的自由电子所具有的能量是不同的,或者说所处状态是不同的。在绝对零度时,电子的能量最小,即电子在晶体中将处于可能的最低能级上,但是,根据泡利(W. Pauli)不相容原理,每一个量子态只能容下一个电子,因此电子必须从最低能级开始向高能级逐级填充,直到所有电子都占据了对应的能级位置。所有电子最终的能量分布将符合费米统计规律,其中能量最高的能级 E_F 称为费米能级。

费米分布的表达式是

$$f(E) = \frac{1}{\exp\left[\frac{E - E_F}{kT}\right] + 1} \tag{15.9}$$

式中,$f(E)$表示电子占据 E 能级的概率;E 为电子能量;E_F 为费米能级对应的能量;k 为玻尔兹曼常数;T 为物体的绝对温度。

式(15.9)可画成图15-3所示的曲线,由图中曲线1可见,当 $kT=0$ 时,电子全部处于 $E \leqslant E_F$ 的能级上,而 $E > E_F$ 的能级都没有电子。图中曲线2、3则表示,随着温度的升高,少数电子开始占据 $E > E_F$ 的能级,温度越高,占据高于 E_F 的能级的电子越多,能级也越高(E 越大)。但是不管温度升到多高,电子占据费米能级的概率总是1/2,即曲线2、3都会经过等于0.5的中点。而且还可以看出,不论在什么温度上,低能量部分的电子分布没有什么变化,只有在接近 E_F 附近的小范围内,电子的能量分布才受到扰动。

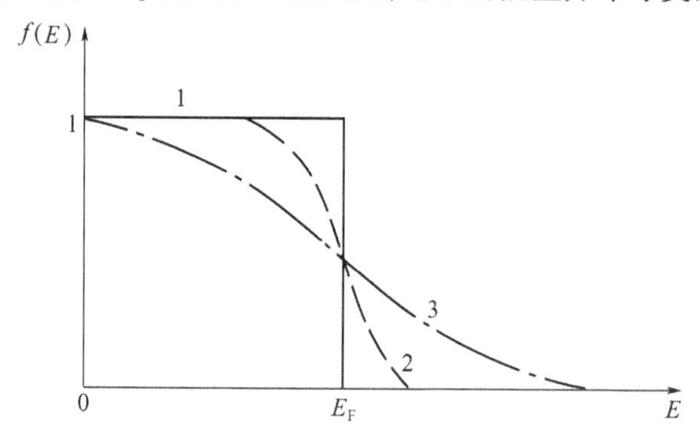

图15-3 自由电子能量的费米分布

2)逸出功

电子在金属内部时的位能与它完全脱离金属而进入外部真空时的位能不同,真空能级将高于金属内部电子的能级,或者说,金属表面存在一个足够高的势垒,当电子运动到金属表面要逸出金属时,就会遇到表面势垒的阻碍。只有当电子所具有的能量达到或者超过真空能级的能量时,电子才可能从金属中逸出。在温度为绝对零温度时,为了使具有最大能量的电子能克服表面势垒的阻碍,所必须给予它的最小能量叫逸出功。而我们已经知道,在绝对零度时金属中处于费米能级的电子具有最大能量,所以实际上使一个电子

从金属中逸出进入真空所需的最小能量应该是

$$\phi_M = E_0 - E_F \tag{15.10}$$

式中，ϕ_M 为金属的逸出功，亦称功函数；E_0 为表面势垒，即真空能级的能量；E_F 为费米能级的能量。ϕ_M 的单位为电子伏特(eV)，1eV 等于 1 个电子在 1V 电位差的电场内沿电场力反方向运动最终所获得的能量，$1eV = 1.602 \times 10^{-19}J = 1.602 \times 10^{-12}$尔格。

由于金属的费米能级受温度影响很小，所以金属逸出功随温度的变化也很小。

3. 能带

在孤立的原子中，电子的能量只能处于一系列分立的能级上，当孤立原子互相靠拢形成固体时，由于原子间的相互作用，原来分立的电子能级扩展成具有一定宽度的能带，能带之间的能量范围没有电子存在，称为禁带，禁带的宽度即其能量范围用 E_g 表示。

自由电子的能量不受孤立能级的限制，它在一定能量范围内可以连续变化，也就是说它已经形成一个能带，称为导带。所以说导带是自由电子形成的能量空间，即固体结构内自由运动的电子所具有的能量范围。

虽然泡利不相容原理限定了每个量子态中只能有一个电子存在，但是考虑到一个电子可以有正、反两个自旋方向，所以当由 N 个原子构成固体时，每一个能带上就最多可以容纳 $2N$ 个电子。

在 $T = 0K$ 时，电子都占据各自的基态能级，在所形成的基带上，所有电子状态都是被占满的，当 $T > 0K$ 时，电子就可能从基带上被激发到具有更高能量的激发带上去。

在金属中，激发带与基带相连甚至可以重叠，虽然激发带在 $T = 0K$ 时空着，没有电子，但所有价电子所处的能带就是导带，而且这些价电子就是自由电子，所以金属仍有导电性；在半导体中，激发带与基带不相连，中间有禁带隔开，导带在禁带之上，所有价电子所处的能带称为价带。在 $T = 0K$ 时，半导体的价带为电子占满(称为满带)，它在禁带之下，而这时导带是空的(称为空带)；当 $T > 0K$ 时，受到激发的价带中的部分电子才会越过禁带进入能量较高的空带，空带中存在电子后即称为能导电的导带。

对于半导体来说，还有一个重要的概念，即电子亲和能，它定义为把一个电子从导带底移到真空能级所需要的能量，即真空能级 E_0 与导带底 E_C 之间的能量差，以 $e\chi$ 表示

$$e\chi = E_0 - E_C \tag{15.11}$$

χ 就称为亲和势，式中 E_0 为真空能级能量；E_C 为导带底能量。

图 15-4 给出金属(图 15-4(a))和半导体(图 15-4(b))的能带模型，图中 ϕ_M 为逸出功，E_F为费米能级，E_C 为导带底，E_V 为价带顶，E_0 为真空能级，$e\chi$ 为亲和能，χ 为亲和势。

15.4.2　热电子发射和热阴极

当对物体进行加热时，物体内部电子的能量随温度升高而增大，当电子的能量增大到足以克服阻碍它们逸出的障碍时，就会从物体表面逸出，这样得到的电子发射就叫热电子发射，利用能产生热发射的材料制成的阴极就叫热阴极。

热阴极是电真空器件中最主要的实用阴极，热阴极的种类也很多，按加热方式可以分为直热式阴极和间热式阴极，按材料不同可分为纯金属阴极、薄膜阴极、氧化物阴极、储备式阴极等。

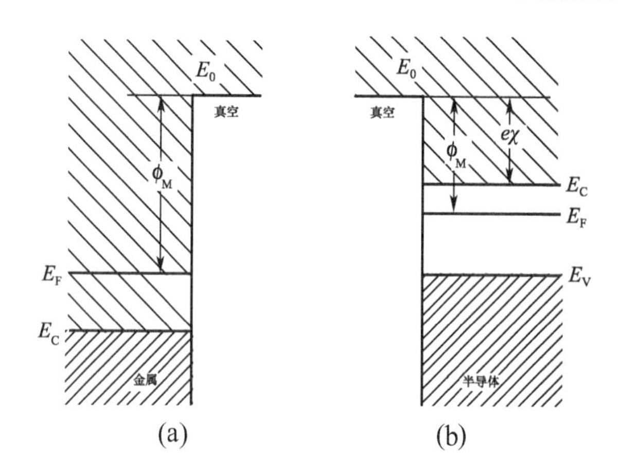

图15-4　金属和半导体的能带模型

(a) 金属材料；(b) 半导体材料

直热式阴极是通过加热电流对发射材料本身或它们的基金属直接加热而获得电子发射的阴极,对发射材料本身直接加热时,一般加热温度较高,往往要求达到1700℃;间热式阴极是先通过电流加热灯丝(热子),然后再由热子把热量传导和辐射给发射材料来产生电子发射的,发射体与加热体分开,使得阴极能维持等电位,阴极温度也更为均匀,从而提高了发射的稳定度和电子注的质量。

1. 纯金属阴极

1) 纯金属阴极一般介绍

纯金属阴极的电子发射是金属的本征发射,即金属本身内部自由电子的热发射,因此电子发射稳定,能耐离子轰击和强电场作用;工作可靠,加工工艺简单。但由于它的逸出功高,故发射效率低,发射能力小,一般只有2~10mA/W,而且工作温度高,热辐射大,不仅降低了管子总效率,而且使管内其他电极和零件不得不处于高温下工作。正因为此,所以尽管纯金属阴极最早应用于真空器件中,但现在的应用范围已越来越窄。

纯金属阴极一般都做成直热式阴极,常用的金属材料有钨(W)、钼(Mo)、钽(Ta)、铌(Nb)、铼(Re)和铪(Hf)等难熔金属,其中钨用得最多。

2) 实用纯金属阴极

(1) 钨在拉制成丝料或带料时形成纤维状结晶结构,它在高温下会再结晶形成颗粒状晶粒,这种晶粒界面的结合力很小,会致使钨丝下垂和脆裂;钨的另一个缺点是化学稳定性差,特别是易与水蒸气作用,水蒸气与高温钨丝接触分解成氢和氧,其中氧就会与钨作用生成三氧化钨(WO_3),WO_3很容易挥发,它蒸发并沉积到管壳和其他电极上,此时氢又会与WO_3反应还原成钨和水,留下金属物沉积下来。新生的水汽又反复与钨作用,如此循环,成为“水循环”,使钨的蒸发大大增加。普通白炽灯的外壳会变黑就是这个原因造成的,消除或减弱“水循环”的方法就是在器件制作过程中特别是排气时彻底去气,减少剩余水蒸气。

(2) 钼的逸出功比钨稍低,熔点也比钨低一点,钼比钨易于加工成型,可碾压成薄带。钼在某些充气管中和电子束加工设备中的凹形球面阴极有一定应用。

(3) 钽的逸出功较小,但蒸发率也较高,它的延展性很好,可以做成管状,因此可以用钽管做成间热式阴极,但钽的化学活泼性强,因而要求环境真空度比钨高。铌的情况与钽类似。

(4) 铼由于价格贵,所以较少单独作阴极材料使用,一般在钨中加入少量铼做成铼钨合金,以改善钨的加工性能,克服其易脆裂的缺点,或者在阴极表面涂覆铼层以改善其性能。

纯金属阴极的一些典型结构如图 15 - 5 所示。

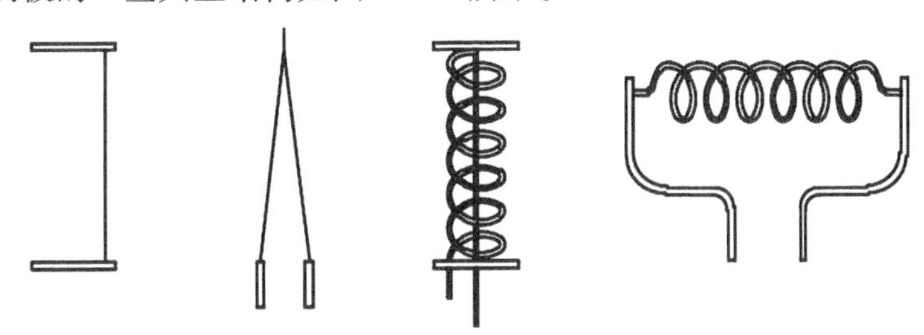

图 15 - 5　纯金属阴极和薄膜阴极的一些典型结构

2. 薄膜阴极

1) 薄膜阴极的一般介绍

我们已经知道,钨在高温下会再结晶,形成容易脆裂的大晶粒,为了防止这种再结晶,在冶炼时可以加入一些氧化钙、二氧化硅、氧化铝、二氧化钍等,结果发现,加入二氧化钍的钨丝,经过适当处理后,其热电子发射能力可以比纯钨大几个数量级。现在人们已经知道,钍钨阴极之所以能发射更大电流是由于在钨表面形成了一层钍原子薄膜,使逸出功大大降低。据此原理,人们又制造出了敷钡钨阴极、敷铯钨阴极等,统称为薄膜阴极,其中应用最为广泛的是敷钍钨阴极。

薄膜阴极与纯金属阴极相比,其特点是:逸出功低、发射效率高、工作温度低,所以经济性好。敷钍钨阴极在 1730℃ 的工作温度下,发射电流密度可达 2 ~ 3A/cm^2。

2) 敷钍钨阴极的激活

钍钨丝在未经过适当的热处理之前,其发射能力并不明显提高,与纯钨差不多,只有经过“激活”处理,它的发射才会大大增加。激活敷钍钨阴极的方法是:首先对钍钨丝通电加热至 2330 ~ 2530℃,维持 0.5 ~ 2min(温度低、时间长),使部分 ThO_2 与 W 作用,还原成 Th 原子并形成 WO_2,这一过程叫“闪炼”;然后把温度降到 1730 ~ 2030℃,保持 10 ~ 60min,这时钍原子由钨丝内部向表面扩散,在钨丝表面形成一层钍原子膜,发射逐渐增加,最后达到一个稳定值,这一过程就叫作“激活”。

把激活好的阴极加热到激活温度以上,如 2230℃,其发射能力就会迅速下降,这称为“去激活”,这是由于这时钍的蒸发速度将超过薄膜的形成速度,导致薄膜消失引起的。经过去激活的阴极可以再次进行激活处理来恢复其发射能力。

3) 碳化敷钍钨阴极

单纯的钍钨阴极,闪炼温度高,钍原子与钨原子的结合力也不强,钍的蒸发率较高,而此时能补充的钍原子少,扩散困难,导致钍原子供应不足,电子发射不稳定,寿命短。采用增加 ThO_2 含量(超过 2%)的办法将引起钨丝发脆,加工困难。为此,研制出了碳化钍钨阴极,即将敷钍钨阴极表面碳化形成碳化钨 W_2C,就可以克服上述缺点,改进阴极性能。

敷钍钨阴极碳化的方法是将阴极放在混有碳氢化合物苯的氢气炉中加热到1730℃左右生成WC,再在纯氢中维持几十秒使WC去掉表面的自由碳,转化成W_2C;或者可以在真空炉中先抽真空,再充入一定量的碳氢化合物,将阴极加热到2230℃左右维持几秒到几十秒即可。

碳化钨W_2C结构疏松,阴极工作时钍原子较易沿着晶粒界面扩散到表面,使表面钍原子不断得到补充,保证了阴极表面钍原子的覆盖,使阴极发射稳定,抗电子、离子轰击能力提高,寿命长。这种阴极在1680~1730℃的工作温度下,发射电流密度可达$2\sim3A/cm^2$,发射效率约50mA/W。

敷钍钨阴极特别是碳化钍钨阴极主要在高压整流管、大功率发射管、大功率电光源灯、连续波磁控管中广泛应用。

3. 氧化物阴极

1)氧化物阴极的一般介绍

氧化物阴极是钡(Ba)、锶(Sr)、钙(Ca)等碱土金属的氧化物混合体作为发射材料制成的阴极,是电真空器件中应用十分广泛的一种阴极,在一般电子管、显示器件、反射速调管、中小功率行波管、磁控管等中都有应用。氧化物阴极的逸出功低,工作温度仅为700~950℃;发射效率比薄膜阴极高很多,虽然其直流发射电流密度仅与薄膜阴极相当甚至略低,但它的脉冲发射电流密度很大,可达$10\sim50A/cm^2$;氧化物阴极结构简单,制造方便,适宜大量生产。氧化物阴极的最大缺点是易于中毒,即受管内残余气体(主要指氧、氯、水蒸气、硫化氢、二氧化硫等)或残留物质作用后,发射能力迅速下降;另外,在工作过程中会形成中间电阻层,产生疲劳现象;活性物质(指经过一定处理后具有发射电子能力的材料)易蒸发,导致发射下降等。

2)氧化物阴极的制备

氧化物阴极由基金属和发射涂层两部分组成。

由于碱土金属氧化物是绝缘体,经过热处理(激活)后,也只能成为半导体,所以不能直接通电加热到工作温度,而必须把它附着在某个适宜的金属表面,然后对该金属直接或间接加热,该金属称为基金属。基金属是氧化物涂层的支持体和加热或传热的媒体,直热式氧化物的基金属一般为钨丝或铼钨丝,间热式阴极则几乎毫无例外地采用了镍和镍合金,实用氧化物阴极绝大多数为间热式阴极。

在间热式阴极中,如果采用纯镍作基金属,由于纯镍还原氧化钡以产生钡原子的能力很差,而自由钡原子的多少又直接决定着阴极的发射能力大小,所以一般都必须在镍中添加一定量的激活剂。激活剂的作用是在阴极激活时扩散出来,与涂层中的氧化钡起反应,生成自由钡。常用的激活剂有镁、钙、钛、钨、硅等,其中又以镍—钨系列合金为主,如Ni-W-Mg、Ni-W-Ca、Ni-W-Zr等。可见,基金属还是氧化物阴极激活剂的载体。

氧化物阴极的涂层并不直接以碱土金属氧化物混合形成,这是因为碱土金属氧化物在空气中极易吸收水分而生成发射能力很差的氢氧化合物,所以都采用在空气中稳定的碳酸盐,即$BaCO_3$、$SrCO_3$、$CaCO_3$作为涂层材料,它们可以在管子排气时加热分解成氧化物。由于这些碱土金属碳酸盐经分解激活后即具有发射电子的能力,所以被称为活性物质。

在 BaO、SrO 与 CaO 中，BaO 的逸出功最低，如果其中还存在有一定数量的自由钡原子，则逸出功更低，仅为 1 ~ 1.2eV。但如果单独使用 $BaCO_3$ 来得到 BaO，则在分解时形成的 BaO 与 $BaCO_3$ 作用会生成碱式碳酸盐（$BaO \cdot BaCO_3$）。这种盐熔点低，在涂层继续分解过程中会熔化而使涂层致密，使发射能力降低；同时，单纯的 BaO 蒸发也快，加入 $SrCO_3$ 后，在分解时，$SrCO_3$ 比 $BaCO_3$ 早分解，生成难熔的 SrO，从而阻止了涂层烧结致密，使发射性能良好；加入 $CaCO_3$ 也能使发射有改善，并能加强涂层和基金属的黏结，提高耐正离子轰击的能力。

由 $BaCO_3$ 与 $SrCO_3$ 组成的涂料称为二元盐，若再加上 $CaCO_3$ 则就成为三元盐，将严格按比例配好的碳酸盐与黏结剂（硝棉溶在醋酸戊酯里的溶液）和有机溶剂（乙醚、丙酮、甲醇、醋酸丁酯等）一起调成涂料，进行长时间球磨，使碳酸盐颗粒直径只有 1 ~ 4μm，然后涂覆到基金属上。有时还可在涂料中加入一定增塑剂（草酸二乙酯、乙醚丁酯）以增强涂层的塑性。涂层晾干或烘干后即成为阴极。

氧化物阴极的制成品的一些典型结构如图 15－6 所示。

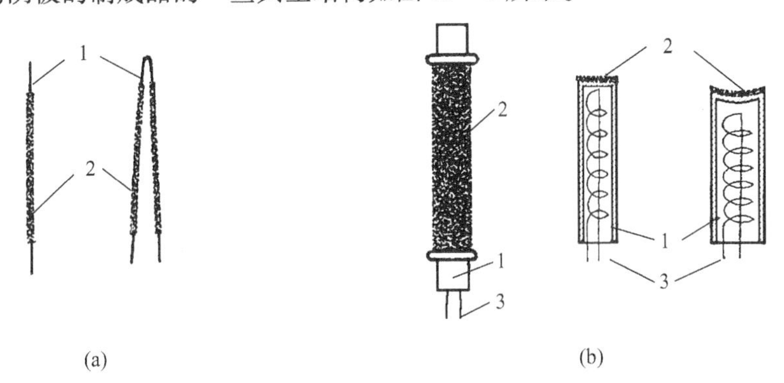

图 15－6 氧化物阴极的若干典型结构
（a）直热式；（b）间热式。
1—基金属；2—活性物质涂层；3—灯丝。

3）氧化物阴极的分解与激活

在管子进行排气过程中，必须对氧化物阴极进行分解与激活处理，只有这样处理过的阴极，才具有良好的发射特性。

排气中，在对阴极分解激活处理前进行管子烘烤去气时，涂层中的黏结剂都会挥发或分解成气体而被抽气系统抽走，最后只剩下碳酸盐涂层。待烘烤结束后，即可以进行阴极处理。

首先进行阴极分解，对阴极进行加热（对灯丝通电），在 430℃ 时碳酸钙首先分解，然后随着阴极温度继续升高，碳酸锶、碳酸钡相继分解。碳酸盐分解后形成氧化物和二氧化碳：

$$(Ca、Sr、Ba)CO_3 \longrightarrow (Ca、Sr、Ba)O + CO_2 \uparrow$$

分解后生成的二氧化碳被排出，留下的氧化物在 800℃ 开始形成固溶体，生成氧化物混合晶体，并且晶粒逐步长大。与此同时，基金属中的激活剂不断扩散出来与氧化物发生还原反应，开始生成自由钡原子。整个分解过程阴极温度最高可加到 1050 ~ 1200℃（灯丝电压约为工作电压的 2 倍），这时阴极已完全分解，不再有气体放出。

经过分解的阴极,已经具有一定的发射能力,但发射电流很小,也不稳定,因此还必须进一步对阴极进行激活。氧化物阴极的激活包括还原激活(热激活)和电流激活两个过程。

还原激活:把阴极加热到930~1080℃,保持1~5min,这时基金属中的激活剂大量扩散,与涂层中的BaO反应,生成Ba原子,并与涂层氧化物晶粒结合形成固溶体。

电流激活:在加灯丝电流加热阴极的同时加上阳极电压,使阴极有一定发射电流,由于涂层有一定电阻,电流流过就会产生电压降而形成电场。在电场作用下,已经失去电子的钡离子向基金属运动,并在那里取得电子而恢复为钡原子,钡原子在高温下又向涂层中扩散;另一方面,氧离子则向涂层表面运动,失去电子而逸出表面。电流激活时阴极温度应不超过880℃,电流密度100~200mA/cm^2。

阴极激活好以后,还应使阴极在比工作温度稍高的条件下,支取比额定工作电流稍大的电流并保持一段时间,使阴极的工作更为稳定,管内真空度进一步提高,这一过程被称为"老炼"。

4. 钡钨阴极

1)钡钨阴极的一般介绍

钡钨阴极是在微波管中应用最广泛的阴极,特别是行波管、速调管、前向波放大管、回旋管以及军用磁控管等,几乎绝大多数情况下现在都采用钡钨阴极。在电子束器件、气体激光器等中也有应用。

钡钨阴极是一种储备式阴极,所谓储备式是指阴极内部储备有足够的活性物质,在阴极工作期间,可以不断地向阴极表面提供钡原子,以补充因蒸发、中毒或离子轰击等而引起的钡原子的损失,从而使阴极保持稳定的发射能力。具体来说,就是利用海绵状钨的多孔性,即钨颗粒间有相当大的间隙的钨体做成阴极,使大量活性物质储备在这样的阴极钨体中,或者储备在钨体下面专门的小室中,钡原子就可以源源不断地沿着钨颗粒间的孔隙向表面扩散,从而使阴极保持稳定的发射。根据上述储备式阴极的特点,不难看出它的发射能力大,特别是寿命长,耐离子轰击和抗中毒能力强,而且在结构上有良好的机械强度、耐冲击、抗震动;并可以加工成复杂的形状如凹面、环形、锥形等,尺寸精确、表面光洁。

储备式阴极的一个突出缺点是阴极蒸发问题,从而影响了阴极的使用寿命。

2)钡钨阴极的制备

钡钨阴极的制造,最常用的有浸渍式和压制式两种,而所用的活性物质则可以是铝酸盐,也可以是钨酸盐或钪酸盐等。

(1)浸渍式钡钨阴极。浸渍式钡钨阴极一般都用钨铜材料做成,有时亦有直接用钨海绵材料做成,钨海绵体是由颗粒度5μm左右的高纯度钨粉压制成型,经高温烧结制成的,所形成的钨海绵体的孔度为10%~30%。对于少数尺寸不大、形状不太复杂的阴极,可以将钨海绵坯料直接加工成阴极;但由于这种材料比较脆,加工性能不好,因此在多数情况下,采用将钨海绵体放入熔融的铜中,使孔隙中浸入铜形成钨铜材料来作阴极,钨铜材料也可以直接由钨粉和铜粉混合烧结形成。铜可以很好地浸润钨,而且不会与钨互相溶解或形成化合物,形成的钨铜材料具有很好的加工性。将钨铜材料加工成所需的阴极形状后,再用化学腐蚀和高温蒸发的方法将铜去掉,仍然得到纯钨多孔海绵体的阴极。

制好海绵体阴极后即可进行浸盐。这种钡钨阴极所用活性物质是铝酸盐,它是以碳酸盐(碳酸钡、碳酸钙)和氧化铝粉末为原料,混合后,经球磨、烘干、压制,在氢气或空气中烧结制成的。在烧结中,碳酸钡 $BaCO_3$、氧化铝 Al_2O_3 反应生成三钡铝酸盐 $Ba_3Al_2O_6$(或写成 $3BaO \cdot Al_2O_3$)以及单钡铝酸盐 $BaAl_2O_4$($BaO \cdot Al_2O_3$)和 CO_2。其中 $3BaO \cdot Al_2O_3$ 为活性物质的主要成分,而 $BaO \cdot Al_2O_3$ 并不是有效的活性物质,但两者按一定比例混合,则形成熔点更低(1710℃)的共晶体,成为铝酸盐的基本成分。活性物质中加入碳酸钙可以增加铝酸盐的稳定性,碳酸钙在分解时生成氧化钙,含氧化钙的铝酸盐阴极具有发射大、蒸发小、老炼时间短的优点。将制成的铝酸盐研成粉末,与黏结剂硝棉溶液混合,涂覆在加工好的钨海绵体阴极上,或在阴极四周用铝酸盐粉末包围,在氢炉中加热到铝酸盐熔化,这时熔融的盐靠毛细管作用浸透到钨海绵的孔隙中,使阴极体孔隙中充满活性物质。阴极从炉中取出后,还应该刮去表面多余的盐,或经过抛光处理,就成为成品。做好的阴极还应该固定到阴极的支架或阴极支持筒上,后者一般由钼做成,灯丝就安装在支架上或阴极筒内部。

浸渍式钡钨阴极常见的结构形式如图 15-7 所示。

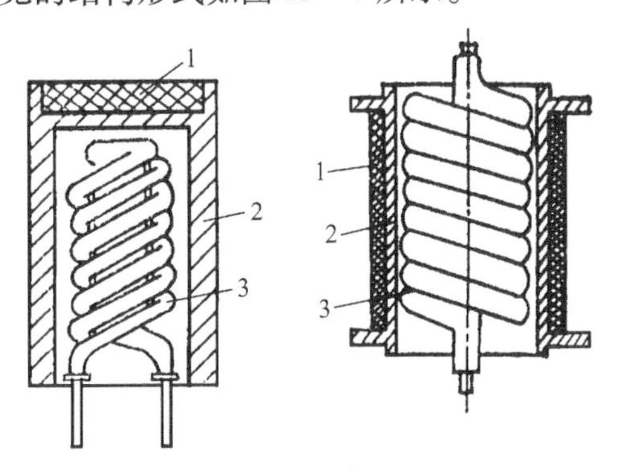

图 15-7　钡钨阴极结构示例

1—浸渍式阴极;2—钼支架(阴极筒);3—灯丝。

(2) 压制式钡钨阴极。压制式钡钨阴极与浸渍式钡钨阴极不同的是,并不先做好钨海绵体阴极,然后再浸盐,而是将活性物质与钨粉(加入适量的激活剂)直接混合,经压制、烧结而形成的阴极。

压制式阴极所用的活性物质可以是铝酸盐、碳酸盐(碳酸钡、碳酸钙)以及钨酸钡钙,而现代更多地使用性能更好的钨酸钡锶 $Ba_5Sr(WO_6)_2$;激活剂一般用铝粉,但钨酸钡锶活性物质的激活剂则用氢化锆 ZrH_2。

将高纯度的碳酸钡 $BaCO_3$、碳酸锶 $SrCO_3$ 和三氧化钨 WO_3 按一定比例混合均匀后,压成小块,在空气或湿氢中焙烧,在 800~850℃温度下,碳酸盐分解成氧化钡 BaO、氧化锶 SrO 和二氧化碳 CO_2。然后继续提高焙烧温度,在 1425℃左右,BaO、SrO 和 WO_3 反应生成钨酸钡 Ba_3WO_6 和钨酸钡锶 Ba_2SrWO_6,这两种钨酸盐的固溶体 $Ba_5Sr(WO_6)_2$ 就是我们需要的活性物质。

压制式阴极的制备是将钨酸钡锶 $Ba_5Sr(WO_6)_2$ 粉末与氢化锆粉末、钨粉直接与钼阴极筒经高压压在一起,然后在 1900℃下烧结约 3min 而完成的。在烧结时,钨酸盐分解产生氧化钡、氧化锶,氢化锆则分解生成锆与氢气,氧化钡与锆又反应生成锆酸钡 $BaZrO_3$ 与自由 Ba 原子,两者同时又向阴极表面扩散。

也可以将活性物质单独用模具压制成所需形状,如圆片、圆柱、圆筒等,然后烧结成型,再固定到钼阴极支架或阴极筒上。完成后的压制式阴极结构形状与浸渍式阴极的结构完全类似。

3)钡钨阴极的激活

(1)对于浸渍式钡钨阴极,碳酸盐和氧化铝在阴极制备过程中已经在高温烧结时生成钡铝酸盐,但还必须在管子排气时对阴极进行分解激活后,它才具有发射能力。由于铝酸盐在加热时不再会分解出气体成分,因此分解与激活过程不再分开,而且整个过程可以处理得较快,将阴极逐步升温到1200~1250℃,保持几分钟,就完成了阴极的分解激活。

在分解激活时,$Ba_3Al_2O_6$ 加热分解产生 BaO 与 $BaAl_2O_4$,得到 BaO 再与 W 反应生成 Ba_3WO_6(钨酸钡)和 Ba 原子;活性物质中含有碳酸钙时,则在制盐时 $CaCO_3$ 受热分解生成的 CaO 此时亦会与 $Ba_3Al_2O_6$ 及 W 反应生成 $Ba_2CaAl_2O_6$(铝酸钡钙)、Ca_3WO_6(钨酸钙)和 Ba 原子;铝酸钡 $Ba_3Al_2O_6$ 也可以与 W 直接反应生成 $BaWO_4$、$BaAl_2O_4$ 及 Ba 原子。可见,上述3种反应的结果都产生自由钡原子,正是钡原子的存在,以及足够量的钡原子扩散到阴极表面,才使阴极具有良好的发射性能,因此可以说自由钡原子是阴极形成发射能力的必要条件。

(2)对于压制式钡钨阴极,由于在阴极制备的焙烧过程中,产生自由钡原子的反应已经剧烈进行,所以在管子排气时就不再需要专门的分解激活处理,但为了使阴极具有良好而稳定的发射,往往对它进行一定时间的老炼。

(3)由铝酸盐、碳酸盐制作的钡钨阴极,不论是浸渍式的,还是压制式的,其发射能力大致为:在950℃温度下,直流发射为1~3A/cm^2,脉冲发射为3~5A/cm^2;在1050℃时,直流发射5 A/cm^2 左右,脉冲发射达10~15A/cm^2。

钨酸盐阴极在600~650℃的低温下就具有50mA/cm^2 的发射能力,在950℃下,能提供5~10A/cm^2 的发射电流密度,而且具有数千小时的寿命。

4)钡钨阴极的改进

(1)敷膜钡钨阴极(M 阴极)

在铝酸盐钡钨阴极表面上覆盖一层厚度约0.5μm 的锇(Os)、铱(Ir)、钌(Ru)或铼(Re)的薄膜,可以使表面逸出功降低,从而显著提高阴极的发射能力。或者在相同发射电流的情况下,可使阴极工作温度降低50~100℃,于是蒸发速率也相应大大降低,明显延长了阴极使用寿命。

(2)钪酸盐钡钨阴极

采用钪(Sc)酸盐 $3BaO \cdot 2Sc_2O_3$ 或 $6BaO \cdot (1/2)CaO \cdot (1/2)Sc_2O_3 \cdot Y_2O_3$(其中 Y 为钇的化学符号),或者在原来的铝酸盐配方中加入3%左右的 Sc_2O_3 后作为活性物质,制成的浸渍式或压制式钡钨阴极具有与敷膜钡钨阴极相同的发射能力。由于阴极表面钪元素的存在,而钪酸盐阴极的逸出功低,可支取较大密度的电流,因此,在同样的阴极负荷下,钪酸盐阴极的工作温度可比铝酸盐阴极的工作温度低150℃以上,从而使它可以在较低的温度下应用,降低蒸发速率,从而延长阴极寿命。钪酸盐阴极的缺点是发射均匀性差,不耐离子轰击。

5. 其他热阴极

1）六硼化镧阴极

某些碱土金属和稀土金属的六硼化物也具有良好的热电子发射性能，其中以六硼化镧（LaB_6）的发射性能为最好，所以目前都以 LaB_6 或以 La 为主的混合六硼化物作为阴极材料。

六硼化镧阴极不需要特别的激活处理，将阴极加热到 1600 ~ 1650℃ 并保持几分钟，就可以使阴极具有了良好的发射能力。工作在 1600℃ 时可得到 $65A/cm^2$ 的电流密度；在 1680℃ 时则可支取 $100A/cm^2$ 的电流。如果工作在 $10 \sim 20A/cm^2$ 的状态，则六硼化镧阴极的寿命可达数千小时。LaB_6 阴极不仅发射率高，而且蒸发率低，当发射电流为 $5A/cm^2$ 时，六硼化镧蒸发率只是同等情况下钨的 1%。

六硼化镧的化学稳定性和热稳定性都很高。其阴极具有很好的抗中毒能力和耐离子轰击能力，可在真空度低于 10^{-2}Pa 的环境下正常工作。阴极即使暴露于大气和水汽中后，只要重新排气并加热到工作温度，即可恢复发射能力。所以六硼化镧阴极特别适合于可拆卸器件和动态真空系统，以及低真空系统中使用。

六硼化镧阴极以其卓越的性能而受到越来越多的重视和应用，其最主要的缺点是工作温度过高；六硼化镧阴极另一个致命的弱点是，由于六硼化镧阴极一般的工作温度高达 1400 ~ 1650℃，所以必须利用难熔金属作为基金属，在高温下，LaB_6能与几乎所有难熔金属（W、Mo、Ta 等）发生化学反应，体积小的硼原子向这些金属的晶格中扩散，形成填隙式化合物，镧原子蒸发，使 LaB_6阴极中毒，同时，由于硼原子的扩散，使基金属被腐蚀变脆，形成所谓“硼脆病”，导致阴极毁坏。这是影响六硼化镧阴极进一步推广应用的主要障碍。

为了防止硼原子向难熔基金属中扩散，可以采用高熔点（2020℃）和高电导率的 $MoSi_2$涂覆在钼基金属表面，通过烧结使 $MoSi_2$与钼粘结形成一种中间化合物，它可以防止硼原子向钼晶格中的扩散；或者将难熔金属进行碳化处理，使其表面生成难熔的金属碳化物，例如碳化钽，它同样能有效阻止硼原子向基金属中扩散。另外，将 LaB_6 粉末放入压制模，采用冷压或热压方法制成阴极后，在氢气或真空中高温烧结，这样得到的阴极可以不再需要基金属而直接通电加热。冷压的阴极烧结温度为 1900 ~ 2000℃，时间 15min；热压阴极应经 2050 ~ 2100℃、10min 的烧结。

六硼化镧阴极的加热方式也可以分为直热式和间热式两种。通常，直热式广泛采用的是涂覆阴极，这是因为 LaB_6的辐射系数大，如果对压制的 LaB_6阴极进行直接加热，需要的加热功率势必将增加很多，不利于电子枪的使用寿命；间热式阴极的加热方法可以采用与常规间热式阴极同样的热子加热，也可以采用一种电子轰击加热方法，这是六硼化镧阴极目前常用的方式，并称为轰击式阴极电子枪，这种电子枪在较低的工作温度下具有很强的电子发射能力，而且发射稳定。所谓轰击式阴极是利用灯丝通电加热发射电子，电子被加速均匀轰击六硼化镧阴极，阴极获得能量后产生足够高的温度而发射电子并由聚束极和阳极会聚成电子束。

2）铱镧阴极

铱镧阴极是用铱镧合金材料作为发射体的一种阴极，合金中镧的含量为 4% ~7%，这种阴极蒸发小、耐离子轰击、暴露大气后可以重复使用，它的工作温度为 1100 ~

1500℃,特别适宜要求阴极尺寸小、电流负荷高达每平方厘米几十甚至上百安培的高功率毫米波磁控管的应用。

3)氧化钍阴极

在氧化物阴极中,如果用钍替代钡作为活性成分,即成为氧化钍阴极,由于它的工作温度高达1500~2000K,所以不能再与普通氧化物阴极一样,采用镍作基金属,而要用钨、钼、铼、钽、铂、铱等作为基金属。这种阴极如果做成间热式的,则热子温度将很高,引起严重蒸发,极易损坏,为克服这一困难,可采用压制烧结式的阴极,即将氧化钍与重量比占70%~95%的钨(或钼或钽)粉混合,进行压制、烧结,形成陶瓷状阴极。因此这种阴极又被称为氧化钍金属陶瓷阴极,它具有一定的电阻率,可以直接通电加热。

氧化钍阴极的激活比较容易,逐步将温度升高到2000~2100K,保持不长的时间后,阴极即具有良好的活性,可以达到1~5A/cm^{2}的发射电流密度,脉冲发射电流密度还可以略高于直流发射,目前主要可应用于大功率磁控管中。

氧化钍阴极的抗中毒能力比钍钨阴极和氧化物阴极都好,但在离子轰击下容易发生溅射。

6. 影响阴极性能的主要因素

阴极是一个要求十分严格的元件,必须非常严格地按照工艺规范做好每一步,任何一点的偏差,都会导致阴极性能的下降。

1)阴极发射的一致性

钨海绵体的孔度、孔的分布情况以及阴极的表面状态往往是阴极性能零散的主要原因;活性发射物质是阴极的关键,它的配置比例、处理规范和制成物的质量都将影响阴极的最终性能;活性物质的浸渍(温度、时间)以及在排气时阴极的分解激活的工艺规范等都会给阴极性能的不一致性带来影响。

2)对阴极寿命的影响

阴极寿命结束的重要标志是发射能力下降到规定指标以下。上面影响阴极一致性的因素相应也会影响阴极的寿命;阴极的工作温度是影响阴极寿命的关键因素,阴极温度太高,将加速阴极发射能力的下降;阴极中毒是导致阴极发射能力下降的另一个重要因素,而引起阴极中毒的原因主要是:零件清洗不干净造成的残余物放气污染、排气系统的污染、电子轰击使阴极氧化物分解产生的脏物、管内环境气氛、金属蒸汽、杂质污染、强电场作用下气体发生电离会引起离子回轰,严重时甚至会破坏阴极发射面;氧气、水蒸气、二氧化碳、空气,当阴极工作温度超过1100℃的情况下对阴极发射有明显损害作用;排气过程中电极处理不规范,管内高压打火,瓷封件焊料蒸散等因素都会引起阴极发射能力的下降。

3)热子的断路和短路

间热式阴极都是通过热子进行加热的,热子的短路或断路都将使阴极寿命终止,管子无法再工作。造成热子短路或断路的原因很多,但主要的因素有:①热子本身质量不良,热子与阴极之间有杂质或毛刺,或在开机瞬间管内电击打火,使杂质或毛刺击穿,发生漏电或短路故障;②热子与引线的焊接面小,造成接触不良,接触电阻大,加热时过热,很易烧断,这是微波管热子的一个薄弱环节;③受力或振动,在振动、冲击过程中最薄弱部分就是热子,引起氧铝绝缘层脱落、热子与阴极间漏电;④加热电流过大或长时间在超工作电流下工作,引起热子变形及基金属铼钨丝的蒸发,最终导致短路或烧断;⑤烧结式热子的烧结材料开裂甚至脱落;⑥电化学反应引起的热子绝缘能力的下降。

采用烧结式(浇注型)热子可以有效提高热子的使用寿命,即将已涂覆有绝缘涂层的热子放入阴极筒内,用氧化铝粉,添加少量氧化钇粉或氧化钪粉(Sc_2O_3)混合填充在已装热子的阴极筒中,使整个热子被埋在氧化铝粉里,并经过高温烧结使它们成为整体,构成阴极—热子组件。从而完全避免了热子线圈之间和热子与阴极筒之间的短路,而且增加了热传导,使组件可以更快达到温度平衡,氧化钇粉可以降低烧结过程中的收缩度和减少表面开裂的风险。

对于烧结式热子,最好采用交流电源,热子的一端引线应该通过阴极支持筒接地,否则就可能导致热子寿命下降。如果热子供电用直流电源,则应该将电源正极与阴极连接,整个热子相对阴极来说就处于负电位,如图 15-8 所示。这时支持筒的钼离子与浇注层的氧化铝之间会反应生成钼酸铝,反之,如果热子电源负极与阴极连接,则整个热子相对阴极来说就处于正电位,反应就将发生在热子与氧化铝之间,即钨离子与铝生成钨酸铝。钼酸铝与钨酸铝的出现都会使绝缘性能下降并诱发局部短路,由于通常阴极支持筒的温度要比热子温度低 100~300℃,因此发生在阴极支持筒与氧化铝之间的反应的危害程度要小得多,也就是说,热子的正极与阴极连接,即热子相对于阴极支持筒为负电位,则上述危害会轻得多,钨酸铝相比钼酸铝,所引起的危害有时甚至会造成热子永久失效。

如果热子采用交流电源并且其一端仍与阴极支持筒短接,就可以避免上述有害反应,阴极可以与电源的任意一端连接。

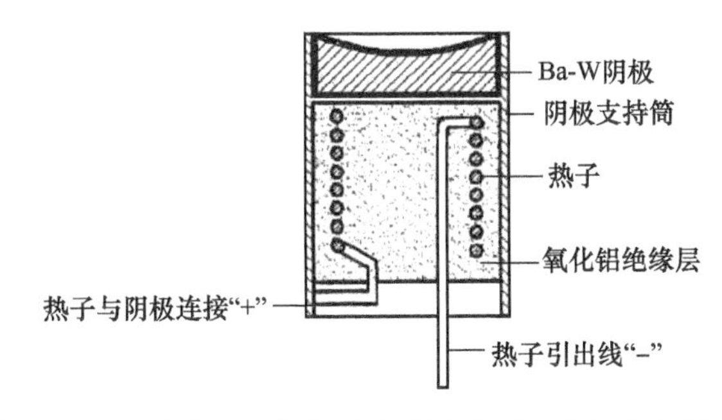

图 15-8　由直流电源供电时,烧结式热子与电源的连接方式

15.4.3　场致电子发射和场致发射阴极

1. 场致电子发射

1)场致电子发射与热电子发射比较

热电子发射是依靠升高发射体的温度,使发射体内部的电子能量提高,从而有部分电子的能量达到足以越过发射体的表面势垒而逸出的一种电子发射现象;而场致电子发射则完全不同,它是利用外部强电场来使发射体表面势垒高度降低,同时宽度变窄,当势垒宽度窄到可以同电子波函数的波长相比拟时,发射体内部电子就会由于隧道效应而逸出所产生的电子发射。

可见,不需要对电子施以任何形式的附加能量就可以得到电子发射,这是场致发射与其他所有电子发射,包括热电子发射、光电子发射、次级电子发射的根本区别。

热电子发射存在以下缺点。

(1) 需要消耗能量来加热发射体,而且效率很低,即使把发射体的温度加到金属发生显著蒸发的高温,能够逸出的电子也仍然只占金属中自由电子总数的极小一部分,提供给阴极的热能绝大部分还是辐射掉了。

(2) 阴极这种热的耗散会使周围的电极升温,引起放气、蒸散加剧,从而又会引起打火、漏电,甚至极间短路;为此,必须采取各种隔热措施和提高绝缘可靠性;这些热量最终还要利用自然或人工方法发散掉,给整个器件的设计增加了冷却系统的麻烦。

(3) 热电子发射热能利用率低,因此能提供的发射电流密度最高不超过每平方厘米几百安。

(4) 阴极的加热需要一定时间才能达到工作温度,因此热发射有一个时间延迟,或者说需要一个预热时间,器件才能正常工作。对于军用微波管来说,这在现代军事对抗中已成为一个严重的问题。

场致发射则既不需要消耗能量,当然也就没有热辐射带来的一系列问题;而且它不存在发射的时间延迟,发射电流密度可达 $10^7\,\mathrm{A/cm^2}$ 以上。

2) 场致电子发射基本机理

金属表面势垒(图15-9曲线 a)阻止了电子从金属内部向外逸出,电子从金属内部向真空逸出时为克服这一障碍而做的功即逸出功 W,它等于金属表面势垒高度与电子费密能级 E_F 之差,如图15-9所示。所以热电子发射的电子能量必须超过势垒高度,即曲线a的高度。

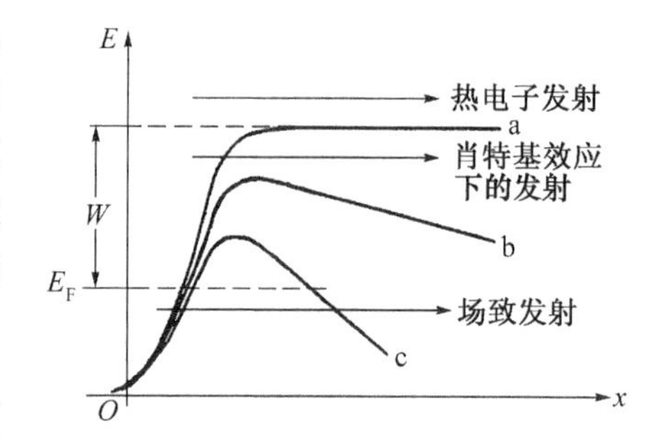

图15-9 几种电子发射与表面势垒的关系

上面讨论的是没有外加电场的情况,实际上在阴极表面总会存在加速电场,该电场除了加速电子飞向阳极外,还会帮助电子从阴极逸出。研究表明,外加加速电场能使得阴极表面的势垒降低,因而逸出功减小,从而有利于电子的逸出并使发射电流增加,这就是肖特基效应。在有加速场情况时热电子发射电流密度为

$$j = j_0 e^{4.4\sqrt{\varepsilon}/T} \quad (\mathrm{A/cm^2}) \tag{15.12}$$

式中,ε 表示外加电场的场强,单位为V/cm;T 是阴极的绝对温度。图15-9中曲线b即表示存在肖特基效应时的表面势垒,这时的电子发射仍是热电子发射,即弱电场下的热发射。

当外加电场比较强时,阴极的发射电流就不再符合式(15.12)的描述,而是要大得多。显然,这时出现了新的产生电子发射的原因,这就是“隧道效应”。隧道效应是指对于具有一定宽度的表面势垒,金属中的电子的动能即使小于表面势垒高度,也仍具有穿透势垒而逸出的可能。穿透概率与电子能量大小及势垒宽度有关,只有当势垒宽度相当于电子波函数的波长的数量级时,隧道效应才可能发生。而在通常情况下,即无场或弱场情况下,表面势垒都非常宽,借助隧道效应逸出的电子几乎为零。只有当外加电场在阴极表面产生的场强达到$(2\sim3)\times10^7\,\mathrm{V/cm}$时,隧道效应引起的电子发射才十分明显,这种发射就是场致电子发射。图15-9中曲线c即为产生场致发射时阴极表面势垒的形状。

场致发射电流密度由福勒—诺德海姆(Fowler - Nordheim)公式给出,即

$$j = A\varepsilon^2 e^{-B/\varepsilon} \quad (\mathrm{A/cm^2}) \tag{15.13}$$

式中,j 的单位为 $\mathrm{A/cm^2}$;ε 的单位为 V/cm;A、B 为两个常数,与金属的逸出功有关。

实验还表明,在 1000K 温度以下时,场致发射电流密度与温度的关系不大,这也是不难理解的,因为温度不很高时,越过势垒而逸出的热发射电流相比于场致发射电流是微不足道的。温度很高时,热发射增加,在总电流中所占比例亦有所上升;但这时如果进一步增强电场,则即使在 3000K 的高温下,场致发射仍占绝对优势。但是,单纯依赖电场而阴极处于室温的所谓冷阴极纯场致发射,为了使发射稳定,要求真空度达到 $10^{-6} \sim 10^{-9}$Pa 或更高,所以其应用受到严重限制。如果把发射体加热到一定温度后实现场致发射,即所谓热场致发射,则一方面可以排除阴极吸附气体,另一方面还可以使发射体尖端保持圆滑减少离子溅射,使热场致发射阴极可以在 $10^{-2} \sim 10^{-3}$Pa 的真空度条件下正常工作。

2. 场致发射阴极

1）单尖发射阴极

为了获得场致电子发射,首先要使发射体表面能达到 10^7V/cm 数量级的电场强度,为此目的,一方面可以提高阴阳极之间的电压,另一方面亦可以缩小阴阳极之间的距离,同时将阴极做成曲率半径很小的尖端。

单尖阴极的材料一般为钨。为了提高电流的稳定性,可以采用敷锆钨单尖阴极,它工作在 1800K 温度下(热场致发射),在 10^7V/cm 的场强下可以达到 $10^5\mathrm{A/cm^2}$ 的发射电流密度、5000h 以上的寿命。除此之外,还可以用碳纤维、某些金属碳化物如碳化钛 TiC、碳化钽 TaC 及六硼化镧作尖端发射材料。

单尖场致发射阴极是一种高亮度的电子源,它发射出来的电子,经过聚焦可以形成直径为亚微米甚至纳米量级的电子束,因而在扫描电子显微镜等表面分析仪器和电子束光刻机等微细加工设备中有着重要应用。

2）多尖发射阴极

单尖阴极由于发射面积小,因而虽然电流密度可以很大,但总电流仍然比较小,增加尖端阴极的数量形成几十个甚至几千个尖端阵列,总电流就可以达到几十安到几千安。

多尖端发射阴极首先被应用到脉冲 X 光管中,在它里面的场致发射阴极由四排梳齿状尖端阴极组成,在 100 ~ 600kV 脉冲高压下,可以发射 1400 ~ 2000A 的脉冲电流,脉宽 30 ~ 100ns。多尖端阴极在电子注管(Febetron)中也得到了应用,它所产生的强烈的脉冲电子注(β 射线)可用于各种辐射效应的研究、激发气体激光以及超强可见单色光。

3）爆炸式发射阴极

相对论电子注器件是由加速器提供高能电子源的,在加速器中,脉冲形成线产生的高压窄脉冲加到真空二极管上,二极管的场致发射阴极即发射出脉冲强电流。这种阴极的发射方式是爆炸式的,在纳秒量级的极短时间内可提供数千安至数百千安的大电流。

爆炸式场致发射阴极又称为等离子体场致发射阴极,其电子发射的物理过程大致是:几乎所有金属和材料表面,都存在着微观的凸凹不平,其凸起的尖刺称为晶须,它实际上就是一个微型尖端(图 15 - 10)。晶须的高度一般约 10^{-5}mm,基底部分半径约 10^{-6}mm,而顶部半径远小于基底半径,形成尖端,晶须在表面的分布密度约为 10^4 个/$\mathrm{cm^2}$。当阴 -

阳极之间加上一个高压脉冲时,在阴极表面晶须尖端上的电场可以增强几十到数百倍,在如此高的场强下,阴极产生场致发射,发射电流随脉冲高压的上升而迅速增大,当电流达到足够大时,电流对晶须的加热引起尖端过热,致使晶须迅速汽化爆炸,尖端材料的原子(分子)向空间蒸发,并立即被发射的电子所电离,形成阴极亮斑。电离产生的正离子抵消电子空间电荷作用,促使发射电流的增加,电流的增加又使尖端进一步加热,进一步产生爆炸、蒸发、电离、亮斑的过程,致使阴极亮斑迅速膨胀扩展,同时无数个亮斑合并,很快形成等离子体鞘层并覆盖阴极表面。该等离子体迅速向阳极膨胀,当它扩展到阳极时,整个阴-阳极空间充满了等离子体,使阴-阳极短路。至此,阳极上不可能再接收到电流,电流脉冲中断。但由于在尖端爆发过程中,尖端处在局部熔融状态下,因此在强电场作用下,又会产生新的微尖或微凸起,以便下一个高压脉冲来时提供场致发射电流。

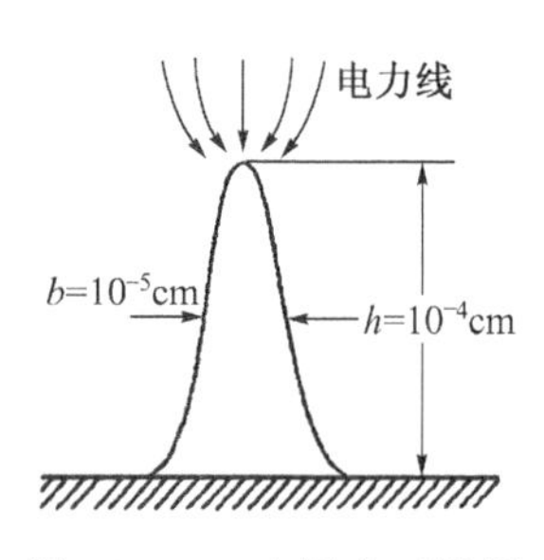

图15-10 金属表面晶须的形状

由此可见,爆炸式场致发射阴极只能工作在脉冲状态,其脉冲电流的持续时间即脉宽就是等离子体从阴极扩散到阳极的时间,由于等离子体的膨胀速度为2~3cm/μs,所以对于一般的极间距离来说,脉宽被限制在纳秒至微秒的范围。而且每个脉冲过后,也还需要一定的消电离时间,所以重复频率同样也受到一定限制。

爆炸式发射阴极可以工作在高压、超高压下,从几十千伏到几十兆伏;电流密度可达10^7 A/cm^2,总电流甚至可达10MA。它所产生的强流电子注除作为相对论电子注器件的电子源,产生高功率微波、毫米波外,还有许多重要的应用领域,例如:核爆模拟器、高能闪光X照相机、惯性约束核聚变、高功率激光器激励、强脉冲中子源、等离子体加热、电磁脉冲研究、自由电子激光、粒子束武器等。

用作爆炸式场致发射阴极的材料可以是金属,如不锈钢、铝等,也可以是介质材料绒毛布,如天鹅绒、灯芯绒,也可以是石墨。其中天鹅绒是最常用的阴极材料,次为不锈钢,但新型碳纤维材料可以得到更强的发射电流,以石墨或金属(如铝、不锈钢)作基体的浸渍有碘化铯的碳纤维阴极在提高发射电流密度、改善电子束质量、降低等离子体膨胀速度方面表现出优越的性能。

4)Spindt阴极

这是一种典型的小功率场致发射阴极,是发展真空微电子器件的基础,相关内容已经在13.6节中作过介绍。

15.4.4 光电子发射和光电阴极

1. 光电子发射

当光(电磁辐射)照射在物体(金属、半导体)表面时,它一部分被物体反射,一部分进入物体内部并被吸收。物体吸收了光辐射后,电子的能量可能提高,其中一部分能量较大的电子将运动到达物体表面,甚至可能克服表面势垒而逸出,成为发射电子。这种现象即称为光电子发射,发射出的电子称为光电子,形成的电流称为光电流。

光电子发射是一种光能转变为电能,或者光信号转变为电信号的能量转换形式,它有着许多实际应用,如变像管、摄像管、光电管、光电倍增管中都要用到这种发射形式。

光电子发射并不仅并限于可见光，红外线、紫外线，甚至 X 射线等不可见光也能引起光电子发射，所以它亦可以被用来把不可见光转变为电信号，或者转变为可见光。因此，在亮度倍增管、紫外线光电子能谱仪、X 射线光电子能谱仪等方面，也都离不开光电子发射。

2. 光电阴极

已经实用的光电阴极种类很多，而且还在不断发展。在绝大多数应用中，光电阴极都是由沉积在衬底上的多晶层组成，其成分中都包含一种或几种碱金属，或以碱金属作表面处理；可供使用的衬底有金属钯、镍铬合金以及各种玻璃。

如果光从光电发射膜层的正面（从真空界面外）入射，光电子也从光电阴极正面射出，此时对膜层的厚度没有严格要求，衬底亦可是不透明的，这种光电阴极就称为反射式阴极；相反，如果光是从衬底沉积有发射膜的另一侧（阴极背面）入射，电子从阴极正面发射，膜层的厚度就会存在一个严格的最佳值，阴极的厚度不应大于电子的逸出深度，这种阴极就称为透射式光电阴极。

光电阴极按使用的波长可分为：

（1）对红外光灵敏的光电阴极。一直以来都以银氧铯光电阴极为主，但 20 世纪 60 年代发展起来的负电子亲和势光电阴极，则对红外光具有更高的灵敏度。

负电子亲和势（Negative Electron Affinity，NEA）光电阴极是指导带底能级 E_c 高于真空能级 E_0，使有效电子亲和势 χ 变为负值的半导体材料（参考图 15－4（b））。它主要由元素周期表中Ⅲ族和 V 族元素的化合物，如 GaAs、GaAsP、GaInAs、InGaAsP 等，表面覆盖 Cs 铯或 CsO 组成。其特点是灵敏度高、室温热电子发射电流密度小、光电发射光电子能量和空间分布集中、长波响应扩展潜力大等。它在光电倍增管、摄像管、半导体器件、超晶格功能器件、高能物理、表面物理，特别是夜视技术等方面有重要应用。

（2）对可见光灵敏的光电阴极。这类光电阴极较多，有锑铯、锑锂、锑钠、锑铷、铋铯、铋银氧铯、镁铯、锑钾铯、锑钾钠和锑钾钠铯等，其中锑铯用得最多、铋银氧铯在可见光区域内的光谱特性最均匀，而锑钾钠铯的积分灵敏度最高。

对于光电倍增管、微光摄像管等要求有很高灵敏度的光电器件，常采用锑的双碱或三碱光电阴极以替换单碱的光电阴极如 Li_3Sb、Na_3Sb、K_3Sb、Rb_3Sb 等。双碱阴极主要有锑钾钠 Na_2KSb、锑钾铯 K_2CsSb 和锑铷铯 Rb_2CsSb，三碱阴极通常是（Cs）Na_2KSb，锑的双碱光电阴极比单碱光电阴极的光电发射性能好，锑的三碱光电阴极又比双碱光电阴极的光电发射性能好。

（3）对紫外光灵敏的光电阴极。主要有碘化铜、镉镁、钡镁、碲铯、锑铯、金铯和碘铯、氟化锂、氧化镁等，使用得比较多的是碘化镁、碲化铯和锑铯光电阴极。

紫外光与可见光相比，只是其光子能量高，所以几乎所有可见光的光电发射材料都可以用来探测紫外光，但实用的紫外光电发射材料往往还有特殊要求，即必须是所谓“日盲”材料，即只对紫外光灵敏，而对太阳的辐射没有响应的材料。另外，紫外光电阴极的选择还必须考虑能透过紫外光的窗口材料，石英和白宝石可以透过 1800Å 的紫外光；波长在 1800～1050Å 范围的紫外光，窗口材料采用金属卤化物（如 LiF、NaCl、KBr 等）或碱土金属卤化物（如 MgF_2、CaF_2 等），最常用的是氟化锂；波长短于 1050Å 的紫外线和软 X 射线，目前还没有合适的窗口材料，器件采用无窗口式结构。

15.4.5 次级电子发射与次级发射体

1. 次级电子发射

当具有足够动能的电子(或离子)轰击物体表面时,会引起电子(或离子)从被轰击物体的表面发射出来,这种现象称为次级电子发射或二次电子发射。如果次级电子是从被轰击的表面发射出来的,称为反射型次级发射;如果次级电子是从被轰击的物体的背面发射出来的,称为透射型次级发射。要是用离子轰击物体,则同样会引起离子—电子发射或离子—离子发射(次级离子发射)。

轰击物体的原始电子称为原电子或一次电子,从被轰击物体发射出来的电子称为次级电子或二次电子,通常次级电子中也包括从物体表面直接弹射(反射)回来的原电子。定义次级电子数与原电子数之比值叫作次级电子发射系数,用δ来表示。影响δ的因素很多,首先它是原电子能量E_p的函数,δ与E_p的关系如图15-11所示。当E_p由小到大变化时,δ随之迅速增加,经过一个最大值δ_m后又缓慢下降,与δ_m相应的E_p则为E_{pm}。这一规律不论对金属、半导体还是绝缘体都是类似的。

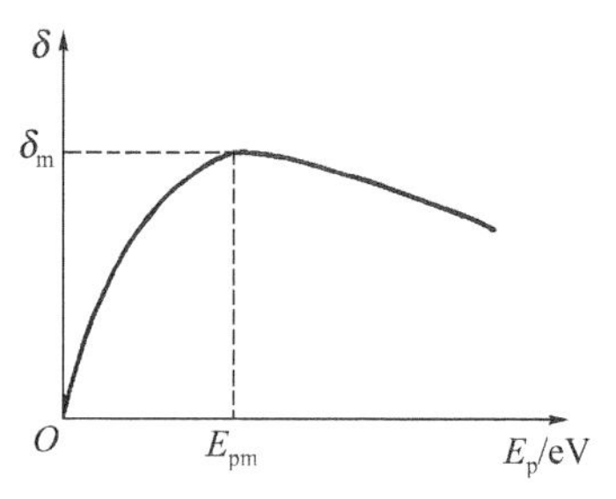

图15-11 次级电子发射系数δ与原电子能量E_p的关系

金属的次级电子发射系数还与原电子入射角、金属的逸出功和晶体结构以及金属表面粗糙度等因素有关,温度对δ的影响很小。半导体、绝缘体的次级电子发射特性在某些方面与金属类似,温度的影响一般来说也不大(少部分发射材料除外);它们与金属的最大不同是,当受到原电子轰击时,表面将积累电荷,若$\delta>1$,则积累正电荷,若$\delta<1$,则积累负电荷。电荷的积累会引起表面电荷的变化,这种变化又使轰击表面的原电子受到加速场或拒斥场的影响,因而原电子能量发生改变,并造成δ的变化。绝缘体次级电子发射的这一特点,可以被利用来制造各种电荷储存型电子器件,如电视摄像管等。

次级电子发射得到了越来越广泛的应用。在光电倍增管和电子倍增器中,它可以使非常微弱的电流放大几个数量级;在电视摄像管、储存管等电子束管中,在图像增强器、扫描电子显微镜、俄歇电子能谱仪等表面分析仪器中,也都利用了次级电子发射现象。相反,在栅控电子管(如栅控行波管)、高压电子管、微波管电子枪和收集极中,则都应设法抑制次级电子发射。

2. 次级电子发射体

1)合金次级电子发射体

合金次级发射体的次级电子发射系数δ大,工作性能稳定,可以承受较大的电流密度,无光电发射,可以暴露于大气,工艺简单,因此被广泛应用于光电倍增管中。

实用的合金次级电子发射体主要有镁合金(如银镁、铝镁、铜镁等)和铍合金(如铜铍、镍铍等)两种,其中镁和铍作为活性元素只占1%~3%,银、铝、铜、镍等则为基体材料,起媒质作用。合金必须经过活化处理才能获得良好的发射性能,活化过程就是把合金在氧气、空气、二氧化碳或水蒸气等氧化气氛中加热,这时合金中的活性元素将向表面扩散,并在表面被氧化,生成薄而稳定的氧化膜,合金发射体的性能主要由这层薄膜的特性所决定,其最佳厚度约为1000Å。

合金次级电子发射体的次级电子发射系数，在 E_p 为 600 ~ 800eV 时，MgO 为 12 ~ 15，而氧化铍为 8 ~ 12，但铍合金的蒸汽压比镁合金低，耐热性较好，发射更稳定。

2）银氧铯和锑铯次级电子发射体

银氧铯和锑铯次级电子发射体在制备工艺上与银氧铯和锑铯光电阴极相似，但获得最佳次级发射系数的工艺条件则与获得最佳光电发射灵敏度的条件不同，反映两种电子发射在机理上是有区别的。它们的次级电子发射系数，银氧铯在 E_p 为 600 ~ 800eV 时，为 10 左右，而锑铯在 E_p 为 500 ~ 600eV 时，即可达 8 ~ 12。

但银氧铯发射体的室温热发射比较大；负荷能力较低，当原电子流达到 $100\mu A/cm^2$ 时，δ 就将迅速下降；制备工艺也较复杂。而对于锑铯发射体来说，也存在温度稳定性差，以及同样负荷能力低等不足。因此，总的来说它们的应用范围有限。

3）氧化物型次级电子发射体

碱土金属（铍、镁、钡等）氧化物，以及 Ni - NiO - Ba、Ni - NiO - Cs、Mo - Mo_2O_3 - Ba 等，都具有良好的次级电子发射性能。其中用于光电倍增管的主要是氧化镁，它的次级电子发射系数与制备方法及真空条件有关，差别很大，一般在 15 ~ 20，但最小仅 2，最高达到 26。氧化镁发射体除了 δ 较大外；它的温度稳定性也较好，加热到 600℃ 时次级发射系数几乎不变；能承受原电子流 $100\mu A/cm^2$ 的冲击，还能暴露于干燥空气中而不损坏。

由氧化镁、氧化钡组成的复合氧化物发射体，其次级发射的稳定性更好。以镍为基体做成的 Ni - NiO - Ba 发射体，在 $E_p = 600eV$ 时 $\delta_m = 12$；而以钼为基体的 Mo - Mo_2O_3 - Ba 发射体，在 $E_p = 900eV$ 时，$\delta_m = 12.5$。这类发射体即使在 800℃ 高温下其发射稳定性仍很好，而且在工作过程中 δ 的衰减极为微小。

氧化物阴极、钡钨阴极等热阴极，在某些正交场器件中运用时，会成为次级电子发射体，这种发射会对器件的工作特性产生很大影响。

4）负电子亲和势次级电子发射体

负电子亲和势次级电子发射体与负电子亲和势光电阴极一样，也是由半导体材料如砷化镓、磷化镓、硅等经过铯或铯—氧处理后形成的。负电子亲和势次级电子发射体的 δ_m 值比普通次级发射体大得多。对于 Si: Cs - O 发射体虽然 δ 高，但它在室温下的热发射大；而 GaP: Cs 发射体的暗电流小，在 E_p 为几百伏时，$\delta_m \approx 30$，其稳定性与常规次级发射体相近，所以是用作光电倍增管第一倍增极的最合适材料，能有效检测出极微弱的光信号，甚至单个光子。

15.4.6 铁电阴极

铁电阴极是近十年来才发展起来的一种新型阴极，阴极利用铁电材料做成，所以称为铁电阴极。

所谓铁电材料，是指材料的晶体结构在不加外电场时就具有自发极化现象，在外电场作用下，自发极化方向能够被外加电场反转和重新定向的一种功能材料。铁电材料的这种特性称为铁电现象或铁电效应。利用外电场作用下自发极化的转向就可以做成铁电存储器，而且这种存储器在外电压断开时，仍能保持极化方向不反转，意味着它不用电就能保存数据。

利用铁电材料做成的阴极是一种在脉冲电压和脉冲激光激励下从铁电材料表面获得很强的脉冲电子发射的新型阴极。欧洲原子能委员会研究人员在1989年利用铁电材料锆钛酸铅(PZT)和掺镧锆钛酸铅(PLZT)作阴极,获得了大于$100A/cm^2$的强流电子束,并指出其理论值可达$10^5A/cm^2$。此后,铁电材料作为阴极的诱人前景,立即引起了各国科学家的高度重视。

铁电材料电子发射的机理十分复杂,但不过一般认为有两种:一种是材料极化的快速反转而引起的电子发射,这是铁电发射;另一种是场致发射机理,因为铁电材料的介电常数可高达1000~5000,当铁电阴极利用栅网触发时,触发电压在铁电材料表面存在很大的场增强效应,电场强度就可能达到$2\times10^7\sim2\times10^8V/cm$,足以导致强场致发射(爆炸发射),并形成阴极等离子体,电子从等离子体中发射出去。

铁电阴极可以在常温下激发发射,是一种冷阴极;它对真空度的要求不高,在$10^{-2}\sim10^{-5}$Pa真空度下都能工作;发射电流密度大,现在已经达到百安培每平方厘米的量级;还可以重复频率运行。利用铁电阴极可以作为强流电子束源,用于加速器、平面显示器、自由电子激光器、X射线和微波源、高功率开关管等。目前,铁电阴极最成功的应用是在加速器的电子注入枪中取代热离子阴极,其结构极为牢固可靠,发射电流密度更高,空间装配方式更灵活。铁电阴极在加速器领域还可用作大体积气体电离和大面积表面辐照所需要的高能电子源。

15.5 电真空常用其他特殊材料

15.4节介绍了电真空器件最重要的功能材料——电子发射材料,除此之外,在电真空器件中还会用到其他多种特殊的功能材料,如与陶瓷、玻璃封接用的膨胀合金,吸收管内残余气体的吸气材料,聚焦系统用磁性材料,以及焊接用的焊料等。

在电真空器件中,除了使用大量的纯金属材料外,还使用大量的合金材料。由两种或两种以上的金属元素,或者金属元素与非金属元素组成,具有金属特性的材料称为合金。其中具有特殊物理性能(电性能、磁性能、热性能等)的合金,则称为精密合金,通常,它可分为七大类,即软磁合金(牌号以1J开头)、永磁合金(牌号以2J开头)、弹性合金(牌号以3J开头)、膨胀合金(牌号以4J开头)、双金属合金(牌号以5J开头)、电阻合金(牌号以6J开头)、热电偶合金(牌号以7J开头)。

15.5.1 膨胀合金

膨胀系数满足一定要求的合金材料称为膨胀合金。它在电真空器件中也是一种必不可少的材料,主要用于与陶瓷、玻璃的匹配封接或封接件的过渡材料。按照材料膨胀系数的大小,它可以分为低膨胀合金(膨胀系数$<1.8\times10^{-6}/℃$)、定膨胀合金(中膨胀合金,膨胀系数为$(4\sim11)\times10^{-6}/℃$)和高膨胀合金(膨胀系数为$(20\sim30)\times10^{-6}/℃$);如果根据合金的磁性能来分,膨胀合金又有铁磁性和非铁磁性两大类。

1. 铁磁性膨胀合金

铁磁性膨胀合金是一种铁镍合金,同时含有少量铬、钴、铜等金属,它们都具有磁性,因而称为铁磁性膨胀合金。

1）低膨胀合金

（1）在室温下，含 Ni36% 的铁镍合金 4J36 具有最低的膨胀系数，这种合金称因瓦(Invar)合金。因瓦合金不仅膨胀系数最小，而且其导热率在铁镍合金中也是最低的，反之，其比热和电阻率则是最高的。所以因瓦合金可用来制造要求尺寸保持恒定的零件，如长度标尺、精密天平的臂、微波谐振腔、标准电容等。

在因瓦合金中用 Co 代替部分 Ni 并加入少量铜，就可获得膨胀系数比因瓦合金更低的超因瓦合金 4J32，4J32 在 $-60 \sim +80$℃范围内的膨胀系数只有 0.3×10^{-6}/℃，约为 4J36 的一半；在 4J32 中加入 0.2% ~0.3% 质量的铌(Nb)以代替铜，得到的含铌超因瓦，其膨胀系数可进一步降低。

（2）为了改善因瓦合金的切削性能，可以加入少量硒(Se)、硅(Si)、锰(Mn)，制得易于切削的因瓦合金 4J38；而适合高温条件下的低膨胀系数铁镍合金为 4J40，一些需要在高温下工作，又要求高频率稳定度的微波管高频结构就应采用这种合金，它在 300℃温度下仍能保持低的膨胀系数；对于要求在腐蚀性环境中工作的器件和零件，可采用含钴、铬的不锈因瓦合金 4J9，但 4J9 的膨胀性能不如 4J36。

2）定膨胀合金

在电真空器件中，为了将具有不同电压(直流电压、高频电压)的零件隔离开，同时又能保证器件内部的真空状态，必须对绝缘零件(玻璃、陶瓷)和金属零件进行封接。这种封接对金属的膨胀系数就提出了严格的要求，只有所谓匹配封接——金属与介质的膨胀系数接近或相等的封接，才能保证介质不会被金属的膨胀拉裂，或造成介质内部应力过大而炸裂。定膨胀合金主要就是用来与玻璃、陶瓷进行封接的金属材料，因此要求它的膨胀系数在一定温度范围内有一定的数值，所以称为定膨胀合金。

（1）杜美丝。以铁镍合金 4J43 为芯线，外敷以铜层，并将表面铜层氧化成 Cu_2O，再在表面涂上硼酸钾或硼酸钠作为保护层，这样形成的膨胀合金叫杜美丝。杜美丝的径向膨胀系数与铂组玻璃匹配，可以与铂组玻璃很好封接。但杜美丝的轴向膨胀系数与径向不同，因此一般杜美丝的直径都限制在 1mm 以下。

（2）铁铬合金。铁铬合金 4J28 也是与铂组玻璃封接用的材料，它的耐腐蚀性和耐热性好，因而常用作显像管阳极帽和外壳的封接，以及用在 X 光管和大功率振荡管中。4J28 在湿氢中加热至 950 ~1150℃以获得绿色氧化膜 Cr_2O_3，这对它与玻璃的封接是必要的，可以保证它与玻璃的浸润。

（3）铁镍钴玻封合金。在铁镍合金系中加入钴以替代部分镍后，可以使膨胀系数降低而且定膨胀的温度范围变宽，从而可以与钨组玻璃匹配封接，这种合金也可以称为可伐(Kovar)，我国的牌号是 4J29(实际上，现在人们往往习惯上将所有铁镍钴定膨胀合金都统称为可伐)。可伐中 Ni 与 Co 的总量是 46%，为了节约价格昂贵的钴，我国研制了低钴玻封合金可伐 4J44，使钴的含量降低了 1/2。在可伐中 C、Al、Mg、Zr、Ti 等杂质含量都必须严格控制，否则在封接的高温下会产生气泡，影响封接强度和真空气密。

（4）铁镍钴瓷封合金。国内研制了多种专门与陶瓷封接用的低钴铁镍钴合金，主要有 4J33、4J34、4J46。这些合金的膨胀系数比可伐 4J29 更接近陶瓷，但在 500℃以上，它们的膨胀系数都比陶瓷大，由于陶瓷具有足够的机械强度，封接处又有一层塑性较好的焊料起缓冲作用，因此仍能保持匹配封接。4J33 和 4J34 是目前应用较多的瓷封合金，但 4J34

中钴的含量较高,它与氧化铝瓷的封接件有优异的抗热冲击性能。

2. 非铁磁性膨胀合金

在对磁场分布要求十分严格的场合使用铁磁性膨胀合金会对磁场产生影响,因此应该采用非铁磁性膨胀合金(亦称为无磁膨胀合金)。

(1) 无磁低膨胀合金。目前有一定实用价值的无磁低膨胀合金主要是铬基合金,加入有少量铁、锰、铼(Re)、锇(Os)等元素而形成的,它们的膨胀系数由于加入了这些元素而降得很低,甚至可达到负值,但这类合金的工作温度范围很窄,加工也较困难。

(2) 无磁定膨胀合金。这是用在有磁场条件下工作的电真空器件的主要封接合金。4J78、4J80 和 4J82 三种合金都可以与 95 瓷封接,具有强度高、塑性好、耐腐蚀和极低的磁导率等性能。此外,还有耐腐蚀性更优良的锆基瓷封合金 93ZrTi,这种合金在 −70 ~ 80℃ 范围内膨胀系数十分稳定,但必须在真空或惰性气体中热处理,不能在热处理时接触氧。

72TiV(含 28% 的钒)和 75TiMo(含 25% 的钼)的膨胀系数与铂组玻璃接近,可与之匹配封接。由于这种合金具有吸气性能,因此必须在真空中进行退火,并在氩气保护下进行封接。

15.5.2 吸气材料

真空电子器件绝大多数都是在真空状态下工作的,即一般都要经过排气这一工艺过程,利用各种抽气泵来排除器件内部的空气使之保持真空状态。但是,经排气并封离的器件内部仍会残留有少量气体,器件内表面和内部零件也会不断释放出微量气体,尤其是在管子工作过程中,阴极、灯丝、阳极及高频系统等,都会因加热或电子轰击和高频损耗而发热,使得这种释放就会更加严重。管内气体的存在会影响阴极的发射,影响器件的工作性能,缩短管子的寿命。

为了使已封离的器件内部真空度不致下降而影响管子正常工作,利用具有吸气性能的材料放入器件内部或与器件连接,就有助于密封后器件继续保持良好的真空度,这种材料称为吸气剂或消气剂;现代微波管则更多地利用一种体积很小的吸气泵——钛泵来达到同样的目的,将钛泵与微波管内部空间相连,它工作时同样可以吸收管内出现的气体而使真空度得以维持。钛泵也是利用吸气材料(钛)来达到吸气目的的。

吸气材料的吸气机理主要有三种。

(1) 化学作用。材料与气体发生化学反应而吸气,形成新的固态化合物,其吸气量取决于材料对气体的化学活性,气体压强及材料温度。

(2) 吸收作用。气体能渗透到材料内部形成固溶体,气体分子分布在晶格离子之间,这种吸气作用称为吸收,吸气量的大小同样与气体压强、材料温度有关。

(3) 吸附作用。如果气体沉淀在材料表面,形成单分子或多分子薄膜,则称为吸附。

应该指出,某些吸气材料的吸气作用尤其是吸附作用是可逆的,即通过加热可以使其吸附的气体释放出来,使之重新具有吸气能力。一般来说,任何吸气材料在吸气前,即管子在排气时,首先其自身必须加热彻底去气,去气处理后的吸气材料才可能具有高的吸气能力。另外要使吸气材料在封离后的器件中很好地工作,还必须进行激活处理。按激活的方式不同,吸气剂可以分为蒸散型和非蒸散型两大类,钛泵则是另一类特殊激活的吸气剂。

1. 蒸散型吸气剂

蒸散型吸气剂又称为溅射型吸气剂,主要由钡(Ba)、锶(Sr)、钙(Ga)及其合金组成,依靠这些材料在蒸散过程中形成的蒸汽或蒸散后形成的薄膜进行吸气。具体做法是,将吸气材料装在适当的金属管或碟中,固定在真空管内适当部位,在管子从排汽系统上封离前或封离后,将这种吸气材料从容器中高温溅射出来。在溅射时形成的蒸气状的吸气材料具有很高的化学吸气性能,这种蒸汽遇到冷的管壁就会冷凝成一个镜面状薄膜,该薄膜也具有良好的吸附吸气性能,但溅射吸气是主要的。如果管子漏气,该镜面薄膜将变成乳白色,由此即可判断管子是否已报废。

1) 钡类吸气剂

常用的溅射式吸气剂为钡类吸气剂,如钡铝吸气剂($BaAl_4$)、钡钛吸气剂($BaAl_4 + Ti + Fe_2O_3$)、钡铝镍吸气剂($BaAl_4 + Ni$)、钡镁吸气剂($Ba + MgO$)、钡钍吸气剂($BaAl_4 + Th + Fe_2O_3$)、掺氮吸气剂($BaAl_4 + Ni + Fe_4N$)等。它们的主要成分都是金属钡,钡具有高度活泼的化学性能,它和氧、水、氮、氢都很容易起作用而生成化合物;钡的氧化物也很活泼,吸收二氧化碳、水蒸气的能力很强;另外,钡本身的蒸汽压低,它的蒸汽不会引起阴极,尤其是氧化物阴极中毒等,这些都使得钡成为溅射型吸气剂的主要成分。

2) 锶类、钙类吸气剂

由于钡的原子序数较高,在高压作用下会产生 X 射线,在显像管中还会引起扫描电子能量降低,使屏幕亮度下降。因此,在显示器件中往往以锶和钙来代替钡以减少上述钡的不利影响,它们的吸气机理与吸气特性都与钡接近,只是吸气能力比钡稍差。锶类、钙类吸气剂通常也以锶铝、钙铝合金形式使用,同时加入一定量的镍粉,以降低蒸散温度。

2. 非蒸散型吸气剂

蒸散型吸气剂在电真空器件的发展过程中起到了很大的促进作用,曾得到广泛应用。但是在高温、高压和高频条件下工作的电真空器件中,它的使用受到了限制。这是因为蒸散过程吸气剂蒸汽在管内的扩散并沉积,容易引起高压打火(击穿)、极间漏电或有害的电子发射;合金膜的存在会增加极间电容,限制器件工作频率的提高;另外,在充气管中,器件工作时往往会破坏钡薄膜。因此,在高压、大功率电子管、微波管及充气管中,都采用非蒸散型的吸气剂。

非蒸散型吸气剂用蒸发温度很高的吸气材料钛(Ti)、锆(Zr)、钍(Th)、钽(Ta)、铌(Nb)及其与铝的合金,作成细丝状、薄片状或做成粉状后涂覆在高温工作的金属电极上而作为吸气剂。激活时,对吸气剂采用一定的方法进行加热,即可以进行吸气。应注意的是:非蒸散型吸气剂必须经过彻底去气才能正常工作,去气应在排气过程中进行,去气时必须把吸气剂加热到工作温度以上,放出的气体则由排气系统抽走,只有这样,吸气剂工作时本身才不会再放出气体。

非蒸散型吸气剂的吸气量取决于其工作温度,过高或过低的温度均对吸气量不利。

1) 单质型吸气剂

直接利用金属钛、锆、钍等在高温下对气体的吸气能力做成的吸气剂称为单质型吸气剂。氧、二氧化碳、一氧化碳、氮、水蒸气和氢气等许多气体都和钛、锆等具有相当大的亲和力,它们在吸气剂表面离解,与金属生成稳定的化合物或固溶体。在一定的气体压强下,它们的吸气速率由气体或气体与吸气剂形成的化合物(或固溶体)从表面到内部的扩散速度决定。由于常温下体扩散很慢,所以它们应在400℃或更高温度下工作。

2) 复合型吸气剂

(1) 锆、钛的铝合金比纯锆的吸气性好得多。其中最著名的是锆铝16(Zr-Al16)吸气剂,即含铝16%的锆铝合金,这是一种具有高吸气能力的长效吸气剂,即使长时间暴露于80℃的饱和水蒸气中,经激活处理,其吸气性能仍能恢复到原有水平,而纯锆如果经同样处理,其吸气性能就将明显下降。

锆铝16吸气剂在大气中暴露时,其表面会形成一层致密的氧化层,该氧化层阻止了气体向吸气剂内部的扩散,从而保护了锆铝16合金。当需要激活该吸气剂时,可在真空状态下,将锆铝16加热至900℃并保持约30s,这时表面氧化层会向内部扩散,使合金露出新鲜的活性表面,该表面重又具有了很强的吸气能力。被激活的吸气剂再吸气达到它的饱和吸气量之后,可以再次激活又恢复吸气能力。

锆铝16吸气剂在磁控管、真空开关管、功率管、光电倍增管、行波管等器件中得到广泛应用。一般都把吸气剂放在管内温度较高的位置,使吸气剂能保持在一定温度(180℃~800℃)下充分发挥其吸气能力,并保护阴极免受突发性放气气体的损害。

(2) 锆石墨(Zr-C)吸气剂是以锆粉为吸气材料,掺以石墨高温烧结而成的多孔吸气剂。由于它具有多孔性,使活性表面大大增加,从而加大了吸气量和提高了吸气速率。锆石墨吸气剂的激活温度可根据器件的情况进行选择,既可以在较高的800~900℃下进行,叫全激活,也可以在较低的温度下激活,叫部分激活,这种吸气剂亦可以多次激活再生。

锆石墨吸气剂在室温下可以吸收一氧化碳、二氧化碳、氧、氮、氢气和水蒸气;在400℃时能有效吸收甲烷及其他碳氢化合物气体。

锆石墨吸气剂主要用于磁控管、行波管、速调管和部分摄像管中。

(3) 锆硅(Zr_5Si_3)吸气剂是一种多孔合金,具有很好的高温吸气性能,它能吸收电真空器件中的几乎所有气体,而且又耐高温,逸出功高(抗电子发射),因此主要用于大功率发射管中,直接涂在栅极表面或其他高温部位。

15.5.3 磁性材料

微波管中电子束的聚焦几乎都采用磁聚焦系统,其中又以永磁聚焦或周期永磁聚焦为主,前者以磁控管为代表,后者则以行波管最为典型。磁聚焦系统是微波管的重要组成部分,它对管子的性能有直接的影响,在正交场器件中,更是实现电子注与高频场相互作用进行能量交换所必不可少的。在磁聚焦系统中,极靴和磁体都属于磁性材料,所以磁性材料是微波管的重要结构材料。

1. 铁磁性材料

我们实际应用,或者说具有实用价值的磁性材料主要是指铁磁性材料,它们以铁、镍、钴及它们的合金为主,亦往往包含有其他少量元素和化合物。

非铁磁性物质的磁导率μ都近似等于μ_0,而铁磁性物质的磁导率很高,$\mu \gg \mu_0$。铁磁性材料的相对磁导率$\mu_r = \mu/\mu_0$,如铸铁为200~400;硅钢片为7000~10000;镍锌铁氧体为10~1000;镍铁合金为2000;锰锌铁氧体为300~5000;坡莫合金为20000~200000。空气的相对磁导率为1.00000004;铂为1.00026;汞、银、铜、碳(金刚石)、铅等均为抗磁性物质,其相对磁导率都小于 1,分别为 0.999971、0.999974、0.99990、0.999979、0.999982。

1）磁滞回线

铁磁性材料的磁化过程是不可逆的,因此它的磁化曲线——磁感应强度 B 与外磁场 H 的关系曲线成为一条闭合环线,称为磁滞回线,铁磁物质的这种磁化不可逆现象称为磁滞现象。如图 15－12 所示,一开始,随着外磁场 H 的增加,铁磁性材料的磁感应强度 B 从 0 开始沿曲线 1 也随之增加,直至达到饱和磁感应强度 B_s,这时,即使 H 继续增加,铁磁性材料的磁场强度也不再增大。当外磁场 H 减小时,B 并不按曲线 1 下降,而是遵循曲线 2 变化,即使 H 降为 0,磁性材料的磁感应强度并不随之降到 0 而只是降到 B_r,B_r 即称为剩余磁感应强度。为了使磁感应强度降到 0,必须施加反向外加磁场 $-H_c$, $-H_c$ 称为矫顽力。继续增加反向外加磁场,B 将沿曲线 2 变化直至达到反向最大值,然后随 H 的正向增加而按曲线 3 变化,直至返回 B_s 值。不同的铁磁性材料具有不同的 $-H_c$、B_r、B_s 值,如果最大外磁场小于对应B_s 的 H_s值,则磁滞回线的面积也相应减小,B_r、H_c 值也随之改变。但在材料性能资料中给出的 B_r、H_c 值都是指 H 达到 H_c,使 B 到达饱和值 B_s 时的数值。

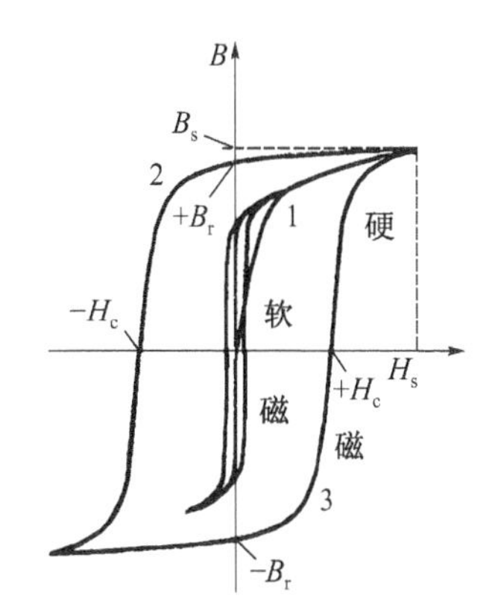

图 15－12　铁磁材料的磁滞回线

磁滞回线的面积表示单位体积的铁磁材料循环磁化 1 周的能量损耗。而磁滞回线在第二象限中各个 H 值与对应的 B 值的乘积称为磁能积,其中 $B \cdot H$ 乘积最大的值称为最大磁能积,以$(B \cdot H)_{max}$表示。

2）铁磁性材料分类

铁磁性材料可以分为两大类：软磁材料与硬磁材料,它们的磁滞回线有很大的不同,可见图 15－12。

软磁材料的特点是矫顽力很小,因而很容易退磁;反之,磁导率μ 很高,使它很容易磁化(充磁),在小的外磁场中就可以产生很大的磁感应强度 B。这些特性反映在磁化曲线上就形成了一个十分窄小的磁滞回线。软磁材料的矫顽力一般小于 240A/m。

在微波管中软磁材料主要用来制作极靴,磁轭、磁屏蔽罩、线包磁场的铁芯等部件。

硬磁材料与软磁材料相反,它具有很高的矫顽力,相应剩余磁感应强度和最大磁能积都高。正因为它具有高的剩磁,所以硬磁材料亦称为永磁材料,它的磁滞回线也与软磁材料显著不同。

永磁聚焦的微波管都必须利用硬磁材料作成磁体来形成聚焦系统,目前这也是微波管最主要的聚焦方式。

2. 常用软磁材料

对软磁材料的要求是：既容易磁化又要易于退磁,即要求高磁导率和低矫顽力;具有高的饱和磁感应强度,以节省材料,减少体积、质量;要求总损耗小,即磁滞回线的面积尽量小。

常用的软磁材料有工业纯铁(电工纯铁)、硅钢片、坡莫合金、铁铝钒合金、铁氧体等。

(1) 工业纯铁。工业纯铁包括纯铁和含碳量小于 0.04% 的低碳电工钢,后者的使用更为普遍,常称电工纯铁,微波管中的极靴一般都采用电工纯铁制造。工业纯铁具有较低的矫顽力、高的磁导率、高的饱和磁化强度、良好的塑性、价格低、加工性能好等特点;缺点是电阻率小,因而损耗较大,特别交变磁场损耗大(磁滞损耗与磁滞回线面积及工作频率均成正比)。纯铁的牌号为 DT-1、DT-2;电工纯铁最常用的是 DT-8 或 DT-8A,此外还有 DT-7。

(2) 硅钢。硅钢是一种含硅的铁固溶体合金,它的特点是具有较高的电阻率,因而损耗低;缺点是比纯铁硬而且脆。硅钢最突出的应用是制成硅钢片(原称为矽钢片),在交流电机和变压器中作铁芯。

(3) 坡莫合金。作为磁性材料的铁镍合金称为坡莫合金,是精密合金的一种,其牌号以 1J 开头,如 1J46、1J50、1J79、1J85 等。坡莫合金的优点是在弱磁场下有很高的导磁率和较小的矫顽力,加工性能好,有较好的耐腐蚀性能;缺点是磁性受机械应力的影响很大,价格高,制成品必须在氢气和真空中退火。适当的热处理可以得到矩形的磁滞回线,可以用作磁记忆元件、磁放大器和脉冲变压器铁芯。

含 Ni 达 85% 的坡莫合金又称为超坡莫合金,其牌号为 1J85,也称为 Ni85Fe15 合金,具有优异的磁性能和热稳定性能。1J85 合金的最大特点是具有非常高的饱和磁感应强度和低的磁滞损耗;此外,1J85 合金还具有良好的抗热性能和机械性能,1J85 温度系数很小,可在较高的温度范围内保持性能稳定。

(4) 铁钴钒合金。这是在软磁材料中饱和磁感应强度最高的一种合金材料,但是加工性能差,容易氧化,钴的价格又高。它可应用于大功率磁控管、高温工作的变压器及磁放大器等。我国生产的铁钴钒合金的牌号是 1J22。

(5) 铁氧体。在第7章中已经介绍过铁氧体的微波特性,其实铁氧体也是一种亚铁磁材料,但它的饱和磁感应强度不高,磁导率也不高,温度对磁性能影响大;但电阻率很高,因此涡流损耗很小,可以工作在高频率条件下。

3. 常用永磁材料

对于硬磁材料,要求具有高的剩余磁感应强度 B_r,具有高的矫顽力 H_c,以及尽可能大的最大磁能积 $(B \cdot H)_{max}$ 值。

碳钢、铬钢、钨钢、钴钢都是永磁材料,但它们的磁性能较差,磁的稳定性也不好,但价格便宜,加工性能好,所以在对磁性能要求不高的工业场合,如电表中的磁铁等有所应用。在电真空器件尤其是微波电子管中常用的永磁材料主要有:

(1) 铝镍钴合金。铝镍钴永磁合金是微波管常用的磁钢材料,它的剩余磁感应强度高,但机械性能差、韧性低、硬度高。经过热处理和定向结晶后的铝镍钴合金,磁性能可以明显提高。

(2) 稀土永磁材料。稀土永磁材料是钴与稀土元素金属的化合物,采用粉末冶金方法压制烧结而成。它的特点是:矫顽力和最大磁能积都很高,是其他永磁材料无法比拟的;磁性能温度系数可调整,轻重稀土元素混合与钴构成的化合物其温度系数十分小,甚至接近于零。这使得它与其他永磁材料相比产生相同磁场强度时的磁体尺寸要小得多,同时又具有优越的磁性能,因而成为目前微波管中应用得最多的永磁材料。

稀土永磁材料所用稀土元素主要有钐(Sm)、镨(Pr)、铈(Ce)、铈混合稀土(Ce-MM)。此外钕(Nd)铁硼是近年发展起来的一种新的稀土永磁材料,它具有比其他稀土材料更为优越的磁性能,更高的矫顽力和更高的磁能积,更大的剩余磁感应强度。

稀土永磁材料在 20 世纪 60 年代初面世以来,经过几十年的发展,形成了具有实用价值的三代稀土永磁材料:第一代稀土永磁材料 $SmCo_5$、第二代稀土永磁材料 Sm_2Co_{17} 和第三代稀土永磁材料 $Nd_2Fe_{14}B$。钐钴 SmCo 作为稀土永磁铁,由于其材料价格昂贵而使其发展受到限制,但与钕铁硼磁铁 Nd - Fe - B 相比,钐钴磁铁更适合工作在高温环境中。

(3) 永磁铁氧体材料。铁氧体永磁材料的磁性能比不上铝镍钴和稀土永磁体,它的剩余磁感应强度偏低,温度影响也大;但矫顽力和电阻率比铝镍钴高,且不含钴、镍,价格便宜,可用于高频场合。目前永磁铁氧体材料主要采用钡铁氧体。

(4) 铁铬钴、锰铝碳永磁材料。这两种永磁材料都是新研制的可加工的永磁材料,具有良好的塑性及加工性,可冲压、切削、焊接;不含钴或钴含量很少,因而价格便宜;其磁性能与铝镍钴接近,有望今后取代部分铝镍钴永磁的应用。

4. 磁温度补偿材料

铁磁性材料的磁性能有较大的温度系数,温度升高,磁性能会下降,为了保持磁场的稳定性,可以采用磁温度补偿材料来进行补偿。磁温度补偿材料是一种磁性能随温度改变而急剧变化的材料,通常做成薄片,将它与磁路间隙构成并联分路,当温度升高时,补偿材料的磁感应强度和磁导率降低,分流的磁通就减少,使工作间隙中的磁通相应增加,从而补偿了由于永磁体本身因温度影响而引起的磁路间隙磁通的减少。

常用的磁温度补偿材料是铁镍合金,牌号从 1J30 至 1J33 和 1J38,相应的含镍量即为 30% 依次增加到 33%,以及 38% 左右。

15.5.4 焊料

电真空器件尤其是微波管,零件与零件的真空密封连接,常用方法之一是钎焊,即利用熔点比被焊零件的材料熔点低的金属焊料,在高温下将焊料加热至熔化从而将零件连接起来的方法。可见,焊料是微波管制造工艺中必不可少的材料之一。

1. 对焊料的基本要求

(1) 焊料要有合适的熔点和流点。熔点是焊料开始熔化时的温度,流点是焊料熔化终了时的温度,但希望熔点、流点要尽量接近。通常焊料的流点应比被焊金属熔点低 60 ~ 100℃,以保证钎焊过程中零件不会产生变形损坏;焊料的熔点又应比器件排气时的烘烤温度高 100℃左右;对于多级钎焊,相邻两级焊料的熔点应相差不少于 60 ~ 70℃。

(2) 焊料必须具有足够低的蒸汽压,以免在排气烘烤和管子工作时焊料成分蒸发并沉积到其他零件上去,因此焊料中不能含锌(Zn)、镉(Cd)、铋(Bi)、镁(Mg)、铅(Pb)、锂(Li)等高蒸汽压金属。

(3) 焊料的含氧量不能超过 0.001%,因为当在氢炉中进行钎焊时,氧与氢会生成水,当焊料熔化时,水蒸气迅速膨胀会把熔融的金属焊料溅射到附近零件表面。

(4) 焊料熔化后,液态焊料对所焊金属应具有良好的浸润性和流散性,以保证焊料能充分填充零件之间的焊缝间隙。

(5) 焊料应具有良好的强度、塑性、导电性、导热性和抗腐蚀等性能。

焊料按熔点的高低可分为硬焊料和软焊料两类,熔点在 450℃以上的焊料为难熔焊料,称为硬焊料,低于450℃的焊料为易熔焊料,称为软焊料。进一步地分类,则根据焊料主要组成元素来区分,例如,硬焊料有铝基焊料、银基焊料、铜基焊料、金基焊料和钯基焊料等,软焊料有铋基焊料、铟基焊料、锡基焊料、铅基焊料、镓基焊料等。

2. 电真空器件常用焊料

1)锡基焊料

在电真空器件中,结构件的钎焊都采用硬焊料,这是因为只有硬焊料,不论在机械强度、饱和蒸气压方面,还是耐高温工作、物理化学性能方面等,都能比较好地满足真空器件的要求。只有个别管外零部件的焊接才会用到软焊料,例如管外电极引线与电极端子的焊接,周期聚焦磁场极靴散热片的焊接等,而且都采用锡基焊料进行锡焊。

锡焊采用的焊料一般是含锡60% ~63%、含铅40% ~37%的共晶体,锡含量为61.9%时的焊料熔点为183℃,现在锡焊料都做成管状,内藏助焊剂松香,俗称焊锡丝,锡焊使用的工具通常是电烙铁。

2)银基焊料

(1)银基焊料的特点

银基焊料是电真空焊料中使用历史最长,应用最广泛的一类焊料。银基焊料具有熔点适中、导电性好、强度较高和塑性、加工性能好等优点,其主要不足是焊料含气量较多,有时焊料中还包含有微量杂质,故熔化后会产生溅射和浮渣,影响焊接质量。

银基焊料主要用于钎焊可伐合金、钼、镍、铜和铜合金及不锈钢等金属零件。银基焊料焊接铜材料零件时,如果焊接温度过高、时间过长,银会向铜中扩散,形成低熔点的银铜合金,严重时甚至会使零件焊缝处形成的银铜合金熔化变形,造成所谓“蚀铜”现象,所以必须严格控制焊接温度和时间;在用银铜焊料焊可伐时,焊料可能会渗透到可伐晶粒之间,造成可伐开裂,因此这时对可伐零件必须事先进行外表面镀镍。

(2)主要银基焊料

纯银Ag焊料:浸润性和流散性好,熔点和流点960℃,但焊接温度和时间控制不好,易产生“蚀铜”现象。

银铜AgCu28焊料:含银72%,铜28%,该比例是银铜合金的最低共熔点,因而是熔点最低的银铜焊料,熔点和流点都是779℃,流散性好,导电、导热与气密性均良好。是微波管中最常用的焊料。

银铜AgCu50焊料:含银与铜各50%,其熔点为855℃,但流点为875℃,两者相差大,流散性差。

银铜磷AgCuP焊料:含银15%,铜80%和磷5%,熔点为640℃,但流点达700℃,流散性差,所以现在已经很少使用。

银铜铟焊料:这类焊料的熔点低,在多级钎焊中可作为最后一级应用,Ag54-Cu31-In15的熔点只有550℃,流点620℃;Ag61-Cu24-In15的熔点则为630℃,流点705℃;而Ag63-Cu27-In10的熔点为685℃,流点为710℃。随着铟含量的减少,熔点与流点随之增高。这类焊料流散性稍差,故应用较少。

3)铜基焊料

(1)铜基焊料的特点

铜基焊料一般比银基焊料的熔点高,这类焊料的蒸汽压低、高温强度好、对多种材料有良好的浸润性。铜基焊料通常用于钎焊钨、钼、黑色金属及其合金、镍和镍合金等。

(2) 主要的铜基焊料

纯铜 Cu 焊料：浸润性和流散性都很好，熔点为 1083℃，钎焊温度为 1100 ~ 1150℃，由于温度高，易使一些被焊零件的材料晶粒长大，机械性能变差。作焊料的纯铜也必须是无氧铜，否则同样会在氢炉中加热时产生“氢病”；另外，纯铜高于 400℃ 时抗氧化能力急剧下降，因而不宜焊接在大气中高温工作的零件。

铜锗 CuGe8 和 CuGe12 焊料：熔点分别为 945℃ 和 850℃，主要用于焊接铜、可伐、钼制零件。蒸汽压低、价格便宜，可部分代替纯银、金铜、金镍焊料。

铜镍 CuNi 焊料：在铜中加入一定量的镍构成的焊料，具有良好的高温强度，常用的有 Cu75 - Ni25、Cu70 - Ni30、Cu90 - Ni10 等，主要用来焊接铁、镍、钼、不锈钢、钨和可伐等材料。

4) 钯基焊料

(1) 钯基焊料的特点

钯基焊料目前在微波管制造中是除银铜焊料外，使用最广泛的焊料之一。它具有优良的浸润性和流散性，应用于铜、镍及镍合金、蒙耐尔、钨、钼等材料的焊接，尤其对铁镍钴合金有良好的焊接性能，对不锈钢、钼，不必镀镍就可以直接用钯基焊料进行钎焊，仍能得到气密的焊缝；焊料的填充性、气密性好，蒸汽压低，即使 0.5mm 的间隙，钯基焊料也能很好填充并保持在其中；价格低于金基焊料，并可制成不同熔点、流点的焊料系列，便于多级钎焊；对零件材料的腐蚀很少，适宜焊细薄零件。

这类焊料主要做成钯、银、铜三元合金，或者做成钯与金、银、铜、镍、钴的二元合金。

(2) 主要的钯基焊料

PdAgCu5(钯银铜 5)：含 5% 的钯，68% 的银和 27% 的铜，熔点 807℃，流点 810℃。

PdAgCu15(钯银铜 15)：含 15% 的钯，65% 的银和 20% 的铜，熔点 852℃，流点 898℃。

PdAgCu25(钯银铜 25)：含 25% 的钯，54% 的银和 21% 的铜，熔点 898℃，流点 949℃。

PdAg：含钯 5%，银 95%，熔点 971℃，流点 1010℃。

5) 金基焊料

(1) 金基焊料的特点

在要求高抗氧化能力、高温强度好的电真空器件和真空系统中，零件的钎焊可以使用金基焊料。这种焊料比银基焊料具有更强的抗蚀性，更好的浸润性和流散性，蒸汽压很低。但金的价格昂贵，限制了它的应用。

金基焊料可用于铜、镍、可伐、不锈钢等材料的钎焊，由于它和基体金属相互反应十分微弱，因此也适合薄材的焊接。

(2) 常用的金基焊料

纯金焊料：熔点和流点都是 1063℃，主要用于金扩散焊和铜、镍的钎焊等。

金铜 AuCu20 焊料：熔点与流点均为 910℃，含铜 20%，可用来焊接镍、钼、铜、可伐、钨、不锈钢等材料。随着铜的含量增加，熔点和流点都升高，且两者不再相同，差别越来越大。

金镍 AuNi17.5 焊料：含镍 17.5%，金 82.5%，熔点和流点相同，均为 950℃，具有良好的高温性能，高的强度和高的抗蚀性，其应用与金铜焊料相同。

金镍铬 Au72－Ni22－Cr6 焊料，可焊接金刚石与不锈钢，金锗铟焊料 Au(86～91)－Ge(7～10)－In(0.5～3)可直接与陶瓷封接。熔点为 400～500℃，对可伐、镍和钼的浸润性好，焊时金属表面可不需预处理。

电真空器件中常用的钎焊焊料的组成成分及其熔点、流点如表 15－2 所列。

表 15－2　电真空器件中常用钎焊焊料的成分、熔点和流点

类型	牌号	主要成分含量/%								熔点	流点
		Ag	Cu	Pd	Au	Ni	In	Ge	Cr		
银基焊料	Ag	100								960	960
	AgCu28	72	28							779	779
	AgCu50	50	50							855	875
	AgCuIn31－15	54	31				15			550	620
	AgCuIn27－10	63	27				10			685	710
	AgCuIn24－15	61	24				15			630	705
铜基焊料	Cu		100							1083	1083
	CuGe8		92					8		945	1016*
	CuGe10.5		89.5					10.5		903	1000*
	CuGe12		88					12		850	965*
	CuNi2		92			2					1083～1100*
	CuNi10		90			10					1100～1140*
	CuNi25		75			25					1150～1210*
钯基焊料	PdAgCu5	68	27	5						807	810
	PdAgCu15	65	20	15						852	898
	PdAgCu25	54	21	25						898	949
	PdAg5	95		5						971	1010
金基焊料	Au				100					1063	1063
	AuCu20		20		80					910	910
	AuCu28		28		72					930	940
	AuCu50		50		50					950	975
	AuNi17.5				82.5	17.5				950	950
	AuNiCr				72	22			6	974	1065
	AuCuIn77－31		77		20		3			970	1015

注：标*的温度是钎焊温度。

15.6　电真空常用辅助材料——气体和密封材料

气体和真空密封材料虽然在一般情况下并不直接作为真空电子器件的组成部分的材

料（充气管中的气体除外），但在电真空器件的研制和生产过程中，却是必不可少的辅助材料，可以说，离开气体和密封材料，电真空器件的制造就不可能进行。

15.6.1　电真空常用气体

在电真空器件的研制和生产中，气体材料的用途主要有四个方面：气体放电离子管和照明光源，在排气后填充特定的气体作为工作物质；在金属材料、零部件的处理工艺中用还原性气体进行热处理，如退火、烧结、净化、焊接等，或用惰性气体进行保护或冷却；在玻璃管壳器件的制造过程中，用气体作为燃料对玻璃进行加工、封接、退火等；其他如真空检漏、氩弧焊、离子镀膜等特定用途气体。

电真空常用气体的种类很多，主要有氢气、氧气、氮气、压缩空气、煤气、二氧化碳、稀有气体、水蒸气等。

1. 主要常用气体

1）氢气

（1）氢气的基本性质

氢气是最轻的气体，无色、无味、无臭，在标准状态（温度 0℃，一个大气压）下，密度为 0.0899g/L，只有空气的 1/14，在 −252.8℃下成为无色液体，−259.1℃变成雪状固体。

氢气具有优良的热传导性；能被许多金属所吸收，尤其是钯对氢气的吸附作用最强；氢气具有极强的还原性，能够从金属氧化物中夺取氧生成水，还原出金属；氢气在氧气或氯气中能燃烧，纯氢的引燃温度为 400℃，燃烧时放出的热量是相同条件下汽油的三倍，因此可作为高能燃料，在火箭上使用。

氢气是易爆炸气体，与氟、氯、氧、一氧化碳以及空气混合都会有爆炸的危险，其中与氧气混合时，氢气的体积比在 5% ~94.3% 之间，与空气混合时，氢气的体积比在 4% ~74.2% 之间都属于爆炸性气体；氢与氟的混合气体甚至在低温和黑暗中就能发生自发性爆炸，与氯的混合比为 1∶1 时，在光照下也可引起爆炸。

（2）氢气的用途

氢气在电真空行业中最大的用途是作为金属材料退火、净化、烧结、焊接等热处理时的还原性气体，以使金属零部件在热处理时表面的氧化层得到还原，以提高焊接质量，以及在退火、涂层烧结的同时得到净化。

为了防止遇到氧气和其他气体引起意外事故，氢气瓶的出气口螺纹及其气表上对应的螺纹都是左旋的，而氧气瓶和其他气瓶及气表的螺纹都是右旋的（甲烷瓶也是左旋螺纹），保证了氢气表绝不会与氧气表混用。

氢气也是充氢闸流管和高压脉冲放电器件（使用氢气和水蒸气的混合气体）的工作气体。

为了区分不同的气体以及严格防止混用，国家规定了气体钢瓶和钢瓶上字体的颜色。装运氢气的钢瓶漆成淡绿色，钢瓶上的“氢”字应为大红色。

2）氧气

氧气无色、无味、无臭，比空气重，在标准状态下，密度为 1.429g/L，约 −183℃下成为淡蓝色液体，−218℃变成雪花状淡蓝色固体。氧气的化学性质比较活泼，大部分元素都能与它反应生成氧化物，但氧在水中的溶解度很小。

氧气具有助燃性,这一特性使它很容易引起火灾。特别在使用钢瓶储运时,要远离高温和火源,防止撞击,氧气钢瓶的出气口处以及开启钢瓶所用的扳手、手套以及操作员的双手都严禁有任何油渍、油污存在,因油易燃烧,遇到能助燃的氧极易引起燃烧或爆炸。

氧气在电真空行业中主要作为助燃剂用于煤气火头,以获得高温火焰。在制造氧化铅靶摄像管的靶面时,高纯氧是一种重要气体;在银氧铯光电阴极的制造中也要应用到氧气。

装运氧气的钢瓶应漆成淡蓝色,钢瓶上"氧"字应为黑色。

3) 氮气

氮气是空气的主要成分,占空气体积的78.12%,无色、无味、无臭,在标准状态下,密度为1.25g/L,冷却至-195.8℃时成为无色液体,-209.86℃时变成雪状固体。氮气的导热率高,难溶于水。

氮气化学性质稳定,常温下很难与其他物质发生反应,既不能燃烧,也不能助燃,没有任何爆炸的危险。

在电真空生产中,氮气广泛用来作为零件热处理时的保护气体以防止氧化,也常充入强功率照明灯中以防止玻璃过热软化。在氢炉点火前也可以对炉内充入氮气替代充氢气来排挤出炉内原有空气,以减少氢气泄漏到室内空气中的机会,充入一定时间氮气后再充氢,可降低爆炸的风险;在双真空排气台的烘箱冷却到200℃以下时,也可以对真空罩内充入氮气以加速罩内温度的下降而又不至于引起管壳氧化。

装运氮气的钢瓶规定漆成黑色,瓶体上的"氮"字应为淡黄色。

4) 压缩空气

空气是地球大气层中各种气体的混合,它是由78%的氮气、21%的氧气、0.934%的稀有气体、0.04%的二氧化碳、0.03%的其他气体和水蒸气、杂质等组成的混合物,密度为1.293g/L。氢气在空气中含量极低,几乎只有二百万分之一,而且大多集中在大气层的顶层。

空气具有可压缩性,当空气体积被压缩时,内部压强就会增大,这样的空气称为压缩空气。

压缩空气在电真空生产中也得到广泛应用。例如作助燃用,可以帮助煤气燃烧充分,在玻璃加工中使用较多;作喷涂动力用,阴极碳酸盐喷涂、灯丝绝缘层喷涂、金属零件表面喷砂打毛等,都要以压缩空气驱动被喷物质从喷嘴喷出;作设备动力用,在有些电真空设备中,也有用压缩空气作动力使设备某一部分(如钟罩)完成运动、提升等功能的;作冷却、清洁用,用压缩空气吹不易氧化的高温零件,可以加速冷却;而对于在微小空间中存在的不易清除的灰尘、微粒、纤维等,用压缩空气清除往往是最有效的方法。

电真空用压缩空气一般是直接用空气压缩机制得,也可以用钢瓶储运。压缩空气在应用前必须加以过滤净化、去油、去水、去灰尘,以保证电真空器件的质量。

钢瓶装运压缩空气时,钢瓶也为黑色,但瓶体上的文字应为白色。

2. 气体燃料

电真空生产中所用气体燃料主要包括天然气和煤气,它们主要用来作为玻璃加工的热源,玻璃器件的外壳和玻璃真空系统的成形、连接、封离、烘烤、退火等都需要利用气体燃料。由于微波管基本上都已采用金属陶瓷结构,所以在微波管的研制和生产中,已基本上不再使用气体燃料。

天然气直接从地下开采，经过必要的处理，如脱硫后即可使用，其主要成分是甲烷以及不同含量的乙烷、丙烷、丁烷等，以及二氧化碳、氮气、氢气等。

煤气是以煤为原料制取得到的气体燃料，煤气因制取方法不同而有发生炉煤气、焦炉煤气、高炉煤气等之分，焦炉煤气和高炉煤气是炼焦和高炉炼铁生产中得到的副产品，电真空企业若要自制煤气，则都是采用发生炉煤气。发生炉煤气是以煤为原料，在专门的设备发生炉内获得的一种煤气，根据送入炉内的气化剂的不同，又可分为：

(1) 空气煤气。送入炉内的是空气，以空气中的氧与碳反应，最终生成以一氧化碳为主要成分的煤气。它的热值很低，不适合电真空生产中使用。

(2) 水煤气。以水蒸气作为气化剂送入炉内，水蒸气与灼热的碳反应，生成一氧化碳和氢气，为了维持反应所必需的高温，亦应通入空气帮助燃烧；因此水煤气的生产为间歇性的，通空气和通水蒸气交替进行，4 ~6min 为一个循环，只有通水蒸气时才能产生煤气，通空气时则产生废气，不能利用。水煤气热值高，是电真空生产中常用的一种煤气。

(3) 混合煤气。以水蒸气和空气混合后同时鼓入发生炉内，制得热值介于空气煤气和水煤气之间的混合煤气。混合煤气可以维持连续生产，得到广泛应用。

在电真空工业中使用煤气时，还往往在煤气喷头中再通入空气或氧气，以提高火焰温度，操作时，一定要先点燃煤气，再通入空气或氧气，不能颠倒顺序，而在熄灭火头时，则应依相反顺序进行。

煤气也是一种危险性气体，它对人体的危害有两方面：其一是一氧化碳中毒，当居室内一氧化碳体积达到 0.06% 时，人就会感到头痛、头晕、恶心、呕吐、四肢乏力等；超过 0.1% 时，只要半小时人就会昏迷；达到 0.4% 时，只要吸入 1 小时就可以致人死亡。其次煤气与空气混合可引起爆炸或火灾，爆炸极限的混合比例因煤气不同而不同，水煤气为 12.5% ~66.6%；高炉煤气为 30.8% ~89.5%；焦炉煤气为 4.5% ~35.8%。

由于煤气各成分均无气味（硫化氢除外，但量很少，尤其经脱硫处理后含量更低），为了防止煤气泄漏而不被发觉，常在煤气中混入具有恶臭气味的某种气体，以使人易于察觉到泄漏存在，如戊烯、乙硫醇，它对燃烧不产生影响，燃烧后也不再有气味。

3. 稀有气体

稀有气体通常就是指惰性气体，它们因在空气中含量十分稀少而得名，但在电真空生产中它们具有十分重要的应用。

稀有气体无色、无味、无臭，化学性质不活泼，除个别情况或在特殊条件下可以生成化合物外，一般情况下不会与其他元素发生反应，既不能燃烧，也不能助燃。

稀有气体虽然无毒，但若吸入高浓度稀有气体，会引起不良反应，空气中稀有气体含量高到一定程度，会使人窒息直至死亡。

稀有气体在使用钢瓶储运时，应储存于通风库房，远离火种和热源，不同气体的钢瓶应分类堆放，严禁与可燃气体或助燃气体堆放在一起，并且做到不沾油脂，不曝晒、不重抛、不撞击，严禁在瓶身上引弧或电焊，严禁野蛮装卸。每瓶气体在使用到尾气时，应保留瓶内余压有 0.5MPa，最小不得低于 0.25MPa，应将瓶阀关闭，以保证气体质量和安全。

所有稀有气体的钢瓶都漆成银灰色，瓶身上用深绿色标明气体名称，如氦、氖、氩、氪等。

1）氩气

在标准状态下，密度为1.784g/L，沸点为-185.7℃，熔点为-189.2℃。

氩气在电真空领域可作为节能灯、白炽灯、日光灯的填充气体，以提高气体电离的激发效率，延长灯的寿命，充气光电管也大部分充氩气；辉光稳压管充入少量氩气以降低着火电压；充氩气的霓虹灯可以发出蓝光，氩—氖混合气体则根据两种气体比例的不同，可以发出从天蓝到紫色光；指示灯一般都充氖、氩混合气体以产生红橙光；在低压钠灯、低压汞灯、高压汞灯、金属卤化物灯中则充入氩气作为启动气体；在天线开关管和计数管中也常以氩气作为电离气体；阴极溅射、离子镀膜和等离子喷涂也以氩气作为电离气体。

氩气还是进行氩弧焊时的电离气体和保护气体。

2）氦气

在标准状态下，氦气密度为0.1786g/L，沸点为-268.9℃，熔点为-272.2℃。

氦气的特点是轻，液氦温度低，因此作为超导体的冷却液和气球、汽艇的填充气体得到广泛应用。火箭、飞艇推进剂液氢、液氧的输送也依赖液氦；氦氖激光器也是氦的重要应用领域。

在电真空工业中，氦气可充入稳压管、充气光电管作为工作气体；指示灯中也有充入氦氖混合气体的；开线开关也可以用氦气作电离气体。氦气更重要的作用是作为真空检漏的示漏气体在氦质谱仪中的使用。

3）氖气

在标准状态下氖气的密度为0.836g/L，沸点为-246.06℃，熔点为-248.6℃。

彩色霓虹灯、指示灯是大家最熟悉的氖气在电真空行业中的应用，它发出红光，红光透雾性强，因此常作为机场、港口、码头的灯标；氖气也可以充入稳压管作为工作气体；在低压钠灯中，也以氖氩混合气体作为起动气体；开关管和计数管也可以以氖气作为工作气体；等离子体显示器中充入氖、氙混合气体，电离产生紫外线以激发荧光粉发光。

4）氙气

在标准状态下氙气的密度为5.89g/L，沸点为-112℃，熔点为-107.1℃。

氙气在电真空领域中有广泛的应用，充入氙气的霓虹灯可以发白光；高压铟灯、高压钠灯也充入氙气以提高光效；氙灯更是被誉为小太阳，氙灯经凹镜聚焦后可以形成2500℃的高温，用以焊接或切割难熔金属如钛、钼等；高压电弧灯、计数管以及各种各样的闪光灯也需要充入氙气。

氙气还被用作麻醉剂、中子吸收剂、探索宇宙射线的电离室中的工作气体。

5）氪气

在标准状态下氪气的密度为3.74g/L，沸点为-152.3℃，熔点为-156.6℃。

氪气在电真空生产中主要用于卤素灯、高效荧光灯、计数管作为工作气体；充氪的霓虹灯可发出深蓝色光；在白炽灯、荧光灯、闪光灯、碘灯中，氪气是一种优良的填充气体。

4. 气体的输运

在电真空器件的制造工厂或研究所，对有些使用量比较大的气体，如压缩空气、煤气、氧气、氢气等，这类气体往往由工厂或研究所自行生产，通过管道输送到需要使用这些气体的工作点位；而其他使用量不很大的气体，如氩气、氦气、氮气等则可以从气体工厂直接采购钢瓶装的气体使用。

为了便于区分不同的气体以及使用的安全,严格防止混用,气体管道和气体钢瓶都必须涂有不同的颜色,气瓶上还需要写有气体名称,名称字样的颜色也根据不同的气体而不同。国家有统一标准规定了气体管道的颜色。气体钢瓶和钢瓶上文字的颜色绝对不能发生错误,以免发生严重后果。对于气体钢瓶,为了便于运输、贮藏和使用,都是将气体压缩成为压缩气体或液化气体后再灌入耐压钢瓶中的,所以更应该严格注意安全,防止发生爆炸和漏气危险。

在电真空器件的生产和研究单位中,气体输送管道的颜色根据电子工业部 1987 年 1 月 2 日〔87〕电生字 8 号文《电子工业部气体管道安全管理规程》中规定,氧气管道为天蓝色、氢气管道为粉红色、氮气管道为棕色、煤气管道为黄色、压缩空气管道为深蓝色、氩气管道为灰色,等等。

根据中华人民共和国国家标准 GB/T 7144—2016《气瓶颜色标志》的规定,一些电真空器件生产中常用的气体钢瓶的颜色和钢瓶上的文字及其颜色如表 15 - 3 所列。

表 15 - 3　气体钢瓶的颜色和钢瓶上的文字及其颜色

序号	充装气体名称	化学式	钢瓶颜色	字样	文字颜色
1	氧	O_2	淡蓝	氧	黑
2	氢	H_2	淡绿	氢	大红
3	氮	N_2	黑	氮	白
4	氨	NH_3	淡黄	液氨	黑
5	氯气	Cl_2	深绿	液氯	白
6	空气		黑	空气	白
7	二氧化碳	CO_2	铝白	液化二氧化碳	黑
8	氩	Ar	银灰	氩	深绿
9	氦	He	银灰	氦	深绿
10	氖	Ne	银灰	氖	深绿
11	氪	Kr	银灰	氪	深绿
12	氙	Xe	银灰	液氙	深绿
13	天然气		棕	天然气	白

15.6.2　真空密封材料

在任何一个真空系统中都离不开真空密封材料。真空系统必然是由众多真空设备、真空检测规管、真空阀门、真空管道以及真空室(真空容器)等组成,这些设备与零部件之间的连接,它们与管道的连接以及管道之间的连接,除了直接利用各种焊接手段连接外,更多的场合,为了方便拆装,都利用法兰连接,在法兰之间就必须使用真空密封材料以防止漏气;为了堵塞真空系统和真空容器的漏孔,也必须采用真空密封材料。例如金属密封圈或真空橡胶圈广泛应用于真空管道之间及管道与部分真空设备的密封连接,各种真空封脂、封蜡、封泥等则经常用于反复拆装的接触面之间或需要活动(如转动)的接触面之间的真空密封,真空剂(漆)则用于未找到具体漏孔位置时对漏气区域的堵漏,环氧树脂用来封堵已明确位置的漏孔等。

1. 真空橡胶(真空弹性体)

真空弹性体主要应用于真空管道的法兰之间、管道与一些真空设备的法兰之间的密封连接,或者直接做成真空橡皮管作为真空管道的一部分。它弹性好,受压时体积基本不变,因此当它某一部分受到压缩时,其他部分就会膨胀起来,从而可以将漏气路径堵塞住。

早期使用含硫特别少的天然橡胶作为真空橡胶,但它渗透率大、老化快、遇油易膨胀,因此现在已逐渐被各类人造橡胶或塑料替代,如氯丁橡胶、丁腈橡胶、氟橡胶、聚四氟乙烯等。

1)氯丁橡胶、丁腈橡胶

氯丁橡胶、丁腈橡胶耐油、耐热、耐燃、耐酸碱,渗透率小,可用于 10^{-5}Pa 真空;工作温度范围为 -20 ~ +80℃,温度超过 80℃会出现永久变形,低于 -20℃则失去弹性。

2)氟橡胶

氟橡胶的商品名为维通 A(Viton - A),它的放气率和渗透率都很低,耐油、耐热性能好,最高工作温度可以达到 200℃,在烘烤时也只会放出微量气体,因此可用于 10^{-7} ~ 10^{-9}Pa 的超高真空系统中。

3)聚四氟乙烯(PTFE)

聚四氟乙烯被誉为塑料王,商品名为特氟龙(Teflon),具有良好的耐热及绝缘性能,工作温度可达 300℃,渗透率和放气率都较小,没有热塑性,弹性很小,摩擦系数特别低。聚四氟乙烯作密封圈时应填嵌在法兰盘上事先开好的槽中,以免加压时因摩擦系数小而产生滑动,但利用摩擦系数低的特点使它可作为高速转动件的密封圈。

2. 金属密封圈

真空橡胶或塑料密封圈主要应用于中、高真空密封,对要求超高真空的密封,由于需要烘烤到 400℃左右的高温,所以必须采用金属密封圈。作为金属密封圈的材料应该延展性好,蒸汽压低,如铟、铝、无氧铜、银、金、蒙乃尔等,金属密封圈使用时必须具有足够大的法兰盘夹紧压力,使金属材料发生一定变形,才能取得密封效果,而且金属密封圈可重复使用的次数很少。

微波管排气时,排气管与排气台连接时常用的金属密封圈的形式主要有平板垫圈和喇叭口垫圈两种,图 15 - 13 给出了这两种密封圈的形状和压紧形式。垫圈所采用的材料都是无氧铜,并事先经过退火处理,以增加其塑性。平板垫圈所使用的法兰上加工有刀口,以便法兰压紧垫圈时刀口嵌入垫圈达到密封作用;喇叭口垫圈的压紧螺母上没有刀口,依靠螺母对垫圈的压力实现密封,所以喇叭垫圈壁较薄以利变形被压紧,且主要用于小口径排气管。

在真空系统中还往往会用到另一种金属丝垫圈密封方式,其最简单的形式是将一金属丝圈夹压在两个法兰之间,利用金属丝在法兰压力下的变形实现密封。铟丝可以在较小的压力下就发生变形实现密封,但它的熔点只有 150℃,因此不能烘烤到高温。铝丝可以可烘烤到 400℃,但需要较大的夹紧压力。铜丝则较少使用,因为它与不锈钢法兰的膨胀系数相差较大,在热循环中会漏气。金丝经退火提高延展性后也可以作为密封圈,且可烘烤到 450℃而不漏气,但成本较高。

3. 临时或半永久性密封材料——真空封脂、封蜡、堵漏剂

真空密封用油脂、蜡和封泥、堵漏剂(漆)也是真空系统及真空容器常用的密封材料,对它们的要求是饱和蒸汽压低,有足够的热稳定性以及具有一定的机械和物理性质,例如

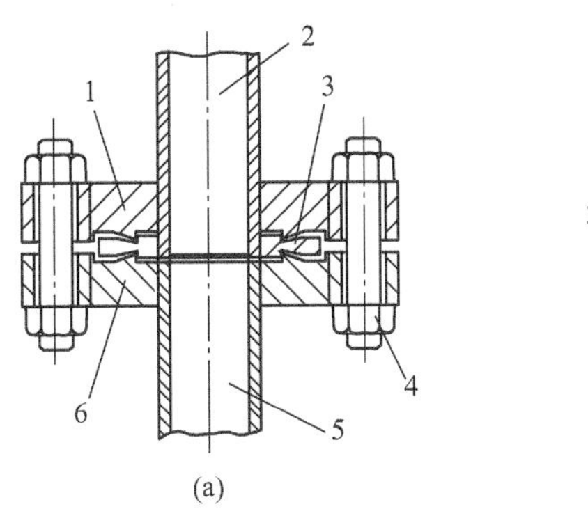

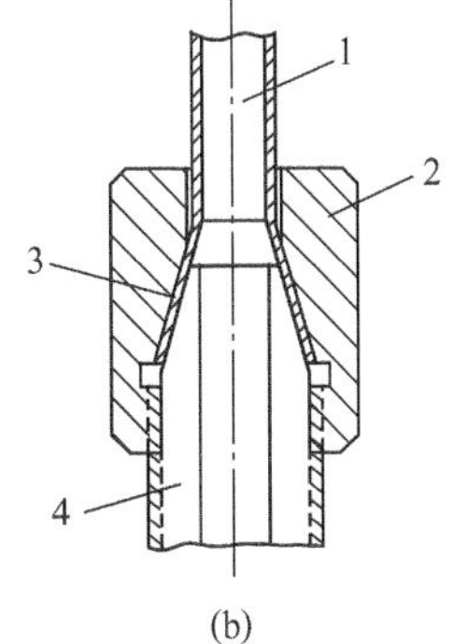

(a) (b)

图 15-13 金属平板垫圈和喇叭垫圈的密封形式

(a) 平板垫圈

1—活动法兰；2—器件排气管；3— 平板密封垫圈；4—紧固螺钉；5—排气台接口；6— 排气台接口法兰。

(b) 喇叭垫圈

1— 器件排气管；2—压紧螺母；3— 排气管喇叭垫圈；4— 排气台接口。

能溶于适当的溶剂中以便于更换零件时对零件的清洗。但由于这些密封物质往往用于需要频繁更换，或真空系统中的某一部分要经常活动的场合，因此它们一般只是短暂或半永久性用来密封。

这类密封材料多数是可以用有机溶剂清洗掉的。

1）真空封脂

真空封脂是具有一定黏度且蒸汽压足够低的油脂状物质，类似于凡士林。真空油脂适宜涂在两个光滑接触面之间起真空密封作用，特别是需要相对滑动或转动的两个接触面之间，例如玻璃阀门的芯子和外套之间，氦质谱检漏仪抽气孔上的金属法兰平面与真空橡皮垫圈之间，以及橡皮垫圈与被检真空容器的抽气口之间等，都可以采用真空油脂密封。

真空油脂一般只在常温下应用，温度太低会使黏度增加，使接触面无法相对活动，温度过低还会出现裂纹，引起漏气；而温度过高则黏度减少，在大气压力下会被挤出接触面之间的缝隙，同样造成漏气。

真空油脂使用比较普遍，可以用丙酮、汽油、甲苯、四氯化碳等有机溶剂清洗。常用的真空油脂是阿皮松系列封脂、国产上炼 1#、2#、3#、4#真空脂、7501 高真空硅脂及国产 GB-31、41、51、61 系列硅脂。

2）真空封蜡、封泥

真空封蜡是一种蜡状或泥状物质，硬度和黏度都比封脂高，适用于可拆而不可动的接头密封，或者用来填补、封堵真空系统和真空容器上的小漏孔、漏缝。真空封蜡又分为封蜡和封泥两类。

(1) 真空蜡。真空蜡是一种精炼的沥青、虫胶、蜂蜡等有机物质的混合物，在室温下呈固态，加热至 50～100℃时软化，因而可得到强度较高的半永久性密封。使用时应先加热使之软化成较稀的稠状液体，然后涂覆在需要密封的表面，被涂覆表面事先亦应加热，才能使真空蜡与表面牢固粘着。

真空蜡特别适用于膨胀系数相差较大的零件之间的密封，如金属与玻璃、不同类型的玻璃之间等，玻璃上的沙眼、漏洞也可以用它临时堵塞。常用的国产真空蜡有 50#真空蜡、80#真空蜡,国外产品则为阿皮松 W-40、W-100 等。

(2) 真空泥。真空泥是用高黏度、低蒸汽压的精制石蜡与特殊矿物土均匀混合而成的一种可塑性黑色油泥,其特点是:塑性好,易成形,可用手捏成任何形状;对玻璃、金属等均有良好的附着力,暴露在空气中也不易干燥。特别适合于密封略有振动而又经常要拆卸的真空系统,或用于临时密封可疑的漏气区域。

真空泥使用温度不宜超过35℃,且只能用在低真空部分。真空泥一般较少用于陶瓷零件的封堵,因为陶瓷粗糙的表面粘附真空泥后较难完全清洗干净。国产30#真空泥与国外产品阿皮松 Q 性能相似,为常见的真空泥产品。

3) 真空堵漏剂(真空封漆)

真空堵漏剂又可称为真空漆,是一种液体状密封材料,可以刷涂或喷涂在密封区域表面,因此特别适用于未找到确切漏孔位置的表面的密封,如焊缝的小孔、细缝,零件表面的隐藏漏孔,陶瓷表面可疑的裂缝等。

(1) 醇醛漆。这是一种浓缩苯二甲酸和甘油而得到的真空剂,饱和蒸汽压很低,能耐200℃的高温。

(2) 硅堵漏剂。硅堵漏剂是一种气溶胶,装在压力罐中进行喷涂,喷涂在真空容器怀疑漏气区域的表面后,在室温下自行干燥,形成一层硬的、不会开裂的、不熔化的薄膜,堵住漏孔、漏缝,起密封作用。如果是微小漏孔,则在抽气时就可以喷涂;但如果是漏孔较大,则真空容器必须先充大气,再进行喷涂,以免堵漏剂被压进真空容器。为了减少在真空下的放气,喷涂后可在 200~250℃下烘烤 1h 以上,以固化薄膜。

硅真空堵漏剂可溶于甲苯、四氯化碳、丙酮等溶剂。

4. 永久性密封材料——环氧树脂

真空油脂、封蜡和封泥、堵漏剂(漆)等密封物质都只能作临时性或时间不长的密封,随着时间的推移,它们的密封性能往往会因自身物理、化学性能的变化或使用环境的反复变化而下降,甚至完全失去密封作用,如脱落、开裂、凝固等。如果要对漏孔或漏气区域作永久密封,就应该采用真空胶黏剂,最常用的就是环氧树脂。

环氧树脂是一种胶合能力特别强的胶黏剂,它的饱和蒸汽压较低,可以在200℃高温下保证可靠的密封和具有足够的机械强度。

但是一般的环氧树脂放气率较大,一些专为真空密封用的环氧树脂可以有很低的蒸汽压,能用于 10^{-7} Pa 甚至更低的真空系统、真空容器上漏孔的密封。例如商品名为 Torrseal(托密封)的低气压环氧树脂与固化剂 1:1混合后,必须在数分钟内使用,在室温下 1~2h 内便可硬化,24h 内完全硬化,在 60℃烘烤温度下,则可在 30min 内硬化,1.5h 内完全硬化。它与金属、陶瓷或玻璃可形成高强的黏合,因此固化后能起到永久性密封作用。

在 17.2 节介绍零件的连接时我们对环氧树脂还将作更多的介绍。

第16章　微波管零件的制造和处理

电真空器件的生产制造是一个十分复杂的过程，而且由于电真空器件千差万别，种类繁多，它们的制造工艺亦有很大不同。显示器件以玻璃外壳为主，主要涉及光—电转换功能材料；而微波管现在则以金属陶瓷结构为主，是一种电—电转换器件。我们将以微波管为基本对象，介绍它们生产制造的主要工艺，总的来说，微波管的制造过程可以分为两大部分：零部件准备工序和总成工序。

微波管零部件的准备工序是指零部件的制造和处理，包括制造、清洗、涂覆、热处理等。

16.1　零件的制造

组成微波管的零件品种规格很多，使用的材料也十分复杂和多样，采用了各种各样的加工方法。但绝大多数还是金属零件，所以仍然是以传统的机械加工方法如车、铣、刨、磨、冲压、冷挤压及绕制等为主要加工手段。但与一般的金属零件相比，微波管零件往往对精度、光洁度、材料等提出了更高的要求，或者说，应以精密加工为主。另外，随着微波管向大功率、宽频带、小型化、毫米波及太赫兹波段发展，以及新型器件的不断出现，对零件的加工要求也越来越高，传统的加工方法往往已不能满足一些新材料、形状特殊、结构精细的零件的加工要求，各种特殊的加工手段、方法不断提出并在微波管零件制造中得到应用。

16.1.1　常规机械加工

1. 切削加工

切削加工是最常用，也是人们最熟悉的加工方法，是指利用切削工具从毛坯上切去多余部分，获得几何形状、尺寸和表面光洁度等各个方面符合图纸要求的零件的加工过程。

切削加工按切削工具的类型可分为两类：一类是利用刀具进行加工的，如车、钻、镗、刨、铣等；另一类是利用磨料进行加工的，如磨削、研磨、超精加工等。它们加工所用设备相应就是车床、钻床、镗床、刨床、铣床、磨床等。

现在机械加工的精度迅速提高，目前已经可以达到0.01μm的水平。常规切削加工中高速铣的加工精度一般也都在微米量级，表面粗糙度可以达到0.1μm以上。

2. 塑性加工

塑性加工是利用外力使金属坯料产生塑性变形，获得具有所需形状、尺寸和性能的零件的加工方法。塑性加工的方法很多，包括轧制、挤压、旋压、拉制、锻造、冲压、剪切、弯边、卷边、表面整形等，不过在微波管零件制造中主要利用以下几种塑性加工方法。

1）冲压

冲压在一般电真空器件中是常用的零件制造方法，它适合于大批量生产由金属薄板形成的零件，如套管、法兰、散热片和环形、杯形、蝶形等零件。但对于微波管来说，由于微波管需要大批量生产的管型很少，仅微波炉用磁控管等个别例外，因此冲压加工主要仅在大批量生产的连续波磁控管中应用。

2）挤压

挤压是在模具的压力下，金属毛坯在膜腔内产生塑性变形，达到所需要的形状的一种加工方法。挤压是用压力机进行的，如磁控管的孔—缝形阳极块，就可以利用一个与所需孔—缝形状与尺寸一致的阳模，在数十吨的压力下，在无氧铜坯料上直接挤出孔—缝内腔，然后利用常规车加工加工外形尺寸，就得到了合格的磁控管阳极零件。

3）旋压(赶形)

旋压加工又常常被称为赶形，用于制造各种不同形状的旋转体制件，其基本工作原理如图16－1所示。首先将金属平板或空心坯料放在芯棒顶端，然后用旋轮或赶棒将它们紧紧压在芯棒上，芯棒就是成形模。坯料、芯棒及顶杆一起随机床主轴旋转，这时，操作者就可以用旋轮(滚轮)或赶棒迫使坯料逐步贴近芯模，从而获得所要求的工件形状，制造出所需零件。如金属板料较厚，冷变形比较困难，个别情况下亦可以一边对坯料加热退火，一边进行赶形。若操作者使用的是滚轮来迫使材料变形的，称为旋压，若使用的是赶棒，则称为赶形。

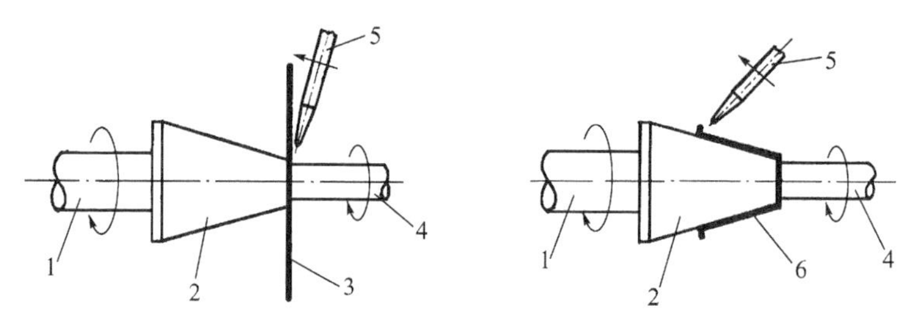

图16－1　赶形加工示意图

1—主轴；2—芯模；3—坯料；4—顶杆；5—赶棒；6—已成形零件。

可以看出，旋压加工与冲压十分类似，芯模相当于冲压的阳模，而赶棒和滚轮则起到了冲压中阴模的作用，只是赶形加工大多情况下是手工操作，因而更适合单件或小批量零件的制造，而冲压一般用于大批量生产，它的模具设计和制造都要求很高、周期长。由于微波管的制造通常都是小批量甚至是单件的，一些薄壁零件用冲压方法制造不仅成本太高，而且周期很长，尤其是薄壁细长管，用冲压方法也无法加工，因而都特别适合用旋压的方法来制造，这使得旋压加工在微波管零件制造中获得了广泛的应用。例如行波管所用管壳，不仅长度长、孔径小、管壁薄，而且内、外径尺寸要求十分严格，往往可以用内径比要求尺寸稍大的标准成品管料作坯料，套在尺寸精度精确的芯杆上，用滚轮旋压，利用滚轮压力迫使坯料变形，使其直径缩小，同时壁厚变薄，最终使坯料紧贴芯杆，外径达到壁厚要求，就得到了所需管壳。

图16－2给出了利用旋压加工制造薄壁管料的示意图，其中图(a)是将直径比较大的管形原材料通过旋压加工成所要求尺寸的直径比较小的薄壁管料；图(b)则相反，是将

原来直径比较小的管料通过旋压加工成直径较大的薄壁管料。

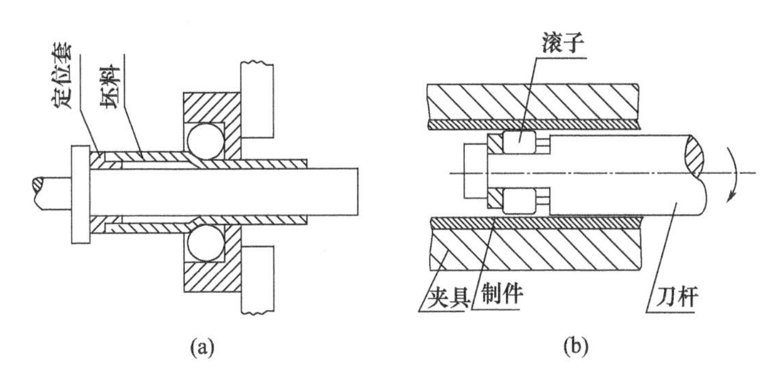

图 16-2　旋压加工用于制造薄壁管料的示意图
(a)大直径管料旋压成小直径管料;(b)小直径管料旋压成大直径管料。

旋压加工可以在普通车床上进行,所用模具也非常简单,利用这一方法可以实现各种形状的旋转体的拉伸、翻边、缩口、膨胀和卷边、改变薄壁管料的内外直径及壁厚等,灵活性大,加工范围广。其不足之处是生产效率低,对操作者的技术要求高,产品质量不够稳定。

4)绕制

用带料或丝料在专门的绕制机上绕制出栅极、热丝、螺旋线慢波系统等,这是真空电子器件和微波管中必不可少的一种零件加工方法,尤其是螺旋线绕制机,其加工精度、绕出的螺旋线的一致性、稳定性等都直接影响着行波管的性能,现在国产螺旋线绕制机精度已可以达到 0.003mm。

16.1.2　特种加工

随着现代科学技术的发展,微波管超小型、高频率、大功率、长寿命、高可靠等的要求也越来越高,对微波管零件的要求也随之越来越高,精度高、结构细微、一致性高、材料新、形状复杂等等使得传统的机械加工方法已很难满足零件的这些加工要求,因此出现了各种特种加工手段。

1. 电火花加工

1)电火花成形加工

电火花加工是利用加工电极与待加工件之间产生脉冲火花放电引起的放电腐蚀作用来制造零件的一种加工手段。

电火花成形加工的工作原理如图 16-3 所示。脉冲电源对电容器 C 充电,电容器两端分别与加工电极和工件(通过与之电接触的冷却液槽)相连接,当电容器充电至电压达到电极与工件之间的击穿电压时,在电极与工件之间就产生火花放电。在电极与工件之间间隙中的冷却液(煤油、去离子水或专门配置的液体介质)最先击穿而电离,电离以后的离子和电子分别向接负极的加工电极和接正极的工件运动,在间隙中形成很大的放电电流,其密度可以达到 $10^4 \sim 10^7 A/cm^2$,从而在电极和工件的放电位置产生大量热量,加之放电时间短($10^{-3} \sim 10^{-7}s$),放电产生的热量来不及传导扩散出去,使放电处的金属迅速熔化和汽化。瞬间被熔化和汽化的金属微粒被液体介质迅速冷却、凝固,继而随冷却液的循环被从间隙中冲走。放电结束,电容器上的电压下降,电极与工件之间又恢复绝缘状态,完成一次循环。下一个脉冲来到时上述过程就重复 1 次,由于脉冲放电不断进行,使工件不断被腐蚀,最终在工件上形成与电极形状完全一致但尺寸略大(考虑放电间隙)的孔洞、型腔形零件,加工电极的精度和尺寸直接影响着工件的精度和尺寸。间隙自动调节装置即电极自动推进机构保证电极随工件的被腐蚀而不断跟进,并使电极与工件之间始终保持最佳的放电间隙,间隙大了放电不易产生,间隙小了金属微粒不易排出,易发生短路。

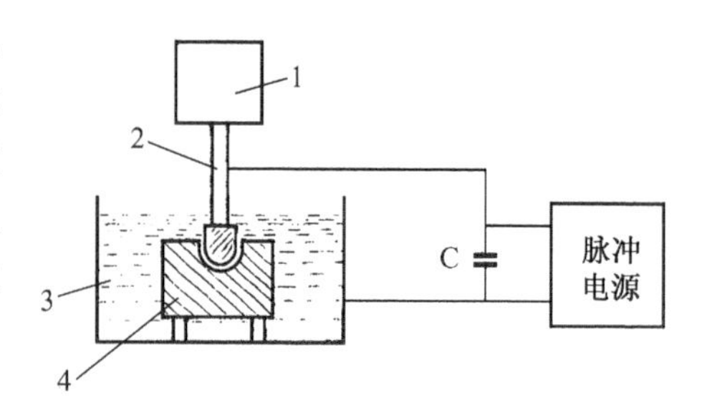

图 16-3　电火花加工原理示意图
1—电极自动推进机构;
2—电极; 3—循环冷却液; 4—工件。

电火化成形加工的加工电极在加工大孔时多数用石墨;加工小孔时,多用铸铁和黄铜;加工微孔时,则多用黄铜丝或钼丝;加工冲压模时,常用钢。

电火花成形加工时,实际上不仅工件被电蚀,加工电极本身也同样会被电蚀,但脉冲电压的正负极的腐蚀量是不一样的,称为极性效应。在放电间隙中电离后产生的电子向阳极运动,正离子向阴极运动,由于电子质量小,在短时间内即可被加速到很高速度,反之正离子一开始不易获得高的运动速度。所以在脉冲放电前期,电子动能大,电子对阳极的电蚀量大于正离子对阴极的电蚀量;随着放电时间增加,正离子逐渐获得了高速运动速度,它的质量又大得多,轰击阴极的能量显著增加,而且这时除了冷却液介质电离产生的正离子外,阳极和阴极蒸汽的正离子也参与了对阴极的轰击。因此,当正离子轰击阴极的能量超过电子轰击阳极的能量时,阴极的电蚀量就会大于阳极的电蚀量。可见,脉冲宽度是影响极性效应的重要因素之一,在用持续时间较短(例如小于 50μs)的脉冲加工时,阳极的电蚀速度大于阴极,此时工件就应接阳极,加工电极接阴极,称为正极性加工;反之,当脉冲时间较长时(例如大于 300μs),则阴极的电蚀速度将大于阳极,这时就应采用负极性加工,即工件应接负极。

由此可见,为了提高生产效率和减少加工电极的损耗,应避免使用脉冲持续时间介于 50 ~ 300μs 的脉冲电压和交变脉冲电压,而应采用单向、直流脉冲电压进行电火花加工。除了脉冲持续时间外,脉冲电压高低、加工电极和工件的材料等,也都会对极性效应产生一定影响。

2) 电火花线切割加工

电火花线切割加工的基本原理与电火花成形加工一样,也是利用加工电极对工件进行脉冲放电产生电腐蚀来实现加工的。但线切割加工不需要制作成形加工电极,而是采用金属细丝(电极丝)作为加工电极,按预定的轨迹在工件上进行运动的电火花切割加工。

线切割加工的示意图如图 16-4 所示。脉冲电源的正极接工件,负极接电极丝;电极丝自动密绕在丝轮上并由丝轮带动高速运动,丝轮自动正反向旋转使电极丝能不停地往返运动;在电极丝与工件之间进行火花放电时,冷却液喷嘴不停喷出冷却液以冷却电极丝和工件并冲走工件被电蚀时产生的金属微粒。电极丝一般采用直径为 0.02 ~ 0.2mm 的钼丝或铜丝;冷却可以用喷嘴,也可以像电火花成形加工一样,将整个工件浸在冷却液循环流动的冷却槽中。

电火花线切割的加工有2种方式进行：一种是依靠事先编好的程序控制工作台带动工件在x、y方向按一定规律和速度运动；一种是控制上、下导轮按事先编好的程序带动电极丝运动。不论哪种方式，都可以切割出任意复杂形状的工件，现代线切割机还可以使上、下轮倾斜，从而切出有锥度的零件；或者是上、下轮以不同轨迹程序运动，切出上、下形状不同的复杂零件，如方—圆过渡波导。

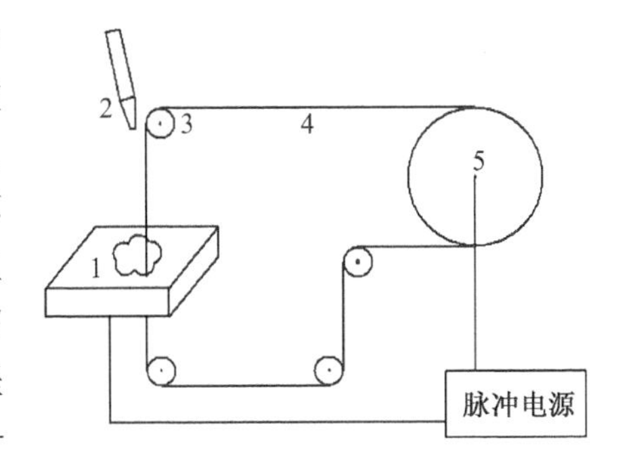

图16－4　电火花线切割加工示意图

1—工件；2—冷却液喷嘴；3—导轨；4—电极丝；5—丝轮。

由于作为加工电极的金属丝在不断往复高速运动，因而在加工过程中电极丝基本上不受电蚀损耗影响。

3）电火花加工的特点与应用

电火花加工的特点如下：

（1）脉冲放电的能量密度高，可以加工任何硬、脆、软和高熔点的导电材料，如钢、硬质合金等；

（2）加工时工件不受力（无切削力），有利于小孔、薄壁、窄槽以及各种复杂截面的零件和精密零件加工；

（3）便于实现加工过程的自动化，劳动强度低，使用维护方便；

（4）电火花线切割的切削量很小，电极丝移动过程中形成的切削间隙仅比电极丝直径宽2个放电间隙（约0.02mm）。

电火花线切割根据电极丝的运动速度有快走丝、中走丝和慢走丝三类。快走丝的走丝速度为8～10m/s，常用丝料是Mo或W－Mo合金，直径为0.1～0.2mm，丝料利用丝轮的正反向旋转可反复供丝，且可以反复使用，加工精度一般可达到0.02mm、表面粗糙度Ra为3μm；慢走丝的走丝速度小于0.25m/s，常用丝料是Cu，直径为0.07～0.1mm，丝料只能单向运行、一次性使用，加工精度一般可达到0.001～0.01mm、表面粗糙度Ra为0.1～0.8μm；所谓“中走丝”并非指走丝速度介于高速与低速之间，而是指复合走丝线切割，即在粗加工时采用高速（8～12m/s）走丝，精加工时采用低速（1～3m/s）走丝，这样工作相对平稳、抖动小，并通过多次切割减少材料变形及钼丝损耗带来的误差，使加工质量也相对提高，加工质量可介于高速走丝机与低速走丝机之间。

电火花加工技术已广泛用于航天、航空、电子、原子能、计算机、仪器仪表、电机电器、精密机械、汽车拖拉机、轻工业等行业以及科学研究部门，用来加工各种复杂形状的型孔和型腔工件，从数微米的孔到数米的超大型模具和零件；进行各种材料的复杂形状的切割，切割细微窄缝和由细微窄缝构成的零件，如栅网，慢波结构等；加工各种成型刀具、样板、工模具、量规等；还可以进行工件的磨削，包括孔、平面、外圆、内圆的磨削和成型磨削等。

微波管的制造也越来越离不开电火花加工，各种形状复杂的薄板法兰、慢波线、复杂内表面的谐振腔以及许多精细零件都要借助线切割加工。

2. 光刻

光刻是利用传统照相技术和化学腐蚀方法相结合的一种加工方法，特别适合薄板精细金属零件的加工和表面刻蚀,如印制电路、彩色显像管的阴罩,微波管中的阴影栅和毫米波慢波电路、印制慢波线等。

光刻工艺的基本流程如下。

(1) 涂胶。在需要进行光刻的金属件表面均匀涂覆一层光刻胶。如果光刻胶原来对某些溶剂(如水)是可溶的,而光照后起光交联化学反应,会生成不可溶的胶,这种光刻胶就称为负性光敏抗蚀剂;反之,原来不溶于水,而光照后变成可溶性的物质的胶,称为正性光敏抗蚀剂。

(2) 照相。把零件所要求的图形放大绘制成图,然后对图形照相,照相时把图形缩小到所需要的实际尺寸。照相后所制成的底片,对于负性光敏抗蚀剂,应为负片(图形本身为透明,需要光刻去掉的部分为黑色);反之,对于正性光敏抗蚀剂,应制成正片。所得到的底片称为掩模。

(3) 曝光。把掩模(如已经有零件实物或其负的实物,则也可以代替正片或负片直接作为掩模)紧贴在金属加工件涂有光刻胶的一面,对光刻胶进行曝光,使胶膜产生化学反应。对于光刻胶为负性光敏抗蚀剂的,应该用负片作掩模;对于为正性光敏抗蚀剂的,则应用正片做掩模。

(4) 显影。显影是用溶剂溶解经曝光后,可溶于溶剂的部分胶膜,使该部分的加工件表面从胶膜的覆盖下裸露出来,以便下道工序进行刻蚀;而不溶于溶剂的部分的胶膜仍应完整良好地覆盖在相应部分的加工件表面上,在刻蚀时应不受任何损伤。

经过显影的工件还应加热烘干,以增加保留下来的胶膜与金属之间的结合力和抗蚀力。

(5) 腐蚀。把经显影和烘烤后的工件放入化学腐蚀液中进行腐蚀,这时已溶解掉胶膜、表面已裸露的部分的金属就会被腐蚀,而留下仍保留有胶膜覆盖的金属部分不会被腐蚀,即成为我们所需要的零件。

(6) 去胶。腐蚀以后,还应将留在零件表面的光刻胶去掉,去胶可以采用酸法去胶、碱法去胶、氯化去胶、等离子去胶以及紫外线去胶等方法。

图16-5给出了光刻工艺的基本流程。

3. 电解和电铸加工

电解和电铸都是利用电化学原理进行的加工工艺。电解加工(包括电抛光)是一个阳极溶解过程;而电铸则相反,是一个阴极沉积的过程。金属的这种在电化学反应中的溶解和沉积,其实质是金属原子的氧化和金属离子的还原的结果。如果作为阳极的工件上的金属原子失去电子而成为正离子,称为氧化反应,这时金属正离子会溶入溶液,出现所谓阳极溶解现象;如果溶液中的金属离子获得电子成为金属原子,称为还原反应,这时金属原子在电场作用下会从溶液中析出,沉积在阴极上,出现所谓阴极沉积现象。

1) 电解加工

(1) 电解加工基本原理。图16-6为电解加工的原理示意图。工件接直流电源正极,加工电极接负极,在工件与加工电极之间保持一个0.1~1mm的狭小间隙,电解液从间隙中高速流过。阳极工件表面的金属在电解过程中逐渐按阴极加工电极的形状溶解,自动推进机构不断随阳极的溶解而推进阴极,使间隙保持最适宜的宽度。电解溶解下的产物则被高速流动的电解液带走,最终在工件上形成孔腔与加工电极形状一致的零件。

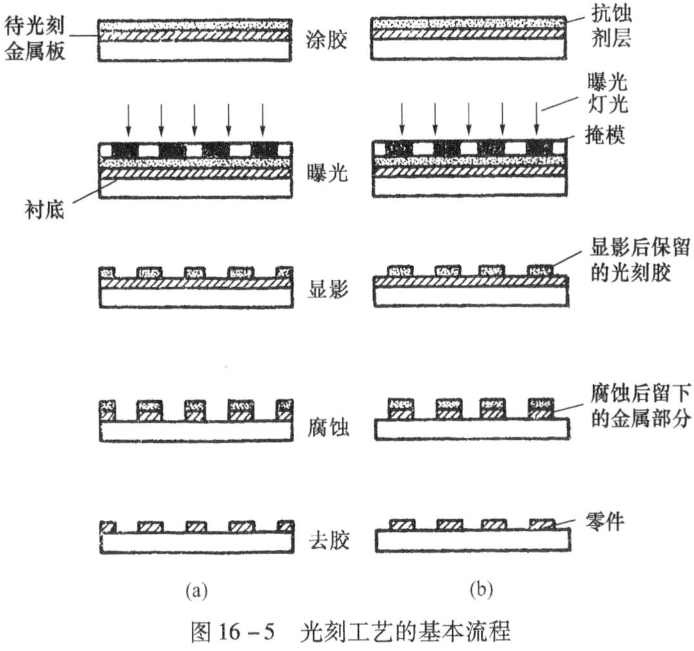

图 16－5　光刻工艺的基本流程

(a) 负性光敏抗蚀剂的光刻；(b) 正性光敏抗蚀剂的光刻。

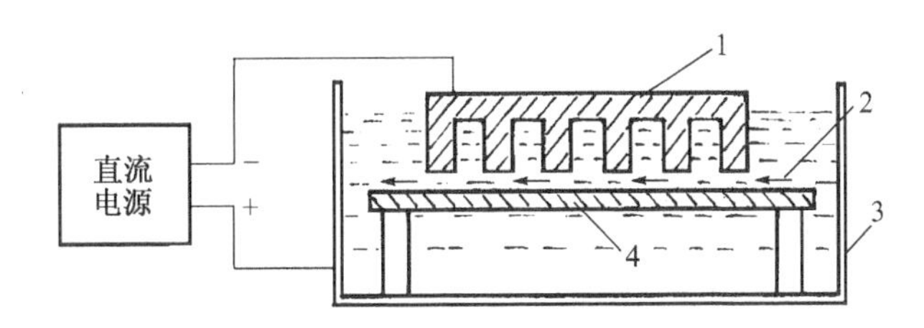

图 16－6　电解加工原理示意图

1—加工电极；2—电解液高速流动方向；3—电解槽；4—工件。

电解加工常用的电解液是氯化钠水溶液，电解液的主要作用是导电，使金属工件在电场作用下进行电化学反应；同时，电解液的高速流动可以及时把加工间隙内产生的电解产物和热量带走；电解质的阳离子不应在阴极上发生放电沉积，以免使加工电极的形状、尺寸改变；而电解质对阳极材料应有利于阳极溶解，而不产生影响阳极溶解的阳极钝化，满足这种要求的电解液在电解加工过程中，其阳、阴离子基本不会消耗。

以阳极(工件)为钢为例，来说明电解加工过程中所发生的电化学反应。电解液中的水电离成 H^+ 和 $(OH)^-$ 离子，外电源不断从阳极上抽走电子，致使 Fe 不断以 Fe^{++} 的形式与水溶液中 $(OH)^-$ 离子生成 $Fe(OH)_2$ 而溶解并沉淀；外电源把从阳极抽来的电子不断供给阴极，水溶液中的 H^+ 被吸收到阴极表面，使阴极表面的 H^+ 不断得到电子而游离出氢气。在这过程中，工件阳极和水溶液逐渐消耗，而加工电极阴极和氯化钠并不消耗。

(2) 电解加工的特点。电解加工的主要优点是：能加工一般机械加工方法不能加工的零件，如高熔点、高强度、高硬度、高韧性材料的加工，以及特别薄和形状复杂的零件加工；加工范围广、通用性强、生产效率高，尤其是适合小孔、深孔、复杂型孔等的加工，还可用于去毛刺、刻印等；加工质量好，工件不受力，没有刀痕，不产生毛刺；设备简单，操作方便。其主要不足是加工精度较低,一般只能达到0.05~0.02mm的公差;电解液对设备有腐蚀作用,加工的废液对环境有一定污染等。

(3) 电抛光。电抛光的工作原理与电解加工相同,它们之间的不同点是:在电抛光中,两电极之间的距离大;电解液不需要流动;电流密度小。因此工件的溶解速率极低,表面微小凸起和有毛刺的地方,电场集中,最先被溶解掉,因而起到了表面抛光作用,但并不改变工件的形状。

2) 电铸

电铸与电镀的原理完全一样,都应用阴极沉积现象。只是电镀仅在工件表面上涂覆一层牢固的金属薄膜,以达到保护或改变工件表面状态的目的;电铸则是在芯模上镀上一层致密的、有一定厚度的(例如1mm,甚至数毫米)的金属层,然后去除芯模,使镀层成为一个独立的工件,即电铸件,通常还会对铸件做一定的机械加工,使其外形尺寸符合要求。

电铸一般都要经过制作芯模、电铸、脱芯模以及铸件加工等工艺过程。如果芯模形状简单,可以用拔模方法脱模,这时可用高强度的钢材,或者钼、不锈钢做成可重复使用的芯模。在多数情况下,人们采用铝做芯模,铝很容易加工出形状复杂的工件,铝模可以用化学腐蚀方法脱模,当然这样的芯模就是一次性的。为了节约铝材,现在人们也往往采用塑料或石蜡等来作芯模,成模后,再用化学沉积或真空沉积的方法在其表面涂覆一层金属导电薄膜以便电铸,这种塑料芯模可以用有机溶剂脱模,而石蜡芯模则可简单采用加热熔解方法脱模。

电铸可以达到很高的精度和光洁度,这主要取决于芯模本身的精度和光洁度。用电铸法特别适合制作薄壳异形结构的零件,如各种复杂截面尤其是变截面的波导;在微波管中,小尺寸的翼片加载行波管的管壳,也可以用电铸的方法方便制造;另外,各种波导接头、波导转换、多孔耦合器、环行器等,使用电铸法制造比用焊接方法制造不仅精度高、性能好,而且可以制造出小尺寸元件;电铸法还可以用来进行焊接甚至金属陶瓷封接。

4. 激光加工

激光是单色性很好的相干光,通过光学聚焦系统可以聚焦成直径只有几十微米的光束,其焦点处的功率密度可达$10^8 \sim 10^{10}$W/cm^2,温度高达上万摄氏度左右。在这样的高温下,任何难熔金属材料都将瞬间急剧熔化和汽化,并产生强烈的冲击波,使熔化和汽化的材料喷射出去。利用这一原理就可以进行激光打孔、激光切割、激光焊接等加工。

激光几乎可以对所有材料进行加工,硬质合金、金刚石、宝石、陶瓷、玻璃等都可以用激光来进行打孔和切割,加工的材料硬度越高越加显示出激光加工的优越性;激光打孔时,深度与直径之比可达50~100,切割金属材料的厚度可达10mm,对非金属材料则达几十毫米;激光加工速度快,生产效率高。

在微波电真空器件生产中,陶瓷切割,钨、钼丝拉丝模的打孔都用到激光加工。激光焊接使用更为普遍,将在第17章讨论零件的连接时进行介绍。

5. 超声加工

(1) 超声加工基本原理。人耳可以听到的声波频率范围为16~20000Hz,低于16Hz的声波称为次声波,而高于20000Hz的声波就是超声波。由于超声波的能量比声波大得多,它可以对传播方向的障碍物施以很大的压力,超声加工就是指给工具或工件沿一定方向施加这种超声振动压力而进行振动加工的方法。超声加工的范围十分广泛,几乎所有传统的机械加工方法都有相应的超声加工，如超声切削加工（超声车、铣、刨、钻、镗、插等）、超声磨削加工（超声平面磨、外圆磨、内圆磨、齿轮磨等）、超声抛光加工、超声塑性加工（超声拉丝、拉管、冲裁等）以及超声焊接、超声清洗、超声磨料加工等。在微波管制造工艺中，目前已获得较多应用的是超声磨料加工，用来对陶瓷、宝石、石英、金刚石等进行切割、钻孔等。

超声磨料加工的基本原理如图16－7所示。超声波发生器的功能是产生超声波频率的正弦波电振荡，通过换能器将该振荡电信号转换成小振幅的机械振动，换能器是超声设备的关键部件，主要有磁致伸缩换能器和压电晶体换能器两类，前者利用某些铁磁性材料（铁钴钒合金、铝铁合金、镍等）的磁致伸缩效应，后者则利用压电晶体（钛酸钡、锆钛酸铅、石英等）的逆压电效应将电磁能转换成机械能。换能器产生的小幅振动经振幅扩大器放大，达到0.01～0.1mm的幅值范围，并带动加工头即加工工具振动。当工具与工件靠拢时，工作液中的悬浮磨料在工具的振动作用下，以很大的速度不断冲击和磨削工件表面，使工件局部的材料破碎，虽然破碎的材料颗粒十分微小，但实际上由于工具的振荡达到20000次/s左右，加之工具端面对悬浮磨料的液压冲击作用以及工作液的搅动，促使磨料可以以很大的加工速度磨削工件的加工表面。另外，工作液在超声波振动作用下产生的撕裂和闭合，即所谓空化现象，引起极强的液压冲击，也使得对工件表面材料的破碎得到加强。磨料悬浮液循环流动，使磨料不断更新，同时带走破碎下来的工件材料微粒。加工工具将不断随工件表面材料的损毁而自动推进，最终在工件上与工具形状完全相同的部分的材料被磨削去掉，留下有用的零件。

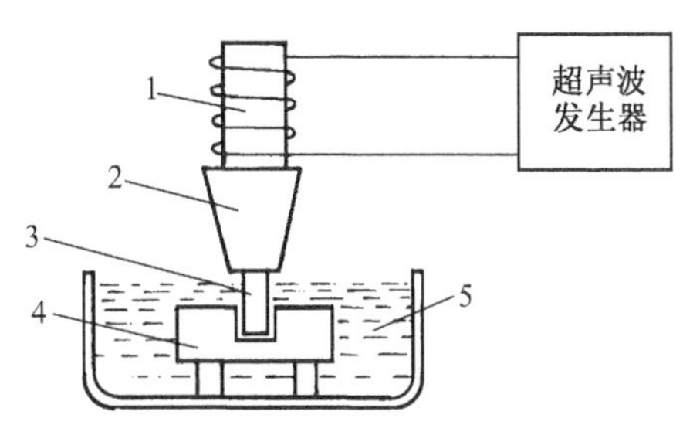

图16－7　超声磨料加工原理示意图

1—换能器；2—振幅扩大器；3—加工头（工具）；4—工件；5—磨料悬浮液。

磨料液由水和磨料组成，常用的磨料是碳化硅微粉和氧化铝微粉，要求加工精度高时，可采用碳化硼微粉。

(2) 超声加工的特点。超声加工主要基于磨料对工件的冲击作用，越是脆硬的材料越容易遭受破坏，因此特别适合加工各种脆硬材料，尤其是电火花和电解加工无法加工的不导电的介质材料和半导电材料，如玻璃、陶瓷、石英、玛瑙、宝石、金刚石、铁氧体、锗、硅等。相反对于韧性好的材料，由于材料韧性的缓冲作用，反而不易加工；超声加工的精度很高，其尺寸误差可以达到1μm甚至更高，光洁度可以达到0.1μm以上；超声加工对工件材料的作用力和温升十分小，因而可以加工不能承受较大机械力和高温的薄壁、窄缝和薄片等零件；超声加工可以加工各种具有复杂形状的内孔、内腔和外形的零件，包括螺纹加工等。

16.1.3　微细加工与LIGA技术、DRIE技术、3D打印技术

随着微波管向毫米波、亚毫米波甚至太赫兹频段的发展，微波管零件越来越精细，对它的加工也提出了越来越高的要求。首先由微机械和微电子技术的需求推动而发展起来的微细加工技术，在相当程度上满足了微波管零件加工的这种要求。

1. 微细加工

通常理解的微细加工是指尺度在微米、亚微米甚至纳米量级的加工,在广义上,目前把尺寸在厘米至微米范围内零件的加工都归属于微细加工领域。

微细加工的方法现在主要有以下几种。

1)微细精密机械加工

微细精密机械加工是利用小型精密高速设备与微型成形刀具或非成形磨料工具加工微型构件的方法,如车削、铣削、钻削和磨削等,它可以实现复杂的三维形体的加工,已成功地制作出尺寸在10~100μm的微小三维零件,最小轴端直径达10μm。美国把聚焦离子束溅射与超精密加工结合起来,实现在金属合金材料上的微端铣加工,可以加工宽度小到13μm,深度为4μm的螺旋沟槽,表面粗糙度达到0.12~0.3μm。

太赫兹微波管的零部件,特别是其高频结构的制造,目前广泛采用高速铣削加工技术。高速铣削采用高的进给速度和小的切削参数,其主轴转速一般为15000~40000r/min,最高可达100000r/min,每次进刀量仅几丝(1丝=0.01mm)甚至几微米;加工精度一般可以达到3μm,甚至更高,目前国内的高速铣削刀的球形刀头直径最小达到0.02mm;由于高速铣削时工件温升小,热变形小,最好的表面粗糙度 Ra 可达到0.07μm左右。

2)微细电加工

(1)微细电火化加工。微细电火花加工在原理上与普通电火化加工并无本质区别,其关键在于微小加工电极的制作、微小能量放电电源、加工电极的微量伺服推进机构、加工状态的检测、系统控制及加工工艺方法等。应用微细电火花加工技术,目前已可加工出直径2.5μm的轴和5μm的孔,可制作出长0.5mm、宽0.2mm、深0.2mm的微型汽车模型;制作出直径0.3mm的微型齿轮。

(2)微细电解加工。由于电解加工中材料的去除是以离子溶解的形式进行的,这种微去除形式使得电解加工具有微细加工的可能。有人通过降低电极电压和电解液浓度的方法,成功地将加工间隙控制在10μm以下,采用微动进给和金属微管电极,在0.2mm的镍板上加工出了直径为0.17mm的小孔。

微细电解抛光也得到了应用,用一个运动的金属丝作阴极,被抛光的轴作阳极,在它们之间喷电解液,轴表面便产生电化学微腐蚀,使直径数十微米的微型轴得到了抛光。

(3)精密电铸。电铸的关键是芯模,零件上孔、管的形状、尺寸精度及表面粗糙度都由芯子的质量决定,因此只要能制造出微细的芯模,就可以实现微细精密电铸。

3)微细激光、超声加工

(1)微细激光加工。利用飞秒激光烧蚀技术进行三维微细加工是最有前途的一种激光微细加工。飞秒脉冲烧蚀的材料体积要比其他激光器(例如纳秒紫外激光器)小好几个数量级,而且它的烧蚀深度可以通过脉冲宽度和激光能量密度的选择来精确控制。德国利用飞秒激光三维微细加工技术已在不锈钢上打出直径为100μm、深度为500μm的陡峭深孔。

微细激光加工的另外一种形式则与传统的激光特种加工不同,它不是以去除部分材料来得到零件,而是通过添加材料的方法实现成形加工。根据加工材料与成形机理不同,它又可分为光固化成形,选择性激光烧结成形、分层实体造型等多种类型。以光固化成形为例，它以液态光敏树脂为原料、远紫外光源经聚焦后照射在液态树脂表面，则曝光区发生固化作用，通过计算机选择控制固化区域并进行逐层堆积就可以得到三维的微结构。采用这种方法可以获得 1mm ~ 10μm 尺寸范围的微型结构。

（2）微细超声加工。对于脆硬材料的微细加工，目前主要有光刻加工、电火花加工、电解加工、激光加工和超声加工等。超声加工与电火花加工、电解加工、激光加工相比，它既不依赖于材料的导电性、又没有热物理作用；与光刻加工相比，又可以加工出具有高的深宽比的三维结构，因而超声加工具有明显的优势。因此，硅晶体、玻璃、陶瓷等脆硬材料可以用超声加工进行微细加工，目前用微细超声加工方法已经可以在陶瓷上加工出直径为 5μm 的微孔。

4）光化掩模微细加工

光化掩模微细加工主要指光刻微细、超微细加工和 LIGA 技术。微细光刻技术是微电子制造中的关键，它的变革对整个微电子制造技术的发展有重大影响，由于它在微波电真空器件中还很少应用，所以在这里不再作进一步介绍。LIGA 技术是近年来才发展起来的一门新技术，是微细加工的一种较理想的新方法，将在下面介绍。

5）其他微细加工技术

随着科学技术的发展，各种微细加工新手段、新技术也不断出现，如电化学微加工、离子反应刻蚀、喷射沉积、层积增生等。微细加工正向材料多样化，结构更趋复杂、功能增多，加工手段复合化，技术发展综合化等方向不断发展。

2. LIGA 技术

1）LIGA 技术介绍

LIGA 一词来源于德文缩写，LI（Lithographie）意为深度 X 射线刻蚀，G（Gulvanik 或 Galvanoformung）意即电铸成型，A（Abformung）意指塑料铸模，组合起来即深度 X 射线刻蚀、电铸成型、塑料铸模三种技术的有机结合。它是在 20 世纪 70 年代末由德国卡尔斯鲁厄（Karlsruhe）核研究中心提出，并经过 6 ~ 7 年的努力才开发成功的一项三维微细加工技术。

LIGA 技术制作各种微图形的过程大致是：把比较厚（厚度大于 500μm）的光刻胶层沉积到一个适当的基片上，该光刻胶层经同步辐射 X 射线曝光后，利用显影液除去已曝光部分的胶层，形成一种有一定深度（即光刻胶厚度）的电镀模具，然后利用电铸方法制造出与光刻胶图形相反的金属模具，再利用微塑铸制备出所需要的微结构。由于同步辐射 X 光有非常好的平行性、极强的辐射强度、连续的光谱，使 LIGA 技术能够制造出高宽比达到 500、厚度在毫米量级、结构侧壁十分陡峭，垂直度偏差在亚微米范围内的微三维立体结构。

LIGA 技术经过多年的发展已显示出其显著的优点。

（1）深宽比大，准确度高。所加工的微结构形状准确度优于 0.5μm，表面粗糙度仅 10nm，侧壁垂直度大于 89.9°，高度可达 500μm 至毫米量级。

（2）用材广泛。塑料（聚甲醛、聚酰胺、聚碳酸酯等）、金属（Ag、Au、Ni、Cu 等）、陶瓷、玻璃等都可以用 LIGA 技术制造出三维微结构。

（3）可以制作任意复杂的三维图形结构。

（4）可以重复复制，实现批量制造，从而降低成本。

(5) 产品具有很大的结构强度,坚固耐用,实用性强。

2) LIGA 技术的工艺原理

LIGA 技术的基本工艺步骤包括光刻、电铸、塑铸三个重要环节。

(1) 掩模制造。深度同步辐射 X 光光刻掩模技术是光刻成功与否的关键。X 光掩模板必须有选择性的透过或阻挡 X 光,两者的对比度要大于 200,目前,一般采用在 2μm 厚的钛透 X 光基片镀上 10μm 厚的金作为 X 光阻挡体,也有的用 100μm 厚的铍作为透 X 光基片。

(2) X 光深层光刻。用于深层 X 光光刻的光刻胶一般用综合性能良好的有机聚合物聚甲基丙烯酸甲酯(Polymethylmethacrylate,PMMA),它是一种正性光刻胶,对波长为 0.2 ~ 0.8nm 的 X 光有很好的透光性。由于光刻的厚度要达到几百微米,PMMA 的灵敏度低,用一般的 X 光源就需要很长的曝光时间,而同步辐射的 X 光不但光源平行,而且强度是普通 X 光光源的几十万倍,从而可以大大缩短曝光时间。

X 射线透过掩模对光刻胶进行曝光,将掩模阻挡体图形透过曝光转移到光刻胶层上,利用适当的显影液,除去被照射(曝光)部分,留下未受照射区,成为初级模板。

(3) 微电铸。利用光刻胶层下面的基片(一般为硅片)上事先蒸镀的金属膜(如金)作为电极进行电镀,将显影后的光刻胶所形成的三维立体结构的间隙用微电镀方法填上金属,例如镍、铜、金、铁镍合金等,直至光刻胶上面完全覆盖了金属膜为止,形成一个与光刻胶初级模板图形相反结构的金属图形,这种金属微结构体称为铸塑模板(二级模板)。

由于电铸的孔、间隙较深,因而必须克服电镀液的表面张力,使其进入微孔、微间隙中,因此电镀液的配方和电镀工艺都有特殊要求。

(4) 塑铸。二级模板实际上就已经是我们所需要的金属微构件,但仅为单件。为了能大批量生产电铸产品,可将金属注塑板覆盖在二级模板上,将树脂通过金属板上的小孔注入到金属板的孔、缝之中,待树脂硬化后,连同金属注塑板一起从模板中提出,就得到一个塑模微型结构,成为三级模板。

在塑铸完成的三级模板上,再电铸所需要的产品结构,就得到了三维立体金属结构器件。只要利用二级模板重复塑铸和二次电铸的过程,就可以实现金属微构件的批量生产。

图 16 - 8 给出了 LIGA 技术工艺过程原理图,(a) ~ (f)完成了金属微构件的一次制作过程,如果需要批量生产该构件,则不必重复上述全过程,因为同步辐射 X 射线光源十分昂贵,这时只需要继续(g)—(h)—(e)—(f)步骤,先制造出电铸用的塑料模(三级模板),再以塑料模代替光刻胶模进行电铸就可以得到所需金属微构件了。由于二级模板不会损坏,因而只要重复步骤(g)、(h)并进行二次电铸,就可以不断得到完全相同的微细零件。

3) LIGA 技术的改进

(1) UV - LIGA 技术。由于 LIGA 技术需要昂贵的同步辐射 X 光源和制作复杂的 X 光掩模板,使得它的推广应用受到了一定限制,为此,人们开发了紫外光 LIGA(Ultraviolet - LIGA),又称为准 LIGA 技术。该技术使用紫外光源替代 X 光源对光刻胶曝光,光源来自汞灯,使用简单的铬掩模板取代 X 光的掩模板,光刻胶常用光敏聚酰亚胺、SU - 8 胶(基于环氧 SU - 8 树脂的环氧胶)或 AZ4562 光刻胶。光刻胶经曝光、显影后形成电铸模,然后进行电铸获得所需要金属微构件。其工艺过程除所用光源与掩模外,与 LIGA 工艺基本相同。

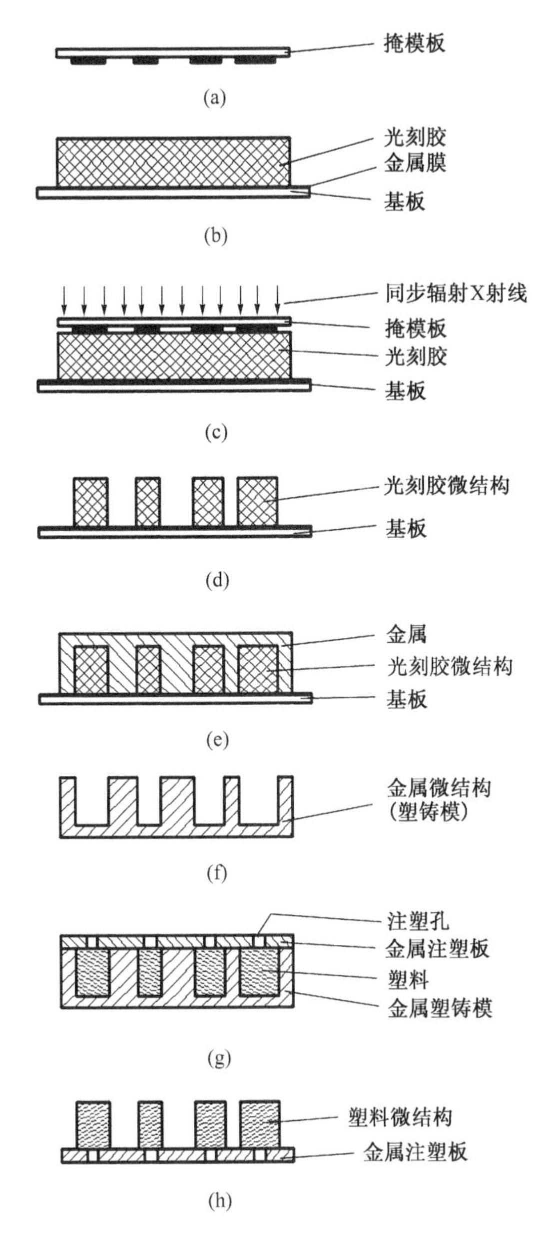

图 16－8　LIGA 技术工艺过程原理图

(a) 掩模制造; (b) 涂光刻胶; (c) X 射线深层曝光; (d) 显影后得到初级模板;
(e) 微电铸; (f) 脱模获得所需微结构或微塑铸模(二级模板); (g) 塑铸; (h) 微塑模(三级模板)。

准 LIGA 技术的另一种方案是 Laser－LIGA,光刻胶利用受激准分子激光器产生的紫外激光直接进行刻蚀,无须再经过曝光和显影。激光波长小于 250nm,脉冲间隙为 10～15ns,能够产生每平方厘米数百焦耳的能量,直接融化光刻胶。每一个激光脉冲可以腐蚀 0.1～0.2μm,无须调节镜头焦距,就可以连续刻蚀几百微米深。

(2) SLIGA(Sacrificial LIGA)技术。利用LIGA技术的典型工艺还不能制造出有活动要求的可动微结构,引入牺牲层腐蚀技术,为任意几何形状可动的三维结构制作开辟了道路,能制作出可以自由摆动、旋转、直线运动的可动微结构器件。在LIGA工艺中,基片上会首先蒸镀一薄层(1μm)金作为电铸时的电极,如果在对应需要活动的微部件位置上,蒸镀较厚(3~10μm)的钛牺牲层代替金电极,则在牺牲层上电铸得到的部件就会离开基片有一定距离,电铸成形后,将钛牺牲层用氢氟酸腐蚀去掉,就可以得到与基片脱离的可活动的微部件。而其他没有牺牲层的部分,电铸的金属将与基片上的金属电极层连接在一起,成为微器件的固定部分。

图16-9是UV-LIGA技术中SU8光刻胶的微结构(初级模板)的电镜照片,高度为520μm,和最后制成的镍零件的电镜照片,厚度为500μm。

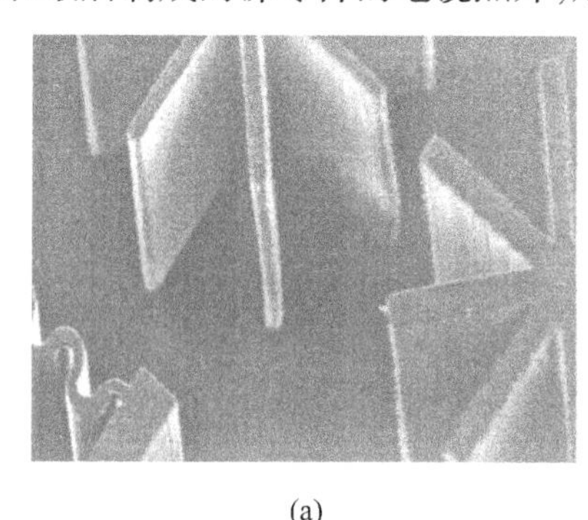

(a)

(b)

图16-9 UV-LIGA技术加工实物照片

(a)光刻胶微结构;(b)镍零件。

3. DRIE技术

DRIE(Deep Reaction Ion Etching)技术是指一种通过反应离子刻蚀和侧壁钝化多次交替反复进行,从而在基片上制造出高宽深比细微结构的各向异性深反应离子刻蚀工艺。用于硅基片刻蚀的DRIE也叫作先进硅刻蚀(Advanced Silicon Etching,ASE)。

DRIE可以加工出高宽深比的结构,再以这种结构作为模具,电铸获得金属构件或者在基片结构上沉积一层金属薄膜直接作为需要的构件。DRIE是一种各向异性的刻蚀,属于干法刻蚀。

1)刻蚀的基本概念

(1)干法刻蚀和湿法刻蚀

① 湿法刻蚀。利用酸、碱等化学溶剂和晶片材料进行化学反应生成可溶性反应生成物并从晶片上脱落,达到刻蚀效果的方法就是湿法刻蚀。这种方法设备简单、工艺成熟、刻蚀效率高、成本低。其主要缺点是:刻蚀过程是各向同性的,有严重的钻蚀效应,不能满足图形微细化要求,因此不适宜微细和高密度构件的制造;湿法刻蚀会产生大量有害废液,易造成环境污染,又不易实现自动化控制。

② 干法刻蚀。干法刻蚀是指利用等离子体进行的刻蚀。通过工作气体的放电产生等离子体,等离子体作用到电极表面产生化学反应和物理轰击,从而刻蚀电极上的材料,达到将掩膜图形转移到电极上的效果,这就是等离子体刻蚀。目前它主要包括等离子体刻蚀、离子刻蚀(溅射刻蚀)和反应离子刻蚀三类,等离子体刻蚀以化学反应为主,工作气

体是活性气体,如氧,刻蚀过程具有各向同性;离子刻蚀则以物理溅射作用为主,工作气体主要是惰性气体,刻蚀是各向异性的;反应离子刻蚀则兼具两者的优点,一般以含氟气体作为工作气体,且具有各向异性。

(2) 各向同性刻蚀和各向异性刻蚀

① 各向同性刻蚀。如果刻蚀在垂直基片表面方向和侧向同时进行,刻蚀速率在各个方向相等,就称为各向同性刻蚀,纯化学刻蚀是一种各向同性刻蚀。

② 各向异性刻蚀。如果刻蚀速率在垂直基片表面的方向与侧向不同,就是各向异性刻蚀。各向异性刻蚀在通常情况下,就是指垂直性刻蚀。这是物理化学的刻蚀过程,反应离子刻蚀就是能获得良好各向异性的一种方法。

(3) 选择比。被刻蚀材料的刻蚀速率与不希望被刻蚀的材料的刻蚀速率的比值,称为选择比,例如硅片与掩膜层(或称掩蔽层)的选择比好坏,就影响到构件关键尺寸的均匀性、剖面形貌的控制及掩蔽层厚度的选择。

2) 反应离子刻蚀

(1) 反应离子刻蚀的基本机理

反应离子刻蚀兼具等离子体对电极材料的化学作用和物理作用,不仅有高的刻蚀速率,而且有良好的方向性和选择性,能刻蚀出精细图形的构件,因此是现代微细加工的一个重要手段。

反应离子刻蚀的化学作用包括刻蚀物质的吸附、挥发性产物的生成以及生成物的脱附三个阶段,而离子轰击对这三个阶段都可能起到加速作用。其原理是:第一种机理是化学增强物理溅射,以含氟的等离子体对硅进行刻蚀时,在硅片表面生成的 SiF_x 基比元素 Si 的键合能低,因而在离子轰击时更容易被溅射,可见是化学反应增强了物理的溅射;第二种机理是损伤诱导化学反应,由离子轰击产生的晶格损伤可能会使基片表面与气体的反应速率增大;第三种机理是化学溅射,离子轰击还可能会引起一种化学反应,形成弱束缚的分子,然后从基片表面脱附。

反应离子刻蚀的物理作用主要是等离子体中的高能离子轰击基片表面,在基片表面与基片材料的原子或分子进行能量交换,使后者获得足够的能量飞出基片表面,这一现象称为溅射,溅射就是刻蚀的物理作用结果。

(2) 侧壁钝化

当进行深槽刻蚀时,微结构的底部与侧壁同时都暴露在具有化学活性的等离子体中,在产生垂直方向刻蚀时也会产生侧向刻蚀,显然这对获得高宽深比、高的陡直度和光滑侧壁都是不利的。为此,可以采用所谓 Bosch DRIE 工艺,先用 SF_6 作为工作气体对硅基片进行刻蚀,然后利用 C_4F_8 气体对侧壁进行钝化,刻蚀和钝化交替进行,从而得到高宽深比结构。

钝化的原理在于:在辉光放电中有些气体或气体混合物会分解形成不饱和物质或聚合物,这些产物能在基片表面形成吸附层,成为阻挡刻蚀气体与基片继续发生作用的薄膜。而离子的轰击可以破坏该阻挡层。由于在电场力作用下,离子基本上以垂直的方向轰击基片,致使结构底部的阻挡层被破坏而可以继续进行刻蚀,而侧壁较少甚至不受到离子轰击,因而聚合物阻挡层未被破坏,不会继续受到刻蚀。

Bosch DRIE 高宽深比刻蚀工艺的示意图如图 16 - 10 所示。

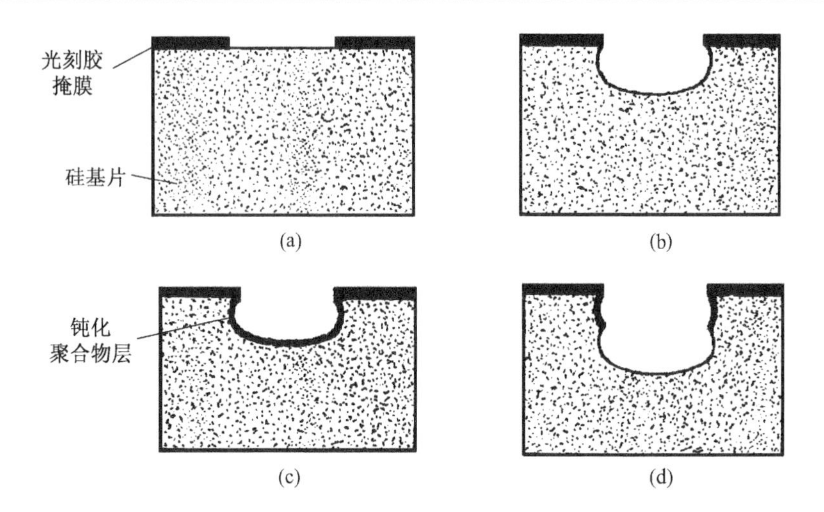

图 16-10　Bosch DRIE 技术加工工艺示意图

(a) 已形成光刻胶掩膜图形的硅基片；(b) 刻蚀；(c) 钝化形成聚合物保护层；(d)刻蚀与钝化交替进行。

3）深反应离子刻蚀的工艺过程

深反应离子刻蚀制造微细构件的工艺根据使用的基片材料、掩膜材料、光刻方法以及刻蚀、溅射方法等的不同而有所不同，不过，总体流程相差不大。以硅作为基片为例，DRIE 的工艺流程示意图如图 16-11 所示。

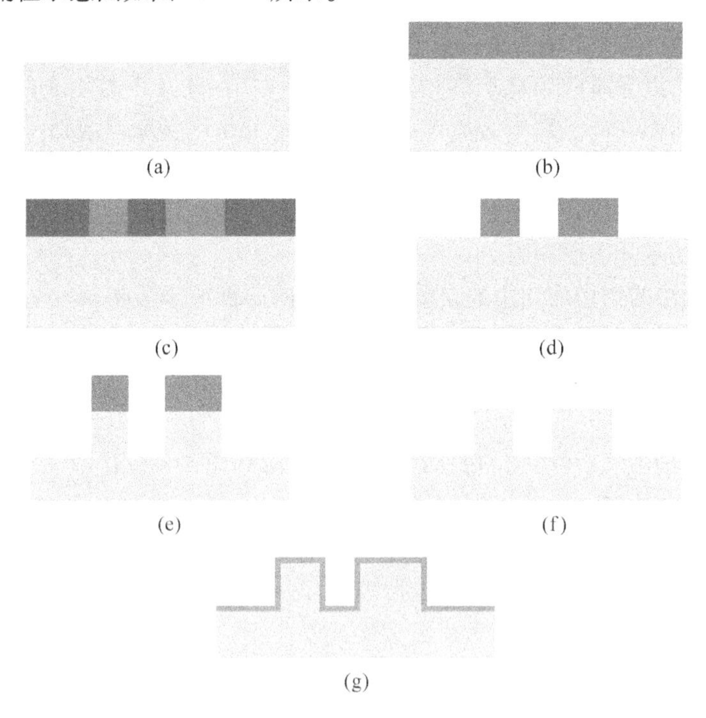

图 16-11　DRIE 工艺流程示意图

(a) 硅片清洗；(b)涂覆光刻胶；(c) 曝光；(d) 显影；(e) 深刻蚀；(f) 去胶；(g) 磁控溅射。

(a) 清洗硅片。对硅片遵循去油污，去除离子型杂质，去除原子型杂质的顺序进行严格清洗，最后以高纯水冲洗并高速甩干。

（b）涂胶。在硅片上涂覆光刻胶作为掩膜层，根据光刻胶厚度选择甩胶速率。常用光刻胶有 AZ 系列的正性光刻胶；然后使用水平热板对光刻胶进行烘干，蒸发光刻胶内的溶剂。

（c）曝光。采用电子束曝光可以在计算机控制下直接产生所要求的构件图形，而不再需要使用专门的光刻掩膜，而且电子束曝光图形容易修改，分辨率高。

（d）显影。获得掩膜图形。

（e）深刻蚀。以光刻胶为掩膜，使用深反应离子刻蚀对硅片进行刻蚀，常用的硅深刻设备有英国 STS 公司的 STS LPX ASETM（Advanced Silicon Etch）系统，该系统基于电感耦合等离子体源和 Bosch 工艺用来刻蚀高深宽比的硅结构，刻蚀深度可以达到几百微米甚至毫米级。

（f）去胶。即得到硅构件。

（g）溅射。使用磁控溅射在硅构件表面溅射一层约 1.5μm 的铜层，即得到所需要的微构件。如果要进行多件反复制造，可以采用与 LIGA 技术类似的工艺（参见图 16 - 7（g）、（h）），即对硅构件进行注塑，得到微塑模，再在微塑模上电铸金属铜，脱模后即可得到所需要的金属微构件。重复这一过程，就可以得到批量的相同构件。

4. 3D 打印

3D 打印技术，又称增材制造技术。传统的加工方法绝大部分是减材制造，即在材料上通过各种加工手段去除多余的材料，最后留下需要的材料，即成为需要的零件，而增材制造技术是采用材料逐渐累加的方法制造实体零件的技术，其中最具代表性的是 3D 打印。3D 打印技术，是一种以数字模型文件为基础，运用粉末状金属或塑料等可黏合材料，通过逐层打印并烧结固化的方式来构造物体的技术，是先进制造业的重要组成部分。

日常生活中使用的普通打印机可以打印计算机设计的平面物品，而所谓的 3D 打印机与普通打印机工作原理基本相同，只是打印材料有所不同，普通打印机的打印材料是墨水和纸张，而 3D 打印机内装有金属、陶瓷、塑料、混凝土、生物凝胶、高分子材料、砂等不同的"打印材料"，是实实在在的原材料，打印机与计算机连接后，通过计算机控制可以把"打印材料"一层层叠加起来，最终把计算机上的蓝图变成实物。通俗地说，3D 打印机是可以"打印"出真实的 3D 物体的一种设备。

3D 打印存在着许多不同的技术，现代先进的 3D 打印技术的制造精度已经可以达到 2μm 量级。其应用领域已经扩展到了国防、工业、科技、医疗、食品等国民经济的各个部门，小至微纳机器人、大至房屋建筑，精密至人体器官、与人们密切相关至服装服饰、食品等均可以由 3D 打印制造。

在微波管制造中，3D 打印技术也正在各研制单位积极开展应用试验，例如太赫兹波段精密慢波结构的制造，相信很快就会见到实际成果。

16.2　零件的净化

电真空器件的零件在加工制造过程中，随时都有被脏物、杂质污染的可能，被污染的零件会严重影响器件的性能，甚至导致器件不能正常工作，所以必须对零件做净化处理。

16.2.1 零件净化的必要性

1. 污染物的种类

污染零件的脏物种类很多,这些脏物可分为物理和化学两大类。

1) 物理污染物

(1) 油类。零件加工时所用的各种润滑油,这些润滑油或冷却油可能是直接触沾到零件上的,也可能是在空气中呈雾状落到零件上的;操作人员的手汗和唾液,人员对零件呼出的气体等。

(2) 粉末屑粒。空气中的灰尘、微粒,衣服、手套、清洁用的棉花、绸布等的断纤维,人身的皮屑、头屑及头发,金属粉末等。

(3) 零件吸附的各种气体,如氧气、氮气、二氧化碳、水汽等。

2) 化学污染物

(1) 零件表面的化学化合物,如氧化物、硅酸盐、硫化物、氮化物、硼化物等,这类污染物一般都会在零件表面生成并结合牢固。

(2) 手汗中的氯化钠及各种无机盐和有机物。

(3) 清洗不彻底和电镀残留的各种酸、碱、有机溶剂。

(4) 自来水中的K、Na、Mg、Ca、Fe、F等离子,腐蚀液中的Mg、Al等离子,以离子形态附着在零件表面的离子污染物。

(5) 以原子形态附着在玻璃、陶瓷等零件表面上的铜、金、银等重金属杂质。

2. 污染物的危害

无论何种污染物,都会给电子器件带来严重的不良后果。

(1) 污染物可能成为管内放气(包括蒸汽)源,使器件不能获得高真空或引起管子封离后真空度下降。如管内零件沾污的油脂和水,在排气烘烤及管子工作过程中,都会受热分解或蒸发,放出大量气体。这种放气会使管内真空度变坏,改变管子的工作特性以致使管子无法正常工作。

(2) 破坏阴极的正常工作,引起阴极中毒。管内零件如有氧化物、氯化物、硫化物等脏物,在管子工作中受到电子轰击和受热时会分解出氧气、氯气和气态硫化物等,它们会使阴极尤其是氧化物阴极发射能力降低,对于氧化物阴极甚至会丧失发射能力。另外,在电场作用下许多气体成为离子,这些离子轰击阴极,会使阴极表面遭到破坏,同样会影响阴极发射。阴极活性物质溅射到其他电极上,会使这些电极产生一定程度的发射,破坏器件的正常工作。

(3) 引起极间漏电。一些油脂或颗粒污染物受热变成碳,沉积到陶瓷、玻璃、云母等绝缘体上;阴极和其他电极遭受离子和电子轰击时产生的溅射物(活性物质和金属原子)沉积到这些绝缘体上,都会使其绝缘性能下降,甚至引起极间漏电,使管子无法工作。

(4) 使涂层不牢。电真空器件中有很多零件需要经过表面涂覆,在涂覆前如果零件表面上有脏物,则会使涂层与基体附着不牢,发生掉粉或起皮,造成电极性质改变、极间短路及焊接不牢,造成废品等。

所以,零件在进一步处理和装配之前,必须进行净化处理,彻底去除黏附在零件上的所有污染物。

16.2.2　零件的机械净化

机械净化是用机械力去除零件表面污染物和改善零件表面状态(粗糙度)的方法,在机械净化时往往将零件表面层连同污染物一起去除。机械净化常用的方法如下。

(1) 刷光。刷光是以高速旋转的刷光轮擦刷金属表面,去除金属表面的氧化层、污垢等脏物,使零件表面光洁的一种净化方法,刷光轮一般用弹性好的金属丝(铜丝、黄铜丝等)制成。

(2) 磨光。以高速旋转的磨光轮借助磨料微粒锐利的棱角来消除金属表面的不平整而得到光滑表面的过程。常用的磨料为金刚砂、刚玉,磨料可以通过黏结剂(橡胶、水玻璃、洋干漆等)黏在一起形成硬质磨光轮,也可以用磨料加黏结剂制成磨光膏涂在羚羊皮、毛毡、麻布做成的软轮上进行磨光。

(3) 抛光。抛光是借助磨料的研磨,以消除材料和零件在加工和磨光后表面上留下来的微小痕迹,使表面粗糙度提高到 0.2μm 及以上的方法。抛光法包括抛光轮抛光、振动光筛法、机械滚抛法和手工抛光法。

抛光轮用羊皮毡或者麻布做成,上面涂抛光膏,抛光膏所用磨料特别细,主要有硅藻土(天然二氧化硅)、氧化铬(绿色粉末)以及铁砂(三氧化二铁)等。

振动光筛法所用磨料由碎小的金刚砂、莫来石等和木屑、玉米粉等组成,木屑、玉米粉起缓冲作用。

机械滚抛法是将零件和磨料投入角形或钟形滚筒内一起滚动,使它们在滚筒内相互摩擦而达到抛光的目的。

对于个别零件的内、外圆抛光,也可以用适当的工具包裹布料,涂上抛光膏,用手在高速旋转的零件上进行手工抛光。

(4) 喷砂。喷砂是用压缩空气把细砂粒连续喷打到零件表面,以去除零件表面的氧化物和其他脏物,同时使零件获得均匀、粗糙的无光表面的一种净化方法。喷砂在专门的喷砂机上进行,所用砂料是金刚砂、石英砂等。

16.2.3　零件的化学及电化学净化

1. 化学及电化学去油

机械加工的零件表面一般都沾有油污,根据油脂与碱产生反应的不同,可以分为可皂化油脂与不可皂化油脂。动物及植物油脂与碱溶液作用能形成可溶于水的肥皂,所以称为可皂化油脂,如甘油三硬脂酸、脂肪、甘油三油脂酸等,它们可用碱液进行化学去油,也可以在碱液中通电进行电化学去油;矿物油脂如石蜡、地蜡、机油等,不和碱起化学作用,所以称为不可皂化油脂,它们应当用能溶解这类油脂的有机溶剂来进行化学去油。

1) 碱液去油

当沾有可皂化油脂的零件浸入碱液时,碱液与油脂发生化学反应,后者生成丙三醇(甘油)和脂肪酸盐类(肥皂),它们都能溶于水,所以在碱液中能够把零件上沾有的皂化油去掉。

碱液去油时所用碱液大多为钠或钾的化合物,如苛性钠(NaOH)或苛性钾(KOH)、碳酸钠(Na_2CO_3)或碳酸钾(K_2CO_3)、磷酸钠(Na_2PO_4)、硅酸钠(Na_2SiO_4,又称水玻璃)等或它们按一定比例混合的液体,其中以钠化合物及其混合液用得较多。加热和搅拌都会加速油脂的皂化与溶入水中,促进去油过程,零件从碱液中取出后需立即在温水中彻底清洗,使碱液全部洗去,然后在冷水中清洗。金属表面油污若已彻底清除,则零件自冷水中取出时其表面应能全部为水所浸润。

2)电解去油

将零件的碱液去油过程放在电解槽中进行,被清洗零件作为一个电极,电解槽本身或另一个金属板作为另一个电极,加以适当电压,就可以加速去油过程,提高清洗质量,这就是电解去油。

电解去油时所加电压,直流和交流都可以。电解去油能提高去油效率的原因,一般认为主要是在两极上剧烈地析出的气泡(阴极上析出氢气、阳极上产生氧气)把零件上附着的油脂薄层因机械作用而剥离表面,同时油脂又与碱液起皂化作用,从而加速了去油过程。

实际应用电解去油时,零件多接阴极,或先阴极,后阳极相结合的办法,单纯阳极去油效果没有阴极好,而对某些材料如铜及其合金,还会产生氧化膜;但阴极去油时所逸出的大量氢气能渗透到金属内部,使某些金属发脆,这时就只能用阳极去油。

3)有机溶剂去油

汽油、丙酮、三氯乙烯、四氯化碳等有机溶剂既能够溶解不可皂化油脂,也能溶解可皂化油脂,所以有机溶剂在零件去油中使用十分广泛,它们都是碳氢化合物或含氯化合物。

(1)汽油。汽油是大家熟知的石油产品,也是应用得很广的去油溶剂。汽油并不是一种单一碳氢化合物,因而没有确切的沸点,密度在0.69~0.74g/cm^3(15℃时),其去油效率仅45%。汽油主要用来清洗不能用三氯乙烯和碱去油的零件,如铝、覆铝铁和覆铝镍丝等。

汽油的最大缺点是易燃,甚至引起爆炸,使用时应注意安全。

(2)丙酮C_3H_6O。丙酮是无色透明的液体,沸点56.1℃,密度0.79g/cm^3(15℃),去油效率高,因而使用广泛。

与汽油一样,丙酮是易燃易爆溶剂,应注意安全使用。

(3)三氯乙烯C_2HCl_3。三氯乙烯是无色透明、易挥发的液体,沸点为87℃,密度1.47g/cm^3(15℃)。在有机溶剂中,三氯乙烯是溶解能力最强的一种,去油效率达96%,能很好溶解矿物油脂和植物油脂以及石蜡、树脂、橡胶等。

三氯乙烯为可燃液体,它的蒸汽以接近饱和状态存在于清洗槽或仓库时,靠近火源也会产生爆炸性燃烧;三氯乙烯表面张力小,浸润性好,能迅速浸透到形状复杂的零件的各个细小部位去发挥去油作用。三氯乙烯的缺点是加热到125℃以上时,容易分解出盐酸、氯气和一氧化碳分子,它们都对人体有害、有毒,而且三氯乙烯分解后,由碱性变为酸性,对零件有腐蚀性;湿气、酸和铝与三氯乙烯接触时能促使其分解,特别是光照也会加速三氯乙烯的分解;三氯乙烯也不能直接用火焰加热,而只能用蒸汽间接加热,因为三氯乙烯与火焰接触分解时,残留物会猛烈氧化生成剧毒的光气$COCl_2$;三氯乙烯也不能用来对碱金属和碱土金属去油,因为这会形成强烈的爆炸性化合物;三氯乙烯的蒸汽对人体有毒害作用,会使人恶心、头晕甚至神志不清,为致癌物。

(4) 四氯化碳 CCl_4。四氯化碳是一种无色,有甜味的麻醉剂,为剧毒化学品。但它对矿物油类(树脂、蜡)能良好溶解,去油效率可达75%,不燃烧,但同火焰和灼热物体接触会水解产生盐酸,对金属有腐蚀作用;分解残余物还会氧化生成剧毒的光气。

4) 水剂去油

为了节省昂贵的化学溶剂,降低成本;尤其是减少这些溶剂对人体、环境的损害,保护操作人员的健康和环境安全,采用水剂去油,如洗衣粉、洗净剂以及专用金属清洗剂等也取得了良好的效果,已越来越广泛地被采用。

采用水剂清洗去油时一般都把溶液加热,辅以搅拌以提高去油效果。

2. 化学及电化学浸蚀

浸蚀的作用是去除金属表面的氧化物,它必须在去油后进行,否则油脂与污垢的存在,会使浸蚀不能有效发挥作用。

1) 化学浸蚀——酸洗

化学浸蚀一般利用酸性溶液进行,所以又通常称为零件的酸洗。但也有少数金属利用碱性溶液来浸蚀,如非金属氧化物和某些高价金属氧化物(例如三氧化钨 WO_3、三氧化钼 MoO_3 等),它们能与碱反应生成盐和水;对于大多数金属的氧化物来说,则都能与适当的酸反应生成盐和水。

酸洗主要利用盐酸、硫酸、硝酸等及它们的混合液来去除金属氧化物。各种不同的金属和合金应该用不同配方的酸溶液进行清洗,长期以来早已形成一套针对不同材料、不同目的、行之有效的配方比例和工艺规范,在酸洗时应严格执行,以达到最佳浸蚀效果。浸蚀液的浓度、温度以及浸蚀时间都应适当控制,浓度不能太高,除了避免对零件的过度腐蚀外,还应该考虑化学生成物在酸液中的溶解度;提高温度可以加速侵蚀作用,但太高了会使溶液分解,并产生有毒气体。

(1) 盐酸 HCl。盐酸为无色透明液体,具有强烈的刺激性气味,密度 $1.19g/cm^3$,能溶解多种金属及金属氧化物、硫化物、氢氧化物,反应生成的氯化物能溶于水,不会在溶液中留下杂质。但盐酸不能与铜、金、银等重金属作用。

(2) 硫酸 H_2SO_4。硫酸是无色油状液体,98%浓度的硫酸密度为 $1.838g/cm^3$,沸点338℃,具有强烈的氧化性和腐蚀性,并有很强的吸水性,为强酸之一,能与多种金属和非金属作用。浓硫酸稀释时会放出大量的热,所以应该将酸沿容器壁慢慢倒入水中,并不停搅动,切不可将水倒入浓硫酸中,因为这将引起173℃的高温,导致酸液飞溅,造成损伤事故。

稀硫酸能与各种氧化物、硫化物、氢氧化物反应,生成的盐能溶于水;盐酸与稀硫酸的混合液是一种弱浸蚀液,可去除比较轻微的氧化层。

(3) 硝酸 HNO_3。纯硝酸为无色透明液体,浓度69.2%的硝酸密度为 $1.41g/cm^3$,遇强光后分解出部分二氧化氮溶于硝酸中,使它呈现棕黄色。硝酸有极强的氧化性和腐蚀性,也是一种强酸,它能使不活泼的金属如铜、银、汞等被氧化而溶解,但与金、铂、铌、钽等不起作用,镍、铁、铝、铅等也不与它反应。

(4) 王水。王水是由硝酸与盐酸以摩尔比1:3(体积比为1:3.6)混合配制而成。其中浓硝酸与盐酸作用生成的部分新生态氯和部分氯化亚硝酰 NOCl 能使难溶的贵金属金、铂被氧化而溶解。

(5) 氢氟酸 HF。氢氟酸为无色透明、气味剧臭的液体,它是含量为48% ~50%的氟化氢的水溶液,在35% ~36%浓度时密度为1.14g/cm^3,沸点为120℃。氟酸腐蚀性很强,有剧毒,对皮肤、骨骼都有严重腐蚀作用。它没有氧化性,所以对许多贵金属不溶,但可以溶解二氧化硅及玻璃,因而主要用来对半导体硅、玻璃及石英零件的清洗。

(6) 硝酸、氢氟酸混合液。利用硝酸的强氧化性与氢氟酸的腐蚀性使铌、钽等难熔金属在这种混合酸中可以迅速溶解,在半导体工艺中,这种混合酸应用很广。

(7) 铬酸洗液。它以饱和重铬酸钾 $K_2Cr_2O_7$ 水溶液加入过量的浓硫酸混合而得,配制时应注意冷却;或者利用铬酐 CrO_3 加浓硫酸也可以配制。重铬酸钾是橙红色晶体,铬酐为深红色晶体,它们在酸性溶液中是极强的氧化剂,使许多低价化合物氧化为溶于水的高价化合物,而且热的洗液还能氧化有机油脂,使油脂变成溶解于水的醇类或酸类。因而被广泛用于清洗各种玻璃、石英、搪瓷等制品,以去除无机和有机杂质。

(8) 过氧化氢 H_2O_2,俗称双氧水。纯双氧水应为淡蓝色黏稠液体,是良好的溶剂,在20℃时密度为1.446g/cm^3,沸点为150.2℃,-0.43℃凝固。市售双氧水一般浓度为30%,呈无色、无臭、无味的液体。双氧水具有强氧化性,对非金属、有机物和绝大多数金属都有氧化能力,主要用于半导体的清洗。

(9) 氢氧化铵 NH_4OH,俗称氨水。无色透明,易挥发,有强烈的刺激性臭味,一般氨水的浓度为25%,28%浓度的氨水密度为0.9g/cm^3。氨水呈碱性,经常与其他具有氧化性的溶液(如 H_2O_2)配合使用,主要用于半导体清洗。

2) 电化学浸蚀

电化学浸蚀也称电解浸蚀,其原理与电化学去油相似,即利用电流通过浸蚀液,在电极上放出气泡的机械作用,使金属表面氧化层分离脱落或者溶于电解液中,实现对金属零件的清洗。

电解浸蚀也分阳极浸蚀与阴极浸蚀两种。前者是把零件作为阳极,用铅(或者铜)板作为阴极,电解时在阳极上产生氧气,气泡的机械力把阳极的氧化物分离;后者刚好相反,零件接阴极,铅、铅锑合金板作阳极,电解时在阴极产生的是氢气,氢气把氧化物还原,同时气泡的机械力使氧化层脱落。电解浸蚀时常用的是阳极浸蚀,阳极浸蚀时在电解过程中阳极溶解的同时,还可将阳极表面附着的杂质带下来,但阳极浸蚀须注意过度浸蚀和浸蚀不均匀问题;阴极浸蚀没有过度浸蚀的危险,但容易发生氢气渗透到金属内部而使某些材料发脆,即所谓氢脆现象。

电解浸蚀一般以弱酸作电解液,对于酸性氧化物,则可以用碱性溶液,如 NaOH 作电解液。

3) 电化学抛光

金属零件在电解液中进行十分微弱的电解腐蚀,其金属溶解量很微小,而表面却可以变得十分均匀光亮,光洁度大大提高,这一过程称为电化学抛光或者电解抛光、电抛光。电解抛光的原理目前认为主要有两个方面:一方面是在抛光过程中,零件表面会形成一层高电阻率的黏膜,在零件微观凸起部分黏膜较薄,电解浸蚀的溶解速率就大,反之微观凹入部分的黏膜较厚,金属溶解得就较慢,从而提高了零件表面的均匀性,即降低了粗糙度;另一方面是在均匀电流场中,微凸部分电场比较集中,电流密度大,金属溶解速率也就大,同样达到了降低粗糙度的目的。

电抛光时零件都是作为阳极,这时阴极面积就应当比阳极大 1 倍以上,可用不锈钢、铅或者铜板做成。电抛光常用的电解液包括正磷酸(H_3PO_4)、硫酸、铬酸和水;钨、钼零件则可用含氢氧化钠的电解液。

16.2.4 零件的超声波清洗

1. 超声波清洗原理

超声波是频率高于 20kHz 的声波,但习惯上把 10kHz 左右的高频声波也作为超声波。超声波是一种机械振动波,属于纵波,振动方向与传播方向一致。

在电真空生产中采用超声波清洗主要是利用它的气蚀(空化)效应,即当超声波在液体介质中传播时,由于弹性介质的机械振动,使介质产生相互交替的稠密和稀疏的分布,稠密处承受巨大的压力,而稀疏处受到拉力,介质中的这种压力和拉力亦交替改变,当液体经受不了这种强大的拉力时,就会被撕裂而形成许多瞬时的空泡(空化泡)。由于超声波振动频率很高,压密和拉疏的过程在不断变化,致使这种空泡在介质由拉疏变为压密时,在很短时间内又会被挤压破裂。这种空泡的形成与破裂以每秒上万次至百万次的速率进行。在这些小空泡被挤压到破裂的极短暂时间内,压强可以达到几千至几万个大气压,其机械能非常大,产生强大的冲击力,对零件表面形成高速冲刷作用,使浸在液体介质中的零件表面的油污、脏物和尘粒被剥离,落到液体中;另外空泡破裂时产生的强大压强,足以使某些结合不牢的化学键破坏断裂,引起这些结合脆弱的化合物分解到液体中;再者,由于空化效应聚集的大量能量在微小的区域迅速释放出来,使该小区域的温度上升,进而又促使了一些物质的溶解度增加,加速溶解。由此可见,超声波清洗除了物理作用外,还具有化学作用。

超声波清洗在专用的超声波清洗机中进行,其超声波产生方式与超声波加工设备一样,可分为磁致伸缩式和压电晶体式两类。所不同的是,在超声波清洗机中,换能器不再与加工头相连接,而是要么与清洗槽(清洗容器)的镍底盘相连,要么直接浸在清洗槽中的液体介质中。前者通过底盘的振动将超声振动传给液体,后者由换能器直接将超声振动传给液体,零件浸没在液体中进行清洗。

2. 超声波清洗的应用

超声波清洗主要用于具有细缝、窄槽、深孔、盲孔及其他死角的零件的清洗,因为零件的这类部位,手或者一般器物很难触及,清洗溶剂也很难深入进去并产生流动,因而使得这些所谓细窄部位或死角的脏物很难清洗干净,而超声波则可以深入到任何细小的地方,充分发挥其特有的清洗功能。

超声波清洗机中换能器的位置,应考虑使清洗槽中保持稳定的声驻波,并让零件处于波腹处。为此,可以调整清洗液的多少以改变清洗液液面高度,然后再适当移动零件,使其处于声强的波腹处,同时对声驻波的干扰又最小。

清洗液应该根据不同的被清洗的零件来选择,水是最常用的清洗液,它无毒、价格便宜、效果好,考虑到为了有更好的去油效果,也往往选用三氯乙烯、无水乙醇、丙酮等为清洗液。

经过任何方式清洗,尤其是浸蚀的零件,都必须进行充分的水洗,酸洗后的零件还应用流动水充分冲洗,水洗最好用去离子水,有时也可用自来水,水洗后再用无水乙醇脱水、烘干,即可备用。针对不同材料、不同污染物都已有成熟的清洗规范,只要按规范规定的工艺要求去进行清洗,就可以真正把零件彻底洗干净。

16.3 零件的热处理

热处理是将零件或材料在一定的气氛(空气、真空、氢气、保护性气体等)下加热到一定温度并保持一定时间,然后再冷却的过程。根据零件材料、大小、形状的不同以及需要达到的目的不同,热处理的规范也不同。

16.3.1 热处理的作用

对零件或材料进行热处理主要目的如下。

1. 退火

金属材料经过冶炼、铸造、压力加工后,以及材料经过各种加工手段成为零件过程中及存放期间,不仅外形发生了变化,而且内部晶体形状也发生了改变,一些晶体会发生畸变、破碎和错位,晶格发生弯曲,从而产生了应力,使得金属的硬度和强度增加,可塑性降低,这种现象称为冷作硬化。

为了消除金属材料及零件的冷作硬化现象,也就是消除加工过程中产生的应力,恢复其塑性,使零件以后不再发生形变而固定成形,就需要进行退火。在退火时,随着温度的升高,金属原子的动能增加,晶体畸变得以恢复,在晶粒破碎处成长出新晶粒以取代原来变形的晶粒,这叫作金属的再结晶。经过再结晶的材料和零件消除了加工硬化现象,其机械、物理性能得以恢复。金属材料的再结晶温度与其形变大小、保温时间、杂质含量等有关,一般金属的最低再结晶温度约为其熔点的0.4倍。

2. 去气

金属内部往往含有很多的气体,这些气体主要是在金属冶炼过程中吸收的,这是因为在熔融状态下金属具有很强的吸气能力,这些气体或者与金属作用,在金属表面生成熔渣,或者溶解在金属体中。如镍中含氢气和一氧化碳的总和可达金属总量的0.5%;铜中的氢气、二氧化硫和一氧化碳含量,最多每百克金属中可达3mL。除此之外,金属材料和零件在制造和存放过程中,也要吸附一部分气体。

金属中气体的存在不仅使金属(特别是钽、铌)变硬发脆,而且气体会对真空器件造成危害,因为当器件在工作过程和存放过程中,这些气体的缓慢释放,会破坏管子的真空度,引起管子性能改变。因此在金属零件装配成整管前,必须进行预先去气,去气温度必须比以后零件的工作温度高,以保证零件在长期的工作温度下不会再放出气体。

要去除金属中的气体,必须升高温度,使气体分子的运动加速,引起金属表面吸附的气体解吸而离开金属;同时,降低金属外部压力,使金属内部的气体因动能增加而扩散出来。所以,金属去气一般在氢炉或真空炉中进行。在氢炉中,一方面金属外部的氢气分压强相对于金属内部氢以外的气体来说是较低的,金属内部的这些气体可以扩散出来,另一方面氢气的渗透能力强,可以渗透到金属内部置换其他气体,把其他气体排挤出来,而氢气本身在器件排气时能比较容易地从金属中逸出而被排走;至于在真空炉中,由于零件外部气压很低,金属内部的气体很容易扩散出来,然后被真空泵抽走。

3. 净化

经过清洗后的零件在后续的加工、装配、存放过程中，可能会重新被少量污染，同时在大气中暴露时间长了，在表面又会生成一层轻微的氧化物，这种轻微的污染和氧化可以通过热处理去除。

氢气在高温下有很强的还原作用，零件在氢气中进行热处理时，氧化物与氢气发生反应，金属即被还原出来；在真空炉中进行热处理时，氧化物在高温下分解，放出氧气随即被真空泵抽走。至于其他少量污染物，在高温下挥发和蒸发剥离金属表面，或者被烧掉。热处理中的净化作用是辅助性的，因而它往往是零件在高温下退火、焊接时的附带效果，除非特别需要，较少单纯为净化而对零件进行热处理。

4. 烧结

烧结的目的是使金属零件表面涂覆的物质，如热子表面的氧化铝涂层，可伐、不锈钢、蒙耐尔等零件因焊接需要而电镀的镍层等，通过烧结而使其致密，并与基金属结合更为牢固。

在烧结过程中，由于温度升高，涂层原子的扩散能力加强，使涂层颗粒或晶粒靠拢，接触面增加，涂层变得密实；同时，基金属与涂层分子（原子）相互扩散，使涂层与基金属结合牢固。

5. 淬火

将金属零件加热到一定温度后急剧冷却的过程称为淬火，淬火可以提高工件的表面硬度和耐腐性，或改善其他一些机械特性。特别是钢的淬火，可以明显提高其硬度和抗拉强度。

16.3.2　零件热处理的方式

1. 在氢气中热处理

氢气的扩散速率很大，而且又具有很强的还原性，因此，零件在氢气中进行热处理，往往能够同时达到退火、去气和净化的目的，这使得零件的氢气热处理成为电真空器件尤其是微波管制造中应用最多的热处理方式，习惯上将在氢气中进行热处理称为烧氢，所使用的设备相应称为烧氢炉或氢气炉。

但是并不是所有的金属零件都可以在氢气中进行热处理的，钽、铌、钛、锆、钢、石墨和碳化零件就不能烧氢。因为钽、铌、钛、锆在高温下会与氢气反应生成脆性氢化物（如 TaH_5）；石墨中的杂质气体在氢气中就不像在真空中那样容易扩散出来，而氢气扩散到多孔性的石墨中去后很难排除；碳化零件也一样，因为表面在氢气中会生成黏性的碳氢化合物；钢制零件一般也不能在氢气中热处理，以免大量的碳蒸发掉，使钢的机械性能大大降低；不锈钢在湿氢中热处理时会在表面生成一层致密的铬的氧化层，该氧化层与焊料不浸润，而且颜色呈微带绿的黑色，因此用于管内的不锈钢零件也不烧氢，但不锈钢的这种特点，正好可以用来作零件焊接时的模具。

除无氧铜以外，普通铜由于在氢气中热处理时会生成氢病，所以也不能烧氢。

氢气炉的种类很多，主要分为卧式和立式两大类。卧式氢气炉根据加热方式不同又有钼丝加热炉和钼皮加热炉之分；立式氢气炉的加热丝一般为钼丝，高温氢气炉也有用钨丝的。根据炉膛个数及大小不同，氢气炉又常常分为双位（或单位）氢气炉（小型氢气炉),中型氢气炉和大型氢气炉。由于氢气与空气或氧气混合时会形成爆炸性气体,遇到火或高温时会引起爆炸,所以操作氢气炉时必须严格按照规范进行,高度注意安全。氢气炉有的是直接用氢气将炉内空气挤走,有的是先抽真空再充氢气,还有先用氮气将炉内空气排走,然后再充氢气置换氮气的。不论用什么方式,都必须注意:室内必须有排气装置,氢气炉的出气口应利用橡皮管将排出的气体通到室外,或者利用在出气口上方的抽风罩将排出的气体及时抽走,以免氢气漏入室内与空气混合形成爆炸性气体。经过一定时间充氢,在确定炉内原有空气已全部排挤干净,炉内已经充满纯氢气后,还应将炉子出气口点火,让氢气燃烧掉。氢气炉只有在点火后才能升温进行热处理,否则在炉内若万一留存有空气,在点火或升温时就会爆炸,产生十分严重的后果。检查炉内氢气是否已达到纯净的方法一般是:用一试管倒扣在氢气炉出气口上,然后缓慢提起试管,让出气口排出的气体充满试管,在试管即将离开出气口时,用大拇指迅速将试管口盖住;同时在离氢气炉不少于3m处点燃一盏酒精灯,将试管靠近酒精灯,试管斜向下靠近火头,松开大拇指,如果听到轻微的“噗”声,就表明试管收集的气体亦即炉内气体已经是纯净的氢气,就可以对氢气炉出气口进行点火了;如果听到尖锐的爆鸣声,则表明炉内氢气还不纯,必须继续对炉内充氢,然后再做检查,直至氢气纯净为止。此时在炉子出气口点火,以防氢气漏入室内,并应随时密切注意火苗的大小,据此来判断氢气压力是否足够。

2. 在真空中热处理

对于不能在氢气中进行热处理的材料,就应该在真空中进行热处理,真空热处理是在真空炉中进行的,根据加热方式不同,真空炉主要可以分为:

(1) 外炉加热真空炉。其主要特点是放置待加热处理零件的真空室与加热用的炉子是分开的。在真空室中放入零件并由真空系统抽至真空度到 10^{-2}Pa 以上后,将可移动加热炉移向真空室,使真空室伸入炉内,然后就可以加热升温。

(2) 高频加热真空炉。这种炉依靠通有高频电流的线圈,套在装有零件的真空室外面,使零件在线圈的高频电磁场感应下,产生涡流以及磁滞损耗而发热,以至达到需要的温度而实现热处理的目的。由于高频炉必须经过电磁感应才能对零件加热,因此它的真空室通常用石英或者玻璃制成,称为钟罩,而不能用金属材料制造,加热时只是零件自身发热,而钟罩本身并不被加热,所以零件所能达到的温度可以远比石英或玻璃的熔化温度要高,只是要注意零件放置位置不能离钟罩太近。

高频电流由专门的高频振荡发生器(通俗地称为高频炉)提供,其频率一般在100~500kHz之间。高频振荡器使用的电压较高,高频辐射对人体健康有一定影响,所以使用操作时都必须注意安全,并采取必要的保护措施,如屏蔽网等。

(3) 钼丝加热真空炉。加热丝用钼丝做成,直接放置在真空室内(炉内),但炉体外壁有冷却水套,加热丝与炉壁之间还有若干层隔热罩,加热丝就固定在最内层的隔热罩上。

3. 在空气中热处理

在空气中热处理仅适用于少数不氧化的贵金属如金、铂等,少数钨、钼、镍等零件有时为了预先烧掉污染物,也可以先在空气中热处理,但温度一般较低,为400~600℃,然后还需要用其他清洗手段清洁及在氢气中进行还原;陶瓷、云母等绝缘零件和石墨零件需要在空气中进行清洁处理，以去除其脏物；玻璃则需要在空气中退火以消除应力。

在空气中进行热处理的设备是马弗炉，这种炉子结构简单，炉膛由耐火砖砌成，用电阻丝加热。玻璃制品退火则一般用煤气火头退火炉或手持煤气火头退火。

4. 热处理规范

热处理所用气氛、温度、保温时间，升降温速度等规范，应根据金属或合金的性质来决定，但零件的尺寸大小与形状，或者用途不同，热处理规范也应做相应调整。

经过烧氢或在真空炉中处理的零件，必须要冷却到 180℃ 以下才能从炉子中取出，否则很快就会重新被氧化。取出的零件应放在干净的干燥缸（柜）或专门的真空（或充氮）储存柜中，如果零件存放时间过长，在装管前应重新进行热处理。

表 16－1 列出一些常用材料的热处理规范，可供参考。

表 16－1　微波管常用材料的热处理规范

材料	氢气中		真空中	
	温度/℃	时间/min	温度/℃	时间/min
钨	800～900	10～15	1000	10～20
钼	900～950	10～15	900～1000	5～15
钽、钽铌			1100～1200	10～15
锆			750～850	10～15
钛			800～850	10～15
镍和镍合金	700～800	5～15	900～950	10～15
可伐	850	10～15	950～1000	15～20
紫铜			800～850	10～15
无氧铜	600～800	10～20		
不锈钢	850～1000（干氢）	5～15	800～950	10～15
碳素钢	800～850	10～20		
蒙耐尔	850～1100	5～15	850	5～15
石墨			1500～1600	
铁	900～1100	120	900～1000	10～30
银	500～700	5～20	500～700	5～20
铂			空气中 600～800	

16.4　零件的涂覆

经过净化和热处理的零件，有时为了改善其某方面的性能，还往往会在表面涂覆一层其他物质或者形成某种化合物，以使其具有原来所不具备的某些性质，达到特定的目的。

对涂层或镀层应该进行下述处理：

（1）涂覆与电镀后应该进行烧结，一般在氢气炉中进行，烧结可以使涂层或镀层与基金属结合更牢固，同时也对涂层或镀层起到进一步净化作用。烧结后涂层或镀层出现鼓包，起皮即表明不合格。

(2)在有条件时,最好应测量镀层的厚度。电镀镀层的测量有多种方法,涂层或镀层厚度不满足要求的也是不合格涂覆。

(3)必要时,还需要对涂层或镀层进行破坏性试验以检查涂覆质量,即将已涂覆零件与专门的试验零件进行焊接后做拉力试验,或者在涂层或镀层表面焊接金属丝,利用该金属丝进行拉力试验,从而检测涂层或镀层与金属(或非金属)基底的结合强度是否满足要求。

16.4.1 表面涂覆的作用

涂覆的目的主要包括如下几个。

1. 改善零件的焊接性能

在微波管中,最常用的涂覆是在不锈钢、可伐、蒙耐尔等零件表面镀镍以改善其钎焊性能,由于这些材料钎焊时对焊料的浸润性不够理想,为了保证钎焊时焊料溶化后的均匀流散,所以应该先镀一薄层(一般为5~10μm)镍。

对于需要点焊的零件,如铜丝,钼杆等,由于它们很难直接点焊,所以也可以在铜丝上镀镍,在钼杆上镀铂,以改善它们的焊接性能。

2. 改变零件的电子发射能力

改变电子发射能力包括两方面:提高零件的发射和降低零件的发射。前者最典型的实例是氧化物阴极,它的发射能力就是在基金属镍上涂上碳酸盐形成的;敷膜钡钨阴极表面覆盖一层锇、铱、钌或铼薄膜,就可以使表面逸出功降低,显著提高发射能力;碳化钍钨阴极则在表面碳化形成碳化钨薄层,则不仅可以改善阴极发射的稳定性,还可以提高其机械性能。

但是对于阴极以外的零件,则不希望发射电子,尤其是对于那些靠近阴极,从阴极蒸发出来的活性物质可能沉积到其表面的零件,如栅控行波管的栅极,加之本身因接近阴极而工作温度较高,最容易产生干扰器件正常工作的电子发射,影响器件的性能参数,因此应该设法防止这种不利的电子发射。防止的方法可以在这些零件表面涂覆一层逸出功高的金属,如金、铂等。

3. 改变零件的表面电导率

器件内某些零件,尤其是微波管的高频结构,要求具有良好的表面导电率,但往往由于考虑到材料强度、焊接性能、弹性要求等的需要,而必须采用导电性不够理想的材料来制造这些零件。这时,为了提高这些零件的表面导电率,就可以进行镀铜、镀银处理。

有些电子器件,为了防止电子在玻壳上的积累,引起击穿或产生附加电场影响电子运动,往往在玻壳内壁上涂覆一层石墨导电材料;有时则在玻壳外壁上涂覆一层金属粉末,起静电屏蔽作用。

另一方面,管内某些零件则要求具有尽可能高的绝缘性能,如普通电子管中用的云母片,这时可在上面喷一层氧化镁,使之表面起伏不平,增加绝缘电阻。间热式阴极中加热用的热子,都会在铼钨丝绕制的热子表面涂覆 Al_2O_3 粉层来使其具有绝缘性能,以防止热子线圈之间、热子与阴极筒之间短路。

在微波管中,表面涂覆还广泛地应用于衰减器的制造,如行波管中的集中衰减器,一般都是在陶瓷夹持杆上蒸散一层碳或者金属薄膜,如钽铌薄膜,控制薄膜厚度使其具有合适的表面电阻率,即可形成对微波的吸收衰减层。在一些速调管中,也在腔体内壁涂上一层微波吸收物质以降低腔体的品质因素,展宽管子的工作频带。

4. 提高零件的表面辐射系数

普通电子管中的阳极,微波管的散热基座,以及功率固体器件的散热片等,为了增加它们的热辐射能力,通常采用表面黑化的方法,以提高辐射而降低温度。

5. 增强零件表面的抗蚀能力

对于一些极易氧化的管内零件,为了防止生成氧化层,破坏管内真空度,可在表面镀镍或者镀银。至于管外零件,如引出线接头、管壳等,由于长期暴露在大气中,在空气、水蒸气和二氧化碳等作用下会发生化学变化,甚至锈蚀,使金属电接触不良,增加接触电阻,或者影响外观,为此也可以采用涂漆、镀金、镍等方法做保护。

微波元件特别是毫米波元件,也经常以镀银、镀金的方式来提高其表面导电率,同时起到保护表面不被氧化的作用。

6. 其他作用

涂覆的作用还可以有其他各种目的,根据实际需要来决定涂覆的方式、涂覆的材料。如可伐零件镀镍,不仅达到了改善焊接性能的目的,同时还可以起到保护可伐零件不致漏气的作用。这是因为若用银或者银铜焊料直接对可伐零件进行焊接,银会渗透到可伐体内,使可伐变脆,产生裂缝而漏气。

在微波真空器件中常用的需要电镀的金属及其镀层材料、电镀后的处理工艺见表16－2。

表 16－2　微波管常用金属表面电镀后的处理工艺

被焊金属	涂覆材料	烧结温度/℃	保温时间/min	涂覆目的
Mo	Cu	850	5～8	△
不锈钢	Cu	800～850	10～20	△○
Fe	Cu	900～950	10～20	△○
可伐	Ni	800～900	10～15	□△
Mo	Ni	850～1000	5～10	△
不锈钢	Ni	850～900	10～20	△○
低碳钢	Ni	800～1000	10～30	△○

注:□表示保护基金属,防止焊料渗透引起晶界胀裂;
○表示防止基金属氧化,降低对保护气体纯度的要求;
△表示增加焊料对基金属的润湿。

16.4.2　零件的机械涂覆和物理涂覆

1. 机械涂覆

机械涂覆是最简单的一种涂覆方法,方便易行,但涂覆质量尤其是涂层厚度不易控制。

1) 刷涂

刷涂是用毛刷,毛笔或者塑料海绵蘸上涂料,直接在零件表面涂刷的涂覆方法,显然这种方法操作简单,无须任何设备。陶瓷金属化(见17.3节)时的涂膏一般都采用刷涂;示波管、显像管的内、外导电层,波导元件中的衰减器、匹配负载也往往采用刷涂方法涂覆一层石墨乳形成。

2)喷涂

这种方法是利用喷枪,将涂料高速喷到欲被涂覆的零件的表面上。涂料由涂覆主体材料及溶剂、黏结剂等辅料配制成悬浊液形成,喷枪有内、外两层,外层通压缩空气,内层与装涂料的容器相连,当高压空气从外层高速喷出时,涂料即从容器内被吸出并从喷嘴与压缩空气一起喷出来。调整涂料成分、压缩空气的压力大小、喷嘴的粗细以及喷涂距离、被涂覆零件的温度等,便可以在零件表面获得符合一定要求的涂层。喷涂法被广泛用于氧化物阴极制造中在基金属上涂覆碳酸盐,热子制造中在铼钨丝上涂覆氧化铝绝缘层。

3)热涂

将作为涂料的金属加热到熔融状态,然后将经过净化的欲涂覆的金属丝以一定的速度通过该熔融金属,即可以使熔化的金属黏附在金属丝料表面上。为了防止加热时金属氧化,热涂应在保护性气氛(如氢气)中进行,为了提高涂层与金属丝的附着力,一般应该对被涂覆金属丝进行预热。热涂的涂层厚度与被涂覆丝料的直径、预热温度、丝料行进的速度以及作为涂料的熔化金属的温度等有关。

4)浸渍

将涂覆物质配成悬浊液或胶体溶液,然后将欲涂覆的零件浸入涂料液中,或让涂料液在零件内流过,然后经过烘干,使零件表面或者内壁形成涂料层。例如荧光灯管内壁的荧光粉涂层就采用这种方法涂覆。

此外,还有一些机械涂覆法,但这些方法主要用在显示器件中,如显像管荧光屏涂覆用的沉淀法、旋涂法,特种示波管螺旋线型后加速极涂覆用的滚涂法等。

2. 物理涂覆

物理涂覆主要是一种将涂覆材料加热,使其以分子、原子或熔融状态在零件表面沉积形成涂层的方法。这种方法由于涂层一般都很薄,所以往往又称为镀膜。物理涂覆的应用十分广泛。

1)真空蒸发

真空蒸发镀膜是在真空中加热膜料使之汽化,汽化后的膜料蒸汽粒子(原子、分子或原子团)自由飞向待镀膜零件,并在零件表面沉积形成一定厚度的薄膜。

真空蒸发镀膜由于是在真空室内进行的,这就可以避免膜料、零件表面及加热体被污染和在高温下的氧化;增加膜料蒸汽分子飞出的自由路程,防止残余气体分子在零件表面沉积而影响膜层的牢固与致密性,有利于提高镀膜的质量。

真空蒸发镀膜影响薄膜生长速度和结构的主要因素有:真空度(应在$10^{-3}\sim10^{-5}$Pa以上)、膜料的纯净度和蒸发速率、膜料蒸汽分子飞向零件的入射角(沉积角)以及被镀零件表面的清洁度及温度等。

真空蒸发镀膜对膜料的加热可以有很多方法,较常用的有电阻加热、电子束加热、激光加热等。

(1)电阻加热真空镀膜。利用高熔点的金属如钨、钼和钽等作成加热丝或者加热舟作为膜料的加热体,利用大电流通过加热器时产生的焦耳热来加热膜料,使之最后汽化、蒸发,直至零件表面形成所需要厚度的薄膜为止。这种加热方法通常用于汽化温度小于 1500℃ 的膜料(硫化物、氟化物、金、银、铝等)的蒸发。

(2) 电子束加热真空镀膜。利用热阴极提供的电子源,经聚焦、加速、偏转后轰击作为阳极的膜料,从而使膜料汽化蒸发。其特点是电子束密度高,能量高度集中,能使膜料表面达到 3000 ~ 6000℃ 的极高温度,而且只要调节电子束的能量及密度即可实现温度的控制。该方法特别适合用于高熔点氧化物薄膜的涂覆,图 16 - 12 给出了电子束加热真空镀膜装置的示意图。

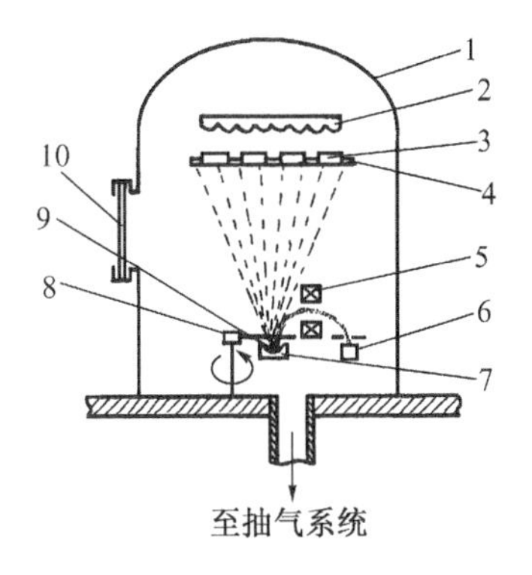

图 16 - 12　电子束加热真空镀膜装置示意图

1—真空钟罩; 2—辐射加热器; 3—待镀膜零件; 4—零件架; 5—磁偏转系统; 6—电子枪(阴极、聚焦极); 7—坩埚; 8—挡板; 9—膜料; 10—观察孔。

(3) 激光加热真空镀膜。利用聚焦的高能量激光束照射膜料,使膜料迅速汽化,蒸发到零件上形成薄膜。激光加热可以蒸发包括化合物在内的任何高熔点材料,电阻加热或者电子束加热所不能蒸发的材料,激光加热都可以使之汽化蒸发;由于温度高,加热迅速,当膜料为化合物时可使化合物的组成成分同时蒸发,不致引起化合物分解,保证了涂层成分与原膜料成分的一致性;与电子束加热相比,激光加热还可以避免膜料带电;激光加热镀膜在被涂覆零件不加热的情况下就能获得良好的薄膜。

2)溅射镀膜

用高能粒子(大多数是由电场加速的气体正离子)撞击固体表面(靶),使固体原子(分子)从表面射出的现象称为溅射。溅射是物理气相沉积(Physical Vapor Deposition, PVD)的一种。其特点是可制备成靶材的各种材料均可作为薄膜材料,包括各种金属、半导体、铁磁材料,以及绝缘的氧化物、陶瓷等物质,尤其适合高熔点和低蒸汽压的材料沉积镀膜,在溅射过程中膜料不会发生相态变化,化合物成分不会改变,且具有设备简单、易于控制、镀膜面积大和附着力强等优点。

(1)磁控溅射。

如图 16 - 13 所示,磁控溅射的基本原理是在靶材与基片之间加有电压,使稀薄的工作气体氩气电离,形成辉光放电。电离产生的带正电的 Ar^+ 离子在电场加速下轰击作为阴极的靶材,使靶材原子从靶材表面飞溅出来,中性的靶原子沉积在基片上形成薄膜。而 Ar^+ 离子轰击靶材产生的二次电子 e_1 在加速飞向基片时受磁场 B 与电场 E 的共同作用,以摆线和螺旋线状的复合形式在靶表面运动。该电子 e_1 的运动路径不仅很长,而且被电磁场束缚在靠近靶表面的等离子体区域内,从而在该区域中可以电离出大量的 Ar^+ 用来轰击靶材,因此磁控溅射具有沉积速率高的特点。随着碰撞次数的增加,电子 e_1 的能量逐渐降低,同时,e_1 逐步远离靶面,待电子能量将耗尽时,在电场 E 的作用下最终沉积在基片上。由于该电子到达基片时的能量已经很低,传给基片的能量很小,使基片温升较低。由于磁场的存在,大大提高了等离子体密度,所以磁控溅射可以在很低的气压下进行,一般磁控溅射的工作气压为 0.01 ~ 5Pa。

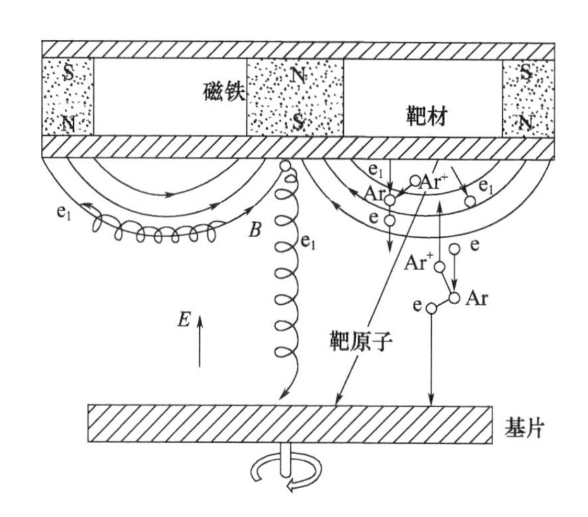

图16-13 磁控溅射的原理图

e—氩原子电离产生的电子;e_1—氩原子轰击靶材时产生的二次电子;

Ar—氩气原子;Ar^+—氩原子电离产生的氩离子;B—磁场;E—电场。

磁控溅射包括很多种类,但它们的基本原理都是利用磁场与电场交互作用,使电子在靶表面附近形成摆线和螺旋线状运动,从而束缚和延长电子的运动路径,提高电子的电离概率和有效地利用了电子的能量。因此,在形成高密度等离子体的异常辉光放电中,正离子对靶材轰击所引起的靶材溅射更加有效,同时受正交电磁场的束缚的电子只能在其能量将要耗尽时才沉积在基片上。这就是磁控溅射具有“低温”“高速”两大特点的机理。

磁控溅射不仅可以溅射各种金属包括难熔金属的薄膜,如Al、Cu、Au、W、Ta、Ti、Ni等,还可以制备各种化合物薄膜,如TiN、Ta_2O_5、TiO、Al_2O_3、ZrO_2、AlN等。在溅射过程中,除了工作气体氩气外,同时充入O_2、N_2、CH_4、C_2H_2等其他气体,与溅射出来的靶原子发生反应,从而可以得到氧化物、氮化物和碳化物等化合物的薄膜。例如,以Zn作为靶材时,同时充入氧气,溅射出来的Zn原子与O_2反应生成ZnO,沉积在基片上就得到了ZnO薄膜。

磁控溅射有直流溅射和射频(RF)溅射两种方式。对于导电靶材的溅射,适用直流溅射,因为靶面的偏压和向靶材背面施加的负直流偏压是基本相等的,由于其良好的导电性,被吸引到靶面的阳离子可以快速释放电荷,使得直流偏压可以维持。如果这时采用RF溅射,则虽然溅射也能进行,但效率不如直流高,因为在一个RF周期内,只有半个周期有阳离子流。但是当靶材是绝缘材料时,如果同样施加直流偏压,则在最初短时间的溅射之后,到达靶材表面的Ar^+离子由于不能及时放电,就会造成靶面正电荷的积累,从而导致靶面与等离子体中的Ar^+离子之间没有足够的电势差赋予Ar^+离子到达靶材的动能,进一步还会造成辉光放电熄灭。相反,使用射频电源时,虽然在RF负半周期,由于靶材不导电,靶材表面会有阳离子电荷积累,阻止Ar^+离子继续轰击靶材,但在正半周期,等离子体中的电子会被吸引到靶面并中和阳离子电荷。同时,由于电子的迁移率比阳离子高得多,在同样的半周期时间内,会有比阳离子更多的电子被吸引到靶面并积累。在准静态条件下,相当于在靶材表面形成了一个负直流偏压(自偏压),其有利于保持等离子体稳定,并保持稳定的阳离子流和溅射。射频法使用的高频电源的频率已属于射频的范围,其频率区间一般为 5 ~ 30MHz，国际上通常采用的射频频率多为美国联邦通信委员会（FCC）建议的 13.56MHz。

在多数情况下，溅射用真空室的排气系统都是放置在设备的下面的，所以为了结构上的方便，尤其是更换靶材的方便，磁控溅射设备中往往将固定靶材的装置放置在溅射真空室的上部，并且可以同时放置 2 块或 3 块不同材质的靶材，这些靶材可以整体转动，保证在不打开真空室的情况下，就能变换不同的需要进行溅射的靶材正对基片；需要溅射薄膜的基片放置在溅射真空室的下部，其托板可以带动基片自转，以保证溅射的薄膜厚度均匀。

（2）阴极溅射。

阴极溅射的原理与磁控溅射的原理基本相同，即都是在强电场作用下由电子碰撞使气体电离形成辉光放电，作为阴极的膜料在正离子的轰击下，表面原子发生溅射，射向阳极上的被涂零件，沉淀在其表面形成薄膜。它们主要区别在于阴极溅射没有控制二次电子运动轨迹的磁场，二次电子的作用是补充一次电子的消耗以维持放电过程，因此，外部电路中测得的放电是轰击靶的正离子流和阴极发射的二次电子流之和。

阴极溅射时的气体通常也是氩气，氩气不仅可以防止金属膜料氧化；而且其电离电位低，可以降低溅射设备电源电压，氩离子质量大，能溅射出更多的膜料原子。

溅射镀膜的质量与气体压强，零件与膜料之间的相对位置、放电电压、零件的形状、表面状况以及温度等都有关。溅射的具体方法很多，根据所加电压不同有直流溅射（又有二极、三极和四极之分）和高频溅射，后者更适合于非金属膜，如铁磁介质膜的制备；根据离子形成方法不同又有高压电离（二极溅射）、热阴极电子电离（三极溅射）、离子束溅射之分。离子束溅射有专门的离子源产生离子束，通过特殊的离子吸引器和加速极把离子束引进溅射室，使膜料汽化；离子束对膜料的轰击溅射在高真空中进行，等离子体与零件完全不接触，零件不受电子、离子轰击，其温度就会始终保持在环境温度，避免了溅射气体对膜层的沾污。

图 16 - 14 为一个最简单的二极溅射装置的示意图。

3）离子镀膜

离子镀膜方法是：在待蒸发膜料与被涂零件之间的空间建立起一个低气压放电的等离子体区（气体压力 $10^{-1} \sim 10^{-2}$Pa，电压 2 ~ 8kV），零件接高压负极，因而被正离子不断轰击而被净化。这时蒸发出来的膜料粒子在通过等离子体区时，一部分也被电离，膜料正离子在电场作用下，加速轰击零件表面并在表面沉积成膜。可见，离子镀膜是真空蒸发和溅射镀膜相结合的镀膜工艺，一方面它仍需要对膜料进行加热至汽化蒸发，另一方面又利用膜料与零件之间的强电场形成辉光放电并实现膜料正离子在零件上的沉积。

离子镀膜工艺的优点是：薄膜的附着强度高，这是由于离子能量很高，在零件表面与膜层之间产生了相互扩散；沉积速率高，可达几十微米每分钟，尤其是由于整个零件都处于等离子体包围之中，所以对非平面零件和零件的背面、侧面都能形成均匀的膜层；高能正离子对零件的轰击使零件得到较高的温度，因此在离子镀膜时不再需要对零件辐射加热；离子镀可以用于合金和陶瓷表面的沉积，以及耐磨镀层的沉积，例如在溅射气体（氩气）中掺入反应气体，金属在氩氮混合气或纯氮气体中表面就会溅射沉积形成氮化膜，在氩、碳氢化合物混合气氛中会生成碳化膜等。

离子镀膜装置的原理图如图16－15所示。

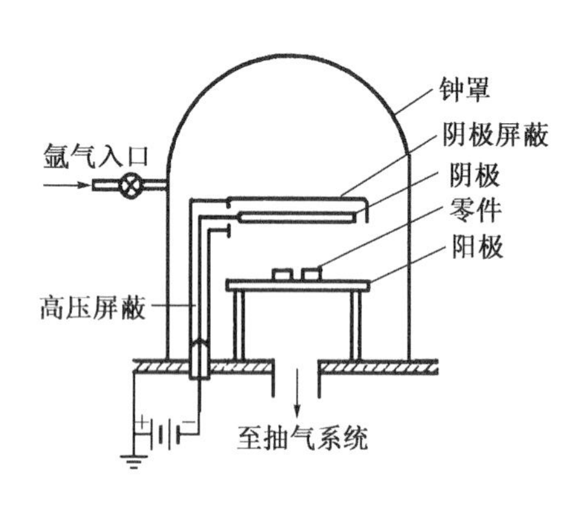

图16－14　二极溅射装置示意图

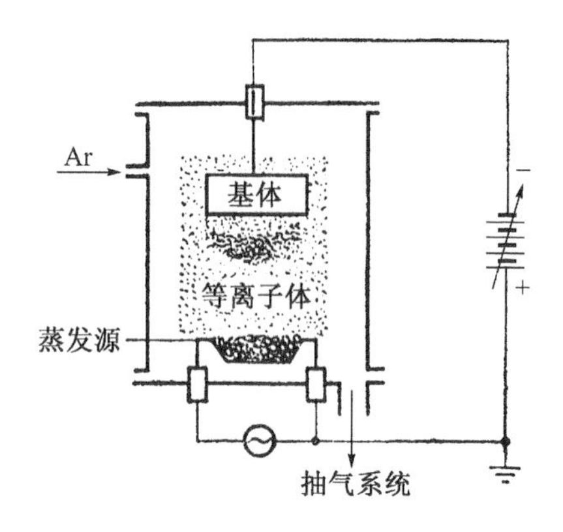

图16－15　离子镀膜装置示意图

4）热喷涂

利用氧乙炔(丙烷)火焰、电弧或等离子弧等热源，将丝状或粉末状涂料(金属、合金、化合物、陶瓷、塑料等)熔化并通过特殊的喷枪高速喷射到工件表面，从而在工件表面形成一层牢固涂层的方法，称为热喷涂(熔融喷涂)。由于该工艺灵活方便、涂层质量可靠、效果显著、适应范围广泛，因而已经在国民经济各个领域得到了广泛应用。

根据热源的不同，热喷涂主要包括火焰喷涂(包括线材火焰喷涂、粉末火焰喷涂、超音速火焰喷涂)、电弧喷涂、爆炸喷涂和等离子体喷涂。在20世纪60年代，火焰喷涂是最主要的喷涂方法，但随着等离子喷涂技术的发展，80年代以来，等离子喷涂占据了主导地位，因此在下面将对等离子喷涂作一简单介绍。

(1) 等离子喷涂的特点。等离子喷涂利用等离子弧焰加热熔化金属或非金属粉末，并从专用的喷涂枪喷嘴与等离子弧焰一起喷出，在高速气流作用下喷散成雾状细粒，喷向零件并在零件表面形成涂层。

等离子喷涂具有许多优越性：等离子弧焰温度高，可用于较高熔点金属的喷涂；喷涂粉末材料的范围广，既可喷涂金属，又可喷涂非金属碳化物、氧化物、硼化物和硅化物等；喷射出的涂料微粒动能大，涂层与零件结合牢固，涂层致密度可达80%～90%；基体零件的材料不受限制，不仅金属，就连陶瓷和玻璃零件都可以喷涂，又由于喷涂时基体可保持在较低温度，因此还可以在塑料上喷涂金属或者介质薄膜；喷涂可直接在大气中进行，操作方便，沉积速率高，生产效率高。等离子喷涂的主要缺点是涂层的表面光洁度较差，在等离子弧焰的高温下，某些材料会发生分解、氧化等改变。

(2) 等离子喷涂工作原理。等离子喷涂由于具有以上优点，在航天、航空、电子、冶金、机械、造纸和石油化工等领域得到了广泛的应用。等离子喷涂设备的喷枪示意图如图16－16所示。在钨阴极与枪体之间加有直流高压(钨电极为负极)，同时并联一个高频电压，工作气体一般为氩气，也可以是氮气。当高频电压接通时，在阴极与枪体前端之间产生火花放电，阴极电子被拉出电极，撞击气体分子而产生电离，同时出现了强光和高热，引燃电弧，使弧区温度升高。弧区的高温使阴极温度升高，从阴极发射出来的电子流急速增加，导致阴极与阳极间的工作气体的电离进一步加剧，形成稳定的强烈的电弧。如果电弧不受任何约束，气体自由燃烧，则称为自由电弧；而当自由电弧通过小孔喷嘴喷出时，电弧受到压缩,弧柱变细,热量集中,温度进一步提高,这种受到压缩作用的电弧就是等离子弧。这时在喷嘴的适当位置送入粉状涂料,涂料颗粒在等离子弧的高温下迅速熔化、雾化,并随着弧焰一起高速喷向工件,在工件表面遇冷沉积凝固,形成涂层。

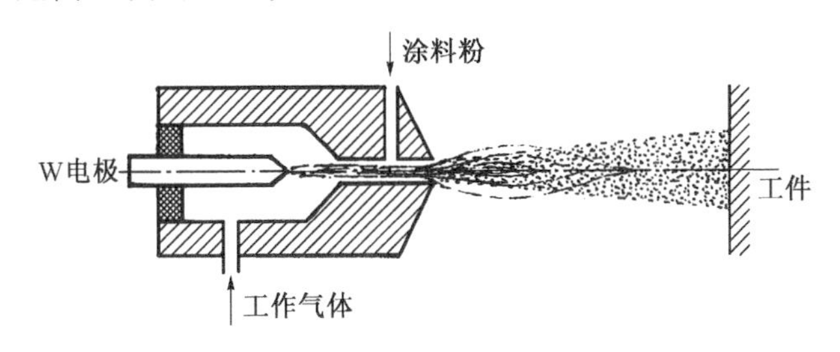

图 16－16　等离子喷涂喷枪示意图

图 16－16 表示的是涂料由径向送入的喷枪,这种输入法涂料利用率低,部分涂料会穿过弧柱在空间散落,因此现在已设计出涂料由轴向送入的改进型喷枪。

5）静电喷涂

静电喷涂是利用静电电场力,将被极化的涂料微粒喷涂到零件表面的一种涂覆方法。在装有涂料的喷枪和被涂零件之间加直流高压,喷枪接负极,工件接正极并为零电位。高压静电使从喷枪喷出的粉末和压缩空气的混合物以及周围空气电离,在高压负电极即喷嘴的尖锐边缘与工件之间产生电晕放电,两者之间产生了密集的电子流。当涂料粉末由喷枪头喷出时,便捕集了大量电子,成为带负电荷的微粒,在静电场吸引力作用下,被吸附到带正电的工件上。由于工件直接接地,因而直接与工件表面接触的涂料微粒所带负电荷会通过工件放电,但后续到达工件的微粒不能直接与工件接触,而被先期到达的微粒所阻隔,其所带电荷无法流走而积聚起来。随着喷上粉末的增多,电荷也积聚越来越多,形成了对带负电荷的粉粒的拒斥场,开始阻止涂料再继续落到工件上,最终使涂层达到一定厚度后不再增加。然后经过加热,涂层的电阻下降,微粒所带电荷通过工件释放,或者也可以通过提高工件工作温度来获得更厚的涂层。

除了上述固体粉末静电喷涂外,涂料也可以是液体,采用液体雾化静电喷涂来达到涂覆目的,其基本原理与粉末静电喷涂没有根本不同。静电喷涂也可采用正极性电晕放电,即喷嘴为正极,工件为负极的喷涂工艺。但正极性电晕放电的临界电压较负极性电晕放电要高,而且没有负极性电晕放电稳定、安全,且不易产生火花,因此,在通常情况下人们更多地采用负极性静电喷涂。

16.4.3　零件的化学涂覆和电化学涂覆

1. 化学涂覆

1）发蓝与钝化

金属零件在净化后,如果不及时采取保护措施,例如表面涂覆或真空(惰性气体)保存,新鲜的金属表面就会重新氧化,甚至严重腐蚀。但也有少数金属如铝能稳定地在空气中存放,这是因为在铝表面上生成了一层三氧化二铝薄膜起了保护作用。这就启发了我们在金属表面人为地生成某种氧化层或者其他化合物,可以保护金属,这就是金属的发蓝和钝化。

(1) 发蓝。发蓝是指在黑色金属表面生成一层氧化层的工艺过程。将钢铁制成的零件放入按一定比例配制的苛性钠 NaOH、硝酸钠 $NaNO_3$ 或者亚硝酸钠 $NaNO_2$ 的溶液中煮沸(138～143℃)一定时间,零件表面就会生成一层很薄的蓝黑色或者黑色氧化膜。该氧化膜不仅具有抗氧化、抗腐蚀能力,起到了保护零件的作用,而且有光泽,色泽美观,有较大弹性和润滑性。

发蓝处理在模具和管外零件、管子包装外壳等制造方面得到了广泛应用。

(2) 钝化。金属经钝化处理后并不在表面生成氧化膜,而是形成一层稳定性很高的铬酸盐膜,俗称钝化膜。因此,金属的钝化大多是在铬酸溶液或者铬酸盐溶液中进行,尽管对不同的金属,其钝化溶液的配方并不一样,但主要成分都是铬酐 CrO_3 或重铬酸钠 $Na_2Cr_2O_7$,其他成分还有硫酸、硝酸、氯化钠等。

钝化膜的生成过程是:在钝化开始阶段金属与溶液作用,金属被溶解生成铬酸盐。溶解的结果,使在金属界面附近的溶液酸性降低,碱性增高,当碱性增高到一定程度时,便形成难熔的碱式铬酸盐覆盖在金属表面,即成为钝化膜。钝化膜不仅可以提高金属表面的稳定性,起到保护作用,而且可以使金属表面更美观。

钝化工艺在清洗工序中应用较多,如无氧铜零件往往可以用钝化处理来防止表面氧化。

2) 碳化、氮化、磷化

(1) 碳化。将零件置于碳氢化合物的气氛中,在隔绝空气的情况下加热,使碳氢化合物热分解,分解出的碳沉积到高温零件表面,从而使金属表面得到黑色的碳涂层的工艺称为碳化,或黑化。碳化后的零件不仅表面辐射系数增加,而且逸出功也变大,二次电子发射系数降低。

碳化工艺中常用的碳氢化合物有甲烷 CH_4,乙炔 C_2H_2、汽油、煤气、苯等。碳化的零件多数为镍零件,碳化时,应先在850℃高温下让镍氧化,在表面生成一层氧化亚镍 NiO。氧化亚镍有催化作用,可以促使有机物的分解,同时其本身又易被碳、氢气等还原,重新变成镍,还原出的镍层结构较疏松,还有利于碳层的附着。

(2) 氮化。氮化又称渗氮,是将氮渗入到钢件表层的一种化学热处理方法。

氮化在专门的氮化炉内进行,将氨气通入炉内,待氮化的钢件置入炉内并进行高温加热,氨气遇热即分解出活性氮原子并被钢件表面吸收,形成氮化层。如果氮化温度较低(500℃左右)、时间较长(40～60h),则氮化层深度可达0.4～0.5mm,这种氮化称为强化氮化,强化氮化后零件的热处理变形很小,硬度和耐磨性很高;如果氮化温度提高到700℃左右,时间缩短至0.5～2h,则可形成0.01～0.04mm 深度的氮化层,这种氮化就称为抗蚀氮化,经过抗蚀氮化处理的零件,在大气、淡水、水蒸气中具有良好的抗腐蚀性能。

(3) 磷化。将金属零件放入磷酸盐溶液中浸泡,使金属表面获得一层不溶于水的磷酸盐薄膜的处理过程叫作磷化。黑色金属和有色金属零件都可以进行磷化处理,处理后零件的防腐蚀能力可以得到显著增强。黑色金属零件的磷化应用更为普遍,电真空零件的管外零件也经常采用磷化处理来提高抗蚀性。

磷化膜一般呈灰和暗灰色,但没有像零件发蓝后的那种光泽。磷化膜除了具有很高的对空气、动植物油、矿物油的抗蚀能力外,还具有较高的电气绝缘性,同时基体金属的机械强度、导电性能不受影响;磷化膜多孔,能与润滑剂、清漆等浸润,所以需要挤压成形的零件往往可先进行磷化处理,再浸润润滑油,以减少挤压时的摩擦和开裂,但磷化膜不能防酸、碱、海水等对基体金属的浸蚀。

3）化学镀

化学镀是在不通电的情况下，利用适当的还原剂（主要是次亚磷酸钠、甲醛），使溶液中的金属离子（如 Ni^{+2}、Cu^{+2}）还原成为金属原子并沉积到零件表面形成涂层的方法。生产中常把被镀金属本身作为反应的催化剂，这样可以保证沉积反应只在被镀零件表面发生，这类金属有镍、钴、钛、铜及铬等。对于不能起催化作用的金属材料，则可以通过敏化、活化处理，使其表面同样具有催化作用。

敏化处理就是使待镀零件表面吸附一层还原性物质，如可在氯化亚锡和浓盐酸溶液中敏化，镀件表面就会吸附一层含 Sn^{+2} 离子的胶体粒子；活化处理则是让正二价锡离子与活化剂产生氧化还原反应，锡离子将活化剂中的金属离子还原而在镀件表面生成能起催化作用的金属膜。活化处理大多在氯化钯 $PdCl_2$、硝酸银 $AgNO_3$ 或氯化银 AgCl 等溶液中进行，通过置换反应在待镀件表面沉积钯或者银粒子的催化核，这是化学镀成功与否的关键一步。

敏化、活化处理不仅可以应用于金属，也可以应用于非金属，这就使得化学镀的施镀对象不再仅限于金属，只要其表面具备了自催化活性，就可以通过化学镀获得均匀的金属镀层；另外，如果活化只在被镀零件的特定区域上进行，则化学镀也就可以有选择性地沉积镀层。

经过敏化、活化处理的零件就可以在镀液中进行化学镀，所镀金属不同，镀液的配方也就不同。镀镍一般用硫酸镍，镀铜则用硫酸铜等，镀液应包含还原剂，还原剂主要是次亚磷酸钠或者甲醛。

化学镀的优点是：可以在任何材料的零件上进行涂覆，如金属、塑料、玻璃、陶瓷以及其他高分子材料，还可以对零件表面不同部位有选择性地涂覆；任何形状复杂的零件表面，都能获得厚度均匀的镀层；化学镀的厚度可以足够厚，甚至可以代替电铸；化学镀镀层细密，设备简单，操作方便。

2. 气相沉积

在这里所谓的气相沉积是指化学气相沉积（Chemical Vapor Deposition，CVD），相对应的还有物理气相沉积（Physical Vapor Deposition，PVD），前面介绍过的真空蒸镀、阴极溅射和离子镀膜即为物理气相沉积最主要的三种方法。

化学气相沉积是利用一种或者几种气态物质在被加热的基体表面发生化学反应，生成固态沉积物的过程。化学气相沉积也往往可以简称为气相沉积，它实际上也是一种化学涂覆。

1）气相沉积的特点与应用

化学气相沉积的主要特点是：

（1）所获得的涂层一般纯度很高，也很致密，而且很容易形成定向性非常好的高纯度材料。因此，电子工业广泛用于高纯度材料和单晶材料的制备。

（2）可在沉积温度大大低于涂层材料本身的熔点或者分解温度的情况下制造难熔物质涂层，如沉积钨、钼、钽、铌等金属及其合金，沉积各种金属碳化物、氮化物、硼化物、硅化物和氧化物等。用六氟化钨 WF_6 沉积钨时，沉积温度只有 500～700℃。

（3）改变或者调节参与气相沉积反应的物质成分，就能方便地控制沉积物的成分和特性，从而可以制备各种单质或者化合物材料。

化学气相沉积在电子学各个领域的应用日益广泛,如薄膜和厚膜涂层制作,高纯材料的制取,难熔金属层的制备等。沉积的材料可以是各种金属及其合金、石墨……以至各种化合物,沉积的基体可以是各种金属、石墨、半导体材料、陶瓷、各种金属和化合物粉料等。在电真空器件中,气相沉积已用于热解石墨和氮化硼等材料的制造;行波管中钽铌金属膜衰减器和碳膜衰减器的制备;大功率管中沉积热子上的氧化铝绝缘层;制作具有负电子亲和势的阴极、高二次电子发射系数(100以上)的倍增材料;以及实现陶瓷金属化等。

2)气相沉积的种类

气相沉积有两种基本类型:热解沉积和化学反应沉积。

(1)热解沉积。热解沉积是化合物在高温基体表面发生热分解而获得沉积涂层的方法。

例如用碘化法提纯金属钛和锆,就是利用这些金属的碘化物在高温灯丝上热解实现的,以钛为例,碘蒸汽在反应室中遇到提纯前的粗钛,在低温下就会直接生成挥发性的四碘化钛,四碘化钛遇到高温灯丝(钨或钛丝)即发生分解。

$$TiI_4(气) \xrightarrow{900 \sim 1200℃} Ti(固) + 2I_2(气)$$

生成的纯钛沉积在灯丝上,而释放出的碘蒸汽再循环地与粗钛发生反应生成四碘化钛。锆的提纯则在1100~1200℃下进行。

行波管中的集中衰减器也往往采用气态碳氢化合物(甲烷、丙烷)等在高温陶瓷夹持杆上热解沉积碳的方法来制造。

(2)化学反应沉积。两种或多种气体材料在加热基体表面上相互作用发生化学反应而产生固体沉积物的过程称为化学反应沉积。

例如用气态氯化铝、二氧化碳、氢气沉积氧化铝绝缘层,是一种水解反应:

$$H_2(气) + CO_2(气) \xrightarrow{\geqslant 750℃} H_2O(气) + CO(气)$$

$$2AlCl_3(气) + 3H_2O(气) \xrightarrow{\geqslant 400℃} Al_2O_3(固) + 6HCl(气)$$

又如用氢气和气态金属卤化物、氧化物或氢氧化物来沉积金属或合金,就是一种还原反应:

$$WF_6(气) + 3H_2(气) \xrightarrow{500 \sim 700℃} W(固) + 6HF(气)$$

3. 电化学涂覆

1)电镀

一般的直流电镀是以待镀的零件或者材料浸于电解液中做阴极,而作为涂料的金属材料则浸于同一电解液中做阳极。电解液由涂料金属的盐类(电解质)和其他一些必要的物质组成,电解质在电解液中以离子状态存在。在直流电场的作用下,阳极上的金属原子与电解质的负离子作用而失去电子,成为正离子而进入电解液中;而电解质的正离子跑向阴极,并从阴极获得电子变成金属原子沉积在零件表面。这样,金属正离子不断从电解液中跑向阴极并沉积下来,阳极则不断向电解液中补充正离子,最终在阴极上形成具有一定厚度的电镀层。

要得到良好的电镀层,金属零件在电镀前必须经过严格的净化处理,必要时还应进行烧氢处理,否则脏物会造成电镀不上,或者镀层起皮、剥落等。

电镀都在电解槽中进行,电镀时还应提供电源。电源供电方式不同,电镀除了直流电镀外,还可以有脉冲电镀、交流电镀等。经过敏化、活化和化学沉积的塑料,也可以进行电镀,它实际上是化学镀和电镀的结合。塑料电镀应用十分广泛,在各种塑料上都可以进行电镀。

2）电泳

电泳是在金属表面被覆上一层非金属物质的方法。

电泳的基本原理是：把某种物质分裂成细小粒子,将它们散布在某种介质中(可以是气态、液态或固态),那么,粒子与介质就组成了分散体系,空气中烟、雾,泥沙在水中的悬浊液等就是分散体系。当体系中的粒子直径大于 0.1μm 时,这时的体系叫悬浮体;当体系中粒子的直径减小到 0.1 ~0.001μm 时,则就称为胶体体系;粒子直径小于 0.001μm,则光学方法也已经不能观察到这种质点,这时体系就成为真溶液,其中的粒子是被溶物质的分子或离子。

与电镀不同,电泳是使悬浮液中的带电微粒沉积到相应电极上的过程。为了使悬浮液中的物质粒子带电,就需要在悬浮液中加入某种电解质(起充电剂作用),这时悬浮液中的粒子就会吸附电解质中的一种离子,使自身带电,并吸引异号离子分散在粒子外围,形成粒子表面附有带一种电荷的离子,外围存在一层带相反电荷的离子的这样一种双层电结构。在无电场作用时,带双电层的粒子呈中性,而在电场作用下,双电层粒子的外围离子向异号电极运动,剩下带相反电荷离子的粒子则向另一电极运动并沉积在电极表面,这就是电泳。如果粒子带正电,则向阴极移动,就称为阴极电泳;反之则称为阳极电泳。

电泳在电真空器件生产中,主要用于热子涂覆氧化铝绝缘层和直热式氧化物阴极涂覆碳酸盐。以电泳氧化铝为例,在电泳悬浮液中,除了氧化铝微粒质点以外,还有硝酸铈作为充电剂分解为铈正离子和硝酸根负离子,以甲醇或者丙酮作为溶液,硝棉作为黏结剂。氧化铝质点吸附铈离子而带正电荷,同时把硝酸根离子吸引在外围构成双电层,在加上直流电压后,硝酸根离子向阳极运动,而带正电的氧化铝质点就会向作为阴极的零件移动,并沉积在零件表面。

3）电化学氧化

铝及其合金、镁及其合金在一定的电解溶液中,加上直流电压后,在作为阳极的零件表面形成氧化膜的过程,称为阳极氧化。阳极氧化在铝表面形成的氧化膜,比自然形成的氧化膜更坚实而致密,因而具有更可靠的防护作用,而且表面的耐磨性、电绝缘性以及热绝缘性等都得到提高。

铝在硫酸盐中的阳极氧化原理是：以铝零件作正极,铅板作负极浸入电解槽中的硫酸盐溶液中,通电后,溶液分解出大量氧并聚集在铝零件表面,使表面形成一层三氧化二铝薄膜。氧化后生成的氧化膜孔隙多,所以应将零件再浸入温度为 90℃ 左右的重铬酸钾溶液中进行钝化,以封闭氧化膜的孔隙,提高其防护性;或者也可以对氧化膜进行着色,以获得美化装饰用的铝制品。

第17章　微波管零件的连接

已经制造好并经过净化、热处理以及必要的表面涂覆的零件，只有根据材料的性质、零件的结构和功能、装配的要求和位置等不同，采用各种不同的方法将它们连接起来，才能装配成完整的微波管。因此，零件的连接是微波管总装生产线上最重要的工艺过程，也是能否制造出完整微波管的关键工艺。

在零件连接中，金属零件之间的连接直接称为连接，而金属零件与陶瓷、玻璃零件之间的连接则称为封接，封接往往涉及一些不同于金属零件间连接的特殊工艺，将在本章单独给予叙述。

零件的连接方法很多，主要分为焊接、机械连接和黏接三大类。在微波管零件的连接中，用得最多的是焊接，只有极个别管内零件可能会用机械连接。焊接和封接除了连接装配零件外，往往还同时起到真空密封的功用。焊接又包括电阻焊、钎焊、熔融焊、扩散焊、摩擦焊、冷压焊等若干类型，每种类型中又包含有很多不同的具体方法。在焊接中，微波管制造中最常用的是电阻焊、钎焊和熔融焊。所以本章将先介绍这三种常用焊接方法，然后再分别介绍其他焊接和连接方法。

17.1　零件的常用连接方法

本节将重点介绍焊接中的电阻焊、钎焊和熔融焊三种方法。

焊接是将两个金属零件直接或辅之以焊料放在一起，利用加热或者其他方法，使零件间或零件与焊料间原子相互扩散或者溶解，依靠原子间的内聚力使两个零件结合在一起的工艺方法。焊接后通常会在两个被焊零件的界面上形成共同的金属晶粒，焊接表面应事先经过良好的清洗，没有阻碍焊接件材料原子之间直接相互作用的污染物。

17.1.1　电阻焊

电阻焊接是利用电流直接流过焊件本身，在焊件之间的接触电阻上产生焦耳热而升温，使其接触面局部熔化或者呈塑性状态并借助于施加压力，使两个零件连接在一起的方法，电阻焊接因此又称为接触焊接。

电阻焊迅速、简便、可靠，在空气中就可以直接进行，而且不需要外加材料，所以在电真空器件的生产中应用十分普遍。根据工艺特点，电阻焊又可以分为点焊、对焊与滚焊，其中尤以点焊应用最广泛。根据电源供电特点，每种焊接又包括直流焊、交流焊、脉冲焊三种形式。

1. 点焊

点焊的过程是：将准备点焊的，通常是片状或丝状材料构成的零件，放在两个具有圆锥状端头的电极之间，并通过电极施加一定压力，电流则从一个电极经过焊件通向另一个电极。这时被焊工件本身、电极与焊件之间以及焊件与焊件之间都存在有电阻，由于电极都是用具有良好导电性的材料做成，因此当电极与焊件在压力下接触良好时，被焊零件之间的接触电阻最大，电流流过时产生的热量最大，足以使焊件局部熔化，形成所谓焊核，使两个焊件牢固地焊接在一起（图 17－1）。

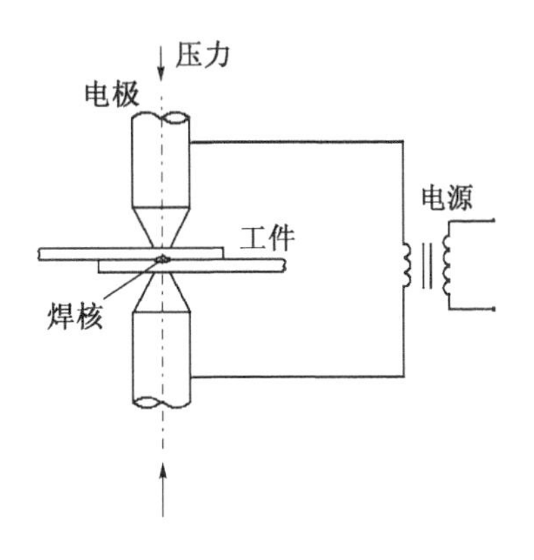

图 17－1　点焊的原理示意图

焊接电流、通电时间以及所加压力是影响点焊质量的三要素。焊接电流太小，不能使焊接处工件金属熔化；反之，电流太大，会使焊接部位熔化过度，甚至造成工件表面损坏。通电时间与电流大小可以互相补偿，即电流选择大一些，焊接时间就可以短一些；电流小一些，通电时间就应长一些。一般宜选择电流稍大、时间短的焊接方式，以尽可能避免焊接处金属的氧化以及热量损失。压力的大小则决定着焊接零件之间接触电阻的大小，压力太小，接触电阻过大，焊接时局部过热熔化的金属易从焊核中飞溅出来，压力过大，接触电阻小，又会造成焊接不牢。

焊接前焊件表面的净化也是保证焊件之间接触良好的重要因素；为了防止氧化，往往在焊接处滴上酒精等保护性液体。

材料本身的焊接性能也是决定焊接质量的决定性因素，一般电阻率大、热导率小、熔点低的金属材料焊接性能就好，反之就难以进行点焊。如铜因为导热性好，而钨则因为熔点高，就都不易点焊，而镍、钽、铌、铂的焊接性能就很好。对焊接性能都不好的两个零件进行点焊时，就可以用焊接性能好的金属进行过渡，或者在金属材料上预先镀上一层焊接性能好的金属。

点焊都在点焊机上进行。点焊用的电极应具有导热性好、导电性高、有足够的机械强度等性能，大都采用铜。钨铜既具有钨的硬度和耐磨性，又具有铜的良好的导电性和导热性，是一种更为优良的电极材料。弥散无氧铜因其硬度比一般铜好也得到了广泛应用。

2. 对焊

对焊是焊接棒状、厚壁管状等金属材料的一种电阻焊。根据焊接方式不同，它又可分为压焊与闪焊两种。

对焊都是在对焊机上进行的，待焊零件分别夹在夹具上，夹具一个固定不动，另一个可移动，依靠移动夹具将两个零件的端头靠拢，然后通电焊接（图 17－2）。其中压焊是在通电流之前先将工件接拢，并施加较大的压力使两工件端头紧密接触，然后再通以大电流，在焊接处产生高温并发生塑性变形，在压力作用下焊件被挤压和相互扩散，从而连接在一起。压焊的特点是接头处的金属并不熔化，焊接后工件的总长略有缩短而接头处的直径略有增加；闪焊则事先将电源开通，然后使工件逐渐靠近，当工件之间发生电接触时，触点处迅速被加热熔化，并产生闪光。随着工件继续靠近，接触点增多，整个接触段被加热，当接触处足够热时，迅速对工件加上压力，并切断电源，接头在压力下被焊接在一起。闪焊实际上可以看作是一种电弧焊，其特点是接头区既有熔化，也有塑性变形，焊接后工件总长度改变较少，焊接时间短不易氧化。

3. 滚焊

滚焊是用两个圆形电极压在两个工件上,并沿着待焊的线缝滚动进行连续的点焊,电极始终给工件施加一定压力。可见,滚焊实际上是一种顺次进行的、连续不断的点焊,每个焊点都部分地重叠在前一个焊点上,使得焊缝中不存在间隙,所以它适合板状与筒状零件的密封焊接(图 17-3)。

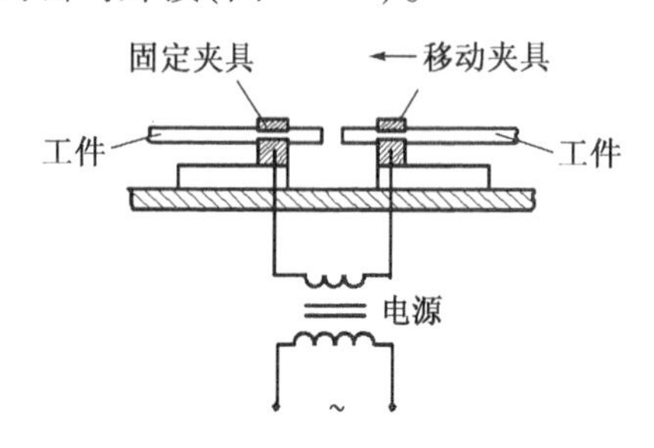

图 17-2　对焊的原理示意图

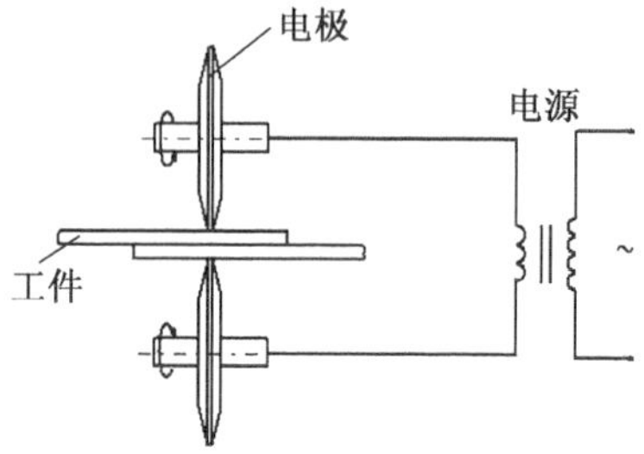

图 17-3　滚焊原理示意图

由于焊点的重叠,有一部分焊接电流就会流过前一个焊点,产生严重的分流现象,分流电流可以达到焊接电流的 20% ~50%,因此滚焊消耗的功率几乎为焊接同样厚度金属材料时点焊功率的两倍。

17.1.2　钎焊

钎焊是利用熔点比被焊零件的材料熔点低的金属焊料将两个或者多个金属零件连接在一起的一种焊接方法。它是靠熔化的焊料填满被焊零件之间的整个焊缝,并和被焊金属发生作用,即焊料的原子和被焊金属原子互相扩散、溶解生成新的合金来实现焊接的。

1. 钎焊的原理及特点

1)钎焊的基本原理

熔化的焊料之所以能够和基体金属(工件)发生物理和化学作用,生成新的合金,实现牢固而气密的连接,是基于焊料和基体之间的下述特性。

(1)浸润性。浸润性又称润湿性,它是熔化的焊料吸附于固体金属表面的能力。在日常生活中,任何液体与固体材料之间都存在浸润性问题,如:水银滴在洁净的玻璃板上呈小球状并可滚动,就表明水银对玻璃不浸润;而水滴在干净的玻璃板上就不会形成水珠而会散开占据一定表面,这就说明水对玻璃可以浸润。一定量的液体在固体表面散得越开,占据的表面积越大,说明浸润性越好。

焊料的浸润性可以用焊料液滴滴在金属表面形成的接触角 θ 的大小来衡量,如图 17-4 所示。

$\theta < 90°$,浸润;

$\theta = 0°$,完全浸润;

$\theta > 90°$,不浸润。

钎焊时,只有熔化的焊料在基体金属上有良好的浸润性,才能发生扩散形成合金,得到可靠的焊接。如银铜焊料对于镍、铜、可伐等都有很好的浸润性,但对于钨、钼、不锈钢等则就浸润很差或者不浸润,所以这类金属零件进行钎焊时,必须先镀镍、镀铜、镀银或者镀金。

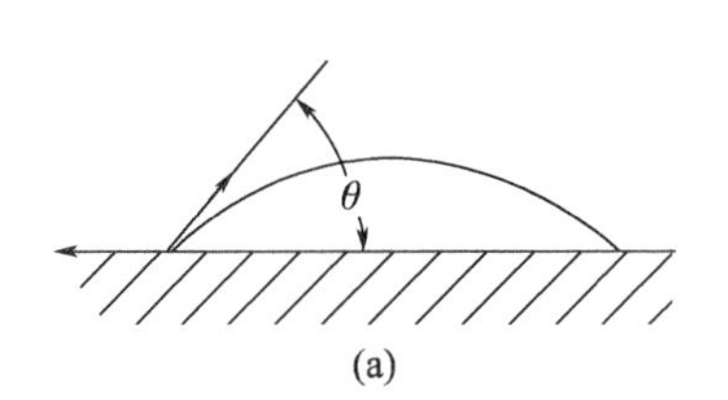

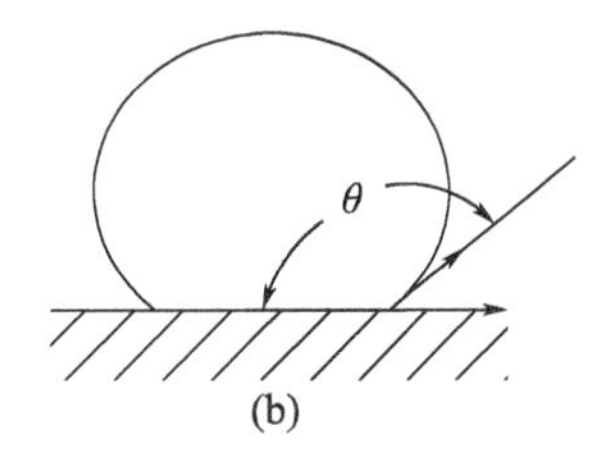

图 17 – 4　液滴滴在金属表面的浸润情况

(a) $\theta<90°$，浸润；(b) $\theta>90°$，不浸润。

（2）流散性。流散性又称漫流性，它是熔化的焊料液滴在金属表面或者焊缝中变为薄层而向四周或者一定方向扩散出去的能力，可用它最终能覆盖基金属的面积大小来衡量。焊料的流散性取决于以下因素：焊料对基金属的浸润性，浸润性越好，其流散性也越好；焊接温度，一般焊接温度在焊料熔点以上 20 ~ 50℃ 时焊料的流散性最好；基体金属表面的粗糙度，在焊料能浸润基体金属的情况下，基体金属表面的粗糙度增加，流散性可以得到改善；焊料和基体金属表面的清洁程度，表面越清洁，焊料流散性就越好。

（3）焊缝中的毛细现象。熔化的焊料能沿着焊缝自动扩散并填满焊缝的现象称为毛细现象。要产生毛细现象，首先焊料必须能浸润基体金属，其次焊缝的间隙要比较小，室温下一般应为 0.03 ~ 0.08mm。在良好的毛细作用下，无论焊缝处于垂直位置还是水平位置，焊料都能自动填满焊缝。

图 17 – 5 给出了毛细现象的示意图，当 $\theta<90°$ 时，h 为正值，熔化的焊料在表面张力作用下能在焊缝中自动爬升，填满整个焊缝；而当 $\theta>90°$ 时，h 为负值，焊缝不再具有毛细作用，熔化的焊料在焊缝中不能扩散。h 的大小与焊料液体的表面张力、$\cos\theta$ 的大小成正比，与焊缝宽度 d、重力加速度及液体的密度成反比。

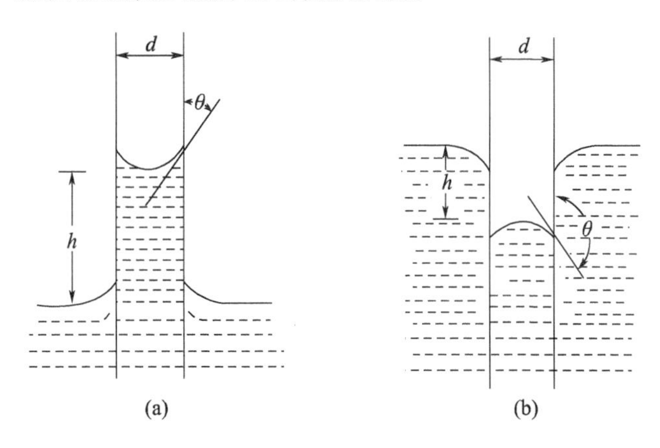

图 17 – 5　焊缝毛细现象示意图

(a) $\theta<90°$，焊缝具有毛细作用；(b) $\theta>90°$，焊缝不具有毛细作用。

可见，焊料浸润基体金属、在焊缝的毛细作用下，焊料流散填满整个焊缝形成牢固而气密的连接，这就是钎焊的基本原理。

2）钎焊的特点

钎焊的优点如下：

（1）钎焊过程中被焊零件不熔化，因而零件的结构尺寸、物理化学性质基本保持不变

(焊接区除外)。

(2) 焊接接缝具有高的机械强度,良好的真空气密性;由于钎焊都是在氢气炉或真空炉中进行的,所以钎焊过程本身还可以对零件起到退火、除气以及净化作用。

(3) 钎焊通过焊料能把不同的金属连接起来,陶瓷零件金属化后也可以通过钎焊与金属零件连接起来。

(4) 钎焊一次没有达到要求,可以进行补焊。

(5) 能保持零件原有的光洁度和尺寸精度。

(6) 可以一次对多条焊缝或者多个零件同时焊接。

钎焊的主要不足是焊接工艺比较复杂。对设备要求高,焊接周期较长。

3) 主要应用

现在微波管绝大多数都以金属、陶瓷结构为主,金属零件之间,金属零件与陶瓷零件之间的连接,钎焊是最方便、实用和可靠的方法,所以钎焊在微波电真空器件中应用最为广泛;钎焊的另一个方便之处是由于它是气密焊接,因此很多微波管的零件尤其是高频系统、收集极系统的零件,经钎焊后就直接可作为密封管壳的组成部分。电子枪部分也往往以金属—陶瓷的钎焊封接件作为密封外壳。以上这些钎焊都是指硬焊。

在微波管中,只有少数管外零件例如电极引线等可以用软焊。

2. 钎焊的工艺与方法

1) 钎焊工艺

为了保证钎焊质量(钎焊处的牢固性、气密性,零件之间的相对位置和尺寸等),必须对零件在钎焊前进行必要的处理,选用合理的焊接方法以及工艺规范。对于需要进行两次以上钎焊的零件,还应慎重选择不同熔点的焊料,以保证后一次焊接时先前的焊料不会熔化。

(1) 钎焊前零件的处理。这种处理主要包括清洗、退火和电镀。

零件清洗是为了使它对焊料具有良好的浸润性、流散性,减少焊缝的气泡和杂质;零件在氢炉或者真空炉中退火可以消除应力,去除内部气体,以及使镀层与基体结合牢靠;在某些零件表面镀一层对焊料具有良好浸润性、流散性的其他金属,不仅可以提高焊接质量,还可以防止在钎焊时焊料向基体金属中扩散导致零件材料产生裂缝,例如铁镍合金(以可伐为代表)零件的镀镍,就是为了防止焊料中的银向基金属扩散造成裂纹。电镀后的零件还需在氢炉或者真空炉中烧结(与退火合为一道工序)。

(2) 装配与固定。经处理后的零件进行装配后才能焊接,如果零件与零件之间,或放置焊料的位置不能依靠零件的结构自行固定,则就必须采用夹具来保证位置的固定。一般模夹具都用在湿氢中加热能黑化的321或304不锈钢制成,使用前应将模夹具在湿氢中加热至800~900℃,使其表面产生一层不浸润焊料的氧化膜;模夹具经多次使用后会发生变形,必须经过修复后才能继续使用,必要时应重新制作;模夹具中的螺纹,螺杆经高温后很容易发生咬死现象,可事先涂上一些酒精和微细氧化铝粉的混合液,在拆卸时,滴一些酒精也能起到一定的润滑作用。

(3) 温度规范。钎焊时的升温速度、焊接温度、保温时间以及降温速度都应严格控制,以保证焊接质量。一般来说升温速度与零件的大小、形状以及材料的热容量有关,以保证零件整体温度尽可能均匀一致为原则;焊接温度应严格控制在比焊料熔点高20~50℃,以利于熔化的焊料流散,过高会导致基体金属溶解到焊料中去,产生熔蚀现象,特别是无氧铜零件这种现象更严重。只有少数熔点与流点相差较大的焊料，如银铜磷，焊接温度才可以比熔点高出 70～80℃；保温时间以焊料熔化后能流满整个焊缝并与基体金属充分互相作用为准，一般为几秒到 1～3min；降温速度则以不使焊接处产生较大应力为标准，一般降温速度可以快一点，保温结束后即可切断加热电源，待炉温降至 40～60℃时取出零件。温度过高时取出的零件会发生氧化。

(4) 钎焊结构。钎焊接头结构的基本形式有套接、搭接、对接、斜接等(见图 17－6)。在设计接头结构时应考虑焊料的放置位置，焊料应不会在焊接过程中滑落，也应该尽量避免焊接后在焊件上留下盲孔，因为这种盲孔中的气体会成为今后管内的放气源。

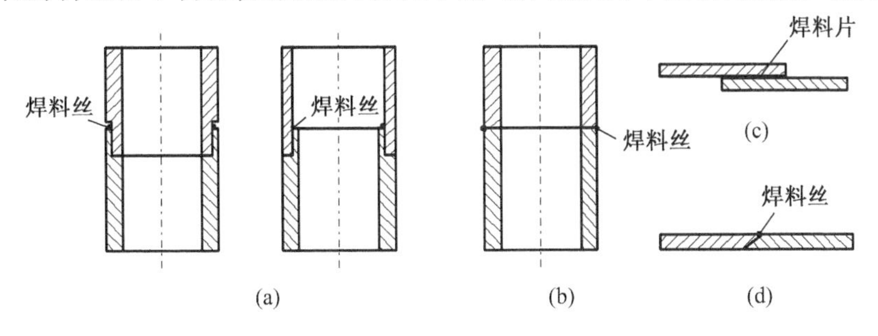

图 17－6　钎焊接头结构形式实例

(a) 套接；(b) 对接；(c) 搭接；(d) 斜接。

焊料一般做成丝或片状，丝料直径主要为 0.4～1.5mm，片料厚度则以 0.05～0.2mm 为主。应该根据焊缝的结构形式、尺寸大小，零件相互配合尺寸的要求以及焊料放置位置等因素综合考虑选择焊料形状和尺寸。

钎焊结构的选择：

① 优先选用套接结构。在一般情况下，不宜采用对接结构，而应优先选用套接结构，这是因为对接结构的焊缝面积比套接结构小得多，因此焊接接头的强度就比较低；另外，对接结构也不容易保证焊接部件具有精确的尺寸和真空气密性。

② 应该考虑材料的热膨胀。当将不同材料的零件钎焊在一起时，尽管在室温下它们可能配合得很好，但在焊接时的高温下，由于不同材料的热膨胀不同，就可能导致焊接隙缝的改变。若热膨胀系数大的材料在焊接时作为管形套接结构的外筒，高温时，焊接隙缝就会增大，容易发生焊料不能充满焊缝的情况(图 17－7(a))；反之，若热膨胀系数大的材料在焊接时作为管形套接结构的内筒，则高温下可能使一部分焊料被挤出，流到零件表面，改变零件尺寸，甚至使外筒零件胀裂，而在焊接结束降温时，由于里面的零件收缩大，又有可能将焊缝拉裂(图 17－7(b))。这些因素在设计零件的焊接时必须仔细考虑，根据零件的材料、大小、使用焊料等选择最合适的焊接结构。

为了减小膨胀系数不同对焊接的影响，可采取以下措施。

• 对于热膨胀系数大的材料在焊接时作为内筒的情况，可以减薄膨胀系数大的零件的焊接处尺寸，利用薄的材料发生塑性变形来抵消其应力，防止套在外侧的零件开裂。

• 采用增加一个膨胀系数与被焊接零件之一的膨胀系数相同的附加卡圈，以保证钎焊部位在加热和冷却时，焊缝间隙的大小不会变化太大。例如在图 17－8 所示的结构中，用附加的可伐环将膨胀系数大于可伐的蒙耐尔或不锈钢波纹管夹在原来的可伐帽与附加可伐环之间，保证了焊接的质量。

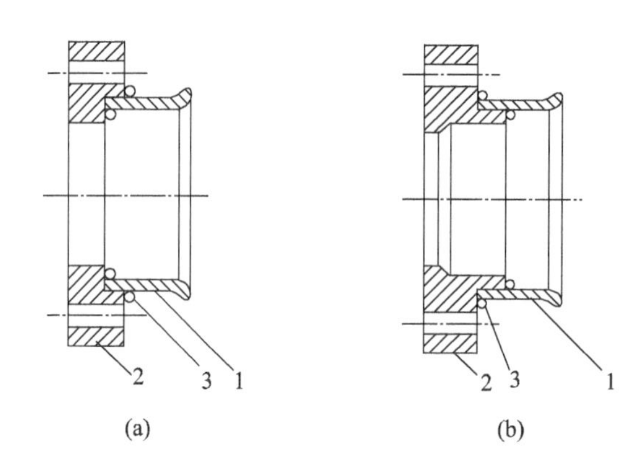

图17-7 不同膨胀系数的零件的钎焊结构

1—膨胀系数小的材料,如可伐;2—膨胀系数大的材料,如铜、不锈钢;3—焊料。

• 利用抗拉强度比较大的材料做过渡零件,以防止某些材料零件在钎焊或冷却时因受拉应力过大而开裂,图17-9给出了利用抗拉强度比较大的08号钢作过渡零件的钎焊结构图。

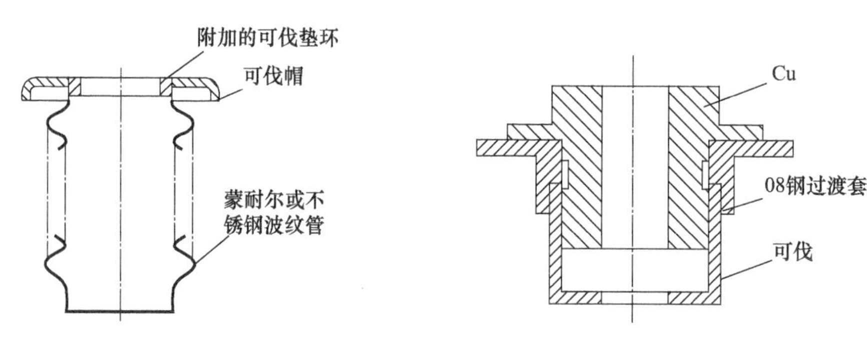

图17-8 利用附加垫环的钎焊接头　　图17-9 利用08号钢作过渡零件的钎焊结构

③钎焊接头应尽可能避免盲孔,以免引起日后慢性放气,导致管内真空度下降。盲孔的存在还可能在零件加温时,处在盲孔中的气体受加热膨胀,作用到焊缝中的焊料上,使毛细作用减弱,严重时甚至会使焊缝漏气。为避免这种不足,在条件允许的情况下可以在盲孔上开通气孔。

④为防止焊料熔化后扩散的范围太大,浸润到零件内部不应该有焊料的地方,破坏零件精密结构和尺寸,可以在焊料槽与内部结构之间适当位置设置阻流槽或者涂覆阻流剂,以阻止钎焊时焊料向不必要的地方流动。

(5)焊缝的选择。焊料能否致密地填满焊接的焊缝,直接影响到能否获得气密而牢固的焊接。焊料没有能够填满焊缝,不仅与焊接工艺不良有关(如钎焊温度、升温速度、保温时间、零件净化、电镀质量等),而且与零件之间钎焊间隙,即焊缝选择不当有关,焊缝选择应当考虑的因素主要是:

①焊接过程中零件材料的热膨胀系数不同引起的焊缝大小的变化,即使是两个同种材料的零件焊接,由于加热的不均匀,配合间隙同样会发生变化,这在局部加热的焊接中尤其明显,例如高频感应焊。

②焊料对零件金属的浸润性和流散性。如果焊料对零件金属的浸润性良好,与金属

之间的作用也不大，则焊缝就可以小一些，0.04mm 左右就够；如果焊料的流点比较高，焊料的流动性变差，则配合间隙就应该适当大些，如 0.05 ~ 0.08mm，以利于焊料能顺利填满焊缝。

③焊缝过小，钎焊时焊缝中气体不易排出；焊缝过大，钎焊时焊缝的毛细作用大大削弱，焊缝不易填满，容易漏气。

④零件的配合间隙不仅取决于机械加工的公差，还与零件在清洗时的腐蚀程度和电镀时的镀层厚薄有关，所以对零件的清洗规范和电镀工艺也必须进行严格要求。

2）钎焊方法

钎焊的方法主要以加热方式的不同来进行分类。

（1）氢气炉钎焊。氢气是强烈的还原性气体，它既可以防止零件在焊接加热过程中发生氧化，也可以使零件表面的，特别是焊料表面的残存的氧化层被还原，从而获得高质量的焊接。

但是氢气既可以使金属氧化物还原，氢气中含有的水蒸气也可能使金属氧化，究竟是氧化还是还原，主要取决于使用的是干氢还是湿氢。对于常用的金属 Cu、Ni、Fe、Co、W、Mo 等，平时用的钢瓶氢气对它们来说就已经是干氢，因此它们的氧化物在氢气炉中将被还原；而对于含 Cr 的不锈钢，平时用的钢瓶氢气则是湿氢，所以钎焊时会发生氧化反应，生成 Cr_2O_3、TiO，而且，要用氢气来使它们还原极其困难，所以可以用来作为焊接模具。

在氢气中钎焊时，应注意氢气可能会与某些金属及焊料相互作用，例如钛、锆、钽、铌等形成脆性氢化物（称为氢脆），所以这些金属材料做成的零件不能进氢气炉，要焊接时，只能采用真空炉。

（2）真空炉钎焊。真空钎焊的优点是：能够对不适宜在氢炉中焊接的材料，例如不锈钢零件进行焊接；钎焊过程中可以同时对零件实现真空除气，减少了在成品管中材料的放气量，有利于提高管子质量。

真空钎焊的不足是：在真空环境下，热的传递只能靠热辐射，所以升温和降温都很慢，不仅耗时，而且零件长时间处于高温下，会使金属材料的晶粒长大，造成钎焊接头的机械性能和其他性能下降。为此，可以在钎焊后，等温度稍许下降后，向真空室内充入氮气，以加速工件的冷却；在真空炉中焊接时，要尽量少用或不用模具，以免模具屏蔽热辐射，使零件升温不均匀，影响焊接质量。

（3）高频钎焊。高频钎焊是利用高频感应加热对零件进行钎焊的一种方法，对于一些只需要对零部件局部加热即可完成的焊接，或者含有不适宜在氢炉中加热焊接的部件，可以采用高频钎焊，这种钎焊只对焊缝所在区域进行加热，从而尽量减少了加热范围，可以保证零部件其他部分不受加热影响。高频炉钎焊是由高频发生器产生的高频电磁波完成的，它依靠被焊件在高频交变电磁场中，由于电磁感应在被焊件中产生涡流，从而加热焊缝和熔化焊料，实现焊接的一种焊接方法。

高频钎焊的最大优点是可以对工件进行局部加热，即仅在焊缝所在位置加热，而使工件的其他部位保持低温。正因为它只集中在焊接区加热，所以这种方法又常常被称为集中焊。通常被焊零件放在玻璃或者石英钟罩内，焊接时钟罩内充氢气或者抽真空以防止零件氧化，加热用感应线圈放在钟罩外面透过钟罩对零件感应加热，线圈应靠近热容量大的零件安放，以使整个被焊工件受热均匀。集中焊也有将高频线圈与被焊零件一起都放入充氢或真空钟罩内进行的方式,不过这种集中焊设备比较复杂,不仅要将高频电流引入密封钟罩,还要在钟罩外设置可移动高频线圈位置的调节机构。

(4) 大电流焊。大电流钎焊也称为电阻钎焊,其方法是将数百安培至数千安培的大电流通过夹持被焊零件的两个石墨电极,电流在石墨电极上以及石墨电极与工件接触处产生大量的热,这些热量传导给被焊工件达到焊接目的。在大电流钎焊时,石墨电极同时还对工件施加一定压力。

大电流钎焊同样应在真空或者保护性气氛(氢气、氮氢混合气体)中进行。其优点是加热快、生产效率高,并且可以对零件进行局部加热。缺点是加热温度不易控制,夹持被焊件的压力如果过大,还会引起零件变形。

17.1.3 熔融焊

熔融焊是一种直接将被焊工件在连接处的金属加热至熔化而使两个零件连接在一起的焊接方法,少数情况下也有将焊料用熔融焊的方法加热至熔化而将工件焊接在一起的。常用的熔融焊有氩弧焊、电子束焊、等离子焊、激光焊等。

1. 氩弧焊

氩弧焊是在惰性气体氩气的保护下,利用电极与焊件之间的电弧热熔化基体材料或者焊料,从而使工件连接在一起的一种气体保护焊接方法。

1) 氩弧焊的原理

氩弧焊使用的电极一般都是由钨做成的,所以也往往称为钨极氩弧焊。钨极氩弧焊的原理示意图如图 17-10 所示。

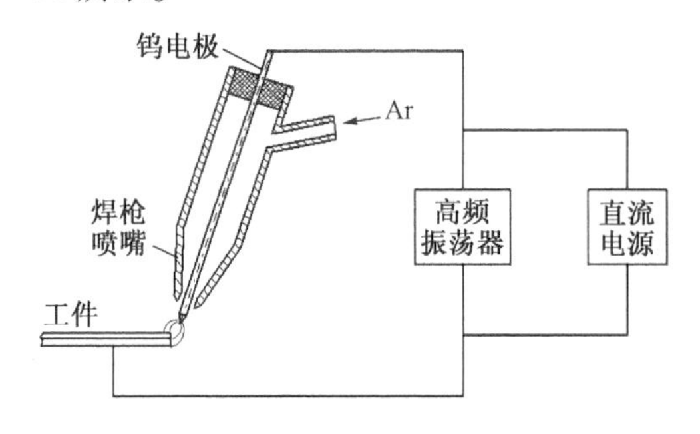

图 17-10 氩弧焊原理示意图

在首先开通氩气钢瓶提供稳定适量的氩气后,就可以进行引弧,引弧是利用加在电极与工件之间的高频电压,当电极接近工件待焊区的距离足够近时,在它们之间产生高频电火化的过程;一旦高频火花产生,氩气即被击穿,引起少量气体电离,产生的正离子轰击钨阴极,使阴极温度升高而发射大量电子。电子与氩气原子的碰撞又进一步引起氩气电离,电离正离子又进一步轰击阴极,阴极温度进一步升高,电子发射进一步增加,最终导致氩气充分电离,产生电弧。

有时引弧也可以采用将电极直接接触工件,然后迅速脱离工件一个微小距离,利用短路瞬间的大电流使电极局部加热,从而产生电子发射;同时当电极刚离开工件表面的瞬间,两者的距离极短时,它们之间的电场强度极高,还会产生场致发射。发射的电子使氩气电离,正离子轰击阴极,与上述高频引弧一样,最终形成电弧。

采用高频引弧的氩弧焊,在引弧成功后,即可以启动直流电源以及时提供进行焊接所需要的大电流,同时切断高频电压。工件焊接区的材料在电弧高温下局部熔化而融合在一起,形成气密焊缝,从而完成工件的连接。

2）氩弧焊的特点

氩弧焊具有如下优点。

(1）氩弧焊的电离度较高,能产生6000K 以上的高温,因此几乎所有金属和合金,包括任何难熔金属都能被熔化焊接。

(2）焊接质量好。氩气是一种惰性气体,它本身不会与工件金属产生化学反应,又不溶于金属,而且比空气重25%,能有效地隔绝电弧周围的空气,阻止氧、氮等侵入焊缝金属,保护被焊工件不被氧化。

(3）焊接过程稳定。电弧能量参数可以精确控制,氩气导热率又小,电弧热量损失少,因此,电弧一旦形成,就可以稳定燃烧。特别是对于工件接直流电源正极,钨电极接负极的正极性焊接,即使在很小的焊接电流(小于10A)下仍可稳定成弧燃烧,因此特别适合薄板(厚度可以小到0.3mm)材料的焊接。

(4）焊缝区无熔渣,焊工可以清楚地看到焊缝形成的过程。焊接过程参数稳定,易于监测和控制,因而容易实现机械化、自动化。

氩弧焊的不足如下:

(1）钨电极承受电流能力有限,所以焊接速度低,生产率低。

(2）氩气较贵,生产成本相对较高。

(3）工件必须清洗干净,由于氩气本身不具有脱氧或去氢作用,为了避免气孔、裂纹、出现焊渣等缺陷,焊前必须去除零件焊接区的油污、脏物。

(4)氩弧焊在焊接过程中会产生臭氧和氮氧化物,这些物质对人体的影响会比较大,这也是氩弧焊最主要的危害;其次是在焊接的过程中可能会放射出放射性气体或微粒,这些微粒进入人体之后也会影响人体生活、身体健康;在焊接过程中,强烈的弧光可能会对眼部和其他部位造成灼伤,可能会引起电光性眼炎或电弧灼伤。所以在进行氩弧焊时候应尽量佩戴暗色面罩以及带有滤光的镜片,可以适当减弱高光,还可以穿防护服以及手套、口罩进行预防。

3）氩弧焊工艺

钨极氩弧焊按操作方式可分为手工焊和自动焊两种。在微波管氩弧焊中,多数情况下都采用自动焊,焊接质量有保证,焊缝均匀一致,但在自动焊无法连续完成整条焊缝的焊接时,有时不得不采用手工焊,这时必须请有经验的操作工进行。

自动焊时一般使焊枪固定不动,焊枪的固定可以是机械固定,也可以人工掌握,这时工件则在机械带动下做旋转或者直线运动。

根据供电电源的不同,钨极氩弧焊又有直流与交流两类,直流氩弧焊又有正极性、负极性和脉冲三种。在微波电真空器件中,使用最普遍的是直流正极性氩弧焊。即工件接电源正极,这种焊接由于钨极为负极,热电子发射能力强,电弧稳定;直流负极性氩弧焊中钨电极发热量大,极易过热熔化,所以一般不推荐使用。但是,这种焊接方法由于正离子轰击工件表面,可以不断去除焊件表面氧化膜,因而应用在铝、镁及其合金的焊接时,可以获得光亮美观的焊缝;交流钨极氩弧焊同样主要适用于焊接铝、镁及其合金和铝青铜。

在氩弧焊时,应根据工件的材料种类、尺寸大小、接头的结构形式以及接头的尺寸来选定工作电流,并与焊接速度相配合。在焊接过程中,应密切注视焊缝焊接质量,适时调整电流或焊接速度,以及氩气流量。此外,电极从焊枪喷嘴伸出的长度、电极末端形状等也对焊接质量有直接影响。

2. 等离子焊

等离子焊可以看成一种压缩的钨极氩弧焊,或者说它是在钨极氩弧焊的基础上发展形成的一种焊接方法。钨极氩弧是一种自由电弧,如果它经过水冷喷嘴压缩,则就成为非自由的压缩电弧,喷嘴对电弧的压缩作用由机械压缩、热压缩和电磁压缩三种机理构成。等离子焊的压缩电弧与钨极氩弧焊的自由电弧在物理本质上没有区别,仅是弧柱中电离程度上的不同,经过压缩的电弧能量密度更集中(可达 $10^5 \sim 10^6 W/cm^2$)、温度更高(弧柱中心达18000~24000K以上)、焰流速度大(300m/s以上)、刚性好等特点。这种电弧既可以用于焊接,又可以用于切割以及在第16章介绍过的等离子喷涂。

等离子焊接适用于镍、可伐、铜、蒙耐尔、不锈钢、钨、钼、铝及铝合金等金属和非金属零件的焊接;在微波电真空器件制造中适合较大型金属零件的焊接。但是等离子焊接所产生的臭氧、紫外线辐射和噪声有损健康,应采取适当保护措施。

1) 等离子焊的特点

与一般电弧焊相比,等离子电弧具有下列主要优点。

(1) 能量密度大、电弧方向性和刚性强。熔透能力强、可一次焊透8~12.5mm厚的不锈钢板,而氩弧焊一般仅能焊透3.2mm以内的不锈钢板。

(2) 与钨极氩弧焊相比,在相同的焊缝焊接情况下,等离子焊的焊接速度要快得多。

(3) 等离子弧发散角小(约5°),弧长变化对加热斑点的面积影响很小,因此焊缝质量对弧长的变化不敏感,允许有较长的焊接距离(工件离焊枪的距离);同时,发散角小使得工件上受热区小,因而薄板焊接时变形小。而氩弧焊电弧发散角达45°左右,弧长仅0.6mm左右。

(4) 等离子弧由于压缩效应以及电离度高,焊接电流小到0.1A时仍能获得电弧的稳定燃烧,因此特别适合于微型精密零件的焊接。

等离子焊的主要不足是:设备比较贵,比同样功率容量的氩弧焊设备价格高出1倍~4倍;喷嘴的使用寿命短,须经常更换;对操作人员的技术水平要求较高。

2) 等离子焊工艺

(1) 等离子焊设备。等离子焊设备由电源、焊枪、控制电路、供气系统以及水冷系统组成。等离子弧由焊枪产生并压缩,枪内的钨电极和喷嘴之间加上直流高压,喷嘴为正极,钨电极为负极。与氩弧焊类似,钨电极与喷嘴之间(氩弧焊为钨电极与工件之间)首先由高频引弧,随着正离子轰击阴极,阴极发射电子增加,气体电离度增加,从而得到一个能量高度集中的高温等离子体电弧。

等离子焊焊枪的示意图如图17-11所示。实际应用的焊枪结构要复杂得多。而且随具体用途不同而有很多不同类型。阴极一般用钍钨丝或铈钨丝做成,而且通常需要进行水冷。

(2) 等离子焊工艺参数。影响等离子焊焊接质量的主要因素有焊接电流、焊接速度、焊接距离、氩气流量、引弧与收弧和接头形式以及装配要求等。

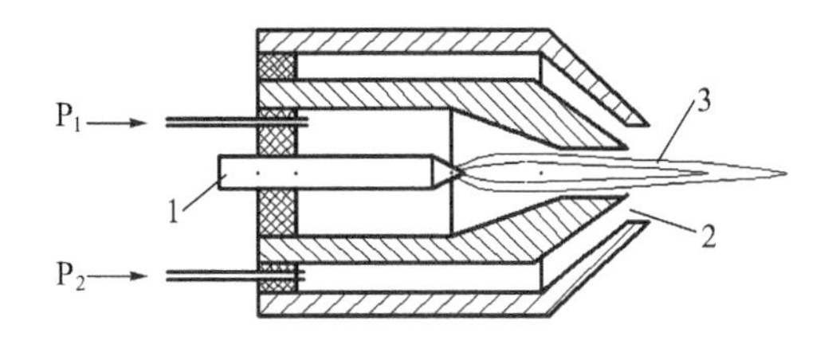

图 17－11　等离子焊焊枪结构示意图

1—钨阴极；2—喷嘴；3—等离子弧；P_1—电离氩气；P_2—保护氩气。

焊接电流应根据工件尺寸、材料、接头结构以及焊接要求调整，在喷嘴结构确定后，焊接电流就只能在一定范围内选择，而且与离子气（氩气）的流量有关；焊接速度则应与焊接电流、氩气流量三者相互匹配；喷嘴离工件距离一般取 3～8mm，与氩弧焊相比，焊接距离变化对焊接质量的影响不太敏感；等离子气流量决定了等离子弧的流力和熔透能力，而保护气体流量应根据等离子气体的流量来选择，它们又都取决于被焊金属种类以及焊接电流的大小。

等离子焊所用等离子气体一般都为氩气，而保护气体除了用纯氩气外，也可以用氩、氢或氩、氦混合气体。在大电流焊接时（焊接材料厚度大于 1.6mm 时，但不锈钢与镍不论厚度为多少，均采用小电流焊接），等离子气也可以用氩、氢或者氩、氦混合气体。

3. 电子束焊

电子束焊是利用经过聚焦成束具有高能量密度的定向高速电子流，撞击工件表面，将电子的绝大部分动能转化为热能，使焊缝处的被焊金属熔化，从而使两个零件连接在一起的一种焊接方法。电子束撞击工件时，其动能的 96% 可转化为焊接所需热能，焦点处最高温度可大于 5000℃。

电子束焊分为真空电子束焊和非真空电子束焊两类，前者为在真空中进行的焊接，电子束电压大多为十几伏至几十千伏；后者则为在大气中或者保护性气体中进行的焊接，电子束电压可高达 100～200kV。

由于电子束焊功率密度高，能焊接各种难熔金属和非金属（如陶瓷、石英以及金属—陶瓷的焊接）并获得良好的焊接质量和气密性，被广泛应用于难熔金属以及活泼金属的焊接，其应用得到了迅速推广。

1）电子束焊的特点

电子束焊具有很多突出的优点，主要表现为：

（1）加热功率密度大。电子束功率可以为几十千瓦以上，而电子束焦点直径可小于 1mm，甚至达到 0.1～0.75mm，因此焦点处功率密度可达 10^3～10^5kW/cm^2。

（2）焊缝深宽比大。电子束焊的深、宽比在 50 以上，可以焊透 0.1～300mm 厚度的不锈钢板。

（3）焊接速度快，能量集中，熔化和凝固过程快；与氩弧焊、等离子焊相比，电子束焊输入到焊件的能量最小，因而热影响区小，应力和变形小，这对精密焊接尤为重要。

（4）焊接工艺参数调节范围广，控制灵活和精确，适应性强，重复性好，易于实现机械化和自动化。

（5）可焊材料广。能焊接从铝到各种难熔金属，从薄到厚的各种材料；不仅能焊金属,也可以焊接非金属材料比如陶瓷、石英等。

(6) 能焊接精密加工零件。

但是电子束焊的缺点也很明显,尤其是设备复杂,价格昂贵,使用维护要求高;其他还有当采用真空电子束焊接时,零件尺寸会受真空室大小的限制;焊接时对零件需要用非磁性材料的精密夹具,所有待焊的磁性材料,焊接前也都必须先进行去磁,因为磁场会使电子束偏离焊缝;电子束焊接所用电压高,所以操作人员须防护X射线。

2) 电子束焊的分类

电子束焊按工件所处环境的真空度可分为真空焊接与非真空焊接,真空焊接又可分为高真空焊与低真空焊两种。

(1) 高真空电子束焊。高真空电子束焊工作室内的真空度为$10^{-2} \sim 10^{-3}$Pa($10^{-4} \sim 10^{-5}$Torr),为了防止扩散泵油污染工作室,工作室与电子枪之间应设置隔离阀,以保证工件处于良好的真空环境下,防止金属氧化。焊接时工件接正极且与地相连,阴极接负高压。高真空电子束焊适合于活泼金属、难熔金属、高要求大厚度工件和电真空器件高净化要求的零件。其原理示意图如图17-12所示。

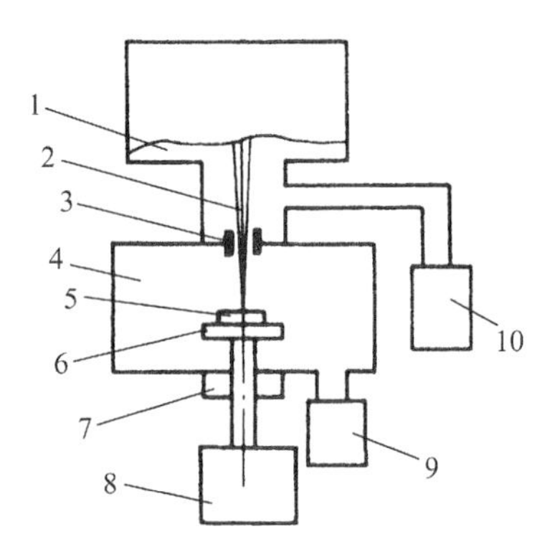

图17-12 真空电子束焊原理示意图

1—电子枪真空室;2—电子束;3—自动阀门;4—工件焊接真空室;5—工件;6—活动座;7—旋转真空密封;8—变速传动机构;9—真空泵;10—真空泵。

(2) 低真空电子束焊。焊接工作室的真空度只有$10 \sim 10^{-1}$Pa($10^{-1} \sim 10^{-3}$Torr),但电子枪仍处于高真空条件下工作,电子束通过隔离阀和气阻通道进入工作室。焊接时将隔离阀打开,电子束进入工作室;焊接结束后,将隔离阀关闭,很快便可使工作室解除真空,取出工件。由于工作室只需抽至低真空,明显缩短了抽真空时间,提高了生产效率,所以适合批量生产的零件焊接或者生产线上的焊接。

低真空电子束焊的工作原理示意图与图17-12相同,与高真空电子束焊不同的是,低真空焊接中的工作室与电子枪室必须各用一套独立的真空机组分别抽气,而高真空电子束焊既可以用两套真空机组,也可以共用一套机组。

(3) 非真空电子束焊。非真空电子束焊的电子枪仍在高真空条件下工作,电子束通过一组光阑、气阻通道和几级真空度逐级降低的真空小室,最后射到处在大气环境中的工件上进行焊接。由于工件处于大气中,所以生产效率很高,但是电子束的发散强烈,使得焊缝的深、宽比最大只能达到5:1,此时工件还必须限制在距电子束出口9~32mm以内。

3) 电子束焊工艺参数

电子束焊的主要焊接参数是电子束电流、加速电压、焦点位置、焊接速度和焊接距离,这些参数主要根据工件焊缝厚度来选择。在其他参数固定不变时,加速电压与焊缝横断面上的深宽比成正比;增加电子束电流,焊接的熔深和熔宽都会增加。在电子束焊实际操作中,加速电压一经选定后往往很少变化,这时可以以调节电子束电流的方式来满足不同的焊接要求;焊接速度应该与焊接电流相互配合,提高焊接速度,可以使焊缝变窄,熔深减小;电子束聚焦的焦点位置对焊缝影响很大,根据被焊工件的焊接速度、焊缝大小等决定聚焦位置,从而确定电子束斑点大小。当工件焊接厚度大于 10mm 时,通常使焦点聚焦于工件表面以下大约 30% 处,焊缝深度(工件厚度)越深,焦点越应向深处延伸;焊接距离(电子束出口至工件的距离)是影响电子束聚焦程度的主要因素,在一般条件下,希望采用尽可能短的焊接距离。

4. 激光焊

激光焊是利用高能量密度的激光束照射金属零件表面,光能被金属表面吸收转换成热能,使工件受热熔化而连接在一起的一种焊接方法。由于激光是一种单色、方向性强、亮度高的光束,经过光学系统聚焦后可以获得直径小于 0.01mm 甚至几微米、功率密度高达 $10^7 \sim 10^9 W/cm^2$ 的能束,所以可以用来作为焊接、切割以及材料表面处理的热源。

激光焊可以分为脉冲激光点焊和连续激光焊两种。连续激光焊在焊接过程中形成一条连续的焊缝,而脉冲激光焊每个脉冲在焊接过程中仅形成一个圆形焊点。脉冲激光焊主要用于微型零件、精密元件和微电子元件的焊接,在微波管制造中,脉冲激光焊被广泛用于精密装配的难熔金属零件,如电子枪枪芯中阴极与阴极筒、热屏筒与基座等的非气密焊接;连续激光焊主要用于板料的对接、搭接、端接、交接等。激光焊比电子束焊和等离子焊获得了更为广泛的应用。

1) 激光焊的特点

与一般焊接方法相比,激光焊除了能量密度高,加热速度快,可实现深熔焊和高速焊;可以熔接包括高熔点金属的所有金属,甚至非金属材料如陶瓷、有机玻璃;焊接速度快,热影响区小,应力和变形小等特点外,还具有一系列独特的优点。

(1) 被焊工件和焊接装置之间没有机械接触,可以穿过玻璃等透明物体,所以能用来焊接放在由透明材料制成的密闭容器内的工件。

(2) 激光能在空间传播相当距离而衰减很小,所以可以进行远距离焊接,可对直角区、边角区、窄小空间等用一般焊接方法不能达到的地方进行焊接;激光焊的光束还可以通过反射镜、光导纤维等光学方法进行弯曲、偏转、传输。

(3) 激光束斑点十分小,因此激光焊可以得到轮廓分明的精密焊缝,适合微型焊接。

(4) 磁场对激光不会发生影响。

(5) 一台激光器可供多个工作台进行不同的工作,既可用于焊接,也可用于切割、合金化和热处理,一机多用。

激光焊的主要缺点是:高功率连续波激光器价格贵,设备大;对焊件的加工、组装、定位要求高,必须用高精密的夹具;激光器本身的光电转换效率较低,能量消耗大。

2) 激光焊的工艺参数

脉冲激光焊有四个主要焊接参数:脉冲能量、脉冲宽度、功率密度和离焦量。脉冲能量决定了加热能量的大小,它主要影响金属的熔化量。脉冲宽度决定了焊接时的加热时间,它影响熔深以及热影响区大小。脉冲能量一定时,对于不同的材料,各存在一个最佳脉冲宽度。功率密度不仅与脉冲功率有关,而且还与激光斑点大小有关。显然,功率密度太小,不能形成牢固的焊点;但功率密度过大,金属蒸发严重,又会发生所谓焊穿或者形成小孔,同样焊接不牢固。离焦量是指焊接时工件表面离激光束最小斑点的距离,也可以称为入焦量。改变离焦量,可以改变加热斑点的大小和光束入射状况,以及改变光斑上的功率密度。

连续激光焊的工艺参数包括激光功率、焊接速度、光斑直径、焦点距离和保护气体种类以及流量。激光焊熔深与激光功率密切相关,在一定光斑直径与焊接速度下,熔深随功率增加而增加。在一定激光功率下,提高焊接速度,焊缝熔深减小,反之则熔深加大,但焊接速度过低,熔深并不再增加,只是使熔宽加大。光斑直径直接影响焊接面上的功率密度,且功率密度与光斑直径的平方成反比,可见减小光斑直径比增加激光功率对提高功率密度更有效。离焦量对光斑大小、焊接的熔深、焊缝的宽度和焊缝横截面形状都有较大影响。激光深熔焊时,激光焦点位置应调整到工件表面下方某位置,即应有一定离焦量,这样焊缝质量才最好。连续激光焊接时的保护气体通常用高速喷嘴向焊接区喷送,迫使高温产生的等离子体偏移,抑制等离子云的形成;同时又对熔化金属起到隔绝大气的保护作用,防止焊区氧化。保护气体以氦气最好,也可以在氦气中加入少量氩气或者氧气。

17.2 零件的其他连接方法

电真空器件中零件的连接,除了17.1节介绍的几种最常用的方法外,还有一些其他连接方法,虽然这些方法不如常用方法用得广泛和频繁,但有时对一些有特殊要求的零件的连接还是有用的,因此本节对它做一简单介绍。

17.2.1 压力焊

直接在常温下,或者通过适当的方式加热至一定温度下,对工件结合面施加压力,使之连接在一起的方法称为压力焊。

压力焊基本上是依赖于在压力作用下材料产生的塑性变形、再结晶和扩散等作用实现焊接的,焊接区金属仍处于固相状态。只有少数压力焊会在焊接区存在金属熔化的类似熔融焊的过程,但由于压力的作用,提高了焊接的质量。

压力焊的种类很多,主要有电阻焊、扩散焊、摩擦焊、超声波焊、冷压焊、爆炸焊、旋弧焊接等,其中电阻焊是电真空器件中使用十分普遍的一种焊接,在17.1节已经做过介绍,在这里再介绍其他几种应用较多的压力焊。

1. 扩散焊

扩散焊是指在一定的温度和压力下,被焊件表面紧紧接触,使局部发生了微观塑性变形,或者被连接的表面产生微观液相使表面间的接触面扩大,从而结合层的原子相互扩散,经过一段时间就形成可靠连接的过程。

1)扩散焊的特点

扩散焊与钎焊、熔融焊相比,在某些方面具有明显的优越性。

(1)扩散焊焊接区的材料结构和性能与母材接近或者相同,不会出现熔融焊带来的缺陷,也不存在具有过热组织的热影响区。

(2)可以进行工件内部、多点和大面积的焊接,可以焊接其他焊接方法难以焊接的材料。

(3)扩散焊连接的工件不会产生变形,所以可以实现精密装配连接。

(4)对于可塑性差或者熔点高的同种材料,或者对于不互溶或者不适于熔融焊(如熔焊时产生脆性金属化合物)的材料,扩散焊是一种最好的选择。

（5）扩散焊既适用于耐热金属（钨、钼、铌、钛等）和合金，也适用于陶瓷、磁性材料以及活性金属的连接。

扩散焊的缺点则主要有：对金属被连接表面的制备和装配质量要求高；对压力大小的控制要求高；所需加热时间较长以及设备一次性投资较大等。

2）扩散焊的工艺参数

扩散焊一般都在真空扩散炉内完成，真空度在 $10^{-3} \sim 10^{-5}$ Pa 范围内，所以扩散焊往往又称为真空扩散焊。

扩散焊的过程应包括工件表面处理、装配和焊接两个阶段。待焊工件表面必须十分平整，保证工件与工件被焊表面的紧密物理接触，同时还必须对该表面净化，使其不存在妨碍金属间直接接触和扩散的污染物。工件装配是保证扩散焊质量的关键，待焊面接触良好、紧密是装配的主要要求。焊接时的加热温度、压力和保温时间是最主要的工艺参数，必须三者综合调整，以获得可靠牢固的焊接。扩散焊也可以在氩气保护下进行，压力为 $(1 \sim 20) \times 10^{-3}$ Pa，也有使用高纯度氮、氢或氦气作保护气体的。焊接时的升温和冷却速度也必须加以控制，速度太快或者太慢也会影响焊接质量以及材料内部应力。

2. 冷压焊

冷压焊是利用金属的塑性变形，在室温下对工件施加强大的外加压力，迫使被焊工件表面紧密接触，表面氧化膜破裂并被塑性流动的金属挤向焊接表面外部，使纯金属直接接触，当间距达到只有几 Å 时（$1Å = 1 \times 10^{-8}$ cm），形成原子间结合，从而使两金属表面间产生强大吸引力，将两工件牢牢地焊在一起。

在微波管制造中，冷压焊主要用于金属排气管的封离。现代微波管几乎都是金属、陶瓷结构外壳，因而排气管也采用金属排气管，当排气结束时，必须对排气管进行气密焊接并使被排气器件与排气台脱离，这时冷压焊可以说是唯一可选择的也是最合适的焊接方法。封离时，冷挤压夹钳上两个与排气管轴线相垂直并有适当形状刀口的钳刃，在数千牛顿以上的外力下将排气管压扁，直至切断。切割处的断面面积较小，外力已将排气管金属（一般为无氧铜）完全压扁成为一个很薄的刀口，故具有良好的真空密封性和一定的机械强度。

钛泵、冷储罐的排气管，也都采用冷压焊来封焊。

为了保证冷压焊封离排气管的真空密封性，排气管必须经过清洗以及退火，以使它得到清洁的焊接表面和增加可塑性。

冷压焊是完全在室温下进行的焊接，焊接过程中材料变形的速度不会引起焊接接头的升温，也不存在界面原子的扩散。因此，冷压焊不会产生焊接接头常见的软化区、热影响区和脆性中间相，特别适合用于热敏感材料、高温下易氧化的材料以及异种金属的焊接。例如内部已有绝缘材料的铝合金通信电缆或者电力电缆的连接、铝制电容器的封盖、铌—钛超导线的连接等。

影响冷压焊质量的因素主要为焊接件表面状况（包括光洁程度和粗糙度）和被焊件焊接区的塑性变形程度。表面光洁度好，塑性变形量小，冷压焊质量就好；而对粗糙度一般情况要求不高，对于变形程度小而又要真空密封的冷压焊，则对粗糙度的要求相应高一些。焊接压力则既与被焊材料的强度以及焊接的截面积有关，也与冷压焊夹具的结构和尺寸有关。

常见的压力焊还有摩擦焊、超声波焊等,这些焊接在电真空器件中的应用较少,因此我们不作具体介绍。

17.2.2 机械连接

机械连接如螺钉连接、铆接、绑扎等都是日常生活中常见的最普通的零件连接方法。在电真空器件生产中,当零件不需要气密连接,而且接头在工作过程中受力较小,对连接强度要求不高时,或者对不适合焊接的零件,例如螺旋线的陶瓷夹持杆与螺旋线,以及金属熔点差别太大、直径相差太悬殊的零件等,也往往采用机械连接方法来连接或者固定。

常见的机械连接方法主要包括:

(1) 螺钉(以及螺帽)连接法:大型管的管外零件经常采用这种方法。

(2) 铆接法:在微波管中应用较少。

(3) 折叠法:当用薄片金属材料卷成薄壁圆筒状零件时,其接缝处可以采用折叠法连接;大尺寸软波导也一般采用折叠法用金属带绕成波导截面形状(矩形或者圆形),同时相互之间折叠连接而成。

(4) 绑扎法:早期的玻璃结构的行波管,螺旋线采用石英玻璃棒(或者管)夹持,这种夹持就是通过镍带绑扎法来实现的;细金属丝与粗金属丝的连接,不易焊接,就可以用另外的金属丝将两者绑扎在一起。

除此之外,在电真空器件制造中,比较特殊的机械连接方法主要有夹持法、热胀冷缩法和切压法。

1. 简单机械夹持法

夹持法主要用于行波管中螺旋线与夹持杆的固定。在行波管中,夹持杆在绝大多数情况下都是陶瓷杆,尤其以氧化铍陶瓷为主,夹持杆既固定了螺旋线,又绝缘了螺旋线与管壳,防止螺旋线被短路。正因为此,夹持杆本身不能通过整体金属化来与螺旋线焊接,因为这样一来,金属化层本身就把螺旋线短路了。由于螺旋线是周期结构,要在夹持杆上周期性金属化并与螺旋线严格对准再焊接,显然会变得十分困难;再说,螺旋线的膨胀系数远比陶瓷大,焊接后往往会将陶瓷杆拉断。因此,螺旋线与夹持杆在一般情况下是不焊接的,都用机械连接方法进行固定,只有少数大功率行波管采用专门的技术进行焊接。

螺旋线与夹持杆、管壳三者之间的固定方法很多,如弹性变形法、热收缩法、压力扩散焊接法、冷塑性变形法、热挤压法等,不过,目前应用得较普通的方法主要是管壳弹性变形法和管壳塑性变形法。

(1) 管壳弹性变形法。采用具有一定弹性的薄壁金属管作为管壳,常用材料是蒙耐尔和不锈钢。管壳的内径比螺旋线加上夹持杆后的外径略小一点,因此螺旋线与夹持杆不能直接放进管壳。夹持前,利用专门的夹具对管壳在每两个预定放置夹持杆的中间位置加压,每点的压力由夹具保证均匀一致,在外力作用下使管壳略有变形,受压点的管壳半径缩小,而在预定放置夹持杆位置的管壳半径则略略增大,这样螺旋线与夹持杆一起就可以十分顺利塞进管壳;待螺旋线与夹持杆在管壳中正确就位后,松开夹具施加的压力,管壳在弹性力的作用下恢复到原来的形状,由于管壳原来的内径就略小一点,故而这时管壳的弹性力就将夹持杆紧紧压在螺旋线上并固定了与螺旋线的相对位置。管壳内径必须综合考虑材料的性能,壁厚以及螺旋线的强度、直径和夹持杆的大小等因素正确设计,内径过大,会使管壳对夹持杆的压力不够,影响夹持杆对螺旋线的压紧程度,即夹持的可靠性降低;内径过小,又会使夹持杆对螺旋线压力过大,引起螺旋线变形。图 17 - 13 为行波管螺旋线的弹性夹持示意图。

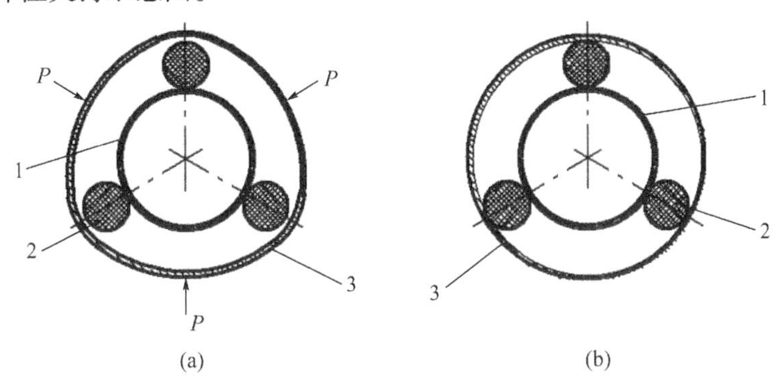

图 17 - 13 行波管螺旋线的弹性夹持示意图

(a) 管壳在外力下产生形变,将螺旋线与夹持杆塞进管壳;

(b) 外力取消,管壳恢复原形,将螺旋线与夹持杆压紧。

1—螺旋线;2—夹持杆;3—管壳;P—压力。

(2) 管壳塑性变形法。该法则一般采用塑性好的金属,比如铜做成管壳,而且壁厚相对较厚,其夹持过程与弹性变形夹持刚好相反(图 17 - 14):开始管壳内径就加工到比螺旋线与夹持杆在一起时的外径略大一点,使螺旋线与夹持杆能顺利滑进管壳;然后,利用专用夹具上的刀口在管壳外壁上对准夹持杆的位置施加较大的外力,使得管壳在该位置有一定变形,并在外表面留下刀口的压痕。管壳内表面对应夹持杆位置的变形就将夹持杆与螺旋线紧紧压紧,而且由于这时管壳发生了塑性变形,在外力除去后也不会恢复原状,即对夹持杆的压力不会消失。管壳的壁厚保证了塑性变形不会被夹持杆和螺旋线的反弹力抵消,失去管壳对它们的压力。

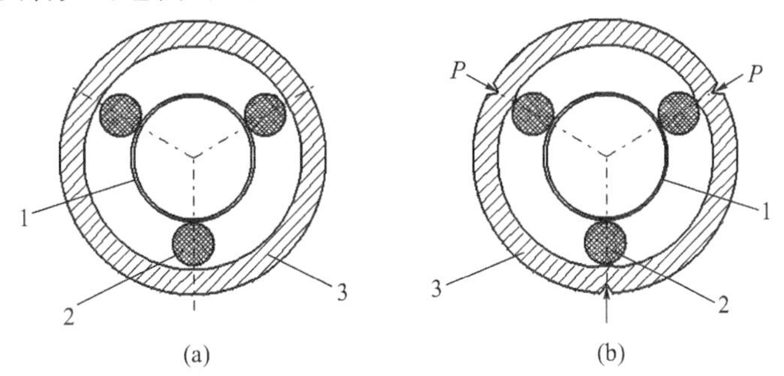

图 17 - 14 行波管螺旋线塑性变形夹持示意图

(a) 施加外力以前,螺旋线和夹持杆可以顺利滑进管壳;

(b) 外力使管壳变形,压紧夹持杆。

1—螺旋线;2—夹持杆;3—管壳;P—压力。

显然,塑性变形夹持的质量与管壳的尺寸(主要是厚度以及直径)、材料以及施加的外力有关。

在图 17 - 13 和图 17 - 14 中,为了读者对夹持原理图理解得更清楚,夹持杆与管壳之间的间隙都已被夸大,实际上是非常微小的。

2. 热胀冷缩法

利用材料的热胀冷缩性能同样能实现零件的连接,这种方法主要应用在细长金属外壳与其内部零件的装配连接,例如螺旋线和夹持杆与管壳的固定,圆盘加载波导中盘片与外筒的固定等,因为在这种情况下,往往难以进行直接焊接连接,这一方法尤其在行波管螺旋线固定中得到了广泛应用。

以行波管螺旋线和夹持杆与管壳的热胀冷缩固定法为例,目前主要采用三种具体工艺:

(1) 石墨模具热膨胀法。这一方法是先将螺旋线和夹持杆利用专门的模具固定相互之间的位置,而后滑进管壳至正确位置,再将管壳放入低膨胀系数的石墨挤压模,压紧管壳,在炉子中加热至高温。由于石墨挤压模的膨胀系数比金属管壳低,在高温下,石墨挤压模将限制管壳向外的径向膨胀,而只能向内膨胀,从而将夹持杆、螺旋线压紧。由于加热温度达到了使管壳发生塑性变形的要求,管壳这一膨胀在冷却后会被保留下来,保持了对螺旋线、夹持杆的压力。

这种方法只要控制好管壳内径在加热前的过盈量以及加热工艺,可以得到比简单机械夹持法小得多的管壳与夹持杆、夹持杆与螺旋线之间的接触热阻,显著提高螺旋线的热耗散能力,但掌握不好,也易使管壳发生变形。

(2) 绑扎管壳热膨胀法。如果用在管壳上密绕低膨胀系数的金属,例如钼带、钨丝并扎紧来代替石墨挤压模限制管壳的向外膨胀,则采用与石墨模具热膨胀法同样的工艺步骤,也可以实现管壳对夹持杆、螺旋线的压紧。

这一方法还可以在夹持杆、螺旋线与管壳先经弹性夹持法固定后再进行,从而可以使夹持杆、螺旋线和管壳之间的接触更紧密,进一步提高螺旋线的散热能力。

(3) 无变形热胀冷缩法。这种方法要求加工的管壳直径比夹持杆与螺旋线组合件的外径略小,因而在常温时夹持杆与螺旋线组合件不能滑进管壳,而在对管壳加热使它产生热膨胀后,管壳内径又比组合件外径要略大,使事先经模具固定好的夹持杆、螺旋线组合件能顺利滑入管壳。当已装入夹持杆、螺旋线的管壳冷却到常温时,管壳发生收缩,产生极大的收缩力,刚好将夹持杆和螺旋线紧紧挤压在一起。对于圆盘加载波导中盘片与外筒的固定,为了取得更好的效果,还可在对外筒采用蒸汽加热的同时,使事先固定好间距的盘片在低温下冷却(例如液氮),从而更顺利滑进外筒,得到更大的接触压力。

无变形热膨胀法可得到比简单机械夹持法(弹性夹持和塑性变形夹持)和热膨胀法(石墨模具和绑扎管壳)更良好的管壳与夹持杆、夹持杆与螺旋线之间的接触,更低的热阻,更大的热耗散能力。

3. 切压法

切压法主要用来实现丝料与支持杆之间的连接,如栅极中栅丝与边杆之间的连接。切压法在专用机床绕栅机上进行:绕栅机上的割刀先在边杆上切出一小槽,然后栅丝就会自动嵌入槽内,接着绕栅机上的压刀在小槽上滚压,利用压力使金属变形,从而使栅丝被变形的金属封闭在槽内,从而达到栅丝与边杆的连接(图17-15)。整个过程是在绕栅机上全部自动完成的,栅极芯模边旋转边连同嵌在芯模两侧半圆槽内的边杆不断前进,切刀和压刀则间歇性地不断切割与滚压边杆;丝料连续绕在栅极芯模上,栅丝绕过栅极芯模两侧时自动嵌入边杆上已切割出的小槽中;最后压刀将其用边杆金属的变形封在槽内。

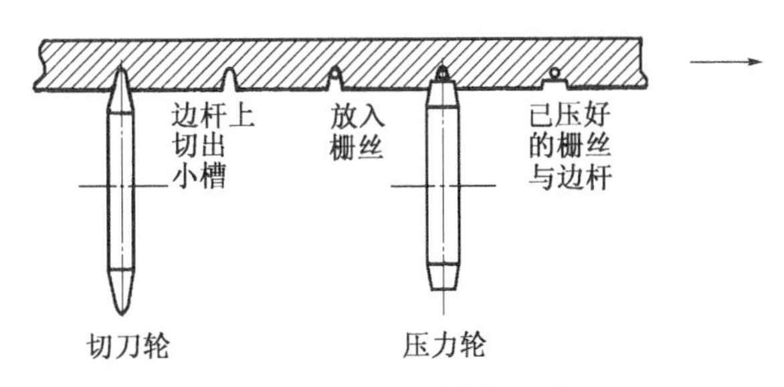

图17-15　切压法连接示意图

在微波管中,有时零件焊接前在装配过程中为了临时固定,也往往用样冲在一方零件上打出小凹孔,利用材料的变形将另一方与之装配的零件固定,以防止下一道工序焊接时零件之间相对位置的改变。如磁控管阳极翼片与阳极筒的装配、前向波放大器短管支撑曲折线与阳极筒的装配等,经常用样冲在阳极筒与翼片或者曲折线装配的槽或孔边上冲孔,用阳极变形的材料将翼片或曲折线压紧,临时固定它们与阳极筒之间的相对位置,然后再通过焊接正式固定。这种方法与切压法有类似之处,不同的是这时不是利用压刀而是利用样冲来使零件发生形变,达到固定另一个零件的目的。

17.2.3　黏接法连接

黏接法是利用胶黏剂将零件黏合在一起的连接方法。在电真空器件和微波元件的制造中,黏接法应用很广泛,如许多电真空器件的管座、散热片、微波管管外部分零部件、磁钢等都利用黏接法来与管子连接,微波元件中的介质片、衰减片、水负载密封介质片、铁氧体片等也都是用黏接法固定在波导中或者支架(支持杆)上的。

1. 黏接法的特点与胶黏剂的组成成分

1)黏接法的优缺点

黏接法与其他连接方法比较,其主要特点是:

(1)可以将不同类型的工件很好地胶接在一起,不论是工件的材料不同,力学、物理、化学性能不同,还是大小不同、简单与复杂不同等,都可以实现黏接。

(2)黏接比钎焊和许多机械连接重量轻,这是因为胶黏剂重量要比焊料、铆钉、螺钉等轻得多。

(3)黏接接头的应力均匀分布在整个胶合面上,尤其对于大面积的平板连接,由于避免了应力的高度集中,强度得到了提高。

(4)黏接很容易做到密封、绝缘、防腐蚀,接头表面光滑、平整,也可以使连接处具有某些特殊性能,比如导电、透明、隔热等。

(5)黏接工艺简单,不需要复杂的专用设备,操作方便,效率高,节约能源,降低成本。

黏接法的主要缺点是:比铆焊连接强度低,特别是冲击强度和剥离强度低;使用温度有很大的局限性,一般只能在100~150℃下使用,少数可达到250℃;无机胶虽然可工作到600℃以上,但性脆;由于胶黏剂都是以高分子材料为主要成分,因而总会存在老化问题;另外黏接工艺难以控制与检测也是其一个不足之处。

2)胶黏剂的组成

黏接法是利用胶黏剂进行材料连接的,胶黏剂又称黏合剂、黏结剂。胶黏剂的种类很

多,现有胶黏剂大都由多种成分组成,主要包括:

(1)基料,或者叫黏料即黏合物质。这是胶黏剂的基本成分,也是使胶黏剂具有黏附特性的材料。黏料可以是天然高分子物质,也可以是合成树脂和橡胶及混合物质。

(2)固化剂,又叫硬化剂。它的作用是使胶黏剂固化,不同的黏料和对胶黏剂性能要求以及工艺的不同,使用的固化剂也不同。

(3)增塑剂或者增韧剂。一般高分子物质胶黏剂固化后性能较脆,加入增塑剂或增韧剂可以提高其耐冲击能力,增加韧性。但增塑剂或者增韧剂加入量应适当,过多反而会降低胶黏剂的性能。

(4)填料。在胶黏剂中加入填料的目的是降低固化的收缩率、降低线膨胀系数和降低成本。适当的填料还可以改善胶的冲击韧性、胶接强度、耐热性等,有时填料还可以使胶黏剂具有导电、绝热等特定性能。

(5)稀释剂。稀释剂主要用于调节胶黏剂的黏度以便于操作。

除此以外,有时还会加入一些偶联剂、防老剂、颜色等其他辅料。

2. 常用胶黏剂

真空电子器件生产中所用的胶黏剂要求黏结强度高、固化时体积收缩小、电性能好、化学稳定性高等。

1)环氧树脂胶黏剂

环氧树脂是指含有环氧基团的线型高分子化合物,未固化时是热塑性树脂,加入固化剂后发生交联反应而变成不溶、不熔的固状物。凡是用环氧树脂为基料配成的胶黏剂都统称为环氧树脂胶黏剂,目前应用得最多的是双酚A双环氧树脂,它是由二酚基丙烷(双酚A)与环氧氯丙烷缩聚而成的。

双酚A环氧树脂的特点是:黏合力强,适应范围广,对许多材料都有很好的黏接性能,素有“万能胶”之称;工艺性能好,胶的稠稀、固化时间的长短,固化温度的高低都可以方便调节,配置成胶后,储存稳定性也好;胶层性能好,固化后胶层机械强度高,耐各种介质,耐老化、绝缘强度高、固化时体积收缩率小于10%、防潮、防霉、胶层固化后还可以进行机械加工。

环氧树脂本身在200℃温度以下都是稳定的,只有加入固化剂通过固化反应才能固化成具有优良性能的胶层,固化剂的种类也很多,其中用得较多、性能较好的是改性胺类固化剂,如“591”固化剂是二乙烯三胺与丙烯酯的加成物氰乙基化二乙烯三胺,固化条件为80~100℃下保持2h;“703”固化剂是乙二胺、苯酚和甲醛的缩合物,固化条件是在常温下放置4~8h。

除了固化剂外,环氧树脂胶黏剂还往往加入其他一些添加剂,主要有:

增塑剂:常用的有邻苯二甲酸二丁酯、邻苯二甲酸二异辛酯、磷酸三苯酯、磷酸三甲苯酯等;由于增塑剂不参与环氧树脂反应,时间一长,仍然会从胶层中缓慢析出,从而使胶膜老化,所以现在更多地用增韧剂来替代它。

增韧剂:主要有聚酰胺树脂、聚硫橡胶、丁腈橡胶、聚氨酯树脂、聚酯、聚醚等,其中又以聚硫橡胶和丁腈橡胶应用最广。

稀释剂:包括非活性稀释剂和活性稀释剂两类,前者不参与反应,仅在施工中降低胶液黏度,在固化过程中被挥发,如丙酮、甲苯、二甲苯、苯乙烯等,后者参与反应,不仅可以使胶液黏度降低，还可以改善胶层性能(比如韧性)，常用的有环氧丙烷丁基醚、乙二醇缩水甘油醚、甘油环氧树脂等。

填料：许多有机物和无机物都可以作为填料，而且往往要求黏接的对象是什么材料，就加入与之性能相近的填料。填料可以改善胶层的机械、物理性能。如：加入玻璃纤维等可以提高抗冲击性能；加入金属或者氧化物粉、石英粉、陶瓷粉等可以提高硬度与抗压性能；加入石墨粉、滑石粉、二硫化钼等可以提高耐磨性；加入银粉、铜粉可以提高导电性等。

2）改性环氧树脂胶黏剂

随着科学技术的发展，现在大部分实用的环氧树脂胶黏剂都是经过改性的，未经过改性的环氧树脂胶黏剂已较少应用。比较典型的改性环氧树脂胶黏剂有：

聚硫改性环氧树脂胶黏剂。聚硫本身可以在过氧化物或者加温等条件下硫化成弹性体，具有很好的弹性、黏附性，而且耐各种油类和化学介质，是一种较好的密封材料。将聚硫加入环氧树脂中后，使环氧树脂也具有了这些优点，还可以改进其脆性，增加弹性。在常温下聚硫就可以与环氧树脂反应，如果加热，可加快反应。一般将环氧树脂、聚硫和固化剂分别储存成三组分产品或者将环氧与聚硫先混合做成两组分商品，但会影响储存期。典型商品为 914 环氧树脂胶黏剂。

丁腈橡胶改性环氧树脂胶黏剂。丁腈橡胶是丁二烯与丙烯腈的共聚物，其耐油、耐磨性能与黏附性能都优于天然橡胶。丁腈橡胶改性环氧树脂胶黏剂由于具有较大的使用温度范围和高的黏接强度、高的不均匀剥离强度和剪切强度，是目前性能最好的结构胶，因而一经出现即得到广泛应用。丁腈橡胶改性环氧树脂胶一般应加热固化，现在也出现了可室温固化的胶。

热固性树脂。这种环氧胶可改善环氧树脂胶黏剂的耐高、低温性能。

热塑性树脂。主要可以改善环氧树脂的脆性，提高其黏接强度。

此外，还有许多功能性的胶种，如水下固化环氧胶、快速固化环氧胶、导电胶、点焊胶、光学胶、吸油环氧胶等。

3）酚醛树脂胶黏剂

酚醛树脂是由苯酚和甲醛缩聚而成，它是最重要的合成材料之一，在胶黏剂方面也大量应用。酚醛树脂的黏接力强，能耐较高的温度，好的配方可在 300℃下使用；但性较脆，剥离强度较差，需加热固化。所以人们往往使用某些柔性高分子物如橡胶、聚乙烯醇缩醛等来使它改性，得到一系列具有一定柔韧性和高强度、耐热性好的改性酚醛胶黏剂，最主要的有：

(1) 酚醛—丁腈胶黏剂。它既有酚醛树脂的黏附性、热稳定性，又有丁腈橡胶的韧性、耐介质性。它的主要优点是：具有较高的胶接强度，柔韧性好，尤其是有较高的剥离强度，因而可作结构胶用；使用温度范围广，一般可在 -60 ~ 150℃ 内使用，有的胶甚至可工作到 250℃；有很好的耐油性，耐老化、抗盐雾、耐溶剂；可做成胶膜，也可以配成胶液，使用方便。它的不足是需加热、加压固化。

酚醛—丁腈胶黏剂除了酚醛树脂与丁腈橡胶外，还应加入硫化剂(如氧化锌、硫磺等)、硫化促进剂、填料、溶剂等。

(2) 酚醛—缩醛胶黏剂。将酚醛树脂与聚乙烯醇缩醛类树脂混合，可制得酚醛—缩醛胶黏剂，它具有较好的黏接强度和耐热性，因而也得到了广泛应用。

4）有机硅胶黏剂

有机硅胶黏剂的特点是耐高温、低温，耐腐蚀，耐辐射，同时具有优良的电气绝缘性能、防水性和耐气候性，可用于胶接金属、塑料、橡胶、玻璃、陶瓷等。正因为它具有这些突出的性能，所以用途广泛而重要。

硅树脂有机硅胶黏剂是以硅树脂为基料，加入某些无机填料和有机溶剂混合而成，可以胶接金属、玻璃钢等材料，固化时需加热、加压。其典型品种为 KH－505 胶，由有机硅树脂、填料（云母粉、石棉、二氧化钛、氧化锌等，增加胶的高温强度）和溶剂组成，其突出优点为耐高温，可长期在400℃工作，甚至在1000℃高温下也能短时间工作，耐湿热老化性能也很好。KH－505 的固化条件是270℃、$(3\sim5)\times10^5$Pa 压力下 3h，如果将温度提高到425℃下固化，则强度更好。

如果以环氧树脂、聚酯、酚醛等高分子树脂与有机硅树脂混合，则形成改性硅树脂胶黏剂，既可以保持硅树脂的耐高温性，又可以利用这些树脂的固化剂进行固化，从而降低固化温度。

5）其他胶黏剂

胶黏剂的种类成百上千，从日常生活到现代高新技术都离不开各种胶黏剂。上面只是介绍了几种与电子工业尤其是真空电子器件有关的胶黏剂，下面再提出两种在微波管和微波技术领域常用的特殊胶黏剂。

（1）导电胶。在绝缘的环氧树脂或有机硅树脂中加入导电性能好的金、银、铜、石墨等粉末，配制成胶黏剂，就成为导电胶。金粉的导电性最好，但价格太贵；铜粉的活性大，表面极易形成氧化膜，从而降低导电性能；石墨的导电性比金、银、铜都差，所以导电胶中使用得最多的还是银粉。导电胶借助银粉颗粒之间的接触而形成导电通路，因此其导电性取决于银粉的形状、大小以及用量，也与树脂及其他辅料的配比、操作工艺有关。常用的导电胶如701导电胶、711环氧导电胶、DAD－6导电胶、硅树脂高温导电胶等。

导电胶应现配现用，涂好胶后立即加热固化。固化温度高，导电性能好，这是因为加热固化比室温固化快，可使银粉来不及因沉淀而影响导电能力。导电剂在微波元件和某些固体器件、真空电子器件中都有着重要应用。

（2）压敏胶带。压敏胶带是将压敏胶黏剂涂于基材上，加工成带状并绕成卷盘状形成的。使用时，通过轻轻加压而使胶黏带与被黏物表面胶接，通常在常温下就具有良好的黏附能力，少数也有通过溶剂、加热来实现胶接的。使用十分方便，目前已有上千种不同用途的品种。

压敏型胶黏剂是胶带最主要的组成部分，它的作用是使胶带具有对压力敏感的黏附能力，通常以长链聚合物为主体材料，加入增黏树脂、软化剂、填料、黏性调整剂、防老剂和溶剂等制成。基材则是压敏胶带的基础，要求有较好的机械强度、较小的伸缩率、厚度均匀以及良好的溶剂浸润性等，目前作为基材的主要有：棉布、合成纤维、玻璃布、无纺布等织物，聚氯乙烯、聚乙烯、聚丙烯、聚酯等塑料类薄膜以及纤维纸、玻璃透明纸等纸类。

胶带在行波管中常用来固定周期永磁聚焦系统在调试过程中外贴的磁性小片，包括永磁体小片或软磁体小块。

17.3　陶瓷与金属的封接

由于陶瓷不论在机械性能上,还是在物理、化学性能上都要比玻璃优越得多,因而现代电真空器件已经越来越多地采用陶瓷来代替玻璃作为绝缘材料。微波管更是由于其工作频率高,工作环境十分恶劣等特殊要求,现在几乎已经毫无例外都采用了金属—陶瓷结构。

金属—陶瓷结构的实现首先依赖于金属材料与陶瓷的气密连接,称为封接。金属—陶瓷的封接是以金属钎焊技术为基础而发展起来的,但与金属和金属的钎焊不同的是,焊料不能浸润陶瓷表面,因而也就不能直接将陶瓷与金属连接起来。为了解决焊料与陶瓷的浸润问题,经过多年的实践研究,人们总结出了两种方法：陶瓷金属化法和活性金属法。前者是在陶瓷表面涂覆上一层与陶瓷结合牢固的金属层,后者则是在陶瓷表面涂覆上一层化学性质活泼的金属层,该活泼金属层能使焊料与陶瓷浸润。

17.3.1　钼锰法陶瓷金属化

陶瓷金属化实现金属—陶瓷封接的方法一般是利用金属粉末涂在陶瓷表面,然后在还原气氛(氢气)中高温烧结,从而在陶瓷表面形成一层金属层的过程,所以这种方法又称为烧结金属粉末法。根据金属粉末的配方不同,它又有钼锰法、钼铁法、钨铁法等,其中以钼锰法应用最广泛,工艺最成熟。

1. 钼锰法金属化机理与特点

1）钼锰法金属化的机理

钼锰法陶瓷金属化的简单机理是：以钼粉、锰粉为主要原料,再添加一定数量的其他金属粉,以及作为活性剂的金属氧化物,如氧化铝(Al_2O_3)、氧化镁(MgO)、二氧化硅(SiO_2)、氧化钙(CaO)等,在还原性气氛中高温烧结。在高温条件下,氧化锰和配方中的其他氧化物互相溶解和扩散,生成熔点和黏度都比较低的玻璃状熔融体。这些熔融体向陶瓷中扩散与渗透,同时对陶瓷中的氧化铝晶粒产生溶解作用,并与陶瓷中的玻璃相作用生成新的玻璃态熔融体,该熔融体又反过来向金属化层中扩散与渗透,并浸润略微氧化的钼海绵表面。冷却后,陶瓷与金属化层界面附近的互相渗透的熔融体变成玻璃相,从而在陶瓷与海绵钼之间形成一层过渡层。由于钼层不易被焊料所浸润,因此还需要在金属化钼层上镀上一层镍,镀镍后在干氢气氛中进行再烧结,使钼层与镍层结合牢固,称为二次金属化。至此,陶瓷金属化才真正完成,经过金属化处理的陶瓷就完全可以用钎焊方法与金属进行焊接了。

图 17－16 给出了活化钼锰法陶瓷金属化层的结构。

2）钼锰法金属化的特点

钼锰法在各种陶瓷的金属化中应用得十分普遍,其主要优点是：

(1) 工艺成熟、稳定。

(2) 封接强度高,特别适合微波管在苛刻的机械和气候条件下应用。

(3) 可以多次返修而不致破坏金属化层。

(4) 对焊料、金属化膏剂配方以及烧结气氛的要求不很严格,工艺容易掌握。

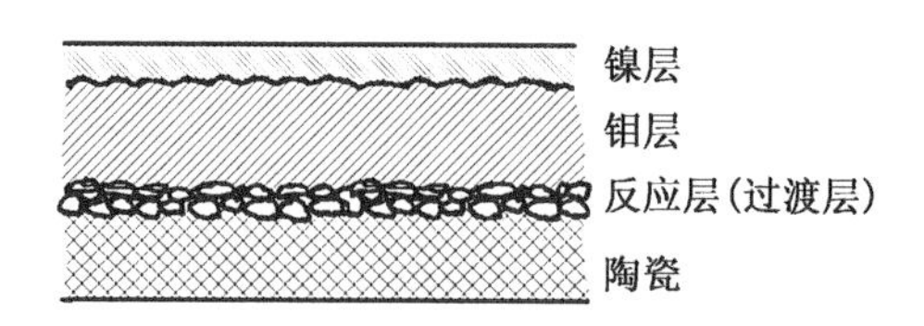

图17-16 活化钼锰法陶瓷金属化层结构

钼锰法的缺点是金属化温度高,容易影响陶瓷的质量;而且要求高温氢炉;工序周期比较长。

2. 钼锰法金属化工艺

活化钼锰法的主要工艺包括陶瓷件的研磨与清洁处理、配膏与涂膏、金属化烧结、镀镍、二次金属化烧结等。

1)陶瓷件处理

陶瓷件待封接表面必须经过研磨,才能达到要求的表面光洁度和平整度,以及精确的尺寸;研磨后的陶瓷还应仔细清洗,彻底去除表面油污和其他污染、杂质。

2)配膏与涂膏

金属化粉的配方是金属化的关键,不同的陶瓷、不同的工艺过程,往往配方也不同。配好的金属和氧化物粉应进行球磨,使其颗粒度控制在1~3μm并且混合均匀。混合好的粉料加入适当的醋酸丁酯、草酸二乙酯、硝棉溶液搅拌成膏状,然后将膏剂涂覆到陶瓷待金属化的表面。

在微波管中常用的对膏剂涂覆的方法主要有以下几种。

(1)手工涂覆。手工涂覆是用扁平的驼毛或羊毛笔手工涂膏方法,该法使用最久,且简单易行、适应性强,故被广泛采用。但手工涂覆的效率比较低,对操作者的技术要求也较高,涂膏工件的重复精度不高。对于回转体工件,可以结合使用涂膏机,提高涂膏效率2~3倍,且涂膏层均匀、平整。因此成为当前主要膏剂涂覆方法。手工涂覆时膏层厚度为30~80μm,可以分两次涂覆达到所需要的厚度。

(2)喷涂法。喷涂法是将金属化膏剂注入储存罐中,利用压缩空气或压缩氮气将膏剂喷到瓷件表面。这种方法传统上仅适用于大面积平面或外圆的瓷面涂膏,其他情况很少使用,其中属于回转体的大面积外圆喷涂,同样要与手工涂覆膏层一样使用涂膏机。

(3)丝网印刷法。丝网印刷法是金属化膏剂的印刷方法,仅适用于平面工件的涂膏。丝网印刷法的工艺过程与光刻法相类似,首先要制作丝网的网框,把尼龙丝网紧绷在铝制框架上,丝网目数是一个重要指标,它指的是每平方厘米丝网所具有的网孔数,目数越高,丝网越密,网孔越小,膏剂能透过网孔沉积到陶瓷表面的量也就少,膜厚度就薄,目前陶瓷金属化所用丝网一般为150~300目;然后在丝网上多次均匀平整涂覆一层均匀的感光胶,进行烘干;同时对需要金属化的图像照相,得到图形底片作为掩模;把掩模平放在涂覆好带有感光胶的丝网框架上并与陶瓷金属化位置严格对准,置于紫外线水银灯下曝光,经曝光后,感光层受到光照的部分,感光胶不溶于水,因此这部分由于有感光胶遮挡,将成为陶瓷零件不能涂覆到金属化膏剂的表面部分,曝光时未受到光照部分的感光胶溶于水,将这部分感光胶完全清洗干净后,由于已没有感光胶,将成为陶瓷零件需要金属化的表面部分,由此在丝网上得到所需金属化的图形;最后就可以将得到金属化图形的丝网覆盖在陶瓷待金属化的表面并与陶瓷金属化位置严格对准，在丝网上涂上金属化膏剂，利用刮板相对丝网平面以一定倾角，例如 30°，在一定压力下均匀刮膏剂，膏剂即透过丝网涂覆到陶瓷表面需要金属化的区域上，刮板材料有聚酯化合物、橡胶、PVC 等。已制备好的金属化涂料的黏度大小是影响印刷质量的一个重要因素，根据需要可以刮刷多次（2 ~ 3 次），取下网框，经过烧结，再电镀镍即完成金属化。

3）金属化烧结

涂好膏的瓷件应尽快在湿氢中烧结，烧结温度应低于陶瓷烧成温度，一般为 1400 ~ 1500℃，保温 40 ~ 60min，使膏层与陶瓷表面进行充分的物理、化学反应。金属化烧结后，涂层应致密、不掉粉、不起泡、无氧化。

4）镀镍与二次金属化烧结

经过一次金属化的瓷件，用电镀方法镀上一层厚度为 3 ~ 8μm 的镍层，然后在干氢中在 1000℃温度下烧结 15 ~ 25min。

17.3.2　活性金属法陶瓷封接

活性金属法金属—陶瓷封接比金属化法简单，它不再需要先将陶瓷金属化，再用焊料与金属封接，而可以利用一些活性金属直接将陶瓷与某些金属封接。

1. 活性金属法的机理与特点

1）活性金属法的机理

钛、锆、钽、铌等金属元素对氧化物和硅酸盐等物质具有较大的亲和力，因此被称为活性金属。活性金属与一些金属如银、铜、镍等很容易在低于各自熔点的温度下形成合金并能溶于如银—铜等合金的溶液中，这时已处于液相状态下的钛很容易与陶瓷表面发生反应，从而完成了金属与陶瓷的封接。

活性金属对陶瓷的亲和力以钛、锆最为明显，其中钛在常温下稳定，合金的强度高，活性大，与陶瓷黏结牢固，所以钛更多地被用作金属—陶瓷封接的活性金属。但单纯的钛熔点高，为了能在较低的温度（如小于 1000℃）下进行封接，就需要其他能在此温度下与钛形成液相合金的金属或合金，与钛一起进行封接。能满足这种要求的金属或合金最常用的有镍、铜、银、银—铜、金—铜、锗—铜等。根据所用金属或合金的不同，活性金属法就可以分为钛—银—铜法、钛—镍法、钛—铜法等，目前使用最广泛的是钛—银—铜法。

2）活性金属法的特点

与钼锰法相比，活性金属法金属—陶瓷封接的主要优点是：

（1）只要一次高温加热，工序少、周期短，而且温度低得多（800 ~ 1000℃）。

（2）由于封接温度低，所以陶瓷零件不会变形，能保持其精密尺寸。

（3）对陶瓷的适应性强，各种不同氧化铝含量的陶瓷、氧化铍瓷、碳化硼，甚至石英、云母、压电陶瓷等都可以用活性金属法进行封接。

这种方法的缺点是：

（1）活性金属法封接需要在真空中进行，生产效率低。

（2）在真空中一些蒸发率较高的金属如银等容易蒸发到瓷件或管内其他零件上去，导致绝缘性能下降，漏电增大。

（3）一般活性金属的合金比较硬、脆，所以封接处陶瓷应力大，封接强度不如金属化法。

(4) 封接结构要求较高,套封和针封难以实现封接。

(5) 封接后无法进行返修,一旦封接失败,零件与瓷件都将报废。

正因为活性金属法存在较多不尽如人意之处,因此没有钼锰金属化法应用广泛。

2. 钛—银—铜法工艺

钛—银—铜法封接主要包括零件制备、涂膏装架、封接三个步骤。

1) 零件制备

零件制备包括活性金属、陶瓷件、金属件以及焊料的准备和处理。作为活性金属使用的主要是钛粉,钛粉涂覆陶瓷受限制很少,也可以用钛箔或者氧化钛粉。钛粉要求纯度在99.7%以上,颗粒度越细越有利于涂覆;陶瓷件经研磨净化后,最好在马弗炉中,850~900℃温度下焙烧0.5h后再用;金属零件常用的材料为无氧铜、可伐等,待封接金属表面应有足够的光洁度和平整度,其中可伐还应电镀8~15μm镍层,以改善焊料的浸润性,防止银—铜焊料渗透进可伐晶粒间造成开裂;钛—银—铜活性法封接用焊料通常为银—铜焊料。

2) 涂膏装架

将钛粉与硝棉溶液仔细搅拌成膏浆,必要时可加入少量草酸二乙酯作稀释剂,然后用扁平毛笔将膏浆涂覆在瓷件的封接面上,涂层厚度一般为25~40μm,将涂层晾干后即可装架,装架时将瓷件与金属件根据封接要求依次叠置,其间放入焊料,必要时还应以模夹具保证零件的相对位置,封接时应给模具一定压力,然后即可放入真空炉进行封接。

3) 封接

当真空炉的真空度达到小于10^{-3}Pa时即可开始升温,在接近焊料熔点时升温应缓慢,以尽量保证零件整体温度均匀一致,焊料溶化后再迅速升温至封接温度并保持几分钟,让活性金属与陶瓷以及金属充分反应,形成钛—银—铜合金。然后降温,700℃以前应缓慢降温,700℃以下可切断加热电源自然冷却。整个封接过程炉内真空度应保持在10^{-2}Pa以上。

4) 影响封接质量的因素

影响活性法封接质量的主要因素有钛含量、封接温度、升温速度以及封接环境等。

(1) 实验表明,在生成的钛—银—铜合金中含钛量大于10%和小于2%时,封接的气密性和强度均有明显下降,钛的最佳含量约为3.4%,一般选择3%~7%较合适。

(2) 对于AgCu72-28焊料,无氧铜零件的封接温度应控制在(820±10)℃,可伐零件应为(840±10)℃,保温时间为1~5min,视零件大小、焊缝面积大小而定。

(3) 一般来说,升降温速度对封接质量影响不大,对于小型真空炉,快速升降温只使封接强度下降约20%。

(4) 封接的气氛可以是真空、惰性气体或者氢气,但实践证明在真空中进行封接的质量最好,真空度维持在10^{-3}Pa及以上时,封接处会呈深黄、金黄色,合金表面光滑细腻,表明封接质量好。

3. 钛—镍法工艺

钛—银—铜法封接用的焊料是银铜最低共熔合金AgCu72-28,其熔点只有779℃,但这种焊料蒸气压较高,容易蒸发引起管子漏电,因此人们又开发了另一种活性金属法,即钛—镍法。钛—镍法直接以钛作零件，把镍箔加在钛零件与陶瓷封接面之间，在真空中加热，钛和镍之间相互扩散，当温度达到和大于 955℃时，便在钛—镍之间开始生成一定量的低共熔合金，并很快浸润陶瓷表面，与陶瓷发生反应形成气密封接。由于钛—镍合金的熔点高、蒸汽压较低，因而弥补了钛—银—铜法的不足。

17.3.3　金属—陶瓷封接结构

可靠的金属—陶瓷封接件，必须满足电真空器件对它在电、热、真空、机械等各方面的要求。但是，陶瓷和金属两种材料在很多性能上都存在很大差异，例如，两者在热性能方面，其膨胀系数、比热容、导热系数等都差别很大，这使得它们在封接处必然会产生应力。当封接部件中的应力达到一定程度时，就会引起封接面漏气，甚至造成瓷件炸裂。因此，要得到气密性好，又能耐热冲击，且具有足够强度的封接，就必须减少封接应力，这除了应注意控制封接工艺外，还必须选择合理的封接结构。

1. 封接结构的基本形式

金属—陶瓷封接的结构形式可分为平封、套封、针封和对封四类。

1）平封

平封是依靠陶瓷环的端面或者陶瓷片的平面与金属零件封接的一种结构，它又可以分为单面封（图 17－17（a）、（b））和夹封（图 17－17（c）、（d））两种。

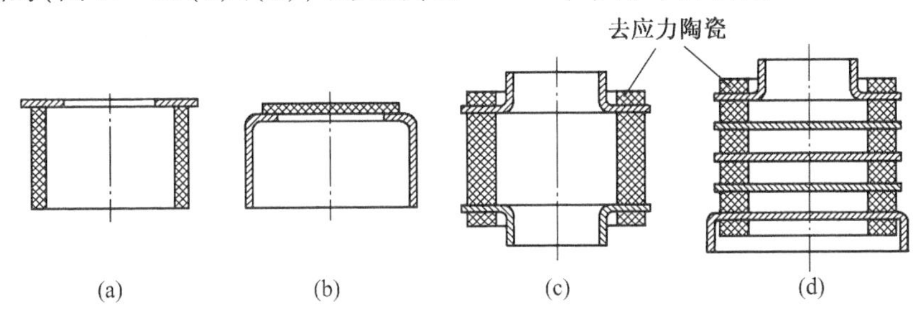

图 17－17　金属—陶瓷封接的平封结构
（a）、（b）单面平封；（c）、（d）夹封。

平封的特点是：

（1）平封结构简单，金属和陶瓷零件加工容易。

（2）平封由于通过研磨，陶瓷件的高度很容易得到精确控制，因而平封结构时零件之间的装配精度最高。

（3）平封的封接模具简单，对封接面施加压力容易实现和控制。

（4）平封结构紧凑、体积小。

正是由于平封具有上述优点，因此微波管中平封应用最为普遍，只要结构允许，又无其他特殊要求，一般都采用平封。

单面平封陶瓷件内应力较大，机械强度和耐热性也较差，采用夹封可以在一定程度上平衡由于金属件膨胀系数大而引起的陶瓷应力，在一般情况下都会在金属陶瓷封接件上增加一个补偿陶瓷环（也叫作去应力陶瓷）来实现夹封。

2）套封

金属圆筒形零件与陶瓷环（或者陶瓷片）相套的封接称为套封，金属圆筒套在陶瓷筒

(片)外围的称为外套封(图 17－18(a)、(b)),反之陶瓷圆筒套在金属筒外面的称为内套封(17－18(c)、(d)),套筒之间采用圆锥形配合的套封,有时又专门称为锥形套封(17－18(d))。

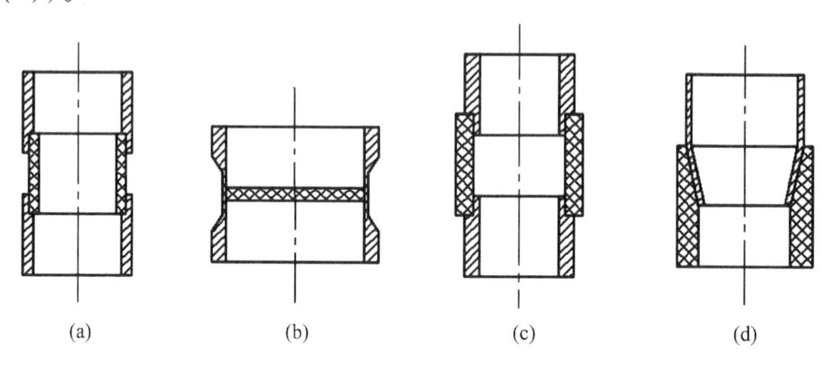

图 17－18　金属—陶瓷封接的套封结构
(a)、(b) 外套封;(c)、(d) 内套封。

套封的封接强度较高,耐热性也好。但套封要求严格的配合间隙,必须对陶瓷件内圆或外圆封接面进行研磨,不如平封时的平磨简单,尤其当瓷件直径较小时,研磨更为困难;对于金属零件的加工精度要求也较高。在微波管中,套封也应用相当广泛,管壳、腔体,尤其是输出窗的封接,往往采用这种结构。

3) 针封

针封从结构上来说也是一种套封(内套封),与套封不同的是,针封中与陶瓷相封接的金属件是实心的丝或者杆而不是圆筒。由于这种结构所产生的轴向和径向应力都较大,因此直径较粗、膨胀系数与陶瓷相差较大的金属杆要进行针封时,必须借助于平封或者套封进行过渡。所以针封可以分为直接针封(图 17－19(a))和过渡针封(图 17－19(b)、(c)、(d)、(e))两类。

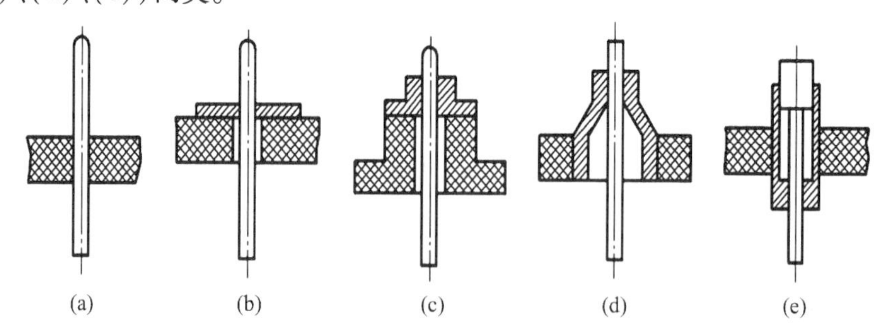

图 17－19　金属—陶瓷封接的针封结构
(a) 直接针封;(b)、(c) 平封过渡的针封;(d)、(e) 内套封过渡的针封。

过渡针封在工艺上虽然比直接针封要复杂一些,但应力小,结构紧凑,牢固,性能好,因此金属杆较粗时,还是以过渡针封好。

微波管的高压引线、同轴输能窗的内导体经常采用这种封接结构。

4) 对封

对封是平封的一种特殊形式,在平封中,陶瓷件的整个端面与金属件的平面封接,而在对封中，陶瓷件只有端面的一部分与金属薄圆环的端面相封接。图 17－20 给出了对封的结构图。

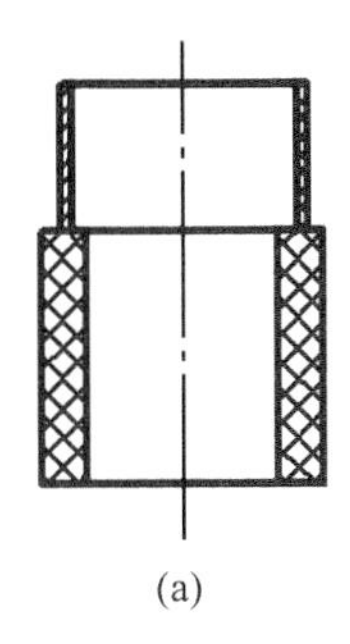

(a)

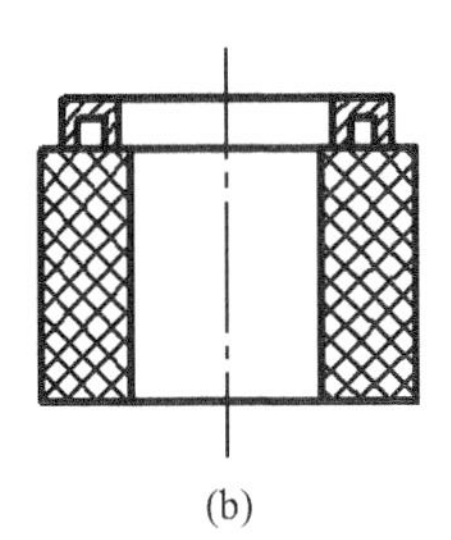

(b)

图 17－20　金属—陶瓷封接的对封结构
(a) 单口对封；(b) 多口对封。

对封的轴向应力比平封、夹封都小得多，所以封接强度高，抗热冲击能力强。对封在微波管结构中也多有采用，如连续波磁控管输能天线的陶瓷罩与阳极块的封接就可以采用对封。

2. 封接结构的设计原则

金属—陶瓷封接结构设计的一般原则如下。

(1) 金属材料与陶瓷的热膨胀系数应尽可能接近，以减少封接应力。

(2) 尽量使封接结构中的陶瓷零件受压应力，这是因为陶瓷的抗压强度一般比抗拉强度大 10 倍左右，因此，在一般情况下，外套封结构优于内套封结构。

(3) 可利用金属零件的弹性变形减小封接应力，最常用的方法是用薄壁金属零件进行过渡封接，通常称为挠性封接。设计挠性封接结构时，薄壁过渡零件的材料应尽量与陶瓷的膨胀系数接近，在保证强度足够的前提下，零件长度应长些，壁厚应尽可能薄些，使得它允许的弹性形变可以大一些。

(4)可伐零件在使用银铜焊料进行焊接时，往往会出现液态焊料渗透到可伐晶界中导致可伐开裂漏气，特别是零件加工变形比较大的部分，为防止这种现象的发生，可伐零件必须镀镍才能采用银铜焊料进行焊接，或者使用纯银焊料、金—镍焊料进行焊接。

另外，不锈钢零件为防止在氢气炉中焊接时被黑化，使焊料不浸润零件，因此也应该镀镍后再焊接。

零件镀镍后都必须进行烧结以增强镀层与基金属的结合度。

对于自身材料的塑性较好的封接零件，如无氧铜，可以不要挠性零件作过渡，而直接将零件做成挠性结构，即利用零件自身的薄壁的变形能力来减小封接应力。图 17－21 给出了一些挠性封接的结构实例。

(5) 采用补偿瓷环(去应力瓷环)或者金属补偿端(图 17－21)以减小封接应力。

(6) 采用过渡封接减小封接应力。

(7) 选择塑性好的焊料(如银焊料的塑性比银铜焊料的塑性好)以及选择合理的焊料放置位置。

在上述一般原则下，对具体的结构形式，在设计时应注意以下几点。

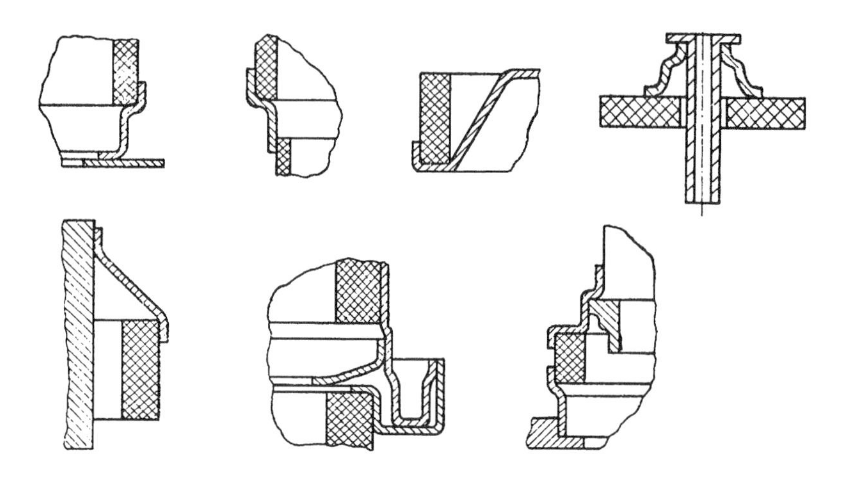

图17-21 借助于弹性薄片的挠性封接结构实例

1）平封

(1) 因为单面平封的应力较大，应尽量选择与陶瓷膨胀系数相近的金属或者塑性变形能力好的金属，如可伐4J29、4J33、4J34，无氧铜等。

(2) 单面封时，封接用金属厚度一般控制在0.2~0.4mm。

(3) 瓷环壁厚应在1mm以上，高度不小于0.6mm。

(4) 采用夹封时，补偿瓷环的高度不应太小，可用下述经验公式来估计：

$$h = (0.4 \sim 0.6)\sqrt{t_0 R} \tag{17.1}$$

式中，h为补偿瓷环高度；t_0为陶瓷筒的壁厚；R为它的外半径。

(5) 有时也可以用金属代替陶瓷作补偿环，这时陶瓷件夹在中间。一般采用0.3~0.5mm厚的钼环，有时也可用可伐。

(6) 夹封的金属零件厚度可放宽至0.5~2mm。

2）套封

(1) 为了使陶瓷封接处承受压应力，所以在外套封时，金属材料的膨胀系数应比陶瓷略大。

(2) 进行内套封时，只有两者膨胀系数比较接近，或者封接件尺寸很小，金属壁很薄，金属塑性好时，才能获得有保证的封接质量。

(3) 套封的封接宽度不宜太宽，以1~5mm为宜。

(4) 封接间隙应尽可能小，考虑到加工和装配，一般可选择0.04~0.08mm(不包括陶瓷的金属化层和金属的电镀层)。

(5) 金属零件封接处的厚度尽可能薄些，通常为0.2~0.5mm。

(6) 为了减小金属件自由端(不与陶瓷封接的一端)产生的弯曲应力的影响，可以在焊缝所在一端设计一个金属补偿自由端(图17-22)，利用它所产生的弯曲力矩来抵消原自由端所产生的弯曲力矩。

(7) 在一些外套封中，当金属的膨胀系数比陶瓷膨胀系数大得较多，而金属塑性又较好时，为了限制金属圆筒的径向热膨胀，以免在封接高温下，在金属与陶瓷间形成过大间隙，以致焊料不能填满焊缝而漏气，或在其他热冲击时，焊缝拉裂造成漏气，可在金属外壁上用钼丝捆扎或焊上钼带环，这种补偿方法在微波管尺寸和功率较大的输出窗，如速调管、回旋管的输出窗上经常被采用。图 17－23 给出了这种结构的示意图。

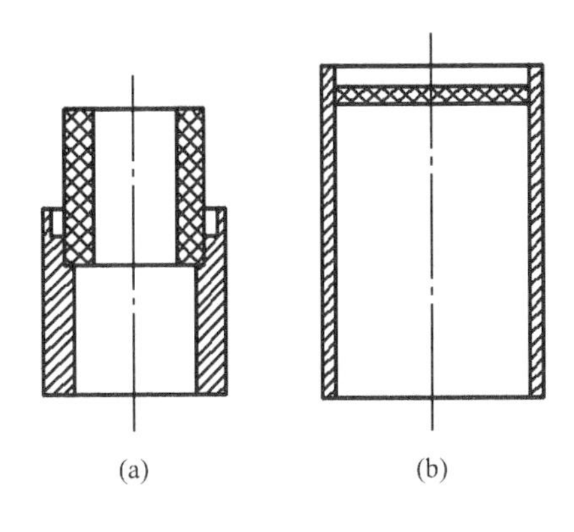

图 17－22　具有金属补偿端的套封结构

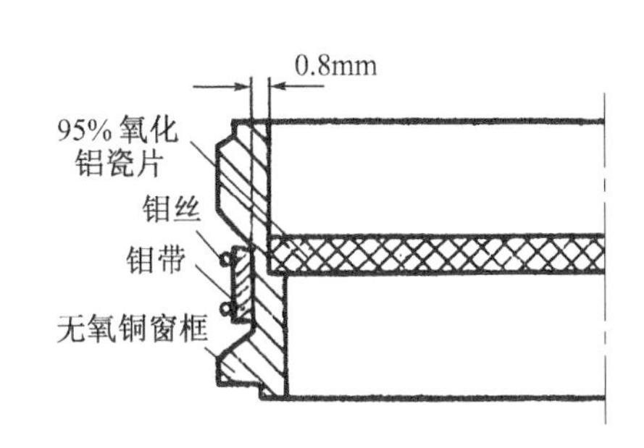

图 17－23　具有限制径向膨胀的钼丝（环）的套封结构

3）针封

直接针封时金属针的直径不应大于 1mm，多数为钼或者可伐丝，封接长度一般在 1.5～3mm，针的直径与陶瓷件上孔的尺寸配合间隙要小，控制在 0.05～0.07mm。当金属针的直径大于 1mm 时，一般就应采用过渡针封，而且应该优先采用平封过渡针封，因为平封结构简单、制造方便。

4）对封

对封用金属环的壁厚应该根据材料、尺寸大小、与其封接的陶瓷壁厚、直径大小等确定。一般来说，金属环壁厚薄一些好，若材料塑性好，金属与陶瓷件的尺寸较大，两者膨胀系数较接近，陶瓷筒壁较厚，则金属环可适当厚些。

用对封结构成功实现了不锈钢与陶瓷的封接，在一般情况下，由于不锈钢与陶瓷的膨胀系数差异大，而且塑性差，所以往往在封接后引起陶瓷炸裂。采用对封结构，不锈钢环壁厚不超过 1mm，并在无油高真空环境中 1050℃ 温度下退火 1h，就可以解决不锈钢与陶瓷的封接问题。若采用图 17－20（b）所示的多口对封结构形式，则金属零件的壁厚还可以增加。

17.3.4　金属—陶瓷其他封接方法

除了上面介绍的烧结金属粉末法和活性金属法进行金属—陶瓷封接外，还有其他一些封接方法，包括气相沉积法、氧化物焊料法、压力扩散法等。

1. 气相沉积法

气相沉积包括物理气相沉积和化学气相沉积两大类。应用于陶瓷金属化的气相沉积主要有真空蒸涂、溅射沉积、离子镀覆、化学反应沉积等，这些方法的基本原理已经在 16.4 节零件的涂覆中分别做过介绍，所以在这里仅就与陶瓷金属化有关的要点作一简单介绍。

气相沉积陶瓷金属化及封接工艺的特点是：金属化时陶瓷工件本身的温度低，一般在 500℃ 以下甚至室温；沉积的金属化层薄（一般只有 1μm 左右）而密实，因而尺寸精度高、高频损耗低、导热好;封接强度高,适用于各种陶瓷和介质。近年来,在高功率微波管的金属—陶瓷封接中已得到迅速推广。

真空蒸涂金属化和离子溅射金属化是近年来发展起来的一类气相沉积陶瓷金属化工艺,它主要是使金属以气态形式沉积到陶瓷表面而形成牢固的金属化膜,再以通常的钎焊方法,将其与其他金属零件焊接。

1)真空蒸涂金属化

真空蒸涂金属化是将待蒸涂金属在真空中加热汽化后凝聚在陶瓷待金属化表面的工艺过程,最常用的金属是钛和钼,蒸涂时,利用通电直接加热钛丝、钼丝使其蒸发。当真空镀膜机的真空度达到 10^{-3}Pa 时,将陶瓷工件预热到 300~400℃,保温 10min,然后在陶瓷金属化表面先蒸涂钛,然后再蒸涂钼,薄膜厚度一般约为 1μm。陶瓷件取出后再在金属化层上电镀 5μm 厚的镍,就完成了陶瓷的金属化。

实验表明,蒸涂钛层的厚度在一定范围内对封接气密性影响不大,但对封接强度有影响,当钛层很薄,表面电阻≥800Ω/□时,封接强度只有 4~5kN/cm²,而且不粘瓷,随着涂钛厚度的增加,当表面电阻达到 2~500Ω/□时,封接强度都在 10kN/cm² 以上。表面电阻的测量可以采用放在陶瓷件近旁的样板电阻来控制,用一块 20mm×10mm×2mm 的玻璃片,两端事先涂上 5mm 长的银层,用铝箔包上再用带引线的铜夹固定,两端的引线接到镀膜室外的欧姆计上。蒸涂时,陶瓷件与电阻指示样板将同时蒸上金属蒸气,随着样板上金属层厚度的增加,欧姆计的电阻指示将从无穷大缓慢下降,当电阻降到要求的数值时立即切断金属丝加热电源,停止蒸发。

不同材料对钛和钼要求的蒸涂厚度所对应的表面电阻值大致是:对于 95 氧化铝瓷:Ti 20~500Ω,Mo 10~30Ω;对于 99% 氧化铍瓷:Ti 20Ω,Mo 10Ω;对于熔融石英:夹封件,Ti 5000Ω,Mo 30Ω;套封件,Ti 500Ω,Mo 10Ω。这些数值仅供参考,实际采用的电阻值还是应该在实验中确定。

2)磁控溅射金属化

用溅射法进行陶瓷金属化通常也是两层金属,第一层金属可以是钼、钽、钨、钛等,要求真空气密,可以薄些,如果第一层溅射钛,钛层太厚可能引起在封接时钛向第二层金属铜中扩散,形成脆性过渡金属;第二层再溅射金属金、银、铜等,也可以电镀镍或者铜,对于第二层金属的要求是不溶于第一层金属,而且容易为焊料所浸润,通常要求厚一些,可以阻止钛的扩散,又可防止焊料对金属化层的侵蚀。

溅射法金属化可以得到具有良好强度的封接,这种方法可以适用于 95% 氧化铝瓷、99% 氧化铍瓷、含 TiO_2 的衰减瓷、石英玻璃、多孔氧化铍瓷、蓝宝石以及人造多晶金刚石等材料的金属化。如果在溅射 Ti、Mo 后再溅射 10μm 厚的 Cu,则也可以不用焊料进行钎焊,而采用热压扩散焊与 Cu 零件封接。

与蒸涂法相比,溅射法金属化时陶瓷的温度更低,而沉积的金属膜熔点可以很高,这使得陶瓷在金属化时不会发生变形或炸裂,特别是对氧化铍陶瓷的金属化,可以避免钼锰法金属化高温产生的毒性。对一些尺寸精度要求更高,厚度控制更严格的金属化,如短毫米波段的窗片金属化,就可以采用溅射法。研究人员曾经对 220GHz 和 1THz 的蓝宝石窗片用磁控溅射方法进行金属化,先溅射一层 Ti,然后再溅射一层 Cu,用 PaAgCu5 焊料真空焊接,得到了满意的密封良好的输能窗。

真空蒸涂薄膜和阴极溅射薄膜的具体方法在第 16 章 16.4 节零件的涂覆中已经介绍过。

3）离子涂覆金属化

离子涂覆金属化与真空蒸发和溅射镀膜类似，第 1 层蒸发沉积活性金属如钛、铬等，接着再蒸发第 2 层铜、镍等。其优点是由于金属离子是沿着电场的电力线运动的，因此可以涂覆工件的侧面及背面，适合涂覆形状复杂的零件和进行立体涂覆。

4）化学反应沉积金属化

化学沉积金属化是指利用作为沉积金属化层的金属（如钼、钨）的挥发性化合物（如五氯化钼、六氯化钨），以及反应气体（如氢气）将其带至高温的基体（瓷件）上，发生反应而使金属还原并沉积下来，形成了牢固的金属化层的方法。以六氯化钨为例，炉温 150℃、陶瓷件表面温度大于 500℃时，即与氢发生作用生成 HCl 并还原出 W，W 沉积在陶瓷表面。陶瓷表面温度越高，金属化层黏结越牢固，金属化层厚度可达 0.5μm。

2. 氧化物焊料法

这是一种以氧化物做焊料，将陶瓷与金属直接封接的方法，也称为陶瓷玻璃焊料法。目前用的氧化物有 $Al_2O_3-MnO-SiO_2$ 和 $Al_2O_3-Cao-MgO-SiO_2$ 两种系列，将它们配成膏剂涂在陶瓷待封接表面，就可以直接与金属可伐、钼、钨等进行封接。封接在 N_2、H_2 气炉内进行，温度应比氧化物混合物的熔点高 50℃（即第一种氧化物系列应≥1140℃，第二种氧化物系列应≥1300℃），保温 2min 就可以达到气密封接。

3. 压力扩散封接法

压力扩散封接是利用金属和陶瓷两种材料在高温高压下紧密接触时，在接触面所产生的活化作用来进行封接的。其工艺是：使研磨得平整而光滑的氧化铝瓷或者其他介质，与金属箔（铂、镍、铜等）紧密地叠置在一起，在干氢氢气炉中加热到金属熔点的 90% 温度，再施加一定压力，经过一段时间就可以获得气密封接。

压力扩散法（亦称固相封接法）将复杂的金属化和封接工艺合在一起，一次完成，工艺简单、效率高。适用于高纯氧化铝瓷、石英玻璃、宝石等与铜、铁、镍、铂、可伐以及钽、镍、锆、钛等金属的封接。这一工艺已用于充钠蒸汽的发射管和高压钠灯的封接。

17.4　玻璃与金属的封接

尽管在微波管中，绝大多数都已经采用金属—陶瓷封接结构，但在一些小型或者特殊用途的微波器件中，如气体放电管、少数反射速调管的输出窗封接中，仍然存在金属—玻璃的封接结构。而在其他电真空器件中，由于玻璃具有透明、透光率高以及容易加工成各种复杂形状的特点，因而仍然获得了广泛的应用，尤其在显示器件、光电子器件以及光热转换器件中无例外地都必须采用金属—玻璃封接结构以至玻璃—玻璃封接的全玻璃的外壳结构。

17.4.1　金属—玻璃封接的机理与材料

1. 玻璃与金属封接的机理

由于几乎所有的玻璃都比与之封接的金属的熔点低，因此在实现金属与玻璃封接时，无例外地都是先将玻璃熔融了再与金属封接的，所以金属—玻璃的封接也往往称为熔封。

熔化的玻璃一般情况下在金属表面并不浸润,但却能浸润金属表面生成的某种氧化物,甚至能沿着垂直放置的金属氧化物表面蔓延。所以在封接前,必须先对金属加热使其表面氧化。金属氧化物一方面与金属本身结合十分牢固,另一方面又能溶解到熔化的玻璃中去,在金属氧化层与玻璃之间形成一个成分渐变的过渡层,正是这一过渡层把玻璃与金属氧化层紧密地黏结在了一起,即实现了金属—玻璃封接。

可见,要实现气密、牢固的金属—玻璃封接,金属表面的氧化层是关键。

实践表明,金属氧化层过轻或过重,都会使封接强度下降,气密性不好。太薄不能形成足够的过渡层,影响金属氧化层与玻璃的结合;太厚则由于氧化层本身组织松散,这时尽管氧化层与金属和玻璃分别都可以牢固结合,但氧化层容易从中间断裂,同样引起封接不牢。

不仅氧化层的厚度,而且金属氧化物的成分也严重影响着封接质量。随着对金属加热的温度不同,金属表面可能生成低价氧化物或者高价氧化物,如对铜来说,可能是低价的 Cu_2O 和高价的 CuO。高价氧化物结构疏松,与金属本身的结合强度差,不利于形成气密封接。

因此,为了获得厚度合适、结构成分正确的金属氧化膜层,必须严格控制好氧化的温度和时间。

2. 与玻璃封接的金属材料

显然,玻璃与金属熔封主要应考虑的是这两种材料的热膨胀系数,要求在加工和工作的整个温度范围内,两者的膨胀系数尽量接近,如果相差过大,就要从封接结构等方面来考虑,以抵消封接引起的应力,避免炸裂。

1)与玻璃封接对金属的要求

(1)金属或合金的熔点必须高于玻璃的加工温度。

(2)金属或合金材料在封接时产生的氧化层应与基体粘附牢固,同时能部分地溶解于玻璃中。

(3)金属或合金要有足够的塑性,有良好的机械加工性能和加工后的气密性。

(4)有合适的膨胀系数,而且该膨胀系数在封接温度下不会产生显著改变。

2)常用与玻璃封接的金属材料

(1)钨。钨的膨胀系数为 $46\times10^{-7}/℃$ 左右,可以与钨组玻璃相封接。钨杆应研磨外圆,消除拉制过程中可能出现的表层裂缝。钨与玻璃的熔封常见用于大功率管的阴极引出杆。

(2)钼。钼的膨胀系数为 $55\times10^{-7}/℃$,可以用来与钼组玻璃封接。由于钼的氧化层在高温下会迅速挥发,所以钼的封接一般应在氩气保护下进行。钼箔与石英玻璃的封接被大量应用于碘钨灯、氙灯、卤钨灯等强功率电光源器件中。

(3)铂。铂的膨胀系数为 $90\times10^{-7}/℃$,适合与铂组玻璃相封接。但由于价格昂贵,所以现在基本上由杜美丝代替。

(4)铜。铜的膨胀系数高达 $178\times10^{-7}/℃$,因此不能与任何玻璃进行匹配封接。但是无氧铜具有良好的气密性和导热性,因此常作为大功率发射管的阳极、气体放电管的环形电极,这时可利用铜的塑性变形性能作薄边刀口封接和薄铜片的盘形封接。

(5)杜美丝。杜美丝的径向膨胀系数平均为 $92\times10^{-7}/℃$,可以与铂组玻璃进行封接,大量应用于显示器件、白炽灯泡以及小型电子管的芯柱引出线。

(6) 铁镍钴合金(可伐)。常用的是 4J29,膨胀系数在$(59 \sim 64) \times 10^{-7}/℃$范围内,可以与钼组玻璃进行封接,封接质量比钼更可靠,所以应用很普遍。

(7) 镍铬钢。含铬约为 28% 的铁—镍合金 4J28 的膨胀系数为$(104 \sim 116) \times 10^{-7}/℃$,适宜于与铂组玻璃封接。大量用于制作彩色显像管的阳极引线盘。

17.4.2　金属—玻璃封接结构

1. 封接类型

1) 匹配封接

如果用来相互封接的金属和玻璃的线膨胀系数很接近,在从室温直到玻璃的转换温度范围内两者相差不超过 10%,则这种封接就是匹配封接,如钼杆、可伐与钼组玻璃的封接,钨杆与钨组玻璃的封接就属于匹配封接。匹配封接可以直接进行,它产生的应力一般都会在安全范围内,不会引起玻璃炸裂。

2) 不匹配封接

不匹配封接是指线膨胀系数相差很大的金属和玻璃的封接,因此,封接后在封接处会产生很大应力,为了减少应力,防止炸裂,可采取下述各种措施。

(1) 选用塑性变形性能好的金属,并做成便于变形的一定形状,使封接处产生的应力可由金属的变形得到补偿。采用这种方法就可以使膨胀系数为$178 \times 10^{-7}/℃$的铜与膨胀系数为$(39 \sim 102) \times 10^{-7}/℃$范围内的任何一种玻璃进行气密封接。

(2) 采用直径细的金属丝或者厚度很薄的金属箔作为封接金属材料,减少金属的绝对膨胀量,从而使封接处的应力也相应减弱,不足以使玻璃炸裂。

(3) 采用线膨胀系数介于金属与玻璃之间的一种或几种玻璃作为过渡,使每一过渡处所熔封的中间玻璃,与相邻的玻璃或金属的线膨胀系数相差不超过 4%,从而达到将主要玻璃与金属气密封接的目的。

2. 封接结构形式

为了获得良好的金属—玻璃封接,无论是匹配封接还是非匹配封接,除了对材料的选择外,封接结构形式也是十分重要的因素。目前常用的封接结构主要有针封、管封、盘封和窗口封几种,如图 17-24 所示。

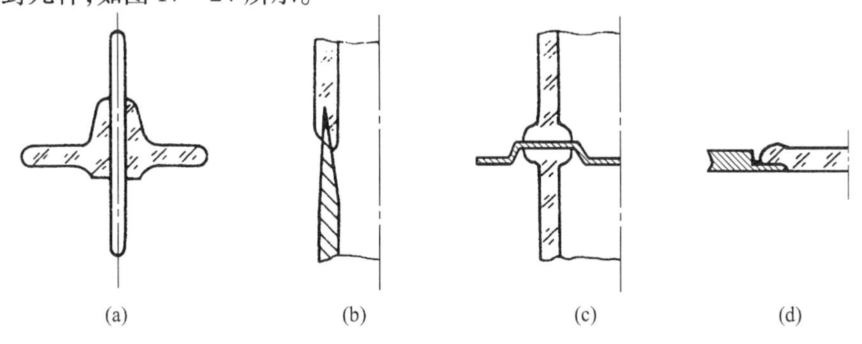

图 17-24　金属—玻璃封接的基本结构形式

(a) 针封;(b) 管封;(c) 盘封;(d) 窗口封。

1）针封

在针封中，金属以丝或者杆的形式，而周围则都被封接玻璃所包围。针封主要用于各种电真空器件的芯柱制造，在大多数显示器件和电光源器件中都可以看到这种封接形式，某些器件的阳极引出线也有采用针封的。

2）管封

在管封结构中的金属封接口应做成刀口形状，所以这种封接也往往称为刀口封接或者薄边封接。这种封接主要用于器件的主体结构，如可伐管与钼组玻璃的薄边封接为匹配封接，无氧铜与玻璃的刀口封接则为非匹配封接，高频大功率发射管的水冷无氧铜阳极与玻璃管壳的封接往往采用这种非匹配封接。

3）盘封

盘封也称平封，同样主要用于器件的主体结构封接。匹配封接时金属盘状薄片的厚度一般可控制在0.5～3mm，但非匹配封接时则应更薄一些，以减小膨胀量，其厚度应小于0.35mm。非匹配封接的金属材料主要是铜，将铜片作成盘碟形，抵消应力的效果更好。盘封的名称即由此而来。

4）窗口封

窗口封主要用于微波管输出窗的封接，在小功率磁控管、反射速调管、气体放电开关管中都可以见到这种封接结构。这类封接一般采用匹配封接，如可伐与钼组玻璃、铬钢与铂组玻璃的封接，窗口可以是圆形的，也可以是矩形的(矩形四角应带圆弧)。封入玻璃内的金属应适当减薄，边缘应倒圆，以减小应力集中，封接用薄边的长度通常为2～4mm。

3. 玻璃与金属的冷封接

玻璃与金属的冷封接通过低熔点的软金属铟在压力下的变形实现玻璃与铟的封接，并且以铟作为过渡最终达到玻璃与玻璃气密封接的目的。它主要用于摄像管作为光电阴极的平板玻璃与玻壳的端面封接。封接前，平板玻璃和玻壳的封接端面都必须经过研磨抛光，并准备一个用于封接的金属环。将金属铟加热熔化，用离心法涂在金属环内表面，并加工成如图17－25(a)所示形状。然后将已制备好光电阴极面的平板玻璃放置在铟环上面，玻壳端面则放在铟环下面，施加压力，则铟变形后充填在玻璃与玻璃以及玻璃与金属环之间，实现气密封接(图17－25(b))。

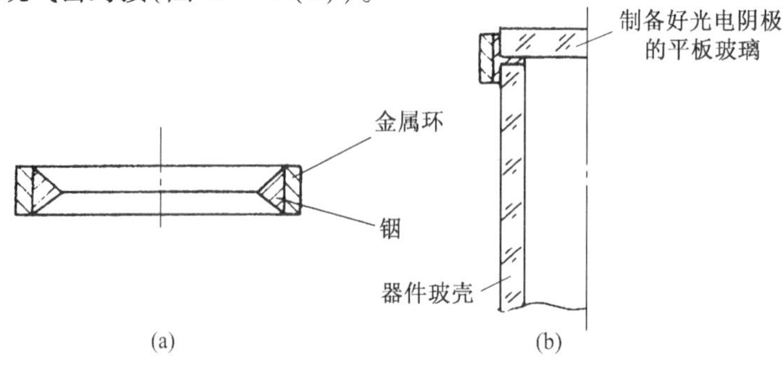

图17－25　金属—玻璃冷封接示意图

(a) 涂有烟的金属环；(b) 冷封结构。

17.4.3 金属—玻璃封接工艺

1. 封接的一般工艺

金属—玻璃的封接工艺与结构形式同样对封接质量有很大影响,不同的结构、不同的材料,具体的封接工艺也会有所不同,但一般都应包含以下几个步骤。

1）零件预处理

金属零件和玻璃零件的预处理包括对它们的彻底清洗净化、金属零件的烧氢或真空炉去气,以去除零件表面的油脂、脏物、氧化层、铁合金表面层中的碳以及金属件中的应力。与玻璃封接的钨、钼杆还要经过磨光。

2）玻璃零件的预热

封接前,玻璃零件要逐步预热,以避免玻璃受到突然的高温而炸裂。预热可以用烘箱或火焰加热,也可以依靠被加热的金属零件的热传导与辐射。

3）金属零件的表面氧化

金属零件的氧化是通过对金属零件加热,使其封接表面生成一层具有一定厚度以低价氧化物为主的氧化层。氧化的温度、时间以及氧化的气氛和加热方法随着金属的封接性质和封接结构的不同而不同。氧化后生成的氧化物的线膨胀系数一般与金属本身的线膨胀系数不同,甚至还有显著差异,为了避免在冷却下来后由此引起氧化层的剥落开裂,所以应该在金属氧化后,不等它冷却即与玻璃进行封接。

4）封接的时间与温度

封接的温度和时间要控制得当,一般采用的是温度高、时间短的方式,这主要依靠操作者的经验、判断来决定。升温慢、时间长会生成高价氧化物,温度过高或时间过长还会使管内零件氧化或蒸发;但温度低、时间短不能生成足够的氧化层,封接不牢固。

5）退火

封接后的封接件应该进行退火以减少或消除封接产生的内部应力。退火的时间和温度一般取决于封接用玻璃的退火时间和温度。玻璃越厚、形状越复杂,温度冷却应越缓慢,退火所需要的时间就越长。

2. 不同金属的封接特点

1）钨的封接

为了避免钨丝或者钨杆在拉制时出现的纤维状结构产生的纵向细缝,在封接时造成漏气,除了应对钨杆外圆研磨外,一般还在钨丝或者钨杆两端各焊上镍丝或编织铜丝,然后在封接时将整根钨丝或钨杆封在玻璃内,从而也可避免漏气。

良好的钨与玻璃的封接面应呈金黄色至红棕色,封接后钨组玻璃的退火温度一般是 400 ~ 520℃。

2）钼杆的封接

钼在封接时氧化极快,使氧化层变厚,从而使它与玻璃的封接不牢靠,黏结不紧,所以较少采用钼杆封接。钼杆封接时一般也要烧玻珠,加热钼杆时应从一端烧到另一端,可尽量减少氧化层厚度。

钼与玻璃的封接界面应呈灰棕色,封接后的退火温度是 420 ~ 550℃。

3）可伐的封接

可伐零件经过清洗和在湿氢中1100℃、30min退火后才能进行封接，封接时在700～800℃温度下氧化，然后在800～900℃温度下与钼组玻璃封接，封接后在450～500℃温度下退火。

可伐与玻璃良好的封接面应呈鼠灰色；氧化不足时，会呈银白色，封接后虽然可以不漏气，但强度差；氧化过度则呈黑色，封接后强度虽好，但易漏气。

4）铜

无氧铜与玻璃是非匹配封接，所以要借助于铜塑性好、易变形的特点来抵消封接应力，在管封时都做成刀口形，在盘封时则采用碟状薄铜片。封接前先进行净化、去气，然后在封接部位涂上硼砂，硼砂在封接加热时会熔化附着在铜表面，能保护无氧铜不致氧化过度，又能促进玻璃与金属的熔融密封。管封封接后刀口内外壁上应该有玻璃且内壁上的玻璃长度应比外壁上的长，以使玻璃更多受到压应力（见图17－24(b)）。

无氧铜与玻璃良好的封接面应该具有砖红色，退火温度应根据与之封接的玻璃种类来决定。

5）杜美丝

杜美丝外表覆铜，并同时也涂覆有硼砂，所以与玻璃封接的界面与无氧铜一样为砖红色，它与铂组玻璃封接后的退火温度为360～450℃。

第 18 章　微波管总成工艺

微波管的总成工艺，顾名思义就是把微波管所有零部件组装起来，经过排气以及各种处理、测试，最终成为合格产品的过程，简单地说，就是把零件变成成品管的过程。微波管的总成工艺一般包括装配、排气、调试以及老练、测试等几个步骤。

18.1　微波管的装配

电真空器件的装配在过去制造低频电子管时往往称为装架，这是因为对于以玻璃作为管壳的器件，电子管管内零件往往先单独装配成一个管芯，然后再将管芯插进玻壳并与玻壳通过封口组成整管，装配管芯的过程就称为装架。现代微波管已经基本上都是金属—陶瓷结构，也不再存在单独的管芯装配过程，整管的形成过程就是零件的装配连接过程。即使少数采用玻璃结构的管子，如气体放电管，从结构上来说，同样不再存在单独的管芯，其整管的装配只是将金属—陶瓷的封接改成金属—玻璃封接。因此，就微波管而言，总成工艺的第一步就是装配而不再是装架。

18.1.1　微波管装配的一般要求

微波管的各个零件必须通过装配和连接，才能构成整管，装配和连接的结果，直接固定了各个零件之间的相对位置和配合精度，从而直接影响了微波管的性能，因此对装配过程提出了严格的要求。

1. 严格按照设计图纸进行装配

这主要是指：

(1) 各零部件的相对位置应符合设计图纸，零件不能装错或者遗漏，尤其是注意需要钎焊焊接的地方不要遗忘装焊料或者用错焊料。

(2) 零件之间的相对尺寸应在允许的公差范围内，这样往往不仅要靠零件本身的结构形状和尺寸精度来保证，也要靠工模夹具来保证。

(3) 在装配过程中零件不应发生变形。零件的变形，有时不一定能凭肉眼直接观察得到，而要到排气加热、烘烤或以后工作温度下，由于内应力消除才会产生变形。所以在装配时不能使用过大的外力强行装配，必要时可以对不影响微波管性能的一些装配面进行一些轻微修整，以利顺利装配。

2. 固定和连接必须可靠

微波管零件装配连接后必须保证机械结构和电气性能(电接触或者绝缘)的可靠性。在微波管装配中，除了极少数管内零件和管外零件的装配可能会采用机械连接或者黏接外，几乎无例外地都采用焊接。因此，必须严格保证焊接质量，杜绝因焊接不良造成电极开路或者接触电阻大;也要防止因焊料扩散引起的零部件尺寸变化或极间短路,或者在焊接高温下材料蒸散引起极间绝缘性能下降。

微波管的工作环境十分恶劣,除了高、低温条件外,振动、冲击等也有苛刻的要求。因此,相应地对微波管零件连接的可靠性提出了严格要求,不能允许有脱焊、虚焊等现象,这对于点焊、激光焊尤为重要。因为这些非气密焊接往往在当时不易发现隐藏的焊接质量问题,只有依靠操作工的经验和反复检查来消除隐患。

3. 严格遵守真空卫生要求

我们已反复指出,微波管内部的高度洁净,是管子获得优良性能和长寿命、高可靠的前提和保证。零件在装配前均已进行过彻底的净化处理,但装配过程在很大程度上要依赖于手工操作,这时零件被再次污染的可能性大大增加,因此必须严格遵循真空卫生要求进行装配。

(1) 装配必须在专用的超净工作间内进行,工作人员必须遵守超净间的规定进出工作间和在其中进行工作。

(2) 工作人员必须戴工作帽、口罩,穿工作服、鞋,直接接触零件进行装配的双手必须套橡皮指套,其余人员取拿和搬运零件也应戴手套。

(3) 装配中所使用的模夹具以及所有工具、量具都必须事先经过清洁处理。

(4) 零件在装配前应放在专用的干燥容器内,只有轮到该零件直接要装配时才从容器中取出;特别是阴极,做好的阴极在使用前一般都应真空封存在洁净玻璃管壳内,而在整管总装时应尽量安排在最后装配,以尽量缩短暴露在大气中的时间。

18.1.2 微波管装配的特点

微波管的工作频率高,电子枪、高频结构对尺寸精度的敏感性特别高,常常几丝(1 丝 = 0.01mm)的误差就会引起性能的很大差异,因此微波管的装配要求比其他真空电子器件更高、更严格。

(1) 微波管零件的连接大量采用钎焊,其装配方法主要是金属零件与金属零件之间或者金属零件与陶瓷零件之间的本身公差配合,需要在焊接界面中或紧邻界面处放置或者捆扎各种金属焊料。这就要求操作者应该仔细了解和掌握各种焊料的性能和规格,根据零件材料、形状、焊接结构、焊缝大小等正确选择焊料的形状(丝料或片料)以及规格(丝料直径、片料厚度等);要严格控制焊料的多少,既要避免焊料少了不能填充满整个焊缝,引起焊接不牢或漏气,又要避免焊料过多从焊缝溢出而流入管子内壁,引起管内尺寸和形状的改变,对管子性能造成影响。特别要注意对于需要多次焊接的零件,要谨慎选择每次焊接所用焊料,适当拉开前、后两次焊接所用焊料的熔点的差距,避免后面的焊接影响前面已焊好的零件,产生移动、变形、漏气或者焊料浸蚀金属等。

(2) 微波管零件的装配普遍要使用模夹具,这是为了保证装配的尺寸精度和零件相对位置精度符合整管要求。微波管工作频率越高,尺寸越小,要求的公差范围也就越小,任何微小的装配误差,都可能会招致微波管性能的改变。因此在装配过程中,一般都要使用高精度的模具和夹具来保证,操作者必须正确使用这些模夹具。

(3) 微波管的装配过程必须与测量和检漏相结合。微波管的高频系统在装配完成焊接前或焊接后,一般都应进行冷测,测量其高频性能,例如谐振频率、输入输出驻波等,如果测试结果不满足要求,这时还来得及进行必要的调整。例如磁控管阳极块焊接后,谐振频率若有偏移,往往可以用外力使隔模环产生一定变形来改变隔模环与非焊接阳极翼片之间的电容大小,从而达到调整谐振频率的目的;又如行波管慢波结构焊接后,在输入输出耦合机构焊接前或者焊接后,应该测量输入输出驻波,调整耦合机构的形状和位置,以控制驻波系数在要求范围之内。

微波管生产工艺复杂,成本高,所以每焊接一次,通常都应进行一次检漏(关于检漏,在后面另有专门介绍),以检查焊缝是否漏气。这样就可以避免漏气的不合格零件继续往下装配,造成更大的损失;也可以及时对漏气零件进行补焊,避免造成不必要的浪费。

(4) 微波管除了个别管型,如微波炉用磁控管外,都是单件生产的。这一特点决定了微波管装配的人工化,也决定了对装配操作人员的高要求、专业化。要加强在装配过程中的检查,避免出现差错。

(5) 微波管装配一般在装入阴极或阴极组件(称为枪芯,包括灯丝、阴极、聚束极等以及热屏筒构成的部件)之前,大量采用氢炉或真空炉焊接。而在阴极或枪芯装入高频系统,或者枪芯装入枪壳(陶瓷与电极引线焊接成的电子枪外壳)后,最后的密封连接或装入枪芯的枪壳与管体的密封连接,为了避免进入炉子焊接对阴极造成污染以及高温对整管已有焊缝的影响,所以往往采用氩弧焊或者局部高频焊。经过最后一道或者几道连接(对玻璃结构的电真空器件,这一工序称为封口),微波管已整体连接完成(除了管外零件之外),这时应再次对整管进行检漏,以确保所有焊缝的可靠气密。

(6) 总装完成后的整管,除了进行气密性检查外,还应进行电气检查——检查各电极之间的绝缘是否良好,灯丝阻值是否发生了改变(防止灯丝断路或开路),管子附带钛泵高压电极是否绝缘等,以及各电极的引出线是否已经可靠连通,只有一切合格后才可以转入下一道工序——排气。

18.2　微波管排气

真空电子器件都是以电子在真空(或稀薄气体)中运动产生的能量转换作为工作基础的,所以器件内部首先应处于真空状态,即使需要在管内充入特定气体,也应该先将管内气体排走后才能充气。排气就是将管子内部气体抽走,使之达到一定真空度的工艺过程。

排气是一个关键的综合性的工序,在排气过程中,不仅要排除管子内部空间的气体,还应该去除管内零件所吸附或吸收的气体,还要对阴极进行必要的处理,如阴极的分解、激活,对充气管还需要充入指定种类和气压的气体等。

18.2.1　排气不充分的影响

对真空电子器件的排气的基本要求是:管壳与内部零件充分去气,能获得并维持足够高的真空度;阴极处理充分和适当,有足够的电子发射。

管子排气不充分,管内残余气体压力大,会对管子的性能,特别是对寿命和可靠性有十分重要的影响。

1. 影响阴极发射和寿命

器件的寿命主要决定于阴极的寿命,阴极的理论寿命一般都相当长,但实际器件中的阴极使用寿命却要短得多,其最重要的原因之一就是残余气体的作用。不论何种阴极,气体的存在,特别是氧气的存在,总会对其产生不利影响。例如,纯金属阴极钨碰到氧化性气体氧气、水、二氧化碳,就会生成各种钨的氧化物,既提高了阴极的逸出功,也使钨的蒸发加速;以活性钡作为发射基础的阴极,热钡原子与残余气体反应氧化成氧化钡或过氧化钡,使发射下降;氧化物阴极的中毒更为显著,其后果也更为严重。一般来说,各种热阴极中,氧化物阴极的抗氧气中毒的能力最差,而硼化镧阴极的抗氧气中毒能力最强。

2. 引起阴极溅射

管子内部的残余气体与工作电子碰撞而电离,产生正离子。正离子在电场作用下会飞向阴极并轰击阴极表面,使阴极表面产生阴极溅射。阴极电位降越大,正离子轰击阴极表面的能量也越大,阴极溅射越严重,使阴极表面的发射活性物质被溅射出来,导致发射下降,寿命缩短。以钍钨丝作阴极的管子,如果排气不良,在测试时,就常常可以发现,一加上阳极电压,阴极发射就下降,去掉阳极电压一定时间,钍原子有机会扩散补充到阴极表面,发射又可以恢复,这就是阴极溅射现象的结果。

正离子除了轰击阴极之外,还可能轰击处于负电位的其他电极,如控制栅极、调制极,破坏这些电极表面涂覆的高逸出功涂层,引起发射增大;阴极活性物质溅射到这些电极上,也会导致这些电极的电子发射,还会引起这些电极释放气体,以及阴极蒸发物的分解,进一步加剧阴极中毒。

阴极溅射出来的物质,沉积到绝缘零件的表面,会引起漏电和极间电容的改变。

3. 影响管子输出性能

管内残余气体增多,正离子相应增加,由于正离子质量大,运动慢,将使管子内部空间电荷被部分中和,电位分布改变,从而引起电子运动状态改变,直接影响到微波管中电子注与高频场的相互作用与能量交换,改变管子的输出特性。尽管在第13章中介绍等离子体填充微波管时曾提到,在管内适当填充一定浓度的等离子体可以改善微波管的性能,但这只是在严格控制填充气体浓度的情况下的结果,而且热阴极仍然必须保证在真空下工作的结果。在一般情况下,对于绝大多数非填充等离子体微波管来说,残余气体电离引起的性能改变是不利的,也是不希望的。

4. 增加管子噪声输出

残余气体引起器件输出噪声增加的原因大致有以下几个方面。

(1) 残余气体引起阴极中毒,使阴极发射不均匀性增大,从而使阴极发射的电子流大小和速度的不规则起伏造成的散粒噪声,以及阴极逸出功的起伏不定所产生的闪烁噪声增加。

(2) 残余气体和电极表面的相互作用使电极表面沾污,使其导电率(或者说电阻值)改变,进而引起施加电位的变化,造成器件的电流分配噪声增加。

(3) 电离产生的电子、正离子分别落到正、负电位电极,由于电离本身的随机性,正、负电极上产生的附加电流也将随机波动,从而产生了附加的噪声。

(4) 正离子在行波管、返波管、速调管等磁聚焦管子中会产生离子震荡。正离子在高频系统中部分中和空间电荷,使得高频系统中电位发生变化,进而影响电子束速度。由于离子数量的波动，使得电子束速度相应波动，即相当于对电子束速度产生了一个附加调制，以致使微波管的输出信号的幅值和相位受到了调制，产生了所谓离子振动噪声，简称离子噪声。离子噪声的频率远低于微波信号频率，但这种低频噪声特别是相位噪声，会严重影响雷达系统的分辨能力和通信系统的编码位错率。

(5) 在高功率的相对论电子注微波管中，等离子体的产生会导致功率脉冲或者微波辐射的脉冲缩短，脉冲缩短现象的产生严重阻碍了更高的高功率微波脉冲能量的获得。等离子体引起脉冲缩短的主要原因有：等离子体填充在加速器二极管阴阳极间隙中，引起二极管阻抗变化，减弱了慢波结构中的电子注与波的耦合，严重的甚至使阴阳极被等离子体短路，称为间隙闭合；等离子体引起电子径向膨胀、截获等扰动，从而影响束流与电磁场的相互作用；在收集极区产生的等离子体可能沿磁力线回流进入高频系统，影响微波的正常产生。

18.2.2 微波管排气的一般过程

电真空器件的排气过程都必须严格按预先设定好的排气规范进行，器件的种类成千上万，不同的器件有不同的排气规范，排气规范的制定本身也是大量实践经验的总结。排气在专用的排气台上进行，排气台一般应具有能对器件进行抽气的真空系统、进行烘烤去气的加热系统、进行阴极处理的电源系统和进行真空度监测的测量系统以及其他辅助系统。

对微波管来说，一般的排气过程主要包括以下步骤。

1. 接管与检漏

接管是将待排气的器件与排气台真空系统连接起来。器件的结构材料不同，接管方式也不同。玻璃—金属结构的管子，排气管一般为玻璃材料，可与排气台上的玻璃接口熔封；微波管基本上是金属—陶瓷结构，排气管也都是金属的，可利用法兰盘与排气台真空系统接口进行压接。压接常用的方法是喇叭口压接和刀口平面压接，小型管用前者较多，较大型的器件则多用后者，但这也首先取决于排气台上的接口形式，因为这一接口的形式在排气台制造时就已确定，不能再随意改变，管子的排气管只能去适应它的要求。

接到排气台上的管子应进行检漏。检漏的目的是检查管子与排气台的连接是否可靠气密，同时也可以再次检查管子本身的所有焊接是否发生了漏气。常用的排气台检漏方法有酒精检漏和充气检漏。

检漏前应该先对管子进行抽气，当真空度达到 $10^{-2} \sim 10^{-3}$ Pa 以上时，用棉花或者绸布、毛笔蘸无水酒精擦涂器件与真空系统的接口部位和器件本身的各条外部焊缝，同时观察真空系统的电离真空计指示有无变化，若真空度出现下降，则表示酒精所擦部位有漏气。

对于双真空排气台，可将外真空钟罩放下，管内与管外同时抽气。当器件内部真空度达到 10^{-3} Pa，外部真空度达到 10^{-1} Pa 以上时，关闭外真空抽气泵，通过放气阀向钟罩内部充入大气，观察内真空的电离真空计有无变化，如果内真空的真空度下降，则说明有漏气孔存在。这种方法比酒精法更灵敏，可以检出更小的漏孔，但不能检出漏孔所在位置，往往还要用酒精法再进一步检出漏孔位置，以便采取必要的弥补措施。

当确认管子没有任何漏孔以及与真空系统连接可靠后，就可以正式进入排气程序。

2. 烘烤去气

去气是指去除器件内部所有零件表面和真空系统内部表面吸附的气体以及零件材料内部吸收的气体。可见,去气应包括两部分:管子和真空系统。

器件在装配过程中总是处于大气环境中,排气台真空系统在排气间歇期间,由于内部放气等原因也难免会接触到空气。气体分子与固体表面碰撞时,会被固体表面所吸附,部分气体分子还会进入固体内部被溶解吸收。这些吸附或者吸收的气体分子都可以通过加热的方法使分子运动加剧,从而从固体表面或者内部跑掉,这就是所谓的去气。

对于器件的去气主要采用烘箱加热、高频感应加热、通电加热等方法,其中应用最普遍的是烘箱加热;对真空系统的去气则一般可用在管道上绑扎电热丝带(加热带),对电热丝通电加热的方法。加热去气必须注意以下几点。

(1) 只有在器件内部真空度达到 $10^{-2}\sim10^{-3}$Pa 以上,双真空排气台的外部真空度达到 $10^{-1}\sim10^{-2}$Pa 以上时才能开始加热去气,而且在整个去气过程中,内、外部真空度也不能低于上述数值。这样可以避免加热去气时大量气体释放出来,使真空度急剧下降,引起阴极中毒或者管子内外表面氧化。如果真空度下降过快,低于上述数值,就应该降低升温速度。

(2) 去气时的加热速度应该根据器件的放气量、真空系统的抽气速率来决定,其原则就是保证在任何时刻管子内部真空度在 10^{-3} Pa 以上,瞬时可降至 10^{-2} Pa;外真空度在 10^{-1}Pa 以上。真空系统的烘烤可以在器件烘烤去气一定时间,出气量已经不多后再进行,以免器件与系统同时烘烤出气量太大。

(3) 去气的最高温度在保证管壳以及管内零件不变形、不引起热应力产生的漏气的原则下,尽可能高一些,以便去气彻底。一般有玻璃材料的管子,去气温度应该控制在500℃以下,450℃左右为宜;对于陶瓷金属封接的管子,可以烘烤到 500 ~ 600℃。对于金属零件进行高频加热去气时,温度还可以高一些,可达 700 ~ 800℃。

(4) 去气时在最高温度下应保温一段时间,保证材料吸附和吸收的气体彻底去除。保温时间主要根据器件的大小、材料性质来决定,小型微波管可保温数小时,大型微波管可保温 10 ~ 30h。到保温结束时,器件的内部真空度一般都可以达到 10^{-5}Pa甚至更高。

3. 阴极处理

在排气过程中,必须对阴极进行分解、激活,它才具有发射能力,同时阴极分解、激活时释放出的气体也可以被真空系统及时抽走。所谓阴极的分解,就是在对阴极通过热丝加温的情况下,阴极的组成成分各种盐类,如钡、锶、钙等的碳酸盐、铝酸盐、钨酸盐、钪酸盐等,分解成钡、锶、钙等的氧化物的过程;而阴极的激活则是氧化钡发生还原反应,生成自由钡原子并向阴极表面扩散的过程,从而使阴极具有足够的发射能力。阴极处理最好在烘箱继续加热的情况下进行,以免阴极分解放出的气体又被管内零件吸附和吸收,但为了避免灯丝加热功率所产生的对管子的附加发热叠加烘箱加热,导致管子温度过高,在进行阴极处理时,可以适当降低一点烘箱的烘烤温度。阴极处理的步骤大致如下。

(1) 阴极分解

在管子内部真空度达到 10^{-4} Pa 以上时才可以进行。对灯丝逐步加电压(或者电流),每升一步灯丝电压(或电流),就应保持 1 ~ 5min,甚至更长时间。这是因为,阴极分解时会放出大量气体,导致真空度下降,必须有足够的时间使真空度得到恢复。所以应该监视真空度,保证管内真空度始终在 10^{-3}Pa 以上,如低于 10^{-3}Pa,应该降低灯丝电压(或者电流），减缓灯丝电压（电流）增加速度。在每一挡电压（电流）下，当真空度恢复到 10^{-4}Pa以后，还需继续保持 0.5～2min 才可以继续增加灯丝电压（电流）。

阴极分解时所加灯丝最高电压（电流）应该高于今后器件工作时灯丝的额定电压（电流），以保证分解充分，在以后管子工作过程中阴极不会再放气。在灯丝额定电压（电流）以上的分解，有时也往往被称为灯丝闪炼，其特点是在闪炼时所加每挡灯丝电压（电流）下保持时间相对较短。例如，氧化物阴极分解时最高温度可达 1050～1150℃，而其工作温度一般仅就 950℃；钡钨阴极的工作温度通常为 1050℃，而其分解时的最高温度应为 1200℃。但是闪炼温度也不宜过高，温度过高会导致活性钡的大量蒸发，反而不利于阴极的发射能力。

（2）阴极激活

阴极在分解过程中实际上也已经有了一定程度的激活，但是其发射能力还很小，远远达不到要求。所以，完成阴极分解后，还必须进行专门的阴极激活处理。阴极激活可以在管子封离后在老炼时进行，也可以在排气台上直接进行。对于大型微波管，往往采用在排气台上先进行激活，以便于在老炼时迅速提高阴极发射能力，缩短老炼时间，甚至不再单独进行老炼。

阴极分解时，提高温度的作用，一方面是为了去气彻底和加速分解，使分解更加彻底；另一方面也是为了使阴极初步激活，生成更多的自由钡原子。但这时自由钡迁移到阴极表面的量还很少，微波管的阴极激活就是借助支取阴极电流的方式使钡原子向阴极表面转移的过程。阴极激活不仅能提高阴极的发射能力，而且也可以达到对电极进行电子轰击去气目的。

电流激活应该在 10^{-5}Pa 数量级的真空度下进行。激活温度应该等于阴极的工作温度，考虑到烘箱还有烘烤温度，所以实际加到灯丝上的电压还应该比今后管子工作时的灯丝电压低一点。然后给阳极加上高压，电压应该由低到高逐级增加，在每一级保持一定时间并测量阴极发射电流。应该注意在每一级电压下维持时间不宜过长，最高电压也不宜太高，总的原则是使阳极耗散功率不能引起阳极过热变形甚至烧毁。这是因为，微波管阳极与电子收集极往往是分开的（磁控管等例外），在排气台烘箱内也不可能对阳极进行冷却，所以阳极能承受的功率容量是很小的，这一点必须严格控制。

如果激活后阴极发射还不够理想，则可以适当降低灯丝电压和阳极电压，在完全安全的前提下长时间进行电流激活，实际上就是在排气台上先进行老炼。

由于电流激活时电子轰击电极还会引起放气，所以整个过程都应该在烘箱中进行，即整个管子继续保持烘烤去气的状态下进行，以免管内零件重新吸附气体。当然，由于灯丝也会发热，并将热量向枪壳和管体及其周围传导、辐射，为了不使管子和烘箱内温度过高，在阴极分解、阴极激活过程中可以考虑适当降低一点烘烤温度。

对于大型微波管，整个激活过程可以维持数小时至 20h。当然对于小型微波管，激活过程也可以只需要数分钟。如果限于设备条件，阴极的分解与激活过程不能在烘箱内进行，则由于管内零件会吸附阴极处理过程中所放出的气体，为了去除这些气体，就应该在阴极处理结束后进行第 2 次烘烤去气。烘烤温度与第 1 次烘烤相同，但是烘烤时间可以适当缩短一些。对于直接在烘箱内进行阴极处理的管子，烘烤与阴极处理同时进行，所以可以不再单独进行第 2 次烘烤。

4. 封离

经过去气、阴极处理,真空度已经达到规定要求(对微波管来说,一般应达到 10^{-5} ~ 10^{-7}Pa)后的电真空器件,就可以从排气台上封离了。封离就是把器件与排气台真空系统连接的排气管封死并断开,同时保持管子内部与排气台真空系统的真空度。

封离过程应该包括以下步骤:

(1)首先应该烘箱降温。温度下降速度不能太快,尤其是对于具有玻璃外壳的器件,降温太快会使玻璃、陶瓷甚至一些金属零件内部应力增加,严重的导致炸裂。对于微波管来说,由于基本上都是金属—陶瓷结构,降温速度可以略快一点。

一些大型排气台的烘箱热容量很大,因此整个降温过程相当费时,特别是当温度降到较低后,由于热量的散发更慢,温度下降速度随着炉温的下降而越来越慢。因此为了加速低温下的降温,可以在烘箱内温度低于200℃时,向外真空烘箱中充入氮气,利用氮气吸收并带走一部分热量。必须等烘箱内温度降到小于60℃时才可以向外真空烘箱内充入大气并打开烘箱,温度大于60℃时充大气很容易引起管子外表面氧化。

如果是单真空排气台,即在整个烘烤过程中管子外表面一直处于大气环境中,烘烤后管子外表面会严重氧化,必须在管子封离后对外表面进行专门的清洗,以去除氧化层。

(2)烤消气剂。在一些玻璃结构的器件中,往往还放有消气剂。由于在对消气剂进行处理时它也会放气,所以应该在管子封离以前对它进行处理,这对于蒸散型消气剂尤为重要。蒸散型消气剂一般通过电流加热或者高频加热的方法进行蒸散。在微波管中现在已经不再用蒸散型消气剂,即使非蒸散型消气剂也用得越来越少。大部分微波管已经采用附带小型钛泵的方法,来解决封离后吸收管内残余气体或者新释放出的气体问题,商品微波管在老炼测试合格后,还要把附带钛泵封离下来。

(3)打高压。打高压的目的是去除电极毛刺,烧掉绝缘体表面的导致绝缘降低的污染物,尤其是在排气时烘烤、阴极处理等过程中蒸散到绝缘零件内表面的污染物。由于在打高压时,绝缘零件也往往会发热引起放气,因此在管子封离前进行打高压对大型微波管很有必要,小型微波管一般采用封离后在老炼时打高压。

打高压就是用专用打高压设备在绝缘的电极之间加上直流或者交流高压,如果极间发生了击穿,则打高压设备会自动跳闸切断电源。如果毛刺或者引起漏电的杂物已被击穿时的大电流烧掉,则重新启动高压设备后能加到电极之间的电压就会升高,到一定时候又会出现新的击穿;如果还没有烧掉,则在同一电压下就会再次击穿。如此反复打高压,直到在电极间能加上所需要的电压并且不发生击穿打火为止。一般来说,打高压时所加电压最大值应比管子工作时相应电极间的额定电压高一点,一般应高15% ~25%,以保证管子在今后工作时不会再出现打火。

但是打高压时也应注意,频繁的击穿会导致绝缘体发热。因为管子绝缘体内表面的击穿往往是由于污染物漏电引起的,击穿时的大电流通过绝缘体表面会产生热量,所以应该避免绝缘体零件过热引起炸裂。

(4)检查灯丝、钛泵。在微波管封离前应再次确认灯丝能正常工作,附带钛泵高压电极绝缘良好。因为钛泵高压只有3 ~4kV,所以可以用摇表检查其绝缘性能而不需要打高压。

(5)封离。经过上述步骤(并不是对每一种管子以上步骤都是必需的),管子就可以正式封离了。玻璃排气管采用火头直接将排气管加热熔封的方法封离,而金属排气管则多用冷挤压夹封法(即 17.2 节中介绍的冷压焊)封离;现代微波管都采用金属排气管,而且排气管的材料都是无氧铜,所以我们将主要介绍夹封法。

金属排气管的夹封使用专门的夹钳进行,有手动的,更多的是电动的或者油压的。夹钳上有两块带有钳口的滑块,移开夹钳上的一块滑块使排气管置于夹钳中间,然后再将该滑块插回夹钳,就可使排气管处于两块滑块之间。封离时,一般情况下一块滑块不动,另一块在外力作用下向固定块靠拢,从而把排气管夹紧、挤压,直至外力利用滑块上的刀口把排气管夹断,如图 18-1 所示。要注意的是,两块滑块的钳口应该平行咬合并保持高度光洁;所谓的钳口并不是真正的刃口,刃口将会使排气管很快被切断,而不能达到可靠气密的目的。实际的钳口往往只是一个锥体,锥体顶端突出有一个窄小的带有一定圆弧的弧面,该面与锥面连接处也应倒圆,避免棱角划伤排气管;也有在锥体前端突出一个小平面与斜面结合来形成一个微小的刃口,这样既不会过早地切断排气管,也有利于排气管最后的切断。

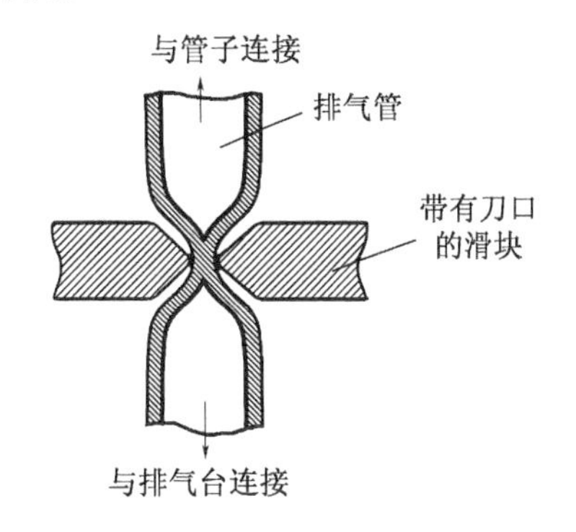

图 18-1　金属排气管夹封示意图

在对排气管进行夹封时,依赖于滑块的压力使排气管变形挤扁,最后内壁被紧紧压在一起,在强大压力下使铜原子发生扩散、原子间发生键合,从而使在一定长度内的排气管内壁被压成整体,内部不再存在分界面,即所谓冷焊,从而实现了气密封口。继续增加压力,当两块滑块前端圆弧面最突出点互相接触时,排气管就被剪断。这时应该立即停止加压,以避免刀口自身被压力损伤。

无氧铜排气管的夹封还应该注意:

(1) 排气管必须充分去气。排气管去气包括零件处理时的去气和排气时的去气,零件处理时可对排气管进行烧氢除气,在 750 ~ 800℃ 下保温 30min;烧氢使无氧铜变软,也有利于夹封;排气时必须使排气管处于烘烤范围之内的高温区;而不应该使排气管的待夹封位置处于隔热屏后面。

(2) 整个夹封过程要缓慢进行。由于金属铜在夹封时强烈的塑性变形使晶格结构错动和破坏,而使溶解在晶格内的气体和杂质原子迅速向外扩散并结合成分子逸出。缓慢夹封的作用就是使排气管变形过程中释放出的气体来得及让真空系统抽走,不致在排气管内壁已经将管子与真空系统阻断后还会有大量气体放出。

(3) 封口应该加以保护。夹断的排气管的封口是一个十分锋利的刀口,既十分容易受到损伤,也容易伤到人员,所以应该加以保护。对直径较小的排气管可以将封口蘸熔融的锡或涂环氧树脂加以保护,而对大直径的排气管则可以加套管来进行保护。

18.3　真空系统与排气台

18.3.1　排气台

电真空器件的排气是在排气台上进行的。对于微波管的排气台来说,根据烘箱的种类可以分为普通排气台(单真空排气台)和双真空排气台;根据所能达到的真空度也可以分为高真空排气台和超高真空排气台。不论哪种排气台,一般都应该包括真空抽气系统、真空测量装置、加热去气设备、电源及控制机构等部分。

1. 真空系统

真空系统是排气台的核心部分,器件内部的空气依赖真空系统抽走并达到一定真空度。真空系统由真空泵、连接管道、真空阀门以及辅助装置等组成。

1) 对真空系统的要求

对真空系统的一般要求是:

(1) 真空度要求。对真空系统最基本的要求就是能达到所需要的真空度,包括系统本身的极限真空度和被抽器件所能达到的真空度。一般来说,器件内部能达到的真空度低于系统的极限真空度,所以选择排气台真空系统时,应该保证系统的极限真空度比器件所要求的真空度高。

系统的极限真空主要取决于真空泵的极限真空度,真空系统的密封性和去气的彻底性。

(2) 系统应该具有所需要的抽气速率。抽速的大小决定了器件排气的时间,提高抽速就可以缩短排气时间,提高劳动生产率。金属结构的微波管在排气中会放出大量气体,也必须有足够的抽速及时把零件放出的气体排走,减少其他零件再次吸附气体和引起阴极中毒的可能。但是,抽速应与被抽器件的容积以及真空系统的导通能力相适应,过大的抽速会增加设备成本以及水、电等消耗,相应增加器件的成本,造成浪费。

系统的抽速不仅取决于真空泵的抽速,还与系统的连接管道以及真空阀门等零件的导通能力有关,导通能力将限制抽气时能达到的实际抽速。

(3) 真空系统应该结构简单、可靠,尽可能操作维护方便,希望噪声低、无污染、成本低。

为了满足上述要求,必须根据器件的大小、复杂程度、所用材料等实际情况,综合考虑各方面的因素,合理选择真空泵、真空计、真空阀门、真空管道以及其他装置。

2) 真空度单位与真空区域的划分

(1) 真空度单位

理想的真空是不存在的,我们所指的真空实际上只是低于一个标准大气压的气体状态,即所谓稀薄的气体。真空度就是用来度量气体稀薄程度的一个标准,它实际上指的是气体压强,压强越低,真空度越高,反之越低。所以所谓真空都是指压强比一个标准大气压小的气体。

早期人们用毫米汞柱作为大气压的单位,即

$$1\ \text{标准大气压} = 760\ \text{毫米汞柱(mmHg)} = 760\ \text{托(Torr)}$$

但是由于汞有几种同位素,这使得毫米汞柱反映的实际压强有了差别,所以国际上一致决定改用帕(Pa)作为大气压单位,即

$$1\ \text{帕} = 1\ \text{牛顿}/\text{米}^2 = 1\ \text{千克}/(\text{米}\cdot\text{秒}^2)$$

$$1\ \text{标准大气压} = 1.01325\times10^5\ \text{帕}$$

所以

$$1\ \text{托} = 1\ \text{毫米汞柱} = 133.322\ \text{帕(Pa)}$$

$$1\ \text{帕} = 7.5\times10^{-3}\ \text{托} \approx 10^{-2}\ \text{托}$$

要注意另一个压强单位巴(Bar)与帕(Pa)是不同的单位,1 毫巴 =100 帕≈0.75mmHg。

(2) 真空区域的划分

气体真空程度可以根据真空度大小来划分成若干真空区域。理想的真空区域划分方法是以某一压强下的气体分子平均自由程长度与真空容器的主要尺寸之比来衡量的,即以 λ/D 比值大小来决定,其中:λ 为气体分子的平均自由程,即一个气体分子连续两次与其他分子碰撞所行进的距离;D 为真空容器与气体分子自由运动关系最密切的尺寸。

假设 $D=1\text{cm}$,对于空气,在 $5\times10^{-3}\text{mmHg}$ 压强下,λ 值约为 1cm,所以 $\lambda/D=1$ 即相当于 10^{-2}mmHg 的真空度。真空区域正是以此标准来划分的:

$\lambda/D<1$　　为低真空区

$\lambda/D\approx1$　　为中等真空区

$\lambda/D>1$　　为高真空区

λ 的简单计算公式是

$$\lambda\approx\frac{0.67}{p}(\text{cm})\tag{18.1}$$

式中,压强 p 的单位用 Pa。

如果直接以真空度来区分,有学者提出可以以下述标准来划分真空区域:

$10^5\text{Pa}\sim10^3\text{Pa}$ 称为粗真空;

$10^3\text{Pa}\sim10^{-2}\text{Pa}$ 称为低真空;

$10^{-2}\text{Pa}\sim10^{-6}\text{Pa}$ 称为高真空;

$10^{-6}\text{Pa}\sim10^{-10}\text{Pa}$ 称为超高真空;

10^{-10}Pa 以下称为极高真空。

1980 年,美国真空学会提出了他们的划分标准:

$10^5\text{Pa}\sim3.3\times10^3\text{Pa}$ 为低真空;

$3.3\times10^3\text{Pa}\sim10^{-1}\text{Pa}$ 为中真空;

$10^{-1}\text{Pa}\sim10^{-4}\text{Pa}$ 为高真空;

$10^{-4}\text{Pa}\sim10^{-7}\text{Pa}$ 为甚高真空;

$10^{-7}\text{Pa}\sim10^{-10}\text{Pa}$ 为超高真空;

10^{-10}Pa 以下为极高真空。

从物理现象上来看,在粗真空下,气体分子之间的碰撞是主要物理现象,因为这时 $\lambda\ll D$;在低真空时,分子间的碰撞与气体分子和器壁的碰撞相当,$\lambda\sim D$;而在高真空下,分子与器壁的碰撞占据了主导地位,这时 $\lambda\gg D$。例如,一个真空度为 $6.7\times10^{-4}\text{Pa}$ 的器件,其中气体分子的平均自由程可以达到 1000cm,已经远远大于器件尺寸,这时气体分子之间的碰撞显然已经可以忽略,与器件壁的碰撞成为主要现象;当到达超高真空时,分子与器壁的碰撞次数也已很少,在器壁上要形成一个单分子层的时间都需要以分钟计;极高真空是我们很少遇到的真空领域,这时气体分子数目已经极少。

2. 去气设备、电源以及控制装置

1) 去气设备

为了彻底去除器件内部管壁、零件所吸附的气体,电真空器件都采用加热烘烤的方法来去气;另外,真空系统的管道等也只有经过烘烤才能使系统的真空度达到额定极限真空值。可见,烘烤去气设备也是排气台必要的组成部分。

去气设备最常用的是烘箱,少数用高频炉加热对电极去气。烘箱的种类很多,以电加热最为普遍,玻璃外壳电真空器件也有采用燃烧煤气加热的。烘箱的形式有立式的,上下移动;卧式的,左右移动;还有开合式的,用铰链开闭。

现代微波管为了防止器件外壳氧化,往往将烘箱作成可抽真空的真空烘箱(即所谓双真空排气台),在烘箱加热对器件去气的同时烘箱内部保持一定真空度。常用的烘箱有两种结构:电热器(电阻丝)放在真空罩内的内热式烘箱和放在真空罩外部的外热式烘箱(图18-2),常用的电热丝为钨丝或者钼丝。内热式烘箱的电热丝就固定在真空钟罩内的热屏筒的内壁上,因而同样处在外真空中,加热时不会氧化,电热丝通电加热后将热量直接辐射给被排气器件进行去气;外热式烘箱的真空罩将加热器与被抽气器件隔开,减少了器件外壳被污染的可能性;烘箱的加热器往往单独做成一个钟罩罩在真空罩外面加热,器件依靠真空罩被加热钟罩加热后产生的辐射加热,受热比内热式更均匀;由于外热式烘箱的加热器是单独的一个钟罩,所以去气结束后,可以将加热钟罩取走,加速真空罩内部的冷却速度,十分方便。反之,大型排气台若采用内热式烘箱时,其冷却过程往往长达数小时甚至十多小时。

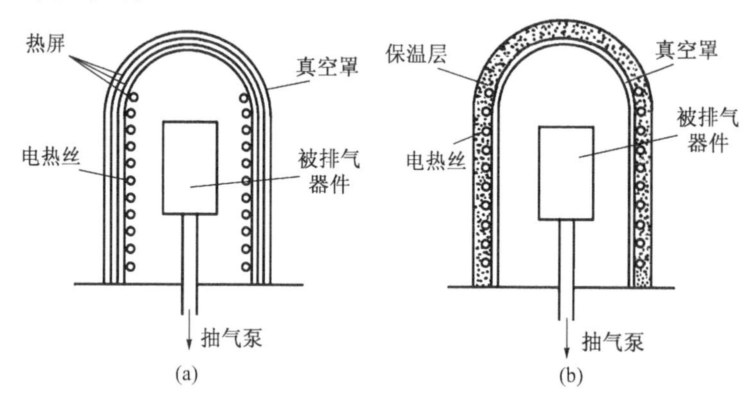

图18-2 内热式烘箱(a)与外热式烘箱(b)结构示意图

2)电源

排气台的动力主要包括:排气台本身所需动力,主要指烘箱运动所需电源、烘箱加热电源,冷却系统电源等;真空系统所需动力,各种真空泵电源,真空阀门控制电源,管道烘烤电源,真空计电源等;工艺处理动力,如阴极处理用灯丝电源、高压电源等;其他检测仪器和控制装置用电源等。

3)控制与安全装置

这是排气台的重要组成部分,控制装置包括:烘箱温度传感器(如热电偶)以及自动调节;真空度测量以及电磁阀自动控制等;安全装置则包括:断水报警以及自动切断加热电源;漏气(真空度突然下降)报警以及自动关闭电磁阀;烘箱移动限位控制,设备门开关等;确保在排气过程中设备、人身以及被抽气器件的安全。

3. 排气台的分类

由于排气台的核心是真空系统,或者说,排气台的关键性能是由它的真空系统决定的,所以排气台的分类也往往以真空系统的不同来区分。

（1）双真空排气台与单真空排气台。凡是被抽气器件的内部与外部在排气过程中同时都抽真空的排气台称为双真空排气台,而仅仅对器件内部抽真空的排气台就是单真空排气台。微波管几乎都具有金属外壳,管外不抽真空,在烘烤时就会造成管壳外表严重氧化,为了避免管壳的氧化,所以微波管排气台一般都是双真空排气台。玻璃外壳的电真空器件,不存在外壳氧化问题,所以只需要单真空排气台。

对管子内部抽气的系统叫作内真空系统,对管子外部、烘箱内部抽气的系统叫作外真空系统。

（2）动态排气台以及动态真空系统、静态真空系统。凡是由于整个系统,尤其是被抽器件存在较多的可拆卸零部件,因而不可避免存在放气、漏气时,器件往往不再从排气台上封离,而是直接在连带真空机组的状态下工作。而且在器件工作过程中真空系统必须不断抽气,才能使器件内部具有必要的真空度以保证器件正常工作,这种排气台或者真空系统就是动态排气台或者动态真空系统。在器件比较庞大、复杂,或成本太高,或者结构上存在一定困难,使它难以通过焊接成为完全的密封器件时;或者为了某种实验目的,需要对器件的某个零件、部件可以进行更换时,采用动态系统显然更为方便。相对论电子注器件由于器件比较复杂,又必须与加速器相连接,所以几乎都采用动态真空系统。

反之对于大多数微波管来说,器件通过焊接已成为一个整体,即成为所谓硬管,其本身已具有良好的密封性能,同时也为了实际使用的方便,所以排完气都应该从排气台上封离下来,这时管内的真空度已经基本处于静态。因此,用于对硬管进行抽气的真空系统就称为静态真空系统。

（3）高真空排气台和超高真空排气台。以排气台真空系统所能达到的极限真空度来区分,显然排气台与真空区域相对应地就可以分为低真空排气台、中等真空排气台、高真空排气台以及超高真空排气台等。对于微波管来说,必须采用高真空排气台或者超高真空排气台才能满足微波管对真空度的要求。

（4）玻璃系统和金属系统。如果排气台主要连接管道、真空阀门以及与被排气器件的接口由玻璃材料组成,则这样的真空系统就是玻璃系统,它用来对玻璃外壳的电真空器件进行排气,以方便玻璃排气管与系统的连接;反之,若系统连接管道,真空阀门及与管子的接口以至所有真空泵都是金属结构,则就称为金属真空系统。现代微波管的排气台一般都是金属真空系统。

（5）有油系统与无油系统。如果真空系统中特别是被抽气器件中有油蒸汽污染,这种污染一般来说主要来自某些以油作为工作物质的真空泵,或者某些以油作密封的真空阀门,这样的真空系统就称为有油系统;反之,如果系统中所有真空泵不存在油类工作物质,整个系统也都不使用油类密封,则就不会存在油蒸汽的产生和污染,这就成为无油系统。

18.3.2　真空阀门

真空阀门是关闭和开启真空系统中某一个气流通道,或者改变气流方向,调节气流大小的一个机构,它是任何一个真空系统必不可少的重要组成部分。例如在高真空泵与被抽气器件之间必须设置高真空阀,以避免在更换器件时大气直接进入高真空泵;为了同样目的,更换新的被抽气器件后,必须先通过另一个高真空阀把器件与预抽通道连通进行预抽,达到一定真空度后才可以关闭预抽通道,开通高真空泵抽气通道进行排气。一个真空系统,往往会包含有多个各种类型的阀门,分别安装在系统的不同位置,以适应不同的用途要求。

一般来说,配置在金属真空系统中的阀门都是金属阀门,而在玻璃真空系统中的阀门则用玻璃阀门,或称为玻璃活栓。真空阀门种类很多,仅介绍在微波管排气台中常见的几种阀门。

1. 挡板阀(盖板阀、盘阀)

挡板阀又称盖板阀或盘阀,它主要由盖板(挡板)和阀座(底座)组成,阀杆与盖板连接。当调节阀杆向下运动时,盖板及盖板上的密封圈紧压在阀座上,将气流通道关闭;反之,当阀杆带动盖板向上运动时,盖板离开阀座,通道被开通。波纹管将阀的内部与大气隔开,以避免操纵阀杆运动时大气进入到真空系统中去。挡板阀的结构示意图如图18-3所示。

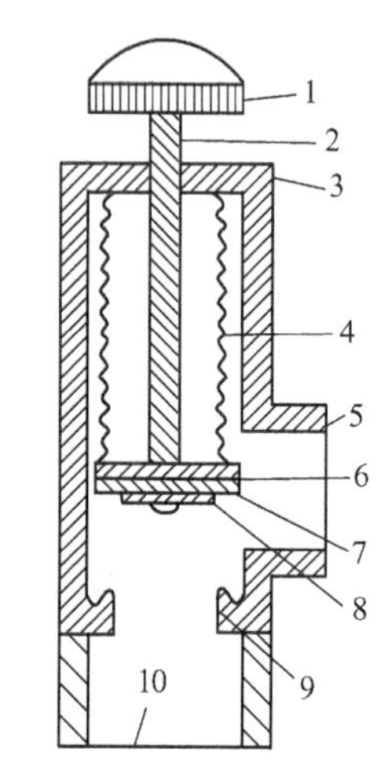

图18-3 挡板阀的结构示意图

1—旋扭;2—阀杆;3—阀体;4—波纹管;5—前级泵接口;6—盖板;7—密封垫圈;8—垫片;9—阀座;10—真空室或高真空泵接口。

2. 蝶阀

蝶阀的结构如图18-4所示。一个侧面嵌有一个密封圈的圆盘形阀板放置在气流通道中,阀杆操控阀板在通道中可以作90°转动。当阀板平面与通道垂直时,阀板就正好堵塞通道,并通过密封圈与通道壁密封,达到关闭气流的目的;当阀板被阀杆带动旋转90°时,阀板平面与通道平行,通道被打开。

3. 插板阀

插板阀的结构比较简单,体积小。插板阀有单板阀和双板阀两种。

单板插板阀的结构如图18-5所示,它利用阀内部的气流通道口是否被阀板盖住实现通道的开闭。阀板上开有一个或两个环形槽,槽内嵌入密封圈,阀板通过连杆连接在阀架上,为了便于滑动,阀架上装有滚珠轴承,并有阀杆操控上下运动。当阀杆向下运动时,阀板盖住气流通道,连杆把阀板撑开,将阀板紧压在通道口上实现密封;阀杆拉上时,连杆倾斜,把阀板收回,便于阀板随阀杆上升,通道打开。

双板插板阀有两个阀板,可以分别盖住上下气流通道口,工作更为可靠。它的结构示意图如图18-6所示。在阀杆前端和阀板上分别开有一大一小两个半圆形槽,并在槽中配有一个滚珠。当阀杆带动阀板向下压紧时,滚珠处在阀杆和阀板形成的小圆槽内,滚珠就将阀板向外撑开,并通过密封圈紧压在通道口上,从而将通道关闭;当阀杆向上拉起时,滚珠落到阀杆与阀板之间的大圆槽中,阀板收缩,并随阀杆一起离开通道口,通道被打开。

4. 球阀

球阀中的密封机构由两个环状弹性体紧压在一个金属球体表面构成,如图18-7所示。金属球上有一个通孔,利用手柄转动金属球可使通孔改变方向,即可开启或关闭气路,当通孔方向与通道方向一致时,气路开通,金属球旋转90°时,通孔与通道方向垂直,气路即关闭。阀杆与阀体之间用密封圈密封。

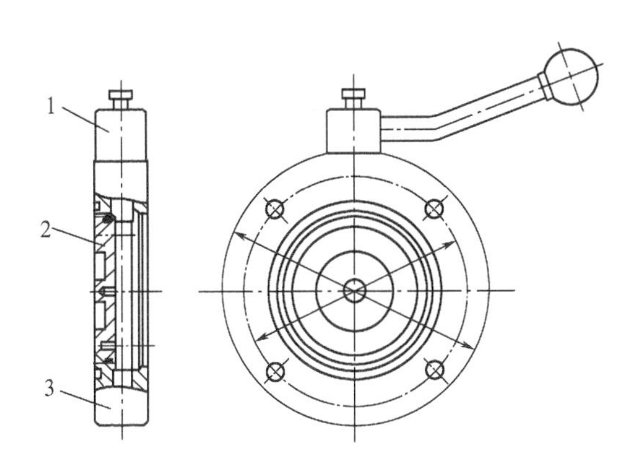

图 18-4　蝶阀的结构示意图
（此图来源于上海阀门二厂产品说明书）
1—阀杆；2—阀板；3——阀体。

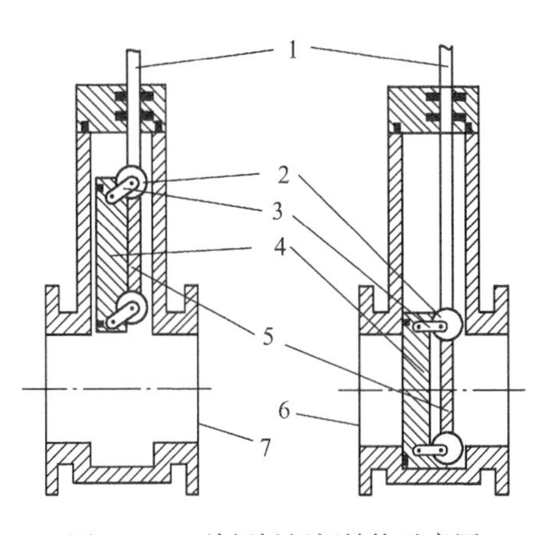

图 18-5　单板插板阀结构示意图
1—阀杆；2— 滚珠轴承；3—连杆；
4—阀板；5—阀架；
6—真空室接口；7—高真空泵接口。

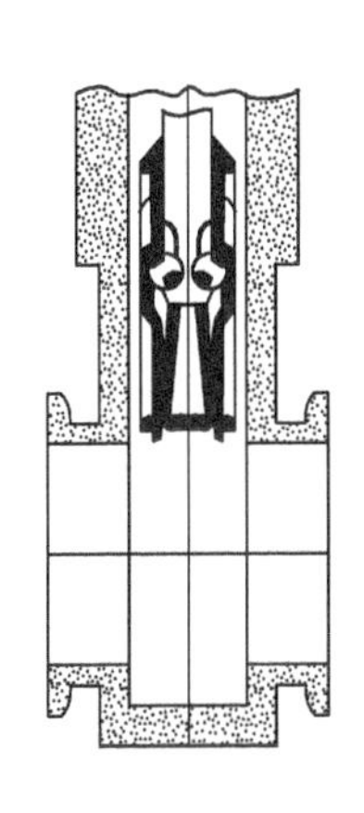
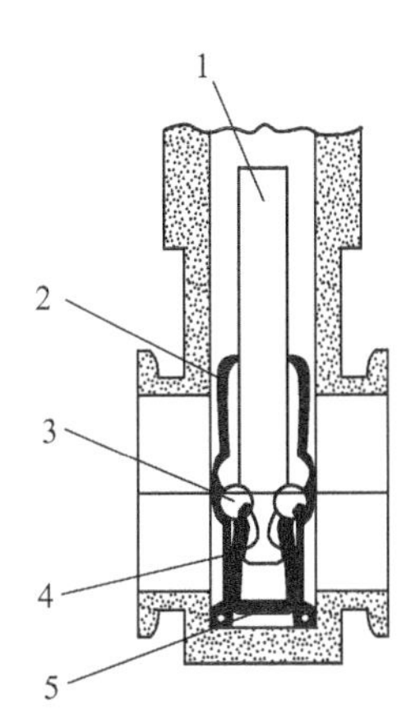

图 18-6　双板插板阀结构示意图
1—阀杆；2—密封圈；3—滚珠；
4—阀板；5—止住弹簧。

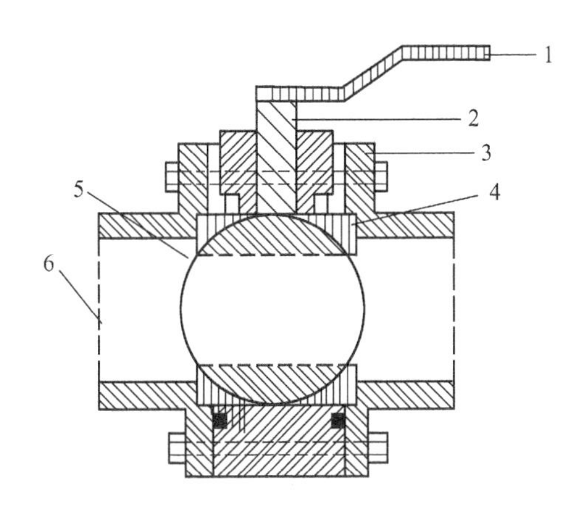

图 18-7　球阀结构示意图
1—手柄；2—阀杆；3—阀体；
4—环状弹性体；5—金属球；6—气流通道接口。

5. 针状阀

1）微调针状阀

针状阀由于可以精确控制通道中的气体流量，所以又称为微调阀，它的导通能力通过调节一锥形阀针与阀座之间的距离来控制，如图 18-8 所示。微调阀可以在电真空器件需要充气时对充气气体进行微量控制。

2）放气针状阀

如果针状阀的通道一端直接连接大气而不是被充气体，另一端接真空系统，则它就称为放气阀。双真空排气台在对微波器件排气结束后，必须先对烘箱的真空罩内充气才能移开烘箱对管子封离，这时放气阀成为必要的装置。

6. 电磁阀

以上各种真空阀的操作可以是手动的，也可以是电动（马达）或气动（压缩空气）的，电磁阀则是利用电磁力控制的真空阀,它在真空系统中得到十分广泛的应用。

1)电磁挡板阀

电磁挡板阀的密封机构与挡板阀相同,但在电磁挡板阀中,不再需要阀杆,平时依靠弹簧力将阀板紧紧压在通道口上,关闭气流通道;需要开启时,对电磁线圈通电,线圈产生的磁场磁化铁芯,利用铁芯的磁力吸动阀板升起,从而开通气流通道。图18-9给出了电磁挡板阀的结构示意图。

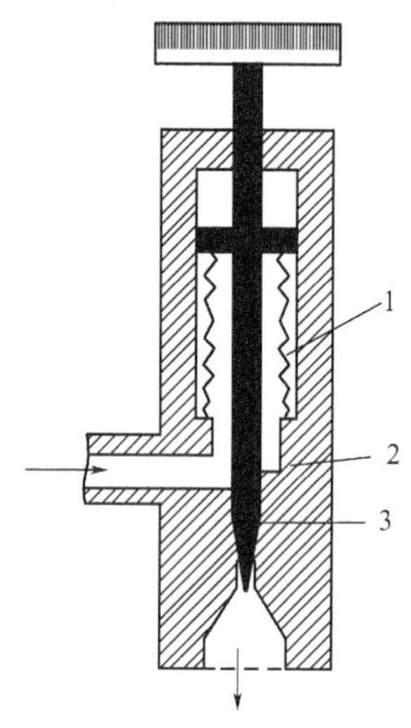

图18-8　微调针状阀的结构示意图
1—波纹管;2—阀针;3—阀座。

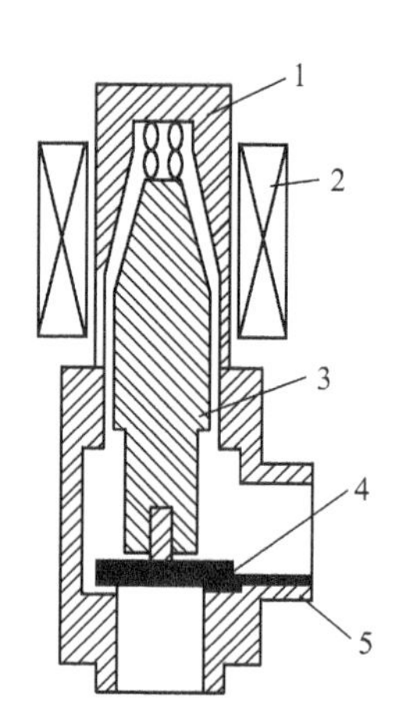

图18-9　电磁挡板阀的结构示意图
1—弹簧;2—电磁铁线圈;
3—阀芯;4—密封圈;5—阀体。

2)电磁真空带放气阀

电磁真空带放气阀是一种专门安装在机械泵后面的专用阀门,具有真空和放气双重功能,并且与机械泵接在同一电源上,使阀门与机械泵的开启和关闭同步进行。当泵停止工作或电源中断时,电磁阀就自动将后级真空系统关闭,并且同时将大气通过阀的充气口充入机械泵泵腔,从而避免了机械泵油返流进入后级真空系统造成污染。这种阀的外形与电磁挡板阀类似。

7. 玻璃阀门

玻璃真空系统需要配用玻璃真空阀门。玻璃阀门由中空的锥形芯子和与之配套的锥形外套组成,芯子与外套相互间的接触面必须一一配对研磨过,以保证两者的整个锥面紧密接触,在其间还要涂抹真空密封油脂以达到密封效果。在中空芯子锥面上开有小孔,而在外套上对应芯子小孔的位置接有连接管,如果外套连接一根连接管,它就是两通阀门,如果是两根连接管,则就成为三通阀门。中空芯子一端连接旋转芯子用的玻璃手柄,另一端开口,而套子的上端形成锥形开口以便插入锥形芯子,下端则接一段与真空系统连接用的玻璃管。当芯子上的孔对准外套上的连接管时,从外套下端玻璃管到连接管的气体通道即开通;旋转芯子180°,对两通阀门来说,这时芯子上的孔与连接管的位置错开,所以气路被关闭;而对于三通阀门来说,则这时芯子上的孔对准了外套上的另一个连接管,另一路气路被开通,原来开通的气路则被关闭。常用的玻璃阀门见图18-10。

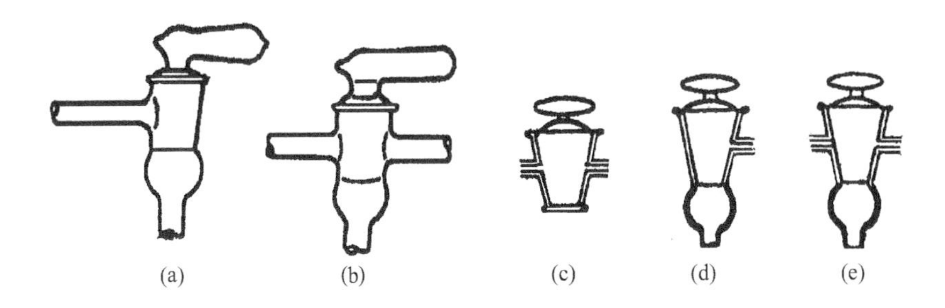

图 18－10　玻璃真空阀门的外形及剖面

(a)、(d) 直角二通阀门；(c) 对通二通阀门；(b)、(e) 三通阀门。

18.3.3　真空系统的组成

一个完整的排气台真空系统由真空容器(被排气器件)、真空泵机组、真空测量规管、连接管道、真空阀门及辅助装置等组成。先简单介绍高真空系统和超高真空系统的组成，对真空系统中涉及到的真空泵、真空测量规管等将在后面详细介绍。

1. 典型高真空系统

图 18－11 是一个主泵为扩散泵的高真空系统组成原理图。此系统可获得 10^{-7}Pa 的真空度，结构简单、工作可靠、成本低，缺点是启动慢，预抽时间长，扩散泵的油蒸汽容易返流到真空室中去。

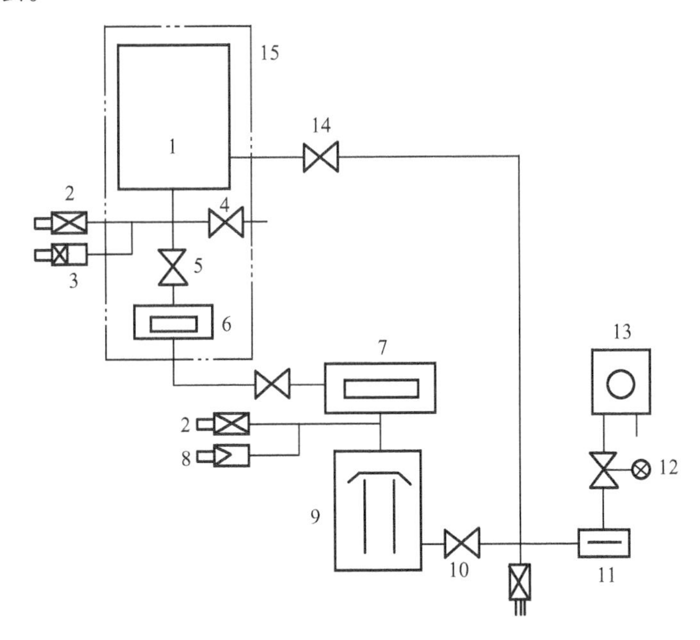

图 18－11　高真空系统原理图

1—真空室；2—热偶真空计；3—B－A 真空计；4—放气阀；5—超高真空阀；6、7—冷阱；8—电离真空计；9—扩散泵；10—前级管道阀；11—前级阱；12—电磁阀；13—机械泵；14—超高真空管道阀；15—烘烤装置。

2. 典型超高真空系统

微波管的排气多采用超高真空排气台，少数用高真空排气台，而且越来越多地要求双真空排气。图 18－12 是一个典型的超高真空双真空排气台的真空系统实例。

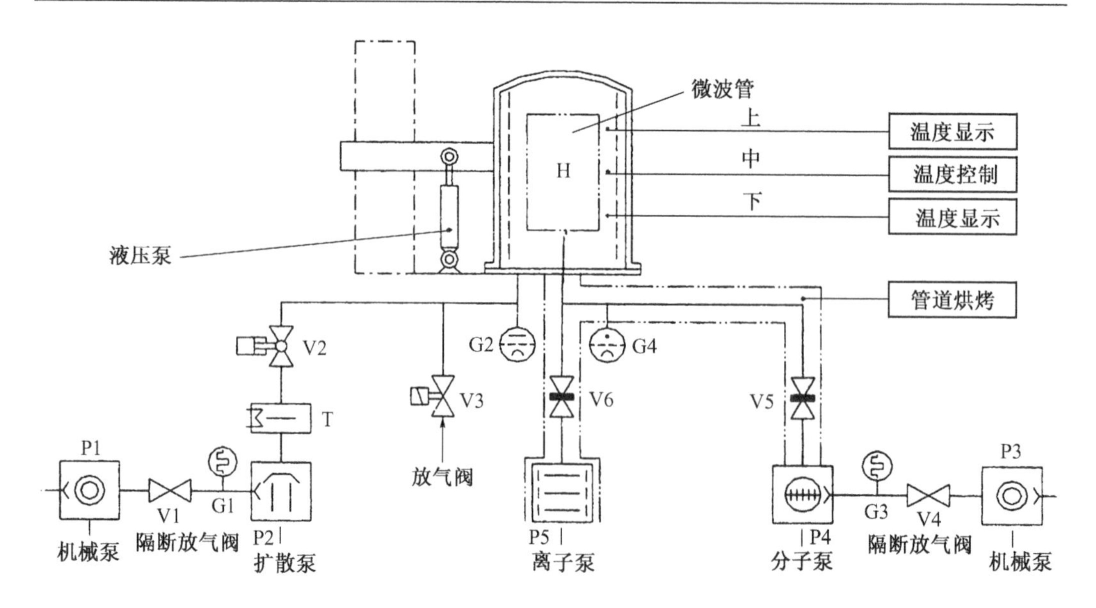

图18-12　GXP-1000型超高真空双真空排气台真空系统示意图

该真空系统的外真空由机械泵P1、扩散泵P2和冷阱T作为抽气泵,热偶计G1和电离计G2测量真空度,以及隔断放气阀V1、气动蝶阀V2和电磁阀V3组成。机械泵用作外真空系统的预抽和扩散泵的前级泵,冷阱起吸附扩散泵油和水汽的作用,扩散泵为外真空的主泵。电磁阀V3是烘箱的放气阀,烘箱要提升前,必须先经放气阀放气。放气时应关闭气阀V1与V2,以防止大气在扩散泵油完全冷却前进入扩散泵;而当烘箱放下需要外真空抽气时,应该关闭放气阀,打开蝶阀V2。但由于这时蝶阀两侧的气压相差大,烘箱侧为大气,而扩散泵侧为真空,致使蝶阀无法打开。因此在打开蝶阀前应该先用隔断放气阀V1对机械泵P1和扩散泵P2进行放气,使蝶阀内外压力平衡。由于扩散泵以油作为工作物质,工作时会产生油蒸汽污染真空系统,另外还需要用电炉对油进行加热,增加操作工作量和时间,所以现代超高真空排气台一般也已改用分子泵作为外真空系统的主泵。

排气台的内真空由机械泵P3、离子泵P5、分子泵P4等真空泵,B-A轨真空计G4、热偶计真空计G3以及闸板阀V5和V6等组成。机械泵作为内真空系统的预抽泵和分子泵的前级泵,分子泵则是系统初排气的主泵,其极限真空度为1×10^{-6}Pa。为了获得更高真空度,可以在这时打开闸板阀V6,启动离子泵,同时关闭闸板阀V5;也可以让分子泵与离子泵同时工作一段时间,真空度达到或接近1×10^{-7}Pa时再关闭V5,这时真空度就会迅速进入10^{-8}Pa量级。即使关闭V5后,分子泵仍应继续工作,以防止高压气体通过V5倒流进入高真空系统。

当微波管封离后,应该及时关闭闸板阀V6,然后才停止离子泵的工作,以保证离子泵内部保持真空状态。

18.4　真空泵

用来获得真空的设备称为真空泵,又可称为抽气泵。真空泵是组成真空系统的核心,在真空系统中,一般都会由不同类型的若干真空泵及相应的真空元件组合成真空机组来实现抽气的过程。

18.4.1　真空泵的分类与基本参数

1. 真空泵的分类

真空泵可以按多种方式分类。

1）按工作原理分类

真空泵按其工作原理来区分，基本上可分为气体输运泵和气体捕集泵两大类。

(1) 气体输运泵。这是一种能使气体从被抽容器中吸入泵中，然后又被排出泵外的真空泵，泵的作用就是把气体从容器中通过泵输运到容器外，从而达到对容器抽气的目的。大部分真空泵，如机械泵、罗茨泵、扩散泵、分子泵等都属于这类真空泵。

(2) 气体捕集泵。气体捕集泵依靠将被抽气体吸附或凝结在泵内零件表面，或与泵内零件发生作用生成化合物来达到对容器抽气的目的。它又可以分为吸附泵和低温泵两类，前者如吸附泵、吸气剂泵、离子泵、升华泵等，后者如冷凝泵等。

2）按在真空机组中的功能分类

真空泵根据其在整个真空机组中所起的作用又可分为前级泵、主泵与辅助泵(维持泵)。

(1) 前级泵。有些真空泵不能直接从大气压强下开始工作，如扩散泵、分子泵、离子泵等，这时就必须有另一个泵为它提供支持工作所需要的真空度，这样的泵就称为前级泵。所以前级泵是用以使另一些泵的前级真空度能维持在其正常工作压强范围内的真空泵。前级泵能够直接从大气压强下开始工作，如机械泵、吸附泵等，绝大多数真空机组都以机械泵作为前级泵。

(2) 主泵。能使被抽系统或容器最终达到所要求的真空度的真空泵称为主泵。在不同的真空系统中，由于所需要的真空度、抽速和使用环境等的不同，主泵也是不同的，扩散泵、分子泵、离子泵等都可以作为主泵。

(3) 辅助泵。在真空系统中，当抽气量很小时，前级泵的功能将不能得到有效利用，这时可以关闭该前级泵，而在真空系统中配置一个容量较小的辅助前级泵，又称为维持泵，用它维持主泵正常工作所需要的真空度，或者维持被抽容器所需要的低真空度。

3）按泵的工作压强范围分类

按真空泵能正常工作的压强范围来区分，可以分为低真空泵、高真空泵和超高真空泵三类。

(1) 低真空泵。从大气开始至 10^{-2}Pa 量级能正常工作的泵称为低真空泵，其特点是工作压强高、排气量大，但抽速比高真空机组低。低真空泵主要是指各种机械泵，例如往复式机械泵、干式机械泵、多级罗茨泵等，分子筛吸附泵也是一种低真空泵。

低真空泵主要用于真空蒸发、真空浓缩、真空包装、真空浸渍、真空干燥、真空冷冻等工艺过程以及作为主泵的前级泵。

(2) 高真空泵。工作在 $10^{-2}\sim10^{-6}$Pa 量级范围内的真空泵称为高真空泵，这种泵的特点是工作压强较低，排气量小，抽速大。这种泵主要包括扩散泵、扩散增压泵、分子泵、钛升华泵、低温冷凝泵等，由于它们都不能直接从大气开始工作，因此需要配置前级泵，对扩散泵而言，有时还可能配备有前级辅助泵或储气罐，以防止气压波动，节约能源。

(3) 超高真空泵。超高真空泵工作在 $10^{-6}\sim10^{-10}$Pa 量级范围，其特点是要求真空系统的材料出气率很低，漏气率很小，而且必须能承受 200 ~ 450℃ 的高温烘烤。涡轮分子泵、溅射离子泵、低温冷凝泵、升华泵等都可以作为超高真空泵使用,常见的是以涡轮分子泵、溅射离子泵、低温泵为主泵的系统,而以分子筛泵作为预抽泵,或者配以前级泵,也可以两者同时配置。

4)按清洁程度分类

按真空泵工作中有无油参与可分为有油真空泵和无油真空泵。机械泵如果依赖油或者其他液体密封工作,扩散泵必须以油或其他液体直接作为工作物质,这些都是有油真空泵。干式机械泵(干泵)、分子泵、离子泵、吸附泵、升华泵、低温泵等工作时都不依赖于油或其他液体,所以是无油泵,但是,在一些无油泵中,或多或少会存在一些润滑用油脂,因此也不是绝对的无油。

干式真空泵简称干泵,是指能从大气到 10^{-2} Pa 压强范围内工作,能直接向大气连续排气,在泵中不使用任何油类或液体的真空泵,是一种无油真空泵。干泵主要有多级罗茨泵、多级活塞泵、爪型泵、涡旋泵、螺杆泵等,此外涡轮干式泵、离心干式泵也属于干式泵。

2. 真空泵的辅助装置

1)储气罐

如果主泵是扩散泵,则就可以在扩散泵与前级泵之间设置一个储气罐来代替辅助泵,储存扩散泵排出的气体。当前级泵工作一段时间,已经达到扩散泵工作所需压强后,就可以关闭前级泵,由于这时储气罐已被前级泵抽至低气压状态,所以扩散泵排出的气体就可以储存在储气罐中,而且储气罐容积足够大,而扩散泵排出的气体体积已经不大,因此储气罐就可以在相当长时间内维持扩散泵所需要的前级真空度。

2)冷凝阱(挡板)

当真空系统中存在扩散泵时,往往会有一些油蒸汽会流往更高真空度的区域,称为油蒸汽的返流。油的返流不仅降低了泵的极限压强,更严重的是会污染超高真空系统以及被抽器件,因此必须抑制油蒸汽向超高真空区域方向的返流。普遍采用的有效方法是,在扩散泵和被抽系统之间设置挡油板或挡油阱(亦称为冷凝阱),挡住返流的油蒸汽,挡油板一般直接安装在扩散泵高真空端的泵口,挡油阱则可以安装在泵口,也可以单独安装在高真空区域管道中。为了提高挡油的效率,挡油板还可以通水冷却,而挡油阱一般用液氮冷却。但冷凝阱(挡板)的安装会降低扩散泵的有效抽速。图 18 - 13(a)、(b)分别为水冷挡板和液氮冷阱的结构图。

3. 真空泵的主要参数

真空泵的参量主要有起始压强、极限压强和抽气速率。

(1)起始压强。真空泵能开始正常工作所要求的气体压强称为起始压强。并不是所有真空泵都能直接对初始压强为大气压的被抽系统或器件进行抽气的,不同的真空泵对起始压强的要求是不同的,而且差别可以很大。机械泵可以在大气压强下进行工作,因此它一般都作为前级真空泵使用;而扩散泵、分子泵等其他真空泵都必须在包括真空泵本身在内的真空系统达到一定真空度时才能开始工作,所以它们要利用前级真空泵来获得这一起始真空度。

(2)极限压强。真空泵不连接任何真空系统,仅与真空测量规管相连,在没有漏气和内部放气的情况下,经过长时期抽气,当压强不再下降,维持为一个定值时,最终所能测得的稳定的最小压强称为极限压强,也称为极限真空度。任何一种真空泵所能达到的极限压强都是有限的,或者说,不论采用何种真空泵,都不可能获得理想的真空。

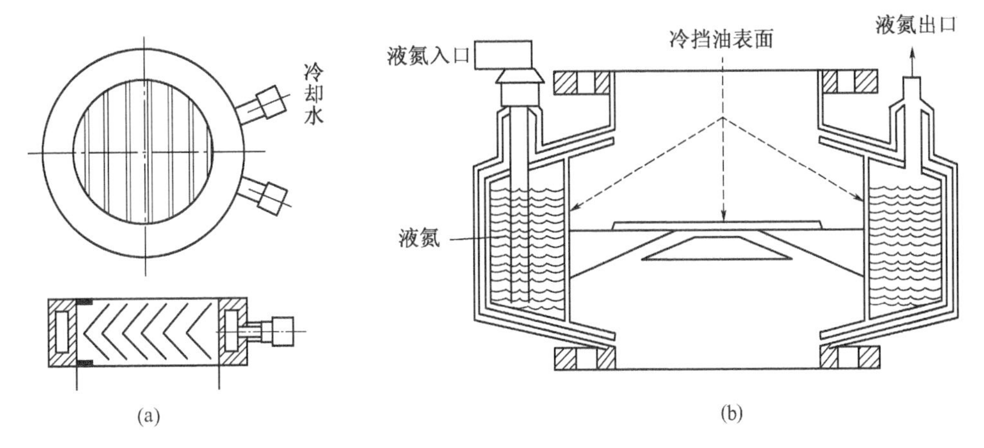

图 18-13　水冷挡板(a)和液氮冷阱结构(b)

(3) 抽气速率。真空泵抽气速率(简称抽速)的定义是：在真空泵的气体进气口处，在一定的压强下，在真空泵正常工作的单位时间内进入真空泵的气体体积，即

$$S_{\mathrm{H}} = \frac{\mathrm{d}V}{\mathrm{d}t} \quad (\mathrm{L/s} \text{ 或 } \mathrm{m^3/h}) \tag{18.2}$$

式中，S_{H} 为抽气速率，常用单位为 L/s。根据上式可以更为确切地定义 S_{H} 为：在某一瞬间压强下，被抽气体在真空泵进气口测量的体积对时间的导数。

如果定义单位时间进入真空泵的气体量而不是体积为泵的流量，所谓气体的量，是以压力与体积的乘积来度量的，则抽气速率就又可以定义为

$$S_{\mathrm{H}} = \frac{Q}{p} \tag{18.3}$$

式中，Q 为泵的流量，$Q = p\mathrm{d}V/\mathrm{d}t$($\mathrm{Pa \cdot m^3/s}$)；$p$ 为气体压强(Pa)。

真空泵的抽气速率随着压强的变化而变化，一般都不是常数。但是在泵的正常工作压强范围内，抽速基本不变，或者也可以反过来说，抽速基本保持不变的压强范围就是真空泵的正常工作范围，即使用范围。不论从高压强端还是从低压强端超出此范围，泵的抽速就将迅速下降。

(4)使用范围。是指泵具有相当抽气能力时的压强范围。

一些最常用的泵的起始压强、使用范围和极限压强的数值如表 18-1 所示。

表 18-1　常用真空泵的主要参数

真空泵种类	使用范围/Pa	起动压强/Pa	极限压强/Pa
旋片式真空泵	$1\times10^{5}\sim6.7\times10^{-1}$ (1 个大气压 ~ 1×10^{-2} Torr)	1×10^{5} (1 个大气压)	1.3×10^{-2} (1×10^{-4} Torr)
涡轮分子泵	$1.3\sim1.3\times10^{-5}$ ($1\times10^{-2}\sim1\times10^{-7}$ Torr)	1.3 (1×10^{-2} Torr)	1.3×10^{-8} (1×10^{-10} Torr)
油扩散泵	$1.3\times10^{-2}\sim1.3\times10^{-7}$ ($1\times10^{-4}\sim1\times10^{-9}$ Torr)	1.3×10 (1×10^{-1} Torr)	$1.3\times10^{-5}\sim1.3\times10^{-7}$ ($1\times10^{-7}\sim1\times10^{-9}$ Torr)
溅射离子泵	$1.3\times10^{-3}\sim1.3\times10^{-9}$ ($1\times10^{-5}\sim1\times10^{-11}$ Torr)	1.3×10^{-1} (1×10^{-2} Torr)	1.3×10^{-9} (1×10^{-11} Torr)

18.4.2 气体输运泵

1. 机械泵

机械泵是一种低真空泵,在国民经济的众多领域中都有广泛应用。机械泵的种类也很多,它的极限真空度低的仅有 1kPa 左右,高的也可以达到 10^{-2}Pa。在真空电子工业中,机械泵往往作为排气台的前级真空泵得到普遍采用,而且以极限真空度较高的油封旋转式机械泵为主,所以仅对这种类型的机械泵做简单介绍。

油封旋转式机械泵又有旋片式、定片式、滑阀式几种,而且常常做成双级泵的形式,即将两个相同的泵串联起来,以获得较高的真空度。在真空电子器件排气台中,最常见的是旋片式油封机械泵。

旋片式机械泵的工作原理示意图如图 18-14 所示。旋片式泵的主要构造包括壳体 1、转子 2、旋片(翼片)Ⅰ和Ⅱ、进气口 3、排气口 4 以及弹簧 5 等。转子偏心安装在泵体内,其外圆与泵体在 3 与 4 之间的内表面相切;转子内对称安有 2 个旋片,旋片之间有弹簧连接,使旋片可以在转子的槽内自由伸缩。当转子旋转时,旋片因离心力和弹簧力其顶端与泵体内壁紧密接触并滑动。进气口连接被抽容器,排气口通过排气阀直通大气。

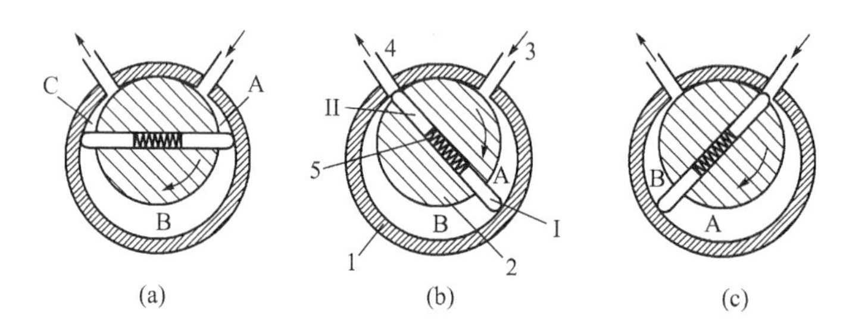

图 18-14 旋片式机械泵工作原理示意图

1—泵体;2—转子;3—进气口;4—排气口;5—弹簧。

当旋片处于图 18-14(a)所示位置时,旋片把转子与泵体之间的空间分成 A、B、C 三部分。空间 A 本来没有气体,是一个真空室,当转子按箭头方向旋转时,A 的空间容积增大,气体便从被抽容器经过进气口吸入空间 A,并且随着空间 A 的不断增大,压力降低,气体就会不断吸入 A 室;而空间 C 的容积则不断被压缩,压力增大,当 C 室中的气体被压缩到压力超过排气口的排气阀压力时,压缩气体就推开油密封的排气阀而排出泵外。当转子旋转到图 18-14(b)位置时,C 室消失,B 室成为被压缩的空间,重复上面 C 室的排气过程;而转子转到图 18-14(c)时,A 室的吸气过程结束,开始成为图 18-14(a)中的 B 室,并开始形成新的 A 室,而原来的 B 室则成为新的 C 室……如此反复进行吸气、压缩、排气过程,从而达到连续对被抽容器排气的目的。

旋片式机械泵依靠油来密封排气阀,泵体靠水冷或者风冷;旋片在工作过程中一直与泵体内表面接触并滑动摩擦,因此要求强度高和耐磨性好,一般采用铸铁、石墨、高分子复合材料做成。排气阀的质量将直接影响泵的抽气性能,而且易损坏,也是机械泵的噪声来源之一,所以必须仔细设计与制造。排气阀要浸在泵油中,从排气口排出的气体,推开排气阀,穿过泵油排出。

单级旋片式机械泵一般能达到的极限压强仅为 1Pa 左右,这主要受排气空间和吸气空间之间的密封不理想所限制。当进气口压强达到 1Pa 时，密封间隙两侧的压强差已高达 5 个数量级，漏气已难以避免。如果采用双级泵结构，即将两个泵串联应用，第一级泵的进气口与第二级泵的排气口直接相连，降低了后级泵的进出气口压强差，减少了漏气，就可以使双级机械泵的极限压强降低到约 10^{-2}Pa 量级。

目前科研和生产中使用的多为高转速(1450r/min)的机械泵，而且与单相或三相感应电动机直接连接使用，因而称为直联泵。

2. 罗茨泵

罗茨泵是一种比较新型的旋转变容式真空泵，近年来得到了广泛的应用，在真空系统中，一般与前级机械泵串联应用，抽速高，极限真空一般在 10^{-2}Pa 量级。

罗茨泵的工作原理如图 18－15 所示。有两个形状相同的转子，它们彼此反向同步旋转。转子的形状与旋转的同步保证转子之间以及转子与泵腔内壁之间都不接触，而保持有一个不大的隙缝(0.1～0.15mm)，该隙缝不用油封。这样就使得转子可以有很大的转速(1500～3000r/min)而没有卡住的危险；而且抽气过程不会有油污染。

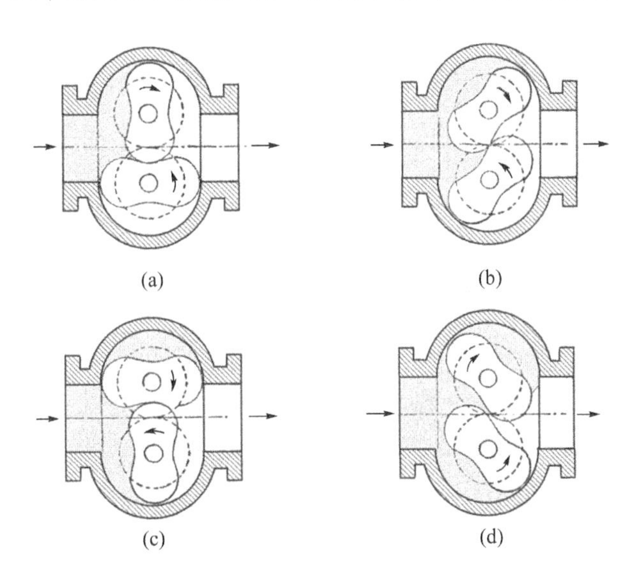

图 18－15　罗茨泵工作原理示意图

如图 18－15 所示：在转子不断旋转时，被抽气体从吸气口进入泵腔，并在转子继续旋转时被封闭在吸气腔 A(图中阴影部分)之内。由于在 A 腔内的气体并没有被压缩，因此当转子的顶部转过排气口边缘时，吸气腔与排气口相通，这时 A 腔的气体并不能直接排出；相反，A 腔的气体来自吸气口，气压低，而排气口的气体压力较高，因此排气口气体反而返流到 A 腔中，使 A 腔内的压力突然升高到排气口压力。当转子继续旋转时，A 腔中的气体才被转子“赶”出排气口。2 个转子旋转 1 周，共可以排除 4 个 A 腔容积的气体，这从图 18－15 可以清楚看出来，从图 18－15(a)到(d)再回到(a)，泵完成一次完整的吸气—排气过程，但这时转子只旋转了四分之一个圆，所以若转子旋转一圈，就可以完成四次吸排气过程。

显然，当排气口气体压力较高，气体分子平均自由程比隙缝宽度还小时，罗茨泵不能有效地工作，因为这时隙缝会有相当大的通道能力，大量的气体能够返流到被抽容器中去。因此,罗茨泵必须设置前置真空,使排气口的压强降到数百帕至数帕,这时气体分子的平均自由程已显著超过隙缝宽度,使气体通过隙缝返流的流阻大大增加,抽气效果大大提高。罗茨泵一般在 $1\sim10^{-1}$Pa 压力下抽速最大。

罗茨泵的转子可以是双叶的,也可以是三叶的,甚至四叶的。

由上面的分析可以看出,罗茨泵没有对气体压缩的过程,尽管由于其转子的高速旋转,可以使排气口气体压强高于进气口气体压强,但压缩比不高,这使得罗茨泵不能单独对大气排气,必须配以前级机械泵同时工作,由前级泵将罗茨泵排出的气体抽走。

3. 扩散泵

扩散泵是蒸汽流真空泵的一种,所谓蒸汽流真空泵,是以从喷嘴高速定向喷射出的蒸汽射流形成一个低压区域,使被抽气体不断向蒸汽流中扩散并被蒸汽流带至排气口被排走而达到抽气目的的一种泵。这种泵不再有机械运动,因此,抽速可以做得很大,工作稳定可靠,使用寿命长。

蒸汽流真空泵,可以由玻璃制成,目前更多的是由金属制成;所用工作介质可以是水蒸汽、水银蒸汽以及油蒸汽。其中油扩散式蒸汽流真空泵是应用最广泛的一种,一般简称为油扩散泵。

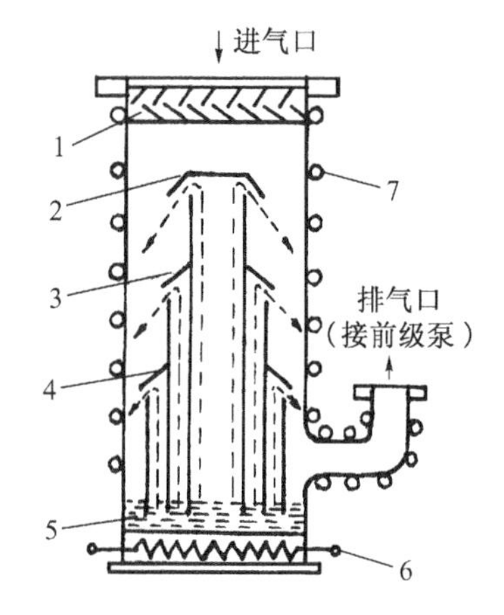

图 18-16 油扩散泵结构示意图
1—人字形挡板; 2—第一级喷嘴;
3—第二级喷嘴; 4—第三级喷嘴;
5—泵油; 6—加热器;
7—冷却水管。

图 18-16 给出了油扩散泵的基本结构,它是一个三级泵,有三个喷嘴,如果只有两个喷嘴则就是二级泵,泵进气口处的人字形挡板是阻挡油蒸汽进入被抽容器用的。油扩散泵的基本工作原理是:泵油由加热器加热至沸腾蒸发而产生蒸汽,由于泵内已有前置真空泵抽至低真空,压力较低,所以泵油在较低温度下就会蒸发。油蒸汽流沿导管上升并经伞形喷嘴喷出,形成高速蒸汽射流,从喷嘴喷出的蒸气流进入喷嘴外扩大了的空间,急速膨胀,速度增大,而压力及密度降低,于是在蒸汽射流上方以及周围的被抽气体,因为密度相对较大,压力相对较高而扩散到射流内部,并被蒸汽射流带向下方,这进一步造成了被抽气体的分压强差,即射流上方被抽气体的分压强大于蒸汽流内部的被抽气体分压强,使被抽气体不断向射流内部扩散。扩散到蒸汽流内的气体将被蒸汽流不断带走,并被前置真空泵抽走,而油蒸汽则在冷却的泵壁上冷凝并回流到泵底。

为了减少进入被抽容器的油蒸汽,在泵的进气口处除了设置水冷挡板或挡油帽(环)外,还可以用液态氮冷阱来更有效地阻挡油分子,但挡油措施的设置也通常会使泵的抽速降低。在一般情况下,油扩散泵的极限真空可以达到 $10^{-4}\sim10^{-5}$Pa,采用冷凝阱和系统长期烘烤去气后,其极限压强可降至 10^{-8}Pa 的量级。油扩散泵的抽气速率也可达到数万升每秒。

常用的扩散泵油是硅油或全氟聚醚油。硅油是一种有机硅树脂,由人工合成,具有低的饱和蒸汽压、良好的抗氧化能力和高温稳定性,极限真空可达 $10^{-8}\sim10^{-10}$Torr。主要的硅油牌号有 274、275 和 276。全氟聚醚油(Perfluoropolyethers,缩写为 PFPE)的商品名为福布林(Fomblin),它在常温下为液态,具有很好的化学稳定性、抗氧化性和完全不燃性,而且耐辐射、耐 UF_6 腐蚀,在带电粒子轰击下只产生气态物质而不会形成固体物质,因此可以被抽走。这些特点使它特别适合于粒子加速器、电子显微镜、质谱仪等的真空系统中,既可以作为扩散泵油,也可以作为其他真空泵的密封、润滑油。全氟聚醚油的极限真空也可以达到 10^{-8}Torr 量级,主要牌号有福布林 Y 真空 18/8(YHVAC 18/8)和福布林 Y 真空 25/9(YHVAC 25/9)等。

4. 分子泵

分子泵也是一种机械运转的泵,但它的抽气原理已完全不同于一般机械泵靠容积变化来实现抽气,而是依靠高速运动的刚体表面能携带气体分子来达到抽气目的的。气体分子入射到固体表面一般不作弹性反射,而会滞留在表面一定时间,然后以与入射方向无关的方向脱离表面发射到空间,分子泵正是利用这一特性来进行抽气的。

目前应用最广的分子泵称为涡轮分子泵,它以高速旋转的动叶片和静止的定叶片相互配合进行抽气。极限真空度可以达到 10^{-9}Pa 以上,尤其对油分子等大分子量气体,几乎可以完全排除干净。涡轮分子泵的抽速也已经可以达到 25000 ~ 40000L/s。

涡轮分子泵的结构示意图如图 18 - 17(a)所示,它由具有涡轮叶片状的一系列相互间隔的转子和定子组成,转子的转速很高,一般达到 16000 ~ 42000r/min。涡轮叶片如图 18 - 17(b),显然,在高速旋转下,转子的叶片具有很高的切向速度。

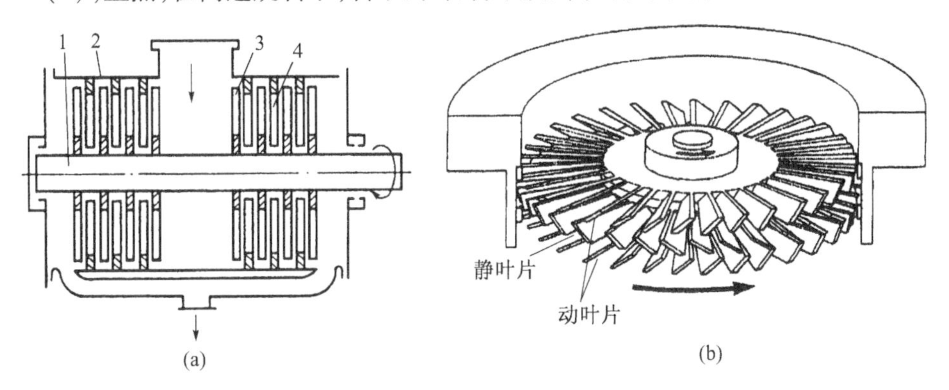

图 18 - 17　涡轮分子泵结构示意图

(a) 卧式涡轮分子泵;(b) 涡轮分子泵的叶轮形状。

1—转轴;2—泵体;3—动叶片;4—定叶片。

为了了解涡轮分子泵的工作原理,将叶轮在某一位置切断,然后将圆环拉直展开,展开的转子叶轮和定子叶轮剖面图如图 18 - 18(a)所示。取其中一部分来分析,如图 18 - 18(b)示。叶片的左侧空间以 Ⅰ 区来表示,右侧空间为 Ⅱ 区。假设转子的旋转线速度为 u,方向向下,则相对于气体分子来说,也可以认为气体分子相对叶片以向上的速度 u 在运动。如果在 Ⅰ 区的气体分子向叶片方向运动的速度为 v,由于涡轮分子泵转子旋转速度很高,$u \gg v$,因此气体分子相对叶片运动的合成速度应该为 v_c,或者说,气体分子以速度 v_c 所确定的方向射向叶片。气体分子的平均自由程在涡轮分子泵预真空条件下远远大于叶片间距 d,因此可以认为气体分子的运动都是直线运动,则由图 18 - 18(b)不难看出,只有在阴影区内的气体分子才可能撞上叶片并被叶片吸附,其余范围内的气体分子都不可能打到叶片上而仍返回 Ⅰ 区。撞上叶片的气体分子在解吸时其方向与入射方向无关,因此,发射方向在 θ 范围内的解吸分子就可以穿过叶片进入到 Ⅱ 区。同理,如果在 Ⅱ

区有气体分子以同样的速度v'向叶片运动,它们会以合成速度v_c'的方向撞向叶片,最后只有在θ'范围内的解吸分子可以穿过叶片进入Ⅰ区。由于$\theta>\theta'$,因此由Ⅰ区进入Ⅱ区的气体将多于由Ⅱ区进入Ⅰ区的气体,即涡轮叶片类似电风扇一样,可以不断将气体从一侧抽向另一侧,这就是涡轮分子泵抽气的基本原理。

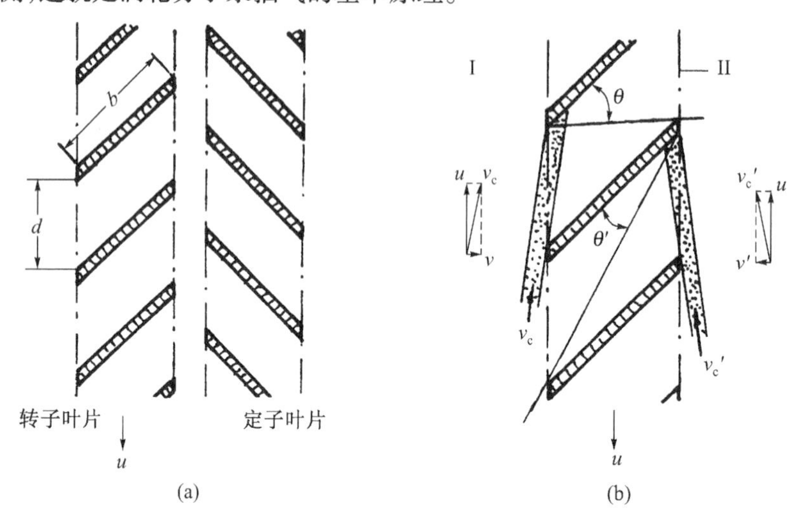

图18-18　涡轮分子泵工作原理图
(a)叶轮展开形状;(b)抽气原理分析图。

当然,单个叶片所能抽的气体分子的量是有限的,所以涡轮分子泵每个叶轮上都有数十片叶片,整个泵又有数十个叶轮组装在同一轴上组成转子。但是,如果所有叶轮都是转子,则并不能增加抽气量,因为撞上叶片后解吸进入Ⅱ区的气体分子,已经获得了与叶轮旋转线速度接近相同的速度,它从Ⅱ区再进入下一个叶轮时,如果该叶轮也是以同样速度旋转的转子,则两者之间就几乎没有相对运动,也就不会存在$\theta>\theta'$的抽气作用。可见,在第一叶轮以后的叶轮在这种情况下都不起作用。为此,在一个转子后面应该设置一个定子,这样,经过前一个转子已经获得旋转方向速度的气体分子相对于定子叶片来说又有了相对运动。只是这时,气体分子的相对运动方向已变成向下,因此定子的叶片倾斜方向也要反过来(图18-18(a)),才能使静止的定子叶片也能起到抽气作用。这种多层转子、定子交错排列的效果使涡轮分子泵可以达到很高的真空度,但它必须配备前级真空泵,因为只有在预置真空度在1Pa以上时才能使气体分子的平均自由程远大于叶片间距,从而保证分子泵有效工作。

涡轮分子泵有卧式和立式两类结构,它们都需要前级泵提供启动压强并协助排出气体。前级泵可以用机械泵,也可以用干式泵以组合成无油超高真空机组。

18.4.3　气体捕集泵

1. 吸附泵

吸附泵是指在低温下利用多孔吸附剂的吸气性能来达到中低真空度的真空泵。多孔吸附剂具有大量微孔结构,微孔通过穴道与外部相通,因此其表面积很大,在低温下可以吸附大量气体。吸附剂对气体的这种吸附是物理吸附,而且过程是可逆的,即在低温下吸附气体,在温度回升时气体又可以缓慢地全部释放出来。吸附剂可以是分子筛,也可以是活性炭、硅胶等,其中最常用的是分子筛。

分子筛的结构比较复杂,当气体分子直径比它内部的微孔孔径小时,该气体就可以进入孔内部,反之,分子直径大的气体就进不去,从而可以使某些分子大小不同的物质分开,起到如筛子一样的作用,所以称为分子筛。分子筛一般只能吸附那些分子直径比它微孔孔径小的气体分子,而极少吸附直径比孔径大的分子,不同规格的分子筛具有不同的微孔直径,从而可以有效吸附不同种类的气体或者蒸汽分子。分子筛可以做成粒状、条状或者球状。

吸附泵的结构因冷却方式不同,可以分为内冷式和外冷式两类,均采用液氮作为冷却剂。内冷式吸附泵的结构见图 18-19,颗粒状的分子筛放在多层无氧铜翼片上,四周用镍网围住,以防止分子筛外漏。翼片之间保持适当间距,一般为6mm,以保证分子筛的充分冷却。翼片焊在罐装液氮的内部不锈钢容器的外壁上。吸附泵在使用前先用一棒状电热器由注氮口进入尚未注入液氮的内部容器内,通电加热到 300~500℃,时间为0.5~1h,使分子筛先脱水、去气,这一过程称为吸附泵的再生。再生后的吸附泵待冷却后即可以由上盖板的两个孔注入液氮,等待 15~20min,让分子筛充分冷却,然后再打开抽气阀门,这时泵即开始大量吸气,泵及待抽气容器就被抽成真空。当液氮消耗完后,应关闭与被抽容器的连接真空阀,分子筛吸附的气体随着泵内温度的回升而缓慢释放,当泵内气体压力超过一个大气压时,就会冲开安全阀的氟橡胶塞子,泵内气体便排入大气。这种吸附泵再生一次后可以反复使用 7~8 次,然后必须再经过加热再生后才能继续使用。

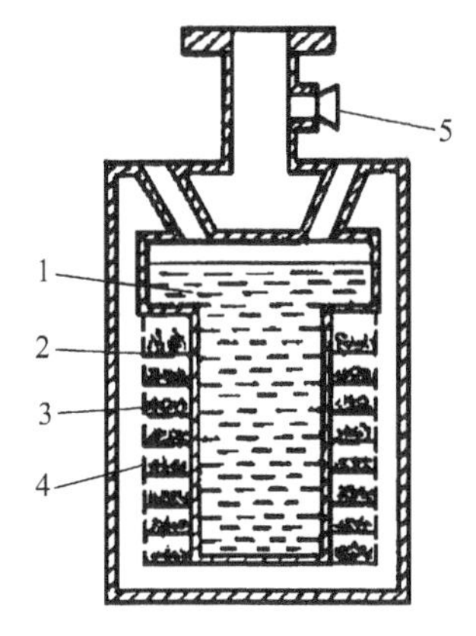

图 18-19 内冷式分子筛吸附泵结构示意图

1—液氮; 2—翼片; 3—吸附剂; 4—金属网; 5—安全阀。

为了提高极限真空,可以将两个吸附泵串联使用,也可以用机械泵替代第一级吸附泵作为前级泵。单级吸附泵的极限真空度约为 1Pa,两级泵的极限真空度则可以提高半个到一个数量级,进入 $10^{-1}\sim10^{-2}$Pa 范围。采用机械泵作前级时,吸附泵的极限真空还可以提高到 $10^{-2}\sim10^{-3}$Pa。

吸附泵是无油真空泵,可以单独使用,也可以作为无油超高真空系统的前级真空泵。

2. 升华泵

利用高温加热使钛升华在冷的泵壁上沉积形成钛膜,具有化学活性的钛膜就可以以化学吸附形式吸附气体,以这种原理做成的真空泵就叫作升华泵。所谓升华,是指固态物质不经过液态就直接变成气态的过程,而且具有化学活性。能吸附气体的金属除钛以外,还有钽、铌、锆—铝、锆—石墨等,但目前的升华泵仍以钛为主,所以也往往直接称为钛升华泵。

钛升华泵的结构比较简单,除了钛丝(或钛带)升华器本身外,仅只需一个加热钛丝(带)使之升华的电源和被冷却的泵壁,如图 18-20 所示。钛升华器可以由钛丝绕在钨杆上构成,对钨杆加热使钛升华;泵体可以用水或者液氮冷却。

与其他真空泵相比,升华泵抽速大,特别是对氢气,新鲜钛膜在液氮温度下,对氢的抽速可达19.9L/(cm^2·s);极限真空度高,可以达到10^{-10}Pa,泵的抽速随真空度提高而增大。钛升华泵需要1~10^{-2}Pa的预真空才能启用,压强过高时,加热时蒸发器会氧化。蒸发器的加热温度不宜超过1600℃,以节约钛量,而且多采用断续蒸发方式工作。升华泵常与扩散泵、离子泵和分子泵等超高真空泵联合使用,以抽除氢来获得更高的极限真空。

3. 离子泵

离子泵是一种同时具有钛膜吸附气体分子和钛电极捕集气体离子双重作用的超高真空泵。它与升华泵不同之处在于:新鲜钛膜不再由钛金属升华形成,而是由离子溅射沉积形成,所以离子泵又称为溅射离子泵。

离子泵的结构如图18-21所示,阳极和外壳一般用不锈钢材料做成。阳极被分隔成若干方格或圆筒,以增加其表面积。阳极相对阴极加3000~5000V直流高压,沿阳极方格(或圆筒)轴线外加约1000Gs的均匀磁场。在阴、阳极高压下,阴极钛板上局部强电场产生少量场致发射电子,或者宇宙射线在电极间电离气体产生少量电子,这些少量电子成为放电的初始电子。处在阴—阳极之间的初始电子将受到阳极加速而飞向阳极,这时磁场方向与电子运动方向一致,因此在磁场约束下电子会成束地穿过阳极方格(圆筒)空心部分,穿过阳极的电子又会受到对面阴极负电位的排斥,返向阳极并再次穿过阳极……,如此重复,电子就在阴—阳极之间来回振荡,由于阳极壁厚所占整个阳极方格(圆筒)面积很小,因此电子每次穿过阳极时仅有少量电子会打上阳极;另外,受阴极电场渗透影响,在每个阳极方格(圆筒)中心的电位将比阳极电位有一定降低,从而在每个方格(圆筒)的轴线与阳极壁之间产生一个横向电场,该电场将与磁场正交,在该正交电磁场作用下,电子又会在阳极内部空间产生沿角向(绕阳极每个方格的轴线)旋转的类似轮摆线的运动。这样,电子总的运动轨迹就是轴向的来回振荡与横向的轮摆运动的复合运动,从而大大加长了电子的运动路线,在电极间可以停留相当长时间,这就使得即使在很低的气体压强下,也有足够的电离效率形成繁流放电。放电后产生的正离子一方面轰击钛板阴极引起钛原子溅射并沉积到阳极表面和阴极本身表面形成新鲜钛膜;另一方面惰性气体离子轰击阴极后被阴极捕集。新鲜钛膜的吸附作用和阴极的离子捕集作用使离子泵对氮、氢、二氧化碳、氧和水蒸气都有较大的抽速,而一些惰性气体,主要依靠钛阴极的捕集,所以抽速相对较低。

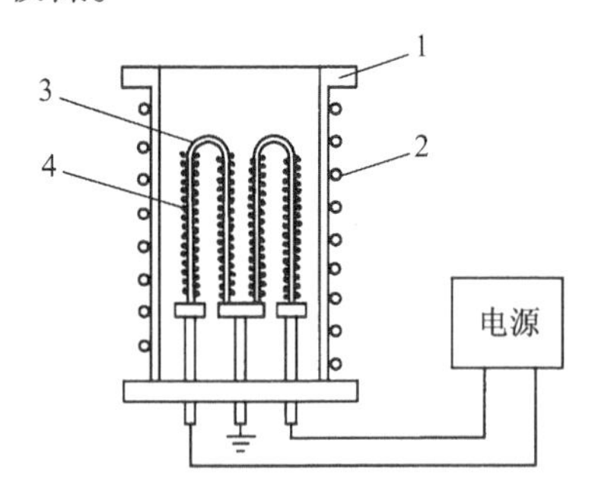

图18-20 钛升华泵结构示意图
1—泵体;2—冷却管;3—芯金属;
4—密绕钛丝。

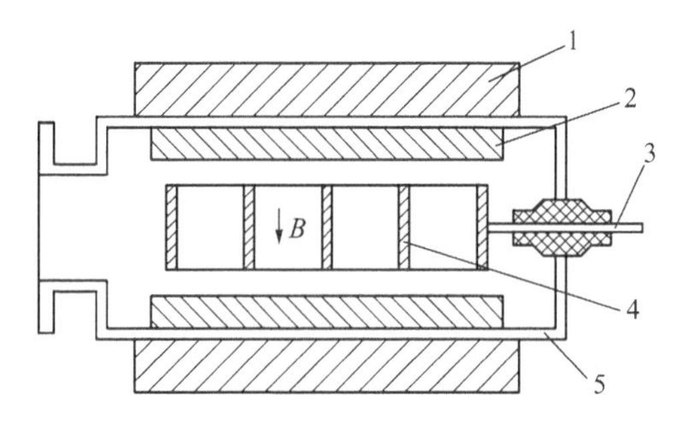

图18-21 溅射离子泵结构示意图
1—永磁体;2—钛板阴极;3—高压引线;
4—方格型或圆筒型阳极;5—外壳。

离子泵只能在较低的真空度下启动,其最大启动压强约为 10^{-1}Pa,如果在更低压强下运用,则可延长使用寿命,但如果在 10^{-7} ~ 10^{-8}Pa 的超高真空中启动,则因为气体分子过于稀少,难以形成繁流放电,故不能正常工作。但离子泵一旦在较低真空度下已经启动,则就可以有效工作到 10^{-8} ~ 10^{-9}Pa,即可以获得超高真空。

溅射离子泵的抽速主要取决于放电电流 I,而放电电流显然与气体分子的稀密程度有关,即与压强 p 有关: $I \propto p^n$。n 与多种参量有关,由实验得到的 n 值为 $1 \leqslant n \leqslant 1.4$,一般接近于 1。由此就可以知道,经过校准,离子泵的放电电流大小就可以用来指示系统中的压强,即真空度。

小型的离子泵常常用来直接连接在微波管排气管上或管体的其他适当部位,并在排气后继续保留,以便微波管调试、老炼过程中随时可以启动吸气,保证管内残余气体彻底排除干净,同时根据放电电流大小可以判断管内真空度的相对情况。这种连接在管子上的小型离子泵习惯上直接称为钛泵,而且往往在微波管调试老炼结束后经过二次封离从管子上取下。

真空系统中的离子泵经过一段时间的工作,或者如果长期暴露于大气中,会因为泵内的钛沉积层吸附水汽,导致泵产生启动困难、极限压力升高、抽速变小等问题,因此启动前需要经过烘烤以利于再次工作。烘烤时需要将磁钢、各种引线、橡胶密封圈等拆下,利用加热带缓慢升温至 250 ~ 300℃,然后恒温 12h,并且保证烘烤时泵内真空度不低于 0.1Pa。烘烤完毕后,去掉加热带,装上磁钢,接上引线。溅射离子泵如果受过油蒸气或者其他有机物污染,阴极钛板氧化或大量排过氢气,会影响到它的极限真空度。这时一般会在烘烤除气后再进行氩离子轰击清洗处理,将阴极板上的污染物或溶解在阴极板里的氢轰击出来,再被大量溅射的钛所吸收或埋葬掉。充氩压力维持在 10^{-2}Pa 量级或观察离子流维持在 10 ~ 200mA 之间摆动,整个清洗过程在 1 ~ 2h。经过这样处理的离子泵,就可以在管子排气时正常工作了。

至于直接连接在微波管管体上的钛泵,由于它是与微波管一体置于烘箱中的,所以在微波管排气过程中进行去气烘烤时,就同时对钛泵实现了去气处理,这样的钛泵就可以正常使用了。正因为此,这种钛泵往往可以反复使用,即从微波管上封离下来的钛泵可以连接到新的微波管上再次使用。

4. 冷凝泵

用低温介质将金属表面冷却到 20K 温度以下,金属表面就可以大量冷凝沸点温度比 20K 高的气体,即对气体分子作多分子层的物理吸附,从而产生很大的抽气作用,获得更低的极限压强。这种利用低温表面将气体冷凝而实现抽气目的的泵就叫作冷凝泵,也叫低温泵。低温泵的冷却介质一般都是液氦(一个大气压下的温度为 4.2K)。

低温泵主要有 3 类: 流程低温泵,小型制冷机低温泵和贮槽式低温泵。前二类都必须与液氦制冷机相连接,使液氦能够循环使用;贮槽式低温泵则只能一次性利用液氦,运转成本较高,但优点是设备简单、体积小、操作方便,因此在产量不大的微波管排气台和科研性排气台中应用较广泛。

贮槽式冷凝泵的结构如图 18 - 22 所示。作为冷凝器的金属液氦容器具有真空夹层的器壁,以最大限度降低容器内部与周围的热交换,保证容器内部处于 20K 以下的低温

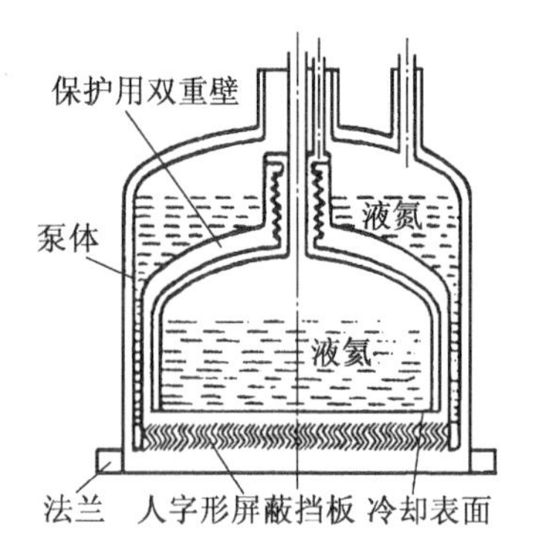

图 18-22 贮槽式冷凝泵结构示意图

(液氦的温度为4.2K)。容器底部的外表面为冷凝表面,即吸气表面。冷凝面下面用人字形热辐射屏蔽挡板阻挡外围热量向冷凝面辐射。液氦容器的外面再套以液氮容器套筒,套筒的内壁起着热屏蔽作用。

冷凝泵冷凝面的抽速对氢气为9L/(cm^2·s),对于氮气为3L/(cm^2·s)。液氦的损失主要来自液氮套筒屏蔽面的热辐射。如果在液氮屏蔽面与液氦容器之间再加一层过渡温度的屏蔽板,液氦的消耗就可以显著减小。屏蔽板温度若为77K,就可以获得10^{-10}Pa的极限真空,如果屏蔽板温度下降到64K,则极限真空就能提高到10^{-11}Pa。

18.5 真空的测量与检漏

电真空器件是与真空密不可分的,没有真空状态的存在,也就不会有真空电子器件的存在。不仅要获得真空,还必须对真空状态进行检测,以了解器件达到的真空度高低,以及是否存在漏气现象,从而确保器件的正常工作。前者属于真空测量的范畴,后者则属于真空检漏技术。可见,真空测量与检漏是整个真空系统不可或缺的组成部分。

18.5.1 真空测量——真空计

我们已经了解,真空状况是通过气体压强来量度的,因此,真空的测量实际上就是对低或者极低气体压强的测量,这种测量仪器通常称为真空计,或称为真空规。

真空计种类很多,分类方法也很多。

按照测量方法来分,可以分为绝对真空计和相对真空计。前者指可以由真空计测得的物理量,直接反映(或者计算)出气体压强大小的真空计,它主要用于真空计的校准;后者则为通过测量与压强有关的物理量来间接确定出压强大小的真空计,它必须通过绝对真空计校准后才能测定压强。因此相对真空计的准确度比绝对真空计要稍低一些,但一般的真空系统中都使用相对真空计来进行真空测量。

按照测量范围来分,真空计可分为低真空计、中真空计、高真空计、超高真空计和极高真空计,分别测量相应真空区的压强。由于受到各种物理现象变化规律的限制,还没有任何一种真空计能够测量全部压强范围。

将具体介绍长期以来在真空系统中应用最广泛的两类真空计:热导真空计和电离真空计。它们都是相对真空计。

1. 热导真空计

1)工作原理

在低压强下气体分子的热传导与压强有关,根据这一原理制成的真空计就是热传导真空计,简称热导真空计。

考虑如图18-23所示的一个真空计,在玻璃外壳的轴线上封接一根金属丝,对金属丝通电加热,在达到热平衡时,设它产生的总热量为Q,它应该与金属丝损失的热量刚好相等以保持热平衡。热金属丝损失的热量包括金属丝引出线热传导损失 Q_L，金属丝热辐射损失 Q_R 以及气体分子热传导损失 Q_C，即 $Q = Q_L + Q_R + Q_C$。

金属丝的热辐射损失 Q_R 和热传导损失 Q_L 与气体压强无关，而由气体分子的热交换引起的热量损失 Q_C 与气体压强直接相关，如图 18-24 所示。由图可以看出，在 $10^{-1} \sim 10^{-4}$ Pa 压强范围内，Q_C 与压强成近似线性关系。根据这一特点，热导式真空计中金属丝（或热电偶）的温度就将取决于 Q_C 的改变而变化，而 Q_L 和 Q_R 不会引起温度变化，由于 Q_C 又取决于气体压强 p 的大小，所以，就可以由 Q_C 的大小来确定压强，这就是热导式真空计的基本工作原理。在实际应用中，往往并不直接测量气体分子的热传导损失 Q_C，而是采用间接测量的方法。由于金属丝的热量损失与金属丝的温度有关，因此：方法之一是利用电桥测量由金属丝温度变化引起的电阻变化，根据这一方法做成的真空计就叫作电阻真空计；另一种方法是用热电偶测量金属丝因热量损失引起的温度变化，相应的真空计就是热电偶真空计。

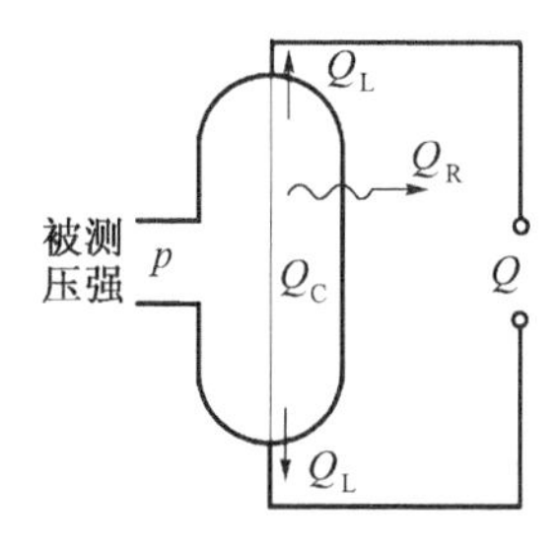

图 18-23　热导式真空计原理图

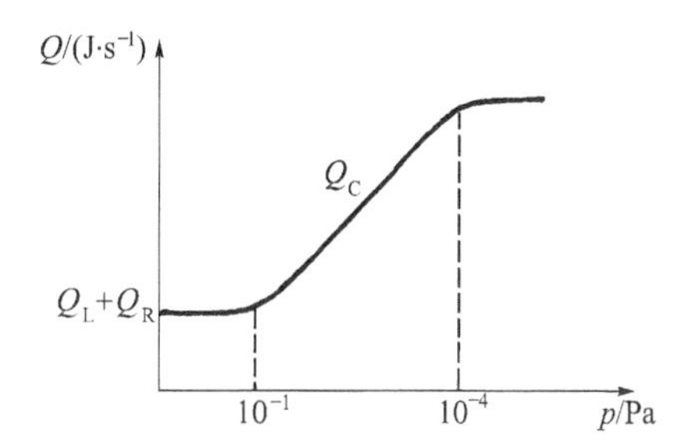

图 18-24　金属丝热量损失与气体压强的关系

2）电阻真空计

电阻真空计的规管一般由玻璃制成外壳（也有金属外壳），内部封接一段电阻温度系数较大的铂、镍或者钨丝，并通过管壳引出管外，管壳上有与待测压强的真空系统相连的开口，其结构与图 18-23 类似。

电阻真空计的测量用电桥进行，在使用中又可以分为定压式、定流式和定温式等。

（1）定压（定流）式电阻真空计。定压（定流）式测量的电路如图 18-25 所示。电阻真空规管 P 作为电桥的一个臂，在电桥的另一臂中接入一个与规管 P 完全相同，但已预先抽至 10^{-2}Pa 以上压强后密封的电阻管 D；电桥另两个臂分别接入电阻 R_1 和 R_2，在 R_1 和 R_2 之间串联一个可调电阻 R_v，R_v 的抽头（调节臂）与 P、D 管连接点之间接入指示电表。对电阻真空计进行校准时，加在电桥两端的加热电压（电流）是恒定的，规管热丝的阻值将与压强 p 有关，当规管 P 中的压强（即被测压强）抽至 10^{-2}Pa 以上时，调节 R_v，使指示电表为零；当压强高于 10^{-2}Pa（真空度下降）时，P 中的热丝因热损失增加而降温，电阻变小，电桥失去平衡，电表显示出非平衡电流（电压）值，用绝对真空计对指示电表的读数与气体压强的关系进行校准，则由校准曲线就可以利用电阻真空计进行真空度测量了。

电路中真空封闭的电阻管 D 是作为环境温度补偿用，由于 D 与规管 P 结构相同，因而当环境温度有变动时，对 P 与 D 产生的影响也相同，也就不会影响电桥的平衡状态。

定压（定流）法测量的优点是结构简单，主要缺点是在低真空，即高压强时，气体热交换损失热量较多，而热丝加热功率不变，使得热丝温度过低，指示灵敏度下降，难于测量

10^2Pa 以上的压强;如果提高加热功率来提高热丝温度,这又会导致在低压强时,热丝温度过高,限制了高真空的测量。因此,定压式和定流式电路的测量范围一般为 $10^2 \sim 10^{-1}$Pa。

(2) 定温式电阻真空计。为了克服定压(定流)式真空计的缺点,提高测量上限,人们对电路进行了改进,提出了定温式测量电路。如图 18-26 所示。规管 P 仍为电桥的一臂,R_v 为可调电阻,起调节电桥初始平衡用,R_1 和 R_2 为高稳定性固定电阻。电桥的电压(电流)不再是恒定的,而是通过一个具有自动调节功能的电源供给。测量时,规管中的热丝处于某一校准时事先设定的温度下时(一般为对应最小可测压强时的温度),将电桥调到平衡。当进入规管的气体压强增大时,规管中热丝温度下降,电桥就会失去平衡并输出不平衡电压,该电压送到自动调节电路,经过放大后,其中一部分反馈给电桥,调整加热电压,使电桥恢复平衡,即使热丝温度不变。规管中气体压强越高,热丝温度下降越多,电桥输出的不平衡电压也越高,经过放大后反馈给电桥,使电桥恢复平衡的电压也就越高。由此可见,维持电桥平衡的电压与规管内的气压成比例,因此,经过校准,就可以用电桥平衡电压来指示压强高低。

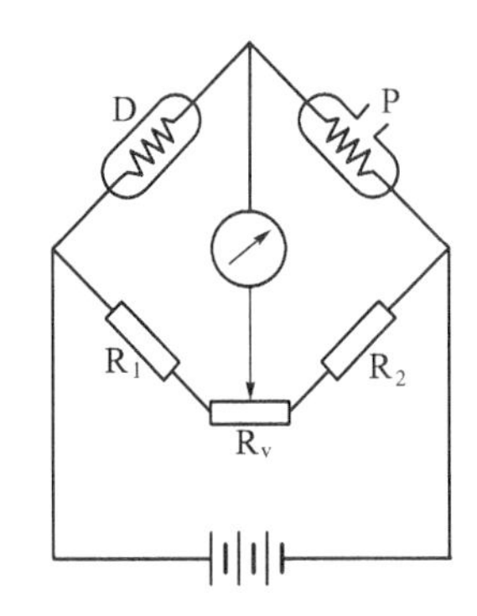

图 18-25 定压式电阻真空计电路原理图

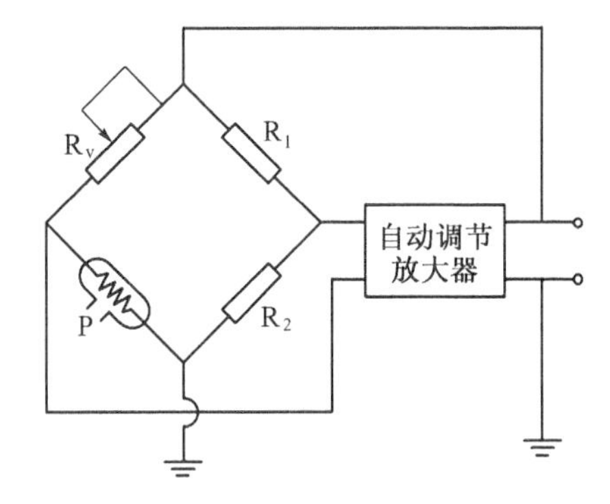

图 18-26 定温式电阻真空计电路原理图

由于定温式电阻真空计在压强升高时热丝温度不变,因而提高了对压强变化的灵敏度,使其测量上限可以提高到 10^3Pa 以上。一般定温式电阻真空计的量程达到 $3\times10^3 \sim 10^{-1}$Pa。

3) 热偶真空计

用热电偶来测量规管热丝温度随压强变化从而确定真空度的真空计称为热电偶真空计。

热偶真空计的规管结构及电路原理如图 18-27 所示。热电偶的热端与规管中的加热热丝连接,冷端为管外环境温度。热丝一般由物理、化学稳定性好的铂、镍或者钨做成,热电偶则可以选择康铜(Ni43%、Cu57%)—镍铬合金(Ni80%、Cr20%),铂铑—铂,铜—康铜或者镍铬合金—镍铝合金等。测量时,热丝的加热电流保持恒定,工作温度约在 100~200℃之间。热丝温度的高低取决于管内气体压强,真空度高,压强低,热对流损耗少,热丝温度就高,热电偶产生的温差电动势就大;反之,真空度低,对流损耗大,热丝温度低,温差电势就小。用毫伏表测量电势大小,经过校准,就可以确定被测真空度。

热偶真空计的测量量程一般为 $10^2 \sim 10^{-1}$Pa。校正时所用的加热电流又称额定电流,由于在真空度 10^{-1}Pa 以上时,热偶真空计的读数已几乎不再变化,即电表已偏转至满刻

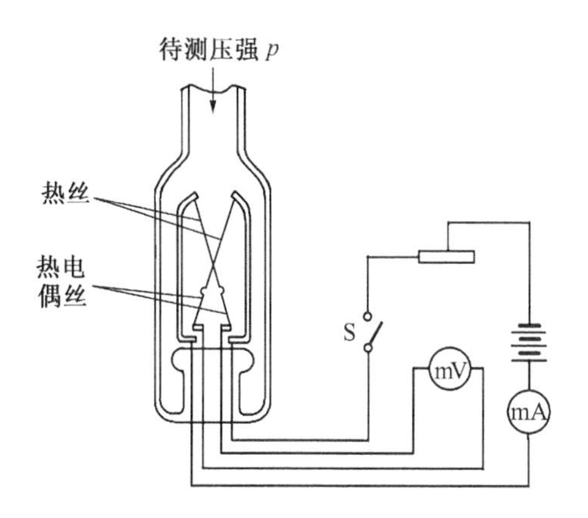

图 18 - 27　热电偶规管及电路原理示意图

度，因此，在对热偶真空计校准时，可以在确定管内真空度已经达到 10^{-2}Pa 以上后，调节加热电流，使真空计电表指针偏转至最大值，这时所用的加热电流就是该规管所需的额定加热电流。

2. 电离真空计

电子在电场中高速运动时，如果与气体分子碰撞，则就可能使气体分子电离，产生正离子。正离子的数量将正比于气体分子的密度，在一定温度下也就正比于气体压强 p，因此，离子流的大小就反映了真空度的高低，这就是电离真空计的基本工作原理。

1）热阴极电离真空计

热阴极电离真空计规管包括三个电极，如图 18 - 28 所示。其中：V 字形阴极在通电加热后成为电子发射源；围绕阴极、即热丝的是双螺旋栅极，它也是阳极，因为在栅极上加有相对于热丝为正的 150 ~ 200V 电位，用来加速电子；最外层是圆筒状的离子收集极，收集极加有相对于阴极为负的 25 ~ 50V 电位，用来收集空间的正离子。测量时，对阴极通电加热，它发射的电子在栅极加速电场作用下穿过栅极飞向离子收集极，又被收集极反射回来，在飞行过程中，与管内气体分子碰撞时使气体分子电离，产生电子和正离子。电子除了有少量被栅极直接截获外，多数将在空间多次来回穿越栅极，直至撞上栅极，在这个过程中将会使更多的气体分子得到电离。电离后的正离子则被收集极吸收，形成离子流。管内真空度越高，气体分子就越少，流过收集极的离子流也就越小。可见，测量离子流的大小，就可以通过校准曲线来确定管内真空度的高低。

热阴极电离真空计规管的热丝必须要求抗氧化，一般采用铱丝并敷氧化钇来制作，而栅极则多为钨丝，离子收集极的材料一般为镍。

热阴极电离真空计的测量范围为 10^{-1} ~ 10^{-5}Pa。但在高真空度下，离子流十分微弱，这时必须经放大器放大后才能读出其大小。

2）超高真空电离真空计

测量超高真空的电离规管通常称为 B - A 规。B - A 规超高真空计是在热阴极电离真空计的基础上改进而成的，这是因为，当热阴极电离真空计规管工作时，栅状阳极受电子轰击会产生软 X 射线，软 X 射线打上离子收集极时会引起离子收集极的光电子发射，在离子收集极电路的离子流中就叠加进了与气体压强无关的光电子电流。管内真空度越高,收集极接收到的离子流就越小,而光电流在总电流中所占的相对比例就越大,致使离子流不再随气体压强的降低而减弱,以致在低于 10^{-5}Pa 压强时,热阴极电离计就无法再测量真空度。

光电子本底电流的大小,取决于阳极辐射软 X 射线的强度,离子收集极接受辐照的程度以及其光电发射率的大小。因此,为了减小光电子电流的影响,对电离真空计规管作了如下改进:将离子收集极由圆筒形改成直径约为 0.2mm 的细金属钨丝,使收集极的面积缩小,并置于栅极中心轴线上,这样可以使离子收集极接收软 X 射线的辐照只有原来圆筒状收集极的千分之几。这时,原来处于栅极中间的阴极就必须移出,将它放到栅极外面。另外将栅极的尺寸增大,以扩大电离空间,延长热电子在空间飞行的距离,提高电离效果。B-A 规的结构示意图如图 18-29 所示。

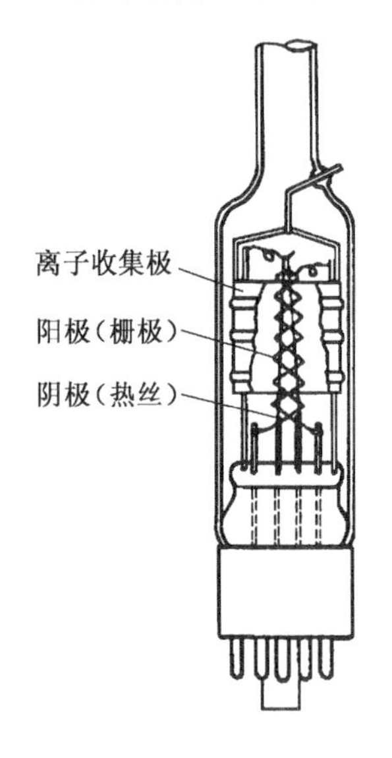

图 18-28 热阴极电离真空计规管结构图

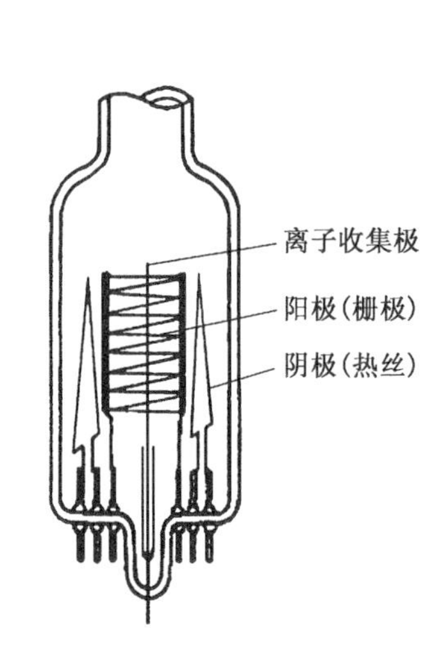

图 18-29 B-A 规结构示意图

经过这样改进后,B-A 规的测量范围可以达到 $10^{-1}\sim10^{-9}$Pa。

还有一些电离计种类,如冷阴极电离真空计、高压强电离真空计等,由于它们在微波管真空系统中的应用相对较少,因此不再介绍。

3)冷阴极电离真空计

冷阴极电离真空计以冷阴极作为电子源,俗称冷规。在冷规中,电子在电场和磁场共同作用下运动以维持电离放电,根据电场和磁场的方向,冷规可以分为电、磁场方向平行的普通型冷阴极电离真空计和电、磁场方向相互正交的磁控管型冷阴极电离真空计。

冷阴极电离真空计的结构主体是由阴、阳极构成的二极管,在其中依赖于阴极的场致发射、光发射以及宇宙射线等获得少量初始电子,在电、磁场作用下电子将作复杂的螺旋运动或轮摆运动,使电子在规管空间停留时间得以延长,从而增加了与气体分子碰撞电离的几率;电离产生的正离子高速打上阴极,又会产生二次电子,进一步加强了气体分子的电离,电离产生的电子又会引起新的电离过程。最终在规管空间形成繁流放电(称为潘宁放电),放电产生的电流与规管空间气体分子的密度有关,因此可以指示相应的气体压强的高低。

普通冷阴极电离真空计的测量范围一般在 $10^{-1} \sim 10^{-4}$ Pa 之间，压强过低，气体分子密度很低，难以形成繁流放电；反之压强过高，则电子与离子复合的几率增加，放电电流也就不能正确反映真空度大小。而磁控管型冷阴极电离真空计，由于电子作轮摆运动，运动路径更长，且离子受磁场作用小，可以很快被阴极吸收，所以规管空间内电子密度大，在很低气压下仍能维持放电，测量范围可以达到 $10^{-2} \sim 10^{-11}$ Pa，甚至可以测量 10^{-12} Pa 的极高真空。

冷阴极电离真空计不需要加热，简化了仪器线路和结构；意外漏气也不会烧毁规管，使用寿命比热阴极电离真空计长。其主要不足是必须具备磁场，磁铁体积大，而且进行高温烘烤时还必须取下磁铁，增加了操作的不方便；另外，冷规工作电压高，对安装和操作提出了更高的安全要求。

3. 薄膜真空计

薄膜真空计属于弹性变形真空计中的一种，它通过真空计中的膜片在气体压力差作用下产生弹性变形，经过机械、光学或者电学的测量方法测出这种变形大小，以机械信号、光信号、电信号的形式输出。其中，电测量方式可以实现连续的远距离测量，灵敏度高。变形量与电信号之间的变送方式有电感式、压电式、电阻应变式以及电容式等几种，目前电容式的薄膜真空计应用较为广泛。这里简单介绍一下电容式薄膜真空计的简单结构原理。

电容式薄膜真空计主要由电容式压力传感器（电容式薄膜规管）和测量线路两部分组成。差动式双电容薄膜规管的结构示意图如图 18－30（a）所示，它包括两个结构完全相同的圆形固定电极和一个公用的膜片构成的活动电极，活动电极薄膜将规管空间分成相互密封的两个空间——测量室与参考室。固定电极和活动电极薄膜构成差动电容器，并作为电桥的两个臂布置在电路中。当活动电极薄膜处于中间位置时，两个电容器的电容量相等，如果活动电极薄膜由于压差作用，开始偏离中间位置时，两个电容器的电容量就会发生变化，使其中一个增大，一个减小。电容的变化会使电桥产生不平衡，因而会产生输出电压，将该输出电压经放大器放大后，再由检波器转换成直流电压后即可进行测量并输出。不同的输出电压就对应着不同的气体压力，这就是电容式薄膜真空计测量真空压力的简单原理。

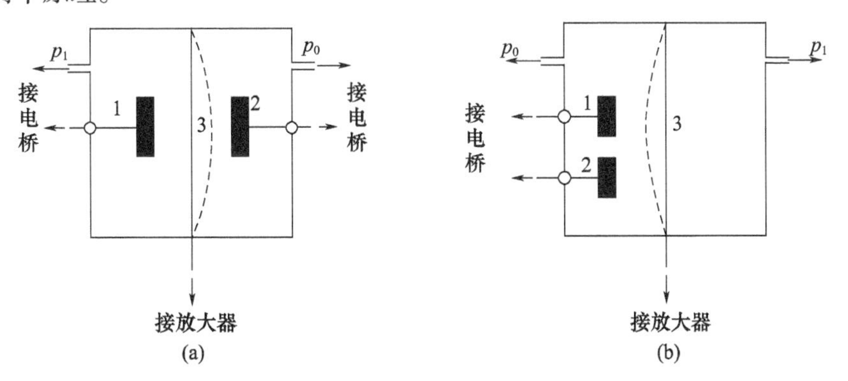

图 18－30　电容式薄膜真空计规管的结构示意图

（a）差动式双电容薄膜规管；（b）单侧双电容薄膜规管。

图（a）中，1、2—固定电极；3—弹性膜片。图（b）中，1—中心电极；2—偏轴电极；3—弹性膜片。

利用电容式薄膜真空计进行压强测量时,将测量室连接被测量的真空系统,而参考室连接高真空抽气系统,两个室之间有一个连通管道,管道上设置一个高真空阀门。测量时,先将阀门打开,由高真空抽气系统将规管内膜片两侧测量室和参考室的空间抽至参考压强 p_b,同时调节测量电桥电路,使之平衡,即电桥仪表指示为零。然后,关闭阀门,测量室接通被测真空系统,当被测压强 $p_1>p_b$ 时,由于压力差,膜片发生变形引起固定电极与膜片之间的电容发生改变,破坏了测量电桥的平衡,指示仪表上就会出现相应的指示。调节电桥电路中的直流补偿电压对固定电极与膜片之间的电容充电,使其静电力与压力差相等,电桥电路恢复平衡,指示仪表回到零点。根据补偿电压的大小,就能得到被测压强。

电容式薄膜真空计也可以做成单侧双电容薄膜真空计,这时,其规管的结构示意图如图18-30(b)所示,它和差动式双电容薄膜规管的结构的区别是将测量室中的固定电极也放置到了参考室中,但处于参考室中的原固定电极旁的偏轴位置。测量时,由原参考室中的处于中心位置的固定电极反映弹性膜片的最大变形位移,而由偏轴电极反映出的弹性膜片的变形位移显然会比较小,两个电极一起输出的差值作为被测压差的指示。

近代薄膜电容真空计的压强测量范围在 $100\sim10^{-3}$Pa。

18.5.2 真空检漏

1. 检漏概述

1)检漏的目的

电真空器件是在高真空状态下工作的,如果器件有漏孔存在,空气就会通过漏孔进入器件内部,使内部气体压强迅速上升,严重影响器件的工作特性和寿命,甚至使器件完全不能工作。因此,事先检查发现漏孔的存在,以便采取必要的补救措施,对真空电子器件生产周期的缩短、减少废品、降低成本、提高产品性能、延长器件寿命等都有着十分重要的作用。可见,检漏在电真空器件的生产中是必不可少的。

检漏就是利用一定的手段和方法,检查真空系统、真空容器(器件)或其零部件是否存在漏气现象,判断漏气还是放气,确定漏孔的位置和大小的工艺过程。

应该指出,任何真空系统或者器件是不可能绝对不漏气的,严格地讲,漏气是绝对的,不漏气则只是相对的。我们所能做到的只是相对于漏气漏率的允许值来说,实际漏孔的漏率远远小于它而言。

2)漏气与放气

如果将带有真空计的真空容器抽到一定真空度后,将其与真空泵隔开,然后用真空计每隔一段时间测量一次容器中的压强,所得结果将会有如图18-31给出的几种情况。

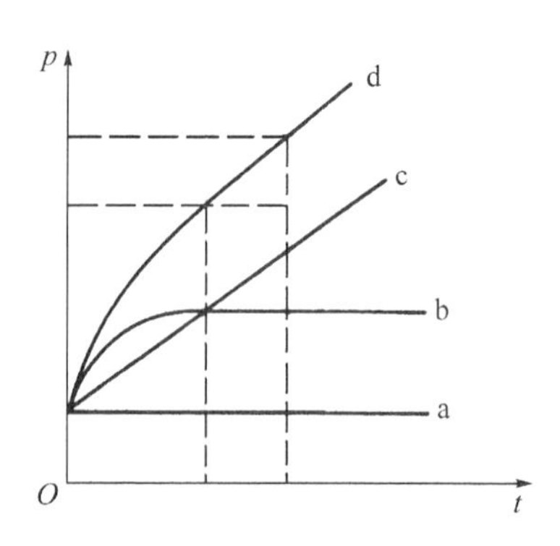

图18-31 真空容器内部压强与时间的关系

曲线a显示真空容器内真空度保持不变,说明既不存在漏气,内部也没有放气。

曲线b,容器内压强开始上升较快,然后逐渐减慢而趋于平衡不变,说明容器内部存在放气,但无漏气。当放气达到饱和后就不再继续放气,曲线成为平直线。

曲线 c,容器内压强随时间线性上升,说明容器存在漏孔,但内部没有放气源。

曲线 d,一开始上升较快,然后逐渐减慢,最后变成线性上升。说明容器既存在放气,也有漏孔。

3）漏孔与漏率

（1）漏孔。真空技术中的漏孔是指一个封闭的容器,当内外气体压力不同时,就会导致气体从器壁的一侧漏到另一侧去的小孔、缺陷或者隙缝、渗透元件等。

漏孔一般很小,无法用肉眼直接观察到。造成漏孔的原因很多,各种焊接和封接存在缺陷、夹渣、焊料没有流满焊缝、焊料与基金属浸润不好等;材料本身有气孔、裂缝或者渗透;加工后出现裂缝,或者加工应力引起的拉裂;密封圈不完善或受损、密封面加工粗糙或有划痕;受冷、热和机械冲击后引起的裂缝以及材料受腐蚀形成的漏点;不能烧氢的材料烧氢后产生的内部裂缝等,都可能成为漏孔的来源。

（2）漏率。真空容器的漏孔一般尺寸都十分微小、形状也十分复杂,因而无法用几何尺寸来表示其大小,一般都用漏气速率,简称漏率来衡量其大小。

漏率是在标准条件下,即漏孔入口的压力为 100kPa × (1 ± 5%)、出口压力低于 1kPa,温度(23 ± 7)℃时,露点温度低于 −25℃的空气单位时间内通过一个漏孔的流量。简单地说,漏率是指处于高压力或高浓度下的气体,在单位时间内通过漏孔流向低气压或低浓度端的气体量。

根据定义,具体截面形状、尺寸大小不同的漏孔,只要其漏率相等,就认为它们是完全相同的。漏率的单位视所用气体流量的单位而定,国际单位是 $Pa \cdot m^3/s$,通常也用 $Torr \cdot L/s$ 或 $Pa \cdot L/s$,它们之间的关系是

$$1Pa \cdot m^3/s = 0.75Torr \cdot L/s$$

$$1Torr \cdot L/s = 1.33 \times 10^2 Pa \cdot L/s$$

要注意的是,漏孔的漏率对不同的气体是不同的,在气体为分子流状态时,气体通过漏孔的流量与其质量数(质量数等于一个原子或分子中所有质子数与中子数之和)的平方根成反比。因此,同一个漏孔,对氦的漏率就是空气的漏率的 2.7 倍。

（3）最大允许漏率。实际真空系统存在漏气是绝对的,不漏气是相对的。如果漏孔的漏率足够小,漏入的气体量不足以影响真空装置或系统的正常工作,则这种漏孔的存在是允许的。真空装置或系统在保证能正常工作的情况下允许存在的最大漏气率就称为最大允许漏率。例如一般的高真空排气台允许最大漏率为 10^{-9} $Pa \cdot m^3/s$,,而超高真空排气台的最大允许漏率仅 $10^{-11} \sim 10^{-12} Pa \cdot m^3/s$,封离后的电子管最大允许漏率仅 $10^{-12} \sim 10^{-13} Pa \cdot m^3/s$ 甚至更低。

4）检漏方法分类

检漏的方法很多,可以分成三大类。

（1）压力检漏法。将被检容器充入一定压力的示漏物质,如果容器上有漏孔,示漏物质就会从漏孔漏出,用一定的方法或仪器检测从漏孔漏出的示漏物质,从而判定漏孔的存在、位置以及漏率大小。

压力法又有许多具体的不同方法,我们在生活中熟知的自行车轮胎充气后在水中检测是否有气泡出现就是最简单的一种压力检漏方法。压力法多数情况下要对容器先充入

比大气压高的气体示漏物质,然后用人眼判断漏孔的存在,所以虽然方法简单,但比较粗糙,在电真空器件制造中很少使用。

(2) 真空检漏法。对被检容器与检漏仪器中的敏感元件都进行抽真空,示漏物质加在被检容器外面,如果容器有漏孔,示漏物质就会通过漏孔进入容器内部,通过扩散作用到检漏仪器的敏感元件上,由敏感元件检测出示漏物质,从而判定漏孔的存在、位置以及大小。

真空检漏同样还包括有许多具体方法,上面我们介绍的真空容器内部压强与时间的关系曲线,就是通过叫作静态升压法的一种真空检漏方法得到的。在电真空器件生产中,常用的真空检漏方法有高频火花法、真空计法和氦质谱仪法。

(3) 其他方法。除了上述两种常见方法外,其他还有荧光法、放射性同位素法等,这些方法在电真空领域应用很少。

2. 高频火花检漏法

高频火花检漏依靠一个小功率的高频发生器产生的高频电火花作用于真空容器的玻璃外壁上,通过高频高压激发玻璃壳内部气体放电而产生有色光,根据放电发光颜色的改变来判断是否有漏气以及漏孔的位置。

高频火花检漏方法不能直接用来检查全金属系统或容器的漏孔,因为高频火花在金属表面被短路,无法作用到容器内部去。但通过在金属系统上连接专用玻璃放电管,可以间接了解金属系统是否存在漏孔。

高频火花检漏法的检漏范围为 10kPa ~ 0.5Pa,更低或更高的真空度,高频火花都将不能激发出辉光放电。

高频火花发生器进行检漏的具体方法可以是:

(1) 根据放电颜色来粗略估计真空度。随着容器或系统内真空度的不同,空气的放电颜色也是不同的。当压强为 10^3Pa 量级时,空气放电颜色为淡紫色;当压强为 10^2Pa 数量级时,为粉红色;压强进入 10Pa 量级时,粉红色将变得很浅,直至真空度达到 1 帕数量级时,放电颜色消失;但此时在玻璃管内壁上开始出现荧光,其颜色因玻璃成分不同而不同,有绿色、蓝色或其他颜色;在真空度达到 10^{-1}Pa 量级时,玻璃内壁上的荧光也会逐渐变弱,直到 10^{-2}Pa 量级时完全消失。这种估计十分方便、直观,虽然并不精确,以此也可以判断真空系统是否有漏气,即以放电颜色与正常情况作对比,如果出现了异常,说明有漏孔存在。

(2) 根据火花束指向来指示漏孔。将高频火花检漏仪产生的放电火花沿玻璃表面移动,无漏孔时,由于玻璃是不良导体,火花分布分散,在玻璃表面游移跳跃,位置不定;当遇到漏孔时,由于空气分子经过漏口进入真空容器或系统,放电火花将使气体电离,电离后气体的导电率远比玻璃高,所以当电火花移到漏孔上时,分散跳跃的火花束就会集中起来形成一个强烈而明亮的火花束,而且其末端会正好指在漏孔上。即使这时稍微移动高频火花检漏仪的放电线圈,火花束的末端仍会指在漏孔上而不移开。据此我们可以很快找出漏孔的位置。

(3) 放电管检漏法。使用高频火花仪对金属系统进行检漏时,可以利用金属系统中的玻璃部分,例如在系统中的规管(热偶规、电离规等),或者在金属设备或系统上安装专用的玻璃放电管,然后用示漏气体或喷涂试剂的方法进行检漏。当真空设备或系统的真空度在 1 ~ 100Pa 范围时,对设备或系统喷示漏气体或挥发性强的有机溶液(如丙酮、汽油、乙醚等)，然后用高频火花发生器放电端产生的火花打在玻璃放电管或规管上，玻璃管内部气体就会激发产生辉光放电。如果系统有漏孔，示漏气体或溶剂蒸汽就会通过漏孔进入系统，由于不同气体蒸汽辉光放电的颜色是不同的，因此只要观察辉光放电的颜色变化就能知道系统或容器有无漏孔存在。沿容器或系统不同部位喷示漏物质，观察放电颜色的变化，就可以确定漏孔位置。

表18－2给出了不同气体和蒸汽的辉光放电颜色。

表18－2　各种气体和蒸汽的放电颜色

气体	放电颜色	蒸汽	放电颜色
空气	粉红	水	天蓝
氮气	金红	真空油脂	浅蓝(有荧光)
氧气	淡黄	酒精	淡蓝
氢气	浅红	乙醚	淡蓝灰
二氧化碳	白蓝	丙酮	浅蓝
氦气	紫红	汽油	浅蓝
氖气	红	苯	蓝
氩气	深红	甲醇	蓝

3. 真空计检漏法

直接利用真空系统中安装的真空计进行检漏是一种简单方便，又不额外增加专用设备的方法，因而在电真空器件制造中被广泛使用。它是将示漏气体或有机溶液喷射或刷涂到真空容器外壁疑漏之处，遇到漏孔时，示漏气体或有机溶液蒸汽就会通过漏孔进入真空系统，使真空计的指示产生突然变化，从而指示出漏孔位置。在微波管制造中，在管子接上排气台正式开始排气前，往往利用外真空进行充气检漏，这实际上就是一种真空计检漏法的具体应用；还有在排气过程中或者在排气结束外真空放气时出现真空计指示突然变化，这时也只有采用真空计检漏法来检测漏孔。

(1) 热导式真空计法。当真空容器的真空度还只是在$10\sim10^{-1}$Pa低真空时，应该用热导式(热偶)真空计检漏。所用示漏物质可以是氢、二氧化碳、丙酮、酒精以及丁烷、乙醚等，这些气体或溶液的蒸汽的热传导能力与空气差异较大，因而进入真空系统后，真空计指示的变化比较明显。要注意的是，热导式真空计有一定热惯性，反应慢，因此检漏时，喷气或涂液的速度不宜过快，在每一个可疑位置稍作停留，并注意细心观察真空计指示的变化，只有当示漏物质离开后，指示能恢复到原来真空度的才是漏孔所在位置。

(2) 电离真空计法。当真空设备的真空度已经达到5×10^{-2}Pa及以上时，就必须用电离真空计进行检漏，并尽可能选用电离效果与设备内残余气体的电离效果差异大的示漏物质，如残余气体为空气或氮气时，可以选用氢气、氦气、氩气、二氧化碳等，以及苯、丙酮、丁烷、乙醚等。电离真空计的反应速度要比热导式真空计快，但喷气或涂液的移动速度也不能太快，以便真空计有足够显著的反应。

真空计检漏使用有机溶剂做示漏物质会带来一些弊病，如液体往往会短暂堵塞漏孔，液体在漏孔中的吸附现象会增加真空计反应时间和降低真空计灵敏度，液体蒸汽进入真空系统甚至还会对真空器件与系统造成一定污染。

4. 离子泵检漏法

离子泵检漏的原理与电离真空计检漏类似,利用示漏气体进入离子泵时,泵电流将发生变化的特性来达到检漏的目的,根据这种变化可以检出真空系统漏孔的位置并估算出漏孔的大小。

在具有离子泵的排气系统中,只要在真空度达到 10^{-2}Pa 以上时,在任何时候都可对真空装置进行离子泵检漏,这种检漏方法无须额外仪器,既灵敏又简便。利用离子泵检漏时,示漏气体可以选用氩、氧或氢等,如果用氩气作示漏气体,当氩气喷到漏孔处时,离子泵的放电电流会迅速上升,这是因为离子泵对氩气的抽速较小的缘故;而当用氧或氢作示漏气体时,将会引起泵电流下降,因为离子泵对这些气体的抽速比对空气的抽速大。

5. 氦质谱仪检漏法

氦质谱仪是利用电离产生的气体离子,在一定的速度下,在磁场中发生偏转,不同荷质比的离子偏转半径不同的原理,以氦气作为示漏物质,通过单独测量氦离子流的大小来达到检漏目的的设备。氦质谱检漏仪灵敏度高,性能稳定,是目前使用最普遍,也是较方便的检漏方法。

1)工作原理

氦质谱检漏仪的工作原理可以简单地以图18-32来说明。它由电离室、分析室及接收器三大部分以及真空系统、电子线路等组成。电离室内由灯丝作为阴极发射电子,电子与来自被检器件的残余气体分子碰撞使后者产生电离。灯丝由钨丝做成,并且可以拆换,用交流电加热,发射电流3~5mA。电离后产生的电子被阳极加速并被阳极所收集。电离室对地有300~400V电位,而离子引出缝(或单独的电极)则与地同电位,因而引出缝对离子而言就具有了300~400V的加速电位,成为离子加速器。电离后产生的离子就在离子加速器与拒斥极的联合作用下,穿过电离室正面的矩形狭缝,形成离子束,进入分析室。在均匀磁场 B 的作用下,具有一定速度的离子束将按圆轨迹运动,其偏转半径为

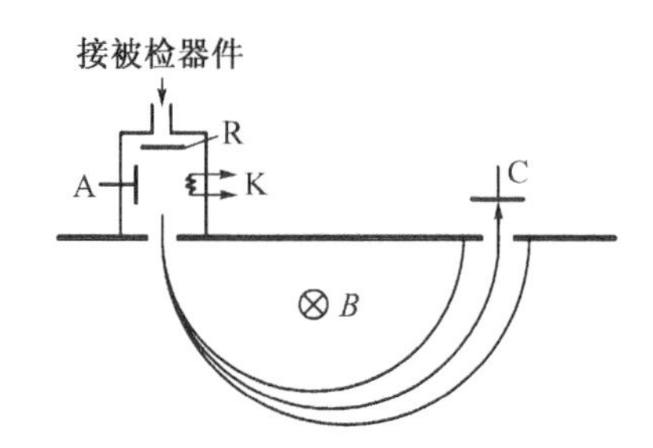

图18-32 氦质谱检漏仪工作原理示意图
A—电子收集极(阳极);K—阴极(灯丝);
R—离子拒斥极;C—离子收集极。

$$R = \frac{1}{B}\sqrt{\frac{2m}{e}V} \tag{18.4}$$

式中,m/e 为气体离子的荷质比(kg/C);V 为离子加速电压(V);B 为磁感应强度(T);所求得 R 的单位为m。由于检漏仪中的 B 与 V 已经固定,因而不同气体分子的离子,由于 m/e 值不同,R 也就不同,由此就可以把不同气体的离子分开来。在偏转180°处,用分析器的挡板将其他离子挡住,而仅仅让氦离子对准分析器中的隙缝穿过,被离子收集极收集,形成最大的氦离子流。由于收集极上直接接收到的离子流十分微小,所以还应该经过放大。

质谱仪必须在真空条件下工作,所以检漏仪还具有由机械泵和分子泵组成的真空系统,它提供 10^{-4}Pa 的真空度,近年来已经出现了由涡轮分子泵与干式泵组成的无油型氦质谱检漏仪,以防止油蒸汽对被检器件的污染。

2）检漏方法

（1）喷吹法。使用氦质谱检漏仪进行检漏时，使用得最多的就是喷吹法。检漏时，将被检器件或零部件接到检漏仪上，通常采用真空橡皮垫来达到检漏仪接口与被检器件之间的密封，十分方便。如果被检器件或零部件有多个端口与大气相通，则除了与检漏仪连接的口外，其他端口也都要用真空橡皮封住。实际上，只要检漏仪真空泵一开始工作，所有橡皮垫与端口都会自动压紧，橡皮垫上可以抹一层薄薄的真空油脂，以帮助密封；或者在橡皮垫与端口接触处用毛笔刷酒精，也可以在短时间内帮助起到密封所用。

待检漏仪真空泵抽至系统达到工作真空度时，使检漏仪处于工作状态，用装有氦气的气袋上的喷枪在被检容器可疑之处从上到下（因为氦气比空气轻）依次喷吹。如果有漏孔存在，氦气就会进入容器内部并进入电离室，并由检漏仪指示（电表和音响）漏孔的存在以及大小。为了提高漏孔位置的指示精度，还可以在喷枪的喷嘴上套上一个医用注射器的针头。以减小喷嘴的喷口大小，使喷出的氦气流范围更小，从而指出漏孔更精确的位置。

（2）氦罩法。用一个罩子，最方便的就是塑料袋，在氦质谱检漏仪上把被检容器的可疑部分或者整个容器包起来，再在罩子中充入氦气，观察检漏仪的反应。如果仪表或音响有反应，说明被罩住的部分中有漏孔存在。这种方法提高了氦气的浓度并且增加了氦气在漏孔的停留时间，因而提高了检漏灵敏度；但其缺点是不能正确确定出漏孔的位置。因此，用氦罩法发现有漏孔存在后，还要用喷吹法进一步确定漏孔的具体位置。

3）选用氦气的原因

氦质谱检漏仪用氦气做示漏气体，这是因为：

（1）氦在空气中和器件的残余气体中含量极少，在空气中只占二十万分之一，因此氦气的本底压强很小，检漏时它的本底电流、本底噪声也十分小，这样就使得只要稍有一点氦气通过漏孔漏入被检容器，就可以显示出来，使检漏仪有反应。

（2）氦的质量小（分子量为 4），易于穿过漏孔，漏气率仅次于氢气，因此易于被检漏仪检出，使仪器灵敏度高。

（3）氦是惰性气体，不会污染器件与零部件。

（4）与氦离子荷质比 4 最接近的是氢离子（荷质比为 2）与双荷碳离子（荷质比为 6），但它们与氦离子荷质比还是相差较大，因而在检漏仪分析器中偏转半径相差也大，容易区分开来。由此可以降低对分析器制造的精度要求；同时分析器中氦离子穿过的缝隙也可以加大，提高了检漏仪的灵敏度。

（5）氦气不易被金属和其他材料吸附，容易抽走。这样既可以使检漏仪很快恢复正常以便继续检漏，提高检漏工作效率；也可以使器件在排气时不受影响。

（6）与氢气相比，氦气不会燃烧、爆炸；氢气在空气和残余气体中含量高，本底大而且波动大。

（7）氦离子荷质比小，故偏转半径小，分析器的尺寸可小些，或者对偏转磁场的要求可降低。

18.6　微波管的老炼与调试、测试

微波管经过排气后，只是一个裸管，还不能直接提供使用，必须经过进一步处理，包括

老炼、安装与调试磁场、安装外包装零件等,最后经过测试合格后才能成为正式产品。

18.6.1 微波管的老炼

微波管老炼的主要目的是对阴极进行电流激活,使之具有充分而稳定的发射能力,达到额定工作电流;提高管子的耐压性能,让可能出现的打火在老炼过程中尽可能打完;进一步利用电流对电极去气,并且利用微波管附带钛泵将这些排出的气体抽走。

1. 阴极激活

在微波管排气过程中,已经对阴极进行了分解和初步激活。钡钨阴极的激活与阴极温度有很大关系,这时起主要作用的是还原激活,即使铝酸盐被钨还原生成自由钡原子:

$$2Ba_3Al_2O_6 + W \rightleftharpoons BaWO_4 + 2BaAl_2O_4 + 3Ba$$

这种激活在1050℃就开始反应,但这时反应速度很慢,激活时间需要很长而且不充分,所以可以适当提高阴极温度来加速激活过程。一般可以在1200℃和10^{-5}Pa及以上真空度下激活5min,温度过高或者时间过长的激活对阴极反而不利,会引起钡的过量蒸发,使活性降低。

在排气时还往往可以支取一定阴极电流的方式来进行电流激活(也称为电解激活)。电流流过阴极时,使自由钡原子向阴极表面扩散,提高阴极的发射能力。

在排气过程中的阴极处理有时还不足以使阴极形成充分而稳定的发射能力。因此这时还需要在管子封离后老炼时继续对阴极进行电流激活,通过一定时间的电流激活,最终达到阴极额定发射电流。在排气时,由于微波管还没有外加磁场,使得电子往往集中打到阳极上,而不可能进入高频结构,为了避免阳极过热甚至损坏,所以这时阳极电压较低、支取的阴极电流往往较小;另外,很多情况下阴极处理过程是在烘箱加热过程中进行的,烘箱本身还有一定温度,从而进一步限制了可以支取的阴极电流以防止阳极过热。这些因素使得在排气过程中的阴极激活可能会不够充分,管子封离后老炼时,特别是装上必要的磁聚焦系统后,就可以对管子各电极都加上正常工作电压,经过一定时间工作,使阴极达到稳定的额定工作电流。

在阴极老炼过程中,电子轰击各个电极而不再是集中轰击阳极,同时就起到了对电极进行去气的作用。

2. 高压老炼

微波管特别是大功率微波管,电极上所加电压往往很高,使得电极之间容易产生高压击穿或者绝缘体表面漏电击穿,以致管子无法正常工作。产生击穿的原因在于:一是电极表面粗糙或者存在毛刺,在电极极间高电压下,使局部电场增强而发生尖端放电;二是阴极蒸散或电极溅射或其他脏物污染了绝缘零件表面,降低了电极的绝缘强度,产生漏电直至击穿。

打高压就是通过反复有控制的火花击穿或漏电来烧掉电极上的毛刺、绝缘件表面的污染物,从而提高管子的耐压能力。

微波管在排气封离前,一般都应在排气台上进行打高压,以使打高压放电时放出的气体能及时抽走。但有时在排气台上打高压受设备限制,并不能完全模拟管子在实际工作状态下的电压情况,比如是直流高压还是交流高压,还是脉冲高压以及脉冲宽度、重复频率等。所以在排气台上打过高压的管子,在工作时有可能还会出现打火现象。为此,在管子调试阶段，还应该进一步进行高压老炼，但这时应该注意保护高压设备。

微波管的老炼一般没有专用老炼台，除了在排气台上排气过程中进行外，封离后往往与管子的调试以及初步测试一起进行。

18.6.2　微波管的调试

微波管的调试主要包括聚焦磁场的安装及调试；高频测试、电器参数以及磁场调整；最后是外部零件的安装与整管包装。以行波管为例来说明调试的过程。

1. 聚焦磁场安装及调试

线性电子注微波管如行波管、返波管、速调管等都需要聚焦磁场来约束电子注使它不扩散，或者说，使电子注能通过整个高频系统打上收集极。收集极收集到的电流与阴极发射的总电流之比称为电子注的流通率，聚焦磁场的作用就是保证微波管有足够高的流通率。聚焦磁场的安装与调试一般包括以下步骤。

1）磁系统的测量与预调

聚焦磁场的大小以及分布都是在行波管设计时已经确定的，但磁环的充磁都是单个进行的，所以为了检查充磁后磁环与极靴装配成的聚焦系统的磁场大小以及分布是否符合要求，应该进行测试（图 18－33）。测试时加工一根与实际行波管安装聚焦磁场的管壳直径相同的测试管，测试管与管壳一样应为无磁材料，一般可用黄铜。然后将磁环与极靴和管子实际情况完全一样地装配在测试管上，测试管的内径可以根据高斯计探头的外径来确定，使得探头可以方便地在测试管内滑动，同时又保证了探头中的霍耳片处于轴线上，以准确测出聚焦系统的轴上磁场值。探头外壁可以刻上尺寸刻度，便于确定霍耳片的位置。

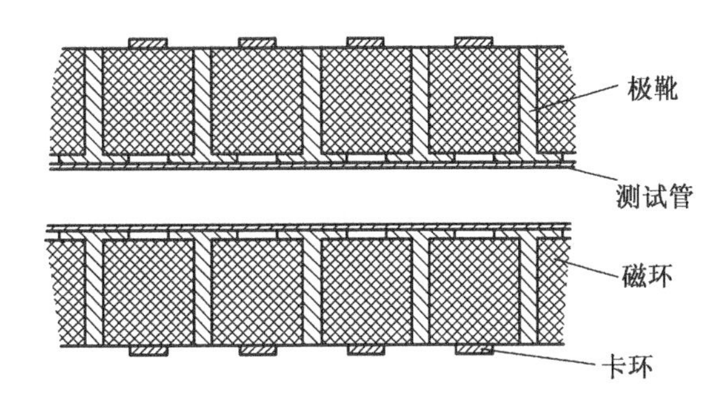

图 18－33　周期永磁聚焦磁场测量与预调示意图

利用高斯计测出聚焦系统的磁场分布以及大小，与设计值比较，及时对不符合要求的磁环进行再充磁或退磁，直至整个系统的磁场满足设计要求，这就是磁场的预调整。

磁场的测量与预调对微波管测试阶段是十分重要的一个过程，但对已经成熟定型的管子，磁系统的磁环充磁数据已经相对固定，不再需要反复调整，也就可以不再进行测量与预调。

2）磁系统安装

测量与调试完成的磁聚焦系统应先对每个磁环进行逐一编号，然后才能从测试管上取下。在将磁系统安装到实际行波管上去时，应该按原编号顺序进行安装。

一般来说,极靴可以在管子装配过程中就安装到管壳上去,与管子一起排气烘烤。但磁环不能经过高温烘烤,所以磁环都是在行波管排完气后才安装到管壳上去的,为此,每一个磁环都是从中心割开成两个半环,装配时应保持组成整环的原一对半环一起套到管壳上,以保证仍能合成一个整环。磁环与极靴相间隔安装,并且注意相邻磁环极性应相排斥。磁环在安装时有很强的磁力,应该注意不要碰碎磁环,同时也要注意人员安全。每安装一个磁环,都应该及时用无磁卡环卡紧,小型磁环也可以用退火后的黄铜线或者尼龙带扎紧。

3)流通率测试

只要电子枪和聚焦系统的设计和装配正确,一般来说,对微波管加上工作电压,收集极就应该可以收集到电子流。如果收集极没有电子流,而阴极发射又正常,电子都打上了阳极或在高频结构中已经发散,就应该仔细检查电子枪各电极之间的相对尺寸和位置、对中程度、相邻磁环的极性等。

即使经过检查没有发现严重问题,收集极也已经有电流流通,但通常一开始电子注的流通率(收集极电流与阴极发射电流值比)还远远达不到要求,这时,就应该仔细调节磁场来提高流通率。通常的方法是旋转个别磁环和黏附小磁片(软磁或永磁材料小片),前者为主要考虑到可能某些磁环因装配对中度不好而导致产生的磁场轴对称性差而采取的措施,后者则主要针对磁场分布不理想,包括轴对称性、磁场峰值大小以及分布等不理想进行的补偿。在调试磁场时,直接观察收集极电流的变化,力求收集极电流最大化。调试最后,希望流通率应该在95%以上,甚至在98%以上。因为这时微波管还没有输入高频信号,属于所谓静态调试,所得到的流通率也还只是静态流通率,相对于有了高频信号后的动态流通率,它应该要求更高一些,而动态流通率由于高频场对电子运动的影响,会比静态流通率有一定下降。

为了避免在调试初期,流通率较低时,大量高能电子打上阳极或者高频结构,引起高温严重放气、溅射甚至损坏,所以可以采用小占空比的脉冲电压来进行调试。从而大大降低电子注的平均功率,即使轰击其他电极,也不致引起严重后果。对于已经成熟的管子,也可以直接以正常工作电压来进行流通调试,而不必经过小占空比的脉冲电压先行调试。

只有静态流通的调试达到要求后,才能对微波管进行高频调试。

2. 高频调试

微波管的高频调试是指微波管输出特性的调试,如输出功率、增益、效率等。

微波管高频调试主要包括工作参数——各级工作电压、电流的调试以及聚焦磁场的进一步调试。

尽管在微波管设计时就已经给定了工作电压和电流,但对于每个具体的管子来说,由于加工和装配公差、工艺过程的不同,总会存在个体之间的差异。因此,达到额定输出参数时需要的工作电压、电流也会有一些差别,尽管这种差别一般不会很大,但具体数据就应该在微波管高频调试时确定。使微波管达到最佳输出或额定输出特性时的工作参数即我们调试得到的结果。但微波管输出参数应该根据要求综合考虑,如输出功率与带宽、效率、增益之间综合平衡来确定,往往不能单凭某一个特性来确定最终工作参数。

除了微波管工作参数外,聚焦磁场在动态情况下也可以再进行微小调试,以更好满足高频输出要求。由于电子注聚焦在静态与动态情况下是不同的,所以在静态状态下调得的最好流通,并不意味着在动态状态下就一定能得到最好的高频输出,这就使得高频调试时进一步调试磁场成为必要。

经过高频调试微波管输出特性合格后,应在规定的频率范围、规定的输出功率或者其他规定的特性参数以及规定的工作参数下连续工作数小时,使其工作稳定,这一过程称为动态老炼。

3. 整管包装

动态老炼过后的行波管就可以进行灌封、装入外部零件以及外包装,使之成为最终产品。

1) 磁系统灌封

磁系统除了每个磁环已经用卡环或经绑扎固定外,在整个调试过程中磁环有可能经过旋转,或者还贴附了不少补偿磁片,这些都还有待进一步固定。固定方法可以用环氧树脂或硅橡胶,将调配好的环氧树脂或硅橡胶淋注在整个磁聚焦系统上,在室温或者低温加热下放置规定时间,环氧树脂或硅橡胶就可以自行固化,从而将整个磁系统固定。

2) 引线硅橡胶灌封

小型行波管的引出线与管脚的焊接,或者与电子枪枪壳法兰盘的焊接一般都是用低温锡焊,而且这一部分又是裸露在外的带高压的金属部分,既不安全又容易在潮湿环境下引起漏电。所以,为了固定引线防止焊接点脱落,同时也为了封住外露的金属,隔绝引线焊点之间的绝缘体与空气的接触以提高绝缘强度,往往对行波管引线与管子的连接部分包括绝缘陶瓷,或者整个电子枪枪壳用硅橡胶进行灌封。灌封时应该使用一定模具,以使灌封部分限定在规定范围并且具有所希望的形状,然后将调配好的硅橡胶慢慢注入模具,避免在硅橡胶中夹带气泡,待固化后再脱去模具。这一步骤在实际制管过程中一般都是在流通率调试前先完成,因为在测试流通率时就已经要对管子加上正常高压。

根据 GB 4777—84《微波电子器件引线颜色标志》,对各种微波管的引线颜色作出了规定,比如对于行波管和 O 型返波管的引线,规定的颜色是:接地电极是黑色;热丝或不接地的直热式阴极为棕色;阴极、热丝—阴极公共引线应是黄色;收集极 1、2、3 等为红色;慢波线为橙色;栅极(阳极)1、2、3 从离阴极最近开始分别为绿色、蓝白色、灰白色等;钛泵电极是红色,等等。

微波管电极引线现在都使用硅橡胶线,硅胶线具有良好的抗酸、抗碱、抗真菌的特性,能耐湿热环境和耐多种油脂,同时硅胶线还具有柔软度性能好、防水、耐压性高等优点。硅橡胶线目前主要分为 3135 硅胶线、3239 硅胶线、3123 硅胶线、3132 硅胶线、3133 硅胶线等、其中 3239 硅胶线有 3kV、6kV、10kV、20kV、30kV、50kV 等不同耐压级别的规格。

3) 装外部件

经过灌封的行波管还没有外包装,仍还只是一只裸管。裸管必须安装外部件以及外壳后才能成为成品。

外部件主要是指底板以及各种支架,比如固定输入输出高频接头(波导法兰或者同轴线接头)的支架,固定整个管子的支架和冷却底板,水冷收集极还有冷却水接口的固定和连接,风冷收集极则有风扇的安装等。

最后,安装了外部件的管子还要罩上外壳,在外壳上固定高频输入输出接头、引出线、水冷接头等,喷上油漆,贴上铭牌,就成为了正式成品。铭牌上一般都应该标明该管子的工作参数和输出参数。

18.6.3 微波管的测试

封装好的微波管在出厂交付用户前还应该进行正式测试,及进行例行试验。

1. 高频参数测试

测试应该依据国家的相关标准进行,测试项目则应根据用户要求确定。一般来说,输出功率、增益、频率、带宽、效率是微波管的主要输出参数,其他如谐波功率、噪声、频谱、功率增益波动等则根据不同要求选择性测试。随着现代军事技术的发展,对微波管输出参数的要求也越来越高,相位一致性、相位噪声、相位灵敏度、调幅调相转换、交调失真等参数也越来越要求严格,成为行波管必须测试的参数。

根据技术标准,由工厂质量检验部门正式测试所得结果,应该出具测试合格证,其主要数据还应该标明在该管的铭牌上。

质监部门的测试设备必须是专用的,而且定期经国家认可的计量部门校验过,以保证测试数据的可靠性,使误差控制在标准规定范围内。

2. 例行试验

1) 一般介绍

由于微波管需要在不同环境下长期工作,能否适应这些环境要求,就必须对微波管进行试验,这种试验一般称为例行试验,其目的就是检验微波管产品在各种特殊环境下其性能是否稳定可靠,以及其设计、结构、工艺和材料等是否符合在这些环境下的使用要求。微波管的寿命应该说也是例行试验的一个内容,但人们也往往将寿命试验与例行试验分开。

例行试验并不是对每一只成品管进行的,只是按技术标准在一定周期内,从合格产品中随机抽取一定数量的样品进行。由于微波管一般生产量很少,所以例行试验常常是只在产品正式定型前进行。

例行试验的环境条件,即试验条件一般由用户根据使用要求向厂家提出。在试验中是否同时进行微波管性能测试也应由使用方规定,如果试验过程中微波管处于工作状态,动态监视其输出参数变化,称为动态试验;如果试验过程中微波管不工作,在试验结束后再进行电性能检查的,就称为静态试验。

试验主要分环境试验与物理性能试验两大类。环境试验又可以分为气候试验和机械强度试验;物理性能试验则主要指金属—陶瓷封接应力试验、玻璃应力试验、灯丝烧断试验、电极间绝缘试验、灯丝通断试验、X 射线辐射试验等,这些试验由工厂在管子制造过程中单独进行,往往不再由用户提出专门试验要求。我们通常所说的例行试验都是指环境试验。

试验都必须根据国家标准规定的条件范围、方法、要求来进行。具体条件在国家标准范围内由用户规定。

以下试验条件中提到的标准大气条件是指:温度 15 ~ 35℃;相对湿度 20% ~ 80%;气压 86 ~ 106kPa。

2）气候试验

气候试验的种类很多，如高温试验、低温试验、潮湿试验、盐雾试验、防潮试验、温度循环试验、低气压试验、充压试验、恒定湿热试验、长霉试验等。当然，并不是每一种型号的产品都要进行所有项目的试验，用户根据实际使用情况提出相应的要求试验的项目。微波电子管经常进行试验的项目主要有：

（1）高温试验。高温试验的目的是确定微波管在高温条件下储存和工作的适应性。高温试验在高温恒温箱中进行，除非另有规定，一般都是动态试验。

（2）低温试验。确定微波管在低温条件下贮存和工作的适应性的试验就是低温试验。低温试验在专用低温箱中进行，而且通常也都是动态试验。

（3）恒定湿热试验。试验目的是评定微波管在恒定的湿热条件下使用和储存的适应性。试验空间应由温度、湿度监控装置自动保持试验要求的温度、湿度，试验室内产生的冷凝水应及时排走，冷凝水不能直接滴落在试验样品上。如果是静态试验，试验结束后，试验样品应该移出试验室，在标准大气压条件下放置1～2h后才能进行电性能测试。

（4）低气压试验。航空、航天器用微波管，在高原、高山地区使用的微波管一般都应该进行低气压试验，以确定微波管在常温低气压条件下贮存、运输和使用的适应性。

同样，试验结束后，样品应该在标准大气条件下保持1～2h后才能进行电性能测试。

（5）盐雾试验。在舰船、海军飞行器上工作的微波管，还应该进行盐雾试验，以确定微波管抗盐雾腐蚀的能力。盐雾试验一般以静态试验方法进行，试验结束后，可以用自来水洗去样品表面的盐沉积物，或用软毛刷洗涤，然后在标准大气条件下放置1～2h，再进行外观检查以及电性能、机械性能检测。

（6）潮湿试验。试验目的是确定微波管由于吸潮引起其结构材料性能变化而导致的工作性能的变化。试验结束后将样品清洗干净并用空气吹干，然后进行外观、电性能及机械性能检测。

（7）防潮试验。这是确定微波管在典型热带高温高湿气候条件下性能变化的一项试验。试验结束后，在标准大气条件下放置24h后再对样品进行检查和测试。

3）机械强度试验

微波管的使用环境往往十分恶劣，例如在崎岖山路上运输时的振动、飞机起飞、坦克高速行进、卫星和导弹上升阶段的重力加速度等，都对微波管的机械强度提出了十分严格的要求。机械强度例行试验就是为了检验微波管能否承受这些恶劣条件以及在这些条件下是否还能正常工作而进行的。

微波管机械强度的试验主要包括振动试验、冲击试验、随机振动试验、加速度试验和碰撞试验等。

（1）振动试验。振动试验的目的是检验微波管在实际使用条件下的抗振能力。试验振动分为扫频振荡和定频振荡两种。

试验时将样品固定在振动台上，并且应该在X、Y、Z轴三个方向进行振动，试验可以是动态的，也可以是静态的。

（2）规定脉冲冲击试验。这是为了确定微波管在运输、粗劣搬运和军用操作中可能经受的非重复性冲击作用时的适应能力而进行的一项试验。冲击在冲击机上进行,样品应牢固安装在冲击机平台上,试验时是否施加电负荷按规定执行。

(3) 稳态加速度试验。该项试验的目的是检验微波管在经受稳态加速度环境应力的作用下,其结构的适应性和性能的稳定性。试验在离心机上进行,即加速度方向沿半径指向旋转中心,试验可以是动态的,也可以是静态的。

(4) 碰撞试验。碰撞试验的目的是确定微波管对碰撞的适应能力。碰撞试验是在专门的碰撞机上进行的,样品应在 X、Y、Z 三个方向上各进行规定的碰撞次数,根据需要,试验可以动态进行。

3. 寿命试验

电真空器件交付给用户后,在正常工作条件下运用,从使用开始时刻起,直至该管某一技术参数降低至其规定的数值以下或者管子工作失效为止,其全部工作时间称为电真空器件的寿命。评价分析微波管寿命特性的试验就是寿命试验,寿命试验是一种破坏性试验,因为试验后的管子已经失效或者不合格,所以与例行试验一样,是抽样进行的。

最简单的寿命试验方法就是让管子连续处于工作状态,并每隔一定时间,或者连续不断监测其输出参数,直至管子寿命终了。这种方法虽然简单,但十分费时,尤其是现代微波管的寿命越来越长,按常规方法进行寿命试验需要花费几年时间。因此,经过人们长期实践探索,逐渐发展起来了一种加速寿命试验的方法,即对管子施加超过额定标准的负荷以加速它们的失效,然后对数据分析,预测出器件在正常标准负荷下使用的平均寿命。

以阴极为例,通常阴极的寿命往往就决定了器件的寿命,或者说阴极是决定器件寿命的关键因素,因此对阴极进行加速寿命试验就可以反映器件的寿命。方法是提高阴极温度来加速阴极的失效,如标准额定的灯丝电压为6.3V,试验可以在灯丝电压为7V、7.5V、8V 等电压下进行,然后把得出的阴极寿命与正常寿命进行比较,得到合理的加速因子。以后就可以在加速寿命试验后利用加速因子反推出正常寿命时间。

附　录

附录 I　一些物理常数

光速	$c = 2.998 \times 10^{8}$ m/s
电子电荷	$e = 1.602 \times 10^{-19}$ C
电子质量	$m_e = 9.1094 \times 10^{-31}$ kg
质子质量	$m_p = 1.6726 \times 10^{-27}$ kg
电子的荷质比	$e/m_e = 1.759 \times 10^{11}$ C/kg
质子的荷质比	$e/m_p = 9.580 \times 10^{7}$ C/kg
电子－质子质量比	$m_e/m_p = 1.8362 \times 10^{3}$
普朗克常数	$h = 6.625 \times 10^{-34}$ J·s
玻尔兹曼常数	$k = 1.380 \times 10^{-23}$ J/K
电子伏特(能量)	$1\text{eV} = 1.602 \times 10^{-19}$ J
(温度)	$1\text{eV} = 1.1604 \times 10^{4}$ K
电子能量	$m_e c^2 = 0.511$ MeV
质子能量	$m_p c^2 = 938$ MeV
自由空间介电常数	$\varepsilon_0 = 8.854 \times 10^{-12}$ F/m
自由空间导磁系数	$\mu_0 = 4\pi \times 10^{-7}$ H/m
自由空间的波阻抗	$(\mu_0/\varepsilon_0)^{1/2} = 377\Omega$
热功当量	1cal = 4.1868J
标准大气压	$1\text{atm} = 1.013 \times 10^{5}$ Pa
重力加速度	9.806m/s^2(海平面、纬度 45°)
水的密度	1.000g/mL(3.98℃)
干燥空气密度	1.2929g/L(0℃,760Torr)
埃	$1\text{Å} = 1 \times 10^{-10}\text{m} = 1 \times 10^{-7}\text{mm} = 1 \times 10^{-4}\mu\text{m} = 0.1\text{nm}$

附录Ⅱ 用于构成十进倍数和分数单位的词头

所表示的因数	词头名称	英文词冠	词头符号
10^{18}	艾〔可萨〕	exa	E
10^{15}	拍〔它〕	peta	P
10^{12}	太〔拉〕	tera	T
10^{9}	吉〔珈〕	giga	G
10^{6}	兆	mega	M
10^{3}	千	kilo	k
10^{2}	百	hecto	h
10^{1}	十	deka	da
10^{-1}	分	deci	d
10^{-2}	厘	centi	c
10^{-3}	毫	milli	m
10^{-6}	微	micro	μ
10^{-9}	纳〔诺〕	nano	n
10^{-12}	皮〔可〕	pico	p
10^{-15}	飞〔母托〕	femto	f
10^{-18}	阿〔托〕	atto	a

注:〔 〕内的字是在不混淆的情况下可以使用的字。

附录Ⅲ　真空度单位及换算关系

基本单位

1 标准大气压(atm) = 760 托(Torr)

1 托(Torr) = 1 毫米汞柱(mmHg)

1 帕(Pa) = 1 牛顿/米^2(N/m^2)

1 巴(bar) = 10^5 牛顿/米^2(N/m^2)

换算关系

$$1Pa = 9.8692 \times 10^{-6} atm = 7.5006 \times 10^{-3} Torr = 10^{-5} bar$$
$$= 1.01972 \times 10^{-5} kg/cm^2$$

$$1Torr = 1.31579 \times 10^{-3} atm = 133.322Pa = 1.33322 \times 10^{-3} 2bar$$
$$= 1.35951 \times 10^{-3} kg/cm^2$$

$$1atm = 1.01325 \times 10^5 Pa = 1.01325bar$$
$$= 1.03323kg/cm^2$$

$$1bar = 7.5006 \times 10^2 Torr = 9.8692 \times 10^{-1} atm = 1.01972kg/cm^2$$

附录Ⅳ 微波波段的划分及代号

波段代号	波段名称	频率范围/GHz	使用波导型号(对应美国 EIA 型号)
P	米波	0.64~0.98	BJ8(WR1150)
L	22 厘米	1.12~1.70	BJ14(WR650)
R	15 厘米	1.70~2.60	BJ22(WR430)
S	10 厘米	2.60~3.95	BJ32(WR284)
H(G)	7.5 厘米	3.95~5.85	BJ48(WR187)
C(J)	5 厘米	5.85~8.20	BJ70(WR137)
W(H)	4 厘米	7.05~10.0	BJ84(WR112)
X	3 厘米	8.20~12.40	BJ100(WR90)
Ku(P)	2 厘米	12.40~18.0	BJ140(WR62)
K	1.25 厘米	18.0~26.5	BJ220(WR42)
Ka(R)	8 毫米	26.5~40.0	BJ320(WR28)
Q	7 毫米	33.0~50.0	BJ400(WR22)
U	6 毫米	40.0~60.0	BJ500(WR19)
V	5 毫米	50.0~75.0	BJ620(WR15)
E	4 毫米	60.0~90.0	BJ740(WR12)
W	3 毫米	75.0~110.0	BJ900(WR10)
F	2.5 毫米	90.0~140.0	BJ1200(WR8)
D	2 毫米	110.0~170.0	BJ1400(WR6)
G	1.5 毫米	140.0~220.0	BJ1800(WR5)

附录Ⅴ　标准矩形波导数据

型号			主模频率范围/GHz	截止频率/MHz	内截面				基本厚度 t
国家标准	IEC	美 EIA			基本宽度 a	基本宽度 b	宽和高的偏差/±	圆角最大半径 r_1	
BJ3	R3	WR2300	0.32～0.49	256.58	584.2	292.10		1.5	
BJ4	R4	WR2100	0.35～0.53	281.02	533.4	266.70		1.5	
BJ5	R5	WR1800	0.41～0.62	327.86	457.2	228.60	待定	1.5	
BJ6	R6	WR1500	0.49～0.75	393.43	381.0	190.50		1.5	
BJ8	R8	WR1150	0.64～0.98	513.17	292.10	146.05		1.5	
BJ9	R9	WR975	0.76～1.15	605.27	247.65	123.82		1.2	
BJ12	R12	WR770	0.96～1.46	766.42	195.58	97.79		1.2	2.030
BJ14	R14	WR650	1.13～1.73	907.91	165.1	82.55	0.33	1.2	2.030
BJ18	R18	WR510	1.45～2.20	1137.1	129.54	64.77	0.26	1.2	2.030
BJ22	R22	WR430	1.72～2.61	1372.4	109.22	54.61	0.22	1.2	2.030
BJ26	R26	WR340	2.17～3.30	1735.7	86.36	43.18	0.17	1.2	2.030
BJ32	R32	WR284	2.60～3.95	2077.9	72.14	34.04	0.14	1.2	1.625
BJ40	R40	WR229	3.22～4.90	2576.9	58.17	29.08	0.12	1.2	1.625
BJ48	R48	WR187	3.94～5.99	3152.4	47.549	22.149	0.095	0.8	1.625
BJ58	R58	WR159	4.64～7.05	3711.2	40.386	20.193	0.081	0.8	1.625
BJ70	R70	WR137	5.38～8.17	4301.2	34.849	15.799	0.070	0.8	1.625
BJ84	R84	WR112	6.57～9.99	5259.7	28.499	12.624	0.057	0.8	1.270
BJ100	R100	WR90	8.20～12.5	6557.1	22.860	10.160	0.046	0.8	1.270
BJ120	R120	WR75	9.84～15.0	7868.6	19.050	9.525	0.038	0.8	1.015
BJ140	R140	WR62	11.9～18.0	9487.7	15.799	7.899	0.031	0.4	1.015
BJ180	R180	WR51	14.5～22.0	11571	12.954	6.477	0.026	0.4	1.015
BJ220	R220	WR42	17.6～26.7	14051	10.668	4.318	0.021	0.4	1.015
BJ260	R260	WR34	21.7～33.0	17357	8.636	4.318	0.020	0.4	1.015
BJ320	R320	WR28	26.3～40.0	21077	7.112	3.556	0.020	0.4	1.015
BJ400	R400	WR22	32.9～50.1	26344	5.690	2.845	0.020	0.3	1.015
BJ500	R500	WR19	39.2～59.6	31392	4.775	2.388	0.020	0.3	1.015
BJ620	R620	WR15	49.8～75.8	39977	3.759	1.880	0.020	0.2	1.015
BJ740	R740	WR12	60.5～91.9	48369	3.0988	1.5494	0.0127	0.15	1.015
BJ900	R900	WR10	73.8～112	59014	2.5400	1.2700	0.0127	0.15	0.760
BJ1200	R1200	WR 8	92.2～140	73768	2.0320	1.0160	0.0076	0.15	0.760
BJ1400	R1400	WR6	113～173	90791	1.6510	0.8255	0.0064	0.038	0.760
BJ1800	R1800	WR5	145～220	115750	1.2954	0.6477	0.0064	0.038	0.760
BJ2200	R2200	WR4	172～261	137268	1.0922	0.5461	0.0051	0.038	0.760
BJ2600	R2600	WR3	217～330	173491	0.8636	0.4318	0.0051	0.038	

注：IEC 指国际电工会议 153IEC。

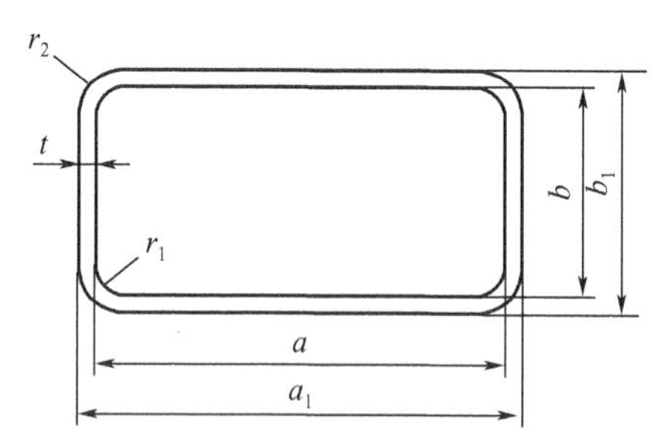

mm

外截面					衰减/(dB/m)			击穿功率(空气击穿场强为30kV/cm)	每米重量/kg	
基本宽度 a_1	基本高度 b_1	宽和高的偏差/±	圆角半径 r_2		频率/GHz	理论值	最大值		铜波导	铝波导
			最小值	最大值						
待定					0.385	0.00078		759(MW)		28.781
					0.422	0.00090	0.0010	632.8		21.873
					0.49	0.00113	0.0012	464.9		18.787
					0.59	0.00149	0.0015	322.8		9.923
					0.77	0.00221	0.002	189.6		7.633
					0.91	0.00283	0.003	136.3		6.488
169.16	86.61	0.20	1	1.5	1.15	0.00405	0.004	85.09		5.147
133.60	68.83	0.20	1	1.5	1.36	0.00522	0.005	60.55	9.10	2.79
113.28	58.67	0.20	1	1.5	1.74	0.00748	0.007	37.36	7.17	2.20
90.42	47.24	0.17	1	1.5	2.06	0.00967	0.010	26.52	6.07	1.86
76.20	38.10	0.14	1	1.5	2.60	0.00138	0.013	16.50	4.83	1.46
61.42	32.33	0.12	0.8	1.3	3.12	0.0188	0.018	10.92	3.98	1.22
50.80	25.40	0.10	0.8	1.3	3.87	0.0249	0.024	7.533	2.62	0.80
43.64	23.44	0.08	0.8	1.3	4.73	0.0354	0.032	4.685	2.11	0.65
38.10	19.05	0.08	0.8	1.3	5.57	0.0430	0.046	3.630	1.85	0.57
31.75	15.88	0.05	0.8	1.3	6.45	0.0575	0.056	2.449	1.56	0.48
25.40	12.70	0.05	0.65	1.15	7.89	0.0791	0.075	1.597	1.28	0.39
21.59	12.06	0.05	0.65	1.15	9.84	0.110	0.103	1.033	0.80	0.25
17.83	9.93	0.05	0.5	1.0	11.8	0.133	0.143	806.7(kW)	0.70	0.22
14.99	8.51	0.05	0.5	1.0	14.2	0.176		555.2	0.47	0.14
17.70	6.35	0.05	0.5	1.0	17.4	0.236		373.6	0.39	0.12
10.67	6.35	0.05	0.5	1.0	21.1	0.368		205.0	0.31	0.09
9.14	5.59	0.05	0.5	1.0	26.0	0.436	待定	168.0	0.27	0.08
7.72	4.88	0.05	0.5	1.0	31.6	0.583		112.5	0.23	0.07
6.81	4.42	0.05	0.5	1.0	39.5	0.815		72.00	0.20	0.06
5.79	3.91	0.05	0.5	1.0	47.1	1.058		50.72	0.17	0.05
5.13	3.58	0.05	0.5	1.0	59.8	1.52		31.43	0.14	0.04
4.57	3.30	0.05	0.5	1.0	72.6	2.02		21.35	0.12	0.037
3.556	2.540	0.025	0.5	0.8	88.5	2.73		14.25	0.11	0.032
3.175	2.350	0.025	0.5	0.8	110.7	3.81		9.183		
2.819		2.172	0.025	0.5	0.8	136.2	5.21		6.066	
2.616	2.070	0.025	0.5	0.8	173.6	7.49		3.733		
2.388	1.956	0.025	0.5	0.8	205.9	9.68		2.652		
					260.2	13.76		1.660		

注：击穿功率为极限功率,实际传输功率约为表中数字的1/5～1/3。

附录Ⅵ 毫米波段标准矩形波导数据

国际标准	美国EIA	内部尺寸/mm×mm	频率范围/GHz	TE_{10}模截止频率/GHz	损耗(dB/mm)①	法兰
WR-34.0	WR-34	8.636×4.318	22.0~33.0	17.4	0.001~0.0007	
WR-28.0	WR-28	7.112×3.556	26.5~40.0	21.1	0.0013~0.0009	UG-599/U
WR-22.4	WR-22	5.690×2.845	33.0~50.5	26.3	0.0019~0.0013	UG-383/U
WR-18.8	WR-19	4.775×2.388	40.0~60.0	31.4	0.0023~0.0016	UG-383/UM
WR-14.8	WR-15	3.759×1.880	50.5~75.0	39.9	0.0034~0.0024	UG-385/U
WR-12.2	WR-12	3.099×1.549	60.0~90.0	48.4	0.0047~0.0032	UG-387/U
WR-10.0	WR-10	2.540×1.270	75.0~110.0	59	0.0061~0.0043	UG-387/UM
WR-8.0	WR-8	2.032×1.016	90.0~140.0	73.8	0.0092~0.0059	UG-387/UM
WR-6.5	WR-6	1.651×0.826	110.0~170.0	90.8	0.0128~0.0081	UG-387/UM
WR-5.1	WR-5	1.295×0.648	140.0~220.0	116	0.0185~0.0117	UG-387/UM
WR-4.3	WR-4	1.092×0.546	170.0~260.0	137	0.0227~0.0151	UG-387/UM
WR-3.4	WR-3	0.864×0.432	220.0~330.0	174	0.0308~0.0214	UG-387/UM
WR-2.8		0.711×0.356	260.0~400.0	211	0.0436~0.0287	UG-387/UM
WR-2.2		0.559×0.279	330.0~500.0	268	0.063~0.041	UG-387/UM
WR-1.9		0.483×0.241	400.0~600.0	311	0.072~0.051	UG-387/UM
WR-1.5		0.381×0.191	500.0~750.0	393	0.105~0.073	UG-387/UM
WR-1.2		0.305×0.152	600.0~900.0	492	0.159~0.104	UG-387/UM
WR-1.0		0.254×0.127	750.0~1100.0	590	0.192~0.135	
WR-0.8		0.203×0.102	900.0~1400.0	738	0.292~0.188	
WR-0.65		0.165×0.083	1100.0~1700.0	908	0.406~0.258	
WR-0.51		0.130×0.065	1400.0~2200.0	1157	0.586~0.369	
WR-0.34		0.0864×0.0432	2200.0~3250.0			

注:①这里的波导损耗是假设波导材料为金,根据金的电导率计算得到的。

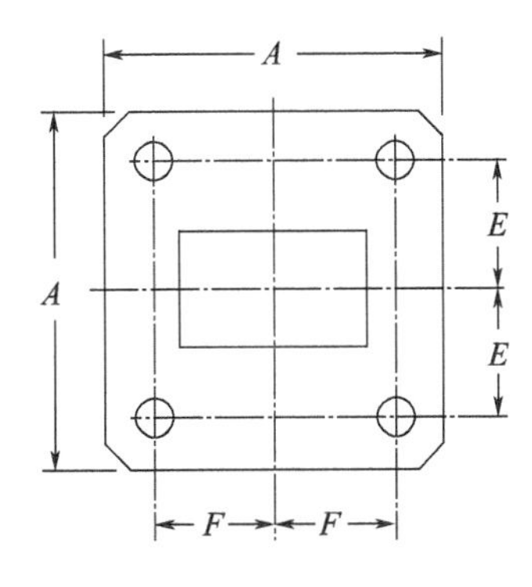

UG-599/U法兰形状图

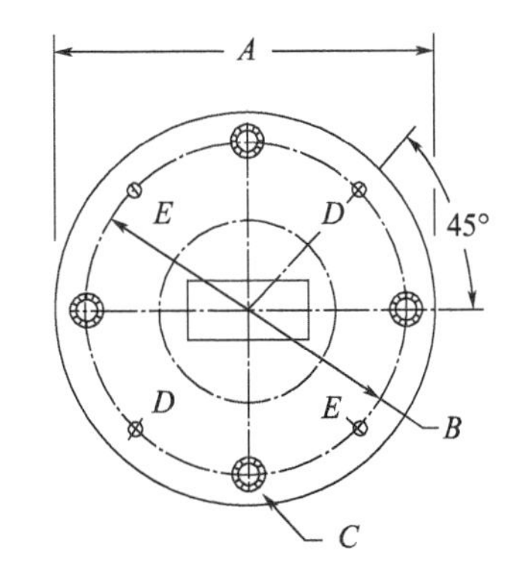

UG-383/U、UG-383/UM、UG-385/U、UG-387/U、UG-387/UM法兰形状图

附录Ⅶ 标准扁矩形波导(BB)、中等扁矩形波导(BZ)和方形波导(BF)数据

型号		主模频率范围/GHz	内截面				基本厚度 t
国家标准	IEC		基本宽度 a	基本高度 b	宽和高的偏差/±	圆角最大半径 r_1	
BB 22	F 22	1.72~2.61	109.2	13.10	0.11	1.2	2.030
BB 26	F 26	2.17~3.30	86.36	10.40	0.086	1.2	2.030
BB 32	F 32	2.60~3.95	72.14	8.60	0.072	1.2	2.030
BB 40	F 40	3.22~4.90	58.17	7.00	0.058	1.2	1.625
BB 48	F 48	3.94~5.99	47.55	5.70	0.048	0.8	1.625
BB 58	F 58	4.64~7.05	40.39	5.00	0.040	0.8	1.625
BB 70	F 70	5.38~8.17	34.85	5.00	0.035	0.8	1.625
BB 84	F 84	6.57~9.99	28.499	5.00	0.028	0.8	1.625
BZ 12	M 12	0.96~1.46	195.58	48.90	0.20	1.2	3.200
BZ 14	M 14	1.14~1.73	165.10	41.30	0.17	1.2	2.030
BZ 18	M 18	1.45~2.20	129.54	32.40	0.13	1.2	2.030
BZ 22	M 22	1.72~2.61	109.22	27.30	0.11	1.2	2.030
BZ 26	M 26	2.17~3.30	86.360	21.600	0.086	1.2	2.030
BZ 32	M 32	2.60~3.95	72.136	18.000	0.072	1.2	2.030
BZ 40	M 40	3.22~4.90	58.166	14.500	0.058	1.2	1.625
BZ 48	M 48	3.94~5.99	47.549	11.900	0.048	0.8	1.625
BZ 58	M 58	4.64~7.05	40.386	10.100	0.040	0.8	1.625
BZ 70	M 70	5.38~8.17	34.849	8.700	0.035	0.8	1.625
BZ 100	M(F) 100	8.20~12.5	22.860	5.000	0.023	0.8	1.270
BF 41	Q 41	3.59~4.29	48.000	48.000	0.096	0.8	2.03
BF 49	Q 49	4.31~5.15	40.000	40.000	0.080	0.8	2.03
BF 54	Q 54	4.79~5.73	36.000	36.000	0.072	0.8	2.03
BF 61	Q 61	5.39~6.44	32.000	32.000	0.064	0.8	2.03
BF 65	Q 65	5.75~6.87	30.000	30.000	0.060	0.8	2.03
BF 70	Q 70	6.16~7.36	28.000	28.000	0.056	0.8	1.625
BF 75	Q 75	6.63~7.93	26.000	26.000	0.052	0.8	1.625
BF 85	Q 85	7.50~8.96	23.000	23.000	0.046	0.8	1.625
BF 100	Q 100	8.84~10.57	19.500	19.500	0.039	0.8	1.625
BF 115	Q 115	10.14~12.12	17.000	17.000	0.034	0.4	1.270
BF 130	Q 130	11.49~13.74	15.000	15.000	0.030	0.4	1.270

注：IEC 指国际电工会议 153IEC。

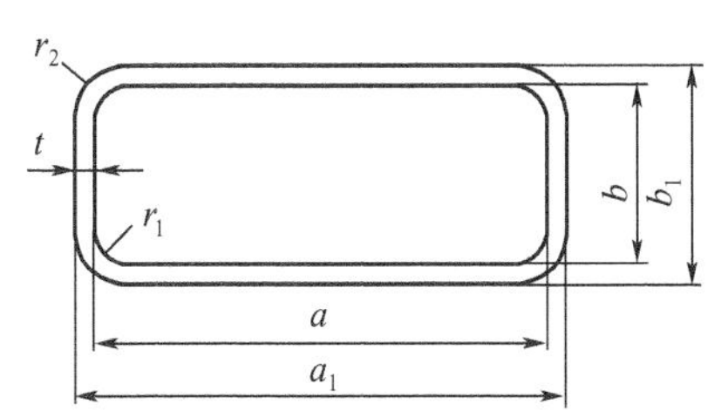

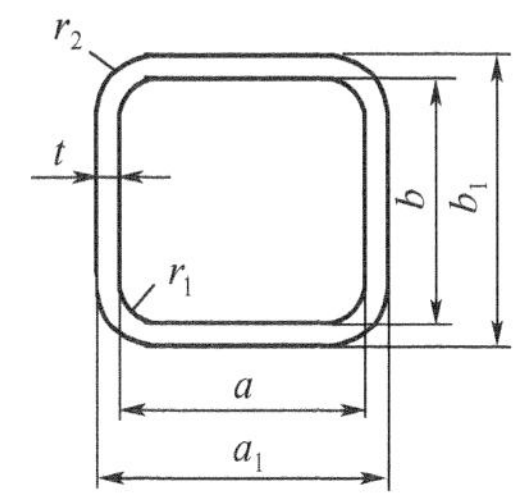

mm

外截面					衰减/(dB/m)		
基本宽度 a_1	基本高度 b_1	宽和高的偏差/±	圆角半径 r_2		频率/GHz	理论值	最大值
			最小值	最大值			
113.28	17.16	0.22	1	1.5	2.06	0.03018	0.039
90.42	14.46	0.17	1	1.5	2.61	0.04393	0.056
76.20	12.66	0.14	1	1.5	3.12	0.05676	0.074
61.42	10.25	0.12	0.8	1.3	3.87	0.07765	0.101
50.80	8.95	0.095	0.8	1.3	4.73	0.10507	0.137
43.64	8.25	0.081	0.8	1.3	5.57	0.13066	0.170
38.10	8.25	0.070	0.8	1.3	6.46	0.1439	0.181
31.75	8.25	0.057	0.8	1.3	7.89	0.1651	0.215
201.98	55.30	0.40	1.6	2.1	1.15	0.00683	0.0089
169.16	45.36	0.34	1.0	1.5	1.36	0.00881	0.0115
133.60	36.46	0.26	1.0	1.5	1.74	0.0127	0.016
113.28	31.36	0.22	1.0	1.5	2.05	0.0164	0.021
90.42	25.66	0.17	1.0	1.5	2.61	0.0233	0.030
76.20	22.06	0.14	1.0	1.5	3.12	0.0306	0.040
61.42	17.75	0.12	0.8	1.3	3.87	0.0422	0.055
50.80	15.15	0.10	0.8	1.3	4.73	0.0559	0.073
43.64	13.35	0.08	0.8	1.3	5.57	0.0728	0.095
38.10	11.95	0.07	0.8	1.3	6.46	0.0845	0.111
25.40	7.54	0.05	0.65	1.15	9.84	0.1931	0.251
52.060	52.060	0.096	1.0	1.5	4.060	0.0273	0.0354
44.060	44.060	0.080	1.0	1.5	4.872	0.0358	0.0466
40.060	40.060	0.072	1.0	1.5	5.413	0.0420	0.0546
36.060	36.060	0.064	1.0	1.5	6.090	0.0501	0.0651
34.060	34.060	0.060	1.0	1.5	6.496	0.0552	0.0717
31.250	31.250	0.056	0.8	1.3	6.960	0.0612	0.0796
29.250	29.250	0.052	0.8	1.3	7.495	0.0684	0.0889
26.25	26.25	0.005	0.8	1.3	8.473	0.0822	0.107
22.75	22.75	0.005	0.8	1.3	9.993	0.105	0.137
19.54	19.54	0.005	0.65	1.15	11.46	0.129	0.163
17.54	17.54	0.005	0.5	1.0	12.99	0.156	0.203

附录Ⅷ　标准圆波导数据

型号			频率范围/GHz		各模的截止频率/GHz				
中国国家标准	IEC	美 EIA	TE_{11} (H_{11})	TE_{01} (H_{01})	TE_{11} (H_{11})	TM_{01} (E_{01})	TE_{21} (H_{21})	TE_{01} (H_{01})	TE_{02} (H_{02})
BY 3.3	C 3.3	WC2551	0.312~0.427	0.683~0.940	0.27	0.35	0.45	0.56	1.03
BY 4	C 4	WC2179	0.365~0.500	0.799~1.10	0.32	0.41	0.53	0.66	1.21
BY 4.5	C 4.5	WC1862	0.427~0.586	0.936~1.29	0.37	0.48	0.62	0.77	1.42
BY 5.3	C 5.3	WC1590	0.500~0.686	1.10~1.51	0.43	0.57	0.72	0.90	1.66
BY 6.2	C 6.2	WC1359	0.586~0.803	1.28~1.77	0.51	0.66	0.84	1.06	1.94
BY 7	C 7	WC1161	0.686~0.939	1.50~2.07	0.60	0.78	0.79	1.24	2.27
BY 8	C 8	WC992	0.803~1.10	1.76~2.42	0.70	0.91	1.16	1.45	2.66
BY 10	C 10	WC847	0.939~1.29	2.06~2.83	0.82	1.07	1.35	1.70	3.11
BY 12	C 12	WC724	1.10~1.51	2.41~3.31	0.96	1.25	1.59	1.99	3.64
BY 14	C 14	WC618	1.29~1.76	2.82~3.88	1.12	1.46	1.86	2.33	4.26
BY 16	C 16	WC528	1.51~2.07	3.30~4.54	1.31	1.71	2.17	2.73	4.99
BY 18	C 18	WC481	1.76~2.42	3.86~5.32	1.53	2.00	2.54	3.19	5.84
BY 22	C 22	WC385	2.07~2.83	4.52~6.22	1.79	2.34	2.98	3.74	6.84
BY 25	C 25	WC329	2.42~3.31	5.29~7.28	2.10	2.74	3.49	4.37	8.01
BY 30	C 30	WC281	2.83~3.88	6.19~8.53	2.46	3.21	4.08	5.12	9.37
BY 35	C 35	WC240	3.31~4.54	7.25~9.98	2.88	3.76	4.77	5.99	11.0
BY 40	C 40	WC205	3.89~5.33	8.51~11.7	3.38	4.41	5.61	7.03	12.9
BY 48	C 48	WC175	4.54~6.23	9.95~13.7	3.95	5.16	6.56	8.23	15.1
BY 56	C 56	WC150	5.30~7.27	11.6~16.0	4.61	6.02	7.65	9.60	17.6
BY 65	C 65	WC128	6.21~8.51	13.6~18.7	5.40	7.05	8.96	11.2	20.6
BY 76	C 76	WC109	7.27~9.97	15.9~21.9	6.32	8.26	10.5	13.2	14.1
BY 89	C 89	WC94	8.49~11.6	18.6~25.6	7.37	9.03	12.2	15.3	28.1
BY 104	C 104	WC80	9.97~13.7	21.9~30.1	8.68	11.3	14.4	18.1	33.1
BY 120	C 120	WC69	11.6~15.9	25.3~34.9	10.0	13.1	16.7	20.9	38.3
BY 140	C 140	WC59	13.4~18.4	29.3~40.4	11.6	15.2	19.3	24.2	44.4
BY 165	C 165	WC50	15.9~21.8	34.8~48.8	13.8	18.1	22.9	28.8	52.7
BY 190	C 190	WC44	18.2~24.9	39.8~54.8	15.8	20.6	26.2	32.9	60.2
BY 220	C 220	WC38	21.2~29.1	46.4~63.9	18.4	24.1	30.6	38.4	70.3
BY 255	C 255	WC33	24.3~33.2	53.4~73 1	21.1	27.5	35.0	43.9	80.4
BY 290	C 290	WC28	28.3~38.8	61.9~85.2	24.6	32.2	40.8	51.2	93.8
BY 330	C 330	WC25	31.8~43.0	69.1~95.9	27.7	36.1	46.9	57.6	105
BY 380	C 380	WC22	36.4~49.8	79.6~110	31.6	41.5	52.4	65.7	120
BY 430	C 430	WC19	42.4~58.1	92.9~128	36.8	48.1	61.0	76.6	140
BY 495	C 495	WC17	46.3~63.5	101~139	40.2	52.5	66.7	83.7	153
BY 580	C 580	WC1 4	56.6~77.5	124~171	49.1	64.1	81.4	102	187
BY 660	C 660	WC13	63.5~87.2	139~192	55.3	72.3	91.8	115	211
BY 765	C 765	WC11	72.7~99.7	159~219	63.5	82.9	105	132	242
BY 890	C 890	WC9	84.8~116	186~256	73.6	96.1	122	153	280

注：IEC 指国际电工会议 153IEC。

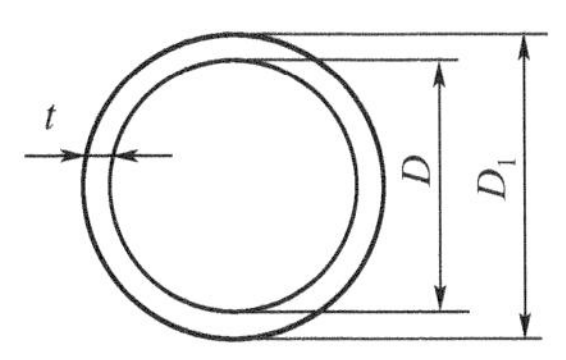

mm

内截面			基本厚度 t	外截面		在 TE_{11}(H_{11})模时的衰减/(dB/m)		
基本直径 D	偏差/±	椭圆率		基本直径 D_1	偏差/±	频率/GHz	理论值	最大值
647.9	0.65	0.001				0.325	0.00067	0.0009
553.5	0.55	0.001				0.380	0.00085	0.0011
472.8	0.47	0.001				0.446	0.00108	0.0014
403.9	0.40	0.001				0.522	0.00137	0.0018
345.1	0.35	0.001				0.611	0.00174	0.0023
294.79	0.30	0.001	待定	待定	待定	0.715	0.00219	0.0029
251.84	0.25	0.001				0.838	0.00278	0.0036
215.14	0.22	0.001				0.980	0.00352	0.0046
183.77	0.18	0.001				1.147	0.00447	0.0053
157.00	0.16	0.001				1.343	0.00564	0.0073
134.11	0.13	0.001				1.572	0.00715	0.0093
114.58	0.11	0.001	3.30	121.20	0.13	1.841	0.00906	0.012
97.87	0.10	0.001	3.30	104.50	0.11	2.154	0.0115	0.015
83.62	0.08	0.001	3.30	90.20	0.11	2.521	0.0140	0.018
71.42	0.07	0.001	3.30	78.030	0.095	2.952	0.0184	0.024
61.04	0.06	0.001	3.30	67.640	0.095	3.455	0.0233	0.030
51.99	0.05	0.001	2.54	57.070	0.095	4.056	0.0297	0.039
44.450	0.044	0.001	2.54	49.530	0.080	4.744	0.0375	0.049
38.100	0.038	0.001	2.03	42.160	0.080	5.534	0.0473	0.062
32.537	0.033	0.001	2.03	36.600	0.080	6.480	0.0599	0.078
27.788	0.028	0.001	1.65	31.090	0.080	7.588	0.0759	0.099
23.825	0.024	0.001	1.65	27.127	0.065	8.850	0.0956	0.124
20.244	0.020	0.001	1.270	22.784	0.065	10.42	0.1220	0.150
17.415	0.017	0.001	1.270	20.015	0.065	12.07	0.1524	0.150
15.088	0.015	0.001	1.015	17.120	0.055	13.98	0.1893	
12.700	0.013	0.001	1.015	14.732	0.055	16.61	0.2459	
11.125	0.010	0.001	1.015	13.157	0.050	18.95	0.3003	
9.525	0.010	0.0011	0.760	11.049	0.050	22.14	0.3787	
8.331	0.008	0.0011	0.760	9.855	0.050	25.31	0.4620	
7.137	0.008	0.0011	0.760	8.661	0.050	29.54	0.5834	待定
6.350	0.008	0.0013	0.510	7.366	0.050	33.20	0.6938	
5.563	0.008	0.0015	0.510	6.579	0.050	37.91	0.8486	
4.775	0.008	0.0017	0.510	5.791	0.050	44.16	1.0650	
4.369	0.008	0.0019	0.510	5.385	0.050	48.26	1.2190	
3.581	0.008	0.0022	0.510	4.597	0.050	58.88	1.643	
3.175	0.008	0.0025	0.380	3.937	0.050	66.41	1.967	
2.769	0.008	0.0030	0.380	3.531	0.050	76.15	2.413	
2.388	0.008	0.0035	0.380	3.150	0.050	88.30	3.011	

注：椭圆率 = $(D_{max} - D_{min})/D$；　D—基本直径；　D_{max}、D_{min}—所测得的最大、最小直径。

附录Ⅸ 标准单脊波导数据

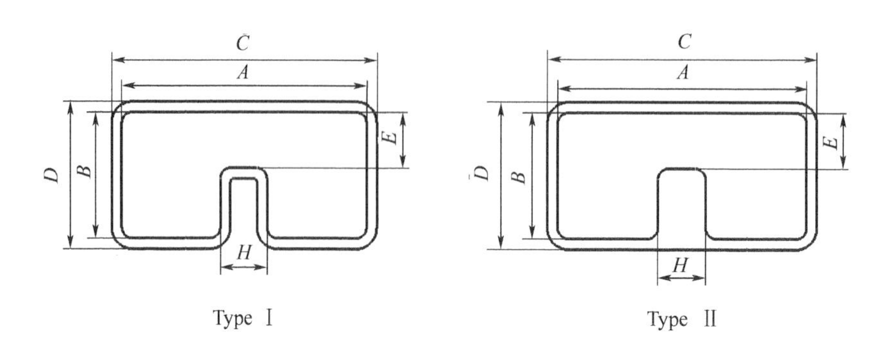

Type Ⅰ　　Type Ⅱ

波导型号	结构形式	截止频率/GHz		内截面尺寸/mm				外截面尺寸/mm	
		TE_{10}	TE_{20}	A	B	E	H	C	D
带宽比：2.4∶1									
24JD175	Type Ⅰ	0.148	0.431	714.48	321.51	134.06	110.74	720.83	327.86
24JD267	Type Ⅰ	0.226	0.658	467.89	210.54	87.81	72.52	474.24	216.89
24JD420	Type Ⅰ	0.356	1.036	297.05	133.68	55.75	46.05	303.4	140.03
24JD640	Type Ⅰ	0.542	1.577	195.12	87.81	36.63	30.25	201.47	94.16
24JD840	Type Ⅱ	0.712	2.072	148.51	66.83	27.86	23.01	152.40	70.89
24JD1500	Type Ⅱ	1.271	3.699	83.21	37.44	15.621	12.903	87.27	41.50
24JD2000	Type Ⅱ	1.695	4.933	62.38	28.07	11.71	9.677	66.45	32.13
24JD3500	Type Ⅱ	2.966	8.632	35.66	16.05	6.706	5.537	38.91	19.30
24JD4750	Type Ⅱ	4.025	11.714	26.26	11 .81	4.93	4.06	28.80	14.35
24JD7500	Type Ⅱ	6.356	18.498	16.637	7.493	3.12	2.578	19.177	10.03
24JD11000	Type Ⅱ	9.322	27.130	11.344	5.105	2.129	1.758	13.39	7.14
24JD18000	Type Ⅱ	15.254	44.393	6.932	3.119	1.300	1.074	8.97	5.16
带宽比：3.6∶1									
36JD108	Type Ⅰ	0.092	0.401	792.94	356.82	61.01	134.8	799.29	363.17
36JD270	Type Ⅰ	0.229	1.006	318.57	143.36	24.51	54.15	324.92	149.71
36JD390	Type Ⅰ	0.331	1.454	220.40	99.19	16.967	37.47	226.75	105.54
36JD970	Type Ⅰ	0.822	3.611	88.75	39.93	6.833	15.088	92.81	43.99
36JD1400	Type Ⅰ	1.186	5.210	61.52	27.69	4.72	10.46	65.58	31.75
36JD3500	Type Ⅱ	2.966	13.030	24.59	11.07	1.905	4.19	27.13	13.01
36JD5000	Type Ⅱ	4.237	18.613	17.221	7.747	1.32	2.92	19.761	10.287
36JD12400	Type Ⅱ	10.508	46.162	6.93	3.12	0.533	1.168	8.97	5.16

附录X　标准双脊波导数据

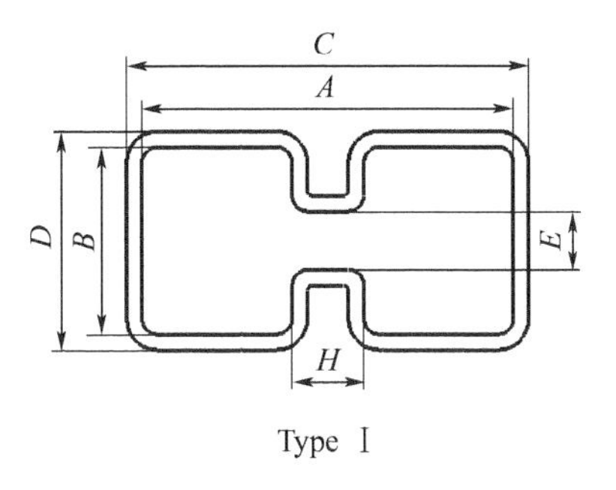

Type Ⅰ

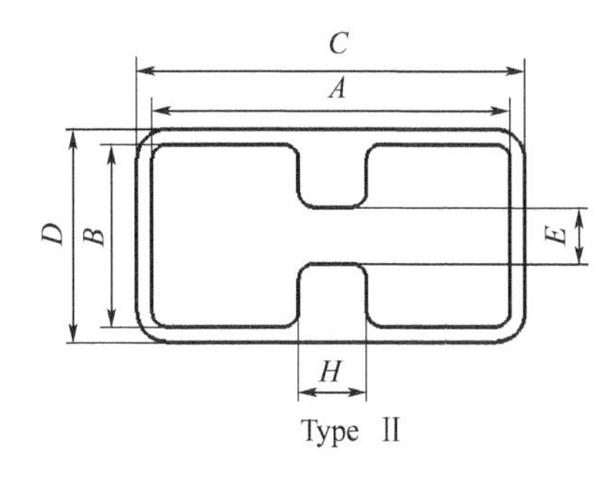

Type Ⅱ

波导型号	结构形式	截止频率/GHz		内截面尺寸/mm				外截面尺寸/mm	
		TE_{10}	TE_{20}	A	B	E	H	C	D
带宽比：2.4:1									
24JS175	Type Ⅰ	0.146	0.43	754	350	148.9	188.39	759.89	356.74
24JS267	Type Ⅰ	0.222	0.657	493	229	97.51	123.37	499.82	235.81
24JS420	Type Ⅰ	0.350	1.034	313	146	61.9	78.31	319.61	152.07
24JS640	Type Ⅰ	0.533	1.575	206	95.7	40.67	51.44	212.09	102.03
24JS840	Type Ⅱ	0.700	2.068	157	72.9	30.96	39.17	162.99	79.2
24JS1500	Type Ⅱ	1.249	3.692	87.8	40.8	17.35	21.946	91.82	44.88
24JS2000	Type Ⅱ	1.666	4.925	65.8	30.6	13	16.46	69.85	34.67
24JS3500	Type Ⅱ	2.915	8.620	37.6	17.5	7.417	9.398	40.84	20.73
24JS4750	Type Ⅱ	3.961	11.705	27.7	12.9	5.46	6.91	30.23	15.39
24JS7500	Type Ⅱ	6.239	18.464	17.6	8.15	3.45	4.39	20.09	10.69
24JS11000	Type Ⅱ	9.363	27.08	12	5.56	2.362	2.997	14	7.59
24JS18000	Type Ⅱ	14.995	44.285	7.32	3.4	1.448	1.829	9.35	5.44
带宽比：3.6:1									
36JS108	Type Ⅰ	0.092	0.401	879.80	378	73.76	219.96	886.16	384.66
36JS270	Type Ⅰ	0.229	0.999	353.47	152.00	29.64	88.37	359.82	158.34
36JS390	Type Ⅰ	0.331	1.411	244.55	105.16	20.198	61.14	250.90	111.51
36JS970	Type Ⅰ	0.822	3.587	98.48	42.3	8.255	24.613	102.54	46.41
36JS1400	Type Ⅰ	1.186	5.176	68.25	29.3	5.72	17.07	72.31	33.40
36JS3500	Type Ⅱ	2.966	12.944	27.28	11.7	2.29	6.83	29.82	14.27
36JS5000	Type Ⅱ	4.237	18.490	19.10	8.20	1.60	4.78	21.64	10.74
36JS12400	Type Ⅱ	10.508	45.857	7.70	3.30	0.61	1.93	9.73	5.33

附录XI 国产同轴线参数表

1. 常用硬同轴线参数表

参数 型号	特性阻抗 /Ω	外导体 /mm	内导体 /mm	衰减 /(dB/(m $\sqrt{Hz}$))	理论最大允许 功率/kW	最短安全 波长/cm
50—7	50	7	3.04	$3.38\times10^{-6}\sqrt{f}$	167	1.73
75—7	75	7	2	$3.08\times10^{-6}\sqrt{f}$	94	1.56
50—16	50	16	6.95	$1.48\times10^{-6}\sqrt{f}$	756	3.9
75—16	75	16	4.58	$1.48\times10^{-6}\sqrt{f}$	492	3.6
50—35	50	35	15.2	$1.48\times10^{-6}\sqrt{f}$	3555	8.6
75—35	75	35	10	$1.48\times10^{-6}\sqrt{f}$	2340	7.8
53—39	53	39	16	$1.48\times10^{-6}\sqrt{f}$	4270	9.6
50—75	50	75	32.5	$1.48\times10^{-6}\sqrt{f}$	16300	1.85
50—87	50	87	38	$1.48\times10^{-6}\sqrt{f}$	22410	21.6
50—110	50	110	48	$1.48\times10^{-6}\sqrt{f}$	35800	27.3

注：1. 本表数据均按 $\varepsilon_r=1$ 计算，以纯铜计算；

2. 最短安全波长取 $\lambda=1.1\pi(a+b)$。

2. 国产同轴射频电缆参数表

参数型号	特性阻抗/Ω	衰减(45MHz) (不大于 dB/m)	电晕电压/kV	绝缘电阻 /(MΩ/km)	相对应旧型号
SYV—50—2—1	50	0.26	1	10000	IEC—50—2—1
SYV—50—2—2	50	0.156	1	10000	PK—19
SYV—50—5	50	0.082	3	10000	PK—29
SYV—50—11	50	0.052	5.5	10000	PK—48
SYV—50—15	50	0.039	8.5	10000	PK—61
SYV—75—2	75	0.28	6.9	10000	
SYV—75—5—1	75	0.082	2	10000	PK—1
SYV—75—7	75	0.061	4.5	10000	PK—20
SYV—75—18	75	0.026	8.5	10000	PK—8
SYV—100—7	100	0.066	3	10000	PK—2
SWY—50—2	50	0.16	3.5	10000	PK—119
SWY—50—7—2	50	0.065	4	10000	PK—128
SWY—75—1	75	0.082	2	10000	PK—101
SWY—75—7	75	0.061	3	10000	PK—120
SWY—100—7	100	0.066	3	10000	PK—102

注：同轴射频电缆型号组成：第一个字母“S”表示同轴射频电缆；第二个字母“Y”表示以聚乙烯作绝缘，“W”表示以稳定聚乙烯作绝缘；第三个字母“V”表示护层为聚氯乙烯；“Y”表示护层为聚乙烯；第四位数字表示同轴电缆的特性阻抗；第五位数字表示芯线绝缘外径；第六位数字表示结构序号。

附录XII 电真空常用金属材料的主要特性

材料	20℃密度/(g/cm³)	熔点/℃	导热系数/(W/(m·℃))	热膨胀系数/(×10⁻⁷/℃)					20℃电阻率/(μΩ·m)	电阻温度系数/(×10⁻³/℃)	磁导率/(H·m⁻¹)	趋肤深度/m	表面电阻率/(×10⁻⁷Ω/□)
				20℃	100℃	300℃	600℃	900℃					
钨	19.3	3410	159.1(20℃)	44.5(25℃)			46		0.055	5.1	$4\pi\times10^{-7}$	$0.1193/\sqrt{f}$	$4.708\sqrt{f}$
钼	10.2	2622	146.5(20℃)	53.5			55(1000℃)		0.0578	5.0	$4\pi\times10^{-7}$	$0.1200/\sqrt{f}$	
钽	16.6	2996	54.4(20℃)	65(25℃)			72.9(827℃)		0.124(18℃)	3.82	$4\pi\times10^{-7}$	$0.1989/\sqrt{f}$	
铌	8.57	2415	52.3(20℃)	71(25℃)		73.1	75.6	780	0.152(0℃)	3.96	$4\pi\times10^{-7}$		
铼	21.3	3180	46.5		66		67(500℃)		0.211	3.9	$4\pi\times10^{-7}$		
铂	21.45	1773	71	89(0℃)					0.106		$4\pi\times10^{-7}$	$0.1642/\sqrt{f}$	$4.817\sqrt{f}$
钯	12.02	1554	75	116.7(0℃)					0.108		$4\pi\times10^{-7}$		
钛	4.5	1690	17.2(20℃)	85(25℃)		89	97		0.55	5.5	$4\pi\times10^{-7}$		
锆	6.5	1830	21.3(20℃)	52(25℃)		54	61		0.41	4.4	$4\pi\times10^{-7}$		
金	19.3	1063	317	142					0.0244	0.4	$4\pi\times10^{-7}$	$0.0786/\sqrt{f}$	$3.180\sqrt{f}$
银	10.49	960.5	429	189(25℃)					0.0159	0.41	$4\pi\times10^{-7}$	$0.042/\sqrt{f}$	$2.525\sqrt{f}$
铜	8.96	1083	393.5(20℃)	165	170	176	186	98	0.0172	4.3	$4\pi\times10^{-7}$	$0.660/\sqrt{f}$	$2.610\sqrt{f}$
黄铜 H96	8.85	1071.4	245			181			0.031	0.27	$4\pi\times10^{-7}$	$0.1025/\sqrt{f}$	(H90)$4048\sqrt{f}$
黄铜 H62	8.43	905	109			206			0.071	0.17	$4\pi\times10^{-7}$	$0.1322/\sqrt{f}$	(H70)$5258\sqrt{f}$
铝	2.7	658	217.7(25℃)	229	239	255			0.029	4.1	$4\pi\times10^{-7}$	$0.0882/\sqrt{f}$	$3.270\sqrt{f}$
锌	7.14	419.5		17–39(25℃)					0.058		$4\pi\times10^{-7}$	$0.1221/\sqrt{f}$	$4.817\sqrt{f}$
镍	8.9	1455	82.9(100℃)	128	133	144	155	163	0.072	4.7	$4\pi\times10^{-5}$	$0.0197/\sqrt{f}$	$39.68\sqrt{f}$
铁	7.87	1540	72.8	117	121	134	147	150	0.10	5.6	$2\times4\pi\times10^{-5}$	$0.0112/\sqrt{f}$	$89.28\sqrt{f}$
08 钢			0.193(100℃)		121.9						$2\times4\pi\times10^{-4}$	$0.0032/\sqrt{f}$	$312.5\sqrt{f}$
10 钢			0.193(100℃)		116						$20\times4\pi\times10^{-4}$	$-0.001/\sqrt{f}$	$1000\sqrt{f}$
0Cr18Ni9				165		177		197			$4\pi\times10^{-5}$	$0.426/\sqrt{f}$	$16.891/\sqrt{f}$
1Cr18Ni9Ti		1410	0.039(100℃)	160		184	203	206					

附录XIII 常用膨胀合金的牌号和热膨胀系数

类别	牌号	室温至各温度的 δ/(×10^{-6}/℃)						热导率(20~100℃)/(W·m^{-1}·$℃^{-1}$)	电阻率(20℃)/(×10^{-6} Ω·m)
		100℃	200℃	300℃	400℃	500℃	600℃		
低膨胀合金	4J36 因瓦合金	1.4	2.45	5.16	7.80	9.73	10.97	10.88~13.39	0.78
	4J32 超因瓦合金	0.86	2.01	4.88	7.70	9.61	10.80	13.39	0.77
	4J38 易切削因瓦	≤1.8							
高温低膨胀合金	4J40			≤2.0					
玻封合金	代铂丝(杜美丝)	9.26	8.96	8.86	9.37	10.89	(径向)	167.4	0.046~0.057
		7.20	6.42	6.08	6.70	8.46	(轴向)		
	4J28	9.66	9.97	10.22	10.54	10.76	10.99	16.74	0.66
	4J29 可伐	6.38	5.87	4.7~5.5	4.6~5.2	5.9~6.4	7.85	19.26	0.46
	4J44 低钴可伐		4.3~5.3	4.3~5.1	4.6~5.2	6.4~6.9		19.67	0.55
瓷封合金	4J33	7.05	6.90	6.0~7.0	6.0~6.8	6.5~7.5	7.5~8.5	17.58	0.44
	4J34	7.70	7.34	6.3~7.5	6.2~7.6	6.5~7.6	7.8~8.4		0.41
	4J46			5.5~6.5	5.6~6.6	7.0~8.0		20.09	0.54
无磁瓷封合金	4J78	11.3	11.6	11.8	12.1	12.4	12.5	13.81	1.17
	4J80	11.6	11.9	12.4	12.7	13.0	13.0	15.49	0.88
	4J82	11.3	11.6	11.9	12.3	12.7	13.1	15.91	1.00

附录XIV 常用介质材料的特性

电性能 材料	ε_r			$\tan\delta(\times10^{-4})$			热传导率/W/(cm²·℃)	介质强度/(kV/cm)
	$f=$ 3GHz	$f=$ 10GHz	$f=$ 25GHz	$f=$ 3GHz	$f=$ 10GHz	$f=$ 25GHz		
氧化铝(99.9%)陶瓷		9.9			0.25			4×10^3
氧化铝(99.5%)陶瓷		9.5~9.6	9		1	2	0.3	4×10^3
氧化铝(99%)陶瓷		9	8.9		1	3		4×10^3
氧化铝(96%)陶瓷		8.9	8.7		6	7	0.28	4×10^3
氧化铝(85%)陶瓷		8			15		0.2	4×10^3
氧化铍(99.5%)陶瓷		6.1	6		3	40		
氧化铍(99%)陶瓷		6.1	6		1	40	2.5	
蓝宝石(氧化铝100%)		9.3~11.7			1		0.4	4×10^3
石英(99.9%)	3.78	3.80		1	1		0.008	10×10^3
硅酸盐玻璃		5.74			36		0.01	
金红石(TiO_2)		90~100			4		0.02	
石榴石铁氧体		13~16			2		0.03	4×10^3
硅		11.7			10~100		0.9	300
砷化镓		13			6		0.3	350
聚苯乙烯	2.55	2.55		5	7		0.001	≈300
聚乙烯	2.26	2.26		4	5		0.001	≈300
聚四氟乙烯	2.08	2.1		4	4		0.001	≈300
空气		1			≈0		0.00024	30

附录XV 国产氧化铝陶瓷和氧化铍陶瓷的主要性能

性能		氧化铝陶瓷				氧化铍陶瓷	
		75%	95%	95%	99%	95%	99%
比重		3. 2 ~ 3. 4	~3. 5	>3. 5	3. 73 ~ 3. 75		2. 9
抗折强度/MPa		160 ~ 320	220 ~ 370	280 ~ 300	300 ~ 350	120 ~ 180	>140
热膨胀系数/($\times 10^{-7}$/℃)	室温 ~ 200℃	45 ~ 55	53 ~ 63	56. 9	58. 1		50
	室温 ~ 300℃	55 ~ 65	62 ~ 69	63. 3	67. 4		60
	室温 ~ 400℃	64 ~ 65	67 ~ 75	67. 1	70. 1		75
	室温 ~ 500℃	65 ~ 75	67 ~ 87	70. 7	74	约 75	
热导率/[W/(m·K)]						125. 4 ~ 142. 12	~167. 2
体积电阻率/(Ω · m)	100℃	10^{11}	$>10^{11}$	$>10^{12}$	10^{12}	$10^{11} \sim 10^{12}$	
介电强度/(kV/mm)		20 ~ 40	20 ~ 40	12. 5 ~ 15. 3	>14	15 ~ 23	
介电常数	1MHz	6. 8 ~ 8. 6	8 ~ 10	9 ~ 9. 6	9 ~ 10	5. 5 ~ 7	
	300MHz	<8. 5			9. 6		6. 7
	3000MHz				8. 9		
	9500MHz		8. 5 ~ 9. 3			6. 3 ~ 6. 4	
介质损耗 $\tan\delta$/($\times 10^{-4}$)	1MHz(20 ± 5)℃	3 ~ 8	1. 3 ~ 5	1. 4 ~ 2. 3	1 ~ 2	2 ~ 4	
	1MHz(85 ± 5)℃	5 ~ 10	2. 1 ~ 5. 2			1 ~ 8	
	1MHz 受潮	5 ~ 11	1. 6 ~ 8. 6			1. 7 ~ 2. 4	
	300MHz				1. 35		3. 5 ~ 6
	3000MHz				0. 54		
	9500MHz		1. 2 ~ 7. 8			1 ~ 5. 9	

附录XVI 各种氮化物陶瓷的主要性能

性能	国产热压 BN		日本热压 BN		气相沉积 BN		AIN	Si_3N_4
	BN－2	BN－4	R	HC	各向同性	各向异性		
密度/(g/cm^3)	2.15	2.00	2.02	1.84	1.25	2.2	3.25	3.44
莫氏硬度	2	2	2	2			7～8	9
抗折强度/(N/mm^2)	62	39	78	44	92			
抗压强度/(N/mm^2)	99	60	167	550	216			
吸湿性①			1.80	0.11				
膨胀系数/($\times10^{-7}K^{-1}$)								
垂直 c 轴 25～200℃	－7.9	－25.8						
垂直 c 轴 25～500℃	－3.6	－11.8						
垂直 c 轴 25～700℃	0.3	7.1			38.0 (25～1000℃)		50～140 (25～1000℃)	25 (25～1000℃)
平行 e 轴 25～200℃	5.4	－28.3	100 (25～350℃)	－10.5 (25～350℃)				
平行 e 轴 25～500℃	18.2	17.2	91.6	－7.1				
平行 e 轴 25～700℃		25.9	79.3	－2.1				
导热系数/(W/(cm·K)) 垂直 c 轴,80℃	0.410	0.352 (200℃)	0.178	0.500	0.188 (300℃)	0.628 (100℃)	0.301 (200℃)	0.017
介电强度/(MV/m)	22				80			
体积电阻率/(Ω·m)								
25℃	10^{11}	10^{12}	$>10^{11}$	$>10^{11}$	10^{13}		2×10^9	$10^8\sim10^{11}$
300℃	1.3×10^{10}	1.6×10^{11}						
500℃					10^{11}		2×10^5	
相对介电常数 (1MHz)	4.2	4.0	3.94	4.01	3.01	5.12	8.5 (8.5GHz)	(7.2～8.3) (30kHz)
介质损耗 $\tan\delta$/($\times10^{-4}$)								
1MHz	9.5		6.2	8.1		1.4		
10GHz	19	12			0.6 (6GHz)		33	20 (1kHz)

注:①在室温下,100%湿度内,168h后称重,其他材料无数据,并不说明不吸湿。

附录XVII $J_m(\xi)$和$J'_m(\xi)$的200个根——μ_{mn}或μ'_{mn} ($J'_0(\xi) = -J_1(\xi)$)

	波型 mn	μ_{mn}或μ'_{mn}		波型 mn	μ_{mn}或μ'_{mn}
1	H 1—1	1.841184	41	E 8—1	12.225092
2	E 0—1	2.404826	42	E 5—2	12.338604
3	H 2—1	3.054237	43	H 4—3	12.681908
(4	E 1—1	3.831706	44	H 11—1	12.826491
(5	H 0—1	3.831706	45	H 7—2	12.932386
6	H 3—1	4.201189	46	E 3—3	13.015201
7	E 2—1	5.135622	47	H 2—4	13.170371
8	H 4—1	5.317553	(48	E 1—4	13.323692
9	H 1—2	5.331443	(49	H 0—4	13.323692
10	E 0—2	5.520078	50	E 9—1	13.35430
11	E 3—1	6.380162	51	E 6—2	13.58929
12	H 5—1	6.415616	52	H 12—1	13.878843
13	H 2—2	6.706133	53	H 5—3	13.987189
(14	E 1—2	7.015587	54	H 8—2	14.115519
(15	H 0—2	7.015587	55	E 4—3	14.372537
16	H 6—1	7.501266	56	E 10—1	14.475501
17	E 4—1	7.588342	57	H 3—4	14.585848
18	H 3—2	8.015237	58	E 2—4	14.795952
19	E 2—2	8.417244	59	E 7—2	14.821269
20	H 1—3	8.536316	60	H 1—5	14.863589
21	H 7—1	8.577836	61	H 13—1	14.928374
22	E 0—3	8.653728	62	E 0—5	14.930918
23	E 5—1	8.771484	63	H 6—3	15.268181
24	H 4—2	9.282396	64	H 9—2	15.286738
25	H 8—1	9.647422	65	E 11—1	15.589848
26	E 3—2	9.761023	66	E 5—3	15.700174
27	E 6—1	9.936110	67	H 4—4	15.964107
28	H 2—3	9.969468	68	H 14—1	15.975439
(29	E 1—3	10.173468	69	E 8—2	16.037774
(30	H 0—3	10.173468	70	E 3—4	16.223466
31	H 5—2	10.519861	71	H 2—5	16.347522
32	H 9—1	10.711434	72	H 10—2	16.447853
33	E 4—2	11.064709	(73	E 1—5	16.470630
34	E 7—1	11.086370	(74	H 0—5	16.470630
35	H 3—3	11.345924	75	H 7—3	16.529366
36	E 2—3	11.619841	76	E 12—1	16.698250
37	H 1—4	11.706005	77	E 6—3	17.003820
38	H 6—2	11.734936	78	H 15—1	17.020323
39	H 10—1	11.770877	79	E 9—2	17.241220
40	E 0—4	11.791534	80	H 5—4	17.312842

（续）

	波型 mn	μ_{mn}或μ'_{mn}		波型 mn	μ_{mn}或μ'_{mn}
81	H 11—2	17.600267	124	E 7—4	21.641541
82	E 4—4	17.615966	125	H 6—5	21.931715
83	H 8—3	17.774012	126	E 13—2	21.956244
84	H 3—5	17.788748	127	E 10—3	22.046985
85	E 13—1	17.801435	128	H 15—2	22.142247
86	E 2—5	17.959819	129	E 17—1	22.172495
87	H 1—6	18.015528	130	E 5—5	22.217800
88	H 16—1	18.063261	131	H 20—1	22.219145
89	E 0—6	18.071064	132	H 4—6	22.401032
90	E 7—3	18.287583	133	H 9—4	22.501399
91	E 10—2	18.433464	134	E 3—6	22.582730
92	H 6—4	18.637443	135	H 12—3	22.629300
93	H 12—2	18.745091	136	H 2—7	22.671582
94	E 14—1	18.899998	(137	E 1—7	22.760084
95	E 5—4	18.980134	(138	H 0—7	22.760084
96	H 9—3	19.004594	139	E 8—4	22.945173
97	H 17—1	19.104458	140	E 14—2	23.115778
98	H 4—5	19.196029	141	H 21—1	23.254816
99	E 3—5	19.409415	142	E 12—1	23.256777
100	H 2—6	19.512913	143	H 16—2	23.264269
101	E 8—3	19.554536	144	H 7—5	23.268053
(102	E 1—6	19.615859	145	E 11—3	23.275854
(103	H 0—6	19.615859	146	E 6—5	23.586084
104	E 11—2	19.615967	147	H 10—4	23.760716
105	H 13—2	19.883224	148	H 5—6	23.803581
106	H 7—4	19.941853	149	H 13—3	23.819374
107	E 15—1	19.994431	150	E 4—6	24.019020
108	H 18—1	20.144079	151	H 3—7	24.144897
109	H 10—3	20.223031	152	E 9—4	24.233885
110	E 6—4	20.320789	153	E 15—2	24.269180
111	H 5—5	20.575515	154	E 2—7	24.270112
112	E 12—2	20.789906	155	H 22—1	24.239385
113	E 9—3	20.807048	156	H 1—8	24.311327
114	E 4—5	20.826933	157	E 19—1	24.338250
115	H 3—6	20.972477	158	E 0—8	24.352472
116	H 14—2	21.015405	159	H 17—2	24.381913
117	E 16—1	21.085147	160	E 12—3	24.494885
118	E 2—6	21.116997	161	H 8—5	24.587197
119	H 1—7	21.164370	162	E 7—5	24.934928
120	H 19—1	21.182267	163	H 14—3	25.001972
121	E 0—7	21.211637	164	H 11—4	25.008519
122	H 8—4	21.229063	165	H 6—6	25.183925
123	H 11—3	21.430854	166	H 23—1	25.322921

(续)

	波型 mn	μ_{mn}或μ'_{mn}		波型 mn	μ_{mn}或μ'_{mn}
167	E 16—2	25.417019	184	H 7—6	26.545032
168	E 20—1	25.417141	185	E 17—2	26.559784
169	E 5—6	25.430341	186	H 19—2	26.605533
170	H 18—2	25.495558	187	E 11—4	26.773323
171	E 10—4	25.509450	188	E 6—6	26.820152
172	H 4—7	25.589760	189	E 14—3	26.907369
173	E 13—3	25.705104	190	H 5—7	27.010308
174	E 3—7	25.748167	191	H 10—5	27.182022
175	H 2—8	25.826037	192	E 4—7	27.199088
176	H 9—5	25.891177	193	H 3—8	27.310058
(177	E 1—8	25.903672	194	H 16—3	27.347386
(178	H 0—8	25.903672	195	H 25—1	27.387204
179	H 15—3	26.177766	196	E 2—8	27.420574
180	H 12—4	26.246048	197	H 1—9	27.457051
181	E 8—5	26.266815	198	H 13—4	27.474340
182	H 24—1	26.355506	199	E 0—9	27.493480
183	E 21—1	26.493648	200	E 22—1	27.567944

注：序号前有“(”者为兼并模。

附录XVIII 分贝值与电压和功率的关系

下面表中在分贝数左边的是当分贝数为负值时的电压比和功率比，右边的是分贝数为正值时的电压比和功率比。电压比超过10(或功率比超过100)时，可以将比值换算成两个数的乘积，然后分别查出其对应的分贝值，然后相加。例如：275∶1的电压比，可以换算成100∶1和2.75∶1两个数的乘积，100∶1等于40dB，2.75∶1从表中可查得等于8.8dB，因此275∶1就等于48.8dB。

电压比	功率比	-分贝+	电压比	功率比	电压比	功率比	-分贝+	电压比	功率比
1.0000	1.0000	.0	1.000	1.000	.8610	.7413	1.3	1.161	1.349
0.9886	0.9772	.1	1.012	1.023	.8511	.7244	1.4	1.175	1.380
.9772	.9550	.2	1.023	1.047	.8414	.7079	1.5	1.189	1.413
.9661	.9333	.3	1.035	1.072	.8318	.6918	1.6	1.202	1.445
.9550	.9120	.4	1.047	1.096	.8222	.6761	1.7	1.216	1.479
.9441	.8913	.5	1.059	1.122	.8128	.6607	1.8	1.230	1.514
.9333	.8710	.6	1.072	1.148	.8035	.6457	1.9	1.245	1.549
.9226	.8511	.7	1.084	1.175	0.7943	0.6310	2.0	1.259	1.585
.9120	.8318	.8	1.096	1.202	.7852	.6166	2.1	1.274	1.622
.9016	.8128	.9	1.109	1.230	.7762	.6026	2.2	1.288	1.660
0.8913	0.7943	1.0	1.122	1.259	.7674	.5888	2.3	1.303	1.698
.8810	.7762	1.1	1.135	1.288	.7586	.5754	2.4	1.318	1.738
.8710	.7586	1.2	1.148	1.318	.7499	.5623	2.5	1.334	1.778

（续）

电压比	功率比	-分贝+	电压比	功率比	电压比	功率比	-分贝+	电压比	功率比
.7413	.5495	2.6	1.349	1.820	.4315	.1862	7.3	2.317	5.370
.7328	.5370	2.7	1.365	1.862	.4266	.1820	7.4	2.344	5.495
.7244	.5248	2.8	1.380	1.905	.4217	.1778	7.5	2.371	5.623
.7161	.5129	2.9	1.396	1.950	.4169	.1738	7.6	2.399	5.754
0.7079	0.5012	3.0	1.413	1.995	.4121	.1698	7.7	2.427	5.888
.6998	.4898	3.1	1.429	2.042	.4074	.1660	7.8	2.455	6.026
.6918	.4786	3.2	1.445	2.089	.4027	.1622	7.9	2.483	6.166
.6839	.4677	3.3	1.462	2.138	0.3981	0.1585	8.0	2.512	6.310
.6761	.4571	3.4	1.479	2.188	.3936	.1549	8.1	2.541	6.457
.6683	.4467	3.5	1.496	2.239	.3890	.1514	8.2	2.570	6.607
.6607	.4365	3.6	1.514	2.291	.3846	.1479	8.3	2.600	6.761
.6531	.4266	3.7	1.531	2.344	.3802	.1445	8.4	2.630	6.918
.6457	.4169	3.8	1.549	2.399	.3758	.1413	8.5	2.661	7.079
.6383	.4074	3.9	1.567	2.455	.3715	.1380	8.6	2.692	7.244
0.6310	0.3981	4.0	1.585	2.512	.3673	.1349	8.7	2.723	7.413
.6237	.3890	4.1	1.603	2.570	.3631	.1318	8.8	2.754	7.586
.6166	.3802	4.2	1.622	2.630	.3589	.1288	8.9	2.786	7.762
.6095	.3715	4.3	1.641	2.692	0.3548	0.1259	9.0	2.818	7.943
.6026	.3631	4.4	1.660	2.754	.3508	.1230	9.1	2.851	8.128
.5957	.3548	4.5	1.679	2.818	.3467	.1202	9.2	2.884	8.318
.5888	.3467	4.6	1.698	2.884	.3428	.1175	9.3	2.917	8.511
.5821	.3388	4.7	1.718	2.951	.3388	.1148	9.4	2.951	8.710
.5754	.3311	4.8	1.738	3.020	.3350	.1122	9.5	2.985	8.913
.5689	.3236	4.9	1.758	3.090	.3311	.1096	9.6	3.020	9.120
0.5623	0.3162	5.0	1.778	3.162	.3273	.1072	9.7	3.055	9.333
.5559	.3090	5.1	1.799	3.236	.3236	.1047	9.8	3.090	9.550
.5495	.3020	5.2	1.820	3.311	.3199	.1023	9.9	3.126	9.772
.5433	.2951	5.3	1.841	3.388	0.3162	0.10000	10.0	3.162	10.00
.5370	.2884	5.4	1.862	3.467	.3126	.09772	10.1	3.199	10.23
.5309	.2818	5.5	1.884	3.548	.3090	.09550	10.2	3.236	10.47
.5248	.2754	5.6	1.905	3.631	.3055	.09333	10.3	3.273	10.72
.5188	.2692	5.7	1.928	3.715	.3020	.09120	10.4	3.311	10.96
.5129	.2630	5.8	1.950	3.802	.2985	.08913	10.5	3.350	11.22
.5070	.2570	5.9	1.972	3.890	.2951	.08710	10.6	3.388	11.48
0.5012	0.2512	6.0	1.995	3.981	.2917	.08511	10.7	3.428	11.75
.4955	.2455	6.1	2.018	4.074	.2884	.08318	10.8	3.467	12.02
.4898	.2399	6.2	2.042	4.169	.2851	.08128	10.9	3.508	12.30
.4842	.2344	6.3	2.065	4.266	0.2818	0.07943	11.0	3.548	12.59
.4786	.2291	6.4	2.089	4.365	.2786	.07762	11.1	3.589	12.88
.4732	.2239	6.5	2.113	4.467	.2754	.07586	11.2	3.631	13.18
.4677	.2188	6.6	2.138	4.571	.2723	.07413	11.3	3.673	13.49
.4624	.2138	6.7	2.163	4.677	.2692	.07244	11.4	3.715	13.80
.4571	.2089	6.8	2.188	4.786	.2661	.07079	11.5	3.758	14.13
.4519	.2042	6.9	2.213	4.898	.2630	.06918	11.6	3.802	14.45
0.4467	0.1995	7.0	2.239	5.012	.2600	.06761	11.7	3.846	14.79
.4416	.1950	7.1	2.265	5.129	.2570	.06607	11.8	3.890	15.14
.4365	.1905	7.2	2.291	5.248	.2541	.06457	11.9	3.936	15.49

(续)

电压比	功率比	-分贝+	电压比	功率比	电压比	功率比	-分贝+	电压比	功率比
0.2512	0.06510	12.0	3.981	15.85	.1462	.02138	16.7	6.839	46.77
.2483	.06166	12.1	4.027	16.22	.1445	.02089	16.8	6.918	47.86
.2455	.06026	12.2	4.074	16.60	.1429	.02042	16.9	6.998	48.98
.2427	.05888	12.3	4.121	16.98	0.1413	0.01995	17.0	7.079	50.12
.2399	.05754	12.4	4.169	17.38	.1396	.01950	17.1	7.161	51.29
.2371	.05623	12.5	4.217	17.78	.1380	.01905	17.2	7.244	52.48
.2344	.05495	12.6	4.266	18.20	.1365	.01862	17.3	7.328	53.70
.2317	.05370	12.7	4.315	18.62	.1349	.01820	17.4	7.413	54.95
.2291	.05248	12.8	4.365	19.05	.1334	.01778	17.5	7.499	56.23
.2265	.05129	12.9	4.416	19.50	.1318	.01738	17.6	7.586	57.54
0.2239	0.05012	13.0	4.467	19.95	.1303	.01698	17.7	7.674	58.88
.2213	.04898	13.1	4.519	20.42	.1288	.01660	17.8	7.762	60.26
.2188	.04786	13.2	4.571	20.89	.1274	.01622	17.9	7.852	61.66
.2163	.04677	13.3	4.624	21.38	0.1259	0.01585	18.0	7.943	63.10
.2138	.04571	13.4	4.677	21.88	.1245	.01549	18.1	8.035	64.57
.2113	.04467	13.5	4.732	22.39	.1230	.01514	18.2	8.128	66.07
.2089	.04365	13.6	4.786	22.91	.1216	.01479	18.3	8.222	67.61
.2065	.04266	13.7	4.842	23.44	.1202	.01445	18.4	8.318	69.18
.2042	.04169	13.8	4.898	23.99	.1189	.01413	18.5	8.414	70.79
.2018	.04074	13.9	4.955	24.55	.1175	.01380	18.6	8.511	72.44
0.1995	0.03981	14.0	5.012	25.12	.1161	.01349	18.7	8.610	74.13
.1972	.03890	14.1	5.070	25.70	.1148	.01318	18.8	8.710	75.86
.1950	.03802	14.2	5.129	26.30	.1135	.01288	18.9	8.811	77.62
.1928	.03715	14.3	5.188	26.92	0.1122	0.01259	19.0	8.913	79.43
.1905	.03631	14.4	5.248	27.54	.1109	.01230	19.1	9.016	81.28
.1884	.03548	14.5	5.309	28.18	.1096	.01202	19.2	9.120	83.18
.1862	.03467	14.6	5.370	28.84	.1084	.01175	19.3	9.226	85.11
.1841	.03388	14.7	5.433	29.51	.1072	.01148	19.4	9.333	87.10
.1820	.03311	14.8	5.495	30.20	.1059	.01122	19.5	9.441	89.13
.1799	.03236	14.9	5.559	30.90	.1047	.01096	19.6	9.550	91.20
0.1778	0.03162	15.0	5.625	31.62	.1035	.01072	19.7	9.661	93.33
.1758	.03090	15.1	5.689	32.36	.1023	.01047	19.8	9.772	95.50
.1738	.03020	15.2	5.754	33.11	.1012	.01023	19.9	9.886	97.72
.1718	.02951	15.3	5.821	33.88	0.1000	0.01000	20.0	10.000	100.00
.1698	.02884	15.4	5.888	34.67					
.1679	.02818	15.5	5.957	35.48		10^{-3}	30		10^{3}
.1660	.02754	15.6	6.026	36.31	10^{-2}	10^{-4}	40	10^{2}	10^{4}
.1641	.02692	15.7	6.095	37.15		10^{-5}	50		10^{5}
.1622	.02630	15.8	6.166	38.02	10^{-3}	10^{-6}	60	10^{3}	10^{6}
.1603	.02570	15.9	6.237	38.90		10^{-7}	70		10^{7}
0.1585	0.02512	16.0	6.310	39.81	10^{-4}	10^{-8}	80	10^{4}	10^{8}
.1567	.02455	16.1	6.383	40.74		10^{-9}	90		10^{9}
.1549	.02399	16.2	6.457	41.69	10^{-5}	10^{-10}	100	10^{5}	10^{10}
.1531	.02344	16.3	6.531	42.66					
.1514	.02291	16.4	6.607	43.65					
.1496	.02239	16.5	6.683	44.67					
.1479	.02188	16.6	6.761	45.71					

附录XIX　电压反射系数和电压驻波系数对应的分贝值

计算公式：电压反射系数 $|\Gamma|$ = 10exp(dB 数/20)；电压驻波系数 $\rho = (1+|\Gamma|)/(1-|\Gamma|)$

-功率分贝	电压反射系数	电压驻波系数	-功率分贝	电压反射系数	电压驻波系数
0.05	1.000010	∞	3.65	0.6607	4.8945
0.1	0.9886	174.4386	3.7	0.6531	4.7654
0.2	0.9772	86.7193	3.8	0.6457	4.6449
0.3	0.9661	57.9971	3.9	0.6383	4.5294
0.4	0.9550	43.4444	4.0	0.6310	4.4201
0.5	0.9441	34.7782	4.1	0.6237	4.3149
0.6	0.9333	28.9850	4.2	0.6166	4.2165
0.7	0.9226	24.8398	4.3	0.6095	4.1216
0.8	0.9120	21.7273	4.4	0.6026	4.0327
0.9	0.9016	19.3252	4.5	0.5957	3.9468
1.0	0.8913	17.3993	4.6	0.5888	3.8638
1.1	0.8810	15.8067	4.7	0.5821	3.7858
1.2	0.8710	14.5039	4.8	0.5754	3.7103
1.3	0.8610	13.3885	4.9	0.5689	3.6393
1.4	0.8511	12.4318	5.0	0.5623	3.5693
1.5	0.8414	11.6103	5.1	0.5559	3.5035
1.6	0.8318	10.8906	5.2	0.5495	3.4395
1.7	0.8222	10.2486	5.3	0.5433	3.3792
1.8	0.8128	9.6838	5.4	0.5370	3.3197
1.9	0.8035	9.1781	5.5	0.5309	3.2635
2.0	0.7943	8.7229	5.6	0.5248	3.2088
2.1	0.7852	8.3110	5.7	0.5188	3.1563
2.2	0.7762	7.9366	5.8	0.5129	3.1059
2.3	0.7674	7.5985	5.9	0.5070	3.0568
2.4	0.7586	7.2850	6.0	0.5012	3.0096
2.5	0.7499	6.9968	6.1	0.4955	2.9643
2.6	0.7413	6.7310	6.2	0.4898	2.9200
2.7	0.7328	6.4850	6.3	0.4842	2.8775
2.8	0.7244	6.2569	6.4	0.4786	2.8358
2.9	0.7161	6.0447	6.5	0.4732	2.7965
3.0	0.7079	5.8470	6.6	0.4677	2.7573
3.1	0.6998	5.6622	6.7	0.4624	2.7202
3.2	0.6918	5.4893	6.8	0.4571	2.6839
3.3	0.6839	5.3271	6.9	0.4519	2.6490
3.4	0.6761	5.1747	7.0	0.4467	2.6147
3.5	0.6683	5.0295	7.1	0.4416	2.5817

(续)

-功率分贝	电压反射系数	电压驻波系数	-功率分贝	电压反射系数	电压驻波系数
7.2	0.4365	2.5492	11.1	0.2786	1.7724
7.3	0.4315	2.5180	11.2	0.2754	1.7601
7.4	0.4266	2.4880	11.3	0.2723	1.7484
7.5	0.4217	2.4584	11.4	0.2692	1.7367
7.6	0.4169	2.4299	11.5	0.2661	1.7252
7.7	0.4121	2.4019	11.6	0.2630	1.7137
7.8	0.4074	2.3750	11.7	0.2600	1.7027
7.9	0.4027	2.3484	11.8	0.2570	1.6918
8.0	0.3981	2.3228	11.9	0.2541	1.6813
8.1	0.3936	2.2982	12.0	0.2512	1.6709
8.2	0.3890	2.2733	12.1	0.2483	1.6606
8.3	0.3846	2.2499	12.2	0.2455	1.6508
8.4	0.3802	2.2268	12.3	0.2427	1.6410
8.5	0.3758	2.2041	12.4	0.2399	1.6312
8.6	0.3715	2.1822	12.5	0.2371	1.6216
8.7	0.3673	2.1611	12.6	0.2344	1.6123
8.8	0.3631	2.1402	12.7	0.2317	1.6031
8.9	0.3589	2.1196	12.8	0.2291	1.5944
9.0	0.3548	2.0998	12.9	0.2265	1.5856
9.1	0.3508	2.0807	13.0	0.2239	1.5770
9.2	0.3467	2.0614	13.1	0.2213	1.5684
9.3	0.3428	2.0432	13.2	0.2188	1.5602
9.4	0.3388	2.0248	13.3	0.2163	1.5520
9.5	0.3350	2.0075	13.4	0.2138	1.5439
9.6	0.3311	1.9900	13.5	0.2113	1.5358
9.7	0.3273	1.9731	13.6	0.2089	1.5281
9.8	0.3236	1.9568	13.7	0.2065	1.5205
9.9	0.3199	1.9407	13.8	0.2042	1.5132
10.0	0.3162	1.9248	13.9	0.2018	1.5056
10.1	0.3126	1.9095	14.0	0.1995	1.4984
10.2	0.3090	1.8944	14.1	0.1972	1.4913
10.3	0.3055	1.8798	14.2	0.1950	1.4845
10.4	0.3020	1.8653	14.3	0.1928	1.4777
10.5	0.2985	1.8510	14.4	0.1905	1.4707
10.6	0.2951	1.8373	14.5	0.1884	1.4643
10.7	0.2917	1.8237	14.6	0.1862	1.4576
10.8	0.2884	1.8106	14.7	0.1841	1.4513
10.9	0.2851	1.7976	14.8	0.1820	1.4450
11.0	0.2818	1.7847	14.9	0.1799	1.4387

（续）

－功率分贝	电压反射系数	电压驻波系数	－功率分贝	电压反射系数	电压驻波系数
15. 0	0. 1778	1. 4325	18. 9	0. 1135	1. 2561
15. 1	0. 1758	1. 4266	19. 0	0. 1122	1. 2528
15. 2	0. 1738	1. 4207	19. 1	0. 1109	1. 2495
15. 3	0. 1718	1. 4149	19. 2	0. 1096	1. 2462
15. 4	0. 1698	1. 4091	19. 3	0. 1084	1. 2432
15. 5	0. 1679	1. 4036	19. 4	0. 1072	1. 2401
15. 6	0. 1660	1. 3981	19. 5	0. 1059	1. 2369
15. 7	0. 1641	1. 3926	19. 6	0. 1047	1. 2339
15. 8	0. 1622	1. 3872	19. 7	0. 1035	1. 2309
15. 9	0. 1603	1. 3818	19. 8	0. 1023	1. 2279
16. 0	0. 1585	1. 3767	19. 9	0. 1012	1. 2252
16. 1	0. 1567	1. 3716	20. 0	0. 1000	1. 2222
16. 2	0. 1549	1. 3666	21. 0	0. 0891	1. 1956
16. 3	0. 1531	1. 3616	22. 0	0. 0794	1. 1725
16. 4	0. 1514	1. 3568	23. 0	0. 0708	1. 1524
16. 5	0. 1496	1. 3518	24. 0	0. 0631	1. 1347
16. 6	0. 1479	1. 3471	25. 0	0. 0562	1. 1191
16. 7	0. 1462	1. 3425	26. 0	0. 0501	1. 1055
16. 8	0. 1445	1. 3378	27. 0	0. 0447	1. 0936
16. 9	0. 1429	1. 3335	28. 0	0. 0398	1. 0829
17. 0	0. 1413	1. 3291	29. 0	0. 0355	1. 0736
17. 1	0. 1396	1. 3245	30. 0	0. 0316	1. 0653
17. 2	0. 1380	1. 3202	31. 0	0. 0282	1. 0580
17. 3	0. 1365	1. 3162	32. 0	0. 0251	1. 0515
17. 4	0. 1349	1. 3119	33. 0	0. 0224	1. 0458
17. 5	0. 1334	1. 3079	34. 0	0. 0200	1. 0408
17. 6	0. 1318	1. 3036	35. 0	0. 0178	1. 0362
17. 7	0. 1303	1. 2996	36. 0	0. 0158	1. 0321
17. 8	0. 1288	1. 2957	37. 0	0. 0141	1. 0286
17. 9	0. 1274	1. 2920	38. 0	0. 0126	1. 0255
18. 0	0. 1259	1. 2881	39. 0	0. 0112	1. 0227
18. 1	0. 1245	1. 2844	40. 0	0. 0100	1. 0202
18. 2	0. 1230	1. 2805	50. 0	0. 0032	1. 0064
18. 3	0. 1216	1. 2769			
18. 4	0. 1202	1. 2732			
18. 5	0. 1189	1. 2699			
18. 6	0. 1175	1. 2663			
18. 7	0. 1161	1. 2627			
18. 8	0. 1148	1. 2594			

附录XX 电子速度、相对论因子与加速电压的关系

V	$\beta=\nu/c$	ν/(m/s)	$m/m_0=\gamma$
1V	1.978×10^{-3}	5.930×10^{5}	1.000
10V	6.255×10^{-3}	1.875×10^{6}	1.000
100V	1.978×10^{-2}	5.929×10^{6}	1.000
1kV	6.241×10^{-2}	1.871×10^{7}	1.002
10kV	0.195	5.843×10^{7}	1.020
20kV	0.272	8.149×10^{7}	1.040
30kV	0.328	0.984×10^{8}	1.056
40kV	0.374	1.121×10^{8}	1.078
50kV	0.413	1.237×10^{8}	1.098
60kV	0.446	1.337×10^{8}	1.117
70kV	0.475	1.425×10^{8}	1.137
80kV	0.502	1.506×10^{8}	1.156
90kV	0.526	1.577×10^{8}	1.176
100kV	0.548	1.642×10^{8}	1.195
250kV	0.740	2.220×10^{8}	1.487
400kV	0.826	2.477×10^{8}	1.776
500kV	0.864	2.590×10^{8}	1.98
800kV	0.920	2.758×10^{8}	2.57
1000kV	0.945	2.835×10^{8}	3.029
2000kV	0.979	2.935×10^{8}	4.905
5000kV	0.996	2.986×10^{8}	10.80
10000kV	0.9988	2.973×10^{8}	20.585

附录XXI　元素周期表

原子序号 → 29	Cu ← 元素符号
元素名称 →	铜
原子量 →	63.546

周期＼族	IA	IIA	IIIB	IVB	VB	VIB	VIIB	VIII			IB	IIB	IIIA	IVA	VA	VIA	VIIA	O
1	1 H 氢 1.0079																	2 He 氦 4.0026
2	3 Li 锂 6.941	4 Be 铍 9.0122											5 B 硼 10.811	6 C 碳 12.011	7 N 氮 14.007	8 O 氧 15.999	9 F 氟 18.998	10 Ne 氖 20.179
3	11 Na 钠 22.99	12 Mg 镁 24.305											13 Al 铝 26.982	14 Si 硅 28.086	15 P 磷 30.974	16 S 硫 32.066	17 Cl 氯 35.453	18 Ar 氩 39.948
4	19 K 钾 39.098	20 Ca 钙 40.078	21 Sc 钪 44.956	22 Ti 钛 47.88	23 V 钒 50.942	24 Cr 铬 51.996	25 Mn 锰 54.938	26 Fe 铁 55.847	27 Co 钴 58.933	28 Ni 镍 58.69	29 Cu 铜 63.546	30 Zn 锌 65.39	31 Ga 镓 69.723	32 Ge 锗 72.59	33 As 砷 74.922	34 Se 硒 78.96	35 Br 溴 79.904	36 Kr 氪 83.8
5	37 Rb 铷 85.468	38 Sr 锶 87.62	39 Y 钇 88.906	40 Zr 锆 91.224	41 Nb 铌 92.906	42 Mo 钼 95.94	43 Tc 锝 97.907	44 Ru 钌 101.07	45 Rh 铑 102.91	46 Pd 钯 106.42	47 Ag 银 107.87	48 Cd 镉 112.41	49 In 铟 114.82	50 Sn 锡 118.71	51 Sb 锑 121.75	52 Te 碲 127.6	53 I 碘 126.9	54 Xe 氙 131.29
6	55 Cs 铯 132.91	56 Ba 钡 137.33	57－71 镧 系	72 Hf 铪 178.49	73 Ta 钽 180.95	74 W 钨 183.85	75 Re 铼 186.21	76 Os 锇 190.2	77 Ir 铱 192.22	78 Pt 铂 195.08	79 Au 金 196.97	80 Hg 汞 200.59	81 Tl 铊 204.38	82 Pb 铅 207.2	83 Bi 铋 208.98	84 Po 钋 208.98	85 At 砹 209.99	86 Rn 氡 222.02
7	87 Fr 钫 223.02	88 Ra 镭 226.03	89－103 锕 系	104 Rf 钅卢 261.11	105 Ha 铧 262.11													

镧系	57 La 镧 138.91	58 Ce 铈 140.12	59 Pr 镨 140.91	60 Nd 钕 144.24	61 Pm 钷 144.91	62 Sm 钐 150.36	63 Eu 铕 151.96	64 Gd 钆 157.25	65 Tb 铽 158.93	66 Dy 镝 162.5	67 Ho 钬 164.93	68 Er 铒 167.26	69 Tm 铥 168.93	70 Yb 镱 173.04	71 Lu 镥 174.97
锕系	89 Ac 锕 227.03	90 Th 钍 232.04	91 Pa 镤 231.04	92 U 铀 238.03	93 Np 镎 237.05	94 Pu 钚 244.06	95 Am 镅 243.06	96 Cm 锔 247.07	97 Bk 锫 247.07	98 Cf 锎 251.08	99 Es 锿 [254]	100 Fm 镄 257.1	101 Md 钔 258.1	102 No 锘 259.1	103 Lr 铹 [260]

注：[ ]内数字是半衰期最长的放射性同位素的原子量。

元素周期表说明

周期:元素周期表中每一横行叫作一个周期,一共有七个周期,以阿拉伯数字 1 ~ 7 表示,它们又分为:

短周期:第 1、2、3 周期称为短周期;

长周期:第 4、5、6 周期称为长周期;

不完全周期:第 7 周期为不完全周期,但随着新元素的不断被发现,第 7 周期实际上已填满,成为长周期。

族:元素周期表中每一纵行叫作一族,一共有十六族,以罗马数字Ⅰ ~ Ⅷ和数字 0 表示。除了 0 族和Ⅷ族外,其余十四族又分为:

主族:IA ~ ⅦA 七个族称为主族;

副族:IB ~ ⅦB 七个族称为副族。

稀有气体(惰性气体):0 族称为稀有气体元素,也称为惰性气体元素;

碱金属:IA 族除氢(H)外,称为碱金属元素;

碱土金属:ⅡA 族称为碱土金属元素;

硼族元素:ⅢA 族称为硼族元素;

碳族元素:ⅣA 族称为碳族元素;

氮族元素:ⅤA 族称为氮族元素;

氧族元素:ⅥA 族称为氧族元素;

卤族元素:ⅦA 族称为卤族元素。

类金属元素:在ⅢA、ⅣA、ⅤA、ⅥA 族中,硼(B)、硅(Si)、锗(Ge)、砷(As)、锑(Sb)、碲(Te)、钋(Po)称为类金属元素;

镧系元素:ⅢB 族中第 57 ~ 71 号元素称为镧系元素;

锕系元素:ⅢB 族中第 89 ~ 103 号元素称为锕系元素;

稀土元素:ⅢB 族中所有 15 个镧系元素以及钪(Sc)、钇(Y)2 个元素共 17 个元素称为稀土元素,它们又分为:

轻稀土元素(铈组元素):稀土元素中的第 57 ~ 64 号元素称为轻稀土元素,又称为铈组元素;

重稀土元素(钇组元素):稀土元素中的第 65 ~ 71 号元素和钪、钇称为重稀土元素,又称为钇组元素;

铁系元素:Ⅷ族元素中铁(Fe)、镍(Ni)、钴(Co)称为铁系元素;

铂系元素(稀有元素):Ⅷ族元素中除铁系元素外的钌(Ru)、铑(Rh)、钯(Pd)、锇(Os)、铱(Ir)、铂(Pt)称为铂系元素,又称为稀有元素。

参考文献

[1] 沈致远．微波技术[M]．北京:国防工业出版社,1980.

[2] 廖承恩．微波技术基础[M]．北京:国防工业出版社,1984.

[3] 应嘉年,顾茂章,张克潜．微波与光波导技术[M]．北京:国防工业出版社,1994.

[4] 马守全．微波技术基础[M]．北京:中国广播电视出版社,1989.

[5] 瓦尔特朗 R A. 被导电磁波原理[M]．徐鲤庭,译．北京:人民邮电出版社,1977.

[6] 柯林 R E. 导波场论[M]．侯元庆,译．上海:上海科学技术出版社,1966.

[7] 毕德显．电磁场理论[M]．北京:电子工业出版社,1985.

[8] 全泽松．电磁场理论[M]．成都:电子科技大学出版社,1987.

[9] 高建平．电磁波工程基础[M]．西安:西北工业大学出版社,2008.

[10] 热列勃佐夫．微波技术概说[M],胡华旦,译．北京人民出版社,1966.

[11] 王家礼．电磁场与电磁波[M]．西安:西安电子科技大学出版社,2000.

[12] 王保志．微波技术与工程天线[M]．北京:人民邮电出版社,1991.

[13] 顾继慧．微波技术[M]．北京:科学出版社,2005.

[14] 列别捷夫 И. В. 超高频技术和器件[M]．刘盛纲,译．上海:上海科学技术出版社,1965.

[15] 顾茂章,张克潜．微波技术[M]．北京:清华大学出版社,1989.

[16] 柳维君．微波技术基础[M]．成都:电子科技大学出版社,1989.

[17] 吴群．微波技术[M]．哈尔滨:哈尔滨工业大学出版社,2004.

[18] Gary R, Gupta K C. Expression for wavelength and impedance of slot – line[J]. IEEE Trans. on MTT, 1976, 24(8): 532 – 532.

[19] 张国兴,杨鸿生．毫米波技术与器件[M]．南京:东南大学出版社,1991.

[20] 周希郎．电磁场理论与微波技术基础(下册)[M]．南京:东南大学出版社,2005.

[21] 李大年．微波原理与技术[M]．北京:北京师范大学出版社,1994.

[22] Koryu Ishii T. Microwave engineering[M]. Second Edition. New York: Harcourt Brace Jovanovich Publishers, 1989.

[23] 薛良金．毫米波工程基础[M]．北京:国防工业出版社,1998.

[24] Hammerstad E, Jensen Φ. Accurate models for micro – strip computer – aided design[C]. IEEE MTT – S Int. Microwave Symp. Digest, 1980: 407 – 409.

[25] March S L. Empirical formulas for the impedance and effective dielectric constant of covered micro – strip for use in the computer – aided design of microwave integrated circuits[C]. Proceeding of the European Microwave Conference, 1981: 671 – 676.

[26] Bahl I J. Use exact methods for micro – strip design[J]. Microwave, 1978, 17(12): 61 – 62.

[27] Pramanick P, Bhartia P. Accurate analysis equations and synthesis technique for unilateral fin – lines[J]. IEEE Trans on MTT, 1985, 33(1): 24 – 30.

[28] Sharma A K, Hoefer W J R. Empirical expressions for fin – line design[J]. IEEE Trans on MTT, 1983, MTT – 31(4): 350 – 356.

[29] Pramanick P, Bhartia P. A new model for the apparent characteristic impedance of finned wave – guide and fin – lines [J]. IEEE Trans on MTT, 1986, 34(12): 1437 – 1441.

[30] 李嗣范．微波元件原理与设计[M]．北京:人民邮电出版社,1982.

[31] 柯林 R E. 微波工程基础[M]．吕继尧,译．北京:人民邮电出版社,1981.

[32] 列文 L. 现代波导理论[M]．邱荷生,译．北京:科学出版社,1960.

[33] 王典成. 电磁场理论与微波技术[M]. 北京:科学出版社,1986.
[34] 列别捷夫 И В. 超高频技术[M]. 成都电讯工程学院,译. 北京:人民教育出版社,1958.
[35] 环境保护部. 国家污染物环境健康风险名录:物理分册[M]. 北京:中国环境科学出版社,2012.
[36] 廖承恩,陈达章. 微波技术基础[M]. 北京:国防工业出版社,1979.
[37] 王文祥. 高功率微波测量[M]. 北京:国防工业出版社,2022.
[38] 什尔曼 Я Д. 无线电波导与空腔共振器[M]. 王合力,译. 北京:科学出版社,1962.
[39] 中华人民共和国国家标准. 波导法兰盘 第四部分圆形波导法兰盘规范:GB 11449.4—89[S]. 1989.
[40] 张鹏. Ti 掺杂 TaN 薄膜与微波衰减器研究[D]. 成都:电子科技大学,2015.
[41] 李镇远,冯进军,梁友焕. 行波管中的微波测量技术[M]. 北京:国防工业出版社,2013.
[42] 边慧琦,杜朝海,潘石,等. 太赫兹宽带 Denisov 型准光模式变换器的设计分析[J]. 红外与毫米波学报,2020,39(5):567-575.
[43] 王虎,沈文渊,耿志辉,等. 高功率回旋振荡管 Denisov 型辐射器的研究[J]. 物理学报,2013,62(23),238401-1-238401-9.
[44] Harvey A F. Microwave engineering[M]. London and New York:Academic Press,1963.
[45] 范树礼. 微波元件及测量[M]. 北京:人民教育出版社,1961.
[46] Ghose N. Microwave circuit theory and analysis[M]. New York:McGraw-Hill Book Company,Inc.,1963.
[47] 斯波莱德 F,翁格尔 H G. 波导渐变器过渡器和耦合器[M]. 钦耀坤,译. 北京:科学出版社,1984.
[48] 伍捍东,崔峰. 微波工程技术参考手册,微波与毫米波[M]. 六版. 西安:西安恒达微波集团,2010.
[49] 电子管设计手册编辑委员会. 中小功率行波管设计手册[M]. 北京电子管设计手册编辑委员会,1977.
[50] 吴明英,毛秀华. 微波技术[M]. 西安:西安电子科技大学出版社,1989.
[51] Samuel Y L. Microwave devices and circuit[M]. Second Edition. New Jersey:Prentice-Hall Inc,1985.
[52] 黄宏嘉. 微波原理[M]. 北京:科学出版社,1964.
[53] Wang W X,Gong Y B,Yu G F,et al. Mode discrimination based on mode selective coupling[J]. IEEE Trans. on MTT,2003,51(1):55-63.
[54] 王文祥,徐梅生,余国芬. 一种新型定向耦合器的设计[J]. 电子科技大学学报,1991,20(5):497-502.
[55] Wang W X,Xu M S,Yu G F,et al. The design of a waveguide-coaxial line directional coupler[J]. Int. J. Electronics,1993,74(1):111-120.
[56] Wang W X,Gong Y B,Sun J H. Analysis and design of a waveguide-coaxial line single-hole directional coupler[J]. Int. J. Electronics,1996,81(3):311-319.
[57] 王文祥,$H_{01}^{\circ}-H_{10}^{\circ}$高功率定向耦合器的改进设计[J]. 电子科技大学学报,1990,19(5):492-498.
[58] Wang W X,Lawson W and Granatstein V L. The design of a mode selective directional coupler for a high power gyroklystron[J]. Int. J. Electronics,1988,65(3):705-716.
[59] Wang W X. Improved design of a high power mode selective directional coupler[J]. Int. J. Electronics,1994,76(1):131-142.
[60] Miller S E. Coupled wave theory and waveguide applications[J]. The Bell System Technical Journal,1954,5:661-719.
[61] Julius L. Interdigitated stripline quadrature hybrid[J],TEEE Trans. on MTT,196,17(12):1150-1151.
[62] Presser A. Interdigitated microstrip coupler design[J]. TEEE Trans. on MTT,1978,26(10):801-805.
[63] Osmani R M. Synthesis of Lange couplers[J]. TEEE Trans. on MTT,1981,29(2):168-170.
[64] 张国荣. 微波铁氧体材料与器件[M]. 北京:电子工业出版社,1995.
[65] 焦其祥,王道东. 电磁场理论[M]. 北京:北京邮电学院出版社,1994.
[66] 水启刚. 微波技术[M]. 北京:国防工业出版社,1986.
[67] Yu C F,Chang T H. High-performance circular TE01-mode converter[J]. IEEE Trans. on MTT,2005,53(12):3794-3798.
[68] Thumm M K,Kasparek W. Passive high-power microwave components[J]. IEEE Trans. on PS,2002,30(3):755-786.
[69] Lawson W G. Theoretical evaluation of nonlinear tapers for a high-power gyrotron[J]. IEEE Trans. on MTT,1990,38(11):1617-1622.

[70] Thumm M. High power mode conversion for linearly polarized HE11 hybrid mode output[J]. Int. J. Electronics,1986,61(6):1135 – 1153.
[71] 杨仕文. 高功率微波高频系统的研究[D]. 成都:电子科技大学,1997.
[72] 牛新建. 高功率微波传输线及模式变换研究[D]. 成都:电子科技大学,2003.
[73] 于新华. 高功率毫米波模式变换和传输关键技术的研究[D]. 成都:电子科技大学,2009.
[74] Thumm M,Jacobs A,Ayza M S. Design of short high – power TE_{11} – HE_{11} mode converters in highly overmoded corrugated corrugated waveguides[J]. IEEE Trans. on MTT,1991,39(2):301 – 309.
[75] 谢处方,饶克瑾. 电磁场与电磁波[M]. 北京:人民教育出版社,1979.
[76] 王蕴仪,苗敬峰,沈楚玉,等. 微波器件与电路[M]. 南京:江苏科学技术出版社,1981.
[77] 拉姆,惠勒. 近代无线电中的场与波[M]. 张世磷,肖笃墀,等译. 北京:人民邮电出版社,1963.
[78] 王文祥. 真空电子器件[M]. 北京:国防工业出版社,2012.
[79] Gilmour A S. Principles of traveling wave tubes[M]. Norwood, MA:Artech House,1994.
[80] 赫崇骏,韩永宁,袁乃昌,等. 微波电路[M]. 长沙:国防科技大学出版社,1999.
[81] Lewin L. Advanced theory of waveguides[M]. London:Ilife & Sons, Ltd. , 1951.
[82] 吴万春. 集成固体微波电路[M]. 北京:国防工业出版社,1981.
[83] 顾其诤,项家桢,袁孝康. 微波集成电路设计[M]. 北京:人民邮电出版社,1978.
[84] Bahl I J,Bhartia P. 微波固态电路设计[M]. 顾墨林,总校.《SSS》丛书编辑部,1991.
[85] Smith B L,Carpentier M H. The microwave engineering handbook[M]. London:Chapman&Hall,1992.
[86] 胡爱民. 微声电子器件[M]. 北京:国防工业出版社,2008.
[87] 潘 峰,等. 声表面波材料与器件[M]. 北京:科学出版社,2012.
[88] 刘小庆. 新型结构声表面波器件研究[D]. 南京:南京邮电大学,2020.
[89] 武以立,邓盛刚,王永德. 声表面波原理及其在电子技术中的应用[M]. 北京:国防工业出版社,1983.
[90] Cohn S B. Properties of ridge wave guide[J]. Proc. of I. R. E. ,1947,35(8):783 – 788.
[91] Osbrink N K. YIG—Tuned oscillator fundamentals[J]. Microwave Systems News,1983,13(12):207 – 225.
[92] 周炳琨,高以智,陈家骅,等. 激光原理[M]. 北京:国防工业出版社,1984.
[93] 杨祥林,张兆镗,张祖舜. 微波器件原理[M]. 北京:电子工业出版社,1994.
[94] 廖复疆,吴固基. 真空电子技术——信息装备的心脏[M]. 北京:国防工业出版社,1999.
[95] 董树义. 近代微波测量原理[M]. 西安:西安电子科技大学出版社,1994.
[96] 董树义. 微波测量[M]. 北京:国防工业出版社,1985.
[97] 闫润卿,李英惠. 微波技术基础[M].2 版. 北京:北京理工大学出版社,1997.
[98] 陈振国. 微波技术基础与应用[M]. 北京:北京邮电大学出版社,1996.
[99] 李大年. 微波原理与技术[M]. 北京:北京师范大学出版社,1994.
[100] 电子管设计手册编辑委员会. 大功率速调管设计手册[M]. 北京:国防工业出版社,1979.
[101] 格拉瓦涅夫斯基 Э И. 电子管的理论和计算基础(下册)[M]. 林德云,译. 北京:人民教育出版社,1964.
[102] 藤沢和男. 凹形空胴共振器の精密たL. C. R 並列等価回路[J]. 電氣通信學會雜誌,1953,36(4):151 – 158.
[103] 吴鸿适. 微波电子学原理[M]. 北京:科学出版社,1987.
[104] 刘盛纲,李宏福,王文祥,等. 微波电子学导论[M]. 北京:国防工业出版社,1985.
[105] Gilmour A S. Klystrons,traveling wave tubes,magnetons,crossed – field amplifiers and gyrotrons[M]. Norwood, MA:Artech House,2011.
[106] 电子管设计手册编辑委员会. 微波管电子光学系统设计手册[M]. 北京:国防工业出版社,1981.
[107] 赵国庆. 宽带大功率行波管多级降压收集极设计程序研究[D]. 成都:电子科技大学,2001.
[108] 应根裕,徐淦卿. 电子器件[M]. 北京:清华大学出版社,1989.
[109] 吴伯瑜,张克潜. 微波电子学[M]. 北京:电子工业出版社,1986.
[110] 列别捷夫 И В. 超高频电真空器件(上册)[M]. 成都电讯工程学院,译. 北京:人民教育出版社,1961.
[111] 列别捷夫 И В. 超高频电真空器件(下册)[M]. 成都电讯工程学院,译. 北京:人民教育出版社,1961.
[112] 电子管设计手册编辑委员会. 磁控管设计手册[M]. 北京:国防工业出版社,1979.

[113] 刘盛纲. 相对论电子学[M]. 北京:科学出版社,1987.

[114] 徐孔义,王文祥. 变截面波导开放式谐振腔的研究[J]. 成都电讯工程学院学报,1984(1):54-64.

[115] 钱光第,王文祥. 缓变截面波导型开放式谐振腔的数值计算[J]. 成都电讯工程学院学报,1984(1):65-73.

[116] 王文祥,李宏福,杜品忠,等. 轴对称开放式谐振腔的参量计算[J]. 成都电讯工程学院学报,1985(Suppl.):83-95.

[117] 张克潜,李德杰. 微波与光电子学中的电磁理论[M]. 北京:电子工业出版社,1994.

[118] Samuel Y L. Microwave devices and ciruits[M]. Third Edition. New Jersey:Prentice Hall,1990.

[119] 中华人民共和国电子行业军用标准. 脉冲峰值功率测量方法:SJ 20769—1999[S]. 1999.

[120] 阿良莫夫斯基 И B. 电子注与电子枪[M],黄高年,译. 北京:《电子管技术》编辑组,1974.

[121] 尼·谢·任晴科. 电子光学教程[M]. 清华大学无线电系,译. 北京:人民教育出版社,1961.

[122] 雷伦昌. 带状注行波管电子光学系统的设计与应用[D]. 成都:电子科技大学,2015.

[123] 党博,王战亮,唐先锋,等. W波段带状注电子枪的仿真研究[J]. 真空电子技术,2013,3 :28-30.

[124] 温瑞东. W波段带状束电子光学系统的设计与实验研究[D]. 成都:电子科技大学,2020.

[125] 王战亮. 带状电子注的形成、传输与应用研究[D]. 成都:电子科技大学,2010.

[126] 王战亮,宫玉彬,魏彦玉,等. 一种形成高椭圆率带状电子注的新方法[J]. 真空科学与技术学报,2010,30(6):599-603.

[127] 万方. 带状电子光学系统的研究[D]. 成都:电子科技大学,2013.

[128] 马宏安,带状注电子枪的聚焦设计[D]. 成都:电子科技大学,2009.

[129] 沈金亮. 带状电子束传输及聚焦方法的研究[D]. 成都:电子科技大学,2009.

[130] 韩莹,赵鼎,阮存军,等. 带状电子注在PCM磁场系统中聚焦与传输的研究[C]. 中国电子学会真空电子学分会第十七届学术年会暨军用微波管研讨会论文集. 宜昌,2009:415-419.

[131] 韩莹,阮存军,王勇,等. 带状电子注的聚焦和传输[J]. 强激光与粒子束,2010,22(12):2935-2939.

[132] 吴常津. 利用MAFIA程序设计8 mm大功率输出窗[J]. 真空电子技术,2005(1):9-14.

[133] 申靖轩. 基于超材料的宽带微波输能窗设计[D]. 南京:东南大学,2021.

[134] 杜英华,丁明清,胡银富,等. 太赫兹行波管倍频器用金刚石输能窗研究[J]. 真空电子技术,2013(3):21-24.

[135] 李虎雄. 宽带大功率微波输出窗及过渡段研究[D]. 成都:电子科技大学,2011.

[136] 朱小芳,胡权,胡玉禄,等. 一种宽带大功率同轴窗研究[J]. 真空科学与技术学报,2016,36(4):407-412.

[137] 张彦成,王经强,孟晓君. 同轴窗在耦合腔行波管上的应用[C]. 中国电子学会真空电子学分会第十九届学术年会论文集. 黄山,2013:260-261.

[138] 曾爽. 毫米波行波管输入输出系统的设计研究[D]. 成都:电子科技大学,2016.

[139] 黄佳琦. 太赫兹频段宽带输能窗研究[D]. 成都:电子科技大学,2020.

[140] 胡益珺. 太赫兹真空器件输能系统研究[D]. 成都:电子科技大学,2021.

[141] 彭洋. 具有截止圆波导的盒形窗的研究[D]. 成都:电子科技大学,2007.

[142] Marcuvitz N. Waveguide handbook[M]. New York:McGraw-Hill,1951.

[143] Wade J D,MacPhie R H. Scattering at circular-to-rectangular waveguide junctions[J]. IEEE Trans. on Microwave Theory and Tech,1986,34(11):1085-1091.

[144] 廖复疆. 大功率微波真空电子器件的发展及应用[J]. 真空电子技术,1992(1):1-10.

[145] 唐金生. 毫米波耦合腔行波管设计的新方法[J]. 真空电子技术,1988(4):39-43.

[146] 刘顺康. 毫米波行波管的新进展[J]. 真空电子技术,1988(5):55-58.

[147] 李白楼. 微波管的功率和效率达到新水平[J]. 真空电子技术,1988(2):46-53+40.

[148] Wang W X,Wei Y Y,Yu G F,et al. Review of the novel slow-wave structure for high-power TWT[J]. Int. J. of Infrared and Millimeter Waves,2003,24(9):1469-1484.

[149] 王文祥,余国芬,宫玉彬. 行波管慢波系统的新进展——全金属慢波结构[J]. 真空电子技术,1995(5):30-37.

[150] Wang W X,Yu G F,Wei Y Y. Study of the ridge-loaded helical-groove slow-wave structure[J]. IEEE Trans. on MTT,1997,45(10):1689-1695.

[151] Gong Y B,Wang W X,Wei Y Y,et al. Theoritical-anlysis of ridge-loaded ring-plane slow-wave structure by varia-

tional methods[J]. IEE Proc - Microw. Antennas Propagation,1998,145(5):397 - 405.

[152] Yu G F,Wang W X,Wei Y Y,et al. Analysis of the coaxial helical - groove slow - wave structure[J]. IEEE Trans. on MTT,2002,50(1):191 - 200.

[153] Wei Y Y,Wang W X,Sun J H. An approach to the analysis of arbitrarity - shaped helical groove waveguide[J]. IEEE Microwave and Guided Wave Letter,2000,10(1):4 - 6.

[154] Wang W X,Gong Y B,Yu G F. Study of sectorial groove - gap RF structure for cusptron[J]. Int. J. of Infrared and Millimeter Waves,1996,17(4):747 - 757.

[155] Gong Y B,Wang W X,Liu S G. Dispersion relation of π - line slow wave structure[J]. Int. J. of Infrared and Millimeter-Waves,1997,18(3):665 - 674.

[156] Wang W X,Wei Y Y,Yu G F,et al. Investigation of the half - circular helical groove slow - wave structure[J]. Int. J. of Infrared and Millimeter Waves,1998,19(9):1089 - 1101.

[157] Wang W X,Gong Y B,Wei Y Y. The analysis of hole - gap helical groove waveguide[J]. Int. J. of Infrared and Millimeter Waves,2000,21(10):1617 - 1625.

[158] Wei Y Y,Wang W X,Gong Y B,et al. Investigation of the dielectric - loaded ridged helical groove slow - wave system for millimeter wave TWT[J]. Int. J. of Infrared and Millimeter Waves,2001,22(5):737 - 756.

[159] Lan Y H,Wang W X,Gong Y B. Analysis of the coaxial ridged - loaded helical groove waveguide[J]. Int. J. of Infrared and Millimeter Waves,2002,23(3):425 - 434.

[160] 丁耀根. 大功率速调管的理论与计算机模拟[M]. 北京:国防工业出版社,2008.

[161] Mclachlan N W. Bessel function for engineers[M]. Second Edition. Oxford:Oxford University Press,1955.

[162] 安德烈·安戈. 电工、电信工程师数学[M]. 陆志刚,等译校. 北京:人民邮电出版社,1979.

[163] 徐宜亮. 220GH T 型栅带状注行波管的研究[D]. 成都:电子科技大学,2021.

[164] 路志刚. 矩形波导栅行波放大器的研究[D]. 成都:电子科技大学,2008.

[165] 许雄. 正弦波导及其应用的研究[D]. 成都:电子科技大学,2012.

[166] 王冠军. 矩形栅波导慢波系统的研究[D]. 成都:电子科技大学,2005.

[167] 沈飞. 微带型慢波结构的研究[D]. 成都:电子科技大学,2012.

[168] 列别捷夫 И B. 微波电子学[M]. 韩家瑞,鲍贤杰,李庆绩,译. 北京:国防工业出版社,1982.

[169] 陈嘉钰,于善夫. 四毫米绕射辐射振荡器[R]. 中国电子科技报告,1989,8.

[170] Benford J,Swegle J. 高功率微波[M]. 吴诗信,莫伯锦,译. 成都:电子科技大学出版社,1996.

[171] Granatstein V L,Alexeff I. High - power microwave sources[M]. Boston,London:Artech House,1987.

[172] Thumm M. State - of - the - art of high power gyro - devices and free electron masers update 1995[M]. Karlsruhe:Forschungszentrum Karlsruhe GmbH,1996.

[173] 中国科学院电子学研究所三室 EIO 组. Ka 波段扩展作用振荡器 - D3036[J]. 电子管技术,1983(3):1 - 8.

[174] 丁耀根. 大功率速调管的设计制造和应用[M]. 北京:国防工业出版社,2010.

[175] 张兆镗. 磁控管与微波加热技术[M]. 成都:电子科技大学出版社,2018.

[176] Gilmour A S Jr. 速调管、行波管、磁控管、正交场放大器和回旋管[M]. 丁耀根,张兆传,等译. 北京:国防工业出版社, 2012.

[177] Granatstein V L,Alexeff I. High - power microwave sources[M]. Boston,London:Artech House,1987.

[178] 张兆镗. 磁控管与微波加热技术[M]. 成都:电子科技大学出版社,2018.

[179] 赵禹. 矩形化连续波磁控管的研究[D]. 成都:电子科技大学,2020.

[180] 黄日隆. 回旋潘尼管的工作原理[J]. 真空电子技术,2002(6):19 - 24.

[181] 黄日隆. 潘尼管和回旋管的比较[J]. 真空电子技术,2003(1):35 - 38.

[182] 张群. 一种新型大功率毫米波源——回旋潘尼管[J]. 真空电子技术,1987(6):13 - 15.

[183] Destler W W,et al. High - power microwave generation form large - orbit devices[J]. IEEE Trans. on PS. ,1988,16(2):71 - 89.

[184] 陈抗生,罗宇光,等. 回旋磁控管(cusptron)的理论与研制[J]. 真空电子技术,1992(3):1 - 7.

[185] 廖复疆. 大功率微波电子注器件及其发展[J]. 真空电子技术,1999(1):3 - 9 + 16.

[186] 廖复疆,李德章. 微波功率模块:下一代武器系统的关键电子器件[J]. 真空电子技术,1995(3):1-5.

[187] 彭自安,冯进军. 真空微电子在微波和毫米波中的应用前景[J]. 真空电子技术,1995(5):25-29.

[188] McIntyre P M,Bizek H M,et al. Gigatron[J]. IEEE Trans. on ED. ,1989,36(11):2720-2727.

[189] McGruer N E,Johnson A C,et al. Prospects for a 1-THz vacuum microelectronic microstrip amplifier[J]. IEEE Trans. on ED. ,1991,38(3):666-671.

[190] Nusinovich G S,Carmel Y,et al. Recent progress in the development of plasma-filled TWT and BWO[J]. IEEE Trans. on PS. ,1998,26(3):628-645.

[191] 谢文楷,蒙林,等. X 波段等离子体填充返波管振荡器[J]. 真空电子技术,1999(4):3-7.

[192] 祝家清. 自由电子激光引论[M]. 武汉:湖北教育出版社,1994.

[193] 刘树杞,卢亚雄,等. 量子电子学[M]. 天津:天津科学技术出版社,1990.

[194] Barker R J,Schamiloglu E. 高功率微波源与技术[M].《高功率微波源与技术》翻译组,译. 北京:清华大学出版社,2005.

[195] Benford J,Swegle J A,Schamilogu E. 高功率微波[M]. 2 版. 江伟华,张驰,译. 北京:国防工业出版社,2009.

[196] 张军. 新型过模慢波高功率微波发生器研究[D]. 长沙:国防科学技术大学,2004.

[197] 陈昌华. 带 Bragg 反射器高功率相对论返波管理论和实验研究[D]. 西安:西北核技术研究所,2004.

[198] Bugaev S P,Cherepenin V A,et al. Relativistic multiwave Cerenkov generators[J]. IEEE Trans. on PS. ,1990,18(3):596-597.

[199] Bugaev S P,Cherepenin V A,et al. Investigation of a millimeter-wavelength-range relativistic diffraction generator[J]. IEEE Trans. on PS,1990,18(3):518-524.

[200] 庄平伟. 相对论磁控管的研究[D]. 成都:电子科技大学,1994.

[201] Creedon J M. Relativistic Brillouin flow in high v / γ diode[J]. J. A. P. 1975,46(7):2946 - 2955.

[202] Creedon J M. Magnetic cutoff in high-current diode[J]. J. A. P. 1977,48(3):1070-1077.

[203] 刘松. 磁绝缘线振荡器研究[D]. 长沙:国防科学技术大学,2001.

[204] Lin A T. Doppler shift dominated cyclotron masers[J]. Int. J. Electronics,1984,57(6):1097-1107.

[205] McDermott D B,Cao H B,Luhmann N C,Jr. A Cherenkov cyclotron autoresonance maser[J]. Int. J. of Electronics,1988,65(3):477-482.

[206] Bratiman V L,Ginzburg N S,Nusinovich G S,et al. Relativstic gyrotrons and cyclotron autoresonance maser[J]. Int. J. Electronics,1981. 51(4):541-567.

[207] 张世昌. 回旋自谐振脉塞中束波互作用关系[J]. 电子科学学刊,1994,16(3):296-303.

[208] 全泽松. 相对论电动学[M]. 成都:电子科技大学出版社,1990.

[209] Tallerico P J,Rankin J E. The gyrocon:a high-efficiency,high-power microwave amplifier[J]. IEEE Trans. on ED. ,1979,26(10):1559-1566.

[210] Nezhevenko O A. Gyrocons and magnicons:microwave generators with circular deflection of the electron bean[J]. IEEE Trans. on PS. ,1994,22(5):756-772.

[211] Hafizi B,Seo Y,Gold S H,et al. Analysis of the deflection system for a magnetic-field-immersed magnicon amplifier[J]. IEEE Trans. on PS. ,1992,20(3):232-239.

[212] 惠钟锡,杨震华. 自由电子激光[M]. 北京:国防工业出版社,1995.

[213] 马歇尔 T C. 自由电子激光器[M]. 尹元昭,译. 北京:科学出版社,1993.

[214] Miller R B,McCullough W F,et al. Super-reltron theory and experiments[J]. IEEE Trans. on PS. ,1992,20(3):332-343.

[215] Miller R B,Muehlenweg C A,et al. Super-reltron progress[J]. IEEE Trans. on PS. ,1994,22(5):701-705.

[216] Arman M J. Radial acceletron,a new low-impedance HPM source[J]. IEEE Trans. on PS. ,1996,24(3):964-969.

[217] Barroso J J,Kostov K G,Yovchv I G. A proposed 4 GHz,60 kW transit-time oscillator operating at 18 kV beam voltage[J]. IEEE Trans. on PS. ,1998,26(5):1520-1525.

[218] Barroso J J,Kostov K G. A 5. 7 GHz,100 kW microwave source based on the monotron concept[J]. IEEE Trans. on PS. ,1999,27(2):580-586.

[219] 马乔生,刘庆想. X 波段渡越管振荡器的实验研究[J]. 高能物理与核物理,2003,27(6):542-545.

[220] 余国芬,王文祥,刘盛纲. 虚阴极振荡器研究进展[J]. 电子科技导报,1996(12):5-7.
[221] 施华. 电真空材料及工艺(上、下册)[M]. 北京:人民教育出版社,1961.
[222] 严文俊,郝永言. 真空电子器件制造工艺[M]. 北京:电子工业出版社,1995.
[223] 史月艳,殷志强,吴家庆,等. 物理电子技术材料与工艺[M]. 北京:国防工业出版社,1995.
[224] 莫纯昌,陈国平,等. 电真空工艺[M]. 北京:国防工业出版社,1980.
[225] 陈克强,魏志渊,管柞尧. 材料科学基础与电真空材料[M]. 北京:清华大学出版社,1988.
[226] 刘联宝,戴昌鼎. 电真空器件的钎焊与陶瓷—金属封接[M]. 北京:国防工业出版社,1978.
[227] 林祖伦,王小菊. 阴极电子学[M]. 北京:国防工业出版社,2013.
[228] 杨立霞. 氧化铝浇注热丝可靠性与电源的选择[C]. 中国电子学会真空电子学第十六届学术年会论文集,包头,2007:408-409.
[229] 承欢,江剑平. 阴极电子学[M]. 西安:西北电讯工程学院出版社,1986.
[230] 刘学悫. 阴极电子学[M]. 北京:科学出版社,1980.
[231] 刘列. 固体热容强光辐射器和强流二极管相关技术研究[D]. 长沙:国防科学技术大学,2003.
[232] 张树人,蔡雪梅,钟朝位,等. 铁电阴极材料电子发射机理的实验研究[J]. 硅酸盐学报,2000,28(2):128-133.
[233] 蔡雪梅,张树人. 强电流铁电阴极材料的研究进展[J]. 硅酸盐学报,1999,27(2):246-253.
[234] 刘国治. 铁电介质阴极电子枪[J]. 强激光与粒子束,2001,13(4):508-512.
[235] 宋晓欣,刘国治,Nation J A,等. 铁电阴极相对论行波管初步研究[J]. 强激光与粒子束,2005,17(8):1175-1179.
[236] 谢希文,过梅丽. 材料工程基础[M]. 北京:北京航空航天大学出版社,1999.
[237] 中华人民共和国国家标准. 气瓶颜色标志:GB/T 7144—2016[S]. 2016.
[238] 王欲知,陈旭. 真空技术[M]. 北京:北京航空航天大学出版社,2007.
[239] 王晓冬. 真空技术[M]. 北京:冶金工业出版社,2006.
[240] 哈尔滨工业大学 11 系. 电火花加工技术[M]. 北京:国防工业出版社,1978.
[241] 北京市《金属切削理论与实践》编委会. 电火花加工[M]. 北京:北京出版社,1980.
[242] 哈尔滨工业大学机械制造工艺教研室. 电解加工技术[M]. 北京:国防工业出版社,1979.
[243] 王家金. 激光加工技术[M]. 北京:中国计量出版社,1992.
[244] 孙燕华,沈明南. 微细加工技术与应用[J]. 机械制造与自动化,2005,34(6):64-66.
[245] 段润保,赵砚江,毛言理. 微机械(MEMS)与微细加工技术[J]. 河北理工学院学报,2004,26(2):34-40.
[246] 熊美华. 三维微细加工技术及其研究现状[J]. 科技资讯,2006(13):207-209.
[247] 孙洪强. LIGA 技术[J]. 导航与控制,2005(4):34-34.
[248] 陈迪,赵旭. LIGA 技术及其应用[J]. 高技术通讯,1996(9):60-62+55.
[249] 梁静秋,姚劲松. LIGA 技术基础研究[J]. 光学精密工程,2000,8(1):38-41.
[250] 张永华,丁桂甫,等. LIGA 相关技术及应用[J]. 传感器技术,2003,22(3):60-64.
[251] 揭景耀,LIGA 技术研究与进展[J]. 电子器件,1997,20(2):20-27.
[252] 游余新,王东红,等. 准 LIGA 技术的研究与发展[J]. 遥测遥控,1999,20(1):57-63.
[253] 李含雁,冯进军,白国栋. DRIE 技术加工 W 波段行波管折叠波导慢波结构研究[J]. 中国电子科学研究院学报,2011,6(4):427-431.
[254] 朱福运,于民,等. 硅 DRIE 刻蚀工艺模拟研究[J]. 中国电子科学研究院学报,2011,6(1):28-30.
[255] 黄龙旺. PMMA 的反应离子深刻蚀及侧壁钝化研究[D]. 上海:上海交通大学,2003.
[256] 周建林. 高精密微纳增材制造技术及其产业应用进展[C]. 先进制造技术创新研讨会,成都,2023,7:2.
[257] Bhattacharjee S,Booske J H,et al. Folded waveguide traveling-wave tube sources for Terahertz radiation[J]. IEEE Trans. on PS.,2004,32(3):1002-1014.
[258] 刘燕文,韩勇,等. 不同方法制备的螺旋线慢波组件的散热性能的研究[J]. 真空电子技术,2007(4):35-37.
[259] 国营宇光电工厂. 旋压工艺[J]. 真空电子技术,1977(1):76-79.
[260] 张小平,汤寅. 螺旋线行波管的夹持技术研究[J]. 真空电子技术,2012(4):55-57.
[261] Han Y,Liu Y W,et al. An evaluation of heat dissipation capability of slow-wave structures[J]. IEEE Trans. on ED.,

2007,54(6):1562 - 1565.

[262] 徐滨士,李长久,刘世参,等. 表面工程与热喷涂技术及其发展[J]. 中国表面工程,1998(1):3 - 9.

[263] 蔡挺. 热喷涂技术的现状和应用[J]. 广东有色金属学报,1999,9(1):59 - 63.

[264] 王振民,黄石生,薛家祥,等. 等离子喷涂设备的现状与进展[J]. 中国表面工程,2000,13(4):5 - 8.

[265] 邝国熙,陈学冲. 塑料静电喷涂[M]. 北京:国防工业出版社,1980.

[266] 王家青,汪朝晖,胡迎峰. 静电喷涂技术及其应用探讨[J]. 机械工程师,2006(1):136 - 138.

[267] 邹上军. 化学镀及其在粉体工程中的应用[J]. 安徽化工,2006(4):10 - 12.

[268] 标烈宇,等. 材料表面薄膜技术[M]. 北京:人民交通出版社,1991.

[269] 王振华. 真空设备制造工艺技术标准规范全书[M]. 银川:宁夏大地音像出版社,2004.

[270] 李亚江,王娟. 特种焊接技术及应用[M]. 北京:化学工业出版社,2004.

[271] 陈金德,邢建东. 材料成型技术基础[M]. 北京:机械工业出版社,2000.

[272] 贺曼罗. 胶粘剂与其应用[M]. 北京:中国铁道出版社,1987.

[273] 巩华荣. 微波管离子噪声的研究[D]. 成都:电子科技大学,2005.

[274] 吕斯骅. 近代物理实验技术[M]. 北京:高等教育出版社,1991.

[275] 戴莲谨. 力学计量技术[M]. 北京:中国计量出版社,1992.

[276] 中华人民共和国国家标准. 微波电子器件引线颜色标志:GB 4777—84[S]. 1984.

[277] 中华人民共和国国家标准. 空心金属波导:GB 11450—89[S]. 1989.

[278] 阎学秀,彭小利,丝网印刷工艺在氧化铝陶瓷金属化中的应用[J]. 真空电子技术,2004(4):38 - 41.

[279] 刘云平. 电真空器件的钎焊与封接工艺中的可伐开裂问题[J]. 真空电子技术,1977(4):1 - 9.

[280] 忻崧义,白金书,真空蒸发金属化陶瓷与金属封接工艺[J]. 真空技术,1978(1 - 4):61 - 64.

[281] 王晓冬,巴德纯,张世伟,等,真空技术[M]. 北京:冶金工业出版社,2006.

[282] 祝武,干蜀毅. 真空测量与控制[M]. 合肥:合肥工业大学出版社,2008.